甘肃省馆藏祁连山与黄河历史生态环境档案叙录

GANSUSHENG GUANCANG QILIANSHAN YU HUANGHE LISHI SHENGTAI HUANJING DANGAN XULU

丛书主编 / 张秀丽　张景平

● 总 叙 卷

ZONGXUJUAN

主编 / 张景平
　　　张秀丽
　　　陈乐道
　　　寇　雷

兰州大学出版社

图书在版编目（CIP）数据

甘肃省馆藏祁连山与黄河历史生态环境档案叙录. 总叙卷 / 张秀丽, 张景平丛书主编；张景平等主编. -- 兰州 : 兰州大学出版社, 2024. 12. -- ISBN 978-7-311-06777-9

Ⅰ. X321.242

中国国家版本馆CIP数据核字第2024J7B784号

责任编辑　张国梁　冯宜梅　熊　芳　武素珍
封面设计　汪如祥

书　　名	甘肃省馆藏祁连山与黄河历史生态环境档案叙录 总 叙 卷
作　　者	张景平　张秀丽　陈乐道　寇　雷　主编
出版发行	兰州大学出版社　（地址:兰州市天水南路222号　730000）
电　　话	0931-8912613(总编办公室)　0931-8617156(营销中心)
网　　址	http://press.lzu.edu.cn
电子信箱	press@lzu.edu.cn
印　　刷	陕西龙山海天艺术印务有限公司
开　　本	880 mm×1230 mm　1/16
成品尺寸	210 mm×285 mm
印　　张	46.5(插页8)
字　　数	1130千
版　　次	2024年12月第1版
印　　次	2024年12月第1次印刷
书　　号	ISBN 978-7-311-06777-9
定　　价	520.00元

（图书若有破损、缺页、掉页,可随时与本社联系）

《甘肃省馆藏祁连山与黄河历史生态环境档案叙录》

编纂委员会

名誉主任	卢琼华
主　任	张秀丽　张景平
委　员	白　静　马保福　李海洋　李永新　陈乐道
	寇　雷　刘永明　王杰元　孟晓婕　赵玉梅
	强德雄　李艳萍　何忠兰　杜　刚　仇　红
	杨红星　王敏丽　冯丽莉　张　琼　梁　鹰
	郭潇月　陈志刚　储竞争　王兴振

参与编纂单位

牵头单位	甘肃省档案馆	兰州大学
合作单位	酒泉市档案馆	张掖市档案馆
	武威市档案馆	白银市档案馆
	定西市档案馆	天水市档案馆
	平凉市档案馆	临夏回族自治州档案馆
	庆阳市档案馆	甘南藏族自治州档案馆

依托课题

本丛书系国家重点档案保护与开发项目成果

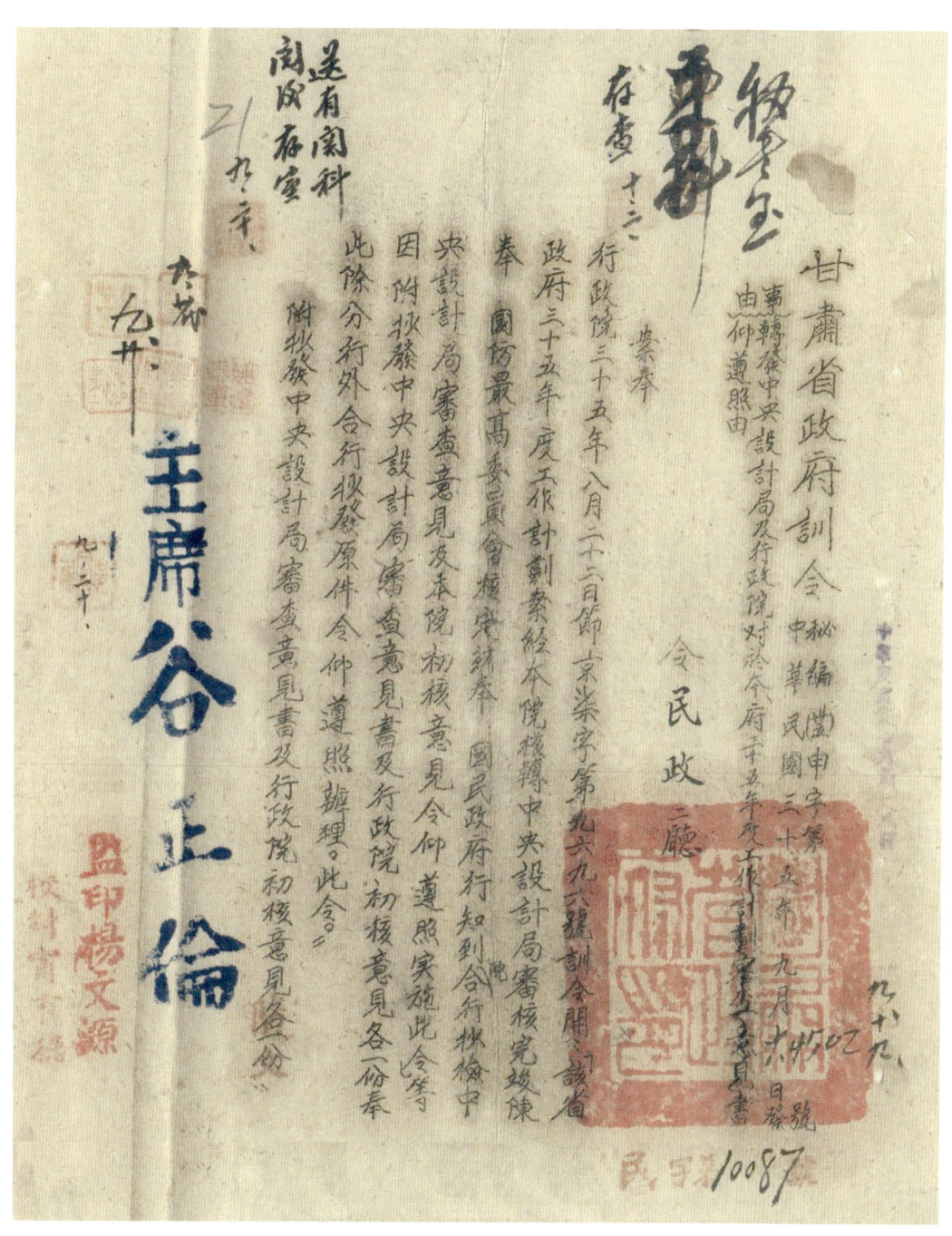

《行政院关于抄发中央设计局及本院初审该省民国三十六年度(1947)工作计划意见给甘肃省政府的训令》(004-008-0668-0003,甘肃省档案馆藏)

甘肃省政府三十六年度施政要报

甲、施政方针

某於本府既定五年計劃，倘可能縮短時間，提前完成（腹案從三十六年起縮為三年完成）並儘量充實經濟建設項目，以力行三民主義，建設民有民治民享之新甘肅，俾前改善人民生活，強化人民武力，奠定西北國防核心。

乙、施政要領

一、革新風氣，樹立廉能政府，以解除人民痛苦，增進人民幸福為鵠的。

二、發揚革命精神，加強公僕觀念，消除衙門官僚和文牘等歷史性惡習。

三、政治、經濟、文化、心理、四大建設，儘可能聯繫併進，達成國防民生之需要。

四、厲行平戰時一體化及行政三聯制，官行分層分級負責，以省委會督察所屬，各廳處局室為計劃指導所屬，縣（市局）為實施階層，儘量提高行政效率。

五、統一人事、財政、穩政運用，發揮人力、財力、物力高度效能，打破系派狹隘觀念，消滅潛在弊實。

六、加緊自治工作，確立憲政基礎。

七、努力經濟建設及合作事業，開發富源，擴大造林，急興水利，促進農村繁榮，改善民生，對公殺人員衣食住行育樂，由補助面逐漸達到公給制設。

八、發展教育文化，儘量培育本籍致省內外建設人才，提高行政幹部素質，對大中小各級學校寒苦學生按省市縣鄉（鎮）

◀《甘肅省政府民國三十六年度（1947）施政要報》
（004-009-0217-0001，甘肅省檔案館藏）

◀《甘肅省政府關於發本省河西地區土地問題及解決方案給甘肅省政府地政局的訓令》
（004-007-0599-0006，甘肅省檔案館藏）

▲《黄河水利委员会、甘肃水利林牧公司查勘甘肃水利合作办法》(039-001-0132-0007，甘肃省档案馆藏)

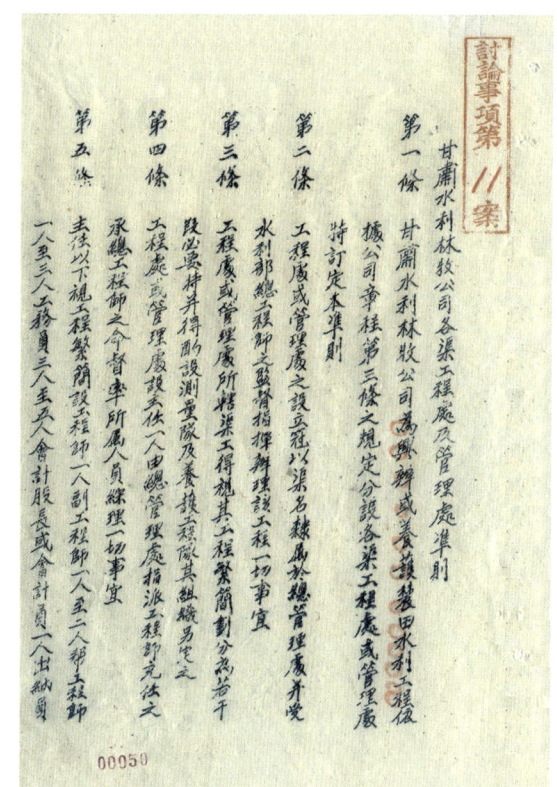

▲《甘肃水利林牧公司各渠工程处及管理处准则》(039-001-0132-0011，甘肃省档案馆藏)

▼《甘肃省建设厅为造报水利查勘经费累计表给水利勘察队的训令》(039-001-0137-0008，甘肃省档案馆藏)

▼《甘肃省农业改进所民国三十五年度(1946)工作计划书(上)》(027-001-0164-0001，甘肃省档案馆藏)

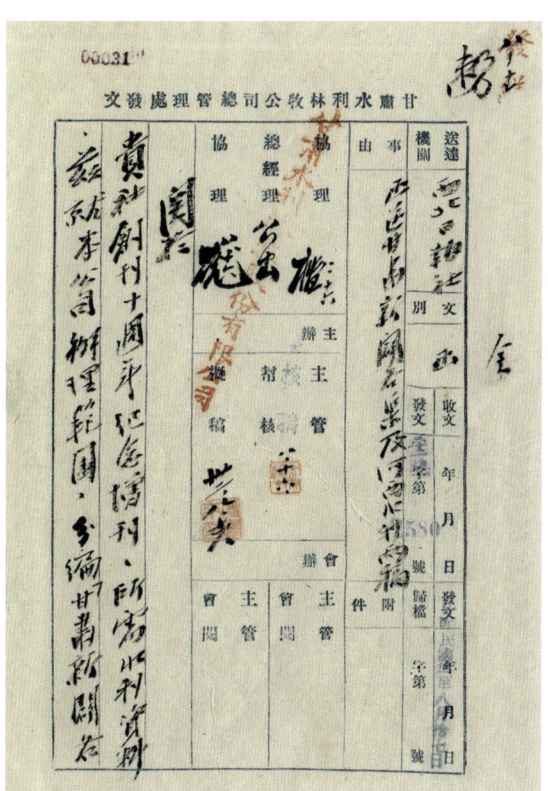

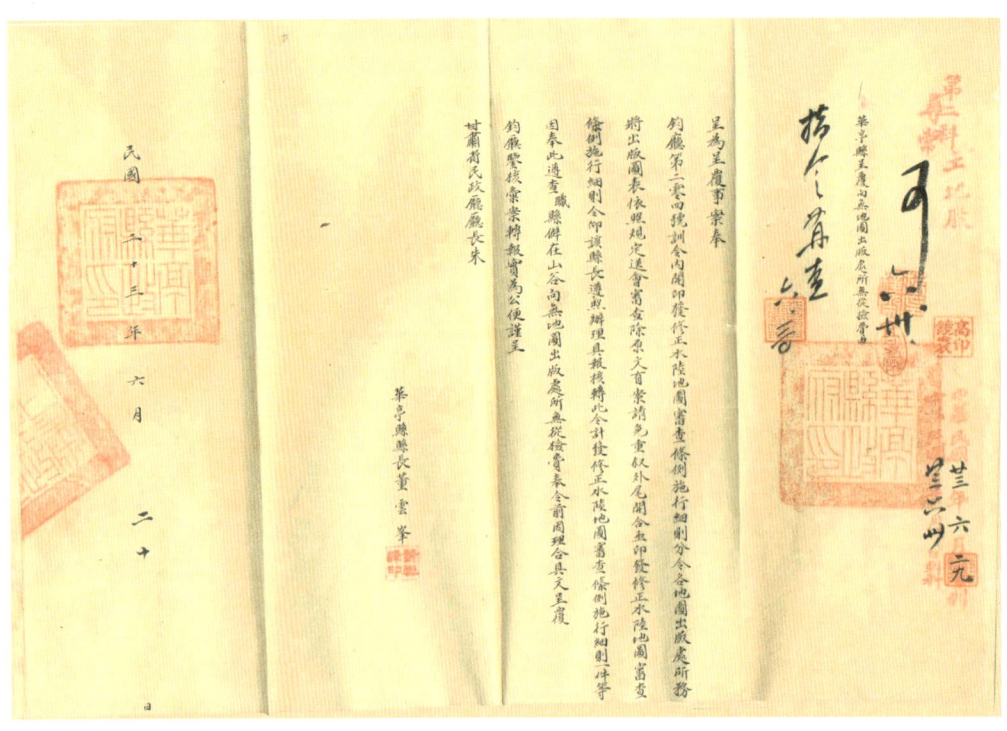

▲《民政厅关于各县呈报县辖水陆地图的各类文件》
[015-005-0194-(0001-0028),甘肃省档案馆藏]

▼《农林部关于检送民国三十三年(1944)各省农林建设一般中心工作说明表及特定工作表致甘肃省政府的公函》(027-001-0271-0002,甘肃省档案馆藏)

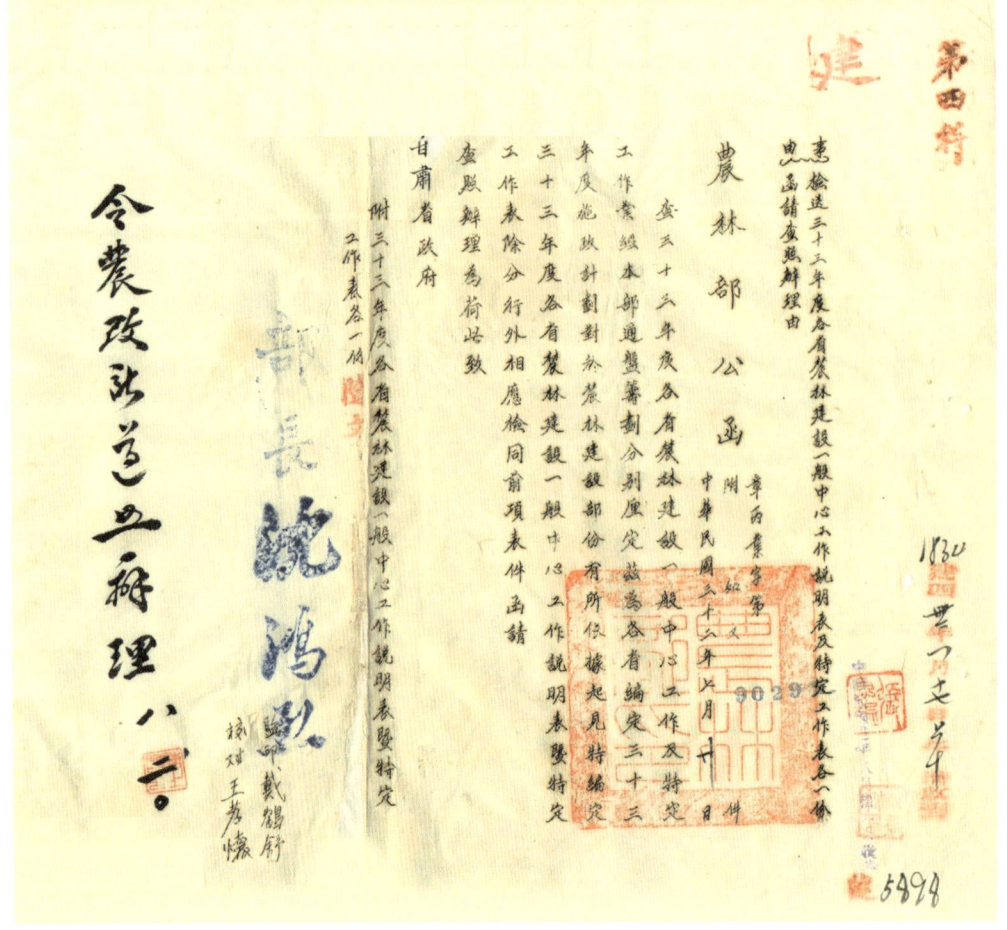

前　言

党的十八大以来，生态文明建设被纳入中国特色社会主义事业"五位一体"总体布局，融入经济、政治、文化、社会建设的各方面和全过程。在习近平生态文明思想指引下，我国生态环境事业取得历史性成就，美丽中国日益从蓝图成为现实，中华民族永续发展得到了更好的保障。甘肃地处中国西北，是全国生态文明建设的重要区域，森林草原保护、水源涵养、荒漠化防治、水土流失治理方面的任务十分繁重。习近平总书记对甘肃生态环境保护工作始终高度关注，多次对祁连山治理作出重要批示，强调要筑牢生态安全屏障，推动祁连山生态环境保护由乱到治；两次亲临黄河兰州段视察，擘画并推动了黄河流域生态保护和高质量发展战略的全面展开。从"黄河之滨也很美"的寄语到"黄河很美，将来会更美"的期待，习近平总书记的关怀与嘱托，为甘肃省生态环境事业指明了方向。

党的二十届三中全会明确指出，必须完善生态文明制度体系，协同推进降碳、减污、扩绿、增长，积极应对气候变化，加快完善落实绿水青山就是金山银山理念的体制机制。注重从历史中挖掘精神价值、总结经验教训，并为现实与未来提供借鉴，是中华文化的突出特点。历史档案作为珍贵的第一手文献，对研究区域生态环境的长时段演化规律以及特定时空范围内人与自然互动机制有着独特而不可替代的价值和作用。面对时代的召唤，档案界与史学界应主动作为，积极回应国家关切、面向现实需求，努力为生态文明建设做出自己应有的贡献。

甘肃省档案馆与兰州大学在历史档案开发编研方面有着长时间的合作历史，双方致力于历史档案中生态环境资料的联合挖掘与共同研究。在实践中我们意识到，有必要提出"历史生态环境档案"这一概念，将记录历史时期"山水林田湖草沙"等生态要素客观状况以及人类的认识开发活动的档案文献视为一个整体，围绕当前生态文明建设的实际需求，以多学科协作、系统化推进的方式加以整理研究。

甘肃省各级档案部门收藏的历史生态环境档案以民国档案为主，数量丰富、来源明晰、谱系完整。但这些珍贵文献散布于篇帙浩瀚的档案海洋中，分属不同全宗、没有专门标签，不利于全面有效检索，更遑论系统开发利用。为此，我们借鉴了古籍整理与历史文献学经典工作方式，将撰写"叙录"作为甘肃馆藏历史生态环境档案整理研究的第一突破口，开启了"甘肃省馆藏祁连山与黄河历史生态环境档案叙录"丛书的编写工作。"叙录"是古代目录学体系中的重要载体，是历史文献学研究的必备工具，具有勾勒源流、略观大意的指示功能，与档案系统熟悉的各类档案馆指南存在明显的亲缘关系。我们首次将"叙录"编写引入历史档案编研工作中，旨在通过对甘肃省各级馆藏档案的深入调查，探索大批量专题历史档案的信息提取汇集，提升历史档案检索与体系化运用的效率。

"甘肃省馆藏祁连山与黄河历史生态环境档案叙录"丛书共分为7卷，分别为《总叙卷》《黄河干流卷》《洮河大夏河卷》《渭河卷》《泾河卷》《祁连山河西走廊西部卷》和《祁连山河西走廊东部卷》。本套丛书按祁连山-河西走廊与黄河流域甘肃境内主要水系为原则进行分卷，原因有三：其一，甘肃省地域面积广大，涉及档案数量众多，以地域与流域为标准的划分，有助于读者更为精准地检索相关信息；其二，甘肃省内部各区域生态环境禀赋差异极大，涉及的经济、社会、文化问题差异极大，以地域与流域为标准分卷，有助于展现各区域生态环境演化史的内在规律、增强文献获取的针对性；其三，此种以地域与流域为单位的整理思路渊源有自，承袭自中国治水文献整理方法与地理学著作修纂原则，展现出对文化传统的继承。在丛书各卷之下，我们兼顾当前生态环境工作所涉及的主要方面与历史档案的内容特点进行分类，有助于有关单位及学术工作者全面、准确、方便检索档案文献，为相关档案的全面整理、系统刊布与深入研究打下坚实基础，也将为全国历史生态环境类档案的编研工作提供某些有益的借鉴。

"甘肃省馆藏祁连山与黄河历史生态环境档案叙录"丛书的正式谋划开启于2019年9月，获得了国家档案局与甘肃省档案局的大力支持，被列入国家重点档案保护与开发项目，于2021年初正式开展有关工作。甘肃省档案馆与兰州大学派出精兵强将组成联合课题组，将档案部门的馆藏资源优势与高等院校的智力资源优势充分结合起来，克服各种困难、跋涉上万公里，于2024年全面完成甘肃省各级档案馆藏祁连山与黄河历史生态环境档案的调查与叙录编写任务，相关成果获得了验收专家的高度肯定。在调查与编写工作中，甘肃省各市州档案馆领导及一线工作人员对我们的工作给予全力支持，来自省内外各领域、各行业的专家学者为我们的工作厘清思路、把脉问诊，提出了诸多提纲挈领的建设性意见。在此，我们谨向参与、关心、支持"甘肃省馆藏祁连山与黄河历史生态环境档案叙录"丛书编写工作的社会各界人士，表示由衷的感谢。

"甘肃省馆藏祁连山与黄河历史生态环境档案叙录"丛书的编写工作无先例可循，于档案部门还是历史学界，都是一次全新的尝试。限于学力与水平，本套丛书在体例设计等方面还存在诸多不足；各档案收藏单位的著录与开放情况不尽相同，加之任务繁重、工期紧迫，内容搜罗难免有所遗漏，我们诚恳接受方家与读者的批评。我们期待丛书出版能够抛砖引玉，为推动中国历史生态环境档案的整理研究工作做出甘肃贡献。

张秀丽　张景平
2024年11月20日

《总叙卷》叙记

一、甘肃自然地理环境概况

甘肃位于中国西北部，复杂的地理环境和多样的气候类型使之生态环境独特且重要。从东到西，从南至北，甘肃拥有从湿润到干旱的各种生态区。地理和气候的多样性不仅滋养了众多珍稀动植物，也对维持区域乃至全国的生态平衡起到了关键作用。

甘肃位居黄河上游，地理位置得天独厚。黄河上游甘肃段是黄河干流水资源的主要来源地，黄河在甘肃省内的流域面积几乎占整个黄河流域面积的1/3。作为黄河上游的关键区域，甘肃不仅承担着重要的水源涵养功能，还对中下游地区的水文调节起着决定性作用，是国家重要的生态安全屏障之一。甘肃地势复杂、地貌类型多样；地处青藏高原、黄土高原、内蒙古高原三大高原的交汇处，内部由陇中黄土高原、陇南山地、河西走廊、甘南高原、祁连山地等五大地形区域构成；高山、盆地、平原、沙漠等兼而有之。

甘肃位于我国东部季风区、西北干旱半干旱区和青藏高寒区等三大自然区的交汇地带，气候类型多样。一省之内兼有亚热带季风气候、温带季风气候、温带大陆性（干旱）气候和高原高寒气候四大气候类型。在矿产资源方面，煤炭、石油、天然气等矿藏丰富，镍、钴等稀有有色金属储量居全国首位。在水资源方面，尽管水资源总量相对匮乏，但因其位居黄河上游，拥有丰富的水能资源，重要者如刘家峡水电站、盐锅峡水电站，对国内的电力供应和能源结构调整具有重大意义。在动物资源方面，祁连山区是雪豹、岩羊、马鹿等珍稀野生动物的栖息地；黄土高原则是多种小型哺乳动物和鸟类的家园；此外，甘肃还是黑颈鹤等迁徙鸟类的重要停歇地和繁殖地。在植物资源方面，当归、黄芪、甘草等药用植物的多样是当地一大特色。

二、清代民国甘肃生态环境的整体状况

清代以降，甘肃生态环境问题日益突出，土地沙漠化加剧，水土流失严重。造成这种趋势的重要原因是当地的开发进程加快，人口的迅速增长对环境造成极大压力。兹以清代河西走廊石羊河流域开发为例略作说明。明代石羊河流域的开发自中游武威向下游镇番卫（今民勤县）扩大，但此时的开垦仍限于长城以内，即镇番卫坝区绿洲。及至清康雍乾三代西北屯田，下游绿洲开发越过长城，在外的沼泽滩地得到开发，石羊河下游尾闾柳林湖更成为屯田的重点区域。柳林湖屯区系河西屯田的最大屯区，屯垦土地自初期的12万亩逐渐达到近20万亩的巅峰规模。

土地开发与人口增长密切相关。依据方志记载，乾隆十三年（1748）的镇番县有8191户，道光五年（1825）则增长至16756户，户数在70年间翻了一番。土地开发与人口增长的另一面则是，镇番县城的沙患与日俱增，绿洲沙漠化日益严重，渠道、农田受"沙压"的情况日益频繁，生态环境恶化，自然灾害频发。

清代甘肃的生态环境虽逐渐走向衰败，但时人业已开始重视对自然环境的保护与恢复。民国时期，尤其是抗战爆发后，甘肃省作为西北大后方腹地以及国际援华交通线（中苏通道）咽喉的战略位置日益突出，但水资源的匮乏与生态环境的恶劣使得经济社会发展严重滞后。在此机缘下，民国政府对甘肃的治水、森林、水土保持事业极为重视，甘肃成为中国现代生态环境事业率先起步的地区，创造了多个中国第一。

1941年，中国银行与民国甘肃省政府以7:3比例持股组建甘肃水利林牧公司。时任中国银行董事长宋子文兼任公司董事长，原上海工务局长、黄河水利委员会委员长沈怡任公司总经理。在此之前，民国水利工程多以事业性工程局形式开展，森林保护亦主要通过设立国有林区来实现，资金来源多为政府拨款或民间募资；虽然在水利、生态领域都有引入现代企业体制的尝试，但涉及范围较小、业务门类单一。而甘肃水利林牧公司是近代首家主要依靠金融资本、以现代公司体制统筹一省生态保护与自然资源开发的大型国有企业，可谓当代治水与生态领域政策性投资公司的早期形态。该公司以兴办甘肃境内灌溉、防洪、河道治理等水利工程为主要业务，兼顾林业、畜牧业；其中，林业、畜牧业部门的实际工作聚焦于森林与草原的调查管护与科学实验，主要为生态保护工作。甘肃水利林牧公司首开省级政府用税收做保证、与中国银行合作引入金融资本的企业化运作制度，成为以企业化形式统筹推动治水与生态保护事业的重要尝试。

我国著名林学家邓叔群时任甘肃水利林牧公司森林部经理兼总技师，主持在黄河支流洮河上游（岷县、卓尼一带）建立了洮河林场，制定了一套保证树木更新量、营造量大于采伐量的科学管理制度。不仅如此，甘肃水利林牧公司洮河实验林场的技术人员还开展了近代中国首次大规模系统化的森林病害调查与防治试验。洮河林场的创设是生态林业在中国近现代史上的一次早期实践。

抗战胜利后，国民政府行政院成立直属于水利部的河西水利工程总队，委托甘肃水利林牧公司代办，爱国民主人士黄炎培之子、著名水利工程学家与泥沙学家黄万里担任总队长。水利部河西水利工程总队与甘肃水利林牧公司合署办公，一个单位两块牌子。1948年，水利部河西水利工程总队改名水利部河西水利工程处，加挂甘肃省水利局牌子，全面接管甘肃水利林牧公司的水利业务。在详细勘察河西走廊诸流域情形的基础上，水利部河西水利工程总队陆续完成了对河西走廊各河流、各地区的工程规划与流域规划设计工作，形成了近百套文件，完成了中国第一次全区域水资源调查工作。

与甘肃水利林牧公司成立同年，黄河水利委员会在甘肃天水建立中国第一个水土保持实验机构——陇南水土保持实验区；1942年，国民政府农林部在天水成立天水水土保持实验区，中国水土保持事业创始人之一傅焕光被任命为天水水土保持实验区主任。1945年，陇南水土保持实验区并入天水水土保持实验区。天水水土保持实验区主要从事植物与土壤的调查、黄土丘陵沟壑区水土流失规律研究以及水土保持方法的实验示范，通过种植水土保持林、修筑侵蚀沟谷坊和坡地沟洫梯田工程、河谷滩地柳篱挂淤，形成中国第一套比较完整的水土保持技术体系。

技术人员还与美国水土保持局等海外机构积极开展学术交流，形成一大批原创性科研成果，为中国水土保持事业积累了重要的开拓性经验。

总体而言，民国甘肃生态环境事业以治水事业为中心，涵盖了资源调查、水利建设、河湖治理、森林草原保护、水土保持等各种类型，是为民国时期国人生态思想与生态实践的最高成就。

三、档案特性简介

本卷系在流域与地区诸卷之外专设的一卷，旨在汇总民国时期省级政令以及一些涉及多流域、多地区的生态环境档案。本卷收入之文献力图从宏观层面展现甘肃省生态环境的状况以及人与自然关系的整体态势，希望能对读者把握甘肃生态环境的综合性特征与趋势有所裨益。

本卷内容循套书体例分为生态环境调查、自然灾害与赈济、自然资源开发与生态保护、资源环境纠纷与诉讼四部分，现分别简述之。

（一）生态环境调查

生态环境调查部分的综合调查类档案极为多样，主要为省政府统计室形成的统计数据、省政府委员会的日常会议材料、行政报告、工作方针、施政纲领、民政厅的工作计划、建设厅的工作要报等，囊括地籍、人口、灾情、农业、水利、林业、矿业等诸方面。需要说明的是，本类档案中还涉及制表形式、政府收支情况等内容，看似与生态环境调查无关，实则为全面充分理解档案内容所必不可少的背景文献，故而编者们不避"庞杂"而使其附于此。

甘肃的近现代气象事业起步于1932年，以甘肃省立兰州气象测候所的成立为标志。1941年，省政府为统一气象行政，将兰州气象测候所改为甘肃省气象测候所，各县气象所隶之。气象类档案主要围绕甘肃省气象测候所形成，包括所内组织章程、工作人员考核情况、各地的气象工作报告与气象月报表。

民国中央地质调查所是中国建立最早、影响最为深远的地质机构。20世纪40年代，为"开发西北"，甘肃的地质调查作为开发之先导受到重视，1943年在兰州成立中央地质调查所西北分所。地质矿产类档案多为中央地质调查所及其西北分所在40年代与省政府、甘肃水利林牧公司来往文件。

土地资源历来是政府行政管理中的关键要素之一，在国民政府素称孙中山的"平均地权"与"耕者有其田"为政府施政目标的情形下则更受重视，甘肃亦不例外。土地资源类档案中包括土地测量、复丈登记、地籍整理、荒地调查、县界调查、飞地调整以及相关土地行政法令等内容。

甘肃气候类型多样，年平均降水量极不均衡，在40~750毫米之间，干旱、半干旱区占总面积的75%，属于中国水资源最为短缺的省份之一，水资源调查极受重视。水资源类档案收录了水利调查、水利工程概况、《水利法》等相关政府文件以及甘肃水利林牧公司水利查勘队与政府的来往公文。由于甘肃的水资源调查集中在河西走廊地区，相关叙录收于《祁连山河西走廊西部卷》中，在此不重复出现。

前文曾叙甘肃林草动物资源极为丰富，民国时期主要对祁连山区的林草动物资源作深入调查，相关叙录收于《祁连山河西走廊东部卷》中，本卷林草动物类档案较少。

（二）自然灾害与赈济

自然灾害与赈济部分的前四类档案侧重自然灾害，以灾害类型为依据，包括旱灾、水灾、地震及地质灾害、其他灾害与复合灾害。甘肃受其自然环境、地理地质影响，水、旱、震灾多发。但因档案自身的特性，省级公文中多统筹诸县情形，各县遭受灾害的类型各异，档案相应地集中在"其他灾害与复合灾害类"。

灾害发生后，各地均会上报灾情要求省政府给予救济，因此赈济类档案的体量显然比灾害部分大。这类档案多为县政府与省政府各单位的往来文件。除灾害救济外，还有一类常年性的冬令救济可资注意。

（三）自然资源开发与生态保护

本部分档案系本卷篇幅最大的部分。因省级公文的档案特性，综合类档案又系本部分篇幅最大的内容。这类档案多为政府文件，如涉及农业、水利、电力、林区、马场、矿业、路政等各类建设的省政府委员会会议记录材料，政府建设纲领与计划，政府工作计划，省建设厅的工作月报、工作计划表等。甘肃省政府办公室所编《甘肃省政府公报》各期内容，在此亦有较详细的介绍。另外，还有政府下辖的甘肃省农业改进所、农林部水土保持试验区等机构档案。甘肃省农业改进所系甘肃最早的农业科研机构，1938年成立，首任所长由时任省建设厅厅长陈体诚兼任。甘肃省农业改进所的每周大事记、所编《农推简讯》可了解近代的甘肃农业现代化。此外，民国甘肃的现代化企业如甘肃机器厂、甘肃水泥公司、甘肃水利林牧公司与政府的来往公文亦有不少。

矿产资源开发类档案包括政府的矿业工作计划与建设草案，矿业勘测、统计与投资，矿业管理等文件。少量资源委员会与甘肃省政府合营的甘肃煤矿局档案也收录于此。土地资源开发类档案的内容围绕荒地承垦展开。值得注意的是，本类档案收有大量章程、办法、方案、细则等条例性文件，如《军垦管理办法》《民营垦殖事业管理办法》等，与此前围绕具体建设内容而产生的事项性文件有所区别。水资源开发与管理类档案囊括兴办水利办法、水利工程计划书、水利工程建设、水利工程统计、水利贷款、水利工程管理规则等从鼓励建设、建设计划、施工、工程日常管理等全周期文件，甘肃水利林牧公司与政府间的往来档案仍系其大宗。林草动物资源开发与保护类档案可按主题类别又分为林、草和动物三类。其中林业最多，包括各县上报苗圃情况、年度造林计划、造林植树、森林采伐规则、造林章程、植树办法等；草业档案只有零星牧草种植档案；动物档案也较为稀少，涉及农林部西北羊毛改进所、甘肃省畜牧兽医研究所两项机构。

（四）资源环境纠纷与诉讼

本部分档案按资源类型分为土地、水利和林草三种，几乎全部出自政府会议文件。土地纠纷包括柴山牧地与学田的纠纷和插花地调整问题；水利纠纷包括县内与县际纠纷两个层次，前者如皋兰县内水利纠纷，后者如酒泉与金塔的水利纠纷；林草纠纷全系林业纠纷，多因砍树而起。

四、本卷编写情况概述

在国家档案局与甘肃省档案局的亲切关怀与大力支持下，"甘肃省馆藏祁连山与黄河历史生态环境档案叙录"丛书编写工作于2021年2月正式启动。《总叙卷》涉及的档案全部收藏于甘肃省档案馆，兰州大学历史文化学院和甘肃省档案馆有关同仁组成联合课题组，紧锣密鼓地开展系列工作，调研目录、翻阅案卷，分别类目、撰写提要，克服了许多无法预期的困难与不可抗力的干扰，付出了艰苦的努力。至2023年10月，档案分条目提要初稿撰写工作基本完成；2024年3月，分卷分类与初稿校订工作完成。

《总叙卷》编写过程中，四位分卷主编各司其职，积极开展有关工作。兰州大学历史文化学院教授张景平负责主要技术工作，确立了本卷的基本框架与档案搜检范围；甘肃省档案馆馆长张秀丽对本卷编写工作进行了整体部署，更与张景平教授一起讨论确定档案分类与提要撰写标准等问题；甘肃省档案馆原二级巡视员陈乐道始终在工作现场指导提要的撰写工作，解决档案释读中的各类疑难问题；甘肃省档案馆法规宣传处一级调研员寇雷积极协调有关工作，对一些关键档案的提要工作给予直接指导。

曾经或正在在兰州大学求学的众多学子是本卷工作的主力军，在丛书主编与分卷主编的带领下投入到艰苦工作当中。民国时期的函电稿和政府公文，多为繁体行草或草书写就，不仅笔迹难以辨认，其间涉及的制度、事件、人物对多数青年学子而言都觉陌生。各位同学迎难而上，边学习边工作，虚心向各位前辈请教，很好地完成了任务。他们是：清华大学人文学院历史系助理研究员毕鲁瑶，西北师范大学历史文化学院讲师程思尹，浙江大学历史学院助理研究员晁芊桦，厦门大学历史与文化遗产学院博士研究生王泽琪，中央民族大学历史文化学院博士研究生陈智威，云南大学历史与档案学院博士研究生王瑞雪，南开大学历史学院博士研究生王申元、硕士研究生王嘉宇，复旦大学中国历史地理研究中心博士研究生王稔知，河北省香河县委组织部汪梦媛，北京大学医学人文学院硕士研究生何昕玥，北京师范大学历史学院硕士研究生李世财，兰州大学历史文化学院博士研究生吴华锋以及硕士研究生范雯晓、杨璐、张妤、郭泰乐、陈言冰。在此，谨向他们表示诚挚的感谢。

凡　例

一、甘肃省馆藏祁连山与黄河历史生态环境档案，指记录今甘肃省辖境内祁连山-河西走廊以及黄河流域生态环境客观状况、人与自然互动关系的历史档案。这些档案涉及山、水、林、田、湖、草等多类型生态单元，涵盖历史上国家与社会认识、开发、保护生态环境的各种活动。这些档案成文于1949年9月30日前，现收藏于甘肃省各级档案馆，其中绝大多数档案为民国档案、少数为清代档案。近年来，甘肃省历史档案绝大多数已集中至市（州）以上档案馆收藏保管，故本叙录所涉及的祁连山与黄河历史生态环境档案主要收藏于省、市（州）两级档案馆。相关档案类型以官文书为主，包括各类调查报告、表册、会议记录、提案、函电、司法诉讼文书、红契等，兼涉少数收藏于档案系统的民间文书。

二、本叙录以案卷为单位介绍甘肃省馆藏祁连山与黄河历史生态环境档案收藏信息及主要内容，一案卷一叙录。每一则叙录包括叙录编号、题名、发文单位、收文单位、收藏单位、档案编号、成文时间、涉及地域、关键词、内容提要等信息。叙录编号记录该条目在相关分卷中的位置，系编写者添加。题名照录各收藏单位目录中的原题名；个别文件没有题名或题名不完整、不能揭示内容的，编写者则根据通行著录原则拟写题名。发文单位、收文单位皆尊重案卷原文。档案编号一般为四组数字（极个别档案依据其原始编目情况为三组），分别为全宗号、目录号、案卷号、卷内顺序号，各组数字间以连接号；一条叙录涉及多个卷内顺序号的，第三组数字后同时保留多个卷内顺序号（以顿号隔开、连续者间以连接号）并整体加括号，如001-003-221-（0001、0007-0009）。成文时间主要为文件的正式，清代档案以汉字书写之年号纪年、农历月日表示，民国档案按阿拉伯数字书写的公历"年-月-日"表示；部分档案无日或无月、日的，分别精确到月、年，年月日俱无的直接标明"不详"。涉及地域精确到县，对涉及地名及其政区性质一概遵循文本原貌，如导河县（今临夏县）、会川县（今已撤销并入渭源）、卓尼设治局（今卓尼县）等。内容提要力求以简练文字介绍案卷大意，对于部分题名详尽足以概括内容的案卷、或目录开放但内容尚待审核开放的案卷，内容提要简化为"如题"。《总叙卷》因其文献全部收藏于甘肃省档案馆，内容涉及全省或省内较大范围地区，为使结构紧凑，省略"收藏单位""涉及地域"两项信息。

三、为便于检索，同时体现甘肃省各区域生态环境事务的内在差异，本叙录以地域-流域原则划分各卷。各卷中将涉及的历史生态环境档案分为生态环境调查与监测、资源开发与建设、自然灾害与赈济、资源环境纠纷与诉讼等四大类，冠以一级标题壹、贰、叁……；每个大别又分为若干小类，冠以二级中文标题一、二、三……。每一小类下，各条叙录依据档案号顺序排列，并根据收藏单位相对集中。

四、本叙录中少数档案同时涉及多个分卷、多个分类内容的，为了不拆解原始文件，相关叙录在多个分卷与分类中一概并存。

五、本叙录为最大程度保留档案原始风貌，对文中所涉及的各类数字书写方法以及计量单位如公里、公尺、方、担等，皆未做统一。

六、本叙录各类信息中，原文件漫漶不清者，用□代替，一字一□。

目 录

壹 生态环境调查类档案 ·················· 1

 一、综合调查类档案 ·················· 3
 二、气象类档案 ·················· 56
 三、地质矿产类档案 ·················· 69
 四、土地资源类档案 ·················· 72
 五、水资源类档案 ·················· 101
 六、林草动物类档案 ·················· 108

贰 自然灾害与赈济类档案 ·················· 113

 一、旱灾类档案 ·················· 115
 二、水灾类档案 ·················· 116
 三、地震及地质灾害类档案 ·················· 119
 四、其他灾害与复合灾害类档案 ·················· 120
 五、综合赈务类档案 ·················· 132

叁 自然资源开发与生态保护类档案 ·················· 157

 一、综合开发与保护类档案 ·················· 159
 二、矿产资源开发类档案 ·················· 454
 三、土地资源开发类档案 ·················· 467
 四、水资源开发管理类档案 ·················· 553
 五、林草动物资源开发与保护类档案 ·················· 649

肆　资源环境纠纷与诉讼类档案 ·· 723

　　一、土地纠纷与诉讼类档案 ·· 725
　　二、水利纠纷与诉讼类档案 ·· 728
　　三、林草纠纷与诉讼类档案 ·· 730

壹　生态环境调查类档案

一、综合调查类档案

【叙录编号】 0001
【档案题名】
　　甘肃省各县等级一览表
【发文单位】 不详
【收文单位】 不详
【档案编号】 004-001-0410-0001
【成文时间】 不详
【关 键 词】 各县等级
【内容提要】
　　包括各县面积、分数，人口、分数，粮赋、税收、救济、分数，文化、分数，交通、分数，总分数，原定等次，新订等次。皋兰、天水、平凉、武威、张掖一等，其余为三、四等。

【叙录编号】 0002
【档案题名】
　　甘肃省政府公布秘法字第338号关于颁布甘肃省政府民国三十年度（1941）视察县政办法
【发文单位】 甘肃省政府
【收文单位】 不详
【档案编号】 004-002-0116-0006
【成文时间】 1941-07-28
【关 键 词】 视察县政
【内容提要】
　　涉及各县分区，将全省分为四区，随后为视察事项，内容包括：民政、财政、教育等，其中农林涉及农场现状、苗圃现状、天然林及人造林。

【叙录编号】 0003
【档案题名】
　　甘肃省政府民国三十三年（1944）公务统计方案（人口）
【发文单位】 不详
【收文单位】 不详
【档案编号】 004-002-0204（全案卷）
【成文时间】 1944-12
【关 键 词】 人口
【内容提要】
　　如题。

【叙录编号】 0004
【档案题名】
　　甘肃省政府民国三十三年（1944）公务统计方案（卫生）
【发文单位】 不详
【收文单位】 不详
【档案编号】 004-002-0208（全案卷）
【成文时间】 1944-12
【关 键 词】 卫生
【内容提要】
　　如题。

【叙录编号】 0005
【档案题名】
　　甘肃省政府民国三十三年（1944）公务统计方案（社会类）
【发文单位】 甘肃省政府统计室
【收文单位】 甘肃省政府

【档案编号】 004-002-0214（全案卷）
【成文时间】 1944-12
【关 键 词】 公务统计
【内容提要】
　　如题。

【叙录编号】 0006
【档案题名】
　　甘肃省政府民国三十三年（1944）公务统计方案（财务行政类）
【发文单位】 甘肃省政府统计室
【收文单位】 甘肃省政府
【档案编号】 004-002-0215（全案卷）
【成文时间】 1944-12
【关 键 词】 公务统计
【内容提要】
　　如题。

【叙录编号】 0007
【档案题名】
　　甘肃省政府民国三十三年（1944）公务统计方案（财物案监督）
【发文单位】 甘肃省政府统计室
【收文单位】 甘肃省政府
【档案编号】 004-002-0216（全案卷）
【成文时间】 1944-12
【关 键 词】 公务统计
【内容提要】
　　如题。

【叙录编号】 0008
【档案题名】
　　甘肃省政府民国三十三年（1944）公务统计方案（航务一）
【发文单位】 甘肃省政府统计室
【收文单位】 不详
【档案编号】 004-002-0362-0001

【成文时间】 1944-12
【关 键 词】 公务统计
【内容提要】
　　饮水人登记报告表。

【叙录编号】 0009
【档案题名】
　　甘肃省政府民国三十三年（1944）公务统计方案（航务二）
【发文单位】 甘肃省政府统计室
【收文单位】 不详
【档案编号】 004-002-0363-0001
【成文时间】 1944-12
【关 键 词】 公务统计
【内容提要】
　　如题。

【叙录编号】 0010
【档案题名】
　　甘肃省政府民国三十三年（1944）公务统计方案（工业类）
【发文单位】 甘肃省政府统计室
【收文单位】 甘肃省政府
【档案编号】 004-002-0368-0001
【成文时间】 1944-12
【关 键 词】 公务统计
【内容提要】
　　如题。

【叙录编号】 0011
【档案题名】
　　甘肃省政府关于送民国三十四年度（1945）本省统计总报告表致国民政府统计处的公函
【发文单位】 甘肃省政府
【收文单位】 国民政府统计室
【档案编号】 004-002-0237-0004

【成文时间】 1946-06-28
【关 键 词】 统计报告
【内容提要】
　　主要涉及历象、土地、地籍、人口、政治组织、农业、粮食、水利林业、矿业、畜牧、工业、劳工、商业、合作事业、财务行政、财务监督等内容。

【叙录编号】 0012
【档案题名】
　　甘肃省各区市县局民国三十三年度（1944）应造送表册格式汇编（一）
【发文单位】 甘肃省政府秘书处
【收文单位】 甘肃省政府
【档案编号】 004-002-0246-0001
【成文时间】 1944-10
【关 键 词】 年度报告
【内容提要】
　　包含表名、表别、填报份数、填报日期、机关、办法表册年月及记号、规定表式机关等内容。其中涉及《灾情报告表》《雨量站雨量记载表》。

【叙录编号】 0013
【档案题名】
　　甘肃省政府统计室编制《甘肃省统计要览》原始资料（一）（二）（三）
【发文单位】 甘肃省政府统计室
【收文单位】 甘肃省政府
【档案编号】
　　004-002-0346-0012；
　　004-002-0347-0001；
　　004-002-0348-0001
【成文时间】 1944
【关 键 词】 统计要览
【内容提要】
　　涉及《甘肃省合作组织历年进展概况》《甘肃省历年传染病报告人数统计》《各县荒地调查表》《甘肃省各县市城市土地测量成果统计表》《土地登记》《甘肃省土地利用概况》。另，《甘肃省历年植树情况》35页、《甘肃省各县苗圃概况表》36页、《甘肃省近十年来水利工程概况》38页、《甘肃省政府生产工业机关资金一览表》39页；《甘肃省各种农作物栽种面积及产量统计表》《甘肃省棉花产量统计》《全省矿产分布》《甘肃省林区分布》75页；《甘肃省政府三十二年（1943）贷放春耕籽种》《甘宁青三省每人每年食粮消费》《民国三十一年（1942）甘肃省主要夏季作物面积产量初步估计》《各地大米价格》；004-002-0348-0001包括《各县土地陈报成果》《三十二年度（1943）各县市局地方岁入预算书》《甘肃省各行政区户口分布概况统计》《甘肃省各行政区户口分布概况表》；004-002-0346-0012包括《甘肃省牲畜总值统计表》《甘肃省三十一年度（1942）各县市灾情概况统计》。

【叙录编号】 0014
【档案题名】
　　甘肃省政府公务统计方案（第一期）
【发文单位】 统计室
【收文单位】 甘肃省政府
【档案编号】 004-002-0406（全案卷）
【成文时间】 1944
【关 键 词】 公务统计
【内容提要】
　　主要包含：一、省政府公务统计方案实施办法；二、省政府应造送之报告表名称；三、县政府各科室应登记之登记册名称；四、县政府各部分方案应用表册格式；五、附录为参考法规名称。省政府应造送之报告表名称，涉及施政计划程度实施报告表、荒地面积报告表、水权登记报告表、水利案件处理报告表、修建塘堰沟渠堤坝工程报告表、树种推广报告表、苗木推广报告表、面积与株数报告表、苗圃与苗木报告表、林产报告表等120余类报告表。

【叙录编号】 0015
【档案题名】
甘肃省各测候所历年气温、降水表（时间不详）；甘肃省湟惠渠土地征收表（1945）；甘肃省湟惠渠灌溉区土地重划前土地形态表（1940）；甘肃省1944年森林面积调查估计表；甘肃省1944年各县市苗圃及育苗件数表；甘肃省1944年度县市植树株数表；甘肃省1944年洮河林场组织概况表；甘肃省1944年洮河林场经营概况表；甘肃省1944年放牧面积调查估计表；甘肃省1944年度陇南牧场概况表
【发文单位】 甘肃省政府
【收文单位】 不详
【档案编号】
004-003-0003-（0015、0018、0020、0030-0036）
【成文时间】 1944
【关 键 词】 森林；植树；降雨
【内容提要】
如题。

【叙录编号】 0016
【档案题名】
甘政三年统计提要（一）
【发文单位】 甘肃省政府
【收文单位】 不详
【档案编号】 004-003-0068
【成文时间】 1949
【关 键 词】 统计提要
【内容提要】
此卷主要为三部门，包括：民政部门、财政部门、建设部门。民政部门涉及本省疆界与面积，本省主要山脉，甘肃省各新旧县等比较，甘肃省三年各级行政区划、新县制比较，一直到甘肃省历年户口比较表等33余文件；建设部门包括气象、测候所、省道勘测，甘肃省近十年水利工程改良、林区分布，甘肃省各县苗圃及保苗圃地亩统计，各县市历年植树概况，兰州市春季、秋季造林成活株数表，矿产、棉花等。

【叙录编号】 0017
【档案题名】
甘政三年统计提要（二）
【发文单位】 甘肃省政府
【收文单位】 不详
【档案编号】 004-003-0069（全案卷）
【成文时间】 1949
【关 键 词】 统计提要
【内容提要】
此卷主要为教育部门、保安部门、会计部门、社会部门、卫生部门、地政部门、合作部门、银行部门、贸易部门、训练部门、防空部门、役政部门、粮政部门、其他部门。

【叙录编号】 0018
【档案题名】
甘肃省政府委员会第1064次会议议事日程外附会议通报、讨论文件材料
【发文单位】 甘肃省政府委员会
【收文单位】 甘肃省政府
【档案编号】 004-007-0326-0004
【成文时间】 1943-07-13
【关 键 词】 收支数目表；公荒牧租
【内容提要】
主要涉及省库本年度5、6月份收支，民国三十年度（1941）及以前应收未收、应付未付物资总数详表，财政厅本年5月份经管各费类总账户收支数目报告表，定西县民众代表申请减轻公荒牧租。

【叙录编号】 0019
【档案题名】
　　甘肃省政府委员会第1078次会议议事日程外附会议通报、讨论文件材料
【发文单位】 甘肃省政府委员会
【收文单位】 甘肃省政府
【档案编号】 004-007-0331-0003
【成文时间】 1943-09-03
【关 键 词】 收支数目报告表
【内容提要】
　　关于财政厅本年7月份经管各费类总账户收支数目报告表，战时县市预算编审办法。

【叙录编号】 0020
【档案题名】
　　甘肃省政府委员会第1086次会议关于审议讨论兰州市标志地价施行办法
【发文单位】 甘肃省政府委员会
【收文单位】 甘肃省政府
【档案编号】 004-007-0334-0001
【成文时间】 1943-10-01
【关 键 词】 收支数目报告表；农民福利社
【内容提要】
　　主要涉及财政厅经管本年8月份各费类总账户收支数目报告表，审查农民福利社设置办法。

【叙录编号】 0021
【档案题名】
　　甘肃省政府委员会第1106次会议议事日程外附会议通报、讨论文件材料
【发文单位】 甘肃省政府委员会
【收文单位】 甘肃省政府
【档案编号】 004-007-0340-0004
【成文时间】 1943-12-17
【关 键 词】 收支报告表
【内容提要】
　　关于财政厅报告本年10月份各费类总账户收支数目报告表等事宜。

【叙录编号】 0022
【档案题名】
　　甘肃省政府委员会第1112次会议议事日程外附会议通报、讨论文件材料
【发文单位】 甘肃省政府委员会
【收文单位】 甘肃省政府
【档案编号】 004-007-0342-0006
【成文时间】 1944-01-14
【关 键 词】 收支数目报告表
【内容提要】
　　关于财政厅报告本年11月份各费类总账户收支数目报告表等事宜。

【叙录编号】 0023
【档案题名】
　　甘肃省政府委员会第1163次会议议事日程外附会议通报、讨论文件材料
【发文单位】 甘肃省政府委员会
【收文单位】 甘肃省政府
【档案编号】 004-007-0355-0004
【成文时间】 1944-08-04
【关 键 词】 收支数目表；农田水利贷款；工作竞赛
【内容提要】
　　关于财政厅报告民国三十三年（1944）4月份各费类总账户收支数目报告表，各省市委托附属机关代办农田水利贷款工程办法，甘肃省三十三年度（1944）重要行政工作竞赛标志（包括植树造林、兴修水利等）等事宜。

【叙录编号】 0024
【档案题名】
　　甘肃省政府委员会第1170次会议议事日程外附会议通报、讨论文件材料

【发文单位】 甘肃省政府委员会
【收文单位】 甘肃省政府
【档案编号】 004-007-0356-0012
【成文时间】 1944-08-27
【关 键 词】 收支数目报告表；畜牧
【内容提要】
  主要涉及报告民国三十三年（1944）5月份经管各费类总账户收支数目报告表，审议讨论筹设西北畜牧事业具体机构等事宜。

【叙录编号】 0025
【档案题名】
  甘肃省政府委员会第1177次会议议事日程外附会议通报、讨论文件材料
【发文单位】 甘肃省政府委员会
【收文单位】 甘肃省政府
【档案编号】 004-007-0359-0006
【成文时间】 1944-09-22
【关 键 词】 收支数目报告表；雹灾
【内容提要】
  关于审查财政厅报告民国三十三年（1944）7月份经管各费类总账户收支数目报告表，审查社会处报告渭源等9县被雹成灾、申请救济，附《渭源等九县灾歉振济分配预算书》。

【叙录编号】 0026
【档案题名】
  甘肃省政府委员会第1196次会议议事日程外附会议通报、讨论文件材料
【发文单位】 甘肃省政府委员会
【收文单位】 甘肃省政府
【档案编号】 004-007-0361-0008
【成文时间】 1944-11-28
【关 键 词】 收支数目报告表
【内容提要】
  关于审查财政厅报告民国三十三年（1944）9月份经管各费类账户收支数目报告表等事宜。

【叙录编号】 0027
【档案题名】
  甘肃省政府委员会第1203次会议议事日程外附会议通报、讨论文件材料
【发文单位】 甘肃省政府委员会
【收文单位】 甘肃省政府
【档案编号】 004-007-0363-0006
【成文时间】 1944-12-22
【关 键 词】 收支数目报告表
【内容提要】
  关于提会报告民国三十三年（1944）10月份财政厅经管各费类总账户收支数目报告表等事宜。

【叙录编号】 0028
【档案题名】
  甘肃省政府委员会第1221次会议议事日程外附会议通报、讨论文件材料
【发文单位】 甘肃省政府委员会
【收文单位】 甘肃省政府
【档案编号】 004-007-0365-0014
【成文时间】 1945-02-23
【关 键 词】 收支数目报告表
【内容提要】
  关于提会报告财政厅经管民国三十三年（1944）11、12月各费类总账户收支数目报告表等事宜。

【叙录编号】 0029
【档案题名】
  甘肃省政府委员会第1241次会议议事日程外附会议材料
【发文单位】 甘肃省政府委员会
【收文单位】 甘肃省政府

【档案编号】 004-007-0369-（0005-0013）
【成文时间】 1945-05-08—1945-05-18
【关 键 词】 收支数目报告表
【内容提要】
  关于提会报告民国三十四年（1945）1月份财政厅经管民国三十三年度（1944）各费类总账户收支数目报告表等事宜。

【叙录编号】 0030
【档案题名】
  甘肃省政府委员会第1248次会议议事日程外附会议材料
【发文单位】 甘肃省政府委员会
【收文单位】 甘肃省政府
【档案编号】 004-007-0371-0002
【成文时间】 1945-06-12
【关 键 词】 收支数目报告表
【内容提要】
  关于财政厅报告三十四年（1945）1月份经管各费类总账户收支数目报告表等事宜。

【叙录编号】 0031
【档案题名】
  甘肃省政府委员会第1280次会议议事日程外附会议材料
【发文单位】 甘肃省政府委员会
【收文单位】 甘肃省政府
【档案编号】 004-007-0373-0004
【成文时间】 1945-10-02
【关 键 词】 收支数目报告表；施政方针
【内容提要】
  关于财政厅报告民国三十四年（1945）5、6月份经管各费类总账户收支数目报告表，行政院发放三十五年度（1946）国家施政方针，附《三十五年度（1946）国家施政方针》，涉及水利、农林工矿事业等方面。

【叙录编号】 0032
【档案题名】
  甘肃省政府委员会第1304次会议议事日程外附会议材料
【发文单位】 甘肃省政府委员会
【收文单位】 甘肃省政府
【档案编号】 004-007-0377-0012
【成文时间】 1945-12-28
【关 键 词】 建设计划纲领
【内容提要】
  主要涉及审议本省五年建设计划纲领草案，附《甘肃省五年建设工作纲领》（水利建设、交通建设、农林建设、改进畜牧等）。

【叙录编号】 0033
【档案题名】
  甘肃省政府委员会第1308次会议议事日程外附会议材料
【发文单位】 甘肃省政府委员会
【收文单位】 甘肃省政府
【档案编号】 004-007-0378-0008
【成文时间】 1946-01-15
【关 键 词】 农贷
【内容提要】
  主要涉及报告农贷办法纲要改为农行办理农贷办法纲要，附《中国农民银行办理农贷办法纲要》，内容涉及：贷款种类包括农业生产、农田水利、农业推广贷款以及《中国农民银行办理农贷手续细则》。

【叙录编号】 0034
【档案题名】
  甘肃省政府委员会第1311次会议议事日程外附会议材料
【发文单位】 甘肃省政府委员会
【收文单位】 甘肃省政府
【档案编号】 004-007-0379-0004

【成文时间】 1946-01-25
【关 键 词】 插花飞地；渭源渠
【内容提要】
　　关于第四区专署呈拟调整天、西、礼、徽4县插花飞地办法一案意见3项，以甘谷县县长征工督修渭源渠、建设厅为其请功等事宜。

【叙录编号】 0035
【档案题名】
　　甘肃省政府委员会第1320次会议议事日程外附会议材料
【发文单位】 甘肃省政府委员会
【收文单位】 甘肃省政府
【档案编号】 004-007-0380-0007
【成文时间】 1946-02-26
【关 键 词】 收支数目报告表
【内容提要】
　　关于提会报告财政厅民国三十四年（1945）9、10、11、12月份经管各费类别总账户收支数目报告表等事宜。

【叙录编号】 0036
【档案题名】
　　甘肃省政府委员会第1332次会议议事日程外附会议材料
【发文单位】 甘肃省政府委员会
【收文单位】 甘肃省政府
【档案编号】 004-007-0383-0004
【成文时间】 1946-05-10
【关 键 词】 农业改进所
【内容提要】
　　关于提请审议拨发农业改进所本年度（1946）核定事业费等事宜。

【叙录编号】 0037
【档案题名】
　　甘肃省政府委员会第1338次会议议事日程外附会议材料
【发文单位】 甘肃省政府委员会
【收文单位】 甘肃省政府
【档案编号】 004-007-0384-0002
【成文时间】 1946-06-04
【关 键 词】 收支数目报告表
【内容提要】
　　关于报告财政厅民国三十五年（1946）1、2、3、4月份经管各费类总账户收支数目报告表等事宜。

【叙录编号】 0038
【档案题名】
　　甘肃省政府委员会第1369次会议议事日程外附会议材料
【发文单位】 甘肃省政府委员会
【收文单位】 甘肃省政府
【档案编号】 004-007-0387-0012
【成文时间】 1946-09-24
【关 键 词】 农贷
【内容提要】
　　主要涉及报告中国农民银行办理农贷办法纲要，附《中国农民银行办理农贷办法纲要》。

【叙录编号】 0039
【档案题名】
　　甘肃省政府委员会第1375次会议议事日程外附会议材料
【发文单位】 甘肃省政府委员会
【收文单位】 甘肃省政府
【档案编号】 004-007-0388-0010
【成文时间】 1946-10-15
【关 键 词】 收支数目报告表；政务改进意见
【内容提要】
　　关于财政厅报告民国三十五年（1946）8月份财政厅经管各费类总账户收支数目报告

表，核查甘肃省三十四年度（1945）政务考察报告改进意见，附《甘肃省三十四年（1945）政务改进意见》，内容包括农贷利用、交通建设等。

【叙录编号】 0040
【档案题名】
甘肃省政府委员会第1381次会议议事日程外附会议材料
【发文单位】 甘肃省政府委员会
【收文单位】 甘肃省政府
【档案编号】 004-007-0391-0002
【成文时间】 1946-11-05
【关 键 词】 收支数目报告表
【内容提要】
关于提会报告民国三十五年（1946）9月份财政厅经管各费类总账户收支数目报告表等事宜。

【叙录编号】 0041
【档案题名】
甘肃省政府委员会第1388次会议议事日程外附会议材料
【发文单位】 甘肃省政府委员会
【收文单位】 甘肃省政府
【档案编号】 004-007-0392-0005
【成文时间】 1946-11-29
【关 键 词】 水利局；牲畜营业税
【内容提要】
关于核拟经甘肃省水利局编制暨所需经临各费由本年度第二预算金及生活补助费拨发，审查甘肃省牲畜营业税征收办法修正意见清单等事宜。

【叙录编号】 0042
【档案题名】
甘肃省政府委员会民国三十五年（1946）12月10日第2次临时谈话会议议事日程外附会议材料
【发文单位】 甘肃省政府委员会
【收文单位】 甘肃省政府
【档案编号】 004-007-0393-0006
【成文时间】 1946-12-10
【关 键 词】 收支数目报告表；农场
【内容提要】
关于财政厅报告民国三十五年（1946）10月份经管各费类总账户收支数目报告表，甘肃省库总分各库民国三十五年（1946）8、9、10月份收入总存款收支情形数目表，审议修正湟惠渠特种乡农场管理规则等事宜。

【叙录编号】 0043
【档案题名】
甘肃省政府委员会第1402次会议议事日程外附会议材料
【发文单位】 甘肃省政府委员会
【收文单位】 甘肃省政府
【档案编号】 004-007-0397-0002
【成文时间】 1947-02-04
【关 键 词】 收支数目报告表
【内容提要】
关于财政厅报告民国三十五年（1946）12月份经管国库各费类总账户收支数目报告表等事宜。

【叙录编号】 0044
【档案题名】
甘肃省政府委员会第1261次会议议事日程外附会议材料
【发文单位】 甘肃省政府
【收文单位】 不详
【档案编号】 004-007-0405-0006
【成文时间】 1945-07-27
【关 键 词】 旱灾；飞地

【内容提要】

会上主席提议田粮处签呈本省因旱成灾、小陇山林区、通渭县有海原县飞地等事。

【叙录编号】 0045
【档案题名】
甘肃省政府委员会第1461次会议议事日程外附会议材料
【发文单位】 甘肃省政府委员会
【收文单位】 甘肃省政府
【档案编号】 004-007-0495-0002
【成文时间】 1947-08-29
【关 键 词】 水利局；灾害；雨量比较表
【内容提要】

主要涉及行政院呈送修正甘肃省水利局组织规程，附《甘肃省水利局组织规程》《甘肃省三十六年度（1947）各县被灾一览表》《甘肃省兰州等三十四年（1945）、三十五年（1946）、三十六年（1947）5、6两月雨量比较表》。

【叙录编号】 0046
【档案题名】
甘肃省政府民国二十三年（1934）3月份行政报告
【发文单位】 甘肃省政府秘书处
【收文单位】 甘肃省政府
【档案编号】 004-008-0510-0003
【成文时间】 1934-03
【关 键 词】 荒地利用；黄河铁桥；气象测候所；甘陕公路
【内容提要】

甘肃省政府民国二十三年（1934）3月份行政报告共有7个要目，根据要目提出相关内容。一、奉令中央法规事项中涉及生态环境的有《民用马牛驴骡家畜保育标准办法》《修正勘报灾歉条例》。二、省政府委员会决议事项摘要：1.拟订分榆中县东滩北岸大沙滩荒地扩充学产办法三条；2.黄河铁桥工程开支工料核销一案；3.通过省立气象测候所拟将制革厂后面两院占用改建宽大所址，并建筑气台的预算。七、建设：1.公路相关，积极赶修甘陕干线，派员查勘甘陕干线东岗镇至接家嘴一段路线工程，修筑甘新公路；2.水利相关，开凿洮沙县新渠。

【叙录编号】 0047
【档案题名】
甘肃省政府民国二十三年（1934）4月份行政报告
【发文单位】 甘肃省政府秘书处
【收文单位】 甘肃省政府
【档案编号】 004-008-0510-0004
【成文时间】 1934-04
【关 键 词】 砥河；开渠；中山林；水槽
【内容提要】

甘肃省政府民国二十三年（1934）4月份行政报告共有7个要目，根据要目分类提要出相关内容。四、民政中记，据康乐设治局呈新治城内中砥河夏秋之际，山洪暴发，危及居民，请向东开渠长150丈宽4丈，将河流引至郊外，直入马家集大河以利交通而免危险，结论为开渠所占民间地亩，据该局称，等工程结束后，筹发地价，则公私两无所损，不至于引起纠纷。七、建设中记：1.公路相关：派员查勘崔家崖道路。2.水利相关：筹划金塔县水利，金塔县地处戈壁，雨水稀少，5万亩农田依赖酒泉县临水进行灌溉，但彼此畛域攸分，记进展情形和结论；垫款与修建雁滩水车。3.农林相关，中山林修建水槽。

【叙录编号】 0048
【档案题名】
甘肃省政府民国二十三年（1934）5月份

行政报告

【发文单位】 甘肃省政府秘书处
【收文单位】 甘肃省政府
【档案编号】 004-008-0510-0001
【成文时间】 1934-05
【关 键 词】 水利争讼；中山林水槽；灌溉实验；兰州市路；河渠图说
【内容提要】

甘肃省政府民国二十三年（1934）5月份行政报告共有7个要目，根据要目分类提要出生态环境相关内容。一、奉行中央法规事项中，相关的有内政部颁发的《各省陆地测量局协助各省土地测量办法》。二、省政府委员会决议事项摘要：1.建修中山林水槽；2.皋兰县骆驼巷与冯家湾等庄民因水利争讼等事；3.决议靖远县复勘北湾河工事。四、民政：1.记和政县修筑水渠，进行灌溉实验事；2.古浪县的水源在番地，藏族民众砍伐树木，以图私利水源，电令古浪县切实查禁。六、建设：1.路政相关，筹办甘陕干线桥涵材料，派员查勘甘新、甘青、甘川等线公路，计划修筑兰州巾路；2.水利相关，令饬临洮等县填报河渠图说，发款修复永登县七里毛他等村水渠，续发款项修复靖远北湾河工。

【叙录编号】 0049
【档案题名】

甘肃省政府民国二十三年（1934）11月份行政报告

【发文单位】 甘肃省政府
【收文单位】 甘肃省政府
【档案编号】 004-008-0511-0002
【成文时间】 1934-11
【关 键 词】 清丈土地；植树；防沙；水利拨款；农田水利
【内容提要】

甘肃省政府民国二十三年（1934）11月份行政报告共有7个要目，根据要目分类提要出生态环境相关内容。四、民政相关：1.清丈土地，因限于人力财力，拟先由省会清丈再及外县，由城市清丈再及农村；2.通过民勤县建议拟请插风墙，栽树株御防风沙以全耕地一案；3.临洮县民生普济两渠工程需款案，审查意见：查水利借款业经分配无余，民生渠工程费已支配在内，普济渠拟具详确计划呈请另案核办；4.岷县请由水利拨款内借修岷县□藏河桥东堤工及洮河堤工案，审查意见：此两案需建设厅派员实地勘察后核办。七、建设下记：1.路政相关，规定西兰公路第五段征雇民工付款办法；特准新绥长途汽车公司试驶肃州支线；饬修甘宁干线兰靖段公路；令县计划修筑天、清两县道路；饬修殷家沟至江洛镇大车道。2.水利相关，通令各县切实勘查计划水渠；派员验收皋兰县补修黄河沿堤岸工程。3.矿务相关，令县查勘矿区。4.农林相关，调查各县农田水利；调查各县燃料供求状况。

【叙录编号】 0050
【档案题名】

甘肃省政府民国二十三年（1934）12月份行政报告

【发文单位】 甘肃省政府秘书处
【收文单位】 甘肃省政府
【档案编号】 004-008-0511-0003
【成文时间】 1934-12
【关 键 词】 救济事业；成县水灾；洮惠渠测量；修堤；气象；矿区
【内容提要】

甘肃省政府民国二十三年（1934）12月份行政报告共有7个要目，根据要目分类提要出生态环境相关内容。三、省政府委员会决议事项摘要：1.核议修复甘谷龙峪南沙二沟工程费。2.办理救济事业之经过，包括成县水灾赈款等。七、建设：1.路政相关，电催兰秦公路沿线各县赶筑桥涵工程；通饬西兰公路第五段沿线各县不得克扣民工公款。2.水利相关，积极测量洮惠渠（即民生渠），拨款修筑榆中县东滩护岸堤工程。3.气象相关，迁移省气象测候所。4.矿务相关，令县查勘矿区。

【叙录编号】 0051
【档案题名】
甘肃省政府关于发民国二十四年（1934）1月份行政报告给甘肃省政府民政厅的训令
【发文单位】 甘肃省政府
【收文单位】 甘肃省民政厅
【档案编号】 004-008-0512-0001
【成文时间】 1934-04-20
【关 键 词】 考察边境办法；气象测候所；黄河水患；森林
【内容提要】
甘肃省政府民国二十四年（1934）1月份行政报告共有7个要目，根据要目分类提要出生态环境相关内容。一、奉行中央法令事项中，相关的法令有内政部颁发的《提倡国人考察边境办法》。二、颁行本省单行法规事项中，相关的法令有《甘肃省公路建筑规程》。三、省政府委员会决议事项摘要涉及气象测候所经费。四、民政：1.办理救济经过；2.地政相关，涉及到划界，本省各县区域凡插花瓯脱等地有于行政上下不便者切实加以划分。七、建设下：1.水利相关，制止黄河水患，为制止黄河水患令建设厅令各县堤防造林；2.森林相关，制止滥伐森林；3.农业相关，剔除烟商剥削农民积弊。

【叙录编号】 0052
【档案题名】
甘肃省政府民国二十五年（1936）1月份行政报告
【发文单位】 甘肃省政府秘书处
【收文单位】 甘肃省政府
【档案编号】 004-008-0512-0002
【成文时间】 1936-01
【关 键 词】 气象测候所；清丈土地；救济事业；环境卫生检查；公路；凿井灌溉；植树办法
【内容提要】
甘肃省政府民国二十五年（1936）1月份行政报告共有7个要目，根据要目分类提要出生态环境相关内容。三、省政府委员会：1.核发兰州气象测候所修理费；2.核议测量局清丈省垣南乡河干镇地籍图案。四、民政：1.土地行政相关，派员查勘秦甘通三县（即甘谷、秦安、通渭）插花地；2.关于各县灾民之救济，以岷县、山丹县灾案较为重要；3.关于环境卫生进行事项，检查商店、西医、牙医、屠宰场。七、建设：1.路政相关，成立汽车管理处暨兰秦关天马路车站，令饬西兰路沿线各县修理大车道，派员详查张家川至华亭县路线情形，令饬复工续修洮秦支路，改测甘青公路飞石崖路线；2.水利相关，延聘凿井技师续办凿井灌溉；3.林政相关，修订本年纪念造林植树办法注意要项，令发各县局遵照办理；4.农政相关，拟订推广棉作计划预算草案；5.度政相关，订定甘肃省会度量衡新制度推行办法。

【叙录编号】 0053
【档案题名】
甘肃省政府民国二十五年（1936）2月份行政报告
【发文单位】 甘肃省政府
【收文单位】 甘肃省政府
【档案编号】 004-008-0512-0001
【成文时间】 1934-01
【关 键 词】 气象测候所；洮惠渠；黄河铁桥；救济事业；交通运输；东滩河工程

【内容提要】

共有7个要目，根据其要目分类提要出生态环境相关内容。一、奉行中央法令事项，与生态环境相关的法令有《各省市县造林运动宣传周办法大纲》《修正水陆地图审查条例施行细则》。二、颁行本省单行法规事例，与生态环境相关的法令有《修正甘肃省立气象测候所组织规程》第3条暨第5条。三、省政府委员会决议事项摘要：1.核定气象测候所所长等官为委任；2.核议保管洮惠渠工费委员会组织办法案；3.核议本年推广棉种办法及经费预算案；4.核议组织本省农村春耕救济委员会案；5.核议奉令举办土地陈报案；6.核议修理黄河铁桥案；7.救济事业，本月份办理救济以永登县、民乐县、敦煌县等县灾案较为重要；8.关于环境卫生进行事项。七、建设：1.路政相关，派员视察洮秦公路工程进行状况，派测量队勘测第二干线中之临洮至武都一段，改测甘青公路八盤台路线；2.水利相关，派员修筑东滩河工程，榆中县属东滩河堤，前被洪水冲及，全滩几成泽国，现值水位低，亟应修筑以保安全；3.农政相关，拟订推广棉种植办法及经费预算呈请核定办理，购置水田拨交省农场扩大实验；4.林政相关，选派学员赴陕实习林政。

【叙录编号】 0054

【档案题名】

甘肃省政府民国二十五年（1936）10月份行政报告

【发文单位】 甘肃省政府秘书处

【收文单位】 甘肃省政府

【档案编号】 004-008-0513-0001

【成文时间】 1936-10

【关 键 词】 兰州气象测候所；景泰老龙湾；农政

【内容提要】

共有8个要目。一、省政府委员会决议事项摘要：1.核议兰州气象测候所请拨款修理职员宿舍及院墙案；2.景泰老龙湾被冲田亩罚款准豁免；3.救济天水县震灾的经过。六、教育：在水利学门中记载了物理学试题。七、建设：1.路政，继续修筑甘青洮秦两线公路；2.继续设计甘川第二干线洮岷段图表预算；3.完成司家河桥梁；4.修筑甘新公路河永段土方工程；5.修筑兰州下东关市路路基工程。水利，继续修筑洮惠渠。农政，拨款轧收优良棉籽储备，翌春推广棉田；筹办四等测候所受训人员已期满，经考试及格分派各原县工作。八、行政计划与工作进度对照表，记修筑洮惠渠已经完成28%。

【叙录编号】 0055

【档案题名】

甘肃省政府民国二十五年（1936）11、12月行政报告

【发文单位】 甘肃省政府秘书处

【收文单位】 甘肃省政府

【档案编号】 004-008-0513-0005

【成文时间】 1936-11-12

【关 键 词】 荒地垦殖；洮惠渠；棉花推广；造林实验；兴隆山

【内容提要】

11月份行政报告：一、奉行中央法令事项，相关的法令有《荒地实施垦殖督促办法》。二、省政府委员会，决议事项摘要中，省水利工程处组织大纲交审查。七、建设：1.路政，继续修筑甘青洮秦两线公路，公路测量队分别测量设计各路图表；继续修筑甘新路公路河永段土石方工程，百余人逐日积极修筑，已完成5万余公方，完成兰州下东关市路路基工程。2.水利，设立全省水利工程处并积极修筑洮惠渠。3.农政，函送省农场实验之斯字托字等各种棉花及棉作生育状况表，请中央棉产改进所

参考指导，并邀征寄斯字棉籽以便来年繁殖；拟具民国二十六年（1937）推广棉作计划大纲，函送全国经济委员会，转饬棉业统制委员会，查照协助拨款借资发展；收买退化美棉种籽，以便在较寒地带推广。4.林政，沿黄晚秋埋干造林及普通秋季造林两种实验，业经完竣，并已派员勘验成绩。5.矿物，通知皋兰县矿商颜瞻鲁限期为公司之登记。行政计划与工作进度对照表中，修筑洮惠渠，本月份将水渠设计测量队改组为省水利工程处并继续修筑该渠各项工程，已完成55%。

12月份行政报告：二、颁行本省单行法规事项，与生态环境相关的法规是《甘肃省水利工程组织规程》。三、省政府委员会决议事项摘要：1.省会公务员服役修筑森林公园车道。七、建设：1.路政相关，继续修筑甘青洮秦两线公路；继续绘制洮岷路图表；继续修筑甘新（峪？）河永段土石方工程；修筑兰市森林公园内道路工程之经过；派员视察兰秦公路并指示改善以利行车。2.水利相关，续修洮惠渠。3.农政相关，调查本省主要牲畜树木暨羊毛药材产量；令省立第一农场编具二十六年作业计划以便核定进行。4.林政相关，令榆中县整理兴隆山森林；令天水、武威等39县查报本年成活树株以便考核籍咨奖惩。八、行政计划与工作进展对照表中，修筑洮惠渠记本月份各项工程较前略有进展，已经完成60%。

【叙录编号】 0056
【档案题名】
　　第二次全国内政会议提案及报告书
【发文单位】 甘肃省民政厅
【收文单位】 甘肃省政府
【档案编号】 004-008-0514-0001
【成文时间】 1932
【关 键 词】 水利；地政；水利简章；防旱计划

【内容提要】
　　记推进水利建设问题，介绍了水利问题的发生和6个水利问题要点；记促进地政问题，介绍了地政问题的发生和2个地政问题要点；记推进水利建设问题，问题涉及招工办法、甘肃水利习惯（A.上足下流，即先尽上游浇灌，然后依次浇灌下游的田；B.轮流浇灌，一渠长若干里，所有沿渠的田，规定时间大约以燃香的长度为标准等）、甘肃地势、黄河、渭河、洮河、水文测量等；记民勤县整理水利简章，共12条；记甘肃省民政厅防旱计划。

【叙录编号】 0057
【档案题名】
　　甘肃省政府民国三十三年（1944）4—6月份行政报告
【发文单位】 甘肃省政府秘书处
【收文单位】 甘肃省政府
【档案编号】 004-008-0517-0001
【成文时间】 1944-06
【关 键 词】 蓄水库；道路；水渠；造林；矿业；气象

【内容提要】
　　甘肃省政府民国三十三年（1944）4—6月份工作报告共有17个条目，按照条目进行分类提要。三、省政府委员会决议事项摘要，记准甘肃水利林牧公司函，以金塔县县长阎重义襄助鸳鸯池蓄水库工程，劳绩卓著，请酌予奖叙等由，查该县长对于水利工程，努力协助，拟请准予记功1次。记将海原县属杨郎镇与固原县属李俊乡畸形地区互换管辖。六、建设。交通相关：1.兰宁公路；2.岷夏公路；3.兰临大车道；4.兰阿大车道；5.黄河寺沟峡河道。水利相关：1.兰丰渠；2.靖丰渠；3.汭丰渠；4.永丰渠；5.永乐渠；6.肃丰渠；7.溥济渠；8.洮惠渠；9.湟惠渠。农林相关：举行荒山直播造林试验。矿业相关：甘肃矿业公司、狼峪沟煤矿开采工程、徽县共冶炼铁厂、静宁罐子峡铁厂、矿山机械修造部。气象相关：合办天水县三等气象测候所。工作计划与工作进度对照表中记载兰丰渠、靖丰渠、汭丰渠、永丰渠、肃丰渠、溥济渠、洮惠渠、湟惠渠的工程进展。

【叙录编号】 0058
【档案题名】
甘肃省政府民国二十六年（1937）3、4月份行政报告
【发文单位】 甘肃省政府秘书处
【收文单位】 甘肃省政府
【档案编号】 004-008-0518-0001
【成文时间】 1937-04
【关 键 词】 森林；沿黄造林；洮惠渠；兵工修渠；森林公园
【内容提要】
甘肃省政府民国二十六年（1937）3月份行政报告主要内容：一、奉行中央法令事项中记《保护特种木林监督办法》《修正森林法第九及第十八条》。三、省政府委员会决议事项摘要中涉及核拨沿黄河造林榆中办事处开办经常两费。七、建设：1.路政相关，甘青甘新洮秦各线公路工程进行概况，继续设计甘川第二干线洮岷段工程预算，兰秦路改善路基工程进行概况；2.水利相关，续修洮惠渠；3.林政相关，遴委沿黄造林东段办事处职员并颁发钤记拨款前往筹办进行；4.气象相关，派员参加首都第三届全国气象会议。八、行政计划与工作进度对照表中记修筑洮惠渠、筹备进行沿黄造林等工作进度。

甘肃省政府民国二十六年（1937）4月份行政报告主要内容：二、颁行本省单行法规事项，相关的法规有《兵工修渠办法》《甘肃省沿黄造林办事处组织章程》《甘肃省沿黄造林暂行规则》《甘肃省沿黄造林保护奖惩暂行规程》。三、省政府委员会方面：1.核议修筑兰州市森林公园道路工程图表及预算书；2.沿黄造林各种规章议交法制室审核；3.核定兵工修渠办法；4.核定沿黄造林各种规程。七、建设：1.路政相关，甘青甘新洮秦各线公路工程进行概况，兰秦路改善路基工程进行概况，修筑兰市森林公园道路之经过；2.水利相关，续修洮惠渠工程；3.林政，记森林公园造林之概况，省立第一苗圃造林之概况。行政计划与工作进度对照表中，记修筑甘青甘新洮秦公路各线公路、修筑兰市森林公园、修筑洮惠渠、森林公园造林、第一苗圃造林等事项进度。

【叙录编号】 0059
【档案题名】
甘肃省政府民国二十六年（1937）12月份行政报告
【发文单位】 甘肃省政府秘书处
【收文单位】 甘肃省政府
【档案编号】 004-008-0519-0003
【成文时间】 1937-12
【关 键 词】 飞地；修路；洮惠渠；煤矿
【内容提要】
甘肃省政府民国二十六年（1937）12月份行政报告主要内容：三、省政府委员会，记划分飞地，红门寨十八庄地方原系岷县飞地，而离岷甚远，飞嵌于漳县境内。七、建设：1.路政，修筑甘新公路，修筑平宁公路，铺筑西兰公路碎石路面，测量长武至盐池公路，修筑省会街道；2.水利，记洮惠渠工程进行概况；3.农林，拨植棉指导所经费以维持现状而利工作，转饬所属各区署保甲长采集当地各□林木种子以备翌春播种育苗；4.矿物，奉发实业部战时领办煤矿办法，令饬各县局遵照办理。八、行政计划与工作进度对照表，登记修筑甘新公路，修筑甘宁公路，铺筑西兰公路路面工程，测量长武盐池公路，修筑兰州市路，修筑

洮惠渠，整理兰州电灯厂，饬县采集当地优良树种，令发战时领办煤矿办法工作事项进度。

【叙录编号】 0060
【档案题名】
甘肃省政府民国三十六年（1947）1—6月份工作报告
【发文单位】 甘肃省政府
【收文单位】 不详
【档案编号】 004-008-0520-0001
【成文时间】 1947-06
【关 键 词】 垦荒；修渠；造坝；凿井；公路；植树
【内容提要】
甘肃省政府民国三十六年（1947）1—6月份工作报告主要内容：二、颁行本省单行法规事项。2月18日通过《甘肃省荒地承垦办法》。四、民政，编查祁连山边民区域保甲户口。六、建设。甲、交通：修天兰铁路，兰宁、甘川、洮循、江武等公路，牛鼻峡航道。乙、水利：成立省水利局，大型水利工程有湟惠渠、洮惠渠、溥济渠、汭丰渠、靖丰渠、永丰渠、永乐渠、肃丰渠；小型水利有靖远复兴新渠、临洮延长新民渠、海源羊饮水渠、靖远引黄河渡苦水工程、靖远陡城清廉渠；河西水利完成武威西营河前三坝头沟半交道工程，酒泉洪水坝进口引渠工程，勘测武威白塔河、黄羊河、金渠河，张掖上寨子、新沟荒地、洪水河、海潮坝河、蓄水库，民乐黑河，祁连山火同河。丙、农林。卯、森林：1.公务员植树，于中山林黄河沿岸及中和滩等地植树3万余；2.推广造林17000余；3.直接造林，中正山分期分区种植；5.各县造林1367万余。辰、保土，包括牧草、荒山植草、沙田实验等，《甘肃省三十六年度（1947）各县被灾一览表》、义务劳动；2.水利，修河渠57547公里，堤坝66313公里，开凿泉源79眼，水井400眼，挖掘水平沟31117方公里；4.造产，垦荒2211236公亩，造林11527550公亩，苗圃43030公亩，植树20488666株。荒地承垦，计152亩7分（通渭、庄浪、静宁等县30起）。

【叙录编号】 0061
【档案题名】
甘肃省民政厅民国三十年（1941）4月份工作报告
【发文单位】 甘肃省民政厅
【收文单位】 甘肃省政府
【档案编号】 004-008-0538-（0001-0004）
【成文时间】 1941-05-09
【关 键 词】 旱灾；雹灾；飞地
【内容提要】
救济遭受旱灾和雹灾的各县，临潭县、榆中县赈款各2000元，武山、文县赈款各3000元；地政下记，组织勘测队派赴各县整理畸形插花飞地。

【叙录编号】 0062
【档案题名】
甘肃省民政厅民国三十年（1941）9月份工作报告
【发文单位】 甘肃省民政厅
【收文单位】 甘肃省政府
【档案编号】 004-008-0539-（0001-0004）
【成文时间】 1941-10
【关 键 词】 雹灾；地籍测量
【内容提要】
本月份续报雹灾有临潭、通渭、平凉、皋兰、景泰、固原、康县、清水、甘谷、海原、礼县、庄浪、秦安、会宁等14县，其中以清水县水灾最严重。地政下记：派员前往天水等县视察办理地政情形、临夏县城市地籍测量工作情形，办理隆德县所属飞地划拨情形，办理岷县所属上阳山等村插花划拨情形。

【叙录编号】 0063
【档案题名】
　　甘肃省民政厅民国三十一年（1942）1—4月份工作报告
【发文单位】 甘肃省政府
【收文单位】 甘肃省政府
【档案编号】 004-008-0541-（0001-0003）
【成文时间】 1942
【关　键　词】 旱雹灾；铲除烟苗
【内容提要】
　　救济：平原、华亭、崇信、隆德、民勤、庆阳、会宁、古浪、西固、天水、永昌等县上年受旱雹灾；救济：临潭三十年度（1941）受雹灾；戊、禁烟，饬铲卓尼、岷县烟苗。

【叙录编号】 0064
【档案题名】
　　甘肃省民政厅民国三十一年（1942）5—12月份工作报告
【发文单位】 甘肃省政府
【收文单位】 甘肃省政府
【档案编号】 004-008-0542-0001
【成文时间】 1942
【关　键　词】 禁烟
【内容提要】
　　禁烟，铲除岷县、卓尼烟苗；禁烟，铲敦煌西湖、岷县、卓尼烟苗；禁烟，卓尼、岷县、西固、渭源、清水查铲烟苗。

【叙录编号】 0065
【档案题名】
　　甘肃省民政厅民国三十二年（1943）1—9月份工作报告
【发文单位】 甘肃省政府
【收文单位】 甘肃省政府
【档案编号】 004-008-0543-0006
【成文时间】 1943
【关　键　词】 禁烟
【内容提要】
　　禁政及礼俗，请派飞机威胁铲烟；电请陕西会同铲烟；禁政及礼俗，铲卓尼、西固、岷县烟苗；禁政，铲西固、卓尼、岷县、皋兰烟苗。

【叙录编号】 0066
【档案题名】
　　甘肃省民政厅民国三十三年（1944）1—9月份工作报告
【发文单位】 甘肃省政府
【收文单位】 甘肃省政府
【档案编号】 004-008-0544-（0001-0003）
【成文时间】 1944
【关　键　词】 禁烟；垦荒造林；造产计划
【内容提要】
　　丙、禁烟及礼俗，严查卓尼冬烟。丁、乡镇造产，本省自颁布三年造产计划，令各县实行，包括：垦荒造林、畜牧、开煤矿、水口等，以垦荒造林为普遍。戊、禁政，办理静宁、武威烟苗案；请川陕会铲烟苗；铲卓尼烟苗。庚、禁烟，查铲岷县、安西、敦煌烟苗。

【叙录编号】 0067
【档案题名】
　　甘肃省民政厅关于报送本年（1947）1—6月份工作报告致甘肃省政府秘书处编译室的公函
【发文单位】 甘肃省民政厅
【收文单位】 甘肃省政府秘书处编译室
【档案编号】 004-008-0545-（0001、0003）
【成文时间】 1947-07-14
【关　键　词】 徐公渠划归酒泉；禁烟
【内容提要】

乙、行政区划，调整插花飞地，金塔徐公渠请划归酒泉。丁、禁政，查禁陕甘川边境种烟。

【叙录编号】 0068
【档案题名】
甘肃省民政厅有关民政概况
【发文单位】 不详
【收文单位】 不详
【档案编号】 004-008-0565-0001
【成文时间】 不详
【关 键 词】 禁烟；建议设立特别区
【内容提要】
三、施政计划实施之进度；丙、禁政及礼俗：1.查禁偷种烟苗。《关于西北之建议》：甘川青交界地区西北为河曲，东部为洮河上游，南部为岷江、白龙江源，可供灌溉，宜耕宜牧，又为交通要道，建议设立特别区，由中央直属军队驻扎。

【叙录编号】 0069
【档案题名】
甘肃省民政厅关于本厅拟召开全省县长抽调会议并拟订本省各县长抽调会议规程、分组细则、预算书致甘肃省政府的呈
【发文单位】 甘肃省民政厅
【收文单位】 甘肃省政府
【档案编号】
004-008-0567-（0034-0035、0055-0057）
【成文时间】 1933-01-13
【关 键 词】 会议
【内容提要】
《甘肃省县长抽调会议各审查组分组细则》。第三组，审查关于土地水利禁烟财政事项。

【叙录编号】 0070
【档案题名】
甘肃省政府关于发该厅民国二十九年度（1940）施政报告、本年度施政方针及届时出席省临时参议会给甘肃省民政厅厅长郑震宇的训令
【发文单位】 甘肃省政府
【收文单位】 甘肃省民政厅厅长郑震宇
【档案编号】 004-008-0608-（0001-0003）
【成文时间】 1941-02-08
【关 键 词】 禁烟；修渠；修堤；护林
【内容提要】
《甘肃省民政厅二十九年度（1940）施政报告》，内容包括：丙、经济建设部门，四、兴办水利，除续修洮惠、溥惠、湟惠等渠外，亦兴修永丰、泾河、喇嘛、汭河、新兰等五渠，及天水河堤、靖远北湾河堤。五、护植农林，设立农牧公□，对叠、陇、番、祁连、积石等山脉之天然林进行保护。丁、禁烟，严禁偷种烟苗，收缴烟籽，成立查禁种烟督察团。《甘肃省政府三十年度（1941）重要之施政方针》。

【叙录编号】 0071
【档案题名】
甘肃省民政部门施政报告
【发文单位】 甘肃省政府
【收文单位】 不详
【档案编号】 004-008-0609-0014
【成文时间】 不详
【关 键 词】 垦荒造林；畜牧；开矿；水磨
【内容提要】
丁、乡镇造产，造产种类包括：（一）垦荒造林，（三）畜牧，（五）开煤矿，（六）水磨，以垦荒造林等最为普遍。

【叙录编号】 0072
【档案题名】

甘肃省民政厅民国三十三年（1944）施政报告及甘肃省政府、民政厅关于施政报告的训令、呈文
【发文单位】 甘肃省民政厅；甘肃省政府
【收文单位】 不详
【档案编号】 004-008-0610-0002
【成文时间】 1945-05-15
【关 键 词】 插花飞地；乡镇造产
【内容提要】
　　甘肃省民政厅施政报告录有"整理插花飞地""乡镇造产"等内容，"乡镇造产"内又包含饲养家畜畜牧、经营水磨、开采煤矿、垦荒造林等事宜。后经委员会核议，并提出意见。甘肃省政府令民政厅查照，就所询各点详加研究见复。甘肃省民政厅详加研究后逐点陈述，并呈报甘肃省政府。

【叙录编号】 0073
【档案题名】
　　甘肃省政府职员马鹤年关于报送拟具《整顿县政大纲七项》致甘肃省政府的呈
【发文单位】 甘肃省政府职员
【收文单位】 甘肃省政府
【档案编号】 004-008-0611-0005
【成文时间】 不详
【关 键 词】 农务试验场
【内容提要】
　　录有"设立农务试验场、工业试验所"的内容。

【叙录编号】 0074
【档案题名】
　　甘肃省财政厅关于报送本厅民国二十九年（1940）12月中旬岁出旬报表致甘肃省政府的呈
【发文单位】 甘肃省财政厅
【收文单位】 甘肃省政府
【档案编号】 004-008-0612-0001
【成文时间】 1941-01-15
【关 键 词】 修筑河堤；修理水池；土壤肥料；勘查水渠；气象所经费
【内容提要】
　　"经济及建设支出"录有修筑雷坛河堤尾款、修理中山公园水池费、12月份农业学校教员参加土壤肥料实验技术人员讲习会旅膳费、12月份工程司马龙光赴永靖、宏济渠勘查旅费。"预备费"录有天水县气象所冬季炭费。

【叙录编号】 0075
【档案题名】
　　甘肃省民政厅关于报送本厅民国三十年度（1941）政绩比较表给甘肃省政府的呈
【发文单位】 甘肃省民政厅
【收文单位】 甘肃省政府
【档案编号】 004-008-0616-0003
【成文时间】 1942-05-14
【关 键 词】 插花飞地
【内容提要】
　　"民政厅三十年度（1941）政绩比较表"录有整理各地插花飞地的相关记录。

【叙录编号】 0076
【档案题名】
　　甘肃省民政厅关于报送本厅民国三十一年度（1942）政绩比较表致甘肃省政府的呈
【发文单位】 甘肃省民政厅
【收文单位】 甘肃省政府
【档案编号】 004-008-0616-0005
【成文时间】 1943-03-26
【关 键 词】 勘定辖境
【内容提要】
　　"民政厅三十一年度（1942）政绩比较表"录有勘定兰州市辖境的记录。

【叙录编号】 0077
【档案题名】
甘肃省政府关于发该厅民国三十四年度（1945）政绩比较表行政院初核意见及党政工作考核委员会复核意见给甘肃省民政厅的训令
【发文单位】 甘肃省政府
【收文单位】 甘肃省民政厅
【档案编号】 004-008-0617-0006
【成文时间】 1946-12-11
【关 键 词】 垦荒造林；农田水利；农林畜牧；矿业
【内容提要】
"民政"部分录有行政院令甘肃省政府加紧推行乡镇造产，今后应按计划切实推行并应注意垦荒造林及兴修小型农田水利的记录。"建设"部分录有行政部令该省农业改进所、畜牧兽医研究所分别编具农林畜牧所所列各节的详细报告并送农林部的记录；行政院令甘肃省政府应依照矿业法先行呈准设立矿业权方可开工的记录。

【叙录编号】 0078
【档案题名】
甘肃省政府关于转发本府民国三十六年度（1947）政绩比较表审核意见给甘肃省民政厅的训令
【发文单位】 甘肃省政府
【收文单位】 甘肃省民政厅
【档案编号】 004-008-0617-0008
【成文时间】 1949-01-10
【关 键 词】 钻探矿产；办理淤地；督垦荒地
【内容提要】
"民政"部分录有行政院令甘肃省政府有在"调整插花飞地"1项。"建设"部分录有行政部令甘肃省政府施行钻探矿产应先由该矿商呈报经济部核定探矿权后再行矿保。"地政"部分录有行政院就"办理靖丰渠淤地，重划放领农场等工作"一节，令甘肃省政府依照土地重定第29条之规定应标志总报告送地政部备查；就"督垦荒地"项，行政部令甘肃省政府将开垦面积等项补报农林部备查。

【叙录编号】 0079
【档案题名】
甘肃省民政厅关于报送本厅政绩交代比较表致甘肃省政府的呈
【发文单位】 甘肃省民政厅
【收文单位】 甘肃省政府
【档案编号】 004-008-0619-0007
【成文时间】 1945-10-15
【关 键 词】 插花飞地
【内容提要】
如题。

【叙录编号】 0080
【档案题名】
甘肃省行政会议审查报告
【发文单位】 甘肃省政府
【收文单位】 不详
【档案编号】 004-008-0634-0001
【成文时间】 不详
【关 键 词】 修筑水利工程；种树植棉；开渠凿井；开采矿山；垦荒
【内容提要】
《甘肃省行政会议民政组审查会报告表》录有"整理行政区域"议题。《甘肃省行政会议建设组审查报告》录有"有关农业组织"议题，包括合邻县设立农业试验场、申请成立籽种交换所等内容；录有"提倡生产"议题，包括提倡棉业、推广棉植等内容；录有"水利"议题，包括拨款开建武威县四区水渠，建筑武威县杂大筑河流蓄水池，彻底整顿河西各县水利，建修靖远沿河堤，早日施行甘肃省政府决议蓄水库工程，制定种树植棉、开渠凿井等记录；录有"垦荒"议题，包括利用官荒赈济逃户，请迁移难民耕种逃户等记录；录有"矿"议题，包括凿井开采岸山等记录；录有"各县特殊情况"议题，包括拨款建防风林、苗圃等记录。《甘肃省行政会议临时提案案查报告》录有筹备勘查可耕荒地等记录。

【叙录编号】 0081
【档案题名】
　　甘肃省政府民国二十七年（1938）10月份工作报告
【发文单位】 甘肃省政府
【收文单位】 不详
【档案编号】 004-008-0639-0002
【成文时间】 1938-10
【关 键 词】 引洮入渭；湟惠渠；开凿河道；植树造林；畜牧
【内容提要】
　　"奉行中央法令事项"录有《协助各省办理水利工程办法》。"建设"部分录有水利相关的内容，包括引洮入渭测量工作、测量湟惠渠、开凿镇原新河道等记录；录有林政相关的内容，包括派员验收兰州市郊外中正路新植路树、扩大沿黄河造林范围、扩大苗圃面积等记录；录有畜牧相关的内容，包括改组甘坪寺种畜场等记录。行政计划于《工作对照表》中"建设"部分录有引洮入渭工作、测量湟惠渠、开凿镇原新河道、设立皋兰试验场、验收兰州郊外公路植树、扩大黄河造林范围、扩大苗圃面积、改组甘坪寺种畜场等记录。

【叙录编号】 0082
【档案题名】
　　甘肃省民国二十八年（1939）第一届行政会议总报告书
【发文单位】 甘肃省政府
【收文单位】 不详
【档案编号】 004-008-0640-0005
【成文时间】 1939-05
【关 键 词】 公路；蓄水库；水渠；河堤；河西水利
【内容提要】
　　建设厅陈厅长报告。（甲）交通，报告涉及甘新、甘青、天宝、兰洮天、西兰五条已成公路，甘川、静秦、定岷、会秦、临河五条未成公路。（乙）水利，涉及洮惠渠、湟惠渠、溥济渠、酒金蓄水库、北湾河堤工程开展情况。（丁）农垦，涉及设立农业改进所、整顿种畜场、调查荒地。决议案汇编（三）建设组决议案（寅）水利，第十一案，彻底整顿河西各县水利以利民生而裕粮赋案（保护森林，修浚水道）；第十二案，拟请兴办各县水利案（陇南陇东泾渭灌溉）；第十三案，拟请甘肃省政府拨给巨款筑修靖远沿河堤工以增加生成而利民生案（靖远生计全靠黄河水田，前种烟获利尚可，禁烟以来种粮则不可维持生活，故需筑堤以防河决淹没田地）；第十四案，早日实行甘肃省政府决议蓄水库工程以利民生而增生产案（解决酒金水案纠纷）；第十五案，拟请在本省各河流所经县份设立水文站（或水标站）以便水利工程设计而资兴办水利俾利民生案。

【叙录编号】 0083
【档案题名】
　　甘肃省政府民国三十一年（1942）3月份工作报告
【发文单位】 甘肃省政府
【收文单位】 不详
【档案编号】 004-008-0643-0001
【成文时间】 1942-03-03
【关 键 词】 公路；修渠；马啣山天然林
【内容提要】
　　五、建设。（甲）路政，三兴、兰平、兰

天、兰新等公路、大车道修筑情况；（乙）水利，湟惠渠、夏惠渠、汭惠渠、经济渠、北湾堤渠、洮惠渠修建进程；（戊）农林，增加粮食生产，保护马啣山天然林。

【叙录编号】 0084
【档案题名】
甘肃省政府民国三十一年（1942）10—12月份工作报告
【发文单位】 甘肃省政府
【收文单位】 不详
【档案编号】 004-008-0644-0001
【成文时间】 1942-12
【关 键 词】 铁路公路；渠道；水利勘测；水文站；河西水利；油田；植树
【内容提要】
六、建设。甲、路政，涉及兰阿铁路、三兴、江城、兰宁、洮临（注：洮临疑似"临洮"）等公路和大车道；乙、水利，涉及湟惠渠、溥济渠、洮惠渠、永乐渠、汭丰渠、靖丰渠、永丰渠、平丰渠、肃丰渠、兰丰渠等渠道修筑，另有榆中、皋兰、景泰、天水、清水、甘谷、武山、漳县、陇西、武威、永昌、古浪水利勘查，设附洮惠渠水文站，开发河西水利；丙、矿业，武威发现油田一处；丁、农林，组织甘肃造林委员会，举行秋季植树，推广优种，推广冬耕。

【叙录编号】 0085
【档案题名】
甘肃省政府民国三十一年（1942）5月份工作报告（1）
【发文单位】 甘肃省政府
【收文单位】 不详
【档案编号】 004-008-0645-0001
【成文时间】 1945-06
【关 键 词】 公路；水渠；水利勘测；植树护林；水利生产合作
【内容提要】
六、建设。甲、路政，涉及三兴、兰平、兰天等公路、大车路，以及洮河牛鼻峡炸礁；乙、水利，湟惠渠、溥济渠、夏惠渠、汭惠渠、洮惠渠、经济渠的修建进程，以及对洮河的水利勘查；丁、农林，护渠植树，植树护林，拟订详细造林计划；戊、合作，推动水利生产合作。

【叙录编号】 0086
【档案题名】
甘肃省政府民国三十一年（1942）上半年实施报告书（1）
【发文单位】 甘肃省政府
【收文单位】 不详
【档案编号】 004-008-0647-0001
【成文时间】 1942-05
【关 键 词】 水渠；水利勘测；造林保土；牧场；大车道
【内容提要】
建设部门。甲、水利，湟惠渠、溥济渠、汭丰渠（即汭惠渠）、永乐渠、靖丰渠、洮惠渠、平丰渠工程进度，计划勘查黄、洮、大夏、泾、渭、红水、黑、北大、疏勒河以及嘉陵江、金川等流域，另外涉及酒金分水、改良水车、水利贷款等；乙、农林，保土实验，增设苗圃（附带全省苗圃表及造林育苗成绩），沿黄造林及荒山造林实验，设立岷县牦牛试验场、甘坪寺种畜场、陇南畜牧场、兰州牧场；己、交通，兰西、巉鸡、兰猩、兰宁、兰天等大车道及洮河河道试航、牛鼻峡炸礁等。

【叙录编号】 0087
【档案题名】
甘肃省政府民国三十二年（1943）工作报告书

【发文单位】 甘肃省政府
【收文单位】 不详
【档案编号】 004-008-0649-0001
【成文时间】 1943-02-12
【关 键 词】 公路铁路；水渠；水利勘察；水文站；植树造林；推广棉花
【内容提要】

六、建设。甲、交通，涉及兰阿轻便铁路，江成、兰宁、兰西、兰阿等公路、大车路，洮河水道工程，炸除黄河寺沟峡大石；乙、水利，湟惠渠、溥济渠、洮惠渠、永乐渠、汭丰渠、靖丰渠、永丰渠、平丰渠、肃丰渠、兰丰渠、登丰渠工程情况，景泰、陇西、渭源、秦安、静宁、民勤等地水利勘查，设附洮惠渠水文站，设立河西各工作站；丁、农林，推广棉花，沿黄造林，荒山造林。

【叙录编号】 0088
【档案题名】
甘肃省政府民国三十四年（1945）1—6月工作报告书（一）
【发文单位】 甘肃省政府
【收文单位】 不详
【档案编号】 004-008-0650-0001
【成文时间】 1945-06
【关 键 词】 污水排放；救济；育苗造林；查禁烟苗；小麦育种；改进畜牧；气象测候所
【内容提要】

甘肃省政府民国三十四年（1945）1—6月工作报告包括中央法令、本省单行法规、省政府委员会议决议事项摘要、民政、财政、建设等方面。奉行中央法令事项包括《饮水管理规则（1月26日）》《乡村污水排泄及污物处理办法（1月26日）》（7页）。省政府委员会议决议事项摘要包括《2月27日第1222次会议》录有主席提议建设厅呈，准省临时参议会咨，以本省修筑水渠渠身占用民田有无补偿一案，拟先无补偿，待各渠收益充裕，再订补偿之法，省务会议决议交民建地政局审查的记录1条（43页）。《3月6日第1224次会议》录有主席提议建设厅等呈送审查本省临时参议会咨询本省修筑水渠占用民田有无补偿办法一案，省务会议决议按照审查意见通过的记录1条（44页）。《5月29日第1244次会议》录有主席提议民政厅呈拟将礼县属石峡镇划归西和县辖，交设考会审查，省务会议决议照办的记录1条（56页）。《6月1日第1245次会议》，录有主席提议民政厅呈，据秦安县属王祁家山民人呈请将王祁家山飞地划归庄浪县辖，经审查确实王祁家山确实在庄浪境内，拟如请办理，令饬依照规定办理划拨手续，省务会议决议通过的记录1条（56页）。《6月29日第1253次会议》录有主席提议社会处等呈报审查甘肃省旱灾救济委员会组织规程，附修正过程1份，省务会议决议修正通过的记录1条（63页）。民政部分中禁政：查禁铲灭甘川边境烟苗（73页），查禁岷县、卓尼、靖远烟苗（73页）。建设部分中水利：已完成水渠四处（120页），未完成水渠四处（120页），新修各渠涉及登丰渠、三清渠、甘谷陆田渠、甘谷通济渠及广济渠、天水三阳川渠、海原晚羊蓄水池，凿井查勘兰州、河西各县等（121页）。农林畜牧：农艺涉及农业改进所办理小麦育种实验（125页），植树病虫害防治（125页），水土保护拟订本省小型农田水利施工督导办法并编印保护水土浅说（125页），农业推广涉及工作计划四目（126页），育苗造林、采集树种分发各县苗圃及时播种（126页），畜牧涉及八种计划，改良马种、牛种改良、棉花品种改良、绵羊饲养管理改良、草原利用、饲料辅助、牧草实验、羊毛用品（126页），兽医防治（126页）。矿业：涉及罐子峡煤矿、龙王庙煤铁部、阿甘镇矿业、永登矿业、和尚铺矿业、兰州矿业（127~128页）。气象：涉及省气象测候所、夏河甘坪寺测候所、祁连山水文测候站（128页）。附《工作计划与工作进度对照表（建设）》包括原定计划及进度、工作情形、进度对照，水利方面（130~131页），农林畜牧（133~138页），矿业（138~139页），气象（139~140页）。

【叙录编号】 0089
【档案题名】
　甘肃省政府民国三十四年（1945）1—6月工作报告书（二）
【发文单位】 甘肃省政府
【收文单位】 不详
【档案编号】 004-008-0651-0001
【成文时间】 1945-10
【关 键 词】 救济；灾害；自耕农；春耕放种；祁连山保甲
【内容提要】
　甘肃省政府民国三十四年（1945）1—6月工作报告包括教育、保安、会计、卫生、社会、合作、地政、田粮、物价管制、统计、附录等方面。社会部分所涉社会救济：救济各县灾歉，本省本年春夏两季久旱不雨，进行救济（64页）。地政部分所涉湟惠渠扶植自耕农：征收与土地补偿地价、重划农场放领农民（72~73页）。田粮部分所涉民食调剂：贷放春耕籽种（78页）。附录部分包括《祁连山边民区域编组保甲办法》9条（108~109页）。

【叙录编号】 0090
【档案题名】
　甘肃省政府民国三十四年（1945）4—10月实施报告书（三）
【发文单位】 甘肃省政府秘书处
【收文单位】 不详
【档案编号】 004-008-0654-0002
【成文时间】 1945-05

【关 键 词】 水利工程；凿井；小麦育种实验；育苗造林；气象测候所；开垦荒地；调查祁连山；保持水土
【内容提要】
　甘肃省政府民国三十四年（1945）4—10月实施报告书包括民政、财政、建设、教育、保安、社会、计政、地政、合作、卫生、田粮、疫政、补给、统计等方面。建设方面，水利：肃丰渠涉及鸳鸯池蓄水库工程，无法按期完成（27页）；靖丰渠及其灌溉工程都按期进行中（27页）；永丰渠按期进行中（28页）；永乐渠因工款问题，未开工（28页）；湟惠渠按期完成（28页）；洮惠渠按期完成（28页）；溥济渠新渠尚未完成（28页）；汭丰渠按期进行中（29页）；登丰渠于民国三十四年（1945）复工，按期进行中（29页）；高台三清渠按期进行中（29页）；永昌金龙坝渠工款由河西水利十二年计划第一年经费项下支出（30页）；甘谷县胜利渠及甘谷渭济渠赶修中（30页）；天水三阳川渠土方工程已完成（30页）；海原晚羊小蓄水池尚待研究（30页）；凿井查勘队（31页）。农林畜牧：农艺部分涉及冬小麦育种、冬小麦品种比较实验、春小麦纯系育种、春小麦杂交育种、春小麦良种栽培方法实验、冬小麦栽培实验、冬小麦实验种播种数目克数与颗粒对于品种影响的研究、冬小麦肥料实验、杂粮作物育种等实验（35~37页）；森林：各县育苗造林、省会造林（38页）；植物病虫害：病害防治及调查、防治黑穗病、除虫菊栽培等（38~39页）。保持水土：推广保持水土工作、砂田实验、荒山栽培牧场实验等（39页）。气象：改订合办榆中朱宋湾测候所、合办夏河甘坪寺测候所、合作筹设祁连山一带测候所6处（43~44页）。祁连山调查（44页）。保安部分《甘肃省保安司令部三十四年冬防措施提要》30条（71~75页）。地政部分包括督垦荒地，确定各县局荒地具体面积，确定开垦计划（93~94页）。

【叙录编号】 0091
【档案题名】
甘肃省政府民国三十四年（1945）11月施政报告书（一）
【发文单位】 甘肃省政府
【收文单位】 不详
【档案编号】 004-008-0655-0001
【成文时间】 1945-11
【关 键 词】 水利工程；界务；查禁烟苗；凿井引水；以工代赈；小麦育种；育苗造林；保持水土；督垦荒地；气象工具
【内容提要】

甘肃省政府民国三十四年（1945）11月施政报告书包括民政、财政、建设、教育、保安、计政、社会、地政、合作、卫生、田粮、疫政、补给、统计等部分。民政部分，奖励专员县长：甘谷县县长协助渭济渠有功，记功1次；宁定、张掖、永昌县县长热心水利，记功1次；高台县县长协助三清渠，记功1次（8页）。调整行政区域：收集中蒙资料（8页），办理甘川陕三省界（9页）。禁政：查禁陇南烟苗涉及卓尼烟苗，拟订查铲办法四项（14页）。建设部分，水利：肃丰渠、靖丰渠、永丰渠、登丰渠、洮惠渠、溥济渠、汭丰渠等水渠的工程进度及其工款情况（34~36页），小型水利涉及永昌金龙坝渠、甘谷渭济渠、康乐古龙沟渠及义磨滩渠、靖远复与新渠、临洮新民渠、洮沙沙楞滩及甘家滩放淤筑堤工程、靖远天字壕至中和堡筑堤淤地工程、皋兰县各水利工程等的工程近况及工款情况（36~37页），凿井工程（38页），河西水利（38页）。工赈：《第一次加强重灾区域工赈工程及赈款分配情况》涉及湟惠渠隧道修整、登丰渠土方、洮惠渠、溥济渠土方、新民渠延长工程、沙楞滩延长工程及筑堤淤地工程、复与新渠、天字壕至中和堡筑堤淤地工程、凿井引水等工程（39~40页），《甘肃省各县市以工代赈实施办法》33条（40~43页）。农林畜牧：农林部分涉及农艺种小麦纯系育种、冬小麦区域实验、春小麦区域实验、种棉花品种比较实验等（43~45页）；育苗造林涉及农业推广所播种、苗圃育苗、中山荒地造林、沿黄造林、春季推广杨柳等（46页）；水土保持涉及砂田实验（46页）；农业推广涉及防治小麦黑穗病、检测优良麦种、推广优良种子（46页）；畜牧兽医（47页），永昌垦务处（47页）。气象部分，增编国际气象月报表、靖远测候所温度表1只及发给宁县雨量站器尺等（52页）。地政部分，督垦荒地：拟订甘肃省荒地督垦办法，同时拟订荒地调查表，饬各县局调查（101页）；扶植自耕农：湟惠渠灌溉渠第三期征收土地工作完成，高台县三清渠灌溉渠水流充沛，除灌溉渠耕地还可以惠及4万亩耕地，靖丰渠淤地可耕地11多市亩（101~102页）。

【叙录编号】 0092
【档案题名】
甘肃省政府民国三十五年（1946）1—6月份工作报告书（一）
【发文单位】 甘肃省政府
【收文单位】 不详
【档案编号】 004-008-0657-0001
【成文时间】 1946-01
【关 键 词】 灾情；赈济；兴办水利；勘测煤田
【内容提要】

会议记录包括《7月6日第1255次会议》，其中录有因本省本年度50余县受旱灾，田粮处、财政厅呈拟《不敷县级公教食粮流补原则》2项，委员会决议交各厅处局各委员审查，由财政厅召集的记录1条（17页）。《7月13日第1257次会议》，其中录有因本省受旱灾，补给委员会拟具《甘肃省国军副食马乾实物灾期征购暂行办法》，委员会决议修正通过的记录1条（19页）；社会处签报审查《本省旱灾救济委员会各县市分会组织通则草案》意见，委员会决议照审查意见通过的记录1条（19页）；因本省旱灾严重，主席提议通令禁酿，委员会决议通过的记录1条（20页）。《7月27日第1261次会议》，其中录有民政厅呈请将陇西保家山等地区从钜原县划归静宁县管辖，委员会决议通过的记录1条（22页）；因旱灾严重，财政厅呈请免征以农民为征税对象之公荒牧租，委员会决议照审查意见通过的记录1条（22页）；因本省旱灾严重，田粮处呈请加派各厅处分赴各县复勘，并拟具《复勘灾歉注意事项》7点，委员会决议修正通过的记录1条（23页）。《8月3日第1263次会议》，其中录有建设厅查核农林部祁连山国有林区管理处呈送的《伐木限制办法草案》，提出修改意见并签呈甘肃省政府，委员会决议照签的记录1条（24页）。《9月18日第1276次会议》，其中录有田粮处依照《新订勘报灾歉条例草案》第八条规定标准，将各县夏禾受旱复勘灾成，并参照各方秋禾状况，拟订本年应征田赋成数表，委员会决议交各委员及田粮处、社会处、会计处审查，由田粮处召集的记录1条（32页）。《9月21日第1270次会议》，其中录有田粮处呈报受旱灾各县动用献金献粮款项购置小麦杂粮，储备籽种或救济之用，请委员会核示应如何办理，委员会决议分别解库及购粮款报院备查的记录1条（32页）；因本省本年灾情严重，田粮处呈请粮食部免除应储积谷，粮食部函复仍照前电迅速办理，田粮处请委员会决议应如何办理，委员会决议仍请缓办的记录1条（32页）。《10月2日第1280次会议》，其中录有，关于因旱灾严重缓办本年度所有中心工作一案，民政厅谨将地方自治条件2年内应完成之9项标准，列具对照表，请委员会鉴核，

委员会决议将地方实在情形函复的记录1条（33页）。《10月16日第1284次会议》，其中录有田粮处呈请减免临洮、康乐受灾2县地亩田赋，委员会决议通过的记录1条（35页）。《10月26日第1287次会议》，其中录有民政厅呈报关于榆中县、靖远县划界情形，并提出建议，委员会决议通过的记录1条（37页）。《10月30日第1280次会议》，委员会决议通过的记录1条（38页）。《11月2日第1289次会议》，其中录有建设厅呈拟《甘肃省各县局苗圃组织规程》，经交法制室核鉴修正，委员会决议照法制室签的记录1条（39页）。《11月20日第1293次会议》，其中录有田粮处呈请减免安西渊泉镇、民勤西外、中渠正大等3乡，玉门昌马乡等受灾地亩田赋，委员会决议通过的记录1条（42、43页）。《11月23日第1294次会议》，其中录有田粮处呈请减免夏河县受灾地亩田赋军粮等，委员会决议照办的记录1条（43页）；田粮处呈请减免古浪、民乐等收旱灾两县地亩田赋，委员会决议古浪以五成、民乐以六成征收的记录1条（43页）。《12月4日第1297次会议》，其中录有建设厅呈请将在高台三清渠修建过程中出力的人员分别议奖，委员会决议照办的记录1条（45页）；高台县呈报该县三清渠工程完竣，并呈拟《扶植自耕农实施步骤》，地政局拟具办法8项，委员会决议修正通过的记录1条（45页）。《12月11日第1302次会议》，其中录有民政厅呈报甘谷县属陈家阳山等飞地划归秦安县管辖一案的办理情形，委员会决议通过的记录1条（48页）。《1月25日第1311次会议》，其中录有建设厅呈请奖励甘谷县有功于征工督修渭济渠的张孝友，委员会决议记功1次的记录1条（53页）。《2月26日第1次临时谈话会议》，其中录有会计处呈请将三十四年度（1945）新兴事业费及各县局灾情救济费节存费拨作北城一带黄河堤岸工程费，委员会决议照办的记录1条（59

页)。《3月1日第2次临时谈话会议》录有奖励热心水利人员的记录2条（60页）。《3月8日第4次临时谈话会议》录有建设厅、地政局呈报关于水利专员所拟的《靖丰渠淤区土地放领实施办法》，已经设考局签具意见，请委员会决议如何办理，委员会决议交设考局、地政局、建设厅再行审查，由设考局召集，并请叶院长参加的记录1条（61页）。《3月12日第5次临时谈话会议》录有田粮处呈请减免永昌高台受灾两县地亩田赋等费，委员会决议通过的记录1条（62页）；设考局等签报关于审查《靖丰渠淤区土地放领实施办法》及北湾淤地放领未将民股加入一案的意见，委员会决议照审查意见通过的记录1条（62页）。《3月22日第8次临时谈话会议》录有田粮处等呈请减免武威、张掖、敦煌等受灾各县乡地亩田赋，委员会决议照办的记录1条（63、64页）。《5月17日第1334次会议》录有建设厅呈拟《筹备兰州市筹建自来水工程》意见4项，委员会决议通过的记录1条（70页）。《5月24日第1335次会议》录有建设厅呈请由新兴事业费项下拨发勘测靖远县煤田旅膳设备等费，委员会决议通过的记录1条（70页）。《6月7日第1339次会议》录有《甘肃省五年建设工作纲要》录有水利建设、农林建设、改良畜牧等内容（77页），录有界务方面的内容（81页）。

【叙录编号】 0093
【档案题名】
　　甘肃省政府民国三十五年（1946）1—6月工作报告书（二）
【发文单位】 甘肃省政府
【收文单位】 不详
【档案编号】 004-008-0658-0001
【成文时间】 1946-01
【关 键 词】 水利工程；小麦实验；凿井；引大入黄；牧草培养；育苗造林；牧草培养；气象
【内容提要】
　　甘肃省政府民国三十五年（1946）1—6月工作报告书包括建设、教育、保安、会计、卫生、社会、合作、地政、田粮、统计、附录等部分。建设部分，水利：湟惠各隧道崩塌，经号召灾民以工代赈，现顺利放灌完成；检查上游保护渡沟工程，洮惠渠中营堡与郝家崖急需做隧道与清淤工作，现基本完成；溥济渠不磨崖分段改善及清淤工程，放灌效果良好，现整修唐家沟渠及红水沟段工程；汭丰渠整修工程正加速完成中；登丰渠建筑工程与土方工程基本完成；肃丰渠土方工程因追加款项延期，物价上涨，需要贷款；靖丰渠灌溉工程本年3月赶办，部分土方工程因工款不足，现需追加工款；永丰渠土方工程已完成大部分（4～5页）。小型水利涉及永昌金龙坝渠、宁定石那奴渠及三甲集渠、康乐古龙沟渠及义磨滩渠、靖远复与新渠、临洮新民渠延长工程、洮沙沙楞滩及甘家滩堤、靖远天字壕至中和堡筑堤淤地工程、皋兰县水渠土方工程及建筑工程完成情况（5～7页）；凿井工程记录1条（7页）；河西水利依照十二年计划进行中，于本年4月在祁连山一带测引大通河入黄路线（7～8页）。农林畜牧：农艺方面涉及小麦实验、杂粮实验等（11页）；病虫害实验记录2条（11页）；水土保持计有荒地种草、牧草视察、牧草培养、砂田及民用肥料等7种实验（11页）；农业推广记录1条（11页）；育苗造林涉及省会在中正山、皋兰山进行植树造林，举办洋槐、白榆等播种，各县施行甘肃省各县育苗造林护林五年计划规定的植树办法，督导扩大造林，督促各县设圃育苗，采集榆籽在苗圃播种等（12页）；牧畜本年中心工作为改良马种及办理马匹配种工作等（12页）。气象涉及重要设施、气象规则、记录统计、气象报告、记录编送等（15～16页）。附《工作计划与工作进度对照表》涉及原定计划及进度、工作情形、进度比较，其中水利部分（19~22页）、农林畜牧部分（25~30页）、气象重要设备及统计记录报告等（31~32页）。地政部分，扶植自耕农涉及湟惠渠灌溉渠、高台县三清渠灌溉渠、靖丰渠淤地等（112~113页）。督垦荒地经本省委员会第1346次会议决议免予征收垦荒地价，以省手续，附《甘肃各县三十五年度（1946）上半年人民承领荒地概况表》（113~114页）。附录部分包括《甘肃省促进合作组织办理小型农田水利工程贷款办法》共15页（144~146页）。

【叙录编号】 0094
【档案题名】
　　甘肃省政府民国三十五年（1946）1—6月份工作报告书（四）
【发文单位】 甘肃省政府
【收文单位】 不详
【档案编号】 004-008-0660-0001
【成文时间】 1946
【关 键 词】 铁路公路；水渠；凿井；河西水利；造林
【内容提要】
　　六、建设。甲、交通，涉及天兰铁路，兰宁、岷夏、甘川、洮循、中正山、享水、洮临、阿榆、兰石等公路及大车道；乙、水利，湟惠渠、溥济渠、洮惠渠、永乐渠、汭丰渠、靖丰渠、肃丰渠、登丰渠工程进度，以及洮沙沙楞滩及甘家滩筑堤淤地等小型水利、凿井工程、河西水利工程；己、农林畜牧，水土保持，造林育苗。

【叙录编号】 0095
【档案题名】
　　甘肃省政府民国三十五年（1946）10月份至民国三十六年（1947）4月份施政报告书

【发文单位】 甘肃省政府
【收文单位】 不详
【档案编号】 004-008-0661-0001
【成文时间】 1946
【关 键 词】 铁路公路；水渠；凿井；河西水利；造林；水土保持；开垦
【内容提要】
　　建设。甲、交通，涉及天兰铁路，兰宁、甘川、洮循、江武等公路，洮河牛鼻峡航道。乙、水利，涉及湟惠渠、溥济渠、洮惠渠、永乐渠、汭丰渠、靖丰渠、永丰渠、平丰渠、兰丰渠、登丰渠等渠工程进度，以及靖远引黄河渡苦水河工程、凿井工程、河西水利专款，成立水利局；丙，农林，省会造林、育苗、派遣林务督导、水土保持；丁、畜牧，永昌垦务处购置耕牛分配垦户。

【叙录编号】 0096
【档案题名】
　　甘肃省政府民国三十六年度（1947）施政要报
【发文单位】 甘肃省政府
【收文单位】 不详
【档案编号】 004-008-0662-0001
【成文时间】 1947
【关 键 词】 造林；修渠；护林
【内容提要】
　　乙、施政要领，七、扩大造林，急兴水利。丙、实施概要，关于养的方面，七、农林，春季植树1000余万，秋季1亿余，本年育苗1亿4000余万，筹设小陇山林区管理处，保护哈溪滩森林。十、发展水利，成立水利局，成立勘测队，完成肃丰渠、西营洪水坝等工程，续修永乐渠，兴修靖乐渠，整修永丰、湟惠、洮惠、汭丰、靖丰等渠。戊、建议事项，祁连山马鬃山为国防重要根据地，请求拨款开之。请求拨款完成河西陇中陇东陇南水利建设。

【叙录编号】 0097
【档案题名】
甘肃省政府民国三十七年（1948）1—6月份工作报告书
【发文单位】 甘肃省政府
【收文单位】 不详
【档案编号】 004-008-0663-0001
【成文时间】 1948-01
【关 键 词】 公路；护林；垦荒；水利
【内容提要】

三、施政要点，（七）极力发达公路县道交通，振兴农业，森林畜牧。（十六）加强河西河东水利事业，强化施工、勘测及水渠管理工作，呈请中央拨水利专款。六、建设，（一）交通，已完成江成、天马（支线）、平化、泾长、泾西、泾灵、静秦、靖海黑、宁正公路；正修成武、会天、华秦、静海、兰永、夏临、定岷公路。（六）森林，省会造林、各县造林、祁连山天然林管理、小陇山林区管理、保护哈溪滩森林、保持水土、挖掘水平沟、荒山植草。十四、地政，（二）行政部，1.奖励垦荒。十八、水利，（一）勘测设计，涉及洮沙黑窑洞蓄水库、陇西山河口蓄水库、甘谷渭济渠、临洮溥济渠济生渠、临洮德远渠、皋兰石洞乡地下水源、湟惠洮惠沕丰靖丰永丰等渠、洮沙灵源渠、洮沙沿洮护岸、皋兰安宁堡修渠、皋兰北山乡江家川修渠引泉、景泰永泰乡蓄水池、永登庄浪开辟河源、靖远复兴渠、靖远永安乡大芦乡二滩乡筑堤淤地、榆中青城乡筑堤淤地、永靖纯孝乡水渠、永靖莲花镇引永乐渠、皋兰盐场堡筑河堤、皋兰水磨沟隧洞引灌中山林、兰州十八家滩筑堤淤地、山丹草头壩和修泉源、山丹荒地、临洮好水乡刘家沟门水库、高台祁连乡开渠垦荒、陇南各县水利、泾河蓄水库。（二）施工，永乐、靖乐、古丰、湟惠、洮惠、溥济、靖丰、永丰渠，酒泉边湾、山丹截引地下水，鸳鸯池灌溉，高台马尾湖水库。（三）河西水利，将河西水利工程总队改为甘肃河西水利工程处，设武威张掖酒泉安西四个工程区，现择高台马尾湖水库、酒泉边湾地下水灌溉二工程进行，并为山丹截地下水、金塔鸳鸯池提供贷款。（四）水文测量，计划明晰河西祁连山雪水融化流率消长情形。

【叙录编号】 0098
【档案题名】
甘肃省政府民国三十七年（1948）7月份至民国三十八年（1949）1月份施政报告书
【发文单位】 甘肃省政府
【收文单位】 不详
【档案编号】 004-008-0664-0002
【成文时间】 1948-07
【关 键 词】 公路；护林；垦荒；水利
【内容提要】

（四）建设：（1）交通，正修靖海黑、静秦、会天、定岷、成武、华秦、夏临、平宝、平宁、民武等公路。（2）农林，永昌垦务，现有垦民86户。荒山牧草适应试验。各县（120402986）、省会（83213）育苗造林，管理祁连山天然林，小陇山管理处，保护哈溪滩森林。（十一）地政：（6）荒地放领（酒泉山丹）。（十四）水利：（1）勘测设计，定西西河渠、榆中太平堡筑堤淤地、永靖纯孝乡水渠、景泰老虎沟截水、景泰老龙湾河道截弯取直发电淤地、靖远黄河整治、皋兰盐场堡修筑河堤、永登庄浪河水利、镇原茹水河防洪淤地、西固白龙江上游水电、陇西引洮河水接济渭河、漳县三岔镇水利规划、渭源南河开渠、永昌金川峡蓄水库、山丹草□滩堤坝修浚泉源、山丹白石崖河供给军马及灌溉、临泽五眼渠昔喇渠、古浪大靖河旧渠、酒泉中渠堡地下水灌溉、鼎新正义湖水库、安西布隆吉地下水灌溉、湟惠洮惠溥济靖丰靖乐渠休整。（2）施工完成靖远永乐、永靖等渠，山丹截引地下水、古浪古丰渠、高台马尾湖水库、酒泉边湾地下水、酒泉夹边沟小型水库、鸳鸯池灌溉。（3）研究试验。（4）水文测验。

【叙录编号】 0099
【档案题名】
　　甘肃省五年建设工作纲领实施情形表（一）
【发文单位】 甘肃省政府
【收文单位】 不详
【档案编号】 004-008-0666-0003
【成文时间】 不详
【关 键 词】 公路；护林
【内容提要】
　　三、建设：1.协助兴修陇□铁路天兰段、兰□段；2.兴修标准公路；5.保持水土，挖掘水平沟；8.调查收购全省天然林；9.奖励造林；10.推进农村植树；15.增加牧草产量及牧区饮水。

【叙录编号】 0100
【档案题名】
　　甘肃省五年建设工作纲领实施情形表（二）
【发文单位】 甘肃省政府
【收文单位】 不详
【档案编号】 004-008-0667-0006
【成文时间】 不详
【关 键 词】 水渠；淤地；蓄水库；地下水灌溉
【内容提要】
　　十、水利（103页）：1.洮惠渠；2.溥济渠；3.湟惠渠；4.靖丰渠；5.普济渠；7.茹水河防洪淤地；8.古丰渠；9.民勤地下水灌溉；10.山丹白石崖河灌溉；11.山丹草湖地下水；12.高台马尾湖蓄水库；13.张掖大满渠；14.高台柔远渠；15.酒泉鸳鸯池水库；16.酒泉边湾地下水灌溉；17.酒泉中渠铺地下水灌溉；18.酒泉新城坝旧渠；19.酒泉下古城渠道防护；20.酒泉新地坝旧渠；21.酒泉茹公旧渠；22.玉门昌马河旧渠；23.敦煌党河旧渠；24.玉门昌马河地下水灌溉；25.敦煌党河地下水灌溉。

【叙录编号】 0101
【档案题名】
　　甘肃省政府转发中央设计局及行政院关于对本府民国三十五年（1946）工作计划审查意见书给甘肃省民政厅的训令
【发文单位】 甘肃省政府
【收文单位】 甘肃省民政厅
【档案编号】 004-008-0668-0013
【成文时间】 1946-09-16
【关 键 词】 永昌垦务；河西水利；祁连山；马啣山林业
【内容提要】
　　审查意见四，续办永昌垦务应注意垦区管理及垦民生活改善。《甘肃省政府三十五年度（1946）工作计划行政院初核意见》，建设：三、水利部分续办未完成各渠；四、水利部分设立甘肃水利局一节，当按组织规程办理；五、水利部分继续推进河西水利十二年计划，待规程确定后即由水委会商甘肃省政府积极办理；六、水利部分增设各渠管理处，当上报具体细则；十二、农林部分举办马啣山造林，需加入阔叶树种；十三、农林部分管理祁连山林区，当限制每年砍伐数量。

【叙录编号】 0102
【档案题名】
　　甘肃省政府关于发该厅民国三十六年度（1947）工作计划审核意见给甘肃省民政厅的训令
【发文单位】 甘肃省政府

【收文单位】 甘肃省民政厅
【档案编号】 004-008-0668-0002
【成文时间】 1946-11-14
【关 键 词】 凿井；山区垦殖
【内容提要】

《本省三十六年度（1947）工作计划应行补充及改正事项》，（丙）各部门事业计划应加补充者。3.建设部门，（二）加强各县普遍凿井工作；（四）垦殖祁连山、马鬃山、六盘山；（五）开垦陇南山。

【叙录编号】 0103
【档案题名】
　　行政院关于抄发中央设计局及本院初审该省民国三十六年度（1947）工作计划意见给甘肃省政府的训令
【发文单位】 行政院
【收文单位】 甘肃省政府
【档案编号】 004-008-0668-0003
【成文时间】 1947-02-21
【关 键 词】 禁烟；兴修水利；水利基金；保持水土；水力发电
【内容提要】

审查意见：将查禁种烟、兴修水利、保林造林及水土保持等十四项作为该省政府三十六年度（1947）中心工作。《甘肃省政府三十六年度工作计划行政院初核意见》，事业部分：一、建设。四、原计划续修、整修各渠，水利基金当在当年预算农田水利基金项下，俟核实后，依照水委会水利基金会办法核办；五、原计划保护水土种植之草木当注意经济性选择；十一、原计划续办永昌垦务当补全计划完成年限；十九，原计划洽办10万马力水力发电厂，今已在天水建有发电厂，又成立西北水力勘测处，需待勘测后方能决策于何处建厂。

【叙录编号】 0104
【档案题名】
　　甘肃省政府关于检发甘肃省经济建设方案给甘肃省民政厅的训令
【发文单位】 甘肃省政府
【收文单位】 甘肃省民政厅
【档案编号】 004-008-0669-0009
【成文时间】 1947-12-17
【关 键 词】 造林护林；保护草原；建设公路；大车道；水利灌溉
【内容提要】

《甘肃经济建设方案》二、经济建设之范围。（一）农林建设，对天然林厉行保护，科学合理利用，扩大乡镇育苗，奖励人民植树，造国防林、经济林，推行荒山造林；（二）畜牧建设，利用山坡蓄水方法保护草原，增加牧草；（四）交通建设，协助中央完成陇海铁路，整修全省公路、大车道及水道；（五）水利建设，利用地面水及地下水，办理自流灌溉工程及水土保持、农田铺砂排水等。

【叙录编号】 0105
【档案题名】
　　甘肃省政府关于抄发民国三十二年度（1943）国家施政方针给甘肃省民政厅的训令
【发文单位】 甘肃省政府
【收文单位】 甘肃省民政厅
【档案编号】 004-008-0670-0001
【成文时间】 1942-11-03
【关 键 词】 病虫害防治；保护原有林区；垦荒；农田水利灌溉工程
【内容提要】

主要涉及民政厅三十二年（1943）施政方针，包括农林方面扩大农林作物病虫害防治及切实贯彻原有林区管理，垦区进行扶植垦民、增加垦荒等；地政方面包括扶植自耕农办法；水利方面包括兴修农田水利灌溉工程等。

【叙录编号】 0106

【档案题名】

甘肃省政府关于抄发民国三十三年度（1944）国家施政方针给甘肃省民政厅的训令

【发文单位】 甘肃省政府

【收文单位】 甘肃省民政厅

【档案编号】 004-008-0670-0002

【成文时间】 1943-09-28

【关 键 词】 兴修水利；改良种子；增垦荒地；兴修水井

【内容提要】

主要涉及民政厅三十三年（1944）施政方针，包括农林水利中为粮食增产与棉花增产而兴修水利，推广改良种子，增垦荒地等；促进小型农田水利工程修建及兴修水井等方针政策。

【叙录编号】 0107

【档案题名】

甘肃省政府秘书处关于送施政方针提要简表请详加研究并将研究结果送本处致甘肃省民政厅的函

【发文单位】 甘肃省政府秘书处

【收文单位】 甘肃省民政厅

【档案编号】 004-008-0670-0004

【成文时间】 1948-07-24

【关 键 词】 水利工程；改善灌溉；疏通江河

【内容提要】

主要涉及甘肃省政府秘书处发函给民政厅关于送施政方针提要简表请详加研究并把研究结果送秘书处；附《施政方针提要简表》中建设部分涉及增加农田水利工程，水利部分涉及兴修水利工程，改善灌溉及疏通江河，便利运输。

【叙录编号】 0108

【档案题名】

甘肃省五年建设工作纲领

【发文单位】 甘肃省政府

【收文单位】 不详

【档案编号】 004-008-0671-0005

【成文时间】 1946-01-01

【关 键 词】 灌溉工程；河西水利；保持水土；荒山造林；保护天然林；防治牛瘟；增加牧草产量；调查祁连山森林；铺砂；小型水力发电工程

【内容提要】

甘肃省五年建设工作纲领包括总则、经济建设（水利建设完成50万亩灌溉工程、河西水利按照计划进行、保持水土防治山洪、农田铺砂计划、进行全省水利调查、土壤肥料种子改良、病虫害防治、天然林调查、荒山造林、防治兽医、兴修小型水力发电工程，4页）、文化建设、政治建设、心理建设等部分。附《甘肃省五年建设计划纲领分年实施进度表》，涉及预定中心工作项目、完成限度、实施方法、备考等。第一年：水利工程完成限度包括永乐渠完成、夏丰渠测量完成、靖乐渠设计，实施方法涉及河西部分按照计划进行、小型工程按照农民银行办法办理、勘测各流域，备考涉及河西工程费中央拨款，其余甘肃省政府支出（8页）；铺砂工程完成限度涉及完成零星地及秦王川铺砂工程，实施方法涉及按照农民银行办法办理（9页）；保持水土完成限度涉及挖掘水平沟、实验各种保护水土方法，实施方法涉及挖掘方法、扩充实验场（9~10页）；检定培育优良品种完成限度涉及指导办理品种检定、培育优良果树种子，实施办法涉及比较实验结束后进行推广、农业改进所在张掖皋兰天水长成幼树进行推广（10~11页）；防治病虫害涉及实验所进度（11页）；调查并收购全省天然林完成限度涉及调查大林及零星林、限制伐木，实施办法涉及祁连山一带由甘肃省政府派员调查、各县有林区督导员调查，备考涉及本省各大天然林林区已初步调查、由农林部及甘肃省政府筹设天然林管理机构（11～12页）；奖励造林实施办法记录3条（12页）；推广农村植树实施办法2条（13页）；防治牛瘟实施办法（14页）；增加牧草产量及牧区饮水完成限度记录2条，实施办法3条（15页）。筹办小型水力发电电厂（17页）。第二年：水利工程完成限度涉及永乐渠试水整修、靖乐渠及夏丰渠赶工、兰丰渠引河与电力抽水设计、永康测量，实施办法依照第一年（20～21页）；铺砂工程完成限度涉及完成零星地铺设，实施办法依照第一年（21页）；保持水土完成限度涉及挖掘水平沟深度、本年增办山坡耕掘工具实验，实施办法依照第一年（21页）；检定培育优良品种完成限度记录2条，实施办法3条（22页）；防治病虫害完成限度记录1条，实施办法2条记录（22页）；研究改进土壤肥料（22页）；调查并收购天然林完成限度涉及调查祁连山康县森林、开始实验收购并测量育苗，实施办法依照第一年（22～23页）；奖励造林（23页）；推荐农场植树（23页）；防治牛瘟（23页）；增加牧草产量及牧区饮水完成限度涉及利用山坡蓄水方法播种牧草，实施办法按照第一年（24页）。第三年：水利工程完成限度涉及完成靖乐及夏丰渠、兰丰渠赶工、永康渠设计，实施办法依照第一年（28页）；保持水土完成限度涉及挖掘水平沟、推广前两年实验办法（28～29页）；挖掘水平沟深度、本年增办山坡耕掘工具实验，实施办法依照第一年（21页）；检定培育优良品种完成限度记录2条（29页）；防治病虫害完成限度记录2条（29页）；调查并收购天然林完成限度涉及调查零星林、完成收购、继续育苗（29页）；奖励造林（30页）；推广农村植树实施限度涉及苗圃育苗、秋季移苗、每户种树100棵（30页）；防治牛瘟（30页）；增加牧草产量及牧区饮水完成限度涉及利用山坡蓄水方法播种牧草，按照第一、二年实验增加牧区饮水方法（31页）。第四年：水利工程完成限度涉及靖乐及夏丰渠试水修整、兰丰赶工、永康渠开工（35页）；铺砂计划（35页）；保持水土涉及挖掘水平沟、实验民间推广办法（35页）；检定培育优良品种完成限度记录2条（36页）；防治病虫害完成限度记录2条（36页）；调查并收购天然林完成限度涉及据重要大林作为详细测量、进行育苗造林（36页）；奖励造林（36页）；推广农村植树实施限度涉及每户种树100棵、育新苗（37页）；防治牛瘟（37页）；增加牧草产量及牧区饮水完成限度涉及利用山坡蓄水方法播种牧草，按照第一、二、三年实验增加牧区饮水方法（37页）。第五年：水利工程完成限度涉及兰丰渠完工、永康渠赶工、灌溉工程兴修完成（40页）；铺砂计划（40页）；保持水土（41页）；检定培育优良品种完成限度记录2条（41页）；防治病虫害完成限度记录2条（41页）；调查并收购天然林完成限度涉及据重要大林作为详细测量、进行育苗造林（41页）；奖励造林（42页）；推广农村植树实施限度涉及育新苗、每户种树100棵（42页）；防治牛瘟（42页）；增加牧草产量及牧区饮水完成限度涉及利用山坡蓄水方法播种牧草，按照第一、二年实验增加牧区饮水方法（43页）。《甘肃省五年建设工作纲领分年实施进度表（政治建设）》包括预定中心工作项目、完成限度、实施办法等方面，主要涉及调整插花飞地事宜记录4条（72、79、86、92页）。《甘肃省五年建设工作纲领第一期中心工作项目》，包括奠定经建基础办法：水利方面，协助办理省办理水利工程，并开办小型水利及挖掘水平沟；农林方面，防治小麦黑穗病，并按照规定实施乡村育苗植树等（109页）。

【叙录编号】 0109
【档案题名】

甘肃省政府关于发本省施政纲领及施政纲领第一期中心工作实施程限给甘肃省民政厅的训令

【发文单位】 甘肃省政府
【收文单位】 甘肃省民政厅
【档案编号】 004-008-0672-0006
【成文时间】 1942-10-17
【关 键 词】 整理黄河航道；发展水利；改良种子；保护森林；植树造林；举办小型水利工程
【内容提要】

主要涉及甘肃省政府饬民政厅遵照本省施政纲领及施政纲领第一期中心工作实施程限。附《甘肃省施政纲领》，经济部分涉及整理黄河水系的航线、本省农林计划遵循自然规律、发展水利注意河西渠道建设、改良种子、保护已有森林、进行造林计划防沙等。《甘肃省施政纲领第一期中心工作实施程限》涉及植树造林、举办小型水利等。

【叙录编号】 0110
【档案题名】

甘肃省政府民国三十三年度（1944）甘肃省施政纲领第二期中心工作实施程限、实施计划大纲

【发文单位】 甘肃省政府
【收文单位】 不详
【档案编号】 004-008-0672-0007
【成文时间】 1944-03
【关 键 词】 兴修水利；植树造林；建筑县道
【内容提要】

甘肃省政府民国三十三年（1944）施政纲领第二期中心工作包括第二期中心工作内容及推行时应注意的要点、实施程限、实施计划大纲、附录等部分。推行时应注意的要点："义务劳动"中"四项 简单容易举办的工作"涉及兴修水利、植树造林、建筑县道、乡镇造产等（14页）。实施计划大纲："义务劳动"部分包括内容、目的、办法及法令根源；"办法"中涉及协助省办理较大水利工程及举办县乡小型水利工程，植树造林等；法令根据涉及《甘肃省各县局育苗造林护林五年计划纲要》等（28页）。"附录"中《甘肃省施政纲要》"经济"部分涉及本省农林计划、发展水利、改良种子等（31页）。《甘肃省施政纲领第一期中心工作实施程限》涉及植树造林、举办小型水利（35～36页）。

【叙录编号】 0111
【档案题名】

甘肃省政府设计考核委员会关于抄发省临时参议会咨送本省施政纲领第三期中心工作施政计划大纲决议案致甘肃省民政厅的公函

【发文单位】 甘肃省政府设计考核委员会
【收文单位】 甘肃省民政厅
【档案编号】 004-008-0672-0003
【成文时间】 1944-05-15
【关 键 词】 水利；森林；道路；保护水土
【内容提要】

甘肃省政府设计考核委员会发函给民政厅关于抄发省临时参议会咨送本省施政纲领第三期中心工作施政计划大纲决议案。附《甘肃省施政纲领第三期中心工作施政计划大纲决议案》，涉及水利、森林、道路、合作乡镇、造产、保护水土等六事不可缓办。

【叙录编号】 0112
【档案题名】

甘肃省政府民国三十四年度（1945）甘肃省施政纲领第三期中心工作实施程限、实施计划大纲

【发文单位】 甘肃省政府
【收文单位】 不详
【档案编号】 004-008-0672-0002

【成文时间】 1945-04-00
【关 键 词】 小型水利工程；护林造林；保护水土；防治小麦病害；改良种子；改良药材种植
【内容提要】

甘肃省政府施政纲领第三期中心工作实施计划大纲包括工作设计旨趣、执行要领与考核方式，施政计划大纲，附录等部分。工作设计旨趣、执行要领与考核方式：促进地方自治中养民之政涉及举办小型水利、实现护林造林、人民植树造林、保护水土、防治小麦病害等（12页）。施政计划大纲：促进地方自治办法涉及进行推行义务劳动，推行兴办小型水利、护林造林、指导人民保护水土及防治小麦黑穗病等（20页）；法令依据涉及《甘肃省各县市局育苗造林护林五年计划纲要》《保护水土浅说》《小型水利督导办法》《防治小麦黑穗病浅说》（21页）。附录部分包括《本省第二期中心工作实施春季总讲评》；义务劳动工作项目存在的缺点：植树造林方面也要注意保林的重要性等（35页）。《甘肃省施政纲领》，经济方面涉及整理黄河水系航道、本省农林计划、发展水利、改良种子、改良药材种植、保护已有森林、厉行造林计划等（40~41页）。《甘肃省施政纲领第一期中心工作施政程限》涉及植树造林、举办小型水利等（44页）。《甘肃省施政纲领第二期中心工作施政计划大纲》，义务劳动办法涉及兴修水利、植树造林等（54页）；法令根据涉及《甘肃省各县市局育苗造林五年计划纲要》（54页）。

【叙录编号】 0113
【档案题名】

甘肃省民政厅关于复省参议对第三期中心工作实施计划大纲决议案中有关本厅主管部分致甘肃省政府设计考核委员会的函

【发文单位】 甘肃省民政厅
【收文单位】 甘肃省政府设计考核委员会
【档案编号】 004-008-0672-0003
【成文时间】 1945
【关 键 词】 乡镇造产
【内容提要】

主要涉及民政厅发函给设计考核委员会关于第三期中心工作实施计划大纲的呈复，原有决议中水利、森林、道路、合作、保护水土等同时进行，财力人力可能不足，建议将乡镇造产交由地方办理等事宜。

【叙录编号】 0114
【档案题名】

甘肃省政府民政部门民国三十一年度（1942）工作计划

【发文单位】 甘肃省政府
【收文单位】 不详
【档案编号】 004-008-0673-0001
【成文时间】 1942
【关 键 词】 插花飞地
【内容提要】

甘肃省政府民政部门三十一年度（1942）工作计划包括行政区域、县组织、县人事制度、督导县政、保甲与户籍、警察、推行社会事业、推行地政、进度表等部分。行政区域：勘定兰州市永久辖境（9~10页），整理县行政区域涉及整理插花飞地等（10页）。

【叙录编号】 0115
【档案题名】

甘肃省政府关于抄发民国三十二年（1943）施政计划中央设计局审查意见及行政院初核意见给甘肃省民政厅的训令

【发文单位】 甘肃省政府
【收文单位】 甘肃省民政厅
【档案编号】 004-008-0674-0002
【成文时间】 1944-01-05

【关 键 词】 开发交通水利
【内容提要】
　　甘肃省政府饬民政厅遵照办理民国三十二年（1943）施政计划中央设计局审查意见及行政院初核意见，其中初核意见中建设部分涉及注重开发交通水利等。

【叙录编号】 0116
【档案题名】
　　甘肃省政府关于抄发民国三十三年（1944）施政计划中央设计局审查意见及行政院初核意见给甘肃省民政厅的训令
【发文单位】 不详
【收文单位】 不详
【档案编号】 004-008-0674-0002
【成文时间】 1944-11-04
【关 键 词】 举办高级农林实验
【内容提要】
　　甘肃省政府饬民政厅遵照办理民国三十三年（1944）施政计划中央设计局审查意见及行政院初核意见。中央设计局审查意见涉及办理农业推广及调整并举办高级及区域农林实验。

【叙录编号】 0117
【档案题名】
　　甘肃省政府民政部门民国三十一年度（1942）工作计划书（一）
【发文单位】 甘肃省政府
【收文单位】 不详
【档案编号】 004-008-0679-0010
【成文时间】 1942
【关 键 词】 政府经费增减表
【内容提要】
　　工作计划包括行政区域、县组织、县人事制度、督导县政、保甲与户籍、警察、推行社会事业、推行地政、进度表等部分。行政区域：勘定兰州市永久辖境（9~10页），整理县行政区域涉及整理插花飞地等（10页）。附《甘肃省各县政府经费增减比较表》，包括县别、1941年度每月经费预算数、1942年每月经费概算数、比较月支增减数、备考等内容（91~96页）。

【叙录编号】 0118
【档案题名】
　　考试院甘宁考铨处关于送甘肃省地政局民国三十七年度（1948）公务员考绩结果清单至甘肃省政府的公函；甘肃省政府关于抄发该局民国三十七年度（1948）公务员考绩结果清单及不予考绩清单给甘肃省地政局的训令
【发文单位】 考试院甘宁考铨处；甘肃省政府
【收文单位】 甘肃省政府；甘肃省地政局
【档案编号】 004-009-0016-（0012-0013）
【成文时间】 1949-06-27—1949-07-11
【关 键 词】 地政局；考绩结果
【内容提要】
　　考试院甘宁考铨处发函给甘肃省政府，关于地政局1948年公务员考绩结果已经审查完毕，现回函甘肃省政府。甘肃省政府将结果下发回省地政局。

【叙录编号】 0119
【档案题名】
　　考试院甘宁考铨处关于送甘肃省农业改进所委任人员民国三十七年度（1948）公务员考绩结果清单至甘肃省政府的公函；甘肃省政府关于抄发甘肃省农业改进所民国三十七年度（1948）考绩考成结果清单给甘肃省建设厅的训令
【发文单位】 考试院甘宁考铨处；甘肃省政府
【收文单位】 甘肃省政府；甘肃省建设厅
【档案编号】 004-009-0016-（0014-0015）
【成文时间】 1949-07-05—1949-07-14
【关 键 词】 农业改进所；考绩结果

【内容提要】

考试院甘宁考铨处发函给甘肃省政府，关于农业改进所1948年公务员考绩结果已经审查完毕，现回函甘肃省政府。甘肃省政府将结果下发回省建设厅。

【叙录编号】 0120
【档案题名】

考试院甘宁考铨处关于送甘肃省合作事业管理处委任人员民国三十七年度（1948）考绩结果清册致甘肃省政府的公函；甘肃省政府关于抄发甘肃省合作事业管理处委任人员民国三十七年度（1948）考绩结果清册给甘肃省建设厅的训令

【发文单位】 考试院甘宁考铨处；甘肃省政府
【收文单位】 甘肃省政府；甘肃省建设厅
【档案编号】 004-009-0016-（0021-0022）
【成文时间】 1949-07-09—1949-07-18
【关 键 词】 合作事业管理处；考绩结果
【内容提要】

考试院甘宁考铨处发函给甘肃省政府，关于合作事业管理处1948年公务员考绩结果已经审查完毕，现回函甘肃省政府。甘肃省政府将结果下发回省建设厅。

【叙录编号】 0121
【档案题名】

甘肃省政府民国三十二年度（1943）施政计划

【发文单位】 甘肃省政府
【收文单位】 不详
【档案编号】 004-009-0215-0001
【成文时间】 1943
【关 键 词】 施政计划；水利
【内容提要】

甘肃省政府三十二年度（1943）施政计划主要包括民政、财政、教育、建设、保安、会计、卫生、社会、粮政、地政、统计等11个部门的施政计划撮要及正文。其中，50页教育部门计划涉及提倡学校造林。75页建设部门计划中，农林畜牧方面包括农艺（培育优良品种）、森林（各县均设置苗圃、造林植树、单行森林法规、与水利林牧公司合作等）、畜牧兽医（增添改善畜厂、马牛羊品种改良等）、保土、园艺（试种优良品种等）、植物病虫害、农业推广；矿业方面包括矿业勘测及铁路铺设等；水利方面包括水利查勘、设立水文站、灌溉区域管理、兴修水利工程（续修永登等六渠、兴修永康等二渠）等；路政方面包括勘测路段及新修改善公路等。185页地政部门计划中提到地籍整理（土地测量、土地登记、地价估计及征税、公荒地清理及调查、整理湟惠渠土地）。附表《甘肃省政府三十二年度（1943）建设部门计划分期进度表》包括工作计划及四期具体实施进度、《甘肃省政府三十二年度（1943）建设部门经临费概算书》包括科目、概算数及说明、《甘肃省政府三十二年度（1943）地政部门施政计划进度表》。

【叙录编号】 0122
【档案题名】

甘肃省政府民国三十四年度（1945）政绩比较表

【发文单位】 甘肃省政府
【收文单位】 甘肃省政府
【档案编号】 004-009-0216-0001
【成文时间】 1945
【关 键 词】 政绩交代；比较目录
【内容提要】

表格包括民政（祁连山筹划建设）、财政（接办牲畜营业税、豁免本年度公荒牧租）、建设（交通、水利、农林畜牧、矿业、气象，设置祁连山测候站六所等）、教育（第51页提到各县中心小学校普遍成立苗圃，实施造林）、保安、会计、卫生、社会（第91页国民义务劳动涉及兴修水利、保护水土）、田粮、地政（督垦荒地）、合作、统计等事宜。

【叙录编号】 0123
【档案题名】
　　甘肃省政府民国三十六年度（1947）施政要报
【发文单位】 甘肃省政府
【收文单位】 甘肃省政府
【档案编号】 004-009-0217-0001
【成文时间】 1947
【关 键 词】 施政要报；水利建设
【内容提要】
　　甘肃省政府民国三十六年度（1947）施政要报主要包括施政方针、施政要领、实施概要、施政检讨、建议事项和结论。其中，施政要领中提到扩大造林，急兴水利。实施概要中第四项提到粮政的改善；第五项推进地政工作；第六项厉行生产建设（包括恢复煤炭厂生产、兰州自来水工程等）；第七项加强推广农林建设工作（春季植树、保苗圃、农田水利等）；第十项发展水利建设（成立水利局及勘测队等）。施政检讨中第九项涉及到本年育苗及春秋两季造林计划完成程度。建议事项第一项提出建议中央拨款建设开发祁连山、马松山各区域；第二项建议中央拨款完成河西、陇中、陇东水利建设。

【叙录编号】 0124
【档案题名】
　　甘肃省政府民国三十五年度（1946）政府工作计划
【发文单位】 甘肃省政府
【收文单位】 甘肃省政府
【档案编号】 004-009-0218-0001
【成文时间】 1946

【关 键 词】 工作计划
【内容提要】
　　工作计划主要包括行政和事业两个部分。其中，民政部分涉及调整行政区域等；地政部分涉及湟惠渠、三清渠灌溉地区扶植自耕农，荒地勘测等；建设部分涉及铁路、公路建设，兴修水渠，完成荒山蓄水沟，育苗造林，调查矿产地质等。《中华民国三十五年度（1946）甘肃省政府工作计划表》（行政部分）51页中国民义务劳动涉及兴修水利、保持水土等，（事业部分）127~156页包括水渠建设情况、设置甘肃水利局，推进河西水利十二年计划、检定优良麦种、管理祁连山林区等，218~228页为建设部分的《分月计划表》。

【叙录编号】 0125
【档案题名】
　　甘肃省政府民国三十五年（1946）1—6月份工作报告
【发文单位】 甘肃省政府
【收文单位】 不详
【档案编号】 004-009-0219-0001
【成文时间】 1946-01-06
【关 键 词】 工作报告；水利建设
【内容提要】
　　主要涉及省政府委员会决议事项摘要，其中三十四年第1261次会议民政厅呈，划分陇西包家山等地归静宁县管辖，决议通过。财政厅呈，因旱灾严重，免除农民公荒牧税。第1263次会议建设厅呈，祁连山国有林区伐木限制办法草案，决议通过。第1283次会议民政厅呈，关于处理夏河县和临夏县两位县民柴山牧地纠纷案办法，决议通过。第1287次会议民政厅呈，关于将榆中县南坪旱地划归靖远县辖，决议通过。第1297次会议，地政局等报告甘肃省政府关于在三清渠灌溉区扶植自耕农计划，修正通过。民政厅报告甘肃省政府第四区专署关于将原属甘谷县飞地划归秦安县辖案处理办法，决议通过。三十五年第1309次会议，民政厅报告甘肃省政府第四区专署关于调整天西礼徽等县插花飞地办法，甘肃省政府决议由民政厅审查，再行处理，第1311次会议通过。3月1日第2次临时谈话会议，民政厅请示甘肃省政府因张掖县县长何让兴兴修永新渠，为其请功1次，决议通过。建设厅请示甘肃省政府因永昌县县长李兆瑞热心水利，征调民夫，加快完成金龙坝渠工程，为其请功一次，决议通过。第4次临时谈话会议，建设厅地政局请示甘肃省政府关于水利专员王自治提出靖丰渠淤区土地处理办法，甘肃省政府决议由设考会地政局建设厅审查，再行处理，第5次临时谈话会议通过。第1334次会议，建设厅请示甘肃省政府关于推进兰州市自来水工程意见4项，决议通过。第1339次会议，民政部分中一般行政主要涉及公路铁路水道完成情况、水利工程完成情况等，附表《工作计划与工作进度对照表》。财政部分附表《甘肃省财政厅三十四年（1945）七月至三十五年六月份经管各费类总账户收支报表》《甘肃省财政厅三十五年元月至三月份经管三十四年度各费类总账户收支报表》。建设部分涉及交通、水利（湟惠渠、洮惠渠等水渠完成情况，小型水利工程建设情况等）、农林畜牧、矿业、气象，第147~162页为附表《工作计划与工作进度对照表》。社会部分涉及义务劳动（修筑县乡道路、河渠堤坝、开垦荒地等）。地政部分附表《湟惠渠特种乡公所整理土地补偿及收缴地价概况表》《甘肃各县三十五年度（1946）上半年人民承领荒地概况表》《甘肃省各县市三十四年度（1945）旱灾账粮赋分配数目表》。附录重要单行法规涉及贷款用途以兴办左列各项水利工程为限（开渠及整理旧渠、凿井或修井、修建水库等八条），《甘肃省政府社会处加强农会业务实施计划》《修正甘肃省各县市农会工作规则》。

【叙录编号】 0126
【档案题名】
　　甘肃省政府民国三十六年（1947）1—6月份工作报告
【发文单位】 甘肃省政府
【收文单位】 不详
【档案编号】 004-009-0220-0001
【成文时间】 1947
【关 键 词】 工作报告；行政区划
【内容提要】
　　主要涉及民政包括行政区划，重新厘定县等；编查祁连山边民区域保甲户口等，第31页为《工作计划与工作进度对照表》。第44页为财政《甘肃省财政厅三十五年（1946）七月至十一月经管各费类总账户收支报表》《甘肃省财政厅三十五年（1946）八月至十二月份收入总存款岁出部分数目表》《甘肃省财政厅三十六年（1947）元月至八月份省库收入总存款岁出部分数目表》。建设包括交通、水利（成立水利局，建设大型水利工程，河西水利建设等）、农林、畜牧兽医、工矿、公用事业（兰州自来水工程等）、气象等。第170页为田粮《工作计划与工作进度对照表》。第196页为社会《甘肃省三十六年度（1947）各县被灾一览表》，包括县别、灾别、乡镇别、被灾日期、处理情形及备考。第204页为《甘肃省三十五年（1946）各县市义劳推行成果》，包括项目、名称、数目及说明。地政包括扶植自耕农（湟惠渠、靖丰渠淤地）、荒地使用等，第227页为《湟惠渠特种乡公所三十六年度（1947）上半年整理土地补偿及收缴地价概况表》，第228页为《甘肃省各县三十六年度（1947）上半年人民承领荒地概况表》。

【叙录编号】 0127
【档案题名】
甘肃省财政厅民国三十六年度（1947）工作计划目录
【发文单位】 甘肃省财政厅
【收文单位】 甘肃省政府
【档案编号】 004-009-0221-0001
【成文时间】 1947
【关 键 词】 财政厅；目录
【内容提要】
目录包括甘肃省政府各厅三十六年度（1947）工作计划。涉及部分包括民政中调整插花飞地、重新厘定县等；国防中缩短五年计划、马草的培植、垦殖祁连山马鬃山六盘山建设等；会计中编制三十六年（1947）县市地方预算等；地政中湟惠渠、三清渠等灌溉区扶植自耕农、督垦荒地等；建设中公路铁路建设、兴修水渠大坝、续办河西水利、铺砂工程、管理祁连山小陇山林区事务等。

【叙录编号】 0128
【档案题名】
甘肃省政府关于发本府民国三十六年度（1947）政绩比较表给甘肃省财政厅的训令
【发文单位】 甘肃省政府
【收文单位】 甘肃省财政厅
【档案编号】 004-009-0222-0001
【成文时间】 1948-03-22
【关 键 词】 政绩比较；水利建设
【内容提要】
甘肃省政府已将比较表发给财政厅，令其遵照改进。比较表目录包括一般行政、民政、财政、建设、教育、保安、水利等事宜。表格主要内容有工作计划、工作实施及比上年度进展情形。其中包括《农林畜牧政绩比较表》《气象政绩比较表》《水利政绩比较表》。

【叙录编号】 0129
【档案题名】
甘肃省政府民国三十七年（1948）下半年度工作计划
【发文单位】 甘肃省政府
【收文单位】 不详
【档案编号】 004-009-0224-0001
【成文时间】 1948
【关 键 词】 工作计划
【内容提要】
行政部分涉及加强交通管理、小陇山林区管理、绘制全省地图、加强国民义务劳动工作等事宜。事业部分涉及建设中修筑公铁路（成武公路等）、勘查省道、推行乡村植树、管理祁连山小陇山林区、防止牛瘟、调查地质矿产等；水利包括勘测、设计、施工及研究实验。

【叙录编号】 0130
【档案题名】
甘肃省政府公报（合署办公，第502期）
【发文单位】 甘肃省政府
【收文单位】 不详
【档案编号】 004-010-0131-0001
【成文时间】 1941-04-30
【关 键 词】 汭惠渠；水利农矿公债；推广优良小麦；水利勘查；造林计划；兴办民间畜牧；防灾；防水患
【内容提要】
本份政府公报包括专论、法规、命令、公牍、例行公文、会议录、施政撮要、各县通讯等部分。法规部分包括《修正非常时期难民移垦条例第2条、第24条及第28条文》（14页）。命令部分包括委任郝西赓为甘肃省北湾堤工程公务所技正工程司的任命1则（44页），委任吴惇为甘肃汭惠渠公务所工程司兼主任的任命1则（44页）。公牍部分包括令省内外各机关准社会部咨解释渔行能否参加渔会及可否组织工会的训令1条（53页）。会议录包括《甘肃省政府委员会第849次会议记录》，报告事项录有主席报告建设厅呈，查本省农贷及水利贷款合同，均已分别签订，兹将农业推广贷款签订，特此报告的记录1条（75页）；讨论事项录有主席提议建财两厅呈，查本府发行水利农矿公债一案，经财政部核准，拟将本息表修改，省务会议决议通过的记录1条（77页）；临时动议录有主席提议建设厅呈，拟订本年度食粮增产计划大纲，推广检定优良小麦品种实施办法，麦病防治实施办法，省务会议决议除乡镇保甲长经费删除，其他照办的记录1条（77页）。施政撮要包括发展水利林牧，录有和中国银行商定合作大纲，一同组织甘肃省水利林牧公司的记录1条（79页）；兴修泾河大渠，录有水利勘查时间及明确范围的记录1条（79页）；赈济四县灾情，审查本省榆中、文县、临潭、武山等县受冰雹旱灾导致歉收的记录1条（80页）。各县通讯，包括《清水县三十年度（1941）造林实施计划》，录有苗木选集的记录3条，造林地段的记录1条，各地区植树数目及植造人的记录5条，各林区督察的记录1条，植树造林的奖罚1条，栽种时期的记录1条，造林区的标志设置的记录1条（83~84页）。《庄浪县三十年度（1941）生产建设计划》，试种农业副产：种棉涉及种植区、种子来源、督察方法、奖惩、推行普及的记录1条（86页），种大黄与当归的记录2条（87页）；植林方面：林木苗圃提供秧苗的记录1条，林木秧苗培养的记录1条，造林种类的记录4条，栽树种类的记录4条，树秧来源的记录3条，造林地段的记录2条，植树时期的记录1条，宣传植树造林办法的记录4条（88~90页）；保林方面：偷盗林木治罪办法的记录2条，牧畜损害惩罚办法的记录2条，病虫害防治的记录2条，风灾防治办法的记录1条（90页）；倡导兴办民间畜牧：涉及区域、畜牧种、经费、奖惩等方面（90~92页）；兴办水利防治水患、开水渠的记录3条（92~93页），防水患涉及三段式防水患法的记录1条（93页），浚河的记录1条（94页），筑堤的记录1条（94页）。

【叙录编号】 0131
【档案题名】
　　甘肃省政府公报（合署办公，第503期）
【发文单位】 甘肃省政府
【收文单位】 不详
【档案编号】 004-010-0132-0001
【成文时间】 1941-05-15
【关 键 词】 水利工程调查；引水灌溉；处理畸形区域；探采矿产；扩大造林面积；倡办牧畜；种棉
【内容提要】
　　本份政府公报包括专论、法规、命令、公牍、例行公文、会议录、施政撮要、视察报告、各县通讯等部分。例行公文部分包括《甘肃省政府核饬所属各机关例行公文一览表》，建设部分录有各县已完成水利工程调查表、该县水源甚小无法引水灌溉无水渠的报告等（35~36页）。会议录包括《甘肃省政府委员会第852次会议记录》，讨论事项包括主席提议建设厅呈，拟组织泾济渠工务处，所需经费由农田水利贷款支出，省务会议决议除津贴，其余照办的记录1条（48页）。施政撮要包括整理畸形区域的记录1条（55页），派员会勘省界的记录1条（55页），探采本省矿产以改善民生的记录1条（56页）。视察报告包括《静宁县概况》，涉及静宁县的沿革、地理形势、人口、民情风俗、物产、目前要政推行情况、财政状况、建设工作方面（该县缺少水利、请求兴修水渠、扩大造林范围等）、一般观感等方面（58~60页）；《庄浪县概况》涉及沿革、地理形势、人口、民情风俗、物产、目前要政推行情况、财政状况、建设工作方面（拟具生产建设事业计划大纲，包括发展农业副产、扩大造林面积、倡办牧畜、兴修水利等）、一般观感等方面（60～62页）。各县通讯包括《民勤县3月份中心工作报告》。建设方面：植树的记录1条，种棉的记录1条（66页）。

【叙录编号】 0132
【档案题名】 甘肃省政府公报（合署办公，第504期）
【发文单位】 甘肃省政府
【收文单位】 不详
【档案编号】 004-010-0133-0001
【成文时间】 1941-05-31
【关 键 词】 水利查勘队；气象测候所；整理畸形区域；永丰渠；农事试验场
【内容提要】

本份政府公报包括专论、法规、命令、公牍、会议录、例行公文、施政撮要、视察报告等部分。专论部分包括《国民经济建设运动之要义及其实施经过》，实施原则涉及农村交通建设、农林畜牧方面建设、水利方面建设（10页）。法规部分包括《甘肃省水利查勘队暂行组织规程》8条（38页）。命令方面包括委任高峰为本府建设厅泾济渠工务所主任工程司的任命1则（40页）。会议录包括《甘肃省政府委员会第855次会议记录》，讨论事项录有主席提议建、财、会计处呈，拟具改组本省气象测候所大纲及方案经费分配办法，省务会议决议通过的记录1条（52页）；《甘肃省政府委员会第857次会议记录》，讨论事项录有主席提议民政厅呈，拟具本省整理各县畸形区域勘测队组织规则，交由法制室审查，省务会议决议通过的记录1条（57页）；《甘肃省政府委员会第858次会议记录》，讨论事项录有主席提议财、会计处呈，核议建设厅拟订永丰渠等施工计划及技术人员待遇一案，省务会议决议现金出纳由事务股负责，事务处股长由水利专员兼任及薪资待遇的记录1条（61页）。例行公文包括《甘肃省政府核饬所属各机关例行公文一览表》，建设方面录有各县拟修水利工程调查表、已完成水利工程表、农事试验场3月份工作报告表等（64～65页）。

【叙录编号】 0133
【档案题名】
甘肃省政府公报（合署办公，第511期）
【发文单位】 甘肃省政府
【收文单位】 不详
【档案编号】 004-010-0140-0001
【成文时间】 1941-09-15
【关 键 词】 水利查勘；洮河林区管理处；植树；牧畜及畜产调查表；可耕荒地；改划管辖地区；灾害
【内容提要】

本份政府公报包括特载、专载、法规、命令、公牍、会议录、例行公文、施政撮要、视察报告、各县通讯等部分。法规部分包括《甘肃省建设厅水利专员服务规程》5条（29页）。公牍部分包括令各专署准甘肃水利林牧股份有限公司函以所属森林畜牧两部现均设于岷县各渠工程处及各水利查勘队在各县都有住址的训令1条（50页）。会议录包括《甘肃省政府委员会第850次会议记录》，报告事项录有主席报告建设厅，准农林部咨在卓尼设置农业部洮河流域国有林区管理处，要求卓尼等五县遵照，特此报告的记录1条（53页）；主席报告建设厅呈，查本厅化学工厂分革部分与甘肃水利林牧公司合办，拟具转移接受办法，特此报告的记录1条（53页）。例行公文包括《甘肃省政府核饬所属各单位例行公文一览表》，建设部分录有各县呈报更正植树报告表、查填牧畜及畜产调查表、县狭小无可耕荒地等（67～

68页)。视察报告包括《临潭县西南边区视察报告》,一般概况涉及风俗人情、生活习惯、气候(每年4、5月雨雪不止)、管辖问题、特殊问题(74~75页);整理计划涉及请明令改划管辖地区的记录1条(76页),附西南边区调查表及寺院调查表(77~78页)。各县通讯包括《敦煌县政府8月份中心工作报告》,录有改选水利各级人员,本县水利为农事第一要义的记录1条(82页);《通渭县政府5、6、7、8四个月工作报告》,录有查勘荒地、增加生产的记录1条(85页),专员调查本县灾情,春夏函后又雹灾,夏秋禾大损的记录1条(86页)。

【叙录编号】 0134
【档案题名】
　　奉内政部令调查各县风俗的各类文件
【发文单位】 甘肃省民政厅;岷县政府等
【收文单位】 甘肃省民政厅;岷县政府等
【档案编号】 015-005-(0067-0081)(大宗案卷)
【成文时间】 1933-01-18—1934-12-30
【关 键 词】 风土;民俗
【内容提要】
　　卷0067-0081包括甘肃38县上报其风土民俗的各类往来文件,分别有定西、永靖、临潭(0067);渭源、和政(0068);陇西、皋兰、会宁(0069);岷县、临洮(0070);洮沙、榆中、靖远(0071);民勤、武威(0072);临泽、永登(0073);宁定、景泰、夏河、漳县(0074);康乐设治局、临夏(0075);甘谷(0076);西固、西和、通渭(0077);成县、文县(0078);秦安、武山、武都、康县、徽县(0079);两当、天水(0080);清水、礼县(0081)。起因是据第二次全国内政会议提议,内政部训令甘肃省民政厅调查各县良善礼俗编订成册,民政厅转饬各县。各县上报调查纲要请示省政府进行调查,其调查纲目中包括:甲、生活状况(职业概况、主要物价、饮食嗜好、居室情形、农产品、气候暨雨量情形等);乙、社会习尚(起居、交际惯例、宗教情形等);丙、婚嫁情形;丁、丧葬情形。

【叙录编号】 0135
【档案题名】
　　甘肃28县呈省民政厅民国二十三年(1934)全年钱粮时估表及雨雪阴晴数量表的往来文件
【发文单位】 甘肃省民政厅;合水县政府等
【收文单位】 合水县政府;甘肃省民政厅等
【档案编号】
　　015-005-(0233-0234、0236-0239)
【成文时间】 1934—1935
【关 键 词】 钱粮时估表;雨雪阴晴
【内容提要】
　　本6卷文件包括甘肃各县呈民政厅民国二十三年(1934)各月钱粮时估表及雨雪阴晴数量表的各类文件。米粮草束银钱时估表表头包括类别、重量、时价、较上月增减等内容,雨雪阴晴表表头包括阴晴别、雨雪量别等内容。其县有:宁县记录1—11月雨雪及钱粮表,静宁记录12月雨雪及钱粮表,庄浪1—12月份雨雪及钱粮表,固原1—12月份雨雪及钱粮表,环县1—11月份、海原1—12月份雨雪及钱粮表,泾川1—12月份雨雪及钱粮表,天水、武都、徽县、两当、武山、清水、西和、西固、通渭、甘谷、秦安1—12月份米粮草束银钱时估表,文县1—12月份米粮草束银钱时估表,礼县1—12月份米粮草束银钱时估表,成县1—12月份米粮草束银钱时估表,康县1—12月份米粮草束银钱时估表,庄浪1—12月份米粮草束银钱时估表,张掖1—12月份米粮草束银钱时估表,正宁1—2月和7—12月米粮草束银钱时估表,灵台1—12月米粮草束银钱时估表，平凉1—12月米粮草束银钱时估表，隆德1—12月米粮草束银钱时估表，共计28县。另有民政厅催合水县政府发两类表格的训令，以及民政厅对部分表格错漏县政府行催发的回文。其中，米粮草束银钱时估表表头包括：类别（大米、糯米、黄米、小米、粟米、大麦、小麦、红麦、燕麦、莜麦、荞麦、大豆、黄豆、豌豆、扁豆、苞谷、芝麻、胡麻、青稞、糜子、高粱、麦麸、菜籽、其他），量别，重量，时价，具体月份，比较上月增减量；雨雪阴晴表表头包括：年月、天晴日数、天阴日数、天雨（次数、量数）、天雪（次数、量数）。各县市所造表册均同。

【叙录编号】 0136
【档案题名】
　　甘肃32县及康乐设治局呈省民政厅民国二十三年（1934）全年钱粮时估表及雨雪阴晴数量表的往来文件
【发文单位】 甘肃省民政厅；山丹县政府等
【收文单位】 甘肃省民政厅；山丹县政府等
【档案编号】
　　015-005-（0241-0250）（大宗案卷）
【成文时间】 1934—1935
【关 键 词】 钱粮时估表；雨雪阴晴
【内容提要】
　　本10卷文件包括临洮县、永登县、古浪县、山丹县、临泽县、华亭县、镇原县、庆阳县、宁县、岷县、榆中县、武威县、民乐县、定西县、皋兰县、永昌县、景泰县、临潭县、正宁县、化平县、崇信县、灵台县、静宁县、海原县、固原县、环县、庄浪县、泾川县、隆德县、崇信县、平凉县、会宁县32县及康乐设治局呈1934年各月钱粮时估表及雨雪阴晴数量表的各类文件。民政厅回文部分县补造或更造气象、米粮表。表头同上。

【叙录编号】 0137
【档案题名】
　　甘肃56县及康乐设治局呈省民政厅民国二十三年（1934）全年钱粮时估表及雨雪阴晴数量表的往来文件
【发文单位】 甘肃省民政厅；定西县政府等
【收文单位】 甘肃省民政厅；定西县政府等
【档案编号】
　　015-005-（0261-0280）（大宗案卷）
【成文时间】 1934—1935
【关 键 词】 钱粮时估表；雨雪阴晴
【内容提要】
　　本20卷文件包括定西、夏河、永靖、靖远、皋兰、榆中、高台、酒泉、鼎新、敦煌、安西、玉门、文县、通渭、天水、两当、西和、天水、康县、武都、清水、徽县、甘谷、武山、成县、秦安、西固、礼县、金塔、民乐、张掖、华亭、平凉、灵台、隆德、永登、古浪、武威、永昌、山丹、民勤、临潭、临泽、景泰、漳县、和政、皋兰、陇西、夏河、永靖、临夏、渭源、定西、宁定、洮沙、靖远56县及康乐设治局呈省民政厅1934年各月份阴晴雨雪数量统计报告表及米粮草束银钱时估表。表头同上。

【叙录编号】 0138
【档案题名】
　　函复俟令催各县将农产品种类数量及耕地荒地面积等报齐即行函送的公函
【发文单位】 甘肃省建设厅
【收文单位】 甘肃省民政厅
【档案编号】 015-005-0339-0009
【成文时间】 1934-06-21
【关 键 词】 农产品；耕地；荒地
【内容提要】
　　省建设厅致函省民政厅，希会同催未上报农产品种类数量及耕地荒地面积县填表报齐，汇集函送。

【叙录编号】 0139
【档案题名】
甘肃各县呈报民国二十三年至二十四年（1934—1935）米粮草束时估表及雨雪阴晴表的各类文件
【发文单位】 甘肃省民政厅；山丹县政府等
【收文单位】 甘肃省民政厅；山丹县政府等
【档案编号】 015-006-（0035-0060）
【成文时间】 1934—1935
【关 键 词】 雨雪阴晴；米粮草束时估表
【内容提要】

卷0035-0060包括甘肃各县呈报的米粮草束时估表和雨雪阴晴表的各类往来文件，分别为：永登、酒泉、张掖、古浪、临泽、山丹、民勤、永昌、武威（0035）；鼎新、安西、敦煌、玉门、金塔、高台（0036）；秦安、西和、文县、徽县、清水、两当（0037）；成县、通渭、甘谷、康乐、礼县、武都、武山、天水（0038）；临洮、康乐、夏河、靖远、洮沙、景泰（0039）；渭源、陇西、漳县、岷县、永靖、榆中、会宁（0040）；西固、礼县、西和、武都、成县（0041）；固原、甘谷、永靖、靖远（0042）；皋兰、岷县、榆中、陇西（0043）；会宁、临夏、定西（0044）；洮沙、康乐、和政（0045）；平凉、化平、华亭、灵台、宁县、静宁（0046）；泾川、崇信、合水、宁县（0047）；漳县、宁定、夏河、临潭、徽县（0048）；文县、通渭县、礼县（0049）；庄浪、正宁、镇原、环县、庆阳、金塔（0050）；古浪、武威、永昌、永登（0051）；玉门、酒泉、鼎新、高台、安西、敦煌（0052）；成县、康县、清水县（0053）；秦安、武都、西和、甘谷（0054）；民乐、山丹、武山、张掖、民勤（0055）；两当、临泽、鼎新（0056）；敦煌、金塔、安西、玉门、酒泉（0057）；会宁、洮沙、渭源（0058）；夏河、漳县、皋兰、宁定、和政、会宁、永靖、岷县（0059）；甘谷、礼县、秦安、文县、康县、通渭、天水、成县、清水、两当、武山、西和、武都、徽县（0060）等。上述各县政府呈省民政厅县1934年、1935年米粮草束时估表及雨雪阴晴表请备查。其中，米粮草束银钱时估表表头包括：类别（大米、糯米、黄米、小米、粟米、大麦、小麦、红麦、燕麦、莜麦、荞麦、大豆、黄豆、豌豆、扁豆、苞谷、芝麻、胡麻、青稞、糜子、高粱、麦麸、菜籽、其他），量别，重量，时价，具体月份，比较上月增减量；雨雪阴晴表表头包括：年月、天晴日数、天阴日数、天雨（次数、量数）、天雪（次数、量数）。各县市所造表册均同。

【叙录编号】 0140
【档案题名】
甘肃各县呈报农村六项调查表的各类文件
【发文单位】 崇信县政府；甘肃省民政厅等
【收文单位】 甘肃省民政厅；镇原县政府等
【档案编号】 015-006-0178-0182
【成文时间】 1933
【关 键 词】 土地分配；土地亩数
【内容提要】

此5卷223件文件均与甘肃各县呈报农村六项调查表于省民政厅有关，其中六项分别为：农村借贷关系调查表、农村土地面积调查表、土地分配状态调查表、业佃关系调查表、地价地租税额收益调查表、业主雇农关系调查表。呈报各县有：崇信县、庄浪县、镇原县、正宁县、静宁县、庆阳县（0178）；灵台县、定西县、临潭县、皋兰县、和政县（0179）；渭源县、景泰县、永靖县、会宁县、陇西县、夏河县、洮沙县、泾川县、海原县（0180）；民勤县、古浪县、山丹县、张掖县、永登县、民乐县、永昌县（0181）；岷县、榆中县、临夏县、宁定县（0182）等31县及康乐设治局。其中，各项表式均相同。《农村借贷关系调查表》表头包括：最高利率、最低利率、平均利率、担保或抵押状况、附带条件、有无借贷机关；《农村土地面积调查表》表头包括：区名、乡镇名、耕地亩数（水田/旱田）、园圃亩数、森林占地约数、荒地约数、水面占地约数、其他占地约数、土地总面积；《土地分配状态调查表》表头包括：区名、乡镇名、有地百亩以上者（户数、人口数、亩数）、有地51亩至100亩者（户数、人口数、亩数）、有地31亩至50亩者（户数、人口数、亩数）、有地11亩至30亩者（户数、人口数、亩数）、有地1亩至10亩者（户数、人口数、亩数）、无土地者（户数、人口）、公有土地亩数、耕地总亩数；《业佃关系调查表》包括：承租条件（有无年限、有无中证人、有无成文契约）、租额、地主对耕种有无经济补助、有无额外需索与馈赠、交租时期、收租手续、遇天灾事变佃农能否请求地主减免其租额之一部或全部、有无压租或类似制度、原佃亩数、耕种土地之副产物品是否概归佃农所有、佃农是否有纳税义务、佃农能否转租、地主解佃有无限制、解佃时佃农所投之土地特别费是否价还、收回自耕之土地再出租时原佃农有无优先承租权、地主典当或出卖土地佃农有无优先承典或承买权、有无为地主服劳役习惯、地主是否居乡、地主是否自耕一部土地、地主与佃农身份习惯是否平等、佃农是否有自耕土地；《地价地租税额收益调查表》表头包括：土地类别（田、地、山、荡、园）、等则（上、中、下）、价格、生产状态（每年生产次数、生产品类及产额、价值总计）、租额、税额；《业主雇农关系调查表》包括：业主对于雇农之待遇（工资、有无其他补助、食宿是否由业主供给）、每人耕种亩数（最多、最少、一般）、承雇时有无担保或中证人、业雇间有无成文契约、业主解雇有

无限制、有无包工制、有无中间管理人、业主是否居乡、业主是否助耕、业主与雇农身份习惯上是否平等。

【叙录编号】 0141
【档案题名】
各县关于送民国二十五年（1936）尚未发现蝗患情形以备查的各类文件
【发文单位】 甘肃省民政厅；临洮县政府等
【收文单位】 甘肃省民政厅；临洮县政府等
【档案编号】
015-006-0341-（0001-0035）；
015-006-0342-（0001-0033）；
015-006-0343-（0001-0012）
【成文时间】 1936
【关键词】 治蝗除卵；蝗患
【内容提要】
省民政厅就省政府令命各县呈报奉到治蝗除卵办法十条及本年尚未发现蝗患情形以备查考。呈文各县有：临洮、洮沙、景泰、岷县、会宁、皋兰、榆中、和政、临夏、临潭、永靖、秦安、西和、甘谷、天水、康县、礼县（0341）；海原、合水、静宁、崇信、宁县、镇原、灵台、鼎新、山丹、武威、清水、金塔、张掖、通渭、华亭、渭源、永昌、两当、平凉、靖远、民勤（0342）；高台、玉门、民乐、临泽、古浪（0343）等43县。其中，《甘肃省××县500亩以上荒山调查表》表头包括：地名（乡名、小地名）、官有或私有、周围里数、山表面积亩数、高度尺度、土质及矿苗、土宜及现生植物、周围总数及耕作熟地亩数。

【叙录编号】 0142
【档案题名】
甘肃各县填造民国二十一年（1932）、民国二十四年（1935）雨雪阴晴及米粮草束银钱时估表的各类文件

【发文单位】 甘肃省民政厅；康乐设治局等
【收文单位】 甘肃省民政厅；崇信县政府等
【档案编号】
　　015-006-0349-（0001-0028）；
　　015-006-0350-（0001-0020）；
　　015-006-0351-（0001-0042）；
　　015-006-0352-（0001-0078）
【成文时间】 1932—1933；1935—1936
【关 键 词】 雨雪阴晴；米粮草束时估表
【内容提要】

　　崇信、合水、化平、海原、临潭、临洮、临夏、高台、敦煌、金塔、隆德、鼎新、张掖、山丹、文县、成县、西和、天水、礼县、甘谷、靖远、夏河、和政、会宁、永靖、皋兰、陇西、洮沙等28县政府及康乐设治局呈省民政厅县1932年、1935年米粮草束时估表及雨雪阴晴表请备查。其中，米粮草束银钱时估表表头包括：类别（大米、糯米、黄米、小米、粟米、大麦、小麦、红麦、燕麦、莜麦、荞麦、大豆、黄豆、豌豆、扁豆、苞谷、芝麻、胡麻、青稞、糜子、高粱、麦麸、菜籽、其他），量别，重量，时价，具体月份，比较上月增减量；雨雪阴晴表表头包括：年月、天晴日数、天阴日数、天雨（次数、量数）、天雪（次数、量数）。各县市所造表册均同。

【叙录编号】 0143
【档案题名】
　　甘肃各县之面积与人口密度调查表
【发文单位】 甘肃省民政厅
【收文单位】 不详
【档案编号】 015-008-0113-0002
【成文时间】 1939-12
【关 键 词】 土地；面积
【内容提要】

　　本表涉及皋兰、临潭、榆中、渭源、景泰、永昌、镇原、高台、岷县、漳县、华亭、环县、西固、成县的地域面积和人口密度的基本情况。表头为：县市别、全县城市辖境面积、全县或市人口密度、划分区数、各区面积（最大/最小）、各区人口密度（最多/最少）、全县或市所辖乡镇、各乡镇或联保之面积（最大/最小）、各乡镇或联保之人口密度（最多/最少）、面积数字来源说明。内容仅填写至各区面积阶段。

【叙录编号】 0144
【档案题名】
　　甘肃省各县及市区面积与人口密度调查表
【发文单位】 甘肃省民政厅
【收文单位】 不详
【档案编号】 015-008-0113-0003
【成文时间】 1939-12
【关 键 词】 市区面积
【内容提要】

　　本表涉及会宁、灵台、山丹、民乐、永登、武威、秦安、武都、天水、武山、靖远、庄浪、清水、隆德、宁和、合水、文县、西和、洮沙、两当、徽县、固原、江宁、泾川、庆阳、平凉、崇信、敦煌、酒泉、定西、宁定、陇西、礼县、民勤、甘谷、和政、永靖、金塔、古浪、海原、临洮、通渭、静宁、化平、康县、鼎新、夏河、康乐设治局、玉门、安西、临泽、临夏、张掖县。表头同015-008-0113-0002。内容仅填写至各区面积阶段。

【叙录编号】 0145
【档案题名】
　　甘肃省各县及市区面积与人口密度调查表
【发文单位】 甘肃省民政厅
【收文单位】 不详
【档案编号】 015-008-0127-0008

【成文时间】 1939-12
【关　键　词】 市区面积
【内容提要】
　　如题。表中内容为015-008-0113-0002与015-008-0113-0003的整合，数据相同。

【叙录编号】 0146
【档案题名】
　　甘肃省各县及市区面积与人口密度调查表
【发文单位】 甘肃省民政厅
【收文单位】 不详
【档案编号】 015-008-0128-0002
【成文时间】 1939-12
【关　键　词】 市区面积
【内容提要】
　　为统计室的批注，表中内容为015-008-0113-0002与015-008-0113-0003的整合，数据相同。

【叙录编号】 0147
【档案题名】
　　甘肃省民国三十年度（1941）工作计划及进度表
【发文单位】 甘肃省政府
【收文单位】 不详
【档案编号】 015-008-0277-0001
【成文时间】 1941
【关　键　词】 土地；气象；农业；救济
【内容提要】
　　如题。其中包含：土地管理（兴办城市土地测量、兴办城市县土地登记、筹设地政处及地政科、整理县行政区域等）；水利建设（拟完成洮惠渠、溥济渠、湟惠渠渠工；拟开始永丰渠、泾河渠、天水河渠、靖远北堤堤工、喇嘛川渠、汭河渠等工程）；农业方面（实验作物、改善园艺、护植森林、农业推广）；气象测量（组建兰州气象测量所、调整并增加各县气象测量所）；灾害救济（对一般灾民施行拨款等救济、特区难民按情节施加救济、整顿救济机关等）等。

【叙录编号】 0148
【档案题名】
　　民政厅收发文登记表
【发文单位】 民政厅第一科
【收文单位】 不详
【档案编号】 015-008-0463-0002
【成文时间】 1941-04
【关　键　词】 收发文簿
【内容提要】
　　本份收发文登记表内容实际为甘肃省地政局总收文簿。其中包括：送地籍整理资料、夏河县呈报教会使用土地情形表、通渭县呈报土地垦荒情形、依土地法测绘民地、征地、进行土地登记等。

【叙录编号】 0149
【档案题名】
　　甘肃省李世军撰写的《抗战三年之甘肃建设》
【发文单位】 甘肃省建设厅
【收文单位】 不详
【档案编号】 027-001-0090-0002
【成文时间】 1947-07-10
【关　键　词】 抗战建设
【内容提要】
　　主要包括甘肃在抗战之中的人物，三年来建设工作的速写（交通、水利、农林、工矿）。

【叙录编号】 0150
【档案题名】
　　甘肃省建设厅民国三十六年（1947）12月份工作要报
【发文单位】 甘肃省建设厅

【收文单位】 甘肃省政府
【档案编号】 027-001-0105-0002
【成文时间】 1947-12-24
【关 键 词】 甘肃省建设厅；工作报告
【内容提要】

《建设厅十二月工作要报》为定稿，一至五为交通及防疫，六为研讨祁连山林区管理及哈溪滩黄羊河护林蓄水问题，召集武威民勤等县参议员及武威民众代表研讨祁连山林区管理及哈溪滩黄羊河护林修蓄水库问题，十三为气温气压降水量问题；附有《兰州市三十六年十二月天水十一月气压气温降水量表》《平凉等八县所三十六年十一月气温降水量表》。

【叙录编号】 0151
【档案题名】
甘肃省建设厅民国三十六年（1947）12月份政情月报
【发文单位】 甘肃省建设厅
【收文单位】 甘肃省政府
【档案编号】 027-001-0105-0005
【成文时间】 1947-12-01
【关 键 词】 甘肃省建设厅；工作报告
【内容提要】

《建设厅十二月政情月报》，此卷与002卷内容相同。此卷为原始记录，有修改批注痕迹。一至五为交通及防疫，六为研讨祁连山林区管理及哈溪滩黄羊河护林蓄水问题，召集武威民勤等县参议员及武威民众代表研讨祁连山林区管理及哈溪滩黄羊河护林修蓄水库问题。

【叙录编号】 0152
【档案题名】
甘肃省建设厅民国三十六年（1947）各月份工作要报（农业部分）
【发文单位】 甘肃省建设厅
【收文单位】 甘肃省政府
【档案编号】 027-001-0105-0007
【成文时间】 1947-11-25
【关 键 词】 甘肃省建设厅；工作报告
【内容提要】

主要包含农业人才、农具、洮惠渠水利开发、勘测西北水资源等内容。

【叙录编号】 0153
【档案题名】
甘肃省民国三十三年度（1944）建设部门政绩比较表
【发文单位】 甘肃省建设厅
【收文单位】 甘肃省政府
【档案编号】 027-001-0152-0001
【成文时间】 1944
【关 键 词】 苗圃；水利
【内容提要】

《甘肃省民国三十三年度（1944）建设部门政绩比较表》包括交通、水利（继续兴修水利、继续修筑永丰渠、永乐渠）、农业（小麦种植、选定良种、种植甜菜、大豆选种、果树补种、造林试验、树木保护、良种选育）。

【叙录编号】 0154
【档案题名】
甘肃省补充民国三十三年度（1944）建设部门政绩比较表内工作计划项
【发文单位】 甘肃省建设厅
【收文单位】 甘肃省政府
【档案编号】 027-001-0152-0002
【成文时间】 1944
【关 键 词】 苗圃；水利
【内容提要】

《补充三十三年固定政绩比较表内工作计划项》农艺部分内容包括：冬春两种小麦中择优选择良种，征集优良燕麦、青海一带青稞品种试验、征集不同来源之亚麻，调查兰州市区各种果树品种，造林育苗类研究播种造林各种植树造林之利弊，培育适应当地之树苗、推广防疫等。

【叙录编号】 0155
【档案题名】
　　甘肃省建设部门工作报告
【发文单位】 甘肃省建设厅
【收文单位】 甘肃省政府
【档案编号】 027-001-0153-0001
【成文时间】 1944-04
【关 键 词】 苗圃；水利
【内容提要】
　　《甘肃省建设部门工作报告》：甲、交通；乙、水利（兰丰渠、靖丰渠、汭丰渠、永丰渠、永乐渠、肃丰渠、溥济渠、洮惠渠、湟惠渠）情况；丙、电政；丁、工商业、农业等内容。

【叙录编号】 0156
【档案题名】
　　甘肃省建设厅工作计划与工作进度对照表
【发文单位】 甘肃省建设厅
【收文单位】 甘肃省政府
【档案编号】 027-001-0153-0003
【成文时间】 1944
【关 键 词】 水利
【内容提要】
　　《甘肃省建设部门工作报告》中兰丰渠、靖丰渠、汭丰渠、永丰渠、永乐渠、肃丰渠、溥济渠、洮惠渠、湟惠渠各渠工作计划与实际完成情况的对照。

【叙录编号】 0157
【档案题名】
　　甘肃省建设厅关于报送民国三十六年度（1947）政绩比较表一事的呈文及训令
【发文单位】 甘肃省建设厅
【收文单位】 甘肃省政府
【档案编号】 027-001-0194-（0001-0004）
【成文时间】 1948-06-23—1948-08-14
【关 键 词】 政绩
【内容提要】
　　甘肃省政府训令建设厅报送民国三十六年度（1947）政绩比较表，附有《甘肃省建设厅民国三十六年度（1947）政绩比较表审核意见》，省政府对民政、财政、建设、教育各条发表审核意见。建设厅报送修正后的政绩表。

【叙录编号】 0158
【档案题名】
　　甘肃省政府民国三十七年度（1948）政绩比较表（目录）
【发文单位】 甘肃省政府
【收文单位】 甘肃省建设厅
【档案编号】 027-001-0205-0001
【成文时间】 1948
【关 键 词】 植树；育苗；水利
【内容提要】
　　主要包括一般行政、民政、财政、建设、教育、保安、役政、会计、卫生、社会、田粮、地政、水利、合作、统计。

【叙录编号】 0159
【档案题名】
　　甘肃省政府民国三十七年度（1948）政绩比较表（建设部分）
【发文单位】 甘肃省政府
【收文单位】 甘肃省建设厅
【档案编号】 027-001-0205-0006
【成文时间】 1948
【关 键 词】 植树；育苗；水利
【内容提要】
　　政绩比较表建设部分包含公路以及农林畜牧，具体包括：种植小麦棉花、防治病虫害、春秋二季造林护林、完成水土保持、家畜等事宜。

【叙录编号】 0160
【档案题名】
农林部关于函请惠寄《甘肃农业概况估计》册给甘肃省政府的公函
【发文单位】 农林部
【收文单位】 甘肃省政府
【档案编号】 027-001-0207-0009
【成文时间】 1945-12-22
【关 键 词】 甘肃农业概况估计
【内容提要】
如题。027-001-0207下还有一系列甘肃省寄送《甘肃农业概况估计》刊物给全国各处的档案。

【叙录编号】 0161
【档案题名】
甘肃省建设厅关于农林部视察团赴甘肃等地视察一事各类义件
【发文单位】 农林部
【收文单位】 甘肃省政府；建设厅
【档案编号】 027-001-0495-（0001-0002）
【成文时间】 1943-09-29—1943-11-10
【关 键 词】 农林部视导团
【内容提要】
农林部致函甘肃省政府称，将派西北视察团前来视察陕甘地区农林业务，请予协助。甘肃省建设厅上呈省政府农林部视察团将前来视察陕西甘肃等地，建设厅将协助视察。

【叙录编号】 0162
【档案题名】
甘肃省建设厅关于美国水土保持专家罗氏（罗德民）到华后先来甘肃勘察策划致甘肃省政府的签呈
【发文单位】 农林部；甘肃省政府
【收文单位】 农林部；甘肃省政府
【档案编号】
027-002-0013-（0008-0010、00016-0019）
【成文时间】 1942-10-26—1943-02-16
【关 键 词】 罗德民；水土保持
【内容提要】
农林部致函省政府言水土保持实验区待美国水土保持专家罗氏到来之后再开展，建设厅厅长签呈省政府傅焕光来甘调查，推荐政府聘用的美国水土保持专家罗氏来甘调查开展水土保持工作，省政府代电农林部，本省多地土壤冲刷严重，等罗氏来甘勘察筹划。农林部致电省政府要求接待罗氏，建设厅签呈省政府罗氏4—9月在省工作望接见，省政府训令农林部、甘肃省第一至九区行政督察专员兼保安司令公署随时协助保护。

【叙录编号】 0163
【档案题名】
农林部关于抄发第2次全国生产会议决议有关农林提案暨决议办法致甘肃省政府的公函
【发文单位】 农林部；甘肃省政府
【收文单位】 甘肃省各县局；甘肃省政府
【档案编号】 027-002-0015-（0013-0016）
【成文时间】 1943-11-08
【关 键 词】 水土保持；农林
【内容提要】
农林部关于抄发第2次全国生产会议决议内容为：选择合适地点作为水土保持实验区，以与国外专家合作训练人才方式，推进水土保持事业。甘肃省政府回函农林部开展宣传，举办水土保持工作，并训令各县局。

【叙录编号】 0164
【档案题名】
甘肃省建设厅民国三十五年度（1946）

《建设通讯》
【发文单位】 甘肃省建设厅
【收文单位】 甘肃省建设厅
【档案编号】 027-002-0446
【成文时间】 1946-01
【关 键 词】 建设
【内容提要】
　　《建厅通讯》包括：春季主要工作、各系统相关事项、财政推广浅说、建厅通讯3月份、建厅通讯4月份、建厅通讯5月份、建厅通讯6月份、建厅通讯7月份、建厅通讯8月份、建厅通讯9月份。

【叙录编号】 0165
【档案题名】
　　农矿部关于检发地质调查所油印原呈请通知所属农矿调查机关给予洽接办理给甘肃省建设厅的训令
【发文单位】 翁文灏
【收文单位】 甘肃省建设厅
【档案编号】 027-003-0549-0001
【成文时间】 1930-12-05
【关 键 词】 地质调查
【内容提要】
　　地质调查所所长翁文灏报送呈报最近调查计划，内容包含土壤调查、燃料调查、铁矿调查。

【叙录编号】 0166
【档案题名】
　　甘肃省政府关于报送本省主要矿产、牲畜、木材状况调查表及矿产分布图的往来文件
【发文单位】 甘肃省政府；国防部工业动员司
【收文单位】 甘肃省政府；国防部工业动员司
【档案编号】 027-006-0002-（0015-0016）
【成文时间】 1948-08-06—1948-09-07
【关 键 词】 矿产；原料调查
【内容提要】
　　国防部工业动员司致函甘肃省建设厅，请其填寄原料状况及矿产分布图。甘肃省政府呈文国防部工业动员司司长，报《国防部原料调查表》，涉及各类矿产产量及主要用途（0016）1份。

【叙录编号】 0167
【档案题名】
　　甘肃水利林牧公司关于向甘建厅借、还帐篷一事与甘建厅、各渠的往来公函
【发文单位】 甘肃水利林牧公司；甘肃省建设厅等
【收文单位】 甘肃省建设厅；甘肃水利林牧公司等
【档案编号】
　　039-001-0204-（0003-0004、0018-0026）
【成文时间】 1942-07-15—1945-10-17
【关 键 词】 帐篷；勘察
【内容提要】
　　共11份文件，甘肃水利林牧公司为水利查勘等故借帐篷。

【叙录编号】 0168
【档案题名】
　　甘肃水利林牧公司《物料余额表》
【发文单位】 甘肃水利林牧公司
【收文单位】 不详
【档案编号】 039-001-0269-0005
【成文时间】 1945-06-26
【关 键 词】 余额；原料；书刊
【内容提要】
　　共1份文件。第3页为水泥、木料等原材料的余额；第6~11页为订购书刊的目录表，涉及《甘肃之气候》《河西南疆之交通路线》等书刊。

【叙录编号】 0169

【档案题名】

民国三十四年（1945）水利委员会就颁发地形图例、剖面图例致河西水利工程总队的代电

【发文单位】 行政院水利委员会

【收文单位】 甘肃水利林牧公司

【档案编号】 039-001-0371-0005

【成文时间】 1945-10

【关 键 词】 地形；剖面；图例

【内容提要】

如题。

【叙录编号】 0170

【档案题名】

《查勘及测量》

【发文单位】 甘肃水利林牧公司

【收文单位】 不详

【档案编号】 039-001-0374-0001

【成文时间】 不详

【关 键 词】 查勘

【内容提要】

共1份文件，如题。

【叙录编号】 0171

【档案题名】

西北军政长官公署为发本辖区财经调查表等代电外附经济调查事项

【发文单位】 西北军政长官公署

【收文单位】 甘肃水文总站

【档案编号】 039-001-0573-（0043-0044）

【成文时间】 1949-08-03

【关 键 词】 财经调查表

【内容提要】

共2份文件，如题。

【叙录编号】 0172

【档案题名】

中央水利局实验处与甘肃省水利局就甘肃省水文测验事宜及联系办法发布的文件

【发文单位】 甘肃省水利局

【收文单位】 不详

【档案编号】 039-001-0623-0017

【成文时间】 不详

【关 键 词】 甘肃省水文站；测验事宜；联系办法

【内容提要】

共1份文件。甘肃省各处水文站皆冠以"中央水利实验处、甘肃省水利局"的字样，增设或裁撤由乙方（水利局）根据实际需要情形商得，甲方（实验处）同意后呈准水利部决定；各站组织规定应参照水利部所发各机关水文测站组织规定另订；水文测站的主任与工程师及历派的副工程师均由乙方推荐甲方派充，其余委派人员由乙方核派，所有职员皆由乙方就近监督；各站经费由甲方列入年度预算汇寄乙方转发水文测站；水文测验技术事项皆照甲方规定之水文测验规范办理之，所有记录应由总站按日期编年留份；各水文测站之办公房屋及开办时所需仪器设备等，除核定经费外，由乙方筹措办理。

【叙录编号】 0173

【档案题名】

甘肃水利林牧公司就该年5月4日水利查勘第一分队队长孙玫祐率李锡山、李昌荣前往黄河、洮河、大夏河三流域勘测事致水利查勘总队的函

【发文单位】 甘肃水利林牧公司

【收文单位】 水利查勘总队

【档案编号】 039-001-0693-0022

【成文时间】 1932-05-07

【关 键 词】 黄河；洮河；大夏河；流域勘测

【内容提要】

如题。

【叙录编号】 0174
【档案题名】
　　内政部发布《水陆地图审查条例》的内容
【发文单位】 内政部
【收文单位】 甘肃省政府；第七区行政督察专员公署
【档案编号】 历01-01-0457-3
【成文时间】 不详
【关 键 词】 地图编制
【内容提要】
　　县政府向甘肃省政府上报《水陆地图审查条例》，内容包括：审查事项、规定办理人员为内政部、地图分类、出版注意事项。

【叙录编号】 0175
【档案题名】
　　甘肃省政府民国二十五年（1936）《工业、农业及山脉河流调查表》
【发文单位】 第七区行政督察专员公署；甘肃省政府
【收文单位】 第七区行政督察专员公署；甘肃省政府
【档案编号】 历01-03-0076-（1-2）
【成文时间】 1936-08-12；1936-08-13
【关 键 词】 农业；工业；自然资源调查表
【内容提要】
　　甘肃省政府1936年度《工业、农业及山脉河流调查表》（无附表）。

二、气象类档案

【叙录编号】 0176
【档案题名】
　　甘肃省气象测候所职员名册、职员调任等文件
【发文单位】 甘肃省气象测候所；甘肃省政府
【收文单位】 甘肃省气象测候所
【档案编号】 004-001-0075-（0001-0006）
【成文时间】 1944-11—1948-01
【关 键 词】 职员名册
【内容提要】
　　此案卷包含6份文件，均与省气象所的职员名册、人员调动有关。

【叙录编号】 0177
【档案题名】
　　甘肃省政府公布令秘法字第552号关于颁布修正甘肃省气象测候所组织规程第5条、第8条条文；甘肃省政府公布令秘法字第559号关于颁布修正甘肃省荒地督垦办法；甘肃省荒地承垦证书式样
【发文单位】 甘肃省政府
【收文单位】 不详
【档案编号】
　　004-002-0130-（0004、0020、0028）
【成文时间】 1943-10-16；1943-12-15；1944
【关 键 词】 荒地；气象
【内容提要】
　　如题。

【叙录编号】 0178
【档案题名】
　　甘肃省政府民国三十三年（1944）公务统

计方案（历象类）
【发文单位】 甘肃省政府统计室
【收文单位】 甘肃省政府
【档案编号】 004-002-0353-0001
【成文时间】 1944-12
【关 键 词】 公务统计
【内容提要】
　　包含建设厅应设置之登记册名称（各测候所雨量站位数登记表、各地气象登记册），建设厅应造送之报告表名称（各测候所雨量站位数报告表、各地气压报告表、各地温度报告表、各地降水量与降水日数报告表、各地蒸发量报告表、各地湿度报告表、各地云状与云量报告表、各地日照与能见度报告表、各地天气日数报告表）。

【叙录编号】 0179
【档案题名】
　　甘肃省气象测候所民国三十四年度（1945）气象月报表、各地温度比较表
【发文单位】 蔡测候所
【收文单位】 国民政府统计室
【档案编号】 004-002-0237-0026
【成文时间】 1945
【关 键 词】 统计报告
【内容提要】
　　如题。内有甘肃省各县气温、气压报告表总表，祁连山、华家岭单列出一行。
【叙录编号】 0180

【档案题名】
　　甘肃省气象测候所关于报送气象资料表致甘肃省政府统计室的公函
【发文单位】 甘肃省气象测候所
【收文单位】 甘肃省政府
【档案编号】 004-002-0254-0001
【成文时间】 1946-10-21
【关 键 词】 气象资料

【内容提要】
　　包含《气压表》《风向与风力》《最多风向表》《蒸发量》《湿度》《云量》《日照》《降水量平均》。

【叙录编号】 0181
【档案题名】
　　甘肃省气象测候所挂壁与送气象记录表给甘肃省政府统计室的公函
【发文单位】 甘肃省气象测候所
【收文单位】 不详
【档案编号】 004-003-0056-0001
【成文时间】 1945-10-25
【关 键 词】 气象
【内容提要】
　　包括《气温》《降雨量及降水日数》以及报告表。

【叙录编号】 0182
【档案题名】
　　甘肃省气象测候所关于送民国三十五年度（1946）统计工作报告致甘肃省政府统计室的公函
【发文单位】 甘肃省气象测候所
【收文单位】 甘肃省政府
【档案编号】 004-003-0087-0004
【成文时间】 1947-03-07
【关 键 词】 统计总报告
【内容提要】
　　主要为《甘肃省各地气压报告表》《甘肃省各地气温报告表》《甘肃省各地降水量与降水日数报告表》《甘肃省各地最多风向与风速报告表》《甘肃省各地蒸发量报告表》所涉云量、日照等。

【叙录编号】 0183
【档案题名】

甘肃省气象所关于送1947年度本省各地气象资料致甘肃省政府统计处的公函
【发文单位】 甘肃省气象所
【收文单位】 甘肃省政府统计处
【档案编号】 004-003-0090-0002
【成文时间】 1948-02-18
【关 键 词】 气象
【内容提要】

《各测候所位置及海拔高度图》《气压》《气温》《湿度》《兰州及各县所绝对相对混度表》（注：疑似《兰州及各县所绝对相对湿度表》）《兰州及各县所三十六年度（1947）降水量及降水日数表》《风向风力与风速》《蒸发量》《云量》《日照时数与能见度》《天气日数》。32页后为《甘肃省地政局统计总报告》设计土地测量等报告，后为山脉、地形等报告表。76页为《甘肃省水利行政机关及事业报告表》。

【叙录编号】 0184
【档案题名】

考试院甘宁青考铨处关于请检送甘肃省气象所组织规程致甘肃省政府的公函；甘肃省政府关于送甘肃省气象所组织规程致考试院甘宁青考铨处的公函
【发文单位】 考试院甘宁青考铨处；甘肃省政府
【收文单位】 甘肃省政府；考试院甘宁青考铨处
【档案编号】 004-004-0016-（0024-0025）
【成文时间】 1948-09-10—1948-09-27
【关 键 词】 气象
【内容提要】
如题。

【叙录编号】 0185
【档案题名】

甘肃省政府委员会第1428次会议议事日程外附会议材料
【发文单位】 甘肃省政府委员会
【收文单位】 甘肃省政府
【档案编号】 004-007-0484-0005
【成文时间】 1947-05-06
【关 键 词】 河西草原；兽疫防治；农林水利；气象测候
【内容提要】

主要涉及审查以气象测候与农林水利关系急切，任隶建设厅，建设厅报告将河西草原改良实验区1、2月工作及西北兽疫防治3月工作，岷县种马收场3月份人马统计表，附《三十六年度（1947）各省改良种子推广区域及事业一览表》。

【叙录编号】 0186
【档案题名】

甘肃省政府委员会第1474次会议议程外附会议材料
【发文单位】 甘肃省政府委员会
【收文单位】 甘肃省政府
【档案编号】 004-007-0500-0001
【成文时间】 1947-10-17
【关 键 词】 水渠管理处；气象测候所
【内容提要】

关于提会报告《拟请修正法规原条文与修正文对照表》，其中建设类包括甘肃省水渠管理处组织规程、甘肃省气象测候所组织规程，省务会议决议修正通过。

【叙录编号】 0187
【档案题名】

甘肃省政府委员会第226次会议记录
【发文单位】 甘肃省政府委员会
【收文单位】 甘肃省政府
【档案编号】 004-007-0506-0016

【成 文 时 间】 1934-07-31
【关 键 词】 记录风向仪；气象所
【内容提要】
其中包括：建设厅据气象所呈报已收到中央气象研究所发来的仪器7件，请再订购包括记录风向仪、自记风向仪等器物。请先行拨款购置。会议决议由建设费项下拨发。

【叙录编号】 0188
【档案题名】
甘肃省政府委员会第1184次会议记录
【发文单位】 甘肃省政府委员会
【收文单位】 甘肃省政府
【档案编号】 004-007-0517-0004
【成 文 时 间】 1944-10-17
【关 键 词】 量雨器；量雨尺；拨款
【内容提要】
会议讨论了建设厅呈请拨款购置量雨器及量雨尺一事。

【叙录编号】 0189
【档案题名】
甘肃省政府委员会第47次会议关于提会审议本省各县量雨站暂行规程及电灯电话局组织规则等事项的会议记录
【发文单位】 甘肃省政府委员会
【收文单位】 甘肃省政府
【档案编号】 004-007-0584-0017
【成 文 时 间】 1932-10-14
【关 键 词】 量雨站
【内容提要】
关于提会审议本省各县量雨站暂行规程等事宜。

【叙录编号】 0190
【档案题名】
甘肃省政府委员会第926次会议关于提会报告省气象测候所呈请印制气象观测表及雨量统计表等事项的会议记录
【发文单位】 甘肃省政府委员会
【收文单位】 甘肃省政府
【档案编号】 004-007-0594-0005
【成 文 时 间】 1942-02-10
【关 键 词】 气象观测表；雨量统计表
【内容提要】
关于提会报告省气象测候所呈请印制气象观测表及雨量统计表等事项。

【叙录编号】 0191
【档案题名】
甘肃省气象测候所职员工作勤惰优劣报告表
【发文单位】 甘肃省气象测候所
【收文单位】 甘肃省政府
【档案编号】 004-009-0015-0017
【成 文 时 间】 不详
【关 键 词】 气象测候所；勤惰优劣
【内容提要】
这份表主要是甘肃省气象测候所职员工作勤惰优劣报告表，主要内容包括职别、姓名、勤惰优劣情况。

【叙录编号】 0192
【档案题名】
甘肃省气象所政绩交代表
【发文单位】 甘肃省气象所
【收文单位】 甘肃省政府
【档案编号】 004-009-0226-0005
【成 文 时 间】 1948
【关 键 词】 政绩交代
【内容提要】
表格主要包括实施观测（按月观测收集兰州、平凉、祁连山等地的记录）；记录供应（每月电报中央气象局，用于全国航空农林水利等方面）；增发雨量电报等。

【叙录编号】 0193
【档案题名】
　　甘肃省气象所民国三十七年度（1948）办理假交代文卷目录表
【发文单位】 甘肃省气象所
【收文单位】 甘肃省政府
【档案编号】 004-009-0226-0007
【成文时间】 1948
【关 键 词】 气象所；目录表
【内容提要】
　　目录表记录气象所含有水文类别文卷8宗。

【叙录编号】 0194
【档案题名】
　　甘肃省建设厅民国三十五年（1946）4—10月气象工作报告
【发文单位】 甘肃省建设厅
【收文单位】 甘肃省政府
【档案编号】 027-001-0104-0008
【成文时间】 1946-04-01
【关 键 词】 甘肃省建设厅；工作报告
【内容提要】
　　气象部分工作总结为七点：（一）补充测候仪器；（二）代运、转发及拨发仪器；（三）抽训县所观测人员；（四）修理省所气象台；（五）气象记录广播；（六）合办山丹测候所；（七）协助本省地政勘察。

【叙录编号】 0195
【档案题名】
　　甘肃省建设厅民国三十五年度（1946）工作计划（气象类）
【发文单位】 甘肃省建设厅
【收文单位】 甘肃省政府
【档案编号】 027-001-0163-0005
【成文时间】 1946
【关 键 词】 年度工作计划；气象测候；雨量监测
【内容提要】
　　工作计划分四个部分：（一）过去办理情形；（二）本年度实施限度（即具体内容）；（三）本年度实施方法；（四）本年度所需经费及其来源。在第二部分中，提出了推进各县设置雨量站、雨量记录员，补充省县测候仪器的计划，并要求各气象机关逐日24小时轮班观测，每月将气象记录编成报表。

【叙录编号】 0196
【档案题名】
　　甘肃省政府、测候所关于1937年测候所工作规划纲要的各类文件
【发文单位】 气象测候所
【收文单位】 甘肃省政府；甘肃省建设厅
【档案编号】 027-001-0757-（0005-0006）
【成文时间】 1937-01-12—1937-05-11
【关 键 词】 纲要；经费
【内容提要】
　　0006为《甘肃省兰州气象测候所二十六年中心工作计划纲要》上呈省政府，省政府回令附带此工作纲要：修理气象台，修理风向风速装置，编印5周年纪念刊，增加观测统计员，增加地震室经费预算，培训观测人员，统计气候月刊，视导平凉气候所等，省政府批示要按照本省财力办给。

【叙录编号】 0197
【档案题名】
　　测候所建立专线电话、费用相关问题的文件
【发文单位】 气象测候所
【收文单位】 甘肃省政府；甘肃省建设厅

【档案编号】 027-001-0759-0761
【成文时间】 1937-12-06—1938-10-07
【关 键 词】 电话；租费
【内容提要】
　　甘肃省建设厅气象监测所关于架设专线电话、气候所电话租费相关公函指令批文。

【叙录编号】 0198
【档案题名】
　　气象测候所薪资发放、修改章程等工作的文件
【发文单位】 气象测候所
【收文单位】 甘肃省政府；甘肃省建设厅
【档案编号】 027-001-0769-（0001-0018）
【成文时间】 1940-04-22—1940-10-09
【关 键 词】 气象测候所
【内容提要】
　　如题。

【叙录编号】 0199
【档案题名】
　　测候所1941年工作报告文件
【发文单位】 兰州气象测候所
【收文单位】 甘肃省政府；甘肃省建设厅
【档案编号】 027-001-0771-（0001-0004）
【成文时间】 1941-07-12—1941-09-09
【关 键 词】 工作报告
【内容提要】
　　甘肃省气象测候所报送1941年6、7月工作报告呈文，建设厅回令准予备查。0001为《甘肃省气象测候所6月份工作报告》，包含行政事务方面、气候观测方面、水文观测方面、气象观测方面、工作考核、县测候所方面、县雨量站方面。其余报表格式与之类似。

【叙录编号】 0200
【档案题名】
　　甘肃省气象测候所1941下半年工作报告文件
【发文单位】 气象测候所
【收文单位】 甘肃省政府；甘肃省建设厅
【档案编号】 027-001-0772-（0001-0010）
【成文时间】 1941-09-15—1943-01-23
【关 键 词】 工作报告
【内容提要】
　　甘肃省气象测候所分别报送1941年8月、9月、10月、11月、12月的工作报告呈建设厅，包含行政事务方面、气候观测方面、水文观测方面、气象观测方面、工作考核、县测候所方面、县雨量站方面。建设厅分别回令准予备查。

【叙录编号】 0201
【档案题名】
　　建设厅、气象测候所关于组织章程的各类文件
【发文单位】 甘肃省气象测候所；秘书处
【收文单位】 甘肃省政府；甘肃省建设厅
【档案编号】 027-001-0774-（0001-0006）
【成文时间】 1941-06-13—1941-10-13
【关 键 词】 组织
【内容提要】
　　气象测候所报建设厅气象测候所组织章程，建设厅报省政府，省政府秘书处法制所送还气象测候所组织章程，并要求修改第17条，气象测候所上呈三四等测候所暂停组织及雨量暂行规程，省政府秘书法制室要求修正后报送省政府。0003为《甘肃省气象测候所组织规程》；0005为《甘肃省各县气象测候所暂行组织规程》；0006为《甘肃省气象测候所所属各县三四等气象测候所暂行组织规程》，修改痕迹较多。

【叙录编号】 0202

【档案题名】
气象测候所编写办事细则、水文细则、气象细则与技术人员练习规则等相关文件
【发文单位】 甘肃省气象测候所
【收文单位】 甘肃省政府；甘肃省建设厅
【档案编号】
027-001-0776-0016；
027-001-0777-（0001-0006）
【成文时间】 1941-09-11—1941-09-20
【关 键 词】 水文；气象；细则
【内容提要】
如题。0016为《甘肃省气象测候所及所属各县所站气象技术人员暂行任用条例》，0003为《甘肃省气象测候所气象观测细则》《甘肃省气象测候所水文观测细则》《甘肃省气象测候所高考气象观测细则》，0004为《甘肃省气象测候所技术人员练习规则及职员配用证章规则》，0005为《甘肃省气象测候所办事细则》。

【叙录编号】 0203
【档案题名】
甘肃省建设厅气象测候站关于报送气象资料、修建房舍等事宜文件
【发文单位】 甘肃省气象测候所
【收文单位】 甘肃省政府；甘肃省建设厅
【档案编号】 027-001-0778-（0001-0015）
【成文时间】 1941-11-17—1942-02-30
【关 键 词】 雨量；房舍
【内容提要】
甘肃省建设厅关于报送全国各地天文气象测候调查表事宜致函省政府，省政府回令并指令各县填报。气象测候所请拨经费修筑房舍，静宁县、张掖县请设立回复雨量站致函省政府。气象测候所与农改所合作办马啣山气象测候所，省政府同意。

【叙录编号】 0204
【档案题名】
甘肃省政府气象测候所汇报1941—1943年甘肃气象简报
【发文单位】 甘肃省气象测候所
【收文单位】 甘肃省政府；甘肃省建设厅
【档案编号】 027-001-0779-（0001-0006）
【成文时间】 1943-03-28—1943-11-05
【关 键 词】 气象简报
【内容提要】
气象测候所向省政府汇报本省1941年1—6月，1943年1—6月、7—12月甘肃气象简报，省政府回令准予备查。0001为甘肃省气象测候所报送《甘肃省气象简报》三十一年7—12月份，第七期至第二十期。统计表内容包含气压、气温、湿度、云量、日照时长、降水量、蒸发量、能见度、地面温、地中温，各种天气（雨雪阴晴）日数。省政府表格横向为各县。其余表格格式类似。

【叙录编号】 0205
【档案题名】
气象测候站汇报1942年度工作文件
【发文单位】 甘肃省气象测候所
【收文单位】 甘肃省政府；甘肃省建设厅
【档案编号】 027-001-0780-0082
【成文时间】 1942-02-20—1943-01-23
【关 键 词】 雨雪阴晴
【内容提要】
气象测候所向省政府汇报本省1942年1—3月工作报告，4、5、6、7月、7—9月、10—12月工作报告，省政府回令准予备查。《甘肃省气象测候所民国三十一年度（1942）元月份工作报告》包含行政事务、气象观测、气象报告、统计方面、县测候所方面、县雨量方面等内容，其余各月份工作报告与之类似。

【叙录编号】 0206

【档案题名】

福建省政府、甘肃省政府、各县局气象测候所分布状况调查的相关文件

【发文单位】 甘肃省建设厅；气象测候所等

【收文单位】 甘肃省建设厅；气象测候所等

【档案编号】 027-001-0802-（0001-004）

【成文时间】 1944-02—1944-04

【关 键 词】 测候所分布

【内容提要】

福建省气象厅关于调查省内测候机构分布情况致函建设厅，建设厅训令省政府查报本省测候机构分布状况，气象测候所汇报本省气象测候所机构分布情况，外附有甘肃省境内气象测候所分布表1份，包含甘肃省气象测候所、岷县、天水、平凉、庆阳、靖远、武都、敦煌、临洮、华家岭、临夏、肃州、安西、祁连山测候所的等级名称以及位置，天水、岷县为三等，其余四等，安西祁连山测候所直属于中央，其余省政府厅直属。建设厅致函福建省建设厅汇报甘肃省测候机构分布情况。

【叙录编号】 0207

【档案题名】

甘肃省政府、各县关于雨量记载表的呈文及省政府备查回令

【发文单位】 甘肃省建设厅；甘肃省气象测候所等

【收文单位】 甘肃省建设厅；甘肃省气象测候所等

【档案编号】

027-001-0802-（0001-0027）；

027-001-0803-（0001-0018）；

027-001-0804-（0001-0014）；

027-001-0805-（0001-0014）；

027-001-0806-（0001-0012）；

027-001-0807-（0001-0030）；

027-001-0808-（0001-0016）；

027-001-0809-（0001-0027）；

027-001-0810-（0001-0028）；

027-001-0811-（0001-0024）；

027-001-0812-（0001-0022）；

027-001-0813-（0001-0032）；

027-001-0814-（0001-0014）；

027-001-0815-（0001-0014）；

027-001-0816-（0001-0016）；

027-001-0817-（0001-0014）；

027-001-0818-（0001-0018）；

027-001-0819-（0001-0037）

【成文时间】 1944-02-01—1948-09-28

【关 键 词】 雨量；气象

【内容提要】

农林部要求甘肃省上百件历年各月气象平均要素，建设厅训令气象测候上报，省内各县均汇报雨量记载表，包含雨量，雪深信息，雨起止时间。气象观测表以河水流域划分，包含月内雨量，降雨时间起止，雪深、天气以及记载者信息。省政府回令准予备查，后广河县为兰州气象测候所报送各县雨量表，难以拆分。岷县、天水、平凉、庆阳、靖远、武都、敦煌、临洮、华家岭、临夏、肃州、安西、西吉县、海原县、武山、临潭、庄浪县、礼县、徽县、卓尼等汇报1944—1947年度雨量记载表等文件，省政府均回文准予备查。

【叙录编号】 0208

【档案题名】

甘肃省政府各县局、气象测候所报送气象月报表的文件

【发文单位】 甘肃省建设厅；甘肃省气象测候所等

【收文单位】 甘肃省建设厅；甘肃省气象测候所等

【档案编号】

027-001-0811-（0015-0024）；
027-001-0812-（0001-0014）
【成文时间】 1945-02-22—1946-01-26
【关 键 词】 气象；报表
【内容提要】

甘肃省气象测候所报送民国三十四年度（1945）气象月报表。027-001-0812-0009为《甘肃省气象测候所气象月报表》民国三十四年（1945）10月，表格内容包含气压（平均、最高、最低、较差）、气温（平均、最高、最低、较差）、绝对、相对、云、日照时数、风速、草温、地面温、降水量、能见度、蒸发量、杂项）左侧栏目为月份日期序号，平均域总数、准平均、绝对最高、日期、绝对最低、日期、观测时间、观测员、抄写、核对）。

【叙录编号】 0209
【档案题名】

江西省政府、甘肃省政府气象测候调查关于全国天文气象测候调查表填报相关文件
【发文单位】 江西省政府；甘肃省政府
【收文单位】 甘肃省政府；气象测候所
【档案编号】 027-001-0821-（0001-0002）
【成文时间】 1941-05-10—1941-06-09
【关 键 词】 调查表
【内容提要】

江西省政府为了解全国各地气候情形及天文气象分布状况，制作全国各地天文气象测候机关调查表，并转呈甘肃省政府填报外附表，省政府训令气象测候所遵即查填并回函江西省政府。

【叙录编号】 0210
【档案题名】

行政院、甘肃省政府关于全国气象观测办法及其修正案的相关文件
【发文单位】 行政院；甘肃省政府等
【收文单位】 行政院；甘肃省政府等
【档案编号】 027-001-0827-（0001-0004）
【成文时间】 1944-09-08—1947-07-14
【关 键 词】 气象观测办法
【内容提要】

行政院训令省政府抄发全国气象观测办法，附观测办法1份12条，建设厅批示转气象测候所知道并抄发，省政府抄发文件于兰州气象测候所与各县局、各行政督查专员级保安司令公署。行政院修订第七条并致函省政府，省政府抄送下发。

【叙录编号】 0211
【档案题名】

农林部、甘肃省政府、各县局关于按月填报雨量记载表的文件
【发文单位】 农林部；甘肃省政府
【收文单位】 甘肃省政府；兰州测候所等
【档案编号】 027-001-0828-（0001-0023）
【成文时间】 1941-01-20—1945-08-23
【关 键 词】 气象测候表
【内容提要】

农林部训令省政府气象测候所按月填报记录，甘肃省政府要求各县填按月汇报省政府测候所雨量记载表，各县所上报。敦煌、静宁、古浪、海原、榆中县关于1944—1945年填报的雨量记载表、降水情形表。

【叙录编号】 0212
【档案题名】

甘肃省政府、气象测候所关于修整气象测候所组织规程一事的呈文、指令
【发文单位】 气象测候所
【收文单位】 甘肃省政府；甘肃省建设厅
【档案编号】 027-001-0853-（0012-0014）
【成文时间】 1948-07-28—1948-08-09
【关 键 词】 测候所

【内容提要】

甘肃省政府1555次会议讨论修正气象测候所组织规程的议案,附有《甘肃省各县气象测候所暂行组织规程原条文》《甘肃省各县气象测候所组织规程》。

【叙录编号】 0213
【档案题名】
　　行政院、中央气象局、甘肃省政府关于按月报送气象记录的相关文件
【发文单位】 国家总动员秘书处;行政院水利委员会等
【收文单位】 兰州气象测候所;甘肃省政府
【档案编号】
　　027-001-0854-(0012-0018);
　　027-001-0854-(0020-0025);
　　027-001-0856-(0001-0018);
　　027-001-0857-(0001-0022);
　　027-001-0858-(0001-0006)
【成文时间】 1942-06-08—1942-06-27
【关 键 词】 气象记录
【内容提要】

行政院、中央气象局训令甘肃省政府1942年1月起按月报送气象记录,省政府训令气象测候所,气象测候所回令已通知各县。国家总动员会秘书处关于请寄送该省气象调查表致电省政府,省政府批示饬测候所知照,甘肃省政府训令甘肃省气象测候所按月填报气象调查表,行政院水利委员会致电省政府请填报水文、雨量观测记录,省政府训令测候所从速填报。

【叙录编号】 0214
【档案题名】
　　农林部西北区推广繁殖站请甘肃省政府寄送甘肃省近5年气象记录的文件
【发文单位】 西北区推广繁殖站;甘肃省建设厅等
【收文单位】 西北区推广繁殖站;甘肃省建设厅等
【档案编号】 027-001-0860-(0005-0008)
【成文时间】 1947-05-12—1947-05-27
【关 键 词】 5年气象记录
【内容提要】

农林部西北区推广繁殖站请甘肃省政府寄送甘肃省近5年气象记录,省政府训令气象测候所除电复外该所查照送寄,代电繁殖站已训令气象测候所。气象测候所呈省政府已寄送繁殖站近五年气象记录。

【叙录编号】 0215
【档案题名】
　　甘肃省建设厅关于报送民国三十五年度(1946)各月份气象月报表的文件
【发文单位】 甘肃省建设厅
【收文单位】 甘肃省政府
【档案编号】
　　027-002-0439-(0001-0012);
　　027-002-0440-(0001-0012)
【成文时间】 1946-02-19—1947-01-16
【关 键 词】 气象;报表
【内容提要】

甘肃省政府报送民国三十五年(1946)1—12月份各月气象月报表,省政府回文准予备查。

【叙录编号】 0216
【档案题名】
　　甘肃省气象测候所历年逐时雨量记录、各县雨量表
【发文单位】 甘肃省建设厅
【收文单位】 甘肃省政府
【档案编号】 027-003-0592-0001
【成文时间】 1944-01-05
【关 键 词】 气象;雨雪;霜期

【内容提要】

此文件包含甘肃省气象测候所汇报民国二十四年（1935）至民国三十二年（1943）历年逐时雨量记录表，附有霜期表、甘肃省各县雨量表。

【叙录编号】 0217
【档案题名】
　　甘肃省气象所业务报告
【发文单位】 甘肃省气象所
【收文单位】 甘肃省建设厅
【档案编号】 027-008-0074（全案卷）
【成文时间】 1948-01-15—1948-02-19
【关 键 词】 气象观测；雨量观测
【内容提要】

报告为适应国际协议需求及国内各区气象需求而编，其中包括省气象所1—2月各周的业务报告：1.按照全国气象局颁发《测候手册》《全国气象观测实施办法》进行工作；2.将敦煌、靖远、庆阳、天水、武都、岷县及本所等7县设为雨量观测点；3.报告兰州2月份气象概况；4.将本所1月份各种气象记录编订成册等内容。

【叙录编号】 0218
【档案题名】
　　甘肃省气象所业务报告
【发文单位】 甘肃省气象所
【收文单位】 甘肃省建设厅
【档案编号】 027-008-0076（全案卷）
【成文时间】 1948-03-25—1948-04-29
【关 键 词】 气象；黄河；气候概况
【内容提要】

其中包括：1.省气象所编送甘肃黄河流域各类气象记录协助治理黄河；2.编订兰州气候概况充实自然调查；3.统计兰州市3月份各种气象记录，分析整体情况与历年差异；4.准中国地理研究所研究员罗开富参加中美积石山探测项目；5.协助兰州自来水工程实施；6.核算统计各地气象月报表等内容。

【叙录编号】 0219
【档案题名】
　　甘肃省气象所业务报告
【发文单位】 甘肃省气象所
【收文单位】 甘肃省建设厅
【档案编号】 027-008-0077（全案卷）
【成文时间】 1948-05-13
【关 键 词】 气候记录；气象月报
【内容提要】

其中包括：1.兰州4月份各项气候记录统计；2.记录整理各地4月份、5月份气象月报情形；3.遵照行政院规定调整内部组织等内容。

【叙录编号】 0220
【档案题名】
　　甘肃省气象所业务报告
【发文单位】 甘肃省气象所
【收文单位】 甘肃省建设厅
【档案编号】 027-008-0078（全案卷）
【成文时间】 1948-07-01—1948-07-22
【关 键 词】 气象记录；气象观测；气象月报
【内容提要】

其中包括：1.就空军第三十四气象区台函将6月份重要气象记录与当地气象所进行比较，以利军航；2.印制气象观测簿及气象月总簿；3.统计整理各地6月份气象月报情形；4.各县气候所改组情况报告等内容。

【叙录编号】 0221
【档案题名】
　　甘肃省气象所业务报告
【发文单位】 甘肃省气象所

【收文单位】 甘肃省建设厅
【档案编号】 027-008-0080（全案卷）
【成文时间】 1948-08-19
【关 键 词】 气象测候；气象资料；量雨器
【内容提要】

其中包括：1.天水测候所汇报所内危房情形；2.宁定县政府呈请补发量雨器；3.兰州7月份各项气象监测情况；4.各县及兰州10月份气象记录数据概况；5.抄送河西一带水文记录、气象记录给甘肃省水文总站；6.兰州9月份气象基本数据；7.兰州早霜情形；8.各县9月份气象记录情况；9.将本所气象9月9日至9月15日抄给上海气象台；10.统计各县7月份、8月份气象情况；11.为兰州设计、建筑储蓄雨水池提供兰州历年逐月降水表；12.为国立兰州大学研究需要函送河西地理气象资料等内容。

【叙录编号】 0222
【档案题名】

甘肃省建设厅技士黄键关于报送甘肃酒精厂前筹备处经购材料报告表、移交材料用途报告表、工程旬报表、晴雨表致甘肃省建设厅的呈文
【发文单位】 甘肃省建设厅技士黄键
【收文单位】 甘肃省建设厅
【档案编号】 027-008-0360（全案卷）
【成文时间】 1941-03-09
【关 键 词】 晴雨表
【内容提要】

如题。其中《晴雨记录表》包括1—12月每天上下午天气情况，但只记录了5月及4月部分内容。

【叙录编号】 0223
【档案题名】

甘肃省气象测候所关于报送民国三十二年（1943）7—12月份气象简报及当年9月上旬、10月下旬雨量表的文件
【发文单位】 甘肃省气象测候所；甘肃省政府
【收文单位】 甘肃省政府；甘肃省气象测候所
【档案编号】
027-007-0129-（0017-0019、0021）
【成文时间】 1944-03-20—1944-03-22
【关 键 词】 气象简报；雨量记载表
【内容提要】

气象简报包括雨量、气温、湿度、风、云保水量、天气等内容，雨量表包括各地雨量。

【叙录编号】 0224
【档案题名】

气象汇报第2卷第5期
【发文单位】 中央气象局
【收文单位】 不详
【档案编号】 038-001-0013-0002
【成文时间】 不详
【关 键 词】 气象汇报
【内容提要】

录有专载：气压高度表与拨正值、天气概况（4月份）、雨量概况（3月份）、气象记录（3月份）、设施消息、国际消息、国内消息。

【叙录编号】 0225
【档案题名】

为请水利公司派员抄存全省水利事业所需气象等函
【发文单位】 甘肃省气象测候所
【收文单位】 甘肃水利林牧公司
【档案编号】 039-001-0028-0001
【成文时间】 1941-09-16
【关 键 词】 水利事业；气象
【内容提要】

如题。

【叙录编号】 0226

【档案题名】

为本公司全省水利事业所需气象事函

【发文单位】 甘肃水利公司

【收文单位】 甘肃省气象测候所

【档案编号】 039-001-0028-0006

【成文时间】 1941-09-12

【关 键 词】 气象记录

【内容提要】

如题。

【叙录编号】 0227

【档案题名】

甘肃水利林牧公司与水工实验所关于节录气象资料的相关往来文件

【发文单位】 甘肃水利林牧公司

【收文单位】 水工实验所

【档案编号】 039-001-0028-（0035、0036）

【成文时间】 1944-01-10—1944-01-17

【关 键 词】 气象资料

【内容提要】

1944年1月10日，甘肃水利林牧公司水利查勘第二分队函总管理处，请总管理处转请水工实验所代为记录水文气象资料。1月17日，甘肃水利林牧公司总管理处函实验所，请代为节录并寄发以资参考。

【叙录编号】 0228

【档案题名】

为送还水文气象表致水利公司笺函

【发文单位】 中央水利实验处甘肃省水文总站

【收文单位】 甘肃水利林牧公司

【档案编号】 039-001-0029-0006

【成文时间】 不详

【关 键 词】 水文气象表

【内容提要】

如题。

【叙录编号】 0229

【档案题名】

甘肃水利林牧公司与甘肃省气象测候所关于检送气象资料的往来文件

【发文单位】 甘肃水利林牧公司；甘肃省气象测候所

【收文单位】 甘肃省气象测候所；甘肃水利林牧公司

【档案编号】 039-001-0030-（0007、0008）

【成文时间】 1945-07-03

【关 键 词】 气象变迁

【内容提要】

1945年7月3日，甘肃水利林牧公司函甘肃省气象测候所，征求资料以研究甘肃气象循环。甘肃省气象测候所函复甘肃水利林牧公司，甘肃省气象变迁参考资料无法检送。

【叙录编号】 0230

【档案题名】

民国三十二年（1943）黄河水利委员会与甘肃水利林牧公司就已设水文水位雨量各站过去各种记载询要与转交等事的往来公文

【发文单位】 黄河水利委员会；甘肃水利林牧公司

【收文单位】 甘肃水利林牧公司；黄河水利委员会

【档案编号】 039-001-0212-（0027-0028）

【成文时间】 1943-07-24—1943-07-28

【关 键 词】 水文；水位；雨量

【内容提要】

共2份文件。涉及黄河水利委员会向甘肃水利林牧公司索要水文、水位及雨量各站过去的各种记载，甘肃水利林牧公司函复各项记录尚未编齐，仍需等待。

【叙录编号】 0231

【档案题名】

【档案题名】

关于民国三十四年（1945）以前各水文站所制水文气象图表的统计表
【发文单位】 不详
【收文单位】 不详
【档案编号】 039-001-0396-0011
【成文时间】 1947-06-25
【关 键 词】 水文气象图；水文站
【内容提要】
　　如题。

【叙录编号】 0232
【档案题名】
　　甘肃气象所为送民国三十六年（1947）12月份气象月报表等公函
【发文单位】 甘肃气象所
【收文单位】 甘肃水利局
【档案编号】 039-001-0572-0015
【成文时间】 1948-01-07
【关 键 词】 气象月报表
【内容提要】
　　如题。

【叙录编号】 0233
【档案题名】
　　甘肃水利局与甘肃气象站就报送民国三十七年（1948）1月气象月报表的往来公文
【发文单位】 甘肃水利局；甘肃气象站
【收文单位】 甘肃气象站；甘肃水利局
【档案编号】 039-001-0572-（0021-0023）
【成文时间】 1948-02-05—1948-02-19
【关 键 词】 气象月报表
【内容提要】
　　甘肃气象局函送民国三十七年（1948）1月气象月报表，甘肃水利局函准报送。

三、地质矿产类档案

【叙录编号】 0234
【档案题名】
　　甘肃省政府委员会第1335次会议议事日程外附会议材料
【发文单位】 甘肃省政府委员会
【收文单位】 甘肃省政府
【档案编号】 004-007-0383-0009
【成文时间】 1946-05-24
【关 键 词】 煤田
【内容提要】
　　关于建设矿业指导室，调查勘测靖远县煤田等事宜。

【叙录编号】 0235
【档案题名】
　　甘肃省政府委员会第1493次会议议事日程外附会议材料
【发文单位】 甘肃省政府
【收文单位】 不详
【档案编号】 004-007-0423-0006
【成文时间】 1947-12-23
【关 键 词】 水利勘察
【内容提要】
　　主要涉及主席提议甘肃省水利勘测队组织规程一案意见、兰州南北两山采石。

【叙录编号】 0236
【档案题名】
　　《经济部中央地质调查所西北分所第三号地质简报》
【发文单位】 经济部中央地质调查所西北分所
【收文单位】 甘肃省建设厅
【档案编号】 027-001-0244-0001
【成文时间】 1947-07-14
【关 键 词】 矿业调查
【内容提要】
　　《南山系之初步观察》李树勋著，报告包括地质剖面伐述、古浪安远剖面附图、造山时期的作用等地质、矿产、岩石报告。

【叙录编号】 0237
【档案题名】
　　甘肃省政府、建设厅关于自力全国地质调查办法的文件
【发文单位】 甘肃省政府；北平地质调查所
【收文单位】 甘肃省政府；北平地质调查所
【档案编号】
　　027-003-0545-0008；
　　027-003-0546-（0013-0014）；
　　027-003-0547-0008
【成文时间】 1933
【关 键 词】 矿产；地质调查
【内容提要】
　　甘肃省政府训令建设厅整理抄送全国地质调查办法，建设厅抄送整理办法1份。建设厅向北平地质调查所索要组织章程以及各种书籍，省政府回令已转送北平地质研究所。

【叙录编号】 0238
【档案题名】
　　甘肃省政府关于甘肃省地质调查一事的文件
【发文单位】 经济部；甘肃省政府

【收文单位】 甘肃省矿业公司；甘肃水利林牧公司
【档案编号】
　　027-003-0680-（0001-0013）；
　　027-003-0681-（0001-0019）；
　　027-003-0688-（0001-0022）；
　　027-003-0689-（0001-0021）；
　　027-003-0693-0009
【成文时间】 1941-12-6—1943-05-14
【关 键 词】 地质调查
【内容提要】
　　经济部中央地质调查所将甘肃省武都县龙家沟煤田简报给甘肃省建设厅，包含地质、构造、矿产状况，建设厅回令存案。经济部中央地质调查所请协助路兆前往皋兰、临洮等12县调查请建设厅协助，路兆申请购买地图。经济部派员前往洮河流域进行土壤调查，省政府批示照办，省政府训令永靖等15县协助，经济部抄送土壤调查队概算书合作办法草案及说明。第五区行政督察专员（临夏）致函建设厅请开掘北塬水渠以利生产。甘肃省地质调查所汇报民国三十二年（1943）工作，省政府训令各县协助调查，附有甘肃省建设厅计划开采陇东陇南煤矿、铁硝各矿说明书，甘肃省各县各矿矿区一览表，甘肃省皋兰县阿干镇煤矿产量统计表、甘肃省铁矿调查表、甘肃省煤矿产地及储量调查表、甘肃省造纸种类及产额调查表、甘肃省药材调查表。附有阿干镇、大拐、甘场子、小坟沟煤矿矿床说明书。

【叙录编号】 0239
【档案题名】
　　经济部、甘肃省政府关于在甘肃进行地质调查的各类文件
【发文单位】 经济部；甘肃省政府等
【收文单位】 甘肃省政府；甘肃各县政府等
【档案编号】 027-007-0721-（0001-0021）

【成文时间】 1940-08-08—1944-07-01
【关 键 词】 地质调查；土壤；煤矿
【内容提要】

共21份文件，均与经济部派员前往甘肃省各县进行地质矿产调查有关，其中包括：经济部咨文省政府，请其协助地质调查所职员前往皋兰、榆中、定西等30县进行地质调查。省政府令所涉各县政府在调查人员叶连俊等人到达后妥为保护。西固县政府呈文省政府报送叶连俊等人到县调查铁矿细节。经济部咨文甘肃省政府，派技师马溶、路兆洽前往河西调查土壤及地质情况，请政府协助保护并发执照。省政府就此事令甘肃省第六区、第七区及所辖各县政府、永登县政府予以协助。经济部派技士黄汲清等前往甘肃敦煌等26县调查地质矿产，省政府令涉事26县予以协助。经济部派徐铁良、陈梦熊调查定西等14县地质矿产情况，省政府令各县予以协助。经济部令何春荪、刘增乾等人前往陇东21县测量煤田、令技正毕庆昌、胡敏等调查天水等9县地质矿产，省政府均令所涉各县予以配合。

【叙录编号】 0240
【档案题名】
甘肃省建设厅关于化验各地煤矿矿样、转发矿场调查表的各类文件
【发文单位】 甘肃省建设厅；实业部等
【收文单位】 甘肃省建设厅；赵正卿等
【档案编号】 027-007-0722-（0001-0010）
【成文时间】 1933-12-08—1935-12-24
【关 键 词】 煤矿；矿样；矿场调查
【内容提要】

共10份文件，均与省建设厅、各县进行矿区图绘制和矿样调查有关，其中包括：1.赵元贞与甘肃省建设厅交涉对符家川煤矿获取岩石标本，并绘制矿区图进行化验，并将化验结果致函省建设厅，称此地均无煤炭。省建设厅将结果发定西县政府，令其知照。2.实业部制定矿场调查表，令各矿商查填汇转。省建设厅发放并令皋兰县政府等9个政府及各矿厂查报。

【叙录编号】 0241
【档案题名】
甘肃省建设厅、甘肃各县政府关于填报矿场调查表的各类文件
【发文单位】 实业部；甘肃省政府等
【收文单位】 甘肃省建设厅；甘肃省政府等
【档案编号】 027-007-0723-（0001-0014）
【成文时间】 1936-03-06—1937-06-18
【关 键 词】 矿场调查；代表
【内容提要】

共14份文件，均与矿场统计表查报有关，实业部令甘肃省建设厅速报民国二十四年度（1935）矿场调查表，省政府催令矿商及皋兰等9县政府呈报。岷县、崇信县、张掖县呈报。徽县报本县矿业用土法挖掘，无法填报，省府令其仍按实际情况予以填报，以便汇转（但均为往来文书，没有调查表）。

【叙录编号】 0242
【档案题名】
甘肃省建设厅关于勘察甘肃省地质矿产的各类文件
【发文单位】 甘肃省政府；甘肃省建设厅等
【收文单位】 甘肃省政府；甘肃省建设厅等
【档案编号】 027-008-0355（全案卷）
【成文时间】 1935-05-10—1935-06-14
【关 键 词】 地质矿产调查；矿苗
【内容提要】

地质调查所孙建初、周宗俊前往甘肃调查地质矿产情况，省政府令建设厅接洽协助。川康边防总指挥部函送省建设厅1份四川矿产勘查实况请存备参考。省政府令和政县请专门技

师勘察矿苗，省建设厅呈文待孙建初勘察后再行调查，省政府回文准予。

【叙录编号】 0243
【档案题名】
民国三十三年（1944）甘肃省矿业公司就送甘肃地质与矿产调查报告册致甘肃水利林牧公司一事的函
【发文单位】 甘肃矿业公司
【收文单位】 甘肃水利林牧公司
【档案编号】 039-001-0029-0032
【成文时间】 1944-10-07
【关 键 词】 甘肃地质与矿产调查报告册
【内容提要】
共1份文件。涉及甘肃矿业公司向甘肃水利林牧公司交纳甘肃地质与矿产调查报告册。

【叙录编号】 0244
【档案题名】
中央地质调查所与甘肃水利林牧公司关于寄送甘肃省土壤报告的往来文件
【发文单位】 中央地质调查所；甘肃水利林牧公司
【收文单位】 甘肃水利林牧公司；中央地质调查所
【档案编号】 039-001-0030-（0004、0005）
【成文时间】 1945-04-11—1945-05-03
【关 键 词】 土壤报告

【内容提要】
1945年4月11日，中央地质调查所函甘肃水利林牧公司，关于兰州、临洮两地黄土试验报告正在整理中，一俟编印竣事当即检寄。5月3日，中央地质调查所函甘肃水利林牧公司，详细结果俟甘肃省土壤报告编竣后另行寄送给该公司。

【叙录编号】 0245
【档案题名】
中央地质调查所西北分所赠甘肃水利林牧公司各项调查材料的函
【发文单位】 中央地质调查所西北分所
【收文单位】 甘肃水利林牧公司
【档案编号】 039-001-0364-（0002-0003）
【成文时间】 1945-06-07
【关 键 词】 地质资料
【内容提要】
共1份文件。主要为中央地质调查所西北分所整理的甘肃永登金沙沟菜子湾煤田地质、甘肃永登炭山岭煤田地质、甘肃岷县迤阳沟煤田地质、甘肃永登下宣子及青海民和场院一带油田地质、甘肃两当县亮池寺煤田地质、甘肃天水新军乡红崖地煤田地质、甘肃天水后郎庙煤田地质、甘肃静宁罐子峡之石墨矿、甘肃漳县城区附近地质矿产、甘肃皋兰北乡黄崖沟一带硝矿地质。

四、土地资源类档案

【叙录编号】 0246
【档案题名】

甘肃省民政统计册
【发文单位】 甘肃省民政厅

【收文单位】 不详
【档案编号】 004-001-0103
【成文时间】 1935-06
【关 键 词】 荒山荒地；灾害
【内容提要】
　　此案卷中包含1935年6月甘肃各县荒山荒地统计表、灾害实况一览表。

【叙录编号】 0247
【档案题名】
　　甘肃省政府公布秘法字第347号关于颁布甘肃省各县修筑县道暂行办法
【发文单位】 不详
【收文单位】 不详
【档案编号】 004-002-0116-0008
【成文时间】 1941-10-23
【关 键 词】 道路
【内容提要】
　　如题。

【叙录编号】 0248
【档案题名】
　　甘肃省政府民国三十三年（1944）公务统计方案（土地）
【发文单位】 甘肃省政府统计室
【收文单位】 甘肃省政府
【档案编号】 004-002-0209
【成文时间】 1944-12
【关 键 词】 公务统计
【内容提要】
　　第一期施行主要包括省地形登记册、省地形报告表、省山脉登记册、省山脉报告表、河流登记册、省河流报告表、省湖泊登记册、省湖泊报告表，其余还有海岸、岛屿、地质、土壤、调查表、登记表。《××县土地测量报告表》《××县土地登记表》。第二期施行主要包括××县自耕农概况报告表、××县土地征收报告表、××省土地处理报告表、土地事使用报告表、地价报告表。文件两份。

【叙录编号】 0249
【档案题名】
　　甘肃省政府民国三十三年（1944）公务统计方案（垦殖类）
【发文单位】 甘肃省政府统计室
【收文单位】 甘肃省政府
【档案编号】 004-002-0210
【成文时间】 1944-12
【关 键 词】 公务统计
【内容提要】
　　主要包含荒地面积登记册、垦区概况登记册、垦区设施登记册、垦民垦户登记册、荒地面积报告表、垦区概况报告表、垦区设施报告表、垦民垦户报告表、垦区社团报告表。

【叙录编号】 0250
【档案题名】
　　甘肃省政府民国三十三年（1944）公务统计方案（农业类一）
【发文单位】 甘肃省政府统计室
【收文单位】 甘肃省政府
【档案编号】 004-002-0358-0001
【成文时间】 1944-12
【关 键 词】 公务统计
【内容提要】
　　一、农业行政组织纲（农业团体登记册）；二、农业奖励纲（农产奖励登记册）；三、农业试验研究纲（农业试验场所登记册、农具改良试验与推广登记册、农作物试验进度登记册、农作物育种实验结果登记册、农作物检定品种登记册、蔬菜采取优良品种登记册、果木品种调查登记册、果苗培育试验登记册、肥料试验登记册、病害防治试验登记册）；四、农业推广纲（农作物良种推广登记册、推广水稻良种生长记录登记册、推广甘蔗良种生长记录登记册、改良肥料推广登记册）；五、农产纲（农情报告业务登记册、冬季农作物生长登记册、夏季农作物生长登记册、棉花生产登记册、甘蔗生产登记册、农副产品登记册等）；六、农业灾害纲（冬季农作物灾害登记册、夏季农作物灾害登记册、农作物病虫害防治调查登记册、病虫药剂生产登记册）；七、肥料纲（肥料产量登记册、各县肥料施用登记册）；八、农具纲；九、蚕桑纲；十、农业经营纲；十一、农村经济纲（农业贷款登记册、租佃制度登记册、农村物价指数登记册）。

【叙录编号】 0251
【档案题名】
  甘肃省政府民国三十三年（1944）公务统计方案（农业类二）
【发文单位】 甘肃省政府统计室
【收文单位】 甘肃省政府
【档案编号】 004-002-0359-0001
【成文时间】 1944-12
【关 键 词】 公务统计
【内容提要】
  如题。

【叙录编号】 0252
【档案题名】
  甘肃省政府民国三十三年（1944）公务统计方案（农业类三）
【发文单位】 甘肃省政府统计室
【收文单位】 甘肃省政府
【档案编号】 004-002-0360-0001
【成文时间】 1944-12
【关 键 词】 公务统计
【内容提要】
  如题。

【叙录编号】 0253
【档案题名】
  甘肃省政府民国三十三年（1944）公务统计方案（农业类四）
【发文单位】 甘肃省政府统计室
【收文单位】 甘肃省政府
【档案编号】 004-002-0361-0001
【成文时间】 1944-12
【关 键 词】 公务统计
【内容提要】
  如题。

【叙录编号】 0254
【档案题名】
  甘肃省政府民国三十三年（1944）公务统计方案（农业类二）（此案卷仅1份文件）
【发文单位】 甘肃省政府
【收文单位】 不详
【档案编号】 004-002-0359-0001
【成文时间】 1944-12
【关 键 词】 农业
【内容提要】
  包括××省农村副业产品报告表，××省冬季农作物灾害调查表等文件。

【叙录编号】 0255
【档案题名】
  甘肃省政府民国三十三年（1944）公务统计方案（农业类三）（此案卷仅1份文件）
【发文单位】 甘肃省政府
【收文单位】 不详
【档案编号】 004-002-0360-0001
【成文时间】 1944-12
【关 键 词】 农业
【内容提要】
  如题。

【叙录编号】 0256
【档案题名】
　　甘肃省政府民国三十三年（1944）公务统计方案（农业类四）（此案卷仅1份文件）
【发文单位】 甘肃省政府
【收文单位】 不详
【档案编号】 004-002-0361-0001
【成文时间】 1944-12
【关 键 词】 农业
【内容提要】
　　如题。

【叙录编号】 0257
【档案题名】
　　甘肃省政府委员会第1497次会议议事日程外附会议材料
【发文单位】 甘肃省政府
【收文单位】 不详
【档案编号】 004-007-0094-0002
【成文时间】 1947-12-08
【关 键 词】 占用民地
【内容提要】
　　第1497次会议涉及临洮新民渠引长渠线增灌工程渠道占用民地一事。

【叙录编号】 0258
【档案题名】
　　甘肃省政府委员会第624、626次会议记录
【发文单位】 甘肃省政府
【收文单位】 不详
【档案编号】 004-007-0140-（0001、0003）
【成文时间】 1938-11-01-；1938-11-08
【关 键 词】 水利；插花地
【内容提要】
　　第624次会议涉及酒泉金塔水利纠纷案一事；第626次会议涉及陇西、定西两县会同勘察插花村庄的归属一事。

【叙录编号】 0259
【档案题名】
　　甘肃省政府委员会第948次会议关于提会报告本年度（1942）国民工役施行计划及民政厅拟具酒泉县城市土地登记业务实施等事项的会议记录
【发文单位】 甘肃省政府委员会
【收文单位】 甘肃省政府
【档案编号】 004-007-0593-0001
【成文时间】 1942-04-28
【关 键 词】 插花飞地
【内容提要】
　　主要涉及临洮、渭源两县县长呈请划拨庆平镇等插花飞地等事宜。

【叙录编号】 0260
【档案题名】
　　甘肃省政府委员会第1288次会议议事日程外附会议材料
【发文单位】 甘肃省政府
【收文单位】 不详
【档案编号】 004-007-0066-0007
【成文时间】 1945-10-30
【关 键 词】 插花地
【内容提要】
　　如题。

【叙录编号】 0261
【档案题名】
　　甘肃省政府委员会关第1607次会议关于审议讨论修正本省土地复丈规则及拟由第一预备金项下拨付兰州中学装置电话费等
【发文单位】 甘肃省政府委员会
【收文单位】 甘肃省政府
【档案编号】 004-007-0603-0011

【成文时间】 1949-02-18
【关　键　词】 土地登记；土地复丈
【内容提要】
　　其中包括：地政局签呈、地政部代电以本省土地登记施行细则废止后，重新修正拟订土地复丈规则，缮具条文修正对照表，请公决案。会议通过。

【叙录编号】 0262
【档案题名】
　　甘肃省政府委员会第692次会议记录
【发文单位】 甘肃省政府
【收文单位】 不详
【档案编号】 004-007-0160-0003
【成文时间】 1939-09-29
【关　键　词】 飞地
【内容提要】
　　第692次会议涉及陇西、定西两县会勘飞地情形一事。

【叙录编号】 0263
【档案题名】
　　甘肃省政府委员会第780次会议记录
【发文单位】 甘肃省政府
【收文单位】 不详
【档案编号】 004-007-0190-0001
【成文时间】 1940-08-20
【关　键　词】 插花地
【内容提要】
　　第780次会议涉及皋兰、榆中两县划拨插花地一案。

【叙录编号】 0264
【档案题名】
　　甘肃省政府委员会第859次会议记录；甘肃省政府委员会第692次会议议事日程外附会议材料

【发文单位】 甘肃省政府
【收文单位】 不详
【档案编号】 004-007-0219（全案卷）
【成文时间】 1941-06-03
【关　键　词】 插花地
【内容提要】
　　第859次会议涉及漳县、武山两县插花地一事。

【叙录编号】 0265
【档案题名】
　　甘肃省政府委员会第1027次会议议事日程外附会议材料
【发文单位】 甘肃省政府委员会
【收文单位】 甘肃省政府
【档案编号】 004-007-0309-0004
【成文时间】 1943-03-05
【关　键　词】 道路建设
【内容提要】
　　关于修筑各县乡道路工程，公荒牧租征收标准等。附《甘肃省修筑县乡道路工程简则》。

【叙录编号】 0266
【档案题名】
　　甘肃省政府委员会第1028次会议议事日程外附会议材料
【发文单位】 甘肃省政府委员会
【收文单位】 甘肃省政府
【档案编号】 004-007-0309-0006
【成文时间】 1943-03-09
【关　键　词】 组织规则
【内容提要】
　　主要涉及审查全省土地测量队组织规则，报告修正房捐征收条例等事宜。

【叙录编号】 0267
【档案题名】

甘肃省政府委员会第1047次会议议事日程外附会议材料
【发文单位】 甘肃省政府委员会
【收文单位】 甘肃省政府
【档案编号】 004-007-0319-0004
【成文时间】 1943-05-14
【关 键 词】 抢险工程队；督垦荒地；水土保持实验区
【内容提要】
　　主要涉及交通部西北公路工务局报告修正抢险工程队暂行办法，审查本省荒地督垦暂行章程草案，农林部水土保持实验区申请将天水县东境两处林地划给实验区，附《甘肃省荒地督垦暂行章程》。

【叙录编号】 0268
【档案题名】
　　甘肃省政府委员会第1048次会议议事日程外附会议材料
【发文单位】 甘肃省政府委员会
【收文单位】 甘肃省政府
【档案编号】 004-007-0320-0002
【成文时间】 1943-05-18
【关 键 词】 征雇民工；筑路
【内容提要】
　　主要涉及征雇民工筑路暂行办法，并要求沿路各县市遵照此办法。

【叙录编号】 0269
【档案题名】
　　甘肃省政府委员会第1104次会议议事日程外附会议通报、讨论文件材料
【发文单位】 甘肃省政府委员会
【收文单位】 甘肃省政府
【档案编号】 004-007-0339-0006
【成文时间】 1943-12-10
【关 键 词】 荒地督垦

【内容提要】
　　主要涉及审议讨论荒地督垦办法，国库统一处理各省收支暂行办法，附《甘肃省荒地督垦办法》（包括勘测、承垦等）。

【叙录编号】 0270
【档案题名】
　　甘肃省政府委员会第1114次会议议事日程外附会议通报、讨论文件材料
【发文单位】 甘肃省政府委员会
【收文单位】 甘肃省政府
【档案编号】 004-007-0342-0010
【成文时间】 1944-01-21
【关 键 词】 界址
【内容提要】
　　主要涉及审查湟惠渠特种乡界址。

【叙录编号】 0271
【档案题名】
　　甘肃省政府委员会第1130次会议议事日程外附会议通报、讨论文件材料
【发文单位】 甘肃省政府委员会
【收文单位】 甘肃省政府
【档案编号】 004-007-0346-0006
【成文时间】 1944-03-14
【关 键 词】 收支数目报告表；飞地
【内容提要】
　　关于财政厅报告本年元月份经管三十二年度（1943）各费类总账户收支数目表，第二区专署呈报申请调整第二区所属各县飞地等事宜。

【叙录编号】 0272
【档案题名】
　　甘肃省政府委员会第1134次会议议事日程外附会议通报、讨论文件材料
【发文单位】 甘肃省政府委员会

【收文单位】 甘肃省政府
【档案编号】 004-007-0347-0006
【成文时间】 1944-04-07
【关 键 词】 飞地
【内容提要】
　　主要涉及审查讨论将陇西县属壑岘里飞地划归漳县辖等事宜。

【叙录编号】 0273
【档案题名】
　　甘肃省政府委员会第1152次会议议事日程外附会议通报、讨论文件材料
【发文单位】 甘肃省政府委员会
【收文单位】 甘肃省政府
【档案编号】 004-007-0352-0008
【成文时间】 1944-06-27
【关 键 词】 飞地
【内容提要】
　　关于审议划分海原、隆德两县飞地等事宜。

【叙录编号】 0274
【档案题名】
　　甘肃省政府委员会第1154次会议议事日程外附会议通报、讨论文件材料
【发文单位】 甘肃省政府委员会
【收文单位】 甘肃省政府
【档案编号】 004-007-0353-0002
【成文时间】 1944-07-04
【关 键 词】 收支数目报告表
【内容提要】
　　关于财政厅报告本年3月份经管各费类总账户收支数目报告表。

【叙录编号】 0275
【档案题名】
　　甘肃省政府委员会第1200次会议议事日程外附会议通报、讨论文件材料
【发文单位】 甘肃省政府委员会
【收文单位】 甘肃省政府
【档案编号】 004-007-0362-0008
【成文时间】 1944-12-12
【关 键 词】 飞地
【内容提要】
　　主要涉及审查讨论将崇信县飞地马峪口划归平凉县辖等事宜。

【叙录编号】 0276
【档案题名】
　　甘肃省政府委员会第1245次会议议事日程外附会议材料
【发文单位】 甘肃省政府委员会
【收文单位】 甘肃省政府
【档案编号】 004-007-0370-0008
【成文时间】 1945-06-01
【关 键 词】 飞地
【内容提要】
　　关于审查秦安县属王祁家山飞地划归庄浪辖等事宜。

【叙录编号】 0277
【档案题名】
　　甘肃省政府委员会第1287次会议议事日程外附会议材料
【发文单位】 甘肃省政府委员会
【收文单位】 甘肃省政府
【档案编号】 004-007-0374-0010
【成文时间】 1945-10-26
【关 键 词】 插花飞地
【内容提要】
　　主要涉及审议榆中县属插花飞地南坪毕地划归靖远辖等事宜。

【叙录编号】 0278

【档案题名】
　　甘肃省政府委员会第1309次会议议事日程外附会议材料
【发文单位】　甘肃省政府委员会
【收文单位】　甘肃省政府
【档案编号】　004-007-0378-0010
【成文时间】　1946-01-18
【关　键　词】　插花飞地
【内容提要】
　　主要涉及第四区专署呈报调整天西礼徽等县插花飞地办法两种及方案等事宜。

【叙录编号】　0279
【档案题名】
　　甘肃省政府委员会第1377次会议议事日程外附会议材料
【发文单位】　甘肃省政府委员会
【收文单位】　甘肃省政府
【档案编号】　004-007-0389-0004
【成文时间】　1946-10-22
【关　键　词】　黄香沟；荒地
【内容提要】
　　关于核查会川县报告开垦黄香沟荒地计划及预算书等事宜。

【叙录编号】　0280
【档案题名】
　　甘肃省政府委员会第1393次会议议事日程外附会议材料
【发文单位】　甘肃省政府委员会
【收文单位】　甘肃省政府
【档案编号】　004-007-0395-0002
【成文时间】　1947-01-04
【关　键　词】　垦殖计划；冬季炭
【内容提要】
　　主要涉及核查会川县报告黄香沟垦殖计划及预算进行办法7项，农业改进所申请拨发冬季炭费，附《会川县黄香沟垦殖计划书》。

【叙录编号】　0281
【档案题名】
　　甘肃省政府委员会第1395次会议议事日程外附会议材料
【发文单位】　甘肃省政府委员会
【收文单位】　甘肃省政府
【档案编号】　004-007-0395-0006
【成文时间】　1947-01-10
【关　键　词】　公荒牧租
【内容提要】
　　关于提会审查修正甘肃省各县征收公荒牧租暂行办法意见清单等事宜。

【叙录编号】　0282
【档案题名】
　　甘肃省政府委员会第1398次会议议事日程外附会议材料
【发文单位】　甘肃省政府委员会
【收文单位】　甘肃省政府
【档案编号】　004-007-0396-0002
【成文时间】　1947-01-21
【关　键　词】　荒地督垦
【内容提要】
　　关于拟将甘肃省前订荒地督垦办法新修正，附《修正甘肃省荒地督垦办法》。

【叙录编号】　0283
【档案题名】
　　甘肃省政府委员会第1271次会议议事日程外附会议材料
【发文单位】　甘肃省政府
【收文单位】　不详
【档案编号】　004-007-0406-0014
【成文时间】　1945-08-31
【关　键　词】　土地复查

【内容提要】

主要为主席报告田粮处转临泽土地复查结果，附有《临泽县本年复查结果地亩赋额表》。

【叙录编号】 0284
【档案题名】
甘肃省政府委员会第1438次会议议事日程外附会议材料
【发文单位】 甘肃省政府
【收文单位】 不详
【档案编号】 004-007-0410-（0001-0002）
【成文时间】 1947-06-10
【关 键 词】 荒地
【内容提要】

主要涉及会上主席提议讨论甘肃省荒地承垦办法、主席报告靖丰渠收租办法，主席提议讨论古浪等县地籍整理办法，第11页为《甘肃省荒地承垦办法》，其中规定林牧区域水域保持区荒地不得施垦。

【叙录编号】 0285
【档案题名】
甘肃省政府委员会第1441次会议议事日程外附会议材料
【发文单位】 甘肃省政府
【收文单位】 不详
【档案编号】 004-007-0411-0002
【成文时间】 1947-06-20
【关 键 词】 地籍整理
【内容提要】

主要涉及主席提议地政局签呈张掖、永昌、山丹3县地籍整理完竣征收赋税。

【叙录编号】 0286
【档案题名】
甘肃省政府委员会第1444次会议议事日程外附会议材料

【发文单位】 甘肃省政府
【收文单位】 不详
【档案编号】 004-007-0412-0002
【成文时间】 1947-07-01
【关 键 词】 荒地
【内容提要】

主要涉及主席提议建设厅签呈张掖大小满堡熟荒地经营计划。

【叙录编号】 0287
【档案题名】
甘肃省政府委员会第1446次会议议事日程外附会议材料
【发文单位】 甘肃省政府
【收文单位】 不详
【档案编号】 004-007-0412-0006
【成文时间】 1947-07-08
【关 键 词】 地籍整理
【内容提要】

主要涉及主席提议土地陈报、地籍整理等事宜。

【叙录编号】 0288
【档案题名】
甘肃省政府委员会第1521次会议议事日程外附会议材料
【发文单位】 甘肃省政府
【收文单位】 不详
【档案编号】 004-007-0429-0013
【成文时间】 不详
【关 键 词】 垦荒
【内容提要】

主要涉及主席提议甘肃省私垦公荒一事。

【叙录编号】 0289
【档案题名】
甘肃省政府委员会第1522次会议议事日

程外附会议材料

【发文单位】 甘肃省政府

【收文单位】 不详

【档案编号】 004-007-0429-0016

【成文时间】 1948-04-09

【关 键 词】 田赋

【内容提要】

主要涉及田粮处签呈丰年分册记录、渭源荒地田赋、气候高寒不能开垦等内容。

【叙录编号】 0290

【档案题名】

甘肃省政府委员会第1529次会议议事日程外附会议材料

【发文单位】 甘肃省政府

【收文单位】 不详

【档案编号】 004-007-0431-0003

【成文时间】 1948-05-07

【关 键 词】 粮赋

【内容提要】

主要涉及本省三十六年度（1947）粮赋。

【叙录编号】 0291

【档案题名】

甘肃省政府委员会第1532次会议议事日程外附会议材料

【发文单位】 甘肃省政府

【收文单位】 不详

【档案编号】 004-007-0431-0009

【成文时间】 1948-05-18

【关 键 词】 建设

【内容提要】

主要为《甘肃省交通建设方案》。

【叙录编号】 0292

【档案题名】

甘肃省政府委员会第1533次会议议事日程外附会议材料

【发文单位】 甘肃省政府

【收文单位】 不详

【档案编号】 004-007-0431-0011

【成文时间】 1948-05-21

【关 键 词】 地籍整理

【内容提要】

主要为主席提议地政局签呈《拟订张掖县利用地籍整理成果征实比较表》。

【叙录编号】 0293

【档案题名】

甘肃省政府委员会第1535次会议议事日程外附会议材料

【发文单位】 甘肃省政府

【收文单位】 不详

【档案编号】 004-007-0432-0002

【成文时间】 1948-05-28

【关 键 词】 地籍整理

【内容提要】

主要为主席报告行政院奉行县地籍整理办事处组织规程。

【叙录编号】 0294

【档案题名】

甘肃省政府委员会第1550次会议议事日程外附会议材料

【发文单位】 甘肃省政府

【收文单位】 不详

【档案编号】 004-007-0438-0002

【成文时间】 1948-08-20

【关 键 词】 土地改革

【内容提要】

主要内容为《甘肃省择县实施土地改革方案》。

【叙录编号】 0295

【档案题名】
　　甘肃省政府委员会第1556次会议议事日程外附会议材料
【发文单位】　甘肃省政府
【收文单位】　不详
【档案编号】　004-007-0439-0006
【成文时间】　1948-08-01
【关 键 词】　自耕农
【内容提要】
　　主要涉及地政局签呈甘肃省政府拟具本县下半年扶植自耕农工作计划。

【叙录编号】　0296
【档案题名】
　　甘肃省政府委员会第1557次会议议事日程外附会议材料
【发文单位】　甘肃省政府
【收文单位】　不详
【档案编号】　004-007-0439-0008
【成文时间】　1948-08-13
【关 键 词】　自耕农
【内容提要】
　　主要涉及地政局签呈甘肃省政府拟具本县下半年扶植自耕农工作计划。

【叙录编号】　0297
【档案题名】
　　甘肃省政府委员会第1288次会议记录
【发文单位】　甘肃省政府
【收文单位】　不详
【档案编号】　004-007-0446-0002
【成文时间】　1945-10-30
【关 键 词】　插花地
【内容提要】
　　主要涉及主席提议榆中县与靖远县插花地两地会勘，审议通过。

【叙录编号】　0298
【档案题名】
　　甘肃省政府委员会第1307次会议记录
【发文单位】　甘肃省政府
【收文单位】　不详
【档案编号】　004-007-0448-0007
【成文时间】　1946-01-11
【关 键 词】　春耕
【内容提要】
　　主要涉及田粮处签呈甘肃省政府拟订本省春耕籽种贷放办法及分配表、南山边地清丈土地，决议照准。

【叙录编号】　0299
【档案题名】
　　甘肃省政府委员会第1495次会议关于报告甘肃省奖励民垦实施细则及审议湟惠渠管理局警察冬季服装费等事宜
【发文单位】　甘肃省政府委员会
【收文单位】　甘肃省政府
【档案编号】　004-007-0462-0025
【成文时间】　1947-12-30
【关 键 词】　奖励民垦
【内容提要】
　　关于报告甘肃省奖励民垦实施细则等事宜。

【叙录编号】　0300
【档案题名】
　　甘肃省政府委员会第1505次会议关于报告房屋租赁条例及审议甘肃省保安部队服装损失处理办法等事宜
【发文单位】　甘肃省政府委员会
【收文单位】　甘肃省政府
【档案编号】　004-007-0462-0035
【成文时间】　1948-02-03
【关 键 词】　牧地；限制开垦
【内容提要】

主要涉及地政局报告审议接近蒙藏同胞地区的岷县、临潭、康乐、夏河、卓尼及河西各县局蒙藏同胞现有牧地限制开垦，以免纠纷等事宜。

【叙录编号】 0301
【档案题名】
甘肃省政府委员会第328次会议关于审议拟派王序宝为宁县县长及审议拟将未领垦荒地交由土地代耕保管委员会耕种等事宜
【发文单位】 甘肃省政府委员会
【收文单位】 甘肃省政府
【档案编号】 004-007-0464-0015
【成文时间】 1935-07-30
【关 键 词】 垦荒地
【内容提要】
主要涉及审议拟将未领垦荒地交由土地代耕保管委员会耕种等事宜。

【叙录编号】 0302
【档案题名】
甘肃省政府委员会第360次会议关于报告销毁甘肃省农民银行钞票100张及审议洮西难民来省移垦办法等事宜
【发文单位】 甘肃省政府委员会
【收文单位】 甘肃省政府
【档案编号】 004-007-0465-0015
【成文时间】 1935-11-19
【关 键 词】 移垦办法
【内容提要】
主要涉及审查洮西难民来省移垦办法等事宜。

【叙录编号】 0303
【档案题名】
甘肃省政府委员会第382次会议关于审议保管洮惠区工费委员会组织办法及审议本省推广棉种办法和经费预算等事宜
【发文单位】 甘肃省政府委员会
【收文单位】 甘肃省政府
【档案编号】 004-007-0466-0012
【成文时间】 1936-02-14
【关 键 词】 洮惠渠；棉种
【内容提要】
关于审议保管洮惠渠工费委员会组织办法及审议本省推广棉种办法和经费预算等事宜。

【叙录编号】 0304
【档案题名】
甘肃省政府委员会第1380次会议议事日程外附会议材料
【发文单位】 甘肃省政府委员会
【收文单位】 甘肃省政府
【档案编号】 004-007-0468-0004
【成文时间】 1946-11-01
【关 键 词】 改良铺砂
【内容提要】
主要涉及审查中国农民银行管理处增加本省兰州、皋兰等县及湟惠渠等11县市乡，本年土地改良铺砂放款额等事宜。

【叙录编号】 0305
【档案题名】
甘肃省政府委员会第1359次会议议事日程外附会议材料
【发文单位】 甘肃省政府委员会
【收文单位】 甘肃省政府
【档案编号】 004-007-0474-0005
【成文时间】 1946-08-20
【关 键 词】 靖丰渠
【内容提要】
主要涉及拟订靖丰渠淤区土地放领实施办法等事宜。

【叙录编号】 0306
【档案题名】
　　甘肃省政府委员会第1398次会议议事日程外附会议材料
【发文单位】 甘肃省政府委员会
【收文单位】 甘肃省政府
【档案编号】 004-007-0477-0007
【成文时间】 1947-01-21
【关 键 词】 荒地督垦
【内容提要】
　　主要涉及审查修正甘肃省荒地督垦办法等事宜。

【叙录编号】 0307
【档案题名】
　　甘肃省政府委员会第1404次会议议事日程外附会议材料
【发文单位】 甘肃省政府委员会
【收文单位】 甘肃省政府
【档案编号】 004-007-0479-0003
【成文时间】 1947-02-11
【关 键 词】 荒地督垦
【内容提要】
　　关于提会审查甘肃省荒地督垦办法，拟请甘肃省荒地督垦办法新进条文对照表等事宜。

【叙录编号】 0308
【档案题名】
　　甘肃省政府委员会第1438次会议议事日程外附会议材料
【发文单位】 甘肃省政府委员会
【收文单位】 甘肃省政府
【档案编号】 004-007-0486-0004
【成文时间】 1947-06-10
【关 键 词】 荒地承垦；参观河西水利
【内容提要】
　　主要涉及审查拟订甘肃省荒地承垦办法，财政厅报告拨发赴河西参观水利油矿住宿等费500多万元，附《甘肃省荒地承垦办法原订条文暨行政院修正条文对照表》。

【叙录编号】 0309
【档案题名】
　　甘肃省政府委员会第1443次会议议事日程外附会议材料
【发文单位】 甘肃省政府委员会
【收文单位】 甘肃省政府
【档案编号】 004-007-0488-0003
【成文时间】 1947-06-27
【关 键 词】 奖励民垦；荒地
【内容提要】
　　主要涉及报告审查甘肃省奖励民垦实施细则，附《甘肃省各县市局荒地表》。

【叙录编号】 0310
【档案题名】
　　甘肃省政府委员会第1444次会议议事日程外附会议材料
【发文单位】 甘肃省政府委员会
【收文单位】 甘肃省政府
【档案编号】 004-007-0489-0001
【成文时间】 1947-07-01
【关 键 词】 熟荒地
【内容提要】
　　主要涉及建设厅报告张掖大小端堡熟荒地经管计划等事宜。

【叙录编号】 0311
【档案题名】
　　甘肃省政府委员会第1458次会议议事日程外附会议材料
【发文单位】 甘肃省政府委员会
【收文单位】 甘肃省政府
【档案编号】 004-007-0494-0001

【成文时间】 1947-08-19
【关 键 词】 插花飞地
【内容提要】
　　关于提会报告甘肃省政府民国三十六年度（1947）工作计划，计划修正本行政院初核意见，其中民政部分包括调整插花飞地等事宜。

【叙录编号】 0312
【档案题名】
　　甘肃省政府委员会第203次会议记录
【发文单位】 甘肃省政府委员会
【收文单位】 甘肃省政府
【档案编号】 004-007-0505-0023
【成文时间】 1934-05-11
【关 键 词】 公路修造；整理田赋
【内容提要】
　　其中包括：主席提议据民政厅、建设厅拟具修筑甘肃全省公路计划大纲及财政厅拟具整理田赋等意见各案，会议决议交由民政、财政、建设三厅合议。

【叙录编号】 0313
【档案题名】
　　甘肃省政府委员会第207次会议记录
【发文单位】 甘肃省政府委员会
【收文单位】 甘肃省政府
【档案编号】 004-007-0505-0027
【成文时间】 1934-05-25
【关 键 词】 兰州市路；修路
【内容提要】
　　其中包括：建设厅呈赍奉令拟就兰州市路计划概要图说及工程概算书，特陈明对于其中土方一项，若由兵工建造约可省全省工程费8%，请核示。会议决议交由指定委员审查。

【叙录编号】 0314
【档案题名】
　　甘肃省政府委员会第212次会议记录
【发文单位】 甘肃省政府委员会
【收文单位】 甘肃省政府
【档案编号】 004-007-0506-0002
【成文时间】 1934-06-12
【关 键 词】 甘川公路；公路测量
【内容提要】
　　其中讨论了设立甘川公路测量队，进行甘川路线测量，并编具测量队组织表及经费支付预算书各两份，请财政厅由建设事业费项下拨发一事。会议决议由财政厅拨发。

【叙录编号】 0315
【档案题名】
　　甘肃省政府委员会第213次会议记录
【发文单位】 甘肃省政府委员会
【收文单位】 甘肃省政府
【档案编号】 004-007-0506-0003
【成文时间】 1934-06-15
【关 键 词】 官地；兰州市路
【内容提要】
　　会议讨论了将兰州市路两旁剩余官地由建设厅会同财政厅标价发卖，将全部地价拨充市路工程费之用。会议决议准予照办。

【叙录编号】 0316
【档案题名】
　　甘肃省政府委员会第215次会议记录
【发文单位】 甘肃省政府委员会
【收文单位】 甘肃省政府
【档案编号】 004-007-0506-0005
【成文时间】 1934-06-22
【关 键 词】 缓征田赋；荒地
【内容提要】
　　会议讨论了民勤县红沙梁各沟地亩荒芜，请暂缓征收田赋一事。会议准予缓征。

【叙录编号】 0317
【档案题名】
　　甘肃省政府委员会第220次会议记录
【发文单位】 甘肃省政府委员会
【收文单位】 甘肃省政府
【档案编号】 004-007-0506-0010
【成文时间】 1934-07-10
【关 键 词】 粮谷；征粮
【内容提要】
　　会议讨论了提前征收各色粮谷、拟订粮草折征价格表等事宜。

【叙录编号】 0318
【档案题名】
　　甘肃省政府委员会第227次会议记录
【发文单位】 甘肃省政府委员会
【收文单位】 甘肃省政府
【档案编号】 004-007-0506-0017
【成文时间】 1934-08-03
【关 键 词】 西兰公路；修路；筹拨经费
【内容提要】
　　会议包括：建设厅呈请拨发西兰公路土方工程费，请问筹拨方法。会议决议由建设厅妥拟办法呈核。

【叙录编号】 0319
【档案题名】
　　甘肃省政府委员会第231次会议记录
【发文单位】 甘肃省政府委员会
【收文单位】 甘肃省政府
【档案编号】 004-007-0506-0021
【成文时间】 1934-08-17
【关 键 词】 买地；免赋；清丈土地
【内容提要】
　　会议讨论：1.武都法院收买民人土地，请示是否可以免去应纳粮赋，会议决议函高等法院查复；2.兰州市清丈土地纠纷公断委员会呈需拨发经费以便运营，会议决议由财政厅拨给。

【叙录编号】 0320
【档案题名】
　　甘肃省政府委员会第232次会议记录
【发文单位】 甘肃省政府委员会
【收文单位】 甘肃省政府
【档案编号】 004-007-0506-0022
【成文时间】 1934-08-21
【关 键 词】 兰州市；地籍测量；土地陈报
【内容提要】
　　其中包括：民政厅奉令核减甘肃省陆地测量局呈赍兰州市地籍测图实施计划。附赍土地陈报单式，请财政厅核办。会议决议照办。

【叙录编号】 0321
【档案题名】
　　甘肃省政府委员会第233次会议记录
【发文单位】 甘肃省政府委员会
【收文单位】 甘肃省政府
【档案编号】 004-007-0506-0023
【成文时间】 1934-08-24
【关 键 词】 夏河；修路
【内容提要】
　　会议讨论了夏河县县长呈请拨款修筑夏河县道路一事，具体介绍了各段修筑需要。会议决议由财政厅发1500元，其余由捐款拨用。

【叙录编号】 0322
【档案题名】
　　甘肃省政府委员会第234次会议记录
【发文单位】 甘肃省政府委员会
【收文单位】 甘肃省政府
【档案编号】 004-007-0506-0024
【成文时间】 1934-08-28
【关 键 词】 征粮；水地；旱地；鲁土司

【内容提要】

会议讨论了将连城土粮改归永登县政府征收一事，计划水地参照皋兰县中上则、旱地参照皋兰县中下则征收，并对鲁土司赋税予以豁免，对其权力地位也给予关照。

【叙录编号】 0323
【档案题名】
　　甘肃省政府委员会第266次会议记录
【发文单位】 甘肃省政府委员会
【收文单位】 甘肃省政府
【档案编号】 004-007-0507-0023
【成文时间】 1934-12-18
【关 键 词】 修沟；工程费
【内容提要】

会议讨论了民财建三厅呈复关于甘谷县修复龙峪、南沙二沟工程，并请示工程费拨发问题。会议决议由建设厅勘察后再行核办。

【叙录编号】 0324
【档案题名】
　　甘肃省政府委员会第273次会议记录
【发文单位】 甘肃省政府委员会
【收文单位】 甘肃省政府
【档案编号】 004-007-0507-0030
【成文时间】 1935-01-15
【关 键 词】 占地；补价
【内容提要】

其中包括，主席提议：岷县县长呈为该县飞机场占用人民私有水地，请按地价准予拨发补偿。会议决议由财政厅拨给。

【叙录编号】 0325
【档案题名】
　　甘肃省政府委员会第275次会议记录
【发文单位】 甘肃省政府委员会
【收文单位】 甘肃省政府
【档案编号】 004-007-0507-0032
【成文时间】 1935-01-22
【关 键 词】 农场用地；拨款
【内容提要】

其中包括，主席提议：据秘书处签呈据省立第一农事试验场呈另觅农场用地一案，请拨发所需费用，会议决议如拟。

【叙录编号】 0326
【档案题名】
　　甘肃省政府委员会第283次会议记录
【发文单位】 甘肃省政府委员会
【收文单位】 甘肃省政府
【档案编号】 004-007-0507-0040
【成文时间】 1935-02-23
【关 键 词】 土地陈报；宣传
【内容提要】

其中包括，主席提议：据民政厅呈复办理土地陈报宣传项目三项情形，对上下宣传机构及职责进行建议。会议决议如拟。

【叙录编号】 0327
【档案题名】
　　甘肃省政府委员会第1482次会议记录
【发文单位】 甘肃省政府委员会
【收文单位】 甘肃省政府
【档案编号】 004-007-0501-0005
【成文时间】 1947-11-14
【关 键 词】 战时田赋；征借粮
【内容提要】

其中包括田粮处呈为废止战时田赋征实暨征购粮食考成办法及战时田赋征实及征购粮食给奖暂行办法，并订定田赋征实暨征借粮食考成办法二案，提会报告。附行政部训令及上述办法各一份。

【叙录编号】 0328

【档案题名】
　　甘肃省政府委员会第1102次会议记录
【发文单位】　甘肃省政府委员会
【收文单位】　甘肃省政府
【档案编号】　004-007-0508-0008
【成文时间】　1943-12-03
【关 键 词】　存储积谷；缓办
【内容提要】
　　其中涉及皋兰县等20个丰收县先行储存积谷，其余县暂予缓办一事。

【叙录编号】　0329
【档案题名】
　　甘肃省政府委员会第1122次会议记录
【发文单位】　甘肃省政府委员会
【收文单位】　甘肃省政府
【档案编号】　004-007-0510-0005
【成文时间】　1944-02-22
【关 键 词】　土地复查；更正期限
【内容提要】
　　会议涉及延展各县办理土地复查更正限期一事。

【叙录编号】　0330
【档案题名】
　　甘肃省政府委员会第1123次会议记录
【发文单位】　甘肃省政府委员会
【收文单位】　甘肃省政府
【档案编号】　004-007-0510-0006
【成文时间】　1944-02-25
【关 键 词】　土地放款；协议书
【内容提要】
　　会议涉及地政局签呈拟订甘肃省政府中国农民银行兰州分行办理照价收买土地放款协议书草案一事。

【叙录编号】　0331

【档案题名】
　　甘肃省政府委员会第1130次会议记录
【发文单位】　甘肃省政府委员会
【收文单位】　甘肃省政府
【档案编号】　004-007-0511-0003
【成文时间】　1944-03-24
【关 键 词】　调整飞地；第三区
【内容提要】
　　会议涉及调整第三区所属各县飞地一事。

【叙录编号】　0332
【档案题名】
　　甘肃省政府委员会第1134次会议记录
【发文单位】　甘肃省政府委员会
【收文单位】　甘肃省政府
【档案编号】　004-007-0511-0007
【成文时间】　1944-04-07
【关 键 词】　勘划飞地；划定归属
【内容提要】
　　会议涉及陇西、漳县两县会勘两县飞地、划定归属一事。

【叙录编号】　0333
【档案题名】
　　甘肃省政府委员会第1136次会议记录
【发文单位】　甘肃省政府委员会
【收文单位】　甘肃省政府
【档案编号】　004-007-0511-0009
【成文时间】　1944-04-14
【关 键 词】　催征赋税；民欠田赋
【内容提要】
　　其中讨论了财政厅催征省二十六年至二十九年（1937—1940）旧欠田赋，并催征三十年（1941）、三十一年（1942）民欠田赋粮石一事。

【叙录编号】　0334

【档案题名】
甘肃省政府委员会第1137次会议记录
【发文单位】 甘肃省政府委员会
【收文单位】 甘肃省政府
【档案编号】 004-007-0511-0010
【成文时间】 1944-04-18
【关 键 词】 筹设治所；地籍整理；战时
【内容提要】
其中涉及筹设会川县新治所、申请根据战时地籍整理条例修正本省土地登记施行细则等事。

【叙录编号】 0335
【档案题名】
甘肃省政府委员会第1140次会议记录
【发文单位】 甘肃省政府委员会
【收文单位】 甘肃省政府
【档案编号】 004-007-0512-0002
【成文时间】 1944-05-05
【关 键 词】 土地营业执照
【内容提要】
会议涉及审议拟订甘肃省各县颁发土地营业执照实施办法一事。

【叙录编号】 0336
【档案题名】
甘肃省政府委员会临时谈话会议记录（民国三十三年五月二十三日）
【发文单位】 甘肃省政府委员会
【收文单位】 甘肃省政府
【档案编号】 004-007-0512-0007
【成文时间】 1944-05-23
【关 键 词】 地籍管理；机构；人员
【内容提要】
会议涉及调整本省地籍管理机构及人员安排一事。

【叙录编号】 0337
【档案题名】
甘肃省政府委员会第1152次会议记录
【发文单位】 甘肃省政府委员会
【收文单位】 甘肃省政府
【档案编号】 004-007-0513-0010
【成文时间】 1944-06-27
【关 键 词】 土地陈报；土地营业执照；飞地
【内容提要】
会上报告了行政院发土地营业执照办法并废止前办法，准财政部函送修正甘肃省各县市办理土地陈报复查更正办法，划定固、海、西三县飞地归属等事。

【叙录编号】 0338
【档案题名】
甘肃省政府委员会第1153次会议记录
【发文单位】 甘肃省政府委员会
【收文单位】 甘肃省政府
【档案编号】 004-007-0513-0011
【成文时间】 1944-06-30
【关 键 词】 田赋征收
【内容提要】
会上报告了办理本年度（1944）田赋征收额度一事。

【叙录编号】 0339
【档案题名】
甘肃省政府委员会第1155次会议记录
【发文单位】 甘肃省政府委员会
【收文单位】 甘肃省政府
【档案编号】 004-007-0514-0002
【成文时间】 1944-07-07
【关 键 词】 地政试验；垦荒；筹募积谷；催征田赋
【内容提要】
会上报告事项：1.报告中国地政学会函

送地政试验县计划大纲,援例择县推行地政;2.报告兰州市政府呈市民王仲德承垦南园荒地请换发所有权状一案的处置。会上审议事项:1.田粮处拟具的三十三年(1944)筹募积谷办法9项;2.社会处、建设厅签呈拟订本省各县乡农会章程通则;3.田粮处、民政厅呈请催促征收各县未完田赋军粮等事。

【叙录编号】 0340
【档案题名】
　　甘肃省政府委员会第1159次会议记录
【发文单位】 甘肃省政府委员会
【收文单位】 甘肃省政府
【档案编号】 004-007-0514-0006
【成文时间】 1944-07-21
【关 键 词】 田赋;征收实物;垦殖机关团体;经费
【内容提要】
　　其中包括:1.会议报告行政院发田赋征收实物验收规则并废止前规则;2.会议报告农林部协助各省垦殖机关团体经费办法。

【叙录编号】 0341
【档案题名】
　　甘肃省政府委员会第1166次会议记录
【发文单位】 甘肃省政府委员会
【收文单位】 甘肃省政府
【档案编号】 004-007-0515-0003
【成文时间】 1944-08-15
【关 键 词】 公教食粮征收
【内容提要】
　　会议审议了三十四年度(1945)县级公教食粮征收问题。

【叙录编号】 0342
【档案题名】
　　甘肃省政府委员会第1167次会议记录

【发文单位】 甘肃省政府委员会
【收文单位】 甘肃省政府
【档案编号】 004-007-0515-0004
【成文时间】 1944-08-18
【关 键 词】 地亩赋额;征借粮赋
【内容提要】
　　会议审议事项:1.固原、庆阳、海原、庄浪、民勤、宁县呈报本年复查更正地亩赋额问题;2.于夏禾登场打碾之际征借粮赋一事。

【叙录编号】 0343
【档案题名】
　　甘肃省政府委员会第1172次会议记录
【发文单位】 甘肃省政府委员会
【收文单位】 甘肃省政府
【档案编号】 004-007-0515-0009
【成文时间】 1944-09-05
【关 键 词】 复查地亩;更正结果
【内容提要】
　　会议讨论了化平、高台、灵台等县呈本年复查更正结果表一事。

【叙录编号】 0344
【档案题名】
　　甘肃省政府委员会第1174次会议记录
【发文单位】 甘肃省政府委员会
【收文单位】 甘肃省政府
【档案编号】 004-007-0515-0011
【成文时间】 1944-09-12
【关 键 词】 复查地亩;更正结果
【内容提要】
　　会议讨论了田粮处呈张掖、西固、通渭、隆德、和政等县复查更正结果表一事。

【叙录编号】 0345
【档案题名】
　　甘肃省政府委员会第1179次会议记录

【发文单位】 甘肃省政府委员会
【收文单位】 甘肃省政府
【档案编号】 004-007-0516-0006
【成文时间】 1944-09-29
【关 键 词】 复查地亩；更正结果
【内容提要】
　　会议讨论了田粮处签呈皋兰、渭源、崇信、临洮、永靖、靖远、会川等7县复查更正结果表一事。

【叙录编号】 0346
【档案题名】
　　甘肃省政府委员会第1181次会议记录
【发文单位】 甘肃省政府委员会
【收文单位】 甘肃省政府
【档案编号】 004-007-0516-0008
【成文时间】 1944-10-06
【关 键 词】 复查地亩；更正结果
【内容提要】
　　会议讨论了田粮处签呈泾川、天水、岷县、宁定、土门等5县复查更正结果表一事。

【叙录编号】 0347
【档案题名】
　　甘肃省政府委员会第1187次会议记录
【发文单位】 甘肃省政府委员会
【收文单位】 甘肃省政府
【档案编号】 004-007-0517-0007
【成文时间】 1944-10-27
【关 键 词】 购地；小陇山垦区荒地
【内容提要】
　　会议讨论了荣誉军教养院及岷县垦区管理局请天水县政府协助购买小陇山垦区荒地一事。

【叙录编号】 0348
【档案题名】
　　甘肃省政府委员会第1188次会议记录
【发文单位】 甘肃省政府委员会
【收文单位】 甘肃省政府
【档案编号】 004-007-0517-0008
【成文时间】 1944-10-31
【关 键 词】 战时；土地税；水灾；减免赋税
【内容提要】
　　会议报告了财政部令发战时征收土地税考成办法、兰州市西屏镇卧龙滩地被水成灾情况及减免赋税等事。

【叙录编号】 0349
【档案题名】
　　甘肃省政府委员会第1189次会议记录
【发文单位】 甘肃省政府委员会
【收文单位】 甘肃省政府
【档案编号】 004-007-0518-0002
【成文时间】 1944-11-03
【关 键 词】 公有土地登记；地价税册
【内容提要】
　　会上报告了地政署函送公有土地登记办法，审议了西和县大桥仇池山一带设署治理一事，审议了办理兰州、天水、平凉三城市市区总归户地价税册一事。

【叙录编号】 0350
【档案题名】
　　甘肃省政府委员会第1194次会议记录
【发文单位】 甘肃省政府委员会
【收文单位】 甘肃省政府
【档案编号】 004-007-0518-0007
【成文时间】 1944-11-21
【关 键 词】 战时；田赋征收实物
【内容提要】
　　会议报告了行政院发战时田赋征收实物条例。

【叙录编号】 0351
【档案题名】
　　甘肃省政府委员会第1195次会议记录
【发文单位】 甘肃省政府委员会
【收文单位】 甘肃省政府
【档案编号】 004-007-0518-0008
【成文时间】 1944-11-24
【关 键 词】 公有土地；地产交接；雹灾；减免赋税
【内容提要】
　　会议报告内容：1.兰州市政府请标卖市区公有土地处置结果；2.财政部函复本省国有或原属省有地产交接办法；3.三十二年度（1943）灵台、张掖、泾川、临洮、康乐5县被雹成灾情况及减免赋税办法。

【叙录编号】 0352
【档案题名】
　　甘肃省政府委员会第1198次会议记录
【发文单位】 甘肃省政府委员会
【收文单位】 甘肃省政府
【档案编号】 004-007-0519-0003
【成文时间】 1944-12-05
【关 键 词】 土地复查；更正办法
【内容提要】
　　会议报告了田粮处签呈报告修正本省各县市办理土地复查更正办法及注意事项情况。

【叙录编号】 0353
【档案题名】
　　甘肃省政府委员会第1200次会议记录
【发文单位】 甘肃省政府委员会
【收文单位】 甘肃省政府
【档案编号】 004-007-0519-0005
【成文时间】 1944-12-12
【关 键 词】 飞地划拨；马峪口
【内容提要】
　　会上审议了平凉、崇信两县划拨飞地马峪口归平凉管辖一事。

【叙录编号】 0354
【档案题名】
　　甘肃省政府委员会第1223次会议记录
【发文单位】 甘肃省政府委员会
【收文单位】 甘肃省政府
【档案编号】 004-007-0522-0003
【成文时间】 1945-03-02
【关 键 词】 土地复查；更正结果
【内容提要】
　　会上讨论了田粮处呈核查并调整灵台县土地复查更正结果及田粮征税科则一事。

【叙录编号】 0355
【档案题名】
　　甘肃省政府委员会第1323次会议记录
【发文单位】 甘肃省政府委员会
【收文单位】 甘肃省政府
【档案编号】 004-007-0523-0002
【成文时间】 1946-04-09
【关 键 词】 土地陈报；改订科则
【内容提要】
　　会上报告了田粮处签呈前订土地陈报改订科则办法施行以来情况。

【叙录编号】 0356
【档案题名】
　　甘肃省政府委员会第1327、1328次会议记录
【发文单位】 甘肃省政府委员会
【收文单位】 甘肃省政府
【档案编号】 004-007-0523-0007
【成文时间】 1946-04-26
【关 键 词】 土地金融；放款额度

【内容提要】

第1327次会议报告了中国农民银行兰州分行拟订本年度土地金融放款额度分配表一事。

【叙录编号】 0357
【档案题名】
甘肃省政府委员会第1329次会议记录
【发文单位】 甘肃省政府委员会
【收文单位】 甘肃省政府
【档案编号】 004-007-0523-0008
【成文时间】 1946-04-30
【关 键 词】 合作农场；设置办法
【内容提要】

会议报告了社会部函送设置合作农场办法。

【叙录编号】 0358
【档案题名】
甘肃省政府委员会第1331次会议记录
【发文单位】 甘肃省政府委员会
【收文单位】 甘肃省政府
【档案编号】 004-007-0523-0010
【成文时间】 1946-05-07
【关 键 词】 拨款；春令事业费
【内容提要】

会议讨论了建设厅、会计处呈拨发农业改进所春令时节新兴事业费一事。

【叙录编号】 0359
【档案题名】
甘肃省政府委员会第1338次会议记录
【发文单位】 甘肃省政府委员会
【收文单位】 甘肃省政府
【档案编号】 004-007-0524-0002
【成文时间】 1946-06-04
【关 键 词】 节约粮食消费；暂行办法

【内容提要】

会议讨论了田粮处签呈本省节约粮食消费暂行办法。

【叙录编号】 0360
【档案题名】
甘肃省政府委员会第1346次会议记录
【发文单位】 甘肃省政府委员会
【收文单位】 甘肃省政府
【档案编号】 004-007-0524-0010
【成文时间】 1946-07-02
【关 键 词】 免征地价；垦荒
【内容提要】

会议讨论了地政局呈鉴于省情免予征收垦荒地价的相关事宜。

【叙录编号】 0361
【档案题名】
甘肃省政府委员会第1349次会议记录
【发文单位】 甘肃省政府委员会
【收文单位】 甘肃省政府
【档案编号】 004-007-0524-0013
【成文时间】 1946-07-16
【关 键 词】 修正土地法
【内容提要】

会议报告了地政署代电各县乡在奉到修正土地法后再行办理一事。

【叙录编号】 0362
【档案题名】
甘肃省政府委员会第1350次会议记录
【发文单位】 甘肃省政府委员会
【收文单位】 甘肃省政府
【档案编号】 004-007-0524-0014
【成文时间】 1946-07-19
【关 键 词】 公有土地管理办法；废止法规
【内容提要】

会议报告了行政院发公有土地管理办法并废止前公有土地处理规则一事。

【叙录编号】 0363
【档案题名】
　　甘肃省政府委员会第1356次会议记录
【发文单位】 甘肃省政府委员会
【收文单位】 甘肃省政府
【档案编号】 004-007-0525-0007
【成文时间】 1946-08-09
【关 键 词】 外人；在华地权；粮食管理；治罪
【内容提要】
　　会上讨论了行政院颁过去外人在华地权清理办法、粮食部发非常时期违反粮食管理治罪暂行条例修正内容等事。

【叙录编号】 0364
【档案题名】
　　甘肃省政府委员会第1360次会议记录
【发文单位】 甘肃省政府委员会
【收文单位】 甘肃省政府
【档案编号】 004-007-0525-0011
【成文时间】 1946-08-23
【关 键 词】 土地权利清理办法；收复地区
【内容提要】
　　会上报告了行政院发修正收复地区土地权利清理办法一事。

【叙录编号】 0365
【档案题名】
　　甘肃省政府委员会第1361次会议记录
【发文单位】 甘肃省政府委员会
【收文单位】 甘肃省政府
【档案编号】 004-007-0525-0012
【成文时间】 1946-08-28
【关 键 词】 土地行政；土地税；插花地
【内容提要】
　　会上报告了地政局呈财政部地政署检发各级土地行政与土地税征收工作联系办法第十五条修正条文。

【叙录编号】 0366
【档案题名】
　　甘肃省政府委员会第1363次会议记录
【发文单位】 甘肃省政府委员会
【收文单位】 甘肃省政府
【档案编号】 004-007-0525-0014
【成文时间】 1946-09-04
【关 键 词】 地价评议委员会；组织规程
【内容提要】
　　会上报告了地政署送地价评议委员会组织规程。

【叙录编号】 0367
【档案题名】
　　甘肃省政府委员会第1366次会议记录
【发文单位】 甘肃省政府委员会
【收文单位】 甘肃省政府
【档案编号】 004-007-0525-0017
【成文时间】 1946-09-13
【关 键 词】 标准地价表；抽送地价表
【内容提要】
　　会议讨论了武威县地籍整理办事处关于金羊乡复议标准地价表并抽送各地价区调查表的相关事宜。

【叙录编号】 0368
【档案题名】
　　甘肃省政府委员会第1368次会议记录
【发文单位】 甘肃省政府委员会
【收文单位】 甘肃省政府
【档案编号】 004-007-0526-0002
【成文时间】 1946-09-20

【关 键 词】 征借田赋；粮食收解；运拨结报
【内容提要】
　　会上讨论了粮食部代电发各省市田赋征实征借、粮食收解运拨及结报办法。

【叙录编号】 0369
【档案题名】
　　甘肃省政府委员会第1371次会议记录
【发文单位】 甘肃省政府委员会
【收文单位】 甘肃省政府
【档案编号】 004-007-0526-0005
【成文时间】 1946-10-01
【关 键 词】 补助农会；农贷加息
【内容提要】
　　会上报告了补助各省农会事业及其指导事业农贷加息动支办法一事。

【叙录编号】 0370
【档案题名】
　　甘肃省政府委员会第1505次会议关于通报房屋租赁条例及讨论拟订甘肃省保安部队服装损失处理办法等事宜的会议记录
【发文单位】 甘肃省政府委员会
【收文单位】 甘肃省政府
【档案编号】 004-007-0540-0002
【成文时间】 1948-02-03
【关 键 词】 牧地；限制开垦
【内容提要】
　　提会接近蒙藏地区的岷县、临潭、康乐、夏河、卓尼及河西各县局现有牧地限制开垦，以免纠纷等事宜。

【叙录编号】 0371
【档案题名】
　　甘肃省政府委员会第960次会议关于提会讨论本省优待处出征抗敌军人家属条例及省社会处劝导服务规则等事项的会议记录

【发文单位】 甘肃省政府委员会
【收文单位】 甘肃省政府
【档案编号】 004-007-0592-0006
【成文时间】 1942-06-16
【关 键 词】 插花飞地
【内容提要】
　　主要涉及第四区专署审查该区各县插花飞地划拨意见等事宜。

【叙录编号】 0372
【档案题名】
　　甘肃省政府委员会第948次会议关于提会报告本年度（1942）国民工役施行计划及民政厅拟具酒泉县城市土地登记业务实施等事项的会议记录
【发文单位】 甘肃省政府委员会
【收文单位】 甘肃省政府
【档案编号】 004-007-0593-0001
【成文时间】 1942-04-28
【关 键 词】 插花飞地
【内容提要】
　　主要涉及临洮、渭源两县县长呈请划拨庆平镇等插花飞地等事宜。

【叙录编号】 0373
【档案题名】
　　甘肃省政府委员会第942次会议关于提会报告国民参政会第2届第2次大会建议节减开支、紧缩预算一案及编审县、市预算暂行办法等事项的会议记录
【发文单位】 甘肃省政府委员会
【收文单位】 甘肃省政府
【档案编号】 004-007-0593-0006
【成文时间】 1942-04-07
【关 键 词】 插花飞地
【内容提要】
　　主要涉及审查第四区专署所属各县插花飞

地根据勘测结果划拨情形等事宜。

【叙录编号】 0374
【档案题名】
　　甘肃省政府委员会第931次会议关于提会报告修正非常时期工矿业奖励条例及党政军各机关人事机构统一管理纲要等事项的会议记录
【发文单位】 甘肃省政府委员会
【收文单位】 甘肃省政府
【档案编号】 004-007-0593-0017
【成文时间】 1942-02-27
【关 键 词】 划界
【内容提要】
　　主要涉及兰州市呈请扩展市区范围勘测市区永久界线一案等事项。

【叙录编号】 0375
【档案题名】
　　民政厅归档簿一册
【发文单位】 甘肃省民政厅
【收文单位】 不详
【档案编号】 015-005-0121-0003
【成文时间】 不详
【关 键 词】 归档簿；目录
【内容提要】
　　本件为民政厅第一科归档簿，其中包括政令案件与电报两大部分。具体有：甘肃省旱灾救济办法案、关于贷放春耕籽种的电报、递交金塔、景泰县城区域地图的电报、递交固原、平凉插花地地图的电报等各类文件目录。

【叙录编号】 0376
【档案题名】
　　民政厅关于甘肃51县上报荒山荒地调查表的各类文件
【发文单位】 甘肃省民政厅；定西县政府等
【收文单位】 甘肃省民政厅；定西县政府等
【档案编号】 015-005-0479-0480
【成文时间】 1935
【关 键 词】 荒山荒地；调查表
【内容提要】
　　各县政府呈文省民政厅报本县荒山荒地调查表，乞鉴核汇转。其县有：武威、永靖、平凉、定西、鼎新、天水、靖水、陇西、民勤、玉门、成县、金塔、宁定、隆德、化平、灵台、崇信、永登、岷县、漳县、和政、秦安、夏河、敦煌、临潭、礼县、文县、康县、安西、酒泉（0479）；皋兰、通渭、武都、会宁、华亭、灵台、庄浪、镇原、永登、山丹、环县、武威、西和、静宁、和政、合水、靖远、固原、临夏、张掖、西固（0480）等51县。其中部分县呈文省政府本县无500亩以上荒山荒地请免造表，省政府回文准免填造。其中《甘肃省××县荒地荒山调查表》表头包括：荒别（荒地、荒山）、地名、亩约数、人口约数、方向、地质、土壤等。

【叙录编号】 0377
【档案题名】
　　民政厅关于各县县界调查的各类文件
【发文单位】 甘肃省民政厅；甘肃省政府等
【收文单位】 甘肃省民政厅；甘肃省政府等
【档案编号】 015-005-0487-（0001-0052）
【成文时间】 1933
【关 键 词】 县界调查
【内容提要】
　　省民政厅令庆阳、武都等23县上报调查表乞查考，附《各县县界调查表》空表1份。表头包括：本县县界方向、县名、属于何省、海洋或国名、属于何国、本县县城距各县邻县城里数、本县县城与各县县城交通概况（由何种路途、需要若干时日）。西河、金塔呈赍，各附调查表1份，民政厅对其准予备查。庆阳、武都县呈赍，各附调查表1份，民政厅对其准予备查。华亭、夏河呈赍，各附调查表1份，民政厅对其准予备查。武威、陇西呈赍，各附调查表1份，民政厅对其准予备查。正宁、宁县、两当县呈赍，各附调查表1份，民政厅对其准予备查。安西、平凉呈赍，各附调查表1份，民政厅对其准予备查。张掖、崇信、镇原呈赍，各附调查表1份，民政厅对其准予备查。临夏、武山呈赍，各附调查表1份，民政厅对其准予备查。靖远、静宁、通渭呈赍，各附调查表1份，民政厅对其准予备查。渭源、成县呈赍，各附调查表1份，民政厅对其准予备查。西固、岷县呈赍，各附调查表1份，民政厅对其准予备查。此外，迳呈内政部，省政府回文准予备查。

【叙录编号】 0378
【档案题名】
甘肃省民政厅请省外各机构寄送土地陈报章则俾资参阅的文件
【发文单位】 甘肃省民政厅；浙江省民政厅等
【收文单位】 甘肃省民政厅；浙江省民政厅等
【档案编号】
　　015-006-0314-（0010-0015）；
　　015-006-0315-0001；
　　015-006-0320-（0001-0016）
【成文时间】 1936
【关 键 词】 土地陈报章则
【内容提要】
　　省民政厅致函江苏、安徽、山东、河南、浙江等省政府及秘书处请检寄土地陈报章则俾资参阅。河南省政府秘书处寄送筹办土地经过情形并章则辑要各1份，浙江省秘书处转函浙江省民政厅、浙江省民政厅寄送土地陈报特刊1册，江苏省财政厅寄送本省土地陈报各项章则刊物，安徽省政府秘书处寄送土地陈报法令汇编1册。

【叙录编号】 0379
【档案题名】
甘肃省民政厅关于寄送、收到各省相关机构办理土地行政各项章则刊物的各类文件
【发文单位】 甘肃省民政厅；浙江省民政厅等
【收文单位】 甘肃省民政厅；浙江省民政厅等
【档案编号】 015-006-0320-（0001-0016）
【成文时间】 1932
【关 键 词】 土地行政章则；土地各项法规
【内容提要】
　　此16份文件均与甘肃省民政厅寄送、收到各省相关机构办理土地行政各项章则刊物有关。河北省民政厅、河南省民政厅、广东省民政厅请检寄办理土地行政各项章则刊物，省民政厅回文尚未拟订无从寄送。福建省建设厅请寄送整理土地各项各规及刊物，省建设厅转咨民政厅，民政厅回文俟拟订即行检送。浙江省民政厅送现行土地法令辑要1册请省民政厅查收，省民政厅回函致谢。

【叙录编号】 0380
【档案题名】
江苏省民政厅送甘肃省民政厅清理沙田官产事务章则汇编等件的往来函件
【发文单位】 江苏省民政厅
【收文单位】 甘肃省民政厅
【档案编号】 015-006-0329-（0008-0009）
【成文时间】 1936-08-06—1936-08-15
【关 键 词】 清理沙田
【内容提要】
　　江苏省民政厅函送省民政厅江苏省清理沙田官产事务章则汇编，请查照，省民政厅回函存咨借镜。

【叙录编号】 0381
【档案题名】
甘肃省政府关于各县上报荒山荒地调查表

的各类文件
【发文单位】 甘肃省政府；山丹县政府等
【收文单位】 甘肃省政府；甘肃省民政厅等
【档案编号】 015-006-0330-（0001-0023）；015-006-0331-（0001-0012）
【成文时间】 1936
【关 键 词】 荒山荒地调查
【内容提要】

甘肃省政府印发荒山荒地调查表，训令各县政府及康乐设治局查报500亩以上荒山荒地情况，于到文1月内填复。临潭、定西、临洮、渭源、洮沙、榆中、会宁、酒泉、高台、金塔、鼎新、和政、古浪、山丹、民勤、永昌、民乐等17县呈报请鉴核，其中临洮、定西县政府呈报并无500亩以上荒山荒地、省政府回文对有地者回文准予汇转，无地者回文免报。其中，《甘肃省××县五百亩以上荒山调查表》表头包括：地名（乡名、小地名）、官有或私有、周围里数、山表面积亩数、高度尺度、土质及矿苗、土宜及现生植物、周围总数及耕作熟地亩数。

【叙录编号】 0382
【档案题名】
甘肃省市县土地面积及所有之分类调查表
【发文单位】 甘肃省民政厅
【收文单位】 不详
【档案编号】 015-008-0113-0018
【成文时间】 1939-12
【关 键 词】 土地面积
【内容提要】

空表，表头为：县市别（总计、县市名）、所有者（国有、省有、市有、社有、私有、其他）、共计、城镇地（合计/陆地/水面）、乡村地（合计/耕地/水面）。

【叙录编号】 0383
【档案题名】
甘肃省土地测量概况调查表
【发文单位】 甘肃省民政厅
【收文单位】 不详
【档案编号】 015-008-0113-0019
【成文时间】 1939-12
【关 键 词】 土地测量
【内容提要】

涉及兰州市，表头为：县市别、测量面积（已完成数/尚未完成数）、已成图幅数（地籍原图/区段图/产地图/总图或县市一览图/其他）、经费（已用经费/平均每亩用费）。

【叙录编号】 0384
【档案题名】
甘肃省土地登记概况调查表
【发文单位】 甘肃省民政厅
【收文单位】 不详
【档案编号】 015-008-0113-0020
【成文时间】 1939-12
【关 键 词】 土地登记
【内容提要】

空表，表头为：县市别、土地登记机关（名称/职员人数）、办理登记概况（已登记完竣之区乡镇数/未登记完竣之区乡镇数/所有权登记之总面积/登记时间）、编制完成之土地清册数、登记费征收总额（元）。

【叙录编号】 0385
【档案题名】
甘肃省移民垦荒调查表
【发文单位】 甘肃省民政厅
【收文单位】 不详
【档案编号】 015-008-0113-0022
【成文时间】 1939-12
【关 键 词】 移民垦荒
【内容提要】

空表，表头为：垦区名称、所在地、垦区面积、垦区地势、垦区交通概况、垦区气候、垦区地质、此前未能垦殖原因、现在垦民人数、垦民来源、政府放垦条件概述、垦殖费用分配与来源、垦民生活维持方法、垦区作物种类、垦区附近矿产及其他、本区垦殖实施经费概况、主持垦殖机关、垦区展望。

【叙录编号】 0386
【档案题名】
　　甘肃省市县土地面积及所有之分类调查表
【发文单位】 甘肃省民政厅
【收文单位】 不详
【档案编号】 015-008-0127-0023
【成文时间】 1939-12
【关 键 词】 土地面积
【内容提要】
　　如题。

【叙录编号】 0387
【档案题名】
　　甘肃省土地测量概况调查表
【发文单位】 甘肃省民政厅
【收文单位】 不详
【档案编号】 015-008-0127-0024
【成文时间】 1939-12
【关 键 词】 土地测量
【内容提要】
　　如题。

【叙录编号】 0388
【档案题名】
　　甘肃省土地登记概况调查表
【发文单位】 甘肃省民政厅
【收文单位】 不详
【档案编号】 015-008-0127-0025
【成文时间】 1939-12
【关 键 词】 土地登记
【内容提要】
　　如题。

【叙录编号】 0389
【档案题名】
　　甘肃省市县土地面积及所有之分类调查表
【发文单位】 甘肃省民政厅
【收文单位】 不详
【档案编号】 015-008-0128-0016
【成文时间】 1939-12
【关 键 词】 土地面积
【内容提要】
　　如题。

【叙录编号】 0390
【档案题名】
　　甘肃省土地测量概况调查表
【发文单位】 甘肃省民政厅
【收文单位】 不详
【档案编号】 015-008-0128-0017
【成文时间】 1939-12
【关 键 词】 土地测量
【内容提要】
　　如题。

【叙录编号】 0391
【档案题名】
　　甘肃省土地登记概况调查表
【发文单位】 甘肃省民政厅
【收文单位】 不详
【档案编号】 015-008-0128-0018
【成文时间】 1939-12
【关 键 词】 土地登记
【内容提要】
　　如题。

【叙录编号】 0392
【档案题名】
公布甘肃各县市估计地价办法的各类文件
【发文单位】 甘肃省民政厅；甘肃省秘书处等
【收文单位】 甘肃省政府；内政部等
【档案编号】 015-008-0302-（0001、0004-0009）
【成文时间】 1940-08-08
【关 键 词】 地价估计
【内容提要】
民政厅呈文省政府赍拟具兰州市区地价估计办法草案15条，请核示；并拟订甘肃省各城市县局估计地价办法，请鉴核；附《甘肃省各县市估计地价办法》及修正后《办法》各1份。王漱芳奉行政院令发修正本省各县市估计地价办法，提会报告。甘肃省秘书处致函民政厅此办法于本年7月1日公布。行政院回文省政府，令其遵照内政部修正意见调整，附《内政部审核甘肃省估计地价办法意见清单》1份。省政府修正后转咨内政部，并将行政院修正意见抄发兰州市地政处及天水城市土地登记处遵办，附内政部修改意见版《办法》，内政部咨省政府准予备查。

【叙录编号】 0393
【档案题名】
甘肃省建设厅、国立中央农业大学关于寄送甘肃省近10年来各县大豆栽种面积与产量情况的文件
【发文单位】 甘肃省建设厅；国立中央农业大学农艺系
【收文单位】 甘肃省建设厅；甘肃省农业改进所
【档案编号】
　　027-007-0367-（0015-0016、0019-0020）
【成文时间】 1941-03-27—1941-06-30
【关 键 词】 大豆栽植；产量

【内容提要】
国立中央农业大学致函甘肃省建设厅，请其寄送甘肃省近10年来各县大豆栽种面积与产量情况。甘肃省建设厅训令省农改所寄送。农改所呈文尚在调查统计，待统计后上报。甘肃省建设厅将此情况致函国立中央农业大学农艺系知照。

【叙录编号】 0394
【档案题名】
为函索洮河等20县地图等致建设厅公函
【发文单位】 甘肃水利林牧公司；甘肃省建设厅
【收文单位】 甘肃省建设厅；甘肃水利林牧公司
【档案编号】 039-001-0029-（0016、0022）
【成文时间】 1944-08-21—1944-09-08
【关 键 词】 地图
【内容提要】
1944年8月21日，甘肃水利林牧公司总管理处函甘肃省建设厅，请发洮河等20县地图以备参考。9月8日，建设厅函甘肃水利林牧公司，请该处派员洽取。

【叙录编号】 0395
【档案题名】
民国三十四年（1945）甘肃水利林牧公司为请检寄土壤试验资料致中央水利实验处、金陵大学土壤试验室及中央地质调查所的函；民国三十三年（1944）甘肃水利林牧公司为派员前往黄河水利委员会所建立的水文站了解黄河水位及流量一事致黄河水利委员会的函
【发文单位】 甘肃水利林牧公司
【收文单位】 中央水利实验处；金陵大学土壤试验室等
【档案编号】 039-001-0030-0001
【成文时间】 1945-03-30；1944-05-18

【关 键 词】 土壤试验资料；水位及流量
【内容提要】

共2份文件。第一份文件，因承办甘肃省农田水利工程，故需要中央水利实验处、金陵大学土壤试验室及中央地质调查所等单位寄送甘肃省土壤试验资料。第二份文件，为甘肃水利林牧公司为获取黄河水位及流量信息，需征求黄河水利委员会的同意，并派员前去勘测。

【叙录编号】 0396
【档案题名】
民国三十二年（1943）甘肃水利林牧公司为派职员姚开元洽购甘肃邮区舆图两份致甘邮局函
【发文单位】 甘肃水利林牧公司
【收文单位】 甘肃邮政管理局
【档案编号】 039-001-0056-0043
【成文时间】 1943-02-09
【关 键 词】 甘肃邮区；舆图
【内容提要】

共1份文件，如题。

五、水资源类档案

【叙录编号】 0397
【档案题名】
甘肃省政府民国二十三年（1944）公务统计方案（水利）
【发文单位】 甘肃省政府统计室
【收文单位】 甘肃省政府
【档案编号】 004-002-0356-0001
【成文时间】 1944-12
【关 键 词】 公务统计
【内容提要】

主要为：一、水利行政管理纲；二、水利勘察纲；三、水利工程纲；四、水文纲。其中，水利行政管理纲包括水权登记册、兴办水利事业奖励人数及案件登记册、水利案件处理登记册、处罚工料贷款登记册、过闸船舰概况登记册；水利勘察纲包括水道查勘登记册、水利查勘概况登记册、水利工程勘察登记册；水利工程纲包括《省水利工程计划登记册》，内容涉及计划内容、渠道内容、分期进度、水利工程、渠道工程、防汛工程、灌溉工程等，《水利工程施工进度登记册》《水利工程材料登记册》《水利工程费用登记册》《水利工程贷款基金登记册》；水文纲包括《水文测站登记册》《河流水位登记册》《河流流量登记册》《河流流速登记册》《河流含沙量登记册》。

【叙录编号】 0398
【档案题名】

甘肃省1941—1944年农田水利工程概况表；甘肃省1941—1944年农田水利工程类别表；甘肃省1941—1944年农田水利工程工款分配表；甘肃省农田水利工程借款分析表；甘肃省1945年农田水利工程施工进度表；甘肃省1945年农田水利工程计划表；甘肃省1945年农田水利工程勘测表；甘肃省1942—1945年旧渠整理概况表；甘肃省1942—1945年旧渠整理费用表；甘肃省1942—1945年旧渠整

理收益比较表；甘肃省1944年度旧渠整理计划表；甘肃省1944年旧黄河险滩勘查表；甘肃省1944年度水文站设置表

【发文单位】 甘肃省政府
【收文单位】 不详
【档案编号】 004-003-0004-（0005-0017）
【成文时间】 1941—1945
【关 键 词】 农田水利；渠道
【内容提要】
如题。

【叙录编号】 0399
【档案题名】
甘肃省政府委员会第1026次会议议事日程外附会议材料
【发文单位】 甘肃省政府委员会
【收文单位】 甘肃省政府
【档案编号】 004-007-0309-0002
【成文时间】 1943-03-02
【关 键 词】 水利工程
【内容提要】
主要涉及河西水利、征收定洮等县田赋军粮方法等事宜，附《办河西水利工程费业奉》。

【叙录编号】 0400
【档案题名】
甘肃省政府委员会第1190次会议议事日程外附会议通报、讨论文件材料
【发文单位】 甘肃省政府委员会
【收文单位】 甘肃省政府
【档案编号】 004-007-0360-0004
【成文时间】 1944-10-07
【关 键 词】 水利法
【内容提要】
关于行政院下发水利法施行细则第24条修正条文，附《水利法施行细则》（第24条）。

【叙录编号】 0401
【档案题名】
甘肃省政府委员会第1191次会议议事日程外附会议通报、讨论文件材料
【发文单位】 甘肃省政府委员会
【收文单位】 甘肃省政府
【档案编号】 004-007-0360-0006
【成文时间】 1944-11-10
【关 键 词】 工作计划
【内容提要】
关于主席报告中央设计局审查本省三十三年度（1944）工作计划（涉及荒地、水利工程、农林实验区等条例合并）等事宜。

【叙录编号】 0402
【档案题名】
甘肃省政府委员会第1193次会议议事日程外附会议通报、讨论文件材料
【发文单位】 甘肃省政府委员会
【收文单位】 甘肃省政府
【档案编号】 004-007-0361-0002
【成文时间】 1944-11-17
【关 键 词】 雹灾
【内容提要】
关于社会处报告本省雹灾赈款数目，附《甘肃省三十三年度（1944）被灾各县市局赈款赈粮分配预算表》。

【叙录编号】 0403
【档案题名】
甘肃省政府委员会第1201次会议议事日程外附会议通报、讨论文件材料
【发文单位】 甘肃省政府委员会
【收文单位】 甘肃省政府
【档案编号】 004-007-0363-0002
【成文时间】 1944-12-15
【关 键 词】 农田水利贷款

【内容提要】

主要涉及审议水利委员会报告农田水利贷款办法与中国农民银行改进办法六项等事宜。

【叙录编号】 0404
【档案题名】
甘肃省政府委员会第1222次会议议事日程外附会议通报、讨论文件材料
【发文单位】 甘肃省政府委员会
【收文单位】 甘肃省政府
【档案编号】 004-007-0365-0016
【成文时间】 1945-02-27
【关 键 词】 补偿办法；水利工程
【内容提要】

关于提会审查甘肃省修筑水渠渠身占用民田有无补偿办法，建设厅认为水利工程均为贷款办理，俟各渠收益后再订补偿办法等事宜。

【叙录编号】 0405
【档案题名】
甘肃省政府委员会第1437次会议议事日程外附会议材料
【发文单位】 甘肃省政府
【收文单位】 不详
【档案编号】 004-007-0409-0004
【成文时间】 1947-06-06
【关 键 词】 湟惠渠
【内容提要】

主要涉及会上主席提议水费保管委员会签呈查湟惠渠征收水费滞纳办法一事，主席提议张掖大小满堡熟荒地经营计划大纲。

【叙录编号】 0406
【档案题名】
甘肃省政府委员会第318次会议关于审议甘肃省烟卷改办统税办法及审议甘肃省保甲人员训练办法等事宜
【发文单位】 甘肃省政府委员会
【收文单位】 甘肃省政府
【档案编号】 004-007-0464-0005
【成文时间】 1935-06-25
【关 键 词】 凿井
【内容提要】

主要涉及第二区行政督察专员呈送为农村耕稼，建议兴修水利，以凿井为简便易行等事宜。

【叙录编号】 0407
【档案题名】
甘肃省政府委员会第1190次会议记录
【发文单位】 甘肃省政府委员会
【收文单位】 甘肃省政府
【档案编号】 004-007-0518-0003
【成文时间】 1944-11-07
【关 键 词】 水利法；实施细则
【内容提要】

会上报告了奉行政院令发修正水利法实施细则第24条修正条文。

【叙录编号】 0408
【档案题名】
甘肃省政府委员会第1330次会议记录
【发文单位】 甘肃省政府委员会
【收文单位】 甘肃省政府
【档案编号】 004-007-0523-0009
【成文时间】 1946-05-03
【关 键 词】 提水机器；拨款
【内容提要】

会议讨论了秘书处函请拨发整修本府提水机器价款。

【叙录编号】 0409
【档案题名】
甘肃省政府委员会第1354次会议记录

【发文单位】 甘肃省政府委员会
【收文单位】 甘肃省政府
【档案编号】 004-007-0525-0005
【成文时间】 1946-08-02
【关 键 词】 靖丰渠；放领土地；经费拨发
【内容提要】
　　会议讨论了会计处签呈由地政局等签请派股长前往靖丰渠视察土地、放领地价及春耕等情况，经费由第一预备金项下拨付。会议决议照办。

【叙录编号】 0410
【档案题名】
　　甘肃省政府委员会第1362次会议记录
【发文单位】 甘肃省政府委员会
【收文单位】 甘肃省政府
【档案编号】 004-007-0525-0013
【成文时间】 1946-08-30
【关 键 词】 赈粮变价；兴办水利
【内容提要】
　　会上临时动议建设厅等签呈拟具奉拨赈粮变价拨款兴办水利计划，请公决案。会议决议通过。

【叙录编号】 0411
【档案题名】
　　民政厅关于报送水利调查表的各类文件
【发文单位】 甘肃省民政厅；实业部年鉴编委会等
【收文单位】 甘肃省民政厅；实业部年鉴编委会等
【档案编号】 015-005-0420-（0008-0011）
【成文时间】 1934-10-12—1934-12-11
【关 键 词】 水利调查表；水利事宜
【内容提要】
　　实业部年鉴编委会致函省民政厅送水利调查表请填写报回，民政厅回文请省建设厅查填径送。省政府奉行政院令训民政厅嗣后水利事宜应检送全国经济委员会核实遵办，建设厅回文民政厅水利调查表已查填径寄，希查照。

【叙录编号】 0412
【档案题名】
　　甘肃省四年建设工作纲领分年实施进度表
【发文单位】 甘肃省建设厅
【收文单位】 不详
【档案编号】 027-001-0089-0002
【成文时间】 1947-02-21
【关 键 词】 水利报告
【内容提要】
　　《甘肃省四年建设工作纲领分年实施进度表》主要包括交通、农田水利（永乐渠、肃丰渠、保护水土）、农林（检定培育优良品种、防治病虫害、研究改进土壤肥料、奖励造林、推进农村植树）、畜牧（培植植树人才、防治牛瘟、研究牧草、增加牧草产量）、工业等内容。

【叙录编号】 0413
【档案题名】
　　甘肃省建设厅民国三十五年（1946）5—9月施政报告（水利部分）
【发文单位】 甘肃省建设厅
【收文单位】 甘肃省政府
【档案编号】 027-001-0103-0002
【成文时间】 1946-05-01
【关 键 词】 建设厅；工作报告
【内容提要】
　　施政报告共分九个部分：（一）湟惠渠；（二）洮惠渠；（三）溥惠渠；（四）缺；（五）登丰渠；（六）肃□渠；（七）靖□渠；（八）永丰渠；（九）小型水利。

【叙录编号】 0414
【档案题名】

甘肃省建设厅民国三十五年（1946）5—9月施政报告（水利部分）
【发文单位】　甘肃省建设厅
【收文单位】　甘肃省政府
【档案编号】　027-001-0104-0002
【成文时间】　1946-05-01
【关 键 词】　建设厅；工作报告
【内容提要】

施政报告分四个部分：（一）凿井工程；（二）缺；（三）河西水利；（四）筹设水利局。

【叙录编号】　0415
【档案题名】
甘肃省建设厅民国三十五年（1946）10月至民国三十六年（1947）4月施政报告（水利部分）
【发文单位】　甘肃省建设厅
【收文单位】　甘肃省政府
【档案编号】　027-001-0106-0003
【成文时间】　1946-05-01
【关 键 词】　甘肃省建设厅；工作报告
【内容提要】

档案原件缺第1页。施政报告分水渠工程、小型水利、河西水利专项、成立水利局四大部分。水渠工程：湟惠渠、洮惠渠、溥济渠、汭丰渠、登丰渠、靖丰渠、永丰渠、永乐渠、肃丰渠。小型水利：清远引黄工程、凿井工程。

【叙录编号】　0416
【档案题名】
甘肃省政府、建设厅关于兰州气象测候所关于呈报各县水文站及水标站计划及经费预算的文件
【发文单位】　甘肃省建设厅；兰州测候所
【收文单位】　甘肃省政府；甘肃省建设厅
【档案编号】　027-001-0823-（0001-0004）；027-001-0824-（0001-0003）
【成文时间】　1938-08-06—1938-12-03
【关 键 词】　水标站；水尺
【内容提要】

省政府曾训令兰州测候所改进水文观测站分别遵办，故而现就改进水文站与筹建各县水标站计划及水文观测细则连同经费预算上交建设厅，附有甘肃省立兰州气象测候所拟具改进兰州水文站并应建设本省重要河流区域水文站计划1份。首引言西北水利事业首重治理黄河，随后回顾黄河水利委员会略史及工作，并上呈水文站设备7件；第四，叙述水文站观测范围：水位、含沙量、流量、流速、水温、气象；第五，汇报成绩；第六，汇报经费整站每月补助57元；第七，应设各县水标站；第八，水标站人员培训；第九，各县水标站所需11种器具，各需要200元。附有甘肃省立气象测候所水文观测细则11条；附有甘肃省立气象测候所筹设靖远等7处水标站经费概况书；外附有甘肃省立兰州气象测候所民国二十七年（1938）10月份经费支付预算书。测候所王仰增报送甘肃省各县水标站旬报表安置水尺说明书、观测水位说明书，附有甘肃省建设厅气象测候所×××河×××水标站水位旬报表，表头有日期、时间、水位三栏。建设厅上呈省政府询问可否由二十八年度（1939）建设事业项目下用支经费来建设水标站。省政府指令具体实施办法经费、人员安排，主席批示问呈财政厅。王仰增将筹备各县水标站应注意事项上呈建设厅，建设厅将关于兰州、各县新设水文站上呈省政府，省政府回令将注意事项油印分发。

【叙录编号】　0417
【档案题名】
甘肃省兰州气象测候所关于统筹洮渭等七河水文站事宜的文件

【发文单位】 建设厅兰州气象测候所；水文站
【收文单位】 建设厅兰州气象测候所；水文站
【档案编号】 027-001-0824-0008
【成文时间】 1939-02-24
【关 键 词】 水尺；概算书
【内容提要】
　　甘肃省兰州气象测候所统筹洮渭等河所建7个水文站事宜，该所奉命办理。外附水标站经费概算书，黄河、洮河、渭河、讨赖河、临水河、洪水河、张掖黑河七站建设的8项事宜；兰州水文站改为1个水尺，油绘于铁桥墩上；酒泉三站及张掖应由鸳鸯池水库工程处指导办理，水尺应在各工务所受训期绘制，施测水平基点标准、创断面坡度与流速由工务所办理，请由本所一体办理。

【叙录编号】 0418
【档案题名】
　　行政院水利委员会关于抄发民国三十三年度（1944）工作成绩考核简报有关部分给甘肃省政府的代电
【发文单位】 行政院水利委员会
【收文单位】 甘肃省政府
【档案编号】 027-002-0020-0024
【成文时间】 1946-03-07
【关 键 词】 水利委员；考核
【内容提要】
　　如题。

【叙录编号】 0419
【档案题名】
　　甘肃水利林牧公司为送达水利查勘新闻稿给中央通讯社一事致中央通讯社函
【发文单位】 甘肃水利林牧公司
【收文单位】 中央通讯社
【档案编号】 039-001-0136-0022
【成文时间】 1943-02-25
【关 键 词】 水利查勘
【内容提要】
　　共1份文件，内附甘肃水利林牧公司与资委会的合作办法，涉及流域分区、勘测方法等。

【叙录编号】 0420
【档案题名】
　　甘肃省建设厅为造报水利查勘经费累计表给水利勘察队的训令
【发文单位】 甘肃省建设厅
【收文单位】 甘肃水利林牧公司各水利查勘队
【档案编号】 039-001-0137-（0008-0009）
【成文时间】 1941-10-09
【关 键 词】 水利查勘
【内容提要】
　　共1份文件，如题。

【叙录编号】 0421
【档案题名】
　　水利查勘第一分队为请拨水利工程经费致函省建设厅
【发文单位】 水利查勘第一分队
【收文单位】 甘肃省建设厅
【档案编号】 039-001-0137-（0010-0011）
【成文时间】 1941-10-09
【关 键 词】 水利；经费
【内容提要】
　　共1份文件，如题。

【叙录编号】 0422
【档案题名】
　　水利查勘队第三分队为请拨水利工程经费致函省建设厅
【发文单位】 水利查勘第三分队任以永
【收文单位】 甘肃省建设厅
【档案编号】 039-001-0137-（0011-0012）

【成文时间】 1941-11-03
【关 键 词】 水利；经费
【内容提要】
共1份文件，如题。

【叙录编号】 0423
【档案题名】
甘肃水利林牧公司为据水利查勘队分队上报8月前节余款项不详法稽核事致甘肃省建设厅
【发文单位】 甘肃水利林牧公司
【收文单位】 甘肃省建设厅
【档案编号】 039-001-0137-0013
【成文时间】 1941-01-28
【关 键 词】 水利；经费
【内容提要】
共1份文件，如题。

【叙录编号】 0424
【档案题名】
民国三十二年（1943）黄河水利委员会上游工程处就送《灌溉工程之查勘》一事致甘肃水利林牧公司的公函
【发文单位】 黄河水利委员会上游工程处
【收文单位】 甘肃水利林牧公司
【档案编号】 039-001-0220-（0003-0004）
【成文时间】 1943-08-16
【关 键 词】 查勘；灌溉工程
【内容提要】
共2份文件，如题。附李赋都《灌溉工程之查勘》1份。

【叙录编号】 0425
【档案题名】
补助水利查勘队经费办法
【发文单位】 甘肃省政府
【收文单位】 不详

【档案编号】 039-001-0220-0009
【成文时间】 不详
【关 键 词】 查勘队；经费
【内容提要】
共1份文件，如题。

【叙录编号】 0426
【档案题名】
民国三十一年（1942）水利查勘一、三分队与甘肃水利林牧公司就移交清册一事的往来公文
【发文单位】 水利查勘一分队；甘肃水利林牧公司等
【收文单位】 甘肃水利林牧公司；水利查勘一分队等
【档案编号】
039-001-0226-（0008-0011）（全案卷）
【成文时间】 1942-03-23—1943-03-25
【关 键 词】 移交清册
【内容提要】
共4份文件，附《甘肃水利林牧公司水利查勘第一分队移交清册》《甘肃水利林牧公司水利查勘第三分队移交清册》各1份，如题。

【叙录编号】 0427
【档案题名】
甘肃水利林牧公司与黄河水利委员会为水利查勘第一分队借还勘测仪器的往来公文
【发文单位】 甘肃水利林牧公司；黄河水利委员会上游林垦备防工程处等
【收文单位】 黄河水利委员会上游林垦备防工程处；甘肃水利林牧公司等
【档案编号】
039-001-0230-（0001-0025）（全案卷）
【成文时间】 1942-04-25—1945-04-21
【关 键 词】 水利查勘；测量仪器；借还
【内容提要】

共5份文件。《甘肃水利林牧公司借用测绘仪器用品清单》，水利查勘第一分队所借仪器包括蔡司经纬仪、六时明角分角器、水质三棱尺、手持水平仪、绘图仪器、十二时明角三角板、洮河纵断面图（0003）；《测量及绘图仪器借用凭借单》（0004）；甘肃水利林牧公司与黄河委员会就仪器损坏赔偿一事进行商议（0014-0016）。

【叙录编号】 0428
【档案题名】
资源委员会水力发电勘测总队和甘肃水利林牧公司就函赠各项调查材料及水利资料初编事务的往来公文
【发文单位】 资委会水力发电勘测总队；甘肃水利林牧公司
【收文单位】 甘肃水利林牧公司；资委会水力发电勘测总队
【档案编号】 039-001-0367-（0004-0006）
【成文时间】 1945-04-25—1945-06-12
【关 键 词】 水利调查
【内容提要】
共3份文件，资源委员会水力发电勘测总队为甘肃水利林牧公司赠送陇西水利勘察报告，后甘肃水利林牧公司整理出有关陇西灌溉资料，并回赠勘测总队1份。

【叙录编号】 0429
【档案题名】
甘肃水文总站与正义峡水文气象站关于转发公务员免费汇款证的往来公文
【发文单位】 甘肃水文总站；正义峡水文气象站
【收文单位】 正义峡水文气象站；甘肃水文总站
【档案编号】 039-001-0572-（0037-0038）
【成文时间】 1948-09-01—1948-09-06
【关 键 词】 免费汇款证
【内容提要】
正义峡水文气象站呈报甘肃水文总站发给公务员免费汇款证等（0037），甘肃水文总站令复转发（0038）。

【叙录编号】 0430
【档案题名】
甘肃水文总站发流量计算表等指令
【发文单位】 甘肃水文总站
【收文单位】 不详
【档案编号】 039-001-0572-0040
【成文时间】 不详
【关 键 词】 不详
【内容提要】
如题。

六、林草动物类档案

【叙录编号】 0431
【档案题名】
甘肃省政府民国三十三年（1944）公务统计方案（畜牧类）
【发文单位】 甘肃省政府统计室
【收文单位】 甘肃省政府

【档案编号】 004-002-0211（全案卷）
【成文时间】 1944-12
【关 键 词】 公务统计
【内容提要】
如题。

【叙录编号】 0432
【档案题名】
甘肃省政府民国三十三年（1944）公务统计方案（渔业类）
【发文单位】 甘肃省政府统计室
【收文单位】 甘肃省政府
【档案编号】 004-002-0212（全案卷）
【成文时间】 1944-12
【关 键 词】 公务统计
【内容提要】
如题。

【叙录编号】 0433
【档案题名】
甘肃省政府委员会第1025次会议关于提会报告慎重县长奖惩原则及报告省市公务员役生活改善办法等事宜外附会议材料
【发文单位】 甘肃省政府委员会
【收文单位】 甘肃省政府
【档案编号】 004-007-0308-0005
【成文时间】 1943-02-26
【关 键 词】 抽水；学校苗圃
【内容提要】
主要有主席提议将兰州市人力抽水改为离心力抽水，以解决用水苦难，决议通过。附《甘肃省各县教育林暨学校苗圃实施办法》。

【叙录编号】 0434
【档案题名】
甘肃省政府委员会第1100次会议议事日程外附会议通报、讨论文件材料
【发文单位】 甘肃省政府委员会
【收文单位】 甘肃省政府
【档案编号】 004-007-0338-0006
【成文时间】 1943-11-23
【关 键 词】 造林；荒山公地
【内容提要】
主要涉及行政部要求各县政府酌量指拨荒山公地，建青年林场，进行造林工作，编写本省三十三年度（1944）岁入预算书等事宜。

【叙录编号】 0435
【档案题名】
甘肃省政府委员会第1246次会议议事日程外附会议材料
【发文单位】 甘肃省政府委员会
【收文单位】 甘肃省政府
【档案编号】 004-007-0370-0010
【成文时间】 1945-06-05
【关 键 词】 森林法
【内容提要】
关于提会报告行政院要求各县局遵照修正森林法，附《森林法修正条文》。

【叙录编号】 0436
【档案题名】
甘肃省政府委员会第1289次会议议事日程外附会议材料
【发文单位】 甘肃省政府委员会
【收文单位】 甘肃省政府
【档案编号】 004-007-0375-0003
【成文时间】 1945-11-02
【关 键 词】 苗圃
【内容提要】
关于提会报告审议甘肃省各县局苗圃组织规程修正意见，附《甘肃省各县局苗圃组织规程》。

【叙录编号】 0437
【档案题名】
　　甘肃省政府委员会第1120次会议记录
【发文单位】 甘肃省政府委员会
【收文单位】 甘肃省政府
【档案编号】 004-007-0510-0003
【成文时间】 1944-02-15
【关 键 词】 清理林地；小陇山
【内容提要】
　　会议涉及审查建设厅签报清理小陇山林地办法。

【叙录编号】 0438
【档案题名】
　　甘肃各县报省民政厅1935年夏秋禾滋长情形、收成份数的往来文件
【发文单位】 甘肃省民政厅；武威县政府等
【收文单位】 甘肃省民政厅；武威县政府等
【档案编号】 015-006-0338-（0001-0034）
【成文时间】 1935—1936
【关 键 词】 夏秋禾；滋长；收成份数
【内容提要】
　　本案卷34份文件均与甘肃县呈报民政厅1935年县属夏秋禾滋长情形及收成份数相关。其中县有武威、礼县、隆德、固原、灵台、皋兰、泾川、永登、秦安、甘谷10个，省民政厅对其呈报情况予以备查。

【叙录编号】 0439
【档案题名】
　　甘肃省建设厅民国三十五年（1946）5—9月施政报告（农艺部分）
【发文单位】 甘肃省建设厅
【收文单位】 甘肃省政府
【档案编号】 027-001-0104-0003
【成文时间】 1946-05-01
【关 键 词】 甘肃省建设厅；工作报告
【内容提要】
　　农艺部分共有五点：（一）小麦试验；（二）其他粮食作物试验（如大麦、大豆、粟、燕麦等）；（三）特用作物试验（如棉花、甜菜、剌果等）；（四）砂田及肥料试验；（五）食粮作物优良品种繁殖；（六）甜菜繁殖。

【叙录编号】 0440
【档案题名】
　　甘肃省建设厅民国三十五年（1946）5—9月施政报告（园艺部分）
【发文单位】 甘肃省建设厅
【收文单位】 甘肃省政府
【档案编号】 027-001-0104-0004
【成文时间】 1946-05-01
【关 键 词】 甘肃省建设厅；工作报告
【内容提要】
　　该部分报告共分园艺、病虫害防治、农业推广、造林及水土保持四大部分。每部分各有要点如下。（一）园艺部分：果树改进，蔬菜改进；（二）病虫害部分：病害（如春小麦腥黑种病），虫害（如麦蛾、苹果虫、黎星毛虫等）；（三）农业推广：粮食增产，育苗造林，蔬菜良种推广及示范，督导水土保护，报告家畜作物病虫灾害，督导乡农会；（四）造林及水土保持：造林植树，育苗，牧草管理。后附地方各县植树造林办法、林业督导要点五项。

【叙录编号】 0441
【档案题名】
　　甘肃省建设厅民国三十五年（1946）10月至民国三十六年（1947）4月施政报告（农林部分）
【发文单位】 甘肃省建设厅
【收文单位】 甘肃省政府
【档案编号】 027-001-0106-0004

【成文时间】 1946-05-01
【关 键 词】 甘肃省建设厅；工作报告
【内容提要】
  该部分施政报告分为农艺、园艺、森林及水土保持、病虫害、推广五大板块。农艺：（一）小麦试验；（二）杂粮试验；（三）特用作物试验；（四）甜菜繁殖；（五）砂田试验。园艺：（一）果树；（二）蔬菜。森林及水土保持：（一）省会造林；（二）育苗；（三）林务督导；（四）水土保持。病虫害：（一）病虫害研究；（二）虫害研究；（三）除虫菊之繁殖。推广：（一）甜菜推广；（二）改良麦种推广；（三）办理雁滩农村建设实验区。

【叙录编号】 0442
【档案题名】
  农林部等关于填报历年育苗造林成绩调查表一事的各类文件
【发文单位】 农林部
【收文单位】 甘肃省政府；甘肃省建设厅
【档案编号】 027-001-0519（全案卷）
【成文时间】 1943-07—1943-11
【关 键 词】 育苗造林
【内容提要】
  农林部令建设厅填报历年育苗造林成绩调查表，建设厅又令省农改所负责此事，并将调查表报送给农林部。农林部回令，准予备查。

贰 自然灾害与赈济类档案

一、旱灾类档案

【叙录编号】 0443
【档案题名】
　　甘肃省政府委员会第1268次会议议事日程外附会议材料
【发文单位】 甘肃省政府
【收文单位】 不详
【档案编号】 004-007-0064-0009
【成文时间】 1945-08-21
【关 键 词】 旱灾救济
【内容提要】
　　会议涉及省旱灾救济委员会的经费问题。

【叙录编号】 0444
【档案题名】
　　甘肃省政府委员会第1052次会议议事日程外附会议通报、讨论文件材料
【发文单位】 甘肃省政府委员会
【收文单位】 甘肃省政府
【档案编号】 004-007-0322-0002
【成文时间】 1943-06-01
【关 键 词】 灾害；田赋
【内容提要】
　　主要涉及财政厅就陇西县乡上半年因水冲成灾申请免赋，裁撤各县粮食监察委员会由财监会兼办等事宜。

【叙录编号】 0445
【档案题名】
　　甘肃省政府委员会第1442次会议议事日程外附会议材料
【发文单位】 甘肃省政府
【收文单位】 不详
【档案编号】 004-007-0411-0004
【成文时间】 1947-06-24
【关 键 词】 旱灾
【内容提要】
　　主要设计主席提议皋兰等县春旱冰雹灾情，13页附有《甘肃省各县灾情状况一览表》。

【叙录编号】 0446
【档案题名】
　　甘肃省政府委员会第1253次会议记录
【发文单位】 甘肃省政府
【收文单位】 不详
【档案编号】 004-007-0441-0006
【成文时间】 1945-06-29
【关 键 词】 旱灾
【内容提要】
　　主要涉及甘肃省当年旱灾畸重、民生凋敝，请减免赋税。

【叙录编号】 0447
【档案题名】
　　甘肃省政府委员会第1364次会议记录
【发文单位】 甘肃省政府委员会
【收文单位】 甘肃省政府
【档案编号】 004-007-0525-0015
【成文时间】 1946-09-06
【关 键 词】 旱灾救济；经费

【内容提要】

会上讨论了财政厅、会计处签呈请核发旱灾救济委员会办公费的相关事宜。

【叙录编号】 0448
【档案题名】
甘肃省建设厅民国三十四年（1945）甘肃旱灾区工赈计划大纲
【发文单位】 甘肃省建设厅
【收文单位】 甘肃省建设厅
【档案编号】 027-003-0144-0002
【成文时间】 1945
【关 键 词】 旱灾；工赈
【内容提要】

《甘肃旱灾区工赈计划大纲》包括旱灾原因，陇南、陇东、河西、陇中四区受灾情况，本年旱灾应大量救济、工赈事项。

【叙录编号】 0449
【档案题名】
民国三十四年（1945）甘肃旱灾区工赈大纲
【发文单位】 甘肃省建设厅
【收文单位】 不详
【档案编号】 027-003-0426-0006
【成文时间】 1945
【关 键 词】 灾害
【内容提要】

旱灾原因：5、6月雨少，各县受旱情形，本年旱灾应大量救济以及工赈办法。

【叙录编号】 0450
【档案题名】
甘肃省旱灾救济委员会第8次常务委员会议议事日程、会议材料
【发文单位】 甘肃省建设厅
【收文单位】 不详
【档案编号】 027-007-0105-0001
【成文时间】 1945-11-19
【关 键 词】 旱灾；救济；水利
【内容提要】

本书议程包括旱灾善后救济拨发、冬令救济配合旱灾救济、旱灾区工赈计划水利审查、办理风车汲水蓄水开泉灌田凿井、皋兰县开拓水崖泉头河泉水灌溉等事宜。

二、水灾类档案

【叙录编号】 0451
【档案题名】
甘肃省政府委员会第1090次会议议事日程外附会议通报、讨论文件材料
【发文单位】 甘肃省政府委员会
【收文单位】 甘肃省政府
【档案编号】 004-007-0335-0002
【成文时间】 1943-10-15
【关 键 词】 灾害
【内容提要】

主要涉及审查靖远县永安三滩北湾等乡因黄河暴涨，冲没田亩，灾情严重，申请免赋并给予县长记过。

【叙录编号】 0452
【档案题名】

甘肃省政府委员会第1146次会议议事日程外附会议通报、讨论文件材料
【发文单位】　甘肃省政府委员会
【收文单位】　甘肃省政府
【档案编号】　004-007-0351-0002
【成文时间】　1944-06-02
【关 键 词】　奖励条例
【内容提要】
　　关于审查行政院水利委员会第2卷第3期公布的办理水利事业奖励条例1项，附《办理水利事业奖励条例》。

【叙录编号】　0453
【档案题名】
　　甘肃省政府委员会第1149次会议议事日程外附会议通报、讨论文件材料
【发文单位】　甘肃省政府委员会
【收文单位】　甘肃省政府
【档案编号】　004-007-0352-0002
【成文时间】　1944-06-16
【关 键 词】　水利特赋
【内容提要】
　　主要涉及报告甘肃水利特赋征收施行细则，附《甘肃省水利特赋征收规则施行细则》。

【叙录编号】　0454
【档案题名】
　　甘肃省政府委员会第1439次会议议事日程外附会议材料
【发文单位】　甘肃省政府
【收文单位】　不详
【档案编号】　004-007-0410-（0003-0004）
【成文时间】　1947-06-13
【关 键 词】　靖丰渠
【内容提要】
　　主要为主席提议地政局等签呈甘肃省政府据靖远县靖丰渠农场管理规则一事，皋兰县中山等九乡公所沿河秋禾地亩被水冲没，永不能施垦等事宜。

【叙录编号】　0455
【档案题名】
　　甘肃省政府委员会第1284次会议记录
【发文单位】　甘肃省政府
【收文单位】　不详
【档案编号】　004-007-0445-0007
【成文时间】　1945-05-16
【关 键 词】　水灾
【内容提要】
　　主要涉及讨论主席提议临洮王井乡青天镇被水成灾，淤积砂石，耗工甚多。

【叙录编号】　0456
【档案题名】
　　甘肃省政府委员会第1419次会议议事日程外附会议材料
【发文单位】　甘肃省政府委员会
【收文单位】　甘肃省政府
【档案编号】　004-007-0482-0002
【成文时间】　1947-07-04
【关 键 词】　灾害；田赋
【内容提要】
　　主要涉及田粮处报告审查甘谷县朱园乡三十五年（1946）水冲地亩，准许减免田赋等事宜。

【叙录编号】　0457
【档案题名】
　　甘肃省政府委员会第1427次会议议事日程外附会议材料
【发文单位】　甘肃省政府委员会
【收文单位】　甘肃省政府
【档案编号】　004-007-0484-0004
【成文时间】　1947-05-02

【关 键 词】 灾害；田赋
【内容提要】
　　关于提会田粮处报告审查陇西县紫来等乡镇三十四年（1945）、三十五年（1946）两年度水冲局部地亩，准许减免田赋等事宜。

【叙录编号】 0458
【档案题名】
　　甘肃省政府委员会第1439次会议议事日程外附会议材料
【发文单位】 甘肃省政府委员会
【收文单位】 甘肃省政府
【档案编号】 004-007-0487-0001
【成文时间】 1947-06-13
【关 键 词】 靖丰渠农场；灾害；水利技工
【内容提要】
　　主要涉及报告靖远县呈送靖丰渠农场管理规则，审查皋兰县中山等九乡镇上年沿河秋禾地亩被水冲没，申请减免田赋，附《有关国防工业专门技术员工□□适用范围》（包括水利技术工范围规定），《奖励民垦办法》。

【叙录编号】 0459
【档案题名】
　　甘肃省政府委员会第257次会议记录
【发文单位】 甘肃省政府委员会
【收文单位】 甘肃省政府
【档案编号】 004-007-0507-0014
【成文时间】 1934-11-6
【关 键 词】 洪水；城垣冲毁；工程费
【内容提要】
　　其中包括：省赈务会主持秦安县县长呈城地势近水，入秋以来河水暴涨，城垣冲坏，沿城居民房屋倒塌，拟将其进行修缮，请拨发工程费。会议决议准予照发。

【叙录编号】 0460
【档案题名】
　　甘肃省政府委员会第112次会议关于提会讨论甘谷县县长董国祥无法渎职案及武威县县长呈请拨发修建飞机场经费等事项的会议记录
【发文单位】 甘肃省政府委员会
【收文单位】 甘肃省政府
【档案编号】 004-007-0589-0022
【成文时间】 1933-06-13
【关 键 词】 灾害
【内容提要】
　　关于提会审查永靖县县长代电峡工被山洪冲毁的情况。

【叙录编号】 0461
【档案题名】
　　甘肃省政府委员会第130次会议关于提会讨论民政厅呈报草拟本省保甲条例及各项章则等事项的会议记录
【发文单位】 甘肃省政府委员会
【收文单位】 甘肃省政府
【档案编号】 004-007-0591-0010
【成文时间】 1933-08-15
【关 键 词】 灾害
【内容提要】
　　主要涉及审查甘谷县本月6日暴雨洪水将田地房屋被冲等事宜。

【叙录编号】 0462
【档案题名】
　　甘肃省政府委员会第132次会议关于提会讨论本省高等法院增加员役法及法警以及皋兰县、崔家崖、丁家滩、高家滩遭受水灾等事项的会议记录
【发文单位】 甘肃省政府委员会
【收文单位】 甘肃省政府
【档案编号】 004-007-0591-0012
【成文时间】 1933-08-22

【关　键　词】　灾害；喇嘛永丰两川渠
【内容提要】
　　关于提会讨论皋兰县、崔家崖、丁家滩、高家滩遭受水灾，审查靖远县县长报告兴修喇嘛永丰两川渠等事项。

【叙录编号】　0463
【档案题名】
　　甘肃省政府委员会第147次会议关于提会讨论商民刘子善控诉大河店特税局局长王作才亏公肥己案及甘谷、武山县遭受水灾，恳请拨款救济等事项的会议记录
【发文单位】　甘肃省政府委员会
【收文单位】　甘肃省政府
【档案编号】　004-007-0591-0027
【成文时间】　1933-10-17
【关　键　词】　灾害
【内容提要】
　　主要涉及审查甘谷县惨遭水灾等事宜。

【叙录编号】　0464
【档案题名】
　　甘肃省建设厅关于黄河水位上涨冲垮甘肃化工材料厂、水利林牧股份有限公司制革厂、西北毛纺织厂报损的各类文件
【发文单位】　甘肃省政府；甘肃省政府资源委员会等
【收文单位】　甘肃省建设厅；甘肃省政府等
【档案编号】
　　027-008-0008-(0007-0009、0013-0014)
【成文时间】　1946-09-13—1946-09-28
【关　键　词】　黄河；化工厂；水灾
【内容提要】
　　甘肃省建设厅呈文省政府黄河水位上涨将河岸堤坝冲垮冲毁甘肃化工材料厂、水利林牧股份有限公司制革厂、西北毛纺织厂所有接收前兴陇公司旧厂房几已全毁，幸内所藏物料因事前已移置，仅为搬运微有损耗，请鉴核备查。甘肃省政府资源委员会及甘肃化工材料厂代电甘肃省政府冲毁情形，请鉴核备查。省政府回文知悉，准予备查。甘肃省政府资源委员会及甘肃化工材料厂呈文省政府上报水灾所受损失及处理防护经过申请审核，省政府致函资源委员会核查办理，待办理意见复日再行核夺，知照化工材料厂。

三、地震及地质灾害类档案

【叙录编号】　0465
【档案题名】
　　甘肃省政府委员会第117次会议关于提会讨论玉门市昌马区地震案及区长训练所呈请追加预算等事项的会议记录
【发文单位】　甘肃省政府委员会
【收文单位】　甘肃省政府
【档案编号】　004-007-0589-0027
【成文时间】　1933-06-30
【关　键　词】　灾害
【内容提要】
　　关于提会讨论玉门市昌马区地震案等事项。

四、其他灾害与复合灾害类档案

【叙录编号】 0466
【档案题名】
　　甘肃省各区市县应造报表册格式汇报（一）（二）（三）
【发文单位】 甘肃省政府秘书处
【收文单位】 甘肃省建设厅
【档案编号】
　　027-002-（0607-0609）（全案卷）
【成文时间】 1944
【关 键 词】 报表；样式
【内容提要】
　　此文件为各项公文报表格式，其中有灾情勘报表、督垦荒地月报表，外附有表格式样。

【叙录编号】 0467
【档案题名】
　　甘肃省政府、农改所关于小麦灾情一事的各类文件
【发文单位】 甘肃省政府
【收文单位】 甘肃省各县局
【档案编号】 027-005-0245-（0001-0019）
【成文时间】 1943-07-31—1943-10-26
【关 键 词】 黑穗病
【内容提要】
　　甘肃省陇东区农林实验所汇报《平凉县三十一年（1942）四月六日雹灾情形调查表》，农改所报送通渭、平凉、静宁冬麦病虫害及枯死情况，省政府指令农改所研究适合通渭、平凉、秦安气候土壤抗旱小麦品种；泾川县、平凉县报送遭受冰雹灾害情况，附有《甘肃省泾川县民国三十二年度（1943）灾歉状况表》并附7月报告表3张。

【叙录编号】 0468
【档案题名】
　　甘肃省政府、农改所关于各县报送小麦病虫害防治一事的文件
【发文单位】 甘肃省政府
【收文单位】 甘肃各县局
【档案编号】
　　027-005-0246-（0001-0022）；
　　027-005-0247-（0001-0018）；
　　027-005-0248-（0001-0021）
【成文时间】 1941-06-13—1942-10-30
【关 键 词】 黑穗病
【内容提要】
　　甘肃省农改所报送榆中县、静宁县、漳县、康乐县小麦发生黑穗病、虫麦蚜等小麦病虫害受灾情况，省政府转发康乐县《黑穗病简易防除办法》，借支黑穗病防治工作费购买硫酸铜。农改所报送《甘肃省农业改进所三十年度（1941）黑穗病防除实施计划书》，附有《经费预算表》；《甘肃省农业改进所二十九年度（1940）防治冬春小麦黑穗病工作报告》，附有《冬小麦防治面积表》《春小麦防治面积表》。结论为：推广小麦防治是增加小麦生产的重要途径，事业推进需集中人力财力，需要得到农民主动配合等事宜。静宁、平凉、秦安等县报送小麦枯死情况。

【叙录编号】 0469
【档案题名】
　　甘肃省政府关于各县虫害防治一事的文件
【发文单位】 甘肃省政府
【收文单位】 甘肃各县局
【档案编号】
　　027-005-0249-（0001-0022）；
　　027-005-0250-（0001-0022）；
　　027-005-0251-（0001-0022）；
　　027-005-0252-（0001-0022）；
　　027-005-0253-（0001-0022）
【成文时间】 1945-07-14—1947-06-03
【关 键 词】 黑穗病
【内容提要】
　　甘肃省永登县政府报送蝗虫标本，省政府抄发农改所《蝗虫防治办法》给永登府、会川县，榆中县、武都县、徽县等更换小麦品种以防治虫患。宁定县报送《宁定县三十六年度（1947）各乡镇防治春小麦腥黑穗病实施拌种治花名册》，省政府抄发各县病虫害防治办法，农改所报送小麦不结穗原因，各县请求省政府发送防治蝗虫药品，省政府训令各县扑灭蝗虫，无法提供药品。省政府转发各县局由谷正伦所著《防治小麦黑穗病浅说》（包括拌种子法、留种子法、防治方法等内容），省政府转送修正的各县《治蝗办法》，名为《各县治蝗办法》。

【叙录编号】 0470
【档案题名】
　　甘肃省建设厅关于省政府接经济部通令注意矿场灾变并报已发生灾变情况给甘肃省各公司及矿场的训令
【发文单位】 经济部；甘肃省政府等
【收文单位】 经济部；甘肃省政府
【档案编号】 027-008-0057（全案卷）
【成文时间】 1942-07-22—1942-08-01
【关 键 词】 矿场灾变
【内容提要】
　　经济部咨文省政府，请其通知建设厅应抗战期间加强生产的要求，对矿场灾变及预防事项多加关注，并就上年灾变发生原因以及损失救济情形、预防灾变情况令其督饬各矿场及公司上报省建设厅，由其综表呈报。省政府回文此事已令建设厅巡回督饬，并令各矿场及公司注意查报。

【叙录编号】 0471
【档案题名】
　　甘肃省民政统计册
【发文单位】 甘肃省民政厅
【收文单位】 不详
【档案编号】 004-001-0103（全案卷）
【成文时间】 1935-06
【关 键 词】 荒山荒地；灾害
【内容提要】
　　此案卷中包含1935年6月甘肃各县荒山荒地统计表、灾害实况一览表。

【叙录编号】 0472
【档案题名】
　　甘肃省政府等关于各地灾情的各类文件
【发文单位】 甘肃省参议会；甘肃省田赋粮食管理处等
【收文单位】 甘肃省政府；甘肃省社会处等
【档案编号】 004-001-0279-（0001-0039）
【成文时间】 1947-06—1947-08
【关 键 词】 灾情
【内容提要】
　　此案卷包含39份文件，均与灾情有关。省参议会致咨甘肃省政府，西和、化平、成县、崇信等县灾情严重，请豁免粮赋并给予救济。省田粮处也就此事致函甘肃省政府社会处，此事正在勘察，所请免赋一事应待灾情勘定后再行核办。甘肃省政府回文省参议会此事正在核办。省参议会又向甘肃省政府转报渭源县、清水县、秦安县、会宁县的灾害情况，甘肃省政府回文已派员复勘。国民党甘肃执委会向甘肃省政府转送通渭安远、会川等镇的受灾情况，甘肃省政府回文应待各县政府勘定灾情后再核办。省参议会致咨甘肃省政府，武都、榆中县灾情惨重，请予以救济，甘肃省政府回文已派员复勘。省第四区行政督察专署向甘肃省政府报送通渭、甘谷县的雹灾情况，甘肃省政府回文将会勘情形克速报核。省第六区行政督察专员公署致电甘肃省政府，武威县内多保均因干旱，禾苗枯萎，请派员勘察，又向甘肃省政府报送民勤县的灾害情况，甘肃省政府令该区速查两县的旱灾详情。省参议会致咨甘肃省政府，西和、秦安两县雹灾惨重，请拨款救济，甘肃省政府回文秦安县已派员前往复勘，西和县灾情正在依法核办中。省参议会致咨甘肃省政府，海原县、渭源县、靖远县荒旱成灾，请速救济，甘肃省政府回电已派员复勘在案。省参议会致咨甘肃省政府，文县党部、华亭县参议会先后请愿惨遭雹灾，请拨款救济，甘肃省政府回文已派员复勘在案。此案卷余下部分均为省参议会向甘肃省政府致咨各地遭遇灾情、甘肃省政府回复一事。

【叙录编号】 0473
【档案题名】
甘肃省政府等关于各地灾情的各类文件
【发文单位】 国民党甘肃执委会；甘肃省第四区行政督察专员公署等
【收文单位】 甘肃省社会处；甘肃省政府等
【档案编号】 004-001-0280-（0001-0024）
【成文时间】 1947-04-15—1948-02-26
【关 键 词】 灾情
【内容提要】
此案卷包含24份文件，均与灾情有关。国民党甘肃执委会、省第四区行政督察专员公署、省参议会等纷纷致函或上报甘肃省政府各地（清水县、定西县、秦安县、洮沙县、宁定县、民勤县、皋兰县、榆中县、陇西县、康乐县、古浪县、山丹县等地）的水灾、旱灾、雹灾，甘肃省政府、省社会处均一一予以回复，均派员前往勘察。

【叙录编号】 0474
【档案题名】
甘肃省政府等关于发放籽种、勘察灾情、救济春耕、豁免田赋、划拨官荒地为校基金、草山纠纷、征用土地价款、林产物调查表、开垦荒地等的各类文件
【发文单位】 甘肃省政府
【收文单位】 甘肃各县
【档案编号】
004-001-0498-（0001-0006、0010、0015、0020、0022、0024、0027、0029-0031、0034-0035、0042、0051-0057、0059-0060、0064-0065、0067-0071）
【成文时间】 1942-04—1943-02
【关 键 词】 纠纷；垦荒；灾情
【内容提要】
如题。

【叙录编号】 0475
【档案题名】
甘肃省政府等关于1943年灾情、救济的各类文件
【发文单位】 杨世昌；甘肃省政府
【收文单位】 行政院；甘肃省参议会等
【档案编号】 004-002-0093-（0001-0006）
【成文时间】 1943-03—1943-12-17
【关 键 词】 灾情
【内容提要】
临洮县各界代表向军事委员会报送本县灾

情，并请豁免粮赋。甘肃省政府致电行政院，请速拨款救灾，又将救济灾民的意见致电行政院，并请行政院采纳该意见。甘肃省政府指令各县市政府、各区，1943年新田赋开征在即，凡轻微受灾不得草率上报。甘肃省政府向省临时参议会报送1943年度缓征各县市夏秋灾歉状况表及配拨赈款赈粮一览表。

【叙录编号】 0476
【档案题名】
甘肃省各县市1944年被灾概况表（此案卷仅此1份文件）
【发文单位】 甘肃省政府统计室
【收文单位】 不详
【档案编号】 004-002-0184-0001
【成文时间】 1944
【关 键 词】 被灾
【内容提要】
如题。

【叙录编号】 0477
【档案题名】
甘肃省社会处关于送还临洮等17县灾害与赈济等统计表致甘肃省政府统计室的公函（此案卷仅1份文件）
【发文单位】 甘肃省社会处
【收文单位】 甘肃省政府统计室
【档案编号】 004-002-0248-0001
【成文时间】 1944-11-07
【关 键 词】 灾害
【内容提要】
如题。《甘肃省各县市局灾害与救济》《甘肃省三十二年（1943）底有各县灾害与救济》《甘肃省三十二年度（1943）灾情登记》《甘肃省各县灾情概况登记表》《甘肃省本年度灾重县市分配拨赈粮一览表》。

【叙录编号】 0478
【档案题名】
甘肃省政府委员会第1152、1150、1149、1148次会议议事日程外附会议材料
【发文单位】 甘肃省政府
【收文单位】 不详
【档案编号】
004-007-0044-（0001、0003-0005）
【成文时间】
1944-06-27；1944-06-20；
1944-06-16；1944-06-09
【关 键 词】 辖地；灾害；水利
【内容提要】
第1152次会议涉及海原县与固原县互换辖地一事。第1150次会议涉及秦安、武威、华亭等县1943年灾害一事。第1149次会议涉及甘肃省水利特赋征收规则、施行细则一事。第1148次会议涉及兰州东岗、民勤、渭源、静宁、天水等地1943年的灾害一事。

【叙录编号】 0479
【档案题名】
甘肃省政府委员会第1177次会议议事日程外附会议材料
【发文单位】 甘肃省政府
【收文单位】 不详
【档案编号】 004-007-0051-0004
【成文时间】 1944-09-22
【关 键 词】 雹灾
【内容提要】
第1177次会议涉及1944年渭源等9县的雹灾情形。

【叙录编号】 0480
【档案题名】
甘肃省政府委员会第1183次会议议事日程外附会议材料

【发文单位】 甘肃省政府
【收文单位】 不详
【档案编号】 004-007-0054-0003
【成文时间】 1944-10-13
【关 键 词】 灾害
【内容提要】
　　会议涉及固原、甘谷、化平等地1943年各类灾害。

【叙录编号】 0481
【档案题名】
　　甘肃省政府委员会第1193、1195次会议议事日程外附会议材料
【发文单位】 甘肃省政府
【收文单位】 不详
【档案编号】 004-007-0056-（0002-0003）
【成文时间】 1944-11-17；1944-11-24
【关 键 词】 雹灾
【内容提要】
　　第1193次会议涉及行政院拨发给甘肃省雹灾赈灾款200万元一事。第1195次会议涉及1943年灵台、张掖、泾川等地遭遇雹灾一事。

【叙录编号】 0482
【档案题名】
　　甘肃省政府委员会第1289、1290、1291、1293、1294次会议议事日程外附会议材料
【发文单位】 甘肃省政府
【收文单位】 不详
【档案编号】
　　0004-007-0067-（0001-0003、0005-0006）
【成文时间】
　　1945-11-02；1945-11-06；1945-11-09；
　　1945-11-20；1945-11-23
【关 键 词】 苗圃；旱灾
【内容提要】
　　第1289次会议涉及拟订甘肃省各县局苗圃组织规程一事。第1290次会议涉及本省1945年度各地的旱灾状况。第1291次会议涉及甘肃省政府所订的甘肃旱灾区工赈计划大纲及急赈计划。民勤、西固、武都等县1945年水冲、沙压等灾情。第1293次会议涉及安西县、民勤县、玉门县、徽县等地1945年水淹虫伤等灾情。第1294次会议涉及夏河县呈报1945年旱灾、雹灾一事。

【叙录编号】 0483
【档案题名】
　　甘肃省政府委员会临时谈话会议议事日程外附会议材料；甘肃省政府委员会第3次临时谈话会议议事日程外附会议材料；甘肃省政府委员会1946年度3月1日临时谈话会议议事日程外附会议材料；甘肃省政府委员会第4次临时谈话会议议事日程外附会议材料；甘肃省政府委员会第8次临时谈话会议议事日程外附会议材料；甘肃省旱灾救济委员会第10次常务委员会议议事日程外附会议材料
【发文单位】 甘肃省政府；甘肃省旱灾救济委员会
【收文单位】 不详
【档案编号】
　　004-007-0070-（0002-0005、0008-0009）
【成文时间】
　　1944-05-26；1944-03-05；1944-03-01；
　　1946-03-08；1946-03-22；1946-04-29
【关 键 词】 雹灾；水利；旱灾
【内容提要】
　　临时谈话会涉及镇原、隆德、庆阳、泾川、永昌等县1943年雹灾一事。第3次临时谈话会涉及勘报灾歉条例的使用一事。1946年度3月1日临时谈话会涉及为张掖县长兴修水利请予奖励、永昌金龙坝渠工程处处长张象瑶申请为该县县长兴修水利请予嘉奖一事。第4次临时谈话会涉及靖丰渠淤区土地放领实地办

法；1945年永昌、高台两县遭受旱灾。第8次临时谈话会议涉及1945年武威、民勤等地遭受灾荒、旱灾一事。省旱灾救济委员会第10次常务委员会涉及旱灾救济一事。

【叙录编号】 0484
【档案题名】
　　甘肃省政府委员会第1469次会议议事日程外附会议材料
【发文单位】 甘肃省政府
【收文单位】 不详
【档案编号】 004-007-0091-0002
【成文时间】 1947-09-06
【关 键 词】 灾歉
【内容提要】
　　会议涉及拟具1947年度灾歉救济计划一事。

【叙录编号】 0485
【档案题名】
　　甘肃省政府委员会第1484次会议议事日程外附会议材料
【发文单位】 甘肃省政府
【收文单位】 不详
【档案编号】 004-007-0093-0007
【成文时间】 1947-11-22
【关 键 词】 灾歉
【内容提要】
　　会议涉及西吉、武威两县1947年度的灾歉情况。

【叙录编号】 0486
【档案题名】
　　甘肃省政府委员会第872次会议议事日程外附会议材料
【发文单位】 甘肃省财政厅；甘肃省建设厅
【收文单位】 甘肃省政府
【档案编号】 004-007-0228-0002
【成文时间】 1941-06-27
【关 键 词】 经费；贷款；自然灾害；救济
【内容提要】
　　会议涉及天水等县市区土地登记处呈请办理发给权状，附经费概算；礼县等18县受旱灾畸重，为救济灾黎商定秋粮种子贷款办法并遵照办理；建设厅签呈溥济渠公务所请增加工程经费及购备铜焊火药等费请准追加，由水利贷款项下支付；天水等县市区土地登记处各项业务办理事宜。

【叙录编号】 0487
【档案题名】
　　甘肃省政府委员会临时谈话会议事日程外附会议通报、讨论文件材料
【发文单位】 甘肃省政府委员会
【收文单位】 甘肃省政府
【档案编号】 004-007-0350-0009
【成文时间】 1944-05-30
【关 键 词】 雹灾；免赋
【内容提要】
　　关于田赋处报告平凉县政和等13乡镇上年灾歉及靖远、临洮、清水、西和等县各乡镇上年被雹水成灾，准许减免田赋等事宜。

【叙录编号】 0488
【档案题名】
　　甘肃省政府委员会第1148次会议议事日程外附会议通报、讨论文件材料
【发文单位】 甘肃省政府委员会
【收文单位】 甘肃省政府
【档案编号】 004-007-0351-0005
【成文时间】 1944-06-09
【关 键 词】 灾害；田赋
【内容提要】
　　关于田赋处报告兰州市东岗、河北等，镇

原、民勤、渭源、天水、静宁、玉门、固原、甘谷、通渭、徽县等县乡上年被水冲、霜雹灾，准许免赋；审查康乐、皋兰、临洮、高台、西固、武山、灵台等县各乡镇上年水雹灾歉，准许免赋等事宜。（黄河及洮、岷、夏流域：皋兰、固原、康乐、临洮、高台、西固、通渭；泾河流域：镇原、灵台；渭河流域：渭源、天水、静宁、甘谷；河西走廊1条：玉门、民勤）。

【叙录编号】 0489
【档案题名】
　　甘肃省政府委员会第1150次会议议事日程外附会议通报、讨论文件材料
【发文单位】 甘肃省政府委员会
【收文单位】 甘肃省政府
【档案编号】 004-007-0352-0004
【成文时间】 1944-06-20
【关 键 词】 灾害；田赋
【内容提要】
　　主要涉及田粮处报告泰安、武威、华亭等县各乡镇上年被霜虫雹成灾，准许减田赋等事宜。

【叙录编号】 0490
【档案题名】
　　甘肃省政府委员会第1164次会议议事日程外附会议通报、讨论文件材料
【发文单位】 甘肃省政府委员会
【收文单位】 甘肃省政府
【档案编号】 004-007-0355-0006
【成文时间】 1944-08-08
【关 键 词】 水雹灾害
【内容提要】
　　关于田粮处报告崇信、景泰、靖远等县各乡镇上年水雹成灾，准许免赋等事宜。

【叙录编号】 0491
【档案题名】
　　甘肃省政府委员会第1195次会议议事日程外附会议通报、讨论文件材料
【发文单位】 甘肃省政府委员会
【收文单位】 甘肃省政府
【档案编号】 004-007-0361-0006
【成文时间】 1944-11-24
【关 键 词】 雹灾；免赋
【内容提要】
　　关于审查讨论田粮处报告三十三年度（1944）灵台、张掖、泾川、临洮、康乐5县各乡镇被雹水成灾，财政厅准照减免赋税等事宜。

【叙录编号】 0492
【档案题名】
　　甘肃省政府委员会第1197次会议议事日程外附会议通报、讨论文件材料
【发文单位】 甘肃省政府委员会
【收文单位】 甘肃省政府
【档案编号】 004-007-0362-0002
【成文时间】 1944-12-01
【关 键 词】 雹灾；免赋
【内容提要】
　　关于提会报告临夏、永靖、陇西、华亭、漳县各乡镇本年被雹水成灾、减免赋税等事宜。

【叙录编号】 0493
【档案题名】
　　甘肃省政府委员会第1214次会议议事日程外附会议通报、讨论文件材料
【发文单位】 甘肃省政府委员会
【收文单位】 甘肃省政府
【档案编号】 004-007-0364-0018
【成文时间】 1945-01-30

【关 键 词】 水旱雹风沙
【内容提要】

主要涉及田粮处报告靖远、永登、酒泉、临潭等县三十三年（1944）田亩被水旱雹风沙各灾，申请减免田赋等事宜。

【叙录编号】 0494
【档案题名】
甘肃省政府委员会第1244次会议议事日程外附会议材料
【发文单位】 甘肃省政府委员会
【收文单位】 甘肃省政府
【档案编号】 004-007-0370-0006
【成文时间】 1945-05-29
【关 键 词】 雹灾；免赋
【内容提要】

关于审查礼县、西和、景泰、临洮、天水、华亭等县三十三年度（1944）被水雹灾歉，准许免赋等事宜。

【叙录编号】 0495
【档案题名】
甘肃省政府委员会第1247次会议议事日程外附会议材料
【发文单位】 甘肃省政府委员会
【收文单位】 甘肃省政府
【档案编号】 004-007-037-0-0012
【成文时间】 1945-06-08
【关 键 词】 灾害
【内容提要】

关于社会处报告本年度（1945）13县市乡或局部受水霜虫旱灾，附《三十四年（1945）被灾各县市简表》。

【叙录编号】 0496
【档案题名】
甘肃省政府委员会第1387次会议关于提会报告国防部规定办理征兵原则及提请审议拟订甘肃省政府统一财政运用方案等事宜的会议记录外附会议材料
【发文单位】 甘肃省政府委员会
【收文单位】 甘肃省政府
【档案编号】 004-007-0392-0003
【成文时间】 1946-11-26
【关 键 词】 灾害；田赋
【内容提要】

关于提会报告武山、镇原、酒泉县三十五年（1946）灾歉状况及田赋减免表等事宜。

【叙录编号】 0497
【档案题名】
甘肃省政府委员会民国三十五年（1946）12月27日第5次临时谈话会议议事日程外附会议材料
【发文单位】 甘肃省政府委员会
【收文单位】 甘肃省政府
【档案编号】 004-007-0394-0008
【成文时间】 1946-12-27
【关 键 词】 灾害；免赋
【内容提要】

关于提会报告陇西、通渭、崇信、高台、天水、灵台县三十五年（1946）灾歉状况及田赋减免表等事宜。

【叙录编号】 0498
【档案题名】
甘肃省政府委员会第1413次会议议事日程外附会议材料
【发文单位】 甘肃省政府委员会
【收文单位】 甘肃省政府
【档案编号】 004-007-0399-0008
【成文时间】 1947-03-14
【关 键 词】 灾害；田赋
【内容提要】

关于提会报告永登、永靖两县上年局部灾歉及减免田赋情况等事宜。

【叙录编号】 0499
【档案题名】
　　甘肃省政府委员会第1264次会议议事日程外附会议材料
【发文单位】 甘肃省政府
【收文单位】 不详
【档案编号】 004-007-0406-0003
【成文时间】 1945-08-07
【关 键 词】 治蝗
【内容提要】
　　主席会议报告行政院《各县治蝗办法》。

【叙录编号】 0500
【档案题名】
　　甘肃省政府委员会第1461次会议议事日程外附会议材料
【发文单位】 甘肃省政府
【收文单位】 不详
【档案编号】 004-007-0415-0006
【成文时间】 1947-08-29
【关 键 词】 水利局；旱灾
【内容提要】
　　主要涉及主席提议修正甘肃省水利局组织规程，主席报告皋兰等65县被旱灾山洪麦病等灾及雨量表等事宜。

【叙录编号】 0501
【档案题名】
　　甘肃省政府委员会第1560次会议记录
【发文单位】 甘肃省政府
【收文单位】 不详
【档案编号】 004-007-0450-0003
【成文时间】 1948-08-28
【关 键 词】 水冲沙压

【内容提要】
　　主要涉及平凉、通渭、民勤等县被水冲沙压，永不能垦种，附有田亩数。

【叙录编号】 0502
【档案题名】
　　甘肃省政府委员会第1486次会议关于报告绥靖区乡镇保甲长纵横连保连坐办法及报告动员戡乱时期劳资纠纷处理办法等事宜
【发文单位】 甘肃省政府委员会
【收文单位】 甘肃省政府
【档案编号】 004-007-0462-0016
【成文时间】 1947-11-28
【关 键 词】 山洪成灾
【内容提要】
　　主要涉及财政厅报告天水专署呈送甘谷新乡第一保本年夏季山洪暴涨成灾，请求减免田赋等事宜。

【叙录编号】 0503
【档案题名】
　　甘肃省政府委员会第331次会议关于审议民勤县防沙预算书及审议拟予化平县县长叶世儒记功1次等事宜
【发文单位】 甘肃省政府委员会
【收文单位】 甘肃省政府
【档案编号】 004-007-0464-0018
【成文时间】 1935-08-09
【关 键 词】 防沙
【内容提要】
　　关于审议民勤县防沙预算书等事宜。

【叙录编号】 0504
【档案题名】
　　甘肃省政府委员会第1385次会议议事日程外附会议材料
【发文单位】 甘肃省政府委员会

【收文单位】 甘肃省政府
【档案编号】 004-007-0469-0005
【成文时间】 1946-11-19
【关 键 词】 灾害；田赋
【内容提要】
　　关于审查田粮处报告武山、武威、民勤、化平、临潭、定西等县各乡镇被水雹旱虫沙压各灾歉，准许减免田赋，附《武山、武威、化平、定西、民勤县三十五年（1946）灾歉状况及田赋减免表》。

【叙录编号】 0505
【档案题名】
　　甘肃省政府委员会第1442次会议议事日程外附会议材料
【发文单位】 甘肃省政府委员会
【收文单位】 甘肃省政府
【档案编号】 004-007-0488-0002
【成文时间】 1947-06-24
【关 键 词】 灾害；田赋
【内容提要】
　　主要涉及报告皋兰等30县遭受被春旱冰雹各灾，申请减免田赋，附《甘肃省各县灾情状况一览表》。

【叙录编号】 0506
【档案题名】
　　甘肃省政府委员会第1183次会议记录
【发文单位】 甘肃省政府委员会
【收文单位】 甘肃省政府
【档案编号】 004-007-0517-0003
【成文时间】 1944-10-13
【关 键 词】 雹灾；减免粮赋
【内容提要】
　　会议报告了田粮处签呈固原、甘谷、化平等县被雹灾、减免田赋一事。

【叙录编号】 0507
【档案题名】
　　甘肃省政府委员会第1193次会议记录
【发文单位】 甘肃省政府委员会
【收文单位】 甘肃省政府
【档案编号】 004-007-0518-0006
【成文时间】 1944-11-17
【关 键 词】 雹灾；赈款分配
【内容提要】
　　会议审议了社会处呈拨发本省雹灾赈款分配事宜。

【叙录编号】 0508
【档案题名】
　　甘肃省政府委员会第1204次会议记录
【发文单位】 甘肃省政府委员会
【收文单位】 甘肃省政府
【档案编号】 004-007-0519-0009
【成文时间】 1944-12-26
【关 键 词】 旱蝗雹灾；捐款
【内容提要】
　　会上审议了社会处呈请劝募赈款赈济湖北、河南旱蝗雹灾，拟援捐助皖灾例，由第一预备金项下拨发一事。

【叙录编号】 0509
【档案题名】
　　甘肃省政府委员会第35次会议关于提会报告武山等县遭受冰雹、旱灾状况及审查康乐设治局施政方案等事项的会议记录
【发文单位】 甘肃省政府委员会
【收文单位】 甘肃省政府
【档案编号】 004-007-0584-0005
【成文时间】 1932-09-02
【关 键 词】 冰雹；旱灾
【内容提要】
　　关于提会报告武山等县遭受冰雹、旱灾

状况。

【叙录编号】 0510
【档案题名】
甘肃省政府委员会第37次会议关于提会讨论本省各县驼捐暂行包办简章及教育厅补发中等中学积欠经费等事项的会议记录
【发文单位】 甘肃省政府委员会
【收文单位】 甘肃省政府
【档案编号】 004-007-0584-0007
【成文时间】 1932-09-09
【关 键 词】 灾害
【内容提要】
关于提会审查西和等5县被旱雹水霜灾况等事宜。

【叙录编号】 0511
【档案题名】
甘肃省政府委员会第39次会议关于提会讨论民政厅筹设警察学校、警士训练所经费及民勤县民众控诉县长王鼎三侵吞粮款等事项的会议记录
【发文单位】 甘肃省政府委员会
【收文单位】 甘肃省政府
【档案编号】 004-007-0584-0009
【成文时间】 1932-09-16
【关 键 词】 灾害
【内容提要】
关于提会审查临潭等5县被旱被雹灾况等事宜。

【叙录编号】 0512
【档案题名】
甘肃省政府委员会第43次会议关于提会讨论皋兰等县遭受冰雹情况及救助办法以及本省留学生奖学金暂行规程等事项的会议记录
【发文单位】 甘肃省政府委员会
【收文单位】 甘肃省政府
【档案编号】 004-007-0584-0013
【成文时间】 1932-09-30
【关 键 词】 灾害
【内容提要】
关于提会讨论皋兰等县遭受冰雹情况。

【叙录编号】 0513
【档案题名】
甘肃省政府委员会第49次会议关于提会修正本省电灯电话局组织规程及镇原县县长任免等事项的会议记录
【发文单位】 甘肃省政府委员会
【收文单位】 甘肃省政府
【档案编号】 004-007-0584-0019
【成文时间】 1932-10-21
【关 键 词】 灾害
【内容提要】
主要涉及民乐等6县呈报被雹被水灾情况等事宜。

【叙录编号】 0514
【档案题名】
甘肃省政府委员会第53次会议关于提会报告正宁等县遭受冰雹及水灾情况及指令办法以及监督金天观阿公庙组织规程草案等事项的会议记录
【发文单位】 甘肃省政府委员会
【收文单位】 甘肃省政府
【档案编号】 004-007-0584-0023
【成文时间】 1932-11-01
【关 键 词】 灾害
【内容提要】
主要涉及正宁等县遭受冰雹及水灾情况。

【叙录编号】 0515

【档案题名】
　　甘肃省民政厅民国三十年（1941）10—12月份工作报告
【发文单位】　甘肃省民政厅
【收文单位】　甘肃省民政厅
【档案编号】　004-008-0540-（0001-0003）
【成文时间】　1942-11—1943-02
【关 键 词】　旱灾；雹灾
【内容提要】
　　戊（丁）、社会下记，本年度中村、宫河、太昌等地雹灾赈款（0001）；山丹、张掖、金塔、固原旱灾（0003）。

【叙录编号】　0516
【档案题名】
　　甘肃省民政厅民国二十六年（1937）6—8月份工作报告
【发文单位】　甘肃省民政厅
【收文单位】　甘肃省民政厅
【档案编号】　004-008-0546-0012
【成文时间】　1937
【关 键 词】　雹灾；风沙；水灾；旱灾；禁烟；修筑黄河溃堤
【内容提要】
　　处理各县灾情，5月甘谷，6月渭源、泾川、陇西、天水、靖远、平凉、崇信、会宁、固原、海原、灵台、古浪、临夏、景泰、庆阳、环县、金塔、临泽、皋兰、化平等县遭雹灾；安西、武威、张掖遭风沙、旱灾。五、警政，戊、修筑黄河溃堤，河北凤林关、河南北门湾附近一带黄河堤岸坍塌，令查勘修复。八、禁烟，限期肃清烟苗。十、赈灾及救济云云，（丁）本月受雹灾者通渭、秦安、华亭、隆德、庄浪、镇原、宁县、清水、静宁、武山、岷县、西固、宁定、临潭等。0003号档案中记载：四、关于赈灾救济方面，（乙）本月合水、和政受雹灾，漳县、泾川、天水、陇西、甘谷、玉门受水灾，洮沙山崩。

【叙录编号】　0517
【档案题名】
　　甘肃省民政厅视察员李树藩关于报送视察平凉、灵台、泾川、正宁等县政治状况各表致甘肃省民政厅厅长朱绍良的呈
【发文单位】　甘肃省民政厅视察员
【收文单位】　甘肃省民政厅厅长
【档案编号】　004-008-0578-0003
【成文时间】
　　1934-01-29；1934-02-13；1934-04-11
【关 键 词】　灾情
【内容提要】
　　甘肃省民政厅视察员李树藩奉令赴陇东等县视察一切政治情况，将会宁、定西、静宁、平凉、灵台等县灾案情形陆续呈报，并将平凉、泾川、灵台、正宁县视察的政治实况填表呈赍。

【叙录编号】　0518
【档案题名】
　　甘肃省政府公报（合署办公、第141-152期）
【发文单位】　甘肃省政府
【收文单位】　不详
【档案编号】　004-010-0070-0001
【成文时间】　1936-08-15
【关 键 词】　银坑沿河分卡税收；灾害；救济；田赋
【内容提要】
　　第143、144期合刊政府公报包括命令、公牍、会议等部分。公牍部分包括甘肃省政府令禁烟局查明银坑沿河两处分卡及最旺月税收数目，准许设分卡的指令1条（35页）。会议部分包括《甘肃省政府委员会第331次会议记录》，讨论事项录有财政厅据禁烟局呈报靖远

县蒋家滩被水冲地亩，申请豁免应摊亩款，省务会议决议通过的记录1条（36页）。第145、146期合刊政府公报以公牍为主。公牍部分录有令景泰县县长呈报补造县属第一区车木峡被水，甘肃省政府准许豁免粮草的指令1条（50页）。第149、150期合刊政府公报包括命令、公牍、会议等部分。会议部分包括《甘肃省政府委员会第433次会议记录》。讨论事项录有财政厅呈报据禁烟局呈查明靖远县属独石头村田地被水冲崩，申请豁免罚款，省务会议决议通过的记录1条（91页）。

五、综合赈务类档案

【叙录编号】　0519

【档案题名】
　　甘肃省政府等关于甘肃机器厂占地、各县救灾等事的各类文件

【发文单位】　甘肃省政府

【收文单位】　甘肃省参议会；甘肃机器厂等

【档案编号】
　　004-001-0497-（0001、005-0011、0013、0018、0024、0026、0028、0030-0031、0033、0036-0059）

【成文时间】　1942-02—1942-04

【关 键 词】　机器厂占地；灾情

【内容提要】
　　甘肃省政府致咨省参议会，关于皋兰县土门墩农民反映的请机器厂缩小占地规模一事，该厂仍占用水田300亩，请免予占用的请求，不再变更，并将此事的结果告知国民政府军事委员会。甘肃省政府指令甘肃机器厂，其与土门墩农民王建才等人调换土地一事准予备查。甘肃省政府致咨给内政部，将皋兰县土门墩农民王祝三等耕地建筑、甘肃机器厂址一案经过的详细情形上报。甘肃省政府指令皋兰县政府，关于土门墩马鹏程等人调换土地一事准予备查。甘肃省政府指令静宁县政府，该县五家河荒地确系私产，可以作为保校基金。甘肃省政府指令皋兰县政府，关于兰州电池支厂占用附近土地一事，已经本府讨论通过，应公告办理，并将此事通知兰州电池支厂。甘肃省政府指令静宁县政府，该县米家岔国民学校请拨荒产为该校基金一事已通过。甘肃省政府令省第六区行政督察专员公署查复张掖驻军韩起功部队在经湾寺伐木挖金、侵占民田一事。甘肃省政府令古浪县政府查勘该县瑞泉镇的灾情并上报。省田赋管理处致函甘肃省建设厅，洮沙县制造厂及公路占用民田情况已令该县会同田赋处查勘。甘肃省政府指令榆中县政府、甘谷县政府，该县受灾情况准予备查，并发办理缴纳贷放价款事项。甘肃省政府指令甘谷县政府，应先给瑞泉镇受灾区贷放籽种。甘肃省政府指令皋兰县政府，该县无需再报送春耕受灾区图表册。甘肃省政府指令清水县政府、山丹县政府、景泰县政府，要求查明灾区情况并先贷放籽种。甘肃省政府指令武威县政府，不同意豁免田赋，并应尽先给受灾区贷放籽种。甘肃省政府指令民勤县政府，该县防沙委员会的印模收到，准予备查。甘肃省政府指令两当县政府，购买树种价款姑准由该县1941年预备金项下开支。此案卷其余文件大多与救灾、发放

籽种、征收田赋有关。

【叙录编号】 0520
【档案题名】
　　甘肃省政府等关于1943年灾情、救济的各类文件
【发文单位】 杨世昌；甘肃省政府
【收文单位】 行政院；甘肃省参议会等
【档案编号】 004-002-0093-（0001-0006）
【成文时间】 1943-03—1943-12
【关 键 词】 灾情
【内容提要】
　　临洮县各界代表向军事委员会报送本县灾情，并请豁免粮赋。甘肃省政府致电行政院，请速拨款救灾，又将救济灾民的意见致电行政院，并请行政院采纳该意见。甘肃省政府指令各县市政府、各区，1943年新田赋开征在即，凡轻微受灾不得草率上报。甘肃省政府向省临时参议会报送1943年度缓征各县市夏秋灾歉状况表及配拨赈款赈粮一览表。

【叙录编号】 0521
【档案题名】
　　甘肃省各县市1944年被灾减免登记表（此案卷仅1份文件）
【发文单位】 甘肃省各县市
【收文单位】 不详
【档案编号】 004-002-0251
【成文时间】 1944
【关 键 词】 灾害减免
【内容提要】
　　如题。

【叙录编号】 0522
【档案题名】
　　甘肃省公务统计方案（救济类）
【发文单位】 甘肃省政府
【收文单位】 不详
【档案编号】 004-002-0258-0001
【成文时间】 1944-12
【关 键 词】 公务统计
【内容提要】
　　主要设计社会救济纲、收容游民报告表、救济院工作成果报告表。

【叙录编号】 0523
【档案题名】
　　甘肃省1944年各县市局被灾减赋登记表；甘肃省1944年被灾各县减免田赋统计表
【发文单位】 甘肃省政府
【收文单位】 不详
【档案编号】 004-003-0048-（0007-0008）
【成文时间】 1944
【关 键 词】 减免田赋
【内容提要】
　　如题。

【叙录编号】 0524
【档案题名】
　　甘肃省1943年度受灾损失与救济情况统计表
【发文单位】 甘肃省政府
【收文单位】 不详
【档案编号】 004-003-0161-0050
【成文时间】 1943
【关 键 词】 救济
【内容提要】
　　如题。

【叙录编号】 0525
【档案题名】
　　西北四省年鉴材料（救灾）
【发文单位】 不详
【收文单位】 不详

【档案编号】 004-004-0021-0009
【成文时间】 1936
【关 键 词】 救灾
【内容提要】
  如题。

【叙录编号】 0526
【档案题名】
  甘肃省政府公报（第44、45期合刊）
【发文单位】 甘肃省政府
【收文单位】 不详
【档案编号】 004-010-0002-0001
【成文时间】 1930-11-15
【关 键 词】 灾情；赈济
【内容提要】
  本份政府公报包括聘状、公牍、记录、各机关文告、办事报告。其中，甘肃省政府秘书处办事报告涉及民政部分、财政部分和教育部分。1.民政部分录有查勘各地水旱鼠灾情及赈济事宜等20条，分别记载了永登县、永昌县、靖远县、环县等县乡的受灾情况及赈济请求。2.财政部分录有各部门函复各县赈济请求及令财政厅核议复夺等4条。

【叙录编号】 0527
【档案题名】
  甘肃省政府公报（第1-6期）
【发文单位】 甘肃省政府
【收文单位】 不详
【档案编号】 004-010-0003-0001
【成文时间】 1932-01-30
【关 键 词】 灾情；赈济；春耕；植树
【内容提要】
  本份政府公报包括命令、法规、公牍、公电、记录、办事报告。公牍部分录有《国民政府救灾附加税征收条例》，共5条（50~52页）。甘肃省政府秘书处办事报告涉及民政部分、教育部分、财政部分、建设部分、司法部分等。1.民政部分录有禁止灾民出境等2条（102页）；查勘各地水旱鼠等灾情及赈济请求等14条；废止《捐资举办救济事业褒奖条例》1条（103页）；行政院令甘肃省政府发《国民救灾附加税征收条例》1份并令省内各机关一体知照1条（111页）；甘肃省政府批示永登县各区区长关于拨发籽种以顾春耕的呈请并令省赈务会核办1条（128页）。2.财政部分录有各部门函复各县赈济请求及令财政厅或各县乡核议复夺等7条。3.建设部分录有《建设厅查照林业考成暂行办法》8条并饬属遵行1条（110页）；内政部咨送黄河河务关于实施保岸工程及广植森林各节的决议并令建设厅查照办理1条（111页）；省林务处呈拟将河北庙滩子苗圃新淤水地定价出租拟订办法，请甘肃省政府鉴核的记录1条（113页）；甘肃省政府令公安局、建设局警察应于冬季暂拨看管公林苗圃，开春冰消仍归本职的训令1条（133页）；河北省政府咨据实业厅呈请转咨各省饬属选送林产种籽，甘肃省政府令建设厅饬属办理并选寄种籽1条（133页）。

【叙录编号】 0528
【档案题名】
  甘肃省政府委员会第1648次会议议事日程
【发文单位】 甘肃省政府
【收文单位】 不详
【档案编号】 004-007-0011-0005
【成文时间】 1949-08-09
【关 键 词】 救灾
【内容提要】
  会议涉及颁发全国救灾委员会组织规程一事。

【叙录编号】 0529

【档案题名】
甘肃省政府委员会第962次会议关于提会报告行政院颁布公有限制暂行办法及报告本省各县罚款处罚及保管办法等事宜的会议议事日程并会议记录外附会议材料
【发文单位】　甘肃省民政厅；甘肃省财政厅等
【收文单位】　甘肃省政府
【档案编号】　004-007-0284-（0003-0004）
【成文时间】　1942-06-23
【关 键 词】　灾情
【内容提要】
　　会议涉及甘肃省1941年灾情惨重电请拨急赈款。

【叙录编号】　0530
【档案题名】
甘肃省政府委员会第1023次会议议事日程外附会议材料
【发文单位】　甘肃省政府委员会
【收文单位】　甘肃省政府
【档案编号】　004-007-0308-0002
【成文时间】　1943-02-19
【关 键 词】　田赋；节用水电
【内容提要】
　　主要涉及厉行节用水电办法，平衡物价，减免平凉、临夏等县镇受灾地区赋税等事宜。

【叙录编号】　0531
【档案题名】
甘肃省政府委员会第160次会议关于提会报告海原县遭受冰雹恳请赈灾一案及高等学院查办隆德县县长金震旭贪污等事项的会议记录
【发文单位】　甘肃省政府委员会
【收文单位】　甘肃省政府
【档案编号】　004-007-059-0-0010
【成文时间】　1933-12-01
【关 键 词】　灾害
【内容提要】
　　关于提会报告海原县遭受冰雹恳请赈灾一案。

【叙录编号】　0532
【档案题名】
甘肃省政府委员会第1036次会议议事日程外附会议材料
【发文单位】　甘肃省政府委员会
【收文单位】　甘肃省政府
【档案编号】　004-007-0312-0004
【成文时间】　1943-04-06
【关 键 词】　田赋；追加预算
【内容提要】
　　主要涉及民国三十一年度（1942）国家普通岁出本省第二次追加预算书，因灾免去泰安县千户镇第十一保夏秋地7/10田赋，附《预算书》。

【叙录编号】　0533
【档案题名】
甘肃省政府委员会第1041次会议议事日程外附会议材料
【发文单位】　甘肃省政府委员会
【收文单位】　甘肃省政府
【档案编号】　004-007-0316-0004
【成文时间】　1943-04-23
【关 键 词】　灾害；农林水利；荒地督垦
【内容提要】
　　主要涉及核查本年度农林水利贷款，财政厅报告临夏、陇西县乡因水冲山崩成灾，康乐县乡因旱成灾，甘肃省荒地督垦暂行章程草案；附《甘肃省三十二年度（1943）农林水利贷款换文条款》。

【叙录编号】　0534
【档案题名】

甘肃省政府委员会第1056次会议议事日程外附会议通报、讨论文件材料
【发文单位】 甘肃省政府委员会
【收文单位】 甘肃省政府
【档案编号】 004-007-0323-0004
【成文时间】 1943-06-15
【关 键 词】 公荒牧租
【内容提要】
主要涉及民众密呈申请减轻公荒牧租等事宜。

【叙录编号】 0535
【档案题名】
甘肃省政府委员会第1081次会议议事日程外附会议通报、讨论文件材料
【发文单位】 甘肃省政府委员会
【收文单位】 甘肃省政府
【档案编号】 004-007-0332-0002
【成文时间】 1943-09-14
【关 键 词】 灾害；水利工程
【内容提要】
关于审议因新阳镇十里一五甲等处上年夏秋田被雹成灾，准许免赋，因洮河暴涨，永宁浮桥及堤工被冲坏，审查黄河水利委员会勘测修缮方法。

【叙录编号】 0536
【档案题名】
甘肃省政府委员会第1097次会议议事日程外附会议通报、讨论文件材料
【发文单位】 甘肃省政府委员会
【收文单位】 甘肃省政府
【档案编号】 004-007-0337-0006
【成文时间】 1943-11-13
【关 键 词】 垦殖事业放款；豁免息粮
【内容提要】
主要涉及审议讨论中国农民银行制订三十二年度（1943）广大各省垦殖事业放款协议书，临洮县因灾情重大申请免去本县春放籽种息粮等事宜。

【叙录编号】 0537
【档案题名】
甘肃省政府委员会第1141次会议议事日程外附会议通报、讨论文件材料
【发文单位】 甘肃省政府委员会
【收文单位】 甘肃省政府
【档案编号】 004-007-0349-0006
【成文时间】 1944-05-09
【关 键 词】 灾害
【内容提要】
主要涉及审查讨论静宁、民勤两县各乡镇上年灾歉情况，准许免赋，因通渭、宁县等各乡镇上年灾歉，准许免赋等事宜。

【叙录编号】 0538
【档案题名】
甘肃省政府委员会临时谈话会议议事日程外附会议通报、讨论文件材料
【发文单位】 甘肃省政府委员会
【收文单位】 甘肃省政府
【档案编号】 004-007-0350-0006
【成文时间】 1944-05-26
【关 键 词】 雹灾；免赋
【内容提要】
关于田赋处报告镇原、隆德、庆阳、泾川、永昌、宁定、临夏、皋兰、陇西等县上年被雹水成灾，准许免赋等事宜。

【叙录编号】 0539
【档案题名】
甘肃省政府委员会第1291次会议议事日程外附会议材料
【发文单位】 甘肃省政府委员会

【收文单位】 甘肃省政府
【档案编号】 004-007-0375-0007
【成文时间】 1945-11-09
【关 键 词】 收支数目报告表；灾害
【内容提要】

  主要涉及财政厅报告三十四年（1945）7、8月份经管各费类总账户收支数目报告表，订定甘肃省旱灾区工赈计划大纲及急赈计划，审查民勤、西固、武都、甘谷、敦煌等5县各乡本年水冲沙压等灾，准许免赋等事宜。

【叙录编号】 0540
【档案题名】
  甘肃省政府委员会第1293次会议议事日程外附会议材料
【发文单位】 甘肃省政府委员会
【收文单位】 甘肃省政府
【档案编号】 004-007-0375-0011
【成文时间】 1945-11-20
【关 键 词】 灾害；田赋
【内容提要】

  主要涉及审查田粮处报告安西、民勤、玉门、徽县、敦煌等县各乡镇受沙压、水淹、虫伤等灾，准许减免田赋，附《甘肃省安西、民勤、玉门、徽县民国三十四年（1945）灾歉状况表》。

【叙录编号】 0541
【档案题名】
  甘肃省政府委员会第1294次会议议事日程外附会议材料
【发文单位】 甘肃省政府委员会
【收文单位】 甘肃省政府
【档案编号】 004-007-0376-0002
【成文时间】 1945-11-23
【关 键 词】 旱雹；土地法
【内容提要】

  主要涉及审查夏河县政府报告本年田地受旱雹灾情，准许减免赋税，附《各县市冬令救济奖助分配表》（三十四年十一月），内容包括灾区别、县市别、被灾种类等，应向中央提出建议案之各种中央法规如《土地法》《扶植自耕农实现耕者有其田之单行法规》。

【叙录编号】 0542
【档案题名】
  甘肃省政府委员会民国三十五年（1946）第8次临时谈话会议议事日程外附会议材料
【发文单位】 甘肃省政府委员会
【收文单位】 甘肃省政府
【档案编号】 004-007-0381-0012
【成文时间】 1946-03-22
【关 键 词】 灾害；田赋
【内容提要】

  关于审查三十四年（1945）武威、民勤、敦煌、张掖4县各乡镇被水旱沙压成灾，准许免赋，附《甘肃省武威、民勤、敦煌、张掖县民国三十四年（1945）灾歉状况表》。

【叙录编号】 0543
【档案题名】
  甘肃省政府委员会第1328次会议议事日程外附会议材料
【发文单位】 甘肃省政府委员会
【收文单位】 甘肃省政府
【档案编号】 004-007-0382-0016
【成文时间】 1946-04-26
【关 键 词】 收支数目报告表
【内容提要】

  关于提会报告民国三十五年（1946）1、2月份财政厅经管民国三十四年度（1945）各费类总账户数目报告表等事宜。

【叙录编号】 0544

【档案题名】
甘肃省政府委员会第1385次会议议事日程外附会议材料
【发文单位】 甘肃省政府委员会
【收文单位】 甘肃省政府
【档案编号】 004-007-0391-0010
【成文时间】 1946-11-19
【关 键 词】 灾害；田赋
【内容提要】
关于田粮处报告武山、武威、民勤、化平、临潭、安西等县各乡镇被水雹旱虫沙压成灾，准许减免田赋，附《武山、武威、民勤、化平、安西县三十五年（1946）灾歉状况及田赋减免表》。

【叙录编号】 0545
【档案题名】
甘肃省政府委员会第1257次会议议事日程外附会议材料
【发文单位】 甘肃省政府
【收文单位】 不详
【档案编号】 004-007-0403-0001
【成文时间】 1945-07-13
【关 键 词】 旱灾
【内容提要】
主要涉及主席提议社会处签发审核本省旱灾救济委员会各县市组织通则草案。

【叙录编号】 0546
【档案题名】
甘肃省政府委员会第1268次会议议事日程外附会议材料
【发文单位】 甘肃省政府
【收文单位】 不详
【档案编号】 004-007-0406-0008
【成文时间】 1945-08-21
【关 键 词】 旱灾

【内容提要】
主要涉及主席提议甘肃省旱灾救济委员会报告经费开支情况。

【叙录编号】 0547
【档案题名】
甘肃省政府委员会第1592次会议议事日程外附会议材料
【发文单位】 甘肃省政府委员会
【收文单位】 甘肃省政府
【档案编号】 004-007-0456-0006
【成文时间】 1948-12-28
【关 键 词】 农田；水利工程
【内容提要】
关于提会报告配合戡乱特别时期救济政策草案，包括改进农田水利肥料、兴修水利工程等。

【叙录编号】 0548
【档案题名】
甘肃省政府委员会第1575次会议议事日程外附会议材料
【发文单位】 甘肃省政府委员会
【收文单位】 甘肃省政府
【档案编号】 004-007-0460-0004
【成文时间】 1948-10-19
【关 键 词】 勤俭建国运动；冬令救济
【内容提要】
关于提会审议甘肃省勤俭建国运动纲领，审查社会处报告甘肃省各县市三十七年度（1948）冬令救济实施要点，附《甘肃省勤俭建国运动实施办法》（其中包括筑路垦殖等）。

【叙录编号】 0549
【档案题名】
甘肃省政府委员会第1469次会议关于报告甘肃省靖丰渠农场管理规则及报告财政部核

定本省各县协助粮款数额等事宜
【发文单位】 甘肃省政府委员会
【收文单位】 甘肃省政府
【档案编号】 004-007-0462-0001
【成文时间】 1947-09-26
【关 键 词】 农场；灾害
【内容提要】

关于报告甘肃省靖丰渠农场管理规则，田粮处报告审查本省1947年永登、湟惠渠、平凉、天水、两当、徽县、宁定、永昌、高台等9县被灾情况，准许减免田赋等事宜。

【叙录编号】 0550
【档案题名】

甘肃省政府委员会第1474次会议关于报告行政院规定人民诉愿案件应依限办理及审议甘肃省为配合军事需要迁移收复区民众实施方案等事宜
【发文单位】 甘肃省政府委员会
【收文单位】 甘肃省政府
【档案编号】 004-007-0462-0004
【成文时间】 1947-10-17
【关 键 词】 灾害；田赋
【内容提要】

主要涉及田粮处报告审查正宁、礼县、民勤、临潭等县被灾地亩情况，准许减免田赋；审查泾川县启明等七乡镇上年秋季水冲土地情况，准许减赋等事宜。

【叙录编号】 0551
【档案题名】

甘肃省政府委员会第354次会议关于审议豁免本省受灾各县禁烟罚款及审议维修黄河铁桥经费预算等事宜
【发文单位】 甘肃省政府委员会
【收文单位】 甘肃省政府
【档案编号】 004-007-0465-0009
【成文时间】 1935-10-29
【关 键 词】 灾害
【内容提要】

主要涉及省禁烟委员会呈送榆中、渭源、平凉、临洮、华亭、靖远、永登、金塔、通渭、民乐、陇西、山丹、古浪、武威、岷县、甘谷、洮沙、灵台等县被冰雹洪水成灾，申请减免罚款等事宜。

【叙录编号】 0552
【档案题名】

甘肃省政府委员会第383次会议关于审议本省农村春耕救济委员会组织规程及审议本府合署办公施行细则等事宜
【发文单位】 甘肃省政府委员会
【收文单位】 甘肃省政府
【档案编号】 004-007-0466-0013
【成文时间】 1936-02-18
【关 键 词】 春耕救济
【内容提要】

关于审议本省农村春耕救济委员会组织规程等事宜。

【叙录编号】 0553
【档案题名】

甘肃省政府委员会民国三十五年度（1946）第4次临时谈话会议议事日程（2）外附会议材料
【发文单位】 甘肃省政府委员会
【收文单位】 甘肃省政府
【档案编号】 004-007-0472-0002
【成文时间】 1946-12-24
【关 键 词】 收支数目报告表
【内容提要】

主要涉及财政厅报告三十五年（1946）11月份经管各费类总账户收支数目报告表等事宜。

【叙录编号】 0554
【档案题名】
甘肃省政府委员会民国三十五年度（1946）第5次临时谈话会议议事日程外附会议材料
【发文单位】 甘肃省政府委员会
【收文单位】 甘肃省政府
【档案编号】 004-007-0472-0003
【成文时间】 1946-12-27
【关 键 词】 灾害；田赋
【内容提要】
关于审查田粮处报告陇西、灵台、天水、通渭、崇信、高台县三十五年（1946）灾歉状况，申请减免田赋，附《陇西、灵台、天水、通渭、崇信、高台县三十五年（1946）灾歉状况及田赋减免表》。

【叙录编号】 0555
【档案题名】
甘肃省政府委员会第1448次会议议事日程外附会议材料
【发文单位】 甘肃省政府委员会
【收文单位】 甘肃省政府
【档案编号】 004-007-0490-0003
【成文时间】 1947-07-15
【关 键 词】 灾害；田赋
【内容提要】
主要涉及审查金塔县中山、中正两乡被沙压、河水冲跌，永不能垦种，附《金塔县三十六年份（1947）灾歉状况及田赋减免表》。

【叙录编号】 0556
【档案题名】
甘肃省政府委员会第238次会议记录
【发文单位】 甘肃省政府委员会
【收文单位】 甘肃省政府
【档案编号】 004-007-0506-0028
【成文时间】 1934-09-11
【关 键 词】 勘报灾歉；豁免赋税
【内容提要】
会议讨论了民财两厅奉内政、财政部领转勘报灾歉单行办法，送部会核办理一案。结合本省情况拟订本省勘报灾歉单行办法，请公决案能否通用。会议决议将五分至三分被灾者按成豁免，其余照办。

【叙录编号】 0557
【档案题名】
甘肃省政府委员会第274次会议记录
【发文单位】 甘肃省政府委员会
【收文单位】 甘肃省政府
【档案编号】 004-007-0507-0031
【成文时间】 1935-01-18
【关 键 词】 修理城垣；赈款
【内容提要】
其中包括主席提议据省赈务会呈奉令拨发前秦安县县长修理城垣河堤赈款。会议决议由财政厅拨发。

【叙录编号】 0558
【档案题名】
甘肃省政府委员会第1477次会议记录
【发文单位】 甘肃省政府委员会
【收文单位】 甘肃省政府
【档案编号】 004-007-0500-0004
【成文时间】 1947-10-28
【关 键 词】 土地管理；冬令救济
【内容提要】
其中包括：1.主席报告奉行政院令发国有土地管理机关及权限划分原则，提会报告。附《国有土地管理机关及权限划分原则》1份，其中有4条划分规则。2.社会处签拟甘肃省各县市局实施三十六年度（1947）冬令救济发放物资注意要点，请公决案。附《注意要点》1

份，涉及组织机构、调查灾民、发放款物、造报手续4部分，共16条注意事项。

【叙录编号】 0559
【档案题名】
　　甘肃省政府委员会第1480次会议记录
【发文单位】 甘肃省政府委员会
【收文单位】 甘肃省政府
【档案编号】 004-007-0501-0003
【成文时间】 1947-11-07
【关 键 词】 冬令救济；赈款
【内容提要】
　　其中包括社会处签呈拟具各县市冬令救济赈款分配数目表，请公决案。附《甘肃省各县市配拨三十六年度（1947）冬令救济赈款数目表》1份。

【叙录编号】 0560
【档案题名】
　　甘肃省政府委员会第1483次会议记录
【发文单位】 甘肃省政府委员会
【收文单位】 甘肃省政府
【档案编号】 004-007-0501-0006
【成文时间】 1947-11-18
【关 键 词】 办理积谷；灾歉
【内容提要】
　　其中包括：田粮处呈请缓办三十六年度（1947）积谷，参考本县灾歉情形暂募1/2或1/4，其余再行募集，请公决案。附《甘肃省各县市三十六年度（1947）派募积谷数目表》1份，表头包括县别、按10万市石各县分配数、按5万市石各县分配数。

【叙录编号】 0561
【档案题名】
　　甘肃省政府委员会第1485次会议记录
【发文单位】 甘肃省政府委员会
【收文单位】 甘肃省政府
【档案编号】 004-007-0502-0001
【成文时间】 1947-11-25
【关 键 词】 征借粮；考成办法
【内容提要】
　　主要涉及田粮处拟甘肃省各县市征实征借粮食考成办法施行细则，请公决案。后附《甘肃省各县市征实征借粮食考成办法施行细则》1份，其中对征实时间、征收量、奖成规则有详细规定。

【叙录编号】 0562
【档案题名】
　　甘肃省政府委员会第1495次会议记录
【发文单位】 甘肃省政府委员会
【收文单位】 甘肃省政府
【档案编号】 004-007-0504-0003
【成文时间】 1947-12-30
【关 键 词】 冬令救济；记功
【内容提要】
　　其中包括社会处等签呈办理冬令救济得力人员当予记功一事，附呈《甘肃省清水等五县市实施三十五年度（1946）冬令救济成果统计比较表》1份。

【叙录编号】 0563
【档案题名】
　　甘肃省政府委员会第1135次会议记录
【发文单位】 甘肃省政府委员会
【收文单位】 甘肃省政府
【档案编号】 004-007-0511-0008
【成文时间】 1944-04-11
【关 键 词】 免征学田军粮
【内容提要】
　　其中包括免征省内学田军粮一事。

【叙录编号】 0564

【档案题名】
　　甘肃省政府委员会第1148次会议记录
【发文单位】　甘肃省政府委员会
【收文单位】　甘肃省政府
【档案编号】　004-007-0513-0006
【成文时间】　1944-06-09
【关 键 词】　遭灾；减免赋税
【内容提要】
　　会议包括调查兰州市东岗、河北等镇，民勤、渭源、天水、静宁、玉门、固原、甘谷、通渭、徽县各乡上年（1943）遭灾情况并豁免赋税；调查康乐、皋兰、临洮、高台、西固、武山、灵台、榆中等县各乡镇上年（1943）遭灾情况并豁免赋税等事。

【叙录编号】　0565
【档案题名】
　　甘肃省政府委员会第1177次会议记录
【发文单位】　甘肃省政府委员会
【收文单位】　甘肃省政府
【档案编号】　004-007-0516-0004
【成文时间】　1944-09-22
【关 键 词】　雹灾；拨款赈济；复查地亩；更正结果
【内容提要】
　　会议讨论内容：1.田粮处签呈武威、清水、会宁、定西、秦安、永登、正宁、金塔等8县本年复查更正结果表；2.渭源等9县遭遇雹灾请中央拨款救济等事。

【叙录编号】　0566
【档案题名】
　　甘肃省政府委员会第1196次会议记录
【发文单位】　甘肃省政府委员会
【收文单位】　甘肃省政府
【档案编号】　004-007-0518-0009
【成文时间】　1944-11-28
【关 键 词】　赈济；灾荒
【内容提要】
　　会议审议了社会处呈从第一预备金项下拨发赈济款助赈安徽省灾荒一事。

【叙录编号】　0567
【档案题名】
　　甘肃省政府委员会第1213次会议记录
【发文单位】　甘肃省政府委员会
【收文单位】　甘肃省政府
【档案编号】　004-007-0521-0002
【成文时间】　1945-01-26
【关 键 词】　春耕籽种；分配
【内容提要】
　　会议报告了田粮处、社会处签呈在全省贷放春耕籽种数额及分配安排一事。

【叙录编号】　0568
【档案题名】
　　甘肃省政府委员会第1214次会议记录
【发文单位】　甘肃省政府委员会
【收文单位】　甘肃省政府
【档案编号】　004-007-0521-0003
【成文时间】　1945-01-30
【关 键 词】　水旱雹灾；救济减赋
【内容提要】
　　会上报告了田粮处等签呈报靖远、永登、酒泉、临泽等县三十三年（1944）遭水旱雹灾情形及救济减赋情况。

【叙录编号】　0569
【档案题名】
　　甘肃省政府委员会第1224次会议记录
【发文单位】　甘肃省政府委员会
【收文单位】　甘肃省政府
【档案编号】　004-007-0522-0004
【成文时间】　1945-03-06

【关 键 词】 雹灾；减免赋税；修筑渠身；占用民田
【内容提要】
会议报告了田粮处等签呈高台、宁定、陇西、岷县、会川、临潭、渭源7县呈报田亩被雹灾一事处置情形及减免赋税情况；讨论了建设厅呈审查本省临时参议会咨询本省修筑水渠渠身占用民田有无补偿办法一案意见。

【叙录编号】 0570
【档案题名】
甘肃省政府委员会第1333次会议记录
【发文单位】 甘肃省政府委员会
【收文单位】 甘肃省政府
【档案编号】 004-007-0523-0012
【成文时间】 1946-05-14
【关 键 词】 青黄不接；赈济拨款
【内容提要】
会议报告社会处签呈第二次青黄不接时民食赈济款配拨情况。

【叙录编号】 0571
【档案题名】
甘肃省政府委员会第1337次会议记录
【发文单位】 甘肃省政府委员会
【收文单位】 甘肃省政府
【档案编号】 004-007-0523-0016
【成文时间】 1946-05-31
【关 键 词】 勘报灾歉条例；善后救济；粮食分配
【内容提要】
会议报告了财政部、粮食部、地政署根据山西省勘报灾歉条例令各省参照调整的事宜；讨论了中央善后救济总署配拨给甘肃的粮食在各县乡的分配问题。

【叙录编号】 0572

【档案题名】
甘肃省政府委员会第1367次会议记录
【发文单位】 甘肃省政府委员会
【收文单位】 甘肃省政府
【档案编号】 004-007-0525-0018
【成文时间】 1946-09-17
【关 键 词】 农田水利贷款；经费使用；雹灾；拨发旅费
【内容提要】
会上报告了建设厅三十四年度（1945）本省农田水利贷款经费使用情况；讨论了第二区专署请派员复勘西吉雹灾情况、拨发旅费的相关事宜。

【叙录编号】 0573
【档案题名】
甘肃省政府委员会第1373次会议记录
【发文单位】 甘肃省政府委员会
【收文单位】 甘肃省政府
【档案编号】 004-007-0526-0007
【成文时间】 1946-10-08
【关 键 词】 地亩更正；黄河水灾；拨款赈济
【内容提要】
会上讨论了田粮处呈报关于比较天水县实有地亩与呈报数目有差异缘由，并更正赋税额的相关事宜。临时讨论了社会处签呈兰州被黄河水冲毁民地赈济事宜，及黄河水、洮河水沿岸遭灾拨款来源等事。

【叙录编号】 0574
【档案题名】
甘肃省政府委员会第1382次会议记录
【发文单位】 甘肃省政府委员会
【收文单位】 甘肃省政府
【档案编号】 004-007-0527-0004
【成文时间】 1946-11-08
【关 键 词】 冬令救济；减免田赋；收购种籽

【内容提要】

会上报告了社会部颁发三十五年度（1946）冬令救济实施办法要点扩大宣传办法；讨论了田粮处调整田赋，向西北各县收购籽种标准等事。临时动议建设厅呈黄河水涨后沿岸水车修复及经费拨发问题。

【叙录编号】　0575
【档案题名】
　　甘肃省政府委员会第1436次会议记录
【发文单位】　甘肃省政府委员会
【收文单位】　甘肃省政府
【档案编号】　004-007-0532-0010
【成文时间】　1947-06-03
【关　键　词】　灾赈；查放办法
【内容提要】

会上报告了行政院发灾赈查放办法一事。

【叙录编号】　0576
【档案题名】
　　甘肃省政府委员会第1448次会议记录
【发文单位】　甘肃省政府委员会
【收文单位】　甘肃省政府
【档案编号】　004-007-0534-0003
【成文时间】　1947-07-15
【关　键　词】　勘报灾情；收买土地；灾歉；免税
【内容提要】

会上报告了社会处代电各县市勘报灾情规范；地政局拟订甘肃省照价收买土地办法；通渭等县政府呈报重估地价结果及比较表；讨论了金塔县中山、中正两乡被灾请免赋税事宜。

【叙录编号】　0577
【档案题名】
　　甘肃省政府委员会第1474次会议记录
【发文单位】　甘肃省政府委员会
【收文单位】　甘肃省政府

【档案编号】　004-007-0536-0010
【成文时间】　1947-10-17
【关　键　词】　灾歉；免赋
【内容提要】

会上讨论了减免正宁、礼县、民勤、临潭、泾川等县等因灾田赋一事。

【叙录编号】　0578
【档案题名】
　　甘肃省政府委员会第1496次会议关于通报县市区兵役行政工作考核及人民对于兵役事务之奖惩规定事项及讨论拨发临潭县卫生院卫生用品供销所奖金等事宜的会议记录
【发文单位】　甘肃省政府委员会
【收文单位】　甘肃省政府
【档案编号】　004-007-0539-0004
【成文时间】　1948-01-02
【关　键　词】　灾害；田赋
【内容提要】

关于提会呈报武威上半年局部失歉，准许减免及西营、金羊等乡水灾严重，申请减免赋税等事宜。

【叙录编号】　0579
【档案题名】
　　甘肃省政府委员会第1512次会议关于通报空军烈士遗体处理办法及讨论拟订标卖土地价格及投标限制办法等事宜的会议记录
【发文单位】　甘肃省政府委员会
【收文单位】　甘肃省政府
【档案编号】
　　004-007-0540（全案卷）；
　　004-007-0599-（0009-0001）
【成文时间】　1948-03-05
【关　键　词】　冰雹；赋税
【内容提要】

主要涉及呈送西固县各乡镇上年冰雹各

灾，申请减免赋税等事宜。

【叙录编号】 0580
【档案题名】
甘肃省政府委员会第1574次会议关于通报禁烟罚金处理办法及讨论拟具处理省参议会施政报告审查对照表等事宜的会议记录
【发文单位】 甘肃省政府委员会
【收文单位】 甘肃省政府
【档案编号】 004-007-0545-0012
【成文时间】 1948-10-15
【关 键 词】 静乐渠；沙压；田赋
【内容提要】
关于提会审查靖乐渠筑堤淤地筹款办法及田粮处报告金塔县被沙压地亩，申请减免赋税等事宜。

【叙录编号】 0581
【档案题名】
甘肃省政府委员会第1579次会议关于通报特种营业税法之原定罚锾金额改收金圆表及讨论调整兰队公路养路费征收率等事宜的会议记录
【发文单位】 甘肃省政府委员会
【收文单位】 甘肃省政府
【档案编号】 004-007-0546-0005
【成文时间】 1948-11-02
【关 键 词】 灾害；赋税
【内容提要】
关于提会审查泾川等县三十六年（1947）秋季水冲田地，永不能垦复，申请减免赋税等事宜。

【叙录编号】 0582
【档案题名】
甘肃省政府委员会第1636次会议关于通报民国三十八年（1949）5月份省库收入总存款收支数目报告表及讨论核减海原县田赋的会议记录
【发文单位】 甘肃省政府委员会
【收文单位】 甘肃省政府
【档案编号】 004-007-0551-0001
【成文时间】 1949-06-24
【关 键 词】 灾害；田赋
【内容提要】
主要涉及田粮处呈报海原县西安镇等地土地贫瘠，申请减免田赋等事宜。

【叙录编号】 0583
【档案题名】
甘肃省政府委员会第1643次会议关于通报银元兑换券发行办法及讨论拨发保安部队本年度冬服工料费的会议记录
【发文单位】 甘肃省政府委员会
【收文单位】 甘肃省政府
【档案编号】 004-007-0551-0008
【成文时间】 1949-07-19
【关 键 词】 灾害；田赋
【内容提要】
主要涉及审查徽县、武山、武都、西和等34县先后遭受冰雹水旱虫霜灾，申请减免田赋等事宜。

【叙录编号】 0584
【档案题名】
甘肃省政府委员会第1644次会议关于通报邱昌渭为总统府秘书处长及讨论西固、宁县、徽县、鼎新县暂免3年赋税及三成公粮一概照免的会议记录
【发文单位】 甘肃省政府委员会
【收文单位】 甘肃省政府
【档案编号】 004-007-0551-0009
【成文时间】 1949-07-26
【关 键 词】 灾害；赋税

【内容提要】

主要涉及审查西固、宁县、徽县、鼎新等4县土地山崩及水冲灾，永不能垦复土地，申请减免赋税等事宜。

【叙录编号】 0585
【档案题名】
甘肃省政府委员会第31次会议关于提会报告皋兰等县遭受冰雹、旱灾情况及法规编审委员会审查烟酒税局组织章程等事项的会议记录
【发文单位】 甘肃省政府委员会
【收文单位】 甘肃省政府
【档案编号】 004-007-0584-0001
【成文时间】 1932-08-19
【关 键 词】 灾害
【内容提要】

关于提会报告皋兰等县遭受冰雹、旱灾情况等事宜。

【叙录编号】 0586
【档案题名】
甘肃省政府委员会第72次会议关于提会报告酒泉等县地震救灾案及审查本省军需稽核委员会组织规程等事项的会议记录
【发文单位】 甘肃省政府委员会
【收文单位】 甘肃省政府
【档案编号】 004-007-0585-0012
【成文时间】 1933-01-03
【关 键 词】 地震；救灾
【内容提要】

关于提会报告酒泉等县地震救灾案等事宜。

【叙录编号】 0587
【档案题名】
甘肃省政府委员会第1427次会议关于提会纸货输入限制办法及本省绥靖区因公伤文职人员医药以及丧葬费支给办法等事项的会议记录
【发文单位】 甘肃省政府委员会
【收文单位】 甘肃省政府
【档案编号】 004-007-0586-0009
【成文时间】 1947-05-02
【关 键 词】 灾害；田赋
【内容提要】

关于提会田粮处报告审查陇西县紫来等乡镇三十四年（1945）、三十五年（1946）两年度水冲局部地亩，准许减免田赋等事宜。

【叙录编号】 0588
【档案题名】
甘肃省政府委员会第153次会议关于提会讨论山丹县县长姚钧有呈请辞职及本省电灯局局长罗敬元呈报海原县前任县长在本省殉难恳请拨发安葬费等事项的会议记录
【发文单位】 甘肃省政府委员会
【收文单位】 甘肃省政府
【档案编号】 004-007-0590-0003
【成文时间】 1933-11-07
【关 键 词】 兴修河堤
【内容提要】

主要涉及审查靖远县北湾河堤被水冲坏，请拨款兴修等事宜。

【叙录编号】 0589
【档案题名】
甘肃省政府委员会第131次会议关于本省赈务会改组等事项的会议记录
【发文单位】 甘肃省政府委员会
【收文单位】 甘肃省政府
【档案编号】 004-007-0591-0011
【成文时间】 1933-08-18
【关 键 词】 灾害

【内容提要】

关于提会审查皋兰等县呈报夏秋禾苗被风旱虫沙霜雹成灾等事宜。

【叙录编号】 0590
【档案题名】
甘肃省政府委员会第140次会议关于提会讨论天水、武山县呈请拨款救济案及甘肃洮岷路保安司令杨积庆呈请增加经费等事项的会议记录
【发文单位】 甘肃省政府委员会
【收文单位】 甘肃省政府
【档案编号】 004-007-0591-0020
【成文时间】 1933-09-19
【关 键 词】 灾害；赈济；建桥
【内容提要】

关于提会讨论天水、武山县呈请拨款救济案，报告皋兰、靖远等县因暴雨山洪成灾，申请急赈；审查派员调查静宁县西河及界石铺河沟等处建筑桥梁所需工程木料等事宜。

【叙录编号】 0591
【档案题名】
甘肃省政府委员会第143次会议关于提会讨论由中央协助款项下组织兰州市政府一案及本省高等普通检定考试委员会呈请拨发经费等事项的会议记录
【发文单位】 甘肃省政府委员会
【收文单位】 甘肃省政府
【档案编号】 004-007-0591-0023
【成文时间】 1933-09-29
【关 键 词】 修理水库
【内容提要】

主要涉及申请拨款修理被水冲坏的水库等事宜。

【叙录编号】 0592
【档案题名】
甘肃省民政厅民国二十六年（1937）10月份工作报告
【发文单位】 甘肃省民政厅
【收文单位】 甘肃省民政厅
【档案编号】 004-008-0547-（0018、0020）
【成文时间】 1937
【关 键 词】 旱灾；水灾；雹灾
【内容提要】

本月武威旱灾、酒泉和玉门水灾、和政雹灾，以及赈灾情况。

【叙录编号】 0593
【档案题名】
甘肃省政府委员会第1644次会议议事日程外附会议材料
【发文单位】 甘肃省政府委员会
【收文单位】 甘肃省政府
【档案编号】 004-008-0687-0008
【成文时间】 1945-07-26
【关 键 词】 灾歉；免赋
【内容提要】

其中涉及主席提议：田粮处签呈西固、鼎新等县呈报土崩地裂、水冲不能垦复地亩，请免赋。审核确实，请豁免其3年赋税。会议决议应予核免。附《西固等县三十八年度（1949）水冲及崩裂土地复勘状况及核免赋粮表》1份，表头包括：县别、原因及状况、被灾面积、应免粮额、附注等。

【叙录编号】 0594
【档案题名】
甘肃省政府委员会第1256次会议议事日程外附会议材料
【发文单位】 甘肃省政府委员会
【收文单位】 甘肃省政府
【档案编号】 不详

【成文时间】 1945-07-10
【关 键 词】 灾歉；免赋；旱灾救济
【内容提要】
　　其中包括：1.田粮处签呈隆德、静宁、海原、皋兰、平凉等县三十三年度（1944）水旱霜雹等案均属实情，请减免赋税，并呈赍表册，提会报告。后附报告全文（第15页）。2.社会处等拟具甘肃省旱灾救济委员会各县市分会组织通则草案，请公决案。会议决议交由民政厅、社会处、田粮处三处审核。后附《甘肃省旱灾救济委员会各县市分会组织通则草案》1份（第21页）。

【叙录编号】 0595
【档案题名】
　　甘肃省政府公报（第44、45期合刊）
【发文单位】 甘肃省政府
【收文单位】 不详
【档案编号】 004-010-0002-0001
【成文时间】 1930-11-15
【关 键 词】 灾情；赈济
【内容提要】
　　本份政府公报包括聘状、公牍、记录、各机关文告、办事报告。其中，甘肃省政府秘书处办事报告涉及民政部分、财政部分和教育部分。1.民政部分录有查勘各地水旱鼠灾情及赈济事宜等20条，分别记载了永登县、永昌县、靖远县、环县等县乡的受灾情况及赈济请求；2.财政部分录有各部门函复各县赈济请求及令财政厅核议复夺等4条。

【叙录编号】 0596
【档案题名】
　　甘肃省政府公报（合署办公、第27-31期）
【发文单位】 甘肃省政府
【收文单位】 不详
【档案编号】 004-010-0055-0001
【成文时间】 1936-04-02
【关 键 词】 灾情；水渠；水利协进委员会简章；救济
【内容提要】
　　第29期政府公报包括法规、命令、公牍、指令、批示、呈、电、会议、公告等部分。指令部分包括豁免环县所有应缴地价，将水冲沙压地亩造册核查指令1条（54页）。呈部分包括根据中央第1567号训令审查甘肃省水渠工程记录1条（60页）。会议部分包括《甘肃省政府委员会第396次会议记录》，讨论事项录有建设厅呈报修正临洮县水利协进委员会简章，省务会议决议通过记录1条；财政厅厅长建议拟订救济玉门、安西两县灾情办法，省务会议决议如所拟办理记录1条（63页）。第30、31期合期政府公报包括命令、公牍、指令、牌示、公函、会议、公告等部分。公牍部分包括因甘肃水渠设计测量队申请查勘新古渠工作，甘肃省政府要求皋兰县县长将新古渠布告沿渠各村切实保护训令1条（80页）。公函部分包括甘肃水渠设计测量队给建设厅的函的记录1条（94页）。会议部分包括《甘肃省政府委员会第397次会议记录》，讨论事项包括酒泉电西路沿途各县灾情严重，急需救济，拟订筹赈办法3条，省务委员决议通过记录1条（96页）。

【叙录编号】 0597
【档案题名】
　　甘肃省政府公报（合署办公、第153-156和159-162期）
【发文单位】 甘肃省政府
【收文单位】 不详
【档案编号】 004-010-0071-0001
【成文时间】 1936-09-01
【关 键 词】 修理水车；灾情；赈济

【内容提要】

第155、156期合刊政府公报包括法规、命令、公牍、公告等部分。公告部分包括《甘肃省政府民国二十五年（1936）七月份支出公布表》，涉及建设费中修理水车等支出（59～68页）。第159、160期合刊政府公报包括法规、命令、公牍、会议记录等部分。会议记录部分包括《甘肃省政府委员会第436次会议记录》，讨论事项录有主席提议民政厅、财政厅呈省赈务会呈复查明华亭县灾情严重，申请中央赈济，省务会议决议通过的记录1条（第92页）。

【叙录编号】 0598
【档案题名】
　　甘肃省政府公报（合署办公，第697期）
【发文单位】 甘肃省政府
【收文单位】 不详
【档案编号】 004-010-0238-0001
【成文时间】 1948-04-18
【关　键　词】 灾情；赈济
【内容提要】

本期政府公报包括法规、例行公文等部分：例行公文包括《甘肃省政府指复所属各机关例行公文一览表》（75～78页），其中录有安西县县长呈复该县三十六年（1947）民教班因灾缓办的记录1条。

【叙录编号】 0599
【档案题名】
　　关于黄河水灾救济、治理、预防、水利工程建设等事项的各类文件
【发文单位】 甘肃省政府；甘肃省民政厅等
【收文单位】 甘肃省政府；甘肃省民政厅等
【档案编号】 015-005-0030-（0001-0020）
【成文时间】 1933-07-17—1933-12-27
【关　键　词】 黄河水灾；救济；水利

【内容提要】

省政府就内政部要求各地报防御水灾设备及主要河流水文记录进行查考一令转发民政厅。民政厅合建设厅会呈省政府情况，称辖境内河流大多为上流，洪水灾害及防护工程较少，设备因经费不济难以增设，水文监测难以进行。请求在省城及各地方设置气象监测所，统计具报各项记录。省政府奉行政院令将黄河水灾救济委员会组织（0007）、拨款施放（0008）、决议救济办法（0009，附《抄修正检查办法》1份，其中包括3项审查结果，分别为：黄河受灾县已达36个，应对其进行拨款赈济；赈济款项暂定为200万至300万元；关于黄河水利工程计划及其应需之款项由黄河水利委员会会同全国经济委员会迅速详细拟订办法，呈院核定）、派宋子文为黄河水灾救济委员会委员（0010）、发黄河水灾救济委员会章程（0012，附《国民政府黄河水灾救济委员会章程》1份。其中包括：委员会职责、隶属、职权、款项开支、资金来源等方面的规范）、规定黄河水灾救济委员会存在期间黄河水利委员会应当服从其指挥（0013）、日后制订治河有关水利计划需上报黄河水利委员会（0016）等令知照民政厅。省政府转发民政厅上海各慈善团体为黄河水灾劝募一事，请民政厅出人列席，河北省、兰封县救济委员会亦致函请求民政厅为其劝募。民政厅回文本省灾情严重，难以为其募捐。

【叙录编号】 0600
【档案题名】
　　内政部对甘肃水患工程迅疾办理的各类文件
【发文单位】 甘肃省政府；甘肃省民政厅等
【收文单位】 甘肃省政府；甘肃省民政厅等
【档案编号】 015-005-0030-（0027-0029）

【成文时间】 1934-05-28—1934-06-11
【关 键 词】 水患；水利
【内容提要】

省政府就内政部咨春令水位低落，认真办理预防水患工程训令民政厅遵办，并将办理情形具报省政府备查。民政厅咨建设厅拟主稿会呈，建设厅回文已将事项转饬各县长知情照办。

【叙录编号】 0601
【档案题名】

准国立中央研究院函送甘肃西北部地震述略仰查照的训令

【发文单位】 甘肃省政府
【收文单位】 甘肃省民政厅
【档案编号】 015-005-0034-0020
【成文时间】 1933-04-11
【关 键 词】 地震图
【内容提要】

如题。省政府就民政厅咨送酒泉等县电报地震一案回复地震相关记录。抄发原地震述略9张，其中包括：地震简况、震象、震中祁连山的地形地质、震灾与烈度、甘肃地震带分布与地震原因、甘肃地震史及损失、地面现象、鸣声、余震等。末有《南京北平仪器记录余震次数表》《地震损失表》《震灾调查表》《地震调查表》各1份。另附《民国二十一年（1932）十二月二十五日甘肃省西北部天气图》1张。

【叙录编号】 0602
【档案题名】

多县因灾情请求减免烟款或徭役以全灾黎的各类文件

【发文单位】 甘肃省民政厅；成县政府等
【收文单位】 成县政府；禁烟委员会等
【档案编号】 015-005-0114-（0001-0002、0013-0026）
【成文时间】 1933-06-08—1933-09-12
【关 键 词】 灾害；税收；烟款
【内容提要】

成县（0001-0002）、武威县（0013-0016）、红水（景泰）县（0017-0026）多地民众因不堪灾情请求减免烟款、亩款等款项。民政厅就其情况相继呈文省政府鉴核。

【叙录编号】 0603
【档案题名】

多县因灾困请求减免粮款税收以救灾黎的各类文件

【发文单位】 民勤县民众代表常清秀；清水县政府等
【收文单位】 甘肃省民政厅；清水县政府等
【档案编号】 015-005-0116-（0007-0014）
【成文时间】 1933-03-07—1933-03-30
【关 键 词】 灾情；减税；亩款豁免
【内容提要】

民勤县民众代表呈文省民政厅，称民国三十四年（1945）以来雨泽减少、河流微细、荒旱频仍，恳请减免粮款或改拨军费以救灾黎。民政厅回文需转呈省政府及财政厅核查待办。清水县上报因雹、水灾，民众生活困顿，请豁免尾欠亩款。附《民国三十一年（1942）分属第五区咁头等村被雹匪各灾豁免亩款花名册》1份，其中包括各村豁免亩款人员名单及数额。民政厅回文准予备查。酒泉县第六区红山村民众代表呈文因旱灾严重，地处山麓水源枯竭，更重困难，请减免赋税。民政厅回文令酒泉县长复查报复，以凭核夺。酒泉县李正基等电报省政府及民政厅，称三十六师集中酒泉、民众负担其粮草，恳请拨军费用以灾黎救济。民政厅代电酒泉各区区长，此事待省政府及财政厅核饬。

【叙录编号】 0604
【档案题名】
民政厅归档簿一册
【发文单位】 甘肃省民政厅
【收文单位】 不详
【档案编号】 015-005-0121-0003
【成文时间】 不详
【关 键 词】 归档簿；目录
【内容提要】
本件为民政厅第一科归档簿，其中包括政令案件与电报两大部分。具体有：甘肃省旱灾救济办法案，关于贷放春耕籽种的电报，递交金塔、景泰县城区域地图的电报，递交固原、平凉插花地地图的电报等各类文件目录。

【叙录编号】 0605
【档案题名】
省民政厅、财政厅会呈省政府临泽等17县被灾请蠲免银粮的各类文件
【发文单位】 甘肃省民政厅；甘肃各县政府等
【收文单位】 甘肃省民政厅；甘肃各县政府等
【档案编号】 015-005-0224-（0001-0011）
【成文时间】 1934-12-25—1936-02-21
【关 键 词】 水灾；旱灾；沙尘；税款
【内容提要】
本书前11份文件为省民政、财政厅会呈省政府临泽、玉门、西固、武山、民乐、武威、高台、秦安、靖远、临夏、成县、庄浪、古浪、鼎新、庆阳、酒泉、永登17县被水旱雹沙尘灾情况，呈省政府蠲缓银洋清册都图，电鉴核转。省政府回文咨内政、财政部对临泽等13县与案相符者准予蠲缓，另训令永登、庄浪、临夏、武威县更造清册转饬更正分别专案办理。民政、财政厅会稿知照各县，令后4县补造缺失图册赍核。后再转呈省政府电鉴核转，报国府备案。

【叙录编号】 0606
【档案题名】
奉蒋委员长电开当此大灾严重之际应着眼于建设国民经济等因仰遵照的训令
【发文单位】 甘肃省政府
【收文单位】 甘肃省民政厅
【档案编号】 015-006-0002-0017
【成文时间】 1935-10-02
【关 键 词】 灾情；经济建设
【内容提要】
如题。

【叙录编号】 0607
【档案题名】
关于防救灾情数事仰切实办理的各类文件
【发文单位】 甘肃省政府；甘肃省民政厅
【收文单位】 甘肃省民政厅；甘肃被灾各县政府
【档案编号】 015-006-0002-（0021-0022）
【成文时间】 1934-09-15—1935-01-30
【关 键 词】 灾情；受灾情况
【内容提要】
省政府转发民政厅防救灾情数事仰切实办理并拟办具复等因仰知照的训令，省民政厅转饬受灾各县政府详报1934年9月各县工作人事、受灾情况。

【叙录编号】 0608
【档案题名】
省民政厅关于设法抚辑受灾人民，兴办水利工程的各类文件
【发文单位】 甘肃省民政厅；临泽县政府等
【收文单位】 甘肃省民政厅；金塔县政府等
【档案编号】 015-006-0002-（0023-0028）
【成文时间】 1935-02-02—1935-04-12
【关 键 词】 水灾；水利工程
【内容提要】

省民政厅奉省政府令皋兰等39县及康乐设治局切实查明被灾情况，设法抚辑，并对水灾破坏处进行水利工程修缮。临泽、金塔、康县政府相继呈文报办理水利工程情形请鉴核示遵。省民政厅回文金塔县、康县仍随时修筑水利工程以防崩溃，赓续报查。

【叙录编号】 0609
【档案题名】
甘肃省民政厅关于甘谷等19县被灾造蠲免田赋简明表呈请查核具复的各类文件
【发文单位】 甘肃省政府；甘肃省民政厅等
【收文单位】 甘肃省政府；内政部等
【档案编号】 015-006-0003-（0001-0018）
【成文时间】 1936
【关 键 词】 灾害；蠲免田赋
【内容提要】

省民政厅、财政厅会呈省政府甘谷县、榆中县、会宁县、临潭县、崇信县、永登县、古浪县、泾川县、民勤县、皋兰县、定西县、文县、陇西县、渭源县、灵台县、和政县、成县、华亭县、通渭县等19县及康乐设治局上报的民国二十四年（1935）受灾情况及请蠲缓银洋简明表，省政府核查转报内政部、财政部，内政部、财政部回文准予，令各县县长布告民众周知并抄底稿一份以备查。省政府另训令张掖、敦煌、金塔、鼎新、玉门、山丹、民乐县就其部分受灾地区更造蠲免田赋简明表赍府核报。其中：1.0006号文件为甘肃省政府送皋兰、古浪等县二十四年（1935）被灾蠲免田赋简明表请查核转报，并希具复的咨文。包括皋兰县新丰乡陈管营等庄被雹灾、古浪县振育乡土东、土西、新王各坝被旱灾。2.0007号文件包括定西县南岸镇等处被雹灾。3.0005号文件包括泾川县安定镇各庄被雹灾，民勤县第六区下外渠元泰等沟失水荒芜。4.0007号文件包括临洮县大通等乡被雹灾，通渭县金城等乡被雹灾。

【叙录编号】 0610
【档案题名】
甘肃省民政厅关于落实治蝗除卵工作的各类文件
【发文单位】 甘肃省政府；甘肃省财政厅等
【收文单位】 甘肃省政府；甘肃省财政厅等
【档案编号】 015-006-0021-（0001-0007）
【成文时间】 1935-07-27—1936-05-26
【关 键 词】 旱灾；蝗灾
【内容提要】

省政府奉行政院令据赈务委员会呈请通令各厅注意防旱防蝗工作并预筹救办法报会商洽等情况。省财政厅奉令请民政厅查核拟具救济办法主稿会呈。省民政厅回文请派员会商办法具复。省政府又奉军事委员会委员长行营治蝗冬令除卵办法十条转饬民政厅认真办理具报。民政厅回文已通令各县局遵办请鉴核由，省政府回文准予备查待呈复，并代电各县政府及康乐设治局速复遵办情形。

【叙录编号】 0611
【档案题名】
甘肃省政府关于送各县被灾蠲免田赋简明表咨省民政厅的各类文件
【发文单位】 甘肃省政府
【收文单位】 甘肃省民政厅；财政部等
【档案编号】 015-006-0333-（0013-0024）
【成文时间】 1936—1938
【关 键 词】 灾害；蠲免田赋
【内容提要】

该案件包含12份文件，均与省政府报送内政部、财政部省内受灾县情况及蠲免田赋简明表，咨文省民政厅有关。其中报送1935年受灾县包含平凉、定西、临潭、洮沙、榆中、崇信、临洮、皋兰、华亭、庄浪、岷县及康乐设治局，1937年受灾县包含临夏、和政、宁定、榆中、临洮、西固、临潭、陇西、华亭、会宁县。内政部、财政部会同复核备案，令省政府训令各县布告民众周知。

【叙录编号】 0612
【档案题名】
　　甘肃省民政厅关于会同财政厅呈报省政府各县被灾蠲缓豁免银粮表结册都图的各类文件
【发文单位】 甘肃省政府；甘肃省财政厅等
【收文单位】 内政部；甘肃省民政厅等
【档案编号】 015-006-0334-（0001-0021）
【成文时间】 1934—1935
【关 键 词】 灾荒；蠲免银洋；地亩
【内容提要】
　　该文件包括省民政厅、财政厅就各县上报被灾荒绝地亩豁免银洋册呈报省政府转呈内政、财政二部，请核办具复。所涉县包括二类，分别为：陇西各区（1935年灾荒情况）；高台、临夏、清水、酒泉、宁定等5县（1935年灾荒情况）；榆中、永登、甘谷、灵台、崇信、永靖、高台、皋兰、定西、临洮、岷县、民勤、文县等13县（1934年灾荒情况）。省政府就陇西事回文更造图册表呈赍核转，后准内财部咨令县长查明具体蠲缓数目布告民众周知并抄录备考。就高台等5县回文查明土地后续可耕种情况，并令民、财二厅转照各县县长将具体蠲缓数目布告民众周知并抄录备考。就榆中等13县回文复查各县土地后续可耕种情况。永登、永靖县回文被灾地亩永不能垦复。省政府回文令民、财二厅转照各县县长将具体蠲缓数目布告民众周知并抄录备考。

【叙录编号】 0613
【档案题名】
　　农林部、甘肃省政府关于汇报垦务条例救济难民一事各类文件
【发文单位】 农林部
【收文单位】 甘肃省政府；甘肃省建设厅
【档案编号】 027-001-0748-（0001-0004）
【成文时间】 1941-06-10—1941-09-29
【关 键 词】 木料；运费
【内容提要】
　　农林部致电甘肃省建设厅要求10日内报送本省垦务以便汇编全国垦务，建设厅汇报农林部甘肃省垦务暂行章程及难民移垦条例，农林部致电建设厅已收到章程，并另回令建设厅垦务准予备案。

【叙录编号】 0614
【档案题名】
　　甘肃省地政局、建设厅关于开垦荒地救济难民一事的文件
【发文单位】 社会处
【收文单位】 甘肃省政府；甘肃省建设厅
【档案编号】 027-001-0748-（0006-0008）
【成文时间】 1941-07-17
【关 键 词】 木料；运费
【内容提要】
　　社会处第二科致函甘肃省建设厅荒地救助难民应由建设厅管辖，社会处转开发荒地救济难民应由甘肃省建设厅第三科定夺。甘肃省地政局转函建设厅现有难民人数。

【叙录编号】 0615
【档案题名】
　　甘肃省建设厅关于民国三十七年度（1948）临时救济计划书、受灾概况表、修筑公路工程计划说明
【发文单位】 甘肃省建设厅
【收文单位】 甘肃省建设厅

【档案编号】 027-004-0789-0007
【成文时间】 1948-03-15
【关 键 词】 公路
【内容提要】

《甘肃省民国三十七年度（1948）临时救济计划书》包括甘肃省地势高寒、雨量稀少，受灾需要救济1005200人，需要救济每人10万元，需要1005亿元；包括交通部分、水利部分（皋兰县石洞乡修浚泉源、皋兰县修浚渠水渡槽工程、皋兰县修军事水车工程、皋兰县泄水池浚通工程、靖远县永乐渠等工程）。附有《甘肃省各县小型水利工程需用人工估计表》（甘肃省水利局1948年8月）、《甘肃省兰铁路公路公赈工程计划书》（1947年1月）《甘肃省各县局三十六年度（1947）被灾概况表》。

【叙录编号】 0616
【档案题名】
甘肃省政府关于收购草籽、采购种子的各类文件
【发文单位】 甘肃省政府；甘肃省建设厅等
【收文单位】 甘肃省政府；甘肃省建设厅等
【档案编号】 027-007-0547-（0004-0025）
【成文时间】 1944-05-25—1946-12-20
【关 键 词】 收购草籽；亢旱
【内容提要】

此22份文件均与甘肃省政府收购草籽、采购植物种子有关。其中包括：省政府电永登县、古浪县政府采集当地草籽方便抗旱建设。古浪县政府代电省政府9月底前如数收购草籽，省政府对其准予备案。古浪县政府代电省政府已派运户杨荣山押运草籽620斤抵兰，省政府回文收到并令其速收齐剩余草籽。古浪县呈请待秋后草籽成熟再行采购，省政府回文批准。甘肃省政府代电各县政府采购苜蓿、草、树籽，榆中县政府抄发采购树籽内容呈文省政府，省政府令其遵办。另就永登县政府未能解运草籽、古浪县退还收购冰草籽款项一事进行调查。甘肃省建设厅发布《白榆育苗法浅说》，并分发种子给各县政府令其培育。武都县、临泽县就收到种子情况呈文省政府，省政府令其速种。古浪县就查收播种后2月未见出苗一事呈文省政府，省政府令其详报播种情形及种子种植深度，再行回复。

【叙录编号】 0617
【档案题名】
甘肃省全省机关服务人员赈灾捐款办法
【发文单位】 不详
【收文单位】 不详
【档案编号】 012-001-0125-0010
【成文时间】 1941-05-22
【关 键 词】 赈灾
【内容提要】

各机关服务人员除勤务公役士兵听其乐捐外，均需照捐，但以1次为限，派捐标准以实际薪俸数为准（有具体数额标准）；捐款的收集也有具体规定。

【叙录编号】 0618
【档案题名】
甘肃省行政公署民政处关于救济难民工作给各专员、各县县长、兰州市市长的指示
【发文单位】 甘肃省行政公署
【收文单位】 各专员；县长等
【档案编号】 024-002-0244-0005
【成文时间】 1949-09-28
【关 键 词】 救急难民
【内容提要】

此指示强调甘肃绝大多数地区虽已告解放，但多地又遭遇多种灾害，各地方应深切注意这一严重问题，并明了这一工作的基本方针

是发动群众。指示对较大城市的难民、农村难民及烈军之属家庭困难者提出了不同的救济办法。最后，指示强调这一工作必须与当前主要工作结合进行。

【档案题名】 0619
甘肃省政府、金塔县政府关于赈灾救灾各项条例章则的文件
【发文单位】 金塔县政府；甘肃省政府
【收文单位】 金塔县政府
【档案编号】 历03-01-2472-（6-10）
【成文时间】 1928-03—1929-03
【关 键 词】 赈灾救灾
【内容提要】
金塔县政府赈灾救灾保管委员会章程规则条例卷中有甘肃省政府训令印发《豫陕甘赈灾委员会组织条例》，附条例1份。甘肃省政府令金塔县政府认真考察放赈人员舞弊情况，附《预防放赈人员舞弊办法四条》。

【叙录编号】 0620
【档案题名】
甘肃省政府关于抄发国民政府赈灾相关问题的文件
【发文单位】 甘肃省政府；甘肃省民政厅
【收文单位】 金塔县政府
【档案编号】 历03-01-2473-（1-12）
【成文时间】 1928-12—1935-12
【关 键 词】 赈灾条例；救灾准备金
【内容提要】
甘肃省政府、省民政厅抄发国民政府有关赈灾问题的各类文件，令各县遵办。其中包括《国民政府赈灾委员会组织条例》《两粤赈灾委员会组织条例》《各省赈务会组织章程》《各省赈济管理规则》《赈灾给奖章程》《实施救灾准备金暂行办法暨准备金保管委员会组织条例》。省民政厅抄发修正实施救灾准备金暂行办法，附办法1份。

【叙录编号】 0621
【档案题名】
甘肃省救灾准备金保管委员会关于行政院公布实施救灾准备金暂行办法
【发文单位】 甘肃省救灾准备金保管委员会
【收文单位】 敦煌县政府
【档案编号】 历06-01-0543-6
【成文时间】 1945-12-09
【关 键 词】 救灾
【内容提要】
甘肃省救灾准备金保管委员会向敦煌县政府下发关于行政院公布实施救灾准备金暂行办法及救灾准备金保管委员会组织条例的公文。

【叙录编号】 0622
【档案题名】
甘肃省政府、敦煌县政府关于灾务处理等的训令、代电及表册
【发文单位】 甘肃省民政厅；甘肃省建设厅等
【收文单位】 敦煌县政府
【档案编号】 历06-01-0883-（9-12）
【成文时间】 1935
【关 键 词】 荒地；开垦；灾荒
【内容提要】
甘肃省财政厅、民政厅关于呈报各县受灾款、减缓田赋各数简明表；各县灾务应按新颁布办法办理；各县荒山荒地填报时需注明私有、公有；敦煌县逃亡荒地应遵照已有规章处置。

【叙录编号】 0623
【档案题名】
甘肃省敦煌县政府关于灾歉调查、配垫粮款、因灾免田赋等的指令、办法、公函、呈文

及表册
【发文单位】 甘肃省民政厅；甘肃省政府等
【收文单位】 敦煌县政府
【档案编号】 历06-01-0884-（1-5）
【成文时间】 1935
【关 键 词】 灾歉
【内容提要】 甘肃省民政厅关于灾歉简明表式、日期的指令；甘肃省民政厅关于呈报第二、三、四、五各区民逃、地荒、赔垫粮款清册给财政厅的指令，以及关于各县查报荒地汇报表的训令；甘肃省财政厅关于查缓田赋简明表格式给各县的训令以及免田赋的暂行办法。

叁　自然资源开发与生态保护类档案

一、综合开发与保护类档案

【叙录编号】 0624
【档案题名】
　　甘肃省地政局职员名册；甘肃省土地测量队职员名册；甘肃省农业改进所1949年2月份职员名额统计对照表；甘肃省农业改进所1949年2月份职员名册；甘肃省气象所1949年2月份职员名额统计对照表；甘肃省气象所1949年2月份职员名册
【发文单位】 不详
【收文单位】 不详
【档案编号】
　　004-001-0247-（0006-0007、0012-0015）
【成文时间】 1949
【关 键 词】 职员名册
【内容提要】
　　如题。

【叙录编号】 0625
【档案题名】
　　甘肃省建设厅关于报送本厅职员名册及机关概况调查表致甘肃省政府的呈；甘肃省建设厅关于送省机械厂、煤矿厂等机关的职员名册、概况调查表、组织规程致甘肃省政府人事室的公函；甘肃省地政局关于报送本局及所属各机构概况调查表、职员名册致甘肃省政府主席郭寄峤的代电
【发文单位】 甘肃省建设厅；甘肃省地政局
【收文单位】 甘肃省政府；甘肃省政府人事室
【档案编号】
　　004-001-0249-（0010-0011、0019）
【成文时间】
　　1949-01-18；1949-03-05；1949-03-17
【关 键 词】 职员名册
【内容提要】
　　如题。

【叙录编号】 0626
【档案题名】
　　民国三十二年（1943）甘肃省经济概况原稿（一）（二）（三）（四）
【发文单位】 不详
【收文单位】 不详
【档案编号】 004-001-0291-0294
【成文时间】 1943
【关 键 词】 经济
【内容提要】
　　如题。

【叙录编号】 0627
【档案题名】
　　甘肃省政府所属各单位各县政府组织规程及办事办法的文件
【发文单位】 甘肃省所属各机关
【收文单位】 甘肃省政府
【档案编号】
　　004-001-0320-（0001-0010）；
　　004-001-0321-（0001-0016）；
　　004-001-0322-（0001-0005）；
　　004-001-0323-（0001-0010）
【成文时间】 1943-04—1949-02

【关 键 词】 林木；规程
【内容提要】

0320 共 10 卷，依次为：甘肃省政府所属各机关单位概况调查表、委任职人员名册、组织规程树木一览表、甘肃省贸易公司组织系统表、甘肃省各县政府组织规程、甘肃省各县政府员额编制表、甘肃省各参议会暂行条例、甘肃省静宁县税捐稽征组织规程草案、甘肃省各民众教育馆规程、甘肃城镇地方自治调查选民细则。0321 共 16 卷，依次为：高台县、鼎新县、岷县、武威县、和政县、漳县、敦煌县、通渭县、临夏县、崇信县、正宁县、会宁县、宁县各县政府组织规程。0322 共 5 卷，依次为：固原田赋粮食管理处组织规程、静宁县田赋粮食管理处组织规程、城关办事处设置办法、威戎办事处设置办法、临泽田赋粮食管理处组织规程。0323 共 10 卷，依次为：静宁、固原、西固、民勤、景泰、张掖、海原、甘谷、山丹等县县政府组织规程。其中一般是县政府第三科执掌农林畜牧工矿交通水利事宜。

【叙录编号】 0628
【档案题名】
甘肃省政府两年来施政要报组织大纲
【发文单位】 甘肃省政府
【收文单位】 甘肃省政府
【档案编号】 004-001-0329-0003
【成文时间】 不详
【关 键 词】 施政；报告；植树；水利
【内容提要】

主要包括树立人事制度、改进文书处理办法、简化单行法规、兴修重要公路、兴办河西水利工程及兰州自来水工程、农林畜牧推广、植树育苗、甜菜种植、棉花生产、地籍整理、经济建设（扶植自耕农、湟惠渠办理成果、靖丰渠办理成果、会川县黄川沟办理成果、永登榆中农耕实施计划）。

【叙录编号】 0629
【档案题名】
经济部关于送西北建设纲要实施办法致甘肃省政府的公函
【发文单位】 经济部
【收文单位】 甘肃省政府
【档案编号】 004-001-0335
【成文时间】 1947-05-20
【关 键 词】 西北建设；水利；林业
【内容提要】

《田粮总处三十六年度（1947）中心工作计划纲要》包括放款与投资、贷款与成效、农贷及土地金融业务。《各行局放款业务配合民生日用必需品供应办法协助推进方案》。

【叙录编号】 0630
【档案题名】
甘肃省政府审核各项单行法规登记簿、登记表
【发文单位】 甘肃省政府
【收文单位】 甘肃省政府
【档案编号】 004-001-0338-（0001-0002）
【成文时间】 不详
【关 键 词】 法规登记
【内容提要】

《本省单行法规登记簿》包含法规名称、原拟机关、审核日期、提会及会议次数、经本市公布情况及公布日期、公布令号数。内有民政厅、建设厅、财政厅各项法规，其中涉及水利、农林、渠道灌溉、合作事业、田赋等法规条目。

【叙录编号】 0631
【档案题名】
甘肃省政府中央法规登记簿第 1-5 册

叁 自然资源开发与生态保护类档案

【发文单位】 甘肃省政府
【收文单位】 甘肃省政府
【档案编号】
　　004-001-0348-（0001-0002）；
　　004-001-0349-（0001-0002）；
　　004-001-0350-（0001-0002）
【成文时间】 不详
【关 键 词】 法规登记
【内容提要】
　　《中央法规登记簿》包含法规名称、颁行机关、公布日期及施行机关各部分。主要为国民政府行政院、农林部、内政部、财政部、社会部、行政院水利委员会等各个机关单位颁行法律法规条文，涉及农林、水利、农业等法律条目。

【叙录编号】 0632
【档案题名】
　　农林部各项法规、组织规程
【发文单位】 农林部及其直属各单位
【收文单位】 不详
【档案编号】 004-001-0351-（0001-0019）
【成文时间】 1944-03—1944-08
【关 键 词】 农林部
【内容提要】
　　此案卷包含19份文件，均为农林部及其直属各机构的各项组织规程等文件，如农林部组织法、职员出差规则、国营耕牛繁殖场组织规程、中央林业实验所组织规程等。

【叙录编号】 0633
【档案题名】
　　甘肃省政府任职周年工作要报（初稿）
【发文单位】 甘肃省政府
【收文单位】 甘肃省政府
【档案编号】 004-001-0356-0002
【成文时间】 1947

【关 键 词】 工作要报；农林水利
【内容提要】
　　《甘肃省政府任职周年工作要报（初稿）》包括甲：施政概述（四、建设。内容包含协助修理天兰公路、拟订地方公路三年计划、恢复水泥公司等各厂、改良畜牧加强育苗扩大造林、创立制糖实验区、整理兰阿公路、办理兰州自来水工程。八、水利。内容包括完成肃丰渠、西营河洪水坝工程、鸳鸯池水库等工程、整理各县渠道、勘测各县水利、兴办水文测量），其余为地政、合作、卫生事宜。

【叙录编号】 0634
【档案题名】
　　甘肃省政府主席郭寄峤民国三十八年（1949）政绩交代比较表
【发文单位】 甘肃省政府秘书处
【收文单位】 甘肃省政府
【档案编号】 004-001-0398-0001
【成文时间】 1949
【关 键 词】 政绩交代；比较目录
【内容提要】
　　《甘肃省政府主席郭寄峤政绩交代比较表目录》包括：壹一般行政、贰民政、叁财政、肆教育、伍建设（交通、农业、林业、畜牧兽医、垦务、水利、矿业等）、陆保安、柒警务、捌计政、玖社会、拾卫生、十一地政、十二田粮、十三运输。

【叙录编号】 0635
【档案题名】
　　甘肃省政府三十二年度（1943）政绩比较表
【发文单位】 秘书处
【收文单位】 甘肃省政府
【档案编号】 004-001-0399-0001
【成文时间】 1943

【关 键 词】 政绩交代；比较目录
【内容提要】
　　表格包括民政、财政、建设（交通、农业、林业、畜牧兽医、垦务、水利、矿业、气象）等事宜。

【叙录编号】 0636
【档案题名】
　　甘肃省政府关于发本署合署办公施行细则给甘肃省政府秘书处的训令
【发文单位】 甘肃省政府
【收文单位】 秘书处
【档案编号】
　　004-001-0411-0002；
　　004-002-0106-0004
【成文时间】 1948-07-12
【关 键 词】 合署办公
【内容提要】
　　《甘肃省政府合署办公施行细则》第2条为秘书处、民政厅、财政厅、教育厅、建设厅、社会处、合作事业管理处、田赋管理处、地政局、水利局合署办公，附有《甘肃省各厅处员额统计表》。

【叙录编号】 0637
【档案题名】
　　甘肃省政府各厅处三十二年度（1943）施政报告（一）
【发文单位】 甘肃省政府各厅处
【收文单位】 甘肃省政府
【档案编号】
　　004-001-0429-0001；
　　004-001-0430-0001
【成文时间】 1943
【关 键 词】 施政报告
【内容提要】
　　内含《三十二年度（1943）民政部门施政报告》《甘肃省卫生部门施政报告》《甘肃省政府保安处业务报告》《甘肃省彩陶三十二年度（1943）工作报告》，《甘肃省建设厅三十二年度（1943）工作概况》（65页起），主要包括交通、水利（洮惠渠、溥济渠、湟惠渠、永丰渠、永乐渠、靖丰渠、兰丰渠、立丰渠、肃丰渠、汭丰渠。河西农田水利、水利查勘队、水文站、水利贷款、改良水车、河水化验）、第五农林畜牧（内含农业、小麦改造、棉花改进病虫害、小麦黑穗病）。104为建设厅三十二年度（1943）上半年施政报告，128为《社会部门施政报告》。430-1为《甘肃省驿运管理处工作概要》，9页为《甘肃省合作事业管理处三十二年度（1943）工作报告》《甘肃省征购车驼委员会报告》《甘肃省物价管制报告》，69页为《甘肃省地政局施政报告》，82页为《甘肃省银行报告书》。

【叙录编号】 0638
【档案题名】
　　甘肃省五年建设工作纲领实施情形
【发文单位】 甘肃省政府
【收文单位】 甘肃省政府
【档案编号】 004-001-0433-0003
【成文时间】 1948
【关 键 词】 水利；工作纲领
【内容提要】
　　《五年建设工作纲领实施情形表》主要包含民政、财政、建设、教育、计政、社会、合作、卫生、地政、水利。第11页建设类包括修筑公路、保护水土、培育优良品种、防治病虫害、土壤改良、植树育苗。水利部分包括修理水渠。

【叙录编号】 0639
【档案题名】
　　甘肃省政府民国三十七年度（1948）工作

检讨会计划

【发文单位】 甘肃省政府
【收文单位】 甘肃省政府
【档案编号】 004-001-0434-0001
【成文时间】 1948
【关 键 词】 工作检讨会
【内容提要】

《甘肃省政府民国三十七年度（1948）工作检讨会计划》包括农林类：粮食增产、特用作物、育苗造林、护林、保持水土、畜牧（如牲畜引种、牧草改良）、自来水工程、气象测候所事务。

【叙录编号】 0640
【档案题名】

甘肃省政府民国三十七年度（1948）工作检讨会检讨案

【发文单位】 甘肃省政府
【收文单位】 甘肃省政府
【档案编号】 004-001-0435-0001
【成文时间】 1948
【关 键 词】 工作计划
【内容提要】

主要为财政及人事类，附有《甘肃省战时体制纲要》建立党政军一元化制度发挥总体效能。各县设置政务委员会，委员会下设政务处、军务处、经济处。政务处主管政务，其中有农林水利事宜。第43页起为《甘肃省政府三十八年度（1949）施政计划》，5为建设，14为水利，建设部门策动农林建设、自来水工程、设立测候所。104为《甘肃省择县实施土地改革方案》。119页起为《甘肃省政府民国三十八年度（1949）中心工作要目》。

【叙录编号】 0641
【档案题名】

甘肃省政府民国三十七年度（1948）工作检讨会议记录

【发文单位】 甘肃省政府
【收文单位】 甘肃省政府
【档案编号】 004-001-0492-0001
【成文时间】 1948
【关 键 词】 育苗造林；会议记录
【内容提要】

其中涉及农林类，粮食增产，特用作物、育苗、造林护林、保持水土、牧草改良、自来水工程、气象所业务。

【叙录编号】 0642
【档案题名】

甘肃省政府统计处关于催报民国三十八年度（1949）施政计划一事的呈文训令公函

【发文单位】 统计处
【收文单位】 甘肃省政府
【档案编号】 004-002-0004-（0001-0006）
【成文时间】 1948-10-30—1948-12-17
【关 键 词】 水土保持；工作计划
【内容提要】

甘肃省政府训令统计处速编民国三十八年度（1949）施政计划。4为统计处报送《甘肃省政府统计处三十八年度（1949）工作计划》；6为《甘肃省政府三十八年度（1949）工作计划资料》，涉及保持水土、防治病虫害、改进土壤肥料、增加牧草产量，调查全省地质、水利工程。

【叙录编号】 0643
【档案题名】

甘肃省各县乡镇法规政策

【发文单位】 甘肃省政府
【收文单位】 不详
【档案编号】 004-002-0083-（0001-0009）
【成文时间】 1940—1942
【关 键 词】 古树

【内容提要】

甘肃省各县保办公组织规程、甘肃省各县保办公处员额经费表、甘肃省各县乡镇公所组织规程、甘肃省各县乡镇公所分等组织表、甘肃省各县各级组织纲要实施计划、甘肃省各县政府分区设署规程、甘肃省政府古物保护办法、甘肃省各县裁撤区署办法、甘肃省各县积谷清理办法。

【叙录编号】 0644
【档案题名】
甘肃省政府主席郭寄峤任内经管档案移交清册
【发文单位】 郭寄峤
【收文单位】 甘肃省政府
【档案编号】
　　004-002-0084-0001；
　　004-002-0085-0001；
　　004-002-0086-0006
【成文时间】 1949
【关 键 词】 移交清册
【内容提要】

《档案》包括类、纲、目、项、节、案名、单位、数量、起止日期、备注。涉及水利政策法规、植树案、甘肃省政府工作计划、图书移交清册、兴隆山执行财产移交清册。

【叙录编号】 0645
【档案题名】
甘肃省政府民国三十年度（1941）上半年办理省参议会建议案经过汇编（一）
【发文单位】 不详
【收文单位】 不详
【档案编号】 004-002-0102-0001
【成文时间】 1941
【关 键 词】 水利；造林
【内容提要】

第21页起为《建设厅主办参议会建议经过情形》，其中涉及测量河流、水利勘测队查勘、酒金分水、甘川公路、保护崆峒山附近森林、掘沟造粒防河患。

【叙录编号】 0646
【档案题名】
甘肃省政府民国三十年度（1941）下半年办理省参议会建议案经过汇编（二）
【发文单位】 不详
【收文单位】 不详
【档案编号】 004-002-0103-0002
【成文时间】 1941
【关 键 词】 水利；造林
【内容提要】

第16页起为建设部门，涉及积极整治全省水利、陇东河川、兰州自来水、提倡植树造林、淤地压砂增产、荒山开垦、开采煤矿等事宜。

【叙录编号】 0647
【档案题名】
甘肃省政府电气事业建设基金规则
【发文单位】 不详
【收文单位】 不详
【档案编号】 004-002-0106-0002
【成文时间】 不详
【关 键 词】 电气
【内容提要】

如题。

【叙录编号】 0648
【档案题名】
甘肃省建设促进委员会暂行章程
【发文单位】 不详
【收文单位】 不详
【档案编号】 004-002-0106-0006

【成文时间】 不详
【关 键 词】 建设
【内容提要】
　　如题。

【叙录编号】 0649
【档案题名】
　　甘肃省各县县金库暂行规程草案
【发文单位】 不详
【收文单位】 不详
【档案编号】 004-002-0106-0007
【成文时间】 不详
【关 键 词】 金库
【内容提要】
　　如题。

【叙录编号】 0650
【档案题名】
　　甘肃省各县会计准暂行规则、甘肃省各县会计主任办事细则
【发文单位】 不详
【收文单位】 不详
【档案编号】 004-002-0106-0008
【成文时间】 不详
【关 键 词】 会计
【内容提要】
　　如题。

【叙录编号】 0651
【档案题名】
　　甘肃省地方行政干部训练委员会组织规程
【发文单位】 不详
【收文单位】 不详
【档案编号】 004-002-0110-0002
【成文时间】 不详
【关 键 词】 不详
【内容提要】
　　如题。

【叙录编号】 0652
【档案题名】
　　甘肃省城市测量队服务人员奖惩规则
【发文单位】 不详
【收文单位】 不详
【档案编号】 004-002-0112-0010
【成文时间】 不详
【关 键 词】 测量
【内容提要】
　　如题。

【叙录编号】 0653
【档案题名】
　　甘肃省政府公布令秘法字第318号关于颁布甘肃省农业改进所组织规程
【发文单位】 甘肃省政府
【收文单位】 不详
【档案编号】 004-002-0112-0014
【成文时间】 1941-07-12
【关 键 词】 农改所
【内容提要】
　　《甘肃省农业改进所组织规程》。

【叙录编号】 0654
【档案题名】
　　甘肃省驿运管理处暂行组织规程
【发文单位】 不详
【收文单位】 不详
【档案编号】 004-002-0114-0005
【成文时间】 不详
【关 键 词】 驿运
【内容提要】
　　如题。

【叙录编号】 0655

【档案题名】
　　中央驿运计划
【发文单位】　不详
【收文单位】　不详
【档案编号】　004-002-0114-0006
【成文时间】　不详
【关　键　词】　驿站
【内容提要】
　　如题。

【叙录编号】　0656
【档案题名】
　　甘肃省政府公布令秘法字第601号关于制定民国三十三年度（1944）重要行政工作竞赛实施办法
【发文单位】　甘肃省政府
【收文单位】　不详
【档案编号】　004-002-0132-0002
【成文时间】　1944-08-07
【关　键　词】　行政竞赛
【内容提要】
　　主要包含竞赛总则、竞赛单位、竞赛机构、竞赛项目与实施（义务劳动、整理户籍、地籍等）、考核原则等。

【叙录编号】　0657
【档案题名】
　　甘肃省政府公布令秘法字第602号关于制定民国三十三年度（1944）重要行政工作竞赛考核标准
【发文单位】　甘肃省政府
【收文单位】　不详
【档案编号】　004-002-0132-0003
【成文时间】　1944-08-17
【关　键　词】　行政竞赛
【内容提要】
　　主要内容包括整理地籍、义务劳动、植树每户成活8株、保育苗圃、修筑县道、兴修水利、乡镇造产。

【叙录编号】　0658
【档案题名】
　　甘肃省政府公布令秘法字第605号关于修正甘肃省各县市局民国三十三年度（1944）重要行政工作竞赛及粮政考察团章程草案的公布令
【发文单位】　不详
【收文单位】　不详
【档案编号】　004-002-0132-0009
【成文时间】　不详
【关　键　词】　粮政
【内容提要】
　　如题。

【叙录编号】　0659
【档案题名】
　　甘肃省政府公布令秘法字第633号关于修正甘肃省行政督察专员兼保安司令公署办事细则
【发文单位】　甘肃省政府
【收文单位】　不详
【档案编号】　004-002-0133-0004
【成文时间】　1944-10-04
【关　键　词】　公署；办事细则
【内容提要】
　　其中涉及民政、粮政、建设事项。

【叙录编号】　0660
【档案题名】
　　甘肃省政府公布令秘法字第717号关于制定甘肃省经济建设方案
【发文单位】　甘肃省政府
【收文单位】　不详
【档案编号】　004-002-0139-0003

【成 文 时 间】 1947-12-08
【关 键 词】 经济建设
【内容提要】
　　主要包含农牧与工业并重、基本工业与民生工业相辅，开展农林建设、畜牧建设、工矿建设、交通建设、水利建设等内容。

【叙录编号】 0661
【档案题名】
　　甘肃省政府关于发本署合署办公实行细则给甘肃省政府统计处的训令
【发文单位】 甘肃省政府
【收文单位】 不详
【档案编号】 004-002-0151-0001
【成 文 时 间】 1948-07-21
【关 键 词】 合署办公
【内容提要】
　　包括从秘书处、建设厅、水利局等10余个单位合署办公。

【叙录编号】 0662
【档案题名】
　　甘肃省政府施政报告大纲
【发文单位】 甘肃省政府
【收文单位】 不详
【档案编号】 004-002-0152-0007
【成 文 时 间】 1948
【关 键 词】 施政报告
【内容提要】
　　主要涉及修筑公路、合作经营、田粮征运、兴办河西水利工程、自来水工程、农林畜牧、植树造林、育苗造林。

【叙录编号】 0663
【档案题名】
　　甘肃省政府各厅处提案汇录
【发文单位】 甘肃省政府
【收文单位】 不详
【档案编号】 004-002-0154-0002
【成 文 时 间】 1946
【关 键 词】 提案汇录
【内容提要】
　　《甘肃省政府各厅处提案汇录》包括案由、各区决议情形、最后表决。主要涉及河西水利、水土保持、土地清丈、煤炭开采、挖掘水平沟等事宜。

【叙录编号】 0664
【档案题名】
　　甘肃省政府秘书处关于发出民国三十七年（1948）工作检讨会计划给甘肃省政府统计处的通知
【发文单位】 甘肃省政府秘书处
【收文单位】 不详
【档案编号】 004-002-0155-0003
【成 文 时 间】 1948-11-29
【关 键 词】 工作检讨会
【内容提要】
　　包含工作报告会议厅座次表，附有《五年建设工作纲领实施情形表》，包含民政、财政、建设、水利等10项。建设类包含修筑铁路、水土保持、铺砂工程、防治病虫害、奖励造林、推进乡村造林、牧草加工、筹办甜菜。水利类为水利工程、兴修永乐渠等渠道。

【叙录编号】 0665
【档案题名】
　　甘肃省政府关于本省五年建设工作纲要第一期中心工作项目给甘肃省政府统计室的训令
【发文单位】 甘肃省政府
【收文单位】 统计室
【档案编号】 004-002-0161-3
【成 文 时 间】 1946-07-04
【关 键 词】 农田水利；种树浅说

【内容提要】

其中涉及一般建设工作，包含交通、水利。具体包括：小型农田水利、手工业、天兰公路、水利法实行细则、水渠管理处规程、水土保持浅说、民众植树浅说等内容。

【叙录编号】 0666
【档案题名】
甘肃省政府统计室关于历象、土地、人口政治组织、劳工、粮食、农林水牧、商业金融、教育卫生、交通邮电等1945年统计总报告及数据统计表
【发文单位】 甘肃省政府统计室
【收文单位】 甘肃省政府
【档案编号】
004-002-0188-0001；
004-002-0190-0001；
004-002-0195-0001
【成文时间】 1945
【关 键 词】 统计总报告
【内容提要】

《甘肃省三十四年度（1945）统计总报告（资料）纲目》主要包括：第一类历象（各测试所位置、气压、温度、降水量及降水日数、风向风速及风力、蒸发量、湿度、云量、日照）。第二类土地：第一纲地质（地层构造、地质构造、土壤分布）、第二纲地籍（土地登记、土地测量、土地税）。第三类人口：人口分布。第四类第一纲行政区划：行政督查区。第三纲民意机构：参议会等。第四纲各地行政机关人员与经费。第五纲自治组织。第五类农业（农户耕地、耕地类别、主要农作物及面积、夏秋农作物面积比较试验、推广麦种、棉花产量等）。第六类粮食：粮食仓库、田赋积谷。第七类水利：包含甘肃省水利工程费用（金龙渠坝）、水利工程费用、水利工程施工进度、水利工程勘测、水利工程改善等。第八类林业：甘肃南部天然林面积、县保苗圃面积株数。第九类畜牧、第十类矿业、第十一类工业、第十二类劳工、第十三类商业、第十四类合作事业、第十五类财政行政、第十六类财政监督、第十七类金融、第十八类电信、第十九类公路、第二十类教育、第二十一类卫生、第二十二类社会、第二十三类警卫、第二十四类军事。

【叙录编号】 0667
【档案题名】
甘肃省政府统计室关于历象、农林、水利、工矿、商业民国三十三年（1944）统计总报告
【发文单位】 甘肃省政府统计室
【收文单位】 甘肃省政府
【档案编号】
004-002-0189-0001；
004-002-0191-0001；
004-002-0192-0001
【成文时间】 1944
【关 键 词】 统计总报告
【内容提要】

涉及农田水利工程、内河线里程、义务劳动等。

【叙录编号】 0668
【档案题名】
甘肃省政府民国三十三年（1944）公务统计方案（纲目）
【发文单位】 甘肃省政府统计室
【收文单位】 甘肃省政府
【档案编号】 004-002-0201
【成文时间】 1944-12
【关 键 词】 公务统计
【内容提要】

《省政府统计处（室）应造报之报告表格

式》（第一期施行）主要包含气象、土地、人口、政治组织、农业、社会、垦殖、水利、林业、畜牧、矿业、工业、劳工、合作事业、财政监督、金融、电话、公路、铁路、教育、卫生、社会、救济、警卫、军事28大类。

【叙录编号】 0669
【档案题名】
甘肃省政府民国三十三年（1944）公务统计方案（劳工）
【发文单位】 不详
【收文单位】 不详
【档案编号】 004-002-0202
【成文时间】 1944-12
【关 键 词】 劳工
【内容提要】
如题。

【叙录编号】 0670
【档案题名】
甘肃省政府民国三十三年（1944）公务统计方案（警卫）
【发文单位】 不详
【收文单位】 不详
【档案编号】 004-002-0203
【成文时间】 1944-12
【关 键 词】 警卫
【内容提要】
如题。

【叙录编号】 0671
【档案题名】
甘肃省政府民国三十三年（1944）公务统计方案（合作类）
【发文单位】 甘肃省政府统计室
【收文单位】 甘肃省政府
【档案编号】 004-002-0352-0001
【成文时间】 1944-12
【关 键 词】 公务统计
【内容提要】
主要分为合作组织纲、合作经营纲、合作金融纲。

【叙录编号】 0672
【档案题名】
甘肃省政府关于发本府民国三十六年度（1947）政绩比较表给甘肃省财政厅的训令
【发文单位】 甘肃省政府
【收文单位】 甘肃省财政厅
【档案编号】 004-009-0222-0001
【成文时间】 1948-03-22
【关 键 词】 政绩比较；水利建设
【内容提要】
甘肃省政府已将比较表发给财政厅，令其遵照改进。比较表目录包括一般行政、民政、财政、建设、教育、保安、水利等事宜。表格主要内容有工作计划、工作实施及比上年度进展情形等，其中涉及《农林畜牧政绩比较表》《气象政绩比较表》《水利政绩比较表》。

【叙录编号】 0673
【档案题名】
甘肃省政府民国三十一年度（1942）甘肃省各县岁入岁出综合比较表
【发文单位】 不详
【收文单位】 不详
【档案编号】 004-002-0270-0001
【成文时间】 1942
【关 键 词】 预算书
【内容提要】
主要为各县常时、临时各类经费使用情况比较表。

【叙录编号】 0674

【档案题名】

甘肃省政府、县政府报送民国三十二（1943）、三十三年（1944）地方岁入岁出总预算书

【发文单位】 甘肃省各县

【收文单位】 甘肃省政府

【档案编号】

004-002-0271-0285；

004-002-0291-0303

【成文时间】 1943—1945

【关 键 词】 预算书

【内容提要】

271为合水、定西、景泰、陇西、会宁、渭源为民国三十二年（1943），272为靖远、临洮、酒泉、武威为民国三十二年（1943），273为康乐、武山、礼县、秦安、通渭、清水、两当、徽县、永靖、宁县、合作、武威、民勤、古浪、临泽、张掖、山丹、酒泉、金塔、鼎新、安西、敦煌、玉门、肃北设治局、文县、武都、成县、康县、通渭、榆中、定西为民国三十二年度（1943）。374为兰州、皋兰、崇信、靖远、会宁、永登、陇西、岷县、漳县、临潭、夏河、卓尼、平凉、华亭、化平、庄浪、静宁、崇信、海原、西吉、庆阳、环县、合水、宁县、正宁、镇原、泾川、灵台、固原、天水、甘谷、西固、临洮、洮沙。其余为民国三十三年度（1944）与之类似，涉及造林费，不一而足。

【叙录编号】 0675

【档案题名】

甘肃省政府民国三十二（1943）、三十三（1944）、三十五（1946）年度岁出决算书

【发文单位】 甘肃省各县政府

【收文单位】 甘肃省政府

【档案编号】

004-002-0286-0001；

004-002-0287-0001；

004-002-0288-0001；

004-002-0289-0001；

004-002-0290-0001；

004-002-0291-0001

【成文时间】 1946-01

【关 键 词】 预算书

【内容提要】

其中专设农林经费涉及农业改进所、粮食增产督导团、水利费、水文勘测经费、渠道修理费、气象费、调查费、水利改造费、工程费等内容。

【叙录编号】 0676

【档案题名】

甘肃省财政金融紧急措施方案、征兵实施办法、甘肃省择县实施土地改革方案、修正甘肃省各县市局各保自助互助办法、甘肃省三十八年度（1949）行政会议规程、全省行政会议议事规则、行政会议秘书处租住规则

【发文单位】 不详

【收文单位】 不详

【档案编号】 004-002-0426

【成文时间】 1949

【关 键 词】 土地；经济

【内容提要】

如题。

【叙录编号】 0677

【档案题名】

甘肃省民国三十八年度（1949）行政会议决议议案（财政类）

【发文单位】 甘肃省政府

【收文单位】 不详

【档案编号】 004-002-0427-0007

【成文时间】 1949

【关 键 词】 经济

【内容提要】

如题。

【叙录编号】 0678
【档案题名】
内政部公务统计方案
【发文单位】 内政部
【收文单位】 甘肃省政府
【档案编号】 004-003-0047
【成文时间】 不详
【关 键 词】 公务统计
【内容提要】

（一）政治组织类；（二）人口类；（三）卫生类；（四）社会类；（五）公用事业营建类；（六）土地类；（七）教育类；（八）警卫类；内附各机关各种报表格式。

【叙录编号】 0679
【档案题名】
甘肃省民国三十二年（1943）统计资料集要（四）
【发文单位】 甘肃省政府
【收文单位】 不详
【档案编号】 004-003-0052-0001
【成文时间】 1943
【关 键 词】 保甲
【内容提要】

主要涉及保甲、工厂、积谷调查表、户口、学校、兵役等内容。

【叙录编号】 0680
【档案题名】
甘肃省民国三十一年（1942）统计资料集要（一）
【发文单位】 甘肃省政府
【收文单位】 不详
【档案编号】 004-003-0053-0001

【成文时间】 1942
【关 键 词】 林业
【内容提要】

主要涉及警察、户口、合作事业、保甲、小学，第15页为《华亭县荒山造林统计表》。

【叙录编号】 0681
【档案题名】
甘肃省建设厅关于报送本厅统计资料致甘肃省政府统计室的公函
【发文单位】 甘肃省建设厅
【收文单位】 不详
【档案编号】 004-003-0055-0019
【成文时间】 1945-11-20
【关 键 词】 水利；林业
【内容提要】

其中有《登记之公司》，涉及火柴、水利林牧、水泥、垦殖、林业等方面，含有《甘肃省公路一览表》《内河航线》《甘肃省将兴办之小型水利概况》。

【叙录编号】 0682
【档案题名】
甘政三年书稿
【发文单位】 甘肃地政局局长周之佐
【收文单位】 甘肃省政府
【档案编号】 0026-001-0348
【成文时间】 1943
【关 键 词】 甘政三年
【内容提要】

主要涉及整理地籍、土地测量等事宜，涉及《甘肃省土地测量成果表》，12页为甘肃省地图，13页为《甘肃省三十二年度（1943）土地登记进程图》。

【叙录编号】 0683
【档案题名】

甘肃省政府统计室民国三十三年度（1944）统计总报告表（一）至（五）
【发文单位】　统计室
【收文单位】　甘肃省政府
【档案编号】
　　004-003-0070-0001；
　　004-003-0071-0001；
　　004-003-0076-0001；
　　004-003-0077-0001；
　　004-003-0078-0001
【成文时间】　1944—1945
【关　键　词】　统计总报告
【内容提要】
　　76为《甘肃省三十年度（1941）统计总报告》目录，文件第一部分，主要包括历象类（各测试所位置、气压、温度、降水量及降水日数、风向风速及风力、蒸发量、湿度、云量、日照）。第二类土地：第一纲地质（地层构造、地质构造、土壤分布）；第二纲地籍：土地登记、土地测量、土地税。第三类人口：人口分布。第四类第一纲行政区划：行政督查区；第三纲民意机构：参议会等；第四纲各地行政机关人员与经费；第五纲自治组织。第五类农林（农户耕地、耕地类别、主要农作物及面积、夏秋农作物面积比较试验、推广麦种、棉花产量等）。第六类粮食：粮食仓库、田赋积谷。第七类工矿。第八类商业。第九类合作，涉及事业与合作机关。第十类为财政行政、第十一类为财务监督、第十二类为金融、第十三类为公用事业、第十四类为教育、第十五类为卫生、第十六类为社会、第十七类警卫（与前文表格同）。

【叙录编号】　0684
【档案题名】
　　甘肃省政府统计室民国三十四年度（1945）统计总报告表（一至四）

【发文单位】　统计室
【收文单位】　甘肃省政府
【档案编号】
　　004-003-0072-0001；
　　004-003-0073-0001；
　　004-003-0074-0001；
　　004-003-0075-0001
【成文时间】　1945
【关　键　词】　统计总报告
【内容提要】
　　《甘肃省三十四年度（1945）统计总报告》主要包括：历象类（各测试所位置、气压、温度、降水量及降水日数、风向风速及风力、蒸发量、湿度、云量、日照）。第二类土地：第一纲地质（地层构造、地质构造、土壤分布）；第二纲地籍：土地登记、土地测量、土地税。第三类人口：人口分布。第四类第一纲行政区划：行政督查区；第三纲民意机构：参议会等；第四纲各地行政机关人员与经费；第五纲自治组织。第五类农业：农户耕地、耕地类别、主要农作物及面积、夏秋农作物面积比较试验、推广麦种、棉花产量等。第六类粮食：粮食仓库、田赋积谷。第七类水利：包含甘肃省水利工程费用（金龙渠坝）、水利工程费用、水利工程施工进度、水利工程勘测、水利工程改善等。第八类林业：包括甘肃南部天然林面积、县保苗圃面积株数。第九类畜牧、第十类矿业、第十一类工业、第十二类劳工、第十三类商业、第十四类合作事业、第十五类财政行政、第十六类财政监督、第十七类金融、第十八类电信、第十九类公路、第二十类教育、第二十一类卫生、第二十二类社会、第二十三类警卫、第二十四类军事。195为第二类土地。

【叙录编号】　0685
【档案题名】
　　甘肃省民政厅主任侯琮关于送本厅民国三

十三年度（1944）2、3月份统计工作月报表、统计资料致甘肃省政府统计室的函
【发文单位】　甘肃省政府统计室
【收文单位】　甘肃省政府
【档案编号】　004-003-0079-0001
【成文时间】　1945
【关 键 词】　统计总报告
【内容提要】

　　第16页为《省县各级民意机构法定组织情形》，第19页同，较为清晰。第69页为《甘肃省行政区域图》，为甘肃省行政督察专员公署所辖各县及治所图。第96页为《奸党占领陇东区域图》。第97页为《甘肃省行政区域图》，将共产党所占陇东区以红线划出。第100页为《甘肃省行政区域理念行政区域调整情形一览表》。第107页为《甘肃省新旧县等比较表》。

【叙录编号】　0686
【档案题名】
　　甘肃省统计年鉴底册（一）（二）
【发文单位】　甘肃省政府统计室
【收文单位】　甘肃省政府
【档案编号】
　　004-003-0003-0001；
　　004-003-0080-0001；
　　004-003-0081-0001
【成文时间】　1947
【关 键 词】　统计年鉴
【内容提要】

　　第一编：甘政两年（第一章一般行政：建立人事制度-改进办法-简化单行法规等；第二章政治建设、促进宪政实施；第三章经济建设；第四章文化建设）。第二编统计资料（历象、土地、人口、政治组织、农林畜牧、田粮、财政、工矿、交通、商业、水利、合作卫生等），其中第129页有造林面积与株数表、各县苗圃与苗木表。第60页起为水利，包括水利概述、农田水利工程，另有《大型水利工程概况》《农田水利工程经济价值估计》《各水文站雨量》《河流水位》。

【叙录编号】　0687
【档案题名】
　　甘肃省政府统计室民国三十五（1946）年度统计总报告表（一）（二）
【发文单位】　甘肃省政府统计室
【收文单位】　甘肃省政府
【档案编号】
　　004-003-0082-0001；
　　004-003-0083-0001
【成文时间】　1946
【关 键 词】　统计总报告
【内容提要】

　　《三十五年度（1946）统计总报告》包含纲目、历象、土地、人口、政治组织、农林畜牧、田粮水利、社会、警卫类，内容与前文格式类似，不再备载。

【叙录编号】　0688
【档案题名】
　　甘肃省民政厅统计室主任赵世英关于报送本厅业务资料致甘肃省政府统计室的签呈
【发文单位】　甘肃省民政厅
【收文单位】　甘肃省政府
【档案编号】　004-003-0087-0008
【成文时间】　1947-03-01
【关 键 词】　统计总报告
【内容提要】

　　主要涉及诉愿类、礼俗类、户政类、警政类、禁政类、宪政类、县政类、厅务类的文件。

【叙录编号】　0689

【档案题名】
民国三十六年度（1947）全省统计总报告（一）（二）
【发文单位】 甘肃省政府
【收文单位】 不详
【档案编号】
004-003-0088-0001；
004-003-0089-0001
【成文时间】 1947
【关 键 词】 统计总报告
【内容提要】
主要为历象、土地、人口、政治组织、农林畜牧、水利、交通、粮食、财政、金融、合作、教育、畜牧兽医、劳工、警卫等各项数据的统计表汇总。土地类包括：山脉报告表、地势报告表、土地测量报告表、地权、地价报告表；农林畜牧包括：农作物推广报告表、造林面积与株数报告表、苗圃与苗木报告表；水利类包括：水利行政、水利勘测与水利工程、水文等各方面。

【叙录编号】 0690
【档案题名】
甘肃省水利局、农改所关于送民国三十六年度（1947）行政经费及行政人员考绩报告成奖惩报告表致甘肃省政府统计处的公函
【发文单位】 甘肃省水利局；甘肃省农改所
【收文单位】 甘肃省政府
【档案编号】 004-003-0091-（0004-0007）
【成文时间】 1948-03-11—1948-04-23
【关 键 词】 考绩
【内容提要】
如题。

【叙录编号】 0691
【档案题名】
甘肃省农业改进所关于报送民国三十五年度（1946）统计总报告资料致甘肃省政府的呈文
【发文单位】 甘肃省农改所
【收文单位】 甘肃省政府
【档案编号】 004-003-0132-0001
【成文时间】 1947-03-08
【关 键 词】 统计总报告
【内容提要】
文内有《甘肃省农业试验（或推广）场所报告表》《甘肃省水土保持报告表》《甘肃省各推广所督导县保苗圃报告表》《甘肃省会造林委员会现有苗木统计表》《甘肃省农作物病虫害报告表》《甘肃省小麦黑穗病防治报告表》《甘肃省农作物粮食良种推广报告表》《甘肃省肥料试验报告表》。

【叙录编号】 0692
【档案题名】
甘肃省政府行政统计册
【发文单位】 甘肃省政府秘书处
【收文单位】 甘肃省政府
【档案编号】 004-003-0139
【成文时间】 1933-06
【关 键 词】 收文统计
【内容提要】
主要有《甘肃省政府秘书处收文统计表》、分类比较图，附有各类文书的比较图表，各种形状比较图表。

【叙录编号】 0693
【档案题名】
统计室政府工作要报
【发文单位】 不详
【收文单位】 不详
【档案编号】 004-003-0150
【成文时间】 1947
【关 键 词】 工作要报

【内容提要】

《任职周年工作要报》包含一般行政、民政、财政、建设类（涉及修筑公路、兰州市自来水工程、气象）。

【叙录编号】　0694
【档案题名】
　　内政部及附属机关各项情况统计表（一）（二）
【发文单位】　不详
【收文单位】　不详
【档案编号】　004-003-0154
【成文时间】　1947
【关 键 词】　统计表
【内容提要】

主要涉及内务行政组织、民意机构、县级行政人员、行政干部训练、行政区划、土地面积、人口、户政等，公用事业涉及自来水章务。

【叙录编号】　0695
【档案题名】
　　甘肃省建设厅关于报送民国三十年度（1941）各项统计表致甘肃省政府的呈文
【发文单位】　不详
【收文单位】　不详
【档案编号】　004-003-0160
【成文时间】　1942-06-05
【关 键 词】　水利工程；矿产
【内容提要】

内有《甘肃省建设厅三十年度（1947）进行水利工程统计表》《甘肃全省铁矿生产一览表》《甘肃全省煤矿产量统计一览表》《甘肃全省交通统计表》。

【叙录编号】　0696
【档案题名】
　　甘肃省建设厅统计室关于报送民国三十六年度（1947）育苗造林统计表及修筑道路统计表致甘肃省政府统计处第一科的函
【发文单位】　甘肃省建设厅
【收文单位】　甘肃省政府
【档案编号】　004-003-0164-0007
【成文时间】　1947-11-11
【关 键 词】　造林；修路
【内容提要】

《甘肃省本年度修筑道路统计表》《甘肃省三十六年度（1947）育苗造林统计表》。

【叙录编号】　0697
【档案题名】
　　考试院甘宁青考铨处关于请检送所属水利局勘测队组织规程致甘肃省政府的公函；甘肃省政府关于送甘肃省水利局勘测队组织规程致考试院甘宁青考铨处的公函；甘肃省政府关于送各区农林实验场及甘坪寺种畜场组织规程致考试院甘宁青考铨处的公函
【发文单位】　考试院甘宁青考铨处；甘肃省政府
【收文单位】　甘肃省政府；考试院甘宁青考铨处
【档案编号】
　　004-004-0015-（0023-0024、0028）
【成文时间】
　　1948-05-26；1948-06-03；1948-06-03
【关 键 词】　水利；农林
【内容提要】

如题。

【叙录编号】　0698
【档案题名】
　　甘肃省气象所机关概况调查表；甘肃省农业改进所机关概况调查表；甘肃省湟惠渠管理局机关概况调查表
【发文单位】　不详

【收文单位】 不详
【档案编号】
004-004-0036-（0014、0016、0025）
【成文时间】 1948-12
【关 键 词】 气象；农业；湟惠渠
【内容提要】
如题。

【叙录编号】 0699
【档案题名】
甘肃省政府民国三十七年度（1948）施政计划要目
【发文单位】 甘肃省政府
【收文单位】 不详
【档案编号】 004-004-0098-0001
【成文时间】 1948-02-29
【关 键 词】 施政计划
【内容提要】
主要涉及施政方针、施政要领、施政重点、施政要目，其中涉及兴修农田水利富裕国计民生、扩张造林护林工作缔造优美环境。

【叙录编号】 0700
【档案题名】
甘肃省政府民国三十六年（1947）施政要报
【发文单位】 甘肃省政府
【收文单位】 不详
【档案编号】 004-004-0098-0002
【成文时间】 1947
【关 键 词】 施政要报
【内容提要】
主要涉及施政方针、施政要领、施政重点、施政要目，其中涉及加强农林建设推广工作、发展水利建设，祁连山马鬃山建设国防、发展陇东河西各地水利建设等内容。

【叙录编号】 0701
【档案题名】
各省新县制实施程序比较表
【发文单位】 不详
【收文单位】 不详
【档案编号】 004-004-0118-0001
【成文时间】 不详
【关 键 词】 新县制
【内容提要】
如题。

【叙录编号】 0702
【档案题名】
甘肃省政府民国三十七年度（1948）工作检讨会检讨案（一）
【发文单位】 甘肃省政府
【收文单位】 不详
【档案编号】 004-004-0129-0001
【成文时间】 1948
【关 键 词】 水利工程
【内容提要】
文内还附有《甘肃省政府三十七年度（1948）工作检讨会提案》，涉及财政类、民政类、田粮类、人事类。第86页为水利类，涉及水利勘测、水利设计、续修水利工程、解决水利纠纷、研究及试验。附《水利类五年建设纲领实施情形》。

【叙录编号】 0703
【档案题名】
甘肃省政府民国三十七年度（1948）工作检讨计划
【发文单位】 甘肃省政府
【收文单位】 不详
【档案编号】 004-004-0130-0001
【成文时间】 1948
【关 键 词】 农林

【内容提要】

主要涉及农林类，包括粮食增产、特用作物、育苗、造林、护林、保持水土以及自来水工程、气象。

【叙录编号】 0704
【档案题名】
甘肃省政府民国三十八年度（1949）中心工作要目
【发文单位】 甘肃省政府
【收文单位】 不详
【档案编号】 004-004-0130-0003
【成文时间】 1948
【关 键 词】 工作要目
【内容提要】

主要包括修筑公路、增加生产、推广甜菜、扩大造林育苗、保持水土、挖掘水平沟、引进优良畜牧。水利包括古浪永丰渠、高台马尾湖等水利工程。

【叙录编号】 0705
【档案题名】
甘肃省政府民国三十七（1948）工作检讨会议检讨案（二）
【发文单位】 甘肃省政府
【收文单位】 不详
【档案编号】 004-004-0130-0004
【成文时间】 1948
【关 键 词】 工作检讨
【内容提要】

涉及社政类、临时救济等内容。

【叙录编号】 0706
【档案题名】
甘肃省政府民国三十七年（1948）工作检讨会提案（一）（二）
【发文单位】 甘肃省政府
【收文单位】 不详
【档案编号】
004-004-0130-0005；
004-004-0131-0001
【成文时间】 1948
【关 键 词】 建设提案
【内容提要】

内容为建设厅提案，涉及如何筹措公路经费、煤矿开采，农改所拟请加强农业推广生产、气象测候所、土地利用等内容。

【叙录编号】 0707
【档案题名】
甘肃省政府民国二十九年度（1940）党政应行共同协作之中心工作要项
【发文单位】 甘肃省政府
【收文单位】 不详
【档案编号】 004-004-0132-0001
【成文时间】 1940
【关 键 词】 中心工作
【内容提要】

涉及土地登记、烟土管理。关于农林者包括推广棉业，保护马啣山、小陇山天然林、保护岷山及莲花山林场，推广苗圃以及洮惠渠各渠开工建设。

【叙录编号】 0708
【档案题名】
甘肃省政府民国三十年度（1941）工作计划
【发文单位】 甘肃省政府
【收文单位】 不详
【档案编号】 004-004-0148-0001
【成文时间】 1941
【关 键 词】 行政区划；农业
【内容提要】

其中涉及民政部门：调整地方行政区划、

推行新县制、建立人事制度、改订吏治办法。财政部门：整理田赋、整理各项税款。建设部门：修筑公路、水利方面本年度拟完成之渠工、本年度开始之渠工、增设水利踏查队、畜牧改进、农业推广、气象方面等。

【叙录编号】 0709
【档案题名】
甘肃省政府民国三十一年至民国三十五年（1942—1946）五年施政计划纲要
【发文单位】 甘肃省政府
【收文单位】 不详
【档案编号】 004-004-0149-0001
【成文时间】 1946
【关 键 词】 施政计划
【内容提要】
主要相关部分为事业部门：建仓积谷、组织粮食运输机构。附有《粮食主管部门工作计划表》。

【叙录编号】 0710
【档案题名】
甘肃省政府秘书处关于报送民国三十年度（1941）工作计划及分期进度表致甘肃省政府的签呈
【发文单位】 不详
【收文单位】 不详
【档案编号】 004-004-0150-0008
【成文时间】 1941
【关 键 词】 施政计划
【内容提要】
其中涉及民政部门：调整地方行政区划、推行新县制、建立人事制度、改订吏治办法。财政部门：整理田赋、整理各项税款。建设部门：修筑公路、水利方面本年度拟完成之渠工、本年度开始之渠工、增设水利踏查队、畜牧改进、农业推广、气象方面等。此卷为目录。

【叙录编号】 0711
【档案题名】
甘肃省财政厅关于拟先行发行水利农矿公债致甘肃省政府的签呈；甘肃省水利农矿公债条例草案；甘肃省水利农矿公债还本付息表；甘肃省政府会计处、财政厅、建设厅关于报送甘肃省补助水利查勘队经费办法致甘肃省政府的签呈；甘肃省民政厅、建设厅关于报送甘肃省政府兴办水利征雇民夫暂行办法、甘肃省政府修筑兴办水利拆迁土地附着物办法致甘肃省政府的签呈
【发文单位】 甘肃省财政厅；甘肃省政府会计处等
【收文单位】 甘肃省政府
【档案编号】 004-004-0152-（0004-0006、0008、0018）
【成文时间】 1941
【关 键 词】 水利；农业；矿产
【内容提要】
如题。

【叙录编号】 0712
【档案题名】
甘肃省政府民国三十二年度（1943）政绩比较表
【发文单位】 甘肃省政府
【收文单位】 不详
【档案编号】 004-004-0233-0001
【成文时间】 1943
【关 键 词】 政绩比较
【内容提要】
涉及部分主要为建设类，包括农林、工业、水利、交通、电政、气象、矿业。主要涉及小麦培植、棉花改进、果树栽培、植物病虫害、保持水土、森林扩大、育苗造林。

【叙录编号】 0713
【档案题名】
　　甘肃省三年建设计划
【发文单位】 甘肃省政府
【收文单位】 不详
【档案编号】 004-004-0234-0001
【成文时间】 不详
【关 键 词】 三年建设
【内容提要】
　　《甘肃省三年建设计划》（极密），主要包含基层政治建设、国防经济建设、国防社会建设、国防教育文化建设。第88页为关于农林水利者，附有方针、计划大纲、《水利工程一览表》《水利查勘配合计算表》《水利施工进度及经费概算对照表》《水文站配合计算表》《水利施工配合计算表》；农林类主要为《农业计划进度表》。

【叙录编号】 0714
【档案题名】
　　甘肃省政府民国二十八年度（1939）行政计划
【发文单位】 甘肃省政府
【收文单位】 不详
【档案编号】 004-004-0235-0001
【成文时间】 1939
【关 键 词】 行政计划
【内容提要】
　　主要包括民政部分：调整行政督查区域等。建设部分：涉及甘青公路等公路修筑、施政建设、甘肃省湟惠渠等水利工程建设，推广棉种、调查农业、提倡特种农作、育苗造林、倡种水稻、继续勘测荒地、推广岷县测候所、扩建水文站。

【叙录编号】 0715
【档案题名】
　　甘肃省政府五年建设工作纲领
【发文单位】 不详
【收文单位】 不详
【档案编号】 004-004-0256-0001
【成文时间】 1946-09
【关 键 词】 五年建设
【内容提要】
　　《甘肃省政府五年建设工作纲领》（附第一期中心工作、分年实施进度表），谷正伦编。《甘肃省五年建设工作纲领》《甘肃省五年建设工作纲领分年实施进度表》，其中有经济、文化、政治、心理四类建设。《甘肃省五年建设工作纲领第一期中心工作》，其中涉及农林培育优良品种、防治病虫害、奖励造林、推进农村植树、续办小型水力发电、农田水利天然林等内容。

【叙录编号】 0716
【档案题名】
　　甘肃省政府《番例条款目录》
【发文单位】 不详
【收文单位】 甘肃省政府
【档案编号】 004-004-0294-0001
【成文时间】 不详
【关 键 词】 《番例条款目录》
【内容提要】
　　《番例条款》雍正十一年（1733）颁发。

【叙录编号】 0717
【档案题名】
　　甘肃省县政府组织规程（一）（二）
【发文单位】 不详
【收文单位】 不详
【档案编号】
　　004-006-0137-0001；
　　004-006-0138-0001

【成文时间】 1949-02
【关 键 词】 县政府；规程
【内容提要】
　　主要为《甘肃省县政府组织规程》（民国三十七年到三十八年皆有），据内容推知各县均有汇报，此件为汇合版，却多不署县名，仅有泾川县署名。

【叙录编号】 0718
【档案题名】
　　甘肃省民政厅关于两年来甘肃民政之回溯
【发文单位】 甘肃省民政厅
【收文单位】 甘肃省政府
【档案编号】 004-006-0235-0001
【成文时间】 1940-11
【关 键 词】 民政
【内容提要】
　　主要涉及整治吏治、健全县政、促进自治、培养民力、储备人才等。

【叙录编号】 0719
【档案题名】
　　甘肃省政府训令民政厅速将三年内施政概况呈报甘肃省政府并发概况目录草案
【发文单位】 甘肃省民政厅
【收文单位】 甘肃省政府
【档案编号】 004-006-0235-（0004-0005）
【成文时间】 1943-11-24—1943-11-29
【关 键 词】 施政概况
【内容提要】
　　《省概况目录草案》主要涉及沿革、面积、人口、气候、地势交通、主要物产、人口、省政府、省政（内有建设、水利、林业、畜牧）。

【叙录编号】 0720
【档案题名】
　　甘肃省政府关于检发甘肃省三年来重要工作报告编制办法致民政厅的训令
【发文单位】 甘肃省民政厅
【收文单位】 甘肃省政府
【档案编号】 004-006-0236-0001
【成文时间】 1944-04-06
【关 键 词】 甘肃省民政厅；报告
【内容提要】
　　《甘肃省三年来重要工作报告编制办法》其中"建设"涉及水利农林。

【叙录编号】 0721
【档案题名】
　　全国行政会议工作报告
【发文单位】 不详
【收文单位】 甘肃省政府
【档案编号】 004-006-0236-0002
【成文时间】 1944
【关 键 词】 行政院
【内容提要】
　　此卷民政部分涉及吏治、行政区划、礼俗等。

【叙录编号】 0722
【档案题名】
　　甘肃省民政厅最近重要工作报告
【发文单位】 甘肃省民政厅
【收文单位】 甘肃省政府
【档案编号】 004-006-0236-0003
【成文时间】 1944-07
【关 键 词】 甘肃省民政厅；报告
【内容提要】
　　主要涉及政治概况部分，包括吏治、调整行政区划，筹设会川县、湟惠渠特种乡公所、乡镇造产、户政、警政、禁政、礼俗等。

【叙录编号】 0723
【档案题名】

甘肃省政府秘书处关于民政厅报送民政厅民国三十三年度（1944）工作实施情况给甘肃省政府秘书处的公函
【发文单位】 甘肃省民政厅
【收文单位】 甘肃省政府秘书处
【档案编号】 004-006-0236-（0004-0005）
【成文时间】 1944-01-05—1944-12-05
【关 键 词】 工作情况
【内容提要】
　　主要为民政部门行政、保甲、户口禁政等的表格。

【叙录编号】 0724
【档案题名】
　　抗战期中之甘肃民政
【发文单位】 不详
【收文单位】 不详
【档案编号】 004-006-0237-0001
【成文时间】 不详
【关 键 词】 民政
【内容提要】
　　如题。

【叙录编号】 0725
【档案题名】
　　甘肃省政府公布令秘法字191号关于颁布制定甘肃省各县政府办事规则
【发文单位】 甘肃省政府
【收文单位】 不详
【档案编号】 004-006-0371-0002
【成文时间】 1940-11-11
【关 键 词】 政府办事
【内容提要】
　　《甘肃省各县政府办事规则》。

【叙录编号】 0726
【档案题名】
　　甘肃省政府公布令秘法字192号关于颁布制定甘肃省县行政会议规程
【发文单位】 甘肃省政府
【收文单位】 不详
【档案编号】 004-006-0371-0003
【成文时间】 1940-11-11
【关 键 词】 行政会议
【内容提要】
　　《甘肃省县行政会议规程》。

【叙录编号】 0727
【档案题名】
　　甘肃省政府民国三十三年（1944）4—6月份工作报告
【发文单位】 甘肃省政府秘书处
【收文单位】 甘肃省政府
【档案编号】 004-006-0378-0001
【成文时间】 1944-06
【关 键 词】 工作报告
【内容提要】
　　主要涉及交通、水利、电政、农林、畜牧、气象等内容，附有工作计划与工作进度对照表。第57页起为建设类，涉及概论修筑，水利涉及兰丰渠等水利工程修筑，农林类为观察小麦品种、防治小麦黑穗病、荒山植树造林等。

【叙录编号】 0728
【档案题名】
　　甘肃省政府民国三十一年度（1942）5月份工作报告
【发文单位】 甘肃省政府
【收文单位】 不详
【档案编号】 004-006-0475-0001
【成文时间】 1942-05
【关 键 词】 渠道
【内容提要】

主要涉及奉行中央法令、民政、财政、建设、路政、水利、工矿、农林、合作、工作计划与进度对照表，下半部分残缺，建设部分涉及湟惠渠、溥济渠等渠道工程兴修。

【叙录编号】 0729
【档案题名】
　　甘肃省政府委员会第1305次会议议事日程外附会议材料
【发文单位】 甘肃省政府
【收文单位】 不详
【档案编号】 004-007-0001-0001
【成文时间】 1946-01-04
【关 键 词】 农林
【内容提要】
　　会议涉及农林部1946年度各省农林中心工作纲领。

【叙录编号】 0730
【档案题名】
　　甘肃省政府委员会第901次会议议事日程外附会议材料
【发文单位】 甘肃省政府
【收文单位】 不详
【档案编号】 004-007-0032-0001
【成文时间】 1941-10-28
【关 键 词】 苗圃
【内容提要】
　　会议涉及增设景泰等38县局苗圃一事，并将各县局苗圃的设置标准确定下来。

【叙录编号】 0731
【档案题名】
　　甘肃省政府委员会第824、831、821次会议议事日程外附会议材料
【发文单位】 甘肃省政府
【收文单位】 不详
【档案编号】
　　004-007-0033-（0003、0005、0011）
【成文时间】
　　1941-01-30；1941-02-05；1941-01-21
【关 键 词】 荒地；水利
【内容提要】
　　第824次会议涉及静宁、庄浪两县人民争领黑塌山荒地一案。第831次会议涉及湟惠渠工程费一事。第821次会议涉及湟惠渠工务所工程费、甘肃省农田水利贷款合同草案。

【叙录编号】 0732
【档案题名】
　　甘肃省政府委员会第1104、1108次会议议事日程外附会议材料
【发文单位】 甘肃省政府
【收文单位】 不详
【档案编号】 004-007-0040-（0001、0003）
【成文时间】 1943-12-10
【关 键 词】 督垦；阮陵渠
【内容提要】
　　第1104次会议涉及行政院指令将本省垦务暂行章程改为荒地督垦办法一事。第1108次会议涉及奖励泾川县修建阮陵渠工程有功人员一事。

【叙录编号】 0733
【档案题名】
　　甘肃省政府委员会第1134、1132次会议议事日程外附会议材料
【发文单位】 甘肃省政府
【收文单位】 不详
【档案编号】 004-007-0041-（0003、0005）
【成文时间】 1944-04-07；1944-03-31
【关 键 词】 灾害；飞地
【内容提要】
　　第1134次会议涉及陇西、漳县两县会勘

飞地一事。第1132次会议涉及临洮、隆德等县1943年雹灾与旱灾，庄浪、清水等地1943年灾歉情况。

【叙录编号】 0734
【档案题名】
　　甘肃省政府委员会第1146、1145次会议议事日程外附会议材料
【发文单位】 甘肃省政府
【收文单位】 不详
【档案编号】 004-007-0045-（0002-0003）
【成文时间】 1944-06-02；1944-05-30
【关 键 词】 水利；灾害
【内容提要】
　　第1146次会议涉及行政院水利委员会公布的兴办水利事业奖励条例一事。第1145次会议涉及平凉、和政等地1943年的灾害情况。

【叙录编号】 0735
【档案题名】
　　甘肃省政府委员会第1143、1141、1140、1137次会议议事日程外附会议材料
【发文单位】 甘肃省政府
【收文单位】 不详
【档案编号】
　　004-007-0046-（0001-0003、0006）
【成文时间】
　　1944-05-16；1944-05-09；
　　1944-05-05；1944-04-18
【关 键 词】 农业；灾歉
【内容提要】
　　第1143次会议涉及农林部函送的各省农业调查团组织规程；给予金塔县县长奖励（对鸳鸯池水库工程建设出力甚多）。第1141次会议涉及静宁、民勤两县1943年灾歉情况。第1137次会议涉及设立新县会川县一事。

【叙录编号】 0736
【档案题名】
　　甘肃省政府委员会第1163、1160次会议议事日程外附会议材料
【发文单位】 甘肃省政府
【收文单位】 不详
【档案编号】 004-007-0047-（0001、0004）
【成文时间】 1944-08-04；1944-07-25
【关 键 词】 农田水利
【内容提要】
　　第1163次会议涉及行政院水利委员会下发的各机构代办农田水利贷款工程办法。

【叙录编号】 0737
【档案题名】
　　甘肃省政府委员会第1159、1157、1155、1154、1153次会议议事日程外附会议材料
【发文单位】 甘肃省政府
【收文单位】 不详
【档案编号】 004-007-0048-（0001-0005）
【成文时间】
　　1944-07-21；1944-07-14；1944-07-07；
　　1944-07-04；1944-06-30
【关 键 词】 垦殖；灾害；水利；飞地
【内容提要】
　　第1159次会议涉及农林部制定协助各省垦殖机关团体经费办法；临夏、武都等县1943年灾害。第1157次会议涉及行政院水利委员会函送奖助民营水利工业办法一事。第1155次会议涉及修理黄河沿水车追加预算一事。第1154次会议涉及秦安县与天水县处理飞地一事。第1153次会议涉及行政院水利委员会与中国农民银行会同推进各省农田水利联系修正本办法一事。

【叙录编号】 0738
【档案题名】

甘肃省政府委员会第1169次会议议事日程外附会议材料
【发文单位】 甘肃省政府
【收文单位】 不详
【档案编号】 004-007-0049-0004
【成文时间】 1944-08-25
【关 键 词】 山洪
【内容提要】
　　会议涉及平凉县1944年8月7日山洪灾害。

【叙录编号】 0739
【档案题名】
　　甘肃省政府委员会第1166、1164次会议议事日程外附会议材料
【发文单位】 甘肃省政府
【收文单位】 不详
【档案编号】 004-007-0050-（0003-0004）
【成文时间】 1944-08-15；1944-08-08
【关 键 词】 飞地；灾害
【内容提要】
　　第1166次会议涉及西和、成县、礼县、康县等县飞地情况。第1164次会议涉及崇信、景泰、靖远等县1943年水灾、雹灾情况。

【叙录编号】 0740
【档案题名】
　　甘肃省政府委员会第1200、1201次会议议事日程外附会议材料
【发文单位】 甘肃省政府
【收文单位】 不详
【档案编号】 004-007-0057-（0001-0002）
【成文时间】 1944-12-12；1944-12-15
【关 键 词】 飞地；农田水利
【内容提要】
　　第1200次会议涉及平凉、崇信两县的飞地情况。第1201次会议涉及行政院水利委员会农田水利贷款办法改进办法六项。

【叙录编号】 0741
【档案题名】
　　甘肃省政府委员会第1249、1251次会议议事日程外附会议材料
【发文单位】 甘肃省政府
【收文单位】 不详
【档案编号】 004-007-0059-（0002、0004）
【成文时间】 1945-06-15；1945-06-22
【关 键 词】 水权；冰雹
【内容提要】
　　第1249次会议涉及行政院关于调整水权登记细则一事。第1251次会议涉及武山、崇信、榆中、岷县各处1944年冰雹灾害一事。

【叙录编号】 0742
【档案题名】
　　甘肃省政府委员会第1240（2）、1241（3）次会议议事日程外附会议材料
【发文单位】 甘肃省政府
【收文单位】 不详
【档案编号】 004-007-0062-（0001、0004）
【成文时间】 1945-05-04；1945-05-15
【关 键 词】 水利；灾害
【内容提要】
　　第1240（2）次会议涉及中国农民银行办理的小型水利工程贷款办法等事。第1241（3）次会议涉及清水、武都等地的遭灾情况。

【叙录编号】 0743
【档案题名】
　　甘肃省政府委员会第1244、1245、1246、1247次会议议事日程外附会议材料
【发文单位】 甘肃省政府
【收文单位】 不详
【档案编号】 004-007-0063-（0002-0005）

【成文时间】

1945-05-29；1945-06-01；
1945-06-05；1945-06-08

【关 键 词】 灾害；飞地；森林

【内容提要】

第1244次会议涉及礼县、西和、景泰、临洮等县1944年度冰雹灾害的情况。第1245次会议涉及秦安县民王维新呈请将王祁家山飞地划拨庄浪县一事。第1246次会议涉及行政院修正森林法一事。第1247次会议涉及1945年度本省13县市遭受灾害情况。

【叙录编号】 0744

【档案题名】

甘肃省政府委员会第1462、1465次会议议事日程外附会议材料

【发文单位】 甘肃省政府

【收文单位】 不详

【档案编号】 004-007-0090-（0001、0004）

【成文时间】 1947-08-09；1947-09-02

【关 键 词】 造林；水利

【内容提要】

第1462次会议涉及1947年秋季造林的预算问题。第1465次会议涉及省水利局组织水利第一勘测队勘测陇南各县水利一案。

【叙录编号】 0745

【档案题名】

甘肃省政府委员会第1549、1552、1553次会议议事日程外附会议材料

【发文单位】 甘肃省政府

【收文单位】 不详

【档案编号】

004-007-0103-（0001、0004-0005）

【成文时间】

1948-07-17；1948-07-27；1948-07-30

【关 键 词】 水费；林警

【内容提要】

第1549次会议涉及省水利局函送本省各渠水费征收办法草案。第1552次会议涉及财政厅审查甘肃省各渠水费征收办法一案。第1553次会议涉及小陇山林区管理处呈请制拨林警夏季制服一案。

【叙录编号】 0746

【档案题名】

甘肃省政府委员会第1574、1578次会议议事日程外附会议材料

【发文单位】 甘肃省政府

【收文单位】 不详

【档案编号】 004-007-0107-（0001、0005）

【成文时间】 1948

【关 键 词】 筑堤淤地；秋季造林

【内容提要】

第1574次会议涉及省地政局等呈报审查靖乐渠筑堤淤地筹款办法一事。第1578次会议涉及省建设厅函请拨发省会秋季造林经费金圆券200元一事。

【叙录编号】 0747

【档案题名】

甘肃省政府委员会第22、26、29、31~35、37、39、43、48~50、53、62次会议记录

【发文单位】 甘肃省政府

【收文单位】 不详

【档案编号】

004-007-0117-（0001、0004、0007、0010-0014、0016、0018、0022、0027-0029、0032、0041）

【成文时间】 1932-07-19—1932-12-06

【关 键 词】 灾害；开渠

【内容提要】

第22次会议涉及甘肃省建设厅呈转平凉

县呈请拨款开渠一案。第26次会议涉及省建设厅呈转甘凉区视察员呈报永昌县县长蒲育儒关心水利，开凿新泉，请求嘉奖一事。第29次会议涉及岷县等14县的雹灾与水灾情形，中山林主任呈请拨给款项引取西龙口泉水灌溉该林树木一事。第31次会议涉及皋兰等7县呈报雹灾与旱灾情况。第32次会议涉及甘肃省政府建设厅呈转筹办小西湖苗圃技士阎寿乔呈赍开办该圃计划书一事。第33次会议涉及临潭等9县雹灾、旱灾、水灾一事。第34次会议涉及审查省立苗圃组织规程一事。第35次会议涉及武山等5县雹灾、旱灾与水灾一事。第37次会议涉及西和等5县呈报旱灾、雹灾、水灾、霜灾一事。第39次会议涉及临潭等4县旱灾、雹灾一事。第43次会议涉及皋兰等6县雹灾、水灾一事。第48次会议涉及永靖县县长呈报奉令勘察喇嘛、永丰等渠及筹款拟办一事。第49次会议涉及民乐等6县雹灾、水灾一事。第50次会议涉及洮岷路保安司令杨积庆呈报木商滥伐森林一事。第53次会议涉及正宁等6县雹灾、水灾一事。第62次会议涉及临洮县公民张维呈请令拨巨款开潜衙下集川水渠一事。

【叙录编号】 0748
【档案题名】
甘肃省政府委员会第76、82、85、89、90、109次会议记录
【发文单位】 甘肃省政府
【收文单位】 不详
【档案编号】 004-007-0118-（0007、0013、0016、0020、0021、0038）
【成文时间】
1933-01-31；1933-02-21；1933-03-03；1933-03-21；1933-03-24；1933-06-02
【关 键 词】 森林保护；林木采伐；水车；林垦

【内容提要】
第76次会议涉及甘肃省建设厅拟具甘肃省森林保护办法暨林木采伐规则一事。第82次会议涉及修理黄河北盐场堡水车一事。第85次会议涉及建设厅上呈林垦处组织大纲及各分区林垦局组织简章。第89次会议涉及法规编审委员会审查甘肃省林垦处及各分区林垦局组织规程一事。第90次会议涉及甘肃省建设厅上呈复核议甘肃林木采伐规则一事。第109次会议涉及法规编审委员会审查甘肃省承领官荒造林章程一事。

【叙录编号】 0749
【档案题名】
甘肃省政府委员会第125、130~132、140、143、149、150、152、158、160、163次会议记录
【发文单位】 甘肃省政府
【收文单位】 不详
【档案编号】
004-007-0119-（0012、0017-0019、0026、0029、0035-0036、0038、0044、0046、0049）
【成文时间】
1933-07-25；1933-08-11；1933-08-15；1933-08-18；1933-09-15；1933-09-29；1933-10-20；1933-10-24；1933-10-31；1933-11-21；1933-11-28；1933-12-08
【关 键 词】 水灾；川渠；苗圃；林木
【内容提要】
第125次会议涉及甘肃省建设厅呈复奉令核议永靖县喇嘛川渠填引水工程被水冲毁请发洋灰以资重修一事。第130次会议涉及甘谷县1933年6月遭水灾一事。第131次会议涉及皋兰等县1933年遭遇旱灾、虫灾等事。第132次会议涉及靖远县县长呈报兴修喇嘛、永丰两川渠工程一事。第140次会议涉及庄浪县遭水灾

请求拨款赈济一事；皋兰、靖远等25县遭水灾一事。第143次会议涉及兰州东郊民呈报被水冲坏水车请拨款修理一事。第149次会议涉及备用皋兰县农场场地办理苗圃以资育苗一事。第150次会议涉及甘肃省建设厅建议取消林垦处，将省城附近现有第一、二、三苗圃分别裁并，另觅相当地点办理一事。第152次会议涉及临洮县县长郝兆先呈请借拨民生渠开办费一事。第158次会议涉及建设厅厅长许显时呈勘察喇嘛川渠工一事。第160次会议涉及海原县雹灾一事。第163次会议涉及一旅长盗伐莲花山林木一事。

【叙录编号】 0750
【档案题名】
　　甘肃省政府委员会第271、275、277、278、297、301次会议记录
【发文单位】 甘肃省政府
【收文单位】 不详
【档案编号】
　　004-007-0120-（0002、0006、0008、0009、0028、0032）
【成文时间】
　　1935-01-04；1935-01-18；1935-01-25；1935-01-29；1935-04-12；1935-04-26
【关 键 词】 苗圃；涝池；造林；河堤
【内容提要】
　　第271次会议涉及天水县遭灾一事。第275次会议涉及省立第一农事实验场呈请另觅农场用地，拟将第一苗圃雁滩地址划出20亩一事。第277次会议涉及景泰县县长欲修浚一条山泉水上下涝池及锁罕堡四道泉渠工程一事。第278次会议涉及添购雁滩水田及划拨苗圃地备为农场试验区一事。第297次会议涉及拟具甘肃造林十年计划、黄河沿岸保安造林实施计划一事。第301次会议涉及洮沙县长宋振声呈赉修筑该县沙塄河堤工程计划预算。

【叙录编号】 0751
【档案题名】
　　甘肃省政府委员会318、321、331、333、334次会议记录
【发文单位】 甘肃省政府
【收文单位】 不详
【档案编号】
　　004-007-0121-（0016、0019、0029、0033-0034）
【成文时间】
　　1935-06-25；1935-07-05；1935-08-09；1935-08-28；1936-08-30
【关 键 词】 水井；雹灾；防沙；洮惠渠；育苗
【内容提要】
　　第318次会议涉及省第二区专署请求借款五千用于挖凿水井一事。第321次会议涉及省内雹灾的情况。第331次会议涉及民勤县防沙计划预算一事。第333次会议涉及洮惠渠工程费一事。第334次会议涉及西兰公路育苗场函送购用民地契纸粮单一事。

【叙录编号】 0752
【档案题名】
　　甘肃省政府委员会342、349、354、364、365、369次会议记录
【发文单位】 甘肃省政府
【收文单位】 不详
【档案编号】
　　004-007-0122-（0002、0009、0014、0024、0025、0029）
【成文时间】
　　1935-09-17；1935-10-11；1935-10-29；1935-12-03；1935-12-06；1935-12-24
【关 键 词】 救灾；杆木；雹灾；水灾；植

树；造林

【内容提要】

第342次会议涉及法规编审委员会审查甘肃省救灾准备金保管委员会组织规程一事。第349次会议涉及采伐杆木以作为电线杆一事。第354次会议涉及榆中、渭源、平凉等县雹灾、水灾情况。第364次会议涉及陕西林务局函请保送实习林政学院一案。第365次会议涉及在皋兰山一带植树一事。第369次会议涉及沿河保安造林实施计划一事。

【叙录编号】 0753

【档案题名】

甘肃省政府委员会第169、181、190、194、200、209次会议记录

【发文单位】 甘肃省政府

【收文单位】 不详

【档案编号】

004-007-0124-（0001、0013、0020、0026、0032、0041）

【成文时间】

1934-01-05；1934-02-20；1934-03-23；1934-04-10；1934-05-01；1934-06-01

【关 键 词】 开渠；莲花山；水灾；中山林；水利

【内容提要】

第169次会议涉及禁烟委员会呈报的拟订1933年武威、靖远等县被灾豁免罚款数目表。第181次会议涉及洮沙县长宋振声上呈为开凿新渠请求补助一事。第190次会议涉及临洮县李和义私伐莲花山木料一事。第194次会议涉及甘谷县县长去年因水灾挪用亩款设立收容所并修理堤工一事。第200次会议涉及省立第一苗圃主任闫寿乔呈请拟修中山林之水槽一事。第209次会议涉及皋兰县属骆驼巷与冯家湾等庄人民争水利涉讼一事。

【叙录编号】 0754

【档案题名】

甘肃省政府委员会第640次会议记录

【发文单位】 甘肃省政府

【收文单位】 不详

【档案编号】 004-007-0142-0002

【成文时间】 1939-08-01

【关 键 词】 抚恤

【内容提要】

会议涉及甘肃省各县修筑公路、水利各工程工人民夫因公伤亡抚恤章程。

【叙录编号】 0755

【档案题名】

甘肃省政府委员会第729次会议记录；甘肃省政府委员会1940年2月16日临时谈话会议记录

【发文单位】 甘肃省政府

【收文单位】 不详

【档案编号】 004-007-0171-（0001、0003）

【成文时间】 1940-02-09；1940-02-16

【关 键 词】 水利勘测；苗木

【内容提要】

第729次会议涉及组织水利勘测队，第一队勘察永靖之永丰川及喇嘛川，第二队勘察泾川县之泾水渠及汭水渠。1940年2月16日临时谈话会涉及甘肃省农业改进苗木推广规则一事。

【叙录编号】 0756

【档案题名】

甘肃省政府委员会第824次会议记录

【发文单位】 甘肃省政府

【收文单位】 不详

【档案编号】 004-007-0204-0002

【成文时间】 1941-01-31

【关 键 词】 荒地；赈灾

【内容提要】

会议涉及静宁、庄浪两县人民争领黑塌山荒地一案,为皋兰等35县赈灾一事。

【叙录编号】 0757

【档案题名】

甘肃省政府委员会第849次会议议事日程外附会议材料

【发文单位】 甘肃省政府

【收文单位】 不详

【档案编号】 004-007-0215-0002

【成文时间】 1941-04-29

【关 键 词】 水利

【内容提要】

会议涉及甘肃省政府发行水利农矿公债额1500万元一案。

【叙录编号】 0758

【档案题名】

甘肃省政府委员会第860、862次会议记录

【发文单位】 甘肃省政府

【收文单位】 不详

【档案编号】 004-007-0220-（0001、0003）

【成文时间】 1941-06-06；1941-06-13

【关 键 词】 水利；林牧

【内容提要】

第860次会议涉及本年度查勘全省水利渠工情形、组织水利查勘队所需开办费一事。第862次会议涉及本省投资水利林牧公司一事。

【叙录编号】 0759

【档案题名】

甘肃省政府委员会第863次会议议事日程外附会议材料

【发文单位】 甘肃省政府

【收文单位】 不详

【档案编号】 004-007-0222-0001

【成文时间】 1941-06-17

【关 键 词】 水利

【内容提要】

会议涉及本省农田水利暨林牧事业合作办法一事。

【叙录编号】 0760

【档案题名】

甘肃省政府委员会第865次会议议事日程外附会议材料

【发文单位】 甘肃省财政厅；甘肃省建设厅

【收文单位】 甘肃省政府

【档案编号】

004-007-0223-0002-（0015-0018、0065、0074-0082）

【成文时间】 1941-06-24

【关 键 词】 屯粮；畜屠税

【内容提要】

会议涉及甘肃省各县建仓累积粮，代金购粮事项；各畜屠税局畜税比额；甘肃省合作事业管理处关于甘肃省办理增粮贷款建仓储粮调剂民食工作的签呈；民政厅及粮食管理局关于1940年建仓积谷计划的签呈。

【叙录编号】 0761

【档案题名】

甘肃省政府委员会第869次会议关于提会报告各县合作社可向银行金库贷种子款及提请审议拟订甘肃省、县苗圃组织通则的会议日程并会议记录外附会议材料

【发文单位】 甘肃省民政厅；甘肃省财政厅

【收文单位】 甘肃省政府

【档案编号】

004-007-0227-0001-（0004、0005、0007、0009-0010、0013、0025-0036、0051-0054）

【成文时间】 1941-07-08

【关 键 词】 粮食；自然灾害；农业贷款；组织规则；物价

【内容提要】

会议涉及本省粮食增产副总督导人选事宜。同时涉及本年入夏各县或者缺雨，或者遭受蝗灾、雹灾，麦收几近绝望，亟应设法救济，各县合作社向银行金库每亩以5元贷予种款，特提会报告；农业改进所呈送修正组织规程；甘肃省县苗圃组织规则；华亭特税局长刘弁生呈赍一季考成表；甘肃各地县物价飞涨情形。

【叙录编号】 0762

【档案题名】

甘肃省政府委员会第870次会议议事日程外附会议材料

【发文单位】 甘肃省建设厅；会计处等

【收文单位】 甘肃省政府

【档案编号】 004-007-0227-0002

【成文时间】 1941-07-08

【关 键 词】 工作计划；天然林保护；农贷；农业增产

【内容提要】

会议涉及矿产测勘队呈赍所检工作计划纲要；景泰县筹设苗圃、寿鹿山天然林面积辽阔，确有保护必要，农业改进所依照前拟设天然林保护区办法试办；审查拟订禁用粮食酿酒一案；关于陇东8县农贷办事处相关事宜；矿产测勘队工作计划纲要；增进粮产贷款；关于收购合作社所储食粮事宜；农业改进所1941年经临各费预算书；甘肃省农业改进所1941年度经常费支出预算书；甘肃省农业改进所1941年度临时费支出预算书；甘肃省合作事业管理处1944年度经常费、临时费支出预算书；甘肃省合作事业管理处1941年度增贷款事业预算书。

【叙录编号】 0763

【档案题名】

甘肃省政府委员会第871次会议关于提会报告民政厅厅长郑震宇请假、卓尼设治局增列教育科经费应由库垫支及提请审议省立临洮师范学校拟建教室、宿舍费用拟先由该校经费结余支付、不足款项由省库工程费拨付的会议议事日程并会议记录外附会议材料

【发文单位】 甘肃省财政厅；农林部

【收文单位】 甘肃省政府

【档案编号】 004-007-0228-0001

【成文时间】 1941-07-15

【关 键 词】 经费；工作报告；预算书

【内容提要】

会议涉及农林部公布协助各省农业改进经费办法及拟订1941年度补助各省农业改进事业经费分配表；祁连山森林对西北气候农产、国防建设均有极大关系，兹定为国防林区，饬加意保护，严禁砍伐事宜；甘肃省财政厅1941年6月下旬岁出旬报表；农林部补助各省农业改进经费办法；农业改进机关编送工作报告简则；1941年度补助甘肃省农业改进所农林改进事业费分配表；甘肃省政府所属各特税局1941年罚款应提4成奖金支付预算书。

【叙录编号】 0764

【档案题名】

甘肃省政府委员会第876次会议关于提会报告经济部第10次查禁敌货表及提请审议榆中县代理县长高元凤另有任用应予免职、遗缺拟委潘镇接任的会议议事日程并会议记录外附会议材料

【发文单位】 甘肃省财政厅

【收文单位】 甘肃省政府

【档案编号】 004-007-0229-（0001-0003）

【成文时间】 1941-08-01

【关 键 词】 田赋；管理处；组织办法；畜屠

税；特税局

【内容提要】

会议涉及甘肃省田赋管理处成立相关事宜；中央接管各省市田赋实施办法；甘谷县仓储情形；补建仓厂；特税局相关事宜；各县畜屠税局比额相关事宜。

【叙录编号】　0765
【档案题名】

甘肃省政府委员会第873次会议关于提会报告建设厅厅长张心一请假、行政院转总裁八中全会指示关于党政工作人员训练事项6点及提请审议拟调省立天水女子师范学校校长刘同声回教育厅工作、遗缺由杨徽华接任的会议日程并会议记录外附会议材料

【发文单位】　甘肃省建设厅；甘肃省民政厅等
【收文单位】　甘肃省政府
【档案编号】　004-007-0231-（0001-0002）
【成文时间】　1941-07-22
【关　键　词】　师范学校设立；物价变动；组织规章

【内容提要】

会议涉及本市举办平价小麦供销前平衡会于本年3月11日签奉核准开办事项；甘肃省勘查队暂行组织规程；特税局请核发季度奖励。

【叙录编号】　0766
【档案题名】

甘肃省政府委员会第874次会议关于提会报告胡毓英任本省保安处上校副处长及提请审议甘肃省国立各院校甘肃籍清寒优秀学生贷款办法的会议议事日程并会议记录外附会议材料

【发文单位】　甘肃省财政厅；甘肃省建设厅等
【收文单位】　甘肃省政府
【档案编号】　004-007-0231-（0003-0004）
【成文时间】　1941-07-22
【关　键　词】　矿产；勘测；田赋；工程

【内容提要】

会议涉及行政院令发防旱增产紧急措置办法；甘肃省政府购用煤矿机器；各省自1941年下半年起田赋一律征收实物并列入行政计划；甘肃水利林牧股份有限公司业经组织成立，接办相关事务；甘肃省农田水利工程交由水利林牧公司办理；增进粮产贷款；令防旱增产紧急措置办法；平抑粮价调剂供需；甘肃省政府委托甘肃水利林牧公司办理本省水利工程合约（草案）；甘肃省政府移交、甘肃水利林牧公司接收各渠工程暨勘测队办法（草案）。

【叙录编号】　0767
【档案题名】

甘肃省政府委员会第875次会议关于提会报告行政院核准进口物品种类及提请审议本省土地呈报分期计划纲要及概算的会议记录

【发文单位】　甘肃省财政厅
【收文单位】　甘肃省政府
【档案编号】　004-007-0232-（0001-0002）
【成文时间】　1941-07-29
【关　键　词】　田赋；土地呈报；水准纲

【内容提要】

会议涉及各省田赋暂归中央接管事宜；各县畜税局盈亏情形；本省土地呈报分期计划纲要及概算；加紧推行各省土地呈报；核准进口物品；特税局1941年份征获税款情形；甘肃省举办土地呈报分期进行计划纲要；请设置市区水准纲，以作将来市区给水及修下水道之准绳；设置本市水准纲计划。

【叙录编号】　0768
【档案题名】

甘肃省政府委员会第879次会议关于提会报告拟订肃清匪患办法及提请审议拟订甘肃省运输合作社管理暂行办法的会议议事日程并会议记录外附会议材料

【发文单位】 甘肃省建设厅
【收文单位】 甘肃省政府
【档案编号】 004-007-0233-（0001-0002）
【成文时间】 1941-08-12
【关 键 词】 水利；征费；组织规程
【内容提要】
　　会议涉及拟订甘肃省兴办水利特别征费规则，经交秘书、法制两室审核签注及处理情形；甘肃省气象测候厅呈赍拟就组织规程一案，经交法制室审签情形；建设厅化学工厂与甘肃水利林牧公司畜牧部制革厂合并事宜；甘肃省兴办农田水利特别征费规则（草案）；甘肃省气象测候所组织规程。

【叙录编号】 0769
【档案题名】
　　甘肃省政府委员会第880次会议关于提会报告拟订水利专员服务规程及提请审议拟订人民控告县行政人员案件处理办法的会议议事日程并会议记录外附会议材料
【发文单位】 甘肃省建设厅；甘肃省财政厅
【收文单位】 甘肃省政府
【档案编号】 004-007-0234-（0001-0002）
【成文时间】 1941-08-15
【关 键 词】 水利；屯粮；田赋征收；边地治理；粮食管理
【内容提要】
　　会议涉及粮食管理局拟订办理征购1941年度军粮屯粮工作训练纲要及付出草则等一案；建设厅拟订水利专员服务规程事宜；关于固、海、隆3县毗连边境治理事宜；各省田赋征收实物标准办理情形；关于消灭民众因少沐浴习惯滋生虱子等的情形；甘肃省建设厅水利专员服务规程；固、海、隆3县毗连边境筹设新治方案、甘肃省各县粮食管理机构分期完成计划。

【叙录编号】 0770
【档案题名】
　　甘肃省政府委员会第883次会议关于提会报告1941年7月中旬支付岁出各款报告表及提请审议拟订购领粮食统筹办法的会议记录
【发文单位】 甘肃省建设厅；甘肃省财政厅等
【收文单位】 甘肃省政府
【档案编号】 004-007-0236-（0001-0002）
【成文时间】 1941-08-26
【关 键 词】 工矿业；规则
【内容提要】
　　会议涉及省营工矿业监理规则事宜；查征购1941年度军粮屯粮各种章则表册等；各省田赋征收实物标准；兰州市公私水井管理规则。

【叙录编号】 0771
【档案题名】
　　甘肃省政府委员会第884次会议关于提会报告陕西省银行在平凉筹设办事处及提请审议将救济费、空袭救济费集中存放省库的会议议事日程并会议记录外附会议材料
【发文单位】 甘肃省建设厅；甘肃省民政厅等
【收文单位】 甘肃省政府
【档案编号】 004-007-0236-（0003-0004）
【成文时间】 1941-08-29
【关 键 词】 水利；电力；粮食管理
【内容提要】
　　会议涉及天水电厂工程处组织章程草案及该工程处主任履历备查事宜；粮食管理局拟订本省县局粮食管理机构分期完成计划、人员编制及概算等情况。

【叙录编号】 0772
【档案题名】
　　甘肃省政府委员会第889次会议关于提会

报告重新整理本府请假规则及提请审议规定相当炭价办法的会议议事日程并会议记录外附会议材料

【发文单位】 甘肃省建设厅；甘肃省财政厅
【收文单位】 甘肃省政府
【档案编号】 004-007-0237-（0001-0002）
【成文时间】 1941-09-16
【关 键 词】 水利；物价；行政管理
【内容提要】

会议涉及天水水利林牧公司将本年水利贷款未支之款用于湟惠、溥济、洮惠等三渠工程，规定炭价办法，关于在皋兰土门墩建筑机场事宜以及固、海、隆边区行署员额编制及经费支配表。

【叙录编号】 0773
【档案题名】

甘肃省政府委员会第890次会议关于提会报告选定临洮县农会为示范县农会及提请审议拟订省银行公库组织规程的会议议事日程并会议记录外附会议材料

【发文单位】 甘肃省建设厅；甘肃省财政厅
【收文单位】 甘肃省政府
【档案编号】 004-007-0238-（0001-0002）
【成文时间】 1941-09-19
【关 键 词】 水利；税收
【内容提要】

会议涉及甘肃水利林牧公司相关事务处理意见、甘肃水利林牧股份有限公司公函、修正甘肃省建设厅水利专员服务规程、甘肃省政府兴办水利征雇民夫暂行办法、甘肃省政府兴办水利拆迁土地附着物办法、全国水利事业相关事宜、甘肃水利林牧股份有限公司的农林水利贷款合同事宜，甘肃省各县、市土地增值税及建筑改良物税征收规则、兰州市土地增值税征收规则、兰州市土地改良物税征收规则、甘肃省合作事业管理处组织规程修订意见、甘肃省各县修筑县道暂行办法。

【叙录编号】 0774
【档案题名】

甘肃省政府委员会第885次会议关于提会报告在卓尼设立农林部洮河流域国有林区管理处及提请审议根据各县等级拟具增加经费分配标准的会议议事日程并会议记录外附会议材料

【发文单位】 甘肃省建设厅；甘肃省财政厅等
【收文单位】 甘肃省政府
【档案编号】 004-007-0239-（0001-0003）
【成文时间】 1941-09-02
【关 键 词】 灾害；林区；勘测
【内容提要】

会议涉及关于查核受灾情形、办理土地陈报事宜、在卓尼设立农林部洮河流域国有林区管理处事宜，组织勘测岷夏、夏郎、临夏三路情形，拟订甘肃省建设厅盛道勘队查勘准则、甘肃省建设厅化学工厂制革部与甘肃水利林牧公司合办事宜、甘肃省建设厅省查勘队查勘准则。

【叙录编号】 0775
【档案题名】

甘肃省政府委员会第882次会议关于提会报告行政院颁发货物统税暂行条例及提请审议建设厅技术人员加薪办法的会议议事日程并会议记录外附会议材料

【发文单位】 甘肃省建设厅；甘肃省财政厅等
【收文单位】 甘肃省政府
【档案编号】 004-007-0235-（0001-0002）
【成文时间】 1941-08-22
【关 键 词】 水利；学校；草场；种马
【内容提要】

会议涉及关于查勘酒泉、金塔水利情形；关于省立张掖农业职业学校及省立岷县农业职业学校的相关事宜；关于军政部惠阳种马牧场勘定岷县本直寺大草滩及闾井镇狼波滩总分场址选择及建设事宜。

【叙录编号】 0776
【档案题名】
甘肃省政府委员会第886次会议关于提会报告行政院颁发省营贸易监理规则暨经济部拟订各省贸易事项标准及提请审议拟订甘肃省平衡物价委员会组织规程的会议议事日程并会议记录外附会议材料
【发文单位】 甘肃省建设厅；甘肃省财政厅
【收文单位】 甘肃省政府
【档案编号】 004-007-0239-（0004-0005）
【成文时间】 1941-09-05
【关 键 词】 田赋；物价
【内容提要】
　　会议涉及田赋管理处对各机关行文办法；平衡物价相关事宜；甘肃省平衡物价委员会组织规程。

【叙录编号】 0777
【档案题名】
甘肃省政府委员会第887次会议关于提会报告粮食部1941年粮食库券条例摘要及提请审议兰州市公有土地处理办法的会议议事日程并会议记录外附会议材料
【发文单位】 甘肃省建设厅；甘肃省财政厅等
【收文单位】 甘肃省政府
【档案编号】 004-007-0240-0001
【成文时间】 1941-09-09
【关 键 词】 水利；地价；调解
【内容提要】
　　会议涉及湟惠渠工程范围内地价日涨采取的相关措施，审核兰州市土地调解委员会相关事项。

【叙录编号】 0778
【档案题名】
甘肃省政府委员会第892次会议关于提请审议兰州市政府增加人员公费及拟具征收两当县口粮办法等事宜
【发文单位】 甘肃省建设厅；甘肃省民政厅等
【收文单位】 甘肃省政府
【档案编号】 004-007-0241-（0001-0002）
【成文时间】 1941-09-26
【关 键 词】 矿产；工业；土地划分
【内容提要】
　　会议涉及土地划分纠纷，阿干镇煤矿厂管理处受理普通矿务案件等情况，拟配合合作农林工矿择要推行，1942年度县经济建设实施方案编制办法说明。

【叙录编号】 0779
【档案题名】
甘肃省政府委员会第893次会议关于提请审议彻底明了县地方财政研讨1942年度自治财政改进方针及交通司令部呈请拨款购制官兵冬服等事宜的会议议事日程并会议记录外附会议材料
【发文单位】 甘肃省建设厅；甘肃省财政厅等
【收文单位】 甘肃省政府
【档案编号】 004-007-0242-（0001-0002）
【成文时间】 1941-10-31
【关 键 词】 税收；军粮
【内容提要】
　　会议涉及田赋征收相关事宜及各种应用单表式样、粮政相关事宜。

【叙录编号】 0780
【档案题名】
甘肃省政府委员会第894次会议关于提请审议拟订甘肃省各县市疏散人口暂行办法及修正甘肃省奖励各县士绅热心教育办法等事宜的会议议事日程并会议记录外附会议材料

叁　自然资源开发与生态保护类档案

【发文单位】　甘肃省建设厅；甘肃省财政厅等
【收文单位】　甘肃省政府
【档案编号】　004-007-0243-（0001-0003）
【成文时间】　1941-10-03
【关 键 词】　马政建设；牧场；煤炭；日食
【内容提要】

　　会议涉及马政建设生产及牧场经营相关事宜；关于冬季需用煤炭及添购火炉器具事宜；放映有关日食电影、幻灯，并作通俗讲演、传播通俗科学事宜。

【叙录编号】　0781
【档案题名】

　　甘肃省政府委员会第895次会议关于提请审议第二区行政督察专员公署呈请所需枪支经费由省第三预备金项下支出及财政厅请示如何办理杂粮折合率等事宜的会议议事日程并会议记录外附会议材料
【发文单位】　甘肃省建设厅；甘肃省财政厅等
【收文单位】　甘肃省政府
【档案编号】　004-007-0243-（0004-0005）
【成文时间】　1941-10-07
【关 键 词】　煤矿；兴办；工厂
【内容提要】

　　会议涉及建设厅购置山西乡宁郎家滩新兴煤矿机器事宜；建设厅直辖各工厂整理纲要及各工厂盈余奖励金发给办法。

【叙录编号】　0782
【档案题名】

　　甘肃省政府委员会第896次会议关于提请审议修正通过兴办水利征雇民夫暂行办法及财政部甘宁青新直接税局请发各检查员津贴旅费等事宜的会议议事日程并会议记录外附会议材料
【发文单位】　甘肃省建设厅；甘肃省财政厅等
【收文单位】　甘肃省政府

【档案编号】　004-0070-0244-（0001-0002）
【成文时间】　1941-10-12
【关 键 词】　屯粮；水利；工程勘测
【内容提要】

　　会议涉及军粮局拟订关于各级县政府协助仓库保管屯粮事宜；甘肃省水利农矿公债条例草案事宜；关于甘肃水利林牧公司接收各渠工程事项及甘肃省政府补助查勘队经费办法等项；徽县县政府电陈禁止酿酒意见事宜；祁连山森林对西北气候及国防建设关系均极重大，由陕甘两省抽调保安等事；甘肃省政府兴办水利征雇民夫暂行办法；甘肃省政府修筑公路、兴办水利拆迁土地附着物办法。

【叙录编号】　0783
【档案题名】

　　甘肃省政府委员会第897次会议关于提请审议财政厅请示如何办理兰州市1941年下半年地方岁入岁出总概算及各卫生处燃煤费由甘肃省政府预备项下开支等事宜的会议议事日程并会议记录外附会议材料
【发文单位】　甘肃省建设厅；甘肃省民政厅等
【收文单位】　甘肃省政府
【档案编号】　004-007-0245-（0001-0002）
【成文时间】　1941-10-14
【关 键 词】　军马场；自然灾害
【内容提要】

　　会议涉及山丹军马场马啣山分场建筑房屋请免税事宜，宁县等地遭受冰雹灾害呈请拨给救灾赈济款项。

【叙录编号】　0784
【档案题名】

　　甘肃省政府委员会第898次会议关于提请审议修正甘肃各县市建筑改良物征收规则及修正甘肃省各县市建筑物改良物估价办法等事宜的会议议事日程并会议记录外附会议材料

【发文单位】　甘肃省建设厅；甘肃省民政厅等
【收文单位】　甘肃省政府
【档案编号】　004-007-0246-（0001-0002）
【成文时间】　1941-10-17
【关　键　词】　煤矿；排水；煤炭；水平物价；田赋征收
【内容提要】
　　会议涉及阿干镇煤矿呈平隆水势过大，建筑排水设备救济煤；各县约呈百物昂贵，冬季炭资无法筹措等情况。其余内容为：甘肃省各县市建筑改良物征收规则、甘肃省各县土地增值税征收规则、甘肃省平价物供应办法、各县田赋带征改征实物及标准事宜。

【叙录编号】　0785
【档案题名】
　　甘肃省政府委员会第899次会议关于提请审议修改兰州市土地增值税征收规则及兰州市土地改良税征收规则等事宜的会议议事日程并会议记录外附会议材料
【发文单位】　甘肃省建设厅；甘肃省财政厅等
【收文单位】　甘肃省政府
【档案编号】　004-007-0247-（0001-0002）
【成文时间】　1941-10-21
【关　键　词】　水利；测量；贷款
【内容提要】
　　会议涉及地方水利事项应受水利委员会监督指导；土地测量应行购置各种仪器费用拨给事宜；兰州市土地增值税征收规则及兰州市土地改良税征收规则等事宜；甘肃水利林牧股份有限公司关于农田水利贷款合同相关事宜。

【叙录编号】　0786
【档案题名】
　　甘肃省政府委员会第900次会议关于提请审议富华贸易公司请将商人运交核公司致皮毛按照旧章征收及拟请破格给予临夏县会计主任郭宏抚恤金等事宜的会议议事日程并会议记录外附会议材料
【发文单位】　甘肃省建设厅；甘肃省财政厅等
【收文单位】　甘肃省政府
【档案编号】　004-007-0247-（0003-0004）
【成文时间】　1941-10-24
【关　键　词】　军粮；水利机关；田赋
【内容提要】
　　会议涉及军粮交接办法；暂行划分中央各水利机关事业区；按照田赋征购军屯粮；兰州市县纷纷电请缓期禁止酿酒一案；1941年度军粮交接办法；抗战以来中央各水利机关相继西迁，分别指定办理西南各省农田水利及整理后方水道情形；中央各水利机关暂行划分事业区域表。

【叙录编号】　0787
【档案题名】
　　甘肃省政府委员会第901次会议关于提请审议拟订甘肃省矿业管理暂行办法及修正各县粮政科编制经收田赋实物暂行办法等事宜的会议议事日程并会议记录外附会议材料
【发文单位】　甘肃省建设厅；甘肃省民政厅等
【收文单位】　甘肃省政府
【档案编号】　004-007-0248-（0001-0002）
【成文时间】　1941-10-28
【关　键　词】　场址；矿业；管理；规则；办法；气候；雨量
【内容提要】
　　会议涉及勘察岷县野人沟一带土地为西北羊毛改进处收畜场址；甘肃省矿业管理暂行办法；拟将第一规程名称改为甘肃省各县气候测候所暂行组织规程；在岷、漳两县境内勘定西北羊毛改进场址；甘肃省各县气象测候所暂行组织规程；甘肃省各县雨量站暂行组织规程。

【叙录编号】　0788

【档案题名】

甘肃省政府委员会第902次会议关于提请审议建设厅呈请拨给修筑定西王公桥经费的会议议事日程并会议记录外附会议材料

【发文单位】 甘肃省建设厅；甘肃省民政厅等

【收文单位】 甘肃省政府

【档案编号】 004-007-0248-（0003-0004）

【成文时间】 1941-10-30

【关 键 词】 改进；兵额以马代替；畜牧管理；补助；规则；办法

【内容提要】

会议涉及农林部补助各省农业改进经费办法等事；临潭县兵额全数以马代替一案；农业改进所联送甘肃省农业改进所、农林部西北羊毛改进所合作改进甘肃畜牧事业暂行办法；农林部补助各省农业改进经费办法；各省农业改进机关编送工作报告简则；农林部直辖机关编送工作报告简则；兰州市政府呈赍市民初步给水供应计划书及中山市场售水站设计图平面图等项；售水站工程费概算。

【叙录编号】 0789

【档案题名】

甘肃省政府委员会第903次会议关于提请审议修正各县政府所属各乡镇公所员额经费办法及拟请将教育基金9000元拨作县卫生院筹备费等事宜的会议议事日程并会议记录外附会议材料

【发文单位】 甘肃省民政厅；甘肃省财政厅

【收文单位】 甘肃省政府

【档案编号】 004-007-0249-（0001-0003）

【成文时间】 1941-11-04

【关 键 词】 工厂；屯粮；田赋征收

【内容提要】

会议涉及接收汤水站各物品情形；兰州机械工厂利用之废铁应否移转省会合办之甘肃机器厂应用；各县田赋带征收实物一案；印制征购1941年度军屯粮各种章则表册。

【叙录编号】 0790

【档案题名】

甘肃省政府委员会第910次会议关于提会报告禁止变卖学田及提请审议修正省银行拟第二行员训练班实施计划纲要等事宜的会议议事日程并会议记录外附会议材料

【发文单位】 甘肃省民政厅；甘肃省建设厅等

【收文单位】 甘肃省政府

【档案编号】 004-007-0255-（0001-0003）

【成文时间】 1941-12-02

【关 键 词】 公债

【内容提要】

会议禁止变卖学田；由水利农矿公债余额向省银行按7折，押规770万元，俾免贻误。

【叙录编号】 0791

【档案题名】

甘肃省政府委员会1941年12月9日临时谈话会会议关于提会报告行政院令发省合作事业管理处组织大纲及提请审议修正甘肃省非常时期粮食管理治理暂行条例实施办法等事宜的会议议事日程并会议记录外附会议材料

【发文单位】 甘肃省民政厅；甘肃省建设厅等

【收文单位】 甘肃省政府

【档案编号】 004-007-0256-0001

【成文时间】 1941-12-09

【关 键 词】 粮食管理；登记；组织

【内容提要】

会议涉及卫生处与林牧公司等接洽关于卓尼卫生事宜合作办理事项；审查甘肃省非常时期违反粮食管理治罪暂行条例实施办法及管理粮食登记办法事项；省合作事业管理处组织大纲。

【叙录编号】 0792

【档案题名】
甘肃省政府委员会1941年第二次临时谈话会会议关于提会报告第八战区司令长官司令部令发资源委员会非常时期查缉处处罚私贩军甲种矿产品暂行办法等事宜的会议议事日程并会议记录外附会议材料
【发文单位】 甘肃省民政厅；甘肃省建设厅等
【收文单位】 甘肃省政府
【档案编号】 004-007-0257-0001
【成文时间】 1941-12-12
【关 键 词】 办法；草案；缉私
【内容提要】
　　会议涉及非常时期查缉处罚私贩私运甲种矿产品暂行办法草案；陇东8县农贷代办处成立相关事宜。

【叙录编号】 0793
【档案题名】
　　甘肃省政府委员会第912次会议关于提会报告军事委员会疏通军事犯巡回审判实施大纲及建设厅拟予取消甘肃省兴办农田水利特别征费规则等事宜的会议议事日程并会议记录外附会议材料
【发文单位】 甘肃省民政厅；甘肃省建设厅等
【收文单位】 甘肃省政府
【档案编号】 004-007-0258-（0001-0002）
【成文时间】 1941-12-19
【关 键 词】 规则；征费；屯粮；粮价
【内容提要】
　　会议涉及甘肃省兴办农田水利特别征费规则；筹办建仓积谷屯粮事项；秦安县征收粮石情形；1941年入春以来省会粮价暴涨。

【叙录编号】 0794
【档案题名】
　　甘肃省政府委员会第913次会议关于提会报告国民政府颁发医药技术条例及提请审议拟订本省各县局土地测量队组织规则等事宜的会议议事日程并会议记录外附会议材料
【发文单位】 甘肃省财政厅；甘肃省政府会计处等
【收文单位】 甘肃省政府
【档案编号】 004-007-0259-（0001-0002）
【成文时间】 1941-12-23
【关 键 词】 公债；土地测量；工矿
【内容提要】
　　会议涉及1941年甘肃省水利农矿公债条例；拟订甘肃省各县局土地测量队组织规则；甘肃省公营矿区内土窑承租暂行办法。

【叙录编号】 0795
【档案题名】
　　甘肃省政府委员会第914次会议关于提会报告财政厅呈请将省库11月下旬支付岁出各款分别科目编具报告表及提请审议拟订甘肃省各征收使用拍照税暂行章程等事宜的会议议事日程并会议记录外附会议材料
【发文单位】 保安处；甘肃省民政厅等
【收文单位】 甘肃省政府
【档案编号】 004-007-0259-（0003-0004）
【成文时间】 1941-12-26
【关 键 词】 军粮；屯粮；改良；测量
【内容提要】
　　会议涉及以各战区部队机关官兵给养军粮各按应掌握之数分别屯备补给一案；为协办军粮列入县长考绩一案；订定各县代购部队马干办法；张掖、酒泉二县城市土地测量业务实施计划；本省征购1941年度屯粮事宜；各省收购推广改良作物种子；农林部各省粮食增产购种周转金保管办法；武威、张掖、酒泉三重要城市土地测量。

【叙录编号】 0796
【档案题名】

【档案题名】

甘肃省政府委员会第915次会议关于提会报告非常时期奖励资金内移兴办实业办法及提请审议兰州市商会拟具物资管理办法等事宜的会议议事日程并会议记录外附会议材料

【发文单位】 甘肃省民政厅；甘肃省建设厅
【收文单位】 甘肃省政府
【档案编号】 004-007-0260-（0001-0002）
【成文时间】 1941-12-30
【关 键 词】 实业；苗圃
【内容提要】

会议涉及非常时期奖励资金内移兴办实业办法；1941年度甘肃省苗圃实施计划纲要，甘肃农业改进所各中心苗圃指导范围，农业相关档案。

【叙录编号】 0797
【档案题名】

甘肃省政府委员会第916次会议关于提会报告行政院令发修正禁酿区内糟坊制造酒精原料使用粮食管理办法的会议议事日程并会议记录外附会议材料

【发文单位】 粮政局；甘肃省建设厅等
【收文单位】 甘肃省政府
【档案编号】 004-007-0261-（0001-0003）
【成文时间】 1942-01-06
【关 键 词】 酿酒；粮价；修堤费；开矿；土地测量；贷款合同
【内容提要】

会议涉及关于修正禁酿区内糟坊制造酒精原料使用粮食管理办法；临洮修堤费用由当地木商缴纳；钨、锑、锡等矿产开采与产品外销；对张掖、酒泉、武威、甘谷进行土地测量，甘谷县土地测量业务实施计划，关于地形、地貌、土地面积、分类等；1941年度农田水利贷款合同草案；农业改进所组织规程修改等相关事宜。

【叙录编号】 0798
【档案题名】

甘肃省政府委员会第917次会议关于提会报告修正非常时期管理银行暂行办法及提请审议拟订甘肃省纸业股份有限公司合作办法等事宜及第919次会议的会议议事日程并会议记录外附会议材料

【发文单位】 甘肃省民政厅；甘肃省建设厅等
【收文单位】 甘肃省政府
【档案编号】 004-007-0262-（0001-0002）
【成文时间】 1942-01-09
【关 键 词】 公债；征粮；灾害
【内容提要】

第917次会议涉及甘肃省水利发行的1941年建设公债及水利农矿公债应印制债票事宜；甘肃省1941年度征缴粮石事宜；平凉、华亭、隆德、庆阳、崇信、民勤等县1941年度遭受旱雹灾害情形。第919次会议涉及各县军粮征收工作。

【叙录编号】 0799
【档案题名】

甘肃省政府委员会第918次会议关于提会报告将1941年12月中旬共支付岁出各款分别科目编报表及提请审议合作事业管理处呈请发给皋兰县等县各级指导员薪旅津贴等事宜的会议议事日程并会议记录外附会议材料

【发文单位】 甘肃省民政厅；甘肃省建设厅等
【收文单位】 甘肃省政府
【档案编号】 004-007-0263-（0001-0002）
【成文时间】 1942-01-13
【关 键 词】 公路；办法；田赋
【内容提要】

会议涉及岷县、夏郎两路暂缓修建事宜；拟订湟惠渠灌溉区域整理办法；在崇信等县成立田赋经收分处等。

【叙录编号】 0800
【档案题名】
甘肃省政府委员会第920次会议关于提会报告太平洋战争爆发取缔敌伪钞券及提请审议拟订甘肃省各县市行为取缔税征收章程等事宜的会议议事日程并会议记录外附会议材料
【发文单位】 甘肃省民政厅；甘肃省建设厅等
【收文单位】 甘肃省政府
【档案编号】 004-007-0263-（0003-0004）
【成文时间】 1942-01-20
【关 键 词】 公债；章程；科室；人事；调整
【内容提要】
会议涉及各省地方公债自1942年度收归中央统办；甘肃省公债办法及整理省公债委员会组织章程；拟订甘肃省各县市行为取缔税征收章程；民人马晋三等土地纠纷案相关事宜；关于甘肃部分地县科室和人事调整事宜，如临洮、临夏、甘肃、皋兰等9县各增设测绘员1人，临洮、岷县、平凉、固原、天水、皋兰、庆阳等7县增设粮政专科，庆阳、镇原、宁县、正宁、泾川、灵台、固原、海源、平凉等9县仍设社会专科，皋兰、天水、张掖、岷县、临洮、静远、秦安、礼县等8县各增设社会科长1人，武威、天水等地设地政科县。

【叙录编号】 0801
【档案题名】
甘肃省政府委员会第921次会议关于提会报告征用民夫车辆应从优给价、不得任意征用及提请审议防空司令部呈请追加防空协会等事宜的会议议事日程并会议记录外附会议材料
【发文单位】 甘肃省建设厅；甘肃省教育厅等
【收文单位】 甘肃省政府
【档案编号】 004-007-0264-（0001-0002）
【成文时间】 1942-01-23
【关 键 词】 滩地；病虫害；农贷
【内容提要】
会议涉及仓库病虫害防治办法事宜；将骚狐滩地收回并按时价出售转款存储；1941年度军屯粮事宜；关于田赋征收事宜；四联总处推进新县制，各级合作社农贷暂行办法。

【叙录编号】 0802
【档案题名】
甘肃省政府委员会第922次会议关于提会报告行政院令发非常时期捐献款项承购国债、劝募捐款国债奖励条例及提请审议接收各县烟酒拍照消费税及类似消费税之特税详细办法等事宜的会议议事日程并会议记录外附会议材料
【发文单位】 甘肃省建设厅；甘肃省民政厅等
【收文单位】 甘肃省政府
【档案编号】 004-007-0264-（0003-0004）
【成文时间】 1942-01-27
【关 键 词】 田赋；捐款；国债
【内容提要】
会议涉及关于田赋征收实物事宜；非常时期承购国债及募捐款等项。

【叙录编号】 0803
【档案题名】
甘肃省政府委员会第924次会议关于提会报告财政部送修正田赋推收通则、经办田赋推收人员考核办法及提请审议省农业改进呈请由临时费项下开支购置专门土壤物理分析仪器等事宜的会议议事日程并会议记录外附会议材料
【发文单位】 甘肃省建设厅；甘肃省民政厅等
【收文单位】 甘肃省政府
【档案编号】 004-007-0265-（0001-0002）
【成文时间】 1942-02-02
【关 键 词】 田赋；推收；增值税；费用
【内容提要】
会议涉及规定2月5日为农民节一案；修正田赋推收通则及经办田赋推收人员考核办法；关于以往民欠田赋呈请豁免相关事宜；关

于土地有定着物之宅地移转，如何增收增值税的事宜；甘谷、秦安、定西等县交接屯粮不按规定办理希望严予纠正事宜；关于农业改进所签请由渝购置专门土壤研究仪器相关费用等情况。

【叙录编号】 0804
【档案题名】
　　甘肃省政府委员会第925次会议关于提会报告以后各省会及其所属地方，无论任何团体、学校不得假借任何名义集中游行及提请审议会计处拟请追加预算等事宜的会议议事日程并会议记录外附会议材料
【发文单位】 甘肃省建设厅；甘肃省民政厅等
【收文单位】 甘肃省政府
【档案编号】 004-007-0265-（0003-0004）
【成文时间】 1942-02-06
【关 键 词】 田赋；制革厂；军粮
【内容提要】
　　会议涉及据造纸厂、甘肃水利林牧公司兰州制革厂会呈请将拨给河北庙滩子该厂等厂址地亩估价拨入股金款内以便永久占用事宜；军粮统筹征购相关情形。

【叙录编号】 0805
【档案题名】
　　甘肃省政府委员会第926次会议关于提会报告行政院发追加预算案处理大纲及省动支预备金再行办法及提请审议拟具甘肃省各县征收公荒收租暂行办法等事宜的会议议事日程并会议记录外附会议材料
【发文单位】 甘肃省建设厅；甘肃省民政厅等
【收文单位】 甘肃省政府
【档案编号】 004-007-0266-（0001-0003）
【成文时间】 1942-02-10
【关 键 词】 气象测候；军屯
【内容提要】
　　会议涉及甘肃省气象测候所及呈请印制气候观测表及雨量统计表；粮食部规定标准核定该县修仓费事宜。

【叙录编号】 0806
【档案题名】
　　甘肃省政府委员会第927次会议关于提会报告设法严防敌人在沦陷区域破坏我国金融并大量收存法币、抢购后方物资及提请审议拟具本省1942年度田赋并利用整理成果征收实物计划等事宜的会议议事日程并会议记录外附会议材料
【发文单位】 粮政局；甘肃省建设厅等
【收文单位】 甘肃省政府
【档案编号】 004-007-0267-（0001-0002）
【成文时间】 1942-02-13
【关 键 词】 军粮；运输
【内容提要】
　　会议涉及军粮运输相关事宜。

【叙录编号】 0807
【档案题名】
　　甘肃省政府委员会第928次会议关于提会报告民政厅厅长郑震宇请假及提请审议拟订保安团队1942年夏冬及服装材料购置办法等事宜的会议议事日程并会议记录外附会议材料
【发文单位】 甘肃省民政厅；甘肃省财政厅
【收文单位】 甘肃省政府
【档案编号】 004-007-0267-（0003-0004）
【成文时间】 1942-02-17
【关 键 词】 物价
【内容提要】
　　会议涉及物价高涨、材料短缺，购置服装、为军队供应物资等相关事宜。

【叙录编号】 0808
【档案题名】

甘肃省政府委员会第929次会议关于提会报告民政厅厅长郑震宇请假及提请审议拟订保安团队1942年夏冬及服装材料购置办法等事宜的会议议事日程并会议记录外附会议材料
【发文单位】 甘肃省建设厅；甘肃省民政厅等
【收文单位】 甘肃省政府
【档案编号】 004-007-0268-（0001-0002）
【成文时间】 1942-02-20
【关 键 词】 税收；管理处；修仓费用
【内容提要】

会议涉及甘肃省各县征收公荒牧租暂行办法一案；为洮惠渠全部灌溉起见，拟请甘肃水利林牧公司组设该渠管理处相关事宜；武威、宁县、华亭、和政等县修仓预算意见。

【叙录编号】 0809
【档案题名】

甘肃省政府委员会第930次会议关于提会报告省立兰州女子中学呈请补发不够围墙建筑费22840元及修正甘肃省农业改进所组织规程等事宜的会议议事日程并会议记录外附会议材料
【发文单位】 甘肃省建设厅；甘肃省民政厅等
【收文单位】 甘肃省政府
【档案编号】 004-007-0268-（0003-0004）
【成文时间】 1942-02-20
【关 键 词】 组织规程；选址；煤炭资源；征购土地
【内容提要】

会议涉及修正甘肃省农业改进所组织规程一案；前租领河北庙滩子以东河滩地，不宜永久建筑，查有水沟北荒地一段，拟一并租用等情况；关于1941年冬季煤炭资源拨发情形；征购土地详细计划。

【叙录编号】 0810
【档案题名】

甘肃省政府委员会第931次会议关于提会报告行政院令发修正非常时期工矿业奖助条例及提请审议财政厅呈请拨款修建定西卫生院病房等事宜的会议议事日程并会议记录外附会议材料
【发文单位】 甘肃省建设厅；甘肃省民政厅等
【收文单位】 甘肃省政府
【档案编号】 004-007-0269-（0001-0002）
【成文时间】 1942-02-27
【关 键 词】 航运；灾害；工矿
【内容提要】

会议涉及整理洮河航运一案；关于1941年度旱雹灾歉情形；非常时期工矿业奖助条例；整理洮河航行工程计划书。

【叙录编号】 0811
【档案题名】

甘肃省政府委员会第934次会议关于提会报告建设厅呈请派员组织工程队赴榆中修三兴公路及提请审议拟具官堡筹设新方案及预算图纸等事宜的会议议事日程并会议记录外附会议材料
【发文单位】 甘肃省建设厅；甘肃省民政厅等
【收文单位】 甘肃省政府
【档案编号】 004-007-0270-（0001-0002）
【成文时间】 1942-03-10
【关 键 词】 工程；公路
【内容提要】

会议涉及溥济渠工程追加工程费用事宜；关于督修三兴公路情形；甘肃省各县面积、人口、经济、文化、交通分数之计算标准。

【叙录编号】 0812
【档案题名】

甘肃省政府委员会第935次会议关于提会报告财政部呈请内政部送县保甲户口编审办法及拟订甘肃省各酒精工厂特约代制原料糟坊请

领酿造许可证暂行办法等事宜的会议议事日程并会议记录外附会议材料
【发文单位】　甘肃省建设厅；甘肃省财政厅等
【收文单位】　甘肃省政府
【档案编号】　004-007-0270-（0003-0004）
【成文时间】　1942-03-13
【关 键 词】　田赋；工程；酒精；酿造；增产；劝储
【内容提要】

会议涉及各县市田赋管理处主办会计人员之任用及指挥等项；修理各厅处泥木各工程油表等事；甘肃省各酒精工厂特约代制原料糟坊请领酿造许可证暂行办法；1942年度粮食增产大纲；关于甘肃省节约建国储蓄劝储委员会相关事宜。

【叙录编号】　0813
【档案题名】

甘肃省政府委员会第936次会议关于提会报告发合作粮政局呈请粮食部发供销社粮食办法及提请审议城市土地测量队长张光业呈请将该队人员应支1—2月份薪饷由行政费及临洮等县城市测量费项下开支等事宜的会议议事日程并会议记录外附会议材料
【发文单位】　甘肃省建设厅；甘肃省民政厅等
【收文单位】　甘肃省政府
【档案编号】　004-007-0271-（0001-0002）
【成文时间】　1942-03-17
【关 键 词】　苗圃；赈灾；办法
【内容提要】

会议涉及各县苗圃育苗单位经费诺垫情形及育苗造林列入县长考绩事宜；供销社粮食办法草案等情况；关于清水县发放灾民赈款事宜；甘肃省各县苗圃实施办法；城市土地测量相关事项。

【叙录编号】　0814
【档案题名】

甘肃省政府委员会第937次会议关于提会报告行政院令发国营农工矿事业发给员工奖金办法及提请审议修正甘肃省户口编查办法等事宜的会议议事日程并会议记录外附会议材料
【发文单位】　甘肃省建设厅；粮政局等
【收文单位】　甘肃省政府
【档案编号】　004-007-0271-（0003-0004）
【成文时间】　1942-03-20
【关 键 词】　奖金；粮商登记；勘测；除险
【内容提要】

会议涉及国营农工矿事业发给员工奖金办法；粮食部电送粮商登记规则等情况；第四区专署所属各县如西、礼、成、康等县插花飞地勘测以凭调整情形；炸除牛鼻峡巨石险滩工程开标结果。

【叙录编号】　0815
【档案题名】

甘肃省政府委员会第938次会议关于提会报告发本省各县警察服务大纲及提请审议高等法院呈请拨发各监所寄押军行人犯所需看守工薪饷等事宜的会议议事日程并会议记录外附会议材料
【发文单位】　甘肃省建设厅；甘肃省民政厅等
【收文单位】　甘肃省政府
【档案编号】　004-007-0272-（0001-0002）
【成文时间】　1942-03-24
【关 键 词】　粮食登记；煤矿；田赋；军屯；报表
【内容提要】

会议涉及修正甘肃省制订粮食登记办法；农业改进所呈赍牦牛研究等场工作办法；为改善阿干镇煤矿业务以期加强生产等情况；审核交县修理田赋及军屯粮修仓费预算意见；特税局1942年全年征获税款各种报表，现已先后分别呈报等情况。

【叙录编号】 0816
【档案题名】
　　甘肃省政府委员会第939次会议关于提会报告粮食部咨送各县市粮政局等编制表已令粮政局办理及提请审议财政厅拟请追加洮河航运等工程款等事宜的会议议事日程并会议记录外附会议材料
【发文单位】 甘肃省建设厅；甘肃省财政厅等
【收文单位】 甘肃省政府
【档案编号】 004-007-0272-（0003-0004）
【成文时间】 1942-03-27
【关 键 词】 土地陈报；航运；工程；水利；桥梁；计划书
【内容提要】
　　会议涉及土地陈报事项；粮政局分编制表；整理洮河航运等5大工程相关事宜；甘肃省1942年度兴办之夏惠渠等8项水利工程事项；农村合作指导事业相关事宜；修筑定西王公桥工程费相关事宜；甘肃省政府1942年度各部工程计划书提要；甘肃省1942年度发展农田水利工程施工计划书。

【叙录编号】 0817
【档案题名】
　　甘肃省政府委员会第940次会议关于行政院发防空司令及防空指挥列席省务会议办法及提请审议拟订甘肃省各县局办理推收工资联系办法等事宜的会议议事日程并会议记录外附会议材料
【发文单位】 甘肃省建设厅；甘肃省民政厅等
【收文单位】 甘肃省政府
【档案编号】 004-007-0272-（0005-0007）
【成文时间】 1942-03-31
【关 键 词】 增粮；贷款；收支；推收；煤炭
【内容提要】
　　会议涉及合管处调往增粮贷款团工作人员调整加薪一案；会计处令颁国库统一处理各省政支暂行办法；甘肃省各县局办理推收工作联系办法；甘肃省奖励煤炭生产暂行办法事宜。

【叙录编号】 0818
【档案题名】
　　甘肃省政府委员会第941次会议关于提会报告建设厅厅长张心一公出及提及审议农业改进所拟就甘肃省农业推广所组织规程等事宜的会议议事日程并会议记录外附会议材料
【发文单位】 甘肃省建设厅；甘肃省民政厅等
【收文单位】 甘肃省政府
【档案编号】 004-007-0273-（0001-0002）
【成文时间】 1942-04-03
【关 键 词】 农田；水利；勘测；经费；组织规程
【内容提要】
　　会议涉及甘肃省发展农田水利三年计划大纲；甘肃省矿产勘测总队呈请将前缴节余经费拟拨作购置仪器经费等情况；拟就甘肃省县（局）农业推广所组织规程；请从宽核销熊、蒋两前县长亏短仓粮等情况。

【叙录编号】 0819
【档案题名】
　　甘肃省政府委员会第942次会议关于提会报告民政厅厅长郑震宇提请审议甘肃省粮政局组织细则及办事细则等事宜的会议议事日程并会议记录外附会议材料
【发文单位】 甘肃省建设厅；甘肃省民政厅等
【收文单位】 甘肃省政府
【档案编号】 004-007-0273-（0003-0005）
【成文时间】 1942-04-07
【关 键 词】 酒精厂；组织细则；区划
【内容提要】
　　会议涉及甘肃省酒精厂业经成工，所有与

兴隆酒精厂筹备处应即停止进行，缓交该厂接办事宜；粮政局组织细则及办事细则草案；第四区专署所属各县插花飞地根据勘测结果划拨情形。

【叙录编号】　0820
【档案题名】
　　甘肃省政府委员会第943次会议关于提会报告行政院解释非常时期违反粮食管理治罪暂行条例及提请审议甘肃省粮政局征购1941年度军屯粮余粮管理办法等事宜的会议议事日程并会议记录外附会议材料
【发文单位】　甘肃省建设厅；甘肃省民政厅等
【收文单位】　甘肃省政府
【档案编号】　004-007-0274-（0001-0002）
【成文时间】　1942-04-10
【关　键　词】　粮食管理；公债；造林；增产
【内容提要】
　　会议涉及解释非常时期违反粮食管理治罪暂行条例；甘肃省水泥股份有限公司呈请先拨水交股款以济惠需等情况，在水利农矿公债押款内拨给；甘肃省工业改进所呈赍拟具省会造林计划等情况；甘肃省各县征购军屯粮事宜；各省设粮食增产总督导处相关事宜；拟订防止粮价高涨办法；扩充圃地，大量育苗，准备扩大造林一案；甘肃省会育苗造林计划。

【叙录编号】　0821
【档案题名】
　　甘肃省政府委员会第945次会议关于提会报告行政院令发非常时期重庆取缔宴会及限制酒食消费暂行办法及提请审议民政厅拟订甘肃省优待出征抗战军人家属条例实行细则等事宜的会议议事日程并会议记录外附会议材料
【发文单位】　甘肃省建设厅；甘肃省民政厅等
【收文单位】　甘肃省政府
【档案编号】　004-007-0275-（0003-0004）
【成文时间】　1942-04-17
【关　键　词】　屯粮；费用；牛鼻峡；平价
【内容提要】
　　会议涉及拟修订各县派驻屯粮县份收缴军粮填据应需员警人数及旅膳宿费支给办法；拟就兰州市粮食问题研究委员会组织大纲；查洮河牛鼻峡炸礁工程在在需人，所有工务所组织内职员等情况；关于办理粮食平价供销一案。

【叙录编号】　0822
【档案题名】
　　甘肃省政府委员会第946次会议关于提会报告行政院令发细则本省禁用粮食酿酒暂行办法及提请审议民政厅拟将该厅1—3月份超支公费由该月俸薪结余项下留用等事宜的会议议事日程并会议记录外附会议材料
【发文单位】　甘肃省建设厅；甘肃省民政厅等
【收文单位】　甘肃省政府
【档案编号】　004-007-0276-（0001-0002）
【成文时间】　1942-04-21
【关　键　词】　粮食；酿酒；公债；补助费；运价
【内容提要】
　　会议涉及修正甘肃省禁用粮食酿酒暂行办法相关事项；拟请省银行在水利农矿公债押款项下拨发；建设经费预算编列水利查勘补助费；呈请增订水路运价标准；审查甘肃省各县（局）农业推广所组织规程一案。

【叙录编号】　0823
【档案题名】
　　甘肃省政府委员会第947次会议关于提会报告财政厅厅长陈国梁公出及提请审议海原县县长孙宗濂拟请因上年（1941）海固匪乱中央赈济委员会拨发赈款1万元救济本县大赛乡等事宜的会议议事日程并会议记录外附会议材料
【发文单位】　甘肃省建设厅；甘肃省民政厅等

【收文单位】 甘肃省政府
【档案编号】 004-007-0276-（0003-0004）
【成文时间】 1942-04-24
【关 键 词】 田赋；灾害；救济
【内容提要】
　　会议涉及所有市内田赋应设处征收；海原灾情惨重，乞设法救济。

【叙录编号】 0824
【档案题名】
　　甘肃省政府委员会第948次会议关于提会报告酒泉县城市土地业务实施计划及提请审议建设厅修建临洮永宁桥工程费筹措办法等事宜的会议议事日程并会议记录外附会议材料
【发文单位】 甘肃省建设厅；甘肃省民政厅等
【收文单位】 甘肃省政府
【档案编号】 004-007-0276-（0005-0006）
【成文时间】 1942-04-28
【关 键 词】 土地登记；工程；行政区划；田赋
【内容提要】
　　会议涉及酒泉县城市土地登记业务实施计划；修建临洮、永宁桥桥堤工程费筹措办法；临洮、渭源两县县长呈请划拨庆平镇等插花飞地事宜；宁县电报田赋征清及超收数目请从宽注销记过处分一案。

【叙录编号】 0825
【档案题名】
　　甘肃省政府委员会第949次会议关于提会报告财政厅报送本年度3月份下旬供支付民国三十年（1941）岁出给款分别科目报告表等事宜的会议议事日程并会议记录外附会议材料
【发文单位】 甘肃省建设厅；甘肃省民政厅等
【收文单位】 甘肃省政府
【档案编号】 004-007-0277-（0001-0002）
【成文时间】 1942-05-08
【关 键 词】 甜菜；制糖；田赋

【内容提要】
　　会议涉及甜菜推广、设厂制糖事宜；甘肃省田赋管理处所需经费事宜。

【叙录编号】 0826
【档案题名】
　　甘肃省政府委员会第950次会议关于提会报告行政院颁发国家总动员法令及提请审议教育厅特种教育办事处务分掌一览表等事宜的会议议事日程并会议记录外附会议材料
【发文单位】 甘肃省建设厅；甘肃省民政厅等
【收文单位】 甘肃省政府
【档案编号】 004-007-0277-（0003-0005）
【成文时间】 1942-05-08
【关 键 词】 林业；造林；计划纲要
【内容提要】
　　会议涉及农林部中央林案试验所、洮河流域国有林区管理处、甘肃水利林牧公司森林部，商洽合办卓尼卫生院事宜；造林事业在甘肃省倍感切要事项；择定自卓尼至榆中兴隆山止，沿公路一带所需造林经费事宜；兰岷公路造林计划纲要。

【叙录编号】 0827
【档案题名】
　　甘肃省政府委员会第951次会议关于提会报告武威县城市土地测量业务实施计划及提请审议甘肃省各机关工作分级考核实施细则等事宜的会议议事日程并会议记录外附会议材料
【发文单位】 甘肃省建设厅；甘肃省民政厅等
【收文单位】 甘肃省政府
【档案编号】 004-007-0278-（0001-0002）
【成文时间】 1942-05-12
【关 键 词】 土地测量；土地登记；麦粉厂；酒精厂
【内容提要】
　　会议涉及拟订武威县城市土地测量业务实

施计划及武威县城市土地登记业务实施计划；拟订张掖县城市土地登记业务实施计划；拟订兰州、西北两麦粉厂供销麦粉办法；修正天水联兴动力酒精厂章程并呈明各糟坊先后烧存原料情形及订购制造酒精机器等情况；办理平凉、临夏城市土地登记业务期限事宜。

【叙录编号】 0828
【档案题名】
　　甘肃省政府委员会第952次会议关于提会报告建设厅厅长张心一请假及提请审议甘肃省各级警察机关处理违警罚金暂行办法等事宜的会议议事日程并会议记录外附会议材料
【发文单位】 甘肃省建设厅；甘肃省民政厅等
【收文单位】 甘肃省政府
【档案编号】 004-007-0278-（0003-0004）
【成文时间】 1942-05-15
【关 键 词】 土地整理；护渠；植树；费用；厂矿
【内容提要】
　　会议涉及拟订湟惠渠灌溉区域土地整理办法；拟订甘肃省护渠树栽植办法请鉴核等情况；成县政府呈复筹设酒精厂情形外附经费办法等情况；甘肃省公营公司矿厂等对本府行文格式的规定；业已竣工放水各渠亟宜沿渠栽植树木事宜；甘肃省护渠植树暂行办法。

【叙录编号】 0829
【档案题名】
　　甘肃省政府委员会第953次会议关于提会报告行政院颁发取缔党政军机关人员宴会办法及提请审议甘肃省建设厅林政实施纲要草案等事宜的会议议事日程并会议记录外附会议材料
【发文单位】 甘肃省建设厅；甘肃省民政厅等
【收文单位】 甘肃省政府
【档案编号】 004-007-0279-（0001-0002）
【成文时间】 1942-05-19
【关 键 词】 贷款；林政；保护；平价；调剂；田赋
【内容提要】
　　会议涉及四联总处函发农田水利贷款合同蓝本；拟订提运皋兰等10县农贷粮办理供销及收价手续办法；甘肃省林政实施纲要草案；天然林管理办法；林木保护规则；植树造林奖惩规则；提运增粮作兰市平价暂行办法；甘肃省民食调剂办法；甘肃省森林保护暂行规则；甘肃省各县田赋改征实物成绩太差事宜。

【叙录编号】 0830
【档案题名】
　　甘肃省政府委员会第954次会议关于提会报告建设厅厅长张心一公出及提请审议甘肃省民政厅拟就湟惠渠土地整理业务实施计划大纲等事宜的会议议事日程并会议记录外附会议材料
【发文单位】 甘肃省建设厅；甘肃省民政厅等
【收文单位】 甘肃省政府
【档案编号】 004-007-0279（0003-0004）
【成文时间】 1942-05-23
【关 键 词】 地价；计划大纲；土地整理；田赋征收
【内容提要】
　　会议涉及拟举办地价申报步骤一案；拟就湟惠渠土地整理业务实施计划大纲、湟惠渠土地整理事务所组织规程及该所开办等费预算书及筹措办法等情况；营造工厂呈赍拟具改组办法；甘肃省泾川县关于田赋征收相关事宜。

【叙录编号】 0831
【档案题名】
　　甘肃省政府委员会第955次会议关于提会报告行政院编审县市预算暂行办法及修正甘肃省土地登记实施细则等事宜的会议议事日程并会议记录外附会议材料

【发文单位】　甘肃省建设厅；甘肃省民政厅等
【收文单位】　甘肃省政府
【档案编号】　004-007-0279-（0005-0006）
【成文时间】　1942-05-26
【关 键 词】　土地；登记；规程；增产；军粮
【内容提要】
　　会议涉及修正甘肃省土地登记施行细则等件；甘肃省粮食增产总督导处呈请再修正本处组织规程附赍印模及关防，各省分担军粮征购情形，甘肃省增产总督导团组织规程；甘肃省各县市土地标管期内补请登记办法。

【叙录编号】　0832
【档案题名】
　　甘肃省政府委员会第956次会议关于提会报告修正查缉毒品给奖处理章程及提请审议粮政局拟订各县处登记余粮等事宜的会议议事日程并会议记录外附会议材料
【发文单位】　甘肃省建设厅；甘肃省民政厅等
【收文单位】　甘肃省政府
【档案编号】　004-007-0280-（0001-0002）
【成文时间】　1942-06-02
【关 键 词】　收租；田赋；交通；草案；规则
【内容提要】
　　会议涉及各省田赋改征实物后业主收租不敷完粮补救办法；1942年度田赋利用整理成果征收实物计划应改删各项；关于陇海路和天兰路自陇西经定西路线相关事宜；各县余粮登记完竣备案依照处理而济民食等情况；甘肃省林政实施纲要草案；天然林管理办法；林木保护规则；植树造林奖惩规则。

【叙录编号】　0833
【档案题名】
　　甘肃省政府委员会第957次会议关于提会报告非常时期公务员考绩暂行条例补充办法及报告本省地方1941年度普通岁入岁出总预算等事宜的会议议事日程并会议记录外附会议材料
【发文单位】　甘肃省建设厅；甘肃省民政厅等
【收文单位】　甘肃省政府
【档案编号】　004-007-0281-（0001-0002）
【成文时间】　1942-06-02
【关 键 词】　水利；工程；公债；军粮；实施办法
【内容提要】
　　会议涉及甘肃省农田水利工程费征收规则一案；关于征收战时消费税请免税事宜；甘肃省1938年度建设公债各项押款详情；各地拨交军粮常有掺水掺杂甚至掺入陈腐粮食等情况；噶苏恒水利特赋征收规则；甘肃省推行度政实施办法。

【叙录编号】　0834
【档案题名】
　　甘肃省政府委员会第958次会议关于提会报告建设厅厅长张心一公出及报告行政院规定加速限期完成土地陈报办法等事宜的会议议事日程并会议记录外附会议材料
【发文单位】　甘肃省建设厅；甘肃省民政厅等
【收文单位】　甘肃省政府
【档案编号】　004-007-0282-（0001-0002）
【成文时间】　1942-06-09
【关 键 词】　土地陈报；田赋；公债；修仓；雹灾
【内容提要】
　　会议涉及加速限期完成土地陈报办法；田赋改征实物收纳划拨暂行办法；1942年度推销公债计划纲要；审核泾川县和临潭县所请修仓情形；漳县衣锦乡雹灾严重，请拨款赈济等情况。

【叙录编号】　0835
【档案题名】

甘肃省政府委员会第959次会议关于提会报告5月上旬支付岁出各款情况及报告行政院颁发文职公务员恤金暂行办法等事宜的会议议事日程并会议记录外附会议材料
【发文单位】 甘肃省建设厅；甘肃省民政厅等
【收文单位】 甘肃省政府
【档案编号】 004-007-0282-（0003-0004）
【成文时间】 1942-06-12
【关 键 词】 修仓费；冬赈；献粮
【内容提要】
 会议涉及田赋移来金塔县田赋管理处请拨修仓费情形；自渝购运存置静宁之水泵绞车铅绳等采矿机件事宜；1941年冬季赈委会在本局价购小麦平粜献粮由粮政局拨付相关事项。

【叙录编号】 0836
【档案题名】
 甘肃省政府委员会第960次会议关于提会报告民政厅厅长及秘书长王潄芳请假及报告5月中旬支付岁出各款情况等事宜的会议议事日程并会议记录外附会议材料
【发文单位】 甘肃省建设厅；甘肃省民政厅等
【收文单位】 甘肃省政府
【档案编号】 004-007-0283-（0001-0002）
【成文时间】 1942-06-16
【关 键 词】 土地登记；湟惠渠；插花飞地；军粮
【内容提要】
 会议涉及临夏县市区土地登记处报该县市区面积较大请展限等情况；湟惠渠土地整理事务所开办及经费概算一案；第四区专署呈复审查该区各县插花飞地划拨意见一案；静宁罐子峡煤矿机件按现价向公司交接让售及拟准核销旅运杂各费等情况；山丹县电报军粮无收事宜。

【叙录编号】 0837

【档案题名】
 甘肃省政府委员会第965次会议关于提会报告贪污犯直属长官和保证人处置办法及报告将公有仓厂、祠堂、庙宇拨交各军粮机关等事宜的会议议事日程并会议记录外附会议材料
【发文单位】 甘肃省民政厅；甘肃省财政厅等
【收文单位】 甘肃省政府
【档案编号】 004-007-0286-（0001-0002）
【成文时间】 1942-07-03
【关 键 词】 利息；组织大纲
【内容提要】
 会议涉及甘肃省合作贷款加收一厘息金可列入县市预算内等事项；修正省粮政局组织大纲等事。

【叙录编号】 0838
【档案题名】
 甘肃省政府委员会第966次会议关于提会报告贪污犯直属长官和保证人处置办法及报告将公有仓厂、祠堂、庙宇拨交各军粮机关等事宜的会议议事日程并会议记录外附会议材料
【发文单位】 甘肃省民政厅；甘肃省财政厅等
【收文单位】 甘肃省政府
【档案编号】 004-007-0286-（0003-0005）
【成文时间】 1942-07-07
【关 键 词】 灾变；军粮；田赋；组织；浪费
【内容提要】
 会议涉及确属紧急处治或重大灾变事项处理情形；各县将公有仓厂及祠堂、庙宇仅先拨交各军粮机关屯储军粮一案；中央拨给本省附加粮在各县预算内编列意见事项；甘肃省牧畜发达县份田赋数额比较微少，为谋农牧负担平允起见，应订定牧畜征实办法等事；甘肃省会限制浪费检查队组织简则，甘肃省限制浪费检查队检查办法。

【叙录编号】 0839

【档案题名】
甘肃省政府委员会第967次会议关于提会报告修正契税暂行条例及报告粮食征购业务应归县田管处统一办理等事宜的会议议事日程并会议记录外附会议材料
【发文单位】 甘肃省民政厅；甘肃省财政厅等
【收文单位】 甘肃省政府
【档案编号】 004-007-0287-（0001-0002）
【成文时间】 1942-07-10
【关 键 词】 田赋；公债；水利；农矿
【内容提要】
会议涉及粮食征购业务归省县田管处统一办理；甘肃省水利农矿公债相关事宜。

【叙录编号】 0840
【档案题名】
甘肃省政府委员会第970次会议关于提会报告管制汽油空桶办法及报告制定预算科目流用表式样等事宜的会议议事日程并会议记录外附会议材料
【发文单位】 甘肃省民政厅；甘肃省财政厅等
【收文单位】 甘肃省政府
【档案编号】 004-007-0288-（0001-0002）
【成文时间】 1942-07-21
【关 键 词】 汽油空桶；矿业；罐子峡；工程；永宁桥
【内容提要】
会议涉及管制汽油空桶暂行办法事宜；甘肃矿业股份有限公司呈赍罐子峡矿厂招募保证投资章程；勘测编造修筑成县至江洛镇公路等工程勘测相关事宜；临洮永宁桥桥捐征收暂行办法。

【叙录编号】 0841
【档案题名】
甘肃省政府委员会第971次会议关于提会报告建设厅厅长张心一公出和社会处处长赵文龙请假及报告国家总动员法实施纲要等事宜的会议议事日程并会议记录外附会议材料
【发文单位】 甘肃省民政厅；甘肃省财政厅等
【收文单位】 甘肃省政府
【档案编号】 004-007-0288-（0003-0004）
【成文时间】 1942-07-24
【关 键 词】 征收；征购；节约建国
【内容提要】
会议涉及报告：甘肃省粮政局改列乙等事项讨论，内容包括拟订甘肃省1942年度征收征购统一处理实施暂行办法、甘肃省劝储分会函送节约建国储蓄运动考绩办法等情况。

【叙录编号】 0842
【档案题名】
甘肃省政府委员会第972次会议关于提会报告1942年度6月中旬支付岁出各款项情况及报告行政院规定提出法律案应依照立法程序办理等事宜的会议议事日程并会议记录外附会议材料
【发文单位】 甘肃省民政厅；甘肃省财政厅等
【收文单位】 甘肃省政府
【档案编号】 004-007-0289-（0001-0002）
【成文时间】 1942-07-28
【关 键 词】 征雇；补助；加息；征购
【内容提要】
会议涉及报告：第八战区司令长官司令部发修正军事征雇夫马车辆租力给与标准表等；拟订各县购杂粮改收小麦办法2项；关于补助农村合作指导事业加息劝支办法等情况。临时动议：甘肃省1942年度征收征购统一处理实施暂行办法一案。

【叙录编号】 0843
【档案题名】
甘肃省政府委员会第973次会议关于提会报告车驮队长须知及提请审议甘肃省各县市及

乡镇户政干部人员训练实施方案等事宜的会议议事日程并会议记录外附会议材料
【发文单位】 甘肃省民政厅；甘肃省财政厅等
【收文单位】 甘肃省政府
【档案编号】 004-007-0290-（0001-0002）
【成文时间】 1942-07-31
【关 键 词】 牛鼻峡；运输；湟惠渠
【内容提要】
　　会议涉及报告：洮河牛鼻峡炸礁工程因河涨不克依限完成，将炸礁余款修开辟纤道以资补救运输一案；永清县民请增开西门一案。讨论：湟惠渠土地整理贷款合同草案事项；湟惠渠灌溉区域扶植自耕农放款合约草案。

【叙录编号】 0844
【档案题名】
　　甘肃省政府委员会第974次会议关于提会报告财政厅经管各费类总账户4月份收支数目及报告统一募捐运动办法等事宜的会议议事日程并会议记录外附会议材料
【发文单位】 甘肃省民政厅；甘肃省财政厅等
【收文单位】 甘肃省政府
【档案编号】 004-007-0291-（0001-0003）
【成文时间】 1942-08-18
【关 键 词】 公债；水利；农矿；造产
【内容提要】
　　会议涉及报告：查1941年建设公债及水利农矿公债票已制印竣事。讨论：甘肃省乡镇造产办法实施细则，甘肃省市县（局）乡镇造产委员会组织章程。

【叙录编号】 0845
【档案题名】
　　甘肃省政府委员会第975次会议关于提会报告财政厅经营各费类总账户5月份收支数目及报告修正甘肃省各县市地方县政监理委员会暂行实施细则等事宜的会议议事日程并会议记录外附会议材料
【发文单位】 甘肃省民政厅；甘肃省财政厅等
【收文单位】 甘肃省政府
【档案编号】 004-007-0292-（0001-0002）
【成文时间】 1942-08-21
【关 键 词】 公债；办事处；土地陈报
【内容提要】
　　会议涉及报告：各省地价申报处组织规程及各省地价申报各县市办事处组织规程相关事项。讨论：甘肃省先后奉准发行之1938—1941年建设及水利农矿等公债转售及用途数额等情况，举办土地陈报事宜。

【叙录编号】 0846
【档案题名】
　　甘肃省政府委员会第976次会议关于提会报告委员田崑山请假及报告非常时期地籍整理实施办法等事宜的会议议事日程并会议记录外附会议材料
【发文单位】 甘肃省民政厅；甘肃省财政厅等
【收文单位】 甘肃省政府
【档案编号】 004-007-0293-（0001-0002）
【成文时间】 1942-08-25
【关 键 词】 地籍；地价；粮贷；征收
【内容提要】
　　会议涉及报告：非常时期地籍实施办法，标准地价评定委员会组织规程，非常时期办理地价申报测文地亩办法，查定标准地价实施办法等事项。讨论：海固隆等县继匪乱之后又遭旱欠，请拨赈济并拨粮贷放案，粮食征收征购要点。

【叙录编号】 0847
【档案题名】
　　甘肃省政府委员会第977次会议关于提会报告过境和接兵部队给养拨给办法及报告土地行政事宜移交地政局筹备处接班情况等事宜的

会议议事日程并会议记录外附会议材料
【发文单位】　甘肃省民政厅；甘肃省财政厅等
【收文单位】　甘肃省政府
【档案编号】　004-007-0293-（0003-0004）
【成文时间】　1942-09-01
【关 键 词】　军粮；王公桥；征实
【内容提要】
　　会议涉及报告：各县押运军粮及派驻屯粮县份收缴军粮员警杂费事项；奉派验收定西王公桥工程一案。临时动议：临洮、泾川、洮沙、灵台、榆中、陇西、平凉、永昌、玉门、成县等县地目划等分类征实数额表。

【叙录编号】　0848
【档案题名】
　　甘肃省政府委员会第978次会议关于提会报告行政院颁发水利法及报告1943年度国家总概算编审原则等事宜的会议议事日程并会议记录外附会议材料
【发文单位】　甘肃省民政厅；甘肃省财政厅等
【收文单位】　甘肃省政府
【档案编号】　004-007-0294-（0001-0002）
【成文时间】　1942-09-04
【关 键 词】　水利法；建仓；插花地
【内容提要】
　　会议涉及报告：行政院令发水利法；1942年建仓计划及本省建筑仓库五年计划；临洮、榆中、渭源各县插花地会勘划拨情形。

【叙录编号】　0849
【档案题名】
　　甘肃省政府委员会第979次会议关于提会报告建设厅厅长张心一公出及报告财政厅经管各费类总账户6月份收支数目等事宜的会议议事日程并会议记录外附会议材料
【发文单位】　甘肃省民政厅；甘肃省财政厅等
【收文单位】　甘肃省政府
【档案编号】　004-007-0294-0003
【成文时间】　1942-09-08
【关 键 词】　采金；修桥；受灾
【内容提要】
　　会议涉及报告：酒泉县政府呈请遴选抢手，保卫洪水坝金夫采金等情况。讨论：临洮永宁桥岁修费交清事宜，新订征收颁发，张掖南山苏冷口金矿有无开采价值与采金局甘肃金矿探勘队切实商洽办理情形，崇信县锦屏镇高庄乡、铜城乡1942年5月14日及6月4日两次被雹等情况。

【叙录编号】　0850
【档案题名】
　　甘肃省政府委员会第980次会议关于提会报告教育厅厅长郑通和请假及报告财政厅经管各费类总账户7月份收支数目等事宜的会议议事日程并会议记录外附会议材料
【发文单位】　甘肃省民政厅；甘肃省财政厅等
【收文单位】　甘肃省政府
【档案编号】　004-007-0295-0001
【成文时间】　1942-09-11
【关 键 词】　森林；保护；植林；征购；田赋
【内容提要】
　　会议涉及讨论：订定保护旧有森林及新植林木办法，饬速定本省造林之五年计划；各县局育苗造林护林五年计划纲要；拟订之征购统一处理实施暂行办法；崇信、静宁2县先后呈赍利用陈报成果改进计划相关事宜；甘肃各县长考绩应以保护森林与造林成绩之优劣列为第一等情况；田赋征实及征购军粮事项前经会同拟订征收征购统一处理实施暂行办法等项；陈报成果征实之临洮、泾川、洮沙、灵台、陇西、平凉、永昌、玉门、成县等10县新征赋额事宜。

【叙录编号】　0851

【档案题名】

甘肃省政府委员会第981次会议关于提会报告国库主管机关稽核各机关收支库款办法及报告1942年度粮食库券领换凭证领换办法等事宜的会议议事日程并会议记录外附会议材料

【发文单位】 甘肃省民政厅；甘肃省财政厅等
【收文单位】 甘肃省政府
【档案编号】 004-007-0295-0002
【成文时间】 1942-09-15
【关 键 词】 规则；草案；灾害
【内容提要】

会议涉及讨论：粮政局组织细则及办事细则草案；甘肃省粮政局公务室组织规程草案；兰州市8月4日大雨成灾、损失颇重，可否救济等情况。

【叙录编号】 0852
【档案题名】

甘肃省政府委员会第982次会议关于提会报告纠正粮役弊端并切实改善通知及报告国家总动员会议组织条例等事宜的会议议事日程并会议记录外附会议材料

【发文单位】 甘肃省民政厅；甘肃省财政厅等
【收文单位】 甘肃省政府
【档案编号】 004-007-0296-（0001-0002）
【成文时间】 1942-09-18
【关 键 词】 田赋；军粮；屯粮；购粮
【内容提要】

会议涉及报告：拟具1942年度田赋整理成果改订原则等项；为解决市区各部队马干供应起见，爰召集军粮局等有关各机关研究办法等项。讨论：拟具结1941年度军粮尾欠办法及拟对各县长1941年征购军屯粮二次之奖惩事宜；天水电厂资产相关事宜；拟订甘肃省购粮价款搭发储券办法等项。

【叙录编号】 0853

【档案题名】

甘肃省政府委员会第983次会议关于提会报告各省税务管理局组织暂行条例及报告乡镇中心学校和保国民学校隶属关系等事宜的会议议事日程并会议记录外附会议材料

【发文单位】 甘肃省民政厅；甘肃省财政厅等
【收文单位】 甘肃省政府
【档案编号】 004-007-0297-（0001-0002）
【成文时间】 1942-09-22
【关 键 词】 水利；工程；查勘；仪器；土地计划
【内容提要】

会议涉及报告：水利林牧公司电以肃丰渠工程筹备处率领员工前往酒泉工作情形，水利查勘第三分队出发分赴河西各县查勘等情况。讨论：甘肃省水陆粮价标准草案，甘肃省酒精厂订购仪器相关情形，拟征收湟惠灌区域土地计划书等。

【叙录编号】 0854
【档案题名】

甘肃省政府委员会第984次会议关于提会报告欠赋催征通则及报告各省政府会计处组织规程等事宜的会议议事日程并会议记录外附会议材料

【发文单位】 甘肃省民政厅；甘肃省财政厅等
【收文单位】 甘肃省政府
【档案编号】 004-007-0297-（0003-0004）
【成文时间】 1942-09-25
【关 键 词】 欠赋；小麦代金；税收；田赋；征实
【内容提要】

会议涉及报告：欠赋催征通则。讨论：兰州市政府呈复核该市员工小麦代金办法并追加预算鉴核等情况，拟订甘肃省各市县局协助稽征中央税收暂行办法，各厂处长分区视察田赋征实军粮征购办法，肃北设置局局址选定

【叙录编号】 0855
【档案题名】
甘肃省政府委员会第986次会议关于提会报告处分违法失职官吏问题4点及报告限期1月内严禁取缔不穿裤子男女儿童等事宜的会议议事日程并会议记录外附会议材料
【发文单位】 甘肃省民政厅；甘肃省财政厅等
【收文单位】 甘肃省政府
【档案编号】 004-007-0298-（0001-0002）
【成文时间】 1942-10-02
【关 键 词】 造产；造林
【内容提要】
会议涉及讨论：拟订乡镇造产事业管理办法；农业改进所呈赍省会造林委员会组织规程等相关事宜。

【叙录编号】 0856
【档案题名】
甘肃省政府委员会第987次会议关于提会报告财政厅经管各费类总账户8月份收支数目及报告公务员进修及考察办法等事宜的会议议事日程并会议记录外附会议材料
【发文单位】 甘肃省民政厅；甘肃省财政厅等
【收文单位】 甘肃省政府
【档案编号】 004-007-0298-（0003-0005）
【成文时间】 1942-10-06
【关 键 词】 垦区；水灾；田赋；征购；军粮
【内容提要】
会议涉及报告：洮岷特殊情形请将岷县垦区暂予撤销相关事宜，托儿所房屋被水冲毁其修理相关事宜。讨论：分区视察田赋征实军粮征购办法等情况以及永登、永靖田管处呈赍地目收益分类统计等表。

【叙录编号】 0857
【档案题名】
甘肃省政府委员会第988次会议关于提会报告财政厅厅长陈国梁请假及报告违法或妨碍征实征购行为应依照相关规定处罚等事宜的会议议事日程并会议记录外附会议材料
【发文单位】 甘肃省民政厅；甘肃省财政厅等
【收文单位】 甘肃省政府
【档案编号】 004-007-0299-（0001-0002）
【成文时间】 1942-10-09
【关 键 词】 征实；违反；审判；储粮；积谷；考核
【内容提要】
会议涉及报告：为违反或妨害征实征购之行为应送军法机关审判等情况。讨论：粮食部令颁储粮积谷竞赛办法等事，粮政局田管处委员审查由粮政局召集、军管区咨送本年度第一、二两期各县征交壮丁成绩考核奖励表等情况。

【叙录编号】 0858
【档案题名】
甘肃省政府委员会第989次会议关于提会报告行政院审核本省1942年度追加预算案及报告修正乡镇财产保管委员会章程等事宜的会议议事日程并会议记录外附会议材料
【发文单位】 甘肃省民政厅；甘肃省财政厅等
【收文单位】 甘肃省政府
【档案编号】 004-007-0299-（0003-0004）
【成文时间】 1942-10-13
【关 键 词】 雨水；征税
【内容提要】
会议涉及报告：凡最近各地雨水充足者，应由该省所属各县县长督导当地农民及时照耕限期办竣相关事宜。讨论：武威县田管处报改订科则地目分类亩额统计数情形，拟订冬防办法等事项。

【叙录编号】 0859
【档案题名】
甘肃省政府委员会第990次会议关于提会报告主席谷正伦和建设厅厅长张心一公出及报告乡镇公所对人民行文程式等事宜的会议议事日程并会议记录外附会议材料
【发文单位】 甘肃省民政厅；甘肃省财政厅等
【收文单位】 甘肃省政府
【档案编号】 004-007-0299-0005
【成文时间】 1942-10-16
【关 键 词】 推收；灾害；救济
【内容提要】
会议涉及讨论：鼓励乡镇公所切实办理推收事宜；甘肃省各县局临时灾害救济相关事项；兰州市马干代办处组织规程相关事项。

【叙录编号】 0860
【档案题名】
甘肃省政府委员会第991次会议关于提会报告教育厅厅长郑通和公出及报告募债工作应采用国家总动员法等事宜的会议议事日程并会议记录外附会议材料
【发文单位】 甘肃省民政厅；甘肃省财政厅等
【收文单位】 甘肃省政府
【档案编号】 004-007-0300-0001
【成文时间】 1942-10-20
【关 键 词】 军粮；征收；规则
【内容提要】
会议涉及报告：迅将1941年度军粮已征已购及已拨各数分别结算。讨论：拟订甘肃省乡镇造产考核规则请鉴核等情况，拟具本省地政局组织规程草案。

【叙录编号】 0861
【档案题名】
甘肃省政府委员会第997次会议议事日程并会议记录外附会议材料
【发文单位】 甘肃省民政厅；甘肃省财政厅等
【收文单位】 甘肃省政府
【档案编号】 004-007-0301-（0005-0007）
【成文时间】 1942-11-06
【关 键 词】 军粮；价款
【内容提要】
会议涉及甘肃省各县1942年度军粮价款保管委员会暂行规程。

【叙录编号】 0862
【档案题名】
甘肃省政府委员会第998次会议议事日程并会议记录外附会议材料
【发文单位】 甘肃省财政厅；甘肃省建设厅等
【收文单位】 甘肃省政府
【档案编号】 004-007-0302-0001
【成文时间】 1942-11-13
【关 键 词】 财政；计划
【内容提要】
会议涉及讨论：甘肃省整理自治财政计划相关事宜。

【叙录编号】 0863
【档案题名】
甘肃省政府委员会第999次会议议事日程并会议记录外附会议材料
【发文单位】 甘肃省财政厅；甘肃省建设厅等
【收文单位】 甘肃省政府
【档案编号】 004-007-0302-（0002-0003）
【成文时间】 1942-11-20
【关 键 词】 物价；投机；改订科则；自治
【内容提要】
会议涉及报告：非常时期评定物价及取缔投机操纵等办法相关事宜。讨论：造纸厂呈赍移交兴陇工业股份有限公司接收监交资产各册等情况；化平、古浪、华亭、张掖、安西县田管处呈赍改订科则地目分类统计表事宜；甘肃省整理自治财政计划暨各县市整理工作表相关事宜。

【叙录编号】 0864
【档案题名】
甘肃省政府委员会第1013次会议议事日程并会议记录外附会议材料
【发文单位】 甘肃省财政厅；甘肃省建设厅等
【收文单位】 甘肃省政府
【档案编号】 004-007-0303-（0005-0007）
【成文时间】 1943-01-12
【关 键 词】 水利；公债
【内容提要】
会议涉及报告：甘肃省1941年水利农矿公债已奉准发行相关事项。

【叙录编号】 0865
【档案题名】
甘肃省政府委员会第1014次会议议事日程并会议记录外附会议材料
【发文单位】 甘肃省财政厅；甘肃省建设厅等
【收文单位】 甘肃省政府
【档案编号】 004-007-0304-（0001-0002）
【成文时间】 1943-01-15
【关 键 词】 公地；农贷；公路；贷款
【内容提要】
会议涉及报告：兰州市政府放租行宫以东公地一段等情况；同意将各省1943年度农贷垫头减为1成。讨论：抢修甘新公路冲毁工程等情况。

【叙录编号】 0866
【档案题名】
甘肃省政府委员会第1015次会议议事日程并会议记录外附会议材料
【发文单位】 甘肃省财政厅；甘肃省建设厅等
【收文单位】 甘肃省政府
【档案编号】 004-007-0304-（0003-0004）
【成文时间】 1943-01-19
【关 键 词】 冬季；炭资；费用
【内容提要】
会议涉及讨论：拨给1942年防空司令部及所属冬季炭资并造赍预算前来等情况；呈请拨款补修或购置1942年度冬季火炉及烟筒等费。

【叙录编号】 0867
【档案题名】
甘肃省政府委员会第1016次会议议事日程并会议记录外附会议材料
【发文单位】 甘肃省财政厅；甘肃省建设厅等
【收文单位】 甘肃省政府
【档案编号】 004-007-0305-（0001-0002）
【成文时间】 1943-01-22
【关 键 词】 农贷；粮价；造林
【内容提要】
会议涉及报告：准中中交农四行联合办事处函送1943年度农贷方针相关事宜。讨论：粮食部拨贷田实1成，充作春耕籽种一案；考虑甘肃省气候高寒，为体恤士兵，将其余粮变价缝制皮衣配发各部队等情况；发动甘肃省级合作社社员普遍造林运动相关事宜；甘肃省县各级合作社造林补充办法。

【叙录编号】 0868
【档案题名】
甘肃省政府委员会第1017次会议议事日程并会议记录外附会议材料
【发文单位】 甘肃省财政厅；甘肃省建设厅等
【收文单位】 甘肃省政府
【档案编号】 004-007-0305-（0003-0004）
【成文时间】 1943-01-26
【关 键 词】 草束；种草；田赋；军粮；征收
【内容提要】
会议涉及讨论：粮政局签呈1942年9月以

后及本年已决军犯口粮拨支办法等情况；甘肃省征发草束与奖种草麦计划呈报实施等情况；甘肃省政府督导各市县（局）农林工作实施办法等情况；关于岷县等21县局应征1942年度田赋军粮截至12月限满征起数目及奖惩办法等相关事宜；会宁、甘谷应征1942年度田赋军粮已征清及征起9成以上。

【叙录编号】 0869
【档案题名】
甘肃省政府委员会第1018次会议议事日程并会议记录外附会议材料
【发文单位】 甘肃省财政厅；甘肃省建设厅等
【收文单位】 甘肃省政府
【档案编号】 004-007-0305-（0005-0006）
【成文时间】 1943-01-29
【关 键 词】 春耕；籽种；粮食
【内容提要】
会议涉及报告：拨放春耕籽种等事项。讨论：甘肃省勘报灾款及查勘逃亡绝户荒废土地造册免赋暂行办法等情况；核定陇西等县呈报粮食限价标准等情况。

【叙录编号】 0870
【档案题名】
甘肃省政府委员会第1019次会议议事日程并会议记录外附会议材料
【发文单位】 甘肃省财政厅；甘肃省建设厅等
【收文单位】 甘肃省政府
【档案编号】 004-007-0306-（0001-0002）
【成文时间】 1943-02-02
【关 键 词】 工矿；缓役；粮价；赈济
【内容提要】
会议涉及报告：解释工矿业员工缓役问题事项；甘肃省各县市征购1942年度军粮价款保管委员会暂行规程。临时动议：1942年度勘查成灾者除已发赈及灾情不重者，请中央拨发巨款以便配赈等情况。

【叙录编号】 0871
【档案题名】
甘肃省政府委员会第1020次会议议事日程并会议记录外附会议材料
【发文单位】 甘肃省财政厅；甘肃省建设厅等
【收文单位】 甘肃省政府
【档案编号】 004-007-0306-（0003-0004）
【成文时间】 1943-02-09
【关 键 词】 地价税；增值税；生活补助费；盗卖军粮
【内容提要】
会议涉及报告：调整榆中等16县市本年度预算所列地价税及增值税相关事宜；1943年度工役生活补助费相关事宜。讨论：玉门等3县1942年田赋及配购军粮相关事项；驻甘军粮局隆德分库库长王保中勾通隆德县政府科长王继元等盗卖军粮事宜。

【叙录编号】 0872
【档案题名】
甘肃省政府委员会第1021次会议议事日程外附会议材料
【发文单位】 甘肃省政府委员会
【收文单位】 甘肃省政府
【档案编号】 004-007-0307-0002
【成文时间】 1943-02-12
【关 键 词】 山麓造林；贷款
【内容提要】
主要涉及主席报告中推进各省农田水利联系办法及申请贷款时必备资料、建设厅关于山麓造林事宜等。附表《会同推进各省农田水利联系办法》《农田水利工程第一次申请贷款时必备资料项目表》《甘肃省会同各公私机厂山麓造林办法》。

【叙录编号】 0873
【档案题名】
　　甘肃省政府委员会第1022次会议议事日程外附会议材料
【发文单位】 甘肃省政府委员会
【收文单位】 甘肃省政府
【档案编号】 004-007-0307-0004
【成文时间】 1943-02-16
【关 键 词】 平衡物价；整理地籍
【内容提要】
　　主要涉及加强战时财政合理统筹政策、整理本县城镇地籍、平衡本省物价等事宜，附《甘肃省非常时期实施限价暂行办法》。

【叙录编号】 0874
【档案题名】
　　甘肃省政府委员会第1024次会议议事日程外附会议材料
【发文单位】 甘肃省政府委员会
【收文单位】 甘肃省政府
【档案编号】 004-007-0308-0004
【成文时间】 1943-02-23
【关 键 词】 驿运；收支报告表
【内容提要】
　　主要涉及甘肃省驿运管理处补偿货运事宜，附《甘肃省财政厅三十一年（1942）十二月份经管各费类总账户收支报告表》。

【叙录编号】 0875
【档案题名】
　　甘肃省政府委员会第1031次会议议事日程外附会议材料
【发文单位】 甘肃省政府委员会
【收文单位】 甘肃省政府
【档案编号】 004-007-0311-0002
【成文时间】 1943-03-19
【关 键 词】 驿运经费
【内容提要】
　　主要涉及甘肃省驿运经费调整办法，本年度中央分配全省田赋额已确定等。

【叙录编号】 0876
【档案题名】
　　甘肃省政府委员会第1033次会议议事日程外附会议材料
【发文单位】 甘肃省政府委员会
【收文单位】 甘肃省政府
【档案编号】 004-007-0311-0006
【成文时间】 1943-03-26
【关 键 词】 组织通则
【内容提要】
　　关于报告党政各机关设计考核委员会组织通则，管理牙业行纪办法及营业牌照税征收章程等。

【叙录编号】 0877
【档案题名】
　　甘肃省政府委员会第1035次会议议事日程外附会议材料
【发文单位】 甘肃省政府委员会
【收文单位】 甘肃省政府
【档案编号】 004-007-0312-0002
【成文时间】 1943-04-02
【关 键 词】 修筑省道；救济难民
【内容提要】
　　主要涉及健全农会组织，修筑县道暂行办法，甘肃省各县寄养豫省难民暂行办法等。

【叙录编号】 0878
【档案题名】
　　甘肃省政府委员会第1037次会议议事日程外附会议材料
【发文单位】 甘肃省政府委员会
【收文单位】 甘肃省政府

【档案编号】 004-007-0313-0002
【成文时间】 1943-04-09
【关 键 词】 养路费；组织规程
【内容提要】
　　主要涉及制订本省驿运管理处统筹运输水烟办法，兰州市养路费征收规则草案，农业改进所修正组织规程一案。

【叙录编号】 0879
【档案题名】
　　甘肃省政府委员会第1038次会议议事日程外附会议材料
【发文单位】 甘肃省政府委员会
【收文单位】 甘肃省政府
【档案编号】 004-007-0314-0002
【成文时间】 1943-04-13
【关 键 词】 税征收章程
【内容提要】
　　主要涉及甘肃省各县市局使用牌照税征收章程，甘肃省三十二年度（1943）县各级公教人员食粮征发暂行办法等。

【叙录编号】 0880
【档案题名】
　　甘肃省政府委员会第1039次会议议事日程外附会议材料
【发文单位】 甘肃省政府委员会
【收文单位】 甘肃省政府
【档案编号】 004-007-0315-0002
【成文时间】 1943-04-16
【关 键 词】 暂行办法；灾重拨款
【内容提要】
　　主要涉及战时国防军需矿业和交通技术员工缓服兵役暂行办法，灾民入新案办法等，附《修正土地田赋减免规程》《甘肃省三十一年度（1943）灾重县份配拨赈款一览表》。

【叙录编号】 0881
【档案题名】
　　甘肃省政府委员会第1046次会议议事日程外附会议材料
【发文单位】 甘肃省政府委员会
【收文单位】 甘肃省政府
【档案编号】 004-007-0319-0002
【成文时间】 1943-05-11
【关 键 词】 收支数目表
【内容提要】
　　关于本年2月份经管各费类总账户收支数目报告表，本省三十一年度（1943）国家普通岁出第三次追加预算书。

【叙录编号】 0882
【档案题名】
　　甘肃省政府委员会第1049次会议议事日程外附会议材料
【发文单位】 甘肃省政府委员会
【收文单位】 甘肃省政府
【档案编号】 004-007-0320-0004
【成文时间】 1943-05-21
【关 键 词】 组织规程
【内容提要】
　　关于省道勘查队申请公布修正后的暂行组织规程，战时各部队对于粮食被服自给自足实施纲要。

【叙录编号】 0883
【档案题名】
　　甘肃省政府委员会第1050次会议议事日程外附会议通报、讨论文件材料
【发文单位】 甘肃省政府委员会
【收文单位】 甘肃省政府
【档案编号】 004-007-0321-0002
【成文时间】 1943-05-25
【关 键 词】 农贷；军运补贴；省库收支表

【内容提要】

主要涉及修正战区及边区农贷暂行办法，军运补贴标准办法，附《甘肃省三十年度（1941）省库赊存用途支配表》（包括整理洮河试航费、兰州各山地造林费），省库收支清结报告表。

【叙录编号】 0884
【档案题名】
　　甘肃省政府委员会第1051次会议议事日程外附会议通报、讨论文件材料
【发文单位】 甘肃省政府委员会
【收文单位】 甘肃省政府
【档案编号】 004-007-0321-0004
【成文时间】 1943-05-28
【关 键 词】 组织规程
【内容提要】

主要涉及审议本省湟惠渠特种乡公所组织规程，土地测量队组织规程。

【叙录编号】 0885
【档案题名】
　　甘肃省政府委员会第1054次会议议事日程外附会议通报、讨论文件材料
【发文单位】 甘肃省政府委员会
【收文单位】 甘肃省政府
【档案编号】 004-007-0322-0006
【成文时间】 1943-06-08
【关 键 词】 物价管制；灾害
【内容提要】

主要涉及财政厅本年3月份经管各费类总账户收支数目报告表，各省物价管制委员会组织通则，勘报灾歉实施办法。

【叙录编号】 0886
【档案题名】
　　甘肃省政府委员会第1055次会议议事日程外附会议通报、讨论文件材料
【发文单位】 甘肃省政府委员会
【收文单位】 甘肃省政府
【档案编号】 004-007-0323-0002
【成文时间】 1943-06-11
【关 键 词】 平衡物价；整理地籍
【内容提要】

主要涉及审议甘肃省平衡物价委员会拟订改组为物价管制委员会，各省市办理地籍整理借款办法。

【叙录编号】 0887
【档案题名】
　　甘肃省政府委员会第1062次会议议事日程外附会议通报、讨论文件材料
【发文单位】 甘肃省政府委员会
【收文单位】 甘肃省政府
【档案编号】 004-007-0325-0004
【成文时间】 1943-07-06
【关 键 词】 数目比较表；草束计划
【内容提要】

主要涉及审查本省征发草束计划及征发草束全年概算一案，三十二年度（1943）1—7月份各费类预算数及财政部数目比较表。

【叙录编号】 0888
【档案题名】
　　甘肃省政府委员会第1063次会议议事日程外附会议通报、讨论文件材料
【发文单位】 甘肃省政府委员会
【收文单位】 甘肃省政府
【档案编号】 004-007-0326-0002
【成文时间】 1943-07-09
【关 键 词】 追加预算书
【内容提要】

主要涉及本省三十一年度（1942）国家普通岁出第四次追加预算书等事宜。

【叙录编号】 0889
【档案题名】
甘肃省政府委员会第1068次会议议事日程外附会议通报、讨论文件材料
【发文单位】 甘肃省政府委员会
【收文单位】 甘肃省政府
【档案编号】 004-007-0327-0004
【成文时间】 1943-07-27
【关 键 词】 西北国际驿运；调整区域划分
【内容提要】
　　主要涉及审议加强西北国际驿运实施办法草案，拟订本省各县市局乡镇区域调整暂行办法，附《甘肃省重要行政工作竞赛实施办法》（各区单位工作竞赛项目，包括植树造林、农田水利、荒地垦殖等）。

【叙录编号】 0890
【档案题名】
甘肃省政府委员会第1069次会议议事日程外附会议通报、讨论文件材料
【发文单位】 甘肃省政府委员会
【收文单位】 甘肃省政府
【档案编号】 004-007-0327-0006
【成文时间】 1943-07-30
【关 键 词】 屠宰税收；驿运管理
【内容提要】
　　主要涉及审议本省屠宰税收章程，附《对照甘肃省驿运管理处取消管理费实施办法》（增订）。

【叙录编号】 0891
【档案题名】
甘肃省政府委员会第1070次会议议事日程外附会议通报、讨论文件材料
【发文单位】 甘肃省政府委员会
【收文单位】 甘肃省政府
【档案编号】 004-007-0328-0002
【成文时间】 1943-08-03
【关 键 词】 大车道；县乡镇营建
【内容提要】
　　主要涉及审议改善兰州至阿干镇间大车道办法，县乡镇营建实施纲要，附《县乡镇营建实施纲要》。

【叙录编号】 0892
【档案题名】
甘肃省政府委员会第1071次会议议事日程外附会议通报、讨论文件材料
【发文单位】 甘肃省政府委员会
【收文单位】 甘肃省政府
【档案编号】 004-007-0328-0004
【成文时间】 1943-08-06
【关 键 词】 收支数目报告表；农贷
【内容提要】
　　主要涉及本年6月份各费类总账户收支数目报告表，本年度农贷议书草案，各县市局农业生产贷款配贷额度表，附《三十二年度（1943）甘肃省农贷协议书草案》。

【叙录编号】 0893
【档案题名】
甘肃省政府委员会第1077次会议议事日程外附会议通报、讨论文件材料
【发文单位】 甘肃省政府委员会
【收文单位】 甘肃省政府
【档案编号】 004-007-0330-0007
【成文时间】 1943-08-31
【关 键 词】 物价管制
【内容提要】
　　主要涉及审核本省各县物价管制委员会组织通则。

【叙录编号】 0894
【档案题名】

甘肃省政府委员会第1093次会议议事日程外附会议通报、讨论文件材料
【发文单位】 甘肃省政府委员会
【收文单位】 甘肃省政府
【档案编号】 004-007-0336-0002
【成文时间】 1943-10-26
【关 键 词】 收支数目表；督垦
【内容提要】
主要涉及财政厅经管本年9月份各费类总账户收支数目报告表，地政局呈报本省督垦工作目前亟需改进事项2点，附《静宁县教育机关领垦荒地统计表》。

【叙录编号】 0895
【档案题名】
甘肃省政府委员会第1094次会议议事日程外附会议通报、讨论文件材料
【发文单位】 甘肃省政府委员会
【收文单位】 甘肃省政府
【档案编号】 004-007-0336-0004
【成文时间】 1943-10-29
【关 键 词】 组织规程
【内容提要】
主要涉及内政部呈报甘肃省县政府组织规程等事宜。

【叙录编号】 0896
【档案题名】
甘肃省政府委员会第1096次会议关于审议讨论甘肃省农业改进所与中国农民银行兰州分行办理甘肃农改示范场合作办法及省财政厅拟将各县欠解常备队、后备队、保安队经费拨充乡镇造产基金等事宜
【发文单位】 甘肃省政府委员会
【收文单位】 甘肃省政府
【档案编号】 004-007-0337-（0003-0004）
【成文时间】 1943-11-05
【关 键 词】 农改示范场
【内容提要】
主要涉及审议讨论甘肃省农业改进所与中国农民银行兰州分行办理甘肃农改示范场合作办法及省财政厅拟将各县欠解常备队、后备队、保安队经费拨充乡镇造产基金等事宜。

【叙录编号】 0897
【档案题名】
甘肃省政府委员会第1113次会议议事日程外附会议通报、讨论文件材料
【发文单位】 甘肃省政府委员会
【收文单位】 甘肃省政府
【档案编号】 004-007-0342-0008
【成文时间】 1944-01-18
【关 键 词】 组织规程；湟惠渠特种乡公所
【内容提要】
主要涉及审议讨论甘肃省建设厅矿业指导室组织规程及暂由战时特别预备金项下核发湟惠渠特种乡公所民国三十二年（1943）12月份经费等事宜。

【叙录编号】 0898
【档案题名】
甘肃省政府委员会第1118次会议议事日程外附会议通报、讨论文件材料
【发文单位】 甘肃省政府委员会
【收文单位】 甘肃省政府
【档案编号】 004-007-0343-0008
【成文时间】 1944-02-04
【关 键 词】 收支说明报告表；驿运
【内容提要】
主要涉及财政厅报告经管上年12月份各费类总账户收支报告表，审议讨论水陆驿运管理规则，奖励民营驿运事业办法等事宜。

【叙录编号】 0899

【档案题名】

甘肃省政府委员会第1125次会议议事日程外附会议通报、讨论文件材料

【发文单位】 甘肃省政府委员会
【收文单位】 甘肃省政府
【档案编号】 004-007-0345-0002
【成文时间】 1944-03-03
【关 键 词】 灾害；施政纲领
【内容提要】

主要涉及田赋处报告正宁县、崇信县、和政县等乡镇地区夏禾因被水雹成灾，甘肃省政府准许免赋，审议讨论省政府设计考核委员会拟订甘肃省施政纲领第二期中心工作实施程限及实施计划大纲等事宜。

【叙录编号】 0900
【档案题名】

甘肃省政府委员会第1136次会议议事日程外附会议通报、讨论文件材料

【发文单位】 甘肃省政府委员会
【收文单位】 甘肃省政府
【档案编号】 004-007-0348-0002
【成文时间】 1944-04-18
【关 键 词】 收支数目表；组织规程
【内容提要】

主要涉及财政厅报告本年2月份经管三十二年度（1943）各费类总账户收支数目表，通过本省施政纲领第二次中心工作，审查甘肃省政府岷夏公路工程处组织规程等事宜。

【叙录编号】 0901
【档案题名】

甘肃省政府委员会第1143次会议议事日程外附会议通报、讨论文件材料

【发文单位】 甘肃省政府委员会
【收文单位】 甘肃省政府
【档案编号】 004-007-0349-0010
【成文时间】 1944-05-16
【关 键 词】 农业调查团；鸳鸯池蓄水库
【内容提要】

主要涉及准许农林部报各省农业调查团组织规程，查金塔县县长努力协助鸳鸯池蓄水库工程，拟准记功1次等事宜。

【叙录编号】 0902
【档案题名】

甘肃省政府委员会第1235次会议议事日程外附会议通报、讨论文件材料

【发文单位】 甘肃省政府委员会
【收文单位】 甘肃省政府
【档案编号】 004-007-0367-0010
【成文时间】 1945-04-13
【关 键 词】 义务劳动
【内容提要】

主要涉及审议甘肃省民国三十四年度（1945）各县市局义务劳动实施标准，附《甘肃省各县市局义务劳动实施标准》（修筑县道、植树造林、兴小水利、保护水土等）。

【叙录编号】 0903
【档案题名】

甘肃省政府委员会第1237次会议议事日程外附会议通报、讨论文件材料

【发文单位】 甘肃省政府委员会
【收文单位】 甘肃省政府
【档案编号】 004-007-0368-0002
【成文时间】 1945-04-20
【关 键 词】 收支数目报告表
【内容提要】

主要涉及提会报告民国三十四年（1945）1月份财政厅经管民国三十三年度（1944）各费类总账户收支数目报告表等事宜。

【叙录编号】 0904

【档案题名】
甘肃省政府委员会第1239次会议议事日程外附会议通报、讨论文件材料
【发文单位】 甘肃省政府委员会
【收文单位】 甘肃省政府
【档案编号】 004-007-0368-0006
【成文时间】 1945-04-27
【关 键 词】 农田水利贷款；计划大纲
【内容提要】
主要涉及审查本省农田水利贷款，及修订三十二年（1943）、三十一年（1942）农田水利贷款合约补充条款，水利林牧公司报告甘肃发展农田水利三年计划大纲及三十一年（1942）农田水利三年计划大纲实施进度对照表，附《甘肃省三十二年（1943）农田水利贷款换文条款正本》《甘肃省三十二年（1943）增贷农田水利贷款换文条款正本》《三十三年度（1944）甘肃省农田水利贷款条文条款》，《甘肃省发展农田水利第二个三年计划大纲》（水利查勘、河西各蓄水库工程、祁连山测候站、祁连山蓄水库工程等）。

【叙录编号】 0905
【档案题名】
甘肃省政府委员会第1341次会议议事日程外附会议材料
【发文单位】 甘肃省政府委员会
【收文单位】 甘肃省政府
【档案编号】 004-007-0384-0008
【成文时间】 1946-06-14
【关 键 词】 中心工作项目
【内容提要】
主要涉及审查甘肃省五年建设工作纲领第一期中心工作项目修正案，附《甘肃省五年建设工作纲领第一期中心工作项目》（包括水利、农林等建设）。

【叙录编号】 0906
【档案题名】
甘肃省政府委员会第1344次会议议事日程外附会议材料
【发文单位】 甘肃省政府委员会
【收文单位】 甘肃省政府
【档案编号】 004-007-0384-0014
【成文时间】 1946-06-24
【关 键 词】 收支数目报告表
【内容提要】
主要涉及财政厅报告三十五年（1946）3月份经管三十四年度（1945）各费类总账户收支数目报告表等事宜。

【叙录编号】 0907
【档案题名】
甘肃省政府委员会第1349次会议议事日程外附会议材料
【发文单位】 甘肃省政府委员会
【收文单位】 甘肃省政府
【档案编号】 004-007-0385-0008
【成文时间】 1946-07-16
【关 键 词】 收支数目报告表
【内容提要】
主要涉及财政厅报告三十五年（1946）5月份经管各费类总账户收支数目报告表等事宜。

【叙录编号】 0908
【档案题名】
甘肃省政府委员会第1351次会议议事日程外附会议材料
【发文单位】 甘肃省政府委员会
【收文单位】 甘肃省政府
【档案编号】 004-007-0385-0012
【成文时间】 1946-07-23
【关 键 词】 收支数目报告表

【内容提要】

主要涉及财政厅报告三十五年（1946）6月份经管各费类总账户收支数目报告表等事宜。

【叙录编号】　0909
【档案题名】

甘肃省政府委员会第1365次会议议事日程外附会议材料
【发文单位】　甘肃省政府委员会
【收文单位】　甘肃省政府
【档案编号】　004-007-0387-0004
【成文时间】　1946-09-10
【关　键　词】　收支数目表；工作纲领
【内容提要】

主要涉及提会报告民国三十五年（1946）7月份财政厅经管各费类总账户收支数目表及提请审议拟订甘肃省五年建设工作纲领分年实施进度表等事宜。

【叙录编号】　0910
【档案题名】

甘肃省政府委员会第1408次会议议事日程外附会议材料
【发文单位】　甘肃省政府委员会
【收文单位】　甘肃省政府
【档案编号】　004-007-0398-0004
【成文时间】　1947-02-25
【关　键　词】　靖丰渠；农会；义务劳动
【内容提要】

主要涉及提会核查靖丰渠淤区土地放领实施办法，审查示范农会实施办法（包括提倡水利建设等工作项目），附《甘肃省三十六年度（1947）国民义务劳动工作计划》（包括水利过程、植树造林、筑路等劳动事项）。

【叙录编号】　0911
【档案题名】

甘肃省政府委员会第1411次会议议事日程外附会议材料
【发文单位】　甘肃省政府委员会
【收文单位】　甘肃省政府
【档案编号】　004-007-0399-0004
【成文时间】　1947-03-07
【关　键　词】　工作计划
【内容提要】

主要涉及提会报告三十六年度（1947）工作计划审查意见及本院初核意见，附《审查意见》（包括扶植自耕农、兴修水利、保林造林等）。

【叙录编号】　0912
【档案题名】

甘肃省政府委员会第1426次会议议事日程外附会议材料
【发文单位】　甘肃省政府
【收文单位】　不详
【档案编号】　004-007-0403-0007
【成文时间】　1945-07-03
【关　键　词】　农业调查
【内容提要】

其中第16页为农林部公函二五减租贯彻普惠农民，农林机关举办农业调查乡镇造产等事宜。

【叙录编号】　0913
【档案题名】

甘肃省政府委员会第1470次会议议事日程外附会议材料
【发文单位】　甘肃省政府
【收文单位】　不详
【档案编号】　004-007-0406-0011
【成文时间】　1947-08-28
【关　键　词】　荒地

【内容提要】

主要涉及主席报告准地政署函送荒地勘测队办法，卓尼设治局发生牛瘟一事，附《荒地勘测办法》。

【叙录编号】 0914
【档案题名】
甘肃省政府委员会第1432次会议议事日程外附会议材料
【发文单位】 甘肃省政府
【收文单位】 不详
【档案编号】 004-007-0408-0002
【成文时间】 1947-05-20
【关 键 词】 靖丰渠
【内容提要】

主要涉及靖丰渠未完尾工贷款工程款，乡镇造产统计表等事宜。

【叙录编号】 0915
【档案题名】
甘肃省政府委员会第1434次会议议事日程外附会议材料
【发文单位】 甘肃省政府
【收文单位】 不详
【档案编号】 004-007-0408-0006
【成文时间】 1947-05-27
【关 键 词】 水费
【内容提要】

主要涉及会上主席提议水费保管委员会等签呈据登丰渠呈请缓征水费，文内还有《甘肃省政府组织规程》（民国三十六年五月）（1947年5月）。

【叙录编号】 0916
【档案题名】
甘肃省政府委员会第1443次会议议事日程外附会议材料
【发文单位】 甘肃省政府
【收文单位】 不详
【档案编号】 004-007-0411-0006
【成文时间】 1947-06-27
【关 键 词】 民垦
【内容提要】

主要涉及主席提议按转地政局确实列表函送奖励民垦办法1份，附《甘肃省奖励民垦实施细则》《甘肃省各县市荒地表》。

【叙录编号】 0917
【档案题名】
甘肃省政府委员会第1447次会议议事日程外附会议材料
【发文单位】 甘肃省政府
【收文单位】 不详
【档案编号】 004-007-0412-0008
【成文时间】 1947-07-11
【关 键 词】 湟惠渠；土地
【内容提要】

主要涉及主席提议水陆地图审查条例，修订土地使用限制规则，湟惠渠农场地价等事宜。

【叙录编号】 0918
【档案题名】
甘肃省政府委员会第1448次会议议事日程外附会议材料
【发文单位】 甘肃省政府
【收文单位】 不详
【档案编号】 004-007-0412-0010
【成文时间】 1947-07-15
【关 键 词】 灾情；土地改良
【内容提要】

主要涉及主席提议转社会部代电，各地勘报灾情，土地改良征收规则，金塔中山、中正两乡被沙压河跌各灾。

【叙录编号】 0919
【档案题名】
　　甘肃省政府委员会第1450次会议议事日程外附会议材料
【发文单位】 甘肃省政府
【收文单位】 不详
【档案编号】 004-007-0413-0004
【成文时间】 1947-07-25
【关 键 词】 土地处理
【内容提要】
　　主要涉及主席报告土地处理办法，加强禁烟。

【叙录编号】 0920
【档案题名】
　　甘肃省政府委员会第1451次会议议事日程外附会议材料
【发文单位】 甘肃省政府
【收文单位】 不详
【档案编号】 004-007-0413-0006
【成文时间】 1947-07-25
【关 键 词】 赈灾
【内容提要】
　　主要涉及主席报告三十六年（1947）5月份省库总收入，修正灾赈查放办法；主席报告绥靖区土地处理办法。

【叙录编号】 0921
【档案题名】
　　甘肃省政府委员会第1484次会议议事日程外附会议材料
【发文单位】 甘肃省政府
【收文单位】 不详
【档案编号】 004-007-0421-0004
【成文时间】 1947-11-01
【关 键 词】 农村副业
【内容提要】
　　主要涉及主席提议建设厅拟订甘肃省推行农村副业及手工业分区发展计划，田粮处签呈西吉、武威本年灾歉。

【叙录编号】 0922
【档案题名】
　　甘肃省政府委员会第1487次会议议事日程外附会议材料
【发文单位】 甘肃省政府
【收文单位】 不详
【档案编号】 004-007-0422-0002
【成文时间】 1947-12-02
【关 键 词】 经济建设
【内容提要】
　　其中有《甘肃省经济建设方案》，主要涉及农林建设、畜牧建设、水利建设等内容。

【叙录编号】 0923
【档案题名】
　　甘肃省政府委员会第1495次会议议事日程外附会议材料
【发文单位】 甘肃省政府
【收文单位】 不详
【档案编号】 004-007-0423-0010
【成文时间】 1947-12-30
【关 键 词】 湟惠渠；旧渠
【内容提要】
　　主要涉及冬令救济、湟惠渠管理局请拨发警察金等内容。

【叙录编号】 0924
【档案题名】
　　甘肃省政府委员会第1547次会议议事日程外附会议材料
【发文单位】 甘肃省政府
【收文单位】 不详
【档案编号】 004-007-0433-0006

【成文时间】 1948-07-09
【关 键 词】 水利局
【内容提要】
主要涉及《甘肃省合署办公施行细则》，其中涉及水利局、建设厅的部分。

【叙录编号】 0925
【档案题名】
甘肃省政府委员会第1555次会议议事日程外附会议材料
【发文单位】 甘肃省政府
【收文单位】 不详
【档案编号】 004-007-0439-0004
【成文时间】 1948-08-06
【关 键 词】 自来水
【内容提要】
主要涉及主席提议审议修正各县测候所暂行组织规程，财政厅签呈垫付兰州市自来水工程经费。

【叙录编号】 0926
【档案题名】
甘肃省政府委员会第1558次会议议事日程外附会议材料
【发文单位】 甘肃省政府
【收文单位】 不详
【档案编号】 004-007-0439-0010
【成文时间】 1948-08-17
【关 键 词】 养护路
【内容提要】
主要涉及讨论《甘肃省各县市局养护公路办法》，其中涉及木料、破坏水涵洞。

【叙录编号】 0927
【档案题名】
甘肃省政府委员会第1240次会议记录
【发文单位】 甘肃省政府
【收文单位】 不详
【档案编号】 004-007-0440-0006
【成文时间】 1945-05-04
【关 键 词】 农田水利
【内容提要】
主要涉及主席报告制定县农业推广所组织规程，并废止县农业推广所组织大纲及县农林场组织章程；主席报告办理中国农民银行办理小型农田水利规程贷款办法，并废止旧办法。

【叙录编号】 0928
【档案题名】
甘肃省政府委员会第1585次会议议事日程外附会议材料
【发文单位】 甘肃省政府委员会
【收文单位】 甘肃省政府
【档案编号】 004-007-0453-0003
【成文时间】 1948-11-26
【关 键 词】 水利；农业；畜牧
【内容提要】
主要涉及提会审议本省河西地区几个问题和解决办法，附《长官公署政工处长签报当前河西几个问题与解决办法报告简表》，包括水利、农贷、土地、农业、畜牧等方面。

【叙录编号】 0929
【档案题名】
甘肃省政府委员会第1570次会议议事日程外附会议材料
【发文单位】 甘肃省政府委员会
【收文单位】 甘肃省政府
【档案编号】 004-007-0459-0002
【成文时间】 1948-10-01
【关 键 词】 勤俭建国运动
【内容提要】
主要涉及提会报告勤俭建国运动纲领，包括动员人民投身于农场、筑路、造林、垦殖、修渠等有关国计民生的事业等内容。

【叙录编号】 0930
【档案题名】
甘肃省政府委员会第1473次会议关于报告国民政府准予将本省固原县列入绥靖区及报告实施宪政扩大宣传纲要等事宜
【发文单位】 甘肃省政府委员会
【收文单位】 甘肃省政府
【档案编号】 004-07-0462-0003
【成文时间】 1947-09-30
【关 键 词】 鸳鸯池；小陇山林区
【内容提要】
主要涉及会计处报告水利局呈赍重编鸳鸯池管理处三十六年度（1947）7—12月份预算及小陇山林区管理处经费预算等事宜。

【叙录编号】 0931
【档案题名】
甘肃省政府委员会第1476次会议关于报告废止节约实施办法及报告绥靖区临时费筹集办法等事宜
【发文单位】 甘肃省政府委员会
【收文单位】 甘肃省政府
【档案编号】 004-007-0462-0006
【成文时间】 1947-10-24
【关 键 词】 农场
【内容提要】
主要涉及提会报告农改进所呈张掖强济示范农场组织规程等事宜。

【叙录编号】 0932
【档案题名】
甘肃省政府委员会第1487次会议关于报告剿匪检讨会决议及肃清贪污提示要点等事宜
【发文单位】 甘肃省政府委员会
【收文单位】 甘肃省政府
【档案编号】 004-007-0462-0017
【成文时间】 1947-12-02
【关 键 词】 水利局；日本赔偿物资
【内容提要】
主要涉及主席报告准许水利局报告请配拨日本赔偿物资一案等事宜。

【叙录编号】 0933
【档案题名】
甘肃省政府委员会第1375次会议议事日程外附会议材料
【发文单位】 甘肃省政府委员会
【收文单位】 甘肃省政府
【档案编号】 004-007-0467-0005
【成文时间】 1946-10-15
【关 键 词】 收支数目报告表
【内容提要】
主要涉及财政厅报告三十五年（1946）8月份经管各费类总账户收支数目报告表等事宜。

【叙录编号】 0934
【档案题名】
甘肃省政府委员会第1381次会议议事日程外附会议材料
【发文单位】 甘肃省政府委员会
【收文单位】 甘肃省政府
【档案编号】 004-007-0469-0001
【成文时间】 1946-11-05
【关 键 词】 收支数目报告表
【内容提要】
主要涉及财政厅报告三十五年（1946）1月份经管各费类总账户收支数目报告表等事宜。

【叙录编号】 0935
【档案题名】

甘肃省政府委员会民国三十五年度（1946）第2次临时谈话会议议事日程外附会议材料
【发文单位】 甘肃省政府委员会
【收文单位】 甘肃省政府
【档案编号】 004-007-0471-0002
【成文时间】 1946-12-10
【关 键 词】 收支数目报告表；自耕农；靖丰渠
【内容提要】
　　主要涉及财政厅报告民国三十五年（1946）10月份经管各费类总账户收支数目报告表，审查地政局呈送湟惠渠特种乡推行土地政策举办扶植自耕农，靖远县靖丰渠筑堤淤地工程已办理完成等事宜。

【叙录编号】 0936
【档案题名】
　　甘肃省政府委员会民国三十五年度（1946）第4次临时谈话会议议事日程（2）外附会议材料
【发文单位】 甘肃省政府委员会
【收文单位】 甘肃省政府
【档案编号】 004-007-0472-0002
【成文时间】 1946-12-24
【关 键 词】 收支数目报告表
【内容提要】
　　主要涉及财政厅报告三十五年（1946）11月份经管各费类总账户收支数目报告表等事宜。

【叙录编号】 0937
【档案题名】
　　甘肃省政府委员会第1380次会议记录
【发文单位】 甘肃省政府委员会
【收文单位】 甘肃省政府
【档案编号】 004-007-0527-0002
【成文时间】 1946-11-01
【关 键 词】 湟惠渠；土地改良；征用民地；补价；减免赋税
【内容提要】
　　会上报告了中国农民银行总管管理处增加本省兰州、皋兰等县及湟惠渠等11县市乡本年土地改良铺砂放款事宜；讨论了天兰铁路征用民地补价办法，田粮处呈隆德、临夏、镇原、通渭、陇西、天水等6县各乡镇受水雹灾情形及减免赋税事宜。

【叙录编号】 0938
【档案题名】
　　甘肃省政府委员会第1385次会议记录
【发文单位】 甘肃省政府委员会
【收文单位】 甘肃省政府
【档案编号】 004-007-0527-0007
【成文时间】 1946-11-19
【关 键 词】 社仓积谷；田赋征借；核减赋税；灾歉
【内容提要】
　　会上报告了甘肃省社仓积谷实施办法及各县市社仓保管委员会组织规程；讨论了田粮处拟具甘肃省三十五年度（1946）田赋征实征借实施办法修正意见，田粮处等签呈减免武山、武威、化平、临泽、定西等县因各类灾歉所需核减的赋税等事。

【叙录编号】 0939
【档案题名】
　　甘肃省政府委员会第1386次会议记录
【发文单位】 甘肃省政府委员会
【收文单位】 甘肃省政府
【档案编号】 004-007-0527-0008
【成文时间】 1946-11-22
【关 键 词】 农贷工程水费；冬令救济；地籍整理
【内容提要】

会上报告了地政署函寄地价调查估计规则，土地建筑改良物价规则。讨论了：1.农贷工程水费保管委员会签呈张心一提议，因本省大型水利工程兴办时间不同，用款种类、数目悬殊，为平均负担起见，拟对甘肃省政府贷款兴办水利工程不分时期先后，按收益田亩总数同时平均征收水费。若有差等，则分等级征收，按每渠贷款数额分摊为宜。请公决案。会议决议，交民政厅、建设厅、地政局、财政厅合管处寇委员审查。由财政厅召集，并请叶院长参加。2.审议本年冬令救济款项拨配办法及数目表。3.财政厅、建设厅呈张掖大满堡公地缴纳登记费等款项，请由第二预备金拨款。4.地政局签呈请追加武威地籍整理业务拨款事宜。

【叙录编号】 0940
【档案题名】
甘肃省政府委员会第1387次会议记录
【发文单位】 甘肃省政府委员会
【收文单位】 甘肃省政府
【档案编号】 004-007-0527-0009
【成文时间】 1946-11-26
【关 键 词】 减少地亩；灾歉减税；土地补偿费
【内容提要】
会上讨论：1.榆中县田粮处报减少土地亩情况。2.田粮处等签呈武山、镇原、酒泉等县因灾请免赋税。3.地政局呈天兰铁路兰州市区段征收土地补偿费标准及征收范围一事。

【叙录编号】 0941
【档案题名】
甘肃省政府委员会第1388次会议记录
【发文单位】 甘肃省政府委员会
【收文单位】 甘肃省政府
【档案编号】 004-007-0527-0010
【成文时间】 1946-11-29
【关 键 词】 承领荒地；催征赋粮；大型水利工程；水费征收
【内容提要】
会上报告了非自耕农户之法团学校承领荒地办法一事。讨论了田粮处催收各县市局民欠赋粮办法，甘肃省水利局所需经临各费拨发问题。临时动议了财政厅请审查本省大型水利工程水费征收标准等事。

【叙录编号】 0942
【档案题名】
甘肃省政府委员会民国三十五年（1946）第1次临时谈话会关于通报本省田粮处副处长潘锡元中有任用、遗缺任命张锡存继任及讨论嘉奖鼎新县长张应麒等事宜的会议记录
【发文单位】 甘肃省政府委员会
【收文单位】 甘肃省政府
【档案编号】 004-007-0527-0012
【成文时间】 1946-12-06
【关 键 词】 征收田赋实物；灾歉减税
【内容提要】
会上报告了田粮处征田赋实物及带征公粮一事，临时动议了田粮处等签呈复勘会宁、临潭、隆德、正宁、永昌、平凉等6县灾歉情况并减免赋税一事。

【叙录编号】 0943
【档案题名】
甘肃省政府委员会第1392次会议记录
【发文单位】 甘肃省政府委员会
【收文单位】 甘肃省政府
【档案编号】 004-007-0528-0007
【成文时间】 1946-12-31
【关 键 词】 整理航道；减免赋税；虫灾
【内容提要】
会议讨论：1.建设厅签呈整理牛鼻峡航道

礁石以便筏运一事。2.田粮处签呈减免永昌县云川等各乡镇因三十五年（1946）虫灾难缴赋税。

【叙录编号】 0944
【档案题名】
　　甘肃省政府委员会第1397、1398次会议记录
【发文单位】 甘肃省政府委员会
【收文单位】 甘肃省政府
【档案编号】 004-007-0529-0003
【成文时间】 1947-01-21
【关 键 词】 灾歉减税；荒地督垦办法
【内容提要】
　　第1397次会议讨论了皋兰、陇西、泾川、宁县、榆中、景泰、靖远等7县遭灾请减免赋税一事。第1398次会议讨论了地政局修正前订荒地督垦办法一事。

【叙录编号】 0945
【档案题名】
　　甘肃省政府委员会第1399次会议记录
【发文单位】 甘肃省政府委员会
【收文单位】 甘肃省政府
【档案编号】 004-007-0529-0004
【成文时间】 1947-01-24
【关 键 词】 农林建设；收购县级公粮
【内容提要】
　　会上报告了建设厅呈本年度农林建设督导事宜依照本省五年建设计划纲领施行一事，田粮处等签拟粮食部收购省县级公粮办法4项。

【叙录编号】 0946
【档案题名】
　　甘肃省政府委员会第1401次会议记录
【发文单位】 甘肃省政府委员会
【收文单位】 甘肃省政府
【档案编号】 004-007-0529-0006
【成文时间】 1947-01-31
【关 键 词】 土地陈报；灾歉；减免田赋
【内容提要】
　　会上报告了本省办理土地陈报后亩分不确及科则不公各部分处理办法；讨论了田粮处等呈庆阳、康乐、武都等县被灾情形以及减免田赋事宜。

【叙录编号】 0947
【档案题名】
　　甘肃省政府委员会第1408次会议记录
【发文单位】 甘肃省政府委员会
【收文单位】 甘肃省政府
【档案编号】 004-007-0530-0002
【成文时间】 1947-02-25
【关 键 词】 靖丰渠；示范农会；灾歉；免赋
【内容提要】
　　会上报告了甘肃省政府拟订靖丰渠淤区土地放领实施办法及其修改后情况，农会送示范农会实施办法暨三十六年（1947）各省市推行农会示范工作要点；讨论了田粮处签呈榆中、会宁两县遭灾免赋事宜。

【叙录编号】 0948
【档案题名】
　　甘肃省政府委员会第1409次会议记录
【发文单位】 甘肃省政府委员会
【收文单位】 甘肃省政府
【档案编号】 004-007-0530-0003
【成文时间】 1947-02-28
【关 键 词】 私有土地；水雹灾；免赋
【内容提要】
　　会上报告了高台县建康镇及柔远乡地价及九等结果。讨论了地政局拟具的本省私有土地限制使用办法交由法制室修正结果；宁定、和

政两县遭水雹灾情况及减免赋税事宜。

【叙录编号】 0949
【档案题名】
　　甘肃省政府委员会第1415次会议记录
【发文单位】 甘肃省政府委员会
【收文单位】 甘肃省政府
【档案编号】 004-007-0530-0009
【成文时间】 1947-03-21
【关 键 词】 公荒造林；调整地价
【内容提要】
　　会上报告了地政局函释公有荒地造林主体，湟惠、博济等渠管理处签呈拟征收水费滞纳处分办法，后由甘肃省高等法院解释令仍应由征收机关以法律所许适当方法自行追缴。讨论了地政局签呈本省地价调查估计施行细则及土地建筑改良物估价施行细则。

【叙录编号】 0950
【档案题名】
　　甘肃省政府委员会第1418次会议记录
【发文单位】 甘肃省政府委员会
【收文单位】 甘肃省政府
【档案编号】 004-007-0531-0002
【成文时间】 1947-04-01
【关 键 词】 水权登记费；公有土地管理
【内容提要】
　　会上报告了行政院批准水利委员会呈请提高水权登记费征收标准50倍，行政院发公有土地管理办法。

【叙录编号】 0951
【档案题名】
　　甘肃省政府委员会第1428次会议记录
【发文单位】 甘肃省政府委员会
【收文单位】 甘肃省政府
【档案编号】 004-007-0532-0002
【成文时间】 1947-05-06
【关 键 词】 粮食推广；草原改良试验区；兽疫防治；种马牧场；水灾；减税
【内容提要】
　　会上报告了三十六年度（1947）粮食作物推广实施计划；建设厅呈报河西草原改良试验区1、2月份工作，西北兽疫防治3月份工作，岷县种马牧场3月份人马统计等事。临时动议了田粮处呈请因水灾减免临泽县板桥乡应纳赋税一事。

【叙录编号】 0952
【档案题名】
　　甘肃省政府委员会第1434次会议记录
【发文单位】 甘肃省政府委员会
【收文单位】 甘肃省政府
【档案编号】 004-007-0532-0008
【成文时间】 1947-05-27
【关 键 词】 重估地价；缓征水费
【内容提要】
　　会上报告了民勤、徽县、武威、庆阳等县重估地价成果及其前后比较表。讨论了登丰等渠管理处请缓征水费以抒民困，秋收后再开征一事。

【叙录编号】 0953
【档案题名】
　　甘肃省政府委员会第1437次会议记录
【发文单位】 甘肃省政府委员会
【收文单位】 甘肃省政府
【档案编号】 004-007-0532-0011
【成文时间】 1947-06-06
【关 键 词】 湟惠渠；水费滞纳；熟荒地；经营计划
【内容提要】
　　会上讨论了修正湟惠等渠征收水费滞纳处罚办法，请审议农改所拟订张掖大小满堡熟荒地经营计划大纲等事。

【叙录编号】 0954
【档案题名】
甘肃省政府委员会第1439次会议记录
【发文单位】 甘肃省政府委员会
【收文单位】 甘肃省政府
【档案编号】 004-007-0533-0003
【成文时间】 1947-06-13
【关 键 词】 奖励民垦；修正土地法；靖丰渠；水灾；减税
【内容提要】
　　会上报告了农林部函送奖励民垦办法，地政局签呈行政院解释修正土地法第18条疑义。讨论了靖远县政府呈赍靖丰渠农场管理规则，田粮处呈请因水灾减免皋兰县中山等9乡赋税事宜。

【叙录编号】 0955
【档案题名】
甘肃省政府委员会第1451次会议记录
【发文单位】 甘肃省政府委员会
【收文单位】 甘肃省政府
【档案编号】 004-007-0534-0006
【成文时间】 1947-07-25
【关 键 词】 水利局；经常费
【内容提要】
　　会上讨论了拨付水利局三十六年度（1947）追加经常开办各费项。

【叙录编号】 0956
【档案题名】
甘肃省政府委员会第1454次会议记录
【发文单位】 甘肃省政府委员会
【收文单位】 甘肃省政府
【档案编号】 004-007-0534-0009
【成文时间】 1947-08-05
【关 键 词】 水利工程；民粮埋藏
【内容提要】
　　会上讨论了水利局呈拟甘肃省水利工程处组织规程以及拟订各县收复区民粮埋藏办法。

【叙录编号】 0957
【档案题名】
甘肃省政府委员会第1469次会议记录
【发文单位】 甘肃省政府委员会
【收文单位】 甘肃省政府
【档案编号】 004-007-0536-0005
【成文时间】 1947-09-26
【关 键 词】 靖丰渠；调整地价；积谷；灾歉；免税
【内容提要】
　　会上报告了靖丰渠农场管理规则修订情况，兰州市政府调新旧市区标准地价。讨论了因本年灾情不断请免办本年各县积谷事宜，田粮处勘报本年永登、湟惠渠、平凉、天水、两当、徽县、宁定、永昌、高台等县灾情及减免赋税情况。

【叙录编号】 0958
【档案题名】
甘肃省政府委员会第1470、1471次会议记录
【发文单位】 甘肃省政府委员会
【收文单位】 甘肃省政府
【档案编号】 004-007-0536-0007
【成文时间】 1947-10-03
【关 键 词】 自来水工程处；奖励民垦
【内容提要】
　　1470次会议讨论了修正兰州市自来水工程处组织规程一事；1471次会议讨论了修正奖励民垦实施细则一事。

【叙录编号】 0959

【档案题名】

甘肃省政府委员会第1500次会议关于讨论由民国三十六年度（1947）第二预备金项下支付经济建设促进委员会办公费及补发教育厅出差不敷旅费等事宜的会议记录

【发文单位】　甘肃省政府委员会
【收文单位】　甘肃省政府
【档案编号】　004-007-0539-0008
【成文时间】　1948-01-16
【关 键 词】　林牧公司
【内容提要】

主要涉及关于提会报告甘肃林牧及有关属实业合作办法及甘肃林牧实业股份有限公司章程等事宜。

【叙录编号】　0960
【档案题名】

甘肃省政府委员会第1510次会议关于通报暂缓撤销县政府军事科及讨论由本年度（1948）第二预备金项下拨支社会处春节劳军捐款等事宜的会议记录

【发文单位】　甘肃省政府委员会
【收文单位】　甘肃省政府
【档案编号】
004-007-0540（全案卷）；
004-007-0599-（0007-0002）
【成文时间】　1948-02-27
【关 键 词】　水利林牧公司
【内容提要】

主要涉及审查改进甘肃水利林牧公司办法7项等事宜。

【叙录编号】　0961
【档案题名】

甘肃省政府委员会第1443—1494次决议案

【发文单位】　甘肃省政府委员会
【收文单位】　甘肃省政府
【档案编号】　004-007-0552-0001
【成文时间】　不详
【关 键 词】　永乐渠；鸳鸯池蓄水池工程；灾害；民垦；造林计划
【内容提要】

1443次地政局奖励民垦细则，1445次地政局肃丰渠征购民地，1448次田粮处审查金塔县乡镇被沙压成灾、准许减免赋税，1449次法制室拟具永乐渠工程室组织规程，1452次财政厅拨发水利局本年度追加经费，1454次水利局拟甘肃省水利工程处组织规程，1456次人事室拟具甘肃省湟惠渠管理局组织规程，1460次人事室鸳鸯池蓄水池工程工作优良人员奖励，1461次人事室呈报甘肃省水利局组织规程，1462次会计室呈报秋季造林计划，1464次水利局呈送靖丰渠河防垫款，1465次会计室呈报甘肃省水利局第一勘测队勘测陇南各地水利，1469次地政局呈报靖丰渠农场管理规则，1470次建设厅呈报兰州市自来水工程处组织规程，1473次会计室呈报水利局呈赍重编鸳鸯池管理处三十六年度（1947）7—12月份预算、审查建设厅报告小陇山林区管理处经管费预算，1474次田粮处呈报泾川县启明等7乡镇上年秋季水冲土地情况，1476次建设厅呈报农改进所呈张掖强济示范农场组织规程，1483次会计室呈报水利局呈送以购置冬季火炉编造预算，1486次财政厅报告天水专署呈送甘谷新乡第一保本年夏季山洪暴涨成灾、减免田赋，1487次总务科准许水利局报告请配拨日本赔偿物资，1489次法制室审查甘肃省水利勘测队组织规程，1493次水利局审查甘肃省水利勘测队组织规程。

【叙录编号】　0962
【档案题名】

甘肃省政府委员会第1495—1558次决

议案
【发文单位】 甘肃省政府委员会
【收文单位】 甘肃省政府
【档案编号】 004-007-0553-0001
【成文时间】 不详
【关 键 词】 灾害；鸳鸯池蓄水池；牛鼻峡工程；自来水工程费；自耕农
【内容提要】

1495次地政局准许奖励民垦实施细则，1497次水利局报告临洮新民渠引长渠线增灌工程渠道，1500次法制室修正甘肃林牧及有关属实业合作办法，1502次人事室呈报湟惠渠水利事宜仍由湟惠渠管理处办理，1511次水利局呈报鸳鸯池蓄水库另制齿轮工料运费，1512次田粮处减免西固县各乡镇上年冰雹成灾田赋，1515次会计室呈报水利局请拨发前登丰渠管理处会计员遣散费，1519次建设厅呈报炸修牛鼻峡工程借款本息由省库拨发，1549次准许水利局呈报甘肃省各渠水费征收办法草案，1552次财政厅报告修正甘肃省渠水费征收办法，1555次准许垫支兰州市自来水工程费，1557次准许本省扶植自耕农工作计划。

【叙录编号】 0963
【档案题名】
甘肃省政府关于该署本年第1次行政会议议事日程、会议记录及举行会议情况已知悉，应遵照指示办理给甘肃省第七区行政督察专员公署的指令
【发文单位】 甘肃省政府
【收文单位】 甘肃省第七区行政督察专员公署
【档案编号】 004-007-0565-0012
【成文时间】 1939-03-12
【关 键 词】 荒地垦荒；多植红树林；改良水利
【内容提要】

主要涉及敦煌县提议垦殖北湖荒地、增加教育经费，玉门县提议安置牧地，第一案专署提议本区各县多植红树林以防风沙，将玉门县提议改良水利并入三十二案整顿各县水利一起办理等事宜。

【叙录编号】 0964
【档案题名】
甘肃省第七行政督察专员公署第1次行政会议议案外附提议公推本会副主席、培植红树林以防风沙案、出征军人家属应分别慰问优待及酌量减免负担案、禁烟政府案、增加食粮生产案、甘新公路在本区境内沿路各县实施养路工作案等事宜的会议议案
【发文单位】 甘肃省第七行政督察专员公署
【收文单位】 甘肃省政府
【档案编号】 004-007-0566-0001
【成文时间】 不详
【关 键 词】 红树林；水利
【内容提要】

主要涉及提会审议第七专署提议让本区各县多培植红树林以防风沙及提出具体办法，附县分期分段植树防沙经费工程估计表，专署提议切实整顿各县水利理由及具体办法等事宜。

【叙录编号】 0965
【档案题名】
甘肃省政府委员会第19次会议关于提会审议省银行暂行条例及气象测候所呈请划拨农场西南角闲置土地等事项的会议记录
【发文单位】 甘肃省政府委员会
【收文单位】 甘肃省政府
【档案编号】 004-007-0583-0019
【成文时间】 1932-07-08
【关 键 词】 气象测候所；荒地
【内容提要】

主要涉及建设厅呈报气象测候所申请划拨农场西南角，定西县呈报抢领垦荒地办法及暂行章程等事宜。

【叙录编号】 0966
【档案题名】
　　甘肃省政府委员会第29次会议关于提会报告岷县及附件各县遭受冰雹以及水灾情况等事项的会议记录
【发文单位】 甘肃省政府委员会
【收文单位】 甘肃省政府
【档案编号】 004-007-0583-0029
【成文时间】 1932-08-12
【关 键 词】 灾害；引水灌溉树林
【内容提要】
　　主要涉及提会报告岷县及附件各县遭受冰雹以及水灾情况及建设厅呈报拨款引取西陇口泉水灌溉中山林等事宜。

【叙录编号】 0967
【档案题名】
　　甘肃省政府委员会第32次会议关于提会审议本省垦务暂行章程及牲畜税暂行章程等事项的会议记录
【发文单位】 甘肃省政府委员会
【收文单位】 甘肃省政府
【档案编号】 004-007-0584-0002
【成文时间】 1932-08-23
【关 键 词】 垦务；牲畜税
【内容提要】
　　主要涉及提会审议本省垦务暂行章程及牲畜税暂行章程等事宜。

【叙录编号】 0968
【档案题名】
　　甘肃省政府委员会第89次会议关于提会讨论本省林垦处各分区林垦局组织规程及靖远县灾情抚恤等事项的会议记录
【发文单位】 甘肃省政府委员会
【收文单位】 甘肃省政府
【档案编号】 004-007-0585-0030
【成文时间】 1933-03-21
【关 键 词】 林垦；水利经费
【内容提要】
　　主要涉及决议按照法规编审委员会审查意见修改通过甘肃省林垦处及各分区林垦局组织简章，行政院要求将水利经费请分令财厅印花与酒税局筹拨以维建设等事宜。

【叙录编号】 0969
【档案题名】
　　甘肃省政府委员会第1428次会议关于提会报告修正收复地区肃清烟毒办法及本年度粮食作物推广实施计划等事项的会议记录
【发文单位】 甘肃省政府委员会
【收文单位】 甘肃省政府
【档案编号】 004-007-0586-0008
【成文时间】 1947-05-06
【关 键 词】 河西草原；兽疫防治；农林水利；气象测候；灾害
【内容提要】
　　主要涉及审查以气象测候与农林水利关系急切，任隶建设厅，农业推广委员会报告三十六年度（1947）粮食作物推广实施计划，建设厅报告将河西草原改良实验区1、2月份工作及西北兽疫防治3月份工作，岷县种马收场3月份人马统计表，审查临潭县板桥乡水冲地亩，申请减免田赋等事宜。

【叙录编号】 0970
【档案题名】
　　甘肃省政府委员会第105次会议关于提会讨论省国术馆增加经费案及民政厅呈请增加西北花园修理经费等事项的会议记录

【发文单位】 甘肃省政府委员会
【收文单位】 甘肃省政府
【档案编号】 004-007-0589-0015
【成文时间】 1933-05-19
【关 键 词】 灾害；救济；造林
【内容提要】
　　主要涉及决议准许办理玉门昌马区震灾情形并请挪洮西赈款进行急赈，审查建设厅报告甘肃省承领官荒造林暂行章程等事宜。

【叙录编号】 0971
【档案题名】
　　甘肃省政府委员会第941次会议关于提会报告本省发展农田水利计划大纲及本省各县市、局农业推广所组织规程等事项的会议记录
【发文单位】 甘肃省政府委员会
【收文单位】 甘肃省政府
【档案编号】 004-007-0593-0007
【成文时间】 1942-04-03
【关 键 词】 农田水利；农业推广所
【内容提要】
　　主要涉及甘肃省发展农田水利三年计划大纲，建设厅报告甘肃省县农业推广所组织规程等事宜。

【叙录编号】 0972
【档案题名】
　　甘肃省政府委员会第937次会议关于提会报告国营农矿事业发给员工奖金办法及粮商登记规则等事项的会议记录
【发文单位】 甘肃省政府委员会
【收文单位】 甘肃省政府
【档案编号】 004-007-0593-0011
【成文时间】 1942-03-20
【关 键 词】 插花飞地；牛鼻峡
【内容提要】
　　主要涉及审查第四区专署所属各县如西、礼、成、康等县插花飞地勘测以凭调整情形及炸除牛鼻峡巨石险滩工程开标结果等事宜。

【叙录编号】 0973
【档案题名】
　　甘肃省政府委员会第917次会议关于提会报告修正非常时期管理银行暂行办法及本省保安司令部拟订新兵训练计划等事项的会议记录
【发文单位】 甘肃省政府委员会
【收文单位】 甘肃省政府
【档案编号】 004-007-0594-0013
【成文时间】 1942-01-09
【关 键 词】 公债
【内容提要】
　　主要涉及审查甘肃省民国三十年（1941）建设公债及水利农矿公债等事宜。

【叙录编号】 0974
【档案题名】
　　甘肃省政府委员会第1585次会议关于提会报告各级机关主管长官对所属人员有吸食烟毒者应严密监察检举及湟惠渠管理局呈请拨发服装经费等事项的会议记录
【发文单位】 甘肃省政府委员会
【收文单位】 甘肃省政府
【档案编号】 004-007-0600-0004
【成文时间】 1948-11-26
【关 键 词】 河西；水利不修；肥料；畜牧
【内容提要】
　　主要涉及提会报告长官处、政工处呈送当前河西几个问题的解决办法，附简表；其中农业方面存在问题有水利不修、肥料缺乏等，畜牧方面饲料卫生存在问题等。

【叙录编号】 0975
【档案题名】
　　甘肃省政府委员会第1587次会议关于提

会讨论湟惠渠管理局呈请拨发冬炭费及财政厅支用省预算各款等事项的会议记录
【发文单位】 甘肃省政府委员会
【收文单位】 甘肃省政府
【档案编号】 004-007-0601-0006
【成文时间】 1948-12-03
【关 键 词】 生炭费；准备金
【内容提要】
　　如题。主席提议就签发3个月生炭费共计960元一事调用本年下半年第二准备金，请公决案。会议通过。

【叙录编号】 0976
【档案题名】
　　甘肃省民国三十八年（1949）行政会议决议案（一般行政类）
【发文单位】 甘肃省政府
【收文单位】 甘肃省政府
【档案编号】 004-007-0605-0008
【成文时间】 1949
【关 键 词】 田粮科；渠水
【内容提要】
　　三、县级：第2条涉及裁撤田粮科业务等内容；第4条涉及田粮科裁撤、合并业务，裁剪人员等内容；第11条涉及县渠水工程处仿田粮处惯例由县长兼处长等情况。

【叙录编号】 0977
【档案题名】
　　甘肃省民国三十八年（1949）行政会议决议案（建设类）
【发文单位】 甘肃省政府
【收文单位】 甘肃省政府
【档案编号】 004-007-0606-0001
【成文时间】 1949
【关 键 词】 修桥；水利；整理旧渠；农业试验场；农具；祁连山天然林；植树造林；春耕籽种；畜牧合作
【内容提要】
　　其中包括：1.甘谷县政府请修会天公路渭河大桥，修建内容为基本面桥涵1座，需要银币10900元，请甘肃省政府拨发。会议决议提请大会讨论。2.第七区行政督察专员公署、敦煌、玉门、金塔、山丹请增拨水利专款办理河西各县水利以增农产。在各县勘测水源、整理旧渠、调查水规、派遣工程人员勘修，在党河、黑河、酥油河口修建水库，奖励学习水利工程人才，积极截引地下水等。3.靖远县政府呈请大量拨款继续修靖丰渠尾端未竟工程。请由水利部农田水利基金项下拨款，会议决议提请大会讨论。4.灵台、海原县呈请派水利工程人员勘察及修水利灌溉农田，以利民生。请省水利局派专门技术人员前往办理，工程费向农行贷款。会议提请大会讨论。5.武威县呈由省筹设农业试验场，改进本县农作物。由甘肃省政府派技术人员筹设，经费由省县分理。6.第七区行政督察专员公署、酒泉县、湟惠渠呈请拨发新式农具并推广优良作物，包括由甘肃省政府洽谈农业机关及机器厂制造新装备、甘肃省政府派技术人员赴地方指导、函寄新疆甘肃省政府播种机等。7.第六区行政督察专员公署呈请统计祁连山天然林之种类、数目及面积，并促进其生产，以利民生。会议决议将之与第七区行政督察专员公署保护森林案合并讨论。8.第七区行政督察专员公署呈请认真保护林木，减少民力虚耗。其中各团体植树林由各机关负责保护，道路及村庄植树需由土墙或荆棘围绕保护。会议决议与第六区行政督察专员公署提议合并讨论。9.第七区行政督察专员公署、临泽、金塔、隆德、泾川呈请大量筹贷春耕籽种以及农具，以增粮产。会议决议提请大会讨论。10.第七区行政督察专员公署请配贷大量资金加强畜牧合作业务，以利民生。其中由甘肃省政府洽办、农行中央合作金库拨款。

会议决议提请大会讨论。

【叙录编号】 0978
【档案题名】
甘肃省政府民国三十一年度（1942）建设部门实施计划
【发文单位】 甘肃省政府
【收文单位】 不详
【档案编号】 004-008-0682-0006
【成文时间】 1942
【关 键 词】 植树；保持水土；保安树；开渠；煤矿；金矿；公路；大车道
【内容提要】
四、建设，内容涉及建设部门特别建设计划：（一）改进农业。设置保土研究室，成立各县苗圃，推动乡村植树，制定本省单行森林保护法规，利用天然林区空地造林，设置防沙保安林，营造黄河上游水源保安林，在河流泛滥区外围造林，平均每年每保至少植树1000株。（二）建设水利。设立水利勘查队四队，前三队继续前务，第四队查勘陇南；整理改善洮惠、溥济渠，完成湟惠渠，继续经济汭惠、夏惠、永丰、北湾各渠工程，增办新兰北塬酒金等渠。（三）开发矿产。调查、试探、开采（静宁罐子峡煤矿、会宁炭山沟松树岔煤矿、会宁党家水煤矿、华亭安口窑镇银洼渠煤矿、徽成铁矿、靖远边家台砂金矿、岷县砂金矿、永登羌滩砂金矿、永登窑街煤矿）。（六）畅利交通。涉及洮循、岷夏、兰新、兰西、兰宁等公路、大车道。

【叙录编号】 0979
【档案题名】
甘肃省政府委员会第1621次会议议事日程外附会议材料
【发文单位】 甘肃省政府委员会
【收文单位】 不详

【档案编号】 004-008-0684-0006
【成文时间】 1949-05-03
【关 键 词】 公荒牧租
【内容提要】
讨论事项，主席提议：公荒牧租免税标准过高，拟加以修正，以增加税收。

【叙录编号】 0980
【档案题名】
甘肃省政府委员会第1625次会议议事日程外附会议材料
【发文单位】 甘肃省政府委员会
【收文单位】 不详
【档案编号】 004-008-0684-0012
【成文时间】 不详
【关 键 词】 公荒牧租
【内容提要】
讨论事项，主席提议：修正公荒牧租征收办法第3条第5项免税标准一案，修改后决定施行。

【叙录编号】 0981
【档案题名】
甘肃省政府委员会第1648次会议议事日程外附会议材料
【发文单位】 甘肃省政府委员会
【收文单位】 不详
【档案编号】 004-008-0688-0006
【成文时间】 1949-08-09
【关 键 词】 全国救灾委员会内政部水利署
【内容提要】
主席报告，奉行政院令颁全国救灾委员会组织规程，规程第3条罗列委员会机关，包括内政部水利署等12个机构（组织）。

【叙录编号】 0982
【档案题名】

甘肃省政府委员会第1605次会议议事日程（1）外附会议材料
【发文单位】 甘肃省政府委员会
【收文单位】 不详
【档案编号】 004-008-0689-0015
【成文时间】 1949-02-11
【关 键 词】 公荒牧租
【内容提要】
　　主席提议，为充裕财政收入，将废止之公荒牧租恢复征收，将征收办法第3条条文加以修正。

【叙录编号】 0983
【档案题名】
甘肃省政府委员会第1611次会议议事日程外附会议材料
【发文单位】 甘肃省政府委员会
【收文单位】 不详
【档案编号】 004-008-0690-0018
【成文时间】 1949-03-11
【关 键 词】 藏区救济；改良畜牧
【内容提要】
　　主要涉及讨论事项中主席提议秘书处呈拟具甘肃省藏区经济文化建设方案，请公决。附《甘肃省藏区经济文化建设方案》，其中经济部分有改良畜牧：扩大夏河甘坪寺牧场，增设改良畜牧品种，培育牧草，加强兽医防治工作等。

【叙录编号】 0984
【档案题名】
甘肃省政府委员会第1615次会议议事日程外附会议材料
【发文单位】 甘肃省政府委员会
【收文单位】 不详
【档案编号】 004-008-0692（全案卷）
【成文时间】 1949-03-25
【关 键 词】 公债；小型水利；交通事业

【内容提要】
　　主要涉及讨论事项中主席提议财政厅呈审查民国三十八年（1949）甘肃省建设公债条例及发行办法等，附修正条文，请公决。附《民国三十八年（1949）甘肃省建设公债发行办法》，包括公债用途项有小型水利、交通事业等。

【叙录编号】 0985
【档案题名】
甘肃省民国三十八年（1949）行政会议决议案（教育类）
【发文单位】 甘肃省政府
【收文单位】 甘肃省政府
【档案编号】 004-007-0606-0002
【成文时间】 1949
【关 键 词】 学田
【内容提要】
　　其中古浪、景泰、隆德、榆中、平凉、宁县呈请发还各县学田及校产，以发展地方教育事业。会议决议请省政府分别核办。

【叙录编号】 0986
【档案题名】
甘肃省政府委员会第1596次会议关于审议讨论甘肃省地政局拟订民国三十八年（1949）榆中、永登两县扶植自耕农经费预算及永登县长王尚仁意图隐匿匪徒马开山给予记大过处分等
【发文单位】 甘肃省政府
【收文单位】 甘肃省政府
【档案编号】 004-007-0606-0003
【成文时间】 1949-01-11
【关 键 词】 不详
【内容提要】
　　其中内容同004-007-0606-0002。

【叙录编号】 0987
【档案题名】
　　甘肃省政府委员会第1621次会议关于审议讨论修正公荒牧租征收办法条文及调整本省出差旅费标准等
【发文单位】 甘肃省政府委员会
【收文单位】 甘肃省政府
【档案编号】 004-007-0612-0015
【成文时间】 1949-04-26
【关 键 词】 黄河铁桥；公荒牧租
【内容提要】
　　主席提议：1.建设厅签呈复勘黄河铁桥工程结果，拟具办法，请公决案。会议决议：竣。2.财政厅等呈请查公荒牧租征收办法第3条第5项条文免税标准过高，应进行调整以裕税收，附修正条文。会议交付财政有关单位审查。

【叙录编号】 0988
【档案题名】
　　甘肃省保安司令部对于各区县局及保安团队关于情报及兵力驻地表之批评
【发文单位】 甘肃省保安司令部
【收文单位】 甘肃省政府
【档案编号】 004-007-0621-0004
【成文时间】 1942
【关 键 词】 兵力驻地；地图
【内容提要】
　　其中包括各区呈报当前兵力驻地情况的汇总，以及《二三区间宁陕段略图》《一四区间直辖区至陕西段略图》《直辖区与三区间宁夏至四区间略图》《六区与直辖区间宁青段略图》《直辖区第一区与五区间宁青段略图》《甘肃省各行政区间联防会哨要图》《六区七区间宁青段略图》。

【叙录编号】 0989
【档案题名】
　　甘肃省政府会计处民国二十八年（1939）下半年度经常费预算书；甘肃省财政厅各等县原额经费支配表；甘肃省财政厅增设技士、省库补助、整顿禁政、考选保甲督察员等表、报告及文件
【发文单位】 不详
【收文单位】 不详
【档案编号】 004-007-0624（全案卷）
【成文时间】 不详
【关 键 词】 甘肃省开发
【内容提要】
　　如题。

【叙录编号】 0990
【档案题名】
　　甘肃省各县金库使用规程、甘宁青西峰特税局经费支出表、义教视察员、师资组织办法、阿干镇煤矿管理处经常费支出预算书
【发文单位】 不详
【收文单位】 不详
【档案编号】 004-007-0625（全案卷）
【成文时间】 不详
【关 键 词】 甘肃省开发
【内容提要】
　　如题。

【叙录编号】 0991
【档案题名】
　　甘肃省政府民国三十五年（1946）甘肃全省行政会议关于加速推进本省合作事业以发展地方经济、改善人民生活的提案
【发文单位】 甘肃省政府
【收文单位】 甘肃省政府
【档案编号】 不详
【成文时间】 1946
【关 键 词】 小型水利；籽种贷放；垦殖

【内容提要】

其中涉及：在合作组织方面，由各保合作社经营管理小型水利畜牧等业务；合作金融方面，扩大省银行、合库籽种贷放及省行副业贷款、商同农民银行扩大土地信用贷款；小型水利农村副业运销各种业务需要资金，继续请求国际救济会向援华会申请续拨救济款，各种救济款项仍以贷款形式办理等。

【叙录编号】 0992
【档案题名】
甘肃省政府民国二十九年（1940）9月份工作报告
【发文单位】 甘肃省政府
【收文单位】 甘肃省政府
【档案编号】 004-007-0631-0001
【成文时间】 1940
【关 键 词】 灾歉；救济；土地测量；田赋征收；水利；修渠；畜牧；矿产勘测
【内容提要】

本份报告为打印版，包括本月省政府委员会决议事项摘要以及各类工作部署。其中民政部分涉及：1.救济：勘察各县局灾歉、追缴赈款等；2.地政：修正临潭县解决土地纠纷办法；民勤三岔堡划拨情形；处理番回纠纷情形；和政、临夏、宁定3县土地调整情形；清水甘草王家准免划拨情形；天水城市土地测量情形。财政部分涉及：1.田赋：订定征收田赋等章则，各县征收粮石一律改用新市斗。建设部分涉及：1.水利：洮惠渠支渠，续修湟惠渠、续修博济渠，勘测新兰渠，扩大勘测平凉灌溉区；2.农业：筹设畜牧兽医基干人员训练班；3.矿业：组织矿产测勘队分往各地勘测矿产。

【叙录编号】 0993
【档案题名】
甘肃省政府民国二十九年（1940）11月份工作报告
【发文单位】 甘肃省政府
【收文单位】 甘肃省政府
【档案编号】 004-007-0631-0003
【成文时间】 1940-09
【关 键 词】 灾歉救济；插花地；土地陈报；修渠；修桥；消防水池
【内容提要】

本份报告为打印版，包括本月省政府委员会决议事项摘要以及各类工作部署。民政部分涉及：1.救济：查勘平凉、秦安灾歉；2.地政：办理渭源、临洮两县飞地插花地纠葛事件，办理华亭县计划拨地情形，办理榆、临、定3县插花畸形地情形，办理礼县插花飞地情形。财政部分涉及：田赋：办理临洮县土地陈报。建设部分涉及：1.水利：仍为洮惠渠支渠、湟惠渠、博济渠等工程施工进度、勘测平凉灌溉区及新兰渠进度；2.农业：筹借棉花经费；3.矿业：通饬工矿各厂造报缓役员工姓名清册。兰州市区建设部分涉及：在黄河铁桥上下两段设计修建浮桥、设计消防水池等。

【叙录编号】 0994
【档案题名】
甘肃省政府民国三十年（1941）4月份工作报告
【发文单位】 甘肃省政府
【收文单位】 甘肃省政府
【档案编号】 004-007-0632-0001
【成文时间】 1941
【关 键 词】 灾歉救济；土地测量；修渠；苗圃；造林；矿产勘测
【内容提要】

本份报告为打印版，包括本月省政府委员会决议事项摘要以及各类工作部署。其中民政部分涉及：1.救济：救济临潭、榆中、武山、文县等县灾歉并拨款，整顿救济机关；2.地政：组织勘测队派赴各县整理畸形插花飞地，组织临洮土地测量工作，仿划皋榆临定等县插花飞地，划拨礼县、天水飞地。财政部分涉及：田赋：清办遭灾各县减免赋税。建设部分涉及：1.水利：洮惠渠、湟惠渠、新兰渠、夏惠渠、永丰渠、汭惠渠、泾济渠、北沟堤渠及水利第二勘测队工作进度；2.农林：农产防病害工作推进增产，筹设武威苗圃，在各县推进插条育苗，在各县进行造林工作；3.工矿：筹备甘肃省铁器厂，组织矿产勘测队等。

【叙录编号】 0995
【档案题名】
甘肃省政府民国三十年（1941）5月份工作报告
【发文单位】 甘肃省政府
【收文单位】 甘肃省政府
【档案编号】 004-007-0632-0002
【成文时间】 1941
【关 键 词】 灾歉救济；土地测量；田赋；水利；苗圃；林木；煤矿；气象测候
【内容提要】
本份报告为打印版，包括本月省政府委员会决议事项摘要以及各类工作部署。其中民政部分涉及：1.救济：检发海原县雹灾旱灾急赈款，勘察徽县、文县、西固县灾歉情况；2.地政：调查平凉城市土地测量工作情形，增设天水、洮沙县政府地政科，拟具接管无主土地须知及接管土地通知书，甘肃电政局征用土地情形，订立兰州市土地接管期内补请登记办法。财政部分涉及：田赋：厉行征收田赋考成办法，奖惩县长以昭激励。建设部分涉及：1.水利：与上月工作报告模式相同，汇报工作新进度；2.农林：派员督导各县粮食增产工作，举办农业推广贷款，防除小麦黑穗病，指导农民播种棉籽，扩充各县苗圃，研究甘肃天然林之保育，保护崆峒山、兴隆山等地左公柳；3.工矿：扩大天水电厂，筹设兰州机器厂，实施矿业技术指导，设定窑街煤矿矿权；4.气象：调整本省气象测候所等。

【叙录编号】 0996
【档案题名】
甘肃省政府委员会第1643次会议议事日程外附会议材料
【发文单位】 甘肃省政府委员会
【收文单位】 甘肃省政府
【档案编号】 004-007-0633-0003
【成文时间】 1949-07-19
【关 键 词】 不详
【内容提要】
银元发行办法。

【叙录编号】 0997
【档案题名】
甘肃省政府委员会第1642次会议议事日程外附会议材料
【发文单位】 甘肃省政府委员会
【收文单位】 甘肃省政府
【档案编号】 004-007-0633-0004
【成文时间】 1949-07-15
【关 键 词】 不详
【内容提要】
省库法拟订、西北师范学校由省接管部署。

【叙录编号】 0998
【档案题名】
甘肃省政府委员会第1511次会议议事日程外附会议材料
【发文单位】 甘肃省政府委员会
【收文单位】 甘肃省政府
【档案编号】 004-007-0633-0009

【成文时间】 1948-03-02
【关 键 词】 湟惠渠；灾歉；免赋；登丰渠；鸳鸯池水库
【内容提要】
其中涉及：1.民政厅等签呈湟惠渠管理处奉令撤销请示七项一案，会同有关单位详加研讨，拟订办法两案，请公决案。会议决议采用方案一：逐渐求自给自足纳入皋兰县行政系统。2.田粮处等签呈镇原、平泉等乡镇上年灾歉情节轻微，请比照邻乡被灾粮数酌情减免。会议决议通过。3.水利局呈登丰渠人员无法安插，请拨给遣散费遣散。会议通过。4.水利局呈请拨发鸳鸯池水库建设需要齿轮费用，会议决议通过。

【叙录编号】 0999
【档案题名】
甘肃省政府委员会第1617次会议议事日程外附会议材料
【发文单位】 甘肃省政府委员会
【收文单位】 甘肃省政府
【档案编号】 004-007-0634-0006
【成文时间】 1949-04-12
【关 键 词】 不详
【内容提要】
公务人员任用法施行细则。

【叙录编号】 1000
【档案题名】
甘肃省政府委员会第1616次会议议事日程外附会议材料
【发文单位】 甘肃省政府
【收文单位】 不详
【档案编号】 004-007-0635-0001
【成文时间】 1949-04-08
【关 键 词】 不详
【内容提要】
如题。

【叙录编号】 1001
【档案题名】
甘肃省政府委员会第1629次会议议事日程外附会议材料
【发文单位】 甘肃省政府委员会
【收文单位】 甘肃省政府
【档案编号】 004-007-0635-0003
【成文时间】 1949-05-27
【关 键 词】 征兵征粮；成绩表
【内容提要】
其中讨论了《甘肃省各县市局长三十七年（1948）总考核暨征兵征粮成绩表》。

【叙录编号】 1002
【档案题名】
甘肃省政府委员会第1625次会议议事日程外附会议材料
【发文单位】 甘肃省政府委员会
【收文单位】 甘肃省政府
【档案编号】 004-007-0635-0007
【成文时间】 1949-05-10
【关 键 词】 不详
【内容提要】
内容同004-007-0609-0004。

【叙录编号】 1003
【档案题名】
甘肃省政府委员会第1605次会议议事日程外附会议材料
【发文单位】 甘肃省政府委员会
【收文单位】 甘肃省政府
【档案编号】 004-007-0636-0009
【成文时间】 1949-02-11
【关 键 词】 不详
【内容提要】

内容同004-007-0604-0011。

【叙录编号】 1004
【档案题名】
甘肃省政府委员会第1603次会议议事日程外附会议材料
【发文单位】 甘肃省政府委员会
【收文单位】 甘肃省政府
【档案编号】 004-007-0636-0011
【成文时间】 1949-02-04
【关 键 词】 小麦；款项
【内容提要】
会议讨论了保安司令部签呈上年制造冬服所需款项不能补足，又省级公粮下发小麦以资结案。附财政厅、保安司令部会呈事件材料。

【叙录编号】 1005
【档案题名】
甘肃省政府委员会第1636次会议议事日程外附会议材料
【发文单位】 甘肃省政府委员会
【收文单位】 甘肃省政府
【档案编号】 004-007-0638-0005
【成文时间】 1949-06-21
【关 键 词】 甘肃省开发
【内容提要】
同004-007-0604-0016，另附原签呈1份。

【叙录编号】 1006
【档案题名】
甘肃省政府公报（第1-6期）
【发文单位】 甘肃省政府
【收文单位】 不详
【档案编号】 004-010-0003-0001
【成文时间】 1932-01-30
【关 键 词】 灾情；赈济；春耕；植树
【内容提要】

本份政府公报包括命令、法规、公牍、公电、记录、办事报告。公牍部分录有《国民政府救灾附加税征收条例》共5条（50~52页）。甘肃省政府秘书处办事报告涉及民政部分、教育部分、财政部分、建设部分、司法部分等。1.民政部分录有禁止灾民出境等2条（102页）；查勘各地水旱鼠等灾情及赈济请求等14条；废止《捐资举办救济事业褒奖条例》1条（103页）；行政院令甘肃省政府发《国民救灾附加税征收条例》1份并令省内各机关一体知照1条（111页）；甘肃省政府批示永登县各区区长关于拨发籽种以顾春耕的呈请并令省赈务会核办1条（128页）。2.财政部分录有各部门函复各县赈济请求及令财政厅或各县乡核议复夺等7条。3.建设部分录有《建设厅查照林业考成暂行办法》8条并饬属遵行1条（110页）；内政部咨送黄河河务关于实施保岸工程及广植森林各节的决议并令建设厅查照办理1条（111页）；省林务处呈拟将河北庙滩子苗圃新淤水地定价出租拟订办法，请甘肃省政府鉴核的记录1条（113页）；甘肃省政府令公安局、建设局警察应于冬季暂拨看管公林苗圃、开春冰消仍归本职的训令1条（133页）；河北省政府咨据实业厅呈请转咨各省饬属选送林产种子，甘肃省政府令建设厅饬属办理并选寄种子1条（133页）。

【叙录编号】 1007
【档案题名】
甘肃省政府公报（第7-10期）
【发文单位】 甘肃省政府
【收文单位】 不详
【档案编号】 004-010-0004-0001
【成文时间】 1932-02-29
【关 键 词】 灾情；赈济；春耕；保护林圃；水利纠纷；农会
【内容提要】

本份政府公报包括命令、公牍、记录、办事报告。公牍部分录有甘肃省政府临时维持委员会奉行政院令准赈务委员会函抄发《办理赈务公务员奖励条例》《办赈团体及在事人员奖励条例》《办赈人员惩罚条例》，并饬各属遵照奉行1条（16~24页）；甘肃省政府临时维持委员会令建设、民政、教育三厅遵照教育、内政、实业三部咨送各省《训练农业推广办法大纲》实行（71~74页）。办事报告分为民政部分、财政部分、教育部分、建设部分、司法部分、社会部分等。1.民政部分录有查勘各地水旱鼠等灾情及赈济请求等9条；皋兰县政府、永登县令县赈务分会筹办春种以顾春耕的记录2条（93、94页）；民政、财政二厅呈赍民勤县印委造赍该县东渠大西叉、东湘红沙堡、小二坝三雷沟等地被灾册结都图，请甘肃省政府核办等4条（96、97页）；临夏县长呈复甘肃省政府关于无力拨给春耕籽种的记录1条（97页）；甘肃省政府批准华北慈善联合会关于令皋兰、永登等九县设法挪拨籽种以顾春耕的请求，并且向沪总会请祈查照来款施放无余一事的记录1条（99页）；甘肃省政府批准武威县整委会关于设法拨给该县第七区饥民春耕籽种的请求并令省赈务会核办的记录1条（99页）。2.财政部分录有东新柜茶务总商呈请转咨中央维持甘茶引地以免破坏的记录1条（100页）；各部门函复各县赈济请求及令财政厅或各县乡核议复夺等3条。3.建设部分录有公安部呈复甘肃省政府关于令水上公安队长派警保护各林圃情形，请甘肃省政府鉴核的记录1条（117页）；武威县农民武智仁等呈诉蔡志学等无端干涉水规，请求法院秉公办理的记录1条（118页）；教育、内政、实业三部咨送各省《训练农业推广办法大纲》，请各省查照并令民政、建设、教育三厅遵照的记录1条（119页）；山东省政府据实业厅呈请，向各省征集农产种以资实验，甘肃省政府办理咨复并令建设厅遵办经寄的记录1条（119页）。4.社会部分录有兰州市农会指导员董信等呈赍依法更造各区农会职员资格表八份，请甘肃省政府鉴核存转并咨请实业部备案的记录1条（124页）；建设厅详细核查兰州市各区农会章程后发现没有不合规定处，呈复甘肃省政府准予备案并令兰州市农会指导员董信等遵照办理的记录1条（124页）。

【叙录编号】 1008
【档案题名】
甘肃省政府公报（第11-14期）
【发文单位】 甘肃省政府
【收文单位】 不详
【档案编号】 004-010-0005-0001
【成文时间】 1932-03-30
【关 键 词】 灾情；赈济；气候；春耕；开渠造林；保护树木；灌溉
【内容提要】

本份政府公报包括命令、公牍、记录、办事报告。公牍部分录有甘肃省政府第23次省务会议关于饬令各县认真办理开渠造林的训令1条（22、23页）；甘肃省政府令省赈务会呈复永登、靖远等县不得动用仓储粮石以顾春耕的记录1条（25页）；甘肃省政府关于令各县政府严禁砍伐新植树株并劝勉民众协力保护的布告1条（26、27页）。办事报告包括民政、财政、教育、建设、司法等部分。1.民政部分录有查勘各地水旱鼠等灾情及赈济请求等8条；甘肃宣慰使咨请甘肃省政府保护各处庙宇树木，甘肃省政府令民政厅饬属保护的记录1条（38页）；各县关于呈请甘肃省政府发给籽种或拨赈款以顾春耕，以及省赈务会呈复甘肃省政府的记录等17条。2.财政部分录有各部门函复各县赈济请求及令财政厅或各县乡核议复夺等6条；甘肃省政府关于各县发给籽种或拨赈款以顾春耕的呈请以及不得借仓粮接济籽种的批示等4条。3.建设部分录有甘肃省政府批示临泽县关于是否继续填报每月雨雪阴晴表的记录1条（76页）；建设厅呈赍收支二十年（1931）10月份下半月以及12月份下半月中山林灌溉费洋册簿，请甘肃省政府鉴核令销，甘肃省政府令财政厅查照核销，财政厅呈复甘肃省政府，准予备查的记录4条（77、80页）；第一区政治视察员李之栋呈赍视察榆中县地方情形及政治状况报告表，请甘肃省政府鉴核，甘肃省政府令榆中县将兴隆山森林加意保护并将贫民工厂设法筹办具报的记录1条（77页）；省林务处、建设厅呈赍垫支林务局第一工田圃以及本处二十年（1931）10月下半月薪工等费书簿，请甘肃省政府鉴核，甘肃省政府令财政厅查照核销的记录3条（80、81页）；甘肃省政府训令各县认真开渠造林以防旱灾，以办理成绩作为该县长考成，并令建设厅督饬遵办的记录1条（81页）。

【叙录编号】　1009
【档案题名】
　　甘肃省政府公报（第一卷，第1期）
【发文单位】　甘肃省政府
【收文单位】　不详
【档案编号】　004-010-0006-0001
【成文时间】　1932-05-15
【关键词】　灾情；赈济；取缔水田葬坟；开渠；造林；保护树木
【内容提要】
　　本份政府公报包括插图、法规、命令、训令、指令、公电、公函、咨文聘书、记录、附载、杂述、报告。训令部分录有甘肃省政府严禁水田葬坟，令各县遵照的训令1条（24、25页）。报告包括民政、财政等部分。1.民政部分录有查勘各地水旱鼠等灾情及赈济请求等5条；甘肃省政府训令各县县长取缔水田葬坟，并布告民众的记录2条（74页）。2.财政部分录有各部门函复各县赈济请求及令财政厅或各县乡核议复夺等记录4条。3.建设部分录有天水县呈报遵令保护树株，并张贴布告，严禁砍伐，请甘肃省政府鉴核，甘肃省政府准予备查的记录1条（81页）；西固县、武都县、岷县、天水县呈复遵令开渠造林，劝导民众广为栽植，请甘肃省政府鉴核，甘肃省政府令县政府仍认真办理的记录4条（81、82页）；西固县呈复遵令保护树株，请甘肃省政府鉴核，甘肃省政府令县政府仍随时保护、勿致损伤的记录1条（81页）。

【叙录编号】　1010
【档案题名】
　　甘肃省政府公报（第一卷，第2、3期）
【发文单位】　甘肃省政府
【收文单位】　不详
【档案编号】　004-010-0007-0001
【成文时间】　1932-05-29
【关键词】　灾情；赈济；春耕；修理水车水沟；保护树木；灌溉
【内容提要】
　　本份政府公报包括法规、命令、训令、指令、公电、公函、咨文、批示、记录、附载、统计、报告。训令部分录有甘肃省政府令各厅俱鼎新县长呈具《施政方针》应即分别核办的训令，《施政方针》包括注重水利和种植树木两条（75、76页）。附载录有《发展交通与防止旱灾》一文（119～122页）；《甘肃省党务整理委员会对于省政府成立时之建议》一文，其中包括兴建水利的建议（124页）；《建设厅长刘汝璠对于本省二十一年年度（1932）建设计划暨建设费之支配方法》一文，将建设事业费30万元分别支配于道路、水利、农林、工厂、矿冶，其中水利分配7万元，农林分配4万元，附件附有农林及水利建设费具体支配方法（125～131页）。报告包括民政、财政、建

叁 自然资源开发与生态保护类档案

设、司法、社会等部分。1.民政部分录有查勘各地水旱鼠等灾情及赈济请求等13条；各县关于呈请甘肃省政府发给籽种或拨赈款以顾春耕的记录等2条。2.财政部分录有各部门函复各县赈济请求及令财政厅或各县乡核议复夺等8条。3.建设部分录有财政厅呈复建设厅呈赍农业试验场、修理水车水沟、用过工料价目册簿，请甘肃省政府备查，甘肃省政府准予备查的记录1条（163页）；财政厅呈复建设厅、省林务处呈赍第一苗圃本年1月上半月书据，准予备查的记录2条（165页）；玉门县呈报遵令保护树株，甘肃省政府准予备查的记录1条（165页）；省林务处呈赍省立第一苗圃二十年（1931）12月下半月开支书簿，请甘肃省政府核销，甘肃省政府令财政厅查照核销的记录1条（167页）；建设厅呈赍中山林本年2月上半月及3月上半月的浇灌保护费洋书簿，请甘肃省政府核销，甘肃省政府令财政厅查照核销的记录1条（167页）。

【叙录编号】 1011
【档案题名】
甘肃省政府公报（第一卷，第11-13期）
【发文单位】 甘肃省政府
【收文单位】 不详
【档案编号】 004-010-0008-0001
【成文时间】 1932-08-07
【关键词】 灾情；赈济；开渠；保护树木；水利
【内容提要】
　　本份政府公报包括法规、命令、聘书、委状、牌示、公牍、公电、训令、指令、记录、统计、附载、报告。法规部分录有《沿河地方官协助河务考成章程》（24～26页）。咨文部分录有甘肃省政府咨内政部甘肃尚无各级水利机关无法填造水利机关调查表的咨文（第95页）；甘肃省政府咨内政、财政部填送各县灾案册结都图请查照的咨文，附《查勘结报各县灾案册结都图清折》（96、97页）。训令部分录有甘肃省政府令建设厅奉行政院令发全国气象观测实施规程及温度雨量观测法应即转发的训令1条（112页）；甘肃省政府令建设厅呈转平凉县请拨款修渠应派员查复后再夺的训令1条（120页）；甘肃省政府令永昌县呈报凿泉开渠并绘图说，要求从速办理的训令1条，附《原呈》（121～123页）。记录部分录有《本府委员会第26次会议记录》，其中甲项报告事项中主席报告永昌县县长蒲育儒关心水利，开凿该县城多地新泉400余眼，决议将该县长奖叙并通令各县仿照办理（133、134页）；录有《本府委员会第27次会议记录》，其中甲项报告事项中主席报告最近秦安等17县暨康乐设治局呈报该县等被雹灾况情形，决议俟各县复勘具报后，再议办法（135页）。统计部分录有《本府指令各机关寻常文件一览表（民国二十一年（1932）七月一日起至七月三十日止）》，其中录有各属呈报的夏秋禾苗及渠水情形、禾苗滋长情形、雨雪阴晴报告表等内容（138页）。附载部分录有《甘肃省防旱计划》一文，其中包括"早旱法之应用""造林""注意开发水利""利用农具"等四章（152～156页）。办事报告分为民政、财政、教育、建设、社会等部分。1.民政部分录有查勘各地水旱鼠等灾情及赈济请求等56条；甘肃省政府咨内政、财政部咨送十七年至二十年（1928—1931）查勘各县灾案册结都图，请查照分别办理的记录1条（162页）；民政、财政厅呈赍皋兰县印委会勘该县夹滩逃绝户被灾荒地册结都图、永昌县印委造赍县属第二区下五坝被旱成灾册结都图、酒泉县印委造赍被灾册结都图，请甘肃省政府核办，甘肃省政府令二厅应准汇案办理的记录3条（163、168页）。2.财政部分录有各部门函复各县赈济请求及令财政厅或各县乡核议复夺等9条；榷连局呈请转令漳县县长会同绅董修筑河堤以免水患，甘肃省政府令漳县县长计划修筑，并令建设厅查照的记录1条（181页）。3.建设部分录有建设厅呈为拟具本省防旱计划，请甘肃省政府鉴核，甘肃省政府令各县政府遵办的记录1条（186页）；建设厅呈转平凉县呈请拨款开渠，请甘肃省政府鉴核，甘肃省政府令建设厅派员查勘估计，再候核办的记录1条（187页）；永靖县呈赍查勘拉马川、永登川二渠图说暨工料计划书，请甘肃省政府拨款开渠，甘肃省政府令民政、建设二厅会核议复的记录1条（187页）；省党部函请拨发赈款开掘土冢坪水井以利民食，甘肃省政府函复，并令建设厅核办复夺的记录1条（187页）；东乐县呈转第二、四两区区长呈为河道破烂，请拨款修理，请甘肃省政府鉴核，甘肃省政府令照前令办理具报的记录1条（187页）；建设厅呈复本省尚无各级水利机关，请甘肃省政府鉴核，甘肃省政府令咨内政部查照的记录1条（187页）；建设厅呈复办理皋兰县伍营村争夺水利一案情形，请甘肃省政府鉴核，甘肃省政府令牌示该民知照的记录1条（188页）；视察员杜立亭报安西县农林试验场树木被军马剥食殆尽等情况，甘肃省政府训令安西县长设法保护、继续补栽的记录1条（188页）；武山县呈报该县稻花村水灾情形，请甘肃省政府鉴核，甘肃省政府令将水冲地亩造册呈请核办的记录1条（188页）；皋兰县东乡民桑园村民偷采官垦、攫夺木利，请委员查丈惩罚，甘肃省政府批示令建设厅查明核办的记录1条（189页）；建设厅呈为准导淮委员会函送水利实验谈治水救国之意见，请甘肃省政府鉴核，甘肃省政府已收到函，请委员会商办应由何省主办，并将本府加入的记录2条（190页）；皋兰南园公民席珍呈为截夺水利，大伤农业，恳令厅收回成命，以救民生，甘肃省政府批示令建设厅核办复夺的记录1条（191页）；古浪县呈为接导河水以利农田，并呈接导河水办法，请甘肃省政府示遵，甘肃省政府令应准照办，并令建设厅查照的记录1条（191页）；临岷游击司令杨积庆呈请布告禁止偷伐勺泥沟等处森林，以维林业，甘肃省政府令准予布告禁止，随令附发，仰即张贴各处俾众周知的记录1条（191页）；鼎新县三十电请转饬高台县饬属放水，以利农田，甘肃省政府电复，并令高台县遵办的记录1条（191页）；建设厅呈为永昌县县长蒲育儒关心水利，开凿新泉，请甘肃省政府鉴核奖叙，甘肃省政府令蒲县长记功1次，并令民财二厅知照，及通令各县仿照办理的记录1条（191页）。

【叙录编号】 1012
【档案题名】
甘肃省政府公报（第一卷，第14—17期）
【发文单位】 甘肃省政府
【收文单位】 不详
【档案编号】 004-010-0009-0001
【成文时间】 1932-09-04
【关键词】 灾情；赈济；开渠；水利；灌溉；开垦
【内容提要】

本份政府公报包括法规、命令、委状、牌示、公牍、记录、统计、附载、报告。法规部分录有《实业部直辖地质调查所组织条例》（41～43页）、《甘肃省立气象测候所组织章程》（69、70页）、《甘肃省立气象测候所练习生规则》（70、71页）、《甘肃省垦务暂行章程》（77～83页）、《甘肃省立农事试验场组织章程》（84、85页）、《甘肃省立苗圃组织规程》（85、86页）。命令部分录有甘肃省政府令民政、财政二厅及各县兴办水利的训令1条（118、119页）；甘肃省政府令永靖县拉马、永丰两渠应讨论修筑办法积极进行的训令1条（138页）；甘肃省政府令永昌县凿井开泉出力人员杜发荣等准嘉奖的指令1条（162页）；甘肃省政府令建设厅遵照办理所呈赍开办小西湖苗圃计划书的指令1条,外附原呈(170、171页);甘肃省政府令定西县遵照办理所呈拟招领垦荒办法的指令1条(172页)。记录部分录有《本府委员会第29次会议记录》,其中甲项报告事项中主席报告岷县等14县呈报该县等被雹被水灾况情形,决议连上次各县统交民财二厅核办(第177页),乙项讨论事项中主席提议据建设厅呈据中山林主任呈请发给款项,引取西龙口泉水,灌溉该林树木,并赍计算书,决议由建设事业费项下支用(177、178页);录有《本府委员会第30次会议记录》,其中甲项讨论事项中主席提议,可否按法规编审委员会审查兰州气象测候所组织暨练习生规则意见修正,决议照审查意见通过(第178页);录有《本府委员会第31次会议记录》,其中甲项报告事项中主席报告皋兰等7县呈报被雹被旱灾况情形,决议照前案办(第180页);录有《本府委员会第32次会议记录》,其中乙项讨论事项主席提议,据建设厅呈转筹办小西湖苗圃技士阎寿乔呈赍开办该圃计划书图预算,请甘肃省政府核示,决议通过(第183页);录有《本府委员会第33次会议记录》,其中乙项讨论事项中主席提议,据建设厅呈转气象测候所请令饬各县设立量雨站,并造经费预算书,请甘肃省政府核示可否如所拟办理,甘肃省政府决议照准(第186页);录有《本府委员会第34次会议记录》,其中乙项讨论事项中主席提议可否照法规编审委员会审查定西县垦务暂行章程意见办理,甘肃省政府决议令饬定西县遵照公布之垦务暂行章程办理,如该县有特殊促进开垦办法,在不抵触暂行章程范围之内,准其试办(第188页),又主席提议,据民政厅呈拟修理西花园以资民众游览,附赍修理经费预算,请饬财厅如数拨付,以便兴工,甘肃省政府决议通过(第188页);录有《本府委员会第35次会议记录》,其中甲项报告事项中主席报告武山等5县呈报被雹被旱被水灾况情形,甘肃省政府决议汇案办理(第190页)。统计部分录有《甘肃省政府寻常文件一览表(民国二十一年八月一日起至八月二十七日止)(1932)》,其中录有各县呈报的受灾情形及恳请赈恤、夏秋禾苗及渠水情形、禾苗滋长情形、雨雪阴晴报告表等内容(192~198页)。附载录有《康乐设治局施政方案》一文,其中乙项发展农业经济案中有开泄农业水利、兴造森林等方案(第219页);录有《小西湖苗圃计划大纲》一文(220、221页)。办事报告分为民政、财政、教育、建设、司法等部分。1.民政部分包括查勘各地水旱鼠等灾情及赈济请求等77条。2.财政部分包括各部门函复各县赈济请求及令财政厅或各县乡核议复夺等10条;预算审查委员会呈缴第一、第二苗圃及造林经费并农事试验场等预算书,请发还建设厅,转饬垸造各机关,另编预算,甘肃省政府批示的记录1条(251页)。3.建设部分录有皋兰县呈复调查水阜河开掘营盘坪水渠,暨拨给罚款补助兴修,请甘肃省政府鉴核,甘肃省政府令建设厅派员指导办理,及牌示该颜永福等知照的记录1条(263页);西安绥靖公署驻甘行署咨据皋兰南园民众呈为谋夺水利,大伤农业,恳恩收回成命,请查核办理,甘肃省政府咨复,此案已业经批示,并令建设厅查核复夺在案的记录1条(263页);永昌县呈报恢复农事试验场并苗圃,选得赵松龄堪充场长兼主任之职,请甘肃省政府鉴核,甘肃省政府令仰候建设厅核示的记录1条(263页);建设厅呈请核销奉助浇灌中山林银洋,并赍收支数目册簿,请甘肃省政府鉴核,甘肃省政府准予核销的记录1条(264页);民政、建设两厅呈复奉令核议永靖县呈赍勘查拉马川、永丰川二渠图说计划书,拟由该县召集绅董,讨论有效,建设厅指导补助,请甘肃省政府鉴核,甘肃省政府并令永靖县遵照办理的记录1条（264页）；政治视察员魏振华报告酒泉县县城附近土质肥沃，种树适宜，甘肃省政府训令酒泉县遵照办理的记录1条（266页）；定西县呈文甘肃省政府，前拟《开垦荒地章程》尚未奉令核准，现有领垦荒地之户，可否照章准予承领，甘肃省政府指令应先准开垦，俟法规编审委员会审查完毕，另文饬遵的记录1条（266页）；建设厅呈赍开办小西湖苗圃计划书图说预算书，请甘肃省政府鉴核，甘肃省政府令建设厅等省务会议决议通过后遵办具报的记录1条（266页）；财政厅呈复甘肃省政府，奉发省林务处呈赍林务局第一苗圃支过本年5月份薪工经费书据、建设厅呈赍第一农事试验场本年5月份书据，核数相符，甘肃省政府准予备查的记录2条（267页）；建设厅呈转兰州气象测候所拟，请令饬各县设立雨量站，并赍经费预算书，询问甘肃省政府可否准如所拟，甘肃省政府令财政厅按照省务会议决议办理的记录1条（268页）；甘肃省政府训令省内外各机关及建设厅知照国府公布《实业部直辖种畜场及棉花试验场并地质调查所组织条例》的记录1条（268页）；静宁县呈报倡办造林，请甘肃省政府鉴核，甘肃省政府令督饬认真办理的记录1条（268页）；定西县呈赍《招领垦荒办法及暂行章程》，请甘肃省政府鉴核，甘肃省政府令遵照已公布之《甘肃垦务暂行章程》办理的记录1条（269页）；泾川县商会常务委员呈文甘肃省政府，因历年灾情请求赈济的记录1条（269页）；民政厅呈请修理西花园经费预算清折，请甘肃省政府鉴核，甘肃省政府令财政厅查照核发的记录1条（269页）；建设厅呈请核销中山林本年5月份收支过灌溉保护费，甘肃省政府令财政厅查照核发的记录1条（269页）；建设厅呈赍《甘肃省建设厅农事试验场组织规程》及《省立苗圃组织规程》，请甘肃省政府鉴核，甘肃省政府令交给法规编审委员会审查修正，再交给省务会议决议通过的记录1条（269页）；海源县呈赍《拟订招垦荒地暂行规则》及《招垦处办事细则》，请甘肃省政府鉴核，甘肃省政府令遵照《甘肃垦务暂行章程》办理（270页）；关于公民席珍等呈请的补助款项穿凿水洞一事，甘肃省政府已令建设厅查明核办具复的记录1条（270页）。

【叙录编号】　1013
【档案题名】
　　甘肃省政府公报（第一卷，第18—21期）
【发文单位】　甘肃省政府
【收文单位】　不详
【档案编号】　004-010-0010-0001
【成文时间】　1932-10-02
【关 键 词】　灾情；赈济；水利；气候；开渠造林；灌溉；禁种罂粟
【内容提要】
　　本份政府公报包括法规、命令、委状、牌示、公牍、记录、统计、附载、报告。法规部分录有《修正渔业法》第2、第3、第18、第19、第34、第38、第39及第47条条文（21～23页）；录有《修正渔会法》第4条、第7条（23页）。命令部分录有洮沙县呈文甘肃省政府关于开渠引水工程告竣之事，甘肃省政府准予备案的指令1条，附原呈（112、113页）。记录部分录有《本府委员会第39次会议记录》，其中甲项报告事项中主席报告称，临潭等4县呈报被旱被雹灾况情形，请甘肃省政府指令办法，甘肃省政府决议汇案办理（126、127页）；录有《本府委员会第43次会议记录》，其中甲项报告事项中主席报告称，皋兰等6县呈报被雹被水灾况情形，请甘肃省政府指令办理，甘肃省政府决议汇案办理（133页）。统计部分录有《甘肃省政府寻常文件一览表（民国二十一年八月二十九日起至九月二十四日止）（1932）》，其中录有各属呈报的夏秋禾苗及渠水情形、禾苗滋长情形、雨雪阴晴报告表等内容（136~142页）。附载部分录有《各县灾况汇志》，内录受灾县名、受灾日期、受灾区域、灾况、呈到日期、指令办法等（164~166页）。办事报告分为民政、财政、教育、建设、司法、党务等部分。1.民政部分录有查勘各地水旱鼠等灾情及赈济请求等46条；张掖县县长电报关于复勘灾区及开泄渠泉、保护官树的情形，请甘肃省政府备查，甘肃省政府令张掖县嗣后仍切实办理，勿得疏忽的记录1条（169页）。2.财政部分录有各部门函复各县赈济请求及令财政厅或各县乡核议复夺等11条；建设厅呈赍另编省立第一、第二苗圃暨造林农事试验场等经费预算书，请甘肃省政府鉴核转发审查，甘肃省政府回复已转发预算审查委员会审查的记录1条（185页）。3.建设部分录有东乐县呈报的拟修理河道以灌农田，请甘肃省政府令饬财务会发款补助，并呈报近来得雨情形，请甘肃省政府鉴核，甘肃省政府令东乐县仍派民夫切实修理以兴水利的记录1条（204页）；静宁县呈报各区提倡造林情形，请甘肃省政府鉴核，甘肃省政府令建设厅查明成绩核办的记录1条（205页）；武都县造赍本年7月份米粮草束银钱时估及雨雪阴晴各表，请甘肃省政府鉴核，甘肃省政府准予备查，并对公文格式进行了要求（206页）；永登县石屏山寺石家佛僧呈请布告禁止砍伐森林，并令永登县鲁司令加意保护，甘肃省政府批准的记录1条（206页）；泉关冯家湾民众代表呈报泉水干涸，良田荒芜，恳请委员查勘，接引河水以资灌溉，甘肃省政府令建设厅查明核办复夺的记录1条（206页）；建设厅呈报遴派技士调查临岷一带林区事宜，请饬财政厅拨发该员旅费，甘肃省政府令财政厅从速核发，后财政厅照办（207、210页）；甘肃省政府令张掖县查明核办复夺关于夺霸水利引起诉讼之事的记录2条（207、210页）；财政厅呈复关于措支民政厅修理西花园工料费洋之事，请甘肃省政府鉴核，甘肃省政府令民政厅查照具领的记录1条（207页）；卸任会宁县长张振轩呈转第五区灾情委员呈请拨款修理冲坏潦塘之事，请甘肃省政府鉴核，甘肃省政府令新任会宁县长就地筹办具报的记录1条（208页）；内政部咨请甘肃省政府将所辖区域内现有水利合作社及水利公司查明见复，甘肃省政府令建设厅查明具复，建设厅呈复本省并无水利合作社及水利公司的记录2条（208、211页）；行政院令奉国府令修正《渔会法》《渔业法》条文，令省内外各机关知照的记录1条（209页）；永昌县呈报续办县属东北乡下十堡泉渠计划情形，请甘肃省政府鉴核，甘肃省政府令永昌县将各渠认真督修，绘具图说，分报备核的记录1条（209页）；实业部通令各省严厉禁种罂粟，奖励改种棉花，甘肃省政府咨复，并令民政、建设二厅查照办理的记录1条（209页）；张掖县呈报夏秋田禾滋长及渠水情形，请甘肃省政府鉴核，甘肃省政府准予备查的记录1条（211页）。

【叙录编号】　1014
【档案题名】
　　甘肃省政府公报（第一卷，第22-25期）
【发文单位】　甘肃省政府
【收文单位】　不详
【档案编号】　004-010-0011-0001
【成文时间】　1932-10-30
【关　键　词】　灾情；赈济；开渠造林；气候；水利；禁种罂粟
【内容提要】
　　本份政府公报包括法规、命令、委状、牌示、公牍、记录、统计、附载、报告。法规部分录有《修正县量雨站暂行规程》（77、78页）。记录部分录有《本府委员会第47次会议记录》，其中甲项讨论事项中主席提议可否照法规编审委员会审查的县量雨站暂行规程修正，决议通过（151页）；录有《本府委员会第48次会议记录》，其中乙项讨论事项中主席提议称，据永靖县县长呈报的关于永靖县奉令勘查喇嘛、永丰两川渠工程，以及筹款拟办等情形，请甘肃省政府鉴核，甘肃省政府决议拨款，并准予就地筹款，另外令永靖县拟订办法呈候核定的记录1条（152页）；录有《本府委员会第49次会议记录》，其中甲项报告事项中主席报告民乐等6县呈报的关于被雹被水灾况情形，甘肃省政府决议汇案办理（154页）；录有《本府委员会第50次会议记录》，其中乙项讨论事项中主席提议称，据洮岷路保安司令呈，木商滥伐森林，不服禁止，并切陈积弊及拟办情形，请甘肃省政府核示，甘肃省政府决议令建设厅从速拟订办法（157页）。统计部分录有《甘肃省政府寻常文件一览表（民国二十一年九月二十六日起至十月二十五日止）（1931）》，其中包括：张掖县呈报夏秋田禾以及渠水情形，甘肃省政府准予备查；皋兰县呈报本年9月份禾苗滋长情形，请甘肃省政府鉴核；泾川县呈报本年9月份四乡禾苗滋长情形，请甘肃省政府鉴核；岷县呈赍本年秋季分雨雪量数统计表，请甘肃省政府鉴核；灵台县、崇信县、海源县、临泽县呈赍甘肃省政府本县8月份雨雪阴晴报告表，定西县、甘谷县、灵台县、岷县、隆德县、和政县、海德县呈赍甘肃省政府本县9月份雨雪阴晴报告表，请甘肃省政府鉴核（159~164页）。附载部分录有《建设厅拟具甘肃省立第一农事试验场计划书》（183~186页），录有《各县灾况汇志》，内录受灾县名、受灾日期、受灾区域、灾况、呈到日期、指令办法等（188页）。办事报告包括民政、教育、建设、司法、党务等部分。1.民政部分录有查勘各地水旱鼠等灾情及赈济请求等34条，禁种烟苗的记录4条。2.建设部分录有严种罂粟奖励改种棉花的记录1条（225页）；建设厅呈文拟派员考察永、红

各县垦务事宜，请饬财政厅先发该员旅费，甘肃省政府令财政厅查照核发的记录1条（226页）；古浪县呈报开导柳条河水源竣工情形，并恳嘉奖督工人员，甘肃省政府准予照办的记录1条（227页）；张掖县、皋兰县查明核办关于本县争夺水利引起诉讼之事的记录2条（227、229页）；建设厅呈转皋兰县水阜河民众关于开营盘坪水渠的请求，并派技工办理此事，请甘肃省政府鉴核，甘肃省政府令皋兰县拨款，仍派员指导的记录1条（228页）；关于勘查永靖县内喇嘛、永丰二川及筹款拟办的记录2条（228、230页）；建设厅呈转兰州气象测候所呈赍的《各县量雨站暂行规程》，请甘肃省政府鉴核备案，甘肃省政府准予备查的记录1条（229页）；永昌县呈报县属东北乡下十堡凿泉开渠，工程告竣，绘具图说，请派员勘验，甘肃省政府令建设厅派委勘查的记录1条（231页）；实业部咨送制定造林成绩考成表及全国林业技术人员考成表，请甘肃省政府转饬遵照办理，甘肃省政府令建设厅遵照办理的记录1条（233页）。

【叙录编号】 1015
【档案题名】
甘肃省政府公报（第一卷，第26-29期）
【发文单位】 甘肃省政府
【收文单位】 不详
【档案编号】 004-010-0012-0001
【成文时间】 1932-11-27
【关键词】 灾情；赈济；开渠造林；气候；水利；禁种罂粟；灌溉；征集农林种子
【内容提要】
本份政府公报包括法规、命令、聘书、委状、牌示、公牍、记录、统计、附载、报告等部分。法规部分录有《森林法》（59~72页）；录有《甘肃旧驿道两旁左公柳保护办法》（159、160页）。记录部分录有《本府委员会

第53次会议记录》，其中甲项报告事项中主席报告称正宁等6县呈报的被雹被水灾情，甘肃省政府决议汇案办理（第91页）。统计部分《本府发核阅各机关寻常文件一览表（民国二十一年十月二十四日起至十一月二十日止）（1932）》，其中录有各属呈报的夏秋禾苗及渠水情形、米粮草束银钱时估表、雨雪阴晴报告表等内容（136~142页）。办事报告包括民政、财政、教育、建设、司法、党务等部分。1.民政部分录有各县呈赍本年境内水旱田地种植各色夏禾秋禾收成分数清折的记录5条；查勘各地水旱鼠等灾情及赈济请求等20条；禁烟记录32条。2.财政部分录有各县赈济请求及财政厅或各县乡核议复夺等11条。3.建设部分录有各县呈赍米粮价值时估表、雨雪阴晴表的记录25条；第一农业学校关于补发修建水车经费的记录1条（267页）；四川什邡县克明水车总厂报告来甘制造汲水车情形，并呈赍说明计划书的记录1条（268页）；永靖县代电报告就地筹款开渠困难情形，请求捐款的记录1条（268页）；甘肃省政府查照并咨复广西省政府寄送优良籽种的记录1条（268页）；甘肃省政府令各县及民财建三厅查照遵办关于行政院暂停在牧地放垦的命令1条（268页）；甘肃省政府令东乐县从速修补失修渠道的记录1条（268页）；甘肃省政府令张掖县加意保护树木，认真办理栽种，以重林政的记录1条（269页）；永靖县报告改定水渠工线情形，并请求发给炸药2000斤，甘肃省政府令军械局照数发给的记录1条（269页）；甘肃省政府令皋兰县查明核办境内妨害水利一事的记录1条（269页）；甘肃省政府令建设厅核办复夺关于办理东乐县河渠，引水灌溉，以利农田一事的记录1条（270页）；山西省政府发文给甘肃省政府，请甘肃省政府查照并饬属径寄征集农林籽种表式的记录1条（270页）；皋兰县呈报拨用捐款筹设农场情形的记录1条（271页）；民勤县呈报劝导民众广植树木以防风沙的记录1条（271页）；永靖县修砌川渠的记录3条（271、272页）；民勤县呈报关于布告境内民众遵章浇水不得再事抢夺的记录1条（272页）；内政部咨请各省转饬所属水利机关，将实测水文成果按月寄部的记录1条（272页）；张掖县、皋兰县境内水利纠纷的记录4条（274、276页）；建设厅呈请甘肃省政府核准公布左公柳保护办法的记录1条（275页）；皋兰县请甘肃省政府鉴核拨给水阜河补助修渠款洋数目的记录1条（277页）；永靖县请求拨给款项修治渠工暨道路的记录1条（277页）。

【叙录编号】 1016
【档案题名】
甘肃省政府公报（第二卷，第30-34期）
【发文单位】 甘肃省政府
【收文单位】 不详
【档案编号】 004-010-0013-0001
【成文时间】 1932-12-31
【关 键 词】 灾情；赈济；开渠造林；气候；水利；禁种罂粟；征集林产籽种
【内容提要】

本份政府公报包括法规、命令、委状、牌示、公牍、记录、统计、附载、报告等部分。公牍部分录有甘肃省政府呈给行政院的本境皋兰等县二十一年度（1932）冰雹各灾情形的呈文1条（112页）；甘肃省政府请绥靖及卅八军核办本省军事长官会议关于军粮屯垦决议的咨文1条，附原提案（114~119页）；甘肃省政府请国民政府设西北工赈委员会办理陕甘交通水利的电文1条（131页）；甘肃省令榆中县兴隆山切实保护境内树木的训令1条（143页）；甘肃省政府将农牧场地拨给甘肃学院的训令1条（153页）；甘肃省政府令榆中县政府呈复关于保护兴隆山森林情形的指令1条，附原呈（183页）。记录部分录有《本府委员会第69次会议记录》，其中甲项报告事宜中有关于推广牧场或种畜场的决议1条（199页），有关于办理永靖县永丰、喇嘛二渠渠工的决议1条（200页）。统计部分包括《本府指令各机关寻常文件一览表（民国二十一年十一月二十一日起至十二月三十一日止）（1932）》，其中录有各属呈报的夏秋禾苗及渠水情形、米粮草束银钱时估表、雨雪阴晴报告表等内容，以及会宁县呈复该县东西大道两旁左公柳早已砍伐无余的记录1条（206页），财政厅核查气象测候所设置雨量站经费书并请甘肃省政府鉴核的记录1条（207页）。附载部分录有《皋兰县农场设计》一文，附《附记》（221～228页）；录有《二十一年度（1932）皋兰等五十三县水旱灾况表》（230～238页）。报告部分包括民政、财政、教育、建设、司法、党务等部分。1.民政部分录有各县呈赍本年境内水旱田地种植各色夏禾秋禾收成分数清折的记录1条；查勘各地水旱鼠等灾情及赈济请求等11条；禁烟记录10条。2.财政部分录有各县赈济请求及财政厅或各县乡核议复夺等7条；建设、财政厅呈赍皋兰县崔家崖官道占用民地，应豁免银粮草束结都图，请甘肃省政府核办的记录1条（266页）。3.建设部分录有鼎新县长亲赴四乡查勘凿井、教育、放足、灾情各情形，请甘肃省政府鉴核的记录1条（288页）；各县呈报夏秋禾苗及渠水情形、米粮草束时估表、雨雪阴晴表等记录36条；甘肃省政府令榆中县切实保护境内兴隆山等处树木的记录1条（289页）；榆中县呈复保护兴隆山森林情形，请甘肃省政府备查的记录1条（295页）；建设厅遵令依照修正章程重行拟订垦务表式6种，请甘肃省政府鉴核的记录1条（289页）；临洮县公民呈请拨款开泄衙下集川水渠以及甘肃省政府批示的记录2条（289、296页）；永靖县呈拟喇嘛川河水由康家湾堵堤防范，并建码头的记录1条（289页）；永靖县呈报召集各渠长绅老等拟订就地筹款办法4条，及永丰、喇嘛两川渠工开工日期及规程，请甘肃省政府鉴核的记录1条（297页）；关于水利纠纷的记录4条；皋兰县民呈请拨款修建水利，甘肃省政府批示自行设法筹款的记录1条（291页）；建设厅呈转气象测候所本年11月份报表，请甘肃省政府鉴核的记录1条（293页）；建设厅呈请查追前临洮县县长欠发水利基金的记录1条（295页）；实业部请甘肃省政府饬属将全国造林成绩考核表及林产技术人员考成表于期限内汇集送部，甘肃省政府回复并令建设厅遵照径送具报的记录1条（295页）；甘肃省政府函请青海、宁夏省政府对永靖县修渠捐款的记录1条（295页）；临泽县奉令保护旧驿道两旁柳树，请甘肃省政府查考的记录1条（295页）；会宁县报告该县东西大道两旁左公柳已被砍伐无余，请甘肃省政府备查的记录1条（295页）；甘肃省政府咨复河北省政府关于寄送林产籽种的请求，并令建设厅照办径寄的记录1条（296页）；静宁县呈转教育局长擅请开渠等8款，请甘肃省政府查办的记录1条（297页）。

【叙录编号】　1017
【档案题名】
　　甘肃省政府公报（第二卷，第35-38期）
【发文单位】　甘肃省政府
【收文单位】　不详
【档案编号】　004-010-0014-0001
【成文时间】　1933-01-29
【关 键 词】　灾情；赈济；开渠造林；气候；禁种罂粟；征集农林种籽
【内容提要】
　　本份政府公报包括法规、命令、聘书、委状、牌示、公牍、记录、统计、报告等部分。法规部分录有《修正渔业法施行规则第2条、第6条条文》（35页）、《修正渔会法施行规则第1条条文》（35页）、《查禁种烟注意事项》

（45~48页）、《派员查禁十省种烟办法》9条（54、55页）。公牍部分录有甘肃省政府咨军政部请派员来甘肃筹办牧场的咨文1条（67、68页）；甘肃省政府咨中央研究院关于甘肃酒泉等县发生地震情形，请查照研究的咨文1条（69、70页）；甘肃省政府咨内政部、函赈务会关于酒泉等县先后发生地震，请筹款赈济的记录1条，附《地震灾况表》1份（70、71页）；甘肃省政府咨内政部关于将岷属红门寨十八庄划拨漳县的咨文1条（72、73页）；甘肃省政府电本省驻军帮同县长肃清烟苗的记录1条（82、83页）；甘肃省政府令民政厅及各县政府遵照《查禁种烟注意事项》的训令1条（87页）；甘肃省政府令建设厅将办理育苗造林情形汇案具报的训令1条（87、88页）；甘肃省政府通知民政厅关于行政院下发的《查禁十省种烟办法》，外附原呈（95、96页）；甘肃省政府令永靖县根据拟订就地筹款办法及开渠日期并渠工规程办理修渠事宜，附原呈、《拟办喇嘛、永丰两川渠工规程》（103~106页）；甘肃省政府令临洮县呈报民生渠开办情形并计划书简章，准予备案，附《临洮县民生渠简章》（108~110页）。记录部分包括《本府委员会第72次会议记录》，其中甲项报告事项中录有甘肃省政府委员会关于西路酒泉等县因地震请求赈济的决议（116页）；《本府委员会第75次会议记录》，其中乙项讨论事项中录有甘肃省政府委员会关于永登县被灾请免亩款的决议（121页）。统计部分包括《本府指令各机关寻常文件一览表（民国二十二年元月四日起至元月十四日止）（1932）》，其中录有各属呈报的米粮草束银钱时估表、雨雪阴晴报告表等内容，财政厅核查气象测候所经费书并请甘肃省政府鉴核的记录1条（124页）；《本府指令各机关寻常文件一览表（民国二十一年元月十六日起至二月二十一日止）（1932）》，其中录有各属呈报的米粮草束银钱时估表、雨雪

阴晴报告表等内容，建设厅呈转气象测候所二十一年（1932）2月份气象月报表，请甘肃省政府鉴核的记录1条（130页），财政厅核查气象测候所经费书并请甘肃省政府鉴核的记录1条（131页），建设厅呈复永靖县关于拨费办理永丰、喇嘛两川渠工的事宜，并请甘肃省政府鉴核的记录1条（133页）。办事报告包括民政、财政、建设、教育、司法、党务等部分：1.民政部分录有各县呈赍本年境内水旱田地种植各色夏禾秋禾收成分数清折的记录1条；查勘各地自然灾情及赈济请求等18条；禁烟记录10条。2.财政部分录有各县赈济请求及财政厅或各县乡核议复夺等7条。3.建设部分录有建设厅查勘永昌县蒲县长凿泉情形，请甘肃省政府鉴核的记录1条（272页）；各县呈报秋禾苗及渠水情形、米粮草束时估表、雨雪阴晴表等记录2条；临洮县呈报民生渠开办情形并计划书简章，建设厅核议并请甘肃省政府鉴核，甘肃省政府令临洮县查照的记录2条（173、177页）；建设厅饬属征集林产种籽、农产种籽寄送河北省政府的记录2条（174、177页）；甘肃省政府令张掖县核办境内水利纠纷的记录3条（174、175页）；实业部咨请甘肃省政府将本年办理育苗造林情形汇咨过部的记录1条（175页）。

【叙录编号】 1018
【档案题名】
甘肃省政府公报（第二卷，第39-42期）
【发文单位】 甘肃省政府
【收文单位】 不详
【档案编号】 004-010-0015-0001
【成文时间】 1933-02-26
【关 键 词】 灾情；赈济；水利；种植；植树造林；严宰耕牛
【内容提要】
本份政府公报包括法规、命令、委状、牌

示、公牍、记录、统计、附载、报告等部分。法规部分录有《狩猎法》19条（22~26页）。公牍部分录有甘肃省政府代电新疆金主席，请补助款项兴修永靖县永丰、拉马二川水利渠工的记录1条（81页）；甘肃省政府令民政厅遵照内政部严禁运宰耕牛以维农业的决议，附原提案（93、94页）；甘肃省政府令建设厅遵照内政部关于组织堤工委员会以利修防的决议，附原提案《有堤工各县应组织堤工委员会以利修防案》（117、118页）；甘肃省政府令武山县据呈建筑该县东顺渠工并拟具办法的指令1条（129页）。记录部分包括《本府委员会第76次会议记录》，其中乙项讨论事项中录有甘肃省政府委员会将建设厅呈拟的《甘肃省森林保护办法暨林木采伐规则》交由法规编审委员会审查的决议（139页）；《本府委员会第78次会议记录》，其中甲项报告事项中录有甘肃省政府委员会决议电谢陕西省政府送邵主席洋槐子100磅并将洋槐子以及种植方法并发建设厅，令建设厅分发各县实行试种（142页）。统计部分包括《本府指令各机关寻常文件一览表（民国二十一年元月十六日起至二月二十一日止）（1932）》，其中录有各属呈报的米粮草束银钱时估表、雨雪阴晴报告表等内容；录有建设厅呈转气象测候所二十一年（1932）2月份气象月报表，请甘肃省政府鉴核的记录1条（155页）；录有财政厅核查气象测候所设置雨量站经费书并请甘肃省政府鉴核的记录1条（156页）；建设厅呈复永靖县关于拨费办理永丰、喇嘛两川渠工的事宜，并请甘肃省政府鉴核的记录1条（158页）。附载部分录有《总理逝世八周年纪念植树办法》（177~181页）。办事报告包括民政、财政、建设、教育、司法、党务等部分：1.民政部分录有查勘各地自然灾情及赈济请求等17条；禁烟记录7条；甘肃省政府令内外各机关及各属知照行政院公布的《狩猎法》的记录1条（184页）；甘肃省政府令民政厅饬属遵照内政部关于严宰耕牛以维农业的咨文办理的记录1条（186页）。2.财政部分录有各县赈济请求及财政厅或各县乡核议复夺等4条。3.建设部分录有各县呈报米粮草束时估表、雨雪阴晴表等记录2条；永靖县呈报永丰、喇嘛两川渠开工情形，并恳请拨款，甘肃省政府令建设厅分别办理的记录1条（211页）；永昌县呈复甘肃省政府关于县属南中乱泉山高水浅不易开凿的情形，甘肃省政府予以指令的记录1条（211页）；临洮县呈转水利协进会关于拨款补助民生渠的请求，甘肃省政府令仍遵照前令办理的记录1条（212页）；永靖县呈复甘肃省政府关于修筑银川河堤工程的情形，甘肃省政府令代电新疆金主席查照办理见复的记录1条（212页）；胶济路函送甘肃省政府洋槐种植方法及种子100磅，甘肃省政府电复并请陕西省政府从速设法运到甘肃的记录1条（213页）；内政部咨请甘肃省政府饬有堤工各县于期限内组织堤工委员会，甘肃省政府咨复并令建设厅查照办理的记录1条（214页）；省务会议决议批准建设厅关于支付2、3月份造林经费提议的记录1条（214页）；建设厅呈报拟订总理逝世八周年纪念植树办法，请甘肃省政府鉴核的记录1条（214页）；甘肃省政府令建设厅切实估计皋兰县公民关于拨款修理水车请求的记录1条（215页）；财政厅照拨临洮县开泄衙下集水渠款项，请甘肃省政府鉴核的记录1条（215页）。

【叙录编号】 1019
【档案题名】
甘肃省政府公报（第二卷，第43-46期）
【发文单位】 甘肃省政府
【收文单位】 不详
【档案编号】 004-010-0016-0001
【成文时间】 1933-03-26
【关 键 词】 灾情；赈济；气候；水利；开

渠；禁烟；造林；保护树木

【内容提要】

本份政府公报包括法规、命令、委状、牌示、公牍、记录、统计、报告等部分。法规部分录有《甘肃省林垦处组织规程》8条（42、43页）、《甘肃省林垦处各分区林垦局组织规程》7条（43~45页）、《甘肃省森林保护办法》10条（45、46条）、《甘肃省林木采伐规则》16条（47、48页）。甘肃省政府公布《甘肃省林垦处组织规程》《甘肃省林垦处各分区林垦局组织规程》《甘肃省森林保护办法》《甘肃省林木采伐规则》的命令4条（50页）。公牍部分录有甘肃省政府令皋兰、武威、酒泉等县详细填写中央研究院气象研究所函送的地震调查表，附《调查表》（73~75页）；甘肃省政府令民政、建设二厅遵照内政部关于征工兴办水利的决议办理，附原提案《征工兴办水利》（91~94页）。记录部分包括《本府委员会第85次会议记录》，其中甲项讨论事项中录有甘肃省政府委员会关于将建设厅呈赍的林垦处组织大纲及各分区林垦局组织简章交由法规编审委员会审查的决议（109页），《本府委员会第89次会议记录》中甲项讨论事项录有甘肃省政府决议照法规编审委员会意见修正（117页）；《本府委员会第85次会议记录》《本府委员会第86次会议记录》《本府委员会第87次会议记录》均提及禁烟事项（109、110、113页）；《本府委员会第89次会议记录》中甲项讨论事项录有建设厅呈复甘肃省政府，请甘肃省政府令财厅印花烟酒税局筹拨水利经费，甘肃省政府令财、建二厅核议（117页）。统计部分包括《本府指令各机关寻常文件一览表（民国二十一年二月二十日起至三月十五日止）（1932）》（121~127页），其中录有各属呈报的米粮草束银钱时估表、雨雪阴晴报告表等内容；录有财政厅核查气象测候所经费书并请甘肃省政府鉴核的记录1条（126页）。办事报告包括民政、财政、教育、建设、司法、党务等部分：1.民政部分录有查勘各地自然灾情及赈济请求等14条；禁烟记录9条；甘肃省政府令皋兰等县详细填报国立中央研究院气象研究所函送的地震调查表的记录1条（144页）；靖远县呈报第一区大渠镇民关于拨发籽种的请求，平凉县西区六里民众代表呈请借给籽种，甘肃省政府令就地设法筹办的记录2条（144、154页）。2.财政部分录有各县赈济请求及财政厅或各县乡核议复夺等9条。3.建设部分录有水利纠纷5条；各县呈报米粮草束时估表、雨雪阴晴表等记录4条；内政部咨送第2次内政会议决征工兴办水利办法，甘肃省政府咨复并令建设厅遵照办理、民政厅知照的记录1条（175页）；行政院令各省遵照全国内政会议所确定的水利经费办理的记录1条（175、176页）；建设厅呈复奉令确定水利经费，请令财政厅及印花烟酒税局照数筹发的记录1条（182页）；财政厅呈复奉令支付本年2、3两月造林经费情形，甘肃省政府鉴核的记录1条（177页）；建设厅呈报成立甘凉洮岷两区林局情形，甘肃省政府鉴核备案的记录1条（177页）；卸任永昌县县长蒲育儒呈请褒奖下十堡开泉凿渠出力人员，请甘肃省政府鉴核的记录1条（178页）；建设厅呈赍中山林建设支出各费清册单据簿，甘肃省政府令财政厅查照核办的记录1条（178页）；兰州市农会呈请发给各种树秧以资载重而重林政，甘肃省政府令建设厅查明酌发的记录1条（179页）；建设厅呈赍林务处第一苗圃并省立第一苗圃经费支出计算书簿，甘肃省政府令财政厅查照核销的记录1条（180页）；永昌县呈报该县附近南山气候寒冷，等春暖之日再举行植树，甘肃省政府批准的记录1条（180页）。

【叙录编号】　1020

【档案题名】

甘肃省政府公报（第二卷，第47-50期）
【发文单位】　甘肃省政府
【收文单位】　不详
【档案编号】　004-010-0017-0001
【成文时间】　1933-04-23
【关 键 词】　灾情；赈济；保护树木；植树造林；禁烟；气候；水利；开渠；苗圃
【内容提要】

本份政府公报包括法规、命令、委状、牌示、公牍、记录、统计、报告等部分。法规部分录有《修正农业推广规程草案》6章（23～29页）。公牍部分录有甘肃省政府令民政、建设两厅遵照禁止放火烧山，推广植树以防水旱以及兴办水利的提案办理，附原提案《督率县区乡镇间邻（或村街甲）禁止放火烧山推广植树以防水旱及兴办水利案》（87～90页）；中央研究院气象研究所将本所草拟的甘肃西北部地震述略1篇及附图1张送请甘肃省政府查照，并请甘肃省政府饬各县迅速填写调查表，甘肃省政府照办，附《调查表》《民国廿一年（1932）十二月二十五日甘肃西北部地震述略》及附图（99～107页）。记录部分包括《本府委员会第91次会议记录》，其中甲项讨论事项中录有委员会通过法规编审委员会对《甘肃省禁烟委员会暂行组织规程》进行的审查（148页）；《本府委员会第92次会议记录》，其中甲项讨论事项中民乐县呈请发给籽种，委员会决议由该县查照上年成案办理（149页）；《本府委员会第93次会议记录》，乙项讨论事项中录有委员会决议由民政、财政两厅核议玉门昌马区震灾情形及赈济请求（151页）。统计部分包括《本府指令各机关寻常文件一览表（民国二十二年（1933）三月二十日起至四月二十日止）》（162～127页），其中录有各属呈报的米粮草束银钱时估表、雨雪阴晴报告表等内容；录有建设厅呈复甘肃省政府，内政部咨送的兴办水利办法已通令各县遵照办理，甘肃省政府准予备查的记录1条（165页）；录有教育、建设两厅呈报甘肃省政府，国立北平大学农学员林业调查表已经填报并寄送，甘肃省政府准予备案的记录1条（165页）。办事报告包括民政、财政、教育、建设、司法、党务等部分：1.民政部分录有查勘各地自然灾情及赈济请求等25条；禁烟记录5条；各县呈请发给籽种以助春耕，甘肃省政府令就地设法筹办的记录7条；靖远县呈复该县无法就地筹给，甘肃省政府令该县县长于有粮之家筹借，秋后归还的记录1条（195页）；国立中央研究院气象研究所将本所草拟的甘肃西北部地震述略及附图送请甘肃省政府查核办理，甘肃省政府令各县遵照核办，民政厅查照的记录1条（185页）；各县呈报遵令填写地震调查表，甘肃省政府批示的记录4条；岷县宕昌公安分局呈报试种棉花情形，甘肃省政府令民政厅核办饬遵的记录1条（185页）。2.财政部分录有各县赈济请求及财政厅或各县乡核议复夺等9条；禁烟善后总局呈复甘肃省政府，已奉发《审查修正查验存土暂行办法》及《考核各局查验存土暂行奖惩章程》，另外制造《各局查验存土比较表》，请甘肃省政府鉴核备案，甘肃省政府准予备案的记录1条（196页）。3.建设部分录有水利纠纷4条；各县呈报秋禾苗及渠水情形、米粮草束时估表、雨雪阴晴表等记录6条；陕西省政府电告甘肃省政府，胶济铁路所送洋槐子已经交商车起运，请甘肃省政府接运并汇寄运费，甘肃省政府照办的记录1条（215页）；甘肃省政府令民政、建设两厅遵照实业部禁止放火烧山、推广植树与兴办水利的提案办理（215页）；建设厅呈赍该厅及所属第一苗圃第一农事试验场开支经费及技术人员临时维持费书簿，该厅所属小西湖补修苗圃、建筑堤工、凿井并购置土木石料开支各款细数清册，职厅派员前往西柳沟搬运抽水机开支过工匠工资以及皮筏脚价等费册簿，林务处及林务处苗圃以及技术人员薪俸书簿，请甘肃省政府核销，甘肃省政府令财政厅查照核销的记录3条（215、216页）；建设厅呈赍《甘肃森林保护办法》及《林木采伐规则》，请甘肃省政府准予备案的记录1条（216页）；建设厅呈复关于分发省会树苗1万株的命令无法实行，甘肃省政府令市农会知照的记录1条（216页）；临洮县呈报关于勘验洮沙县建修水车渠工的情形，请甘肃省政府鉴核备案的记录1条（217页）；建设厅呈请甘肃省政府命令甘凉洮岷驻军长官协助林垦事务的记录1条（217页）；甘肃省政府令公安局加派干警严密查拿盗树人员，并布告民众一体保护的记录1条（219页）；建设厅呈报该厅补助南园修理渠洞费洋，请甘肃省政府核销的记录1条（220页）；鼎新县呈请饬发本年度修渠经费，甘肃省政府令财政厅查案核发的记录1条（221页）；皋兰县雨雾村民呈诉破坏森林情形，甘肃省政府批示并令皋兰县查明严办的记录1条（222页）；内政部函嘱甘肃省政府补充对《水利法草案》初稿的意见，甘肃省政府函复并令民政、建设二厅会同签注的记录1条（223页）；皋兰县呈请转令制造局发给青石关炸药，以开辟石巷而兴水利，甘肃省政府令军械局查发的记录1条（223页）；永靖县公民呈请拨款补助开渠，甘肃省政府令由地方筹款兴办的记录1条（223页）；民政厅呈赍修理西花园费洋书簿，甘肃省政府令财政厅查照核销的记录1条（223页）；建设厅呈复已饬属接运洋槐子并寄送运费给陕西省政府，甘肃省政府准予备案的记录1条（224页）。

【叙录编号】　1021
【档案题名】
　　甘肃省政府公报（第二卷，第51-54期）
【发文单位】　甘肃省政府
【收文单位】　不详

【档案编号】　004-010-0018-0001
【成文时间】　1933-05-21
【关　键　词】　灾情；赈济；保护树木；植树造林；禁烟；气候；水利；开渠；发放籽种；苗圃；林垦
【内容提要】
　　本份政府公报包括法规、聘书、委状、牌示、公牍、记录、统计、报告等部分。记录部分包括《本府委员会第99次会议记录》，甲项讨论事项中录有永靖县呈请由今岁烟亩罚金项下酌拨款项接济永丰、喇嘛两川渠工，甘肃省政府委员会决议暂缓的记录1条（84页）；有关各县自然灾况的会议记录3条；《本府委员会第103次会议记录》，甲项讨论事项中录有建设厅呈据林垦处造赍洮岷甘凉两区林垦局每月经费预算书，甘肃省政府委员会准由建设事业费内支付的记录1条（91页）；《本府委员会第105次会议记录》，甲项讨论事项中录有民政厅呈请追加修理西花园预算附赍书单，请饬发并派员估勘，甘肃省政府委员会照准的记录1条（95页）；录有建设厅呈赍拟订《甘肃省承领官荒造林暂行章程》，甘肃省政府委员会决议交由法规编审委员会审查的记录1条（96页）。统计部分包括《本府指令各机关寻常文件一览表（民国二十二年四月十日起至五月十三日止）（1933）》（97～127页），其中录有各属呈报的播种夏田及渠工情形、米粮草束银钱时估表、雨雪阴晴报告表、总理逝世八周年纪念大会及植树节造林各情形等内容；财政厅呈报奉发派员前往西柳沟搬运抽水机、设立小西湖苗圃、建筑堤工、凿井购置土木石料、林务处第一苗圃7月五成经费、中山林二十一年（1932）7月份经费、气象测候所二十一年（1932）7月份半月支出员役薪工开支各项，甘肃省政府准予备查的记录6条；甘肃省禁烟委员会呈复奉令发建设厅起运抽水机职费，甘肃省政府准予备查的记录1条（103页）；省会公安局呈复遵令饬各分局派警将中山林新植树株巡逻保护，甘肃省政府准予备查的记录1条（98页）；建设、民政两厅呈复奉令抄发关于禁止烧山、推广植树、兴办水利的原呈，甘肃省政府准予备查的记录1条（105页）。报告包括民政、财政、教育、建设、司法、党务等部分：1.民政部分录有查勘各地自然灾情及赈济请求等21条；禁烟记录2条；各县呈报遵令填写地震调查表，甘肃省政府批示的记录2条。2.财政部分录有各县赈济请求及财政厅或各县乡核议复夺等7条；酒泉县呈报农务会议决议由各区长向富户囤粮之家筹借贫民籽种，甘肃省政府准予备查的记录1条（140页）。3.建设部分录有水利纠纷2条；各县呈报秋禾苗及渠水情形、米粮草束时估表、雨雪阴晴表等记录3条；建设厅呈赍该林务处并该处第一苗圃二十一年（1932）8月份经费支出计算书簿，甘肃省政府令财政厅查照核销（150页）；鼎新县呈赍本年度修渠经费册结图说，甘肃省政府指示的记录1条（151页）；永靖县呈请由今岁烟亩罚金项下酌拨款洋以接济永丰、喇嘛两川渠工，甘肃省政府令暂缓的记录1条（151页）；建设厅呈赍该厅所属小西湖苗圃安设抽水机各项开支及该厅二十一年（1932）8月份技术人员薪俸临时办公费支出书簿，甘肃省政府令财政厅查照核销的记录1条（151页）；建设厅呈赍该厅所属农事试验场二十一年（1932）8月份经费，并该厅补助南园修理渠洞费洋册簿书表册据，甘肃省政府令财政厅查照核销的记录1条（152页）；财政厅呈请建设厅起运抽水机费，可否由该厅建设事业项下提用，请甘肃省政府鉴核的记录1条（152页）；永昌县呈复奉令查勘蒲前县长在下十堡开泉情形，甘肃省政府令建设厅遵照办理的记录1条（153页）；甘肃省政府关于卓尼山林采运杆木修换各路电杆的批示4条；皋兰县呈请核销前第六区区长捐款及罚金项下支给办理农场经费及各项开支，甘肃省政府准予核销（154页）；陕西省政府致电甘肃省政府，询问关于洋槐子运费尚未汇到的事宜，甘肃省政府电复陕西省政府，该项运费已如数汇起的记录1条（154页）；建设厅转呈林垦处造赍洮岷甘凉两区林垦局每月经常费预算书，经省务会议决议由建设事业费内支付的记录1条（155页）；财政厅呈复第一农事试验场每月经费有款即发，请甘肃省政府鉴核的记录1条（156页）。

【叙录编号】　1022
【档案题名】
　　甘肃省政府公报（第二卷，第55-58期）
【发文单位】　甘肃省政府
【收文单位】　不详
【档案编号】　004-010-0019-0001
【成文时间】　1933-06-18
【关　键　词】　灾情；赈济；保护树木；植树造林；禁烟；气候；水利；开渠；开垦荒地；苗圃
【内容提要】
　　本份政府公报包括法规、聘书、委状、牌示、公牍、记录、统计、报告等部分。法规部分录有《省水利费保管委员会组织章程》18条（38~41页）、《清理荒地暂行办法》14条（47、48页）、《督垦原则》9条（48、49页）、《修正农业推广规程》6章（58~64页）、《甘肃省承领官荒造林暂行章程》15条（76、77页）。公牍部分录有甘肃省政府呈报行政院皋兰等县民国二十年（1931）及二十一年（1932）的各种灾况，附呈清折《谨将查勘结报各县灾案册结都图开具清折》（82~85页）。记录部分包括《本府委员会第106次会议记录》，其中甲项讨论事项中录有省务会议决议交由张委员长及董主任详细审查的记录1条（138页）；《本府委员会第112次会议记录》甲项讨论事项中录有渭南县县长认真办理植树及重修灞陵桥，省务会议决议予以嘉奖的记录1条（152页）。统计部分包括《本府指令各机关寻常文件一览表（民国二十一年五月十五日起至六月十七日止）（1932）》（155~165页），其中录有各属呈报的播种米粮草束银钱时估表、雨雪阴晴报告表、田禾浇满灌足放水下流情形、植树情形、夏田及渠工情形、夏禾滋长情形等内容；财政厅呈报奉发气象测候所二十一年（1932）8、9月份开支经费、林务处并该处第一苗圃8月份经费、建设厅所属小西湖苗圃安设抽水机各项开支及该处二十一年（1932）8月份技术人员薪俸临时办公费、农事试验场二十一年（1932）8月份经费及补助苗圃修理渠洞费用，甘肃省政府准予备查的记录5条（157、160页）；建设厅呈明皋兰县公民颜永福等开修渠道，甘肃省政府准予备查的记录1条（162页）。报告部分分为民政、财政、教育、建设、司法、党务等部分：1.民政部分录有查勘各地自然灾情及赈济请求等42条；禁烟记录2条；各县呈报遵令填写地震调查表，甘肃省政府批示的记录1条。2.财政部分录有各县赈济请求及财政厅或各县乡核议复夺等9条。3.建设部分录有水利纠纷7条；各县呈报秋禾苗及渠水情形、米粮草束时估表、雨雪阴晴表等记录5条；兰州市农会催促各县迅速征集农产径寄该会的记录1条（218页）；民政厅呈请追加修理花园预算并派员估勘，甘肃省政府令财政厅核发具复的记录1条（218页）；建设厅呈赍由建设费项下垫支省立第二苗圃五成经费书簿、该厅支过省立第一苗圃及第三苗圃二十一年（1932）9月五成经费书簿、开掘小西湖抽水机渠道工费及董工程师勘修省城东稍门至高家渠工旅费表册簿据、该厅垫支林务处二十一年（1932）9月份五成薪俸工资计算书簿、开支过小西湖工程处自二十一年（1932）6月起至本年3月底止员役薪工杂费册簿、中山林浇灌费支出册簿、第一农事试验场造赍临时开办费预算书单，甘肃省政府令财政厅查照案销的记录8条（218、219、222、223、224、225页）；内政部函送《水利法》草案初稿勘设表，请甘肃省政府查照修正的记录1条（221页）；皋兰中山村民呈请令县速拨修理水车款项以便早日兴工，甘肃省政府批示的记录1条（222页）；建设厅呈赍拟订《甘肃省承领官荒地造林暂行章程》，经法委会审查修正以及省务会议决议通过，甘肃省政府令建设厅遵照办理的记录1条（222页）；南园公民呈请令饬西稍门城头驻军保护水槽，牌示已令饬驻军保护的记录1条（222页）；省赈务会呈据通渭县呈转灾黎困苦，恳予施赈救济，甘肃省政府令建设厅核办具报的记录1条（223页）；行政院令公布《省水利经费保管委员会组织案程》，甘肃省政府训令民财建三厅并登报通行省内外各机关一体知照的记录1条（224页）；实业部咨请查照前案转饬林业主管官厅，务于最短期限内，将办理推行林区制经过情形详细呈复，甘肃省政府令建设厅遵照办理的记录1条（225页）；南园公民呈恳暂借前织呢局停用暖气管以资引水灌溉，甘肃省政府令建设厅查核办理的记录1条（225页）；建设厅呈渭源建设局函报该县县长认真植树，甘肃省政府予以奖励的记录1条（226页）。

【叙录编号】　　1023
【档案题名】
　　甘肃省政府公报（第二卷，第59-62期）
【发文单位】　　甘肃省政府
【收文单位】　　不详
【档案编号】　　004-010-0020-0001
【成文时间】　　1933-07-16
【关 键 词】　　灾情；赈济；禁烟；禁止捕食田鸡；征集农产物品；保护树木；植树造林；气候；水利；修理西花园
【内容提要】

本份政府公报包括特载、法规、聘书、委状、牌示、公牍、记录、统计、附载、报告等部分。公牍部分录有电汪院长请拨棉麦借款救济甘肃灾情的记录1条（39页）；甘肃省政府令民、建两厅准实业部咨禁止捕食田鸡的训令，附原函（45、46页）；甘肃省政府令省内外各机关知照关于改正《水利经费保委会章程》第7条3项条文的事项（69页）；甘肃省政府关于永靖县董事区长所请严令停止渠工的批示（74、75页）。记录部分包括《本府委员会第114次会议记录》，甲项讨论事项中录有永靖县呈报喇嘛、永丰渠工被毁及已恢复工作情形，并请购发洋灰以顾要工，省务会议决议交建设厅核议的记录1条（78页）；《本府委员会第117次会议记录》，乙项讨论事项中录有民财两厅呈复关于玉门昌马区地震的核议结果，拟以赈济，省务会议决议照办的记录1条（83页）。统计部分包括《本府指令各机关寻常文件一览表（民国二十二年六月十九日起至七月八日止）》（93～99页），其中录有各属呈报的播种米粮草束银钱时估表、雨雪阴晴报告表、夏田及渠工情形、禾苗滋长情形、水旱田地种植夏禾出土情形等内容；建设厅呈复奉令派员前往中山村监修水车以重水利，甘肃省政府准予备查的记录1条（94页）；建设厅呈复奉令严催各县征集农产物品径寄兰州市农会，甘肃省政府准予备查的记录1条（94页）；财政厅呈复奉发建设厅呈赍开掘小西湖抽水机渠工费并董工程师勘修东稍门至高家渠工旅费表册簿据、小西湖工程处员役支过二十一年（1932）6月至本年3月止经费、该厅垫支过第一苗圃及第三苗圃二十一年（1932）9月份五成经费书簿、气象测候所本年1月份及3月份间支经费并支过皋兰县属西柳沟安设抽水机占用地价及垫支中山村二十一年（1932）9月份植树灌溉保护费各书簿册据，甘肃省政府准予备查的记录4条（94、97、98页）；禁烟委员会呈报关于抽水机运费的事宜，甘肃省政府准予备查的记录1条（97页）。报告部分分为民政、财政、教育、建设、司法、党务等部分：1.民政部分录有查勘各地自然灾情及赈济请求等54条；禁烟记录2条。2.财政部分录有各县赈济请求及财政厅或各县乡核议复夺等14条；榷连局呈请核销修理蓄水池费洋，甘肃省政府准予核销的记录1条（156页）。3.建设部分录有水利纠纷7条；各县呈报秋禾苗及渠水情形、米粮草束时估表、雨雪阴晴表等记录4条；实业部咨送《修正农业推广规程》，甘肃省政府令各属查照的记录1条（164页）；永靖县呈报喇嘛川渠工被毁及已复工作情形，并请购发洋灰以资兴筑，甘肃省政府令建设厅核议复夺的记录1条（164页）；财政厅呈报筹支民政厅修理西花园费洋，尚欠凭单1张，请求补送的记录1条（165页）；建设厅呈报公路局修筑兰州接导及下水工程经费已经拨发，甘肃省政府令建设厅督饬认真办理，核实开支的记录1条（165页）；建设厅呈复陇西渠工赈款未经发放的记录1条（167页）；各县呈明地方灾情，请求赈济的记录2条；甘肃省政府令省内外各机关知照关于改正《水利经费保委会章程》第7条3项条文的事项（168页）；印花烟酒税局呈请抵解由洮沙、民勤、榆中、一条山各分局拨发过建设厅建设事业费及植树费，甘肃省政府准予收付，并令财政厅知照的记录1条（169页）；民勤县呈赍该县《组织造林委员会简章》，甘肃省政府令建设厅遵照审核具复的记录1条（171页）；内政部咨请将防御水灾设备及各主要河流水文记录报部查考，甘肃省政府令民政厅查照、建设厅遵照办理的记录1条（171页）。

【叙录编号】 1024
【档案题名】
甘肃省政府公报（第二卷，第63-66期）

【发文单位】甘肃省政府
【收文单位】不详
【档案编号】004-010-0021-0001
【成文时间】1933-08-13
【关 键 词】灾情；赈济；禁烟；林区管理；保护树木；植树造林；气候；水利；堤防；修理西花园；苗圃
【内容提要】

本份政府公报包括法规、聘书、委状、牌示、公牍、记录、统计、附载、报告等部分。法规部分录有《实业部直辖模范林场组织条例》9条（38、39页）；《实业部中央模范林区管理局组织条例》16条（40~43页）；《黄河水利委员会组织法》15条（47~49页）。记录部分包括《本府委员会第123次会议记录》，甲项讨论事项中录有皋兰县长呈复中山村公民关于拨罚款以修筑土坝的请求，附赍《皋兰县建设水车基金保管委员会简章》及《基金管理办法》，省务会议准予借贷，并令由建设厅拟订办法（106页）；《本府委员会第125次会议记录》，甲项讨论事项中建设厅呈复关于拨发洋灰以重修永靖县喇嘛川渠坝引水工程的处理办法，省务会议决议照准（108页）。统计部分包括《本府指令各机关寻常文件一览表（民国二十二年七月十日起至八月五日止）（1933）》（117~121页），其中录有各属呈报米粮草束银钱时估表、雨雪阴晴报告表、夏秋禾苗滋长情形、夏秋田苗及渠水情形、秋禾播种情形、气候测验报告等内容；财政厅呈报拨发鼎新县本年修理渠道经费，气象测候所二十一年（1932）10月份、11月份及12月份经费，甘肃省政府准予备查的记录4条（118、119、120页）；建设厅呈复奉令转饬甘肃省林垦处呈复办理推行林区制经过情形，甘肃省政府准予备查的记录1条（120页）；建设厅呈复关于南园旱灾的处理办法，甘肃省政府准予备查的记录1条（121页）。报告部分分为民政、财政、教育、建设、司法、党务、军事等部分：1.民政部分录有查勘各地自然灾情及赈济请求等36条；禁烟记录2条；甘肃省政府令省会公安局严行禁止大车往来省城北城外黄河沿堤防，建设厅勘查堤防情况的记录1条（152页）；省会公安局呈报遵令禁止大车在北城外黄河沿堤岸往来，并令水上公安队巡查，胜负准予备查的记录1条（158页）。2.财政部分录有各县赈济请求及财政厅或各县乡核议复夺等7条。3.建设部分录有水利纠纷2条；各县呈报秋禾苗及渠水情形、米粮草束时估表、雨雪阴晴表等记录3条；行政院令奉国府命令公布《实业部模范林区管理组织条例》《实业部直辖模范林场组织条例》，甘肃省政府令建设厅知照并饬属知照的记录1条（190、191页）；建设厅呈赍省立第一农事试验场遵照奉令核减树木造赍临时开办费书单，甘肃省政府令财政厅查照核发的记录1条（191页）；武威、民勤县民恳请维持水利以重民生，甘肃省政府批示的记录1条（192页）；永靖县呈报该县喇嘛、永丰两川渠工暂停一案，甘肃省政府准予备查的记录1条（192页）；皋兰县呈复中山村请求拨发罚款修筑水车情形，甘肃省政府令建设厅拟订借贷办法呈复核夺的记录1条（193页）；山丹县第二区代表呈为劣绅捣乱渠规情形，甘肃省政府令山丹县详查核办具复察夺的记录1条（194页）；建设厅呈请核销开支过第一、二、三苗圃五成经费，中山林五成经费，林务处五成经费，甘肃省政府令财政厅查照核销的记录2条（194、199页）；民政厅、建设厅会呈奉令准内政部函嘱签注《水利法》草案初稿，甘肃省政府令函内政部查照核办的记录1条（194页）；建设厅呈复核议永靖喇嘛川渠工情形及拟订办法，甘肃省政府令永靖县知照及财政厅查照核发旅费的记录1条（195页）；建设厅呈复遵令审核《民勤县组织造林委员会简章》，甘肃省政府令民勤县遵办的记录1条

(196页);行政院令奉国府训令公布《黄河水利委员会组织法》,甘肃省政府令民、建两厅查照的记录1条(197页);永昌县民众呈报偷伐山林绝断水源情形,甘肃省政府令建设厅查明核办的记录1条(198页)。

【叙录编号】 1025
【档案题名】
 甘肃省政府公报(第二卷,第67-70期)
【发文单位】 甘肃省政府
【收文单位】 不详
【档案编号】 004-010-0022-0001
【成文时间】 1933-09-10
【关 键 词】 灾情;赈济;争夺草山;气候;水利;堤防;维修小西湖
【内容提要】
 本份政府公报包括法规、聘书、委状、牌示、公牍、记录、统计、附载、报告等部分。公牍部分录有甘肃省政府咨青海省政府请制止同仁县加五番兵与夏河县甘家委争草山互相械斗的记录1条(45、46页);甘肃省政府令民、建两厅奉行政院令发《各省县农业机关整理办法纲要》的记录1条(56页);甘肃省政府令皋兰县据建设厅呈拟中山村借款兴修水车办法遵办,附拟《杨德洪借款兴修水车办法修正案》(78页);甘肃省政府令财政厅及定、会、静三县采购民树以修杆线的记录1条(80、81页);甘肃省政府令省内外各机关奉行政院电组织黄河水灾救济委员会的记录1条(84页);甘肃省政府令武威、民勤、永昌三县照旧卸放永昌县乌牛小沙等坝水利的记录1条(86、87页)。记录部分录有各县灾情及赈济请求等3条;《本府委员会第132次会议记录》甲项讨论事项中,录有永靖县长呈报奉令兴修喇嘛、永登两川渠工,并请核销开支,省务会议决议准予核销的记录1条(93页);《本府委员会第133次会议记录》乙项临时动议事项中,录有委员兼建设厅厅长提议追加喇嘛川渠工测夫旅膳及仪器运送等费预算,省务会议决议照发的记录1条(96页);《本府委员会第136次会议记录》甲项讨论事项中,录有建设厅呈请拨发核发维修小西湖防水石堤所需工料各价,省务会议决议照办的记录1条(102页)。统计部分包括《本府指令各机关寻常文件一览表(民国二十二年八月七日起至八月二十六日止)》(106~109页),其中录有各属呈报米粮草束银钱时估表、雨雪阴晴报告表、夏秋禾苗滋长情形、夏秋田苗及渠水情形等内容;财政厅呈报支付建设厅派员查勘永靖、喇嘛川渠工旅费事宜,甘肃省政府准予备查的记录1条(107页);财政厅呈复奉发建设厅呈赍气候测候所本年5月份开支经费书簿,省立第一、二、三苗圃林务局经费,中山林灌溉费支出书簿,甘肃省政府准予备查的记录2条(109页)。报告部分分为民政、财政、教育、建设、司法、党务等部分:1.民政部分录有查勘各地自然灾情及赈济请求等66条;各县呈报夏禾收成分数情形的记录3条;各县填写地震情形的记录1条。2.财政部分录有各县赈济请求及财政厅或各县乡核议复夺等9条。3.建设部分录有水利纠纷1条;各县呈报秋禾苗及渠水情形、米粮草束时估表、雨雪阴晴表等记录4条;建设厅呈请派员验收续修小西湖抽水机、接水槽架工程,甘肃省政府准予验收的记录1条(174页);兰州市农会呈转东郊泥窝村民关于拨款修理被水冲坏水车一事,甘肃省政府令建设厅查勘议复以凭核办的记录1条(174页);皋兰县呈报泥窝乡被水损失水车情形,请拨款兴修,甘肃省政府回复此案已令建设厅派员查勘的记录1条(180页);建设厅呈复奉令准内政部咨请检送防御水灾设备及主要河流水文记录,甘肃省政府咨内政部查照的记录1条(175页);永靖县呈赍该县喇嘛、永丰两川渠工各项清册,以及由仓粮项下挪用过渠工粮石数目表据，甘肃省政府令财政厅分别核销收付，并令禁烟委员会查照的记录1条（177页）；建设厅提议追加测勘永靖喇嘛川渠工夫旅膳及仪器运送等费预算，省务会议批准的记录1条（178页）；中山村请拨刘建业罚款修筑土坝，建设厅奉令拟具办法5条并呈复，甘肃省政府令皋兰县遵照办理的记录1条（179页）；靖远县绅民呈请拨款修筑被山洪冲溃堤坝，甘肃省政府令靖远县详细查勘明确具复察夺的记录1条（180页）；行政院奉国府令准中政会议决议，以各该建设厅长为黄河水利委员会当然委员，甘肃省政府令建设厅知照的记录1条（181页）。

【叙录编号】 1026
【档案题名】
甘肃省政府公报（第二卷，第71-74期）
【发文单位】 甘肃省政府
【收文单位】 不详
【档案编号】 004-010-0023-0001
【成文时间】 1933-10-08
【关 键 词】 灾情；赈济；采伐卓尼山林木；气候；水利；堤防；禁私宰耕牛、捕钓田蛙
【内容提要】

本份政府公报包括法规、委状、公牍、记录、附载、统计、报告等部分。公牍部分录有甘肃省政府呈行政院关于本省灾情极重，请迅速拨款以救灾黎的呈文1条（30、31页）；甘肃省政府电南京赈委会请拨款救济灾黎的记录1条（32页）；甘肃省政府令民政、建设两厅及省赈务会奉行政院令发黄河水灾救济办法的训令1条，附抄《修正审查办法》（57、58页）；甘肃省政府令省内外各机关知照关于黄河水委会归行政院指挥一案的训令1条（61、62页）；赈委会电甘肃省政府，皋兰等县灾情俟奉拨有款即统筹救济，甘肃省政府令民政、财政两厅及省赈务会知照的训令1条（63、64页）；行政院令甘肃省政府组织黄河水灾救济委员会，并拨款400元施放急赈，甘肃省政府令民政、财政两厅及省赈会知照的训令1条（64、65页）；赈委会咨送《黄河水灾救济办法》，甘肃省政府令民政、财政两厅及省赈会知照的训令1条（66、67页）。记录部分包括《本府委员会第138次会议记录》，其中甲项讨论事项录有建设厅提议甘宁电政管理局免费采伐卓尼山林木充用电杆，并予以特别通融，省务会议决议交建设局核议的记录1条（70页）；《本府委员会第139次会议记录》甲项讨论事项中录有派运抽水机委员呈报抽水机由于运费不敷，无法前进，祈速汇款以资起运，建设厅呈报此项事宜并拟请令财政厅迅速筹拨运费，省务会议决议令财政、建设两厅切实核减呈复的记录1条（72页）；灾情及赈济记录4条（73、74、82页）；《本府委员会第143次会议记录》甲项讨论事项中录有建设厅呈复奉令派员查勘东郊泥窝村民请拨款修理被水冲坏水车一案情形，主席提议拟将原有旧式水车创办兴修，并估计预算数目，请拨款补修，省务会议决议令自行修理的记录1条（79、80页）。统计部分包括《本府指令各机关寻常文件一览表（民国二十二年八月二十八日起至九月三十日止）（1933）》（91～97页），其中录有各属呈报米粮草束银钱时估表、雨雪阴晴报告表、播种禾苗滋长情形、夏秋田苗及渠水情形等内容；建设厅呈转省立气象测候所呈赍本年4、5、6等月份气象月报表，甘肃省政府准予备查的记录1条（92页）；财政厅呈复奉发建设厅呈赍气象测候所二十一年（1932）6月下半月、7月下半月及二十二年（1933）3月份经费书簿，甘肃省政府准予备查的记录3条（92、93、97页）；财政厅呈报支付建设厅勘测喇嘛川渠旅膳及运送等费，甘肃省政府准予备查的记录1条（94页）。报告部分分为民政、教育、建设、司法、党务、军事等部分：1.民

政部分录有查勘各地自然灾情及赈济请求等83条；各县呈报夏禾收成分数情形的记录3条；各县报告地震情形的记录4条；靖远县长呈复查勘过三角城永固堤地被河崩，请委员会勘，甘肃省政府令民政厅委员会勘，财政厅知照的记录1条（116页）；甘谷县县长呈报该县水灾善后委员会成立日期，甘肃省政府准予备查的记录1条（117页）；行政院颁发《修正黄河水灾救济办法》，甘肃省政府令民政厅、建设厅及省赈务会知照的记录1条（120页）；行政院特派宋子文为黄河水灾救济委员会委员并令宋子文为委员长，甘肃省政府令民政厅、建设两厅知照的记录1条（125页）；行政院令甘肃省政府设立黄河水灾救济委员会，并拨发400元施放急赈，甘肃省政府令民政厅、财政厅、省赈务会知照的记录1条（126页）；赈务委员会咨送《黄河水灾救济办法》，甘肃省政府令民政、财政两厅及省赈务会查照的记录1条（126页）；天水县水灾救济会呈赍简章乞备案，甘肃省政府批示准予备查的记录1条（130页）；榷连局呈请核销漳县修理盐井井房河堤工价银洋，甘肃省政府准予核销的记录1条（144页）。2. 建设部分录有水利纠纷2条；各县呈报秋禾苗及渠水情形、米粮草束时估表、雨雪阴晴表等记录4条；教育厅呈报前议五泉水利办法，现又增加一项，甘肃省政府令建设厅遵照，并布告该地民众周知的记录1条（156页）；建设厅呈请小西湖抽水机房添筑防水石堤，并赍工料各价表，甘肃省政府准予照办，并令建设厅等竣工后造报核销的记录1条（156页）；建设厅呈赍续修小西湖抽水机用过工料各费清册单据，请求核销，甘肃省政府令财政厅查照核销的记录1条（158页）；电政管理局呈报此次由卓尼山林采运杆木充作换修西北各线电杆，与省务会议决议之《采伐办法》第二项之规定不符，请准特别通融，甘肃省政府令建设厅核议复夺的记录1条（158页）；全国经济委员会筹备处函送本会征集水功资料纲要，甘肃省政府令建设厅尽量搜集径送具报的记录1条（159页）；实业部咨甘肃省政府关于查禁私宰耕牛、捕钓田蛙的事宜，甘肃省政府令建设厅知照，并令民政厅饬属查禁的记录1条（159页）；榆中县呈报县属什川堡黄河冲刷良田，请求筹款筑堤以便防护，甘肃省政府令民政、财政、建设三厅会核具复的记录1条（159页）；皋兰县呈复查明孔家崖被水冲坏地亩水车情形，甘肃省政府令其自行设法补修的记录1条（159页）；皋兰县呈报查勘晏家坪被水冲坏河堤，已饬自行派夫修理，甘肃省政府准予备查的记录1条（160页）；派运抽水机委员呈报运费不敷，并赍预算书，请求迅速汇款以资运甘，建设厅呈报甘肃省政府，甘肃省政府令财政厅会同建设厅切实核减具复，再行核办的记录1条（160页）；行政院代电本院决议组织黄河水灾救济委员会情形，外附刘汝璠特派状一纸，甘肃省政府令建设厅遵照的记录1条（162页）；行政院令甘肃省政府知照关于黄河水利委员会暂归其指挥监督的事宜，甘肃省政府登报通行省内外各机关知照的记录1条（163页）；军政部军需署函送凿井开山机器图样及说明书，甘肃省政府函复并令建设厅选购的记录1条（163页）；永昌县民众呈报偷伐山林事件，请求委员查明究办以保水源，甘肃省政府令候建设厅查复再行核办的记录1条（164页）；建设厅呈复查勘泥窝村被水损坏水车情形，并抄原预算书，请甘肃省政府鉴核，甘肃省政府令农会转饬泥窝村自行修理的记录1条（164页）；榆中县呈报规划开浚东滩黄渠情形，甘肃省政府准予备查的记录1条（165页）；会宁县第五区公所呈报民穷财尽，请求拨款疏泄泉源，甘肃省政府令会宁县查复核办的记录1条（166页）。

【叙录编号】　1027

【档案题名】
　　甘肃省政府公报（第二卷，第75-78期）
【发文单位】　甘肃省政府
【收文单位】　不详
【档案编号】　004-010-0024-0001
【成文时间】　1933-11-05
【关 键 词】　灾情；赈济；气候；水利；堤防；苗圃；林垦
【内容提要】
　　本份政府公报包括特载、法规、命令、聘书、委状、牌示、公牍、记录、附载、统计、报告等部分。法规部分录有《国民政府黄河水灾救济委员会章程》共9条（15、16页）。公牍部分录有甘肃省政府令民政、建设两厅知照，在黄河水灾救济委会存在期间，黄河水利委员会应守行政院指挥监督的训令1条（57页）；甘肃省政府令财政厅知照取消林垦处停办林垦局的训令1条（63页）；省城附近现有第一、第二、第三苗圃分别裁并，甘肃省政府令财政厅知照的记录1条（63、64页）。记录部分包括《本府委员会第146次会议记录》，其中甲项讨论事项录有临洮县建设局局长呈称地方人士提议开修民生渠，并暂行借拨2万元，俟工竣后由灌溉地亩内抽收归还，临洮县长呈转，省务会议决议交建设厅核的记录1条（70页）；《本府委员会第152次会议记录》甲项讨论事项录有建设厅核复，拟请准予照借，并令该县事前召集人士议决归还方法，省务会议决议如拟的记录1条（82页）；《本府委员会第149次会议记录》甲项讨论事项录有建设厅厅长呈请借用皋兰县农场场地办理苗圃以资育苗，主席提议其经费仍以原有苗圃经费充用，其地权仍归皋兰县所有，省务会议决议照办的记录1条（75页）；《本府委员会第150次会议记录》乙项讨论事项录有建设厅呈请取消林垦处，主席提议将原有经费400元归并厅内，以作扩充林垦事业之用，并且停办洮岷及甘凉区林垦局，省务会议决议照办的记录1条（76、77页），录有建设厅呈请拟将省城附近现有第一、第二、第三苗圃分别裁并，另外寻找地点办理一规模较大的苗圃，附赍办法，省务会议决议照办的记录1条（77页），录有公路局局长呈报因黄河南岸河堤被水冲坏有碍交通，请发给修理经费以资兴工，并赍估单及断面图，建设厅呈转甘肃省政府，省务会议决议令皋兰县办理的记录1条（77页）；《本府委员会第152次会议记录》甲项讨论事项中录有省赈务会主席呈请拟具《急赈工赈造林蓄水救济办法》3条，并请转报国府水灾救济委员会速拨赈款以救济灾黎，省务会议决议照转的记录1条（81页）。统计部分包括《本府指令各机关寻常文件一览表》（91～97页），其中录有各属呈报米粮草束银钱时估表、雨雪阴晴报告表、播种禾苗滋长情形等内容；建设厅呈转气象测候所呈报气象月报，业经函送中央测候所，甘肃省政府准予备查的记录1条（91页）；财政厅呈报垫支建设厅参加黄河水利委员会旅杂费，甘肃省政府准予备查的记录1条（92页）；财政厅呈复奉拨建设厅呈赍省立气象测候所本年7月份经费及续修小西湖抽水机水槽开支等项书册簿据，甘肃省政府准予备查的记录1条（92页）。报告部分分为民政、财政、教育、建设、司法、党务、军事等部分：1.民政部分录有查勘各地自然灾情及赈济请求等48条；各县呈报夏禾收成分数情形的记录2条；各县汇报地震情形的记录1条；行政院令发《黄河水灾救济委员会章程》1份，甘肃省政府令民政、建设两厅知照的记录1条（111页）；省赈务会呈复奉令遵拟《救济各县水灾办法》，并造赍《各县水灾调查表》，甘肃省政府已据情函转黄河水灾救济委员会查核拨款拯救的记录1条（117页）；民政厅呈转甘谷《水灾状况调查表》，甘肃省政府令仰遵照前令会同查明核办的记录1条（123页）；甘肃省政府令民政、建设两厅知照关于黄河水灾救济委员会应受行政院指挥监督一事的记录1条（121页）。2.财政部分录有各县赈济请求及财政厅或各县乡核议复夺等4条；建设厅呈转气象测候所请增水文股，并拟订系统表及规程各1份，甘肃省政府鉴核的记录1条（139页）；建设厅呈赍省立气象测候所本年8月份、9月份开支五成经费书簿，甘肃省政府令财政厅核销的记录2条（140、142页）。3.建设部分录有水利纠纷1条；各县呈报自然灾害情况及赈济请求等记录2条；各县呈报秋禾苗及渠水情形、米粮草束时估表、雨雪阴晴表等记录4条；镇原县呈报改修河道以固城垣，并拟订办法绘具略图，甘肃省政府令民政、建设两厅会同详查复夺的记录1条（149页）；财政厅呈据临洮县请将奉拨牙下集渠工费改由亩款拨支，甘肃省政府准予照拨，并令禁烟委员会知照的记录1条（150页）；建设厅呈转公路局造报修理河堤所需工料册簿，甘肃省政府令财政厅核销的记录1条（150页）；榆中县呈报东滩护岸竣工，请派员查勘，并将已挪用之亩款洋300元准予抵解，甘肃省政府令建设厅派员查勘的记录1条（150页）；永靖县代电陈勘修喇嘛川渠工管见，请求核实，甘肃省政府令建设厅核议复夺的记录1条（150页）；临洮县呈赍建设局呈请借拨民生渠开渠费藉咨兴工，甘肃省政府令建设厅核议具复以凭察夺饬遵的记录1条（151页）；建设厅呈赍小西湖抽水机匠工役自二十二年（1932）4月起至9月底止开支过工资清册单据，甘肃省政府令财政厅查案核销的记录1条（151页）；建设厅呈赍测勘喇嘛川渠工程师造报旅费表请补发，甘肃省政府令财政厅查照核发的记录1条（152页）；建设厅呈赍甘凉林垦分局造具本年4、5两月份经费书簿、洮岷林垦分局造具本年4月起至7月底止经费计算书簿，甘肃省政府令财政厅核实的记录2条（153页）；榆中县民呈请筹款修堤护岸，甘肃省政府令就地摊筹所需款项的记录1条（153页）；永靖县代电称勘修喇嘛川渠工管见，甘肃省政府函复并令建设厅将永靖县喇嘛川渠工案核议具复的记录1条（155页）；建设厅呈拟将林垦处取消、归并厅内，至洮岷区及甘凉区林垦局一律停办，甘肃省政府令照准，并令财政厅知照的记录1条（155页）；建设厅呈为公路局请修理黄河南岸河堤，甘肃省政府令皋兰县遵照办理具报的记录1条（155页）；建设厅呈请拟将省城附近现有第一、二、三苗圃分别裁并，另觅相当地点办理规模较大之苗圃，甘肃省政府令照准，并令财政厅知照的记录1条（156页）；镇原县呈请改修河道以固城垣，并拟具办法，建设、民政两厅呈复奉令会查具复，将办过此案情形先行呈请鉴核备查，甘肃省政府准予备查的记录1条（156页）；靖远县呈复查明北湾堤坝被水冲坏情形，请拨款兴修以利民生，甘肃省政府令建设、财政两厅会核具复的记录1条（157页）。

【叙录编号】 1028
【档案题名】
甘肃省政府公报（第二卷，第79-82期）
【发文单位】 甘肃省政府
【收文单位】 不详
【档案编号】 004-010-0025-0001
【成文时间】 1933-12-03
【关 键 词】 灾情；赈济；水利；气候；禁烟；林垦；植树造林；苗圃；堤防
【内容提要】

本份政府公报包括特载、法规、委状、牌示、公牒、记录、附载、统计、报告等部分。法规部分录有《兴办水利奖励条例》共10条（30、31页）。记录部分包括《本府委员会第153次会议记录》，其中甲项讨论事项录有靖远县长呈称该县北湾河堤被水冲坏，请拨款兴修，建设厅呈转，主席提议可否照前案拨给，省务会议决议令建设厅统筹设计呈核的记录1条（96页）；各县呈报自然灾害情形并请求赈济的记录2条（97、109页）；《本府委员会第158次会议记录》甲项报告事项中录有据建设厅厅长呈据委员沈家骧呈复勘查喇嘛川渠工情形并拟具办法，请甘肃省政府鉴核的记录1条（105页）。统计部分包括《本府指令各机关寻常文件一览表（民国二十二年十月三十日起至十一月二十五日）（1933）》（117～122页），其中录有各属呈报米粮草束银钱时估表、雨雪阴晴报告表、夏禾收成分数表、播种禾苗滋长情形等内容；财政厅呈报奉发建设厅呈赍气象测候所经费书册簿据，甘肃省政府准予备查的记录4条（117、118、120、121页）；财政厅呈复奉发建设厅呈赍小西湖抽水机匠工役自本年4月起至9月底止开支过工资单据，甘肃省政府准予备查的记录1条（118页）；财政厅呈复奉发建设厅呈赍洮岷林垦局本年间办起7月底止经费书簿，甘肃省政府准予备查的记录1条（118页）；财政厅呈复奉发公路局造报修理河堤及掘筑五泉所需工料各属册簿据，甘肃省政府准予备查的记录1条（118页）。报告部分分为民政、财政、教育、建设、司法、党务、军事等部分：1.民政部分录有查勘各地自然灾情及赈济请求等38条；禁烟记录1条；各县呈报秋禾收成分数情形的记录4条；省赈务会呈复奉令补造本年各县水灾调查表1份，甘肃省政府准予备查的记录1条（145页）；财政部咨复准咨送皋兰等县二十二年（1933）灾况表，由部先行备案，请转依例办理，甘肃省政府令民政、财政两厅及省赈务会知照的记录1条（147页）；环县县长呈报该县成立水灾急赈委员会并赍章册，甘肃省政府准予备案的记录1条（149页）。2.财政部分录有各县赈济请求及财政厅或各县乡核议复夺等5条。3.建设部分录有水利纠纷3条；各县呈报米粮草束时估表、雨雪阴晴表等记录3条；临洮县呈转建设局呈赍水利计划书表图，甘肃省政府准予备查的记录1条（175页）；建设厅呈复遵令核议临洮县长呈请借拨民生渠2万元，并赍原计划书略图，甘肃省政府准予借款并令临洮县草拟归还办法具复察夺的记录1条（176页）；民勤县呈报造林委员会筹定事业费及开辟苗圃创造水车情形，甘肃省政府准予备案的记录1条（177页）；建设厅呈据靖远县长呈请拨款兴修北湾河工情形，甘肃省政府决议由建设厅统筹设计呈核的记录1条（178页）；武威县民条陈兴办水利、促进教育办法2项，请采择施行，甘肃省政府令存备采择的记录1条（178页）；行政院令奉国府令以明令公布《兴办水利奖励条例》，甘肃省政府令省内外各机关知照的记录1条（179页）；建设厅呈据林垦处呈转甘凉区林垦分局造赍本年4、5两月经费书簿，请予核销，甘肃省政府令财政厅查案核发的记录1条（179页）；靖远县转呈河南区区长呈请拨款修渠道等情况，请甘肃省政府鉴核，甘肃省政府令就地设法筹修具报的记录1条（179页）；靖远县民呈请委派专员并拨款修筑北湾河工工程，甘肃省政府令先等建设厅呈复，再行核办的记录1条（181页）；黄河水利委员会函甘肃省政府关于沿河各县县长协助抢险一案，请转饬遵照办理见复，甘肃省政府令建设厅转饬沿河各县遵办，并将县名及河堤里数分别列表赍府的记录1条（182页）；陇西县民条陈造林并组织小工业办法，请甘肃省政府鉴核，甘肃省政府批示存备采择的记录1条（182页）；临洮县呈报筹款补修西城楼及水冲洞穴各情形，甘肃省政府准予备案并令临洮县等竣工后再具报的记录1条（183页）；永靖县呈为筹拨款项2万元以便继续兴修永丰川渠工，甘肃省政府令建设厅核议具复以凭察夺饬遵的记录1条（183页）；建设厅呈复遵批拟议永靖县民函请拨款续修永丰川渠工，甘肃省政府令县详呈情形妥核具报的记录1条（184

页）；永靖县民呈为县长劳民伤财，恳请严令制止修渠，甘肃省政府批示应毋庸议的记录1条（184页）。

【叙录编号】1029
【档案题名】
　　甘肃省政府公报（第二卷，第83-86期）
【发文单位】甘肃省政府
【收文单位】不详
【档案编号】004-010-0026-0001
【成文时间】1933-12-31
【关 键 词】灾情；赈济；严禁宰杀耕牛；水利；堤防；保护树木；气候；植树造林；苗圃；征集农产种籽
【内容提要】
　　本份政府公报包括特载、法规、牌示、公牍、记录、附载、统计、报告等部分。法规部分录有《兴办水利奖励条例》10条（18、19页）；《兴办水利给奖章程》22条，附《奖章图说》《水利奖章执照》《请奖表式》（20~24页）。公牍部分录有甘肃省政府令民政、建设两厅遵照实业部咨送《严禁宰杀耕牛办法》的训令1条，附原提案（58~60页）；甘肃省政府令民政、建设两厅遵照行政院令，凡是与治河有关之水利计划，必须送黄河水委员会核定以后方能施行的记录1条（61、62页）；甘肃省政府令建设厅遵照行政院颁发的《各省堤防造林计划大纲》的训令1条，附《各省堤防造林计划大纲》1份（70~74页）。记录部分包括《本府委员会第163次会议记录》，其中乙项讨论事项中录有建设厅呈报关于追捕盗伐莲花山森林罪犯的情况，省务会议决议由甘肃省政府分别咨令办理的记录1条（98页）；《本府委员会第168次会议记录》甲项讨论事项中录有建设厅呈报核减搬运抽水机运费预算一案情形，恳请提前筹拨，省务会议决议交财政厅拨付的记录1条（105、106页），录有印花烟酒税局呈报调查武甘烟酒被灾情况，请求核减以示体恤，省务会议决议准减1/5的记录1条（106页）。统计部分包括《本府指令各机关寻常文件一览表（民国二十二年十一月二十七日起至十二月二十三日止）》（113、114页），其中录有各属呈报米粮草束银钱时估表、雨雪阴晴报告表等内容。报告部分分为民政、教育、建设、司法、党务、军事等部分：1.民政部分录有查勘各地自然灾情及赈济请求等30条；各县呈报秋禾收成分数情形的记录3条；天水县县长呈转该县水灾急赈委员会调查过水灾统计表，甘肃省政府已将原表令发民政厅核办复夺的记录1条（131页）；赈务委员会咨请查照转饬各主管机关填写二十一年度（1933）灾害损失及赈济情形以便统计，甘肃省政府咨复已令催民政厅、省赈务会同督饬迅速查填汇赍的记录1条（132页）；甘肃省政府将甘肃临夏等县民国二十一年（1932）各种灾案分别呈咨中央核办，并令民政、财政两厅将未造报各县查案的记录1条（145页）。2.建设部分录有水利纠纷1条；各县呈报米粮草束时估表、雨雪阴晴表等记录4条；财政厅等呈复奉发建设厅呈转甘凉区林垦分局本年4、5两月份经费书据，胜负准予备查的记录1条（170页）；建设厅呈转省立第一苗圃每月经费预算书，甘肃省政府指令仰转饬核示造赍以凭核办的记录1条（170页）；内政部公布《兴办水利奖励章程》，请甘肃省政府查照并饬属知照，甘肃省政府令省内外各机关知照的记录1条（171页）；行政院规定凡与治河有关之水利计划，须送黄河水利委员会核定已经方能施行，甘肃省政府令民政、建设两厅知照的记录1条（172页）；中山文化教育馆函甘肃省政府关于广为征集治水之书广为参考的事宜，甘肃省政府函复并令建设厅广为征集，径行寄送的记录1条（173页）；建设厅呈请严惩盗伐巨数森林李和义之子，甘肃省政府咨绥靖公署查照办理，并令皋兰、临洮、临夏等县遵照办理的记录1条（173页）；建设厅呈报委派人员赴临洮等县及莲花山调查李和义私伐森林现存实数，并赍旅费预算书，请准由实业费项下开支，甘肃省政府准予由事业费项下开支，并令仰即转饬该员造具表簿，赍府核销的记录1条（175页）；建设厅呈报将李和义长子李寿昌拘捕暂押省会公安局，甘肃省政府令建设厅饬该犯供出其父去向以凭速案法办的记录1条（176页）；通渭县呈为河水侵城请拨款以工代赈兴修，甘肃省政府令就地筹款兴修的记录1条（177页）；河北省政府咨据实业厅呈送征集林木种籽表，请甘肃省政府转饬征集，甘肃省政府咨复并令建设厅转饬所属检选径寄的记录1条（178页）；兰州市农会呈赍征集各种农产籽种表，请转咨各省政府并本省各县填表径寄该会试验，甘肃省政府令转咨各省政府，并分令各县征集径寄的记录1条（178页）；行政院抄发《各省堤防造林计划大纲》，令饬遵照，甘肃省政府令建设厅遵照办理的记录1条（178页）；黄河水利委员会函商设置甘青宁水利局办法，甘肃省政府令民政、建设两厅会议具复以凭核准的记录1条（178页）；建设厅呈复，省立第一苗圃经费预算书业经改正，请甘肃省政府鉴核，甘肃省政府并令财政厅遵照的记录1条（179页）。

【叙录编号】　1030
【档案题名】
　　甘肃省政府公报（第三卷，第1-4期）
【发文单位】　甘肃省政府
【收文单位】　不详
【档案编号】　004-010-0027-0001
【成文时间】　1934-01-28
【关　键　词】　灾情；赈济；禁烟；取缔农业病虫害；水利；气候；苗圃；征集农产种籽
【内容提要】

本份政府公报包括特载、法规、委状、公牍、记录、附载、统计、报告等部分。法规部分录有《实业部农业病虫害取缔规则》共9条（27~29页）。公牍部分录有甘肃省政府准气象所将每月节省的90元移作增设天水分所经费，并令财政厅遵照核发的记录1条（53页）；甘肃省政府令民政、建设两厅分别核奖勤奋办理开渠灌田的洮沙县民众杨学海等以及改造水车的水利局长杜玉成等，以昭激励的记录1条（74页）。记录部分包括《本府委员会第169次会议记录》，其中甲项讨论事项录有建设厅呈据省立气象测候所拟请将该所每月节省经费移作增设天水分所经费，省委会决议照办的记录1条（75、76页）。统计部分包括《本府指令各机关寻常文件一览表（民国二十二年十二月二十五日起至二十三年一月二十日止）》（93~95页），其中录有各属呈报米粮草束银钱时估表、雨雪阴晴报告表等内容。报告部分分为民政、财政、教育、建设、司法、党务、军事、编辑等部分：1.民政部分录有查勘各地自然灾情及赈济请求等14条；各县呈报秋禾收成分数情形的记录2条；民政厅、省赈务会会呈奉令会商填造各县二十一年（1932）灾害损失及赈济情形报告表情形，请甘肃省政府鉴核示遵，甘肃省政府批示的记录1条（115页）。2.财政部分录有各县赈济请求及财政厅或各县乡核议复夺等1条；省禁烟委员会呈赍拟订二十二年度（1933）本省被灾各县豁免罚款数目表，甘肃省政府令照准的记录1条（121页）。3.建设部分录有水利纠纷2条；各县呈报米粮草束时估表、雨雪阴晴表等记录3条；临洮县呈复拟订《民生渠征工委员会归还借款办法》，请甘肃省政府核示，甘肃省政府令建设、财政两厅核议具复的记录1条（138页）；河北省政府咨据实业厅呈请转咨各省选寄优良种籽，甘肃省政府咨复并令建设厅饬属征集填表径寄具报的记录1条（139页）；民政、建设两厅呈请分别核奖勤奋办理开渠灌田的洮沙县民众杨学海等以及改造水车的水利局长杜玉成等，甘肃省政府准如请分别奖给的记录1条（140页）；贵州省政府咨据建设厅呈请转咨各省征集林产种籽并填表径寄，甘肃省政府咨复并令建设厅填表径寄的记录1条（141页）；建设厅呈赍遵令补造搬运抽水机运费预算书暨请款凭单，甘肃省政府令财政厅遵照筹拨的记录1条（141页）；建设、民政两厅会呈据永登县查复该县苦水堡寺滩民等呈请拨款修渠情形，甘肃省政府令该县就地筹款的记录1条（142页）；河北省政府咨据实业厅呈送第一林务局征集种籽表，请查照办理，甘肃省政府咨复并令建设厅饬属征集、详细填表径寄具报的记录1条（142页）；实业部咨甘肃省政府填报二十二年（1933）分办理苗圃及造林情形，甘肃省政府令建设厅从速办理具复以凭核转的记录1条（142页）；民政、建设两厅会呈复甘肃省政府关于黄河水利委员会函商设置甘青宁水利局办法的事宜，甘肃省政府令函黄河水利委员会查核办理的记录1条（145页）。

【叙录编号】　1031
【档案题名】
　　甘肃省政府公报（第三卷，第5-8期）
【发文单位】　甘肃省政府
【收文单位】　不详
【档案编号】　004-010-0028-0001
【成文时间】　1934-02-25
【关　键　词】　灾情；赈济；保护树木；植树造林；水利；气候；苗圃
【内容提要】
　　本份政府公报包括法规、委状、牌示、公牍、记录、附载、统计、报告等部分。公牍部分录有甘肃省政府令省内外各机关遵照实业部关于总理逝世纪念日举办植树事宜的电报的记录1条（97页）；甘肃省政府令各县政府遵照抄发《总理逝世九周纪念植树办法》的记录1条，附抄发《植树办法》1份（99～104页）。记录部分包括《本府委员会第170次会议记录》，其中甲项讨论事项中录有鼎新县呈报灾情，民政、财政两厅会呈拟请将前任县长及现任县长分别各予记过1次，省务会议决议如拟的记录1条（110页）；《本府委员会第181次会议记录》甲项讨论事项中录有建设厅呈据洮沙县长呈为拨款开凿新渠，并派员指导，附赍渠形图一纸，省务会议决议由建设事业费项下拨给补助费2000元的记录1条（113页）；建设厅关于抽水机应安放何处的请示，并恳令财政厅速筹运费，附赍图书1册，省务会议决议安设于古城，运费由财政厅筹拨的记录1条（113页）；《本府委员会第182次会议记录》，其中甲项讨论事项录有财政、建设两厅会呈关于核议临洮县拨款开民生渠的事宜，省务会议决议由事业费项下拨借的记录1条（115页）。统计部分包括《本府指令各机关寻常文件一览表（民国二十三年一月二十九日起至二月十日止）》（124～126页），其中录有各属呈报米粮草束银钱时估表、雨雪阴晴报告表等内容。报告部分分为民政、财政、教育、建设、党务、军事、编辑等部分：1.民政部分录有查勘各地自然灾情及赈济请求等2条；省赈务会呈明各被灾最重县份分配水灾游艺捐款情形数目及拟就各县赈款领放办法，甘肃省政府准予备查的记录1条（148页）；行政院据甘肃省临夏、皋兰等民国二十二年（1933）各种灾案呈报下达指令，应俟内政、财政两部会核呈院再行核办，甘肃省政府令民政、财政两厅知照的记录1条（153页）；上海各慈善体筹募黄河水灾急赈联合会函复甘肃省政府关于补助甘省赈款洋1000元应如何划汇的事宜，甘肃省政府函复已令省赈务会商定汇款商号，迳电达知的记录1条（154页）。2.财政部分录有各县赈济请求及财政厅或各县乡核议复夺等2条。3.建设部分录有水利纠纷2条；各县呈报米粮草束时估表、雨雪阴晴表等记录3条；建设厅呈赍省立第一苗圃二十二年（1933）11月份经费计算书簿，甘肃省政府令转饬更正单据中不合之处的记录1条（174页）；建设厅呈明李和义非法租让森林情形，请咨绥署鉴核办理，甘肃省政府令转咨绥靖主任公署并案办理的记录1条（177页）；建设厅呈复遵令查收未寄送雨量表各县已检发原表，令饬成立雨量站并按月填报，甘肃省政府令咨内政部查照的记录1条（177页）；实业部电达3月12日恭逢总理逝世九周纪念关于植树造林事宜，请甘肃省政府查照成案饬属举行，甘肃省政府通令省内外各机关遵照办理的记录1条（179页）；建设厅呈为《二十三年（1934）总理逝世九周纪念植树办法》，请甘肃省政府通令各县遵办，甘肃省政府令各县遵照办理的记录1条（179页）。

【叙录编号】 1032
【档案题名】
　　甘肃省政府公报（第三卷，第9-12期）
【发文单位】 甘肃省政府
【收文单位】 不详
【档案编号】 004-010-0029-0001
【成文时间】 1934-03-25
【关 键 词】 灾情；赈济；植树造林；水利；气候
【内容提要】
　　本份政府公报包括法规、牌示、公牍、记录、附载、统计、报告等部分。公牍部分包括建设厅呈转洮沙县关于助款开渠的呈请，甘肃省政府批示并令财政厅知照的记录1条（39页）。记录部分包括《本府委员会第190次会议记录》，其中甲项讨论事项中录有建设厅呈转省立气象测候所拟将制革厂后面西南两院拨归该所占用，并建筑气象台，请予拨款，附赍图样及预算书，省务会议决议照办的记录1条

（64页）；靖远县长呈据该县河工局长关于拨款兴修北湾河工的请求，省务会议决议交建设厅并案办理的记录1条（64页）；建设厅呈据卢俊翰等呈为奉令前往临洮一带办理李和义私伐莲花山之木料一案，请拨旅费，附赍预算旅费表，省务会议决议照规定修正发给的记录1条（64页）。统计部分包括《本府指令各机关寻常文件一览表（民国二十三年二月十九日起至三月二十日止）》（69～71页），其中录有各属呈报米粮草束银钱时估表、雨雪阴晴报告表等内容。报告部分分为民政、财政、教育、建设、司法、党务、军事、编辑等部分：1.民政部分录有查勘各地自然灾情及赈济请求等4条；甘谷县县长呈报结束水灾委员会账项，甘肃省政府批示呈悉的记录1条（83页）。2.财政部分录有各县赈济请求及财政厅或各县乡核议复夺等4条。3.建设部分录有各县呈报米粮草束时估表、雨雪阴晴表等记录3条；木商李和义呈明租林经过并被人陷害情形，请彻底追查以明冤抑，甘肃省政府批示仰迳呈绥署核办的记录1条（107页）；总理逝世九周纪念植树筹备会函请甘肃省政府令饬财政厅拨发经费以资应用，甘肃省政府令财政厅遵照，先行拨发洋200元具报查考的记录1条（109页）；建设厅呈据第一苗圃主任呈为总理九周纪念植树，拟请发给造林经费洋1000元，并赍书单，甘肃省政府令财政厅遵照核发的记录1条（110页）；财政厅呈报筹交建设厅抽水机运费，甘肃省政府准予备查的记录1条（113页）；永登县呈报举办总理逝世九周纪念情形，至植树一节拟于清明日施行，甘肃省政府准予备查的记录1条（113页）。

【叙录编号】 1033
【档案题名】
　　甘肃省政府公报（第三卷，第13-16期）
【发文单位】 甘肃省政府

【收文单位】 不详
【档案编号】 004-010-0030-0001
【成文时间】 1934-04-22
【关 键 词】 灾情；赈济；植树造林；水利；堤防；气候；农产种籽；苗圃
【内容提要】

本份政府公报包括特载、法规、聘书、委状、牌示、公牍、记录、附载、统计、报告等部分。法规部分录有《修正勘报灾歉条例》22条（29~33页）。公牍部分录有甘肃省政府主席朱绍良电西安全国经委会办事处刘主任，请求派员到甘肃察勘水利的记录1条，附复电（66页）。记录部分包括《本府委员会第194次会议记录》，其中甲项讨论事项中录有甘谷县去年水灾重大，民政、财政两厅查明实在情形后准予挪用亩款赈济，现在甘谷县长已另委员代理，主席请提会公决如何办理，省务会议决议令现任县长会同渭源县长查明呈核的记录1条（104页）。统计部分包括《本府指令各机关寻常文件一览表（民国二十三年三月十九日起至四月七日止）》（161~164页），其中录有各属呈报米粮草束银钱时估表、雨雪阴晴报告表等内容。报告部分分为民政、财政、教育、建设、司法、党务、军事、编辑等部分：1.民政部分录有查勘各地自然灾情及赈济请求等6条；各县汇报地震情形的记录1条；行政院令公布《修正勘报灾歉条例》，甘肃省政府令民政、财政两厅知照并转饬所属一体知照，令各县县长及康乐设治局知照的记录1条（175页）；永登县新城渠旗民农务局长代电请借给籽种以资春耕，甘肃省政府批示已令民政、财政两厅会同核议复夺的记录1条（178页）；民政、财政两厅呈复核议甘谷被水成灾，并设立收容所情形，甘肃省政府批示已令渭源王县长暨甘谷杨县长查复核办的记录1条（180页）；卸任甘谷县县长呈报该县被灾之后修理沙堤并组织工程大纲情形，甘肃省政府批示已令渭源王县长暨该县现任杨县长并案查复核办的记录1条（180、181页）；财政厅呈报准借临泽县籽种1000石情形，甘肃省政府准予备查的记录1条（181页）；民政、财政两厅会呈复核议永登县新渠旗民农务局请借籽种一案情形，甘肃省政府批示如拟已牌示该局知照，仰转饬永登县长的记录1条（187页）。2.财政部分录有各县赈济请求及财政厅或各县乡核议复夺等1条。3.建设部分录有各县呈报米粮草束时估表、雨雪阴晴表等记录3条；水利纠纷2条；靖远县函请拨款兴修北湾河工，甘肃省政府令建设厅并案办理具复核办饬遵的记录1条（204页）；靖远县函请令饬建设厅速拨款补修北湾河工，甘肃省政府批示俟该厅具复至日再行核办的记录1条（204页）；临洮县呈转该县民生渠征工委员会呈请拨款开渠，甘肃省政府令财政厅遵照办理的记录1条（205页）；泾川县呈报奉令举行总理九周纪念并植树大会典礼，甘肃省政府准予备查的记录1条（206页）；民乐县、酒泉县、金塔县呈请该县气候寒冷，植树俟清明节再为督饬办理，甘肃省政府准予备查的记录3条（206、212页）；临洮县电请将民生渠借款由亩款项下指拨，甘肃省政府令仍候财政厅核拨的记录1条（208页）；建设厅呈解省立第一苗圃更正二十二年（1933）11月份单据书簿，请予核销，甘肃省政府批示已令财政厅查核汇转的记录1条（208页）；建设厅呈转洮沙县长呈赍修渠计划并预算书，甘肃省政府批示已令行政、财政两厅查核拨发的记录1条（208页）；平凉县、秦安县、灵台县呈报举行总理九周纪念及植树情形，甘肃省政府准予备查的记录3条（208、209页）；甘肃省政府令建设厅饬将《甘肃省承领官荒造林暂行章程》第5条另定之承领证书式赍府备核的记录1条（210页）；建设厅呈复靖远县长关于再拨款兴修北湾河工的请求，因计划尚有欠安，令其更正再办，甘肃省政府准予备查的记录1条（210页）；临夏县呈报处理该县民人呈领大仓西边空地植树情形，甘肃省政府批示已令建设厅核饬办理的记录1条（211页）；内政部咨复办理本省各县设立雨量站一案情形，请甘肃省政府转饬各县将已设立雨量站日期专案呈报，甘肃省政府咨复已令建设厅饬属办理的记录1条（212页）；永靖县呈报继续植树及派员分区点查各情形，甘肃省政府准予备查的记录1条（212页）；建设厅呈据第一苗圃造赍本年度经费预算书，甘肃省政府令财政厅知照的记录1条（212页）。

【叙录编号】　1034
【档案题名】
　　甘肃省政府公报（第三卷，第29-32期）
【发文单位】　甘肃省政府
【收文单位】　不详
【档案编号】　004-010-0034-0001
【成文时间】　1934-08-12
【关　键　词】　灾情；赈济；水利；堤防；气候；植树造林；黄河修防；苗圃；建设森林公园
【内容提要】
　　本份政府公报包括法规、委状、牌示、公牍、记录、附载、统计、报告等部分。甘肃省政府函复黄委会，关于其咨送的《监督各省黄河修防暂行规程》，已令建设厅遵照的记录1条（94页）；甘肃省政府令建设厅准实业部咨，于文到6个月内编造宜林荒山荒地统计，拟订有效造林计划，并呈转到部的记录1条（115、116页）。记录部分包括《本府委员会第226次会议记录》，其中甲项讨论事项中录有建设厅呈转省立气象所呈报购置仪器若干，附赍预算书，请即拨款，主席请省务会议公决可否先行照数饬拨，省务会议决议由建设费项下拨发的记录1条（125页）。统计部分包括《本府指令各机关寻常文件一览表（民国二十三年七月九日起至八月四日止）》（135~138页），其中录有各属呈报米粮草束银钱时估表、雨雪阴晴报告表、夏禾秋苗滋长情形、雨量站气象月报表等内容。报告部分分为民政、财政、教育、建设、司法、党务、军事、编辑等部分：1.民政部分录有查勘各地自然灾情及赈济请求等34条；内政、财政两部会咨甘肃省政府，请转饬妥拟《勘报灾歉单行办法》送部会核办理，甘肃省政府令民政、财政两厅妥拟具核办的记录1条（147页）；省禁烟委员会呈复办理甘谷、渭源两县会报遵令造筑堤计划及预算已修未修工程表、各堤略图等，甘肃省政府准予备查的记录1条（153页）。2.财政部分录有各县赈济请求及财政厅或各县乡核议复夺等3条。3.教育部分录有财政厅呈复建设厅呈转气象测候所本年1月份经费支出计算书簿，核数无讹，存候汇转，请甘肃省政府鉴核备查，甘肃省政府准予备查的记录1条（175页）；气象测候所代电称因水文站水尺急待设置，乞令知测量局随时借用测量仪器，甘肃省政府批示已令行测量局查核借用的记录1条（176页）；建设厅呈转省立气象所呈报借用仪器及归还情形，并请拨款购置风力计等仪器，甘肃省政府批示由建设项下拨发并令财政厅核发的记录1条（177页）；建设厅呈转省立气象测候所造赍本年1、2两月份气象表，甘肃省政府准予备查的记录1条（178页）。4.建设部分录有各县呈报米粮草束时估表、雨雪阴晴表等记录4条；水利纠纷9条；黄河水利委员会咨送《本会监督各省黄河修防暂行规程》，请甘肃省政府转饬遵照办理见复，甘肃省政府函复已令建设厅遵照办理具复的记录1条（180页）；甘谷县呈复人民飞机捐款挪筑河堤工价，俟秋收还垫解交，并赍接受前任交代清册，请甘肃省政府备查，甘肃省政府批示的记录1条（180页）；甘谷县呈报中州乡修筑护岸河堤经过情形，并拟订分地办法，甘肃省政府批示已令民政、建设两厅会核具报的记录1条（181页）；财政厅呈报由靖远县拨支修北湾河工费洋，甘肃省政府准予备查的记录1条（182页）；海原县呈报全县植树洋数，甘肃省政府令仍加急培植的记录1条（182页）；临潭县呈请将莲花山李和义私伐木料一半拨归临潭县俾作建设，甘肃省政府批示已令建设厅核办迳行饬遵的记录1条（183页）；建设厅呈复甘肃省政府，关于永登南乡野狐城民众代表呈请另开帖渠一案，已遵令饬县详查拟办具复，请甘肃省政府鉴核，甘肃省政府批示呈悉的记录1条（183页）；内政部咨复甘肃省政府，关于前甘肃省政府咨送已设立雨量站各县一览表，查天水县未依式填报，请转饬补送并请令饬未成立雨量站各县限期设立，依式填报，甘肃省政府令建设厅分别令遵的记录1条（184页）；建设厅呈赍转运莲花山木料运费预算书，请甘肃省政府鉴核饬拨，甘肃省政府批示已令财政厅拨借的记录1条（184页）；建设厅呈报，西北办事处派来查勘水利的何技正已经抵达兰州，建设厅妥为接洽并由本厅派员会同查勘，请甘肃省政府鉴核，甘肃省政府准予备查的记录1条（184页）；实业部咨为提倡建设森林公园，请甘肃省政府转饬遵照办理，甘肃省政府咨复已令建设厅遵照办理的记录1条（185页）；实业部咨以各省建筑公路日臻发达，应举办公路植树，请甘肃省政府转饬遵办，甘肃省政府咨复已令建设厅遵照具报的记录1条（185页）；崇信县呈报总理逝世九周纪念植树办理经过情形，并赍表请备查，甘肃省政府准予备查的记录1条（185页）；建设厅呈转省立第一苗圃呈请拨款浇灌中山林，甘肃省政府令财政厅拨发的记录1条（185页）；实业部咨催转饬主管厅迅速将二十二年份（1933）办理省县苗圃及育苗造林情形填表呈转送部，甘肃省政府令建设厅从速汇报以凭核转的记录1条（188页）；皋兰民呈请拨款补救建设水车，甘肃省政府批示已令建设厅查勘核拟具复的记录1条（188页）；酒泉县呈报本年植树情形暨调查表，甘肃省政府准予备查的记录1条（188页）；建设厅呈奉令核办临潭县关于将李和义私伐莲花山林木以一半拨归临潭县俾作建设一案，建设厅核定后认为碍难照准，请甘肃省政府鉴核，甘肃省政府准予备查的记录1条（189页）；永登县呈报测勘红石城渠工情形，甘肃省政府令候建设厅呈报到府再行察夺的记录1条（189页）；建设厅呈复关于《黄河水利委员会监督各省黄河修防规程》，案经统饬沿河各县遵办，请甘肃省政府察鉴，甘肃省政府准予备查的记录1条（189页）；定西县呈为东区道路旁枯死官树可否砍伐建筑学校，请甘肃省政府鉴核示遵，甘肃省政府令建设厅仰核办迳饬的记录1条（190页）；建设厅呈奉令准内政部咨请，饬令天水补造雨量站表并饬令未设各县期限成立报案，请甘肃省政府察鉴，甘肃省政府准予备查的记录1条（190页）；实业部咨各省市政府转饬主管所局编造宜林荒田山统计，拟订有效造林计划，于文到6个月内办理呈转来部核办，甘肃省政府令建设厅遵照具报的记录1条（190页）；建设厅呈复甘肃省政府关于奉令遵办建设森林公园一案情形，甘肃省政府批示已咨实业部查照的记录1条（192页）；定西县代电呈王公桥被山洪冲毁，派员往勘情形，甘肃省政府批示俟另文呈报到府时再行核夺的记录1条（192页）；会宁县呈请可否将指拨本县赈款准予拨修河堤，以工代赈，请甘肃省政府示遵，甘肃省政府令民政、建设两厅仰会核具复以凭察夺的记录1条（192页）；建设、民政两厅会呈关于甘谷县呈报中州乡修筑护岸河堤经过情形并拟分地办法一案，业经建设厅核明并准予备查，请甘肃省政府察鉴，甘肃省政府准予备查的记录1条（192页）。

【叙录编号】　1035

【档案题名】
甘肃省政府公报（第三卷，第33-36期）
【发文单位】 甘肃省政府
【收文单位】 不详
【档案编号】 004-010-0035-0001
【成文时间】 1934-09-09
【关 键 词】 灾情；赈济；夏禾秋苗滋长；水利；堤防；气候；禁止宰杀耕牛；苗圃
【内容提要】
　　本份政府公报包括法规、委状、牌示、公牍、记录、附载、统计、报告等部分。法规部分录有《统一水利行政及事业办法纲要》11条（142页）；《统一水利行政事业进行办法》12条（142~144页）。记录包括《本府委员会第236次会议记录》，其中甲项讨论事项中录有建设厅呈报甘肃省政府，关于靖远县县长呈请拨款开修营房滩渠一案，经厅复查该渠估费洋3075元，尚属核实，附赍原图一纸，主席请省务会议公决是否准予筹拨，省务会议决议准由政府暂借的记录1条（200页）。统计部分包括《本府指令各机关寻常文件一览表（民国二十三年八月六日起至九月一日止）》（206~209页），其中录有各属呈报米粮草束银钱时估表、雨雪阴晴报告表、夏禾秋苗滋长情形等内容。报告部分为民政、财政、教育、建设、司法、党务、军事、编辑等部分：1.民政部分录有查勘各地自然灾情及赈济请求等29条；各县呈报秋禾收成分数情形的记录1条；泾川县呈报秋禾滋长情形，甘肃省政府准予备查，令候财政厅汇报至日再行核办的记录1条（229页）；岷县公民代表呈请禁止宰杀耕牛以重农事，甘肃省政府批示已令民政厅转饬所属切实严禁的记录1条（233页）。2.财政部分录有权连局呈报核局各课处房屋被雨侵蚀，招工修理，拟在节余项下开支，请甘肃省政府核示，甘肃省政府令准如所请办理的记录1条（242页）。3.建设部分录有各县呈报米粮草束时估表、雨雪阴晴表等记录4条；水利纠纷3条；财政厅呈报筹拨第一苗圃建筑工程费，请甘肃省政府备查，甘肃省政府准予备查的记录1条（247页）；水北门二十号民呈请饬局代造发灌地水机以便试验，甘肃省政府批示已令建设厅核复的记录1条（247页）；榆中县第五区公所呈明水利原情以解纷争而维地方，甘肃省政府批示俟榆中县呈复再办的记录1条（248页）；关于皋兰县民呈请拨款建设水车以兴水利一案，建设厅呈复已令皋兰县查复核办，甘肃省政府准予备查的记录1条（248页）；行政部发《统一水利行政及事业办法纲要并统一水利行政进行办法》，令甘肃省政府饬属遵照，甘肃省政府令民政、建设两厅遵照的记录1条（249页）；靖远县呈报河水暴涨冲崩堤坝情形，及拟改修办法，请甘肃省政府备查，甘肃省政府批示已令建设厅仰逐饬具报的记录1条（249页）；皋兰县民呈请将选举正人暂建水车立案勒石以垂久远，甘肃省政府批示已令建设厅核办具复的记录1条（249页）；关于定西县呈请欹伐东区四十里墩道旁枯死官树作建设学校材料一案，建设厅呈复已令该县查复再行核办，甘肃省政府批示呈悉的记录1条（251页）；宁定县呈转民众代表关于拨款筑堤的呈请，甘肃省政府批示已令建设厅仰派员查勘具复的记录1条（253页）；泾川县电报汽车路桥梁皆被水冲毁，及派员督率民众修理情形，甘肃省政府令随坏随修用维交通的记录1条（254页）；皋兰县呈报职府内外房屋墙垣被雨坍塌，造具实估清册并请委员复勘拨款补修，甘肃省政府令仍在公费内节支的记录1条（253页）；关于靖远县呈拟改修北湾河堤办法，建设厅呈复尚属妥善并业经指令在案，甘肃省政府批示呈悉的记录1条（253页）；关于皋兰民等呈请选举正人督建水车一案，建设厅呈复已令皋兰县核办示遵，甘肃省政府批示呈悉的记录1条（253页）；皋兰县呈请委员查勘被雨冲塌各处城垣及黄河沿岸扫台工程，并拨款修理，甘肃省政府令建设厅复勘的记录1条（254页）；财政厅呈复中山林木用人挑水灌溉，现在雨水甚多，可否免发，请甘肃省政府鉴核，甘肃省政府令建设厅查核具报的记录1条（255页）；建设厅呈转靖远县长呈请拨款开修营防滩渠，请甘肃省政府鉴核示遵，甘肃省政府令准由政府暂借地户筹还并令财政厅核拨的记录1条（256页）。

【叙录编号】 1036
【档案题名】
甘肃省政府公报（第三卷，第37-40期）
【发文单位】 甘肃省政府
【收文单位】 不详
【档案编号】 004-010-0036-0001
【成文时间】 1934-10-07
【关 键 词】 灾情；赈济；水利；堤防；气候；植树造林；保护树木；农业收成
【内容提要】

本份政府公报包括法规、委状、牌示、公牍、记录、附载、统计、报告等部分。法规部分录有《实业部林业考成暂行办法》8条（第28~30页）。公牍部分录有甘肃省政府函经委会西北办事处，关于西兰路沿线植树一事，已令建设厅拟具计划，并饬沿线各县举办的记录1条（74页）；甘肃省政府令建设厅准实业部咨，饬属保护森林以免焚毁的训令1条（95页）。记录部分包括《本府委员会第240次会议记录》，其中录有国货陈列馆呈请拨款修理被雨冲坏房屋，并拟具预算书，建设厅呈复派员复勘属实，所估预算书亦尚实在，请公决可否准予核发，省务会议决议照发的记录1条（121、122页）。附载部分录有《努力水利交通以救济农村》（130~132页）。统计部分包括《本府指令各机关寻常文件一览表（民国二十三年□月三日起至九月二十九日止）》（133~136页），其中录有各属呈报米粮草束银钱时估表、雨雪阴晴报告表、夏禾秋苗滋长情形等内容。报告部分分为民政、财政、教育、建设、司法、党务、军事、编辑等部分：1.民政部分录有查勘各地自然灾情及赈济请求等29条；各县呈报本年夏季麦豆收成分数，甘肃省政府准予备查的记录2条。2.教育部分录有建设厅呈转省立气象测候所开支经费书簿请核销，甘肃省政府令财政厅查核汇转迳达的记录4条；财政厅呈复奉发建设厅呈解气象测候所经费支出计算书簿，核算无讹，准予存候汇转，请甘肃省政府鉴核备查，甘肃省政府准予备查的记录2条；建设厅呈转省立气象测候所造赍本年4、5两月气象表，请甘肃省政府备查，甘肃省政府准予备查的记录1条（176页）。3.建设部分录有各县呈报米粮草束时估表等记录3条；水利纠纷2条；靖远县呈报河水上涨堤岸危急，已饬各区长妥协防护，请甘肃省政府鉴核，甘肃省政府令认真防堵的记录1条（180页）；蒋委员长电以各省亢旱成灾，饬办森林植树，督责农民修理山溪水道等，甘肃省政府令民政、建设两厅转令各县遵办的记录1条（181页）；靖远县代电称河水暴涨冲溃要堤情形，请甘肃省政府鉴核，甘肃省政府令认真防堵的记录1条（181页）；经委会西北办事处函甘肃省政府关于西兰公路沿线植树一事，请分别饬各县筹划举办，甘肃省政府函复已令建设厅拟具计划饬县举办的记录1条（182页）；省立第五中学呈报气象测候所选择风神庙职校附小地址，请免拨给，甘肃省政府批示已令建设厅核办具报的记录1条（182页）；卫生实验处呈请将会仙宫庙址拨归气象测候所以便早日迁移，甘肃省政府批示已令建设厅查核具复以凭察夺的记录1条（182页）；中山村公民呈明兴修水车功垂成情形，乞仍拨借款项以竟全功，甘肃省政府批示已令皋兰县长查明核办的记录1条（183页）；卸任靖远县长呈请将由罚款项下动支北湾河工费，饬厅迅予收付以结交，甘肃省政府批示已令财政厅核办的记录1条（183页）；关于实业部咨请饬所属保护森林以免焚毁一案，甘肃省政府已令建设厅遵照的记录1条（183页）；甘肃学院学生呈请迅速发表去年后季所呈设平镇水利工程案以裕民生，甘肃省政府批示的记录1条（184页）；建设厅呈据省立第一农场造赍二十二年（1933）12月份及本年1月份经费计算书簿，请甘肃省政府核销，甘肃省政府批示已令财政厅查核汇转的记录1条（185页）；建设厅呈据第一苗圃呈中山林7、8两月灌地费因天雨不再具领，请甘肃省政府鉴核，甘肃省政府准予备查的记录1条（186页）；教育厅呈转省立第五中学以气象测候所选择风神庙该校附小地址，请免拨给，甘肃省政府批示应毋庸议的记录1条（186页）；建设厅呈转省立气象所觅定会仙宫各周围荒地，请甘肃省政府核准指拨，甘肃省政府令照办的记录1条（186页）；靖远北湾河工局呈请拨发公款修筑河堤，甘肃省政府批示的记录1条（187页）；甘肃省政府令皋兰县、建设厅将黄河沿岸扫台限年内修复，又将各处坍塌城墙及黄河两岸扫台工程即日勘复核办的记录1条（187页）；建设厅呈复奉令查核省立第五中学请免拨风神庙给气象测候所，请甘肃省政府鉴核，甘肃省政府准予备查的记录1条（187页）；实业部咨复审核省立第一农场三年进行计划情形，甘肃省政府令建设厅遵照办理的记录1条（188页）；建设厅呈复关于饬县筹划举办西兰公路沿线植树一案，前已饬遵办在案，请甘肃省政府察鉴，甘肃省政府批示呈悉的记录1条（188页）；建设厅呈复会仙宫地址业经省立气象测候所请拨，照准，已呈请备案在案，请甘肃省政府察鉴，甘肃省政府准予备查的记录1条（188页）；财政厅呈复靖远县开修营防滩渠费俟呈借至日即行照办，请甘肃省政府备查，甘肃省政府准予备查的记录1条（189页）；财政厅呈复靖远县兴修河工费6000元既准收付，以后由该县收获正款内抵还，已令县长抵解，甘肃省政府准予备查的记录1条（190页）；财政、建设两厅呈复派员勘估补修省会各处倒塌城墙及沿岸扫台工程编具预算书，请甘肃省政府察核，甘肃省政府令皋兰县领款兴修，工竣造报核销的记录1条（190页）；靖远县呈请拨款兴修北湾河工，甘肃省政府批示此案业经由建设厅函请经委会统筹计划办理的记录1条（190页）；建设厅呈复甘肃省政府，永登县红古城渠工业经该厅会同经委会水利专员详细汇报，借款举办，拟俟计划完竣通筹兴工，请甘肃省政府鉴核，甘肃省政府令永登县知照的记录1条（190页）。

【叙录编号】　1037
【档案题名】
　　甘肃省政府公报（第三卷，第17-20期）
【发文单位】　甘肃省政府
【收文单位】　不详
【档案编号】　004-010-0031-0001
【成文时间】　1934-05-12
【关　键　词】　灾情；赈济；水利；堤防；苗圃；气候；植树造林；调查地质矿产
【内容提要】
　　本份政府公报包括法规、委状、牌示、公牍、记录、附载、统计、报告等部分。公牍部分包括甘肃省政府函复黄河水利委员会关于治河宜择上游泄渠植树以及缓设甘宁青水利局的提案，并令民政、建设两厅遵照办理的记录1条（66、67页）。记录部分包括《本府委员会第200次会议记录》，其中甲项讨论事项中录有建设厅呈转省立第一苗圃主任关于拨款兴修中山林之水槽的呈请，附赍平面图及预算书各2份，省务会议决议照拨的记录1条（95页）；建设厅呈转皋兰县长拟具处理骆驼巷与冯家湾等庄水利纠纷办法，附赍图说及意见书各1

份，省务会议决议派员查办的记录1条（95页）。《本府委员会第204次会议记录》，其中甲项讨论事项中录有甘谷杨县长与渭源王县长等会呈奉令查明前任甘谷县周县长因水灾动用亩款设立收容所及修理溃堤，似无流弊，并恳设法提拨亩款修理剩余堤工，省务会议决议将筑堤计划及预算，并已修未修工程，详报候核的记录1条（99、100页）。《本府委员会第205次会议记录》，其中甲项讨论事项中录有建设厅呈转靖远县长呈为奉令复勘北湾河工，估计工程需洋13000余元，并绘具图说，省务会议决议准由建设事业费项下拨6000元，并先由该厅派员前往勘察的记录1条（101页）。统计部分包括《本府指令各机关寻常文件一览表（民国二十三年四月十六日起至五月十二日止）》（108~110页），其中录有各属呈报米粮草束银钱时估表、雨雪阴晴报告表等内容。报告部分分为民政、财政、教育、建设、司法、党务、军事、编辑等部分：1.民政部分录有查勘各地自然灾情及赈济请求等5条；内政部、财政部会咨奉令核准《修正勘报灾歉条例》，甘肃省政府饬属知照的记录1条（119页）；内政、财政两部会咨开准咨送临夏等县二十一年份（1932）灾案，甘肃省政府令民政、财政两厅知照并转饬知照的记录1条（123页）；民政、财政两厅会呈转平凉县关于义由等里灾区筹款赈济的请求，甘肃省政府批示的记录1条（123页）。2.财政部分录有各县赈济请求及财政厅或各县乡核议复夺等3条。3.建设部分录有各县呈报米粮草束时估表、雨雪阴晴表等记录3条；水利纠纷1条；各县汇报地震情形的记录1条；永登县民呈为灾情畸重，重新发给赈款修理渠坝，甘肃省政府批示拟饬该县长转呈核办的记录1条（145页）；天水县呈报3月份气象观察月报表，甘肃省政府准予备查的记录1条（147页）；甘谷县、皋兰县、天水县、固原县呈报举办总理九周纪念栽树情形，甘肃省政府准予备查的记录4条（147、148、151、152页）；建设厅呈请转饬财政厅拨款建修中山林水槽，甘肃省政府令财政厅照拨的记录1条（148页）；渭源县呈复查明斗户屡遭重灾，民生奇困，请豁免陋规情形，甘肃省政府令牌示渭源县全县斗户代表知照的记录1条（149页）；参谋本部国防设计委员会函甘肃省政府，请转饬保护曾世英等勘查水利地质，甘肃省政府令皋兰等县俟该员等抵境时妥为保护的记录1条（150页）；建设厅呈报安设抽水机应需钢砖由省招匠华克良制造，照录承提书，甘肃省政府准予备案的记录1条（152页）；永登县呈为该县七里毛他各村沟渠损坏，请拨款修筑，甘肃省政府令建设、财政两厅核饬的记录1条（152页）；靖远县呈报准实业部地质调查所函请保护调查水利技士，甘肃省政府准予备查的记录1条（152页）；皋兰县代电称落雨日期及量数，甘肃省政府准予备查的记录1条（152页）；建设厅呈复奉令核办临夏县对民人承领大仓西边空地植树的处理，甘肃省政府准予备查的记录1条（153页）；参谋本部国防设计委员会函请甘肃省政府转饬保护调查地质矿产的侯德封等人，甘肃省政府令皋兰等县俟该员到境时妥为保护的记录1条（153页）；黄河水利委员会函送第2次大会关于治河宜择上游泄渠植树，以及缓设甘宁青水利局的提案，甘肃省政府函复已分令民政、建设两厅遵照的记录1条（153页）。

【叙录编号】 1038
【档案题名】
甘肃省政府公报（第三卷，第21-24期）
【发文单位】 甘肃省政府
【收文单位】 不详
【档案编号】 004-010-0032-0001
【成文时间】 1934-06-17
【关　键　词】 灾情；赈济；捕蝇；水利；堤

防；春耕；气候；严禁砍伐森林；植树造林
【内容提要】

　　本份政府公报包括特载、法规、委状、牌示、公牍、记录、附载、统计、报告等部分。法规部分录有《勘报灾歉条例》15条（57~60页）；《甘肃省会公安局拟订捕蝇会简章》17条，附《甘肃省会公安局捕蝇会各股人员姓名职务一览表》（109~111页）。甘肃省政府令建设厅参考办理南昌陈彬元关于极力提倡造林，且一致种桐的电请，附《原电》（121~123页）。记录部分包括《本府委员会第209次会议记录》，其中甲项讨论事项录有甘肃省政府视察员呈奉令查办皋兰县属骆驼巷与冯家湾等庄水利纠纷，并拟具办法，附赍该双方和解各呈及和约十条图样等件，省务会议决议如拟办理的记录1条（147页）。统计部分包括《本府指令各机关寻常文件一览表（民国二十三年五月十四日起至六月九日止）》（161~163页），其中录有各属呈报米粮草束银钱时估表、雨雪阴晴报告表、春耕播种情形、雨量站气象观测月报表、夏秋禾苗滋长情形等内容。报告部分分为民政、财政、教育、建设、司法、党务、军事、编辑等部分：1.民政部分录有查勘各地自然灾情及赈济请求等15条；行政院已请内政、财政两部查明解释修正勘报灾歉条例第十六条疑义及以后灾情册结是否由民政、财政两厅复核加结，甘肃省政府令民政、财政两厅知照的记录1条（184页）；民政厅呈为据省会公安局请，转呈通令各机关一律组织捕蝇团体共同捕蝇，甘肃省政府批示已分别函令切实进行的记录1条（193页）。2.财政部分录有各县赈济请求及财政厅或各县乡核议复夺等1条；榷连局呈据小红沟盐户请助款修坝，甘肃省政府批示已转咨财政部查照的记录1条（207页）。3.建设部分录有各县呈报米粮草束时估表、雨雪阴晴表等记录2条；水利纠纷2条；古浪县第四区区长呈报藏族民众砍伐森林、断绝水源，请求彻查法办，甘肃省政府批示既据呈报县政府，候转呈到府核办的记录1条（216页）；永登县呈请开筑沟渠以兴水利，甘肃省政府令民政、建设两厅会同核复的记录1条（217页）；建设厅呈转靖远县长呈赍奉令勘查北湾河工冲溃堤坝，估计工程修筑计划图说，请拨款兴修，甘肃省政府批示的记录1条（217页）；内政部咨请甘肃省政府督饬所属对于预防水患工程迅速认真办理并将办理情形报部查考，甘肃省政府咨复已令民政、建设两厅遵照办理的记录1条（218页）；建设厅呈复关于永登县呈请拨款修筑七里毛他各村沟渠一案，业经禁烟委员会核准，已饬该县长遵照并令补具图说，请甘肃省政府鉴核，甘肃省政府准予备查的记录1条（220页）；南昌陈彬元电请甘肃省政府令所属极力提倡造林，甘肃省政府代电复并令建设厅知照的记录1条（221页）；财政厅呈报填支建设厅抽水机运费，甘肃省政府准予备查的记录1条（221页）；临洮县呈转该县水利协进委员会呈赍拟开泄济等渠工计划，请拨款修筑，甘肃省政府令就地筹款办理的记录1条（222页）；视察员呈赍奉令查办皋兰县属骆驼巷与冯家湾等庄水利纠葛情形，并拟善后办法，甘肃省政府令如拟办理并令皋兰县建设厅遵照办理的记录1条（222页）；建设厅呈复甘肃省政府，关于内政部咨请督饬所属认真办理预防水患工程一事，已转饬各县遵照办理，请甘肃省政府鉴核，省政府准予备查的记录1条（223页）；甘谷县呈报挪用人民捐款挪作修堤之用，请甘肃省政府备案，甘肃省政府令仰将所欠员役捐款连同所欠人民捐款各洋扫数清解的记录1条（223页）；岷县呈报本年植树情形，并赍成活树株表，甘肃省政府准予备查的记录1条（224页）；民政、建设两厅呈复关于永登县开筑沟渠的呈请，经建设厅指令补具详细计划图说，甘肃省政府准予备查的记录1条（225页）；鼎新县呈报正义五堡禾苗灌足平流入鼎双二屯渠口日期，甘肃省政府准予备查的记录1条（225页）；建设厅呈赍卸任康乐设治局长呈报动支筹存建设事业费修筑该乡区桥梁渠工等费，造具清册及收据，请予核销，甘肃省政府准予核销并令财政厅查照的记录1条（226页）。

【叙录编号】 1039
【档案题名】
　　甘肃省政府公报（第三卷，第25-28期）
【发文单位】 甘肃省政府
【收文单位】 不详
【档案编号】 004-010-0033-0001
【成文时间】 1934-07-15
【关 键 词】 灾情；赈济；水利；堤防；气候；察勘地质
【内容提要】
　　本份政府公报包括法规、聘书、牌示、公牍、记录、附载、统计、报告等部分。公牍部分包括甘肃省政府令泾川等县接洽保护由黄河水利委员会西京办公厅函派察勘泾渭河系地质技士的记录1条（65、66页）。记录部分包括《本府委员会第216次会议记录》，其中甲项讨论事项中录有渭源县县长、甘谷县县长会呈甘谷县沙堤工程处筑堤计划，及已修工程预算表并各堤略图，请甘肃省政府鉴核拨款援济，主席查核表列未修工程尚多，请省务会议核示应如何办理，省务会议决议已挪用亩款准予核销，其余未完工程准由该县本年亩款内提拨一成，从速续修的记录1条（71、72页）。统计部分包括《本府指令各机关寻常文件一览表（民国二十三年六月十一日起至七月十七日止）》（87~90页），其中录有各属呈报米粮草束银钱时估表、雨雪阴晴报告表、夏禾滋长情形等内容。报告部分分为民政、财政、教育、建设、司法、党务、编辑、军事等部分：1.民政部分录有查勘各地自然灾情及赈济请求等38条；甘谷、渭源县长会呈复遵令造具筑堤计划及预算、已修未修工程表、各堤略图等，甘肃省政府批示仰遵照指令各节办理的记录1条（111页）。2.财政部分录有各县赈济请求及财政厅或各县乡核议复夺等1条。3.建设部分录有各县呈报米粮草束时估表、雨雪阴晴表等记录3条；水利纠纷4条；临潭县呈转该县民众代表等呈请将李和义砍伐莲花山林木追回并恳明令保护，甘肃省政府批示候建设厅核办复夺的记录1条（134页）；建设厅呈转永登县呈赍修筑七里毛他各村沟渠图说，甘肃省政府准予备查的记录1条（135页）；渭源县民呈临洮三区小学校长率生偷拔树栽、破坏堤防，甘肃省政府批示并令建设、教育两厅核办复夺的记录1条（135页）；建设厅呈报临潭县民众代表等呈请将李和义私伐森林归还本县以便办理建设，甘肃省政府令临潭县转饬民众知照的记录1条（136页）；鼎新县呈报均水事竣回府日期，及浇灌鼎双二屯禾苗情形，甘肃省政府准予备查的记录1条（136页）；靖远县呈请迅予令饬照拨已准款洋6000元以完北湾河工工程，甘肃省政府令财政厅查照核拨的记录1条（137页）；建设厅呈为奉令据临潭县民等请追还李和义私伐树木，甘肃省政府准予备查的记录1条（139页）；关于渭源县民侯贵宗呈为马彦魁率生偷拔树栽一案，建设厅呈报已令催临洮县查案具复，甘肃省政府准予备查的记录1条（139页）；黄河水利委员会西京办公厅函达派技正赴灵台等县察勘泾渭河系地质，请饬各该县保护接洽便利，甘肃省政府令灵台等县遵照的记录1条（140页）；永登县民呈请振兴水利、另开帖渠，甘肃省政府批示令建设厅饬查拟办具复的记录1条（140页）；建设厅呈复遵令派员勘察靖远县北湾河工，甘肃省政府准予备查的记录1条（141页）。

【叙录编号】 1040

【档案题名】
甘肃省政府公报(第三卷,第41-44期)
【发文单位】 甘肃省政府
【收文单位】 不详
【档案编号】 004-010-0037-0001
【成文时间】 1934-11-04
【关 键 词】 灾情;赈济;水利;堤防;气候;植树造林;砍伐树木;农业收成;禁烟;苗圃
【内容提要】

本份政府公报包括法规、委状、牌示、公牍、记录、附载、统计、报告等部分。记录部分包括《本府委员会第250次会议记录》,其中乙项讨论事项中录有建设厅呈复遵令就已拨支20万元,先修永登红古城渠第一、第二两段,及临洮民生渠全渠,并拟具计划请求拨款,主席提议可否如拟核转,请省务会议公决,省务会议决议如拟的记录1条(145、146页)。《本府委员会第252次会议记录》,其中甲项讨论事项中录有建设厅呈据静宁县县长呈赍重修该县兴龙渠筑坝凿洞工程计划图说预算,请拨款兴修,主席提议省务会议公决应如何处理,省务会议决议先行派员查勘的记录1条(148页)。《本府第一期第一次县长会议记录》,乙项讨论事项中录有建设厅长提议计划各县水利,经第三组审查并提出意见,主席提议省务会议公决可否如拟照办,省务会议决议照审查意见通过的记录1条(157页);榆中县县长提议请拨款修筑条城黄河决堤,经第三组审查并提出意见,主席提议省务会议公决可否如议照办,省务会议决议照审查意见通过的记录1条(157页);皋兰县县长建议筹借经费修渠灌田,靖远县县长建议请经委会拨款兴办水利,永登县县长建议修筑红古城水渠,景泰县县长建议开劈连城河水渠,经第三组审查并提出意见,主席提议省务会议公决可否如拟照办,省务会议决议照审查意见通过的记录1条(157、158页);建设厅厅长提议提倡造林,经第三组审查并提出意见,主席提议省务会议公决可否如拟照办,省务会议决议照审查意见通过的记录1条(158、159页)。统计部分包括《本府指令各机关寻常文件一览表(民国二十三年十月八日起至十月二十日止)》(174~175页),其中录有各属呈报米粮草束银钱时估表、雨雪阴晴报告表、夏禾秋苗滋长情形等内容。报告部分分为民政、财政、教育、建设、司法、党务、军事、编辑等部分:1.民政部分录有查勘各地自然灾情及赈济请求等21条;各县呈报地震情形的记录1条;民政、财政、建设厅呈复核办甘谷县东沙堤等处溃决情形,请甘肃省政府鉴核,甘肃省政府准予备查的记录1条(192页);各县呈报夏秋禾收成分数表请鉴核的记录3条。2.财政部分录有权连局呈据小红沟分局呈报盐池堵水长坝业已修竣,公家补助费洋200元检赍领单请核销,甘肃省政府准予核销的记录1条(204页)。3.教育部分录有财政厅呈复建设厅呈转气象测候所本年4、5、6、7月份经费支出计算书簿核算无讹,存候汇转,请甘肃省政府备查,甘肃省政府准予备查的记录4条(212、213、215页);建设厅呈转气象测候所本年7月份经费支出书簿,请予核销,甘肃省政府令财政厅核转迳达的记录1条(212页);建设厅呈转气象测候所本年6、7两月份气象月报表,请甘肃省政府鉴核,甘肃省政府准予备查的记录1条(212页);建设厅呈赍气象测候所造具本年8月份经费并购日照计价款支出计算书簿,请予核销,甘肃省政府令财政厅查核汇转迳达知照的记录1条(217页)。4.建设部分录有各县呈报米粮草束时估表、雨雪阴晴表等记录2条;水利纠纷1条;禁烟委员会呈据古浪县呈赍支付建设厅搬运抽水机费印据备批抵解,请甘肃省政府收付,甘肃省政府令财政厅仰查核办具报的记录1条(217页);建设厅呈转榆中县呈赍第五区东滩沿岸剥落地图暨护岸河堤工程预算，请甘肃省政府鉴核并拨款兴修，甘肃省政府令再复勘详核具复以凭察夺的记录1条（218页）；庄浪县呈为城垣因大雨连绵，坍塌不堪，拟请将财政厅发下小河头去年水灾赈款修城垣，以工代赈，请甘肃省政府示遵，甘肃省政府令民政、财政两厅仰会同核拟具复察夺的记录1条（218页）；建设厅呈复全国造林成绩考成各表已分发各县填送，俟呈赍到府，另案汇转，请甘肃省政府转咨备查，甘肃省政府咨实业部请查照的记录1条（218页）；建设厅呈复奉令考验王凤义发明灌溉地水机案，将派员审查情形，请甘肃省政府鉴核示遵，甘肃省政府令牌示河北省民王凤义知照的记录1条（218页）；兰州市农会呈泥窝村农民等呈请拨款修理水车，甘肃省政府令财政厅遵照拨发的记录1条（219页）；经委会西北办事处电请甘肃省政府将已拨20万渠款选择渠工支配，俟余款拨到后再进行其他工程，甘肃省政府电复并令建设厅遵照的记录1条（219页）；建设厅呈复关于宁定县长恳拨款兴修河堤以跋扈城关一案，已令饬速将工程详细计划预算赍，再行核议，请甘肃省政府察鉴，甘肃省政府准予备查的记录1条（220页）；静宁县民呈为屡被奇灾，艰穷万状，请拨款开办水利以苏灾黎，甘肃省政府批示已令建设厅仰核办的记录1条（220页）；财政厅呈复奉发建设厅呈赍第一农场二十二年（1933）12月份及本年1月份经费书簿已存候汇转，甘肃省政府准予备查的记录1条（220页）；华亭县丈代电请将由亩款内挪支北湾河工费洋令财政厅准予收付以结交，甘肃省政府据财政厅呈复已令该县长抵解仰知照的记录1条（221页）；临洮县呈复奉令举办《救旱防灾办法》四条，请甘肃省政府鉴核，甘肃省政府令仰候汇案核转的记录1条（221页）；建设厅呈复就已拨渠款拟先择修红古城渠及民生渠，请甘肃省政府转函经委会备案并将余款续汇来甘以便进行其他工程，甘肃省政府函全国经委会备案并拨款项，并函经委会西北办事处查照办理的记录1条（222页）；永登县第四区区公所呈请拨款兴修渠工以兴水利，甘肃省政府令永登县查复核办的记录1条（222页）；甘谷县呈安乐乡护岸堤工计划书，请拨款救济，甘肃省政府令民政、财政两厅仰核议具复的记录1条（223页）；实业部代电请将办理苗圃及造林情形迅予分别列表送部以凭汇转，甘肃省政府令仰从速汇报核议的记录1条（223页）；财政厅呈复兰州市农会呈报泥窝村农民请拨修理水车费已饬该会造送书单到厅以便核发，请甘肃省政府备查，甘肃省政府准予备查的记录1条（223页）；静宁县呈复遵令转饬各区长保护森林，督饬农民修理山溪水道，请甘肃省政府鉴核，甘肃省政府令存候汇案核转的记录1条（224页）；皋兰县提议筹借经费修渠灌田，甘肃省政府第一期县长会议决议通过，令建设厅、皋兰县遵照的记录1条（224页）；甘肃省政府令建设厅据该厅长关于提倡造林的提议，拟具办法通令遵照的记录1条（224页）；甘肃省政府令建设厅、各县县长遵照第一期县长会议关于各县政府于境内水利事项无论有无奉令调查或督促兴修，均应尽量注意分别详查拟具计划图说以资采择的提议办理的记录1条（224页）；甘谷县呈为东镇南沙河堤被水冲溃，恳拨款救济，甘肃省政府令该县长就地筹拨的记录1条（225页）；行政院令全国经济委员会函甘肃省政府奉颁《统一水利行政及事业办法纲要》第3条，《统一行政事业进行办法》第5条各规定，并饬属遵照办理，甘肃省政府令建设厅遵办的记录1条（226页）；电政局代电呈请甘肃省政府转电卓尼杨司令雇藏族民众依限砍运木料，甘肃省政府代电临洮县保安司令部，仰查照协助，并饬属砍伐以利进行的记录1条（226页）。5.司法部分录有水利纠纷的记录1条。

【叙录编号】 1041
【档案题名】
甘肃省政府公报（第三卷，第45-48期）
【发文单位】 甘肃省政府
【收文单位】 不详
【档案编号】 004-010-0038-0001
【成文时间】 1934-12-02
【关 键 词】 灾情；赈济；水利；堤防；气候；农业收成；苗圃；保护耕地
【内容提要】

本份政府公报包括法规、牌示、公牍、记录、附载、统计、报告等部分。公牍部分录有甘肃省政府呈报行政院关于皋兰等县本年夏秋禾苗被灾情况，并请求赈济，行政院收到呈后饬交财政部及赈务委员会，甘肃省政府令民政、财政两厅及省赈务会知照的记录1条（115、116页）。记录部分包括《本府委员会第257次会议记录》，其中乙项讨论事项中录有省赈务会呈转秦安县县长呈称，该县东门祥和城门地势近水，入秋以来河水暴涨，城垣冲坏，沿城居民房屋倒塌，灾情极剧，拟即补筑祥和门外河堤，并建筑炮台城碟，共计需工程费洋2430余元，主席提议省务会议公决可否准予拨款，省务会议决议准予照拨的记录1条（132页）；《本府第1期第2次会议记录》，其中乙项讨论事项中录有民勤县县长拟请插风墙、栽树株，防御风沙以全耕地，经第二组审查并提出意见，主席提议省务会议公决可否如拟照办，省务会议决议照审查意见通过的记录1条（142页）；临洮县县长建议拨款修筑临洮民生、普济两渠工程，经第三组审查并提出意见，主席请省务会议公决可否如拟照办，省务会议决议照审查意见通过的记录1条（142页）；岷县县长拟请由经委会水利拨款内借修岷县堤工，经第三组审查并提出意见，主席提议省务会议公决可否如拟照办，省务会议决议照审查意见通过的记录1条（143页）。统计部分包括《本府指令各机关寻常文件一览表（民国二十三年十月二十二日起至十一月十七日止）》（155~157页），其中录有各属呈报米粮草束银钱时估表、雨雪阴晴报告表、秋禾滋长情形等内容。报告部分分为民政、财政、教育、建设、司法、党务、军事、编辑等部分：1.民政部分录有查勘各地自然灾情及赈济请求等16条；各县呈赍本年夏秋禾收成分数表的记录3条；中国华洋义赈救灾总会函甘肃省政府，总会拟编各省灾荒录刻，因急于脱稿，请甘肃省政府将各种灾情迅予略示汇编，甘肃省政府令民政厅、省赈务会迅速填报核转的记录1条（170页）；财政、民政两厅呈请拟将各县被灾分数由本两厅核定饬县造册以期敏捷，请甘肃省政府示遵，甘肃省政府准如请照办的记录1条（175页）；中国华洋义赈救灾总会拟编各省灾荒录，函请甘肃省政府将各种灾情迅予略示汇编，省赈务会呈复奉令已将所有应寄材料迳送，请甘肃省政府鉴核，甘肃省政府准予备查的记录1条（175页）；赈务委员会咨甘肃省政府，关于甘肃省政府函送皋兰等县二十三年（1934）灾况表并请施赈济一案，除汇案统筹办理外，请甘肃省政府查照，甘肃省政府令民政、财政两厅及省赈务会知照的记录1条（176页）；内政部咨甘肃省政府，关于甘肃省政府咨送皋兰等39县及康乐设治局灾况表一案，已备案，复请甘肃省政府查照，甘肃省政府令民政、财政两厅及省赈务会知照的记录1条（176页）；省赈务会、民政厅呈复甘肃省政府关于办理中华洋义赈灾总会函请编送各种灾情一案的情形，请甘肃省政府鉴核，甘肃省政府准予备查的记录1条（183页）。2.教育部分录有建设厅转省立气象测候所本年8月份、9月份气象表，请甘肃省政府鉴核，甘肃省政府准予备查的记录2条（198、202页）；建设厅呈转气象测候所造赍二十二年（1934）2月份开支六成经费支出计算书簿，请予核销，甘肃省政府令财学堂查核汇转迳达知照的记录1条（200页）；财政厅呈复建设厅转赍气象测候所本年8月份经费并购日照计价款支出算书簿，核数相符，存候汇转，请甘肃省政府鉴核，甘肃省政府准予备查的记录1条（202页）。3.建设部分录有各县呈报米粮草束时估表等记录2条；水利纠纷3条；军事委员会南昌行营电各省关于植树须规定十年计划并自本年度起对于苗圃经费应增补5万元，甘肃省政府电复并令建设厅遵照计划办理的记录1条（205页）；建设厅呈转静宁县呈赍兴陇渠坝重修计划，请发款兴修，甘肃省政府批示先行派员查勘的记录1条（205页）；临洮县二呈赍《民生渠征工委员会简章》及渠工图表，请甘肃省政府备查并划拨经费，甘肃省政府令建设厅查核办理的记录1条（206页）；甘谷县呈赍龙浴、南沙二沟修堤工程计划略图，请甘肃省政府鉴核拨款办理，甘肃省政府令民政、财政、建设三厅核办具复的记录1条（206页）；建设厅呈复已电促水渠测量队长早日来甘工作，关于前拨经费如何支用，俟实行测时再行呈报，甘肃省政府准予备查的记录1条（206页）；酒泉县呈请令行政、财政两厅准将职县支付省立第六苗圃各月份经费收付一清款项，甘肃省政府令财政厅核办，饬遵具报的记录1条（208页）；建设厅呈复遵查经委会两委员前往临洮等县测量水利所需旅费，系属招待性质，难照本省出差给费办理，甘肃省政府令准由该厅测量费内开支具报的记录1条（209页）；经济年鉴编纂委员会函甘肃省政府，嘱将水利调查表填寄以便编印，甘肃省政府函复并令建设厅从速填注径寄具报的记录1条（209页）；教育厅呈复查明渭源县侯贵宗等呈诉临洮三区小学校长率生偷拔树栽破坏堤防情形，并拟办法，甘肃省政府令临洮、渭源两县将两造付案惩戒的记录1条（210页）；省党部函转天水县整委会呈请拨款修筑沟堤以工代赈而防水患，甘肃省政府函复并令天水县查复核办的记录1条（210页）；省赈务会呈转秦安县呈报该县祥和门外被水冲塌城垣，请甘肃省政府鉴核施赈，经省务会议决议照拨的记录1条（210页）；实业部咨请将二十二、二十三（1933、1934）两年办理培植苗圃及造林情形列表于本年年内一并咨送到部，甘肃省政府令建设厅从速汇报以凭核转的记录1条（210页）；全国经委会函复甘肃省政府关于该厅呈拟先修红古城渠及民生渠请备案一案，甘肃省政府令建设厅知照的记录1条（211页）；省赈务会呈报省整委会函据静宁县党部呈请兴修陇河开渠灌田以工代赈，请转饬建设厅并函经委会查核办理，甘肃省政府令建设厅核拟具复察夺的记录1条（211页）；华亭县呈复拨发靖远北湾河工费洋情形，请甘肃省政府备查，甘肃省政府准予备查的记录1条（212页）；建设厅呈赍建筑省立气象测候所预算图说，请省份备查，甘肃省政府准予备查的记录1条（212页）；省赈务会呈报甘肃省政府，准党务整委会函据静宁县党部呈请，兴修陇河开渠灌田以工代赈，请转行办理，甘肃省政府令仰候查酌办理的记录1条（212页）；洮沙县民呈复广田废弃，请派员勘验拨款补助以兴水利，甘肃省政府批示并令建设厅查勘议复凭夺的记录1条（214页）。

【叙录编号】 1042
【档案题名】
　　甘肃省政府公报（第三卷，第49-52期）
【发文单位】 甘肃省政府
【收文单位】 不详
【档案编号】 004-010-0039-0001
【成文时间】 1934-12-31

【关 键 词】 灾情；赈济；水利；堤防；气候；农业收成；植树造林；苗圃；禁止宰杀耕牛

【内容提要】

本份政府公报包括法规、委状、牌示、公牍、记录、附载、统计、报告等部分。公牍部分录有甘肃省政府令各县政府准内政部咨，内政部有关水利之职掌移交全国经委会接收，嗣后凡关水利事务，请概送该会核办的记录1条（111、112页）。记录部分包括《本府委员会第266次会议记录》，其中甲项讨论事项中录有民政、财政、建设三厅呈复，关于甘谷县呈赍修复龙峪、南沙二沟工程计划图说，尚有欠详及未妥之处，除令分别补叙，以凭核办外，查此二沟工程，据报共需款7690元，应拨款补助，请省务会议公决如何筹拨，省务会议决议令建设厅勘查具报再行核办的记录1条（125页）。《本府委员会第269次会议记录》，其中甲项讨论事项录有民政、财政、建设三厅呈复遵令会核榆中县长请拨款修筑黄河决堤一案，业经建设厅派员复勘计划完竣，附赍路图及工程费预算清册到府，查核原呈所估，修堤修坝共计需洋18000余元，请公决可否如拟拨款，省务会议决议补助1/2的记录1条（219页）。统计部分包括《本府指令各机关寻常文件一览表（民国二十三年十月二十二日起至十一月十七日止）》（137～140页），其中录有各属呈报米粮草束银钱时估表、雨雪阴晴报告表等内容。报告部分分为民政、财政、教育、建设、司法、党务、军事、编辑等部分：1.民政部分录有查勘各地自然灾情及赈济请求等11条；各县呈赍本年夏秋禾收成分数表的记录2条；各县汇报地震情形的记录1条；甘肃省政府呈行政院、咨内政部、训令民政财政两厅，关于甘肃陇西、永靖两县民国二十三年（1934）被电成灾地亩蠲银缓洋简明表一案，请行政院鉴核示遵函转，内政部查照核办见复，并呈国府查核，此案已由甘肃省政府分别呈咨中央核办，仰将未造报各县查案催造的记录1条（164页）；民政、财政两厅呈赍榆中等13县被灾蠲缓豁免银粮表结都图，请甘肃省政府核转，甘肃省政府批示已分别咨呈核办的记录1条（164页）；甘肃省政府呈行政院、咨内政财政两部、训令民政财政两厅，关于甘肃华亭等县续报本年秋禾被灾情况表，请行政院鉴核拨赈，内政财政两部备案，令民政财政两厅知照甘肃省政府已造表呈报中央备案拨赈的记录1条（165页）。2.教育部分录有建设厅呈转省立气象测候所造赍经费书簿，请予核销的记录2条；财政厅呈复建设厅转赍省立气象测候所开支计算书簿的记录3条。3.建设部分录有各县呈报米粮草束时估表等记录3条；水利纠纷1条；建设厅呈复甘肃省政府，查核临洮县民生渠渠部图说尚有欠详之处，拟俟派对前往详测量计划后再行核示，甘肃省政府令临洮县知照的记录1条（187页）；永登县呈复奉令办理救急旱灾办法情形，请甘肃省政府鉴核，甘肃省政府令永登县拟具办法呈核的记录1条（187页）；临洮县呈溥济渠工委会呈赍渠图计划，请甘肃省政府鉴核，甘肃省政府令建设厅核办的记录1条（187页）；洮沙县呈转该县民人关于拨款修筑河堤的呈请，请甘肃省政府鉴核，甘肃省政府令建设厅查勘议复的记录1条（187页）；经委会秘书处函请检发有关公路植树事项法令或方案以供参考，甘肃省政府函复并令建设厅遵照径寄的记录1条（188页）；建设厅呈复甘肃省政府，关于临洮县呈转民生渠工程计划书并请拨款兴修一案，业经指令俟水渠测竣后再行饬遵，甘肃省政府准予备查的记录1条（188页）；榆中公民代表呈请甘肃省政府令民政、财政、建设三厅将什川黄河决堤查照旧案，与条城决堤案并案核办，甘肃省政府批示已令三厅会同并案核办复夺的记录1条（189页）；黄河水利委员会函请甘肃省政府拟订《黄河各渡管理规则》，交主管机关办理，甘肃省政府函复并令建设厅遵办的记录1条（190页）；建设厅呈报准经委会水利处技正函请，将民生渠暂行停工并更改渠名，请甘肃省政府核备查，甘肃省政府函全国经委会查照的记录1条（180页）；建设厅呈赍临洮县溥济渠图说计划，请甘肃省政府鉴核示遵，甘肃省政府令统筹勘查核办的记录1条（190页）；财政厅呈复奉发建设厅呈赍省苗圃本年植树节用过造林费书簿，核数相符，请甘肃省政府备查，甘肃省政府准予备查的记录1条（190页）；建设厅呈复甘肃省政府，关于实业部经济年鉴编委会请填载水利调查表，已查填径寄，请甘肃省政府察鉴，甘肃省政府批示呈悉的记录1条（190页）；张痴生呈请甘肃省政府通令各县禁止宰杀牛羊，甘肃省政府批示禁宰耕牛早经通令，至于禁止宰羊则应毋庸议的记录1条（191页）；内政部咨甘肃省政府，奉行政院令，内政部有关于水利之职掌移交全国经委会接收，嗣后凡关于水利事项请概送该会核办，并请甘肃省政府转饬所属遵照，甘肃省政府通令各厅各县遵照的记录1条（191页）；敦煌县呈复奉令遵办防灾办法，请甘肃省政府查考，甘肃省政府令敦煌县认真办理的记录1条（191页）；建设厅呈复甘肃省政府，关于洮沙县呈转李仲文等请拨款修筑河堤一案，业经指令拟具图说呈核在案，请甘肃省政府电鉴，甘肃省政府准予备查的记录1条（193页）；建设厅呈复甘肃省政府，关于临洮县呈赍的溥济渠计划图说，业经转请核示在案，请甘肃省政府察鉴，甘肃省政府批示此案前已指令在案仰知照的记录1条（194页）。4.司法部分录有水利纠纷的记录1条。

【叙录编号】　1043
【档案题名】
　　甘肃省政府公报（第四卷，第1-4期）

【发文单位】　甘肃省政府
【收文单位】　不详
【档案编号】　004-010-0040-0001
【成文时间】　1934-12-07
【关　键　词】　灾情；赈济；水利；堤防；气候；农业收成；苗圃；林产籽种
【内容提要】
　　本份政府公报包括特载、法规、委状、公牍、记录、附载、统计、报告等部分。记录部分包括《本府委员会第271次会议记录》，其中乙项讨论事项录有民政、财政两厅会呈据天水县长呈报第四区柴家集野河湾等处被灾情形，并请求赈济，主席提议惩处该县县长，省务会议决议如拟的记录1条（38页）。《本府委员会第274次会议记录》，其中甲项讨论事项中录有省赈务会呈请由财政厅拨发前秦安县修理城垣河堤的赈款洋，省务会议决议令财政厅拨发的记录1条（45页）。统计部分包括《本府指令各机关寻常文件一览表（民国二十三年十二月二十四日起至二十四年一月十九日止）》（52～54页），其中录有各属呈报米粮草束银钱时估表、雨雪阴晴报告表等内容。报告部分分为民政、教育、建设、司法、党务、军事、编辑等部分：1.民政部分录有查勘各地自然灾情及赈济请求等12条；各县呈赍本年夏秋禾收成情形的记录1条；各县汇报地震情形的记录1条。2.教育部分录有建设厅呈转省立气象测候所造赍经费书簿，请予核销的记录1条；财政厅呈复建设厅转赍省立气象测候所开支计算书簿的记录2条。3.建设部分录有各县呈报米粮草束时估表等记录1条；水利纠纷记录1条；全国经委会秘书处函甘肃省政府，现在全国水利行政事宜归本会管理，关于全国各县编改雨量测验站以资兴办水利一案，各地测验记载应按期寄会，令建设厅仰转饬遵办的记录1条（96页）；民政厅呈复甘肃省政府，关于榆中县请求拨款修筑黄河决堤一案，经建设厅派员复勘计划完竣，附赍图说及预算清册，请甘肃省政府鉴核，甘肃省政府令财政、建设两厅知照的记录1条（96页）；建设厅呈据省苗圃造具修理中山林水槽用过工料数目书簿，请予核销，甘肃省政府令财政厅仰查核汇转迳达具报的记录1条（97页）；内政部咨请甘肃省政府，关于令建设厅转饬各水文站，以及雨量报告迳送经委会办理一案，令建设厅遵办的记录1条（99页）；甘肃省政府训令兰州市农会，令将本府拨发该会修理水车款详开支情形，限3日之内呈报核办的记录1条（99页）；建设厅呈赍遵造本年1月份本厅附属第一苗圃应支经费预算书单，请令饬财政厅照发，甘肃省政府令财政厅核发并具报的记录1条（100页）；榆中县一条城东滩民众代表呈请将补助修堤经费迅予拨定，甘肃省政府令建设厅遵照办理的记录1条（100页）；财政厅呈复甘肃省政府，关于酒泉县请求拨发省立第六苗圃农场经费一案，按照前案仍难核准，甘肃省政府令财政厅仰再核明呈复以凭察夺的记录1条（101页）；建设厅呈复关于技工否认电请派员协助民生渠测量事宜经过情形，甘肃省政府批示办理甚是，准予备查的记录1条（101页）；建设厅呈赍省农场经费支出计算，甘肃省政府令财政厅仰查核汇转，迳达具报的记录1条（101页）；建设厅呈赍省农事试验场经费书簿，请予核销，甘肃省政府令财政厅仰查案汇转的记录3条（98、102页）；全国经委会函甘肃省政府，关于各省市水利主管机关呈送本会水利工作报告、设施计划办法的规定，请甘肃省政府查照并转饬遵办，甘肃省政府令建设厅遵办的记录1条（102页）；绥靖公署咨甘肃省政府，据第十六师请饬建设厅或经委会速拨槐榆树苗各5万株以便种植，请甘肃省政府饬属速拨送署以便转发，省复咨复并令建设厅查核拨给迳送绥署具报的记录1条（103页）；古浪县呈复拟具防旱办法，请甘肃省政府鉴核，甘肃省政府令仰候汇转的记录1条（103页）；卫生实验处呈赍交接气象测候所清单，请甘肃省政府鉴核备查，甘肃省政府准予备查的记录1条（103页）；省赈务会呈请甘肃省政府，关于秦安县修理城垣河堤款项，请令财政厅将义务捐项下拨发，甘肃省政府令财政厅筹拨的记录1条（103页）。

【叙录编号】　1044
【档案题名】
　　甘肃省政府公报（第四卷，第5-8期）
【发文单位】　甘肃省政府
【收文单位】　不详
【档案编号】　004-010-0041-0001
【成文时间】　1934-12-04
【关　键　词】　灾情；赈济；水利；堤防；气候；农场试验；农业收成；禁烟；植树造林；查明树株情况
【内容提要】

本份政府公报包括特载、法规、委状、牌示、公牍、记录、附载、统计、报告等部分。记录部分包括《本府委员会第277次会议记录》，其中甲项讨论事项中录有建设厅呈据景泰县县长呈赍修浚一条山泉水上下涝池及锁罕堡四道泉渠工程计划图说，请拨款助修，主席就工程费用问题提出建议，请省务会议公决，省务会议决议准由建设事业费项下拨给的记录1条（217页）。《本府委员会第278次会议记录》，其中甲项讨论事项录有民政厅呈复关于武山县磨渠引水涉讼一案，并拟具意见，主席提议省务会议公决可否如拟办理，省务会议决议如拟的记录1条（218页）；乙项临时动议事项中录有建设厅呈报添购雁滩水田及划拨苗圃圃地备为农场试验区各节，并请令财政厅拨给经常费，附抄呈王树德卖约一纸，请省务会议核示，省务会议决议照办的记录1条（220页）。统计部分包括《本府指令各机关寻常文件一览表（民国二十四年元月二十一日起至二月十六日止）》（233~236页），其中录有各属呈报米粮草束银钱时估表、雨雪阴晴报告表等内容。报告部分分为民政、财政、教育、建设、司法、党务、军事、编辑等部分：1.民政部分录有查勘各地自然灾情及赈济请求等12条；各县呈赍本年夏秋禾收成情形的记录1条；划界记录3条。2.教育部分录有建设厅呈转省立气象测候所造赍经费书簿，请予核销的记录2条；财政厅呈复建设厅转赍省立气象测候所开支计算书簿的记录1条。3.建设部分录有各县呈报米粮草束时估表等记录2条；建设厅呈复甘肃省政府关于遵令支给何、邱二委员及苗技士前往临洮等县测勘水利旅费洋，请甘肃省政府核销，甘肃省政府准予核销的记录1条（295、296页）；建设厅呈赍景泰县修浚一条山泉及锁罕堡四道泉渠计划图说，请甘肃省政府鉴核拨款补助，甘肃省政府令财政厅遵照拨发的记录1条（296页）；禁烟委员会呈请甘肃省政府收付关于抵解永登县由二十三年（1934）罚款项下支付过的修理该县七里毛他各村渠沟的费洋，甘肃省政府令财政厅查照的记录1条（297页）；实业部咨以本省各县二十二年（1933）植树概况表内未填植树面积，嗣后仍应详查填注，甘肃省政府令建设厅遵照的记录1条（298页）；实业部咨甘肃省政府，3月12日为总理逝世十周纪念会，关于植树及造林宣传周事宜应准查照成案饬属筹备，并将办理情形咨复，甘肃省政府咨复并令建设厅及各县遵办的记录1条（299页）；各县呈复关于将境内左公柳及道旁树木树株数目查明编号事宜的记录5条；禁烟委员会呈请甘肃省政府鉴核收付关于由永登县二十二年（1933）罚款项下支付的修筑曲善渠的费洋，甘肃省政府令财政厅知照的记录1条（300页）；财政厅呈复奉发建设厅呈赍省农场二十三年（1933）就是两月份经费书簿，核数相符，甘肃省政府准予备查的记录1条（300页）；建设厅呈复甘肃省政府关于榆中县东滩民众代表呈请速拨修堤经费一案，已令该县迅即请领开工，甘肃省政府准予备查的记录1条（302页）。

【叙录编号】　1045
【档案题名】
　　甘肃省政府公报（第四卷，第9-12期）
【发文单位】　甘肃省政府
【收文单位】　不详
【档案编号】　004-010-0042-0001
【成文时间】　1934-12-04
【关 键 词】　灾情；赈济；水利；堤防；气候；划界；农业种籽；植树造林；查明树株情况
【内容提要】
　　本份政府公报包括特载、法规、牌示、公牍、记录、附载、统计、报告等部分。公牍部分录有甘肃省政府令省内外各机关知照关于行政院规定《森林法》自本年3月起施行的事宜的记录1条（150页）；甘肃省政府令建设厅知照行政院发放《各项水利计划之集中办理办法》的记录1条，附《各项水利计划之集中办理办法》（169页）。记录部分包括《本府委员第291次会议记录》，其中乙项临时动议事项中录有建设厅呈请派省立气象测候所所长参加本年4月8日召开的气象机关联席讨论会并发给旅费，主席请省务会议公决可否照准，省务会议决议照准的记录1条（183页）。统计部分包括《本府指令各机关寻常文件一览表（民国二十四年二月十八日起至三月十六日止）》（188~190页），其中录有各属呈报米粮草束银钱时估表、雨雪阴晴报告表等内容。报告部分分为民政、财政、教育、司法、党务、军事、编辑等部分：1.民政部分录有查勘各地自然灾情及赈济请求等13条；划界记录2条；皋兰雁滩民众呈请令县发给种籽以顾农业，甘肃省政府批示由该管县长查明核办转报察夺的记录1条（206页）；内政、财政两部咨送甘肃省政府关于核办榆中等13县灾案册结的办法，甘肃省政府令民政、财政两厅知照并遵办具报的记录1条（224页）。2.财政部分录有权连局呈请甘肃省政府拨给漳县分局洋200元以修理河堤，甘肃省政府令照准的记录1条（228页）。3.教育部分录有建设厅呈转省立气象测候所造赍经费书簿，请予核销的记录1条；财政厅呈复建设厅转赍省立气象测候所开支计算书簿的记录1条；财政厅呈复奉发建设厅呈赍省农场二十三年（1934）11月份经费书簿，核数相符，甘肃省政府准予备查的记录1条（250页）；建设厅呈转省立第一苗圃本年植树节造林计划及临时预算书单，甘肃省政府令财政厅查案核发的记录1条（252页）；各县呈报查编左公柳及路旁官树树木情形，甘肃省政府准予备查的记录6条；临潭县呈请甘肃省政府，俟保甲编竣后再行前往双岔查勘林科树株，拟具图说，甘肃省政府令照准的记录1条（252页）；水利纠纷的记录1条；榆中县东滩民众代表呈请发给修堤补助费以资建筑，甘肃省政府批示此款前据财政厅呈报筹拨在案仰遵照的记录1条（252页）；建设厅呈赍徐家湾造林计划及经费预算，请甘肃省政府鉴核拨款，甘肃省政府令由省立第一苗圃二十三年（1934）经费节余项下开支的记录1条（253页）；建设厅呈赍省立第一苗圃二十四年（1935）经费预算并该圃暨附属农事试验场工作进行计划，请甘肃省政府核示，甘肃省政府令财政厅知照的记录1条（253页）；建设厅呈赍省立气象测候所暨省立第一农事试验场未领到数目表，请甘肃省政府鉴核，甘肃省政府令财政厅汇案清理的记录1条（253页）；建设厅呈赍第一农事试验场本年1月份经费书簿，请甘肃省政府核销，甘肃省政府令财政厅核转具报的记录1条（253页）；建设厅呈赍省农场造具二十二年（1933）1、2两月份经费书簿，请甘肃省政府核销，甘肃省政府令财政厅核转迳达具报的记录1条（254页）；三川村民呈请拨款修筑失修水车堤，甘肃省政府批示自修筹修的记录1条（255页）；财政厅呈复奉发建设厅呈赍第一农事试验场二十年（1931）12月份经费书簿，核数相符，存候汇转，请甘肃省政府备查，甘肃省政府令备查的记录1条（255页）；华亭县呈报该县所属主山北峡一带山林屡被静宁县韩家店子石桥等地民众砍伐，请甘肃省政府禁止，甘肃省政府令静宁县查禁的记录1条（255页）；榆中县呈甘肃省政府关于条城修堤费用的事宜，甘肃省政府令建设厅知照的记录11条（255页）；定西县呈报举办植树运动大会情形，甘肃省政府批示呈悉的记录1条（256页）；建设厅呈复化平县建设植树案与厅所订已饬各县植树要项相同，毋庸再饬以免重复，甘肃省政府令化平县知照的记录1条（256页）；行政院令甘肃省政府知照《各项水利计划之集中办法》，甘肃省政府令建设厅知照的记录1条（256页）；甘谷县呈转该县安乐乡民关于拨款筑堤的请求，甘肃省政府令民政、财政、建设三厅从速会核复夺的记录1条（256页）；总理逝世十周纪念及植树运动大会函送甘肃省政府用过各项经费数目单据清册，甘肃省政府令财政厅仰核发具报的记录1条（257页）；各县呈报米粮草束时估表等记录1条；酒泉县呈复遵令保护左公柳并奉文日期，甘肃省政府准予备查，并令将柳株编号呈报并保护的记录1条（257页）；建设厅呈甘肃省政府关于榆中县请全数补助修筑东滩石堤护岸工费一事，应如何办理，请甘肃省政府鉴核，甘肃省政府令该县自筹的记录1条（257页）。

【叙录编号】 1046
【档案题名】

甘肃省政府公报（第四卷，第13-16期）

【发文单位】 甘肃省政府
【收文单位】 不详
【档案编号】 004-010-0043-0001
【成文时间】 1934-12-01
【关 键 词】 灾情；赈济；水利；堤防；气候；捕蝇；植树造林；划界；农业种籽；查明树株情形；砍伐树木

【内容提要】

本份政府公报包括法规、委状、牌示、公牍、记录、附载、统计、报告等部分。法规部分录有《甘肃省会公安局捕蝇会简章》，共17条（21~23页）。记录部分包括《本府委员会第292次会议记录》，其中甲项讨论事项中录有主席请省务会议公决，省会公安局拟订的《捕蝇会简章》可否照法规编审委员会审查意见通过，省务会议决议照审查意见通过的记录1条（37页）。《本府委员会第293次会议记录》甲项报告事项中录有主席报告关于各省市县镇乡村应规定公葬长堤，不得任人民自由营葬的规定1条（38页）。《本府委员会第297次会议记录》，甲项报告事项中录有甘肃省建设厅遵照蒋委员长电饬，拟订甘肃造林十年计划，省务会议决议交王委员、朱委员、张委员审查的记录1条（44页）；主席就沿岸黄河保安造林经费一事请省务会议决议应如何办理，省务会议决议准予在建设事业费项下令财政厅照拨的记录1条（45页）。统计部分包括《本府指令各机关寻常文件一览表（民国二十四年三月十八日起至四月十三日止）》（57~59页），其中录有各属呈报米粮草束银钱时估表、雨雪阴晴报告表等内容。报告部分分为民政、财政、教育、建设、司法、党务、军事、编辑等部分：1.民政部分录有查勘各地自然灾情及赈济请求等2条；划界记录4条；民政厅呈据省会公安局呈赍拟订该局《捕蝇会简章》及职务表，请甘肃省政府通饬省属各机关一律组织捕蝇团，甘肃省政府批示已令省城各机关切实进行，务期扑减、以重卫生的记录1条（73页）；皋兰县县长呈复遵令转饬各乡长、各村庄遵照择定公墓一所负责办理情形，甘肃省政府准予备查的记录1条（74页）；玉门县县长代电请甘肃省政府批示可否由仓储借放市斗100石以解决农民春耕缺乏籽种一案，甘肃省政府准如所请办理，并令财政厅知照的记录1条（85页）。2.教育部分录有建设厅呈转省立气象测候所造赍经费书簿，请予核销的记录4条；财政厅呈复建设厅转赍省立气象测候所开支计算书簿的记录1条；建设厅呈复甘肃省政府关于化平县建议植树一案，与厅所订已饬各县植树要项相同，毋庸再饬以免重复，甘肃省政府令化平县知照的记录1条（115页）；水利纠纷的记录1条；省党部函转洮沙县第二、三两区民众代表关于拨款筑堤的呈请，甘肃省政府函复并令建设厅核办复夺的记录1条（116页）。3.建设部分录有各县呈报米粮草束时估表等记录2条；财政厅呈复筹发建设厅请领第一苗圃本年造林费，甘肃省政府准予备查的记录1条（118页）；各县呈报查编官柳数目情形的记录3条；各县呈报举办植树大会日期并赍照片的记录4条；水利纠纷的记录1条；建设厅呈复办理沿河造林情形，请甘肃省政府鉴核备查，甘肃省政府令速拟办转呈以凭核夺的记录1条（122页）；电政管理局呈复奉令由卓尼山林砍伐电杆12000根，已派员前往起运，请甘肃省政府令沿途各县保护，甘肃省政府令皋兰县遵照的记录1条（122页）；靖远县民呈报河水为患，危险万分，恳请迅速拨款补救，甘肃省政府令建设厅核办复夺的记录1条（123页）；经委会西北办事处函送五省市公路植树保护及奖惩办法，请甘肃省政府查照参酌办理，甘肃省政府令建设厅遵照的记录1条（124页）；泾川县呈报该县督劝植棉情形，甘肃省政府令棉业指导员遵照的记录1条（124页）；建设厅呈赍经委会水利处技正函送水渠测量队经费计算书簿，甘肃省政府准予备查的记录1条（125页）。

【叙录编号】 1047
【档案题名】
甘肃省政府公报（第四卷，第17—20期）
【发文单位】 甘肃省政府
【收文单位】 不详
【档案编号】 004-010-0044-0001
【成文时间】 1935-05-19
【关 键 词】 灾情；赈济；水利；堤防；气候；划界；农业种籽；禁烟；植树造林；查明树株情形；保护树木
【内容提要】

本份政府公报包括特载、法规、聘书、委状、牌示、公牍、记录、附载、统计、报告等部分。法规部分录有《实业部林务视察规则》共11条，附《实业部林务视察记载表》（24~27页）。公牍部分录有甘肃省政府令建设厅知照实业部咨送的《林务视察规则》的记录1条（57、58页）。记录部分包括《本府委员会第300次会议记录》，其中丙项临时动议事项中录有建设厅呈据省立农事试验场场长关于拨发运送棉籽运旅各费的呈请，主席就此拟订办法，请省务会议决议可否，省务会议决议处理办法的记录1条（75、76页）。《本府委员会第301次会议记录》，甲项讨论事项中录有建设厅呈转洮沙县长呈赍修筑该县沙楞河堤工程计划预算图说等件，主席对此提出建议，省务会议决议如议的记录1条（76页）；本省棉业执业员呈赍《拟具甘肃省棉业指导计划大纲》，主席提出处理建议并请省务会议公决可否如拟办理，省务会议决议如拟的记录1条（77页）。统计部分包括《本府指令各机关寻常文件一览表（民国二十四年四月十五日起至五月十一日止）》（104~106页），其中录有各属呈报米粮草束银钱时估表、雨雪阴晴报告表等内容。报告部分分为民政、财政、教育、建设、司法、党务、军事、编辑等部分：1.民政部分录有查勘各地自然灾情及赈济请求等17条；划界记录2条；各县呈报遵令施行规定公墓情形的记录3条；酒泉县长电请用罚款购粮发散籽种，秋后收回以作农民贷款基金，甘肃省政府电复已令民政财政两厅、省禁烟委员会核议复夺的记录1条（118页）；黄河水灾救济委员会函送报告书20本，请甘肃省政府查收转发，甘肃省政府函复已令民政厅转发本省被灾各县浏览参考的记录1条（129页）。2.教育部分录有建设厅呈转省立气象测候所造赍经费书簿，请予核销的记录1条；财政厅呈复建设厅转赍省立气象测候所开支计算书簿的记录2条。3.建设部分录有各县呈报米粮草束时估表、雨阴晴表等记录4条；建设厅呈复办理黄河上游保安造林情形，并请甘肃省政府核示能否自筹经费，甘肃省政府批示已令财政厅照拨的记录1条（165页）；甘肃省政府电实业部，称本省沿河造林经费已令财政厅筹拨的记录1条（165页）；各县呈报举行植树情形的记录4条；禁烟委员会呈甘肃省政府，据甘谷县呈请，收付二十三年（1934）拨支修堤费300元，甘肃省政府令财政厅核办具报的记录1条（166页）；会宁县呈请拟将本年附收建设费洋续拨修筑河堤，甘肃省政府令将详情呈复并绘赍计划预算图说以凭核转的记录1条（166页）；各县呈复查编左公柳及路旁树株情形的记录4条；建设厅呈报电催运员赶运棉籽，甘肃省政府批示呈悉的记录1条（167页）；民政、财政、建设三厅呈复关于甘谷县请求拨款修筑安乐乡堤一案，已由建设厅派技正前往勘查，计划俟复到后再行核议复夺，甘肃省政府准予备查的记录1条（168页）；建设厅呈复省农场场长运棉籽旅费概算书，请甘肃省政府示遵，甘肃省政府令遵照的记录1条（168页）；建设厅呈复奉令转饬陇东河西各宜棉县份留地种棉各情形，甘肃省政府令照本府第300次会议决议办法办理的记录1条（168页）；临潭县呈复奉令查勘双岔大林并赍图说办法，甘肃省政府令仰核复的记录1条（169页）；建设厅呈转洮沙县请款修筑沙楞河堤工程预算图说，甘肃省政府令遵照会议决议办法办理的记录1条（169页）；静定县呈复华亭县关于禁止职县焦翰店人民不准越境砍伐树株的呈请，甘肃省政府令仍派团定逡巡，不准任何人砍伐的记录1条（169页）；建设厅呈复棉业指导计划大纲大致尚妥，请令各县认真巡察以重考核，甘肃省政府令棉业指导员遵照的记录1条（169页）；皋兰县青城乡民呈请拨款修理倒塌水车以重水利，甘肃省政府批示省库拮据，就地设法筹修的记录1条（170页）；行政院令甘肃省政府饬属知照国府关于公布《兴办水利奖励条例》的命令，又全国经济委员会西北办事处函送此项条例并章程，甘肃省政府令建设厅转饬所属一体知照的记录1条（170页）；建设厅呈请将东西湖水槽架本等让给南园三胜水车工会，甘肃省政府令另议具复的记录1条（170页）；建设厅呈技工关于本路工程影响甘谷堤工情形的呈报，甘肃省政府批示应予备查，仍督促该员早日详查的记录1条（172页）；甘肃省政府令兰州市农会将修理泥窝村水车余洋呈缴的记录1条（172页）；署设厅呈报洮惠渠测量设计完竣，已函水渠测量队前往量定渠线，指导开工并令县准备材料工人，甘肃省政府令克日兴工的记录1条（172页）；建设厅呈复令催各县呈报水利计划，甘肃省政府批示呈悉的记录1条（173页）；榆中县呈报遵令筹款开条城堤工并呈请建设厅派员督兴修情形，甘肃省政府令遵照的记录1条（173页）；建设厅呈转皋兰县关于续奉棉籽树木及乡长具领情形的城堡，甘肃省政府准予备查的记录1条（173页）；禁烟委员会呈据甘谷县呈请收付由罚款项内挪支筑堤，请甘肃省政府收付发据，甘肃省政府令财政厅核办具报的记录1条（173页）。

【叙录编号】　1048
【档案题名】
　　甘肃省政府公报（第四卷，第21-24期）
【发文单位】　甘肃省政府
【收文单位】　不详
【档案编号】　004-010-0045-0001
【成文时间】　1935-06-16
【关　键　词】　灾情；赈济；水利；堤防；气候；捕蝇；划界；规定公葬长堤；夏禾滋长情形；植树造林；调查森林用地；苗圃；查明树株情形；种植棉花
【内容提要】
　　本份政府公报包括法规、委状、牌示、公牍、记录、统计、附载、报告等部分。记录部分包括《本府委员会第308次会议记录》，其中甲项讨论事项中录有划界记录1条。统计部分包括《本府指令各机关寻常文件一览表（民国二十四年五月十三日起至六月八日止）》（87~90页），其中录有各属呈报米粮草束银钱时估表、雨雪阴晴报告表等内容。报告部分分为民政、财政、教育、建设、司法、党务、军事、编辑等部分：1.民政部分录有查勘各地自然灾情及赈济请求等17条；划界记录8条；清水县县长呈报该县成立捕蝇会及进行情形，甘肃省政府批示呈悉的记录1条（122页）；各县呈报遵办规定公葬场地情形的记录2条。2.教育部分录有建设厅呈转省立气象测候所造赍经费书簿，请予核销的记录1条；财政厅呈复建设厅转赍省立气象测候所开支计算书簿的记录1条。3.建设部分录有各县呈报米粮草束时估表等记录4条；各县呈报夏禾滋长情形的记录3条；水利纠纷1条；各县呈报举行植树情形的记录1条；内政部咨请转饬各地主管官署依法调查森林用地并将调查所需时日确实估计呈部以凭核定，甘肃省政府令遵办的记录1条（171页）；财政厅呈报拨支鼎新县二十四年份（1935）渠工经费，请甘肃省政府备查，甘肃省政府准予备查的记录1条（171页）；永登县野泉村民呈请补助开帖渠经费，并派员监督，甘肃省政府批示仰迳呈县政府核办的记录1条（171页）；建设厅呈赍本年5月份本厅及陈列馆第一苗圃经费预算数据，请甘肃省政府饬发，甘肃省政府令财政厅核发具报的记录1条（171页）；天水县呈复查明秩炉坡被灾情形及筑堤工程计划，甘肃省政府令妥筹办理的记录1条（171页）；隆德县代电呈报验伐东十里铺公路中心左公柳情形，甘肃省政府令各县政府遵照，建设厅知照的记录1条（172页）；榆中东滩河工委员会委员呈请行政、财政两厅每月拨款以维河工，甘肃省政府批示的记录1条（172页）；甘肃省政府令建设厅将洮惠渠克日兴工的记录1条（173页）；建设厅呈赍据省立第一农场呈赍购买肥料产品器具等费预算书已照准支用，甘肃省政府准予备查的记录1条（174页）；建设厅呈复已派视察员前往协同临洮及水渠测量队迅速准备兴工，甘肃省政府令仍督促兴工的记录1条（174页）；建设厅呈复关于金塔县拟具水利计划图说一案，已据该县迳呈到厅，经指令酌量办理，甘肃省政府批示呈悉的记录1条（175页）；棉业指导员呈报指导陇东各县种植棉花情形，外附花名清册及宣传品，甘肃省政府令建设厅知照的记录1条（175页）；建设厅呈复遵令检送洮惠渠计划预算图表，甘肃省政府准予备查的记录1条（177页）；财政厅呈复关于榆中县条城修理堤补助经费一案的办理情形，甘肃省政府准予备查的记录1条（177页）；建设厅呈据康乐设治局造具上年修筑中砥鸣鹿段家河薪治城西等处渠坝桥梁各款册簿，请予核销，甘肃省政府令财政厅查案核销的记录1条（178页）；建设厅呈复估定调查森林用地所需时日，甘肃省政府咨内政、实业两部查照办理的记录1条（178页）；建设厅呈赍本省水利计划书，请予核销，甘肃省政府函经委会秘书处，请查照见复的记录1条（179页）。

【叙录编号】　1049
【档案题名】
甘肃省政府公报（第四卷，第25-28期）
【发文单位】　甘肃省政府
【收文单位】　不详
【档案编号】　004-010-0046-0001
【成文时间】　1935-07-14
【关　键　词】　灾情；赈济；水利；堤防；气候；夏禾滋长情形；植树造林；苗圃；查明树株情形
【内容提要】
　　本份政府公报包括特载、法规、委状、牌示、公牍、记录、统计、附载、报告等部分。记录部分包括《本府委员会第321次会议记录》，其中甲项讨论事项中录有甘肃各县受雹灾影响，请求赈济的记录1条（54页）。统计部分包括《本府指令各机关寻常文件一览表（民国二十四年六月十七日起至七月六日止）》（58~59页），其中录有各属呈报米粮草束银钱时估表等内容。报告部分分为民政、财政、教育、建设、司法、党务、军事、编辑等部分：1.民政部分录有查勘各地自然灾情及赈济请求等39条；行政院令甘肃省政府饬属遵照国府公布的《实施救灾准备金暂行办法》及《救灾准备金保管委员会组织条例》，甘肃省政府令民政、财政两厅遵照并饬属知照的记录1条（120页）。2.财政部分录有各县因灾赈济记录等2条。3.教育部分录有建设厅呈转省立气象测候所造赍经费书簿，请予核销的记录1条；财政厅呈复建设厅转赍省立气象测候所开支计算书簿的记录3条。4.建设部分录有各县呈报米粮草束时估表等记录1条；各县呈报夏禾滋长情形的记录1条；水利纠纷2条；各县呈报举行植树情形的记录2条；建设厅呈拟省立第一苗圃造具本年植树造林费计算书簿，请予核销，甘肃省政府令财政厅查案核销的记录1条（153页）；建设厅呈赍勘测靖远北湾河工委员本厅技正造具往返旅费表簿凭单，请甘肃省政府饬发，甘肃省政府令财政厅核发的记录1条（155页）；建设厅呈赍本省水利计划书，甘肃省政府准予备查的记录1条（157页）；建设厅呈赍第一农事试验场自本年2月份起至6月份止各月经费预算书单，甘肃省政府令遵照前案迳向财政厅接洽领支的记录1条（157、158页）；临洮县呈报拟具洮惠渠归还借款办法，甘肃省政府令建设厅详核复夺的记录1条（158页）；榆中县呈复该县建筑东滩河堤一案，甘肃省政府令仍候皋兰县呈复再行核夺的记录1条（158页）；建设厅呈据隆德县关于派员前往西二十里铺验伐左公柳五株，甘肃省政府批示此案已令该厅知照在案的记录1条（159页）；各县呈报境内左公柳情形的记录1条；皋兰县呈复中山村民不遵章办理建修水车一案，甘肃省政府令牌示中山村民遵照的记录1条（160页）；建设厅呈赍省立第一苗圃各部树苗林木统计表图，请甘肃省政府鉴核备案，并将皋兰县苗圃荒址饬县拨归省苗圃应用，甘肃省政府令皋兰县仰加具意见呈候核饬的记录1条（160页）；经济委员会技正呈报勘测通惠河大概情形并开工日期，甘肃省政府批示呈悉的记录1条（160页）；会宁县呈复该县办理河工情形并赍计划预算图说，甘肃省政府令民政、财政两厅知照的记录1条（161页）；建设厅呈转高视员呈报洮惠渠最近工程进行情形，甘肃省政府予以鉴核的记录1条（161页）；鼎新县呈报均水事竣日期并浇灌鼎双二屯禾苗情形，甘肃省政府准予备查的记录1条（162页）；建设厅呈报省立第一苗圃建筑雁滩水车坝工程业已完竣，甘肃省政府准予备查的记录1条（162页）；隆德县代电报准西兰公路第一段函请砍伐西二十里铺路建中心左公柳5株，请甘肃省政府示遵，甘肃省政府令建设厅知照的记录1条（162页）；经委会技正呈报洮惠渠钉线完毕等情况，甘肃省政府令建设厅知照的记录1条（163页）。

【叙录编号】 1050
【档案题名】
　　甘肃省政府公报（第四卷，第29-32期）
【发文单位】 甘肃省政府
【收文单位】 不详
【档案编号】 004-010-0047-0001
【成文时间】 1935-08-11
【关　键　词】 黄河水利委员会；防沙计划；米粮草束银钱时估表；雨雪阴晴报告表；气象测候所；赈灾；灾害；救济水利；种棉；苗圃育苗；夏禾滋长；通惠渠；洮惠渠；烟苗查禁；渔业
【内容提要】
　　本份政府公报包括法规、牌示、公牍、记录、统计、附载、报告等部分。法规部分包括《黄河水利委员会组织法》14条（11～13页）。公牍部分包括令民建两厅奉行行政院令发修正黄河水利委员会组织法的训令1条（51页）。记录包括《本府委员会第331次会议记录》，讨论事项包括主席提议据民建两厅呈据民勤县送防沙计划预算，请拨款兴修一案，拟请该县将详细计划呈报，准予拨款兴办，省务会议决议准补助半数的记录1条（65页）。统计部分包括《甘肃省政府寻常文件一览表（民国二十四年七月十五日起至八月三日止）》，录有各县呈报米粮草束银钱时估表、雨雪阴晴报告表（67～69页）。报告部分包括民政、财政、教育、建设、司法、党务、军事、编辑等方面：1.民政方面录有多县呈赍各县被灾请赈济的记录10条；秦安县县长呈报民国二十三年

（1934）秋禾收成表的记录 1 条（117 页）；民政厅呈复办理华亭县被雹成灾请核查的记录 1 条（119 页）；民政厅呈据委员呈报抽查皋兰县、合水县境内烟苗完全铲除的记录 2 条；多县呈报该县核查该县被灾情况的记录 17 条；和政县民马如山等呈控包福才当乡长为非作歹、损害渔利的记录 1 条（122 页）；财政厅准许多县被灾申请减免赋税的记录 3 条。2.教育方面录有建设厅呈省立气象测候所本年 1、2 月报表的记录 1 条（153 页）；建设厅呈气象测候所呈报前向中央气象研究生假得仪器并赍清册的记录 1 条（154 页）。3.建设方面录有棉业指导员呈皋兰县民众呈请救济水利以维棉业种植的记录 1 条（162 页）；多县呈报本年 6 月份夏秋禾苗滋长情况的记录 5 条；皋兰县呈复该县南段地址划归省苗圃从事育苗的记录 1 条（164 页）；棉业指导员呈报皋兰县被雹灾禾苗庄稼损失申请救济的记录 1 条（164 页）；棉业指导员呈报调查靖远、景泰两县棉业种植情况的记录 1 条（164 页）；建设厅呈经管会技正函送通惠渠涉及测量队 6 月工作报表的记录 2 条；古浪县民众杨文科等控诉张开中抢夺水利手续不足的记录 1 条（165 页）；多县呈报本年 6 月份米粮草束银钱时估表的记录 2 条；建设厅呈第一苗圃雁滩苗圃被雹灾及徐家湾小西湖被灾情形的记录 1 条（167 页）；建设厅呈关于临洮县拟具洮惠渠归还借款办法的记录 1 条（167 页）；靖远县绅民呈报修筑堤岸民众力不从心申请拨款兴修的记录 1 条（168 页）。

【叙录编号】　1051
【档案题名】
　　甘肃省政府公报（第四卷，第33-36期）
【发文单位】　甘肃省政府
【收文单位】　不详
【档案编号】　004-010-0048-0001
【成文时间】　1935-09-08

【关 键 词】　华北水利委员会；黄流域水利工程；洮惠渠；育苗场；查禁烟苗；灾害；救济；减免田赋；气象测候所；兽医防治；防沙；水渠测量队；河槽；水利河防计划；储水池；通惠渠；森林警察；苗圃地亩并树株数目
【内容提要】
　　本份政府公报包括特载、法规、委任、牌示、公牍、记录、统计、附载、报告等部分。特载部分包括《视察西北之经管》，涉及农产方面、黄河流域水利工程等（13 页）。法规部分包括《华北水利委员会组织条例》13 条（18～20 页）。公牍部分包括令省内外各机关遵照行政院令杨子江水利委员会组织条例及华北水利委员会组织条例的训令 1 条（67 页）。记录部分包括《本府委员会第 333 次会议记录》，讨论事项录有建设厅呈据洮惠渠征工委员会及各方报告估计该渠工程费远远不够，请求甘肃省政府将全省渠费项下挪移一部分，增加洮惠渠工程费，建设厅申请查明工程费远远不够的原因，省务会议决议由建设厅查明再议的记录 1 条（81 页）。《本府委员会第 334 次会议记录》，讨论事项包括主席提议案查前平凉县政府呈准西兰公路育苗场函数送购用民用地契纸粮草，请印契免税一案，建财两厅审查意见同意，省务会议决议照办的记录 1 条（83 页）。统计部分包括《本府指令各机关寻常文件一览表（民国二十四年八月五日至八月三十日止）》，录有各县呈报米粮草束银钱时估表、雨雪阴晴报告表（95～96 页）。报告部分包括民政、财政、建设、司法、党务、军事、编辑等方面：1.民政方面录有皋兰县呈报奉令查禁皋榆插花郭店子等处地界烟苗完全铲除情形的记录 1 条（158 页）；呈报多县雹灾畸重禾苗被伤请求拨款救济的记录 8 条；呈报多县被水冲沙压申请豁免田赋的记录 11 条；申请核查多县等乡镇被雹灾水灾旱灾情况的记录 20 条；敦煌县呈报该县水渠渠长等呈报大雨倾盆河水暴涨冰雹打伤烟苗情况的记录1条（163页）；呈报多县自然灾害申请急赈的记录9条；卫生实验处呈西北防疫处代办兽医防治计算书表的记录1条（165页）；皋榆两县县长呈复查明蔡源海无烟苗的记录1条（168页）。2.财政方面录有庆阳县呈复查明杨易荣等因灾情特重呈请豁免田赋的记录1条（183页）；建设厅呈报省立气象测候所本年7月份经费预算书请核查的记录1条（194页）；建设厅呈报省立气象测候所6月份经费支出计算书请核销的记录1条（201页）。3.建设方面录有多县呈报本年5、6月米粮草束银钱时估表的记录3条；民建两厅呈民勤县防沙计划预算书的记录1条（202页）；雁滩保长呈报河水成灾冲毁河槽请核查的记录1条（203页）；建设厅呈报水渠测量队技士兼队长本年用品临时费请核查的记录2条（203、204页）；建设厅呈前传经管委员会西北事处函送代购水渠测量仪器款项请核查的记录1条（203页）；全国经济委员会秘书处函为本会水利委员会第二次会议决定函各省政府饬所属有关水利机关迅速将该管区域应办水利河防计划及图表等详细具报的记录1条（204页）；建设厅呈经管会技正函送通惠渠设计测量队7月中下旬工作表的记录1条（204页）；建设厅呈报电话局本年5、6、7月份全省各储水池防水开支油炭费请核查的记录2条（204页）；建设厅呈康乐设治局本年4、5、6等月森林警察经费预算书的记录1条（205页）；皋兰县呈复查王廉泉等人破坏水利一案的记录1条（205页）；广武门外各保甲长呈为大雨成灾积水无法流通申请查勘修建水道以安民生的记录1条（206页）；建设厅呈报更正洮惠渠借款办法的记录1条（208页）；永登县呈报本年7月份夏禾苗滋长情况的记录1条（208页）；皋兰县呈报奉财政厅令饬补造估修北门外河堤工程预算的记录1条（209页）；皋兰县呈报联系派员前往雁滩点交苗圃地亩并树株数目请核查的记录1条（209页）。

【叙录编号】 1052
【档案题名】
　　甘肃省政府公报（第四卷，第37-50期）
【发文单位】 甘肃省政府
【收文单位】 不详
【档案编号】 004-010-0049-0001
【成文时间】 1935-12-17
【关 键 词】 垦殖荒地；天水气象测候所；灾害；豁免粮草；凿井开渠；造林计划
【内容提要】
　　本份政府公报包括特载、法规、聘书、委任、牌示、公牍、记录、附载、报告等部分。记录部分包括《本府委员会第347次会议记录》，报告事项录有主席报告准宁夏省政府咨，对于洮西难民，移送河套一带垦殖荒地，特此报告的记录1条（123页）。《本府委员会第348次会议记录》，讨论事项录有主席提议，案查前建设厅呈建设厅呈报开办天水气象测候所分所及调拨省气象测候所人员情形，拟订分所预算书，省务会议决议如拟的记录1条（126页）。《本府委员会第349次会议记录》，讨论事项录有主席提议据民财两厅呈复查明高台新明乡、吉祥乡呈报砂压田地申请豁免粮草，前县长玩忽职守，故意隐瞒不报，省务会议决议记大过1次，其余如拟的记录1条（128页）。《本府委员会第354次会议记录》，讨论事项包括主席提议案据省禁烟委员会呈案查榆中、渭源等18县县长及灾民代表呈报本年被雹洪水灾，申请减免罚款，兹按照各县灾情轻重，分别拟订豁免罚款数目，省务会议决议如拟的记录1条（136页）。《本府委员会第357次会议记录》，讨论事项包括主席提议据法规编审委员会审查建设厅呈赍甘肃省立气象测候所组织规程一案，省务会议决议按审查意见通过的记录1条（142页）。《本府委员会第360次会议记录》，讨论事项包括主席提议据民财建三厅会同核议宁夏省咨送洮西难民来省移垦办法，本厅建议中央予以补助，省务会议决议通过的记录1条（150页）。《本府委员会第363次会议记录》，讨论事项录有主席提议案据第三区行政督察专员拟凿井开渠建设水利，请拨款支持，省务会议决议按照第二区例拨款的记录1条（157页）。《本府委员会第365次会议记录》，讨论事项包括主席提议据多位委员审查甘肃省造林十年计划，省务会议决议将审查意见交于建设厅核办的记录1条（163页）。

【叙录编号】 1053
【档案题名】
　　甘肃省政府公报（第五卷，第1-4期）
【发文单位】 甘肃省政府
【收文单位】 不详
【档案编号】 004-010-0050-0001
【成文时间】 1936-01-12
【关 键 词】 造林；苗圃；灾情；赈济；雨雪阴晴报告；兽疫防治
【内容提要】

　　本份政府公报包括特载、法规、聘书、委状、委派令、牌示、记录、统计、附载、报告等部分。记录部分包括《本府委员会第369次会议记录》，其中乙项讨论事项录有审查前准实业部咨请拟订沿河保安造林实施计划，甘肃省政府会议决议现将计划咨送实业部的记录1条（81页）。《本府委员会第371次会议记录》，其中乙项讨论事项录有兰州市临时灾区救济会呈报募捐已有成数，申请早放急赈，并拟具施赈办法3项，甘肃省政府会议决议如拟办理的记录1条（85页）。统计部分包括《本府指令各机关寻常文件统计表（民国二十四年十二月十六日起至二十五年一月五日止）》（92页），其中录有各县呈报米粮草束银钱时估表、雨雪阴晴报告表等内容；《甘肃省立第一苗圃各种树木统计（二十五年一月）（1936）》（118页），其中包括地点、种类、株数等内容；《甘肃省会兽医防治所统计表》（139页），其中包括病类、诊次、畜别等内容。附载部分包括《最近行政概况》（153~155页），其中录有政府发放赈款，救济城关灾民等内容。报告部分为民政、财政、教育、司法、党务、军事、保安、编辑等部分：1.民政部分录有多县被灾地亩数清册记录2条；呈报多县被山崩河跌水淹永不能垦复记录4条；查勘多县被灾地亩记录2条；呈报安西县地震记录1条；查勘镇原县雹灾记录1条；申请豁免被灾流民记录1条（170页）。2.教育部分录有建设厅呈报兰州气象测候所经费核算记录2条（183页）。

【叙录编号】 1054
【档案题名】
　　甘肃省政府公报（第五卷，第5-8期）
【发文单位】 甘肃省政府
【收文单位】 不详
【档案编号】 004-010-0051-0001
【成文时间】 1936-02-29
【关 键 词】 造林宣传；稻黍改进办法；推广棉种；修理气候所经费；米粮草束银钱时估表；雨雪阴晴报告表；救济
【内容提要】

　　第5、6、7、8期合刊政府公报包括特载、法规、聘书、委状、牌示、公牍、记录、统计、附载等部分。法规部分包括《各省市县造林运动宣传周办法大纲》8条（35~36页）。公牍部分包括令省内外各机关奉行政院令发行政院全国稻黍改进监理委员会组织规程及遵照全国稻黍改进所暂行组织规程的训令1条（127页）。记录部分包括《本府委员会第377次会议记录》，报告事项录有建设厅呈送估修省立兰州气象测候所房屋图式及其预算，省务会议决议拨发修理费300元，其余等待财政充裕再行拨发的记录1条（159页）。《本府委员会第380次会议记录》，讨论事项包括建设厅提议修正甘肃省立气象测候所组织规程，省务会议决议准许修正的记录1条（165页）。《本府委员会第382次会议记录》，讨论事项录有主席提议建设厅呈送令拟订保管洮惠渠工费委员会组织办法，省务会议决议修正通过记录1条（168页），主席提议建设厅呈送棉业指导员拟具本年推广棉种办法及经费预算表，省务会议决议修正通过的记录1条（168页）。《本府委员会第383次会议记录》，讨论事项录有主席提议查本省去岁灾歉较重，急待救济，兹拟组织本省农村春耕救济委员会向银行借款，省务会议决议通过的记录1条（169页）。统计部分包括《本府指令各机关寻常文件一览表》，包括各县二十四年（1935）各月份的米粮草束银钱时估表、雨雪阴晴报告表等内容（176~179页）。

【叙录编号】　1055
【档案题名】
　　甘肃省政府公报（合署办公，第1-10期）
【发文单位】　甘肃省政府
【收文单位】　不详
【档案编号】　004-010-0052-0001
【成文时间】　1936-03-01
【关 键 词】　农村春款救济委员会；铁路建设；畜牧改良场；水陆地图；气象测候所；洮惠渠
【内容提要】
　　第五卷创刊号政府公报包括特载、本省法规、命令、会议等部分。本省法规包括《甘肃省农村春耕救济委员会组织规程》10条（7~8页）。第2、3期合刊政府公报包括特载、中央法规、命令、会议等部分。中央法规部分包括《第二期铁路建设公债条例》13条（40~42页）。会议部分包括《本府委员会第387次会议记录》，讨论部分录有主席提议据西北畜牧改良场场长请将河北庙滩子前设农场地址，省务会议决议由教建两厅会查核议再议的记录1条（47页）。第6、7期政府公报包括法规、命令、会议等部分。法规部分包括《修正水陆地图审查条例施行细则》16条（82页）、《修正甘肃省立气象测候所组织规程第3暨第5条》2条（85页）。命令部分包括令临洮县政府拨发修筑洮惠渠存款的训令1条（89页）。第9、10期合刊政府公报包括法规、呈、命令、会议等部分。法规部分包括《中国农民银行规定合作联合组织办法》5条（119页）。

【叙录编号】　1056
【档案题名】
　　甘肃省政府公报（合署办公，第32-37期）
【发文单位】　甘肃省政府
【收文单位】　不详
【档案编号】　004-010-0056-0001
【成文时间】　1936-04-09
【关 键 词】　冬令征工服役；灾情；人民逃亡；庙滩子农场；推广棉种；水利堤防；建设费；实业费
【内容提要】
　　第32、33期合刊政府公报包括法规、公牍、呈、公告等部分。呈部分包括审查本府呈送二十四年（1935）冬令征工服役计划的呈1条（43页），附《本省各县二十四年（1935）征工服役施工计划简明表》，包括各县征工具体事项，含有植树、修堤开渠、造林育苗等项（43~47页）。第34、35期合刊政府公报包括法规、公牍、记录等部分。公牍部分包括令山丹县呈送本县各地灾情畸重人民逃亡各种情况的指令1条（76页）。会议录包括《甘肃省政府委员会第398次会议记录》，讨论事项录有教、建两厅呈送核议西北畜牧场请求拨庙滩子农场地亩设立洗毛工厂，省务会议决议通过记录1条（82页）。第36、37期合刊政府公报包括法规、命令、公牍、电、记录、公告等部分。公牍部分包括令皋兰县推广棉种事业的训令1条（105页），令各县政府准照甘宁青监署函送水利堤防3项办法的训令1条（106页）。记录包括《甘肃省政府委员会第399次会议记录》，省务会议决议按照陈委员提议通过的记录1条（119页）。公告部分包括《甘肃省财政厅中华民国二十四年（1935）十二月份支出报告书》，其中录有建设费、实业费等费用（133、134页）。

【叙录编号】　1057
【档案题名】
　　甘肃省政府公报（合署办公，第38-41期）
【发文单位】　甘肃省政府
【收文单位】　不详
【档案编号】　004-010-0057-0001
【成文时间】　1936-04-16
【关 键 词】　雨量气象报表；米粮时估表；验收棉籽；河堤
【内容提要】
　　第38、39期合刊政府公报包括法规、公牍、代电、记录、附载、统计、报告等部分。公牍部分包括令甘谷县呈送二十五年（1936）3月份雨量气象报表的指令1条（38页），令甘谷县呈送二十五年（1936）春季米粮时估表的指令1条（38页）。第40、41期合刊政府公报包括法规、命令、公牍、会议等部分。公牍部分包括令崇信县呈送二十五年（1936）1、2、3等月份的米粮时估表、雨雪阴晴报告表的指令1条（104页）；令棉业指导员将验收棉籽列表报查的指令1条（105页）；令省会公安局呈送据修理凤林关崩塌河堤困难情形要求皋兰县或建设厅从速修理以重路政的指令1条（105页）。

【叙录编号】　1058
【档案题名】
　　甘肃省政府公报（合署办公，第42-45期）
【发文单位】　甘肃省政府
【收文单位】　不详
【档案编号】　004-010-0058-0001
【成文时间】　1936-04-21
【关 键 词】　救济；气象测候所；农会；苗圃；中山林
【内容提要】
　　第42、43期合刊政府公报包括命令、公牍、指令、代电、公告等部分。公告部分包括《甘肃省财政厅民国二十五年（1936）元月份收入报告书》，其中包括：慈善费涉及救济，教育费涉及气象测候所经费，建设费、实业费涉及农会、苗圃经费等内容（54~62页）。第44、45期合刊政府公报包括法规、命令等部分。命令部分包括委任、训令、指令、公函等内容。公函部分包括甘肃省政府函请护送班禅返藏仪仗队以及切实保护中山林一带树木的记录1条（88页）。

【叙录编号】　1059
【档案题名】
　　甘肃省政府公报（合署办公，第52-59期）
【发文单位】　甘肃省
【收文单位】　不详
【档案编号】　004-010-0060-0001
【成文时间】　1936-05-02
【关 键 词】　沿河农地引水；米粮估价表；丰堤；救济；沙河渠；植树护路；试种优良烟苗；水利纠纷
【内容提要】

第52、53期合刊政府公报包括法规、命令、会议等部分。命令部分包括令皋兰县等5县政府议订甘肃省皋兰县沿河农地引水受益担费办法要求公布后人民遵照的训令1条（22页）；令张掖县县长呈报本年2、3等月份米粮时估表的指令1条（24页）；令景泰县政府拨款修理丰堤以救灾的指令1条（25页）；函兰州农民银行抄送议订甘肃皋兰县沿河农地引水受益担费办法请查照的公函1条（29页）。会议部分包括《甘肃省政府委员会第404次会议记录》，讨论事项录有民政厅厅长提议据和政县县长呈报震灾情况请求赈款，省务会议决议由省赈委会核办的记录1条（32页）。第54、55期合刊政府公报包括法规、命令、公牍等部分。公牍部分包括令张掖、临潭两县政府遵照民、建两厅前拟解决沙河渠水利解决办法的训令1条（52页）。第56、57期合刊政府公报以公牍为主。公牍部分包括令皋兰县政府派员督催农民王澍德等兴修水库以利灌溉的训令1条（61页）；令省立第一农场检查优良烟叶种子并试种的训令1条（62页）；令天水等8县政府试种烟籽及分发种植浅说的训令1条（62~63页）；令各县局遵照命令认真植树护路的训令1条（63页）；函复许昌县政府已将美国纸烟种子转发本省第一农场进行试种的公函1条（70页）。第58、59期合刊政府公报包括公牍、会议等部分。会议部分包括《甘肃省政府委员会第405次会议记录》，讨论事项录有主席提议据查办酒金水利纠纷委员呈复具体情况，并拟具体解决办法，省务会议决议通过的记录1条（91页）；主席提议建设厅呈送拟实业部西北造林计划草案，省务会议决议通过的记录1条（91页）。

【叙录编号】　1060
【档案题名】
　　甘肃省政府公报（合署办公，第60-64期）
【发文单位】　甘肃省政府
【收文单位】　不详
【档案编号】　004-010-0061-0001
【成文时间】　1936-05-12
【关　键　词】　农业合作社；沿黄造林；鸟兽分类；苗圃；农事试验场
【内容提要】
　　第60、61期合刊政府公报包括法规、命令、公牍、会议、公告等部分。法规部分包括《甘肃省农村合作社委员会组织规程》。公牍部分包括令林业指导员办理沿黄造林事宜的训令1条（21页）；令各县印发鸟兽分类表的训令1条（22页），附鸟兽分类表（23~33页）。公告部分包括《甘肃省财政厅二十五年（1936）二月份支出报告表》，涉及实业费中苗圃及农会试验场支出等（44~51页）。

【叙录编号】　1061
【档案题名】
　　甘肃省政府公报（合署办公，第75-82期）
【发文单位】　甘肃省政府
【收文单位】　不详
【档案编号】　004-010-0063-0001
【成文时间】　1936-05-30
【关　键　词】　公路；雨量站；保护森林；气象测候所；沙压滩河堤工程；插花飞地；垦务
【内容提要】
　　第85、86期合刊政府公报包括法规、命令、公牍、公告等部分。法规部分包括《甘肃省森林保护办法》12条（54~55页）、《甘肃省林木采伐规则》6条（55页）、《甘肃省垦务暂行章程》29条（55~60页）。命令部分包括公布甘肃省森林保护办法、甘肃省林木采伐规则、甘肃省垦务暂行章程（61页）。公告部分包括《甘肃省政府二十五年（1936）三月份支出报告书》，涉及实业费中苗圃及农事实验场支出等（73～80页）。第87、88期合刊政府公报包括法规、命令、公牍、会议等部分。会议部分包括《甘肃省政府委员会第413次会议记录》，讨论事项录有主席提议多位委员审查兰州市森林公园计划，省务会议决议通过的记录1条（100页）；主席提议多位委员审查办理各县四等测候所暨改进雨量站计划一案，省务会议决议通过的记录1条（101页）。

【叙录编号】 1062
【档案题名】
　　甘肃省政府公报（合署办公，第95-102期）
【发文单位】 甘肃省政府
【收文单位】 不详
【档案编号】 004-010-0066-0001
【成文时间】 1936-06-23
【关 键 词】 灾害；插花飞地；内政年鉴；米粮时估表及阴晴雨量册表；北湾河河工局；苗圃
【内容提要】
　　第95、96期合刊政府公报包括法规、命令、公牍、会议等部分。公牍部分包括镇原县县长呈报镇邑屡遭雹灾请求豁免地价，甘肃省政府指示缓至秋收收取的指令1条（11页）。会议部分包括《甘肃省政府委员会第416次会议记录》，讨论事项录有建设厅、财政厅、民政厅厅长及多个委员提议审查整理各县插花飞地及畸形区域办法及接收各地地图简则，省务会议决议通过的记录1条（16页）。第97、98期合刊政府公报包括法规、公牍等部分。公牍部分包括令各区专署及各县局经向商务印书馆购置内政年鉴以备从政参考（年鉴包括民政、土地、水利等七篇）的训令1条（25页）。第99、100期合刊政府公报包括法规、命令、公牍、公告等部分。法规部分包括《甘肃省各县畸形区域整理办法》14条（38～39页），《甘肃省各县插花飞地处理办法》12条（39～40页），《甘肃省各县绘制接受畸形或插花飞地地图简则》9条（40～41页），附图例1则（42页）。命令部分包括公布甘肃省各县畸形区域整理办法、甘肃省各县插花飞地处理办法、甘肃省各县绘制接受畸形或插花飞地地图简则（46页）。公牍部分包括令山丹县政府据呈报本年5月份收支地丁粮草及米粮时估表及阴晴雨量册表清查历年缓交钱粮去处的指令1条（52页）。会议部分包括《甘肃省政府委员会第417次会议记录》，讨论事项录有建设厅呈报靖远县因该县北湾河河工局呈请拨款兴修河工工程一案，省务会议决议准拨3000元的记录1条（63～64页）。第101、102期合刊政府公报包括法规、公牍、会议、公告等部分。公告部分包括《甘肃省政府二十五年（1936）四月份支出报告表》，涉及实业费中苗圃及农会支出，建设费中气候所支出等（84～90页）。

【叙录编号】 1063
【档案题名】
　　甘肃省政府公报（合署办公，第117-128期）
【发文单位】 甘肃省政府
【收文单位】 不详
【档案编号】 004-010-0068-0001
【成文时间】 1936-07-18
【关 键 词】 土石探取；农本局；垦务；灾害；免赋
【内容提要】
　　第119-120期合刊政府公报包括法规、公牍、公告、会议等部分。法规部分包括《土石探取规则》17条（22～24页）。公牍部分包括令各县政府遵照实业部关于建筑物品需用之土石应依法规办理的训令1条（24～25页）。第121、122期合刊政府公报包括法规、公牍部分。法规部分包括《农本局组织规程》19条（48～50页）。公牍部分包括令各县政府遵照农本局组织规程的训令1条（56页）。第123、124期合刊政府公报包括公牍、会议等部分。会议记录包括《本府委员会第425次会议记录》，讨论事项包括财政厅呈送华亭县报告本县遭冰雹，申请豁免上一年民欠亩款或减免半数，省务会议决议减免半数的记录1条（75页）。第127、128期合刊政府公报包括命令、公牍等部分。公牍部分包括令各县政府参照新颁本省垦务暂行章程开垦荒地的训令1条（118页），附《甘肃省清荒施垦计划》8条（119页）。

【叙录编号】 1064
【档案题名】
    甘肃省政府公报（合署办公，第129-140期）
【发文单位】 甘肃省政府
【收文单位】 不详
【档案编号】 004-010-0069-0001
【成文时间】 1936-08-01
【关 键 词】 农会；测候所；开渠造林修路；雨量记载表；灾害；免赋
【内容提要】
    第129、130期合刊政府公报包括法规、公牍、会议等部分。会议记录包括《甘肃省政府委员会第427次会议记录》，讨论事项录有主席提议建设厅呈送各级农会组织程序区农会改为乡农会请核示，省务会议决议通过记录1条（35页）。第133、134期合刊政府公报包括法规、命令、公牍等部分。公牍部分包括令临洮等10县政府令发四等测候所筹办程序要项，遵办即可的训令1条（64～65页）。第135、136期合刊政府公报包括法规、公牍、会议等部分。公牍部分包括行政院呈报各县征工服役进行情形一览表的呈文1条，附《甘肃省二十四年度（1935）各县局冬令征工服役进行情形办理成效一览表》，包括开渠造林修路等（80～82页）。第137、138期合刊政府公报包括公牍、会议等部分。会议部分包括《甘肃省政府委员会第429次会议记录》，讨论事项录有主席提议财政厅报告靖远县论古村田地被水冲崩，禁烟局申请豁免其罚款，省务会议通过的记录1条（98页）。第139、140期合刊政府公报包括公牍、公报等部分。公牍部分包括令武威等13县政府将雨量站筹设完竣按月寄黄河水利委员会雨量记载表1份的训令1条（107～108页）。公告部分包括《甘肃省政府二十五年（1936）六月份支出公布表》，录有实业费、建设费（112～118页）。

【叙录编号】 1065
【档案题名】
    甘肃省政府公报（合署办公，第163-178期）
【发文单位】 甘肃省政府
【收文单位】 不详
【档案编号】 004-010-0072-0001
【成文时间】 1936-09-12
【关 键 词】 水粪夫管理
【内容提要】
    第177、178期合刊政府公报包括命令、公牍、会议等部分。会议部分包括《甘肃省政府委员会第442次会议记录》，讨论事项录有主席提议民政厅呈报公安局拟管理水粪夫规则一案，省务会议决议修正通过的记录1条（122页）。

【叙录编号】 1066
【档案题名】
    甘肃省政府公报（合署办公，第179-188期）
【发文单位】 甘肃省政府

【收文单位】 不详
【档案编号】 004-010-0073-0001
【成文时间】 1936-10-03
【关 键 词】 气象测候所；苗圃；农事试验场；赈济
【内容提要】

第181、182期合刊政府公报包括命令、公牍、会议等部分。会议部分包括《甘肃省政府委员会第444次会议记录》，报告事项录有建设厅呈派员查勘兰州气象测候所拨款修理职员宿舍及院墙一案，省务会议决议通过的记录1条（27页）。第183、184期合刊政府公报包括命令、公告等部分。公报部分包括《甘肃省政府二十五年（1936）八月份支出公布表》，涉及建设费中公路建设、农业学校建筑支出，实业费中苗圃、农事试验场的支出等（39~53页）。第185、186期合刊政府公报包括命令、公牍、会议、公告等部分。会议部分包括《甘肃省政府委员会第445次会议记录》，临时事项录有民政厅厅长提议岷、漳等县灾情难民急待赈济，省务会议决议由中央拨款进行救济的记录1条（66页）；民政厅厅长提议天水县呈请赈济震灾，省务会议决议赈委会由中央拨款的记录1条（66页）。

【叙录编号】 1067
【档案题名】

甘肃省政府公报（合署办公，第189-200期）

【发文单位】 甘肃省政府
【收文单位】 不详
【档案编号】 004-010-0074-0001
【成文时间】 1936-10-17
【关 键 词】 灾害；豁免罚款；气象测候所；蓄水池；苗圃；农会
【内容提要】

第197、198期合刊政府公报包括法规、聘函、命令、公牍、会议等部分。会议部分包括《甘肃省政府委员会第450次会议记录》，讨论事项录有主席提议财政厅呈局据禁烟局报告景泰县老龙湾被水冲田亩，申请豁免罚款，省务会议决议通过的记录1条（63页）。第199、200期合刊政府公报包括命令、公牍、会议、公告等部分。公告部分包括《甘肃省政府民国二十五年（1936）九月份支出公布表》，涉及建设费中公路建设、蓄水池建设，兰州气象测候所日常支出，实业费中农会、苗圃支出等（82-97）。

【叙录编号】 1068
【档案题名】

甘肃省政府公报（合署办公，第201-214期）

【发文单位】 甘肃省政府
【收文单位】 不详
【档案编号】 004-010-0075-0001
【成文时间】 1936-11-02
【关 键 词】 水利工程处
【内容提要】

第207、208期合刊政府公报包括法规、命令、公牍、会议等部分。会议部分包括《甘肃省政府委员会第454次会议记录》，讨论事项录有建设厅呈报拟具甘肃省水利工程处组织大纲及经费预算，省务会议决议由多位委员审议再议的记录1条（53页）。

【叙录编号】 1069
【档案题名】

甘肃省政府公报（合署办公，第215-224期）

【发文单位】 甘肃省政府
【收文单位】 不详
【档案编号】 004-010-0076-0001
【成文时间】 1936-11-20

【关 键 词】 狩猎法；水利工程处；陆地测量局

【内容提要】

第215、216期合刊政府公报包括法规、命令、公牍、会议等部分。法规部分包括《修正狩猎法实施细则第2、第16、第17及第18条》4页，《狩猎法狩具种类名称及限制表》5条（4～7页）。第219、220期合刊政府公报包括法规、命令、公牍、会议、公告等部分。会议部分包括《甘肃省政府委员会第458次会议记录》，讨论事项录有主席提议多位委员审查甘肃省水利工程处组织规程及经费预算，省务会议决议通过的记录1条（63页）。第223、224期合刊政府公报包括法规、公牍等部分。法规部分包括《各省陆地测量局组织条例》9条（88页）。

【叙录编号】 1070

【档案题名】

甘肃省政府公报（合署办公，第225-234期）

【发文单位】 甘肃省政府

【收文单位】 不详

【档案编号】 004-010-0077-0001

【成文时间】 1936-12-02

【关 键 词】 水利工程处；荒地督垦；修理水渠

【内容提要】

第227、228期合刊政府公报包括法规、聘函、命令、公牍、会议等部分。法规部分包括《甘肃省水利工程处组织规程》12条（55～56页）。命令部分包括公布甘肃省水利工程处组织规程（58页）。第229、230期合刊政府公报包括法规、公牍、公告等部分。法规部分包括《内地各省市荒地实施垦殖督促办法》12条（72～73页）。公告部分包括《甘肃省政府民国二十五年（1936）十月份支出公布表》，涉及建设费水渠修理费用支出等（87～97页）。

【叙录编号】 1071

【档案题名】

甘肃省政府公报（合署办公，第287-296期）

【发文单位】 甘肃省政府

【收文单位】 不详

【档案编号】 004-010-0079-0001

【成文时间】 1937-03-02

【关 键 词】 种棉；特种林木；育苗造林；棉花搀水搀杂；兽医常识

【内容提要】

第287、288期合刊政府公报包括法规、公牍、会议、公告等部分。会议部分包括《甘肃省政府委员会第479次会议记录》，讨论事项录有主席提议建设厅呈报棉业指导员拟具今春推广植棉计划及预算，省务会议决议按上年成案办理的记录1条（27页）。第293、294期合刊政府公报包括法规、命令、公牍等部分。法规部分包括《培植保护特种林木监督办法》11条（83～84页），外附特种树木表（84～85页）。公牍部分包括令各县局及省立第一苗圃印发各省市二十四年（1935）分育苗及造林成绩表的训令1条（88页），外附《各省市二十四年（1935）分造林成绩表》（88～90页）、《各省市二十四年（1935）分育成绩表》（90～92页）、令各县局印发培植保护特种林木监督办法及特种林木表的训令1条（92页）。第295、296期合刊政府公报包括法规、命令、公牍、会议、公告等部分。法规部分包括《修正取缔棉花搀水搀杂暂行条例施行细则》33条（100～102页）。会议部分包括《甘肃省政府委员会第481次会议记录》，讨论事项录有建设厅呈报西北防疫处拟具兽医常识讲习会章程，请求各县协助及补助家畜保健院酬金，省务会议决议由委员审查再议的记录1条（108页）。

【叙录编号】 1072
【档案题名】
　　甘肃省政府公报（合署办公，第297-310期）
【发文单位】 甘肃省政府
【收文单位】 不详
【档案编号】 004-010-0080-0001
【成文时间】 1937-03-16
【关 键 词】 沿黄造林；何地修筑；气象测候所；私立牧场；兽医常识；森林法；棉花搀水搀杂；奖励农产；查禁烟苗
【内容提要】
　　第297、298期合刊政府公报包括命令、公牍、会议、公告等部分。会议部分包括《甘肃省政府委员会第482次会议记录》，讨论事项录有建设厅呈报拟具沿黄造林榆中办事处开办经常两费预算数目，省务会议决议照办的记录1条（8页）。公告部分包括《甘肃省政府二十六年（1937）元月份收支公告表》，涉及建设费中河堤修筑、兰州气象测候所修理支出等（14~24页）。第299、300期合刊政府公报包括法规、命令、公牍等部分。法规部分包括《私立牧场登记暂行规定》12条（30~31页）。公牍部分包括令各县局印发私立牧场登记暂行规则的训令1条（33页）。第301、302期合刊政府公报包括公牍、会议、公告等部分。会议部分包括《甘肃省政府委员会第483次会议记录》，讨论事项录有主席提议多位委员审查西北防疫处拟具兽医常识讲习会章程，请各县协助，省务会议决议通过的记录1条（45页）。第303、304期合刊政府公报包括法规、公牍、会议等部分，法规部分包括《修正森林法第9及第18条》（55~56页）。第307、308期合刊政府公报包括法规、命令、公牍、会议等部分。法规部分包括《各省市奖励农产通则》22条（80~83页）。《修正取缔棉花搀水搀杂暂行条例实施细则》2条（83页）。会议部分包括《甘肃省政府委员会第458次会议记录》，讨论事项录有建设厅呈报棉业指导员拟具特约棉种场办法，省务会议决议试办的记录1条（90页）。第309、310期合刊政府公报包括法规、公牍、会议、公告等部分。公牍部分包括令各县局积极查禁烟苗并随时报告的训令1条（98页）。

【叙录编号】 1073
【档案题名】
　　甘肃省政府公报（合署办公，第311-322期）
【发文单位】 甘肃省政府
【收文单位】 不详
【档案编号】 004-010-0081-0001
【成文时间】 1937-04-03
【关 键 词】 蓄水池；农业试验场；苗圃；改良种畜；防除松毛虫
【内容提要】
　　第311、312期合刊政府公报包括公牍、会议、公告等部分。公告部分包括《甘肃省政府二十六年（1937）二月份支出公布表》，涉及建设费中蓄水池修筑及公路建设支出，实业费中农事试验场、苗圃支出等（15~24页）。第319、320期合刊政府公报包括法规、公牍、会议等部分。法规部分包括《农产业法施行条例》20条（68~72条），《实业部改良种畜技术合作办法》13条（73~74条）。公牍部分包括令各县局印发改良种畜技术合作办法的训令1条（75页）。第321、322期合刊政府公报包括法规、公牍等部分。法规部分包括《实业部督促防除松毛虫办法》16条（82~83页）。公牍部分包括令各县局及省立第一苗圃印发实业部督促防除松毛虫办法的训令1条（84页）。

【叙录编号】 1074
【档案题名】
甘肃省政府公报（合署办公，第324-330期）
【发文单位】 甘肃省政府
【收文单位】 不详
【档案编号】 004-010-0082-0001
【成文时间】 1937-04-20
【关 键 词】 河堤崩塌；沿黄造林
【内容提要】
第329、330期合刊政府公报包括公牍、会议等部分。会议部分包括《甘肃省政府委员会第5次谈话会议记录》，讨论事项录有建设厅呈报皋兰县申请拨款修筑北门外崩塌河堤，省务会议决议照办的记录1条（51页）；秘书处呈报法制室核查建设厅呈林业指导员拟具沿黄造林各种暂行规程，省务会议决议修正通过的记录1条（51页）。

【叙录编号】 1075
【档案题名】
甘肃省政府公报（合署办公，第331-340期）
【发文单位】 甘肃省政府
【收文单位】 不详
【档案编号】 004-010-0083-0001
【成文时间】 1937-05-01
【关 键 词】 公路建设；植树造林；水渠修理；沿黄造林；农事试验场；苗圃
【内容提要】
第333、334期合刊政府公报包括命令、公牍、会议、公告等部分。公告部分包括《甘肃省政府民国二十六年（1937）三月份支出公布表》，涉及建设费公路建设、植树造林、水车修理、修理水渠支出，实业费农事试验场及苗圃支出等（31～41页）。第335、336期合刊政府公报包括法规、命令、公牍、会议、公告等部分。法规部分包括《甘肃省沿黄造林暂行规则》9条（49页），《甘肃省沿黄造林办事处组织章程》11条（49～50页），《甘肃省沿黄造林保护奖惩暂行章程》16条（50～52页）。命令部分包括公布甘肃省沿黄造林暂行规则、甘肃省沿黄造林办事处组织章程、甘肃省沿黄造林保护奖惩暂行章程的记录3条（53页）。第337、337期合刊政府公报包括法规、公牍、会议等部分。会议部分包括《甘肃省政府委员会第9次谈话会议记录》，讨论事项录有建设厅呈报据洮惠渠工务所请求垫发该所4月份经费，省务会议决议垫付的记录1条（74页）。

【叙录编号】 1076
【档案题名】
甘肃省政府公报（合署办公，第341-348期）
【发文单位】 甘肃省政府
【收文单位】 不详
【档案编号】 004-010-0084-0001
【成文时间】 1937-05-22
【关 键 词】 沿黄造林；崩塌河堤；种棉计划；农事试验场
【内容提要】
第341、342期合刊政府公报包括聘函、命令、公牍、公函、会议等部分。会议部分包括《甘肃省政府委员会第488次会议记录》，讨论事项录有主席提议第二次委员会谈话会议，据林业指导员拟具沿黄造林各种暂行规章，省务会议决议通过的记录1条（10页）。主席提议第五次委员会谈话会议，皋兰县申请修理北门外坍塌河堤工料费拨款，省务会议决议通过的记录1条（13页）。主席提议第5次委员谈话会议，法制室审查建设厅呈报沿黄造林各种暂行规程，省务会议决议通过的记录1

条（14页）。主席提议第六次委员谈话会议，据棉业指导员拟具二十六年（1937）推广棉种计划预算，省务会议决议通过的记录1条（15页）。第347、348期合刊政府公报包括法规、聘函、命令、公牍、会议、公告等部分。公告部分包括《甘肃省政府二十六年（1937）四月份支出公告表》，建设费中推广棉种、沿黄造林支出，实业费中农事试验场支出等（87~96页）。

【叙录编号】 1077
【档案题名】
　　甘肃省政府公报（合署办公，第378-384期）
【发文单位】 甘肃省政府
【收文单位】 不详
【档案编号】 004-010-0087-0001
【成文时间】 1937-07-03
【关 键 词】 种植小麦；建设中心工作
【内容提要】
　　第379、380期合刊政府公报包括法规、命令、公牍、公告等部分。公牍部分包括令各县政府据建设厅呈奉实业部令本年种麦时刻多种小麦饬农民酌量办理的训令1条（89页）。第393、394期合刊政府公报包括法规、命令、公牍等部分。公牍部分包括令各专署公务员考绩要求特别注意办理建设中心工作的成绩的训令1条（123页）。

【叙录编号】 1078
【档案题名】
　　甘肃省政府公报（合署办公，第385-400期）
【发文单位】 甘肃省政府
【收文单位】 不详
【档案编号】 004-010-0088-0001
【成文时间】 1937-07-17

【关 键 词】 西北造林计划；农会；灾害；急赈
【内容提要】
　　第391、392期合刊政府公报包括法规、公牍、会议等部分。会议部分包括《甘肃省政府委员会第505次会议记录》，讨论事项录有建设厅呈报实业部西北造林计划纲要草案及造林经费各点，省务会议决议通过的记录1条（47页）。第393、394期合刊政府公报包括法规、公牍等部分。法规部分包括《农会法》36条（55~60页）、《农会法施行法》15条（60~61页）。公牍部分包括令各县市局印发农会法及农会法施行法的训令1条（62页）。第397、398期政府公报包括命令、公牍、会议等部分。会议部分包括《甘肃省政府委员会第508次会议记录》，临时事项录有田委员提议泾川县城遭洪水成灾，请求急赈，省务会议决议由赈务委员会急赈的记录1条（90页）。

【叙录编号】 1079
【档案题名】
　　甘肃省政府公报（合署办公，第426-428期）
【发文单位】 甘肃省政府
【收文单位】 不详
【档案编号】 004-010-0091-0001
【成文时间】 1937-10-02
【关 键 词】 赈济；灾害；豁免粮赋；平宁公路
【内容提要】
　　第427期政府公报包括法规、命令、公牍、会议、公告、特载等部分。法规部分包括《发放赈款规程》14条（67~68页）。公牍部分包括令省赈务会印发发放赈款规程的训令1条（75页）。第428期政府公报包括法规、命令、公牍、会议、特载等部分。会议部分包括《甘肃省政府委员会第528次会议记录》，讨论事项录有主席提议财政厅呈报据查勘陇西县两区第五六堡成灾七分以上，请豁免粮赋及亩款，省务会议决议通过的记录1条（115页）；主席提议财政厅呈报景泰县镇罕堡老鹰湾移滩亩款，县长呈请豁免或移滩，省务会议决议移滩的记录1条（115页）。特载部分包括《查勘平宁公路报告表》，涉及路线、工程说明、沿线概况、沿线地质与材料等内容（118~123页）。

【叙录编号】 1080
【档案题名】
　　甘肃省政府公报（合署办公，第429-431期）
【发文单位】 甘肃省政府
【收文单位】 不详
【档案编号】 004-010-0092-0001
【成文时间】 1937-10-23
【关 键 词】 禁种烟苗；公路建设；防疫；气象测候所；农会试验场；秋季造林；苗圃
【内容提要】
　　第429期政府公报包括法规、命令、公牍、例行文件、会议、公告、特载等部分。例行文件包括《甘肃省政府例行文件表（二十六年十月）》，涉及各县及专署遵办禁种烟苗的命令等内容（23~24页）。第430期政府公报包括法规、命令、公牍、例行文件、会议、公告、特载等部分。例行文件包括《甘肃省政府例行文件表（二十六年十月六日）》，涉及各县及专署遵办禁种烟苗的命令等内容（53页）。公告部分包括《甘肃省政府二十六年（1937）九月份支出公布表》，涉及建设费中公路建设支出，实业费中防疫、气象测候所、农会试验场、秋季造林、苗圃等支出（65~76页）。第431期政府公报包括法规、聘函、命令、公牍、例行文件、会议等部分。例行文件包括《甘肃省政府例行文件表（二十六年十一月）》，涉及各县及专署遵办禁种烟苗的命令等内容（105页）。

【叙录编号】 1081
【档案题名】
　　甘肃省政府公报（合署办公，第432-434期）
【发文单位】 甘肃省政府
【收文单位】 不详
【档案编号】 004-010-0093-0001
【成文时间】 1937-11-13
【关 键 词】 灾害；豁免粮赋；兽医预防；气象测试事务；禁种烟苗
【内容提要】
　　第432期政府公报包括法规、聘函、命令、公牍、会议、公告等部分。会议部分包括《甘肃省政府委员会第536次会议记录》，主席提议财政厅呈送据查勘陇西县东关被水冲没地界，永不能垦复，县长请求豁免粮赋及亩款，省务会议决议通过的记录1条（28页）。第433期政府公报包括法规、命令、公牍、例行文件、会议、特载等部分。法规部分包括《兽医预防条例》24条（41~44页）。公牍部分包括令各专署印发兽医预防条例的训令1条（63页），令各县局据气象测候所呈请令饬各县认真查考各县气象测试事务的训令1要（64页）。例行文件包括《甘肃省政府例行文件表（二十六年十一月）》，涉及各县及专署遵办禁种烟苗的命令等内容（73页）。第434期政府公报包括法规、命令、公牍、会议等部分。公牍部分包括令灵台县政府据呈报办理禁种烟苗情形进行鉴核的指令1条（115页）。

【叙录编号】 1082
【档案题名】
　　甘肃省政府公报（合署办公，第435-438期）

【发文单位】 甘肃省政府
【收文单位】 不详
【档案编号】 004-010-0094-0001
【成文时间】 1937-12-04
【关 键 词】 公路建设；修筑堤岸；苗圃；农事试验场；测候所
【内容提要】
　　第435期政府公报包括法规、命令、公牍、会议、公告、特载等部分。公告部分包括《甘肃省政府二十六年（1937）十月份支出公布表》，建设费中公路建设修筑河北崩塌堤岸工程支出，实业费中苗圃、农事试验场、测候所支出（25～38页）。

【叙录编号】 1083
【档案题名】
　　甘肃省政府公报（合署办公，第439-441期）
【发文单位】 甘肃省政府
【收文单位】 不详
【档案编号】 004-010-0095-0001
【成文时间】 1938-01-08
【关 键 词】 公路建设；气象测候所；苗圃；棉种推广；农事试验场；沿黄造林；防疫
【内容提要】
　　第439、440期合刊政府公报包括法规、聘函、命令、公牍、会议、公告、特载等部分。公告部分包括《甘肃省政府二十六年（1937）十一月份支出公布表》，建设费中公路建设支出，实业费中气象测候所、苗圃、棉种推广、农事试验场、沿黄造林、防疫等支出（37～52页）。

【叙录编号】 1084
【档案题名】
　　甘肃省政府公报（合署办公，第443期）
【发文单位】 甘肃省政府
【收文单位】 不详
【档案编号】 004-010-0097-0001
【成文时间】 1938-02-14
【关 键 词】 气象测候所；苗圃；棉种推广；农事试验场
【内容提要】
　　本份政府公报包括法规、命令、公牍、会议、公告、特载、政闻纪要等部分。公告部分包括《甘肃省政府二十六年（1937）十二月份支出公布表》，建设费中气象测候所支出，实业费中苗圃、棉种推广、农事试验场支出等（44～52页）。

【叙录编号】 1085
【档案题名】
　　甘肃省政府公报（合署办公，第444期）
【发文单位】 甘肃省政府
【收文单位】 不详
【档案编号】 004-010-0098-0001
【成文时间】 1938-02-28
【关 键 词】 水渠；修筑公路
【内容提要】
　　本份政府公报包括法规、命令、公牍、会议、特载、政闻纪要等部分。公牍部分包括法制、民政、财政、教育、建设等方面。建设方面录有令各县局印发各县水渠调查表的训令1条（50页），附各县水渠调查表（51页）。政府纪要中本省部分录有省党部特派员会议通过建设厅建议本府春耕时期修筑公路应雇佣失业人民，免误农时的记录1条（76页）。

【叙录编号】 1086
【档案题名】
　　甘肃省政府公报（合署办公，第445期）
【发文单位】 甘肃省政府
【收文单位】 不详
【档案编号】 004-010-0099-0001

【成文时间】 1938-03-15
【关 键 词】 水利人事；查禁烟苗；沿河造林；防疫；农会；气象测候所；苗圃
【内容提要】
　　本份政府公报包括法规、命令、公牍、会议、公告、特载、政闻纪要等部分。命令部分包括委任赵益祺为本府建设厅水利工程师的委任1则（33页）。公牍部分包括法制、民政、财政、建设、保安、铨叙、诉愿等方面。民政部分录有令各县局切实查禁烟苗并颁发张贴公告的训令1条（41页），附公告1则（42～43页）。公告部分包括《甘肃省财政厅二十七年（1938）元月支出公布表》，建设费中公路建设支出，实业费中沿河造林、防疫、农会、气象测试所、苗圃支出等（80～91页）。

【叙录编号】 1087
【档案题名】
　　甘肃省政府公报（合署办公，第446期）
【发文单位】 甘肃省政府
【收文单位】 不详
【档案编号】 004-010-0100-0001
【成文时间】 1938-03-31
【关 键 词】 农事试验场；修护公路；推广棉种；沿黄造林；测候所；农贷
【内容提要】
　　本份政府公报包括法规、命令、公牍、会议、公告、特载、政闻纪要等部分。命令部分包括委任李云为甘肃省立第一农事试验场场长的委任1则（12页），委任阎寿桥代理沿黄造林办事处主任的委任1则（12页）。公告部分包括《甘肃省财政厅二十七年（1938）二月份支出公布表》，建设费中修护公路支出，实业费中推广棉种、沿黄造林、测候所等支出（53～65页）。政闻纪要部分本省部分包括农贷指导经费都由省库负担的记录1条（82页）。

【叙录编号】 1088
【档案题名】
　　甘肃省政府公报（合署办公，第461期）
【发文单位】 甘肃省政府
【收文单位】 不详
【档案编号】 004-010-0105-0001
【成文时间】 1938-11-15
【关 键 词】 平准物价；洮惠渠；水利纠纷；插花飞地
【内容提要】
　　本份政府公报包括法规、命令、公牍、会议录、特载、政闻纪要等部分。法规部分包括《甘肃省非常时期平准物价暂行办法》11条（14～15页）。命令部分包括委任杨延玉为临洮洮溥渠设计测量队主任工程师的委任1则（22页）。会议录部分包括《甘肃省政府委员会第624次会议记录》，讨论事项录有建设厅呈查酒金水利纠纷案，拟具办法两项，省务会议决议通过的记录1条（42页）。《甘肃省委员会第626次会议记录》，讨论事项录有民财两厅呈据陇西、定西两县县长会同查勘插花飞地划归管辖情形，省务会议决议划归陇西县管辖的记录1条（46页）。

【叙录编号】 1089
【档案题名】
　　甘肃省政府公报（合署办公，第464期）
【发文单位】 甘肃省政府
【收文单位】 不详
【档案编号】 004-010-0108-0001
【成文时间】 1938-12-31
【关 键 词】 垦殖荒地；救济；水利工程；推广农业
【内容提要】
　　本份政府公报包括法规、命令、公牍、会议录、公告、特载、政闻纪要等部分。公牍部分包括法制、民政、财政、建设等方面，建设方面录有令各专署县局奉行政院令难民垦殖实施办法大纲明令废止的记录1条（81页）。会议录包括《甘肃省政府委员会临时谈话会议记录》，临时事项录有民政厅呈奉逃亡农民救济计划，拟具救济办法4项，省务会议决议通过的记录1条（86页）。特载部分包括《本省建设工作概况与计划》，其中录有水利涉及洮惠渠、湟惠渠、溥济渠、金塔水利（107页），农业涉及农业改进所、苗圃育苗（107页）、调查荒地等方面（107页）。

【叙录编号】 1090
【档案题名】
　　甘肃省政府公报（合署办公，第469、470期）
【发文单位】 甘肃省政府
【收文单位】 不详
【档案编号】 004-010-0112-0001
【成文时间】 1939-03-31
【关 键 词】 飞地；黄河水利委员会；溥济渠
【内容提要】
　　第469期政府公报包括法规、命令、公牍、会议录、特载等部分。公牍部分包括法制、民政、财政、教育等方面，民政方面录有令各县政府举办农贷应以贫农为对象的训令1条（11~12页）。会议录部分包括《甘肃省政府委员会临时谈话会议记录》，讨论事项录有民政厅呈查高台县请将临潭飞地五坝、八坝、九坝划归高台，将高台飞地划归临潭，省务会议决议并案审查的记录1条（23页）。第470期政府公报包括法规、命令、公牍、会议录、特载等部分。命令部分包括任命陈汝珍为黄河水利委员会河防处处长的任免1则（64页），委任高峰为溥济渠设计测量队工程队的委任1则（65页）。会议录包括《甘肃省政府委员会临时谈话会议记录》，省务会议决议按审查意见通过的记录1条（82页）。

【叙录编号】 1091
【档案题名】
　　甘肃省政府公报（合署办公，第471-472期）
【发文单位】 甘肃省政府
【收文单位】 不详
【档案编号】 004-010-0113-0001
【成文时间】 1939-04-30
【关 键 词】 农业改进所；黄河堤设计图；湟惠渠；溥济渠；插花飞地
【内容提要】
　　第471期政府公报包括法规、命令、公牍、会议录、特载等部分。法规部分包括《甘肃农业改进所组织规程》17条（11~12页），附组织系统表（13页）。命令部分包括公布甘肃农业改进所组织规程的公布1则（16页）。会议录部分包括《甘肃省政府委员会临时谈话会议记录》，讨论事项录有建设厅呈据省会工务处呈报黄河堤设计图表及预算书一案，查核剩余未拨预算是否由省库支出，省务会议决议由工程费项下开支的记录1条（24页）。《甘肃省政府委员会第652次会议记录》，临时动议录有主席提议建设厅呈查上年10月25日奉经济部令颁布甘肃省农业改进所组织规程及系统表是否公告，省务会议决议公布的记录1条（28页）。第472期政府公报包括法规、命令、公牍、会议录、特载等部分。命令部分包括调委李祖应为本府建设厅水利查勘专员的委任1则（63页）。会议录部分包括《甘肃省政府委员会临时谈话会议记录》查核两县插花村庄数目甚多，省务会议决议派专员会勘的记录1条（72页）。《甘肃省政府委员会临时谈话会议记录》，临时动议录有主席提议建设厅呈关于办理皋兰湟惠渠、临洮溥济渠土方工程拟订原则6条，省务会议决议原则通过的记录1条

(76页)。

【叙录编号】 1092
【档案题名】
甘肃省政府公报（合署办公，第475-476期）
【发文单位】 甘肃省政府
【收文单位】 不详
【档案编号】 004-010-0115-0001
【成文时间】 1931-06-30
【关 键 词】 难民移垦
【内容提要】
第475、476期合刊政府公报包括法规、命令、公牍、会议录、特载等部分。法规部分包括《非常时期难民移垦条例》32条（20～23页）。

【叙录编号】 1093
【档案题名】
甘肃省政府公报（合署办公，第476-480期）
【发文单位】 甘肃省政府
【收文单位】 不详
【档案编号】 004-010-0116-0001
【成文时间】 1939-08-31
【关 键 词】 农业改进所；溥济渠
【内容提要】
第477、478期合刊政府公报包括法规、命令、公牍、会议录、公告、特载等部分。命令部分委任李世军为甘肃省农业改进所所长兼任建设厅路工总队总队长的任命1则（26页）。第479、480期合刊政府公报包括法规、命令、公牍、公告、会议录、特载等部分。命令部分包括委任杨延玉为溥济渠主任工程师的任命1则（137页）。会议录部分包括《甘肃省政府委员会第681次会议记录》，讨论事项录有建设厅呈查临洮溥济渠工程，申请建设公债筹集费用，省务会议决议暂拨建设公债30万元的记录1条（158页）。

【叙录编号】 1094
【档案题名】
甘肃省政府公报（合署办公，第483-484期）
【发文单位】 甘肃省政府
【收文单位】 不详
【档案编号】 004-010-0118-0001
【成文时间】 1940-01-01
【关 键 词】 阿干镇煤矿；湟惠渠灌溉土地；飞地
【内容提要】
第483期政府公报包括专载、法规、命令、公牍、会议录、附载等部分。法规部分包括《甘肃省建设厅阿干镇煤矿管理处组织简章》8条（31～32页），附预算（32～33页）。第484期政府公报包括法规、命令、公牍、会议录、特载等部分。法规部分包括《甘肃省湟惠渠灌溉土地登记规则》18条（139～141页）、《甘肃省湟惠渠灌溉土地登记处组织规程》8条（141页）、《甘肃省湟惠渠灌溉土地估价委员会章程》10条（141～142页）、《甘肃省湟惠渠灌溉土地纠纷公断委员会章程》12条（142～143页）、《甘肃省湟惠渠土地登记处复丈规则》11条（143页）、《甘肃省政府发给湟惠渠灌溉土地营业执照暂行规则》13条（144页），附《甘肃省湟惠渠灌溉土地登记处经费支出预算书》（146～147页）。会议录包括《甘肃省政府委员会第710次会议记录》，讨论事项录有民政厅呈查高台临潭整理插花飞地一案，经厅长查勘认为归高台管理，省务会议决议通过的记录1条（169页）。

【叙录编号】 1095
【档案题名】

甘肃省政府公报（合署办公，第485-486期）

【发文单位】 甘肃省政府
【收文单位】 不详
【档案编号】 004-010-0119-0001
【成文时间】 1940-01-31
【关 键 词】 苗木推广；南园水渠；水利查勘
【内容提要】

第486期政府公报包括专载、法规、命令、公牍、会议录、附录等部分。法规部分包括《甘肃农业改进所苗木推广规则》23条（120~121页）。命令部分包括委任郝西赓与张文兴为第一、二水利勘测队队长的任命2则（125页）。会议录包括《甘肃省政府委员会第729次会议记录》，讨论事项包括主席提议建设厅呈为谋求开展本省水利事业，以裕民生计，拟组织勘测两队，按照实际情况逐项勘查，省务会议决议施测时间改为5月，经费均由建设公债支出的记录1条（139页）。《甘肃省政府委员会临时谈话会议决议》，讨论事项录有主席提议建设厅呈据农业改进所拟具甘肃农业改进所苗木推广规则，请发布，省务会议决议通过的记录1条（142页）。《甘肃省政府委员会第732次会议记录》，讨论事项包括会计处、财政厅、建设厅呈据修理南园水渠委员会呈报拦水坝工程需费甚多，申请款由水利查勘费项下支出，省务会议决议通过的记录1条（147页）。

【叙录编号】 1096
【档案题名】

甘肃省政府公报（合署办公，第487-488期）

【发文单位】 甘肃省政府
【收文单位】 不详
【档案编号】 004-010-0120-0001
【成文时间】 1940-04-01
【关 键 词】 兰州水文站；农田水利；气象测候所；土地纠纷；罐子峡煤矿；灾害
【内容提要】

第487期政府公报包括特载、法规、命令、公牍、会议录、附录等部分。会议录包括《甘肃省政府委员会第735次会议记录》，讨论事项录有建设厅呈据气象测候所报告拟具修理兰州水文站房屋预算，省务会议决议通过的记录1条（49页）。《甘肃省政府委员会第739次会议记录》，讨论事项录有秘书处，建设、财政、民政三厅，呈查核关于农本局修筑办理本省农田水利一案，拟照黔桂等省成案，省务会议决议通过的记录1条（59页）。《甘肃省政府委员会第741次会议记录》，讨论事项录有建设厅呈据气象测候所拟订调整办法事项，省务会议决议修正通过的记录1条（64页）。建设厅呈遵谕拟具新法开采静宁罐子峡煤矿计划及预算书，省务会议决议由各厅委员审查的记录1条（65页）。第488期政府公报包括特载、法规、命令、公牍、会议录、附录等部分。法规部分包括《甘肃省土地纠纷公断委员会组织章程》17条（130~131页）。会议录包括《甘肃省政府委员会第743次会议记录》，讨论事项录有主席提议李厅长等审查开采静宁罐子峡煤矿计划及资金预算，省务会议通过，筹款法由财建两厅拟订的记录1条（148页）。《甘肃省政府委员会第744次会议记录》，临时动议录有财政厅呈遵谕核议开采静宁罐子峡煤矿预算，兹拟具办法两项，省务会议决议通过的记录1条（152页）。《甘肃省政府委员会第749次会议记录》，讨论事项录有会计处、财政厅、建设厅呈雷坛河被冲坏，申请拨款修理。省务会议决议由建设事业费支出的记录1条（163页）。

【叙录编号】 1097
【档案题名】

甘肃省政府公报（合署办公，第490-491期）
【发文单位】　甘肃省政府
【收文单位】　不详
【档案编号】　004-010-0122-0001
【成文时间】　1940-07-01
【关 键 词】　小麦黑穗病传病
【内容提要】
　　第491期政府公报包括特载、法规、命令、公牍、会议录、附录等部分。会议录部分包括《甘肃省政府委员会第769次会议记录》，讨论事项录有主席提议建设厅呈为防治小麦黑穗病传染，拟饬农业改进所依照省农场所拟计划，编印防治办法，并派员至天水等地指导，申请经费，省务会议决议并案审查的记录1条（158页）。

【叙录编号】　1098
【档案题名】
　　甘肃省政府公报（合署办公，第492期）
【发文单位】　甘肃省政府
【收文单位】　不详
【档案编号】　004-010-0123-0001
【成文时间】　1940-09-01
【关 键 词】　气象测候所；防治小麦黑穗病传染；插花飞地
【内容提要】
　　本府政府公报包括特载、法规、命令、公牍、会议录、附录等部分。法规部分包括《甘肃省各级气象测候所职员薪给暂行章程》10条（15～17页）。会议录包括《甘肃省政府委员会第775次会议记录》，讨论事项录有主席提议施厅长审查临潭十三庄土地纠纷一案，省务会议决议按照审查意见通过的记录1条（60页），主席提议施厅长等审查防治小麦黑穗病传染一案，省务会议决议按照审查意见通过的记录1条（60页）。《甘肃省政府委员会第780次会议记录》，临时动议录有主席提议财政厅关于处理皋、榆两县插花飞地一案意见，省务会议决议通过的记录1条（72页）。

【叙录编号】　1099
【档案题名】
　　甘肃省政府公报（合署办公，第494-496期）
【发文单位】　甘肃省政府
【收文单位】　不详
【档案编号】　004-010-0125-0001
【成文时间】　1940-12-31
【关 键 词】　农业改进所；水利贷款；飞地；水利局成立
【内容提要】
　　第494、496期合刊政府公报包括特载、法律、命令、会议录、附录等部分。命令部分包括委任尹鹤九为甘肃省农业改进所农业推广处主任的任命1则（81页）。会议录包括《甘肃省政府委员会第794次会议记录》，讨论事项包括主席提议民政厅签呈据四区专署呈复勘明秦安县请将天水飞地梨树梁副划归秦安管辖，省务会议决议通过的记录1条（108页）。《甘肃省政府委员会第796次会议记录》，讨论事项录有建设厅呈查水利贷款将完成，所有省应办水利，拟于三十年度（1941）成立水利局以专责，省务会议决议交民财建三厅审查的记录1条（111页）。《甘肃省政府委员会第798次会议记录》，临时动议录有主席提议李厅长等审查本省应办水利，成立水利局一案，省务会议决议通过的记录1条（116页）。

【叙录编号】　1100
【档案题名】
　　甘肃省政府公报（合署办公，1941年元旦特刊号）
【发文单位】　甘肃省政府

【收文单位】 不详
【档案编号】 004-010-0126-0001
【成文时间】 1941-01-01
【关 键 词】 公路建设；水利工程；苗圃；农场；疫病防治；推广棉种
【内容提要】

本份政府公报包括专载、引言、省政府二十九年度（1940）各部门行政设施撮要、省政府三十年度（1941）施政计划撮要等部分。省政府二十九年（1940）各部门行政设施撮要包括民政部门、财政部门、教育部门、建设部门、保安部门、计政部门等。建设部门录有已完成公路的记录15条（47~48页）；水利方面设计已完成水利工程的记录2条（49页），继续兴修水利工程的记录3条（49页）；农林方面涉及农种实验记录4条（50页），农场记录3条（50~51页），苗圃方面记录5条（51页），附《林区发布概况表》（51~52页）。推广棉种、疫病防治、苗木的记录3条（53页）。省政府三十年度施政计划撮要包括民政方面、财政方面、建设方面、教育方面、保安方面、计政方面、市区建设方面、其他方面等方面。1.建设方面录有继续修筑公路记录3条（70页）；水利中继续兴修水渠工程的记录2条（71页），计划新开的水渠工程记录9条（72页），组织勘测各渠工程的记录2条（72页），水利人才培养的记录1条（72页）；农林中整理天然林记录3条（76页），扩充苗圃育林记录3条（76页），扩大造林的记录4条（76~77页），农业推广记录4条（77页）；气象方面记录4条（80页）。2.市区建设方面：饮水方面涉及计划建筑给水工程记录1条（86页）。3.其他方面，录有修理水库、蓄水池记录2条（88页）。

【叙录编号】 1101
【档案题名】

甘肃省政府公报（合署办公，第497期）
【发文单位】 甘肃省政府
【收文单位】 不详
【档案编号】 004-010-0127-0001
【成文时间】 1941-01-31
【关 键 词】 水利人事；农田水利贷款；荒地纠纷；自然林；水渠修筑；灾害；赈济
【内容提要】

本份政府公报包括特载、法规、命令、公牍、会议录、附载等方面。命令部分包括委任杨延玉为本府建设厅水利总工程师的任命1则（47页）。会议录包括《甘肃省政府委员会第821次会议记录》，讨论事项录有主席提议建设厅呈查本厅拟订本省农田水利贷款合同草案，省务会议决议通过的记录1条（71页）。《甘肃省政府委员会第824次会议记录》，报告事项录有主席报告审查静宁、庄浪两县人民争夺黑塌山荒地一案，仍维持原案处理，特此报告的记录1条（79页）。讨论事项录有主席提议民财两厅呈查本省二十九年（1940）灾歉省份，包括皋兰等35县，拟照勘报情况拨款赈济并拟具办法4项，省务会议决议通过的记录1条（80页）。附录部分包括《本省三十年度（1941）之预算》，关于岁出部分录有建设费在农田水利方面会有所增加的记录1条（88页）。《本省三十年度（1941）施政纲要》，经济建设中录有水利方面本年要完成的三项水渠建设，兴办五渠两堤的记录1条（91页）；农林方面录有：对于各类作物设置试验场，设立林牧公司，保护自然林，合理采伐的记录1条（91页）。

【叙录编号】 1102
【档案题名】

甘肃省政府公报（合署办公，第501期）
【发文单位】 甘肃省政府
【收文单位】 不详

【档案编号】 004-010-0130-0001
【成文时间】 1941-04-15
【关 键 词】 垦荒；水利人事；桐油；湟惠渠；农田水利；兴修煤道；查禁烟苗；植树
【内容提要】
　　本份政府公报包括专论、法规、命令、公牍、例行公文表、会议录、施政撮要、各县通讯等部分。法规部分包括《农林部垦务总司组织条例》16条（10~12页）。命令部分包括委任王学书代理甘肃省农业改进所技正的任命1则（17页），委任杨延玉为甘肃永靖渠工程处主任工程师的任命1则（17页）。例行公文表包括《甘肃省政府核饬所属各机关例行公文一览表》，财政方面录有各县不产桐油的呈复及奉令禁冥钞一案等文件（26页）。会议录包括《甘肃省政府委员会第841次会议记录》，报告事项录有主席报告建、民、财三厅呈查核湟惠渠工务处所呈请拨款一案，贷款未到时由建设厅垫付的决定，特此报告的记录1条（32页）。《甘肃省政府委员会第844次会议记录》，讨论事项录有主席提议建设厅呈查本府前为开展本省农田水利事业，由中国银行总行商定合作办法大纲，省务会议决议交各厅处审查的记录1条（41页）。施政撮要包括兴修煤道福利民生，建设皋兰南乡至阿干镇煤道的记录1条（45页）。各县通讯包括《清水县本年三月份工作摘要》，录有查禁烟田记录1条，拟订植树计划实行植树的记录1条（48页）。

【叙录编号】 1103
【档案题名】
　　甘肃省政府公报（合署办公，第505期）
【发文单位】 甘肃省政府
【收文单位】 不详
【档案编号】 004-010-0134-0001
【成文时间】 1941-06-15
【关 键 词】 泾济渠；保护淡水鱼类；插花飞地；查勘水利渠工程；植树；气象测候所；护林；粮食增产
【内容提要】
　　本份政府公报包括专论、法规、命令、公牍、例行公文、施政撮要、视察报告、各县通讯等部分。命令部分包括委任张百征为平凉泾济渠工务所正工程师的任命1则（52页）。公牍方面包括令各县局知照本省粮食增产委员会正式办公的训1条（60页），令各县局、专署遵照农林部咨送保护淡水鱼类，产卵区取缔杀鱼、鱼卵及鱼苗暂行办法的训令1条（61页）。会议录包括《甘肃省政府委员会第859次会议记录》，讨论事项录有主席提议民政厅呈据视察员呈复勘测漳县、武山县插花飞地情形，并拟折中处理办法及饬一、四两区专员办理，省务会议决议照办的记录1条（65页）。《甘肃省政府委员会第860次会议记录》，讨论事项包括主席提议建、财两厅及会计处呈拟于本年度查勘全省水利渠工程，组织水利查勘队及所需经费预算书，拟请水利费支出，省务会议决议通过的记录1条（68页）。例行公文包括《甘肃省政府核饬所属各机关例行公文一览表》，录有永靖县呈植树报告表等（74页）。施政撮要包括整饬所有气象测候所，将兰州气象测候所改为甘肃气象测候所的记录1条（85页）；勘测全省水利，包括各县申报请求兴修水利工程及各地适合进行水利建设的地方的记录1条（85页）。管理天然林，审查榆中兴隆山有人私自采伐，要求各地方加强管理的记录1条（86页）。视察报告包括《康乐县概况》，涉及沿革及方位、地质及地形、山脉、河流（洮河流域）、水利（由水利林牧公司投资兴修水利以防洪灾）、人口、民情风俗、教育、交通、赋税、经济、要政推行情况、一般政令推进情形（涉及建设概况中植树造林）、各县目前困难事件（88~94页）。各县通讯包括《静宁县政府三十年度（1941）二月至四月工作报告》，建设方面录有提倡造林，每年照例拨发树苗进行护林造林的记录1条（99页）。

【叙录编号】　1104
【档案题名】
　　甘肃省政府公报（合署办公，第508期）
【发文单位】　甘肃省政府
【收文单位】　不详
【档案编号】　004-010-0137-0001
【成文时间】　1941-07-31
【关 键 词】　管理水利事业；苗圃；保护森林；旱灾；急赈；农田水利工程
【内容提要】
　　本份政府公报包括专论、法规、命令、公牍、会议录、例行公文、施政撮要、各县通讯等部分。法规部分包括《管理水利事业暂行办法》10条（16页）、《甘肃省县苗圃组织通则》9条（50～52页）。公牍部分包括令省内外各机关奉行政院令发管理水利事业暂行办法的训令1条（78～79页），令省内外各机关准黄河水利委员会电将上游工程处改为上游修防林垦工程处并决定处址仍设在兰州的训令1条（81页），令省内外各机关奉行政院令切实保护森林不任意采伐的训令1条（81页）。会议录包括《甘肃省政府委员会第872次会议记录》，报告事项录有主席报告建设厅呈查本府礼县等18县旱灾畸重，甘肃省政府拟订办法4项进行急赈，特此报告的记录1条（87页）。《甘肃省政府委员会第874次会议记录》，讨论事项包括主席报告建设厅呈查本省水利林牧股份有限公司成立，所有本省兴办水渠交由该公司接办，再水利查勘第一、二、三分队已组成，并拟订队长人员，省务会议决议通过的记录1条（96页）；主席提议建设厅呈拟将本省农田水利等工程交由水利林牧公司办理，将本省农田水利工程迅速完成，拟订甘肃省政府委托甘肃水利林牧公司办理水利工程合约，省务会议决

议照办的记录1条（96页）。例行公文包括《甘肃省政府核饬所属各机关例行公文一览表》，建设部分录有各县呈水利工程调查表及已修水利工程调查表等（102页）。施政撮要包括因本省地处高原，雨量缺乏，旱灾频发，故查勘全省水利，兴修水利工程的记录1条（108页）。

【叙录编号】　1105
【档案题名】
　　甘肃省政府公报（合署办公，第509期）
【发文单位】　甘肃省政府
【收文单位】　不详
【档案编号】　004-010-0138-0001
【成文时间】　1941-08-15
【关 键 词】　泾济渠；水利特别征费；慰问藏民；气象测候
【内容提要】
　　本份政府公报包括专论、法规、命令、公牍、会议录、施政撮要、各县通讯等部分。法规部分包括《甘肃省气象测候所组织规程》17条（18～19页）。命令部分包括委任王自怡为平凉泾济渠公务所水利专署兼事务股员的任命1则（20页）。公牍部分包括令省内外各机关准黄河水利委员会电送本会委员长由万副委员长代理的训令1条（26页）。会议录包括《甘肃省政府委员会第879次会议记录》，讨论事项包括主席提议建设厅呈兹拟订甘肃省兴办水利特别征费规则，省务会议决议交民、财、建三厅审查的记录1条（42页）；主席提议建设厅呈据本省气象测候所呈拟组织规程，省务会议决议修正通过的记录1条（42页）；主席提议建设厅呈拟将本厅化学工厂与本省水利林牧公司畜牧部合并，现有资本作为公司资本之一，省务会议决议通过的记录1条（42页）。《甘肃省政府委员会第880次会议记录》，报告事项录有主席报告建设厅呈拟水利专员服务规

程5条，省务会议决议通过，特此报告的记录1条（44页）。各县通讯包括《临潭县政府派员慰问藏民概况报告》，涉及彻底完成的禁政、地形、寺院情况、番族名目及散布、账目与人口、组织与生活、民情风俗、物产、窝户情况等（72~74页）。

【叙录编号】 1106
【档案题名】
　　甘肃省政府公报（合署办公，第510期）
【发文单位】 甘肃省政府
【收文单位】 不详
【档案编号】 004-010-0139-0001
【成文时间】 1941-08-30
【关 键 词】 气象局；洮河林区管理处；水利查勘；渗水井工程；苗圃及造林；雹灾；禁种烟苗
【内容提要】
　　本份政府公报包括专论、法规、命令、公牍、会议录、例行公文、施政撮要、各县通讯等部分。法规部分包括《中央气象局暂行组织规程》9条（26~27页）。命令部分包括委任王自治代理本府建设厅水利专员的任命1则（39页）。公牍部分包括令岷县等县局准农林部咨派周映昌为农林部洮河流域国有林区管理处主任即前往卓尼任职的训令1条（46页）。会议录包括《甘肃省政府委员会第882次会议记录》，报告事项录有主席报告建设厅呈据水利查勘对第一分队队长报告查勘酒泉、金塔水利情形，省务会议准许，特此报告的记录1条（53页）；临时动议录有主席提议建设厅呈查兰州市拟建渗水井工程投票结果，超出预算，请求贷款，省务会议决议照办的记录1条（56页）。例行公文包括《甘肃省政府核饬所属各机关例行公文一览表》，建设方面录有榆中县呈本县苗圃及造林调查表，榆中县呈出售私水情况及分水不公情况的表（68页）。施政撮要包括保护临潭森林的记录1条（72页）。各县通讯包括《固原县政府七月份中心工作报告》，录有整理赈济上年被雹灾民情况的记录1条（78页）。《武威县政府七月份中心工作报告》，录有本县禁种烟苗的记录1条（79页）；提倡水利，兴办大通河水利工程的记录1条（80页）。

【叙录编号】 1107
【档案题名】
　　甘肃省政府公报（合署办公，第506期）
【发文单位】 甘肃省政府
【收文单位】 不详
【档案编号】 004-010-0135-0001
【成文时间】 1941-06-30
【关 键 词】 水利农矿公债；农田水利；林木事业；日食观测委员会；罐子峡煤矿；大夏河堤坝
【内容提要】
　　本份政府公报包括专论、法规、命令、公牍、会议录、例行公文、施政撮要、各县通讯等部分。法规部分包括《民国三十年（1941）甘肃省水利农矿公债条例》11条（76~77页）。会议录包括《甘肃省政府委员会第863次会议记录》，报告事项录有主席报告建设厅呈准中国银行总管理处函发本省农田水利及林木事业合作办法，特此报告的记录1条（97页）。《甘肃省政府委员会第866次会议记录》，讨论事项包括主席提议据省立气象测候所呈拟组织日食观测委员会等，经查无必要，派所长与高级职员前往天水测候所观测，省务会议决议通过的记录1条（111页）。施政撮要包括开采静宁罐子峡煤矿的记录1条（121页）。各县通讯包括《临夏县六月份中心工作报告》，兴革事宜与改进计划录有测量大夏河堤坝的记录1条（129页），测量大夏河两岸水渠的记录1条（129页）。

【叙录编号】 1108
【档案题名】
　　甘肃省政府公报（合署办公，第507期）
【发文单位】 甘肃省政府
【收文单位】 不详
【档案编号】 004-010-0136-0001
【成文时间】 1941-07-15
【关 键 词】 水利人事；灾害；赈济；天然林保护区；祁连山森林；消除烟苗；种秋粮；甘川公路
【内容提要】
　　本份政府公报专论、法规、命令、公牍、会议录、例行公文、施政撮要、各县通讯等部分。命令部分包括委任杨子英为甘肃省水利查勘队第一分队队长的任命1则（22页），委任吴肇基为甘肃省水利查勘队第一分队工程师的任命1则（22页），委任任以永为甘肃省水利查勘队第二分队队长的任命1则（23页），委任王诺夫为甘肃省水利查勘队第二分队工程师的任命1则（23页），委任张文兴代理本省水利查勘队第二分队队长的任命1则（23页）。会议录包括《甘肃省政府委员会第869次会议记录》，报告事项包括主席报告建设厅呈查本年入夏各县或缺雨或遭受蝗灾雹灾，收成绝望，急待救济，以便候雨播种晚禾，饬各县合作社向银行金库贷款，特此报告的记录1条（39页）；讨论事项录有主席提议建设厅呈据农业改进所呈送修正组织规程，省务会议决议通过的记录1条（39页）；主席提议建设厅呈拟具甘肃各县苗圃组织规则，请法制室审查，省务会议决议照原案通过的记录1条（39页）。《甘肃省政府委员会870次会议记录》，报告事项包括主席报告建、财两厅及会计处呈查景泰县筹设苗圃，批准预算准备拨款，又该县筹保护鹿山等处天然林，拟令农业改进所依照设天然林保护区办法试办，特此报告的记录1条（42页）。《甘肃省政府委员会第871次会议记录》，报告事项录有主席报告奉令祁连山森林对西北气候、农产、国防建设均有大益处，兹定为国防林区，加强保护，特此报告的记录1条（47页）。施政撮要包括饬办粮籽种贷款，以辅民种秋粮的记录1条（57页）；据漳县县长呈，派队协助消除烟苗的记录1条（59页）。各县通讯包括《陇西县政府六月份中心工作报告》，录有查禁烟毒、消除烟苗的记录1条（63页）；《隆德县政府六月份中心工作报告》，建设方面录有提倡水利，建设厅派员查勘发现沙塘乡确有开发水渠的必要的记录1条（69页）；《岷县政府六月份中心工作报告》，建设方面录有征工赶修未完成的甘川公路的记录1条（75页）。

【叙录编号】 1109
【档案题名】
　　甘肃省政府公报（合署办公，第512期）
【发文单位】 甘肃省政府
【收文单位】 不详
【档案编号】 004-010-0141-0001
【成文时间】 1941-09-30
【关 键 词】 农业推广所；湟惠、溥济、洮惠三渠；荒地调查；牲畜及牲畜产调查；造林；苗圃；推广捕鱼业
【内容提要】
　　本份政府公报包括专论、法规、命令、公牍、会议录、例行公文、施政撮要、各县通讯等部分。专论包括《朱部长谈西北观感》，涉及西北的建设事业中水利造林畜牧建设（5页）。法规部分包括《县农业推广所组织大纲》11条（11～13页）。会议录包括《甘肃省政府委员会第889次会议记录》，讨论事项包括主席提议建设厅呈准甘肃水利林牧公司函请将本年农田水利贷款未支付部分完全支付给湟惠、溥济、洮惠三渠工程所需，省务会议决议通过的记录1条（32页）。《甘肃省政府委员会第

890次会议记录》，报告事项录有主席报告建设厅呈准水利林牧公司函送本年水利专员服务规程，特此报告的记录1条（35页）。例行公文包括《甘肃省政府核饬所属各机关例行公文一览表》，建设方面录有各县呈报荒地调查表、牲畜及牲畜产调查表、造林调查表、垦殖荒地调查表、苗圃成立情况等（52~55页）。施政撮要包括《临潭县政治建设三年计划》，交通部分涉及水路，开修洮河以利水运的记录1条（64页）。各县通讯包括《临潭县积极建设五年计划》，农业方面录有改良农业技术（67页）；渔牧森林方面录有推广捕鱼业、兴办畜牧场、请求畜牧卫生设置、蓄水造林（67~68页）。

【叙录编号】 1110
【档案题名】
　　甘肃省政府公报（合署办公，第513期）
【发文单位】 甘肃省政府
【收文单位】 不详
【档案编号】 004-010-0142-0001
【成文时间】 1941-10-15
【关 键 词】 兴办水利；征雇民夫；山丹军马场；插花飞地；雹灾；秋季造林；赈济
【内容提要】
　　本份政府公报包括特载、法规、命令、公牍、会议录、例行公文、施政撮要、各县通讯等部分。法规部分包括《甘肃省政府兴办水利征雇民夫暂行办法》19条（33~35页），《甘肃省政府修筑公路兴办水利折迁土地附着物办法》9条（35~37页）。公牍部分包括令各专署各县局及兰州市政府奉行政院令发修正管理水利暂行办法的训令1条（56页），附《管理水利事业暂行办法》9条（57页）。会议录包括《甘肃省政府委员会第894次会议记录》，讨论事项包括主席提议建设厅呈准军政部将大马营全部牧地划归山丹军马场经营，以期早完成马牧建设生产十年计划，政府准许全部拨给，省务会议决议照办的记录1条（59页）。《甘肃省政府委员会第895次会议记录》，讨论事项包括主席提议民政厅呈查据庄、静两县插花飞地一案，饬第二区专署查勘，拟具调整办法6项，省务会议决议通过的记录1条（63页）。《甘肃省政府委员会第896次会议记录》，报告事项录有主席报告财、建、会计室呈，兹依照本府移交甘肃水利林牧公司接受各渠工作及勘测队办法第8条，拟订甘肃省政府补助水利查勘经费，特此报告的记录1条（66页）；讨论事项包括主席提议，建、民两厅呈奉遵照修正通过兴办水利征雇民夫暂行办法及折迁土地附着物办法，并奖励兴办水利暂行办法3种，省务会议决议按照审查意见通过的记录1条（67~68页）。施政撮要包括核查宁县雹灾，并由省救灾预备金拨款赈灾的记录1条（78页）。各县通讯包括《永昌县政府九月份中心工作报告》，录有呈报旱灾情况的记录1条（84页）；《靖远县政府九月份中心工作报告》，录有该县准备秋季造林，查勘造林地点的记录1条（87页）。

【叙录编号】 1111
【档案题名】
　　甘肃省政府公报（合署办公，第514期）
【发文单位】 甘肃省政府
【收文单位】 不详
【档案编号】 004-010-0143-0001
【成文时间】 1941-10-31
【关 键 词】 兴办水利；气象测候所；雨量站；阿干镇煤矿；苗圃；农业改进所；甘肃畜牧事业；垦荒；插花飞地
【内容提要】
　　本份政府公报包括特载、法规、命令、公牍、会议录、例行公文、施政撮要、各县通讯等部分。法规部分包括《甘肃省政府奖励人民自动兴办水利暂行办法》8条（15页），《甘肃省县气象测候所暂行组织规程》22条（30～35页），《甘肃省各县雨量站暂行组织规程》10条（35页）。会议录包括《甘肃省政府委员会第898次会议记录》，报告事项包括主席报告建设厅呈据阿干镇煤矿管理处呈以平凉水势过大，为营救煤炭，需要排水并征集更多工人，经费由本厅先垫付，特此报告的记录1条（47页）。《甘肃省政府委员会第899次会议记录》，报告事项包括奉行政院令关于地方水利事项应受水利委员会督察指导，特此报告的记录1条（50页）；主席报告建设厅呈准甘肃水利林牧公司函为农田水利贷款合同，订甲方应行条件外，其余仍归本府负责，特此报告的记录1条（50～51页）。《甘肃省政府委员会第900次会议记录》，讨论事项录有主席报告奉行政院令暂行划分中央各水利机关事业区，饬知照，特此报告的记录1条（53页）。《甘肃省政府委员会第901次会议记录》，讨论事项录有主席提议建设厅呈甘肃省气象测候所呈各县三四等测候所暂行组织规程及县雨量站暂行规程，省务会议决议通过的记录1条（57页）；主席提议建设厅呈兹拟将景泰等38县局苗圃于三十一年度（1942）增设，省务会议决议通过的记录1条（58页）。《甘肃省政府委员会第902次会议记录》，讨论事项录有主席提议建设厅呈农业改进所呈送甘肃农业改进所与农林部西北羊毛改进所合作改进甘肃畜牧事业暂行办法，省务会议决议由法制室审查的记录1条（60页）。例行公文包括《甘肃省政府核饬所属各机关例行公文一览表》，建设部分录有各县呈二十七年至三十年（1938—1941）造林苗圃调查表，县内无大量荒地报告表、牲畜畜产调查表、垦荒情况表等（63～66页）。施政撮要包括查勘全省矿产情况的记录1条（71页），查勘调整官堡飞地的记录1条（71页）。各县通讯包括《武都县政府八、九两月份重要工作报告》，涉及调整插花飞地的记录1条（78页）。

【叙录编号】 1112
【档案题名】
甘肃省政府公报（合署办公，第515期）
【发文单位】 甘肃省政府
【收文单位】 不详
【档案编号】 004-010-0144-0001
【成文时间】 1941-11-15
【关 键 词】 荒山林木；引水灌溉；划编区域；兴修水利
【内容提要】

本份政府公报包括专载、法规、命令、公牍、会议录、例行公文、施政撮要、各县通讯等部分。施政撮要包括保护兰州市荒山林木的记录1条（62页）。各县通讯包括《武威县政府九、十两月份重要工作》，涉及依照规定酌量划编区域的记录1条（66页）；提倡水利，专员勘查认为可以取大通河引水灌溉的记录1条（68页）。

【叙录编号】 1113
【档案题名】
甘肃省政府公报（合署办公，第516期）
【发文单位】 甘肃省政府
【收文单位】 不详
【档案编号】 004-010-0145-0001
【成文时间】 1941-11-30
【关 键 词】 水利农矿公债；黄河水利委员会；插花飞地
【内容提要】

本份政府公报包括特载、法规、命令、公牍、会议录、例行公文、施政撮要、各县通讯等部分。法规部分包括《民国三十年（1941）甘肃省水利农矿公债条例》11条（8～9页），

《民国三十年（1941）甘肃省水利农矿公债还本付息表》（10~15页）。公牍部分包括令各专署县局兰州市政奉行政院令发中央各水利机关暂行划分事业区域表的训令1条（39~40页），附《中央水利机关暂行划分事业区域表》（40~41页）；令省内外各机关准黄河水利委员会电接□□□日期的训令1条（46页）。各县通讯包括《通渭县政府九、十两月份重要工作报告》，涉及整理畸形插花飞地的记录1条（69页）。

【叙录编号】 1114
【档案题名】
　　甘肃省政府公报（合署办公，第517-518期）
【发文单位】 甘肃省政府
【收文单位】 不详
【档案编号】 004-010-0146-0001
【成文时间】 1941-12-31
【关 键 词】 农田水利特别征费；水利农矿公债；造林；苗圃；农场
【内容提要】
　　本份政府公报包括特载、法规、命令、公牍、会议录、例行公文一览表、施政撮要等部分。会议录部分包括《甘肃省政府委员会第912次会议记录》，讨论事项包括主席提议建设厅厅长呈奉审查甘肃省兴办农田水利特别征费规则一案，省务会议决议按照审查意见通过的记录1条（105页）。《甘肃省政府委员会第913次会议记录》，报告事项录有主席报告奉行政院令发民国三十年（1941）甘肃省水利农矿公债条例，特此报告的记录1条（108页）。例行公文部分包括《甘肃省政府核饬所属各机关例行公文一览表》，建设方面录有临夏县呈报造林并苗圃调查表及永昌县农场10月份报告表等（126页）。

【叙录编号】 1115
【档案题名】
　　甘肃省政府公报（合署办公，第519期）
【发文单位】 甘肃省政府
【收文单位】 不详
【档案编号】 004-010-0147-0001
【成文时间】 1942-01-15
【关 键 词】 水利农矿公债；阴晴雨雪数量统计；水利纠纷；插花飞地；荒地开垦
【内容提要】
　　本份政府公报包括专论、法规、命令、公牍、会议录、例行公文、施政撮要、各县通讯等部分。公牍部分包括令各专署县政府设治局银行兰州市政府奉行政院伍字第16049号训令关于抄发民国三十年（1941）甘肃水利农矿公债条例及还本付息表的训令1条（54页），附《民国三十年（1941）甘肃省水利农矿公债条例》11条（54~55页）。例行公文包括《甘肃省政府核饬所属各机关例行公文一览表》，建设方面录有泾川县9月阴晴雨雪数量统计表（84页）。各县通讯包括《金塔县政府十月、十一月两月份重要工作报告》，涉及因挖改新渠解决水利纠纷案件的记录1条（87页）。《武都县政府十一月份重要文件》，涉及调整第四五区插花飞地的记录1条（89页）。《永靖县政府十一月份重要工作报告》，涉及查勘本县荒地以开垦增加生产的记录1条（96页）。

【叙录编号】 1116
【档案题名】
　　甘肃省政府公报（合署办公，第520期）
【发文单位】 甘肃省政府
【收文单位】 不详
【档案编号】 004-010-0148-0001
【成文时间】 1942-01-31
【关 键 词】 保护林木；土地纠纷；旱灾；种棉

【内容提要】

本份政府公报包括专载、法规、命令、公牍、会议录、例行公文、施政撮要等部分。公牍部分包括据农业改进所呈令各县局保甲长切实保护林木的训令1条（34页）。会议录包括《甘肃省政府委员会第920次会议记录》，讨论事项录有主席提议建设厅签呈查民众土地纠纷一案，拟具解决办法，省务会议决议通过的记录1条（51页）。《甘肃省政府委员会第923次会议记录》，讨论部分录有主席提议民、财两厅呈兹庄浪、天水等5县呈报上年度旱灾，拟准进行拨款救济，省务会议决议通过的记录1条（59页）。施政撮要包括推广种棉的记录1条（67页）。

【叙录编号】　1117
【档案题名】
　　甘肃省政府公报（合署办公，第521期）
【发文单位】　甘肃省政府
【收文单位】　不详
【档案编号】　004-010-0149-0001
【成文时间】　1942-02-15
【关　键　词】　造纸厂；雨量统计表；渠堤保修情况；种棉情况
【内容提要】

本份政府公报包括法规、政令、人事、会议录、例行公文等部分。会议录包括《甘肃省政府委员会第925次会议记录》，讨论事项设有主席提议据造纸厂、水利林牧公司兰州制革会呈，拟将给河北庙滩子设为该厂地址，估计地价入股，省务会议通过的记录1条（37页）。《甘肃省政府委员会第920次会议记录》，报告事项包括建、财、会计处呈省气象测候所呈请印制雨量统计表，特此报告的记录1条（39页）。例行公文包括《甘肃省政府核饬所属各机关例行公文一览表》，建设部分包括呈报各县核查中央水工试验所情况、渠堤保修情况、种棉情况、取缔荒废土地情况、雨量站气象月报表等（44～45页）。

【叙录编号】　1118
【档案题名】
　　甘肃省政府公报（合署办公，第522期）
【发文单位】　甘肃省政府
【收文单位】　不详
【档案编号】　004-010-0150-0001
【成文时间】　1942-02-28
【关　键　词】　公荒牧地租赁；洮惠渠灌溉；造林植树；阴晴雨雪表；荒地调查
【内容提要】

本份政府公报包括法规、政令、人事、会议录、例行公文等部分。会议录包括《甘肃省政府委员会第929次会议记录》，讨论事项录有主席提议建、财、民三厅呈奉审查财政厅拟具甘肃省各县征收公荒牧地租赁暂行办法一案，省务会议决议通过的记录1条（33页）；主席提议建设厅呈为完成洮惠渠全部灌溉，拟请水利林牧公司组设该渠管理处，省务会议决议通过的记录1条（33页）。《甘肃省政府委员会第931次会议记录》，讨论事项包括主席提议建设厅呈准省临时参议会咨请整理洮河航道，并成立工务处，省务会议决议照办的记录1条（37页）。例行公文包括《甘肃省政府核饬所属各机关例行公文一览表》，建设部分涉及渭源县呈报三十一年（1942）造林植树情形、各县阴晴雨雪表及荒地调查表等（42～44页）。

【叙录编号】　1119
【档案题名】
　　甘肃省政府公报（合署办公，第523期）
【发文单位】　甘肃省政府
【收文单位】　不详
【档案编号】　004-010-0151-0001

【成文时间】 1948-03-15
【关 键 词】 溥济渠；阴晴雨雪表；植树造林；荒地调查；测候所
【内容提要】
　　本份政府公报包括法规、政令、人事、会议录、例行公文等部分。法规部分包括《修正甘肃省农业改进所组织规程》21条（12～14页）。会议录包括《甘肃省政府委员会第934次会议记录》，报告事项包括建设厅呈准水利林牧公司据溥济渠工程处请追加工程费，除工具之外，应予追加，特此报告的记录1条（34页）。《甘肃省政府委员会第935次会议记录》，报告事项录有建设厅呈查本厅化学用品制造工厂部分已归甘肃水利林牧公司办理，已将所有文件审查准备好，办理结束手续，特此报告的记录1条（37页）。例行公文包括《甘肃省政府核饬所属各机关例行公文一览表》，建设方面录有各县阴晴雨雪表、植树造林调查表、荒地调查表及靖远县测候所建筑费等（41～42页）。

【叙录编号】 1120
【档案题名】
　　甘肃省政府公报（合署办公，第524期）
【发文单位】 甘肃省政府
【收文单位】 不详
【档案编号】 004-010-0152-0001
【成文时间】 1942-03-31
【关 键 词】 救济春耕；插花飞地；夏惠渠；造林植树；荒地调查表
【内容提要】
　　本份政府公报包括法规、政令、人事、会议录、例行公文等部分。会议录包括《甘肃省政府委员会第936次会议记录》，报告事项录有粮政局呈拟订无农贷县份救济春耕办法，要求社会处等机关遵照，特此报告的记录1条（43页）。《甘肃省政府委员会第937次会议记录》，讨论事项包括主席提议民政厅呈查第四专署呈各县插花飞地，拟具解决意见，省务会议决议照办的记录1条（45页）。《甘肃省政府委员会第939次会议记录》，讨论事项录有主席提议会计处、财政厅呈查本省本年度兴办夏惠渠等8项水利工程及其预算书，省务会议决议呈请行政院追加的记录1条（51页）；主席提议会计处、财政厅呈查本年应举办整理洮河航道等五、六处工程及其预算，省务会议决议呈请行政院追加的记录1条（51页）。例行公文包括《甘肃省政府核饬所属各机关例行公文一览表》，建设方面录有各县造林植树调查表及荒地调查表（57页）。

【叙录编号】 1121
【档案题名】
　　甘肃省政府公报（合署办公，第525期）
【发文单位】 甘肃省政府
【收文单位】 不详
【档案编号】 004-010-0153-0001
【成文时间】 1942-04-15
【关 键 词】 黄河水利委员会；农田水利三年计划大纲；插花飞地
【内容提要】
　　本份政府公报包括法规、政令、人事、会议录、例行公文等部分。政令部分包括令一、二、五区行政专署及各县政府遵照黄河水利委员会代电上游修防林垦工程处主任由本会技正陶履敦兼任的训令1条（51页）。会议录包括《甘肃省政府委员会第941次会议记录》，报告事项包括建设厅呈准水利林牧公司函送本省发展农田水利三年计划大纲，省务会议决议通过，特此报告的记录1条（69页）。《甘肃省政府委员会第942次会议记录》，讨论事项包括主席提议民政厅呈查第四专署所属各县插花飞地，经过专员排队勘测拟第一、二项意见，省务会议决议交由第四区专署审查的记录1条

(73页)。

【叙录编号】 1122
【档案题名】
甘肃省政府公报（合署办公，第526期）
【发文单位】 甘肃省政府
【收文单位】 不详
【档案编号】 004-010-0154-0001
【成文时间】 1942-04-30
【关 键 词】 兴办水利；苗圃；气象月报；荒地调查表
【内容提要】

本份政府公报包括法规、政令、人事、会议录、例行公文等部分。政令部分包括令各县局及各专署遵照行政院令为兴办水利工程在施工区造林的训令1条（72页）。会议录包括《甘肃省政府委员会第946次会议记录》，报告事项录有会计处及财、建两厅呈查本年度建设厅呈经管预算中水利补助费，拟补助给水利林牧公司查勘水利经费及查办水利案件旅费，特此报告的记录1条（107页）。例行公文包括《甘肃省政府核阅所属各机关例行公文一览表》，建设方面录有各县苗圃情形、气象月报表、荒地调查表、阴晴雨雪表、雨量月报表（117~118页）。

【叙录编号】 1123
【档案题名】
甘肃省政府公报（合署办公，第527期）
【发文单位】 甘肃省政府
【收文单位】 不详
【档案编号】 004-010-0155-0001
【成文时间】 1942-05-15
【关 键 词】 植树造林；荒地调查；阴晴雨雪表
【内容提要】

本份政府公报包括法规、政令、人事、会议录、例行公文等部分。会议录包括《甘肃省政府委员会第950次会议记录》，报告事项包括卫生处呈查卓尼卫生院经农林部中央林农实验所等拟订合作办法办理在案，又准甘肃水利林牧公司森林部函人事处请酌情修改，特此报告的记录1条（98页）。例行公文包括《甘肃省政府核阅所属各机关例行公文一览表》，建设部分录有各县植树造林表、荒地调查表、阴晴雨雪表等（104页）。

【叙录编号】 1124
【档案题名】
甘肃省政府公报（合署办公，第528期）
【发文单位】 甘肃省政府
【收文单位】 不详
【档案编号】 004-010-0156-0001
【成文时间】 1942-05-31
【关 键 词】 水利特赋征收；湟惠渠灌溉；农田水利贷款；植树造林；雨雪阴晴表
【内容提要】

本份政府公报包括法规、政令、人事、会议录、例行公文等部分。法规部分包括《甘肃省设渠植树暂行办法》10条（16页），《甘肃省水利特赋征收规则》7条（18~19页），《湟惠渠灌溉区域土地整理办法》24条（16~18页）。会议录包括《甘肃省政府委员会第952次会议记录》，报告事项录有建设厅呈查本府拟订湟惠渠灌溉区域土地整理办法，经行政院批准，特此报告的记录1条（49页）；建设厅呈拟订甘肃省设渠植树办法，交由法制室审查，准许公布，特此报告的记录1条（49页）。《甘肃省政府委员第953次会议记录》，报告事项录有四行联会办事处兰州分处函发农田水利贷款合同蓝本，所有前订蓝本及省贷款会组织章程均废止，特此报告的记录1条（51页）；讨论事项包括主席提议建设厅呈拟订甘肃省林牧实施纲要草案、天然林管理办法、林木保护规则、植树造林奖惩规则等，省务会议决议由建、财两厅审查的记录1条（52页）。例行公文部分包括《甘肃省政府核阅所属各机关例行公文一览表》，建设部分录有玉门县本年4月雨雪阴晴表（59页）。

【叙录编号】　1125
【档案题名】
　　甘肃省政府公报（合署办公，第529期）
【发文单位】　甘肃省政府
【收文单位】　不详
【档案编号】　004-010-0157-0001
【成文时间】　1942-06-15
【关　键　词】　林牧实施纲要；天然林区管理；农田水利工程费征收；牲畜及畜产情况
【内容提要】
　　本份政府公报包括法规、政令、人事、会议录、例行公文等部分。法规部分包括《甘肃省林牧实施纲要草案》16条（14~15页）、《甘肃省天然林区管理暂行规则》9条（15~16页）、《甘肃省植树造林奖惩暂行规则》15条（16~17页）、《甘肃省林木保护暂行规则》10条（17~18页）、《甘肃省林木采伐暂行规则》13条（18~19页）。会议录包括《甘肃省政府委员会第956次会议记录》，讨论事项录有主席提议建设厅呈奉交审查甘肃省林牧实施纲要草案、天然林管理办法、林木保护规则、植树造林奖惩规则等，省务会议决议照办的记录1条（47页）。《甘肃省政府委员会957次会议记录》，报告事项录有行政院令本府呈送本省兴办农田水利工程费征收规则，指令修正，特此报告的记录1条（49页）。例行公文包括《甘肃省政府核阅所属各机关例行公文一览表》，建设方面录有各县造林情况、牲畜及畜产情况表等（58页）。

【叙录编号】　1126
【档案题名】
　　甘肃省政府公报（合署办公，第530期）
【发文单位】　甘肃省政府
【收文单位】　不详
【档案编号】　004-010-0158-0001
【成文时间】　1942-06-30
【关　键　词】　阴晴雨雪表；植树造林；畜产情况表
【内容提要】
　　本份政府公报包括法规、政令、人事、会议录、例行公文等部分。例行公文包括《甘肃省政府核阅所属各机关例行公文一览表》，建设部分录有各县阴晴雨雪表、植树造林情形表、畜产情况表、雨量表（58页）。

【叙录编号】　1127
【档案题名】
　　甘肃省政府公报（合署办公，第531期）
【发文单位】　甘肃省政府
【收文单位】　不详
【档案编号】　004-010-0159-0001
【成文时间】　1942-07-15
【关　键　词】　水利农矿公债；苗圃；阴晴雨雪表；畜产调查
【内容提要】
　　本份政府公报包括法规、政令、人事、会议录、例行公文等部分。会议录包括《甘肃省政府委员会第967次会议记录》，讨论事项包括会计处、财政厅呈查本省水利农矿公债本年应付息金，拟将此项支出列入甘肃省政府预算中，省务会议决议通过的记录1条（61页）。例行公文包括《甘肃省政府核阅所属各机关例行公文一览表》，建设方面包括各县苗圃工作报告表、阴晴雨雪表、畜产调查表（65页）。

【叙录编号】 1128
【档案题名】
甘肃省政府公报（合署办公，第533期）
【发文单位】 甘肃省政府
【收文单位】 不详
【档案编号】 004-010-0161-0001
【成文时间】 1942-08-15
【关 键 词】 洮河牛鼻峡炸礁；各渠水利规程；阴晴雨雪表；水利人事
【内容提要】

本份政府公报包括法规、政令、人事、会议录、例行公文等部分。人事部分包括委任骆秉华、谈振武、王毓祥、曹世岳、李应翼、毛顺天、沈克敬、达广武、邱继庶、齐振华为湟惠渠土地整理事务处组员的任命10则（53页），派司别为湟惠渠土地整理事务处技正的任命1则（53页），派贾国枢为湟惠渠土地整理事务所技正的任命1则（53页）。会议录包括《甘肃省政府委员会第973次会议记录》，讨论事项包括建设厅呈查洮河牛鼻峡炸礁工程，因河涨依限完成，黄河水利委员会商讨认为将炸礁余款用于修路，以便运输，特此报告的记录1条（60页）。例行公文包括《甘肃省政府核阅所属各机关例行公文一览表》，建设方面录有呈报各渠水利规程，各县本年6、7、8月阴晴雨雪表（65~66页）。

【叙录编号】 1129
【档案题名】
甘肃省政府公报（合署办公，第534期）
【发文单位】 甘肃省政府
【收文单位】 不详
【档案编号】 004-010-0162-0001
【成文时间】 1942-08-31
【关 键 词】 水利农矿公债；阴晴雨雪表；植树
【内容提要】

本份政府公报包括法规、政令、人事、会议录、例行公文等部分。会议录包括《甘肃省政府委员会第974次会议记录》，报告事项包括财政厅呈报查三十年（1941）建设公债及水利农矿公债债票已经印发完成，特此报告的记录1条（41页）。《甘肃省政府委员会第975次会议记录》，讨论事项包括建设、财政两厅呈查本省先后奉准发行二十七年（1938）、三十年（1941）建设及水利农矿等公债，拟订新的办理原则办法，省务会议决议通过的记录1条（45页）。例行公文包括《甘肃省政府核阅所属各机关例行公文一览表》，建设方面录有本年阴晴雨雪表、各县呈报植树存活株数调查表（50页）。

【叙录编号】 1130
【档案题名】
甘肃省政府公报（合署办公，第535期）
【发文单位】 甘肃省政府
【收文单位】 不详
【档案编号】 004-010-0163-0001
【成文时间】 1942-09-15
【关 键 词】 水利法；插花地；被雹成灾；急赈；造林计划；育苗；水渠水利章程调查；阴晴雨雪表；小型农田水利贷款
【内容提要】

本份政府公报包括法规、政令、人事、会议录、例行公文等部分。政令部分包括令各县局各专署兰州市政府遵照修正管理水利事业暂行办法第八、九条条文的训令1条（29页），附《修正管理水利事业暂行办法第8条、第9条条文》（30页）。会议录包括《甘肃省政府委员会第978次会议记录》，报告事项包括行政院令发水利法一案，饬令遵照，特此报告的记录1条（41页）；讨论事项包括主席提议民政厅呈报查临洮、榆中及临洮、渭源两县插花地，经派专员查勘，拟订解决方法2项，省务会议决议照办的记录1条（42页）。《甘肃省政府委员会第979次会议记录》，讨论事项录有主席提议社会处呈查华亭县本年5、6月两次被雹成灾，请求急赈，省务会议决议拨发急赈2万元的记录1条（44页）。《甘肃省政府委员会第980次会议记录》，讨论事项录有主席提议建设厅呈奉令拟订保护原有森林及新植树林木办法，并饬速订本省造林五年计划等，拟订出各县局育苗造林护林五年计划纲要与省会造林五年计划纲要，省务会议决议通过的记录1条（46页）。例行公文包括《甘肃省政府核阅所属各机关例行公文一览表》，建设方面录有各县水利贷款暂行办法及各县水渠水利章程调查表、办理小型农田水利贷款、本年阴晴雨雪表（51页）。

【叙录编号】 1131
【档案题名】
　　甘肃省政府公报（合署办公，第536期）
【发文单位】 甘肃省政府
【收文单位】 不详
【档案编号】 004-010-0164-0001
【成文时间】 1942-09-30
【关 键 词】 肃丰渠；湟惠渠灌溉区域；农场；雹灾；救济
【内容提要】
　　本份政府公报包括法规、政令、人事、会议录、例行公文等部分。会议录包括《甘肃省政府委员会第983次会议记录》，报告事项录有建设厅呈报准水利林牧公司电以肃丰渠工程筹备处领员工前去酒泉工作，请第七专署及酒泉、金塔县协助，特此报告的记录1条（22页）；建设厅呈准水利林牧公司电以水利查勘第三分队出发赴河西各县查勘，请饬各县协助，特此报告的记录1条（22页）；讨论事项录有主席提议建设厅、地政局呈据湟惠渠土地整理事务所呈拟征收湟惠渠灌溉区域土地计划书及图表，省务会议决议依法征收的记录1条（23页）。《甘肃省政府委员会第985次会议记录》，讨论事项包括主席提议会计室、财政厅呈查岷县区域被雹，派员查勘后，拟由本年救济金项下支出救灾，省务会议决议通过的记录1条（28页）。例行公文包括《甘肃省政府核阅所属各机关例行公文一览表》，建设方面录有呈灵台县农场7月工作报告（31页）。

【叙录编号】 1132
【档案题名】
　　甘肃省政府公报（合署办公，第537期）
【发文单位】 甘肃省政府
【收文单位】 不详
【档案编号】 004-010-0165-0001
【成文时间】 1942-10-15
【关 键 词】 造林委员会；天水垦区
【内容提要】
　　本份政府公报包括法规、政令、人事、会议录、例行公文等部分。法规部分包括《甘肃省会造林委员会组织规程》12条（23～25页）。会议录包括《甘肃省政府委员会第986次会议记录》，讨论事项包括主席提议建设厅呈据省农业改进所呈省会造林委员会组织规程，交由法制室审查，省务会议决议修正通过的记录1条（45页）。《甘肃省政府委员会第987次会议记录》，报告事项包括行政院令据本府呈洮岷特殊情形，请将岷县垦区撤销，拟令该局先在天水范围内垦殖，特此报告的记录1条（47页）。

【叙录编号】 1133
【档案题名】
　　甘肃省政府公报（合署办公，第538期）
【发文单位】 甘肃省政府
【收文单位】 不详
【档案编号】 004-010-0166-0001

【成文时间】 1942-10-31
【关 键 词】 冬防办法；兴办水利；拆迁附着物
【内容提要】
　　本份政府公报包括法规、政令、人事、会议录、例行公文等部分。法规部分包括《甘肃省三十一年（1942）冬防办法》17条（9～11页），《修正甘肃省修筑公路兴办水利拆迁附着物办法第四条条文》（12～13页）。

【叙录编号】 1134
【档案题名】
　　甘肃省政府公报（合署办公，第540期）
【发文单位】 甘肃省政府
【收文单位】 不详
【档案编号】 004-010-0168-0001
【成文时间】 1942-11-30
【关 键 词】 黄河水利委员会；阴晴雨雪表；种麦；农场
【内容提要】
　　本份政府公报包括法规、政令、人事、会议录、例行公文等部分。法规部分包括《黄河水利委员会组织法》18条（4～6页）。政令部分包括令各县局、各机关、各专署遵照转发修正黄河水利委员及导淮委员会组织法的训令1条（12页）。例行公文包括《甘肃省政府核阅所属各机关例行公文一览表》，建设方面录有各县呈报10月份阴晴雨雪表，提倡种植麦，农场9、10月份工作报告表，雨量站气象月报表（41～42页）。

【叙录编号】 1135
【档案题名】
　　甘肃省政府公报（合署办公，第542期）
【发文单位】 甘肃省政府
【收文单位】 不详
【档案编号】 004-010-0170-0001
【成文时间】 1942-12-31
【关 键 词】 兴修水利征收特赋；湟惠渠土地整理事务所；减免赋税；灾害；阴晴雨雪表；种植大黄；靛
【内容提要】
　　本份政府公报包括法规、政令、人事、会议录、例行公文等部分。法规部分包括《甘肃省各县市局及乡镇兴修水利道路会用征收特赋暂行办法》9条（40～44页）。会议录包括《甘肃省政府委员会第1008次会议记录》，报告事项录有同意建设厅呈据水利林牧公司函请增加该公司经费至3000万元，特此报告的记录1条（66页）。讨论事项包括主席提议财政厅、会计室呈准湟惠渠土地整理事务所呈请购置火炉及炭资费预算书，省务会议决议按会计处呈办理的记录1条（67页）。《甘肃省政府委员会第1009次会议记录》，讨论事项包括财政厅呈报查崇信县及岷县本年被灾情况，兹奉财政部进行减免赋税办法，特此报告的记录1条（69页）。例行公文包括《甘肃省政府核阅所属各机关例行公义一览表》，建设方面录有各县呈报本年11月阴晴雨雪表、呈复该县不适合种植靛的调查表、雨量记载表、无山坡种植当归调查表，提出种植大黄、靛表（75～76页）。

【叙录编号】 1136
【档案题名】
　　甘肃省政府公报（合署办公，第543-544期）
【发文单位】 甘肃省政府
【收文单位】 不详
【档案编号】 004-010-0171-0001
【成文时间】 1943-01-15
【关 键 词】 气象测候所；奖励马匹；征发草束与奖种草麦计划；阴晴雨雪表；秋季造林表；春耕小麦

【内容提要】

第543期政府公报包括法规、政令、人事、会议录、例行公文等部分。会议录包括《甘肃省政府委员会第1011次会议记录》，讨论事项包括主席提议财政厅、会计室呈据气象测候所请拨发三十一年度（1942）该所及所属炭费的预算，省务会议决议通过的记录1条（20页）。例行公文包括《甘肃省政府核阅所属各机关例行公文一览表》，建设方面录有呈报各县奖励马匹情形表（27~28页）。第544期政府公报包括法规、政令、人事、会议录、例行公文等部分。会议录部分包括《甘肃省政府委员会第1017次会议记录》，讨论事项录有主席提议民建粮政保安呈查上年奉电饬本省征发草束与奖种草麦计划，省务会议决议交财建民粮政保安审查的记录1条（71页）。例行公文包括《甘肃省政府核阅所属各机关例行公文一览表》，建设方面录有呈报各县12月阴晴雨雪表、秋季造林表、春耕小麦调查表、推广苗圃公布表、雨量月报表、保护林木表、树木登记表等（77~79页）。

【叙录编号】　1137
【档案题名】
　　甘肃省政府公报（合署办公，第545-546期）
【发文单位】　甘肃省政府
【收文单位】　不详
【档案编号】　004-010-0172-0001
【成文时间】　1943-02-15
【关　键　词】　农林工作督导；山麓造林；湟惠渠土地计划
【内容提要】

第545期政府公报包括法规、政令、人事、会议录、例行公文等部分。法规部分包括《甘肃省各县市局农林工作督导办法》12条（8~10页），《甘肃省各公私机关山麓造林办法》9条（18页）。会议录包括《甘肃省政府委员会第1021次会议记录》，讨论事项包括主席提议建设厅呈拟订甘肃省各公私机关山麓造林条例，省务会议决议通过的记录1条（31页）；主席提议建设厅地政局呈兹为世纪情形，拟将征收湟惠渠土地计划略加修改并拟具补充办法4项，省务会议决议照办的记录1条（32页）。第546期政府公报包括法规、政令、人事、会议录、例行公文等部分。人事部分包括派汪诚其为湟惠渠土地整理事务处组员的任命1则（67页）。会议录包括《甘肃省政府委员会第1025次会议记录》，讨论事项包括主席提议教育厅呈查本厅为督促各级学校积极提倡造林起见，拟订甘肃省各县教育林及学校苗圃实施办法，省务会议决议通过的记录1条（78页）。

【叙录编号】　1138
【档案题名】
　　甘肃省政府公报（合署办公，第547期）
【发文单位】　甘肃省政府
【收文单位】　不详
【档案编号】　004-010-0173-0001
【成文时间】　1943-03-15
【关　键　词】　苗圃；庙产纠纷；河西水利工程；农林试验场；农场；兽疫防治总队
【内容提要】

本份政府公报包括法规、政令、人事、会议录、例行公文等部分。法规部分包括《甘肃省各县教育林暨学校苗圃实施办法》14条（18~20页）。政令部分包括令各县县政府、各设治局将本年度开支造林经费按月造具会计报告连同获证、凭单据一同呈核的训令1条（26页）。会议录包括《甘肃省政府委员会第1026次会议记录》，讨论事项录有主席提议地政局呈奉审查兰州市水车园朝元观庙产纠纷一案，拟审查意见，省务会议决议通过的记录1

条（32页）；主席提议建设厅呈查兴办河西水利工程浩大，拟具补充办法3项，省务会议决议通过的记录1条（32页）。《甘肃省政府委员会第1029次会议记录》，讨论事项录有主席提议建设厅呈据农业改进所呈拟农林试验场、各区农林试验场、甘坪寺种畜场、兽疫防治总队及农业推广所委员会等组织规程，请核查实施，省务会议决议交由法制室审查修正通过的记录1条（38页）。例行公文包括《甘肃省政府核阅所属各机关例行公文一览表》，建设方面录有呈本县农场上年11、12月份工作报告（39页）。

【叙录编号】 1139
【档案题名】
甘肃省政府公报（合署办公，第548期）
【发文单位】 甘肃省政府
【收文单位】 不详
【档案编号】 004-010-0174-0001
【成文时间】 1943-03-31
【关 键 词】 农林试验场；兽疫防治总队；插花地；雨量站气象月报；民领荒造林
【内容提要】
本份政府公报包括法规、政令、人事、会议录、例行公文等部分。法规部分包括《甘肃农林试验场组织章程》15条（36~38页）、《甘肃省农业改进所兽疫防治总队组织章程》10条（38~39页）、《甘肃省各区农林试验场组织章程》12条（39~41页）、《甘肃省甘坪寺种畜场组织章程》8条（41~42页）。政令部分包括令各县政府、设治局、专员公署及保安团队协助甘肃水利林牧公司推广业务的训令1条（54页），附《甘肃水利林牧公司所办各事业机关一览表》（55~56页）。会议录包括《甘肃省政府委员会第1030次会议记录》，讨论事项包括主席提议民、建两厅呈查第六区专署呈请派员勘测永登、武威番区插花地一案，拟具勘划意见，省务会议决议照办的记录1条（72页）。例行公文包括《甘肃省政府核阅所属各机关例行公文一览表》，建设部分涉及各县呈每月雨雪阴晴记载表、雨量站气象月报表、古木数量表、民领荒造林情况、植树工作推行情况表、造林护林情形表及永登县呈该区所有苗圃被奸军破坏的情况等（81~82页）。

【叙录编号】 1140
【档案题名】
甘肃省政府公报（合署办公，第549期）
【发文单位】 甘肃省政府
【收文单位】 不详
【档案编号】 004-010-0175-0001
【成文时间】 1943-04-15
【关 键 词】 农业改进所；热心水利
【内容提要】
本份政府公报包括法规、政令、人事、会议录、例行公文等部分。法规部分包括《修正甘肃省农业改进所组织规程》24条（8~11页）。政令部分包括令各专署建设厅呈准本省水利林牧公司报告第五区专员李学谟、泾川县县长等热心水利记功1次（23页）。会议录包括《甘肃省政府委员会第1037次会议记录》，讨论事项录有主席提议建设厅呈据省农业改进所呈请修正该所组织规程，省务会议决议准予修正通过的记录1条（44页）。

【叙录编号】 1141
【档案题名】
甘肃省政府公报（合署办公，第550-551期）
【发文单位】 甘肃省政府
【收文单位】 不详
【档案编号】 004-010-0176-0001
【成文时间】 1943-04-30
【关 键 词】 林政实施纲要；湟惠渠灌溉区；

阴晴雨雪表；造林情形

【内容提要】

　　第550期政府公报包括法规、政令、人事、会议录、例行公文等部分。会议录部分包括《甘肃省政府委员会第1042次会议记录》，讨论事项包括主席提议建设厅呈拟订本省林政实施纲要等，并称为林业规则，经法制室核查，第一条修正，省务会议决议通过的记录1条（45页）。第551期政府公报包括法规、政令、人事、会议录、例行公文等部分。法规部分包括《甘肃省□□规则》47条（68~72页）。会议录部分包括《甘肃省政府委员会第1043次会议记录》，讨论事项录有主席提议民政厅呈查湟惠渠灌溉区，拟设特种乡公所，直辖省政府，拟订湟惠渠特种乡公所组织条例等草案及经费预算书等，经法制室核查，省务会议决议交由民、建、社会、保、地合卫等处审查的记录1条（96页）。例行公文部分包括《甘肃省政府核阅所属各机关例行公文一览表》，建设部分涉及各县呈报各月阴晴雨雪表、造林情形表、雨量站气象月报表、苗圃工作报告表等（104页）。

【叙录编号】　1142
【档案题名】
　　甘肃省政府公报（合署办公，第552期）
【发文单位】　甘肃省政府
【收文单位】　不详
【档案编号】　004-010-0177-0001
【成文时间】　1943-05-31
【关　键　词】　督垦；水土保持实验区；水源林实验区
【内容提要】

　　本份政府公报包括法规、政令、人事、会议录、例行公文等部分。会议录部分包括《甘肃省政府委员会第1047次会议记录》，讨论事项录有主席提议建设厅呈审查本省荒地督垦暂行章程，将审查意见呈上，省务会议决议按审查意见通过的记录1条（73页）；主席提议建设厅呈准农林部水土保持实验区函将天水境内大碌沟、见子沟两处林地划归水源林实验区，省务会议决议交民、建、财三厅，会计处、地政局审查的记录1条（74页）。

【叙录编号】　1143
【档案题名】
　　甘肃省政府公报（合署办公，第553期）
【发文单位】　甘肃省政府
【收文单位】　不详
【档案编号】　004-010-0178-0001
【成文时间】　1943-06-15
【关　键　词】　农场；苗圃；造林；阴晴雨雪表
【内容提要】

　　本份政府公报包括法规、政令、人事、会议录、例行公文等部分。例行公文部分包括《甘肃省政府核阅所属各机关例行公文一览表》，建设部分涉及各县呈报本年2月农场工作月报表、苗圃一览表、农业推广所接收情形及公物树木等清册、春季造林情形、古木调查表、阴晴雨雪表、雨量站气象月报表、各种树木清册表、保护林木表等（61~63页）。

【叙录编号】　1144
【档案题名】
　　甘肃省政府公报（合署办公，第555-556期）
【发文单位】　甘肃省政府
【收文单位】　不详
【档案编号】　004-010-0180-0001
【成文时间】　1943-07-15
【关　键　词】　水利法；古木登记树木表；保护树木；苗圃；贷放春耕籽种；防治牛瘟
【内容提要】

　　第555期政府公报包括法规、政令、人

事、会议录、例行公文等部分。法规部分包括《水利法》71条（3~9页），《水利法实施细则》62条（9~13页）。政令部分包括令兰州市政府、各区专署、直辖各县、水利公司知照水利法的训令1条（18页）；令各专署、兰州市政府知照水利法实施细则的训令1条（19页）。例行公文包括《甘肃省政府核阅所属各机关例行公文一览表》，建设部分涉及各县呈报本年调查古木登记树木表、保护树木情形、苗圃尚未筹设情况表、按期编具林务工作报告表、育苗植树护林各项工作报告表、本年植树情况、育苗造林护林五年计划推行情况、防治牛瘟情况、已完成及拟修的水利工程调查表等（32~33页）。第556期政府公报包括法规、政令、人事、会议录、例行公文等部分。会议录部分包括《甘肃省政府委员会第1065次会议记录》，讨论事项涉及主席提议粮政局呈查本年贷放春耕籽种，拟饬各县限8月底本息一律回收，省务会议决议通过的记录1条（76页）。

【叙录编号】　1145
【档案题名】
　　甘肃省政府公报（合署办公，第557期）
【发文单位】　甘肃省政府
【收文单位】　不详
【档案编号】　004-010-0181-0001
【成文时间】　1943-08-15
【关 键 词】　乡镇区域调整；水利特赋征收
【内容提要】
　　本份政府公报包括法规、政令、人事、会议录、例行公文等部分。法规部分包括《甘肃省各县市局乡镇区域调整办法》5条（7~8页）。会议录包括《甘肃省政府委员会第1073次会议记录》，讨论事项包括主席提议建设厅呈审查本省水利特赋征收规则施行细则一案，将审查意见呈上，省务会议决议通过的记录1条（80页）。

【叙录编号】　1146
【档案题名】
　　甘肃省政府公报（合署办公，第558-559期）
【发文单位】　甘肃省政府
【收文单位】　不详
【档案编号】　004-010-0182-0001
【成文时间】　1943-08-31
【关 键 词】　水利林牧公司；牲畜数目；育苗造林护林；雨量站气象月报表；平均水利；棉田播种；农贷
【内容提要】
　　第558期政府公报包括法规、政令、人事、会议录、例行公文等部分。政令部分包括令各专署，保安第一、二、三、四、五、六团，保安直属中队，保安骑一团，切实贯彻协助水利林牧公司业务的训令1条（18页）；令各县局及兰州市政府办理调查牲畜数目及价值统计表的训令1条（20页），附《各县市牲畜数目及价格调查表》（21页）。例行公文包括《甘肃省政府核阅所属各机关例行公文一览表》，建设部分涉及各县呈报三十二年度（1943）植树情形、本年植树成活情况、育苗造林护林暂行办法及本年工作报告、雨量站气象月报表、党员林地情况、水利工程调查表、河流灌溉水渠名称表及玉门县花海乡老户户民请平均水利一案等（29~30页）。第559期政府公报包括法规、政令、人事、会议录、例行公文等部分。例行公文包括《甘肃省政府核阅所属各机关例行公文一览表》，建设部分涉及各县呈报党员林地点及成活数目、本年造林情形、古木登记数目表、雨量站记载表、棉田播种面积及棉农贷款情况、办理保苗圃情形等（67页）。

【叙录编号】 1147

【档案题名】
甘肃省政府公报（合署办公，第561-562期）

【发文单位】 甘肃省政府

【收文单位】 不详

【档案编号】 004-010-0184-0001

【成文时间】 1943-10-15

【关 键 词】 农林建设；气象测候所；夏禾被灾；免赋；湟惠渠特种乡公所；督垦；阴晴雨雪表；古木登记表；勘测水利工程；护林

【内容提要】

第561期政府公报包括法规、政令、人事、会议录、例行公文等部分。会议录部分包括《甘肃省政府委员会第1088次会议记录》，讨论事项录有主席提议建设厅呈农林部呈送二十二年度（1933）各省农林建设一般中心工作说明情况，拟令农业改进所遵照，参考整理拟订本省此后农业推广及粮食增产工作改进要点等草案，省务会议决议通过的记录1条（27页）。《甘肃省政府委员会第1089次会议记录》，讨论事项包括主席提议建设厅呈审查气象测候所修正组织规程意见，省务会议决议通过的记录1条（27页）。第562期政府公报包括法规、政令、人事、会议录、例行公文等部分。法规部分包括《修正甘肃省气象测候所组织规程第五、第八两条条文》（34页）。会议录包括《甘肃省政府委员会第1090次会议记录》，讨论事项录有主席提议社会处、田粮处、民政厅呈查靖远县永安三滩北湾等乡本年夏禾被灾，于6月因黄河暴涨冲坏田禾，该县县长延误勘测救灾记过1次，申请免赋，省务会议决议照办的记录1条（49页）。《甘肃省政府委员会第1091次会议记录》，临时动议录有主席提议民、建两厅呈查湟惠渠特种乡公所各项章程，经中央审查，拟确定公所所长人员，省务会议决议通过的记录1条（50页）。《甘肃省政府委员会第1093次会议记录》，讨论事项录有主席提议地政局呈将本年督垦工作目前急需改进两点，附静宁县教育机关领荒地表，省务会议决议通过的记录1条（52页）。例行公文包括《甘肃省政府核阅所属各机关例行公文一览表》，建设部分涉及各县呈报各月阴晴雨雪表、古木登记表、植树造林情形表、雨量登记表、党员林地成活数目、护林情况表、协助水利公司张掖工作站勘测水利工程、修正该县水委会组织规程等（58～59页）。

【叙录编号】 1148

【档案题名】
甘肃省政府公报（合署办公，第563-564期）

【发文单位】 甘肃省政府

【收文单位】 不详

【档案编号】 004-010-0185-0001

【成文时间】 1943-11-15

【关 键 词】 换恤区域；甘肃农牧示范场；灾情；免赋

【内容提要】

第563期政府公报包括法规、政令、人事、会议录、例行公文等部分。法规部分包括地图《换恤区域暂时之区分》12页。会议录部分包括《甘肃省政府委员会第1096次会议记录》，讨论事项录有主席提议建设厅呈审查本省农业改进所与中国农业银行兰州分行办理甘肃农牧示范场合作办法一案，呈上审查意见，省务会议决议按照审查意见通过的记录1条（44页）。《甘肃省政府委员会第1097次会议记录》，讨论事项包括主席提议田粮管理处呈据临洮县政府呈该县灾情重大，拟将春放籽种息粮免收，省务会议决议通过的记录1条（45页）。第564期政府公报包括法规、政令、人事、会议录、例行公文等部分。

【叙录编号】　1149
【档案题名】
　　甘肃省政府公报（合署办公，第566期）
【发文单位】　甘肃省政府
【收文单位】　不详
【档案编号】　004-010-0187-0001
【成文时间】　1943-12-31
【关　键　词】　荒地督垦；阮陵渠；阴晴雨雪表；度造林表
【内容提要】
　　本份政府公报包括法规、政令、人事、会议录、例行公文等部分。法规部分包括《甘肃省荒地督垦办法》26条（14~16页）。会议录包括《甘肃省政府委员会第1108次会议记录》，讨论事项录有主席提议财、建、民三厅呈据泾川县政府呈报修建阮陵渠工程情形，请予奖励出力人员，省务会议决议照办的记录1条（47页）。例行公文包括《甘肃省政府核阅所属各机关例行公文一览表》，建设部分涉及各县呈报各月阴晴雨雪表、本年度造林表、古木登记表等（53页）。

【叙录编号】　1150
【档案题名】
　　甘肃省政府公报（合署办公，第569-571期）
【发文单位】　甘肃省政府
【收文单位】　不详
【档案编号】　004-010-0190-0001
【成文时间】　1944-02-15
【关　键　词】　小陇山林地；十年凿井计划；水利工程监理处
【内容提要】
　　第569期政府公报包括法规、政令、人事、会议录、例行公文等部分。会议录部分包括《甘肃省政府委员会第1120次会议记录》，讨论事项录有主席提议建设厅呈报审查清理小陇山林地办法一案意见，省务会议决议按照审查意见通过的记录1条（30页）；主席提议建设厅呈行政院令发十年凿井计划及第一年经费概算，饬遵照一案，拟具办法6项。省务会议决议交由建、教两厅审查的记录1条（30页）。第571期政府公报包括法规、政令、人事、会议录、例行公文等部分。会议录部分包括《甘肃省政府委员会第1126次会议记录》，讨论事项包括主席提议建设厅呈拟订甘肃境内水利工程监理处组织规程，省务会议决议修正通过的记录1条（72页）。

【叙录编号】　1151
【档案题名】
　　甘肃省政府公报（合署办公，第574-575期）
【发文单位】　甘肃省政府
【收文单位】　不详
【档案编号】　004-010-0192-0001
【成文时间】　1944-04-30
【关　键　词】　植树；气象月报表；苗圃；水利委员会；永宁浮桥
【内容提要】
　　第574期政府公报包括法规、政令、人事、会议录、例行公文等部分。会议录部分包括《甘肃省政府委员会第1137次会议记录》，讨论事项包括主席提议民政厅呈，查官堡筹设新治会川县一案，派员勘测，绘制具体图说，拟订解决方法，行政院核准通过，省务会议决议案经行政院核定，按照原案通过的记录1条（30页）。例行公文包括《甘肃省政府核阅所属各机关例行公文一览表》，建设部分录有各县呈报植树情况、各机关植树分配表、雨量站气象月报表、苗圃地点等（36页）。第575期政府公报包括法规、政令、人事、会议录、例行公文等部分。例行公文包括《甘肃省政府核阅所属各机关例行公文一览表》，建设部分涉及各县呈报水利委员会组织规程、永宁浮桥款项情况（63页）。

【叙录编号】 1152
【档案题名】
　　甘肃省政府公报（合署办公，第576-577期）
【发文单位】 甘肃省政府
【收文单位】 不详
【档案编号】 004-010-0193-0001
【成文时间】 1944-05-31
【关 键 词】 鸳鸯池水利工程
【内容提要】
　　第576期政府公报包括法规、政令、人事、会议录、例行公文等部分。政令部分包括令金塔县县长及第七区行政督察专员尽力协助鸳鸯池水利工程的训令1条（21页）。会议录部分包括《甘肃省政府委员会第1143次会议记录》，讨论事项录有主席提议民政厅呈，省务会议决议通过的记录1条（23页）；主席提议建、民两厅呈，准甘肃水利林牧公司函以金塔县县长热心鸳鸯池蓄水库工程，请予以奖励，省务会议决议记功1次的记录1条（24页）。《甘肃省政府委员会第1144次会议记录》（24页）。

【叙录编号】 1153
【档案题名】
　　甘肃省政府公报（合署办公，第578-580期）
【发文单位】 甘肃省政府
【收文单位】 不详
【档案编号】 004-010-0194-0001
【成文时间】 1944-06-30
【关 键 词】 飞地；水利特赋征收；水利纠纷
【内容提要】
　　第578期政府公报包括法规、政令、人事、会议录、例行公文等部分。会议录包括《甘肃省政府委员会第1152次会议记录》，讨论事项录有主席提议民政厅呈据第二区专署呈请拟将海原县属杨郎镇飞地与固原县属李俊乡畸形地区互换管辖，并将隆德县属飞地入李俊乡地区划归海原县辖，省务会议决议通过的记录1条（19页）。第579期政府公报包括法规、政令、人事、会议录、例行公文等部分。会议录包括《甘肃省政府委员会第1154次会议记录》，讨论事项录有主席提议民政厅呈查秦安县属黄家坪飞地入天水境内，并派员至天水秦安交接手续，省务会议决议通过的记录1条（35页）。《甘肃省政府委员会第1155次会议记录》，讨论事项录有主席提议会计处、财政厅呈准秘书处函送修理黄河沿岸水库追加预算表，由第一预备金项下拨付，省务会议决议通过的记录1条（37页）。《甘肃省政府委员会第1156次会议记录》，讨论事项录有主席提议民政厅呈，经专员派人查勘，拟具意见，省务会议决议交由多位委员审查的记录1条（38页）。第580期政府公报包括法规、政令、人事、会议录、例行公文等部分。法规部分包括《甘肃省水利特赋征收规则施行细则》9条（49~50页）。政令部分包括令各县知照甘肃省水利特赋征收规则施行细则的训令1条（55页）。例行公文包括《甘肃省政府核阅所属各机关例行公文一览表》，建设部分涉及各县呈报将本县水渠更名，阿薛渠水利纠纷情形、鼎新高台分水情形（67~68页）。

【叙录编号】 1154
【档案题名】
　　甘肃省政府公报（合署办公，第581-583期）
【发文单位】 甘肃省政府
【收文单位】 不详
【档案编号】 004-010-0195-0001

【成文时间】 1944-08-15
【关 键 词】 肃清烟毒；垦殖荒地；洪水位；预防旱灾；西北畜牧事业
【内容提要】

第581期政府公报包法规、政令、人事、会议录等部分。法规部分包括《收复地区肃清烟毒办法》15条（2~3页），《农林部协助各县垦殖机关团队经费办法》11条（4页）。政令部分包括令各专署、各县局、环县等三垦局转发知照农林部协助各省垦殖机关团队经费办法的训令1条（10页）。第582期政府公报包括法规、政令、人事、会议录、例行公文等部分。会议录部分包括《甘肃省政府委员会第1169次会议记录》，讨论事项包括主席提议民政厅呈，经专员查勘，拟具调整意见，省务会议决议居义乡两保仍归陇西，首阳山归渭源的记录1条（51页）。第583期政府公报包括法规、政令、人事、会议录、例行公文等部分。政令部分包括令各县局及设治局转发知照洪水位解释的训令1条（62页），附《寻常洪水位解释》（63页）；令转发预防旱灾以利粮食生产及审查意见的训令1条（63页），附《预防旱灾以利粮食生产案》（63~64页）。会议录部分包括《甘肃省政府委员会第1170次会议记录》，讨论事项录有主席提议教、建两厅呈为发展西北畜牧事业，拟筹设具体机构进行研究，省务会议决议先成立畜牧手艺研究所，并拨款作为研究基金的记录1条（67页）。

【叙录编号】 1155
【档案题名】

甘肃省政府公报（合署办公，第584-586期）

【发文单位】 甘肃省政府
【收文单位】 不详
【档案编号】 004-010-0196-0001
【成文时间】 1944-09-30
【关 键 词】 灾害；救济；苗圃；林业协会；靖丰渠
【内容提要】

第584期政府公报包括法规、政令、人事、会议录、例行公文等部分。会议录部分包括《甘肃省政府委员会第1177次会议记录》，讨论事项录有主席提议社会处呈，兹查渭源等9县遭雹灾，派员复勘，拟由中央拨款救济灾民，省务会议决议通过的记录1条（23页）。例行公文包括《甘肃省政府核阅所属各机关例行公文一览表》，建设部分录有各县呈报苗圃主任升职情况（25页）。第585期政府公报包括法规、政令、人事、会议录、例行公文等部分。政令部分包括令转知废止农业公会规则，各林业公会一律改为林业协会的训令1条（29页）。第586期政府公报包括法规、政令、人事、会议录、例行公文等部分。例行公文包括《甘肃省政府核阅所属各机关例行公文一览表》，建设部分录有各县呈报查勘靖丰渠工程及防洪情况、动员修浚十渠水坝等（71~72页）

【叙录编号】 1156
【档案题名】

甘肃省政府公报（合署办公，第587-590期）

【发文单位】 甘肃省政府
【收文单位】 不详
【档案编号】 004-010-0197-0001
【成文时间】 1944-11-15
【关 键 词】 用水执照；垦荒；畜牧兽医研究所；兴修水利；预防旱灾；植树造林；灌溉事业；飞地
【内容提要】

第587期政府公报包括法规、政令、人事、会议录、例行公文等部分。政令部分包括令各县局转发知照临时用水执照核发规则等的训令1条（12页）。会议录包括《甘肃省政府委员会第1187次会议记录》，讨论事项录有主席提议建设厅、地政局呈据天水县呈以准岷县垦区管理局函协助购置小陇山垦区荒地一案，省务会议决议饬专员详查呈报的记录1条（20页）。《甘肃省政府委员会第1188次会议记录》，讨论事项录有主席提议教育厅、建设厅呈拟订甘肃省畜牧兽医研究所组织规程，省务会议决议修正通过的记录1条（21页）。例行公文包括《甘肃省政府核阅所属各机关例行公文一览表》，建设部分录有各县呈报查水利分会改组为水利协会、第二期中心工作兴修水利1项（24页）。第588期政府公报包括法规、政令、人事、会议录、例行公文等部分。政令部分包括令转知照张参议员提建议改善植树法的训令1条（31页），附《甘肃省临时参议会第二届第三次大会提案》（31页）；令转发全国行政会议农林部提预防旱灾以利生产及审查意见的训令1条（32页），附《预防旱灾以利粮食生产案》（32~33页）。例行公文包括《甘肃省政府核阅所属各机关例行公文一览表》，建设部分录有各县呈报增加鸳鸯池蓄水水库民夫一案、兴修小型水利工程（40页）。第589期政府公报包括法规、政令、人事、会议录、例行公文等部分。法规部分包括《全国气象观测实施办法》11条（43~44页），《灌溉事业管理养护规则》19条（44~46页）。政令部分包括令转发全国气象观测实施办法、灌溉事业管理养护规则的训令2条（51页）。会议录包括《甘肃省政府委员会第1200次会议记录》，讨论事项录有主席提议民政厅呈据平凉、崇信两县呈，以崇信县属飞地入平凉境内，应划归平凉辖，派员审查属实，省务会议决议照办的记录1条（66页）。

【叙录编号】　1157
【档案题名】

甘肃省政府公报（合署办公，第591-595期）
【发文单位】　甘肃省政府
【收文单位】　不详
【档案编号】　004-010-0198-0001
【成文时间】　1945-01-15
【关 键 词】　热心水利；公路植树；修筑水渠；占用民地
【内容提要】

第591期政府公报包括法规、政令、人事、会议录、例行公文等部分。政令部分包括令知照甘谷县县长热心水利督导事业予以奖励的训令1条（13页）。第594期政府公报包括法规、政令、人事、会议录、例行公文等部分。法规部分包括《全国公路植树规则》10条（45页）。政令部分包括令各县局转发知照全国公路植树规则的记录1条（48页）。会议录包括《甘肃省政府委员会第1232次会议记录》，讨论事项录有主席提议建设厅呈准省临时参议会呈以本省修筑水渠兴办水利工程占用民地无补偿办法一案，经审查讨论，拟订补偿办法，省务会议决议交民政厅、建设厅、地政局审查的记录1条（55页）。

【叙录编号】　1158
【档案题名】

甘肃省政府公报（合署办公，第601-603期）
【发文单位】　甘肃省政府
【收文单位】　不详
【档案编号】　004-010-0201-0001
【成文时间】　1945-06-15
【关 键 词】　灾情；赈济；保护马骡；水利；育苗造林；苗圃
【内容提要】

第601期政府公报包括法规、政令、人事、会议记录、例行公文等部分。会议记录部分包括《甘肃省政府委员会第1248次会议记录》，其中讨论事项中录有民政厅关于秦安县属山民关于将王祁家山飞地划拨庄浪县管辖等情况的处理办法，委员会决议通过的记录1条（19页）。第602期政府公报包括法规、政令、人事、会议记录、例行公文等部分。法规部分录有中央《奖励保护民间产养马骡办法》共12条（25、26页）。政令部分包括民政、财政、建设、审核等部分，其中建设部分录有甘肃省政府令转发《奖励保护民间产养马骡办法》补充规定的记录1条（28、29页）。会议记录包括《甘肃省政府委员会第1249次会议记录》，其中讨论事项中录有建设厅拟积极在本省举办蓄水库、开辟新渠、整理旧渠等以增加水源、扩充水量，并拟先由本府主办之湟洮溥汭等渠先行试办，委员会决议照办的记录1条（34页）。《甘肃省政府委员会第1252次会议记录》，其中讨论事项中录有财政厅、会计处拟由第一预备金项下拨付修理本府后花园水池工料费，委员会决议照办的记录1条（36、37页）；临时动议事项中录有社会处等谨将奉交审查修正之《本省各县市灾歉救济工作纲要》缮呈，请委员会鉴核，委员会通过的记录1条（37页）。例行公文包括《甘肃省政府核阅所属各机关例行公文一览表》（37、38页），其中录有渭源县政府呈报奉发榆籽一袋，业已分发，各苗圃播种并将布袋解省，甘肃省政府准予备查的记录1条；武威县、永靖县政府呈赍年育苗造林成绩调查表，甘肃省政府准予汇转的记录2条。第603期政府公报为救灾专号，其中录有主席训辞《政府救济旱灾的措施》（40～44页），《甘肃省各县市旱灾救济工作纲要》（44、45页），甘肃省政府因各县市雨水失调致成灾歉，修正并实施第三期中心工作的记录1条（46、47页），《甘肃省旱灾救济委员会组织规程》（47～49页），《康济录》录有14条救灾良策（50～94页）。

【叙录编号】　1159
【档案题名】
　　甘肃省政府公报（合署办公，第611-614期）
【发文单位】　甘肃省政府
【收文单位】　不详
【档案编号】　004-010-0204-0001
【成文时间】　1945-11-15
【关键词】　灾情；赈济；苗圃；气候；水利；扶植自耕农；废除战时农业法规
【内容提要】
　　第611期政府公报包括法规、政令、人事、会议记录、例行公文等部分。记录部分包括《甘肃省政府委员会第1288次会议记录》；《甘肃省政府委员会1289次会议记录》，其中讨论事项录有建设厅拟定《甘肃省各县局苗圃组织规程》，交法制室核签修正，主席请委员会决议可否，委员会决议照法制室签的记录1条（10页）。第612期政府公报包括法规、政令、人事、会议记录、例行公文等部分。记录部分包括《甘肃省政府委员会第1292次会议记录》，其中讨论事项录有会计处拟由本年度战时特别预备金项下支给省立气象测候所及所属10县本年度所需经费，委员会决议照办的记录1条（31页）。《甘肃省政府委员会第1293次会议记录》，其中讨论事项录有田粮处拟令受灾乡镇填具复勘灾歉状况表，按成核定减免，并报部备查，委员会决议通过的记录1条（32页）。《甘肃省政府委员会第1294次会议记录》，其中讨论事项录有田粮处拟订受灾地区蠲免办法，委员会决议照办的记录1条（33页）；田粮处请委员会核示关于古浪、民乐两县旱灾的蠲免办法，委员会决议古浪以五成、民乐以六成征收的记录1条（33页）。第613期政府公报包括法规、政令、人事、会议记录、例行公文等部分。记录部分包括《甘肃省政府委员会第1297次会议记录》，其中讨论事项录有建设厅呈请奖叙在修筑高台三清渠一事上有功的相关人员，委员会决议照办的记录1条（58页）；地政局呈据高台县关于改县三清渠工程全部完竣，拟据《扶植自耕农实施步骤》，委员会决议修正通过的记录1条（58页）。第614期政府公报包括法规、政令、人事、会议记录、例行公文等部分。政令部分包括民政、建设、卫生、社会等部分，其中建设部分录有甘肃省政府令各农业学校、各县市局知照废止战时农业法规的记录1条（70、71页）。会议记录部分包括《甘肃省政府委员会第1302次会议记录》，民政厅关于第四区专署呈请将甘谷县属陈家阳山等飞地划归秦安县管辖一案的处理意见，委员会决议通过的记录1条（74、75页）。

【叙录编号】 1160
【档案题名】
　　甘肃省政府公报（合署办公，第615-617期）
【发文单位】 甘肃省政府
【收文单位】 不详
【档案编号】 004-010-0205-0001
【成文时间】 1946-01-15
【关　键　词】 治蝗；水利
【内容提要】
　　第616期政府公报包括法规、政令、人事、会议记录、例行公文等部分。法规部分录有中央《修正各县治蝗办法》共11条（24、25页）。政令部分包括通案、民政、财政、建设、教育等部分，其中建设部分录有甘肃省政府令农业改进所、各县市局遵照《修正各县治蝗办法》办理的记录1条（48、49页）。会议记录部分包括《甘肃省政府委员会第1311次会议记录》，其中讨论事项录有建设厅等呈请奖叙对于征工督修渭济渠颇为热心的甘谷县长，委员会决议记功1次的记录1条（56页）。

【叙录编号】 1161
【档案题名】
　　甘肃省政府公报（合署办公，第618-620期）
【发文单位】 甘肃省政府
【收文单位】 不详
【档案编号】 004-010-0206-0001
【成文时间】 1946-02-28
【关　键　词】 灾情；赈济；水利；苗圃；育苗造林；淤区土地放领；农业情形
【内容提要】
　　第618期政府公报包括法规、政令、人事、会议记录、例行公文等部分。会议记录包括《甘肃省政府委员会第1317次会议记录》，其中讨论事项录有社会处对本省旱灾赈款商定原则3项，请委员会决议以何项为宜，委员会决议照第3项原则办理的记录1条（20页）。《甘肃省政府委员会临时谈话会议记录》，其中讨论事项录有会计处呈请由三十四年度（1945）新兴事业费项下拨发补助畜牧兽医研究所试验牛毛免疫费200万元，委员会决议追认的记录1条（23页）；会计处呈请将三十四年度（1945）新兴事业费节存费用及各县局灾害救济费节存费用一并拨作北城一带黄河堤岸工程费，如有不敷再由本年度新兴事业费项下拨发，委员会决议照办的记录1条（23页）。例行公文包括《甘肃省政府核阅所属各机关例行公文一览表》（24页），其中录有定西县呈报三十四年度（1945）县保苗圃育苗情形表，甘肃省政府准予汇办的记录1条；金塔县呈赍本年度县建圃育苗情形表，甘肃省政府准予汇办的记录1条；宁定县呈赍三十四年度（1945）春季植树及育苗种类报表，甘肃省政府准予汇办的记录1条；临夏县呈赍三十四年

叁　自然资源开发与生态保护类档案

度（1945）12月份育苗造林护林工作概况月报表，甘肃省政府准予汇办的记录1条。第619期政府公报包括法规、政令、人事、会议记录、例行公文等部分。会议记录部分包括《甘肃省政府委员会第2次临时谈话会议记录》，其中讨论事项录有民政厅等呈请奖叙张掖县兴办水利有功人员，委员会决议何让记功1次，其余如拟的记录1条（41、42页）。《甘肃省政府委员会第4次临时谈话会议记录》，其中讨论事项录有建设厅、地政局呈请委员会决议关于水利专员王自治呈拟的《靖农渠淤区土地放领实施办法》应如何办理，委员会决议交设考会、地政局、建设厅再行审查，由设考会召集，并请叶院长参加的记录1条（43页）。《甘肃省政府委员会第5次临时谈话会议记录》，其中讨论事项录有田粮处呈报关于三十四年（1945）永昌、高台两县各乡镇遭遇旱灾的处理办法的记录1条（44页）；临时动议录有设考会等签报审查靖丰渠淤区土地放领实施办法及该渠民反映的问题并拟具办法，委员会决议照审查意见修正通过的记录1条（44页）。例行公文部分包括《甘肃省政府核阅所属各机关例行公文一览表》（45、46页），其中录有临夏县政府呈报举行农民节情形，甘肃省政府准予汇转的记录1条；会川县政府电赍该县农会小组数目表，甘肃省政府准予备查的记录1条；岷县县政府呈报举行本年度农民节纪念大会情形并赍报告表1份，甘肃省政府准予汇案转报的记录1条；永靖县政府电复该县农会工作情形，甘肃省政府准予备查的记录1条。第620期政府公报包括法规、政令、人事、会议记录、例行公文等部分。会议记录部分包括《甘肃省政府委员会第8次临时谈话会议记录》，其中录有田粮处呈报三十四年度（1945）武威县、民勤县、敦煌县、张掖县等遭遇自然灾害，均经先后派员勘明被灾面积及成数，并拟订各该县减免赋额造具灾歉状况表，请委员会决议可否如拟办理，委员会决议如拟的记录1条（79、80页）。例行公文部分包括《甘肃省政府核阅所属各机关例行公文一览表》（81~83页），其中录有庆阳县政府呈报本县小型水利工程表无法填报，甘肃省政府准予备查的记录1条；玉门县政府呈赍本县农业统计表及农业概况分布图各1份，甘肃省政府准予备查的记录1条；农林部为防止蝗灾计，请甘肃省政府查照前案转饬遵照，甘肃省政府令转饬所属遵照的记录1条；第九区专员公署呈赍修正三十五年度（1946）推行《本区各县集体造林及补植行道树办法》两条条文，甘肃省政府准予备查的记录1条；西吉县政府电赍三十四年度（1945）农会工作实施成果报告表，甘肃省政府准予汇转的记录1条；华亭县呈报举行本年度农民节纪念大会情形并赍报告表，甘肃省政府准予汇转的记录1条；兰州市政府呈报举办农民节纪念大会情形，甘肃省政府准予备查的记录1条；夏河县政府呈复各案公会及乡农会组织报告表，甘肃省政府准予备查的记录1条；清水县呈报农民节、报功节合并举行情形，并赍纪念日工作报告表，甘肃省政府准予汇转的记录1条。

【叙录编号】　1162
【档案题名】
　　甘肃省政府公报（合署办公，第621-623期）
【发文单位】　甘肃省政府
【收文单位】　不详
【档案编号】　004-010-0207-0001
【成文时间】　1946-04-15
【关键词】　农业情形；承垦荒地；纪念植树节
【内容提要】
　　第621期政府公报包括法规、政令、人事、会议记录、例行公文等部分。例行公文部分包括《甘肃省政府核阅所属各机关例行公文一览表》（23、24 页），其中录有隆德县政府电赍举行农民节纪念日工作报告，甘肃省政府准予汇转的记录 1 条；清水县政府呈报举行植树节纪念大会情形，甘肃省政府准予备查的记录 1 条。第 622 期政府公报包括法规、政令、人事、会议记录、例行公文等部分。政令部分包括民政、财政、建设、教育、地政等部分，其中地政部分录有甘肃省政府令各县市政府、设治局知照《承垦荒地审查报告表》的记录 1 条，附报告表 1 份（47、48 页）。例行公文部分包括《甘肃省政府核阅所属各机关例行公文一览表》（55、56 页），其中录有海原县政府呈报举行农民节情形，甘肃省政府准予汇转的记录 1 条；陇西县政府呈赍本年 1 月至 3 月份农会与合作社业务配合推举情形报告表，甘肃省政府准予汇转的记录 1 条；张掖县政府、泾川县政府呈赍举行农民节纪念大会工作报告表，甘肃省政府准予汇转的记录 2 条；武山县政府呈报举行本年 3 月份县农会工作会报记录，甘肃省政府准予备查的记录 1 条。第 623 期政府公报包括法规、政令、人事、会议记录、例行公文等部分。例行公文部分包括《甘肃省政府核阅所属各机关例行公文一览表》（66 页），其中录有渭源县、夏河县、西吉县政府呈赍举行农民节纪念日工作报告表，甘肃省政府准予汇转的记录 2 条。

【叙录编号】　1163
【档案题名】
　　甘肃省政府公报（合署办公，第 624-626 期）
【发文单位】　甘肃省政府
【收文单位】　不详
【档案编号】　004-010-0208-0001
【成文时间】　1946-05-31
【关　键　词】　自来水工程；勘测煤田；农业情形
【内容提要】
　　第 624 期政府公报包括政令、人事、会议记录、例行公文等部分。会议记录包括《甘肃省政府委员会第 1334 次会议记录》，其中临时动议事项录有建设厅等呈拟筹备推进兰州市筹建自来水工程意见 4 项，委员会决议通过的记录 1 条（43 页）。《甘肃省政府委员会第 1335 次会议记录》，其中讨论事项录有建设厅呈请拨发勘测靖远县煤田的相关旅膳设备等费，委员会决议照办的记录 1 条（44 页）。例行公文包括《甘肃省政府核阅所属各机关例行公文一览表》（45 页），其中录有西吉县政府呈报举行新运会十二周年及农民节大会情形，甘肃省政府准予汇转的记录 1 条（45 页）。第 625 期政府公报包括政令、人事、会议记录、例行公文等部分。会议记录包括《甘肃省政府委员会第 1339 次会议记录》。第 626 期政府公报包括政令、人事、会议记录、例行公文等部分。例行公文部分包括《甘肃省政府核阅所属各机关例行公文一览表》（78、79 页），其中录有崇信县呈报该县办理农民节纪念大会及十二周年新运会报告表，甘肃省政府准予汇转的记录 1 条。

【叙录编号】　1164
【档案题名】
　　甘肃省政府公报（合署办公，第 627-630 期）
【发文单位】　甘肃省政府
【收文单位】　不详
【档案编号】　004-010-0209-0001
【成文时间】　1946-07-15
【关　键　词】　水利；垦荒；修理后花园
【内容提要】
　　第 627 期政府公报包括政令、人事、会议记录、例行公文等部分。政令部分包括财政、建设、地政等部分，其中建设部分录有甘肃省政府令各专署、县市局知照经济部奖励工业技术审查委员会审查合格认为应予奖励各案之公告，其中包括自动式高架水车发明（11页）。会议记录部分包括《甘肃省政府委员会第1346次会议记录》，其中讨论事项录有地政局呈请将垦荒地价免征收，委员会决议通过的记录1条（17页）。例行公文包括《甘肃省政府核阅所属各机关例行公文一览表》（19页），其中录有崇信县政府呈赍农会划编小组情形报告表，委员会准予备查的记录1条。第628期政府公报包括政令、人事、会议记录、例行公文等部分。会议记录部分包括《甘肃省政府委员会第1352次会议记录》，其中讨论事项录有会计处呈请拨发修理后花园鹿棚工料费，委员会决议照办的记录1条（30页）。第629期政府公报包括政令、人事、会议记录、例行公文等部分。会议记录包括《甘肃省政府委员会第1354次会议记录》，其中讨论事项录有会计处等呈请由第一预备金项下拨发派股长前往清丰渠视察土地、放领地价及春耕等情况形所需旅费，委员会决议照办的记录1条（48、49页）。例行公文包括《甘肃省政府所属各机关例行公文一览表》（51页），其中录有陇西县政府电赍农会划编小组情形报告表，甘肃省政府准予备查的记录1条。第630期政府公报包括政令、人事、会议记录、例行公文等部分。会议记录包括《甘肃省政府委员会第1361次会议记录》。

【叙录编号】 1165
【档案题名】
　　甘肃省政府公报（合署办公，第631-634期）
【发文单位】 甘肃省政府
【收文单位】 不详
【档案编号】 004-010-0210-0001

【成文时间】 1946-09-15
【关 键 词】 灾情；赈济；水利；祁连山保护；开垦荒地；社仓
【内容提要】
　　第631期政府公报包括政令、人事、会议记录、例行公文等部分。政令部分包括通案、民政、财政、建设等部分，其中建设部分录有甘肃省政府令各县市局、湟惠渠特种乡公所、农业改进所遵照农业部对《各省县农业推广所组织规程暨县农业推广所组织规程补充要点》的解释（28、29页）。会议记录包括《甘肃省政府委员会第1362次会议记录》，其中临时动议事项录有建设厅呈拟具奉拨赈粮变价拨款兴办水利计划，委员会决议通过的记录1条（32页）。《甘肃省政府委员会第1364次会议记录》，其中讨论事项录有财政厅、会计处呈请拨付旱灾救济委员会办公费，委员会决议照办的记录1条（34页）。第632期政府公报包括法规、政令、人事、会议记录、例行公文等部分。会议记录包括《甘肃省政府委员会第1367次会议记录》，其中讨论事项录有会计处、财政厅呈请由省预算第一预备金项下拨付派员复勘西吉雹灾等费，委员会决议照办的记录1条（45页）。《甘肃省政府委员会第1370次会议记录》，其中临时动议事项录有建设厅呈拟由新兴事业费项下拨发中正山等处植树费，委员会决议照办的记录1条（48页）。第633期政府公报包括政令、人事、会议记录、例行公文等部分。会议记录包括《甘肃省政府委员会第1371次会议记录》，其中讨论事项录有建设厅呈拟在祁连山六、七两区各设林业督导员1人，在各重要运木山口设置林警32名，并林权等级督导旅费等预算数目，经财政厅设考会分签意见，请委员会决议应如何办理，委员会决议照设考会签，自10月份起实行的记录1条（55页）。《甘肃省政府委员会第1373次会议记录》，其中临时动议事项录有社会处呈请由旱灾赈款项下拨给各受黄河水灾地区赈济，委员会决议通过的记录1条（58页）。第634期政府公报包括政令、人事、会议记录、例行公文等部分。会议记录包括《甘肃省政府委员会第1376次会议记录》，其中讨论事项录有民勤县田粮处呈报本县属环河乡各沟地受风沙，土质咸湿，受益过薄，呈请将前订科则减一则，田粮处复核属实，拟请按照表报赋额减轻，委员会决议准予核减的记录1条（69页）；警察训练所呈请拨款修筑渗水井两眼等处，会计处、财政厅拟由本年度第二预算预备金项下拨支40万元，饬择要修理，委员会决议照办的记录1条（70页）；田粮处拟订对渭源县等被灾11县局各乡镇予以田赋减免的办法，委员会决议通过的记录1条（70页）。《甘肃省政府委员会第1377次会议记录》，其中讨论事项录有地政局鉴核会川县政府呈赍的开垦黄香沟荒地计划及预算书，并拟订办法，委员会决议原则通过的记录1条（71页）；临时动议事项录有田粮处呈请减免金塔、张掖受雹风旱虫灾等县各乡镇田赋，委员会决议除张掖照原报数外，其余通过的记录1条（72页）。《甘肃省政府委员会第1379次会议记录》，其中讨论事项录有社会处呈拟《甘肃省社仓积谷实施办法》及《甘肃省各县市社仓保管委员会组织规程》，委员会决议修正通过的记录1条（74页）。

【叙录编号】 1166
【档案题名】
　　甘肃省政府公报（合署办公，第641-642期）
【发文单位】 甘肃省政府
【收文单位】 不详
【档案编号】 004-010-0213-0001
【成文时间】 1947-02-15
【关 键 词】 灾情；赈济；水利；农林畜牧；工矿情况；气候；农业情形

【内容提要】
　　第641期政府公报包括特载、法规、政令、会议记录、重要统计等部分。重要统计录有1947年1月份甘肃省气象测候所气象月报表（37页）。第642期政府公报包括特载、法规、政令、会议记录、例行公文、重要统计等部分。特载部分录有《甘肃省三十五年度（1946）年终视察及行政会议总检讨》，在"全省行政咨综合检讨"部分录有对水利、农林畜牧、工矿情况的检讨（46、47页），在"今后之改进"部分录有对上述情况的改进意见（54、55页）。法规部分录有《三十六年度（1947）农民节纪念实施办法》共14条（65页）。政令部分包括通案、民政、财政、教育、社会、人事等部分，其中社会部分录有甘肃省政府令各专署、县市局乡政府遵照《三十六年度（1947）农民节纪念实施办法》的记录1条（71页）；甘肃省政府令各省农会、各县市局遵照《健全农会组织　彻底推行二五减租办法》6项的记录1条（73页）。会议记录部分包括《甘肃省政府委员会第1406次会议记录》，其中讨论事项录有地政局签报审查《本省荒地督垦办法》一案意见，附呈修正后办法及对照表各1份，委员会决议修正通过的记录1条（77页）。《甘肃省政府委员会第1407次会议记录》，其中讨论事项录有建设厅拟具肃丰渠管理组织表及经费预算书，委员会决议通过的记录1条（79页）。《甘肃省政府委员会第1408次会议记录》，其中讨论事项录有田粮处呈请减免会宁、榆中受灾县地亩田赋及随赋征借军粮及带征三成公粮，委员会决议通过的记录1条（80页）。例行公文部分包括《甘肃省政府核阅所属各机关例行公文一览表》（81页），其中录有会宁县、永登县、天水县政府呈赍举行农民节纪念会报表，甘肃省政府准予汇转的记录2条；《甘肃省政府社会处送登法令公报稿一览表》（82页），其中录有甘肃省政府代电各专署、县市局乡遵照中央规定举办本年农民节的记录1条；甘肃省政府令省农会、各县市局遵照《健全农会组织　彻底推行二五减租办法》6项的记录1条。

【叙录编号】　1167
【档案题名】
　　甘肃省政府公报（合署办公，第643期）
【发文单位】　甘肃省政府
【收文单位】　不详
【档案编号】　004-010-0214-0001
【成文时间】　1947-03-15
【关　键　词】　灾情；赈济；气候；荒地承垦；农林建设；推行农会示范
【内容提要】
　　本期政府公报包括特载、法规、政令、会议记录、重要统计、省政一周等部分。法规部分录有中央《示范农会施实办法》，共11条（7、8页）；《甘肃省三十六年度（1947）各县局农林建设实施办法》共11条（29、30页）；《甘肃省荒地承垦办法》共30条（32~34页）；《合作农场章程准则》共85条（35~40页）。政令部分包括民政、财政、建设、教育、社会、地政、保安、人事等部分，其中建设部分录有甘肃省政府令各专署、各县局遵照《甘肃省三十六年度（1947）各县局农林建设实施办法》的记录1条（43页）；社会部分录有甘肃省政府令各县市局乡转发遵照《三十六年度（1947）各省市推行农会示范工作要点》的记录1条（47~52页），附《三十六年度（1947）各省市推行农会示范工作要点》及相关附件。会议记录包括《甘肃省政府委员会第1409次会议记录》，其中临时动议事项录有田粮处呈请减免宁定、和政受水雹灾歉各县地亩田赋军粮等，委员会决议通过的记录1条（68页）。重要统计录有1947年2月份甘肃省气象测候所气象月报表（71页）。省政一周录有高台县三清渠荒地变良田的喜讯1条（73页）。

【叙录编号】　1168
【档案题名】
　　甘肃省政府公报（合署办公，第644期）
【发文单位】　甘肃省政府
【收文单位】　不详
【档案编号】　004-010-0215-0001
【成文时间】　1947-03-31
【关　键　词】　举办农民节；农产农具展览
【内容提要】
　　本期政府公报包括特载、法规、政令、会议记录、例行公文等部分。会议记录包括《甘肃省政府委员会第1412次会议记录》，其中讨论事项录有主席就拨发举办农产农具展览会所需经费的请求提出建议，委员会决议准照实际用费拨发的记录1条（54页）。例行公文包括《甘肃省政府指复所属各机关例行公文一览表》（55、56页），其中录有西吉县、民乐县、灵台县、鼎新县、夏河县、海原县、崇信县呈赍举行农民节纪念会情形报表，甘肃省政府准予汇转的记录6条。

【叙录编号】　1169
【档案题名】
　　甘肃省政府公报（合署办公，第645-646期）
【发文单位】　甘肃省政府
【收文单位】　不详
【档案编号】　004-010-0216-0001
【成文时间】　1947-03-23
【关　键　词】　灾情；赈济；水权登记；举办农民节；水利；凿井；苗圃；农林畜牧
【内容提要】
　　第645期政府公报包括特载、法规、政令、会议记录等部分。政令部分包括通案、民政、建设、社会、保安、人事等，其中建设部分录有甘肃省政府令各专署、各县市局特种乡、各渠管理处等遵照水权登记有关条文疑义解释各点的记录1条（14、15页）。会议记录包括《甘肃省政府委员会第1413次会议记录》，其中讨论事项录有会计处呈请拨发举办农民节支出经费，委员会决议通过的记录1条（34页）；田粮处呈请减免永登、永靖受灾县田赋等费，委员会决议通过的记录1条（34、35页）。《甘肃省政府委员会第1414次会议记录》，其中讨论事项录有财政厅呈请暂缓由三十五年度（1946）补助费项下拨发凿井事业试凿期三十五年（1946）经费，委员会决议先照中央增拨赶速办理的记录1条（36页）。第646期政府公报包括特载、法规、政令、会议记录、重要统计、附载等部分。重要统计部分录有1946年《甘肃省各区域地层表》（70、71页）、《甘肃省各县土地面积表》（72页）。附载包括《三中全会经济改革方案全文》（73～80页），在"今后之方案"部分录有农业措施，包括举办集体农场、兴办水利、广设苗圃、发展畜牧、奖励渔业并保护发展等项；工业措施包括发展机械及化学工业以适应农林之需要，解决水利工程、化学肥料等问题。

【叙录编号】 1170
【档案题名】
　　甘肃省政府公报（合署办公，第647期）
【发文单位】 甘肃省政府
【收文单位】 不详
【档案编号】 004-010-0217-0001
【成文时间】 1947-04-06
【关 键 词】 灾情；赈济；气候；水利
【内容提要】
　　本期政府公报包括特载、法规、政令、会议记录、重要统计等部分。法规部分录有《水利委员会暨所属各机关勘测各队组织规则》，共6条（12页）；《水利委员会所属各机关水文测站组织规程》，共12条（12、13页）。政令部分包括通案、民政、财政、建设、教育、保安、人事等部分，建设部分录有甘肃省政府令各专署、县市局所、各渠管理处知照《水利委员会水文测站等组织规程》的记录1条（29页）。会议记录部分包括《甘肃省政府委员会第1417次会议记录》，其中临时动议事项录有田粮处呈请减免兰州市六、七、八三区受水灾地亩田赋军粮等费，委员会决议通过的记录1条（40页）。重要统计部分包括1947年3月份甘肃省气象测候所气象月报表（43页）。

【叙录编号】 1171
【档案题名】
　　甘肃省政府公报（合署办公，第650-651期）
【发文单位】 甘肃省政府
【收文单位】 不详
【档案编号】 004-010-0220-0001
【成文时间】 1947-04-27
【关 键 词】 灾情；赈济；水利；气候
【内容提要】
　　第650期政府公报包括特载、法规、政令、会议记录、重要统计等部分。会议记录包括《甘肃省政府委员会第1425次会议记录》，其中讨论事项录有田粮处呈请减免海原县受灾地亩田赋军粮等，委员会决议通过的记录1条（38页）；会计处呈请由新兴事业费项下拨付泾川农校农场地价费，委员会决议通过的记录1条（38页）；临时动议事项录有财政厅查核建设厅函送的水利局开办及经常各费预算书，拟予分别核减，委员会决议通过的记录1条（38页）。第651期政府公报包括特载、法规、政令、会议记录、重要统计等部分。政令部分包括通案、民政、建设、保安、人事等部分，其中建设部分录有甘肃省政府令各专署、市县局、特种乡、各渠管理处、水利局等遵照水利委员会关于水权登记的相关规定的记录1条（59页）。会议记录包括《甘肃省政府委员会第1427次会议记录》，其中讨论事项录有田粮处呈请减免陇西县柴来等受水灾乡镇地亩田赋军粮等费，委员会决议通过的记录1条（68页）。《甘肃省政府委员会第1428次会议记录》，其中临时动议事项录有田粮处呈请减免临泽县板桥乡受水灾地亩田赋军粮等费，委员会决议通过的记录1条（69页）。重要统计包括1947年4月份甘肃省气象测候所气象月报表（71页）。

【叙录编号】 1172
【档案题名】
　　甘肃省政府公报（合署办公，第655-656期）
【发文单位】 甘肃省政府
【收文单位】 不详
【档案编号】 004-010-0222-0001
【成文时间】 1947-06-08
【关 键 词】 保护森林；水利；荒地经营；骆驼放青地
【内容提要】
　　第655期政府公报包括特载、法规、政令、会议记录、例行公文等部分。法规部分包括中央《乡镇森林保护协会模范章程》，共16条（4、5页）。政令部分包括通案、民政、财政、建设、保安、地政、人事等部分，其中建设部分录有甘肃省政府令各省市局遵照《乡镇森林保护协会模范章程》的记录1条（26页）。第656期政府公报包括特载、法规、政令、会议记录、例行公文等部分。会议记录包括《甘肃省政府委员会第1437次会议记录》，其中讨论事项录有水利保管委员会拟修正湟惠等渠征收水费滞纳处分办法，并交法制室核签意见，委员会决议照法制室核签意见通过的记录1条（94页）；临时动议事项录有建设厅呈转农改所呈拟的《张掖大小满堡熟荒地经营计划大纲》，委员会决议原则通过，开办费5000万元由财政厅、会计处等筹拨的记录1条（94页）。《甘肃省政府委员会第1438次会议记录》，其中讨论事项录有财政厅呈请由本年度第二预备金项下拨发参观团赴河西参观水利、油矿膳宿等费，委员会决议通过的记录1条（96页）。例行公文包括《甘肃省政府指复所属各机关例行公文一览表》，其中录有肃北设治局电报骆驼放青地点及蒙民动态的记录1条（101页）。

【叙录编号】 1173
【档案题名】
　　甘肃省政府公报（合署办公，第657-658期）
【发文单位】 甘肃省政府
【收文单位】 不详
【档案编号】 004-010-0223-0001
【成文时间】 1947-06-22
【关 键 词】 灾情；赈济；军垦经营；农场管理；水利；气候
【内容提要】
　　第657期政府公报包括特载、法规、政令、会议记录、例行公文等部分。政令部分包括通案、财政、建设、人事等部分，其中建设部分录有甘肃省政府令各区行政督察专员公署、县（局）政府知照《军垦管理办法》及军垦事业概况表、经营人员名册等，附《军垦管理办法》《经营人名册》《荒地平面图应绘项目》《经营计划内容举例》《组织章程内容举例》《军垦事业概况表》（19~21页）。会议记录包括《甘肃省政府委员会第1439次会议记录》，其中讨论事项录有地政局呈报修正靖远县政府呈赍的靖丰渠农场管理规则，附修正规则，请甘肃省政府鉴核，委员会决议通过的记录1条（25页）；田粮处呈请减免皋兰、中山等9个受水灾乡镇的田赋军粮等费，委员会决议通过的记录1条（25页）。第658期政府公报包括特载、法规、政令、会议记录、例行公文、重要统计等部分。特载部分录有《蒋主席对全国水利会议训词》（37页）。政令包括民政、财政、教育、合作、地政、人事等方面，其中人事部分录有水利局技佐方面的调动2条（74页）。会议记录包括《甘肃省政府委员会第1443次会议记录》，其中讨论事项录有地政局拟具《甘肃省奖励民垦实施细则》，委员会决议修正通过的记录1条（77页）。重要统计录有1947年6月份甘肃省气象测候所气象月报表（85页）。

【叙录编号】　1174
【档案题名】
　　甘肃省政府公报（合署办公，第659-661期）
【发文单位】　甘肃省政府
【收文单位】　不详
【档案编号】　004-010-0224-0001
【成文时间】　1947-07-06
【关　键　词】　灾情；赈济；荒地经营；水利工程管理
【内容提要】
　　第659期政府公报包括特载、法规、政令、会议记录、例行公文等部分。政令部分包括民政、财政、保安、人事等部分，其中人事部分录有派员担任本省丰渠管理处处长、副处长的记录2条（27页）。会议记录包括《甘肃省政府委员会第1447次会议记录》，其中讨论事项录有建设厅呈请由新兴事业费项下拨发张掖大小满堡熟荒地经营计划所需开办费，委员会决议通过的记录1条（30页）。第660期政府公报包括特载、法规、政令、会议记录、例行公文等部分。政令部分包括通案、民政、财政、教育、保安、人事等部分，其中人事部分录有派员代理本省永乐渠工程处处长的记录1条（66页）。第661期政府公报包括特载、法规、政令、会议记录、例行公文、附载等部分。政令包括通案、财政、建设、人事等部分，其中人事部分录有派员担任本省鸳鸯池管理处处长、副处长的记录2条（88页）。会议记录包括《甘肃省政府委员会第1448次会议记录》，其中讨论事项录有田粮处呈请减免金塔县中山、中正等受沙压河跌等灾两乡的田赋军粮等费，委员会决议通过的记录1条（89页）。《甘肃省政府委员会第1449次会议记录》，其中讨论事项录有水利局拟具《永乐渠工程处组织规程》，并交法制室核签意见，委员会决议交水利局召有关单位审查的记录1条（90页）。

【叙录编号】　1175
【档案题名】
　　甘肃省政府公报（合署办公，第662-664期）
【发文单位】　甘肃省政府
【收文单位】　不详
【档案编号】　004-010-0225-0001
【成文时间】　1947-07-31
【关　键　词】　荒地开垦；苗圃；水利机构；水利管理；气候；水利建设；发展畜牧渔业；停止征收公荒牧租；林区管理
【内容提要】
　　第662期政府公报包括特载、法规、政令、会议记录、例行公文、重要统计等部分。特载部分包括《甘肃省政府半年来政治改革要目——自三十六年（1947）一月至六月》，其中丙项实施情况一般行政部分录有关于水利方面的建设方针（5页），录有奖励荒地开垦的地政方针（6页）。法规部分录有《甘肃省奖励民垦实施细则》，共9条（11、12页）。政令包括通案、财政、保安、地政、人事等部分，其中人事部分录有派员代理岷县苗圃主任的记录1条（25页），派员代理本省水利局技师的记录1条（26页）。会议记录包括《甘肃省政府委员会第1452次会议记录》，其中讨论事项录有财政厅呈拟由本年度第一预备金项下拨发水利局三十六年度（1947）经常开办各费，委员会决议通过的记录1条（29页）。重要统计录有1947年7月份甘肃省气象测候所气象月报表（41页）。第663期政府公报包括特载、法规、政令、会议记录、例行公文等部分。法规部分录有《甘肃省水利工程处组织规程》，共6条（50、51页）。会议记录包括《甘肃省政府委员会第1454次会议记录》，其中讨论事项录有水利局等呈拟《甘肃省水利工程处组织规程》，委员会决议通过的记录1条（63页）。第664期政府公报包括特载、法规、政令、会议记录、例行公文等部分。特载部分包括《经济改革方案》，其中农业方面录有改革农地之分配关系、奖励垦殖、建设水利、广设苗圃，提倡造林、发展畜牧事业、发展海及江湖之渔业水产的内容（75页）。法规部分录有《甘肃省湟惠渠管理局组织规程》，共11条（84页）。政令包括民政、财政、教育、地政、人事等部分，其中人事部分录有派员代理本省水利局局佐的记录1条（88页），派员兼任临泽县水利委员会主任委员、副主任委员、委员的记录11条（88页），派员代理本省小陇山林区管理处主任的记录1条（90页）。会议记录包括《甘肃省政府委员会第1455次会议记录》，其中讨论事项录有财政厅呈请停止征收公荒牧租，委员会决议通过的记录1条（91页）。《甘肃省政府委员会第1456次会议记录》，其中讨论事项录有人事处呈拟《甘肃省湟惠渠管理局组织规程》，委员会决议修正通过的记录1条（93页）。

【叙录编号】　1176
【档案题名】

甘肃省政府公报（合署办公，第665、666期）
【发文单位】　甘肃省政府
【收文单位】　不详
【档案编号】　004-010-0226-0001
【成文时间】　1947-08-24
【关　键　词】　灾情；水利机构
【内容提要】

第665期政府公报包括特载、法规、政令、会议记录、例行公文等部分。人事部分录有派员代理本省水利局技正的记录1条（10页），派员代理本省鸳鸯池蓄水库管理处技佐的记录2条（10页）。例行公文包括《甘肃省政府指复所属各机关例行公文一览表》，其中录有张掖县县长、山丹县县长于午陷出乡视察灾情，甘肃省政府准予备查的记录2条（19、22页）。第666期政府公报包括特载、法规、政令、会议记录、例行公文等部分。政令包括通案、财政、教育、保安、社会、人事等部分，其中人事部分录有派员代理本省水利局技士、技佐的记录2条（62页），派员兼任本省永乐渠工程处副处长的记录2条（63页），派员代理本省湟惠渠管理局局长的记录1条（64页）。

【叙录编号】　1177
【档案题名】

甘肃省政府公报（合署办公，第667-668期）
【发文单位】　甘肃省政府
【收文单位】　不详
【档案编号】　004-010-0227-0001
【成文时间】　1947-09-07
【关　键　词】　土石采取；植树造林；气候；农业机构；水利机构；修建水渠
【内容提要】

第667期政府公报包括特载、法规、政

令、会议记录、例行公文、重要统计等部分。政令部分包括民政、财政、教育、建设、人事等部分，其中建设部分录有甘肃省政府令各县市局政府知照《土石采取规则》第4条修正条文的记录1条（21页）。会议记录包括《甘肃省政府委员会第1462次会议记录》，其中讨论事项录有会计处拟由本年度第二预备金项下拨付秋季造林经费，委员会决议通过的记录1条（26页）。例行公文包括《甘肃省政府指复所属各机关例行公文一览表》，其中录有永登县电复本县本年植树造林情形已呈报在案，甘肃省政府准予备查的记录1条（33页）。重要统计包括1947年8月份甘肃省气象测候所气象月报表（37页）。第668期政府公报包括特载、法规、政令、会议记录、例行公文等部分。政令包括通案、财政、建设、保安、人事等部分，其中人事部分录有派员代理本省农业改进所荐任技士的记录1条（74页），派员代理本省永乐渠工程处工程员的记录1条（74页），派员代理本省水利局技佐的记录3条（74页），派员代理本省鸳鸯池蓄水库管理处技士的记录1条（74页）。会议记录包括《甘肃省政府委员会第1464次会议记录》，其中讨论事项录有水利局呈请减免因靖丰渠挪用垫款而每亩征收的工程养护费，委员会决议通过的记录1条（78页）。

【叙录编号】　1178
【档案题名】
　　甘肃省政府公报（合署办公，第669—671期）
【发文单位】　甘肃省政府
【收文单位】　不详
【档案编号】　004-010-0228-0001
【成文时间】　1947-09-21
【关　键　词】　灾情；赈济；水利机构；苗圃；煤矿厂组织规程；农业机构；气候；自来水

工程
【内容提要】
　　第669期政府公报包括法规、政令、会议记录、例行公文等部分。法规部分录有《甘肃省水利局组织规程》，共9条（11页）。政令部分包括通案、财政、教育、地政、保安、役政、人事等部分，其中人事部分录有甘肃省政府任免令，包括派员代理本省永乐渠工程处工程师的记录1条（22页）；甘肃省政府奖惩令，包括奖励酒泉县、金塔县政府建设科科长，本省鸳鸯池蓄水库工程管理处民工队长、监工、事务员协助鸳鸯池蓄水库工程的记录11条（24页）。会议记录包括《甘肃省政府委员会第1466次会议记录》，其中临时动议事项录有田粮处呈请减免皋兰等受灾41县本年粮赋，委员会决议通过的记录1条（26页）。第670期政府公报包括法规、政令、会议记录、例行公文等部分。政令部分包括通案、财政、地政、人事等部分，其中人事部分录有派员代理永登县苗圃主任的记录1条（57页），派员代理本省永乐渠工程处副工程师、帮工程师、工程员、事务股长、事务员的记录12条（57页），派员代理本省靖丰渠管理处工程师的记录1条（57页），派员代理西吉县苗圃主任的记录1条（58页）。会议记录包括《甘肃省政府委员会第1468次会议记录》，其中讨论事项录有秘书处呈报修正《甘肃省煤矿厂组织规程编制表》及《甘肃省化工材料厂组织规程编制表》，委员会决议通过的记录1条（60、61页）。例行公文包括《甘肃省政府指复所属各机关例行公文一览表》，其中录有第四区行政督察专员于申寒赴甘谷、武山视察灾情，甘肃省政府准予备查的记录1条（65页）。第671期政府公报包括法规、政令、会议记录、例行公文、重要统计等部分。政令部分包括财政、教育、保安、人事等部分，其中人事部分录有派员见习岷县苗圃主任一职的记录1条（77

页），派员担任本省农业改进所技士的记录1条（78页）。会议记录包括《甘肃省政府委员会第1469次会议记录》，其中讨论事项录有因本年各县多受冰雹各灾，田粮处等呈请减免积谷，委员会决议照呈复请予从缓的记录1条（79页）；临时动议事项录有田粮处呈请减免永登、平凉、天水、宁定、永昌、高台等受灾各县田粮等费，委员会决议通过的记录1条（79页）。《甘肃省政府委员会第1470次会议记录》，其中讨论事项录有建设厅呈请甘肃省政府鉴核兰州市自来水工程处呈赍并经建设厅详核修正的该处组织规程，委员会决议修正通过的记录1条（80页）。重要统计录有1947年9月份甘肃省气象测候所气象月报表（91页）。

【叙录编号】　1179
【档案题名】
　　甘肃省政府公报（合署办公，第672-673期）
【发文单位】　甘肃省政府
【收文单位】　不详
【档案编号】　004-010-0229-0001
【成文时间】　1947-10-12
【关 键 词】　灾情；赈济；农林垦殖；农场管理；水利机构；水利建设
【内容提要】
　　第672期政府公报包括法规、政令、会议记录、例行公文等部分。法规部分录有中央《农林部直辖垦区垦殖经营办法》，共21条，附《垦民参加公共劳作分户记载表》《垦民交换工作分户记载表》（2~7页）；《农林部直辖垦区垦殖队组织办法》，共11条（8页）。政令部分包括财政、建设、人事等，其中通案部分录有甘肃省政府令各县市局知照《农林部直辖垦区垦殖经营办法》等6种法规的记录1条（39页），人事部分录有派员代理本省靖丰渠管理处技佐的记录1条（40页）。会议记录包括《甘肃省政府委员会第1471次会议记录》，其中讨论事项录有地政局依照地政局、农林部意见并参酌本省实际情况修正前订《甘肃省奖励农垦实施细则》，委员会决议通过的记录1条（42页）。第673期政府公报包括法规、政令、会议记录、例行公文等部分。法规录有《靖丰渠农场管理规则》，共13条（55页）。政令包括通案、财政、教育、建设、社会、人事等部分，其中建设部分录有甘肃省政府令各专署、各县市局、湟惠渠管理局遵照水利部关于全国各公路应修桥涵的呈请的记录1条（71页），人事部分录有派员兼任本府水利局第一勘测队队长、工程师、副工程师、助理工程师的记录5条（72页）。会议记录包括《甘肃省政府委员会第1473次会议记录》，其中讨论事项录有会计处呈请由本年度第二预备金项下支付鸳鸯池管理处经费，委员会决议通过的记录1条（76页）；会计处呈请恢复湟惠渠会计助理1员，所需经费由第二预备金及生活补助费等项下统筹开支，委员会决议通过的记录1条（77页）。

【叙录编号】　1180
【档案题名】
　　甘肃省政府公报（合署办公，第674-676期）
【发文单位】　甘肃省政府
【收文单位】　不详
【档案编号】　004-010-0230-0001
【成文时间】　1947-10-26
【关 键 词】　灾情；赈济；农业机构；农场组织；气候
【内容提要】
　　第674期政府公报包括法规、政令、会议记录、例行公文、重要统计等部分。法规录有修正《甘肃省水渠管理处组织规程》第2、第3、第5条条文的记录（13、14页）；修正《甘肃省农业改进所组织规程》第1、第10条条文的记录（14页）；修正《甘肃省气象测候所组织规程》第2、第10、第11条条文（14页）；《甘肃省张掖县经济示范农场组织规程》，共6条（16、17页）。会议记录包括《甘肃省政府委员会第1475次会议记录》，其中临时动议事项录有田粮处等列造山丹县后勘灾歉及核定减免赋粮数，委员会决议通过的记录1条（36、37页）。《甘肃省政府委员会第1476次会议记录》，其中讨论事项录有建设厅呈报农改进所呈拟的《张掖经济示范农场组织规程》业经法制室审核修正，请甘肃省政府鉴核，委员会决议修正通过的记录1条（37页）。重要统计包括1947年10月份甘肃省气象测候所气象月报表（49页）。第675期政府公报包括法规、政令、会议记录、例行公文等部分。政令包括财政、建设、保安、社会、地政、人事等部分，其中人事部分录有派员代理本省气象测候所所长的记录1条，派员代理岷县三等气象所主任的记录1条，派员代理平凉、庆阳、临夏、临洮、靖远、敦煌、华家岭四等气象测候所的记录7条（66页）。会议记录包括《甘肃省政府委员会第1477次会议记录》，其中临时动议事项录有田粮处列造减免庆阳、临夏、古浪、渭源、隆德等受灾各县赋额表，委员会决议通过的记录1条（68页）。第676期政府公报包括法规、政令、会议记录、例行公文等部分。人事部分录有派员代理本省湟惠渠管理局第一科科长、技正兼第三科科长、管理局技士、技佐、医师兼卫生室主任、工务员、人事管理员的记录10条（86页）。会议记录包括《甘肃省政府委员会第1479次会议记录》，其中临时动议事项录有田粮处列具减免固原、化平、岷县、皋兰等受灾县赋额等表，委员会决议通过的记录1条（89页）。

【叙录编号】 1181

【档案题名】
甘肃省政府公报（合署办公，第677-679期）
【发文单位】 甘肃省政府
【收文单位】 不详
【档案编号】 004-010-0231-0001
【成文时间】 1947-11-23
【关 键 词】 灾情；赈济；牧场登记；苗圃；水利机构；土地测量；农会工作；农林建设；畜牧建设；工矿建设；水利建设
【内容提要】
第677期政府公报包括法规、政令、会议记录、例行公文等部分。法规录有中央《牧场登记规则》共23条，附《牧场设立登记申请书（呈部用）》《牧场设立登记申请书（呈省市主管官署用）》《年度畜产品成绩报告表》（2～8页）。政令包括建设、保安、役政、地政、人事等部分，其中建设部分录有甘肃省政府令各县市局知照《牧场登记规则》的记录1条（9页）。人事部分录有派员代理古浪县苗圃主任的记录1条（29页）；派本府水利局第三科科长兼理本省永乐渠工程处处长的记录1条（29页）；本省永乐渠工程处处长恳请辞职，甘肃省政府批准的记录1条（29页）；派员试署本省土地测量队抽查员、技术员、技佐的记录3条（30页）；派员代理本省农业改进所兼任技士的记录1条（30页）。会议记录包括《甘肃省政府委员会第1481次会议记录》，其中临时动议事项录有田粮处拟具甘谷县受灾地亩免赋粮表，委员会决议通过的记录1条（33页）。第678期政府公报包括法规、政令、会议记录、例行公文、重要统计等部分。政令包括财政、社会、人事等部分，其中人事部分录有派员代理永丰、永乐渠管理处技佐的记录1条（59页）。会议记录包括《甘肃省政府委员会第1484次会议记录》，其中讨论事项录有田粮处缮具西吉、武威两县本年灾歉减赋粮表，委员会决议通过的记录1条（64页）。例行公文包括《甘肃省政府指复所属各机关例行公文》，其中录有鼎新县、临夏县呈赍农会工作会报记录，甘肃省政府准予备查的记录2条（69页）。重要统计录有1947年11月份甘肃省气象测候所气象月报表（70页）。第678期政府公报包括法规、政令、会议记录、例行公文、附载等部分。政令包括通案、财政、建设、社会、地政、人事等部分，其中录有派员带来本省溥济渠、汭丰渠管理处共务员、组员的记录3条（83页）；派员代理本府水利局技士、技佐的记录2条（85页）。附载包括《甘肃经济建设方针》（92～101页），其中录有包括农林建设、畜牧建设、工矿建设、水利建设等方面的方针，附《甘肃省推行农村副业及手工业分区发展计划表》。

【叙录编号】　1182
【档案题名】
　　甘肃省政府公报（合署办公，第680-682期）
【发文单位】　甘肃省政府
【收文单位】　不详
【档案编号】　004-010-0232-0001
【成文时间】　1947-12-14
【关 键 词】　灾情；赈济；民营开垦；水利勘测；水利机构；农会工作；气候；苗圃；石山土坑标租；造林情形
【内容提要】
　　第680期政府公报包括法规、政令、会议记录、例行公文、重要统计等部分。政令包括财政、教育、保安、人事等部分，其中人事部分录有派员代理本府农业改进所技正的记录1条（23页）；本省农业改进所技正免职的记录1条（23页）。第681期政府公报包括法规、政令、会议记录、例行公文等部分。法规录有中央《民营垦殖事业登记办法》共14条，附《民营垦殖事业登记申请书》《民营垦殖事业登记证》《垦务概况报告表》（36～42页）。政令包括民政、财政、建设、役政、人事等部分，其中建设部分录有甘肃省政府令各县市局知照《民垦事业登记办法》暨附表的记录1条（50、51页）。会议记录包括《甘肃省政府委员会第1489次会议记录》，其中讨论事项录有秘书处等复核《甘肃省水利勘测组织规程》并缮具修正后条文及对照表，委员会决议交会、财、水、建审查，由秘书长召集的记录1条（55页）。《甘肃省政府委员会第1492次会议记录》，其中讨论事项录有会计处等拟由本年度省预算第二预备金项下拨付湟惠渠管理处留办结束人员遣散费，委员会决议通过的记录1条（57页）。例行公文包括《甘肃省政府指复所属各机关例行公文》，其中录有永登县政府呈报农会会员训练情形以及11月农会工作会报情形，甘肃省政府准予备查的记录2条（65页）。第682期政府公报包括法规、政令、会议记录、例行公文、重要统计等部分。法规录有《甘肃省第一水利勘测队组织规程》共6条（72页），《修正甘肃省奖励民垦实施细则》共21条（72、73页）。政令包括通案、财政、社会、人事等部分，其中录有派员试署本省农业改进所技佐的记录7条（79页），派员试署本省气象所观测员的记录1条（79页），派员代理夏河县苗圃主任的记录1条（79页）。会议记录包括《甘肃省政府委员会第1493次会议记录》，其中讨论事项录有秘书处等签报审查《甘肃省水利勘测队组织规程》一案意见，委员会决议照审查意见通过的记录1条（80页）；兰州市政府呈拟将石山土坑标租试办，建设厅呈请委员会公决可否，委员会决议交建、财、秘、地审查，由建设厅召集，孙市长参加的记录1条（80、81页）。《甘肃省政府委员会第1494次会议记录》，其中临时动议事项录有田粮处等拟具会宁、甘泉等受灾各县地亩数额表，委员会决议通过的记录1条。例行公文包括《甘肃省政府指复所属各机关例行公文一览表》，其中录有清水县政府呈报举行国父诞辰及秋季造林情形，甘肃省政府准予备查的记录1条（90页）。重要统计录有1947年12月份甘肃省气象测候所气象月报表（93页）。

【叙录编号】 1183
【档案题名】
　　甘肃省政府公报（合署办公，第683-686期）
【发文单位】 甘肃省政府
【收文单位】 不详
【档案编号】 004-010-0233-0001
【成文时间】 1948-01-04
【关　键　词】 水利建设；奖励民垦；农业机构；林牧建设；水利机构；气候
【内容提要】
　　第683期政府公报包括特载、法规、政令、会议记录、例行公文等部分。会议记录包括《甘肃省政府委员会第1496次会议记录》，其中临时动议事项录有田粮处等缮列武威、西营、金羊各乡受水灾地亩数额表，委员会决议通过的记录1条（39页）。《甘肃省政府委员会第1497次会议记录》，其中讨论事项录有水利局呈报临洮新民渠引长渠线增灌工程渠道占用民地，拟订赔偿计划的记录1条（40页）。第684期政府公报包括法规、政令、会议记录、例行公文等部分。法规录有《甘肃省奖励民垦实施细则》共21条（49、50页）。政令包括财政、保安、地政、任免令等部分，其中地政部分录有甘肃省政府令各专署县市局、地政部、农林部、省参议会知照《修正甘肃省奖励民垦实施细则》（57页）。第685期政府公报包括法规、政令、会议记录、例行公文等部分。政令包括通案、人事、民政、财政、建设、保安、地政、任免令等部分，其中派员代理本省农业改进所技术助理的记录1条（83页）。会议记录包括《甘肃省政府委员会第1500次会议记录》，其中讨论事项录有建设厅呈拟《甘肃省政府、中国银行总管理处发展甘肃省林牧及有关附属实业合作办法》及《甘肃林牧实业股份有限公司章程》，并交法制室核签修正意见，委员会决议除第十一条照修正外，其余如原拟通过的记录1条（87页）。第686期政府公报包括法规、政令、会议记录、例行公文、重要统计等部分。会议记录包括《甘肃省政府委员会第1502次会议记录》，其中讨论事项录有行政部饬将湟惠渠水利事宜仍由湟惠渠管理处负责办理，行政事宜应由皋兰、永登分别管理，毋须设置管理局，人事室拟具原则两项，请委员会鉴核，委员会决议暂照旧的记录1条（115页）。重要统计录有1948年1月份甘肃省气象测候所气象月报表（119页）。

【叙录编号】 1184
【档案题名】
　　甘肃省政府公报（合署办公，第687-689期）
【发文单位】 甘肃省政府
【收文单位】 不详
【档案编号】 004-010-0234-0001
【成文时间】 1948-02-01
【关　键　词】 农业机构；水利机构；气象机构；狩猎
【内容提要】
　　第687期政府公报包括法规、政令、会议记录、例行公文等部分。政令包括人事、民政、社会、任免令等部分，其中任免令部分录有派员试署本省农业改进所技佐、技士的记录3条（42页），派员代理本省水利局技士的记录2条（43页）。第688期政府公报包括法规、政令、会议记录、例行公文等部分。政令包括人事、财政、建设、地政、任免令等部分，其中任免令部分录有派员试署本省农业改进所技术员的记录1条（71页），派本省水利局技士兼代本省靖乐渠工程处处长的记录1条（72页），派员代理本省气象所秘书、气象股主任、秘书观测员、观测员、纪念员、管理员、事务员、书记的记录9条（73页），派员试署本省水利局技佐、科员、办事员、办专员、技士的记录20条（74页），派员代理本省靖丰渠管理处技佐的记录1条（74页）。第689期政府公报包括法规、政令、会议记录、例行公文等部分。法规录有中央《狩猎法》共19条（88、89页）；《狩猎法施行细则》共18条，附《甲种狩猎证书》《乙种狩猎证书》（89～94页）。政令包括财政、建设、任免令等部分，其中建设部分录有甘肃省政府令各县市局遵照《狩猎法》及《施行细则》办理的记录1条（97、98页）。

【叙录编号】　1185
【档案题名】
　　甘肃省政府公报（合署办公，第604-605期）
【发文单位】　甘肃省政府
【收文单位】　不详
【档案编号】　004-010-0202-0001
【成文时间】　1945-07-31
【关　键　词】　灾情；赈济；水利；育苗造林；气候
【内容提要】
　　第604期政府公报包括法规、政令、人事、会议记录、例行公文等部分。政令部分包括民政、财政、建设、教育、卫生、社会等部分，其中建设部分录有甘肃省政府令各县市局转发《县农林业推广所组织规程补充要点》的记录1条，附《县农林业推广所组织规程补充要点》（6、7页）；甘肃省政府令各市县局知照关于废止《甘肃省水利特赋征收规则》一事的记录1条（7页）。会议记录部分包括《甘肃省政府委员会第1252次会议记录》，其中讨论事项中录有财政厅、会计处拟由第一预备金项下拨付修理本府后花园水池工料费，委员会决议照办的记录1条（19页）；临时动议事项中社会处等处谨将奉交审查修正之本省各县市灾歉救济工作纲要缮呈，请委员会鉴核，委员会决议修正通过的记录1条（19、20页）；社会处等谨拟订《甘肃省救济灾歉委员会组织规程草案》，委员会决议交社会处、民政厅、建设厅、田粮处田委员、骆委员、马委员审查，由社会处召集的记录1条（20页）。《甘肃省政府委员会第1253次会议记录》，其中讨论事项中录有因旱灾严重，会计处、财政厅呈请免征公荒牧租以体恤灾民，委员会决议交民政厅、财政厅、建设厅、会计处审查，由财政厅召集的记录1条（20页）；临时动议事项中录有社会处等签报审查《甘肃省旱灾救济委员会组织规程》一案意见，附修正规程1份，请委员会鉴核，委员会批示修正通过的记录1条（20页）。《甘肃省政府委员会第1255次会议记录》，其中讨论事项中录有因本省旱灾严重、夏秋歉收，田粮处、财政厅拟具《不敷县级公教食粮流补原则》2项，委员会决议交各厅处局各委员审查，由财政厅召集的记录1条（22页）。《甘肃省政府委员会第1256次会议记录》，其中讨论事项中录有社会处呈拟《甘肃省旱灾救济委员会各县市分会组织通则草案》，委员会决议交民政厅、社会处田委员、骆委员、马委员审查，由社会处召集的记录1条（23页）。《甘肃省政府委员会第1257次会议记录》，讨论事项中录有因甘肃省补给委员会拟具《甘肃省国军副食马干实物灾期征购暂行办法》，委员会决议修正通过的记录1条（24页）；社会处等签报审查《本省旱灾救济委员会各县市分会组织通则草案》意见，委员会决议照审查意见通过的记录1条（25页）；因甘肃省旱灾严重，主席提议拟即通令禁酿，委员会决议通过的记录1条（25页）。例行公文部分包括《甘肃省政府核阅所属各机关例行公文一览表》，其中录有漳县县政府补赍本县历年育苗造林成绩调查表，甘肃省政府准予存候汇转的记录1条（28页）；镇原县政府填报5月份雨量表，甘肃省政府准予备查的记录1条（28页）。

【叙录编号】 1186
【档案题名】
　　甘肃省政府公报（合署办公，第606-610期）
【发文单位】 甘肃省政府
【收文单位】 不详
【档案编号】 004-010-0203-0001
【成文时间】 1945-08-31
【关键词】 灾情；赈济；农业推广；农业种植；农业收成；耕牛繁殖；勘测荒地
【内容提要】
　　第606期政府公报包括法规、政令、人事、会议记录、例行公文等部分。记录部分包括《甘肃省政府委员会第1268次会议记录》，其中讨论事项中录有财政厅、会计处呈拟由战时特别预备金项下拨付旱灾救济委员会开支费用，委员会决议照办的记录1条（10页）。第607期政府公报包括法规、政令、人事、会议记录、例行公文等部分。法规部分录有中央《农林部各区农业推广繁殖站组织规程》共9条（14页）。政令部分包括民政、财政、建设、社会等部分，其中建设部分录有甘肃省政府令各省县市局知照《农林部各区农业推广繁殖站组织规程》的记录1条（27页）；景泰县县长本年8月份代电报本县各乡广种白菜萝卜情形，甘肃省政府准予备查的记录1条（27页）；清水县政府本年8月11日呈报协助成立本县农业推广所情形，甘肃省政府准予备查的记录1条（28页）。记录部分包括《甘肃省政府委员会第1274次会议记录》。例行公文部分包括《甘肃省政府核阅所属各机关例行公文一览表》（33～35页），其中录有清水县呈报抢种农作物因失灾无法办理，甘肃省政府准予备查的记录1条；景泰县政府电复本县各乡广种白菜萝卜情形，甘肃省政府准予备查的记录1条；清水县政府呈报协助成立农业推广所情形，甘肃省政府准予备查的记录1条。第608期政府公报包括法规、政令、人事、会议记录、例行公文等部分。法规部分录有中央《农林部耕牛繁殖场组织规程》10条（37页）。政令部分包括建设等部分，其中建设部分录有甘肃省政府令各县市局知照《农林部耕牛繁殖场组织规程》的记录1条（37、38页）。会议记录部分包括《甘肃省政府委员会第1276次会议记录》；临时动议事项录有田粮处呈请将各县夏禾受寒复勘灾成，并参照各方情报秋禾状况，拟订本年应征田赋成数表，委员会决议交各委员及田粮处、社会处、会计处审查，由田粮处召集的记录1条（40、41页）。《甘肃省政府委员会第1277次会议记录》，其中讨论事项录有因旱灾严重，田粮处请委员会决议关于各县动用献金献粮款购买小麦杂粮、储备籽种的支出问题，委员会决议分别解库及购粮款数报院备查的记录1条（41页）；因灾情严重，田粮处咨请粮食部免除本省三十四年度（1945）应储积谷，粮食部仍请照前电迅速办理，主席请委员会决议如何办理，委员会决议仍请缓办的记录1条（41页）。第609期政府公报包括法规、政令、人事、会议记录、例行公文等部分。法规部分录有中央《荒地勘测办法》10条（45、46页）。政令部分包括建设、地政等部分，其中地政部分录有甘肃省政府令各专员公署、县市局、湟惠渠特种乡公所遵照《荒地勘测办法》，附《省荒地勘测调查报告表》4份（55～58页）。第610期政府公报包括法规、政令、人事、会议记录、例行公文等部分。记录部分包括《甘肃省政府委员会第1284次会议记录》，其中讨论事项录有田粮处呈报临洮、康乐两县灾情，请予蠲免，委员会决议通过的记录1条（75页）。

【叙录编号】 1187
【档案题名】
甘肃省政府公报（合署办公，第635-638期）
【发文单位】 甘肃省政府
【收文单位】 不详
【档案编号】 004-010-0211-0001
【成文时间】 1946-11-15
【关 键 词】 灾情；赈济；水利；气候；农场管理；淤地放领；整理航道
【内容提要】

第635期政府公报包括政令、人事、会议记录、例行公文等部分。会议记录包括《甘肃省政府委员会第1380次会议记录》，其中临时动议事项录有田粮处呈拟减免隆德、临夏、镇原、通渭、陇西、天水等被水冲雹灾的6县各乡镇的田赋正附赋税数目，委员会决议通过的记录1条（5页）。《甘肃省政府委员会第1382次会议记录》，其中临时动议事项录有建设厅拟由工赈购粮等内先行挪支2亿元修复黄河沿河水车，俟农行知府贷款时收回，委员会决议先由财政厅、建设厅各垫5000万元的记录1条（6页）。第636期政府公报包括特载、法规、政令、人事、会议记录、例行公文等部分。会议记录包括《甘肃省政府委员会第1385次会议记录》，其中讨论事项录有田粮处呈拟减免武山、武威、民勤、化平、临泽、定西等被水雹旱虫沙压等县各乡镇的田赋，委员会决议通过的记录1条（33页）。《甘肃省政府委员会第1386会议记录》，其中讨论事项农贷工程水费保管委员会呈拟水利工程兴办资金征收办法，委员会决议交民政厅、财政厅、建设厅、地政局合管处寇委员审查，由财政厅召集，并请叶院长参加的记录1条（34页）。《甘肃省政府委员会第1387次会议记录》，其中讨论事项录有田粮处等复勘武山、镇原、酒泉等县本年局部灾歉情形，并拟订减免田赋办法，委员会决议通过的记录1条（38页）。第637期政府公报包括特载、法规、政令、人事、会议记录、例行公文等部分。会议记录包括《甘肃省政府委员会第1388次会议记录》，其中讨论事项录有财政厅呈请由本年度第二预备金及生活补助费拨支，紧缩甘肃水利局编制暨所需经临各费，委员会决议除副局长遵照中央规定为荐任外，余如拟的记录1条（60页）；临时动议事项录有财政厅呈报审查本省大型水利工程水费征收标准，并将审查意见胪陈，委员会决议在统筹平均分配原则下略分等差，交由水委会核拟，报请核定的记录1条（60页）；教育厅呈请暂缓将省气象测候所机构改隶省教育厅接办，委员会决议照办的记录1条（61页）。《甘肃省政府委员会第1次临时谈话会议记录》，其中临时动议事项录有田粮处呈请减免会宁、临潭、隆德、正宁、永昌、平凉等被灾6县田赋，委员会决议通过的记录1条（64页）。《甘肃省政府委员会第2次临时谈话会议记录》，其中讨论事项录有湟惠渠特种乡拟具该乡农场管理办法，并加以修正，经交法制室核签并有所删改，地政局请委员会决议应如何办理，委员会决议修正通过的记录1条（65页）；地政局呈报靖远县靖丰渠筑堤以后，淤地工程已办理完成并分别放领、引起纠纷的情形，拟具相关办法，委员会决议交建设厅、地政局、民政厅、财政厅、会计处审查，由地政局召集的记录1条（65页）；财政厅呈报省气象测候所经费问题，委员会决议共支100万元，由省所斟酌支配的记录1条（65页）。第638期政府公报包括特载、法规、政令、人事、会议记录、例行公文等部分。会议记录包括《甘肃省政府委员会第3次临时谈话会议记录》，其中讨论事项录有会计处呈请拨付黄河水利专家来兰所需招待费等，委员会决议通过的记录1条（88页）。《甘肃省政府委员会第5次临时谈话会议记录》，其中讨论事项录有田粮处呈请减免陇西、灵台、高台、天水、通渭、崇信等受灾县赋税，委员会决议通过的记录1条（92页）；临时事项录有建设厅关于四联总处增贷本省大型水利工程费的处理以及归还方法，委员会决议照办的记录1条（92页）。《甘肃省政府委员会第1392次会议记录》，其中讨论事项录有建设厅拟具整理洮河牛鼻航道的具体办法2项，委员会决议通过的记录1条（93页）；临时动议事项录有田粮处呈请减免永昌县云川等受虫旱各灾四乡镇的用军公粮，委员会决议通过的记录1条（94页）。

【叙录编号】 1188
【档案题名】
甘肃省政府公报（合署办公，第639-640期）
【发文单位】 甘肃省政府
【收文单位】 不详
【档案编号】 004-010-0212-0001
【成文时间】 1947-01-15
【关 键 词】 灾情；赈济；垦殖；气候
【内容提要】
第639期政府公报包括特载、法规、政令、会议记录、例行公文、重要统计、附载等部分。会议记录包括《甘肃省政府委员会第1393次会议记录》，其中讨论事项录有地政局拟具会川县黄香沟垦殖进行办法7项，委员会决议通过的记录1条（20页）。《甘肃省政府委员会第1394次会议记录》，其中临时动议事项录有田粮处呈请减免西吉、岷县各受灾乡镇田赋，委员会决议通过的记录1条（21页）。重要统计部分录有1946年12月份甘肃省气象测候所气象月报表（25页）。第640期政府公报包括特载、法规、政令、会议记录、例行公文、重要统计等部分。政令部分包括民政、财政、建设、教育、社会、人事等部分，其中社会部分录有甘肃省政府令各市县政府遵照社会部呈拟的《健全农会组织　彻底推行二五减租办法》6项的记录1条（64页）。会议记录包括《甘肃省政府委员会第1397次会议记录》，其中临时动议事项录有田粮处呈请减免皋兰、陇西、泾川、宁县、榆中、景泰、靖远等受冰雹风沙灾歉各县地亩田赋等，委员会决议通过的记录1条（70页）。《甘肃省政府委员会第1401次会议记录》，其中临时动议事项录有田粮处呈请减免庆阳、康乐等受水冲雹旱各县地亩田赋军粮，委员会决议通过的记录1条（74页）。

【叙录编号】 1189
【档案题名】
甘肃省政府公报（合署办公，第648期）
【发文单位】 甘肃省政府
【收文单位】 不详
【档案编号】 004-010-0218-0001
【成文时间】 1947-04-13
【关 键 词】 灾情；赈济
【内容提要】
本期政府公报包括特载、法规、政令、会议记录、重要统计等部分。会议记录包括《甘肃省政府委员会第1419次会议记录》，其中讨论事项录有田粮处呈请减免甘谷县水冲地亩田赋军粮等费，委员会决议通过的记录1条（42页）。

【叙录编号】 1190
【档案题名】
甘肃省政府公报（合署办公，第690-692期）
【发文单位】 甘肃省政府

【收文单位】 不详
【档案编号】 004-010-0235-0001
【成文时间】 1948-02-29
【关 键 词】 灾情；赈济；水利农牧机构；苗圃；气候；水权登记；水利建设；纪念农民节；狩猎
【内容提要】

  第690期政府公报包括法规、政令、会议记录、重要统计等部分。政令包括民政、财政、建设、社会、任免令等部分，其中任免令部分录有派员代理本省水利局技士的记录1条（12页），派员代理夏河县苗圃主任的记录1条（12页）。会议记录包括《甘肃省政府委员会第1510次会议记录》，其中临时动议事项录有建设厅对中国银行总管理处函送的《改进甘肃省水利林牧公司办法》7项的修改情况，以及电请迅将增资30亿元，并按比例拨款，委员会决议通过的记录1条（16页）。重要统计录有1948年2月份甘肃省气象测候所气象月报表（17页）。第691期政府公报包括法规、政令、会议记录等部分。政令包括通案、民政、财政、教育、建设、水利、任免令等部分，其中水利部分录有甘肃省政府令高台县政府遵照水权登记费标准的记录1条，附《水权登记费提高五十倍征收对照表》（41页）。任免令部分录有派员代理本省水利局技正的记录3条（42页），本省水利局技正免职的记录3条（42页），派员兼任本省永乐渠工程处副处长的记录1条（42页）。会议记录包括《甘肃省政府委员会第1511次会议记录》，其中讨论事项录有民政厅就湟惠渠管理局撤销一事拟订办法两案，委员会决议采用第一案渐求自给自足，纳入皋兰县行政系统的记录1条（45页）；田粮处呈请减免镇原县平泉等受灾各乡镇田赋公粮等，委员会决议通过的记录1条（46页）；会计处呈请由本年度第二预备金项下支付登丰渠管理处处长遣散费，委员会决议通过的记录1条（46页）；会计处呈请由本年度第二预备金项下拨发鸳鸯池水库另制齿轮工料运费的记录1条（46页）。例行公文包括《甘肃省政府指复所属各机关例行公文一览表》（48～52页），其中录有灵台县、临洮县、永登县、清水县、渭源县政府呈赍举行农民节纪念会报表，甘肃省政府准予备查的记录4条。第692期政府公报包括法规、政令、会议记录等部分。政令包括人事、民政、财政、建设、教育、保安、任免令等部分，其中建设部分录有甘肃省政府令各县市局遵照修正《狩猎法》第6条第2项及《施行规则》第6条办理的记录1条（83页）。例行公文包括《甘肃省政府指复所属各机关例行公文一览表》（93～96页），其中录有西吉县、天水县政府呈赍举行农民节纪念会报表，甘肃省政府准予备查的记录2条（95页）。

【叙录编号】 1191
【档案题名】
  甘肃省政府公报（合署办公，第693-694期）
【发文单位】 甘肃省政府
【收文单位】 不详
【档案编号】 004-010-0236-0001
【成文时间】 1948-03-21
【关 键 词】 民营垦殖；水利机构；农业机构；纪念农民节；气候
【内容提要】

  第693期政府公报包括法规、政令、会议记录、例行公文等部分。政令包括通案、民政、财政、保安、地政、任免令、奖惩令等部分，其中地政部分甘肃省政府令各县市局知照修正《民营垦殖事业登记办法》第五条及申请书格式的记录1条（30页）。任免令录有派员试署水利局技佐、水利专员的记录7条（31页），派员担任本省农业改进所技佐的记录4条。会员记录包括《甘肃省政府委员会第

1515次会议记录》，其中录有会计处呈请由本年度第二预备金项下拨付前登丰渠管理处会计员遣散费，委员会决议通过的记录1条（33页）。例行公文包括《甘肃省政府指复所属各机关例行公文一览表》（35~44页），其中录有会宁县、秦安县、岷县、会川县、夏河县、平凉县、民勤县呈赍举行农民节情形报表，甘肃省政府准予备查的记录3条。第694期政府公报包括法规、政令、会议记录、例行公文、重要统计等部分。重要统计录有1948年3月份甘肃省气象测候所气象月报表（96页）。

【叙录编号】 1192
【档案题名】
　　甘肃省政府公报（合署办公，第695-696期）
【发文单位】 甘肃省政府
【收文单位】 不详
【档案编号】 004-010-0237-0001
【成文时间】 1948-04-04
【关 键 词】 截引地下水工程；水利机构；荒地开垦
【内容提要】
　　第695期政府公报包括法规、任免令、会议记录、例行公文等部分。任免令录有派员兼任古丰渠工程处处长、副处长的记录2条（55页），派员兼任本省山丹截引地下水工程处处长、副处长的记录2条（55页），派员兼任本省鸳鸯池灌溉工程处处长的记录1条（55页），派员兼任本省溥济渠扩修工程处处长、副处长的记录2条（56页）。第696期政府公报包括法规、任免令、会议记录、例行公文等部分。任免令录有派员代理本省水利局技佐的记录3条（113页），本省水利局技佐免职的记录3条（113页）。会议记录包括《甘肃省政府委员会第1522次会议记录》，其中讨论事项录有田粮处查通渭县境内荒地既无收益，拟即依法免赋并令县设法招垦具报，委员会决议通过的记录1条（115页）。

【叙录编号】 1193
【档案题名】
　　甘肃省政府公报（合署办公，第698期）
【发文单位】 甘肃省政府
【收文单位】 不详
【档案编号】 004-010-0239-0001
【成文时间】 1948-04-25
【关 键 词】 植树；勘测水闸；气候
【内容提要】
　　本期政府公报包括法规、例行公文、重要统计等部分。例行公文包括《甘肃省政府指复所属各机关例行公文一览表》（61~65页），其中录有宁县县长赴西区督导植树情况，甘肃省政府准予备查的记录1条；洮沙县县长赴各乡督导植树等事宜，甘肃省政府准予备查的记录1条；张掖县县长前往山丹会勘草四坝水闸的记录1条。重要统计录有1948年4月份甘肃省气象测候所气象月报表（65页）。

【叙录编号】 1194
【档案题名】
　　甘肃省政府公报（合署办公，第699-700期）
【发文单位】 甘肃省政府
【收文单位】 不详
【档案编号】 004-010-0240-0001
【成文时间】 1948-05-09
【关 键 词】 水利勘测队；水利林牧实业股份有限公司；小型农田水利工程；牧场登记
【内容提要】
　　第699期政府公报包括法规、政令、会议录、例行公文等部分。法规部分包括《甘肃省第一水利勘测队组织规程》3条（9页）。会议录部分包括《甘肃省政府委员会第1524次会议记录》，讨论事项录有主席提议建设厅呈查本府应拨甘肃水利林牧实业股份有限公司9亿元，3亿元已由省库支付，剩余也由省库支付，省务会议决议通过的记录1条（40页）。第700期政府公报包括法规、政令、会议录、例行公文等。法规部分包括《各省小型农田水利工程督导与兴修办法》10条（51~52页）；《牧场登记规则》22条（52~54页），附式样两条（54~57页）。政令部分包括令转发省小型农田水利工程督导与兴修办法及牧场登记规则的训令1条（74页）。

【叙录编号】 1195
【档案题名】
　　甘肃省政府公报（合署办公，第701-702期）
【发文单位】 甘肃省政府
【收文单位】 不详
【档案编号】 004-010-0241-0001
【成文时间】 1948-05-23
【关　键　词】 春耕贷款
【内容提要】
　　第702期政府公报包括政令、会议录、例行公文等部分。例行公文包括《甘肃省政府指复所属各机关例行公文一览表》，社会部分涉及各县呈报春耕贷款清册表等（87~88页）。

【叙录编号】 1196
【档案题名】
　　甘肃省政府公报（合署办公，第703-705期）
【发文单位】 甘肃省政府
【收文单位】 不详
【档案编号】 004-010-0242-0001
【成文时间】 1948-06-06
【关　键　词】 水利局人事；春耕贷款；水利贷款
【内容提要】
　　第703期政府公报包括法规、政令、会议录、例行公文等部分。政令部分中任免涉及派王湛代理本省永乐渠工程处工务员的任命1则（47页），派杜景川代理本省永乐渠工程处事务员的任命1则（47页），派许华明、孙藩代理本省永乐渠工程处事务员的任命2则（47页），派河西工程处酒泉工程区主任刘总恩兼任酒泉边湾地下水灌溉工程处处长的任命1则，派河西工程处张掖工程区主任萧永龄兼任高台马尾湖水库工程处处长的任命1则，派河西工程处酒泉工程区副工程师张卓兼任鸳鸯池灌溉工程处副处长的任命1则（47页）。例行公文包括《甘肃省政府指复所属各机关例行公文一览表》，社会部分涉及各县呈报春耕贷款情况（52页）。第705期政府公报包括法规、政令、会议录、例行公文等部分。例行公文包括《甘肃省政府指复所属各机关例行公文一览表》，社会部分涉及各县呈报水利贷款情况（98页）。

【叙录编号】 1197
【档案题名】
　　甘肃省政府公报（合署办公，第706-708期）
【发文单位】 甘肃省政府
【收文单位】 不详
【档案编号】 004-010-0243-0001
【成文时间】 1948-06-27
【关　键　词】 水利局人事；灾害；豁免田赋；解释水权登记；各渠水费征收；气象测候所
【内容提要】
　　第707期政府公报包括法规、政令、会议录、例行公文等部分。政令部分中任免涉及派王国栋、王自立代理本府水利局技佐的任免2则（49页），派代理山丹县县长赵佩琴兼任本省山丹截引地下水工程处副处长的任免1则

（50页），派高台县县长冯周人兼任高台马尾湖水库工程处副处长的任命1则（50页），派酒泉县县长兼任酒泉边湾地下水灌溉工程处副处长的任命1则，派金塔县县长兼任本省鸳鸯池灌溉工程处副处长的任命1则（50页）。会议录部分包括《甘肃省政府委员会第1546次会议记录》，讨论事项录有主席提议田粮处呈查皋兰、平凉、宁定等县三十五年（1946）及三十六年（1947）水冲永不能垦复土地，申请核免田赋，省务会议决议通过的记录1条（54页）。第708期政府公报包括法规、政令、会议录、例行公文、重要统计等部分。政令部分包括令抄发司法院统一解释水权登记疑义的训令1条（98页）。会议录部分包括《甘肃省政府委员会第1549次会议记录》，讨论事项录有主席提议水费保管委员会呈，准水利局函送本省各渠水费征收办法草案，并由省参议会请水利部备案，省务会议决议再审查的记录1条（100页）。重要统计包括《甘肃省气象测候所兰州气象月报表（6月份）》（108页）。

【叙录编号】 1198
【档案题名】
甘肃省政府公报（合署办公，第709期）
【发文单位】 甘肃省政府
【收文单位】 不详
【档案编号】 004-010-0244-0001
【成文时间】 1948-08-15
【关 键 词】 兴修水利；改良农林生产；养蜂场；小陇山林区管理处；兰州自来水；气象月报表
【内容提要】
本期政府公报包括特载、法规、政令、会议录、例行公文等部分。特载部分《本年上半年省政府施政总报告》，包括四大建设：生产建设中录有兴修水利，涉及本年贷款修建大型水利工程7处，有靖丰渠、永乐渠、山丹截引地下水工程、古丰渠、鸳鸯池灌溉工程及鸳鸯池蓄水库、酒泉边湾地下灌溉工程、高台马尾湖蓄水库工程等；改良农林生产涉及推广农业作物、拔出病穗、奖励垦荒等（6~8页）。法规部分涉及《甘肃省各渠水费征收办法》10条（41~42页）。政令部分包括令各县局知照养蜂场登记规则的训令1条（51页）。会议录部分包括《甘肃省政府委员会第1552次会议记录》，讨论事项录有主席提议财政厅呈审查甘肃省各渠水费征收办法，呈上修正意见，省务会议决议通过的记录1条（75页）。《甘肃省政府委员会第1553次会议记录》，讨论事项录有主席提议会计处呈，据小陇山林区管理处呈请拨付林警夏季制服一案，省务会议决议按照每人300发放的记录1条（76页）。《甘肃省政府委员会第1555次会议记录》，讨论事项录有主席提议财政厅呈查兰州市自来水工程费，由本年第二预备金项下拨付，省务会议决议通过的记录1条（78页）。例行公文包括《甘肃省政府指复所属各机关例行公文一览表》，建设部分涉及各县呈报各月雨量记载表（82~83页）。

【叙录编号】 1199
【档案题名】
甘肃省政府公报（合署办公，第710期）
【发文单位】 甘肃省政府
【收文单位】 不详
【档案编号】 004-010-0245-0001
【成文时间】 1948-08-31
【关 键 词】 公私立农牧场；公路造林；春季植树；雨量记载表；气象测候所
【内容提要】
本期政府公报包括特载、法规、政令、会议录、例行公文、重要统计等部分。法规部分包括《农林部畜牧机关与各省公私立农牧场所交换种禽种畜办法》8条（12页）。政令部分包括令各县局抄发农林部畜牧机关与各省公私立农牧场所交换种禽种畜办法的训令1条（35页）。例行公文包括《甘肃省政府指复所属各机关例行公文一览表》，建设部分涉及各县呈报公路植树情况、春季植树、雨量记载表（49~50页）。重要统计包括《甘肃省气象测候所兰州气象月报表（8月份）》（55页）。

【叙录编号】 1200
【档案题名】
　　甘肃省政府公报（合署办公，第712期）
【发文单位】 甘肃省政府
【收文单位】 不详
【档案编号】 004-010-0247-0001
【成文时间】 1948-09-30
【关 键 词】 边湾截引地下水灌溉区荒地；靖乐渠；雨量记载表；气象月报表
【内容提要】
　　本期政府公报包括特载、法规、政令、会议录、例行公文、重要统计等部分。法规部分包括《酒泉县边湾截引地下水灌溉区荒地放领办法》16条（39页）。会议录部分包括《甘肃省政府委员会第1567次会议记录》，讨论事项录有主席提议地政局呈交水利局呈以据靖远县政府拟具靖乐渠筑堤淤地筹款办法，经修正，省务会议决议交付审查的记录1条（68页）。例行公文包括《甘肃省政府指复所属各机关例行公文一览表》，建设部分涉及各县呈报各月雨量记载表（74页）。重要统计包括《甘肃省气象测候所兰州气象月报表（9月份）》（77页）。

【叙录编号】 1201
【档案题名】
　　甘肃省政府公报（合署办公，第713-714期）
【发文单位】 甘肃省政府
【收文单位】 不详
【档案编号】 004-010-0248-0001
【成文时间】 1948-10-15
【关 键 词】 水权费；查禁烟苗；靖乐渠；灾害；减免田赋；雨量记载表；秋季造林；气象月报表
【内容提要】
　　第713期政府公报包括法规、政令、会议录、例行公文等部分。政令部分包括行政院电甘肃省政府关于水权估计各费改征金圆的代电1条（40页）。会议录部分包括《甘肃省政府委员会第1572次会议记录》，讨论事项录有主席提议民政厅呈查陇西县县长未及时发现该县有人私种烟苗，记大过1次，省务会议决议通过的记录1条（49页）。《甘肃省政府委员会第1574次会议记录》，讨论事项录有主席提议地政局呈审查靖乐渠筑堤淤地筹款办法一案意见，省务会议决议按照审查意见通过的记录1条（50页）；主席提议田粮处呈查金塔县呈报沙压地亩，可以暂免田赋3年，省务会议决议通过的记录1条（50页）。例行公文包括《甘肃省政府指复所属各机关例行公文一览表》，建设部分涉及各县呈报各月雨量记载表（56页）。第714期政府公报包括法规、政令、会议录、例行公文、重要统计等部分。会议录部分包括《甘肃省政府委员会第1578次会议记录》，讨论事项录有主席提议会计室呈准建设厅函请拨发省会秋季造林经费，拟照数拨放，省务会议决议通过的记录1条（117页）。例行公文包括《甘肃省政府指复所属各机关例行公文一览表》，人事部分录有甘肃省政府电临潭县县长要求赴高台接洽冬季联防及水利事宜等（127页）。重要统计包括《甘肃省气象测候所兰州气象月报表（10月份）》（128页）。

【叙录编号】 1202
【档案题名】

甘肃省政府公报（合署办公，第715-716期）

【发文单位】　甘肃省政府
【收文单位】　不详
【档案编号】　004-010-0249-0001
【成文时间】　1948-11-15
【关 键 词】　水利局人事；防沙林场；小陇山林管理处
【内容提要】

　　第715期政府公报包括特载、法规、政令、会议录、例行公文等部分。政令部分涉及任免令包括委任阎镇威、颉简文为本府水利局技佐的任命2则（52页），委任何锡祥为本府水利局科员的任命1则（52页）。第716期政府公报包括法规、政令、会议录、例行公文、重要统计等部分。法规部分包括《防沙林场组织规程》10条（80～81页）。政令部分令各县市局长转发知照防沙林场组织规程的训令1条（85页）。会议录部分包括《甘肃省政府委员会第1582次会议记录》，临时动议包括主席提议会计处呈据小陇山林管理处呈报该处员工冬季服装费预算书，省务会议决议通过的记录1条（101页）。

【叙录编号】　1203
【档案题名】

　　甘肃省政府公报（合署办公，第717-718期）

【发文单位】　甘肃省政府
【收文单位】　不详
【档案编号】　004-010-0250-0001
【成文时间】　1948-12-15
【关 键 词】　狩猎法；垦荒事业；湟惠渠管理局；气象月报表
【内容提要】

　　第717期政府公报包括法规、政令、会议录、例行公文等部分。法规部分包括《狩猎法》19条（3～4页）。政令部分包括令各渠专署及各县市局转发知照修正狩猎法的训令1条（8页）；令各专署、各县市、水利局转知垦荒事业计划编制注意事项的训令1条（23页），附《垦荒事业计划编制注意事项》（23～25页），《荒地调查注意事项》（25～28页）。会议录包括《甘肃省政府委员会第1587次会议记录》，讨论事项录有主席提议财政厅呈据湟惠渠管理局呈拨发登记3月生炭费，经审查，拟将本年下半年第一预备金下拨，省务会议决议照600元通过的记录1条（40页）。第718期政府公报包括法规、政令、会议录、例行公文、重要统计等部分。重要统计包括《甘肃省气象测候所兰州气象月报表（12月份）》（114页）。

【叙录编号】　1204
【档案题名】

　　甘肃省政府公报（合署办公，第719-720期）

【发文单位】　甘肃省政府
【收文单位】　不详
【档案编号】　004-010-0251-0001
【成文时间】　1949-01-15
【关 键 词】　林场伐木；水利工程；气象月报表
【内容提要】

　　第720期政府公报包括法规、政令、会议录、例行公文等部分。政令部分包括令各专员公署及各县市局长转知修正公有私有林场伐木场登记规则第4条第2款、第3款各款条文的训令1条（57页），附《修正公有私有林场伐木场登记规则第4条第2款、第3款各款条文》（57页）。会议录部分包括《甘肃省政府委员会第1598次会议记录》，讨论事项录有主席提议人事室呈水利局呈山丹县、高台县县长协助水利工程异常努力，拟请记功1次，省务会议决议通过的记录1条（63页）。例行公文包括《甘肃省政府指复所属各机关例行公文一览表》，建设部分录有各县呈报各月建设工作报告（68页），统计部分涉及镇原县呈报三十七年（1948）本县尚未有水利案件（73页）。重要统计包括《甘肃省气象测候所兰州气象月报表（1月份）》（74页）。

【叙录编号】　1205
【档案题名】
　　甘肃省政府公报（合署办公，第721-723期）
【发文单位】　甘肃省政府
【收文单位】　不详
【档案编号】　004-010-0252-0001
【成文时间】　1949-02-15
【关 键 词】　林业管理；气象月报表
【内容提要】
　　第721期政府公报包括法规、政令、会议录、例行公文等部分。法规部分包括《国有林委托省市林业管理机关经费管理办法》8条（6页）。政令部分包括令各区专署及各县市局长转知国有林委托省市林业管理机关经费管理办法的训令1条（9页）。第722期政府公报包括法规、政令、会议录、例行公文、重要统计等部分。重要统计包括《甘肃省气象测候所兰州气象月报表（1949年2月份）》（48页）。第723期政府公报包括法规、政令、会议录、例行公文、重要统计等部分。重要统计包括《甘肃省气象测候所兰州气象月报表（3月份）》（90页）。

【叙录编号】　1206
【档案题名】
　　甘肃省政府民国三十二年度（1943）施政计划
【发文单位】　甘肃省政府
【收文单位】　不详
【档案编号】　004-009-0215-0001
【成文时间】　1943
【关 键 词】　施政计划；水利
【内容提要】
　　甘肃省政府三十二年度（1943）施政计划主要包括民政、财政、教育、建设、保安、会计、卫生、社会、粮政、地政、统计等11个部门的施政计划撮要及正文。其中，50页教育部门计划涉及提倡学校造林。75页建设部门计划中，农林畜牧方面包括农艺（培育优良品种）、森林（各县均设置苗圃、造林植树、单行森林法规、与水利林牧公司合作等）、畜牧兽医（增添改善畜厂、马牛羊品种改良等）、保土、园艺（试种优良品种等）、植物病虫害、农业推广；矿业方面包括矿业勘测及铁路铺设等；水利方面包括水利查勘、设立水文站、灌溉区域管理、兴修水利工程（续修永登等六渠、兴修永康等二渠）等；路政方面包括勘测路段及新修改善公路等。185页地政部门计划中提到地籍整理（土地测量、土地登记、地价估计及征税、公荒地清理及调查、整理湟惠渠土地）。附表《甘肃省政府三十二年度（1943）建设部门计划分期进度表》包括工作计划及四期具体实施进度、《甘肃省政府三十二年度（1943）建设部门经临费概算书》包括科目、概算数及说明、《甘肃省政府三十二年度（1943）地政部门施政计划进度表》。

【叙录编号】　1207
【档案题名】
　　甘肃省政府民国三十四年度（1945）政绩比较表
【发文单位】　甘肃省政府
【收文单位】　甘肃省政府
【档案编号】　004-009-0216-0001
【成文时间】　1945

【关 键 词】 政绩交代；比较目录
【内容提要】

表格包括民政：祁连山筹划建设；财政：接办牲畜营业税，豁免本年度公荒牧租；建设：交通、水利（21～30页）、农林畜牧、矿业、气象，设置祁连山测候站六所等；教育：第51页提到各县中心小学校普遍成立苗圃，实施造林；其余包括：保安、会计、卫生、社会（91页国民义务劳动涉及兴修水利和保护水土）、田粮、地政（督垦荒地）、合作、统计等事宜。

【叙录编号】 1208
【档案题名】
甘肃省政府民国三十六年度（1947）施政要报
【发文单位】 甘肃省政府
【收文单位】 甘肃省政府
【档案编号】 004-009-0217-0001
【成文时间】 1947
【关 键 词】 施政要报；水利建设
【内容提要】

省政府民国三十六年度（1947）施政要报主要包括施政方针、施政要领、实施概要、施政检讨、建议事项和结论。其中施政要领中提到扩大造林，急兴水利。实施概要中关于养的方面第4项提到粮政的改善，第5项推进地政工作，第6项厉行生产建设（包括恢复煤炭厂生产、兰州自来水工程等），第7项加强推广农林建设工作（春季植树、保苗圃、农田水利等），第10项发展水利建设（成立水利局及勘测队等）。施政检讨中第9项涉及到本年育苗及春秋两季造林计划完成程度。建议事项第1项提出建议中央拨款建设开发祁连山、马松山各区域，第2项建议中央拨款完成河西、陇中、陇东水利建设。

【叙录编号】 1209
【档案题名】
甘肃省政府民国三十五年度（1946）政府工作计划
【发文单位】 甘肃省政府
【收文单位】 甘肃省政府
【档案编号】 004-009-0218-0001
【成文时间】 1946
【关 键 词】 工作计划
【内容提要】

工作计划主要包括行政和事业两个部分，主要包括民政部分调整行政区域等。地政部分涉及湟惠渠、三清渠灌溉地区扶植自耕农，荒地勘测等。建设部分涉及铁路、公路建设，兴修水渠，完成荒山蓄水沟，育苗造林，调查矿产地质等。《中华民国三十五年度（1946）甘肃省政府工作计划表》（行政部分）51页国民义务劳动涉及兴修水利、保持水土等。《中华民国三十五年度（1946）甘肃省政府工作计划表》（事业部分）第127～156页包括水渠建设情况，设置甘肃水利局，推进河西水利十二年计划、检定优良麦种、管理祁连山林区等。218～228页为建设部分的《分月计划表》。

【叙录编号】 1210
【档案题名】
甘肃省政府民国三十五年（1946）1—6月份工作报告
【发文单位】 甘肃省政府
【收文单位】 不详
【档案编号】 004-009-0219-0001
【成文时间】 1946-01-06
【关 键 词】 工作报告；水利建设
【内容提要】

主要涉及省政府委员会决议事项摘要，其中三十四年第1261次会议民政厅呈，划分陇西包家山等地归静宁县管辖，决议通过。财政厅呈因旱灾严重，免除农民公荒牧税。第1263次会议，建设厅呈祁连山国有林区伐木限制办法草案，决议通过。第1283次会议民政厅呈，关于处理夏河县和临夏县两位县民柴山牧地纠纷案办法，决议通过。第1287次会议，民政厅呈关于将榆中县南坪旱地划归靖远县辖。决议通过。第1297次会议，地政局等报告省政府关于在三清渠灌溉渠扶植自耕农计划，修正通过。民政厅报告省政府第四区专署关于将原属甘谷县飞地划归秦安县辖案处理办法，决议通过。民国三十五年（1946）第1309次会议，民政厅报告省政府第四区专署关于调整天西礼徽等县插花飞地办法，省政府决议由民政厅审查，再行处理，1311次会议通过。3月1日第2次临时谈话会议，民政厅请示省政府因张掖县县长何让兴兴修永新渠，为其请功1次，决议通过。建设厅请示省政府因永昌县县长李兆瑞热心水利，征调民夫，加快完成金龙坝渠工程，为其请功1次，决议通过。第4次临时谈话会议，建设厅地政局请示省政府关于水利专员王自治提出靖丰渠淤区土地处理办法，省政府决议由设考会地政局建设厅审查，再行处理，第5次临时谈话会议通过。第1334次会议，建设厅请示省政府关于推进兰州市自来水工程意见4项，决议通过。民政部分中一般行政主要涉及公路铁路水道完成情况、水利工程完成情况等，附表《工作计划与工作进度对照表》。98~130财政部分附表《甘肃省政府财政厅三十四年（1945）七月至三十五年（1946）六月份经管各费类总账户收支报表》《甘肃省财政厅三十五年（1945）元月至三月份经管三十四年度（1946）各费类总账户收支报表》。建设部分交通、水利（湟惠渠、洮惠渠等水渠完成情况，小型水利工程建设情况等）、农林畜牧、矿业、气象，147~162附表《工作计划与工作进度对照表》。社会部分义务劳动（修筑县乡道路、河渠堤坝、开垦荒地等）。地政部分附表237《湟惠渠特种乡公所整理土地补偿及收交地价概况表》、239《甘肃各县三十五年度（1946）上半年人民承领荒地概况表》。255~262《甘肃省各县市三十四年度（1945）旱灾账粮赋分配数目表》。附录重要单行法规涉及贷款用途以兴办左列各项水利工程为限（开渠及整理旧渠、凿井或修井、修建水库等8条），278《甘肃省政府社会处加强农会业务实施计划》，286《修正甘肃省各县市农会工作会报规则》。

【叙录编号】　1211
【档案题名】
　　甘肃省政府民国三十六年（1947）1—6月份工作报告
【发文单位】　甘肃省政府
【收文单位】　不详
【档案编号】　004-009-0220-0001
【成文时间】　1947
【关　键　词】　工作报告；行政区划
【内容提要】
　　主要涉及重新厘定县等、编查祁连山边民区域保甲户口等。31《工作计划与工作进度对照表》。44财政《甘肃省财政厅三十五年（1946）七月至十一月经管各费类总账户收支报表》，《甘肃省财政厅三十五年（1946）八月至十二月份收入总存款岁出部发数目表》，《甘肃省财政厅三十六年（1947）元月至六月份省库收入总存款岁出部分数目表》。建设包括交通、水利（成立水利局，建设大型水利工程，河西水利建设等）、农林、畜牧兽医、工矿、公用事业（兰州自来水工程等）、气象等。170田粮《工作计划与工作进度对照表》。196社会《甘肃省三十六年度（1947）各县被灾一览表》，包括县别、灾别、乡镇别、被灾日期、处理情形及备考。204《甘肃省三十五年（1946）各县市义劳推行成果》，包括项目、名称、数目及说明。地政包括扶植自耕农（湟惠渠、靖丰渠淤地）、荒地使用等。227《湟惠渠特种乡公所三十六年度（1947）上半年整理土地补偿及收缴地价概况表》。228《甘肃省各县三十六年度（1947）上半年人民承领荒地概况表》。

【叙录编号】 1212
【档案题名】
甘肃省政府关于发本府民国三十六年度（1947）政绩比较表给甘肃省财政厅的训令
【发文单位】 甘肃省政府
【收文单位】 甘肃省财政厅
【档案编号】 004-009-0222-0001
【成文时间】 1948-03-22
【关 键 词】 政绩比较；水利建设
【内容提要】
省政府已将比较表发给财政厅，令其遵照改进。比较表目录包括一般行政、民政、财政、建设、教育、保安、水利等事宜。表格主要内容有工作计划、工作实施及比上年度进展情形等。其中，35《农林畜牧政绩比较表》，43《气象政绩比较表》，103《水利政绩比较表》。

【叙录编号】 1213
【档案题名】
奉命令各县禁止烧山、植树、兴办水利的相关文件
【发文单位】 甘肃省政府；甘肃省建设厅等
【收文单位】 甘肃省政府；甘肃省建设厅等
【档案编号】 015-005-0035-（0009-0016）
【成文时间】 1933-04-03—1933-05-03
【关 键 词】 放火烧山；植树；水利
【内容提要】
省政府就内政府督各县乡禁止放火烧山、推广植树、兴办水利一事命建设厅、民政厅合办，后二者回文省政府已遵照拟稿，并抄发原件令各县遵照。

【叙录编号】 1214
【档案题名】
民政厅关于各县呈报县辖水陆地图的各类文件
【发文单位】 甘肃省民政厅；甘肃省政府等
【收文单位】 甘肃省民政厅；甘肃省政府等
【档案编号】 015-005-0194-（0001-0028）
【成文时间】 1933—1935
【关 键 词】 地图；测绘；土地勘划
【内容提要】
省政府令民政厅编制各县地图上报进行审查，附注意事项1份。民政厅回文遵办，令各县政府呈文报图。本书文件所涉县有：华亭县、平凉县、灵台县、泾川县、庆阳县、镇原县、宁县、西河县、正宁县、景宁县、宁定县、和政县、环县、张掖县等14县。所含图表有：《甘肃灵台县全境分区图》3份、《甘肃省安西县志书调查表》《宁县全县图》《正宁县全图》《静宁县城关镇形势图》《甘肃省宁定县县城地形图》《和政县城图》《环县县城图》《张掖县城市区图》。省政府就内政部咨送编制地图注意事项令民政厅遵照，附《指示编制地图应注意事项》1份，其中包括制图原理、绘制标准及比例尺规范、图名标注等内容。省民政厅密令各县遵循。

【叙录编号】 1215
【档案题名】
民政厅关于各县呈报县辖水陆地图的各类文件
【发文单位】 甘肃省民政厅；景泰县政府等
【收文单位】 甘肃省民政厅；景泰县政府等
【档案编号】 015-005-0195-（0001-0034）
【成文时间】 1933—1935

【关 键 词】 地图；测绘；土地勘划
【内容提要】

此卷为上一卷内容的延续，其中包括武山县、天水县、清水县、甘谷县、西和县、成县、康县、徽县、张掖县、武威县、临泽县、永登县、永昌县、民乐县、靖远县、定西县、皋兰县、会宁县、榆中县、临潭县、和政县、靖远县、洮沙县、临夏县、景泰县等25县呈报民政厅编制地图注意事项或复县无已有出版及将行出版等情况乞鉴核备查。地图有：《靖远县全图》，民政厅对各县上报情况及问题回文备查，对无地图请备查的呈文准予汇案核转。

【叙录编号】 1216
【档案题名】
　　甘肃省建设厅移交甘肃省社会处案卷清册
【发文单位】 甘肃省建设厅
【收文单位】 甘肃省社会处
【档案编号】 027-001-0114-0011
【成文时间】 1942-06
【关 键 词】 文卷清册
【内容提要】

《甘肃省建设厅移交社会处案卷清册》8页，80余条社会类文卷目录。

【叙录编号】 1217
【档案题名】
　　甘肃省建设厅民国三十六年（1947）代判先发文电及未办文件周报表（一）
【发文单位】 甘肃省建设厅
【收文单位】 甘肃省建设厅
【档案编号】 027-001-0115-0001
【成文时间】 1947-04-05
【关 键 词】 文卷清册
【内容提要】

《甘肃省建设厅民国三十六年（1947）代判先发文电及未办文件周报表》主要有《甘肃省建设厅未办文件周报表》（甘肃省政府制：公文格式六）及《甘肃省建设厅厅长代判先发文电周报表》，《甘肃省建设厅厅长代判先发文电周报表》（甘肃省政府制：公文格式七）。这类文件是竖表（行标题有：来文编号、来文机关、文别、事由、本府签发文摘由、发文编号、签发日期、文别），其中有关于植树造林、新修水利的文卷目录（注：此卷为墨格表）。

【叙录编号】 1218
【档案题名】
　　甘肃省建设厅民国三十六年（1947）代判先发文电及未办文件周报表（二）
【发文单位】 甘肃省建设厅
【收文单位】 甘肃省建设厅
【档案编号】 027-001-0116-0001
【成文时间】 1947-05-03
【关 键 词】 文卷清册
【内容提要】

如题。为朱丝格表与墨格相参。

【叙录编号】 1219
【档案题名】
　　甘肃省建设厅民国三十六年（1947）代判先发文电及未办文件周报表（三）
【发文单位】 甘肃省建设厅
【收文单位】 甘肃省建设厅
【档案编号】 027-001-0117-0001
【成文时间】 1947-05-31
【关 键 词】 文卷清册
【内容提要】

如题。

【叙录编号】 1220
【档案题名】
　　甘肃省建设厅民国三十六年（1947）代判

先发文电及未办文件周报表（四）
【发文单位】 甘肃省建设厅
【收文单位】 甘肃省建设厅
【档案编号】 027-001-0118-0001
【成文时间】 1947-06-21
【关 键 词】 文卷清册
【内容提要】
　　如题。

【叙录编号】 1221
【档案题名】
　　甘肃省建设厅民国三十六年（1947）代判先发文电及未办文件周报表（五）
【发文单位】 甘肃省建设厅
【收文单位】 甘肃省建设厅
【档案编号】 027-001-0119-0001
【成文时间】 1947-07-26
【关 键 词】 文卷清册
【内容提要】
　　如题。

【叙录编号】 1222
【档案题名】
　　甘肃省建设厅民国三十六年（1947）代判先发文电及未办文件周报表（一六）
【发文单位】 甘肃省建设厅
【收文单位】 甘肃省建设厅
【档案编号】 027-001-0120-0001
【成文时间】 1947-08-30
【关 键 词】 文卷清册
【内容提要】
　　如题。

【叙录编号】 1223
【档案题名】
　　甘肃省建设厅民国三十六年（1947）代判先发文电及未办文件周报表（七）
【发文单位】 甘肃省建设厅
【收文单位】 甘肃省建设厅
【档案编号】 027-001-0121-0002
【成文时间】 1947-10-04
【关 键 词】 文卷清册
【内容提要】
　　如题。

【叙录编号】 1224
【档案题名】
　　甘肃省建设厅民国三十六（1947）年代判先发文电及未办文件周报表（八）
【发文单位】 甘肃省建设厅
【收文单位】 甘肃省建设厅
【档案编号】 027-001-0122-0002
【成文时间】 1947-11-08
【关 键 词】 文卷清册
【内容提要】
　　如题。

【叙录编号】 1225
【档案题名】
　　甘肃省建设厅民国三十六年（1947）代判先发文电及未办文件周报表（九）
【发文单位】 甘肃省建设厅
【收文单位】 甘肃省建设厅
【档案编号】 027-001-0123-0002
【成文时间】 1947-12-06
【关 键 词】 文卷清册
【内容提要】
　　如题。

【叙录编号】 1226
【档案题名】
　　甘肃省建设厅关于告知已派员监交给甘肃省建设厅洮惠渠管理处、甘肃省农业改进所、甘肃省气象测候所等6家单位的训令

【发文单位】 甘肃省政府
【收文单位】 湟惠渠管理处；农业改进所等
【档案编号】 027-001-0142-0006
【成文时间】 1944-01-24
【关 键 词】 假交代办法
【内容提要】
　　根据甘肃省政府所制定《各机关主办人员办理假交代办法》，现三十二年度（1943）已经结束，按《办法》规定，甘肃省建设厅派员前往该厅下属各机关（湟惠渠管理处、农业改进所、省测候所、无线电总处、省道勘察队、省检定所等）监交，重点在于收支、器保、文卷等项。派员人选和监交单位处空缺，应是待后来填写。

【叙录编号】 1227
【档案题名】
　　甘肃省建设厅民国三十二年（1943）1—3月份工作月报
【发文单位】 甘肃省建设厅
【收文单位】 甘肃省政府
【档案编号】 027-001-0157-0001
【成文时间】 1943
【关 键 词】 苗圃；水利
【内容提要】
　　工作月报包含：甲、交通；乙、水利（兰丰渠、靖丰渠、汭丰渠、永丰渠、永乐渠、肃丰渠、溥济渠、洮惠渠、湟惠渠、河西水利工程队、水文站、河西工作站）情况；丙、电政；丁、工商业、农业等内容。附有工作计划与工作进度对照表。

【叙录编号】 1228
【档案题名】
　　甘肃省建设厅民国三十二年（1943）4—6月份工作月报
【发文单位】 甘肃省建设厅
【收文单位】 甘肃省政府
【档案编号】 027-001-0158-0001
【成文时间】 1943
【关 键 词】 苗圃；水利
【内容提要】
　　工作月报包含：甲、交通；乙、水利（兰丰渠、靖丰渠、汭丰渠、永丰渠、永乐渠、肃丰渠、溥济渠、洮惠渠、湟惠渠、河西水利工程队、水文站、河西工作站）情况；丙、电政；丁、工商业、农业等内容。附有工作计划与工作进度对照表。

【叙录编号】 1229
【档案题名】
　　甘肃省建设厅民国三十二年（1943）7—9月份工作月报
【发文单位】 甘肃省建设厅
【收文单位】 甘肃省政府
【档案编号】 027-001-0159-（0001-0005）
【成文时间】 1943
【关 键 词】 苗圃；水利
【内容提要】
　　工作月报包含：甲、交通；乙、水利（兰丰渠、靖丰渠、汭丰渠、永丰渠、永乐渠、肃丰渠、溥济渠、洮惠渠、湟惠渠、河西水利工程队、水文站、河西工作站）情况；丙、电政；丁、工商业、农业等内容。附有工作计划与工作进度对照表，后有甘肃省农改所的政绩比较表的训令。

【叙录编号】 1230
【档案题名】
　　甘肃省建设厅民国三十五年度（1946）工作计划目录
【发文单位】 甘肃省建设厅
【收文单位】 甘肃省政府
【档案编号】 027-001-0160-0002

【成文时间】 1946
【关　键　词】 水利；农业
【内容提要】

《甘肃省建设厅三十五年度（1946）工作计划目录》包括交通、水利（续办各渠、增办各渠、设立甘肃水利局、整修各渠工程、推行河西水利十二年计划、推进凿井工程）、农林畜牧类（包含督导各县推广良种小麦栽培、果树改进、蔬菜瓜果、病虫害，督导完成各县苗圃工作、推行乡村植树、举办马啣山造林研究，继续办理祁连山事务、续办小陇山林区管理处、雁滩苗圃造林、荒山植草、开凿畜牧引水池塘等事宜）。

【叙录编号】 1231
【档案题名】
甘肃省建设厅民国三十五年度（1946）工作计划
【发文单位】 甘肃省建设厅
【收文单位】 甘肃省政府
【档案编号】 027-001-0161-0001
【成文时间】 1946
【关　键　词】 水利；农业
【内容提要】

《甘肃省建设厅三十五年度（1946）工作计划目录》包括交通、水利（续办各渠、增办各渠、设立甘肃水利局、整修各渠工程、推行河西水利十二年计划、推进凿井工程）、农林畜牧类（包含督导各县推广良种小麦栽培、果树改进、蔬菜瓜果、病虫害，督导完成各县苗圃工作、推行乡村植树、举办马啣山造林研究，继续办理祁连山事务、续办小陇山林区管理处、雁滩苗圃造林、荒山植草、开凿畜牧引水池塘事宜）。

【叙录编号】 1232
【档案题名】
甘肃省建设厅民国三十五年度（1946）工作计划（事业部门）
【发文单位】 甘肃省建设厅
【收文单位】 甘肃省政府
【档案编号】 027-001-0162-0001
【成文时间】 1946
【关　键　词】 水利；农林
【内容提要】

其中水利部分包含续办未完成事宜、增设各渠管理处、设立甘肃水利局、整修兴工各渠土方、继续推进河西水利十二年计划、推进凿井工程，农林类涉及各县保苗圃设立、继续推行乡村植树、推进荒山造林事宜等内容。

【叙录编号】 1233
【档案题名】
甘肃省农业改进所民国三十五年度（1946）工作计划书（上）
【发文单位】 甘肃省农改所
【收文单位】 甘肃省政府
【档案编号】 027-001-0164-0001
【成文时间】 1946
【关　键　词】 工作计划
【内容提要】

本部分的年度工作计划书为农林畜牧部分，分为18个项目：（一）各县推广中心工作；（二）小麦纯系育种；（三）小麦引种与风土适应实验；（四）春小麦杂交育种；（五）小麦栽培实验；（六）检定优良麦种；（七）杂粮作物育种；（八）甜菜繁殖；（九）果树改进；（十）蔬菜及瓜果改进；（十一）优良种子繁殖场；（十二）虫害研究；（十三）小麦腥黑穗病之防治；（十四）绿肥种籽繁殖及推广；（十五）民用肥料肥效试验；（十六）主要地区土壤酸碱度之分析；（十七）砂田试验；（十八）农家经济调查。每部分大致通过过去办理情形、本年度实施方法、本年度实施限度、经费及来源4个要点予以阐述。

【叙录编号】　1234
【档案题名】
　　甘肃省农业改进所民国三十五年度（1946）工作计划书（下）
【发文单位】　甘肃省农改所
【收文单位】　甘肃省政府
【档案编号】　027-001-0165-0001
【成文时间】　1946
【关 键 词】　工作计划
【内容提要】
　　本部分年度计划书为林业、牧业、垦务部分。各部分要点如下。林业：（一）苗圃工作；（二）乡村植树工作；（三）举办马啣山造林研究；（四）祁连山森林管理；（五）续办小陇山林区管理处；（六）省会造林；（七）苗圃育苗。畜牧业：（一）荒山植草；（二）草籽繁殖；（三）开凿牲畜饮水池；（四）马牛羊品种调查；（五）牦牛牛瘟防治试验；（六）协助牲畜防疫工作。垦务：（一）续办永昌垦务处；（二）继续推进凿井工程。

【叙录编号】　1235
【档案题名】
　　甘肃省建设厅民国三十五年度（1946）工作计划简明表
【发文单位】　甘肃省建设厅
【收文单位】　甘肃省政府
【档案编号】　027-001-0166-0001
【成文时间】　1946
【关 键 词】　工作计划；报表
【内容提要】
　　《甘肃省建设厅民国三十五年度（1946）工作计划简明表》包含各种计划名称、完成限度、本年计划限度、上年所备条、本年应备条，其中涉及甘川公路、设立甘肃水利局、小麦育种、甜菜繁殖、果树改造、虫害研究、民用肥料、砂田试验、设立苗圃、推行植树造林、马啣山造林研究，祁连山、小陇山造林，雁滩、省会育苗草籽繁育，手工等事宜。

【叙录编号】　1236
【档案题名】
　　甘肃省建设厅民国三十五年度（1946）工作计划分月进度表
【发文单位】　甘肃省建设厅
【收文单位】　甘肃省政府
【档案编号】　027-001-0166-0002
【成文时间】　1946
【关 键 词】　工作计划；报表
【内容提要】
　　《甘肃省建设厅民国三十五年度（1946）工作计划分月进度表》包含内容与上条类似；竖栏不同，为各月进度情况。

【叙录编号】　1237
【档案题名】
　　甘肃省建设厅民国三十五年度（1946）工作计划简明表（续办小陇山林区管理处）
【发文单位】　甘肃省建设厅
【收文单位】　甘肃省政府
【档案编号】　027-001-0167-0001
【成文时间】　1946
【关 键 词】　工作计划；小陇山林区
【内容提要】
　　本部分与档案027-001-0165-0001的林业部分有重合之处，基本要点相同，但细节更加丰富，字迹更加工整。林业从第五项开始：（五）续办小陇山林区管理处；（六）省会造林；（七）雁滩苗圃育苗。畜牧兽医部分：（一）荒山植草；（二）草籽繁殖；（三）开凿牲畜饮水池；（四）马牛羊品种调查；（五）牦牛牛瘟防治试验；（六）协助西北兽疫防治处注射黄牛牛瘟血清。垦务：（一）续办永昌垦务处。后附《甘肃省建设厅年度计划简明表》1份；见档案027-001-0167-0003。

【叙录编号】 1238
【档案题名】
　　甘肃省建设厅年度计划简明表
【发文单位】 甘肃省建设厅
【收文单位】 甘肃省政府
【档案编号】 027-001-0167-0003
【成文时间】 1946
【关 键 词】 工作计划
【内容提要】
　　以表格的形式展现了建设厅年度计划各项目的名称、限度、所需条件、审查意见等内容。

【叙录编号】 1239
【档案题名】
　　甘肃省政府关于转发民国三十六年度（1947）国家施政方针请遵照编制工作计划给甘肃省建设厅的训令
【发文单位】 甘肃省政府
【收文单位】 甘肃省建设厅
【档案编号】 027-001-0169-0002
【成文时间】 1946-09-25
【关 键 词】 工作计划；水利；防治虫害
【内容提要】
　　甘肃省政府转发民国三十六年度（1947）国家施政方针，建设厅报送计划，附有工作计划表。计划提要包括兴修各渠、续办河西水利工程、保护水土、防治病虫害、奖励造林、乡村植树。

【叙录编号】 1240
【档案题名】
　　民国三十六年度（1947）甘肃省政府工作计划目录
【发文单位】 甘肃省政府
【收文单位】 甘肃省建设厅
【档案编号】 027-001-0170-0001
【成文时间】 1946
【关 键 词】 工作计划；水利；植树
【内容提要】
　　《中华民国三十六年度（1947）甘肃省政府工作计划目录》包括行政、民政、财政、教育、保安、社会、地政、合作、统计、田粮、役政、训令。事业部分包括建设邠祖天兰公路；水利部分包括修筑永乐渠、续办河西水利等事宜，防治病虫害、推行植树造林等内容。

【叙录编号】 1241
【档案题名】
　　民国三十六年度（1947）甘肃省政府工作计划（上）
【发文单位】 甘肃省政府
【收文单位】 甘肃省建设厅
【档案编号】 027-001-0170-0002
【成文时间】 1946
【关 键 词】 工作计划；水利
【内容提要】
　　《中华民国三十六年度（1947）甘肃省政府工作计划》包括行政、民政、财政、教育、保安、社会、地政、合作、统计、田粮、役政、训令。事业部分包括建设邠祖天兰公路；水利部分包括修筑永乐渠、续办河西水利等事宜，防治病虫害、推行植树造林等内容。内文有详细叙述。

【叙录编号】 1242
【档案题名】
　　民国三十六年度（1947）甘肃省政府工作计划（下）

【发文单位】 甘肃省建设厅
【收文单位】 甘肃省政府
【档案编号】 027-001-0171-0001
【成文时间】 1947
【关 键 词】 报表
【内容提要】
主要为建设部分，附有计划详表。

【叙录编号】 1243
【档案题名】
民国三十六年度（1947）甘肃省政府工作计划（建设部门营业部分补正计划提要）
【发文单位】 甘肃省建设厅
【收文单位】 甘肃省政府
【档案编号】 027-001-0171-0002
【成文时间】 1947
【关 键 词】 报表
【内容提要】
《计划表》主要为保持水土、铺砂工程、检定优良品种、防治病虫害、推行乡村植树、设立苗圃等内容。

【叙录编号】 1244
【档案题名】
甘肃省政府关于转发行政院核示本府民国三十六年度（1947）工作计划修正意见请遵照改正给甘肃省建设厅的训令
【发文单位】 甘肃省建设厅
【收文单位】 甘肃省政府
【档案编号】 027-001-0172-（0001-0003）
【成文时间】 1946-11-14—1947-08-23
【关 键 词】 报表
【内容提要】
行政院要求省政府修改工作计划，省政府发还工作计划原稿要求建设厅更正，《甘肃省政府民国三十六年度（1947）工作计划修正意见》包含民政、财政、田粮、地政、社会、建设内容。

【叙录编号】 1245
【档案题名】
甘肃省政府关于速编造民国三十六年度（1947）工作计划给甘肃省合作事业管理处的训令
【发文单位】 甘肃省建设厅
【收文单位】 甘肃省政府
【档案编号】 027-001-0173-（0001-0005）
【成文时间】 1944-11-11
【关 键 词】 报表；工作计划
【内容提要】
甘肃省政府训令甘肃合作事业管理处编送年度工作计划，《各机关三十六年度（1947）工作计划编审办法补充事项》《各机关工作计划编审办法》16条，附有《计划提要》《计划表》《年度计划分月进度表》的空表样式；甘肃省合作事业管理处报送工作报告，甘肃省政府发还修改。

【叙录编号】 1246
【档案题名】
甘肃省政府关于编送民国三十四年度（1945）政绩比较表给甘肃省建设厅的训令
【发文单位】 甘肃省建设厅
【收文单位】 甘肃省政府
【档案编号】 027-001-0175-（0001-0007）
【成文时间】 1945-08—1945-12
【关 键 词】 报表
【内容提要】
省政府训令建设厅编送政绩交代比较表，内容包括修筑公路、电政、湟惠渠、洮惠渠、溥济渠、三清渠、肃丰渠、永乐渠、凿井、开拓农田水利、育苗造林、牧草、苗圃等工作的政绩对照表。

【叙录编号】 1247
【档案题名】
　　甘肃省建设厅政绩交代比较表（一）
【发文单位】 甘肃省建设厅
【收文单位】 甘肃省政府
【档案编号】 027-001-0176-0001
【成文时间】 1947
【关 键 词】 报表
【内容提要】
　　主要内容包括甘肃水利林牧公司派遣查勘队，签订合作办法，洮惠渠、湟惠渠、溥济渠、汭惠渠、肃丰渠、靖丰渠、永丰渠、兰丰渠、平丰渠、凿井、开渠等农田水利事宜。林业类包括各县苗圃造林、省会造林等事宜。

【叙录编号】 1248
【档案题名】
　　甘肃省建设厅政绩交代比较表（二）
【发文单位】 甘肃省建设厅
【收文单位】 甘肃省政府
【档案编号】 027-001-0177-0002
【成文时间】 1943-01-24
【关 键 词】 报表
【内容提要】
　　为报告下半部分，包含工矿、营建、商业、工矿业。

【叙录编号】 1249
【档案题名】
　　甘肃省政府关于速编送民国三十七年（1948）下半年施政计划给甘肃省合作事业管理处的训令
【发文单位】 甘肃省政府
【收文单位】 甘肃省建设厅
【档案编号】 027-001-0179-（0001-0002）
【成文时间】 1948-06-17—1948-06-24
【关 键 词】 报表
【内容提要】
　　《中华民国三十七年度（1948）下半年甘肃省政府工作计划》事业部分，包括训练合作指导人员、成立合作传习会、刊印合作报刊、加强督导续办业务。

【叙录编号】 1250
【档案题名】
　　甘肃省合作事业管理处关于将本处民国三十七年（1948）下半年工作计划实施情况对照表填汇编给甘肃省政府秘书处的公函
【发文单位】 甘肃省政府
【收文单位】 甘肃省建设厅
【档案编号】 027-001-0179-（0003-0004）
【成文时间】 1948-10-27—1948-11-03
【关 键 词】 报表
【内容提要】
　　《三十七年（1948）下半年度工作计划实施情形对照表》包括组织各县合作社办理农场工厂、保持合作事业及机械化、办理合作工业等内容。

【叙录编号】 1251
【档案题名】
　　农林部关于函请惠寄《甘肃农业概况估计》册给甘肃省政府的公函
【发文单位】 农林部
【收文单位】 甘肃省政府
【档案编号】 027-001-0207-0009
【成文时间】 1945-12-22
【关 键 词】 甘肃农业概况估计
【内容提要】
　　如题。027-001-0207下还有一系列甘肃省寄送《甘肃农业概况估计》刊物给全国各处的档案。

【叙录编号】 1252

叁 自然资源开发与生态保护类档案

【档案题名】
中央训练团农林垦牧人员训练班关于为充实各受训学员课外研究起见拟征集有关农林牧垦定期刊物及专题研究与实验报告以资参考给甘肃省建设厅的笺函
【发文单位】 中央训练团
【收文单位】 甘肃省建设厅
【档案编号】 027-001-0208-0009
【成文时间】 1946-09-30
【关 键 词】 农林垦牧训练班
【内容提要】
如题。

【叙录编号】 1253
【档案题名】
甘肃省建设厅关于函送保护水土浅说请查收给中央训练团农林垦牧人员训练班的公函
【发文单位】 甘肃省建设厅
【收文单位】 中央训练团
【档案编号】 027-001-0208-0010
【成文时间】 1946-10-02
【关 键 词】 水土保持；训练班
【内容提要】
如题。

【叙录编号】 1254
【档案题名】
农林部关于提高农业技术人员待遇一事给甘肃省政府的训令
【发文单位】 农林部
【收文单位】 甘肃省政府
【档案编号】 027-001-0229-0011
【成文时间】 1943-07-19
【关 键 词】 农业技术；待遇
【内容提要】
如题。后附《四川省农业改进所提案》1份。

【叙录编号】 1255
【档案题名】
甘肃省政府关于提高农业技术人员待遇自应参酌办理给农林部的代电
【发文单位】 甘肃省政府
【收文单位】 农林部
【档案编号】 007-001-0229-0012
【成文时间】 1943-01-03
【关 键 词】 农业技术；待遇
【内容提要】
如题。

【叙录编号】 1256
【档案题名】
农林部关于检送民国三十三年（1944）各省农林建设一般中心工作说明表及特定工作表致甘肃省政府的公函
【发文单位】 农林部
【收文单位】 甘肃省政府
【档案编号】 027-001-0271-0002
【成文时间】 1943-07-20
【关 键 词】 农林建设；调查表
【内容提要】
《民国三十三年度（1944）各省农林建设事业一般中心工作说明表》包括8个部分：（一）厉行粮食增产；（二）增进棉花生产；（三）繁殖牲畜防治兽疫；（四）扩大防治植物病虫害；（五）厉行保林造林；（六）倡导垦殖荒地；（七）厉行农林渔政之改良推广；（八）普通办理农业调查表。《民国三十三年度（1944）各省农林建设事业特定工作表》是针对具体情况给各省提出的具体要求，关于甘肃省的特定工作有4点内容。

【叙录编号】 1257
【档案题名】
甘肃省政府关于甘肃省农业改进所以后将

切实改进致甘肃省临时参议会的咨
【发文单位】 甘肃省农改所
【收文单位】 甘肃省政府
【档案编号】 027-001-0306-（0015-0016）
【成文时间】 1941-11-04
【关 键 词】 农改所无成效
【内容提要】
　　参议会议员称农改所毫无成绩，应切实改造，农改所因此上呈省政府农改所管辖广泛，培育调查试验需时间等缘由。

【叙录编号】 1258
【档案题名】
　　国立西北技艺专科学校关于送林业机关及林业人才调查表样式致甘肃省建设厅的公函
【发文单位】 国立西北技艺专科学校
【收文单位】 甘肃省建设厅
【档案编号】 007-001-0313-0001
【成文时间】 1944-04-26
【关 键 词】 调查表
【内容提要】
　　国立西北技艺专科学校为了解西北现有林业机关与人才情况，制作林业机关调查表1份及人才调查表3份，建设厅批示送农改所查填。

【叙录编号】 1259
【档案题名】
　　甘肃省建设厅关于请转送林业机关及林业人才调查表给甘肃省农业改进所的训令
【发文单位】 甘肃省建设厅
【收文单位】 国立西北技艺专科学校
【档案编号】 027-001-0313-0002
【成文时间】 1944-04-28
【关 键 词】 调查表
【内容提要】
　　如题。

【叙录编号】 1260
【档案题名】
　　甘肃省农业改进所关于填报林业人才调查表致甘肃省建设厅的呈文
【发文单位】 甘肃省农改所
【收文单位】 甘肃省建设厅
【档案编号】 027-001-0313-0003
【成文时间】 1944-05-08
【关 键 词】 调查表
【内容提要】
　　农改所回令该校到所之后已经直接填报并函复，散落各县此项人才该所无案可稽。

【叙录编号】 1261
【档案题名】
　　甘肃省建设厅关于填寄林业机关及林业人才调查表致国立西北技艺专科学校的公函
【发文单位】 甘肃省建设厅
【收文单位】 甘肃省农改所
【档案编号】 027-001-0313-0004
【成文时间】 1944-05-20
【关 键 词】 调查表
【内容提要】
　　省政府回令农改所已填并函送该校。

【叙录编号】 1262
【档案题名】
　　农林部关于送民国三十三年（1944）7、8、9月份工作报告致甘肃省政府的公函
【发文单位】 农林部
【收文单位】 甘肃省政府
【档案编号】 027-001-0314-0001
【成文时间】 1944-06-22
【关 键 词】 工作报告
【内容提要】

农林部致电省政府三十一年度（1942）工作计划之中有保土及园艺两项举办成绩未有列入请补入并提交7、8、9月工作报告。

【叙录编号】 1263
【档案题名】
农林部关于送民国三十年度（1945）各省农业建设事业中心工作说明表致甘肃省政府的公函
【发文单位】 农林部
【收文单位】 甘肃省政府
【档案编号】 027-001-0330-0008
【成文时间】 1944-09-16
【关 键 词】 农林建设
【内容提要】
如题。第四科报送《民国三十四年（1945）各省农林建设事业中心工作说明表》包括调整机构、训练人才、训练基本干部、土地调查、水利调查、牲畜调查、林业调查、粮食增产、扩大病虫害防治等。

【叙录编号】 1264
【档案题名】
甘肃省会造林委员会关于请撤销甘肃省农业改进所甘肃机器厂商订合同致甘肃省建设厅的呈文
【发文单位】 甘肃省会造林委员会
【收文单位】 甘肃省建设厅
【档案编号】 027-001-0331-（0003-0004）
【成文时间】 1944-05-05—1944-05-09
【关 键 词】 造林合同
【内容提要】
如题。甘肃省政府关于应由订约双方同意后再撤销合同给甘肃省会造林委员会的指令。

【叙录编号】 1265
【档案题名】
甘肃省农业改进所关于报送民国三十三年度（1944）第一期至第四期工作报告致甘肃省建设厅的呈文及省政府备查回令
【发文单位】 甘肃省农改所
【收文单位】 甘肃省建设厅
【档案编号】
027-001-0331（0005-0008）；
027-001-0332（0001-0004）
【成文时间】 1944-04-04—1944-04-27
【关 键 词】 农改所报告
【内容提要】
该文件每季度1期，共4期。农改所工作报告，包含各类农艺、园艺、植物病虫害、森林、畜牧兽医、调查事宜的原订进度，经过情形等内容。

【叙录编号】 1266
【档案题名】
甘肃省农业改进所关于报送民国三十四年度（1944）7—12月份工作期报致甘肃省建设厅的呈文
【发文单位】 甘肃省农改所
【收文单位】 甘肃省建设厅
【档案编号】 027-001-0334-（0005-0007）
【成文时间】 1945-07—1946-03
【关 键 词】 工作报告
【内容提要】
《甘肃省农业改进所民国三十四年度（1944）7—12月份工作期报》包含农艺、小麦、春作、果树、园艺、保土、植树造林、水土保持。

【叙录编号】 1267
【档案题名】
甘肃省政府关于抄发农林部领导视导工作实施办法给甘肃省农改所的训令
【发文单位】 甘肃省政府；农林部

【收文单位】 甘肃省农改所
【档案编号】 027-001-0334-（0009-0010）
【成文时间】 1945-06-28—1945-08-02
【关 键 词】 农林视察
【内容提要】
《农林部视导工作实施办法》12条，农林场抄发省政府，省政府转送农改所。

【叙录编号】 1268
【档案题名】
甘肃省农业改进所关于报送本所民国三十四年度（1945）工作专报致甘肃省建设厅的呈文及省政府准予备查回令
【发文单位】 甘肃省农改所
【收文单位】 甘肃省建设厅
【档案编号】 027-001-0335-（0001-0002）
【成文时间】 1946-04-02—1946-05-01
【关 键 词】 农业；报告
【内容提要】
《甘肃省农业改进所民国三十四年度（1945）工作专报》，目次包括：甲、农艺类（春小麦育种试验、马铃薯、甜菜繁殖）；乙、园艺（甜瓜杂交、果树种植）；丙、森林（荒山造林试验、育苗、造林）；丁、病虫害（桃树试验、重要虫害调查、春小麦调查）；戊、土地利用、砂田试验、民用肥料；己、推广优良籽种、水土保护；庚、农业经济、承办甘肃省农业概况调查。

【叙录编号】 1269
【档案题名】
甘肃省农业改进所民国三十四年度（1945）工作专报
【发文单位】 甘肃省农改所
【收文单位】 甘肃省建设厅
【档案编号】 027-001-0336-0001
【成文时间】 1946-04-02
【关 键 词】 农业；报告
【内容提要】
此部分为（丙）森林起至（庚）农业经济结束，为下半部分。

【叙录编号】 1270
【档案题名】
甘肃省政府关于土地、房屋、种子、财产、图书、业务移交清册一事给农林部甘肃省推广繁殖站的指令
【发文单位】 甘肃省农改所
【收文单位】 甘肃省建设厅
【档案编号】 027-001-0337-（0001-0002）
【成文时间】 1946-02-14—1946-02-25
【关 键 词】 农业、移交清册
【内容提要】
附有《农林部甘肃省推广繁殖站财产移交清册》《农林部甘肃省推广繁殖站图书移交清册》《农林部甘肃省推广繁殖站印信移交清册》《农林部甘肃省推广繁殖站各种会计簿册凭证移交清册》《农林部甘肃省推广繁殖站案卷移交清册》。

【叙录编号】 1271
【档案题名】
甘肃省农业改进所关于报送本年度施业计划及分配预算书致甘肃省政府的公函、呈文
【发文单位】 甘肃省农改所；甘肃省政府
【收文单位】 甘肃省建设厅；农林部
【档案编号】 027-001-0339-（0001-0007）
【成文时间】 1946-12-18—1947-08-29
【关 键 词】 农业；移交清册
【内容提要】
农林部核定预算要求省政府编送实施计划，省政府训令农改所办理，农改所汇报《甘肃省农业改进所三十六年度（1947）施业计划及分配预算书》，包括前言、农艺、森林（育

苗、护林、举办苗圃）、畜牧部门等内容。省政府将此报告呈农林部。

【叙录编号】 1272
【档案题名】
　　农林部、甘肃省政府关于选送各类农林调查表样式表的呈文训令
【发文单位】 农林部；甘肃省农改所
【收文单位】 甘肃省政府；甘肃省建设厅
【档案编号】 027-001-0494-（0008-0011）
【成文时间】 1943-09-18—1943-09-21
【关 键 词】 调查表
【内容提要】
　　农林部代电甘肃省建设厅，第二次桂敏参政会将在重庆举行，制作工作报告需要各省填报表格，省政府批示择本省可调查者填报。附有《省辅导农会工作调查表》《××省历年育苗造林成绩调查表》《农林部各省推广繁殖站工作报告大纲》《农会调查表》《农林部全国渔业机关业务概况调查表（甲乙两种）》《棉花增产报告大纲》《××省三十年（1941）至三十二年（1943）棉花生产调查表》《××省病虫害及其防治调查表》《××省工艺作物生产调查表》《××省肥料生产调查表》《全国畜牧兽医事业调查表》《××省蚕丝生产调查表》《××省茶产量调查表》样式表。

【叙录编号】 1273
【档案题名】
　　甘肃水利林牧公司关于检送本公司成立两年概况致甘肃省建设厅的函
【发文单位】 不详
【收文单位】 不详
【档案编号】 027-002-0104-0001
【成文时间】 不详
【关 键 词】 年度报表
【内容提要】

《甘肃水利林牧公司成立两年概况》（三十二年八月一日）（1943），首页为《甘肃水利林牧公司组织系统图》；2页为《甘肃水利林牧公司各单位地址图》，《甘肃水利林牧公司成立两年概况》，包括设立经过、总管理处、水利工程、贷款、河西水利、调查与研究、保持水土与试验、森林事业（洮河林场、渭河林场、西北牧场）、畜牧事业（陇南畜牧场、兰州牧场）。

【叙录编号】 1274
【档案题名】
　　农林部水土保持实验区报送1946年度政绩比较表（一）（二）（三）
【发文单位】 农林部水土保持实验区；甘肃省政府
【收文单位】 农林部水土保持实验区；甘肃省政府
【档案编号】
　　027-002-0106-（0001-0003）；
　　027-002-0107-0001
【成文时间】 1947-01-15
【关 键 词】 政绩比较表
【内容提要】
　　如题。内容与各政绩比较表格式相同。主要涉及保土植物试验、保持水土、经费收支、人事变动等情况。

【叙录编号】 1275
【档案题名】
　　租地合同
【发文单位】 不详
【收文单位】 不详
【档案编号】
　　027-002-0106-（0125-0139、0144-0156、0160-0170、0175-0178、0185-0189）
【成文时间】 不详

【关　键　词】　生态
【内容提要】

　　194-195、196 为猪瘟、牛瘟，199 兽疫，204 为种马，213-216 为山丹军马场倒毙牛羊，219-222 为农林部西北兽疫防治站月报，223-225 为 1946、1947 年度为西北（注：内容缺失），226-230 牛羊畜产品供应，238-239 为西北兽疫防治站 1949 年月报，241-243 为西北兽疫防治站 1948 年月报，274 为甘青公路，285-289 为甘肃省参加国货展览、国货陈列馆，308 为出差旅费，367 为生育补助，369-374 生育补助医药费，375 丧葬补助，380-388 为兰阿达车道养路队，396 为粮食代金会计记录，400-405 为甘肃煤矿局资料，406 物价管制委员会，414-415 为甘肃各县农业推广所职工眷属食粮支出证明，418-420 甘肃省裕陇仓库，432 统一度量衡，425 兰阿大道，428-429 兰阿大道会计、收支、粮食等，430 物价管制委员会粮食代金会计，437 会计报表增加生活成本费，465-470 为员工生活费，486-487 为机器厂决算，516、518、519、522、526 为甘肃各县合作社汇报合作指导人员调查表、农业合作组织概况调查表，548-553 为乡镇营建，558-560 为平衡物价委员会经费相关文件，566-568 为统一量器度量衡制图标准文件，571 为兰州物产馆征集物品，572-578 为全国国货展览，579 为甘肃省经济管制委员会成立、组织章程等事宜，580 甘肃省经济管制，581-584 为金银烟酒管制，585-589 为烟酒油价食盐，592 为仓斗折合新市斗，594-595 为典押当业，598 为度量衡，601-606 为甘肃省平衡物价委员会工作报告，614 为采办羊毛，616 为甘肃省经济管制委员会发改善经济补助办法，619-623 为各县报有无外商、统销，623-626 为钱庄银行，627 为第二制呢厂资金，628-629 为天福钱庄，630-635 为德胜恒、宏泰兴钱庄，636 为忠兴营造厂，637-638 为江海、大东、建华大公营造厂，640-641 为钱庄，644 为民生工厂，646 为茶叶运输，647 为各县汇报民营矿厂，650-652 为甘肃省印刷局欠款事宜。

【叙录编号】　1276
【档案题名】
　　甘青公路工务所民国二十五年度（1936）工作报告
【发文单位】　甘青公路管理处
【收文单位】　甘肃省建设厅
【档案编号】　027-002-0275-0002；027-002-0276-0001
【成文时间】　1936
【关　键　词】　甘青公路
【内容提要】

　　此卷 1～13 页为公路桥梁、凿山斜道、路基等建筑路线的照片及文字说明，其后为《修筑甘青公路兰享段工程二十五年度（1936）工作报告》，包含兰享段公路里程、各分段修筑情形（皋兰四个分段、永登三个分段）、工程费、监理系统、民夫组织、结论，文末附有《甘青公路兰享段里程表》。《甘青公路兰享段各分段石方桥涵及过水工程面预算总表》《甘肃省建设厅甘青公路组织系统表》《甘青公路兰享段二十五年（1936）成绩总报告表》。《甘青公路兰享段第一分段民夫工作成绩示意图》《甘青公路兰享段总成绩示意图》，绘制彩色精美。276 为《甘青公路咸宁段二十五年度工作报告》。

【叙录编号】　1277
【档案题名】
　　甘肃省政府、会计处、建设厅关于建设厅经费计算书、经费出纳表、经临各费、津贴类的公函、呈文、训令
【发文单位】　甘肃省建设厅

【收文单位】 甘肃省政府
【档案编号】
　　027-002-0305-（0001-0008）；
　　027-002-0306-（0001-0009）；
　　027-002-0307-（0001-0005）；
　　027-002-0308-（0001-0020）；
　　027-002-0410-（0001-0020）
【成文时间】 1941-04-19—1942-12-31
【关 键 词】 建设厅；经费
【内容提要】
　　此卷主要为甘肃省建设厅报送民国二十九年（1940）12月份经费预算书、民国三十年（1941）经费累计表、经临会费、公务员差旅费规定、出差旅费规则的文件。

【叙录编号】 1278
【档案题名】
　　甘肃省建设厅档案登记簿（一）（二）
【发文单位】 甘肃省建设厅
【收文单位】 不详
【档案编号】 027-002-0510-0001；027-002-0511-0001
【成文时间】 1943-01-05—1945-05-30
【关 键 词】 档案；登记簿
【内容提要】
　　如题。主要包含民国三十一（1942）、三十二年（1943）建设厅的指令、训令与指示档案登记目录。表头为收文号及日期、登文号及日期、文别、机关名称、案由、附件、类别、卷宗号、备考。

【叙录编号】 1279
【档案题名】
　　甘肃省合作事业管理处民国三十六年（1947）工作报告
【发文单位】 甘肃省合作事业管理处
【收文单位】 不详

【档案编号】 027-002-0529-0001
【成文时间】 1947
【关 键 词】 计划；报告
【内容提要】
　　包括甘肃省各县合作社工作、贷款业务、登记、督导、考核奖励、五年计划编制实施情况以及ABCDE各项计划。

【叙录编号】 1280
【档案题名】
　　甘肃省政府施政报告
【发文单位】 甘肃省政府秘书处
【收文单位】 甘肃省建设厅
【档案编号】 027-002-0531-0001
【成文时间】 1947-11-01
【关 键 词】 合作
【内容提要】
　　《甘肃省政府施政报告》包含合作部门概述、合作组织、合作业务、合作金融、合作教育，外附有表格。

【叙录编号】 1281
【档案题名】
　　甘肃省政府施政报告及参议会审查意见
【发文单位】 甘肃省政府秘书处
【收文单位】 甘肃省建设厅
【档案编号】
　　014-001-0390-0014；
　　014-001-0391-（0002、0007）
【成文时间】 1948-08-11
【关 键 词】 施政；报告
【内容提要】
　　秘书长报告文件，此卷不全仅为68～76页。内容包括过去之建设工作：包含新修铁路、水利部分完成各水渠、修筑机场等内容、农业部分、将来之建设、社会教育、议长提议。0391为甘肃省参议会审查意见包含民政部门、财政部门、建设部分（造林育苗应该注意护林、自来水工程关系人民健康应该早日完成）。0391-0007 为《甘肃省参议会办理施政报告审查案对照表》。

【叙录编号】 1282
【档案题名】
　　甘肃省合作事业管理处关于报送民国三十六年度（1947）至三十七年度（1948）合作部门工作计划
【发文单位】 甘肃省合作事业管理处
【收文单位】 甘肃省建设厅
【档案编号】 027-002-0532-（0002-0003）
【成文时间】 1948
【关　键　词】 合作；报告
【内容提要】
　　0003 为《甘肃省合作事业管理处三十六年度（1947）工作报告》，包含甲前言、乙合作行政、丙合作组织、丁合作业务，主要涉及各类农产、贷款、农业生产（棉花、蔬菜等）。0002 为《三十七年度（1948）合作部门工作计划》，包含增加指导人员、充实合作业务（涉及农田水利）、举办特产运销、促进合作事业与机械化、增加农贷等。

【叙录编号】 1283
【档案题名】
　　甘肃省合作事业管理处民国三十八年（1949）施政计划表
【发文单位】 甘肃省合作事业管理处
【收文单位】 甘肃省建设厅
【档案编号】 027-002-0533-0025
【成文时间】 1948-11-29
【关　键　词】 合作；报告
【内容提要】
　　甘肃省合作事业管理处报送《甘肃省合作事业管理处民国三十八年（1949）施政计划表》，包含合作事业、充实业务（继续办理小型农田水利、铺砂、甜菜推广）。

【叙录编号】 1284
【档案题名】
　　甘肃省合作社实施情况
【发文单位】 甘肃省合作事业管理处
【收文单位】 甘肃省建设厅
【档案编号】 027-002-0534-5
【成文时间】 1948-01-07
【关　键　词】 合作；报告
【内容提要】
　　《甘肃省合作社实施情况》包含合作组织（增加各级各种组织仓库合作农场、推进示范合作社制）、合作业务（农业合作生产、棉花农田水利铺砂、工业合作生产、特产运销售、消费合作业务、羊毛改进业务）、合作金融（筹办合作贷款、增加募集资金）、合作教育各部分表格。

【叙录编号】 1285
【档案题名】
　　甘肃省各县汇报营建计划的文件
【发文单位】 各县市建设部门
【收文单位】 甘肃省政府
【档案编号】
　　027-002-（0449-0452）；
　　027-002-0053-0016；
　　027-002-0561-（0001-0008）；
　　027-002-0562-（0001-0019）；
　　027-002-0563-（0001-0009）；
　　027-002-0565-（0001-0017）
【成文时间】 1943-03-21—1944-09-09
【关　键　词】 计划；报告
【内容提要】
　　此类文件与甘肃省各县汇报营建实施计划相关，陇西、高台、西吉、甘谷、永靖、华亭县、漳县、皋兰、隆德、敦煌、兰州、玉门等汇报年度计划，其中包含有住宅、垃圾、厕所、路面、水渠、改进卫生等事由。

【叙录编号】 1286
【档案题名】
　　甘肃省政府三十六年（1947）收文、发文单
【发文单位】 不详
【收文单位】 甘肃省政府
【档案编号】 027-003-0056-0008
【成文时间】 1946-03-05
【关 键 词】 垦荒；造林
【内容提要】
　　如题。部分相关：第11页牛皮筏运输，第15页测量白龙江北岸荒地，第19页和第29页为督导各级合作社造林，第34~37页为垦荒。

【叙录编号】 1287
【档案题名】
　　甘肃省政府三十五年（1946）收文、发文单
【发文单位】 不详
【收文单位】 甘肃省政府
【档案编号】 027-003-0057-0004
【成文时间】 1946-10-19
【关 键 词】 垦荒；造林
【内容提要】
　　如题。部分相关：第10页皮筏、公会，第13页为水磨，第27~29页为荒地。

【叙录编号】 1288
【档案题名】
　　甘肃省政府三十六年（1947）收文、发文单（一）
【发文单位】 不详

【收文单位】 甘肃省政府
【档案编号】 027-003-0058-0005
【成文时间】 1947-02-08
【关 键 词】 垦荒；造林
【内容提要】
　　如题。部分相关：第1页农垦，第2页农业贷款，第22页皮筏，第13页为水磨，第27~30页为荒地。

【叙录编号】 1289
【档案题名】
　　甘肃省政府三十六年（1947）收文、发文单（二）
【发文单位】 不详
【收文单位】 甘肃省政府
【档案编号】 027-003-0059-0003
【成文时间】 1947-03-19
【关 键 词】 垦荒；造林
【内容提要】
　　如题。部分相关：第22页皮筏；第17页为铺砂水利贷款；第26页和第41页农贷；第37页为开荒。

【叙录编号】 1290
【档案题名】
　　甘肃省政府三十六年（1947）收文、发文单（三）
【发文单位】 不详
【收文单位】 甘肃省政府
【档案编号】 027-003-0060-0002
【成文时间】 1947-03-20
【关 键 词】 垦荒；造林
【内容提要】
　　如题。部分相关：第6页靖丰渠农会；第21~25页有关荒地。

【叙录编号】 1291

【档案题名】

　　甘肃省建设厅民国二十九年（1940）建设工作报告

【发文单位】　不详

【收文单位】　甘肃省建设厅

【档案编号】　027-003-0120-0001

【成文时间】　1940

【关 键 词】　农业；林业；水利；报告

【内容提要】

　　如题。内容包括，甲：交通；乙：水利（继续施工工程）；丙：农林；丁：工业；戊：矿业；己：电业；庚：合作事业；辛：财政（度量衡）；壬：气象；癸：商务。

【叙录编号】　1292

【档案题名】

　　甘肃省建设厅工作报告（1941年度）

【发文单位】　不详

【收文单位】　甘肃省建设厅

【档案编号】　027-003-0147-0001

【成文时间】　1942-11

【关 键 词】　农业；林业；水利；报告

【内容提要】

　　甘肃省建设厅1941年度工作报告，格式与120类似，包含水利部分渠道：洮惠渠、溥济渠、湟惠渠，新办工程汭丰渠、平丰渠、靖丰渠等。

【叙录编号】　1293

【档案题名】

　　甘肃省建设厅工作报告（建设部门）

【发文单位】　不详

【收文单位】　甘肃省建设厅

【档案编号】　027-003-0148-0001

【成文时间】　1943-01

【关 键 词】　农业；林业；水利；报告

【内容提要】

　　包含植树成活贷款章程，小型农田水利贷款，查勘三山森林情形，岷县垦殖移天水情形，开凿新渠基础，勘察天水三川水利，调查宜林荒地实施造林，省会春季治黄造林事宜，伐木查验规则。

【叙录编号】　1294

【档案题名】

　　全国经济委员会民国三十二年度（1934）事业进行计划及经费支配

【发文单位】　不详

【收文单位】　全国经济委员会

【档案编号】　027-003-0067-0005

【成文时间】　1934

【关 键 词】　灌溉；预算

【内容提要】

　　包含公路、卫生、棉业、蚕丝业。第11页有西北建设部分，包含陕甘各地灌溉、畜牧茶叶燃料各项经费预算分配。

【叙录编号】　1295

【档案题名】

　　甘肃省建设厅工作报告（驿运部门）

【发文单位】　不详

【收文单位】　甘肃省建设厅

【档案编号】　027-003-0149-0001

【成文时间】　1942-05-19

【关 键 词】　农业；林业；水利；报告

【内容提要】

　　主要关于邮政道路运输兵工开垦事宜，设立河西屯垦实验区管理局，洮河与黄河试验及试航，实施贷款以兴水利事宜。

【叙录编号】　1296

【档案题名】

　　甘肃省建设厅民国三十二年度（1943）工作概况

【发文单位】　不详
【收文单位】　甘肃省建设厅
【档案编号】　027-003-0172-0001
【成文时间】　1944
【关 键 词】　农业；林业；水利；报告
【内容提要】
　　主要包括：交通，水利，农林，工业矿业，电业，合作事业，度政，气象，商务。其中，水利部分包含正在兴修的11渠、河西农田水利、水利勘测队、水文站、水利贷款、改良水车、河水化验等事宜。

【叙录编号】　1297
【档案题名】
　　甘肃省建设厅民国三十三年度（1944）工作计划简明表
【发文单位】　不详
【收文单位】　甘肃省建设厅
【档案编号】　027-003-0172-0003
【成文时间】　1945
【关 键 词】　水利；报告
【内容提要】
　　其中第3~7页为各渠工作计划以及项目完成进度百分比。

【叙录编号】　1298
【档案题名】
　　各县视察纲要
【发文单位】　不详
【收文单位】　甘肃省建设厅
【档案编号】
　　027-003-0263-0001；
　　027-003-0579-0004
【成文时间】　不详
【关 键 词】　水利；农业；视察
【内容提要】
　　《各县视察纲要》包括：甲、视察内容项目：机构、林业、粮食、水利、道路、矿业、工商业、行政与其他；乙、指导事项：林种、育苗、树种、植树造林、办理小型水利等。

【叙录编号】　1299
【档案题名】
　　甘肃省建设厅档卷分类草案
【发文单位】　不详
【收文单位】　甘肃省建设厅
【档案编号】　027-003-0263-0002
【成文时间】　不详
【关 键 词】　水利；农业；视察
【内容提要】
　　建设厅对档案的分类标准文件：一门总务、二门农政、三门林政、四门垦政、五门畜牧、六门兽医、七门农田水利、八门水利工程、九门矿业、十门工业、十一门商业、十二门工矿缓役、十三门路政、十四门航道、十五门驿运输、十六门财政、十七门气象、十八门电政、十九门邮政。大门之下以ABCDEF分类。

【叙录编号】　1300
【档案题名】
　　甘肃省建设厅民国三十三年度（1944）经济建设经临各费支出总预算书
【发文单位】　不详
【收文单位】　甘肃省建设厅
【档案编号】　027-003-0337-0007
【成文时间】　1943-11-01
【关 键 词】　水利；农业；报表
【内容提要】
　　包含气象、农林、水渠各项支出经费预算表。

【叙录编号】　1300

【档案题名】
　　甘肃省经济建设方案
【发文单位】　甘肃省建设厅
【收文单位】　不详
【档案编号】　027-003-0551-0002
【成文时间】　1948-10-20
【关 键 词】　经济建设；报告
【内容提要】
　　甘肃省经济建设方案内容包括：(1) 原则：农牧与工矿并重，基本工业与民生工业相辅，机器工业与手工业互为运用，省县交通与国营干路链接，公营民营密切配合。(2) 建设范围包括：农林建设、畜牧建设、工矿建设、交通建设、水利建设、电力建设。(3) 经济建设之推动：财政金融、统计计划、配合有关机关、公私事业奖励。

【叙录编号】　1302
【档案题名】
　　《石文襄建设甘肃之启示》
【发文单位】　石文襄
【收文单位】　甘肃省建设厅
【档案编号】　027-003-0578-0008
【成文时间】　不详
【关 键 词】　石文襄；甘肃建设
【内容提要】
　　此为文章，包含建设原则、事迹（修路、架桥、种粉、兴修农田水利、营造、营建等）、建设经费及保养经费、动员兵力。

【叙录编号】　1303
【档案题名】
　　甘肃省建设厅关于编送甘肃省经济建设纪要致甘肃省政府签呈
【发文单位】　甘肃省建设厅
【收文单位】　不详
【档案编号】　027-003-0579-0003

【成文时间】　不详
【关 键 词】　水利；农业；报告
【内容提要】
　　省政府编送三十五年（1946）至三十六年（1947）底工作成效送建设厅存1份，包含交通、农田水利、畜牧、矿业、工业、事业机构、建设事业费、杂项等8类80种内容。

【叙录编号】　1304
【档案题名】
　　甘肃省建设厅民国三十（1941）和三十一年（1942）工作计划、投资、建设的预算事宜文件
【发文单位】　甘肃省建设厅
【收文单位】　甘肃省政府
【档案编号】
　　027-003-0580-（0001-0007）；
　　027-003-0581-（0001-0006）；
　　027-003-0584-（0001-0003）
【成文时间】　1940-01-20-1907-29
【关 键 词】　水利；农业；报告
【内容提要】
　　建设厅三十年度（1941）工作计划，包括交通、粮食、燃料、医疗、贸易。外附有建设厅民国三十年度（1941）各项事业资金分配用途表，内容包括：农田水利、农林畜牧、工矿电气的支出。附有建设厅投资公营事业机关股款数目表，事业投资明细表1份。包括投资水利林牧公司、水泥厂、电厂等。附有《甘肃省建设厅民国三十年度（1941）甘肃水利农贷公债表》以及《甘肃省建设厅民国三十年（1941）甘肃省农田水利农矿公债参考资料》，包括农田水利及林政、永登煤矿、兰北煤矿、兰州电厂等。附有《水利农矿公债应还本息表》。附有《公债及水利农矿公债折价余额分配表》。附有《甘肃省经济交通发展状况》1份，其中有水利第一。附有《甘肃省建设厅五

年经济计划纲要》，包括农田水利、农业、森林、畜牧、兽医、采矿、交通、合作等。附有《甘肃省建设厅各年经费概算表》1份，附有《甘肃省建设厅拟办民国三十年（1941）经济建设事业计划简明表》《甘肃省建设厅民国三十年（1941）经济建设支出概算书》。另有《甘肃省建设厅民国三十（1941）、三十一年（1942）建设经费及建设资金概算表》，讨论徽县设厂问题，附《甘肃省经济建设名称一览表》。

【叙录编号】　1305
【档案题名】
　　甘肃省政府生产事业机关资金一览表
【发文单位】　甘肃省政府
【收文单位】　甘肃省建设厅
【档案编号】　027-003-0594-0008
【成文时间】　1943-04-30
【关 键 词】　投资
【内容提要】
　　包括省政府对水利林牧公司、水泥公司、矿业公司、兴陇公司等三十一（1942）、三十二年度（1944）投资总额税款等相关事宜。

【叙录编号】　1306
【档案题名】
　　甘肃省建设厅组织系统表
【发文单位】　甘肃省建设厅
【收文单位】　甘肃省政府
【档案编号】　027-004-0108-0002
【成文时间】　1943
【关 键 词】　组织
【内容提要】
　　绘制建设厅组织体系树状图，清晰展现建设厅执掌。

【叙录编号】　1307
【档案题名】
　　甘肃省五年建设工作纲领第一期中心工作项目
【发文单位】　不详
【收文单位】　甘肃省建设厅
【档案编号】　027-004-0114-0001
【成文时间】　不详
【关 键 词】　植树；水利
【内容提要】
　　此部分为：梳理建设风尚（心理建设），包括目标为改善人民精神生活、提高人民道德水平。主要办法为提倡节约运动、提倡惜时、倡导守法运动。奠定经济基础（经济建设）包括以工代赈、建设工作、兴办水利、挖掘水平沟保持水土。农林类防治小麦黑穗病、实施乡村植树育苗。四，促进地方自治（政治建设）。

【叙录编号】　1308
【档案题名】
　　甘川公路第四工务段关于请决定西番沟工程计划致甘肃省建设厅的代电，附有路线图1张、特殊工程更改提要、工价比较表1份
【发文单位】　甘川公路第四段工务所
【收文单位】　甘肃省政府
【档案编号】　027-004-0188-（0001-0002）
【成文时间】　1939-12-30
【关 键 词】　挑水坝；甘川公路
【内容提要】
　　如题。内容包含《甘川公路第四段工务所西番沟特殊甘川段计划书提要》，附有《西番沟桥位路线略图》1张。0002为《甘川公路第四段工务所西番沟挑水坝施工面图》《甘川公路第四段工务所西番沟过水路面施工图》；设计：郭道文。

【叙录编号】　1309
【档案题名】

甘肃省政府关于行政院训令省政府合署办公一事的文件
【发文单位】　行政院；甘肃省政府等
【收文单位】　行政院；甘肃省政府等
【档案编号】
　　027-004-0279-（0001-0008）；
　　027-004-0280-（0001-0006）；
　　027-004-0281-（0001-0014）
【成文时间】　1936-02-27—1948-07-13
【关　键　词】　细则；规程
【内容提要】
　　此文件与省政府各级机关办公办法相关。行政院训令甘肃省政府合署办公，附有省政府合署办公暂行规程1份15条。省政府抄发细则给建设厅，建设厅依据此作甘肃省建设厅办事细则，包括总则、事务、总务股、其他水利工程类，其中有水利股、农林股。除此之外，还有《分属负责办事通则》《合署办公细则》等文件，省政府几次重审细则。

【叙录编号】　1310
【档案题名】
　　甘肃省参议会建设类提案登记表和甘肃省参议会建设案件咨复单
【发文单位】　甘肃省参议会
【收文单位】　甘肃省农改所
【档案编号】　027-004-0286-（0004、0006）
【成文时间】　1947-09-26
【关　键　词】　参议会
【内容提要】
　　包括提案单位、事由、办法、决议四个表头。主要为农改所相关的农业贷款、推广农业等提案。

【叙录编号】　1311
【档案题名】
　　甘肃省建设厅建设类、工矿类、统计类、公用事业等项目报告文件
【发文单位】　甘肃省建设厅
【收文单位】　不详
【档案编号】　027-004-0287-（0001-0011）
【成文时间】　1947
【关　键　词】　工作报告
【内容提要】
　　此文件为甘肃省建设厅各类事业工作报告。《甘肃省建设厅建设类报告》（此件主要关于交通工作报告）、《甘肃省建设厅工矿类报告》（主要关于工业、机器厂、水泥公司、民营煤矿等）、《甘肃省建设厅统计类报告》（此件关于甜菜试验）、《甘肃省建设厅园艺部分报告》（此件关于果树、蔬菜、植树造林、育苗）、《甘肃省建设厅推广部分报告》（此件关于粮食作物、植树育苗、水土保持、堆肥、农具改良）、《甘肃省建设厅公用事业报告》（此件关于兰州市自来水工程、兰州电厂气象观测等）、《甘肃省春秋季造林面积与株数统计表》（9页）、《甘肃省建设厅民国三十六年度（1947）建设各部门成果表》

【叙录编号】　1312
【档案题名】
　　甘肃省建设厅交通、农林、工矿、畜牧等资料人员名单
【发文单位】　甘肃省建设厅
【收文单位】　不详
【档案编号】　027-004-0288-0004
【成文时间】　1948-11-19
【关　键　词】　农林；名单
【内容提要】
　　其中有关农林部分：复兴农村、甜菜推广、育苗造林等事业，附有小组讨论会召集人及参加人名单。

【叙录编号】　1313

叁 自然资源开发与生态保护类档案

【档案题名】
　　甘肃省建设厅经济建设备忘录
【发文单位】　甘肃省建设厅
【收文单位】　不详
【档案编号】　027-004-0289-0001
【成文时间】　1946-10-23
【关　键　词】　农林；报告
【内容提要】
　　其中有关于陇海铁路、岷夏公路、武威公路、祁连山小陇山及洮河流域的植树造林，全省植树造林为能源燃料木材等、小型水渠与贷款、小型水利工程与畜牧业。

【叙录编号】　1314
【档案题名】
　　甘肃省工矿、交通、农业等工作计划
【发文单位】　甘肃省政府
【收文单位】　不详
【档案编号】
　　027-004-0293-0003；
　　027-004-0295-（0005-0010）
【成文时间】　1948
【关　键　词】　进度；工程
【内容提要】
　　本文件为甘肃省政府工矿、农林、交通、农业的工作计划，甘肃省建设厅建设类、农林类、畜牧类、自来水工程、气象类、财政类计划事项，包括计划事项、限度、完成部分、未完成部分、困难及改进以及决议。

【叙录编号】　1315
【档案题名】
　　经济部抄送西北区第一期建设计划纲要及实施办法致甘肃省政府的公函
【发文单位】　经济部
【收文单位】　甘肃省政府
【档案编号】
　　027-004-0363-0001；
　　027-004-0366-（0012-0014）
【成文时间】　1947-07-14
【关　键　词】　纲要
【内容提要】
　　纲要包括：方针、要领（交通、通信、水利、农林、民生工业、基本工业、金融、贸易、文化、外交、军事）以及省政府训令水利局抄发西北区第一期建设方案实施情况。

【叙录编号】　1316
【档案题名】
　　甘肃省建设厅、煤矿厂关于美援铁路器材计划书等事项的文件
【发文单位】　黄河水利委员会上游工程处；气象测候所
【收文单位】　甘肃省建设厅
【档案编号】
　　027-004-0617-（0001-0009）；
　　027-004-0618-（0001-0002）
【成文时间】　1948-07-24—1948-09-07
【关　键　词】　美援
【内容提要】
　　此卷全部与美国援助相关。甘肃省建设厅通知甘肃省社会处、农业改进所迅速拟订本省所需美援物资及其计划、规定格式，并请财政厅、合作管理处、田赋食粮管理处出席美援使用讨论会，致电交通部天水铁路工程局，社会处致函建设厅所需棉花、米麦计划。甘肃省煤矿厂提交《美援计划申请书》，包含所需的原料、器械等内容。附有《甘肃机器厂运用美援扩充业务计划书》，包含制造民生实用机械、高地灌溉、需要增加设备等内容。陕、甘、宁、青、新五省在京立法监察委员会委员赵守珏请按照经济建设政要规定拟具计划，注意西北五省合理分配美援，奠定建国基础。

【叙录编号】 1317
【档案题名】
甘肃省农业改进所关于美援配拨农具计划致甘肃省建设厅的呈文
【发文单位】 甘肃省农改所
【收文单位】 甘肃省建设厅
【档案编号】 027-004-0618-0003
【成文时间】 1948-08-03
【关 键 词】 美援；农具
【内容提要】
　　农改所所长张桂海呈请申请美援配拨农具，附有《申请美援复兴甘肃农村计划》（油印10份），内容包括本省农村现状，论述本省农村对于国防之重要性，在张掖、武威、天水、平凉、皋兰等县推广扩大良种，张掖、山丹等地引进改良农具，使用动力农具，防治作物病虫害、增加肥料、改进果树园艺事业、推广特用作物、改良畜牧加强兽疫防治、办理粮食需要器材、果树园艺改良设备。文末附有《拟请配接新式农具及技术用具》申请表。

【叙录编号】 1318
【档案题名】
甘肃化工材料厂美援申请计划书
【发文单位】 甘肃省建设厅第三科
【收文单位】 甘肃省建设厅
【档案编号】 027-004-0619-0001
【成文时间】 1948-08
【关 键 词】 美援；农具
【内容提要】
　　包含需要酸部所需硝酸、盐酸、硫酸，造纸厂所需水管、抽水机、造纸机托设备，肥皂厂、蜡烛部、化验室所需材料，原材料牛羊油、水碱、土碱等原材料，以及销路、成交实价信息。

【叙录编号】 1319
【档案题名】
甘肃制革厂所需机件及周转金计划书
【发文单位】 甘肃省建设厅第三科
【收文单位】 甘肃省建设厅
【档案编号】 027-004-0619-0002
【成文时间】 1948-07
【关 键 词】 美援；农具
【内容提要】
　　兰州制革厂所需脱毛机、水压式水机，所需牛羊马皮需要资金，房屋修建、机器购置费用。

【叙录编号】 1320
【档案题名】
甘肃省水泥公司申请美援书
【发文单位】 甘肃省建设厅第三科
【收文单位】 甘肃省建设厅
【档案编号】 027-004-0619-0003
【成文时间】 1948
【关 键 词】 美援；农具
【内容提要】
　　包括甘肃水泥厂现有主要生产设备，每月产量销路，以及所需器具材料。以上各项需要100万元。

【叙录编号】 1321
【档案题名】
甘肃省政府关于报送复兴本省农村、扩充省营工矿事业及修筑天兰铁路需要美援计划书致行政院美援运用委员会的公函给立法院刘有琛的代电及公函
【发文单位】 甘肃省政府
【收文单位】 甘肃省建设厅
【档案编号】 027-004-0620-（0001-0003）
【成文时间】 1948-09-13—1948-11-11
【关 键 词】 美援；农具
【内容提要】

包含《甘肃申请美援复兴甘肃农村计划》，包括本省农村现状，本省衣食住行仰给农业重镇，工作计划为增加粮食生产、推广良种，引进改良农具、防治作物病虫害、增加肥料、加强农业改进机构、提倡特用农作物，及办理办法。附有《拟请拨发新式农具及技术用具表格》，拟请补助各项事业费。附有《甘肃省工矿工业请求分配美援扩充业务计划书》，包括拟请拨发设备表，拟请拨发工具，拟请分配材料，甘肃化工材料厂、盐碱部、兰州制革厂、甘肃煤矿厂等拨发材料情况。

【叙录编号】 1322
【档案题名】
　　甘肃省政府、建设厅关于天兰公路、工矿企业、农村申请援美物资申请的计划指令与呈文
【发文单位】 甘肃省政府
【收文单位】 甘肃省建设厅
【档案编号】 027-004-0621-（0001-0008）
【成文时间】 1948-11-19
【关 键 词】 美援；农具
【内容提要】
　　建设厅致函交通部天水工程处完成天兰公路工程所需美援器材不足，行政院训令工程受阻交通部天水工程处不必拨发，另附有《甘肃省工矿工业请求分配美援扩充业务计划书》，包括拟请拨发设备表，拟请拨发工具，拟请分配材料，甘肃化工材料厂、盐碱部、兰州制革厂、甘肃煤矿厂等拨发材料情况。《甘肃申请美援复兴甘肃农村计划》，包含本省农村现状，本省衣食住行仰给农业重镇，工作计划为增加粮食生产、推广良种，引进改良农具、防治作物病虫害、增加肥料、加强农业改进机构、提倡特用农作物，及办理办法。《拟请拨发新式农具及技术用具表格》《拟请补助各项事业费》。市政府参议员提议配拨美援物资复兴本市电力交通，附有提案1份。

【叙录编号】 1323
【档案题名】
　　甘肃省建设厅关于报送本厅民国三十五年（1946）职员名册、各附属单位负责人名册、财产名册、印章表及收支款数目表
【发文单位】 甘肃省政府
【收文单位】 甘肃省建设厅
【档案编号】 027-004-0622-0002
【成文时间】 1947-03-19
【关 键 词】 美援；农具
【内容提要】
　　包含《甘肃省建设厅职员名册》《甘肃省建设厅所属各机关主管人员交代名册》《甘肃省建设厅三十五年度（1946）十二月份工友姓名册》《甘肃省建设厅印信交代册》《甘肃省建设厅办理交代收支各款数目（1935年1—12月）》。

【叙录编号】 1324
【档案题名】
　　甘肃省建设厅文件目录（一）
【发文单位】 甘肃省建设厅
【收文单位】 甘肃省建设厅
【档案编号】 027-004-0623-0001
【成文时间】 1947-03-09
【关 键 词】 水利林业
【内容提要】
　　《甘肃省建设厅选送文卷目录表》（1930—1935），包含法规76册、人事93册、经费286册、投资28册、杂件123册、机场23册、电政136册、工役15册、驿运32册、营建117册、水利351册、河运17册、路政280册、财政147册、商业326册、工业242册、气象101册、矿业292册、畜牧102册、农业172册、林业225册、参议会25册，合计3231册。17

页为测候所经费文卷目录，18页为各县造林费与农改所，19为各县苗圃经费及补助，50页有黄河堤岸工程，52页为叶家坝河堤。53~70页全为水利类文卷目录，包括农田水利贷款、黄河水车、溥济渠、水利公司、河西水利办法、水利法、洮惠渠、湟惠渠等渠道工程，酒泉、景泰、山丹、酒泉水利诉讼案等，十年万井计划，陈果夫水利公债，河西水利计划。

【叙录编号】 1325
【档案题名】
　　甘肃省建设厅文件目录（二）
【发文单位】 甘肃省建设厅
【收文单位】 甘肃省建设厅
【档案编号】 027-004-0624-0001
【成文时间】 1947-03
【关 键 词】 水利林业
【内容提要】
　　《甘肃省建设厅文卷目录》（1930—1935）。此部分仅仅为水利、河运、路政、财政、商业、工业电政、参议会、气象、矿业、畜牧、农业、林业，包括靖远中和堡、永乐渠、溥济渠、洮惠渠、黄河水位、牛鼻峡、上游工程处工作报告、各地桥涵、水车、路政等文卷目录。

【叙录编号】 1326
【档案题名】
　　甘肃省建设厅关于建设厅政绩移交表、印章移交清册的文件
【发文单位】 甘肃省建设厅
【收文单位】 甘肃省建设厅
【档案编号】 027-004-0625-0002
【成文时间】 1948-01-22—1949-07-18
【关 键 词】 水利林业
【内容提要】
　　甘肃省派员监督甘肃省水利局移交工作，建设厅报送各项移交清册，省政府因移交不清训令建设厅厅长谭声乙，建设厅训令农改所、度量衡所按规定移交。附有《甘肃省建设厅政绩移交清册》《甘肃省建设厅印章移交清册》，内容包括交通、工业、商业、行政、林业、苗圃、技术造林、矿业、气象、考察祁连山以及兽医。

【叙录编号】 1327
【档案题名】
　　甘肃省建设厅职员移交名册
【发文单位】 甘肃省建设厅
【收文单位】 甘肃省建设厅
【档案编号】 027-004-0626-0001
【成文时间】 1948-02
【关 键 词】 人员名册
【内容提要】
　　包括主任秘书李屏唐等人各单位科室工作人员名册。

【叙录编号】 1328
【档案题名】
　　甘肃省建设厅附属各机关主管人员假交代名册
【发文单位】 甘肃省建设厅
【收文单位】 甘肃省建设厅
【档案编号】 027-004-0626-0002
【成文时间】 1948-02
【关 键 词】 人员名册
【内容提要】
　　包含农业改进所、气象所、检定所、省道勘测队、永昌垦务处、小陇山林区管理处主任所长。

【叙录编号】 1329
【档案题名】

甘肃省建设厅工友姓名等移交清册
【发文单位】 甘肃省建设厅
【收文单位】 甘肃省建设厅
【档案编号】
　　027-004-0626-（0003-0010）；
　　027-004-0627-（0001-0004、0006）；
　　027-004-0628-（0001、0003）
【成文时间】 1947—1948
【关 键 词】 名册
【内容提要】

甘肃省建设厅统计室签呈报送建设厅各项移交项目，《甘肃省建设厅民国三十六年度（1947）工友名册》《甘肃省建设厅民国三十六年（1947）十至十二月收支款项目表》《甘肃省建设厅民国三十六年（1947）十至十二月财产目录表》《甘肃省建设厅总务股移交清册》《甘肃省建设厅工友姓名册》《甘肃省建设厅办公文具用品册》《甘肃省建设厅民国三十七年度（1948）工友移交名册》《甘肃省建设厅所属各机关主管人员民国三十七年度（1948）工友移交名册》《甘肃省建设厅民国三十七年度（1948）绘图及财产目录表》《甘肃省建设厅民国三十六年（1947）职员证章姓名册》《甘肃省建设厅职员假交代名册》。

【叙录编号】 1330
【档案题名】
　　甘肃省建设厅文件目录表（三）
【发文单位】 甘肃省建设厅
【收文单位】 甘肃省建设厅
【档案编号】 027-004-0627-0004
【成文时间】 1941
【关 键 词】 水利林业
【内容提要】

《甘肃省建设厅选送文卷目录表》（1937），包含法规10册、人事30册、经费46册、投资10册、杂件14册、机场5册、路政67册、财政15册、商业68册、工业242册、气象4册、矿业69册、畜牧19册、农业49册、林业29册、参议会25册，合计568册。3页为工作计划施政纲要，24~27页为农林类，28~29页为农林类植树造林、祁连山森林等内容。

【叙录编号】 1331
【档案题名】
　　甘肃省建设厅民国三十六年（1947）卷宗移交册
【发文单位】 甘肃省建设厅
【收文单位】 甘肃省建设厅
【档案编号】 027-004-0628-0002
【成文时间】 1947-12-23
【关 键 词】 水利林业
【内容提要】

内含法规5、气象2、矿业25、农业19、林业16，合计230条目。农业23~27页为农林、植树造林、永昌垦务资料。

【叙录编号】 1332
【档案题名】
　　甘肃省水利局各项文件移交明细表及清册
【发文单位】 甘肃省水利局
【收文单位】 甘肃省建设厅
【档案编号】 027-004-0629-（0001-0018）
【成文时间】 1948-12-31—1949-08-02
【关 键 词】 水利林业
【内容提要】

甘肃省水利局致函建设厅移交各项假交代清册，甘肃省政府人事室训令建设厅按规定办理水利局各项移交工作，包括《甘肃省水利局政绩移交表》《甘肃省水利局图书目录表》《甘肃省水利局文卷目录表》《甘肃省水利局移交文卷目录表》《甘肃省水利局民国三十五年（1946）收支各款数目表》《甘肃省水利局移交总分类收支各款数目表》《甘肃省水利局移交总分类账收支表》《甘肃省水利局移交暂付款明细表》《甘肃省水利局工程费收支对照表》。

【叙录编号】 1333
【档案题名】
　　甘肃省建设厅、水利局各项移交清册
【发文单位】 甘肃省建设厅
【收文单位】 甘肃省建设厅
【档案编号】 027-004-0630-（0002-0008）
【成文时间】 1949-04-21
【关 键 词】 移交名册
【内容提要】
　　包括《甘肃省建设厅政绩交代册》林业：育苗、造林、护林、粮食增产、畜牧。《甘肃省建设厅民国三十七年度（1948）收支各款数目表》《甘肃省建设厅民国三十七年度（1948）财产目录表》《甘肃省水利局接受甘肃水利林牧公司移交清册》《甘肃省水利局仪器交接清册》。

【叙录编号】 1334
【档案题名】
　　甘肃省合作事业管理处各项文件移交清册
【发文单位】 甘肃省建设厅
【收文单位】 甘肃省建设厅
【档案编号】
　　027-004-0632-（0001-0007）；
　　027-004-0633-（0001-0010）
【成文时间】 1949-05
【关 键 词】 移交名册
【内容提要】
　　甘肃省合作事业管理处致函建设厅移交各项器物移交清册，《财产目录表》2份，《甘肃省合作事业管理处书刊移交清册》《甘肃省合作事业管理处图章清册》《甘肃省合作事业管理处移交调派职员姓名册》《甘肃省合作事业管理处政绩交代表》《甘肃省合作事业管理处现存新旧书表目录》《甘肃省合作事业管理处移交暂留人员姓名册》《甘肃省合作事业管理处移交工友姓名册》《甘肃省合作事业管理处明密码电本清册》《甘肃省合作事业管理处会计室记账凭证清册》《甘肃省合作事业管理处印章图书清册》。

【叙录编号】 1335
【档案题名】
　　甘肃省建设厅关于本厅主管部分现有委员四种组织规程致甘肃省建设厅的公函
【发文单位】 甘肃省政府
【收文单位】 甘肃省建设厅
【档案编号】 027-004-0701-（0001-0004）
【成文时间】 1948-05-19—1948-12-15
【关 键 词】 政绩
【内容提要】
　　包括《甘肃省经济建设促进委员会委员名单》《甘肃省经济建设促进委员会组织规程》《甘肃省经济管制委员会组织规程》《甘肃省经济管制委员会各县市局分会组织通则草案》《甘肃省各县市局经济检查队组织规程》《全国公路交通安全促进委员会甘肃省分会组织章程草案》《甘肃省政府建修委员会组织规程》。

【叙录编号】 1336
【档案题名】
　　甘肃省政府及各下属机关单位关于甘肃省经济建设方案一事的文件
【发文单位】 甘肃省政府
【收文单位】 甘肃省建设厅
【档案编号】
　　027-004-0702-（0001-0005）；
　　027-004-0702-（0001-0013）
【成文时间】 1941-04-23
【关 键 词】 政绩

【内容提要】

《甘肃省经济建设方案》包括农牧与工矿并重、机器与手工业互为运用、基本工业与民生工业相辅相成、省县交通与国营干线密切连接，公营民营合作方式密切配合，农林建设、畜牧建设、工矿建设、交通建设、水利建设、动力建设、工矿企业发展、贸易金融之促进等内容，甘肃省运输处、秘书处、临夏县、天水电厂、甘肃卫生处、西吉县建设厅参议会报送有关甘肃省经济建设方案内容，省政府转发给水利局、水利部对甘肃省经济建设方案之中农田水利内容的意见。

【叙录编号】 1337
【档案题名】
  甘肃省戒严区民间粮食物品及资源管理实施细则一事的文件
【发文单位】 不详
【收文单位】 甘肃省建设厅
【档案编号】 027-004-0719-（0001-0014）
【成文时间】 1949-02-25—1949-04-15
【关 键 词】 政绩
【内容提要】

《甘肃省戒严区民间粮食物品及资源管理实施细则》，甘肃省秘书处抄送各单位戒严业务会议记录，《研讨民间粮食物品及资源管理会议记录》，戒严区司令部检查水陆交通检查办法，甘肃省政府委员会第1610次会议讨论审核甘肃省戒严区民间粮食物品及资源管理的回忆录，讨论修改管理细则。

【叙录编号】 1338
【档案题名】
  甘肃省建设厅关于报送会天公路、靖海黑公路、定岷公路、秦华公路、秦晋公路的报告书
【发文单位】 甘肃省建设厅
【收文单位】 甘肃省建设厅
【档案编号】
  027-004-0776-（0001-0010）；
  027-004-0777-（0001-0020）；
  027-004-0778-（0001-0020）
【成文时间】 1948-02-27—1949-01-26
【关 键 词】 公路
【内容提要】

包括《甘肃省铁路工程计划概算表》、会天公路、靖海黑公路、定岷公路、秦华公路、秦晋公路的报告书，包含缘起、整修、兴修、路面、涵洞部分以及施工计划及工程预算分配表，省政府请拨发会天、定陇等公路10030亿元工程款，秦安县报送修筑莲花河、威戎河便桥工程收据，甘肃省请西北军政长官拨发靖黑公路工程款。

【叙录编号】 1339
【档案题名】
  西北军政长官公署甘肃省各县干预道路维修、桥涵计划、甘宁青区公路办理计划一事的文件
【发文单位】 甘肃省建设厅
【收文单位】 甘肃省建设厅
【档案编号】 027-004-0780-（0001-0017）
【成文时间】 1949-02-28—1949-08-09
【关 键 词】 公路
【内容提要】

西北军政长官公署致电甘肃省随时养护公路，甘肃省政府训令陇西等14县修整县境内道路，省政府训令固原县报送修固道路、速编桥涵计划。《西北军政长官公署三十八年度（1949）元月份甘宁青区公路办理情形报告表》《西北军政长官公署三十八年度（1949）三月份甘宁青区公路办理情形报告表》包含各公路的修筑理由、办理情形、困难及解决意见，表下方附有各县公路工程图的起止经过市镇路面

图例等信息。

【叙录编号】 1340
【档案题名】
　　甘肃省公路处规章制度政策法规文件
【发文单位】 甘肃省建设厅
【收文单位】 甘肃省建设厅
【档案编号】
　　027-004-0799-0001；
　　027-004-0800-（0003-0004）；
　　027-004-0801-（0001-0008）；
　　027-004-0802-（0001-0012）
【成文时间】 1948-08-18
【关 键 词】 公路
【内容提要】
　　《甘肃省公路处营业计划》74页、《甘肃省公路处组织规程》9条5页、《甘肃省公路处编制表》4页。此外，还附《甘肃省公路处经费预算书》《甘肃省公路处购置器具及价目表》《甘肃省公路处组织法规草案》《甘肃省公路局组织规程及经费预算书》，甘肃省政府致函行政院请追加公路局经费，建设厅报送省政府甘肃省公路局组织规程及经费预算书。

【叙录编号】 1341
【档案题名】
　　甘肃省建设厅关于报送甘肃省交通建设公路三年计划书致甘肃省政府的签呈
【发文单位】 甘肃省建设厅
【收文单位】 甘肃省建设厅
【档案编号】
　　027-004-0803-（0011-0012）；
　　027-004-0804-（0001-0002）
【成文时间】 1947-05-01—1947-05-05
【关 键 词】 公路
【内容提要】
　　建设厅呈报《甘肃省交通建设公路三年计划书》包括前言、原则、分为三期，以及施工办法。此文件后附带《甘肃省公路处组织规程》《甘肃省公路处经费预算书》《甘肃省公路网系统路线》《甘肃省公路网系统路线说明书》《甘肃省三十六年度（1947）拟新建公路路线概算总表》各3份。建设厅将此致函省政府，甘肃省补给委员会转交交通部，交通部公路总局请公路建设经费由三年计划概算由行政院拨发专款办理。

【叙录编号】 1342
【档案题名】
　　甘肃省建设厅收文和登记簿（一）（二）
【发文单位】 甘肃省建设厅
【收文单位】 甘肃省建设厅
【档案编号】
　　027-004-0805-0001；
　　027-004-0806-0001
【成文时间】 1944
【关 键 词】 收文
【内容提要】
　　此文卷包含建设厅收到甘肃省各县市各类文卷数量情况。

【叙录编号】 1343
【档案题名】
　　农林部、甘肃省农改所关于粮食增产计划一事的文件
【发文单位】 农林部；甘肃省政府
【收文单位】 甘肃省建设厅
【档案编号】
　　027-005-0031-（0001-0013）；
　　027-005-0032-（0001-0003）
【成文时间】 1947-01-07—1948-10-26
【关 键 词】 粮食增产
【内容提要】
　　甘肃省农业改进所奉命报送民国三十七年

度（1948）增粮计划转呈农林部请拨发经费，目的为扩大食粮作物良种种植、增加推广面积增加粮食生产以裕军食，推广优良麦种、建设特约农田，防治黑穗病，附有预期收成表。附有《新增粮食增产业务简则》。附有《甘肃省三十八年度（1949）粮食增产计划草案》包括前言、计划内容、增产区域、预期成效、农贷区域、需用物资、经费概算内容。

【叙录编号】 1344
【档案题名】
甘肃省政府、农改所关于推广种植杂粮蔬菜一事的文件
【发文单位】 农林部；甘肃省政府
【收文单位】 甘肃省建设厅
【档案编号】
027-005-0032-（0004-0009）；
027-005-0033-（0001-0024）；
027-005-0035-（0013-0018）
【成文时间】 1948-07-10—1948-09-16
【关 键 词】 推广蔬菜杂粮
【内容提要】
甘肃省建设厅商讨推广种植杂粮蔬菜给甘肃省地政局、社会处、田粮处等8家单位致函，附有《甘肃省推广种植杂粮蔬菜增产实施办法》《甘肃省推广种植杂粮蔬菜增产竞赛实施办法》，金塔、古浪等县报送推广杂粮蔬菜情况。

【叙录编号】 1345
【档案题名】
行政院、甘肃省政府、农改所关于农业推广所组织大纲及农林场自组织章程的训令、呈文、布告等事宜
【发文单位】 农林部；甘肃省政府
【收文单位】 甘肃省建设厅
【档案编号】
027-005-0034-（0001-0013）；
027-005-0035-（0001-0012）；
027-005-0036-（0001-0011）；
027-005-0037-（0001-0007）
【成文时间】 1941-06-14—1942-03-05
【关 键 词】 推广蔬菜杂粮
【内容提要】
行政院转发农业推广所组织大纲及农林场自组织章程训令省政府，省政府转发给农改所、各行政督查专业公署等单位，包含《县农林场组织章程》（1941年8月）9条，《县农林推广所组织大纲》（1930年8月）23条，省政府工部甘肃各县局农业推广所组织章程布告，包括《甘肃省各县（局）农业推广所组织章程》，甘肃省政府会议核准通过，并将修改稿抄发各县。027-005-0036-（0001-0011）为省政府公布修改后的农改所组织章程及相关修改工作的文件，其中《甘肃省农业改进所组织规程（修订本）》包括农改所执掌全省农林园艺畜牧及农业生产、禾苗树木籽种肥料事宜，及涉及的各个科室，省政府回令准于修正。

【叙录编号】 1346
【档案题名】
甘肃省农业改进所关于临时经费会计报告表的呈文、公函
【发文单位】 不详
【收文单位】 甘肃省政府
【档案编号】
027-005-0042-（0001-0028）；
027-005-0045-（0001-0007）
【成文时间】 1947-05-06—1949-07-29
【关 键 词】 公地
【内容提要】
甘肃省农业改进所请建设厅拨发周转经费，农改所报送民国三十七年（1948）1—12月份临时经费会计报告表，建设厅转送审

计处。

【叙录编号】 1347
【档案题名】
　　甘肃省政府、农改所关于报送拟具加强甘肃农业推广计划的文件
【发文单位】 甘肃省政府
【收文单位】 甘肃省建设厅
【档案编号】 027-005-0044-（0001-0004）
【成文时间】 1948-11-23—1948-11-30
【关 键 词】 美援；农业
【内容提要】
　　《利用美援加强甘肃省农业推广计划》（共30页）包含本省农业推广事业概述、本计划之目的、本计划之内容、办理区域工作项目（农村教育之倡导、繁殖改良良种、扩大推广面积、种植甜菜棉花等特种农作物、改进园艺事业、充实农业推广机构、请求相应设备）。此卷为草案，后有圈涂修改。

【叙录编号】 1348
【档案题名】
　　甘肃省政府抄发甘肃省民国三十八年度（1948）加强防治春麦区各县小麦黑穗病暂行办法、奖惩办法及督导办法致甘肃省建设厅的呈文
【发文单位】 甘肃省政府
【收文单位】 各县局
【档案编号】 027-005-0241-（0010-0011）
【成文时间】 1949-01-12—1949-01-22
【关 键 词】 黑穗病
【内容提要】
　　农改所呈文省政府报送甘肃省民国三十八年度（1949）加强防治春麦区各县小麦黑穗病暂行办法、奖惩办法及督导办法，省政府转发各县局，包含《甘肃省民国三十八年度（1949）加强防治春麦区各县小麦黑穗病暂行办法》《甘肃省民国三十八年度（1949）加强防治春麦区各县小麦黑穗病奖惩办法》《甘肃省民国三十八年度（1949）加强防治春麦区各县小麦黑穗病督导办法》。

【叙录编号】 1349
【档案题名】
　　甘肃省农业改进所民国三十四年（1945）工作计划
【发文单位】 甘肃省农改所
【收文单位】 甘肃省建设厅
【档案编号】 027-005-0254-0003
【成文时间】 1944-08-09
【关 键 词】 工作报告
【内容提要】
　　《甘肃省农业改进所民国三十四年（1945）工作计划》包括计划提要、计划正文、农林行政及推广、高级农林实验、区域农林实验、马牛改良繁殖。附件《工作计划简明表》《工作分月进度表》。

【叙录编号】 1350
【档案题名】
　　甘肃省各县市第二届参议会议长副议长简历表
【发文单位】 不详
【收文单位】 甘肃省建设厅
【档案编号】 027-005-0840-0007
【成文时间】 1948
【关 键 词】 清册
【内容提要】
　　如题。

【叙录编号】 1351
【档案题名】
　　甘肃省建设厅关于各项移交清册、文卷目录的文件

【发文单位】 甘肃省建设厅
【收文单位】 甘肃省政府
【档案编号】 027-005-0843-(0001-0004)
【成文时间】 1944-02-07—1944-03-10
【关 键 词】 清册
【内容提要】

建设厅第一科报送各项移交清册。《甘肃省建设厅三十二年度职员假交代名册》《甘肃省建设厅三十二年度所属各机关主管人员假交代名册》。0843-0004-22为《甘肃省建设厅文卷目录》（民国三十二年十二月三十一日）（1943年12月31日）法规36卷、人事54卷、经费208卷、投资18卷、集件131件、机场23卷、电政79卷、工役15卷、驿运34卷、营建78卷、水利228卷、河运14卷、财政122卷、商业195卷、工业124卷、参议会20卷、气象31卷、矿业241卷、畜牧67卷、林业155卷、农业103卷，合计2150卷。

【叙录编号】 1352
【档案题名】
甘肃省建设厅民国三十二年度（1943）卷宗移交册（一）
【发文单位】 甘肃省建设厅
【收文单位】 甘肃省政府
【档案编号】 027-005-0844（全案卷）
【成文时间】 1943
【关 键 词】 清册
【内容提要】

《甘肃省建设厅文卷目录》（民国三十二年十二月三十一日）（1943年12月31日），此卷为驿运到财政。法规36卷、人事54卷、经费208卷、投资18卷、集件131件、机场23卷、电政79卷、工役15卷、驿运34卷、营建78卷、水利228卷、河运14卷、财政122卷、商业195卷、工业124卷、参议会20卷、气象31卷、矿业241卷、畜牧67卷、林业155卷、农业103卷，合计2150卷。

【叙录编号】 1353
【档案题名】
甘肃省建设厅民国三十二年度（1943）卷宗移交册（二）
【发文单位】 甘肃省建设厅
【收文单位】 甘肃省政府
【档案编号】 027-005-0845（全案卷）
【成文时间】 1943
【关 键 词】 清册
【内容提要】

《甘肃省建设厅文卷目录》（民国三十二年十二月三十一日）（1943年12月31日），此卷为工业、农业、矿业、电政目录。法规36卷、人事54卷、经费208卷、投资18卷、集件131件、机场23卷、电政79卷、工役15卷、驿运34卷、营建78卷、水利228卷、河运14卷、财政122卷、商业195卷、工业124卷、参议会20卷、气象31卷、矿业241卷、畜牧67卷、林业155卷、农业103卷，合计2150卷。

【叙录编号】 1354
【档案题名】
甘肃省建设厅民国三十二年度（1943）图书移交册
【发文单位】 甘肃省建设厅
【收文单位】 甘肃省政府
【档案编号】 027-005-0846-0001
【成文时间】 1943
【关 键 词】 清册
【内容提要】

《甘肃省建设厅图书室图书移交清册》包含地质、农林、交通、工程、水利、经济、建设、社会、实业、教育、法规、学术、化学、财政、地方行政、军事等图书书目。

【叙录编号】 1355
【档案题名】
　　甘肃省建设厅民国三十二年度（1943）财产移交册
【发文单位】 甘肃省建设厅
【收文单位】 甘肃省政府
【档案编号】 027-005-0846-0002
【成文时间】 1943
【关 键 词】 清册
【内容提要】
　　《甘肃省建设厅分类财产目录表》包括房产、仪器、机器、工料、工具、工价、器具、灶具等。

【叙录编号】 1356
【档案题名】
　　甘肃省建设厅民国二十九年（1940）至民国三十二年（1943）政绩移交册
【发文单位】 甘肃省建设厅
【收文单位】 甘肃省政府
【档案编号】 027-005-0847-0001
【成文时间】 1943-10-31
【关 键 词】 清册
【内容提要】
　　主要包含建设厅在农业、林业（造林、育苗、护林）、畜牧（配种、兽疫防治）、公营矿业、气象（调整各县所、整理水文站、气象观测）、工业类（水泥厂、机器厂）、度政、水利、公路等。

【叙录编号】 1357
【档案题名】
　　甘肃省建设厅各项资金贷款交接表的文件
【发文单位】 甘肃省建设厅
【收文单位】 甘肃省政府
【档案编号】 027-005-0848-（0001-0012）
【成文时间】 1942-12—1944-09
【关 键 词】 清册
【内容提要】
　　《甘肃省建设厅垫付款交接表》《甘肃省建设厅资金交接表》《甘肃省建设厅农田水利贷款交接表》，还有岁入款交接表、员工生活补助表、员工粮食交接表、各项专款交接表等。

【叙录编号】 1358
【档案题名】
　　甘肃省建设厅各项资金贷款交接表的文件
【发文单位】 甘肃省建设厅
【收文单位】 甘肃省政府
【档案编号】 027-005-0848-（0001-0012）
【成文时间】 1942-12—1944-09
【关 键 词】 清册
【内容提要】
　　《甘肃省建设厅垫付款交接表》《甘肃省建设厅资金交接表》《甘肃省建设厅农田水利贷款交接表》，还有岁入款交接表、员工生活补助表、员工粮食交接表、各项专款交接表等。

【叙录编号】 1359
【档案题名】
　　甘肃省建设厅民国二十九年（1940）至民国三十二年（1943）事业费交接表
【发文单位】 甘肃省建设厅
【收文单位】 甘肃省政府
【档案编号】 027-005-0849-0005
【成文时间】 1943-12
【关 键 词】 清册
【内容提要】
　　如题。

【叙录编号】 1360
【档案题名】
　　甘肃省建设厅民国二十九年（1940）至民国三十二年（1943）经转交接表

【发文单位】 甘肃省建设厅
【收文单位】 甘肃省政府
【档案编号】 027-005-0849-0006
【成文时间】 1943-12
【关 键 词】 清册
【内容提要】
　　如题。

【叙录编号】 1361
【档案题名】
　　甘肃省经济建设促进委员会会议议案
【发文单位】 甘肃省建设厅；甘肃省经济建设促进委员会
【收文单位】 甘肃省政府
【档案编号】 027-007-0101-（0001-0002）
【成文时间】 1947-11-02—1947-11-05
【关 键 词】 农田水利；经济建设；工矿
【内容提要】
　　建设厅检送省经济建设促进委员会第一次会议记录、组织规程、委员分组工作表请省政府鉴核，附《甘肃省推行农村副业及手工业分区发展计划表》（0001）。省经济建设促进委员会拟订议案分林牧、农田水利、工矿、金融贸易、交通运输分组工作表。

【叙录编号】 1362
【档案题名】
　　民国二十九年（1940）甘肃建设年刊
【发文单位】 甘肃省建设厅
【收文单位】 不详
【档案编号】 027-007-0344-0001
【成文时间】 1941-07-05
【关 键 词】 建设年刊
【内容提要】
　　本份年刊包括交通、水利、农林、工业、矿业、电政、市政、度政、气象、合作、计划以及建设厅所属机关组织系统、职员、附属机关主管人员等一览表。其中，水利部分包括甘肃水利概述、各渠报告；农林部分包括农业改进所两年来工作报告、植棉报告、甘肃南路天然林初步调查报告、畜牧事业报告等；矿业包括阿干镇煤矿管理处报告、岷县矿产调查报告等；气象包括兰州气象测候所工作报告；计划类包括甘肃林业经营计划、发展畜牧事业实施计划、开采罐子峡煤矿计划等内容。

【叙录编号】 1363
【档案题名】
　　农民节展览会各项安排，涉及对农产品的选送各县报送举行农民节情况以及甘肃省社会处筹办农民节纪念会农具农产展览会会议记录
【发文单位】 不详
【收文单位】 不详
【档案编号】 027-007-0362（全案卷）
【成文时间】 不详
【关 键 词】 农产品展览会
【内容提要】
　　如题。

【叙录编号】 1364
【档案题名】
　　甘肃省第一届农民节纪念大会农民节展览会物品表
【发文单位】 甘肃省农业改进所
【收文单位】 不详
【档案编号】 027-007-0366-0009
【成文时间】 1942
【关 键 词】 农民节；展览会
【内容提要】
　　其中包括农艺部（农具、棉作、肥料、农艺挂图、农田水利模型）、园艺部（蔬菜、果树园艺、花卉）、畜牧组（实物组、畜牧挂图）、森林部（木材标本、森林种子）等内容。

【叙录编号】 1365
【档案题名】
民国三十七年（1948）各类贷款分配表
【发文单位】 甘肃省建设厅
【收文单位】 不详
【档案编号】 027-007-0210-（0001-0006）
【成文时间】 1948
【关 键 词】 贷款；农业
【内容提要】
此6份文件均与1948年度民国贷款分配有关，包括《民国三十七年（1948）甘肃省各县各种贷款配额表》（春耕贷款）、《甘肃省民国三十七年（1948）农贷数额表》、《民国三十七年（1948）粮食生产贷款1000亿元各县配额表》、《民国三十七年甘肃省小型农田水利贷款分县配额表》、《民国三十七年（1948）甘肃省粮食以外其他生产（包括推广）贷款分配表》、《民国三十七年（1948）甘肃省农村副业贷款分配表》。

【叙录编号】 1366
【档案题名】
甘肃省建设厅、农林部关于巴西公使馆所报Oiticicaoil（奥蒂树油）及桐油产销情况的文件
【发文单位】 甘肃省建设厅；农林部
【收文单位】 甘肃省农业改进所；甘肃省建设厅
【档案编号】 027-007-0367-（0006-0007）
【成文时间】 1941-01
【关 键 词】 奥蒂树油；桐油
【内容提要】
农林部译发巴西公使馆所报Oiticicaoil（奥蒂树油）及桐油产销情况，令甘肃省建设厅抄发农业改进所研究。甘肃省建设厅训令农改所学习，附《巴西Oiticicaoil与桐油》报告1份。

【叙录编号】 1367
【档案题名】
甘肃省建设厅、湖南省建设厅关于交换种子及送湖南醴陵县农林场各项农林种籽名单的往来文件
【发文单位】 甘肃省建设厅；湖南省建设厅
【收文单位】 甘肃省建设厅；甘肃省农业改进所等
【档案编号】 027-007-0367-（0011-0012）
【成文时间】 1941-01—1941-03
【关 键 词】 交换种子；农林场
【内容提要】
湖南省建设厅致函甘肃省建设厅，请互相交换种子并送醴陵县农林场各项农林籽种名单。甘肃省建设厅抄发名单至省农业改进所，并令其互相交换种子，致函湖南省建设厅。

【叙录编号】 1368
【档案题名】
甘肃省农业改进所、甘肃省政府关于征集农产品种、种植种子情况等各类文件
【发文单位】 甘肃省政府；甘肃省农业改进所等
【收文单位】 甘肃省政府；甘肃省农业改进所等
【档案编号】 027-007-0368-（0001-0007）
【成文时间】 1941-06-10—1942-02-24
【关 键 词】 种子种植；试种
【内容提要】
甘肃省政府令省农改所就科学教育馆赠送种子种植实验结果、种子名称及栽培情况报送省政府，后者呈文报送名称及试种情形。省政府转报农林部并令省农改所知照。省农改所呈文甘肃省政府请其征集新疆各种小麦品种，省政府回文已函转新疆省政府。后者咨文甘肃省政府，选送6种小麦品种，并分别装袋请鉴核。省政府回函致谢，并检发粮种给省农

改所。

【叙录编号】 1369
【档案题名】
甘肃省农业改进所、甘肃省建设厅关于报送农林畜牧标语、进行学校教育的往来文件
【发文单位】 甘肃省农业改进所；甘肃省建设厅
【收文单位】 甘肃省农业改进所；甘肃省政府等
【档案编号】 027-007-0368-（0020-0023）
【成文时间】 1942-01-26—1943-02-09
【关 键 词】 畜牧；森林；标语
【内容提要】
　　甘肃省建设厅转呈省政府，送农改所拟订农林畜牧简明标语请其鉴核。甘肃省建设厅第四科呈请甘肃省建设厅拟发张贴标语，并由学校编制诗歌进行宣传。后者采纳，令省农改所将农艺、森林、畜牧三项民众应该遵循事项进行教育宣传。

【叙录编号】 1370
【档案题名】
甘肃省建设厅关于中美技术合作团考察的往来文件
【发文单位】 甘肃省建设厅
【收文单位】 甘肃省政府；甘肃省建设厅等
【档案编号】 027-007-0444-（0005-0014）
【成文时间】 1946-07-12—1947-08-06
【关 键 词】 羊毛；考察；技术接待
【内容提要】
　　中央财政部电甘肃省政府请其协助白恩士、许康祖考察羊毛状况。南京周诒春电省政府报送二人到省日期约为8月中旬，甘肃李兆瑞报送其返兰日期。农林部水土保持试验区致函甘肃省政府，令其派员协同中美技术合作团赴天水考察。南京周诒春亦就此事致函甘肃省政府。农林部代电甘肃省政府，送中美农业技术合作团报告书，令其查照，随后代电甘肃省政府令其转发有关机关准备农业资料协助考察，附各组团名单及考察地名表。另抄发中美技术合作团考察地点表训令甘肃省建设厅协助接待。甘肃省政府致函农林部称已令本省农业机关准备相应资料以备参观。

【叙录编号】 1371
【档案题名】
甘肃省建设厅政绩移交表
【发文单位】 甘肃省建设厅
【收文单位】 不详
【档案编号】 027-007-0484-0008
【成文时间】 1942-01-18
【关 键 词】 煤矿；机构
【内容提要】
　　本书为建设厅自民国三十一年（1942）1月18日起至三十三年（1944）12月31日政绩交代表。其中包括甘肃煤矿公司阿干镇煤矿、徽县共济炼铁厂、罐子峡矿厂等机构工作情况。

【叙录编号】 1372
【档案题名】
各公司报送章程组织通则及工作计划的文件
【发文单位】 中央设计局秘书处；甘肃省政府等
【收文单位】 甘肃省政府；中央设计局秘书处等
【档案编号】 027-008-0062（全案卷）
【成文时间】 1941-09-10—1941-11-26
【关 键 词】 矿产；林业；农牧业
【内容提要】
　　中央设计局秘书处致函省政府，令其转令各省直营事业机关报送各项资料藉咨参考。省

政府令省内各公司、工厂及阿干镇煤矿管理处报送机构组织沿革、现在情况、将来计划等资料。甘肃水利林牧股份有限公司及省水泥股份有限公司报送。省政府对其章程、组织通则等内容函转中央设计局秘书处。附《甘肃水利林牧股份有限公司章程》（0003），包括：公司总则、股份、股东会、董事会及监察人、职员、决算等章。《甘肃水利林牧公司工作计划纲要》1份（0003），包括：一、水利部工作纲要：1.提高各渠工作效率；2.举行全省水利查勘工作；3.提倡及辅助人民进行灌溉工作；4.开展关于水利各种研究计划；5.开展保土蓄水试验；6.研究土壤之经济利用；7.改良水车并研究其他水利及水机械。二、森林部工作计划：1.查勘明了甘肃省各林区工作内容；2.进行未开发之前试验工作；3.砍伐树株控制密度。三、畜牧部工作纲要：1.规划畜牧场经营分类；2.畜产品者罗列。《甘肃水利林牧股份有限公司组织通则（草案）》1份（0003），包括：经营职责、组织构成、负责事项等22条内容。0005有《甘肃水泥股份有限公司章程》（总则；股份划分、股东会、董事会及监察人、职员、决算、附则）、《甘肃水泥股份有限公司组织沿革状况及将来计划概略》（组织沿革、现在各设施布置情况、将来计划等）。

【叙录编号】 1373
【档案题名】
　　甘肃省政府工作报告
【发文单位】 蒲葆阳；徐振麟
【收文单位】 不详
【档案编号】 027-007-0618-0001
【成文时间】 不详
【关 键 词】 水利建设；荒山保土；矿产
【内容提要】
　　此份工作报告包括：一、交通：进行岷夏、兰阿等公路建设；二、农业：进行小麦、杂粮、黍、大豆、棉花等作物的育种、试种等；三、园艺：进行蔬菜、果树培育研究，进行荒山保土造林实验，进行苗圃水土保持建设等；四、林业：育苗、造林、开水旱沟、督导护林等；五、水利：堤坝勘测、水利工程设计、施工（续修鸳鸯池水库、兴修古浪古丰渠、兴修各类护水坝及水库、整修旧沟渠与河西水利工程等）；六、矿业：勘察各县矿产、协助民营矿业、进行阿干镇等矿厂建设等。

【叙录编号】 1374
【档案题名】
　　各公司报送章程、组织通则及工作计划的文件
【发文单位】 甘肃省政府；甘肃水利林牧股份有限公司等
【收文单位】 甘肃省政府；甘肃水利林牧股份有限公司等
【档案编号】 027-008-0063（全案卷）
【成文时间】 1941—1942
【关 键 词】 组织通则；公司工作计划
【内容提要】
　　省政府训令甘肃各公司、工厂、阿干镇煤矿管理处，致函甘肃水利林牧股份有限公司报送组织沿革、现在状况、将来计划等信息。甘肃水利林牧股份有限公司致函省政府报送公司章程、组织通则及工作计划，其中包括水利、森林、畜牧等内容。省政府回函已函转中央设计局秘书处。甘肃水泥公司及甘肃矿业股份有限公司报送公司章程及组织沿革计划情况，其中包括矿区勘测等内容。省政府回文已转送中央设计局秘书处。

【叙录编号】 1375
【档案题名】
　　甘肃省建设厅化学工业座谈会讨论纲要；甘肃水利林牧股份有限公司本周业务进度；甘

肃省农业改进所一周大事记
【发文单位】 甘肃省建设厅；甘肃水利林牧公司
【收文单位】 甘肃省建设厅
【档案编号】 027-008-0071（全案卷）
【成文时间】 1949-02-25；19471016
【关 键 词】 化学工业；农副产品；林木砍伐；畜牧；制革
【内容提要】
　　会议讨论关于如何推进农村副业以舒民困，其中包括食品工业、酿造工业、油脂工业等建设。水利方面，公司将施工部分已全部移交水利局。森林部分保育工作正常进行，在大峪沟、祺步寺等地的林木砍伐工作正在进行，此外还有木料运输等工作。畜牧部分饲育工作正在进行，另有对荷兰裸种母牛饲养情况的报告。制革部分有收牛羊皮制革情况。其他部分有政府派员在莲花山砍伐木料、动员民工，但因畜力有限，影响公司拉运工作。育苗造林部分包括：1.扩大苗圃和秋季造林；2.与中畜所合办牧草试验；3.抗病小麦品种试验；4.甜菜含糖量分析；5.筹划引进优良果苗；6.收购优良麦种；7.编印农林建设工作手册等。

【叙录编号】 1376
【档案题名】
　　甘肃水利林牧股份有限公司周报
【发文单位】 甘肃水利林牧公司
【收文单位】 甘肃省建设厅
【档案编号】 027-008-0072（全案卷）
【成文时间】 1947-10-24
【关 键 词】 木材；荷兰牛
【内容提要】
　　周报水利方面仍在结束对外手续及清理账目；森林方面包括对大峪沟、石室口、临洮等地收材的处置；畜牧方面包括对荷兰纯种牛的养殖情况报告等。

【叙录编号】 1377
【档案题名】
　　甘肃水利林牧股份有限公司周报
【发文单位】 甘肃水利林牧公司
【收文单位】 甘肃省建设厅
【档案编号】 027-008-0073（全案卷）
【成文时间】 1947-11-20
【关 键 词】 木料；运输；产奶
【内容提要】
　　其中包括：1.结束水利部以往手续；2.尽量收清洮场木料；3.莲冶分厂木材搬运；4.本周产奶数量；5.治疗荷兰牛情况等各方面内容。

【叙录编号】 1378
【档案题名】
　　甘肃省农业改进所一周大事记
【发文单位】 甘肃省农业改进所
【收文单位】 甘肃省建设厅
【档案编号】 027-008-0073
【成文时间】 1947-11-26
【关 键 词】 园艺事业；甜菜；农具
【内容提要】
　　其中包括：1.农林建设方案：加强园艺事业、增加粮食生产、扩大育苗造林；2.统计分析各地甜菜品种比较试验，引购农业籽种；3.筹集充实农业推广机构并落实经费；4.改良除草剂等内容。

【叙录编号】 1379
【档案题名】
　　甘肃水利林牧股份有限公司周报
【发文单位】 甘肃省水利林牧公司
【收文单位】 甘肃省建设厅
【档案编号】 027-008-0074（全案卷）

【成文时间】 1948-03-18
【关 键 词】 兽病；产奶；木料运输
【内容提要】
其中包括：1.治疗酱色小公牛炭疽病；2.本周鲜乳产量；3.莲冶等地木料运输；4.编制公司三十七年度工作计划等内容。

【叙录编号】 1380
【档案题名】
甘肃省农业改进所工作周大事摘要
【发文单位】 甘肃省农业改进所
【收文单位】 甘肃省建设厅
【档案编号】 027-008-0075（全案卷）
【成文时间】 1948-02-19
【关 键 词】 甜菜育种；牛瘟；实验计划
【内容提要】
其中包括：1.筹划筹设甜菜育种试验场；2.计划加强各县推广工作；3.积极进行防治甘平寺牛瘟事宜；4.各区场根据实际工作情况拟订试验计划等。

【叙录编号】 1381
【档案题名】
甘肃省农业改进所上年（1947）繁育甜菜种子工作报告；甘肃水利林牧股份有限公司周报；甘肃省农业改进所冬小麦、甜菜等种植情况本周记事
【发文单位】 甘肃省农业改进所
【收文单位】 甘肃省建设厅
【档案编号】 027-008-0076（全案卷）
【成文时间】 1948-03—1948-05
【关 键 词】 甜菜育种；树苗推广；病害防治
【内容提要】
其中包括：1.甜菜种子推广与运输；2.与师管区合作办理甜菜育种繁殖工作；3.果苗、树苗推广；4.办理病虫害防治实验；5.进行小麦试验等内容。其中包括公司售出木料数量及价款，本周鲜乳生产产量及销量，酱色小公牛死亡。农业方面包括：冬小麦田间观察记载、甜菜繁殖区施肥、苹果蔬菜种植、果树虫害防治示范喷药、运输肥料及花卉除虫工作等内容。

【叙录编号】 1382
【档案题名】
甘肃省农业改进所玉米及牧草种子发芽情况本周记事
【发文单位】 甘肃省农业改进所
【收文单位】 甘肃省建设厅
【档案编号】 027-008-0077（全案卷）
【成文时间】 1948-05
【关 键 词】 育苗；防病害
【内容提要】
其中包括：观察冬小麦抽穗；举行牧草及玉米种子发芽试验；对于苹果巢虫等虫害的野外观察；草拟申请Eycar CRM经费计划进行农业生产。

【叙录编号】 1383
【档案题名】
甘肃省农业改进所《农推简讯》第1期
【发文单位】 甘肃省农业改进所
【收文单位】 甘肃省建设厅
【档案编号】 027-008-0078（全案卷）
【成文时间】 1948-06-15
【关 键 词】 农业期刊；农业试验
【内容提要】
本份期刊为报告本省农业进展情况、普及农业知识而办，其中包括：对本省农业推广工作重要性的论述文章、本省农业试验；本省三十六年度（1947）农业各县推广成效报告；解决畜牧牧草问题；提倡垦荒等内容。

【叙录编号】 1384

【档案题名】
　　甘肃省农业改进所《农推简讯》第1期
【发文单位】　甘肃省农业改进所
【收文单位】　甘肃省建设厅
【档案编号】　027-008-0078（全案卷）
【成文时间】　1948-06-15
【关 键 词】　农业期刊；农业试验
【内容提要】
　　本份期刊为报告本省农业进展情况、普及农业知识而办，其中包括：对本省农业推广工作重要性的论述文章、本省农业试验；本省三十六年度（1947）农业各县推广成效报告；解决畜牧牧草问题；提倡垦荒等内容。

【叙录编号】　1385
【档案题名】
　　甘肃省农业改进所工作简报、周记
【发文单位】　甘肃省农业改进所
【收文单位】　甘肃省建设厅
【档案编号】　027-008-0081（全案卷）
【成文时间】　1948-08-19
【关 键 词】　种子；薪炭林；造林；兽疫防治
【内容提要】
　　其中包括：大量收获甜菜种子；继续收购良种；验收薪炭林树穴3万个；汇办各地兽疫防治工作；在各地收购甜菜种子；扩充繁殖甜菜面积；价购苹果砧木；收购优良麦种；扩大秋季造林等内容。

【叙录编号】　1386
【档案题名】
　　各县局机构报送农林渔牧垦殖技术人才的各类文件
【发文单位】　甘肃省建设厅；农林部等
【收文单位】　甘肃省建设厅；农林部等
【档案编号】　027-008-0595-0598
【成文时间】　1942

【关 键 词】　农林牧渔；垦殖技术人才
【内容提要】
　　农林部训令省建设厅调查全国农林牧渔垦殖技术人才，省建设厅训令甘肃省农业改进所、甘肃省各县局填报调查表。卓尼设治局、临泽县、镇原县、民勤县、安西县、皋兰县、康乐县、康县、庆阳县、华亭县、武山县、高台县、甘肃省农业改进所、张掖县、临夏县、永登县、山丹县、古浪县、鼎新县、文县、民乐县、漳县、金塔县、天水县、景泰县、秦安县、化平县、甘谷县、渭源县、西和县、玉门县、成县、泾川县、靖远县、两当县、陇西县、平凉县、永昌县、岷县、礼县、通渭县、敦煌县政府呈报，部分附职员履历表。省建设厅回文备查汇转。

【叙录编号】　1387
【档案题名】
　　甘肃省建设厅农林建设三年计划
【发文单位】　甘肃省建设厅
【收文单位】　不详
【档案编号】　027-008-0609（全案卷）
【成文时间】　1947-12
【关 键 词】　农林建设；工作计划
【内容提要】
　　如题。其中包括：1.增强粮食生产：改良粮食作物品种、防治病虫害、增施肥料、合理利用土地、推广优良农具、充实建立推广机构。2.改进园艺事业：改良果树蔬菜品种栽培技术、果树蔬菜之繁殖推广、防治果树蔬菜主要害虫、辅导园产厂工运销（附工作进度效果表、经费预算表）。3.发展食用作物：辅入甜菜良种、设立甜菜育种繁殖场、推广甜菜栽培面积（附甜菜栽培事业各类表项）。4.林业建设：天然林之调查与管理、育苗造林（保安林、经济林、薪炭林、风景林、国防林）等，（附经费预算表与甘肃祁连山及白龙江流域天然林管理处经常费概算）。后有具体细节。

【叙录编号】　1388
【档案题名】
　　甘肃省建设厅关于民国三十五年（1946）工作报告的各类文件
【发文单位】　甘肃省政府；甘肃省建设厅
【收文单位】　甘肃省政府；甘肃省建设厅
【档案编号】　027-008-0610（全案卷）
【成文时间】　1946-06-29—1947-01-14
【关 键 词】　水利；育苗造林；气象
【内容提要】
　　省政府训令建设厅编撰1946年1—6月工作报告，省建设厅编撰上报。其中包括：一、交通：1.天兰铁路修建；2.兰宁公路施工情况；3.甘川公路修筑情形；4.中正山公路施工进度；5.各大车道施工情况。二、水利：1.湟惠渠、洮惠渠、博济渠、登丰渠、永丰渠、肃丰渠、靖丰渠等渠系工程建设进度。2.永昌金龙坝、康乐古龙漳渠、临洮新民渠等小型水利工程施工进度。三、农林畜牧：1.小麦试验；2.杂粮试验；3.特用作物试验；4.果树、蔬菜等繁育进度。四、育苗造林：1.皋兰等地植树播种造林；2.播种洋槐、白榆、红柳等林木；3.防治病虫害；4.观察牧草栽培、民用肥料等水土保持实验效果。五、畜牧兽医：选育良种、防治各类动物疾病。六、矿业：甘肃矿业公司、各矿场产量、指导民营煤矿施工。七、气象：1.布置重要设施；2.气象观测；3.记录统计；4.编订气象报告；5.记录编送等方面的内容。省政府回文令其改进，附行政院对工作报告审核意见1份，其中包括对财政、建设等7项改进意见。省建设厅呈文省政府已遵照行政院改进意见进行改进补报。

【叙录编号】　1389
【档案题名】
　　甘肃省农业概况估计
【发文单位】　甘肃省政府
【收文单位】　不详
【档案编号】　038-001-0010-0001
【成文时间】　不详
【关 键 词】　农业概况
【内容提要】
　　录有1945年9月《甘肃省农业概况估计》，包括序、引言、统计表、统计图。

【叙录编号】　1390
【档案题名】
　　民国三十六年度（1947）工作报告
【发文单位】　黄河水利委员会上游工程处水土保护
【收文单位】　不详
【档案编号】　038-001-0100-0001
【成文时间】　1948-03
【关 键 词】　工作报告
【内容提要】
　　该部分共1份文件，如题。

【叙录编号】　1391
【档案题名】
　　黄河水利工程总局兰州水文站测验仪器、公物图表会稿簿、函送各渠工程处卷宗的公函、林牧公司移交文卷图表清册
【发文单位】　甘肃水利林牧公司
【收文单位】　不详
【档案编号】　038-001-0131-（0001-0003）
【成文时间】　1940-10—1947-06
【关 键 词】　黄河水利工程总局；工程处卷宗；文卷图表
【内容提要】
　　同题名，内含图表。

【叙录编号】　1392

叁 自然资源开发与生态保护类档案 415

【档案题名】
　　甘肃水利林牧公司移交清册目录、运输设备、仪器设备、杂项设备、工具、器具、材料、移交清册
【发文单位】　甘肃水利林牧公司
【收文单位】　不详
【档案编号】　038-001-0132-（0001-0007）
【成文时间】　不详
【关 键 词】　甘肃水利林牧公司；移交清册
【内容提要】
　　同题名，内含图表。

【叙录编号】　1393
【档案题名】
　　甘肃省水文总站三十八年（1949）1月1日—8月28日经费收支对照表、甘肃水文总站会计账表移交清册、现有员工姓名履历、挡（档）卷清册、印信清册、测验仪器清册、书籍清册、家具清册、文具清册、水文成果清册、印信移交清册、档卷移交清册、测验仪器移交清册、书籍移交清册、家具移交清册、文具移交清册
【发文单位】　甘肃省水文总站
【收文单位】　不详
【档案编号】　039-001-0134-（0001-0016）
【成文时间】
　　1949-01-01—1949-08-20；1950-02-28
【关 键 词】　经费收支；物品清册
【内容提要】
　　同题名，内含图表。

【叙录编号】　1394
【档案题名】
　　甘肃省农林畜牧三年建设计划
【发文单位】　甘肃省农业改进所
【收文单位】　不详
【档案编号】　038-001-0162-0001

【成文时间】　1947-06
【关 键 词】　农林畜牧
【内容提要】
　　如题。

【叙录编号】　1395
【档案题名】
　　为本府各项建设主资源开发须绝对严密
【发文单位】　甘肃省政府
【收文单位】　甘肃水利林牧公司
【档案编号】　039-001-0001-0001
【成文时间】　1941-12-08
【关 键 词】　资源开发
【内容提要】
　　如题。

【叙录编号】　1396
【档案题名】
　　关于甘肃省各农事机构、农业学校组织概况的各种文件
【发文单位】　甘肃省粮食增产总督导团
【收文单位】　甘肃水利林牧公司
【档案编号】　039-001-0003-（0013-0015）
【成文时间】　1942-12-12—1942-12-21
【关 键 词】　农业概况
【内容提要】
　　1942年12月12日，甘肃省粮食增产总督导团函甘肃水利林牧公司，请查照填注《甘肃省农事机关调查表》以便汇编《甘肃省农业概况报告》。另录有12月18日甘肃水利林牧公司填报的调查表1份，表中包括机构名称、所在地、成立年月、主要事业、主管长官、详细地址、现有工作人数、全年经费、备考等内容。12月21日，甘肃水利林牧公司函送调查表给甘肃省粮食增产总督导团。

【叙录编号】　1397

【档案题名】

中国农民银行兰州分行与甘肃水利林牧公司关于调查甘肃水利林牧公司组织及业务等情况的往来文件

【发文单位】 中国农民银行兰州分行；甘肃水利林牧公司

【收文单位】 甘肃水利林牧公司；中国农民银行兰州分行

【档案编号】 039-001-0004-（0010、0011）

【成文时间】 1946-09-13

【关 键 词】 经济调查

【内容提要】

中国农民银行兰州分行函甘肃水利林牧公司，拟调查该公司组织及业务等情况，请查照惠予查明见复。1946年9月13日，甘肃水利林牧公司函复中农兰行，说明该公司的创立经过、组织概要、业务概况等内容。

【叙录编号】 1398

【档案题名】

为请报送水利公司三十一年度（1942）工作报告等函

【发文单位】 甘肃省政府办公厅

【收文单位】 甘肃水利林牧公司

【档案编号】 039-001-0022-0018

【成文时间】 1943-04-22

【关 键 词】 工作报告

【内容提要】

主要涉及请水利林牧公司报送公司三十一年度（1942）工作报告。

【叙录编号】 1399

【档案题名】

为送三十一年度（1942）业务概况

【发文单位】 甘肃省水利林牧公司

【收文单位】 甘肃省建设厅；甘肃省政府

【档案编号】 039-001-0022-（0020-0021）

【成文时间】 1943-05-03

【关 键 词】 业务概况

【内容提要】

水利林牧公司给建设厅三十一年（1942）业务概况，包含三十一年度（1942）业务概况。

【叙录编号】 1400

【档案题名】

业务概况报告

【发文单位】 甘肃省水利林牧公司

【收文单位】 不详

【档案编号】 039-001-0023-0011

【成文时间】 1945-10-08

【关 键 词】 业务概况

【内容提要】

如题。

【叙录编号】 1401

【档案题名】

公司业务情形及盈亏数字情况

【发文单位】 甘肃省建设厅

【收文单位】 甘肃水利林牧公司；甘肃省参议会

【档案编号】 039-001-0025-（0019-0021）

【成文时间】 1945-12-13—1945-12-31

【关 键 词】 盈亏数字

【内容提要】

建设厅、甘肃水利林牧公司、省参议会之间关于水利林牧公司业务情形及盈亏数字的公文往来，包含历年决算盈亏简表。

【叙录编号】 1402

【档案题名】

为收集各项工程计划图表及有关书报杂志函

【发文单位】 长沙水利学会

【收文单位】 甘肃水利林牧公司
【档案编号】 039-001-0026-0014
【成文时间】 1947-02-10
【关 键 词】 工程计划图表；书报杂志
【内容提要】
　　主要涉及请求收集各项工程计划图表及有关书报杂志。

【叙录编号】 1403
【档案题名】
　　关于函送建设年刊
【发文单位】 甘肃省建设厅；甘肃水利林牧公司
【收文单位】 甘肃水利林牧公司；甘肃省建设厅
【档案编号】 039-001-0027-（0001-0002）
【成文时间】 1941-08-27—1941-09-05
【关 键 词】 建设年刊
【内容提要】
　　甘肃水利林牧公司、建设厅之间关于函送建设年刊的公文往来。

【叙录编号】 1404
【档案题名】
　　为函送工程设计二册函
【发文单位】 甘肃水利林牧公司
【收文单位】 陕西省保惠渠
【档案编号】 039-001-0027-0022
【成文时间】 1941-07-23
【关 键 词】 工程设计二册
【内容提要】
　　主要涉及函送工程设计二册。

【叙录编号】 1405
【档案题名】
　　为请寄缩小线路平面图等公函
【发文单位】 甘肃水利林牧公司
【收文单位】 □天铁路工程局
【档案编号】 039-001-0028-0003
【成文时间】 1941-10-03
【关 键 词】 线路平面图
【内容提要】
　　如题。

【叙录编号】 1406
【档案题名】
　　民国三十年度（1941）施业计划略图
【发文单位】 甘肃省农业改进所
【收文单位】 不详
【档案编号】 039-001-0043-0024
【成文时间】 1941-10
【关 键 词】 农业施业计划
【内容提要】
　　录有1941年10月《甘肃省农业改进所三十年度（1941）施业计划略图》1份。

【叙录编号】 1407
【档案题名】
　　民国二年（1913）甘肃宁夏青海监察区监察使署向某公司核查向省机器厂购买钢材之咨文往来
【发文单位】 甘肃省监察区监察使署（张祝书）
【收文单位】 胡志刚
【档案编号】 039-001-0056-0023
【成文时间】 1942-01-16
【关 键 词】 钢料；水利工程
【内容提要】
　　共2份文件。第2份文件记载该公司购买钢料之缘由：由于该公司成立后接办各渠水利工程，钢料短缺，故向甘肃省机器厂购买钢料。

【叙录编号】 1408

【档案题名】
民国三十一年（1942）甘肃水利林牧公司托购直流收音机及甘肃地图等互见单
【发文单位】　不详
【收文单位】　甘肃水利林牧公司
【档案编号】　039-001-0056-0029
【成文时间】　1942-04-04
【关　键　词】　地图
【内容提要】
共1份文件，如题。

【叙录编号】　1409
【档案题名】
民国三十四年（1945）甘肃水利林牧公司因添置卫生设备请价让俄听三只致西北公路运输局函
【发文单位】　甘肃水利林牧公司
【收文单位】　西北公路运输局
【档案编号】　039-001-0056-0034
【成文时间】　1945-06-28
【关　键　词】　卫生设备；俄听
【内容提要】
共1份文件，如题。

【叙录编号】　1410
【档案题名】
甘肃水利林牧公司为退还经纬仪及水平仪定款一直致慎昌洋行的函
【发文单位】　甘肃水利林牧公司
【收文单位】　慎昌洋行
【档案编号】　039-001-0061-0044
【成文时间】　1943-07-26
【关　键　词】　仪器
【内容提要】
共1份文件，如题。

【叙录编号】　1411
【档案题名】
西北公路运输局为请拨还汽油及核查事宜与甘肃水利林牧公司的往返函
【发文单位】　西北公路运输局；甘肃水利林牧公司
【收文单位】　甘肃水利林牧公司；西北公路运输局
【档案编号】　039-001-0062-（0018、0020）
【成文时间】　1942-09-21—1943-02-10
【关　键　词】　汽油
【内容提要】
共2份文件。9月21日，西北公路运输局为请拨还汽油致甘肃水利林牧公司函，并对汽油数量进行核验。次年2月10日，甘肃水利林牧公司就核验汽油数量结果复西北公路运输局函。

【叙录编号】　1412
【档案题名】
甘肃水利林牧公司总管理处为请资委会价让钢条电
【发文单位】　甘肃资源委员会矿业处许处长
【收文单位】　甘肃水利林牧公司总管理处
【档案编号】　039-001-0062-0033
【成文时间】　1943-05-07
【关　键　词】　钢条
【内容提要】
共1份文件，如题。

【叙录编号】　1413
【档案题名】
甘肃水利林牧公司为请配制水平仪底盘螺丝一事致函甘肃机器厂
【发文单位】　甘肃水利林牧公司
【收文单位】　甘肃机器厂
【档案编号】　039-001-0063-0005
【成文时间】　1941-09-26

【关 键 词】 水平仪
【内容提要】
　　共1份文件，如题。附甘肃及其航报价单。

【叙录编号】 1414
【档案题名】
　　甘肃水利林牧公司为派员代修配制经纬仪一事致甘肃机器厂的函
【发文单位】 甘肃水利林牧公司
【收文单位】 甘肃机器厂
【档案编号】 039-001-0063-0012
【成文时间】 1942-06-18
【关 键 词】 经纬仪
【内容提要】
　　共1份文件，如题。

【叙录编号】 1415
【档案题名】
　　甘肃水利林牧公司、甘肃机器厂为拟购2吋口径手压抽水机一事的往来公函
【发文单位】 甘肃水利林牧公司
【收文单位】 甘肃机器厂
【档案编号】
　　039-001-0063-（0031、0036-0037）
【成文时间】 1943-05-11
【关 键 词】 抽水机
【内容提要】
　　共3份文件，如题。

【叙录编号】 1416
【档案题名】
　　甘肃水利林牧公司管理总处为洽购3吋口径手摇抽水机事致甘肃机器厂函
【发文单位】 甘肃水利林牧公司总管理处；甘肃水利林牧公司总管理处等
【收文单位】 甘肃机器厂等

【档案编号】
　　039-001-0064-（0001-0002、0006）
【成文时间】 1943-06-18—1943-06-25
【关 键 词】 抽水机；手摇抽水机
【内容提要】
　　共2份文件，内附签复单。6月18日，甘肃水利林木公司管理总处向甘机厂申请缓购3吋口径手摇抽水机。6月25日，甘肃水利林牧公司请甘机厂让价并赶制3吋口径手摇抽水机。8月10日，甘机厂同意让价一事，但无法确保赶制进度。

【叙录编号】 1417
【档案题名】
　　甘肃机器厂、甘肃水利林牧公司总管理处及其下级机关为请修理防火水枪的函
【发文单位】 甘肃水利林牧公司总管理处
【收文单位】 甘肃机器厂
【档案编号】 039-001-0064-（0017-0018）
【成文时间】 1944-03-07—1944-03-20
【关 键 词】 防火水枪
【内容提要】
　　共2份文件。3月7日，甘肃水利林牧公司欲使甘肃机器厂代为检修防火水枪，呈请甘肃水利林牧公司总管理处批准。3月20日，甘肃水利林牧公司总管理处为检修水枪事致甘机厂。

【叙录编号】 1418
【档案题名】
　　甘肃省政府关于管理废金属规则等事的训令
【发文单位】 甘肃省政府
【收文单位】 甘肃水利林牧公司
【档案编号】 039-001-0067-（0001-0002）
【成文时间】 1942-08-14
【关 键 词】 废金属；规则

【内容提要】

共1份文件，附《经济部管理废金属规则》13条。

【叙录编号】 1419
【档案题名】
甘肃水利林牧公司为调整总管理处及各附属单位各级主管人员公费事函
【发文单位】 甘肃水利林牧公司；甘肃水利林牧公司董事会
【收文单位】 甘肃水利林牧公司各常务董事；甘肃水利林牧公司总管理处
【档案编号】 039-001-0068-（0001-0006）
【成文时间】 1943-03-26—1943-05-20
【关 键 词】 公费调整
【内容提要】

共6份文件，如题。第2份为各级主管人员公费调整前后的比较表。

【叙录编号】 1420
【档案题名】
甘肃水利林牧公司董事会因各级主管人员公费调整致总管理处函
【发文单位】 甘肃水利林牧公司总管理处
【收文单位】 甘肃水利林牧公司董事会
【档案编号】 039-001-0068-0007
【成文时间】 1943-05-18
【关 键 词】 公费调整
【内容提要】

共1份文件，如题。

【叙录编号】 1421
【档案题名】
甘肃水利林牧公司调整各级主管人员公费的规定
【发文单位】 甘肃水利林牧公司
【收文单位】 不详
【档案编号】 039-001-0068-0008
【成文时间】 1943-05-17
【关 键 词】 公费调整
【内容提要】

共1份文件，如题。

【叙录编号】 1422
【档案题名】
甘肃水利林牧公司总管理处因各级主管人员公费调整致各部处室函
【发文单位】 甘肃水利林牧公司总管理处
【收文单位】 甘肃水利林牧公司各部处室
【档案编号】 039-001-0068-0009
【成文时间】 1943-05-21
【关 键 词】 公费调整
【内容提要】

共1份文件，如题。

【叙录编号】 1423
【档案题名】
甘肃水利林牧公司总管理处为调整各级主管工资致各部函
【发文单位】 甘肃水利林牧公司总管理处
【收文单位】 甘肃水利林牧公司森林部和畜牧部
【档案编号】 039-001-0068-0010
【成文时间】 1943-05-21
【关 键 词】 公费调整
【内容提要】

共1份文件，如题。

【叙录编号】 1424
【档案题名】
甘肃水利林牧公司就兼职公费标准致各附属机关函
【发文单位】 甘肃水利林牧公司
【收文单位】 甘肃水利林牧公司各附属机关

【档案编号】 039-001-0068-（0011-0012）
【成文时间】 1944-01-19
【关 键 词】 公费；标准
【内容提要】
　　共2份文件，内附兼职公费标准笺，该标准将于1944年1月1日实行。

【叙录编号】 1425
【档案题名】
　　甘肃水利林牧公司总管理处为取消津贴主任公费致总管理处函
【发文单位】 甘肃水利林牧公司兰州牧场兼代主任江林遂
【收文单位】 甘肃水利林牧公司总管理处
【档案编号】 039-001-0068-0018
【成文时间】 1944-05-28
【关 键 词】 职员津贴
【内容提要】
　　共1份文件，如题。

【叙录编号】 1426
【档案题名】
　　甘肃水利林牧公司为送职员薪津规则、津贴规则等事致各单位函
【发文单位】 甘肃水利林牧公司
【收文单位】 甘肃水利林牧公司各单位
【档案编号】 039-001-0069-（0001-0002）
【成文时间】 1941-11-13
【关 键 词】 薪津津贴规则
【内容提要】
　　共1份文件，各单位包括水利部、畜牧部、森林部、农业部、各渠工程处；0002为薪津表。

【叙录编号】 1427
【档案题名】
　　甘肃水利林牧公司为抄发修正职员薪津规则及附表等事致各附属单位函
【发文单位】 甘肃水利林牧公司
【收文单位】 各附属机关
【档案编号】 039-001-0069-（0012-0015）
【成文时间】 1942-05-20
【关 键 词】 薪津
【内容提要】
　　共4份文件。各附属机关包括森林部、畜牧部、第一林区管理处、陇南畜牧场、兰州牧场筹备处、兰州制革厂、各渠工程处、洮惠渠管理处等。附《职员薪津规则》（0013），《职员薪级调整对照表》（0014），《附属机关职员薪级表》（0015）。

【叙录编号】 1428
【档案题名】
　　甘肃水利林牧公司为修正薪津规则条文及附表一事致各附属机关的函
【发文单位】 甘肃水利林牧公司
【收文单位】 甘肃水利林牧公司各附属机关
【档案编号】 039-001-0069-（0023-0025）
【成文时间】 1942-12-30—1943-03-17
【关 键 词】 薪津
【内容提要】
　　共3份文件，附《甘肃水利林牧公司职员薪津规则》《甘肃水利林牧公司总管理处职员薪级表》《甘肃水利林牧公司技术职员薪级表》《甘肃水利林牧公司附属机关职员薪级表》（0024）。

【叙录编号】 1429
【档案题名】
　　甘肃水利林牧公司为各部分原有股股长股员名称一事致各附属机关的函
【发文单位】 甘肃水利林牧公司
【收文单位】 甘肃水利林牧公司各附属机关
【档案编号】 039-001-0069-（0025-0026）

【成文时间】 1943-03-18
【关 键 词】 股长；股员
【内容提要】
　　共2份文件，致水利部、畜牧部、第一林区管理处、兰州制革厂、陇南畜牧场、兰州牧场、各渠工程处管理处、各工作站等，原有股长股员一律改为组长组员。

【叙录编号】 1430
【档案题名】
　　甘肃水利林牧公司为增加监工员职称并规定薪级等事的函
【发文单位】 甘肃水利林牧公司
【收文单位】 甘肃水利林牧公司各附属机关
【档案编号】 039-001-0069-0027
【成文时间】 1943-07-02
【关 键 词】 监工；职称；薪级
【内容提要】
　　共1份文件，致各渠工程处、管理处及各工作站等。

【叙录编号】 1431
【档案题名】
　　甘肃水利林牧公司为修正、试行职员薪津规则一事
【发文单位】 甘肃水利林牧公司
【收文单位】 甘肃水利林牧公司各部处室及所属单位
【档案编号】 039-001-0069-（0028-0033）
【成文时间】 1944-12-16
【关 键 词】 薪津
【内容提要】
　　共2份文件，附《修订职员薪津规则提要》（0031），《职员薪津规则》（0032），《所属单位职员薪级表》（0033）。

【叙录编号】 1432
【档案题名】
　　甘肃水利林牧公司致各单位职员薪津之函
【发文单位】 甘肃水利林牧公司
【收文单位】 甘肃水利林牧公司各单位
【档案编号】 039-001-0070-（0001-0002）
【成文时间】 1941-11-13
【关 键 词】 薪津
【内容提要】
　　共2份文件，内附职员津贴规则。

【叙录编号】 1433
【档案题名】
　　西北枕木厂为请示增加工役津贴数目致甘肃水利林牧公司函
【发文单位】 西北枕木厂经理赵英达
【收文单位】 甘肃水利林牧公司总管理处
【档案编号】 039-001-0071-0034
【成文时间】 1943-04-26
【关 键 词】 津贴；西北枕木厂
【内容提要】
　　共1份文件，如题。

【叙录编号】 1434
【档案题名】
　　甘肃水利林牧公司为增加工役膳贴致肃丰渠函
【发文单位】 甘肃水利林牧公司
【收文单位】 甘肃水利林牧公司肃丰渠第五分队
【档案编号】 039-001-0071-0044
【成文时间】 1942-04-29
【关 键 词】 津贴；肃丰渠
【内容提要】
　　共1份文件，如题。

【叙录编号】 1435
【档案题名】

甘肃水利林牧公司为改定水文站测工生活津贴事致各分渠函
【发文单位】 甘肃水利林牧公司
【收文单位】 祁连山水文站各分队
【档案编号】 039-001-0071-0046
【成文时间】 1942-05-08
【关 键 词】 津贴
【内容提要】
　　共1份文件，如题。

【叙录编号】 1436
【档案题名】
　　水利委员会为发给测工生活补助的训令
【发文单位】 水利委员会
【收文单位】 甘肃水利林牧公司
【档案编号】 039-001-0071-0052
【成文时间】 1946-09-09
【关 键 词】 生活补助
【内容提要】
　　共1份文件，如题。

【叙录编号】 1437
【档案题名】
　　核办各机关工人待遇的训令和函
【发文单位】 行政院院长宋子文；水利委员会委员长
【收文单位】 甘肃河西水利工程总队；河西水利工程队各分队等
【档案编号】 039-001-0072-（0057-0059）
【成文时间】 1946-09-30—1946-10-24
【关 键 词】 工人待遇
【内容提要】
　　共3份文件，如题。

【叙录编号】 1438
【档案题名】
　　甘肃油矿局为油矿局总经理尚未回矿赴兰日期未定一事致甘肃水利林牧公司的函
【发文单位】 甘肃油矿局
【收文单位】 甘肃水利林牧公司
【档案编号】 039-001-0080-（0009-0010）
【成文时间】 1942-07-28
【关 键 词】 甘肃油矿局
【内容提要】
　　共2份文件，如题。

【叙录编号】 1439
【档案题名】
　　第一林区管理处、甘肃水利林牧公司总管理处为邓经理等人出差旅费及工作报告一事的往来公函
【发文单位】 第一林区管理处；甘肃水利林牧公司
【收文单位】 甘肃水利林牧公司；第一林区管理处
【档案编号】 039-001-0080-（0032-0034）
【成文时间】 1942-12-08
【关 键 词】 第一林区；邓经理；旅费
【内容提要】
　　共3份文件，如题。

【叙录编号】 1440
【档案题名】
　　甘肃水利林牧公司为送该公司拟购外汇物料估价表一事致甘肃省建设厅的函
【发文单位】 甘肃水利林牧公司
【收文单位】 甘肃省建设厅
【档案编号】 039-001-0082-（0015-0016）
【成文时间】 1941-10-22
【关 键 词】 水利林牧；仪器
【内容提要】
　　共1份文件。甘肃水利林牧公司为水利林牧工程拟购置水平仪、经纬仪、绘图仪器、抽水机等仪器，附《甘肃水利林牧公司拟购物料

估价表》。

【叙录编号】 1441
【档案题名】
　　甘肃水利林牧公司、甘肃省银行总行关于甘肃水利林牧公司汇发各县公款免收汇费一事的往来公函
【发文单位】 甘肃省银行总行；甘肃水利林牧公司
【收文单位】 甘肃水利林牧公司；森林部等
【档案编号】 039-001-0083-（0001-0005）
【成文时间】 1941-10-24—1941-11-10
【关 键 词】 汇费
【内容提要】
　　共5份文件。甘肃省银行总行允准甘肃水利林牧公司汇发各县公款免收汇费，森林部、畜牧部在岷县、夏河免收汇费酌收运送费。

【叙录编号】 1442
【档案题名】
　　甘肃水利林牧公司、中国农民银行关于水利林牧事业托汇公款减半收费一事的往来公函
【发文单位】 甘肃水利林牧公司；兰州中国农民银行
【收文单位】 中国农民银行兰州分行；甘肃水利林牧公司
【档案编号】
　　039-001-0083-（0006、0008、0010-0012）
【成文时间】 1941-09-27—1941-12-29
【关 键 词】 托汇公款；特约办理
【内容提要】
　　共5份文件，如题。

【叙录编号】 1443
【档案题名】
　　甘肃水利林牧公司为发电报现金存放银行结存一事等致各渠处的函
【发文单位】 甘肃水利林牧公司
【收文单位】 各渠工程处
【档案编号】 039-001-0083-（0026-0032）
【成文时间】 1941-10-15—1942-03-05
【关 键 词】 各渠；银行结存
【内容提要】
　　共7份文件，附《电报现金存放银行结存办法》（0027）。

【叙录编号】 1444
【档案题名】
　　甘肃水利林牧公司为检发电报现金存放银行结存办法等致兰州制革厂等的通函
【发文单位】 甘肃水利林牧公司；第一林区管理处
【收文单位】 兰州制革厂；甘肃水利林牧公司等
【档案编号】 039-001-0083-（0033-0035）
【成文时间】 1942-03-11—1942-10-28
【关 键 词】 银行结存办法
【内容提要】
　　共3份文件，第一份文件的收函单位包括兰州制革厂、第一林区管理处、陇南畜牧场、兰州牧场、肃丰渠工程筹备处、兰丰渠公衡筹备处、溥济渠工程处。

【叙录编号】 1445
【档案题名】
　　甘肃水利林牧公司为规定电报现金存放银行结存改用明码报告致各附属单位的函
【发文单位】 甘肃水利林牧公司
【收文单位】 甘肃水利林牧公司各附属单位
【档案编号】 039-001-0083-0036
【成文时间】 1943-04-06
【关 键 词】 银行结存；明码
【内容提要】

共1份文件，如题。

【叙录编号】 1446
【档案题名】
甘肃水利林牧公司为复办理农贷工程经过情形致农行总处函
【发文单位】 甘肃水利林牧公司
【收文单位】 中国农民银行总处
【档案编号】 039-001-0085-0008
【成文时间】 1942-03-30
【关 键 词】 农贷工程
【内容提要】
共1份文件，如题。

【叙录编号】 1447
【档案题名】
甘肃水利林牧公司为按期陈报周末库存一事与各场站的往来公函
【发文单位】 甘肃水利林牧公司；洮河林场等
【收文单位】 兰州制革厂；陇南畜牧场等
【档案编号】 039-001-0086-（0029-0035）
【成文时间】 1943-10-13—1943-11-17
【关 键 词】 酒泉总站；湟惠渠
【内容提要】
共6份文件，附《渭河林场周末现金库存累计表》（0032）。

【叙录编号】 1448
【档案题名】
西北林业公司为催还该公司款项致甘肃水利林牧公司的函
【发文单位】 西北林业股份有限公司
【收文单位】 甘肃水利林牧公司
【档案编号】 039-001-0087-0041
【成文时间】 1946-07-25
【关 键 词】 西北林业公司；款项
【内容提要】

共1份文件，如题。

【叙录编号】 1449
【档案题名】
兰州直税分局为请自成立日起按月上缴薪酬所得税并填送表单一事与甘肃水利林牧公司的往来公函
【发文单位】 财政部甘宁青新直接税局兰州分局；甘肃水利林牧公司
【收文单位】 甘肃水利林牧公司；财政部甘宁青新直接税局兰州分局
【档案编号】 039-001-0089-（0004-0008）
【成文时间】 1942-05-21—1942-05-26
【关 键 词】 所得税
【内容提要】
共2份文件，附《第二类甲薪给报酬所得税征收须知》（0006）、《第二类薪给报酬所得额报告表》（0007）。

【叙录编号】 1450
【档案题名】
森林部、甘肃水利林牧公司总处关于该部职员所得税应交何处一事的往来函
【发文单位】 森林部；甘肃水利林牧公司总处
【收文单位】 甘肃水利林牧公司总处；森林部
【档案编号】 039-001-0089-（0008-0010）
【成文时间】 1942-06-01—1943-06-04
【关 键 词】 森林部；所得税
【内容提要】
共2份文件，如题。

【叙录编号】 1451
【档案题名】
甘肃水利林牧公司为送所得税报告表及清单等事致兰州直税分局的函
【发文单位】 甘肃水利林牧公司
【收文单位】 财政部甘宁青新直接税局兰州

分局

【档案编号】
039-001-0089-（0013-0017、0020-0021、0026、0029、0033、0036-0038）

【成文时间】 1942-08-14—1943-07-09

【关 键 词】 所得税；报告表

【内容提要】
共13份文件。0014为第一、二查勘队所得税报告表。

【叙录编号】 1452
【档案题名】
兰州直税分局、甘肃水利林牧公司总处、水利查勘第三分队关于该队薪酬所得税报告表一事的往来函

【发文单位】 财政部甘宁青新直接税局兰州分局；甘肃水利林牧公司等

【收文单位】 甘肃水利林牧公司；水利查勘第三分队等

【档案编号】 039-001-0089-（0021-0025）

【成文时间】 1942-01-27—1943-01-18

【关 键 词】 水利查勘第三分队；所得税

【内容提要】
共5份文件。该队所得税报告表应送武威直税局。

【叙录编号】 1453
【档案题名】
兰州直税分局、甘肃水利林牧公司关于变更二类税单表一事的相关公函

【发文单位】 财政部甘宁青新直接税局兰州分局；甘肃水利林牧公司

【收文单位】 甘肃水利林牧公司；甘肃水利林牧公司各附属单位

【档案编号】 039-001-0089-（0029-0032）

【成文时间】 1943-04-01

【关 键 词】 所得税新税率

【内容提要】
共2份文件，附《第二类所得每月纳税额计算表》（0031）。

【叙录编号】 1454
【档案题名】
行政院水利委员会为募集高坑岩水电厂遇难员工捐册启事的函及通告

【发文单位】 行政院水利委员会

【收文单位】 所属水工单位

【档案编号】 039-001-0091-0017

【成文时间】 1944-12-23

【关 键 词】 遇难员工；基金捐款

【内容提要】
共2份文件，如题。

【叙录编号】 1455
【档案题名】
甘肃省募劝总处为函聘沈怡为省会第54分队长事致沈怡函及聘书

【发文单位】 甘肃省募劝总处

【收文单位】 沈怡

【档案编号】 039-001-0091-（0046-0047）

【成文时间】 1941-09-28

【关 键 词】 聘书

【内容提要】
共2份文件。其一为甘肃省募劝总处聘沈怡为省会第54分队长事致沈怡函；另一为甘肃省募劝总处聘沈怡为省会第54分队长之聘书。

【叙录编号】 1456
【档案题名】
甘肃水利林牧公司总经理沈怡为聘用黄异生、赵世暹、刘拔英、李之干、汪叔逵、兰德、沈嗣芳、晏华璋、周礼、邓叔群、应业蕃、应晋三的通知及聘书

【发文单位】 甘肃水利林牧公司总务室；甘肃水利林牧公司总务室等
【收文单位】 甘肃水利林牧公司畜牧部；甘肃水利林牧公司会计室等
【档案编号】
　　039-001-0098-(0009-0022、0026-0031)
【成文时间】 1941-06-02—1943-04-09
【关 键 词】 聘书；聘用通知
【内容提要】
　　共11份文件，其中聘黄异生为畜牧部总技师，赵世遐为工程师仍兼任水利部副经理，刘拔英、李之干、兰德为畜牧部副技师，汪叔遹为会计室主任，沈嗣芳为甘肃水利林牧公司驻港代表，晏华璋为甘肃水利林牧公司驻渝代表，周礼为甘肃水利林牧公司水利查勘队总队长，邓叔群为森林部总技师，应业蕃、应晋三为畜牧部专员。

【叙录编号】 1457
【档案题名】
　　甘肃水利林牧公司畜牧部经理黄异生为请准辞去兼各职给甘肃水利林牧公司的签呈
【发文单位】 甘肃水利林牧公司畜牧部经理黄异生
【收文单位】 甘肃水利林牧公司总经理沈怡
【档案编号】 039-001-0098-0034
【成文时间】 1944-03-19
【关 键 词】 人员任职
【内容提要】
　　共1份文件，如题。

【叙录编号】 1458
【档案题名】
　　甘肃水利林牧公司总管理处致森林部职员月支马费的函
【发文单位】 甘肃水利林牧公司总管理处
【收文单位】 甘肃水利林牧公司森林部

【档案编号】 039-001-0103-0024
【成文时间】 1942-01-26
【关 键 词】 马费
【内容提要】
　　共1份文件，如题。

【叙录编号】 1459
【档案题名】
　　甘肃水利林牧公司总管理处为请将去年职员薪津发拨致森林部和畜牧部
【发文单位】 甘肃水利林牧公司
【收文单位】 甘肃水利林牧公司森林部和畜牧部
【档案编号】 039-001-0106-0001
【成文时间】 1942-01-17
【关 键 词】 薪津
【内容提要】
　　共1份文件，如题。

【叙录编号】 1460
【档案题名】
　　甘肃水利林牧公司总处、森林部关于职员外勤费一事的往来公函
【发文单位】 森林部；甘肃水利林牧公司总处
【收文单位】 甘肃水利林牧公司总处；森林部
【档案编号】 039-001-0111-(0023-0025)
【成文时间】 1942-01-20—1942-01-22
【关 键 词】 森林部；外勤费
【内容提要】
　　共3份文件，附《外勤费支经费表》(0024)。

【叙录编号】 1461
【档案题名】
　　甘肃水利林牧公司、甘肃省建设厅、平丰渠工程处、王自治关于拨发水利专员王自治外勤费、生活补助金、各类代金、各类津贴补助等的往来公函

【发文单位】 甘肃水利林牧公司；甘肃省建设厅等
【收文单位】 泾济渠工程处；平丰渠工程处等
【档案编号】
039-001-0112；039-001-0113-（0001、0020-0021、0024-0048）
【成文时间】 1944-02-19—1942-03-09
【关 键 词】 王自治；水利专员；经费
【内容提要】
共26份文件，如题。

【叙录编号】 1462
【档案题名】
甘肃省建设厅、甘肃水利林牧公司关于水利专员杨景周另有任用停支薪俸的相关公函
【发文单位】 甘肃省建设厅；甘肃水利林牧公司
【收文单位】 甘肃水利林牧公司；湟惠渠工程处
【档案编号】 039-001-0112-（0022-0023）
【成文时间】 1942-04-14—1942-04-17
【关 键 词】 杨景周；任用
【内容提要】
共2份文件，如题。

【叙录编号】 1463
【档案题名】
甘肃省建设厅、甘肃水利林牧公司、平丰渠关于专员王自治由省政府改为聘任水利专员一事的相关公函
【发文单位】 甘肃省建设厅；甘肃水利林牧公司
【收文单位】 甘肃水利林牧公司；甘肃省建设厅等
【档案编号】 039-001-0113-（0002-0009）
【成文时间】 1944-03-11—1944-04-17
【关 键 词】 王自治
【内容提要】
共6份文件。专员王自治由省政府改为聘任水利专员，嗣后旅费由工作地渠支用。

【叙录编号】 1464
【档案题名】
甘肃水利林牧公司、水利专员王自治关于其津贴的往来函
【发文单位】 甘肃水利林牧公司；王自治
【收文单位】 王自治；甘肃水利林牧公司
【档案编号】 039-001-0113-（0016-0018）
【成文时间】 1944-07-08—1944-09-04
【关 键 词】 王自治；津贴
【内容提要】
共3份文件，如题。

【叙录编号】 1465
【档案题名】
甘肃省建设厅、甘肃水利林牧公司关于聘请水利专员崔崇桂及应支各费的往来公函
【发文单位】 甘肃省建设厅；甘肃水利林牧公司
【收文单位】 甘肃水利林牧公司；甘肃省建设厅等
【档案编号】 039-001-0113-（0018-0023）
【成文时间】 1944-12-02—1945-01-22
【关 键 词】 水利专员；崔崇桂
【内容提要】
共4份文件，如题。

【叙录编号】 1466
【档案题名】
甘肃省政府为该府派往各工地协助工作人员所需来往及在工地旅费支给等事的代电
【发文单位】 甘肃省政府

【收文单位】 甘肃水利林牧公司
【档案编号】 039-001-0113-0048
【成文时间】 1946-06-16
【关 键 词】 工地；旅费
【内容提要】
　　共1份文件，如题。

【叙录编号】 1467
【档案题名】
　　甘肃水利林牧公司关于9月5、6日会议通知及会议记录的相关通知、函
【发文单位】 甘肃水利林牧公司
【收文单位】 各渠工程处；兰州制革厂等
【档案编号】 039-001-0114-（0001-0003）
【成文时间】 1941-09-03—1941-09-22
【关 键 词】 甘肃水利林牧公司；会议记录
【内容提要】
　　共3份文件，附2份《会议记录》（0003）。9月5日会议记录包括：1.公司成立经过；2.公司内部组织；3.水利部之职掌；4.水利经费之来源；5.水利部工作纲要；6.公司之人事；7.同人之服务道德。讨论并议决工程处组织及办事细则等12项提案。9月6日会议记录包括：继续讨论第13至24项提案。郭协理对文书、财物、人事、公司与省政府及农民银行之关系等情况进行了报告。

【叙录编号】 1468
【档案题名】
　　甘肃水利林牧公司同人通讯录第21期
【发文单位】 甘肃水利林牧公司
【收文单位】 不详
【档案编号】 039-001-0116-0003
【成文时间】 1944-03-01
【关 键 词】 第3次渠务记录
【内容提要】
　　共1份文件，包括：第3次渠务会议记录；防治沙灾之成法；天然水泥介绍。

【叙录编号】 1469
【档案题名】
　　甘肃省建设厅提案
【发文单位】 甘肃省建设厅
【收文单位】 不详
【档案编号】 039-001-0116-0021
【成文时间】 不详
【关 键 词】 第4次渠务会议
【内容提要】
　　共1份文件，如题。

【叙录编号】 1470
【档案题名】
　　甘肃水利林牧公司总管理处为设立战时节约委员会致郭协理等人的函
【发文单位】 甘肃水利林牧公司总管理处
【收文单位】 甘肃水利林牧公司郭协理等人
【档案编号】 039-001-0134-（0007-0008）
【成文时间】 1943-07-19
【关 键 词】 节约资源
【内容提要】
　　共2份文件。《战时节约委员会纲要》（0008）。

【叙录编号】 1471
【档案题名】
　　甘肃水利林牧公司总管理处、河西水利工程总队第一分队、河西水利工程总队第二分队就发送竣工图表格式及审计规章的函
【发文单位】 河西水利工程总队第一分队队长张家瑶；甘肃水利林牧公司武威工作站等
【收文单位】 甘肃水利林牧公司武威工作站；河西工程总队第二分队等
【档案编号】 039-001-0134-（0038-0041）
【成文时间】 1945-12-01—1945-12-14

【关 键 词】 竣工图；审计规章
【内容提要】
共3份文件，如题。

【叙录编号】 1472
【档案题名】
工业调查简表和工业原料及材料配件国外来源调查表的调查说明
【发文单位】 不详
【收文单位】 不详
【档案编号】 039-001-0135-0013
【成文时间】 1942-04
【关 键 词】 工业调查；材料配件
【内容提要】
共2份文件，如题。

【叙录编号】 1473
【档案题名】
甘肃水利林牧公司成立周年纪念日总经理训词并由总管理处转森林部函
【发文单位】 甘肃水利林牧公司总管理处
【收文单位】 甘肃水利林牧公司森林部；甘肃水利林牧公司畜牧部等
【档案编号】 039-001-0136-（0010-0011）
【成文时间】 1942-04-24—1942-05-06
【关 键 词】 训词
【内容提要】
共2份文件。训词对公司近年来承办农田水利及其森林、畜牧事业进行回顾（0010）。

【叙录编号】 1474
【档案题名】
关于甘肃水利林牧公司寄送各部门单位《中行农讯》一事的往来公函
【发文单位】 甘肃水利林牧公司；甘肃科学教育馆等
【收文单位】 甘肃水利林牧公司森林部；兰州制革厂等
【档案编号】 039-001-0140-（0001-0010）
【成文时间】 1942-02-12—1942-11-24
【关 键 词】 《中行农讯》
【内容提要】
共10份文件，如题。

【叙录编号】 1475
【档案题名】
关于甘肃水利林牧公司总管处寄送各附属单位《同人通讯》一事的往来公函
【发文单位】 甘肃水利林牧公司水利查勘第三分队；甘肃水利林牧公司总管处等
【收文单位】 甘肃水利林牧公司总管处；甘肃水利林牧公司水利查勘第三分队等
【档案编号】 039-001-0140-（0011-0015）
【成文时间】 1942-11-18—1945-06-11
【关 键 词】 《同人通讯》
【内容提要】
共5份文件，如题。

【叙录编号】 1476
【档案题名】
甘肃水利林牧公司聘佟韦昌等人的聘书存根
【发文单位】 甘肃水利林牧公司
【收文单位】 不详
【档案编号】 039-001-0141-（0001-0050）
【成文时间】 1942-11-23—1943-03-23
【关 键 词】 聘书
【内容提要】
共50份文件，如题。与水利相关的文件包括：0003相天恩、0004王怀信、0005陈勋卿、0006徐珏、0007王尚仁、0008贾致孝、0014徐华明、0015余礼荣、0016陈树滋、0017王玉如、0018陈业清、0019赵振亚、0021朱焕文、0022赵钧国、0023余孟仁、

0024 余茂林、0025 常健民、0026 罗姚麟、0027 朱国材、0029 赵人龙、0031 张祖运、0033 周琮、0034 王彦俊、0035 张君英、0036 原素欣、0039 吴惇、0040 李宗藩、0041 吴申燕、0046 张作平、0047 李凤岐、0048 何玉书、0049 王鸿儒、0050 章正铣。与林业相关的文件包括：0010 相国华、0012 施光宇、0020 郑冠士、0028 周映昌、0042 蒋忠、0043 赵英达、0044 邓叔群、0045 王焱。其他与生态可能相关的文件包括：0037 原素欣（酒泉工作总站主任）、0038 聂百征（敦煌工作站主任）。

【叙录编号】　1477
【档案题名】
　　甘肃水利林牧公司关于请发、缴还特别证及来宾证一事与甘肃省政府、甘肃省建设厅的往来公函
【发文单位】　甘肃水利林牧公司
【收文单位】　甘肃省政府秘书处；甘肃省建设厅
【档案编号】　039-001-0142-（0001-0011）
【成文时间】　1942-03-05—1948-01-15
【关　键　词】　特别证；来宾证
【内容提要】
　　共11份文件，如题。

【叙录编号】　1478
【档案题名】
　　甘肃农业改进所、甘肃水利林牧公司关于该公司参加在羊毛改进处举行的农林事业会议一事的相关公函
【发文单位】　甘肃农业改进所；甘肃水利林牧公司总管理处
【收文单位】　甘肃水利林牧公司；甘肃水利林牧公司黄经理
【档案编号】　039-001-0142-（0012-0015）
【成文时间】　1942-10-01—1942-10-03
【关　键　词】　农林事业会议
【内容提要】
　　共3份文件，如题。

【叙录编号】　1479
【档案题名】
　　甘肃农会筹备会请甘肃水利林牧公司派员参加第一届甘农会的函
【发文单位】　甘肃省农会筹备会
【收文单位】　甘肃水利林牧公司
【档案编号】　039-001-0142-（0028-0029）
【成文时间】　1943-04-08
【关　键　词】　甘肃农会第一届
【内容提要】
　　共1份文件，如题。

【叙录编号】　1480
【档案题名】
　　关于三民主义青年团甘肃分团请甘肃水利林牧公司参加夏令营的往来公函
【发文单位】　三民主义青年团甘肃分团；甘肃水利林牧公司
【收文单位】　甘肃水利林牧公司；三民主义青年团甘肃分团
【档案编号】
　　039-001-0142-（0033-0034、0037-0039）
【成文时间】　1943-07-05—1943-07-14
【关　键　词】　夏令营；渠工模型
【内容提要】
　　共4份文件。甘肃水利林牧公司借出渠工模型等展览品。

【叙录编号】　1481
【档案题名】
　　兰州市农会、甘肃水利林牧公司关于请该公司准备第一届农产品展览会奖品的往来公函
【发文单位】　兰州市农会；甘肃水利林牧公司

【收文单位】 甘肃水利林牧公司；兰州市农会
【档案编号】 039-001-0142-（0035-0037）
【成文时间】 1943-08-23—1943-08-28
【关 键 词】 第一届农产品展览会；奖品
【内容提要】
　　共2份文件，如题。

【叙录编号】 1482
【档案题名】
　　水利工程学会请甘肃水利林牧公司派员参加第九届年会的函
【发文单位】 水利工程学会
【收文单位】 甘肃水利林牧公司
【档案编号】 039-001-0142-（0039-0040）
【成文时间】 1943-09-21
【关 键 词】 水利工程学会；年会
【内容提要】
　　共1份文件，如题。

【叙录编号】 1483
【档案题名】
　　甘肃水利林牧公司为抄送该公司附属单位名称驻地表致甘宁电政管理局的函
【发文单位】 甘肃水利林牧公司
【收文单位】 甘宁电政管理局
【档案编号】 039-001-0146-0012
【成文时间】 1943-12-18
【关 键 词】 附属单位；驻地
【内容提要】
　　共1份文件，附《甘肃水利林牧公司附属单位名称驻址表》。

【叙录编号】 1484
【档案题名】
　　甘肃水利林牧公司为公布《职员给假规则》致森林部等附属单位的函
【发文单位】 甘肃水利林牧公司
【收文单位】 兰州制革厂；各渠工程处等
【档案编号】 039-001-0155-（0001、0003）
【成文时间】 1942-01-28
【关 键 词】 假期；规则
【内容提要】
　　共1份文件，附《职员给假规则》《请假书》（0003）。

【叙录编号】 1485
【档案题名】
　　甘肃水利林牧公司通知各附属机关主管因公离职或请假核准皆按规定行事的函
【发文单位】 甘肃水利林牧公司
【收文单位】 各附属机关
【档案编号】 039-001-0155-（0003-0004）
【成文时间】 1942-02-24
【关 键 词】 职员给假规则
【内容提要】
　　共1份文件，如题。

【叙录编号】 1486
【档案题名】
　　甘肃水利林牧公司通知各附属单位员工请辞不得沿用长假字样的函
【发文单位】 甘肃水利林牧公司
【收文单位】 各附属机关
【档案编号】 039-001-0155-0005
【成文时间】 1942-05-26
【关 键 词】 请辞；规则
【内容提要】
　　共1份文件，如题。

【叙录编号】 1487
【档案题名】
　　甘肃水利林牧公司为公布《修正职员给假规则》第1条致各附属单位的函
【发文单位】 甘肃水利林牧公司

【收文单位】 各附属机关
【档案编号】 039-001-0155-（0007-0008）
【成文时间】 1942-12-30
【关 键 词】 假期；规则
【内容提要】
　　共1份文件，附《职员给假规则》（0008）。

【叙录编号】 1488
【档案题名】
　　甘肃水利林牧公司、湟惠渠等附属机关关于《职员给假规则》第9条、第11条的往来公函
【发文单位】 湟惠渠工程处；甘肃水利林牧公司
【收文单位】 甘肃水利林牧公司；湟惠渠等
【档案编号】
　　039-001-0155-（0009-0011、0013）
【成文时间】 1943-01-06—1943-07-29
【关 键 词】 假期；规则
【内容提要】
　　共4份文件，附《拟修正职员给假规则第九条及第十一条》。

【叙录编号】 1489
【档案题名】
　　甘肃水利林牧公司为规定《职员假期计算表》施行日期致各附属机关的函
【发文单位】 甘肃水利林牧公司总管处
【收文单位】 各附属机关
【档案编号】 039-001-0155-0012
【成文时间】 1943-01-30
【关 键 词】 假期；施行
【内容提要】
　　共1份文件，《职员假期计算表》于1943年1月1日起施行，附《职员假期计算表》。

【叙录编号】 1490
【档案题名】
　　甘肃水利林牧公司关于职员请假应注意四点致各附属机关的函
【发文单位】 甘肃水利林牧公司
【收文单位】 各附属机关
【档案编号】 039-001-0155-0014
【成文时间】 1944-03-28
【关 键 词】 假期
【内容提要】
　　共1份文件，如题。

【叙录编号】 1491
【档案题名】
　　甘肃水利林牧公司关于《职员假期表》等废止一事致各部室处及所属单位的函
【发文单位】 甘肃水利林牧公司
【收文单位】 各部室处及所属单位
【档案编号】 039-001-0155-0015
【成文时间】 1944-12-01
【关 键 词】 假期
【内容提要】
　　共1份文件。《职员假期表》废止时间为1945年1月1日。

【叙录编号】 1492
【档案题名】
　　甘肃水利林牧公司为《修正职员给假规则》公布试行一事致各部室处及所属单位的函
【发文单位】 甘肃水利林牧公司
【收文单位】 各部室处及所属单位
【档案编号】 039-001-0155-（0016-0017）
【成文时间】 1944-12-01
【关 键 词】 假期
【内容提要】
　　共1份文件。自1945年1月1日起试行，

附《修订职员给假规则提要》(0016),《职员给假规则》(0017)。

【叙录编号】 1493
【档案题名】
　　甘肃水利林牧公司为职员事假酌给路程假一事致各所属单位的函
【发文单位】 甘肃水利林牧公司
【收文单位】 各所属单位
【档案编号】 039-001-0155-0019
【成文时间】 1945-12-26
【关 键 词】 假期
【内容提要】
　　共1份文件,如题。

【叙录编号】 1494
【档案题名】
　　甘肃水利林牧公司总管理处《修订人事规章》
【发文单位】 甘肃水利林牧公司
【收文单位】 不详
【档案编号】 039-001-0155-0020
【成文时间】 1945-10-31
【关 键 词】 人事规章
【内容提要】
　　共1份文件,附《修订人事规章意见》。

【叙录编号】 1495
【档案题名】
　　甘肃水利林牧公司关于公务员等参加考试应作为公假给各分队的函
【发文单位】 甘肃水利林牧公司
【收文单位】 各分队;河西水利工程总队
【档案编号】 039-001-0155-(0021-0022)
【成文时间】 1946-11-18—1946-11-23
【关 键 词】 假期
【内容提要】
　　共2份文件,如题。

【叙录编号】 1496
【档案题名】
　　甘肃水利林牧公司为公布《职员任用规则》及《职员考绩奖惩规则》致各附属机关的函
【发文单位】 甘肃水利林牧公司
【收文单位】 各附属机关
【档案编号】 039-001-0156-0033
【成文时间】 1942-12-30
【关 键 词】 考绩;规则
【内容提要】
　　共1份文件,附《甘肃水利林牧公司职员考绩奖惩规则》《甘肃水利林牧公司职员考绩表》。

【叙录编号】 1497
【档案题名】
　　甘肃水利林牧公司为《职员考绩规则》于1945年1月1日废止致各附属单位的函
【发文单位】 甘肃水利林牧公司
【收文单位】 各附属机关
【档案编号】 039-001-0156-0034
【成文时间】 1944-12-01
【关 键 词】 考绩;规则
【内容提要】
　　共1份文件,如题。

【叙录编号】 1498
【档案题名】
　　甘肃水利林牧公司为抄发补助员工医药费办法致各渠工程处的函
【发文单位】 甘肃水利林牧公司
【收文单位】 各渠工程处
【档案编号】 039-001-0157-0001
【成文时间】 1942-02-03

【关　键　词】　医药费用；补助办法
【内容提要】
　　共1份文件，如题。

【叙录编号】　1499
【档案题名】
　　甘肃水利林牧公司、西北疗养院、西北医院第一院关于该公司员工疾病疗养等事的往来公函
【发文单位】　甘肃水利林牧公司；兰州西北卫生疗养医院
【收文单位】　兰州西北卫生疗养医院；甘肃水利林牧公司等
【档案编号】　039-001-0157-（0022-0026）
【成文时间】　1942-02-04—1942-02-07
【关　键　词】　疗养；费用
【内容提要】
　　共5份文件，如题。

【叙录编号】　1500
【档案题名】
　　甘肃水利林牧公司、平丰渠等附属机关关于核定各员工补助医药费等事的往来公函
【发文单位】　平丰渠工程处；甘肃水利林牧公司等
【收文单位】　甘肃水利林牧公司；平丰渠工程处等
【档案编号】　039-001-0158-（0001-0017）
【成文时间】　1944-01-03—1945-04-17
【关　键　词】　补助医药费
【内容提要】
　　共17份文件，如题。

【叙录编号】　1501
【档案题名】
　　甘肃水利林牧公司与溥济渠等附属单位、西北疗养院、泾川卫生院关于职员医药费用等事的往来公函
【发文单位】　溥济渠工程处；甘肃水利林牧公司等
【收文单位】　西北疗养院；甘肃水利林牧公司等
【档案编号】　039-001-0158-（0018-0037）
【成文时间】　1942-03-26—1942-12-20
【关　键　词】　医药费用
【内容提要】
　　共10份文件，如题。

【叙录编号】　1502
【档案题名】
　　甘肃省建设厅奉省政府令为发《结汇货物出口明细表》一事致甘肃水利林牧公司的函
【发文单位】　甘肃省建设厅
【收文单位】　甘肃水利林牧公司
【档案编号】　039-001-0169-（0020、0022）
【成文时间】　1942-04-10—1943-09-06
【关　键　词】　出口货物；木材；皮革
【内容提要】
　　共3份文件。《结汇出口货物明细表（民国三十一年起实行）（1942）》，出口物品涉及皮革、木材等（0022）。

【叙录编号】　1503
【档案题名】
　　甘肃省建设厅奉省政府令就出口桐油需要申请特许证一事致甘肃水利林牧公司的函
【发文单位】　甘肃省建设厅
【收文单位】　甘肃水利林牧公司
【档案编号】　039-001-0169-0023
【成文时间】　1942-07-18
【关　键　词】　桐油
【内容提要】
　　共1份文件，如题。

【叙录编号】 1504
【档案题名】
　　甘肃省政府就桐油、猪鬃统购统销的管理办法致甘肃水利林牧公司的训令
【发文单位】 甘肃省政府
【收文单位】 甘肃水利林牧公司
【档案编号】 039-001-0169-0025
【成文时间】 1945-12-08
【关 键 词】 桐油；猪鬃
【内容提要】
　　共1份文件，如题。

【叙录编号】 1505
【档案题名】
　　甘肃省政府为抄送《设置公有营业及公有事业机关会计统计机构办法》给甘肃水利林牧公司的公函
【发文单位】 甘肃省政府
【收文单位】 甘肃水利林牧公司
【档案编号】 039-001-0172-（0001-0002）
【成文时间】 1942-02-24
【关 键 词】《设置公有营业及公有事业机关会计统计机构办法》
【内容提要】
　　共1份文件。甘肃省政府要求甘肃水利林牧公司统计本机关所属会计人员并登记造册，附《设置公有营业及公有事业机关会计统计机构办法》《公有营业及事业机关会计机构调查表》各1份。

【叙录编号】 1506
【档案题名】
　　甘肃水利林牧公司为其公司组织性质与一般公有营业机关不同拟免填报调查表给甘肃省政府的案卷互见单
【发文单位】 甘肃水利林牧公司
【收文单位】 甘肃省政府
【档案编号】 039-001-0172-0003
【成文时间】 1942-03-25
【关 键 词】 组织性质；公有营业机关
【内容提要】
　　共1份文件，如题。

【叙录编号】 1507
【档案题名】
　　甘肃省政府为关于营业基金预算科目、待分配之盈余及历年积盈之编列方法给甘肃水利林牧公司的训令
【发文单位】 甘肃省政府
【收文单位】 甘肃水利林牧公司
【档案编号】 039-001-0172-0009
【成文时间】 1944-10-11
【关 键 词】 盈余
【内容提要】
　　共1份文件。甘肃省政府令甘肃水利林牧公司，其营业基金预算科目、盈亏拨补表内有待分配之盈余及历年积盈等科目该项盈余，如系以前年度盈亏拨补表内已分配后之余额，本年度应作股中红利编列，不得重行分配；如系以前年度未经分配之数，始得并入本年度盈余合并分配。

【叙录编号】 1508
【档案题名】
　　甘肃省政府为令饬编造三十三年度营业盈余概算给甘肃水利林牧公司的训令及甘肃水利林牧公司为再呈三十三年度并不详盈余堪以解交给甘肃省政府的呈
【发文单位】 甘肃省政府
【收文单位】 甘肃水利林牧公司
【档案编号】 039-001-0172-（0010、0013）
【成文时间】 1943-10-13—1943-12-23
【关 键 词】 营业盈余概算
【内容提要】

共2份文件，如题。

【叙录编号】 1509
【档案题名】
　　甘肃水利林牧公司为报本公司性质及规定公股红利用途细则给甘肃省政府的呈及甘肃省政府为据呈以甘肃水利林牧公司性质及规定公股红利用途需估编盈余概算给甘肃水利林牧公司的函
【发文单位】 甘肃水利林牧公司；甘肃省政府
【收文单位】 甘肃省政府；甘肃水利林牧公司
【档案编号】 039-001-0172-（0011-0012）
【成文时间】 1944-10-19—1944-12-19
【关 键 词】 公司性质；公股红利用途细则；营业盈余概算
【内容提要】
　　共2份文件。10月19日，甘肃水利林牧公司向甘肃省政府申明本公司为公三私七的公私合营公司，并详细解释其公司红利使用细则。12月19日，甘肃省政府令甘肃水利林牧公司迅速按前令估编盈余概算。

【叙录编号】 1510
【档案题名】
　　民国三十一年（1942）四联总处就甘肃农贷改按四行局拨款一事致甘肃省建设厅的笺函及甘肃水利林牧公司就二八比例拨付一事致甘肃省建设厅的函
【发文单位】 四联总处；甘肃水利林牧公司
【收文单位】 甘肃省建设厅
【档案编号】 039-001-0182-（0001-0002）
【成文时间】 1942-02—1942-03
【关 键 词】 甘肃农贷
【内容提要】
　　共2份文件。涉及甘肃农贷改按四行局拨贷，并依照二八比例分次拨付一事。

【叙录编号】 1511
【档案题名】
　　民国三十二年（1943）甘肃省水泥公司兰州办事处就请拨付洮惠渠与博济渠提购水泥运费致甘肃水利林牧公司的笺函
【发文单位】 甘肃省水泥公司兰州办事处
【收文单位】 甘肃水利林牧公司
【档案编号】 039-001-0187-（0002-0003）
【成文时间】 1943-12-08
【关 键 词】 水利工程；水泥
【内容提要】
　　共2份文件，如题。

【叙录编号】 1512
【档案题名】
　　甘肃水利林牧公司为赴汭丰渠、兴隆山、洮惠渠、溥济渠、肃丰渠、鸳鸯池水库、安西工作站等地考察请准许放行等事致兰检所、车检所的函
【发文单位】 甘肃水利林牧公司
【收文单位】 军事委员会水陆联合检查所兰州分所；西北运输局兰州工商车辆调配所
【档案编号】
　　039-001-0209-（0001-0002、0005-0011）
【成文时间】 1944-04-14—1944-09-19
【关 键 词】 汽车放行证；视察
【内容提要】
　　共9份文件，如题。

【叙录编号】 1513
【档案题名】
　　民国三十二年（1943）甘肃省建设厅秘书室与甘肃水利林牧公司就甘肃水利林牧公司第一届董监事及股东代表人情况的往来公文
【发文单位】 甘肃省建设厅秘书室；甘肃水利林牧公司
【收文单位】 甘肃水利林牧公司；甘肃省建设

厅秘书室
【档案编号】 039-001-0212-（0021-0023）
【成文时间】 1943-07-08—1943-07-10
【关 键 词】 人事
【内容提要】
　　共3份文件。主要内容为甘建厅秘书室要求甘肃水利林牧公司开具第一届董监事及股东代表名单，甘肃水利林牧公司函复《甘肃水利林牧公司第一届董监事及股东代表人姓名表》1份。

【叙录编号】 1514
【档案题名】
　　民国三十二年（1943）行政院水委会、甘肃省政府、甘肃省建设厅及甘肃水利林牧公司为筹设水工陈列室征集水利事业各项资料的往来公文
【发文单位】 行政院水委会；甘肃省政府等
【收文单位】 甘肃水利林牧公司；甘肃省建设厅等
【档案编号】
　　039-001-0212（全案卷）；
　　039-001-0213-0024-（0010-0013、0026-0027、0029-0030）
【成文时间】 1943-06-26—1943-12-23
【关 键 词】 陈列室；水利资料
【内容提要】
　　共12份文件，附《行政院水利委员会筹设水工陈列室征集资料范围简表》2份、《送水利委员会展览资料》1份。主要内容为行政院水委会、甘肃省政府筹设水工陈列室向甘肃水利林牧公司大规模征集水利事业各项资料与照片，甘肃水利林牧公司于10月底已呈交一批模型、器材制造、各渠工程照片、灌溉区域平面图等资料。

【叙录编号】 1515
【档案题名】
　　民国三十二年（1943）甘肃水利林牧公司就公司成立两年概况一事致甘肃省临时参议会的函
【发文单位】 甘肃水利林牧公司
【收文单位】 甘肃省临时参议会
【档案编号】
　　039-001-0212（全案卷）；
　　039-001-0213-0035
【成文时间】 1943-09-12
【关 键 词】 成立概况
【内容提要】
　　共1份文件，如题。

【叙录编号】 1516
【档案题名】
　　民国三十二年（1943）甘肃省政府统计室为派员抄录甘肃水利林牧公司的组织系统资料一事致甘肃水利林牧公司的函
【发文单位】 甘肃省政府统计室
【收文单位】 甘肃水利林牧公司
【档案编号】 039-001-0212-0036
【成文时间】 1943-09-14
【关 键 词】 组织系统资料
【内容提要】
　　共1份文件，如题。

【叙录编号】 1517
【档案题名】
　　民国三十二年（1943）甘肃省地方文献征集委员会与甘肃水利林牧公司就征集与递送甘肃水利林牧公司成立经过及办理各项水利林牧相关文献资料的往来公文
【发文单位】 甘肃地方文献征集委员会；甘肃水利林牧公司
【收文单位】 甘肃水利林牧公司；甘肃地方文献征集委员会

【档案编号】 039-001-0213-（0015-0016）
【成文时间】 1943-10-09—1943-10-12
【关 键 词】 文献资料
【内容提要】
共2份文件。涉及将甘肃水利林牧公司成立及办理水利林牧各类情形有关文献的各种材料送至甘肃省地方文献征集委员会保存一事。

【叙录编号】 1518
【档案题名】
民国三十一年（1942）甘肃省建设厅、甘肃水利林牧公司就检送有关管制粮食水利部分材料的往来公文
【发文单位】 甘肃省建设厅；甘肃水利林牧公司
【收文单位】 甘肃水利林牧公司；甘肃省建设厅
【档案编号】 039-001-0214-（0016-0017）
【成文时间】 1942-10-17—1942-10-21
【关 键 词】 水利；粮食
【内容提要】
共2份文件，如题。

【叙录编号】 1519
【档案题名】
民国三十三年（1944）行政院水利委员会、兰州中国银行、甘肃水利林牧公司就寄送《同仁通讯月刊》一事的往来公文
【发文单位】 行政院水利委员会；甘肃水利林牧公司
【收文单位】 甘肃水利林牧公司；行政院水利委员会
【档案编号】
　　039-001-0216（全案卷）；
　　039-001-0217-（0020-0021）
【成文时间】
　　1944-07-10—1944-09-29；
　　1944-10-31—1944-11-02
【关 键 词】 《同仁通讯月刊》
【内容提要】
共4份文件。涉及递交记录开发西北水利论著尤多的《同仁通讯月刊》至行政院水利委员会、兰州中国银行等事。

【叙录编号】 1520
【档案题名】
民国三十五年（1946）西北师范学院就请送水利林牧资料以资参政一事致甘肃水利林牧公司的函
【发文单位】 西北师范学院
【收文单位】 甘肃水利林牧公司
【档案编号】 039-001-0217-0029
【成文时间】 1946-01-19
【关 键 词】 水利林牧资料
【内容提要】
共1份文件，如题。

【叙录编号】 1521
【档案题名】
民国三十二年（1943）行政院水利委员会、甘肃水利林牧公司就委员会第一期季刊的赠送与感谢一事的往来公文
【发文单位】 行政院水利委员会；甘肃水利林牧公司
【收文单位】 甘肃水利林牧公司；行政院水利委员会
【档案编号】 039-001-0218-（0002-0003）
【成文时间】 1943-01-06—1943-01-07
【关 键 词】 水委会；季刊
【内容提要】
共2份文件，如题。

【叙录编号】 1522

【档案题名】

民国三十三年（1944）甘肃贸易公司为复收到赠送样品致甘肃水利林牧公司的公函

【发文单位】　甘肃贸易公司
【收文单位】　甘肃水利林牧公司
【档案编号】　039-001-0248-0022
【成文时间】　1944-10-14
【关　键　词】　巴塔油；酪素；炼蜜
【内容提要】

共1份文件，如题。

【叙录编号】　1523
【档案题名】

甘肃水利林牧公司、甘肃省建设厅、生产局翁局长就《甘肃水利林牧公司林、牧两业概况》呈送、补送事宜的往来公文

【发文单位】　甘肃水利林牧公司；甘肃省政府
【收文单位】　甘肃省政府；甘肃水利林牧公司
【档案编号】　039-001-0255-（0015-0018）
【成文时间】　1943-03-27—1944-12-14
【关　键　词】　《甘肃水利林牧公司林、牧两业概况》
【内容提要】

共4份文件，如题。附《甘肃水利林牧公司林、牧两业概况》2份。

【叙录编号】　1524
【档案题名】

甘肃省政府社会处函送《甘肃省农会工作汇报规则》给甘肃水利林牧公司的公函

【发文单位】　甘肃省政府社会处
【收文单位】　甘肃水利林牧公司
【档案编号】　039-001-0256-0007
【成文时间】　1944-10-16
【关　键　词】　《甘肃省农会工作汇报规则》
【内容提要】

共1份文件，如题。附《甘肃省农会工作汇报规则》1份。

【叙录编号】　1525
【档案题名】

行政院水利委员会就组织技术室人员主持布置会议事宜给甘肃水利林牧公司总经理沈怡的函

【发文单位】　行政院水利委员会
【收文单位】　甘肃水利林牧公司总经理沈怡
【档案编号】　039-001-0258-0003
【成文时间】　1942-06-18
【关　键　词】　技术室
【内容提要】

共1份文件，如题。

【叙录编号】　1526
【档案题名】

导淮委员会沈百光拟帮工程师林震全介绍工作事项给甘肃水利林牧公司沈怡的函

【发文单位】　导淮委员会沈百光
【收文单位】　甘肃水利林牧公司沈怡
【档案编号】　039-001-0258-0006
【成文时间】　1942-11-05
【关　键　词】　介绍工作
【内容提要】

共1份文件，如题。附林震全简历1份。

【叙录编号】　1527
【档案题名】

甘肃省水利林牧公司与业务部胡志刚就胡志刚借用机油及机油用途一事的往返公文

【发文单位】　甘肃水利林牧公司业务部胡志刚
【收文单位】　甘肃水利林牧公司
【档案编号】

039-001-0266-（0005-0006、0009）
【成文时间】　1944-05-10—1944-10-09
【关　键　词】　机油；借用

【内容提要】

共3份文件，如题。

【叙录编号】　1528
【档案题名】
　　甘肃水利林牧公司《总务处出纳组移交清册》
【发文单位】　甘肃水利林牧公司总务处
【收文单位】　不详
【档案编号】　039-001-0268-0001
【成文时间】　不详
【关 键 词】　森林；土地；契约
【内容提要】

共1份文件。涉及卓尼县森林和土地的售卖契约。

【叙录编号】　1529
【档案题名】
　　甘肃水利林牧公司与天成建筑股份有限公司就送达仓库图样和预算表的函
【发文单位】　甘肃水利林牧公司；天成建筑股份有限公司
【收文单位】　天成建筑股份有限公司；甘肃水利林牧公司
【档案编号】　039-001-0271-（0004-0010）
【成文时间】　1943-12-08—1944-03-09
【关 键 词】　水渠；仓库图样；预算表
【内容提要】

共7份文件，如题。

【叙录编号】　1530
【档案题名】
　　甘肃水利林牧公司与液委会就请拨汽油及购油证发放一事的往来公文
【发文单位】　甘肃水利林牧公司；液委会兰州办事分办
【收文单位】　液委会兰州办事分办；甘肃水利林牧公司
【档案编号】　039-001-0297-（0001-0002、0006、0014）
【成文时间】　1943-02-17—1944-01-31
【关 键 词】　汽油；购油证；水利工程
【内容提要】

共4份文件，如题。

【叙录编号】　1531
【档案题名】
　　甘肃水利林牧公司为请拨运送各渠工程处所需汽油一事致液委会的函
【发文单位】　甘肃水利林牧公司总管理处
【收文单位】　液委会兰州办事处
【档案编号】　039-001-0297-0009
【成文时间】　1943-08-10
【关 键 词】　汽油
【内容提要】

共1份文件，如题。

【叙录编号】　1532
【档案题名】
　　甘肃水利林牧公司为请配发汽油购买证致液委会的函
【发文单位】　甘肃水利林牧公司
【收文单位】　液委会兰州办事处
【档案编号】　039-001-0297-（0012、0016）
【成文时间】　1943-11-08—1944-01-09
【关 键 词】　汽油
【内容提要】

共1份文件，如题。

【叙录编号】　1533
【档案题名】
　　甘肃水利林牧公司与资委会运输处就俄油借还一事的往来函
【发文单位】　甘肃水利林牧公司总管理处

【收文单位】 资委会运输处兰州区办事处
【档案编号】
　　039-001-0304-（0006、0008-0009）
【成文时间】 1943-07-31—1943-10-24
【关 键 词】 俄油；运输
【内容提要】
　　共3份文件，如题。

【叙录编号】 1534
【档案题名】
　　水泥公司兰州办事处向甘肃水利林牧公司惠借汽油一事的函
【发文单位】 水泥公司兰州办事处
【收文单位】 甘肃水利林牧公司
【档案编号】 039-001-0304-0010
【成文时间】 1944-02-19—1944-05-31
【关 键 词】 汽油
【内容提要】
　　共2份文件，如题。

【叙录编号】 1535
【档案题名】
　　民国三十三年（1944）甘肃水利林牧公司关于职员奖惩规则、职员保证规则、职员保证书、人事管理须知、抚恤及转行的相关文件
【发文单位】 甘肃水利林牧公司
【收文单位】 不详
【档案编号】 039-001-0336-（0001-0013）
【成文时间】 1944-11-23—1944-12-29
【关 键 词】 职员；人事；奖惩；保证规则；保证书
【内容提要】
　　共13份文件，含《甘肃水利林牧公司修正职员奖惩规则提要》《甘肃水利林牧公司职员奖惩规则》《甘肃水利林牧公司职员保证规则》《甘肃水利林牧公司职员保证书》《甘肃水利林牧公司人事管理须知》各1份。

【叙录编号】 1536
【档案题名】
　　民国三十五年（1946）行政院水利委员会就奉行政院令抄发雇员给恤办法仰知照等因转行知照由等一事致甘肃河西水利工程队总处的文件通知单
【发文单位】 行政院水委会
【收文单位】 甘肃河西水利工程队总处
【档案编号】 039-001-0337-0005
【成文时间】 1946-11-18
【关 键 词】 转行；抚恤
【内容提要】
　　共1份文件，如题。

【叙录编号】 1537
【档案题名】
　　民国三十三年（1944）甘肃水利林牧公司、行政院水利委员会、农林部、经济部、民营厂矿部及经济部就派遣人员出国实习考察的选派办法、支给费用、实习机构等相关公文
【发文单位】 甘肃水利林牧公司；行政院水利委员会等
【收文单位】 行政院水利委员会；甘肃水利林牧公司等
【档案编号】 039-001-0337-（0009-0019）
【成文时间】 1944-02-19—1944-03-30
【关 键 词】 出国；实习
【内容提要】
　　共11份文件，含《甘肃水利林牧公司派遣国外实习人员办法》《甘肃水利林牧公司派遣国外实习人员支给费用标准》《（民营厂矿）派遣技术人员出国实习考察须知》《（经济部）协助民营厂矿自费派员出国考察办法》《民营厂矿派遣出国实习人员或考察人员事项表》各1份，其他如题。

【叙录编号】 1538
【档案题名】
民国三十三年（1944）甘肃水利林牧公司职员就考绩规则、职员交接规则的制定与公布的相关公文
【发文单位】 甘肃水利林牧公司
【收文单位】 各部室处及所属单位
【档案编号】 039-001-0337-（0020-0024）
【成文时间】 1944-12-16
【关 键 词】 考绩；交接
【内容提要】
共5份文件，含《甘肃水利林牧公司职员考绩规则》《编订职员交接规则提要》《甘肃水利林牧公司职员交接规则》各1份。

【叙录编号】 1539
【档案题名】
甘肃水利林牧公司大事辑要初稿
【发文单位】 甘肃水利林牧公司
【收文单位】 不详
【档案编号】 039-001-0363-0001
【成文时间】 1942—1945
【关 键 词】 大事辑要
【内容提要】
共1份文件。为甘肃水利林牧公司1942年至1945年的大事辑要初稿，内含甘肃水利林牧公司沿革情况、所办理农田水利工程及水利勘察情况、森林林区建设情况、畜牧情况、制革情况、合办事业情况等业务状况与机构组织简介。

【叙录编号】 1540
【档案题名】
民国三十三年（1944）至民国三十四年（1945）甘肃水利林牧公司公布试行有关人事管理规章、职员任免、职员津费、职员奖惩、职员考绩、职员给假、职员交接、职员抚恤、职员医疗费及子女教育贷款等事宜的处理办法
【发文单位】 甘肃水利林牧公司
【收文单位】 不详
【档案编号】 039-001-0370-（0001-0017）
【成文时间】 1944-12—1945-01
【关 键 词】 职员；人事
【内容提要】
共17份文件，含《甘肃水利林牧公司人事管理须知》2份，《甘肃水利林牧公司人事规章汇编（目录）》《甘肃水利林牧公司职员任免规则》《甘肃水利林牧公司职员薪津规则》《甘肃水利林牧公司津费规则》《甘肃水利林牧公司河西职员特种津贴规则》《甘肃水利林牧公司职员奖惩规则》《甘肃水利林牧公司职员考绩规则》《甘肃水利林牧公司职员保证规则》《甘肃水利林牧公司职员给假规则》《甘肃水利林牧公司职员旅费规则》《甘肃水利林牧公司职员交接规则》《甘肃水利林牧公司员工抚恤规则》《甘肃水利林牧公司补助员工医药费办法》《甘肃水利林牧公司职员子女教育贷金办法》各1份。

【叙录编号】 1541
【档案题名】
甘肃水利林牧公司各附属单位工役名册
【发文单位】 甘肃水利林牧公司
【收文单位】 不详
【档案编号】 039-001-0371-0001
【成文时间】 不详
【关 键 词】 工役
【内容提要】
共1份文件，如题。

【叙录编号】 1542
【档案题名】
甘肃水利林牧公司与甘肃油矿局就甘肃水利林牧公司转送甘肃水利林牧公司建筑蓝图和

所需家具清单一事的往来公文
【发文单位】 甘肃水利林牧公司总管理处；甘肃油矿局办事处
【收文单位】 甘肃油矿局办事处；甘肃水利林牧公司
【档案编号】 039-001-0380-（0001-0003）
【成文时间】 1946-01-21—1946-02-05
【关 键 词】 家具；房屋
【内容提要】
　　共3份文件，内附《甘肃水利林牧公司平面图》（0001），甘肃水利林牧公司房屋设备清单（0003）。

【叙录编号】 1543
【档案题名】
　　甘肃水利林牧公司职员为公司奶品制造厂就地收购鲜奶一事致谷主席的函
【发文单位】 甘肃水利林牧公司职员
【收文单位】 谷主席
【档案编号】 039-001-0386-0044
【成文时间】 1946-02-18
【关 键 词】 鲜奶
【内容提要】
　　共1份文件，如题。

【叙录编号】 1544
【档案题名】
　　甘肃水利林牧公司民国三十七年度（1948）营业计划草案及公司现状和业务计划
【发文单位】 甘肃水利林牧公司
【收文单位】 不详
【档案编号】 039-001-0403-（0001-0002）
【成文时间】 不详
【关 键 词】 工作计划
【内容提要】
　　共2份文件，如题。

【叙录编号】 1545
【档案题名】
　　甘肃水利林牧公司和西北农林专科学校、甘肃省政府就通知该校学生王举贤、雷集云来甘肃水利林牧公司报到并工作的往来公文
【发文单位】 甘肃水利林牧公司；国立西北农林专科学校等
【收文单位】 国立西北农林专科学校；甘肃水利林牧公司
【档案编号】
　　039-001-0423-（0017-0020、0023-0024）
【成文时间】 1948-06-15—1948-07-02
【关 键 词】 录用；报道
【内容提要】
　　共4份文件。国立西北农林专科学校致函甘肃水利林牧公司其学生王举贤、雷集云来甘肃水利林牧公司报到，并在甘肃省政府训令下甘肃水利林牧公司分派工作，后录用。

【叙录编号】 1546
【档案题名】
　　甘肃水利林牧公司与甘肃省政府、甘肃省政府人事室就录用罗俊、连光美、关亚城的往来公文
【发文单位】 甘肃水利林牧公司；甘肃省政府人事室等
【收文单位】 甘肃省政府人事室；甘肃水利林牧公司
【档案编号】
　　039-001-0423-（0025-0028、0030）
【成文时间】
　　1948-07-02—1948-07-07；1948-07-06
【关 键 词】 录用
【内容提要】
　　共5份文件，如题。

【叙录编号】 1547

【档案题名】
　　甘肃水利林牧公司内部就聘用索洪来公司服务的函件往来
【发文单位】　甘肃水利林牧公司职员洪德官；甘肃水利林牧公司职员王树藩
【收文单位】　甘肃水利林牧公司职员王树藩；甘肃水利林牧公司
【档案编号】　039-001-0423-（0032-0034）
【成文时间】　1948-08-16—1948-08-18
【关　键　词】　人员聘用
【内容提要】
　　共4份文件，如题。

【叙录编号】　1548
【档案题名】
　　甘肃水利林牧公司为查以前森林及畜牧部分经费支出等事项的函
【发文单位】　甘肃水利林牧公司
【收文单位】　不详
【档案编号】　039-001-0424-0001
【成文时间】　1947-12-03
【关　键　词】　森林畜牧经费
【内容提要】
　　共1份文件，如题。

【叙录编号】　1549
【档案题名】
　　甘肃省政府就发国内专科以上各院甘籍毕业学生仰即准备安置给甘肃水利林牧公司的训令
【发文单位】　甘肃省政府
【收文单位】　甘肃水利林牧公司
【档案编号】　039-001-0425-0025
【成文时间】　1949-05-06
【关　键　词】　毕业生安置
【内容提要】
　　共1份文件。甘肃省政府就国内院校毕业的300多名甘籍毕业生安置问题给甘肃水利林牧公司的训令，安排3名学生进入公司服务。

【叙录编号】　1550
【档案题名】
　　甘肃水泥股份有限公司为请拨让制造第三批水泥所需钢料款项致甘肃水利林牧实业公司的函
【发文单位】　甘肃水利水泥股份有限公司
【收文单位】　甘肃水利林牧实业公司
【档案编号】　039-001-0448-0013
【成文时间】　1938-09-28
【关　键　词】　钢料
【内容提要】
　　共1份文件，如题。

【叙录编号】　1551
【档案题名】
　　甘肃水利林牧公司为请价让轮胎一事致甘肃省公路运输处的函
【发文单位】　甘肃水利林牧公司
【收文单位】　甘肃省公路运输处
【档案编号】　039-001-0448-（0017-0018）
【成文时间】　1938-05-17
【关　键　词】　轮胎
【内容提要】
　　共2份文件，如题。

【叙录编号】　1552
【档案题名】
　　甘肃水利林牧公司为收购土产和伐运木料一事致甘肃省合作金库的函
【发文单位】　甘肃水利林牧公司
【收文单位】　甘肃省合作金库
【档案编号】　039-001-0448-0029
【成文时间】　1938-10-01
【关　键　词】　土产；木料

【内容提要】
共1份文件，如题。

【叙录编号】 1553
【档案题名】
为恒丰昌商号寄存或收到甘肃水利林牧公司物料的据
【发文单位】 恒丰昌商号
【收文单位】 不详
【档案编号】 039-001-0455-（0021-0036）
【成文时间】 1948-06-06—1948-07-18
【关 键 词】 存据；收据
【内容提要】
共16份文件，如题。

【叙录编号】 1554
【档案题名】
甘宁青邮政局为饬办邮政汇票信件接受事宜等公函
【发文单位】 甘宁青邮政局
【收文单位】 甘肃水文总站
【档案编号】 039-001-0572-0009
【成文时间】 1947-11-15
【关 键 词】 邮票
【内容提要】
共1份文件，如题。

【叙录编号】 1555
【档案题名】
中央水利实验处为提高稽查各机关工程及购置便面财务限额案训令外附全国各区限额表
【发文单位】 中央水利实验处；甘肃水文总站
【收文单位】 甘肃水文总站；中央水利实验处
【档案编号】 039-001-0572-（0035-0036）
【成文时间】 1948-06-15
【关 键 词】 购置；限额
【内容提要】
共2份文件，如题。

【叙录编号】 1556
【档案题名】
甘肃水文总站关于更正各站站名的往来公文
【发文单位】 甘肃水文总站
【收文单位】 武威交通银行；甘宁青邮政管理局等
【档案编号】 039-001-0573-（0005-0007）
【成文时间】 1948-10-11
【关 键 词】 更正站名；站名表
【内容提要】
甘肃水文总站函送本总站站名表等致甘肃水利林牧实业股份有限公司武威、张掖、酒泉、安西等处工作站（0005），甘肃水文总站训令甘肃水文总站下属各站检发各站更正站名表等（0006），甘肃水文总站函送甘肃水利林牧实业股份有限公司下属各工作站更正站名检附站名表（0007）。

【叙录编号】 1557
【档案题名】
水利部为各项特约电报价目改订日期等训令
【发文单位】 水利部
【收文单位】 甘肃河西水利工程处
【档案编号】 039-001-0573-0018
【成文时间】 1948-11-19
【关 键 词】 电报；价目
【内容提要】
共1份文件，如题。

【叙录编号】 1558
【档案题名】
甘肃水利林牧公司人事规章汇编文件
【发文单位】 甘肃水利林牧公司

【收文单位】 不详
【档案编号】 039-001-0598-(0001-0015)
【成文时间】 1944-12
【关 键 词】 甘肃水利林牧公司；人事规章汇编
【内容提要】
　　共15份文件。甘肃水利林牧公司人事规章汇编内容包括职员任免规则（0002），薪津规则（0003），职务津费规则（0004），特津规则（0005），奖惩规则（0006），考绩规则（0007），保证规则（0008），旅费津贴规则（0009），工交接规则（0010），员工抚恤规则（0011），员工抚恤金额表（0012），补助员工医药费办法（0013），职员子女教育贷金办法（0014），人事管理须知（0015）。

【叙录编号】 1559
【档案题名】
　　甘肃水利林牧公司人事规章汇编文件
【发文单位】 甘肃水利林牧公司
【收文单位】 不详
【档案编号】 039-001-0599-0001
【成文时间】 1944-12
【关 键 词】 甘肃水利林牧公司；人事规章汇编
【内容提要】
　　共1份文件，如题（对比039-001-0598少了目录页）。

【叙录编号】 1560
【档案题名】
　　甘肃水利林牧实业股份有限公司总管理处为规定民国三十四年（1945）年终职员奖励金发给办法函
【发文单位】 甘肃水利林牧实业股份有限公司总管理处
【收文单位】 甘肃水利林牧实业股份有限公司河西水利工程总队
【档案编号】 039-001-0600-0005
【成文时间】 1945-12-28
【关 键 词】 奖励金
【内容提要】
　　共1份文件，如题。

【叙录编号】 1561
【档案题名】
　　甘肃水利林牧实业股份有限公司为规定职员倾家应给路程假办法等致总队函
【发文单位】 甘肃水利林牧实业股份有限公司总管理处
【收文单位】 甘肃水利林牧实业股份有限公司河西水利工程总队
【档案编号】 039-001-0600-0006
【成文时间】 1946-01-07
【关 键 词】 路程假
【内容提要】
　　共1份文件，如题。

【叙录编号】 1562
【档案题名】
　　甘肃水利林牧实业股份有限公司总管理处为规定员工申请补助医药费等致甘肃水利林牧实业股份有限公司河西水利工程总队函
【发文单位】 甘肃水利林牧实业股份有限公司总管理处
【收文单位】 甘肃水利林牧实业股份有限公司河西水利工程总队
【档案编号】 039-001-0600-0007
【成文时间】 1946-01-07
【关 键 词】 医药费
【内容提要】
　　共1份文件，如题。

【叙录编号】 1563

【档案题名】
　　甘肃水利林牧实业股份有限公司总管理处为职员旅费规则包括膳宿费等函
【发文单位】　甘肃水利林牧实业股份有限公司总管理处
【收文单位】　甘肃水利林牧实业股份有限公司河西水利工程总队
【档案编号】　039-001-0600-0008
【成文时间】　1946-01-07
【关 键 词】　膳宿费
【内容提要】
　　共1份文件，如题。

【叙录编号】　1564
【档案题名】
　　甘肃水利林牧实业股份有限公司总管理处为废止职员子女教育贷金办法等函
【发文单位】　甘肃水利林牧实业股份有限公司总管理处
【收文单位】　水利部
【档案编号】　039-001-0600-0009
【成文时间】　1945-12-26
【关 键 词】　教育贷金
【内容提要】
　　共1份文件，如题。

【叙录编号】　1565
【档案题名】
　　甘肃水利林牧实业股份有限公司总管理处民国三十四年度（1945）年终职员奖励金发给办法
【发文单位】　甘肃水利林牧实业股份有限公司总管理处
【收文单位】　甘肃水利林牧实业股份有限公司
【档案编号】　039-001-0600-0010
【成文时间】　不详
【关 键 词】　奖励金

【内容提要】
　　共1份文件，如题。

【叙录编号】　1566
【档案题名】
　　甘肃水利林牧实业股份有限公司总管理处为规定员工参加野外工作酌给医药费等函
【发文单位】　甘肃水利林牧实业股份有限公司总管理处
【收文单位】　甘肃水利林牧实业股份有限公司河西水利工程总队
【档案编号】　039-001-0600-0011
【成文时间】　1946-01-07
【关 键 词】　医药费
【内容提要】
　　共1份文件，如题。

【叙录编号】　1567
【档案题名】
　　甘肃水利林牧实业股份有限公司总管理处为调整日用费等致各渠函、调整员工出差日用费金额表
【发文单位】　甘肃水利林牧实业股份有限公司总管理处
【收文单位】　甘肃水利林牧实业股份有限公司河西水利工程总队及各渠
【档案编号】　039-001-0600-0012
【成文时间】　1946-07-05
【关 键 词】　出差日用费
【内容提要】
　　共1份文件，如题。

【叙录编号】　1568
【档案题名】
　　甘肃省政府与甘肃省水利局等关于裁员问题的往来公文及相关文件
【发文单位】　甘肃省政府；甘肃省水利局等

【收文单位】 甘肃省建设厅；甘肃省政府等
【档案编号】 039-001-0601-（0001-0023）
【成文时间】 1947-04-30—1947-11-14
【关 键 词】 裁减；薪饷表
【内容提要】
　　甘肃省政府指令甘肃省建设厅核示被裁员役迁散日期（0001）及发放遣散费等（0002），甘肃省水利局电知汭丰渠等抄发应裁员工人数（0004）外附各机关应裁员工人数表（0003），甘肃省水利局呈报答甘肃省政府奉令紧缩实行裁减人员（0005），甘肃省水利局电知丰渠管理处速报裁减人员情形（0006），靖丰渠管理处呈报裁减员工姓名表（0007）外附员工迁散姓名及日期表（0008），甘肃省水利局呈报甘肃省政府各渠处裁减员工姓名表（0009）外附各渠处裁减员工姓名表（0010），甘肃省水利局电知各渠管理处补报被裁员工月薪数额等（0011），余斌呈报甘肃省水利局查报被裁人员月薪数目（0012），洮渠管理处呈报被裁员工月薪等（0013）外附被裁员工月支薪饷表（0014），博济渠管理处电复甘肃省水利局本处被裁员工月得薪饷数额（0015），永丰永乐渠管理处电报甘肃省水利局员工月支薪饷数目等（0016），靖丰渠管理处呈报被裁员工支薪饷数额表（0017），登丰渠管理处电报被裁撤工赵俊福等月支饷额等代电（0018），汭丰渠管理处电报被裁员工姓名工薪表等（0019）外附被裁员工薪饷数额表（0020），甘肃省水利局呈报各渠处被裁员工薪饷数额表等（0021）外附各渠处被裁员工薪饷表（0022），甘肃省政府指令甘肃省水利局核示各渠处裁减员工数额薪饷表等（0023）。

【叙录编号】 1569
【档案题名】
　　水利部与甘肃水利林牧实业股份有限公司等就复员转业军官的往来公文

【发文单位】 水利部
【收文单位】 甘肃水利林牧实业股份有限公司河西水利工程总队
【档案编号】 039-001-0604-（0001-0013）
【成文时间】 1947-07-18—1949-07-21
【关 键 词】 复员；军官佐
【内容提要】
　　水利部指令甘肃水利林牧实业股份有限公司河西水利工程总队切实推行复员军官佐转业政策等训令（0001）并发给复员转业军官佐分发任用及候差经费办法事通知单（0002）外附发给办法（0003），水利部发给甘肃水利林牧实业股份有限公司转业复员人员经费办法及省级武职人员标准通知单（0004）及复员军官佐联谊会等集团请领要协等情况事通知单（0005），水利部通知甘肃水利林牧实业股份有限公司对转业军官应迅速核派工作（0006），水利部训令甘肃水利林牧实业股份有限公司发转业人员候差期间副食费标准折发代金（0007），水利部通知甘肃水利林牧实业股份有限公司饬照主席手令安插转业人员（0008），水利部通知甘肃水利林牧实业股份有限公司按规定任用转业人员（0009），水利部通知甘肃水利林牧实业股份有限公司河西水利工程总队为转业人员不守纪律应依法惩治（0010），水利部通知甘肃水利林牧实业股份有限公司河西水利工程总队转饬转业军官佐办理到乡报到手续（0011），甘肃水利林牧实业股份有限公司呈报本处不详转业军官佐（0012），经济部水利署电复知甘肃水利林牧实业股份有限公司为复员军官转业人员管理办法（0013）。

【叙录编号】 1570
【档案题名】
　　中央水利实验处指定各省水文测站暂定人事组织简易管理办法

【发文单位】 中央水利实验处
【收文单位】 各省水利局
【档案编号】 039-001-0606-0001
【成文时间】 不详
【关 键 词】 人事组织
【内容提要】
　　共1份文件，如题。

【叙录编号】 1571
【档案题名】
　　甘肃省水利局与甘肃省水文总站就年籍清册的往来公文
【发文单位】 甘肃省水利局；甘肃省水文总站
【收文单位】 中央水利实验处；甘肃省水文总站
【档案编号】 039-001-0606-（0002-0003）
【成文时间】 1947-05-31
【关 键 词】 年籍清册
【内容提要】
　　甘肃省水利局呈报中央水利实验处各站职员年籍清册（0002）外附职员年籍清册（0003）。

【叙录编号】 1572
【档案题名】
　　张冠军笺询甘肃水利林牧实业股份有限公司所征求工程人才资格及待遇
【发文单位】 张冠军
【收文单位】 甘肃水利林牧实业股份有限公司
【档案编号】 039-001-0660-0023
【成文时间】 不详
【关 键 词】 人才资格；待遇
【内容提要】
　　共1份文件，如题。

【叙录编号】 1573
【档案题名】
　　甘肃水利林牧实业股份有限公司与黄河水利委员会工程处等单位关于赴美参加实习考试的往来公文
【发文单位】 甘肃水利林牧实业股份有限公司总管理处；方宗岱等
【收文单位】 翁文灏；水利委员会等
【档案编号】 039-001-0661-（0001-0038）
【成文时间】 1944-10-21—1944-11-20
【关 键 词】 赴美考试；保送
【内容提要】
　　甘肃水利林牧实业股份有限公司总管理处函报薛笃弼本公司水利工程人员拟请照水利机关人员同样选派赴美实习（0001）；方宗岱、叶彧函请甘肃水利林牧实业股份有限公司电经济部及行政院水利委员会推荐参加赴美实习考试外附农工矿业技术人员国外实习考试办法（0002），方宗岱等签呈甘肃水利林牧实业股份有限公司推荐参加赴美实习考试（0003），甘肃水利林牧实业股份有限公司总管理处电请经济部准予推荐技术人员参加出国实习考试（0004），甘肃水利林牧实业股份有限公司总管理处电请行政院水利委员会薛笃弼委员准予推荐技术人员参加出国实习（0005），甘肃水利林牧实业股份有限公司总管理处函请翁文灏部长准予推荐技术人员参加出国实习考试（0006），甘肃水利林牧实业股份有限公司总管理处函请薛笃弼委员准予推荐技术人员参加出国实习考试（0007），甘肃水利林牧实业股份有限公司总管理处函请谷正伦主席准予本公司推荐技术人员参加出国实习考试外附代拟电稿2份（0008）；甘肃水利林牧实业股份有限公司总管理处函报薛笃弼委员推荐方宗岱等参加出国实习考试（0009）；甘肃水利林牧实业股份有限公司总管理处电报翁文灏部长推荐方宗岱等参加出国实习考试（0010）；沈怡报送本公司推荐应考人员名单（0011）；甘肃水利林牧实业股份有限公司总管理处电报薛笃弼委员推荐方宗岱等参加出国实习考试，若手续不合规定则另行补充（0012），甘肃水利林牧实业股份有限公司总管理处电报翁文灏部长推荐方宗岱等参加出国实习考试，若手续未备则另外补充（0013）；甘肃水利林牧实业股份有限公司总管理处函知黄河水利委员会保送及公开考试出国实习人员外附关于考选出国实习人员办法（0014），黄河水利委员会上游工程处函报甘肃水利林牧实业股份有限公司总管理处保送赴美参加实习考试人员名单（0015）；甘肃水利林牧实业股份有限公司总管理处电知安西工作站推荐保送人员（0016）；甘肃水利林牧实业股份有限公司总管理处电知肃丰渠、清丰渠、武威工作站保送刘方□等出国实习考试（0017）；水利部函知派送赴美实习人员名额等事项（0018）；甘肃水利林牧实业股份有限公司总管理处函知太端先行应试（0020）外附考选出国实习人员办法大要（0019）；翁文灏电报甘肃水利林牧实业股份有限公司总管理处已函请水利委员会推荐资格（0020-0021）；谷正伦函复甘肃水利林牧实业股份有限公司已推荐技术人员参加赴美实习考试（0021-0022）；甘肃水利林牧实业股份有限公司总管理处函知各单位选派赴美实习人员考试通告（0023）；甘肃水利林牧实业股份有限公司总管理处电报薛笃弼委员推荐方宗岱等参加出国考选乞迅审核，翁文灏电复已转饬水利委员会办理，（0024）；翁文灏电复甘肃水利林牧实业股份有限公司总管理处已转饬水利委员会（0025）；翁文灏电复甘肃水利林牧实业股份有限公司总管理处推荐出国实习人员已送水利委员会（0026）；甘肃水利林牧实业股份有限公司总管理处电报薛笃弼委员推荐方宗岱等应试务乞准予参加（0027），薛笃弼函复甘肃水利林牧实业股份有限公司总管理处出国实习人员可就近于兰州考试（0028）；薛笃弼电复甘肃水利林牧实业股份有限公司总管理处所请各节分配已定，务难变更（0029）；甘肃水利林牧实业股份有限公司总管理处函知方宗岱等赴美名额分配已定，可参加公开考试（0030）；经济部函复甘肃水利林牧实业股份有限公司总管理处已据函准予推荐技术人员参加考选（0030-0031）；甘肃省政府函复甘肃水利林牧实业股份有限公司总管理处关于推荐技术人员参加考选出国实习等事项（0031-0032）；甘肃省政府电复甘肃水利林牧实业股份有限公司总管理处考选出国人员系经济部主办，名额已分配，变动困难（0033）；薛笃弼电复甘肃水利林牧实业股份有限公司总管理处名额已分配，变动困难（0034）；薛笃弼函复甘肃水利林牧实业股份有限公司总管理处名额分配已定，明年另加注意（0035）；甘肃水利林牧实业股份有限公司总管理处函致薛笃弼请求宽予名额（0036）；甘肃水利林牧实业股份有限公司总管理处函致翁文灏请求酌拨名额（0037）；薛笃弼电复已函商翁文灏（0038）。

【叙录编号】 1574
【档案题名】
　　甘肃水利林牧实业股份有限公司总管理处与资源委员会兰州办事处等单位就赴美实习考试的体检等事项的往来公文与相关文件
【发文单位】 甘肃水利林牧实业股份有限公司总管理处；资源委员会兰州办事处等
【收文单位】 国立西北医院；甘肃水利林牧实业股份有限公司总管理处等
【档案编号】 039-001-0662-（0001-0041）
【成文时间】 1944-11-20—1947-05-26
【关 键 词】 考试；保送
【内容提要】
　　甘肃水利林牧实业股份有限公司总管理处函知国立西北医院本公司侯乐天等为留学考试等情况检查身体（0001）；侯乐天等呈报国立西北医院惠予检查身体（0002）；资源委员会

兰州办事处函知甘肃水利林牧实业股份有限公司考试日期，领取考试人员注意事项与证明书格式1份及本处拟订应考人员通知1份外附相关文件（0003）；武威工作站函请甘肃水利林牧实业股份有限公司总管理处侯乐天先行赴兰考试（0004）；甘肃水利林牧实业股份有限公司总管理处函复武威工作站侯乐天已抵兰应考（0005）；薛笃弼电复甘肃水利林牧实业股份有限公司总管理处出国考试人员已定，难以变更（0006）；甘肃水利林牧实业股份有限公司总管理处函报翁文灏部长关于推荐出国人员实习考试等事项（0007）；侯乐天呈报甘肃水利林牧实业股份有限公司总管理处请求给予工假发给证明书（0008）；甘肃水利林牧实业股份有限公司总管理处函知武威工作站侯乐天在兰候试期间准给工假（0009）；翁文灏电复甘肃水利林牧实业股份有限公司总管理处准予方宗岱等11员参加出国实习笔试等事项（0009-0010）；甘肃水利林牧实业股份有限公司总管理处函致翁文灏部长推荐出国人员实习等事项（0011）；甘肃水利林牧实业股份有限公司总管理处函致资源委员会兰州办事处请准方宗岱等参加出国考试（0012）；薛笃弼电复已允方宗岱等参加考试（0013）；国立西北医院函致甘肃水利林牧实业股份有限公司侯乐天等不详染疾病（0014）；薛笃弼函致甘肃水利林牧实业股份有限公司调整出国实习人数（0015）；甘肃水利林牧实业股份有限公司总管理处函致国立西北医院为方宗岱等检查体格（0016）；甘肃水利林牧实业股份有限公司总管理处函送方宗岱等人体检表（0017）；武威工作站函致甘肃水利林牧实业股份有限公司总管理处特准支侯乐天赴兰参加考试车费（0018）；甘肃水利林牧实业股份有限公司人事组呈报为出国实习人员旅费提供补助（0019）；甘肃水利林牧实业股份有限公司总管理处函致武威工作站支取考试旅费（0020）；甘肃水利林牧实业股份有限公司总管理处电询考试委员会方宗岱等是否录取（0021）；甘肃水利林牧实业股份有限公司总管理处函询县工况处关主任方宗岱等考试是否录取（0022）；张家瑶呈请酌予补助侯乐天参加出国考试车旅费（0023）；周礼函复准予补助（0024）；甘肃水利林牧实业股份有限公司总管理处函复武威工作站准予补助（0025）；水利委员会电复甘肃水利林牧实业股份有限公司总管理处收到方宗岱等体检表（0026）；经济部电复甘肃水利林牧实业股份有限公司总管理处方宗岱等不及格未予录取（0027）；甘肃水利林牧实业股份有限公司总管理处电致西北工学院拟保送张慈就读（0028）；张慈呈报请保送升学（0029）；甘肃水利林牧实业股份有限公司总管理处函致甘肃省建设厅请保送张慈赴西北工学院就读（0030）；西北工学院电复甘肃水利林牧实业股份有限公司总管理处张慈等仍参加考试（0031）；甘肃水利林牧实业股份有限公司总管理处函知甘肃省建设厅转知甘肃省教育厅保送张慈升学（0032）；肃丰渠工程处函报甘肃水利林牧实业股份有限公司总管理处雒鸣岳获遣出国深造（0033）；甘肃水利林牧实业股份有限公司总管理处函致甘肃省建设厅请转陈准雒鸣岳公费出国（0034）；甘肃水利林牧实业股份有限公司总管理处函致甘肃省建设厅检送雒鸣岳出国实习证件（0035）；雒鸣岳呈送赴美实习计划及体检表等（0036）；甘肃省政府函致甘肃水利林牧实业股份有限公司总管理处奉行政院保送雒鸣岳出国实习（0037）；行政院刊行各省市派遣人员出国考察或实习方法（0038）；甘肃省建设厅函奉甘肃水利林牧实业股份有限公司总管理处雒鸣岳出国实习经费等项（0039）；甘肃水利林牧实业股份有限公司总管理处函知雒鸣岳出国实习（0040）；雒鸣岳领回各种证件的单据（0041）。

【叙录编号】　1575

【档案题名】
　　甘肃水利林牧公司为邀请西安中国银行沈经理出席参加在西北林业公司举行的股东大会向西安中国银行发送电报
【发文单位】　甘肃水利林牧公司总管理处
【收文单位】　西安中国银行
【档案编号】　039-001-0680-0013
【成文时间】　不详
【关 键 词】　股东大会
【内容提要】
　　共4份文件，如题。股东大会主要商议增资事宜。

【叙录编号】　1576
【档案题名】
　　甘肃水利林牧公司就不能增资一事向西北林业公司发出的呈
【发文单位】　甘肃水利林牧公司总经理赵宗晋
【收文单位】　西北林业公司
【档案编号】　039-001-0680-0014
【成文时间】　不详
【关 键 词】　增资
【内容提要】
　　共1份文件，如题。

【叙录编号】　1577
【档案题名】
　　西北林业公司就本公司业务计划向甘肃水利林牧公司转送代电
【发文单位】　西北林业公司
【收文单位】　甘肃水利林牧公司
【档案编号】　039-001-0680-（0015-0016）
【成文时间】　1947-05-15
【关 键 词】　董务计划书
【内容提要】
　　共2份文件。西北林业公司将要采购的大料的种类及数量，其中为应对7月至10月的雨季，计划在5、6月份尽量赶工并专门拟订了5、6月份的计划。

【叙录编号】　1578
【档案题名】
　　甘肃水利林牧公司为举行职员年终绩检发考绩表给所属的函
【发文单位】　甘肃水利林牧公司总管理处
【收文单位】　所属各处
【档案编号】　039-001-0682-0001
【成文时间】　1943-11-25
【关 键 词】　年终考核
【内容提要】
　　共1份文件，如题。其中水利查勘队拟照上年成案，由水利部考核，不另行文。

【叙录编号】　1579
【档案题名】
　　甘肃水利林牧公司就与交通部、交通银行合资设立西北林业公司，派总经理及郭许二协理等6人担任股东代表事致郭协理等人的函
【发文单位】　甘肃水利林牧公司
【收文单位】　郭协理等
【档案编号】　039-001-0696-0031
【成文时间】　1944-02-14
【关 键 词】　西北林业公司；股东代表
【内容提要】
　　共1份文件，如题。

【叙录编号】　1580
【档案题名】
　　甘肃省政府就五年工作计划实施情形对照事的表
【发文单位】　甘肃省政府
【收文单位】　不详
【档案编号】　039-001-0722-0017
【成文时间】　1948-08

【关 键 词】 发电厂；五年计划
【内容提要】

共1份文件。不详具体情形对照，但有五年计划安排：五年计划正式成立，开始出品。五、筹办十万马力水力发电厂，制造氮肥：第一年勘查发电地址；第二年设计并购运机器；第三年安装机器，开始发电；第四年安装制造氮肥机器并出品。六、筹办小型水力发电场：第一年设计大夏河水电厂，并查勘洮河及渭河设厂地址；第二年购运大夏河电厂机器，设计洮河及渭河设厂事宜并查勘漳河；第三年完成大夏河发电厂，装置洮河渭河各厂机器；第四年完成洮河、渭河、漳河三电厂，开始发电；第五年设立河西黑河发电厂。

【叙录编号】 1581
【档案题名】
甘肃省建设厅关于开挖水平沟、保护林木的文件
【发文单位】 甘肃省建设厅
【收文单位】 金塔县政府
【档案编号】 历03-02-0652-（0010-0011）
【成文时间】 1946-09-12
【关 键 词】 水平沟；造林
【内容提要】

甘肃省政府拨发全省行政会议提案，其中有建设厅提案普遍开挖水平沟以保存水土增加生产。建设厅提案保护各县林木，建设厅提案弥除河西水利纠纷。

二、矿产资源开发类档案

【叙录编号】 1582
【档案题名】
甘肃省政府各工矿工作计划及工作情形摘要表
【发文单位】 甘肃省政府
【收文单位】 甘肃省政府
【档案编号】 004-001-0425-0001
【成文时间】 不详
【关 键 词】 工矿工作计划
【内容提要】

甘肃省各工矿工作计划情况，其中涉及甘肃水利林牧公司洮河林场莲花山木料出售、水利林牧公司砍伐树木、农改所引种优良甜菜事宜。

【叙录编号】 1583
【档案题名】
甘肃省政府民国三十年度（1941）下半年办理省参议会建议案经过汇编（二）
【发文单位】 不详
【收文单位】 不详
【档案编号】 004-002-0103-0002
【成文时间】 1941
【关 键 词】 水利；造林
【内容提要】

16页起为建设部门，涉及积极整治全省水利、陇东河川、兰州自来水、提倡植树造林、淤地压砂增产、荒山开垦、开采煤矿等事宜。

【叙录编号】 1584
【档案题名】
甘肃省政府矿产勘测队暂行组织规程
【发文单位】 不详
【收文单位】 不详
【档案编号】 004-002-0117-0007
【成文时间】 不详
【关 键 词】 粮食
【内容提要】
如题。

【叙录编号】 1585
【档案题名】
甘肃省政府民国三十三年（1944）公务统计方案（矿业类）
【发文单位】 甘肃省政府统计室
【收文单位】 甘肃省政府
【档案编号】 004-002-0367-0001
【成文时间】 1944-12
【关 键 词】 公务统计
【内容提要】
矿业探验登记册、矿业登记册、矿床说明书、矿区税登记册。

【叙录编号】 1586
【档案题名】
甘肃省政府委员会第961次会议关于提会报告运输统制局通知无法办理定岷路、静秦路路面桥梁工程及审议甘肃省各县市局办理收支实况月报年报暂行办法等事宜的会议议事日程并会议记录外附会议材料
【发文单位】 甘肃省建设厅；甘肃省民政厅等
【收文单位】 甘肃省政府
【档案编号】 004-007-0284-（0001-0002）
【成文时间】 1942-06-19
【关 键 词】 矿场；测勘；费用
【内容提要】
会议涉及阿干镇矿场组织规程；甘肃省地质矿产办法等事项；甘肃省矿产测勘队本年度预算内补助费用等情况。

【叙录编号】 1587
【档案题名】
甘肃省政府委员会第1510次会议议事日程外附会议材料
【发文单位】 甘肃省政府委员会
【收文单位】 甘肃省政府
【档案编号】 不详
【成文时间】 1948-02-27
【关 键 词】 窑街煤矿；烟筒
【内容提要】
其中包括建设厅呈请拆除窑街煤矿6座废弃烟筒，会议通过。

【叙录编号】 1588
【档案题名】
甘肃省政府委员会第1029次会议议事日程外附会议材料
【发文单位】 甘肃省政府委员会
【收文单位】 甘肃省政府
【档案编号】 004-007-0310-0002
【成文时间】 1943-03-12
【关 键 词】 煤矿开发；农业改进所
【内容提要】
主要涉及军事委员会开发玉门、定西等县煤矿一案，审查农林实验场、兽疫防治总队等组织章程。附《甘肃省农林实验总队组织章程》《甘肃省各区农林试验场组织章程》《甘肃省农业改进所甘坪寺种畜场组织章程》《甘肃省农业改进所兽疫防治总队组织章程》《甘肃省农业推广委员会组织章程》。

【叙录编号】 1589
【档案题名】

甘肃省政府委员会第1083次会议议事日程外附会议通报、讨论文件材料
【发文单位】　甘肃省政府委员会
【收文单位】　甘肃省政府
【档案编号】　004-007-0332-0006
【成文时间】　1943-09-21
【关 键 词】　煤矿
【内容提要】
　　主要涉及申请永登、阿干镇两处煤矿合并整理等事宜。

【叙录编号】　1590
【档案题名】
　　甘肃省政府委员会第1335次会议记录
【发文单位】　甘肃省政府委员会
【收文单位】　甘肃省政府
【档案编号】　004-007-05230014
【成文时间】　1946-05-24
【关 键 词】　勘测煤矿；靖远
【内容提要】
　　会议讨论了建设厅呈请与中央地质调查所西北分所合作勘测靖远煤矿事宜。

【叙录编号】　1591
【档案题名】
　　甘肃省政府委员会第1468次会议记录
【发文单位】　甘肃省政府委员会
【收文单位】　甘肃省政府
【档案编号】　004-007-0536-0004
【成文时间】　1947-09-23
【关 键 词】　私有土地；煤矿场
【内容提要】
　　会上报告了修正本省私有土地限制使用办法，讨论了省煤矿场组织规程编制表的相关事宜。

【叙录编号】　1592
【档案题名】
　　甘肃省政府公报（合署办公，第83-94期）
【发文单位】　甘肃省政府
【收文单位】　不详
【档案编号】　004-010-0065-0001
【成文时间】　1936-06-16
【关 键 词】　矿业
【内容提要】
　　第91、92期合刊政府公报包括法规、命令、公牍等部分。公牍部分包括《试探开采某矿矿区图》及图例、注意事项等内容（79页）。

【叙录编号】　1593
【档案题名】
　　甘肃省农会关于申请准将各县煤矿林木由各县农会领管致甘肃省政府的呈
【发文单位】　甘肃省农会
【收文单位】　甘肃省政府
【档案编号】　027-001-0209-0001
【成文时间】　1943-05-05
【关 键 词】　煤矿；林木
【内容提要】
　　甘肃省农会第一次会员代表大会武威、陇西代表提议，武威西南各山口及陇西西溪南松涛坡均有煤矿，又为祁连山国防林区，但无善法开采，故煤矿多被地痞霸占，森林亦多为土豪所砍伐，致水源大受影响，建议今后应由各县农会领管各该县煤矿改善开采方法，以保护森林、涵养水源、造福群众。

【叙录编号】　1594
【档案题名】
　　甘肃省政府、甘肃省建设厅关于自力煤矿、尚头煤矿开采事宜
【发文单位】　甘肃省政府；甘肃省建设厅等

【收文单位】 甘肃省政府；甘肃省建设厅等
【档案编号】
　　027-003-0074-（0001-0015）；
　　027-003-0075-（0001-0013）；
　　027-003-0076-（0001-0021）；
　　027-003-0077-（0001-0004）
【成文时间】 1941-12-02—1947-11-13
【关 键 词】 矿产；煤矿；开采
【内容提要】
　　此文件为甘肃省尚头、华宝、自力煤矿申请开矿执照，汇报矿区图，扩大矿区范围、处理矿区纠纷的文件。

【叙录编号】 1595
【档案题名】
　　甘肃省建设厅关于寄送实业部矿产分布与现状的文件
【发文单位】 实业部全国矿业地质联合展览筹备会甘肃省建设厅；行政院等
【收文单位】 实业部全国矿业地质联合展览筹备会甘肃省建设厅；行政院等
【档案编号】 027-003-0578-（0001-0007）
【成文时间】 1934-06-29—1937-02-24
【关 键 词】 勘测；报告
【内容提要】
　　教育部、实业部全国矿业地质联合展览筹备会致函建设厅请寄送矿产分布与现状，附撰文范围一纸，批示查照。建设厅寄送《甘肃矿产之种类、分布与现状》和《甘肃省矿产分布图》各1张，军事委员会请填矿业负责人员履历，建设厅填报之后军事委员会回复收到，行政院训令省政府禁止铁砂出口。

【叙录编号】 1596
【档案题名】
　　甘肃省矿业建设五年计划草案
【发文单位】 甘肃省建设厅

【收文单位】 甘肃省政府
【档案编号】 027-003-0583-0001
【成文时间】 1941
【关 键 词】 矿产；计划
【内容提要】
　　该文件为印本。内容包括：第一章为开发未办矿产分年进行，五年完成（包含山丹、永登、酒泉等祁连山北麓煤矿）；第二章为整顿已开矿业；第三章筹设矿业机构；第四章筹措办矿资本。

【叙录编号】 1597
【档案题名】
　　甘肃省政府水利工矿投资状况
【发文单位】 甘肃省政府
【收文单位】 甘肃省建设厅
【档案编号】 027-003-0594-0009
【成文时间】 不详
【关 键 词】 投资
【内容提要】
　　包含甘肃省政府水利工矿投资现状，投资的新增资本、筹付办法以及待付款额2份表。

【叙录编号】 1598
【档案题名】
　　甘肃省政府关于张益三等人填报煤矿明细表一事的文件
【发文单位】 赵恩泽；张益三等
【收文单位】 甘肃省建设厅
【档案编号】
　　027-003-0648-（0001-0015）；
　　027-003-0649-（0001-0012）；
　　027-003-0650-（0001-0014）；
　　027-003-0651-（0001-0009）
【成文时间】 1947-03-11—1947-08-15
【关 键 词】 煤矿；明细
【内容提要】

经济部要求各省填报矿业明细表，赵恩泽、张益三等煤矿主填报矿业明细表呈省政府，省政府回令准予备查，甘肃省矿产勘测总队报送勘测队办事细则请教条例等。027-003-0651-0008 为《甘肃省矿产勘测队工作计划纲要》。

【叙录编号】 1599
【档案题名】
经济部、甘肃省政府关于甘肃省营业事业监理概况的文件
【发文单位】 经济部；甘肃省政府
【收文单位】 甘肃省建设厅；甘肃水利林牧公司
【档案编号】 027-003-0654-（0001-0005）
【成文时间】 1941-12-15—1942-04-15
【关 键 词】 煤矿；明细
【内容提要】
经济部甘肃省营公司监理委员会汇报《甘肃省营事业监理概况册》90 页，共 2 份。包含 7 点：一、省营事业实施监理之缘由；二、省营事业监理之要点；三、省营贸易监理之要点；四、省营贸易进行调整概况；五、省营工业监理概况；六、省营矿业监理概况；七、附录。经济部要求检送《甘肃省营事业监理概况册》。省政府训令水利林牧公司等 8 家公司检发甘肃省营业事业监理概况。

【叙录编号】 1600
【档案题名】
甘肃省建设厅第三科关于报送本省营矿工事业请求分配美援计划致甘肃省建设厅的签呈
【发文单位】 甘肃省建设厅第三科
【收文单位】 甘肃省建设厅
【档案编号】 027-004-0618-0004
【成文时间】 1948-08-25
【关 键 词】 美援；农具
【内容提要】

本省营工矿事业请求分配美援，请求 142 万元。附有《甘肃省工矿工业请求分配美援扩充业务计划书》，包括拟请拨发设备，拟请拨发工具，拟请分配材料；甘肃化工材料厂、盐碱部、兰州制革厂、甘肃煤矿厂等拨发材料情况。

【叙录编号】 1601
【档案题名】
甘肃省政府、农林部关于薪炭调查表填报一事的文件
【发文单位】 农林部；甘肃省建设厅
【收文单位】 甘肃省建设厅
【档案编号】 027-005-0097-（0001-0010）
【成文时间】 1948-01-30—1948-05-10
【关 键 词】 薪炭
【内容提要】
农林部训令甘肃省按样式填报薪炭供销状况调查表。《薪炭供销状况调查表》包括全县人口、全县市户口数目、薪炭的种类、数量。种类分为：木柴、木炭、农作物秸秆、野草以及其他类别。表后有说明栏、临洮、临夏、庆阳报送薪炭调查表，建设厅回令准予备查。

【叙录编号】 1602
【档案题名】
甘肃省政府抄发经济部资源委员会组织条例及矿冶研究所组织条例给甘肃省各行政督查专员公署的训令
【发文单位】 甘肃省政府
【收文单位】 甘肃各县局
【档案编号】 027-005-0818-0008
【成文时间】 1938-03-31
【关 键 词】 矿冶
【内容提要】
如题。

【叙录编号】 1603
【档案题名】
　　国立北平研究院关于地质矿产研究奖金规则给甘肃省建设厅的公函
【发文单位】 国立北平研究院
【收文单位】 甘肃省政府
【档案编号】 027-005-0819-0001
【成文时间】 1937-07-15
【关 键 词】 地质研究
【内容提要】
　　如题。

【叙录编号】 1604
【档案题名】
　　甘肃省建设厅关于寄送甘肃省矿产分布图及现采各矿一览表致经济部矿业司的公函
【发文单位】 甘肃省建设厅
【收文单位】 经济部矿业司
【档案编号】 027-006-0001-0002
【成文时间】 1938-06-24
【关 键 词】 采矿；矿区
【内容提要】
　　甘肃省建设厅致函经济部矿业司，送省矿产分布图及现采各矿一览表。附《甘肃省各县现采各矿矿区一览表》，表头包括各县矿商姓名、矿区所在地、矿区面积、矿质等内容。

【叙录编号】 1605
【档案题名】
　　国防部工业动员司、甘肃省建设厅关于报送甘肃省矿业调查表的往来文件
【发文单位】 甘肃省建设厅；国防部工业动员司
【收文单位】 甘肃省建设厅；国防部工业动员司
【档案编号】 027-006-0002-（0017-0018）
【成文时间】 1948-02-28—1948-10-11
【关 键 词】 矿业调查；报表
【内容提要】
　　国防部工业动员司致函甘肃省建设厅，请其报送甘肃省矿业调查表，后致函报送（实际无表）。

【叙录编号】 1606
【档案题名】
　　实业部关于抄送矿区测量图式以便作为矿区面积计算依据致甘肃省政府的咨
【发文单位】 实业部
【收文单位】 甘肃省政府
【档案编号】 027-006-0003-0006
【成文时间】 1936-07-06
【关 键 词】 矿区测量；标准图
【内容提要】
　　如题。附《矿区测量簿记表式》《矿区测量标准图式》各1份。

【叙录编号】 1607
【档案题名】
　　甘肃各县呈报矿产统计表的各类文件
【发文单位】 甘肃各县政府；甘肃省政府
【收文单位】 甘肃省政府；财政部
【档案编号】 027-006-0390-（0001-0028）
【成文时间】 1941-09-10—1941-10-07
【关 键 词】 矿产统计；矿场
【内容提要】
　　本书28份文件均与各县报送省政府境内矿产统计表有关，其中包括徽县、两当县、平凉县、民勤县、张掖县、酒泉县、通渭县、宁县、环县、渭源县、古浪县、静宁县、武威县、泾川县、临夏县、秦安县、和政县、庄浪县、正宁县、西和县、海原县、皋兰县、固原县、高台县、崇信县、卓尼设治局、天水县。其中，通渭县、宁县、环县、渭源县、古浪县、静宁县、武威县、泾川县、临夏县、秦安

县、和政县、庄浪县、正宁县、西和县、海原县呈报本县无任何矿厂，请省政府鉴核。省政府将其余有矿县报表呈报财政部。但往来文件均仅为报表呈文或电报，实际无表。

【叙录编号】 1608
【档案题名】
　　经济部中央地质调查所西北分所关于电请省政府请各县保护协助专员调查地质矿产工作的各类文件
【发文单位】 甘肃省政府；永靖县政府等
【收文单位】 甘肃省政府；甘肃省建设厅等
【档案编号】 027-008-0027（全案卷）
【成文时间】 1945-03—1945-08
【关 键 词】
【内容提要】
　　其中包括：1.经济部中央调查局西北分所代电省政府，请惠予证明书便于前往甘肃临洮、康乐、临潭、岷县、会川、漳县、武山、礼县、西和、西固、武都、康县、成县、徽县、文县、两当县等16县进行矿产调查。省政府令以上16县政府妥为协助，回电经济部中央调查局西北分所知照（0007-0008）；2.经济部中央调查局西北分所代电省政府，请其令甘肃皋兰、永登、临夏、临洮、洮沙、榆中、和政、宁定、永靖、康乐等10县协助保护调查地质矿产。省政府令以上10县政府妥为协助，并回函经济部中央调查局西北分所知照（0009-0010）；3.省政府令建设厅工程师李启贤再勘测陇东河西各县民营矿区时将勘测情况详实呈报（0011）；4.永靖县政府呈文省政府派专员开采煤矿解决本县燃料问题，省政府回文令地质调查局派员顺便勘探（0012-0013）；5.经济部中央调查局西北分所代电省政府，请其令甘肃山丹、张掖、永昌、民乐等4县协助保护调查地质矿产，并电请告知山丹县英国人韩博将到达一同调查，省政府令以上4县政府妥为协助，回函经济部中央调查局西北分所知照（0014-0016）；6.宁定县政府呈请派员勘测本县三甲乡煤矿和石盐矿致电省建设厅。省建设厅致函经济部中央地质调查所西北分所请其一并调查，并电宁定县政府知照。经济部中央地质调查所西北分所致函省建设厅，称已告知调查员刘迺隆前往该县调查时注意勘察。省建设厅回文令宁定县政府知照（0017-0020）。

【叙录编号】 1609
【档案题名】
　　甘肃省建设厅矿业座谈会讨论方案；甘肃省煤矿厂工作报告
【发文单位】 甘肃省建设厅；甘肃省煤矿厂
【收文单位】 甘肃省建设厅
【档案编号】 027-008-0071（全案卷）
【成文时间】 1949-03-04
【关 键 词】 矿场；开采
【内容提要】
　　其中讨论了阿干镇窑街山寨三矿场经营情况；如何扶植民营煤矿、对其他矿区开采考量与计划等。其中包括：窑街矿场、阿干镇矿场、山寨矿场、兰州矿栈月度工作进展情况。

【叙录编号】 1610
【档案题名】
　　甘肃省煤矿厂工作报告
【发文单位】 甘肃省煤矿厂
【收文单位】 甘肃省建设厅
【档案编号】 027-008-0072（全案卷）
【成文时间】 1947-10-31
【关 键 词】 矿场；矿产
【内容提要】
　　其中包括窑街矿场、阿干镇矿场、山寨矿场、兰州矿栈月度工作进展情况，涉及具体矿产产量与价格。

【叙录编号】 1611
【档案题名】
　　甘肃省煤矿厂工作报告
【发文单位】 甘肃省煤矿厂
【收文单位】 甘肃省建设厅
【档案编号】 027-008-0073（全案卷）
【成文时间】 1947-12-20
【关 键 词】 煤矿；工作进展；产量价格
【内容提要】
　　其中包括窑街矿场、阿干镇矿场、山寨矿场、兰州矿栈月度工作进展情况，涉及具体矿产产量与价格，以及工程施工进度。

【叙录编号】 1612
【档案题名】
　　甘肃省煤矿厂工作报告
【发文单位】 甘肃省煤矿厂
【收文单位】 甘肃省建设厅
【档案编号】 027-008-0075（全案卷）
【成文时间】 1948-02-19
【关 键 词】 煤矿起火；矿产；价格
【内容提要】
　　其中包括：1.阿干镇煤矿起火经过；2.山寨煤矿日常产量报告；3.窑街煤矿产量；4.煤价根据成本上升上涨20%等。

【叙录编号】 1613
【档案题名】
　　甘肃省煤矿厂工作报告
【发文单位】 甘肃省煤矿厂
【收文单位】 甘肃省建设厅
【档案编号】 027-008-0076（全案卷）
【成文时间】 1948-03-25
【关 键 词】 矿工工资；煤矿施工
【内容提要】
　　其中包括矿工涨工资问题、罐子峡煤矿施工问题等内容。

【叙录编号】 1614
【档案题名】
　　甘肃省煤矿厂工作报告
【发文单位】 甘肃省煤矿厂
【收文单位】 甘肃省建设厅
【档案编号】 027-008-0077（全案卷）
【成文时间】 1948-05-27
【关 键 词】 水仓；煤矿施工；工程费
【内容提要】
　　其中包括：阿干镇煤矿日产煤60吨左右，正在开辟水仓；山场煤矿施工进度；窑场工程费等内容。

【叙录编号】 1615
【档案题名】
　　甘肃省建设厅矿业指导室关于调查各县地质情况的往来文件
【发文单位】 甘肃省建设厅矿业指导室；甘肃矿业公司等
【收文单位】 甘肃省建设厅矿业指导室；甘肃矿业公司等
【档案编号】 027-008-0100（全案卷）
【成文时间】 1943-02-18—1943-03-02
【关 键 词】 地质矿产调查；各矿厂情况
【内容提要】
　　建设厅矿业指导室呈文省建设厅请甘肃省地质矿产调查队及甘肃矿业公司呈报各种矿产地质及所属各矿厂概况，后根据省建设厅批示训令后呈报。

【叙录编号】 1616
【档案题名】
　　省政府就实业部咨令各县查明是否有小矿区呈报发放矿业执照的各类文件

【发文单位】 甘肃省政府；实业部等
【收文单位】 甘肃省政府；榆中县政府等
【档案编号】 027-008-0132-0133
【成文时间】 1936—1937
【关 键 词】 铁矿；窑主炉户
【内容提要】

实业部咨省政府如查明符合矿业法第59条之一者可经核准后填发矿业执照。省政府转令各县呈报。渭源、榆中、化平、临洮、永靖、武山、武威、镇原、会宁、海原、古浪、平凉、景泰、康县等14县呈报省政府无铁矿及窑主炉户，省政府回文知悉。

【叙录编号】 1617
【档案题名】
　　甘肃省政府关于转发顾少川、周作民等专采甘肃、青海、新疆等石油特许状给甘肃省建设厅的训令
【发文单位】 甘肃省政府
【收文单位】 甘肃省建设厅
【档案编号】 027-008-0224（全案卷）
【成文时间】 1936-02-10
【关 键 词】 石油特许状
【内容提要】

如题。此事已由行政院提出中央政治会议修正核定，省政府令建设厅知照。抄发原令1件、特许状1件。

【叙录编号】 1618
【档案题名】
　　经济部采金局青海东区采金处关于请协助工程师孙菽青、王有中调查甘肃境内金矿的各类文件
【发文单位】 经济部采金局青海东区采金处；甘肃省建设厅等
【收文单位】 经济部采金局青海东区采金处；甘肃省建设厅等

【档案编号】 027-008-0269（全案卷）
【成文时间】 1939-12-16—1940-08-09
【关 键 词】 调查金矿；采金
【内容提要】

本书19份文件均与经济部采金局青海东区采金处关于请协助工程师孙菽青、王有中调查甘肃境内金矿有关。省政府接经济部采金局函令靖远、榆中、庄浪等18县政府协助工程师孙菽青调查金矿，孙菽青致函甘肃省建设厅瞿桐岗送相片办理护照，转函至省建设厅第一、三科及省政府秘书处。省建设厅瞿桐岗呈文省建设厅报送孙菽青勘探金矿所需兵工、会计人员及材料。经济部采金局青海东区采金处呈文建设厅派王有中协助勘探。省建设厅就王有中抵兰勘探事宜致函经济部，对送发本省矿区分布图及永登各县地图事宜呈文省政府。省政府令榆中、两当、清水等12县政府协助王有中勘探并致函军令部甘肃省陆地测量局借给本省榆中、天水、靖远等县地图。经济部采金局就开采岷县金矿、临洮县黄石坪金矿事宜致函省政府请令其配合，省政府训令临洮、岷县政府协助试采金矿。

【叙录编号】 1619
【档案题名】
　　甘肃煤矿局1944年1、4、5、6、7、8、9、10、11、12月份工作月报；1945年2、3、4、5、6、7、8、9、10、11、12月份工作月报
【发文单位】 甘肃煤矿局
【收文单位】 甘肃煤矿局
【档案编号】 027-008-0366（全案卷）
【成文时间】 1944—1946
【关 键 词】 甘肃煤矿局；工作月报
【内容提要】

如题。其工作月报中包括：1.工作述要（采集原煤数量、矿场施工简况、煤矿估价

表）；2.现金出纳表；3.人事报告；4.业务报告；5.工程报告（开矿、采煤施工进度、主要材料消耗量）；6.其他报告及意见（如未及主要材料价格简表等），涉及部分如阿干镇矿场的煤炭开采工作。

【叙录编号】 1620
【档案题名】
　　甘肃煤矿局机构移交清册
【发文单位】 甘肃煤矿局
【收文单位】 甘肃省建设厅
【档案编号】 027-008-0380-0384
【成文时间】 1946
【关 键 词】 甘肃煤矿局；机构移交
【内容提要】
　　甘肃煤矿局报送本局、甘青金矿筹备处、前阿干镇矿场、前永登煤矿局、永登办事处等档案清册与省政府，省政府指令暂存给甘肃煤矿局。

【叙录编号】 1621
【档案题名】
　　中华民国矿业联合会秘书处关于请省建设厅列各矿业通讯地址的往来文件
【发文单位】 中华民国矿业联合会秘书处；甘肃省政府
【收文单位】 中华民国矿业联合会秘书处；甘肃省政府
【档案编号】 027-008-0495（全案卷）
【成文时间】 1936-04-02—1936-04-06
【关 键 词】 矿业通讯地址
【内容提要】
　　中华民国矿业联合会秘书处函请省建设厅列各矿业通讯地址寄送，省政府函送。

【叙录编号】 1622
【档案题名】
　　经济部关于印发空白小矿业执照并将前未用执照一并交还的各类文件
【发文单位】 甘肃省建设厅；经济部
【收文单位】 甘肃省建设厅；经济部
【档案编号】 027-008-0530（全案卷）
【成文时间】 1938-06-14—1938-09-26
【关 键 词】 矿业执照
【内容提要】
　　如题。省建设厅呈报前空白小矿业执照请查核，经济部回文已备查核销。

【叙录编号】 1623
【档案题名】
　　甘肃各县呈报矿商经营情况的各类文件
【发文单位】 甘肃省政府；临洮县政府等
【收文单位】 甘肃省政府；临洮县政府等
【档案编号】
　　027-008-（0543-0545）（大宗案卷）
【成文时间】 1944
【关 键 词】 矿商经营
【内容提要】
　　省政府令各县县政府、设治局查明境内矿商经营情况，临洮县、甘谷县、渭源县、秦安县、榆中县、康县、定西县、庄浪县、静宁县、临潭县、清水县、正宁县、西和县、灵台县、通渭县、庆阳县、泾川县、化平县、康乐县、临夏县、镇原县、宁县、武山县、鼎新县、陇西县、海原县、卓尼设治局、永靖县、夏河县、礼县呈报无矿商经营情况，请鉴核备查。皋兰县、华亭县、岷县、成县、玉门县呈报调查矿商经营情况，省政府回文对其准予备查。其中，仅康县查明县内有一处铁矿，且无人开采。皋兰县政府报送已派建设科长赴阿干镇前往调查。华亭县政府报送矿业经营调查表。岷县政府呈报本县迤阳乡厚生煤炭公司经营情况。玉门县呈报调查本县红沟、旱硖等地煤矿情形。请省政府鉴核。其余县均呈报本县并无矿商设施及经营开采情况。

【叙录编号】 1624
【档案题名】
　　为函索甘肃地质矿产调查报告等函
【发文单位】 甘肃水利林牧公司
【收文单位】 甘肃矿业公司
【档案编号】 039-001-0029-0025
【成文时间】 1944-09-28
【关 键 词】 地质矿产
【内容提要】
　　如题。

【叙录编号】 1625
【档案题名】
　　民国三十一年（1942）甘肃水利林牧公司为请让价煤油五介仑致西北公路运输局函
【发文单位】 甘肃水利林牧公司
【收文单位】 西北公路运输局
【档案编号】 039-001-0056-0026
【成文时间】 1942-03-02
【关 键 词】 煤油
【内容提要】
　　共1份文件。甘肃水利林牧公司因擦机器之需，加之市场缺货，特请西北公路运输局价让煤油五介仑。

【叙录编号】 1626
【档案题名】
　　民国三十一年（1942）甘肃水利林牧公司森林部为请价让空听百只致西北公路运输局函及其复函
【发文单位】 甘肃水利林牧公司
【收文单位】 西北公路运输局
【档案编号】 039-001-0056-（0027-0028）
【成文时间】 1942-03-20—1942-03-28
【关 键 词】 石油；空听

【内容提要】
　　共2份文件，如题。

【叙录编号】 1627
【档案题名】
　　民国三十年（1941）甘肃水利林牧公司为洽购硝磺与甘肃硝磺处之往来函以及省建设厅为准甘肃水利林牧公司请购硝磺之公函
【发文单位】 甘肃水利林牧公司等
【收文单位】 甘肃全省硝磺管理处；甘肃硝磺处等
【档案编号】 039-001-0057-（0001-0005）
【成文时间】 1941-09-10—1941-11-11
【关 键 词】 硝磺；渠道；水利
【内容提要】
　　共6份文件。9月10日，甘肃水利林牧公司接管各渠建筑工程，需用大宗炸药开渠凿石，特向省硝磺处请购制造炸药主要原料硝磺两项。9月25、26日，甘肃水利林牧公司再度向省硝磺处请购硝、磺各6万斤。10月16日，省硝磺处为准购硝磺炸药请派员来取之事，致甘肃水利林牧公司函。11月4日，甘建厅批复水利林牧公司洽购硝磺之请求，并对公司各处使用硝磺之情况作出要求。11月8日，水利林牧公司总管处转知各处商洽购售硝磺之事宜。11月11日，甘建厅再度批复水利林牧公司洽购硝磺之请求。

【叙录编号】 1628
【档案题名】
　　民国三十年至三十一年（1941—1942）甘肃水利林牧公司夏慧渠工程处与省硝磺处关于硝磺复购之往来函
【发文单位】 甘肃水利林牧公司夏惠渠工程处主任杨廷玉；甘肃省硝磺处总工程师
【收文单位】 甘肃省硝磺处总工程师；甘肃水利林牧公司夏惠渠工程处

【档案编号】 039-001-0057-0007
【成文时间】 1941-11-20—1942-07-17
【关 键 词】 硝磺；渠道；水利
【内容提要】
　　共2份文件，如题。11月20日，甘肃水利林牧公司夏慧渠工程处函复省硝磺处，暂不购买硝磺，俟需要时自应遵照办理。次年7月17日，硝磺处复夏惠处订购火硝函。

【叙录编号】 1629
【档案题名】
　　民国三十年（1941）省硝磺处为请甘肃水利林牧公司运取火硝事函
【发文单位】 甘肃硝磺处
【收文单位】 甘肃水利林牧公司
【档案编号】 039-001-0057-0008
【成文时间】 1941-07-17
【关 键 词】 硝磺；订购；水利
【内容提要】
　　共1份文件。省硝磺处因硝磺产量日增，存储地点有限为由，请甘肃水利林牧公司运取火硝事函。

【叙录编号】 1630
【档案题名】
　　民国三十一年（1942）甘肃硝磺处奉令停拨订购硫磺退还定款致甘肃水利林牧公司事函
【发文单位】 甘肃硝磺处；甘肃水利林牧公司等
【收文单位】 甘肃水利林牧公司；甘肃硝磺处等
【档案编号】 039-001-0057-（0009-0011）
【成文时间】 1942-10-01—1942-10-15
【关 键 词】 硫磺；经济
【内容提要】
　　共4份文件。10月1日，因盐务总局电令非经核查，不得拨售，甘肃水利林牧公司奉令停拨订购硫磺，并退还定款支票。10月2日，甘肃水利林牧公司总管处、会计处核准查验支票。10月13日，甘肃硝磺处更正停拨硫磺数笔误并随函附送支票凭证。10月15日，甘肃水利林牧公司为支票收到一事致甘肃硝磺处函。

【叙录编号】 1631
【档案题名】
　　民国三十二年（1943）甘肃水利林牧公司为各渠所需硝磺数目事致甘硝处函
【发文单位】 甘肃水利林牧公司
【收文单位】 甘肃硝磺处
【档案编号】 039-001-0057-0012
【成文时间】 1942-12-12
【关 键 词】 硝磺；渠道；建筑
【内容提要】
　　共1份文件，如题。

【叙录编号】 1632
【档案题名】
　　民国三十二年（1943）甘肃水利林牧公司与甘肃硝磺处就尽快拨售各渠所需硝磺之往来函
【发文单位】 甘肃水利林牧公司；甘肃硝磺处等
【收文单位】 甘肃硝磺处财政部；甘肃水利林牧公司等
【档案编号】 039-001-0057-（0014-0016）
【成文时间】 1943-06—1943-12
【关 键 词】 硝磺
【内容提要】
　　共3份文件。6月底，甘肃水利林牧公司请硝磺处尽快拨售各渠所需硝磺。12月22日，硝磺处复甘肃水利林牧公司所需硝磺配拨事公函。12月30日，硝磺处向甘肃水利林牧公司再拨售土硝120担。

【叙录编号】 1633
【档案题名】
民国三十二年（1943）甘肃水利林牧公司与甘肃硝磺处就硝磺起运及所购斤数查复之往来函
【发文单位】 甘肃水利林牧公司洮惠渠管理处；甘肃水利林牧公司
【收文单位】 甘肃水利林牧公司；甘肃水利林牧公司洮惠渠管理处
【档案编号】 039-001-0057-（0021-0022、0026）
【成文时间】 1943-02-08—1943-03-02
【关 键 词】 渠道工程；火药
【内容提要】
共3份文件，如题。2月8日，甘肃水利林牧公司洮惠渠管理处为报兴盛制药厂所需火药原料之事转呈甘肃水利林牧公司管理总处。2月15日，甘肃水利林牧公司洮惠渠之请求获硝磺处准许。3月2日，甘肃硝磺处为查复兴盛制药厂所购硝磺斤数致甘肃水利林牧公司函。

【叙录编号】 1634
【档案题名】
西北盐务局、甘肃水利林牧公司关于水利林牧公司该年度所需硝磺数量一事的往来公函
【发文单位】 甘肃水利林牧公司
【收文单位】 西北盐务局
【档案编号】 039-001-0058-（0029-0030）
【成文时间】 1946-02-11
【关 键 词】 硝磺
【内容提要】
共3份文件。西北盐务局、甘肃水利林牧公司关于水利林牧公司该年度所需硝磺数量一事询问（0029-0030），及甘肃水利林牧公司复函（0029）。

【叙录编号】 1635
【档案题名】
甘肃硝磺处同意甘肃水利林牧公司先予拨发硝磺的电
【发文单位】 财政部盐务总局甘肃硝磺处
【收文单位】 甘肃水利林牧公司
【档案编号】 039-001-0058-0032
【成文时间】 1943-05-03
【关 键 词】 硝磺
【内容提要】
共1份文件。甘肃硝磺处关于甘肃水利林牧公司请转饬所属先予拨发硝磺一案，电复查照办理。

【叙录编号】 1636
【档案题名】
甘肃水利林牧公司为补交硝斤增加价款一事致硝磺处的函
【发文单位】 甘肃水利林牧公司
【收文单位】 甘肃硝磺处
【档案编号】 039-001-0058-（0033-0034）
【成文时间】 1943-05-06
【关 键 词】 硝磺
【内容提要】
共2份文件，第一件如题。附件中央银行中农银行支票。

【叙录编号】 1637
【档案题名】
甘肃水利林牧公司与油矿局就检验柴油品质的往返函
【发文单位】 甘肃水利林牧公司；甘肃油矿局
【收文单位】 资源委员会甘肃油矿局；甘肃水利林牧公司
【档案编号】 039-001-0060-（0025-0026）

【成文时间】 1941-11-12—1941-11-18
【关 键 词】 柴油
【内容提要】
　　共2份文件。香港安利洋行所售抽水机需特殊柴油。

【叙录编号】 1638
【档案题名】
　　甘肃省政府关于省营矿业监理规则事训令
【发文单位】 甘肃省政府
【收文单位】 甘肃水利林牧公司
【档案编号】 039-001-0067-0001
【成文时间】 1941-09-12
【关 键 词】 工业矿业监理规则
【内容提要】
　　共1份文件，附《省营工业矿业监理规则》12条。

【叙录编号】 1639
【档案题名】
　　甘肃省政府为抄发非常时期工矿业奖助条例的训令
【发文单位】 甘肃省政府
【收文单位】 甘肃水利林牧公司
【档案编号】 039-001-0131-0028
【成文时间】 1942-02-20
【关 键 词】 工矿业奖助
【内容提要】
　　共1份文件，如题。

三、土地资源开发类档案

【叙录编号】 1640
【档案题名】
　　甘肃省政府等关于荒地承垦的各类文件
【发文单位】 甘肃省政府
【收文单位】 甘肃省政府统计室
【档案编号】 004-001-0330-（0001-0003）
【成文时间】 1947-06
【关 键 词】 荒地承垦
【内容提要】
　　此案卷包含《甘肃省公有土地管理办法》与《甘肃省荒地承垦办法》。《甘肃省荒地承垦办法》制定后，甘肃省政府将此文件及审查表式抄发给甘肃省政府统计室。

【叙录编号】 1641
【档案题名】
　　潘简良关于普遍兴修小型农田水利工程以利农业生产的议题
【发文单位】 潘简良
【收文单位】 不详
【档案编号】 004-001-0438-0005
【成文时间】 不详
【关 键 词】 农田水利
【内容提要】
　　潘简良提议在西北各省普遍兴修小型农田水利工程，以利农业生产。

【叙录编号】 1642
【档案题名】
　　甘肃省政府等关于发放籽种、勘察灾情、

救济春耕、豁免田赋、划拨官荒地为校基金、草山纠纷、征用土地价款、林产物调查表、开垦荒地等的各类文件

【发文单位】 甘肃省政府
【收文单位】 甘肃各县
【档案编号】
    004-001-0498-（0001-0006、0010、0015、0020、0022、0024、0027、0029-0031、0034-0035、0042、0051-0057、0059-0060、0064-0065、0067-0071）
【成文时间】 1942-04—1943-02
【关 键 词】 纠纷；垦荒；灾情
【内容提要】
    如题。

【叙录编号】 1643
【档案题名】
    甘肃省政府等关于复耕战区荒芜田地等事的各类文件
【发文单位】 农林部；甘肃省政府等
【收文单位】 甘肃省政府；甘肃省地政局等
【档案编号】 004-001-0499-（0005-0017）
【成文时间】 1947-04-11—1947-06-14
【关 键 词】 复耕
【内容提要】
    农林部致函甘肃省政府，请甘肃省政府通知协助复耕战区荒芜的田地，甘肃省政府将此事转告各区、各县市政府。通渭县、甘谷县、榆中县、西吉县呈报甘肃省政府本县并无该类田地，甘肃省政府均回文准予备查。临夏县政府将复耕情况上报，甘肃省政府回文准予备查。甘肃省政府秘书处通知省地政局，农林部调查专员赖功奏已到兰并开展工作。

【叙录编号】 1644
【档案题名】
    甘肃省政府等关于各县荒地调查表、荒地造林等事的各类文件
【发文单位】 甘肃省政府
【收文单位】 甘肃省各县等
【档案编号】
    004-002-0001-（0001、0008、0010-0017、0021、0028、0030、0034-0035、0037、0078、0082、0100-0101、0112、0141、0154）
【成文时间】 1946-03—1946-12
【关 键 词】 荒地调查表；荒地造林
【内容提要】
    甘肃省政府指令会宁县、永昌县、华亭县、民乐县、庆阳县、秦安县、高台县、泾川县、张掖县、靖远县、隆德县、和政县，各县荒地调查表或准予备查，或准予核转，或给予审核意见，或催促速补报荒地调查表。甘肃省政府向行政院报送本省祁连山天然林1946年度3个月的经费预算书，并将此事通知省第六区专署。甘肃省政府通知平凉县政府，该县利用堂岗乡荒地造林的计划准予备查。甘肃省政府令各县政府、设治局上报本地宜垦荒地调查表。甘肃省政府通知会川县政府，应拟订报送开垦该县黄香沟的计划及预算。甘肃省政府令榆中县政府办理该县青城乡农会请求拨款修理水车一事。甘肃省政府指令第六区专署，该区永昌县五龙乡虫灾应等查勘完毕后统筹安排。甘肃省政府给玉门县政府发放1946年度春季造林报告表的审核意见。甘肃省政府致函农林部洮河流域国有林区管理处，请派员会同卓尼设治局勘定禅定寺的捐林产权。甘肃省政府通知各县、设治局，推行乡镇造产应注重造林畜牧事宜。甘肃省政府致电平凉县政府，准予该县利用荒地造林。甘肃省政府令武威县地籍整理办事处查办该县藏族民众开垦荒地、侵占水源一事。甘肃省政府指令兰州市政府，该市警察局第七分局的植树情况准予备查。此案卷另

有关于各县开垦荒地的一些文件。

【叙录编号】 1645
【档案题名】
甘肃省政府公布密令第391号关于制定甘肃省各县局农业推广所组织规程
【发文单位】 甘肃省政府
【收文单位】 甘肃省政府
【档案编号】
004-002-0081-0001；
004-002-0081-0004
【成文时间】 1940-07-08—1942-03-09
【关 键 词】 农改所；章程
【内容提要】
主要为《甘肃省各县局农业推广所组织规程》22条，推广所业务设计增加粮食生产、推广农具肥料树苗、防治病虫害、推进造林工作防止森林滥伐、农业改良方法、繁殖树种树苗、保育苗圃农村副业。0004为《修正甘肃省农业改进所组织规程》。

【叙录编号】 1646
【档案题名】
甘肃省清垦计划
【发文单位】 不详
【收文单位】 甘肃省政府
【档案编号】 004-002-0081-0003
【成文时间】 不详
【关 键 词】 清垦
【内容提要】
《甘肃省清垦计划》8条，涉及荒地申报、承垦、执照、惩罚事宜。

【叙录编号】 1647
【档案题名】
甘肃省政府等关于清荒施垦、苗圃实施等各类文件
【发文单位】 甘肃省政府；甘肃省建设厅等
【收文单位】 不详
【档案编号】 004-002-0082-（0001-0016）
【成文时间】 1936—1942
【关 键 词】 苗圃；水利
【内容提要】
此案卷内容为各类实施办法、规则，包括甘肃省清荒施垦计划、各县苗圃实施办法、省农改所各中心苗圃负责指导县苗圃实施办法，甘肃省建设厅兴办水利拆迁土地附着物办法，甘肃省政府1942年度苗圃实施计划纲要、甘肃省建设厅水利工程处组织规程及办事细则等。

【叙录编号】 1648
【档案题名】
甘肃省政府民国三十年度（1941）下半年办理省参议会建议案经过汇编（二）
【发文单位】 不详
【收文单位】 不详
【档案编号】 004-002-0103-0002
【成文时间】 1941
【关 键 词】 水利；造林
【内容提要】
16页起为建设部门，涉及积极整治全省水利、陇东河川、兰州自来水、提倡植树造林、淤地压砂增产、荒山开垦、开采煤矿等事宜。

【叙录编号】 1649
【档案题名】
土地组织章程
【发文单位】 不详
【收文单位】 不详
【档案编号】 004-002-0106-0001
【成文时间】 不详
【关 键 词】 土地

【内容提要】
　　如题。

【叙录编号】　1650
【档案题名】
　　甘肃省公路管理处组织规则
【发文单位】　不详
【收文单位】　不详
【档案编号】　004-002-0106-0005
【成文时间】　不详
【关 键 词】　公路
【内容提要】
　　如题。

【叙录编号】　1651
【档案题名】
　　甘肃省各县土地陈报试办章程
【发文单位】　不详
【收文单位】　不详
【档案编号】　004-002-0109-0008
【成文时间】　不详
【关 键 词】　土地
【内容提要】
　　如题。

【叙录编号】　1652
【档案题名】
　　甘肃省各县土地陈报试办章程施行细则
【发文单位】　不详
【收文单位】　不详
【档案编号】　004-002-0109-0009
【成文时间】　不详
【关 键 词】　不详
【内容提要】
　　如题。

【叙录编号】　1653
【档案题名】
　　甘肃省各县土地陈报办事处组织规程
【发文单位】　不详
【收文单位】　不详
【档案编号】　004-002-0109-0010
【成文时间】　不详
【关 键 词】　不详
【内容提要】
　　如题。

【叙录编号】　1654
【档案题名】
　　甘肃省各县土地陈报调解委员会章程
【发文单位】　不详
【收文单位】　不详
【档案编号】　004-002-0109-0011
【成文时间】　不详
【关 键 词】　不详
【内容提要】
　　如题。

【叙录编号】　1655
【档案题名】
　　甘肃省城市土地测量队组织规则
【发文单位】　不详
【收文单位】　不详
【档案编号】　004-002-0111-0010
【成文时间】　不详
【关 键 词】　土地
【内容提要】
　　如题。

【叙录编号】　1656
【档案题名】
　　甘肃省民国三十年度（1941）增加粮食生产实施办法大纲
【发文单位】　不详

【收文单位】 不详
【档案编号】 004-002-0112-0004
【成文时间】 不详
【关 键 词】 土地
【内容提要】
    如题。

【叙录编号】 1657
【档案题名】
    甘肃省各县土地陈报办事处编查队组织规则
【发文单位】 不详
【收文单位】 不详
【档案编号】 004-002-0112-0008
【成文时间】 不详
【关 键 词】 土地
【内容提要】
    如题。

【叙录编号】 1658
【档案题名】
    甘肃省政府土地陈报办事附土地陈报训练所组织规程
【发文单位】 不详
【收文单位】 不详
【档案编号】 004-002-0114-0002
【成文时间】 不详
【关 键 词】 土地
【内容提要】
    如题。

【叙录编号】 1659
【档案题名】
    甘肃省粮食年加工行业管理办法
【发文单位】 不详
【收文单位】 不详
【档案编号】 004-002-0116-0010

【成文时间】 不详
【关 键 词】 粮食
【内容提要】
    如题。

【叙录编号】 1660
【档案题名】
    甘肃省各县局农业推广所组织规程
【发文单位】 不详
【收文单位】 不详
【档案编号】 004-002-0116-0012
【成文时间】 不详
【关 键 词】 粮食
【内容提要】
    如题。

【叙录编号】 1661
【档案题名】
    甘肃省政府公布令秘法字第552号关于颁布修正甘肃省气象测候所组织规程第5条、第8条条文；甘肃省政府公布令秘法字第559号关于颁布修正甘肃省荒地督垦办法；甘肃省荒地承垦证书式样
【发文单位】 甘肃省政府
【收文单位】 不详
【档案编号】
    004-002-0130-（0004、0020、0028）
【成文时间】
    1943-10-16；1943-12-15；1944
【关 键 词】 荒地；气象
【内容提要】
    如题。

【叙录编号】 1662
【档案题名】
    甘肃省政府公布令秘法字第599号关于颁布甘肃省土地登记实行细则

【发文单位】 不详
【收文单位】 不详
【档案编号】 004-002-0132-0001
【成文时间】 1944-08-07
【关 键 词】 土地
【内容提要】
　　如题。

【叙录编号】 1663
【档案题名】
　　甘肃省各县征收公荒收租办法
【发文单位】 不详
【收文单位】 不详
【档案编号】 004-002-0132-0007
【成文时间】 不详
【关 键 词】 荒地
【内容提要】
　　如题。

【叙录编号】 1664
【档案题名】
　　甘肃省政府公布令秘法字第637号关于制定甘肃省政府社会处加强农会业务实施计划
【发文单位】 甘肃省政府
【收文单位】 不详
【档案编号】 004-002-0133-0006
【成文时间】 1945-12-19
【关 键 词】 农会
【内容提要】
　　主要涉及农会行政事务、农业贷款等事宜。

【叙录编号】 1665
【档案题名】
　　甘肃省政府公布令秘法字第675号关于制定甘肃省奖励民垦实施细则
【发文单位】 甘肃省政府

【收文单位】 不详
【档案编号】
　　004-002-0141-0009；
　　004-002-0141-0013
【成文时间】 1947-07-21
【关 键 词】 民垦
【内容提要】
　　各县市土地除法令限制外，其余应一律鼓励人民尽量开垦等内容。0013为修正规则。

【叙录编号】 1666
【档案题名】
　　甘肃省政府公布令秘法字第701号关于制定甘肃省私有土地限制办法
【发文单位】 甘肃省政府
【收文单位】 不详
【档案编号】 004-002-0141-0011
【成文时间】 1947-10-07
【关 键 词】 土地限制
【内容提要】
　　《甘肃省私有土地限制办法》18条。

【叙录编号】 1667
【档案题名】
　　甘肃省政府公布令秘法字第777号关于制定甘肃省土地复丈规则
【发文单位】 不详
【收文单位】 不详
【档案编号】 004-002-0141-0014
【成文时间】 不详
【关 键 词】 土地
【内容提要】
　　如题。

【叙录编号】 1668
【档案题名】
　　甘肃省政府民国三十七年度（1948）工作

检讨会计划（二）
【发文单位】 甘肃省政府
【收文单位】 不详
【档案编号】 004-002-0156-0001
【成文时间】 1948
【关 键 词】 工作检讨会
【内容提要】
　　主要地政类涉及土地登记、土地测量、地价调查。

【叙录编号】 1669
【档案题名】
　　甘肃省政府民国三十七年度（1948）工作检讨会计划（三）
【发文单位】 甘肃省政府
【收文单位】 不详
【档案编号】 004-002-0157-0001
【成文时间】 1948
【关 键 词】 工作检讨会
【内容提要】
　　主要涉及农林类：粮食增产、特用作物、育苗、造林、护林、水土保持、牧草种植、自来水工程、气象测候所业务。

【叙录编号】 1670
【档案题名】
　　甘肃省政府民国三十三年（1944）公务统计方案（粮食类一）
【发文单位】 甘肃省政府统计室
【收文单位】 甘肃省政府
【档案编号】 004-002-0354-0001
【成文时间】 1944-12
【关 键 词】 公务统计
【内容提要】
　　主要涉及粮食征拨纲、运输纲、仓储纲、积谷纲、管理纲、市场纲。

【叙录编号】 1671
【档案题名】
　　甘肃省政府民国三十三年（1944）公务统计方案（粮食类二）
【发文单位】 甘肃省政府统计室
【收文单位】 甘肃省政府
【档案编号】 004-002-0355-0001
【成文时间】 1944-12
【关 键 词】 公务统计
【内容提要】
　　主要涉及粮食征拨纲、运输纲、仓储纲、积谷纲、管理纲、市场纲。

【叙录编号】 1672
【档案题名】
　　甘肃省政府民国三十三年（1944）公务统计方案（公路类一）
【发文单位】 甘肃省政府统计室
【收文单位】 甘肃省政府
【档案编号】 004-002-0365-0001
【成义时间】 1944-12
【关 键 词】 公务统计
【内容提要】
　　如题。

【叙录编号】 1673
【档案题名】
　　甘肃省政府民国三十三年（1944）公务统计方案（公路类二）
【发文单位】 甘肃省政府统计室
【收文单位】 甘肃省政府
【档案编号】 004-002-0366-0001
【成文时间】 1944-12
【关 键 词】 公务统计
【内容提要】
　　如题。

【叙录编号】 1674
【档案题名】
　　甘肃省农业改进所关于填送民国三十四年（1945）各项统计报告表致甘肃省政府统计室的公函
【发文单位】 甘肃省农改所
【收文单位】 国民政府统计室
【档案编号】 004-002-0238（全案卷）
【成文时间】 1945-03-06
【关 键 词】 统计报告
【内容提要】
　　《甘肃省农作物小麦育种试验报告表》《甘肃省三十三年（1944）及三十四年（1945）各县棉花生产报告表》。

【叙录编号】 1675
【档案题名】
　　甘肃省建设厅关于填送民国三十四年（1945）各项统计报告表致甘肃省政府统计室的公函
【发文单位】 甘肃省建设厅
【收文单位】 国民政府统计室
【档案编号】 004-002-0238-0009
【成文时间】 1946-04-18
【关 键 词】 统计报告
【内容提要】
　　主要涉及《甘肃省育苗造林成绩统计表》《甘肃省三十三年至三十四年（1944—1945）各县棉花生产报告表》《甘肃省农作物防治小麦黑穗病报告表》《甘肃省农作物优良麦种推广报告表》《甘肃省农作物小麦育种试验结果报告表》。

【叙录编号】 1676
【档案题名】
　　甘肃省政府1944年公务统计方案（农业类一）（此案卷仅1份文件）

【发文单位】 甘肃省政府
【收文单位】 不详
【档案编号】 004-002-0358-0001
【成文时间】 1944-12
【关 键 词】 农业
【内容提要】
　　包括建设厅应设置登记册名称；建设厅应造报之报告表名称；某某省农业团体简表；某某省农业团体报告表；某某省农业试验或推广场所登记册等文件。

【叙录编号】 1677
【档案题名】
　　甘肃省民国三十八年度（1949）行政会议决议议案（民政类）
【发文单位】 甘肃省政府
【收文单位】 不详
【档案编号】 004-002-0427-0006
【成文时间】 1949
【关 键 词】 公路
【内容提要】
　　主要涉及增设新县、充实乡镇保甲、勘察甘川公路、加强人民团体。

【叙录编号】 1678
【档案题名】
　　甘肃省民国三十八年度（1949）行政会议决议议案（地政类）
【发文单位】 甘肃省政府
【收文单位】 不详
【档案编号】 004-002-0427-0010
【成文时间】 1949
【关 键 词】 地籍
【内容提要】
　　主要涉及整理地籍、土地改革等内容。

【叙录编号】 1679

【档案题名】

甘肃省临时参议会关于送参议员杨世昌提问临洮德远渠划拨洮惠渠原案致甘肃省政府的公函；甘肃省地政局关于各县人民私占官荒公地应清查追回充作学田致甘肃省参议会的公函

【发文单位】 甘肃省临时参议会；甘肃省地政局
【收文单位】 甘肃省政府；甘肃省临时参议会
【档案编号】 004-002-0446-（0018-0019）
【成文时间】 1940-01-09；1948-07-22
【关 键 词】 德远渠；学田
【内容提要】
　　如题。

【叙录编号】 1680
【档案题名】
　　甘肃水利林牧公司关于报送农业水利工程统计表致甘肃省政府统计室的公函
【发文单位】 甘肃水利林牧公司
【收文单位】 不详
【档案编号】 004-003-0056-0004
【成文时间】 1945-12-06
【关 键 词】 农田水利；渠道
【内容提要】
　　《农田水利工程统计表》涉及各个渠道工程的类型、名称与受益田亩。

【叙录编号】 1681
【档案题名】
　　甘肃省土地改革实施步骤
【发文单位】 不详
【收文单位】 不详
【档案编号】 004-004-0126-0004
【成文时间】 不详
【关 键 词】 土地
【内容提要】
　　如题。

【叙录编号】 1682
【档案题名】
　　甘肃省民国三十一年度（1942）粮食增产实施计划
【发文单位】 甘肃省政府
【收文单位】 不详
【档案编号】 004-006-0496（全案卷）
【成文时间】 1942
【关 键 词】 粮食增产
【内容提要】
　　主要包括序言、工作区域、组织及人员、工作种类、各县增粮工作与人员分配、结论各部分。

【叙录编号】 1683
【档案题名】
　　甘肃省政府委员会第1093次会议议事日程外附会议材料
【发文单位】 甘肃省政府
【收文单位】 不详
【档案编号】 004-007-0039-0003
【成文时间】 1943-10-26
【关 键 词】 督垦工作
【内容提要】
　　涉及本省督垦工作目前亟须改进事项。

【叙录编号】 1684
【档案题名】
　　甘肃省政府委员会第1596次会议议事日程外附会议材料
【发文单位】 甘肃省政府
【收文单位】 不详
【档案编号】 004-007-0112-0003
【成文时间】 1949-01-04
【关 键 词】 荒地

【内容提要】
涉及酒泉县边湾截引地下水灌溉区公有荒地放领办法。

【叙录编号】 1685
【档案题名】
甘肃省政府委员会第736次会议记录
【发文单位】 甘肃省政府
【收文单位】 不详
【档案编号】 004-007-0175-0003
【成文时间】 1940-03-13
【关 键 词】 官地
【内容提要】
第736次会议涉及交通银行租用中山林官地一案。

【叙录编号】 1686
【档案题名】
甘肃省政府委员会第866次会议关于提会报告拟具粮食管理局与甘肃省银行总行成立60万元储粮押叙合约、事业经费计划及提请审议派蔡孟坚任兰州市市长的会议记录
【发文单位】 甘肃省气象测候所；甘肃省财政厅等
【收文单位】 甘肃省政府
【档案编号】
004-007-0224-0001-(0003、0009、0011)
【成文时间】 1941-06-27
【关 键 词】 粮食
【内容提要】
涉及粮食管理局整理平粜事宜记录；省立气象测候所呈组织日蚀观测委员会事宜；关于修改用粮食造酒暂行办法的提议。

【叙录编号】 1687
【档案题名】
甘肃省政府委员会第1045次会议议事日程外附会议材料
【发文单位】 甘肃省政府委员会
【收文单位】 甘肃省政府
【档案编号】 004-007-0318-0004
【成文时间】 1943-05-07
【关 键 词】 驿运管理费；公路建设；土地金融计划
【内容提要】
主要关于省库三十二年（1943）7月份起至11月14日止，收入总存款收支三十年度（1941）及以前年度各县总数详表，办理甘川公路、兰岷公路碎石路面一案；民国三十二年度（1943）土地金融业务计划大纲，甘肃省取消驿运管理费实施办法。

【叙录编号】 1688
【档案题名】
甘肃省政府委员会第1053次会议议事日程外附会议通报、讨论文件材料
【发文单位】 甘肃省政府委员会
【收文单位】 甘肃省政府
【档案编号】 004-007-0322-0004
【成文时间】 1943-06-04
【关 键 词】 地籍整理
【内容提要】
主要涉及审议本省民国三十二年度（1943）完成全省重要城镇地籍整理业务计划，张掖县地籍整理业务计划。

【叙录编号】 1689
【档案题名】
甘肃省政府委员会第1061次会议议事日程外附会议通报、讨论文件材料
【发文单位】 甘肃省政府委员会
【收文单位】 甘肃省政府
【档案编号】 004-007-0325-0002
【成文时间】 1943-07-02

【关 键 词】 灾害；行政区域调整
【内容提要】
　　主要涉及审查本省勘报灾歉及查勘逃荒绝户荒废土地免赋暂行办法，附《甘肃省各行政督察区历次调整情形一览表》。

【叙录编号】 1690
【档案题名】
　　甘肃省政府委员会第1065次会议议事日程外附会议通报、讨论文件材料
【发文单位】 甘肃省政府委员会
【收文单位】 甘肃省政府
【档案编号】 004-007-0326-0006
【成文时间】 1943-07-16
【关 键 词】 乡镇造产计划；贷放春耕籽种
【内容提要】
　　主要涉及审议本省各县乡镇造产计划，据本年贷放春耕籽种情况，要求各县8月底本息一律收回。附《各县田赋粮食管理处乡镇办事处设置办法》《甘肃省各县乡镇造产三年计划编制办法》《拟订三十二年度（1943）贷放春耕籽种原借粮用途表》。

【叙录编号】 1691
【档案题名】
　　甘肃省政府委员会第1091次会议议事日程外附会议通报、讨论文件材料
【发文单位】 甘肃省政府委员会
【收文单位】 甘肃省政府
【档案编号】 004-007-0335-0004
【成文时间】 1943-10-19
【关 键 词】 农牧示范场；灾害
【内容提要】
　　主要涉及甘肃省农业改进所和中国农民银行兰州分行办理甘肃省农牧示范场合作办法，本年被灾各县现存三十年（1941）军屯粮食拨充急救数额表等事宜。

【叙录编号】 1692
【档案题名】
　　甘肃省政府委员会第1155次会议议事日程外附会议通报、讨论文件材料
【发文单位】 甘肃省政府委员会
【收文单位】 甘肃省政府
【档案编号】 004-007-0353-0004
【成文时间】 1944-07-07
【关 键 词】 农会
【内容提要】
　　关于审查本省各县农会章程通则等事宜。

【叙录编号】 1693
【档案题名】
　　甘肃省政府委员会第1158次会议议事日程外附会议通报、讨论文件材料
【发文单位】 甘肃省政府委员会
【收文单位】 甘肃省政府
【档案编号】 004-007-0354-0002
【成文时间】 1944-07-18
【关 键 词】 禁伐树木；灌溉土地整理
【内容提要】
　　主要涉及审查湟惠渠灌溉土地整理工作，其中包括禁伐树木等事宜。

【叙录编号】 1694
【档案题名】
　　甘肃省政府委员会第1159次会议议事日程外附会议通报、讨论文件材料
【发文单位】 甘肃省政府委员会
【收文单位】 甘肃省政府
【档案编号】 004-007-0354-0004
【成文时间】 1944-07-21
【关 键 词】 垦殖
【内容提要】
　　关于审查讨论农林部协助各省垦殖机关团

体经费办法等事宜。

【叙录编号】 1695
【档案题名】
　　甘肃省政府委员会第1329次会议议事日程外附会议材料
【发文单位】 甘肃省政府委员会
【收文单位】 甘肃省政府
【档案编号】 004-007-0382-0018
【成文时间】 1946-04-30
【关 键 词】 农场
【内容提要】
　　关于社会部呈报设置合作农场办法，附《呈报设置合作农场办法》。

【叙录编号】 1696
【档案题名】
　　甘肃省政府委员会第1346次会议议事日程外附会议材料
【发文单位】 甘肃省政府委员会
【收文单位】 甘肃省政府
【档案编号】 004-007-0385-0002
【成文时间】 1946-07-02
【关 键 词】 垦荒
【内容提要】
　　关于提请审议拟请免予征收垦荒地价等事宜。

【叙录编号】 1697
【档案题名】
　　甘肃省政府委员会第1359次会议议事日程外附会议材料
【发文单位】 甘肃省政府委员会
【收文单位】 甘肃省政府
【档案编号】 004-007-0386-0002
【成文时间】 1946-08-20
【关 键 词】 靖丰渠；淤区土地
【内容提要】
　　关于提会审查靖丰渠淤区土地放领实施办法等事宜。

【叙录编号】 1698
【档案题名】
　　甘肃省政府委员会第1405次会议议事日程外附会议材料
【发文单位】 甘肃省政府委员会
【收文单位】 甘肃省政府
【档案编号】 004-007-0397-0008
【成文时间】 1947-02-14
【关 键 词】 插花飞地；粮赋
【内容提要】
　　关于临夏县田粮处报告永寿等三乡与青海县循化县插花，无法催收粮赋，解决征收粮赋等事宜。

【叙录编号】 1699
【档案题名】
　　甘肃省政府委员会第1406次会议议事日程外附会议材料
【发文单位】 甘肃省政府委员会
【收文单位】 甘肃省政府
【档案编号】 004-007-0397-0010
【成文时间】 1947-02-18
【关 键 词】 收支数目表；荒地督垦
【内容提要】
　　主要涉及财政厅报告三十五年（1946）12月份省库收入总存款收支数目表，审查甘肃省荒地督垦办法一案，附《甘肃省荒地督垦办法》。

【叙录编号】 1700
【档案题名】
　　甘肃省政府委员会第347次会议关于审议甘肃省募民移垦暂行办法及审议拟派余屿为岷县县长等事宜

【发文单位】 甘肃省政府委员会
【收文单位】 甘肃省政府
【档案编号】 004-007-0465-0002
【成文时间】 1935-10-04
【关 键 词】 垦殖荒地
【内容提要】
　　主要涉及将洮西难民移送河套一带垦殖荒地，审议甘肃省募民移垦暂行办法等事宜。

【叙录编号】 1701
【档案题名】
　　甘肃省政府委员会第1459次会议议事日程外附会议材料
【发文单位】 甘肃省政府委员会
【收文单位】 甘肃省政府
【档案编号】 004-007-0494-0002
【成文时间】 1947-08-22
【关 键 词】 凿井
【内容提要】
　　主要涉及报告甘肃省复兴绥靖区计划，其中建设部分包括凿井，附《甘肃省复兴绥靖区计划表》。

【叙录编号】 1702
【档案题名】
　　甘肃省政府委员会第1162次会议记录
【发文单位】 甘肃省政府委员会
【收文单位】 甘肃省政府
【档案编号】 004-007-0514-0009
【成文时间】 1944-08-01
【关 键 词】 地籍整理；土地整理
【内容提要】
　　会议讨论涉及内容：1.在永昌县举办地籍整理并填报经费预算书。2.审查地政局签报湟惠渠特种乡公所土地整理意见书及地政局拟订新划土地地籍整理业务计划暨预算等事。

【叙录编号】 1703
【档案题名】
　　甘肃省政府委员会第1207次会议记录
【发文单位】 甘肃省政府委员会
【收文单位】 甘肃省政府
【档案编号】 004-007-0520-0004
【成文时间】 1945-01-05
【关 键 词】 农田水利；地方造产
【内容提要】
　　会上报告了各省酌拨田赋超收部分成数、兴办农田水利办法及乡镇储蓄拨充地方造产部分提成、兴办农田水利办法一事。

【叙录编号】 1704
【档案题名】
　　甘肃省政府委员会第1375次会议记录
【发文单位】 甘肃省政府委员会
【收文单位】 甘肃省政府
【档案编号】 004-007-0526-0009
【成文时间】 1946-10-15
【关 键 词】 地政法规；征发土地；减免出赋
【内容提要】
　　会上报告了行政院发废止地政法规及抄发征收土地应注意事项一事，半数减免本年田赋征收数额一事。

【叙录编号】 1705
【档案题名】
　　甘肃省政府委员会第1378次会议记录
【发文单位】 甘肃省政府委员会
【收文单位】 甘肃省政府
【档案编号】 004-007-0526-0012
【成文时间】 1946-10-25
【关 键 词】 土地登记；土地权利
【内容提要】
　　会上报告了地政署代电发土地登记规则暨重要书表簿册格式13种、根据土地法18条规定处理土地权利事宜等事。

【叙录编号】 1706
【档案题名】
　　甘肃省政府委员会第1379次会议记录
【发文单位】 甘肃省政府委员会
【收文单位】 甘肃省政府
【档案编号】 004-007-0526-0013
【成文时间】 1946-10-29
【关 键 词】 天兰铁路；征用民地；地价补偿
【内容提要】
　　会上讨论了关于修天兰铁路征用民地进行地价补偿的相关事宜。

【叙录编号】 1707
【档案题名】
　　甘肃省政府委员会第1383次会议记录
【发文单位】 甘肃省政府委员会
【收文单位】 甘肃省政府
【档案编号】 004-007-0527-0005
【成文时间】 1946-11-13
【关 键 词】 田赋征收；清理欠赋
【内容提要】
　　会上报告了粮食、财政部颁发中央接管田赋期间历年欠赋清理催收及拨解办法。

【叙录编号】 1708
【档案题名】
　　甘肃省政府委员会第1384次会议记录
【发文单位】 甘肃省政府委员会
【收文单位】 甘肃省政府
【档案编号】 004-007-0527-0006
【成文时间】 1946-11-15
【关 键 词】 旱灾；征税；贷放农贷
【内容提要】
　　会上审议了因旱灾严重，调整征收本省三十三年（1944）同盟胜利公债方式一事，财政厅呈因省地瘠民贫，籽种下种困难，恳请适时贷放农贷一事。

【叙录编号】 1709
【档案题名】
　　甘肃省政府委员会民国三十五年（1946）第2次临时谈话会关于通报财政厅民国三十五年（1946）10月份经管国库各费类总账户收支数目及本省库总分各库民国三十五年（1946）8—10月份收入总存款收支数目表等事宜的会议记录
【发文单位】 甘肃省政府委员会
【收文单位】 甘肃省政府
【档案编号】 004-007-0527-0013
【成文时间】 1946-12-10
【关 键 词】 湟惠渠特种乡；土地政策；放领土地
【内容提要】
　　会上讨论了地政局签呈在湟惠渠特种乡推行土地政策并举办扶植自耕农一事，请拟具该乡农场管理办法进行审议。地政局签呈在靖远县丰乐渠筑堤淤地完成后放领由自耕农认领等事。

【叙录编号】 1710
【档案题名】
　　甘肃省政府委员会第1397次会议记录
【发文单位】 甘肃省政府委员会
【收文单位】 甘肃省政府
【档案编号】 004-007-0529-0002
【成文时间】 1947-01-17
【关 键 词】 二五减租；土地权利书
【内容提要】
　　会上报告了农会组织推行二五减租办法，地政署为土地权利书状费按土地或权利价值收费情况。

【叙录编号】　1711
【档案题名】
　　　甘肃省政府委员会第1400次会议记录
【发文单位】　甘肃省政府委员会
【收文单位】　甘肃省政府
【档案编号】　004-007-0529-0005
【成文时间】　1947-01-28
【关 键 词】　外人；购置土地法令
【内容提要】
　　会上报告了地政署送美国各州法令对外人购置土地之规定一览表。

【叙录编号】　1712
【档案题名】
　　　甘肃省政府委员会第1402次会议记录
【发文单位】　甘肃省政府委员会
【收文单位】　甘肃省政府
【档案编号】　004-007-0529-0007
【成文时间】　1947-02-04
【关 键 词】　禁酒；收买土地办法
【内容提要】
　　会上报告了行政院令以青稞、高粱酿酒，其余禁止一事；讨论了拟订本省照价收买土地办法事宜。

【叙录编号】　1713
【档案题名】
　　　甘肃省政府委员会第1406次会议记录
【发文单位】　甘肃省政府委员会
【收文单位】　甘肃省政府
【档案编号】　004-007-0529-0011
【成文时间】　1947-02-18
【关 键 词】　荒地督垦；办法修正
【内容提要】
　　会上审查了地政局签报省荒地督垦办法修正内容。

【叙录编号】　1714
【档案题名】
　　　甘肃省政府委员会第1410次会议记录
【发文单位】　甘肃省政府委员会
【收文单位】　甘肃省政府
【档案编号】　004-007-0530-0004
【成文时间】　1947-03-04
【关 键 词】　起点地价；拟订方案
【内容提要】
　　会上讨论了地政局请示提高本省累进起点地价，由各县市分别拟订方案一事。

【叙录编号】　1715
【档案题名】
　　　甘肃省政府委员会第1411次会议记录
【发文单位】　甘肃省政府委员会
【收文单位】　甘肃省政府
【档案编号】　004-007-0530-0005
【成文时间】　1947-03-07
【关 键 词】　登记土地；外人；土地复丈规则
【内容提要】
　　会上报告了外人补登记土地权利等事宜，讨论了修正甘肃省土地复丈规则等条文、审查甘肃省整理合并县各种委员会实施办法等事。

【叙录编号】　1716
【档案题名】
　　　甘肃省政府委员会第1413次会议记录
【发文单位】　甘肃省政府委员会
【收文单位】　甘肃省政府
【档案编号】　004-007-0530-0007
【成文时间】　1947-03-14
【关 键 词】　私有土地；限制使用；牲畜营业税；减免赋税；灾歉
【内容提要】
　　会上讨论了地政局请审议修正本省私有土地限制使用办法、给永昌垦务局配购所缺犁铧等农具拨发款项、湟惠渠乡公所划拨三十六年（1947）牲畜营业税、因灾减免永登永靖两县田赋税额等事。

【叙录编号】　1717
【档案题名】
　　甘肃省政府委员会第1419次会议记录
【发文单位】　甘肃省政府委员会
【收文单位】　甘肃省政府
【档案编号】　004-007-0531-0003
【成文时间】　1947-04-04
【关 键 词】　地籍整理；土地陈报；水灾；减税
【内容提要】
　　会上报告了高台、临泽、酒泉、古浪4县编造地籍整理业务计划及经费预算；讨论了田粮处拟具修正本省各县办理整理土地陈报检举隐匿及复查更正暂行办法、甘谷县被水灾情况及减免赋税事宜。

【叙录编号】　1718
【档案题名】
　　甘肃省政府委员会第1420次会议记录
【发文单位】　甘肃省政府委员会
【收文单位】　甘肃省政府
【档案编号】　004-007-0531-0004
【成文时间】　1947-04-08
【关 键 词】　土地增值税；社仓积谷
【内容提要】
　　会上报告了行政院令发征收定期土地增值税办法、甘肃省政府拟订各县市筹办社仓积谷实施办法及社仓保管委员会组织规则。

【叙录编号】　1719
【档案题名】
　　甘肃省政府委员会第1422次会议记录
【发文单位】　甘肃省政府委员会
【收文单位】　甘肃省政府
【档案编号】　004-007-0531-0006
【成文时间】　1947-04-16
【关 键 词】　土地税；地段图
【内容提要】
　　会上讨论了依照土地税及甘肃省有关法令修正本省土地税征收规则、拨发经费用于临泽县石印地段图等事。

【叙录编号】　1720
【档案题名】
　　甘肃省政府委员会第1426次会议记录
【发文单位】　甘肃省政府委员会
【收文单位】　甘肃省政府
【档案编号】　004-007-0531-0010
【成文时间】　1947-04-29
【关 键 词】　田赋征免；二五减租；农林农会；土地放领
【内容提要】
　　会上报告了行政院绥靖区代电抄发绥靖区田赋征免补充办法、农林部派专员调查二五减租推行概况及有关农林农会等业务、财政部令发国有土地放领凭证格式等事。

【叙录编号】　1721
【档案题名】
　　甘肃省政府委员会第1431次会议记录
【发文单位】　甘肃省政府委员会
【收文单位】　甘肃省政府
【档案编号】　004-007-0532-0005
【成文时间】　1947-05-17
【关 键 词】　重估地价
【内容提要】
　　会上报告了天水、民乐、永昌、陇西、灵台、山丹、会川等县重估地价成果。

【叙录编号】　1722

【档案题名】
　　甘肃省政府委员会第1435次会议记录
【发文单位】　甘肃省政府委员会
【收文单位】　甘肃省政府
【档案编号】　004-007-0532-0009
【成文时间】　1947-05-30
【关 键 词】　重估地价；改良物估价
【内容提要】
　　会上报告了甘肃省政府拟订甘肃省地价估计施行细则及甘肃省土地建筑改良物估价施行细则。

【叙录编号】　1723
【档案题名】
　　甘肃省政府委员会第1438次会议记录
【发文单位】　甘肃省政府委员会
【收文单位】　甘肃省政府
【档案编号】　004-007-0533-0002
【成文时间】　1947-06-10
【关 键 词】　荒地承垦；重估地价；靖丰渠；地籍整理
【内容提要】
　　会上报告了地政局拟订甘肃省荒地承垦办法。镇原等县呈报重估地价成果及比较表。建设厅商研靖丰渠收租办法。讨论了地政局拟订调整武威、高台、酒泉、临泽、古浪5县办理地籍整理各县员工待遇办法3项。

【叙录编号】　1724
【档案题名】
　　甘肃省政府委员会第1447次会议记录
【发文单位】　甘肃省政府委员会
【收文单位】　甘肃省政府
【档案编号】　004-007-0534-0002
【成文时间】　1947-07-11
【关 键 词】　公产；水陆地图；湟惠渠；放领农场

【内容提要】
　　会上讨论了国民政府颁水陆地图审查条例。湟惠渠乡公所呈请一、二期放领农场未缴地价缴纳方式。

【叙录编号】　1725
【档案题名】
　　甘肃省政府委员会第1450次会议记录
【发文单位】　甘肃省政府委员会
【收文单位】　甘肃省政府
【档案编号】　004-007-0534-0005
【成文时间】　1947-07-22
【关 键 词】　地籍整理
【内容提要】
　　会上报告了地政部呈请修正县地籍整理办事处组织规程。

【叙录编号】　1726
【档案题名】
　　甘肃省政府委员会第1453次会议记录
【发文单位】　甘肃省政府委员会
【收文单位】　甘肃省政府
【档案编号】　004-007-0534-0008
【成文时间】　1947-08-01
【关 键 词】　田粮处；积谷
【内容提要】
　　会上讨论了田粮处请审查三十六年度（1947）积谷情况等事宜。

【叙录编号】　1727
【档案题名】
　　甘肃省政府委员会第1455次会议记录
【发文单位】　甘肃省政府委员会
【收文单位】　甘肃省政府
【档案编号】　004-007-0534-0010
【成文时间】　1947-08-08
【关 键 词】　田赋减免；公荒牧租

【内容提要】

会上报告了各县市田赋减免案件，讨论了自三十七年（1948）1月份其减免公荒牧租事宜。

【叙录编号】 1728
【档案题名】
甘肃省政府委员会第1458次会议记录
【发文单位】 甘肃省政府委员会
【收文单位】 甘肃省政府
【档案编号】 004-007-0535-0004
【成文时间】 1947-08-19
【关 键 词】 催收田赋；征实征借
【内容提要】

会上报告了催收三十六年度（1947）田赋征实征借事宜。

【叙录编号】 1729
【档案题名】
甘肃省政府委员会第1459次会议记录
【发文单位】 甘肃省政府委员会
【收文单位】 甘肃省政府
【档案编号】 004-007-0535-0005
【成文时间】 1947-08-22
【关 键 词】 催收田赋；征实征借
【内容提要】

会上报告了行政院发三十六年度（1947）田赋征实征借暨征借粮食实施办法。

【叙录编号】 1730
【档案题名】
甘肃省政府委员会第1460次会议记录
【发文单位】 甘肃省政府委员会
【收文单位】 甘肃省政府
【档案编号】 004-007-0535-0006
【成文时间】 1947-08-26
【关 键 词】 催收田赋；征实征借

【内容提要】

会上报告了田粮处呈拟就的甘肃省三十六年度（1947）田赋征实征借暨征借粮食实施办法。

【叙录编号】 1731
【档案题名】
甘肃省政府委员会第1462次会议记录
【发文单位】 甘肃省政府委员会
【收文单位】 甘肃省政府
【档案编号】 004-007-0535-0008
【成文时间】 1947-09-02
【关 键 词】 小麦；征麦
【内容提要】

会上讨论了夏河、化平不产小麦，请增加运费3万元，每石以核定征收等事宜。

【叙录编号】 1732
【档案题名】
甘肃省政府委员会第1464次会议记录
【发文单位】 甘肃省政府委员会
【收文单位】 甘肃省政府
【档案编号】 004-007-0535-0010
【成文时间】 1947-09-10
【关 键 词】 土地放领；苗圃；湟惠渠；靖丰渠
【内容提要】

会议讨论了湟惠渠特种乡公所呈赍张家寺保苗宅地补行放领颁发一事、靖丰渠河防挪田垫款处置事宜。

【叙录编号】 1733
【档案题名】
甘肃省政府委员会第1466次会议记录
【发文单位】 甘肃省政府委员会
【收文单位】 甘肃省政府
【档案编号】 004-007-0536-0002

【成文时间】 1947-09-16
【关 键 词】 贷放土地；民垦；减免粮赋
【内容提要】
会上报告了中国农业银行洽妥三十六年度（1947）贷放土地改良放款辅助民垦实施方案，审议了审核皋兰等41县请减免粮赋事宜。

【叙录编号】 1734
【档案题名】
甘肃省政府委员会第1495次会议关于讨论由本年度（1947）第二预备金下拨童子军甘肃理事会补助童军教练员讲习班经费及由第二预备金项下拨支湟惠渠管理局警察冬季服装费等事宜的会议记录
【发文单位】 甘肃省政府委员会
【收文单位】 甘肃省政府
【档案编号】 004-007-0539-0003
【成文时间】 1947-12-30
【关 键 词】 奖励民垦
【内容提要】
关于提会审议奖励民垦实施细则等事宜。

【叙录编号】 1735
【档案题名】
甘肃省政府委员会第1546次会议关于通报本省各项税捐超额奖金分配细则准予备案及讨论由本年度（1948）第一预备金下拨付配修本府施行车机件工料费等事宜的会议记录
【发文单位】 甘肃省政府委员会
【收文单位】 甘肃省政府
【档案编号】 004-007-0543-0007
【成文时间】 1948-07-06
【关 键 词】 灾害；田赋
【内容提要】
关于提会审查皋兰、平凉、宁定等县三十五年（1946）及三十六年（1947）水冲永不能垦复土地，准许减免田赋等事宜。

【叙录编号】 1736
【档案题名】
甘肃省政府委员会第1556次会议关于讨论由本年（1948）下半年度第二预备金项下拨还归垫秘书处寄往上海省银行公文包运费及拨发保安司令部召开全省警务会议经费等事宜的会议记录
【发文单位】 甘肃省政府委员会
【收文单位】 甘肃省政府
【档案编号】 004-007-0544-0006
【成文时间】 1948-08-10
【关 键 词】 自耕农
【内容提要】
关于提会报告甘肃省本年下半年度扶植自耕农工作计划及行政经费概算等事宜。

【叙录编号】 1737
【档案题名】
甘肃省政府委员会第1560次会议关于通报陕西省增设龙驹设治局及湖北省撤销大阳日设治局等事宜的会议记录
【发文单位】 甘肃省政府委员会
【收文单位】 甘肃省政府
【档案编号】 004-007-0544-0010
【成文时间】 1948-08-28
【关 键 词】 水冲沙压
【内容提要】
关于提会报告平凉、通渭、民勤、榆中、武威、清水等6县呈报三十六年（1947）秋季水冲沙压，永不能垦复田地等事宜。

【叙录编号】 1738
【档案题名】
甘肃省政府委员会第1564次会议关于通报币制改革后省市预算编制暨中央补助费处理

办法及各省市本年（1948）下半年度中央补助费经核定后应由省统筹分配等事宜的会议记录
【发文单位】　甘肃省政府委员会
【收文单位】　甘肃省政府
【档案编号】　004-007-0545-0002
【成文时间】　1948-09-10
【关 键 词】　灾害；田赋
【内容提要】
　　主要涉及田粮处呈报武都、成县、西固、张掖、陇西等5县三十六年（1947）及三十七年（1948）地崩水冲水浸不能垦复土地，申请核免田赋，岷县三十五年（1946）水冲土地，核免赋粮等事宜。

【叙录编号】　1739
【档案题名】
　　甘肃省政府委员会第1567次会议关于通报政府法币公债处理办法及商业银行调整资本办法等事宜的会议记录
【发文单位】　甘肃省政府委员会
【收文单位】　甘肃省政府
【档案编号】　004-007-0545-0005
【成文时间】　1948-09-21
【关 键 词】　静乐渠
【内容提要】
　　关于提会报告水利局拟具靖乐渠筑堤淤地筹款办法等事宜。

【叙录编号】　1740
【档案题名】
　　甘肃省政府委员会第1569次会议关于通报县银行负责人员是否出席县参议会报告办法及讨论拟具甘肃省各县市局人民财富调查办法等事宜的会议记录
【发文单位】　甘肃省政府委员会
【收文单位】　甘肃省政府
【档案编号】　004-007-0545-0007
【成文时间】　1948-09-28
【关 键 词】　地下水；灌溉区；灾害；田赋
【内容提要】
　　关于提会报告酒泉县边湾截引地下水灌溉区荒地放领办法，审查民勤、秦安等县沙压水冲土地，申请减免赋税等事宜。

【叙录编号】　1741
【档案题名】
　　甘肃省政府委员会第1578次会议关于通报民国三十七年（1948）9月份省库收入总存款收支数目表及讨论甘肃省各县市局制发国民身份证办法等事宜的会议记录
【发文单位】　甘肃省政府委员会
【收文单位】　甘肃省政府
【档案编号】　004-007-0546-0004
【成文时间】　1948-10-29
【关 键 词】　秋季造林
【内容提要】
　　关于提会准许拨发给建设厅秋季造林经费等事宜。

【叙录编号】　1742
【档案题名】
　　甘肃省政府委员会第1596次会议关于讨论拟具民国三十八年度（1949）榆中、永登县扶植自耕农经费预算及讨论民国三十七年（1948）冬令救济资助费分配表等事宜的会议记录
【发文单位】　甘肃省政府委员会
【收文单位】　甘肃省政府
【档案编号】　004-007-0548-0002
【成文时间】　1949-01-11
【关 键 词】　地下水灌溉区；自耕农
【内容提要】
　　主要涉及酒泉县边湾截引地下水灌溉区公有荒地放领办法，拟具三十八年度（1949）榆

中、永登两县扶植自耕农经费预算等事宜。

【叙录编号】 1743
【档案题名】
甘肃省第七行政督察专员公署关于请准本区各县增放贷款由仓粮项下借给籽种外附玉门、高台、金塔县政府原会议提案致甘肃省政府的呈
【发文单位】 甘肃省第七行政督察专员公署
【收文单位】 甘肃省政府
【档案编号】 004-007-0567-0001
【成文时间】 1939-04-12
【关 键 词】 春耕
【内容提要】
主要涉及金塔县申请增放贷款以济春耕及其具体办法等事宜。

【叙录编号】 1744
【档案题名】
甘肃省政府委员会第68次会议关于提会讨论并修正本省单行印花税则及康乐县县长任免等事项的会议记录
【发文单位】 甘肃省政府委员会
【收文单位】 甘肃省政府
【档案编号】 004-007-0585-0008
【成文时间】 1932-12-27
【关 键 词】 农牧场地
【内容提要】
主要涉及核议甘肃学院农牧场地情形，决议将雁滩中河滩荒地准拨归甘肃学院农业专修科目等事宜。

【叙录编号】 1745
【档案题名】
甘肃省政府委员会第952次会议关于提会报告湟惠渠灌溉区域土地整理办法及修正牙商营业牌照税办法等事项的会议记录
【发文单位】 甘肃省政府委员会
【收文单位】 甘肃省政府
【档案编号】 004-007-0592-0012
【成文时间】 1942-05-15
【关 键 词】 灌溉区；湟惠渠
【内容提要】
关于提会报告湟惠渠灌溉区域土地整理办法等事项。

【叙录编号】 1746
【档案题名】
甘肃省政府关于发本省河西地区土地问题及解决方案给甘肃省政府地政局的训令
【发文单位】 甘肃省政府
【收文单位】 甘肃省政府地政局
【档案编号】 004-007-0599-0006
【成文时间】 1948-06-15
【关 键 词】 河西土地；水利；畜牧；祁连山水利
【内容提要】
主要涉及甘肃省河西地区土地问题及解决方案，其中包括水利方面、河西畜牧；祁连山森林方面、农贷方面等事项。

【叙录编号】 1747
【档案题名】
甘肃省政府委员会关第1607次会议关于审议讨论修正本省土地复丈规则及拟由第一预备金项下拨付兰州中学装置电话费等
【发文单位】 甘肃省政府委员会
【收文单位】 甘肃省政府
【档案编号】 004-007-0603-0011
【成文时间】 1949-02-18
【关 键 词】 土地登记；土地复丈
【内容提要】
其中包括：地政局签呈、地政部代电以本省土地登记施行细则废止后，重新修正拟订土

地复丈规则，缮具条文修正对照表，请公决案。会议通过。

【叙录编号】 1748
【档案题名】
甘肃省政府委员会第1596次会议关于审议讨论民国三十八年（1949）榆中、永登两县扶植自耕农经费预算书及民国三十七年（1948）冬令救济奖助费分配表等
【发文单位】 甘肃省政府委员会
【收文单位】 甘肃省政府
【档案编号】 004-007-0604-0002
【成文时间】 1949-01-11
【关 键 词】 截引地下水；土地放领；冬令救济
【内容提要】
其中包括：1.主席报告：酒泉县截引地下水灌溉区公有荒地放领办法，呈请行政院鉴核在案。奉令颁发该项办法修正本，特提会报告。2.主席提议：社会处签呈谨拟订三十七年度冬令救济奖助费分配表，请公决案。会议通过。

【叙录编号】 1749
【档案题名】
甘肃省政府委员会第1598次会议关于审议讨论甘肃省各区专员兼保安司令民国三十七年度（1948）考绩考核表及甘肃省地政局审查土地移转征收增值税简化办法等
【发文单位】 甘肃省政府委员会
【收文单位】 甘肃省政府
【档案编号】 004-007-0604-0004
【成文时间】 1949-01-18
【关 键 词】 土地移转；增值税
【内容提要】
其中包括：主席提议地政局等签报奉交审查土地移转征收增值税简化办法一案请鉴核等情况，请公决案。会议通过。

【叙录编号】 1750
【档案题名】
甘肃省政府委员会第1605次会议关于审议讨论恢复征收公荒牧租及民国三十八年度（1949）各项税收预算、附表等
【发文单位】 甘肃省政府委员会
【收文单位】 甘肃省政府
【档案编号】 004-007-0604-0011
【成文时间】 1949-02-11
【关 键 词】 公荒牧租；征税
【内容提要】
其中包括：财政厅签呈为充裕自治财政收入，请废止公荒牧租、恢复征收并将征收办法第3条条文加以修正，请公决案。会议修正通过。

【叙录编号】 1751
【档案题名】
甘肃省政府委员会第1636次会议关于审议讨论提会报告民国三十八年（1949）5月份省库收入总存款收支数目报告表及核减海原县西安镇田赋科则
【发文单位】 甘肃省政府委员会
【收文单位】 甘肃省政府
【档案编号】 004-007-0604-0016
【成文时间】 1949-06-24
【关 键 词】 土地；减赋
【内容提要】
其中包括：主席提议根据田粮处等报海原县西安镇西川等处土地瘠薄，请减田赋科则，请公决案。会议通过。

【叙录编号】 1752
【档案题名】
甘肃省政府委员会第1637次会议关于审

议讨论由甘肃省政府预备金项下支报印制民国三十八年度（1949）青黄不接期间县级粮票4万张印制邮寄费及粮票发行办法仍比照民国三十七年度（1948）县级粮票发行办法办理
【发文单位】 甘肃省政府委员会
【收文单位】 甘肃省政府
【档案编号】 004-007-0604-0017
【成文时间】 1949-06-28
【关 键 词】 粮票；青黄不接
【内容提要】
　　如题。会议决议通过。

【叙录编号】 1753
【档案题名】
　　甘肃省民国三十八年（1949）行政会议决议案（地政类）
【发文单位】 甘肃省政府
【收文单位】 甘肃省政府
【档案编号】 不详
【成文时间】 1949
【关 键 词】 祁连山；土地；水源地
【内容提要】
　　其中包括：民乐县呈请对祁连山藏族民众土地适用私有土地限制办法案进行办理，其限制之外的土地均依私有土地限制办法办理以扶植自耕农。会议决议：影响水源地绝对禁止开垦，并且已垦地应放宽其限制额，超额部分应适用私有土地限制之规定办理。另有《甘肃省择县实施土地改革方案》1份。

【叙录编号】 1754
【档案题名】
　　甘肃省政府委员会第1616次会议关于审议讨论甘肃省战士授田办法及核减、调整静宁、临洮、平凉等县田赋科则等
【发文单位】 甘肃省政府
【收文单位】 甘肃省政府

【档案编号】 不详
【成文时间】 1949-04-08
【关 键 词】 春季造林经费
【内容提要】
　　同004-007-0008-0002。

【叙录编号】 1755
【档案题名】
　　甘肃省政府委员会第1625次会议关于审议讨论修正公荒牧租征收办法条文及拟准支用省预算各款等
【发文单位】 甘肃省政府委员会
【收文单位】 甘肃省政府
【档案编号】 不详
【成文时间】 1949-05-13
【关 键 词】 公荒牧租；征税
【内容提要】
　　其中，民政厅签呈报需修正公荒牧租征收办法一事，第3条已根据修正意见修改，请公决案。会议通过。

【叙录编号】 1756
【档案题名】
　　甘肃省政府委员会第1640次会议关于审议讨论民国三十八年（1949）青黄不接期间印发县级粮票4万张拟将库存各县未用旧票更改县名年度后配发需粮县份备用
【发文单位】 甘肃省政府委员会
【收文单位】 甘肃省政府
【档案编号】 不详
【成文时间】 1949-07-08
【关 键 词】 青黄不接；粮票
【内容提要】
　　如题。会议通过。

【叙录编号】 1757
【档案题名】

甘肃省政府委员会第1644次会议关于审议讨论本省有关财政金融单行法规应行变更各点办法4项及本省西固、宁县、徽县、鼎新4县受灾严重、暂免赋税3年等

【发文单位】 甘肃省政府委员会
【收文单位】 甘肃省政府
【档案编号】 不详
【成文时间】 1949-07-26
【关 键 词】 土地崩裂；豁免田赋
【内容提要】
　　田粮处签呈据西固、宁县、徽县、鼎新4县呈报土地崩裂，永久不能垦复，请予免赋粮到府。准予豁免4县3年粮赋，征备军粮一律三成。会议通过。

【叙录编号】 1758
【档案题名】
　　甘肃省政府委员会第1625次会议关于审议讨论修正公荒牧租征收办法条文及拟准支用省预算各款等
【发文单位】 甘肃省政府委员会
【收文单位】 甘肃省政府
【档案编号】 不详
【成文时间】 1949-05-13
【关 键 词】 不详
【内容提要】
　　内容同004-007-0609-0004。

【叙录编号】 1759
【档案题名】
　　甘肃省政府委员会第1612次会议关于审议讨论甘肃省各县修筑公路征雇民工给恤办法及甘肃省征收定期土地增值税实施细则等
【发文单位】 甘肃省政府委员会
【收文单位】 甘肃省政府
【档案编号】 不详
【成文时间】 1949-03-15
【关 键 词】 土地增值税；征税
【内容提要】
　　其中，地政局呈请拟具甘肃省征收定期土地增值税实施细则，请公决案。会议修正通过。

【叙录编号】 1760
【档案题名】
　　甘肃省政府委员会第1605次会议关于审议讨论恢复征收公荒牧租及民国三十八年度（1949）各项税收预算、附表等
【发文单位】 甘肃省政府委员会
【收文单位】 甘肃省政府
【档案编号】 不详
【成文时间】 1949-02-11
【关 键 词】 公荒牧租；征税
【内容提要】
　　其中包括：主席提议重新征收公荒牧租以便充实财政收入，并将征收办法第3条文加以修正，请公决案。会议修正通过。

【叙录编号】 1761
【档案题名】
　　甘肃省政府委员会第1620次会议关于审议讨论修正省级各种委员会组织规程条文及将放领公荒承垦证书工本费按每张硬币1角征收等
【发文单位】 甘肃省政府委员会
【收文单位】 甘肃省政府
【档案编号】 不详
【成文时间】 1949-04-22
【关 键 词】 公荒；承垦
【内容提要】
　　主席提议：地政局签呈据张掖县政府呈请将放领公荒承垦证书工本费每张改收硬币1角，请公决案。会议通过。

【叙录编号】 1762
【档案题名】
　　甘肃省政府民国三十五年（1946）甘肃全省行政会议关于田粮业务关系国防民生应积极整顿力求改进以期军粮充盈的提案
【发文单位】 甘肃省政府
【收文单位】 甘肃省政府
【档案编号】 不详
【成文时间】 1946
【关 键 词】 军粮；征赋
【内容提要】
　　如题。其中包括：讨论本年军粮不敷，当加紧征收粮赋；粮赈款赈等具体收支流程等内容。

【叙录编号】 1763
【档案题名】
　　甘肃省政府民国三十五年（1946）甘肃全省行政会议关于防治春小麦区域黑穗病增加粮产的提案
【发文单位】 甘肃省政府
【收文单位】 甘肃省政府
【档案编号】 不详
【成文时间】 1946
【关 键 词】 春小麦；黑穗病
【内容提要】
　　其中涉及：1.防治理由：全省各地种植春小麦黑穗病情况严重，影响农业产量等。2.办法：派各县推广人员或建设科长于次年1月份起赴各乡督导人民用灰水拌种，并及时检查成效。

【叙录编号】 1764
【档案题名】
　　甘肃省政府委员会第1640次会议议事日程外附会议材料
【发文单位】 甘肃省政府委员会
【收文单位】 甘肃省政府
【档案编号】 不详
【成文时间】 1949-07-08
【关 键 词】 青黄不接；粮票
【内容提要】
　　其中涉及：1.财政厅签呈三十八年度（1949）青黄不接期间印发粮票4万张一事，因需求迫切请将去年未用之旧票更改年度县名再行发放。会议查明此事已有本年度1637次会议记录在案，令其将改用旧票统计表呈报。

【叙录编号】 1765
【档案题名】
　　甘肃省政府委员会第1626次会议议事日程外附会议材料
【发文单位】 甘肃省政府委员会
【收文单位】 甘肃省政府
【档案编号】 不详
【成文时间】 1949-05-13
【关 键 词】 土地增值税
【内容提要】
　　其中涉及：地政局签呈因市面萧条民生困苦，请缓办定期土地增值税一事。包括应行考虑三点，请公决案如何办理。后附具体各县市原先征税情况，以及再征土地增值税对经济发展的影响等。

【叙录编号】 1766
【档案题名】
　　甘肃省政府委员会第1612次会议议事日程外附会议材料
【发文单位】 甘肃省政府委员会
【收文单位】 甘肃省政府
【档案编号】 不详
【成文时间】 1949-03-15
【关 键 词】 土地整理；灾歉
【内容提要】

其中涉及：通过土地整理条例，每亩地征收费用3分。附《甘肃省征收灾期土地增值税实施细则》1份。

【叙录编号】 1767
【档案题名】
　　甘肃省政府委员会第1610次会议议事日程外附会议材料
【发文单位】 甘肃省政府委员会
【收文单位】 甘肃省政府
【档案编号】 不详
【成文时间】 1949-03-08
【关 键 词】 食粮；资源管制
【内容提要】
　　会议审议通过了建设厅签报审查甘肃省戒严区民间食粮物品及资源管制实施细则1条意见。附《甘肃省戒严区民间食粮物品及资源管制实施细则》1份，其中涉及对管制民间食粮物品及物资的确定、管制物品的调查、发放及统计等内容。

【叙录编号】 1768
【档案题名】
　　甘肃省政府委员会第1608次会议议事日程外附会议材料
【发文单位】 甘肃省政府委员会
【收文单位】 甘肃省政府
【档案编号】 不详
【成文时间】 1949-02-22
【关 键 词】 食粮；资源管制
【内容提要】
　　会议通过了财政厅签呈请示通过的省县级粮紧急处理办法修正条文，以及建设厅呈报的甘肃省戒严区民间食粮物品及资源管制实施细则修正稿。

【叙录编号】 1769
【档案题名】
　　甘肃省政府委员会第1601次会议议事日程外附会议材料
【发文单位】 甘肃省政府委员会
【收文单位】 甘肃省政府
【档案编号】 不详
【成文时间】 1949-01-28
【关 键 词】 糙米；精米；加工
【内容提要】
　　其中包括：主席报告行政院令须粮食消费节约办法，附《办法》1份。涉及对制造糙米和精米数量的要求、对生产机构的规范、对小麦大米加工的要求等内容。

【叙录编号】 1770
【档案题名】
　　甘肃省政府委员会第1599次会议议事日程外附会议材料
【发文单位】 甘肃省政府委员会
【收文单位】 甘肃省政府
【档案编号】 不详
【成文时间】 1949-01-21
【关 键 词】 粮食存储；食粮；资源管制
【内容提要】
　　其中涉及：1.主席提议审查财政厅等签呈的绥靖区省级粮紧急处理办法，请公决案。附《办法》1份，其中包括各县遇到紧急情况储存粮食、给各公共机关配发食粮等的规定。2.主席提议审查建设厅签呈拟订甘肃省戒严区民间食粮物品及资源管制细则。其内容同0636-0004。

【叙录编号】 1771
【档案题名】
　　甘肃省政府委员会第1521次会议关于通报棉纱登记法规及讨论提高私垦公荒罚款金额的会议记录

【发文单位】 甘肃省政府委员会
【收文单位】 甘肃省政府
【档案编号】 004-008-0002-0027
【成文时间】 1948-04-06
【关 键 词】 私垦公荒；罚款
【内容提要】
　　该次会议提及，前定私垦公荒罚款因币值变动、物价上涨而提高10倍。

【叙录编号】 1772
【档案题名】
　　甘肃省地政局第26次业务会报关于讨论促使战士授田实施意见如何拟订及购轩绘算组大钢笔的会报记录
【发文单位】 甘肃省地政局
【收文单位】 甘肃省政府
【档案编号】 004-008-0012-0007
【成文时间】 1948-07-07
【关 键 词】 授田
【内容提要】
　　该业务会报对促使战士授田实施意见进行了讨论，并将已拟订的3项意见签报。

【叙录编号】 1773
【档案题名】
　　甘肃省政府委员会第1599次会议关于提请审议绥靖区省级粮紧急处理办法及审议甘肃省戒严区民间食粮物品和资源管制实施细则及甘肃省政府委员会第1599次会议议事日程外附会议材料
【发文单位】 甘肃省政府委员会
【收文单位】 甘肃省政府
【档案编号】 004-008-0377-（0003-0004）
【成文时间】 1949-01-21
【关 键 词】 粮食管制
【内容提要】
　　记录关于提请审议绥靖区省级粮紧急处理办法及审议甘肃省戒严区民间食粮物品和资源管制实施细则。

【叙录编号】 1774
【档案题名】
　　甘肃省民政厅秘书室关于报送本厅本年（1940）7月份工作报告致甘肃省民政厅的呈
【发文单位】 甘肃省民政厅秘书室
【收文单位】 甘肃省民政厅
【档案编号】 004-008-0535-0001
【成文时间】 1940-08-29
【关 键 词】 土地测量
【内容提要】
　　地政下记：1.兰州市区土地登记情形；2.核委土地登记处人员；3.举办天水市区土地测量；4.整理甘青地区插花飞地；5.整理各县插花飞地。

【叙录编号】 1775
【档案题名】
　　甘肃省民政厅职员邱书林关于报送本年（1940）8月份工作报告致甘肃省民政厅的签呈
【发文单位】 甘肃省民政厅职员邱书林
【收文单位】 甘肃省民政厅
【档案编号】 004-008-0535-0003
【成文时间】 1940-12-27
【关 键 词】 土地测量；插花飞地
【内容提要】
　　地政下记：1.天水城市土地测量情形；2.兰州市区登记情形；3.办理土地征用事件；4.整理甘青永登和互助两县插花地段；5.整理陕甘长武、泾川、灵台3县插花飞地情形。

【叙录编号】 1776
【档案题名】
　　甘肃省各县征收公荒牧租暂行办法

【发文单位】 甘肃省政府
【收文单位】 不详
【档案编号】 004-008-0643-0001
【成文时间】 1942-02-10
【关 键 词】 征收公荒牧租
【内容提要】
如题。

【叙录编号】 1777
【档案题名】
甘肃省农业改进所职员工作勤惰优劣报告表
【发文单位】 甘肃省农业改进所
【收文单位】 甘肃省政府
【档案编号】 004-009-0015-0019
【成文时间】 不详
【关 键 词】 农业改进局；勤惰优劣
【内容提要】
这份表主要是甘肃省农业改进所职员工作勤惰优劣报告表，主要内容包括职别、姓名、勤惰优劣情况。

【叙录编号】 1778
【档案题名】
甘肃田赋粮食管理处职员工作勤惰优劣姓名册
【发文单位】 甘肃田赋粮食管理处
【收文单位】 甘肃省政府
【档案编号】 004-009-0016-0017
【成文时间】 1949-07-09
【关 键 词】 田赋粮食管理处；工作勤惰优劣
【内容提要】
包括职别、姓名、工作勤惰或优劣情况。

【叙录编号】 1779
【档案题名】
甘肃省合作事业管理处职员工作勤惰优劣姓名册
【发文单位】 甘肃省合作事业管理处
【收文单位】 甘肃省政府
【档案编号】 004-009-0016-0018
【成文时间】 1949-09-19
【关 键 词】 合作事业管理处；工作情况
【内容提要】
包括职别、姓名及工作情况。

【叙录编号】 1780
【档案题名】
甘肃省建设厅关于送甘肃省公路管理处组织表、系统表、预算表致甘肃省政府秘书处的公函
【发文单位】 甘肃省建设厅
【收文单位】 甘肃省政府秘书处
【档案编号】 004-009-0051-0006
【成文时间】 1937-06-21
【关 键 词】 公路管理处
【内容提要】
建设厅发函给甘肃省政府秘书处，具体说明设立公路管理处的原因。

【叙录编号】 1781
【档案题名】
甘肃省政府公报（合署办公，第103-116期）
【发文单位】 甘肃省政府
【收文单位】 不详
【档案编号】 004-010-0067-0001
【成文时间】 1936-07-02
【关 键 词】 苗圃；修理黄河决堤；黑穗病；垦荒；灾害；救济
【内容提要】
第107、108期合刊政府公报包括法规、命令、公牍、公告、会议等部分。公告部分包括《甘肃省政府二十五年（1936）五月份支出

报告表》，录有实业费含有苗圃及农会支出，建设费含有修理黄河决堤支出等（45~52页）。第113、114期合刊政府公报包括公牍、会议、公告等部分。公牍部分包括令各县政府及府设局印发省立第一农场编拟大小麦黑穗病之防治摘要及宣传使得农民周知以资防治的训令1条（94页），附《大小麦之黑穗病的防治》（94~96页）。会议部分包括《甘肃省政府委员会第422次会议记录》，讨论事项录有建设厅呈送拟订甘肃省清荒施垦计划，省务会议决议通过的记录1条（99页）。第115、116期合刊政府公报包括法规、公牍等部分。公牍方面包括令崇信县县长二十四年（1935）被雹成灾亩，减免屯粮的训令1条（115~116页）。

【叙录编号】 1782
【档案题名】
甘肃省政府公报（合署办公，第235-246期）
【发文单位】 甘肃省政府
【收文单位】 不详
【档案编号】 004-010-0078-0001
【成文时间】 1936-12-19
【关 键 词】 种烟亩
【内容提要】
第235、236期合刊政府公报包括公牍、会议等部分。会议部分包括《甘肃省政府委员会第464次会议记录》，讨论事项包括主席提议财政厅呈报拟订甘肃省整理种烟亩款暂行办法，省务会议决议由多位委员审查再议的记录1条（7页）。第237、238期合刊政府公报包括法规、公牍、会议、特载等部分。会议部分包括《甘肃省政府委员会第465次会议记录》，讨论事项录有主席提议多位委员审查甘肃省整理种烟亩款暂行办法，省务会议决议通过的记录1条（26页）。

【叙录编号】 1783
【档案题名】
甘肃省政府公报（合署办公，第415-425期）
【发文单位】 甘肃省政府
【收文单位】 不详
【档案编号】 004-010-0090-0001
【成文时间】 1937-09-02
【关 键 词】 棉花搀水搀杂；查禁烟苗
【内容提要】
第423、424期合刊政府公报包括法规、命令、公牍、会议、公告、特载等部分。法规部分包括《修正取缔棉花搀水搀杂暂行条例施行细则》19条（51~53页）。公告部分包括本府及禁烟特派员公署会公布各县农民不得播种烟苗的记录1条（62页）。

【叙录编号】 1784
【档案题名】
甘肃省政府公报（合署办公，第462期）
【发文单位】 甘肃省政府
【收文单位】 不详
【档案编号】 004-010-0106-0001
【成文时间】 1938-11-30
【关 键 词】 农业改进所
【内容提要】
本份政府公报包括法规、命令、公牍、会议录、特载、政闻纪要等部分。命令部分包括委任杨著诚任甘肃省农业改进所副所长的委任1则（42页）。

【叙录编号】 1785
【档案题名】
甘肃省政府公报（合署办公，第467-468期）
【发文单位】 甘肃省政府
【收文单位】 不详

【档案编号】 004-010-0111-0001
【成文时间】 1939-02-28
【关 键 词】 土地纠纷
【内容提要】

　　第467期政府公报包括法规、命令、公牍、会议录、特载等部分。会议录部分包括《甘肃省政府委员会第647次会议记录》，讨论事项录有主席提议民政厅呈据第一专署公署呈复会商解决申甘藏土地纠纷处理办法，省务会议决议交民财建各厅委员审查再议的记录1条（42条）。第468期政府公报包括法规、命令、公牍、会议录、公告、特载等部分。会议录部分包括《甘肃省政府委员会第649次会议记录》，讨论事项录有主席提议多位委员审查解决申甘藏土地纠纷处理办法，省务会议决议通过的记录1条（78页）。

【叙录编号】 1786
【档案题名】
　　甘肃省政府公报（合署办公，第473-474期）
【发文单位】 甘肃省政府
【收文单位】 不详
【档案编号】 004-010-0114-0001
【成文时间】 1939-05-31
【关 键 词】 荒地管理；畸形地域
【内容提要】

　　第473期政府公报包括法规、命令、公牍、会议录、特载等部分。法规部分包括《甘肃省各县民有荒地保管办法》9条（15～16页）。公牍部分包括法制、民政、财政、教育、建设、党务等方面。其中法制方面录有甘肃省政府电各县县长令发本省各县民有荒地保管办法的代电1条（23页）。会议录包括《甘肃省政府委员会临时谈话会议记录》，讨论事项录有主席提议丁秘书长等审查民有荒地保管办法，省务会议决议按照审查意见通过的记录1条（34页）。第474期政府公报包括法规、命令、公牍、会议录、特载等部分。公牍部分包括法制、民政、财政、教育等方面。其中民政方面录有令各县政府及保甲督察员令整理保甲及畸形地域聊弊办法的训令1条（87～88页）。

【叙录编号】 1787
【档案题名】
　　甘肃省政府公报（合署办公，第481-482期）
【发文单位】 甘肃省政府
【收文单位】 不详
【档案编号】 004-010-0117-0001
【成文时间】 1939-08-31
【关 键 词】 飞地；农业改进所；查禁烟苗；湟惠渠灌溉土地
【内容提要】

　　第481期政府公报包括法规、命令、公牍、会议录、特载等部分。会议录部分包括《甘肃省政府委员会第692次会议记录》，讨论事项包括主席提议民政厅呈据定西、陇西两县县长及保甲督导员等呈复会勘陇西飞地各地情形，拟将陇西汪家嘴飞地划拨定西县管辖，省务会议决议通过的记录1条（55页）。第482期政府公报包括法规、命令、公牍、会议录、特载等部分。法规部分包括《甘肃省农业改进所办事细则》21条（98～103页）。会议录包括《甘肃省政府委员会第694次会议记录》，讨论事项录有主席提议保安处民政厅呈据皋兰县县长呈报查禁烟苗情形及拟请惩办缘由，省务会议决议如拟的记录1条（120页）。主席提议建设厅拟具甘肃省湟惠渠灌溉土地登记施行细则及甘肃省湟惠渠灌溉土地登记处组织规程、湟惠渠灌溉土地纠纷公断委员会章程、湟惠渠灌溉土地估价委员会章程、甘肃省湟惠渠灌溉土地登记处全期经费支出预算书等，省务会议决议交多位委员审查再议的记录1条

(121页)。

【叙录编号】 1788
【档案题名】
　　甘肃省民政厅关于各县签具土地法实施意见的各类文件
【发文单位】 会宁县政府；甘肃省民政厅等
【收文单位】 甘肃省政府；皋兰县政府等
【档案编号】 015-006-（0318-0319）
【成文时间】 1936—1937
【关 键 词】 土地法；土地实施法；修正
【内容提要】
　　省政府令民政厅就内政部咨令各县呈报修正土地法施行程序及方法意见，令其呈报核转。会宁县、临潭县、皋兰县、榆中县、和政县、渭源县、洮沙县、定西县、临夏县、西和县、甘谷县、武山县、通渭县、康县（0318）；清水县、西固县、成县、合水县、灵台县、宁县、泾川县、民勤县、张掖县、古浪县、鼎新县、高台县、玉门县、安西县（0319）等28县及康乐设治局（0318）呈复修止建议并报地方土地办理情形。省民政厅对其呈报意见予以汇转，省政府对其中无意见者准予汇办。其中合水县、灵台县、宁县呈文省政府请补发土地法及土地施行法，省政府予以补发。康县、武山县呈文民政厅请补发土地法，民政厅回文令其径向书局购买。

【叙录编号】 1789
【档案题名】
　　甘肃省移民垦荒调查表
【发文单位】 甘肃省民政厅
【收文单位】 不详
【档案编号】 015-008-0127-0027
【成文时间】 1939-12
【关 键 词】 移民垦荒
【内容提要】
　　如题。

【叙录编号】 1790
【档案题名】
　　甘肃省移民垦荒调查表
【发文单位】 甘肃省民政厅
【收文单位】 不详
【档案编号】 015-008-0128-0020
【成文时间】 1939-12
【关 键 词】 移民垦荒
【内容提要】
　　如题。

【叙录编号】 1791
【档案题名】
　　民政厅收发文登记表
【发文单位】 民政厅第一科
【收文单位】 不详
【档案编号】 015-008-0464-0001
【成文时间】 1941-04
【关 键 词】 收发文簿
【内容提要】
　　本份收发文登记表同为地政局总收文簿，其中包括：各县呈赍地价表、各县测量队造送土地测量清册、建立祁连乡土地登记处、呈送甘肃省土地承垦办法、报送土地登记情况等。

【叙录编号】 1792
【档案题名】
　　民政厅民国三十年度（1941）工作报告摘要
【发文单位】 甘肃省民政厅
【收文单位】 不详
【档案编号】 015-008-0470-0001
【成文时间】 1942-06-05
【关 键 词】 工作报告
【内容提要】

本份报告包括：（一）整理插花飞地：为行政便利，对畸形区域进行调整，详细罗列了各项需要调整区域的县市；（二）办理土地行政：包括原定土地计划、叙述土地计划实施概况（土地行政机构、土地登记、土地陈报、土地地籍管理、土地税征收）、实施成效、问题发生及解决办法等内容。

【叙录编号】 1793
【档案题名】
甘肃省地政局关于送签盖接受各县人民领荒案卷移交清册致甘肃省建设厅的公函
【发文单位】 甘肃省建设厅
【收文单位】 甘肃省地政局
【档案编号】 027-001-0114-0005
【成文时间】 1943-08-28
【关 键 词】 领荒清册
【内容提要】
《甘肃省建设厅移交地政局各县人民领荒案卷清册》13页，内含130余人等领荒清册。

【叙录编号】 1794
【档案题名】
甘肃省建设厅民国三十五年度（1946）工作计划（砂田试验）
【发文单位】 甘肃省建设厅
【收文单位】 甘肃省政府
【档案编号】 027-001-0168-0004
【成文时间】 1946
【关 键 词】 工作计划；砂田试验
【内容提要】
壹、（十七）砂田试验；（十八）农家经济调查。贰、森林：（一）督导完成各县保苗圃之设立；（二）继续推进乡村植树；（三）举办马啣山造林研究；（四）管理祁连山林区业务。关于甘肃省建设厅民国三十五年度（1946）工作计划有多个版本，且不完整，可通过以上027-001-0164至027-001-0168的档案拼凑出完整版本。

【叙录编号】 1795
【档案题名】
甘肃省政府关于编造民国三十六年（1947）工作计划给甘肃省建设厅的训令
【发文单位】 甘肃省政府
【收文单位】 甘肃省建设厅
【档案编号】 027-001-0169-0001
【成文时间】 1946-09-23
【关 键 词】 工作计划；砂田试验
【内容提要】
如题。包括：《各机关三十六年度（1947）工作计划编审办法补充事项》《各机关三十六年度（1947）工作计划编审办法》《各机关年度工作计划格式》《计划提要》《计划表》《工作计划分月进度表》《说明》。

【叙录编号】 1796
【档案题名】
农林部、甘肃省政府关于甘肃省棉花增产计划一事的代电、呈文及办法
【发文单位】 农林部
【收文单位】 甘肃省政府
【档案编号】 027-001-0250-（0001-0009）
【成文时间】 1942-12-07—1943-03-23
【关 键 词】 棉花增产
【内容提要】
附有《甘肃省民国三十二年度（1943）棉花增产计划》，主要包括序言，甘肃省地势高峻、气候寒冷，增加棉花产量支援抗战，附有陇兰区、河西区的种植面积及产量、推广机构、推广计划、辅导棉农、种植棉贷、技术指导等内容。

【叙录编号】 1797

叁　自然资源开发与生态保护类档案　499

【档案题名】
　　农林部、甘肃省政府关于甘肃省棉花增产计划一事的代电、呈文及办法
【发文单位】　农林部
【收文单位】　甘肃省政府
【档案编号】　027-001-0251-（0001-0005）
【成文时间】　1943-03-20—1943-04-30
【关 键 词】　棉花增产
【内容提要】
　　《甘肃省农业改进三十二年度（1943）各县棉花增产工作须知》涉及各县种植面积数量及产量，附有《甘肃省民国三十二年度（1943）棉花增产计划》主要包括序言，甘肃省地势高峻、气候寒冷，增加棉花产量支援抗战，附有陇兰区、河西区的种植面积及产量、推广机构、推广计划、辅导棉农、种植棉贷、技术指导等内容。

【叙录编号】　1798
【档案题名】
　　农林部、甘肃省政府关于甘肃省粮食增产计划、委员会一事的代电呈文训令法规
【发文单位】　甘肃省政府；农林部
【收文单位】　甘肃省政府；甘肃省农改所
【档案编号】
　　027-001-0257-（0001-0007）；
　　027-001-0258-（0001-0005）；
　　027-001-0259-（0001-0005）
【成文时间】　1941-02-06—1941-06-10
【关 键 词】　粮食增产
【内容提要】
　　农林部致电省政府印发《三十二年度（1943）粮食增产要点》《各省粮食增产计划大纲》。甘肃省政府修改为《甘肃省三十年度增加粮食生产实施办法大纲》，提交甘肃省政府委员836次会议讨论，拟订粮食增产委员会委员并发送《甘肃省粮食增产委员会组织规程》

《甘肃省粮食增产委员会小麦品种检定须知》《各省办理粮食增产办法注意事项》《推广播种成绩调查表》，建设厅转送《甘肃省三十年度（1941）粮食增产计划大纲》，并训令各县县长兼任粮食生产总指导。261为《防治麦病实施办法》《推广检定优良小麦品种实施办法》，262-3为《甘肃省粮食增产委员会各县结束增粮工作注意事项》，263-9为《各省粮食增产购种周转金保管办法》，264-2为甘肃省政府抄发《各县粮食增产检讨》。

【叙录编号】　1799
【档案题名】
　　甘肃省政府、甘肃省粮食增产委员会报送月度、年度粮食增产工作报告的文件
【发文单位】　农林部
【收文单位】　甘肃省政府；甘肃省农改所
【档案编号】
　　027-001-0261-（0003-0007）；
　　027-001-0262-（0001-0008）；
　　027-001-0263-（0001-0005）；
　　027-001-0264-（0003-0011）；
　　027-001-0265-0002；
　　027-001-0266-（0001-0011）；
　　027-001-0267-（0001-0008）；
　　027-001-0268-（0001-0008）；
　　027-001-0269-（0001-0008）；
　　027-001-0270-（0001-0008）
【成文时间】　1941-06-13—1942-02-14
【关 键 词】　粮食增产
【内容提要】
　　甘肃省粮食增产委员会报送3、5、6、7、10月份粮食增产报告，265-2为《甘肃省民国三十年度（1941）粮食增产工作报告》，主要包含防治小麦黑穗病、甘肃省各区工作情况、检定小麦品种、种植杂粮、收益等内容。甘肃省粮食增产督导团报送1942—1943年度工作

报告，省政府回令准予备查。

【叙录编号】 1800
【档案题名】
甘肃省政府关于检送民国三十三年（1944）各省农林建设一般中心工作说明表及特定工作表给甘肃省农业改进所、粮食增产总督导团的训令
【发文单位】 甘肃省政府
【收文单位】 甘肃省农改所；粮食增产总督导团
【档案编号】 027-001-0271-0004
【成文时间】 1943-10-23
【关 键 词】 工作说明表
【内容提要】
如题。

【叙录编号】 1801
【档案题名】
甘肃省临时参议会关于请执行郭福金参议员所提议案致甘肃省政府的咨
【发文单位】 甘肃省临时参议会
【收文单位】 甘肃省建设厅
【档案编号】 027-001-0306-0005
【成文时间】 1942-04-13
【关 键 词】 淤地
【内容提要】
郭福金提案省政府查照办理，原案件办法两项与章程不合请更正，第5次大会审查报告修正意见，提交第10次大会决议。

【叙录编号】 1802
【档案题名】
甘肃省政府关于同意办理郭福金参议员提议奖励淤地压砂以增粮食生产致甘肃省临时参议会的咨及给各县县政府及设治局的训令
【发文单位】 甘肃省政府
【收文单位】 甘肃省临时参议会；各县政府
【档案编号】 027-001-0306-0006
【成文时间】 1942-05-06
【关 键 词】 淤地
【内容提要】
甘肃省政府同意议员提案回甘肃省临时参议会并转送各县政府机关。

【叙录编号】 1803
【档案题名】
甘肃省政府关于民国三十二年（1943）工作计划中所列保土及园艺两项举办成绩已补入下期报告给甘肃省农业改进所的训令
【发文单位】 甘肃省政府
【收文单位】 甘肃省农改所
【档案编号】 027-001-0314-0002
【成文时间】 1944-07-27
【关 键 词】 工作报告
【内容提要】
如题。

【叙录编号】 1804
【档案题名】
甘肃省政府、建设厅、地政局、田赋管理处关于民地转改林区减免田赋事宜的指示及甘肃省造林委员会的呈文
【发文单位】 甘肃省政府
【收文单位】 甘肃省政府；甘肃省建设厅
【档案编号】
　　027-001-0488-（0001-0008）；
　　027-001-0489-（0001-0007）
【成文时间】 1942-01-20—1943-04-02
【关 键 词】 田赋减免；农改林；公有林区
【内容提要】
包括两类情况：（一）民众个人捐献土地（如私有山林）作为公有林区，以徐作仁为代表；（二）鼓励民众将不宜耕种的农田改作林

区。甘肃省建设厅、地政局、田赋管理处等单位围绕农改林土地手续问题、是否享受田赋减免问题进行了讨论。

【叙录编号】 1825
【档案题名】
　　甘肃省政府、建设厅、农业改进所关于推广种植蓝靛、拨发蓝靛种子的指示及武山县、景泰县等12县报送本县推广种植蓝靛情况的呈文
【发文单位】 甘肃省临时参议会；甘肃省各县
【收文单位】 甘肃省政府；甘肃省建设厅
【档案编号】
　　027-001-0491-（0007-0016）；
　　027-001-0492-（0001-0017）
【成文时间】 1942-10-08—1943-02-10
【关　键　词】 参议会议案；蓝靛；农业改进所
【内容提要】
　　甘肃省临时参议会报送参议员郭福金等提议在甘肃省各县推广种植蓝靛，甘肃省政府予以批准，令农业改进所办理。这12县为：491武山县、景泰县、通渭县，492华亭县、泾川县、玉门县、化平县（已撤销）、武威县（今武威市）、渭源县、固原县（今宁夏回族自治区固原市）、民勤县、庄浪县。12县报送蓝靛种植推广情况，省政府回令准予备查。

【叙录编号】 1806
【档案题名】
　　甘肃省地政局、建设厅关于开垦荒地救济难民一事的文件
【发文单位】 社会处
【收文单位】 甘肃省政府；甘肃省建设厅
【档案编号】 027-001-0748-（0006-0008）
【成文时间】 1941-07-17—1941-07-22
【关　键　词】 木料；运费
【内容提要】
　　社会处第二科致函甘肃省建设厅荒地救助难民应由建设厅管辖，社会处转开发荒地救济难民应由甘肃省建设厅第三科定夺。甘肃省地政局转函甘肃省建设厅现有难民人数。

【叙录编号】 1807
【档案题名】
　　甘肃省建设厅关于调技术员蒋德麒办理水土保持区工作给农林部的代电
【发文单位】 甘肃省建设厅
【收文单位】 农林部
【档案编号】 027-002-0016-0008
【成文时间】 1944-12-01
【关　键　词】 水土保持
【内容提要】
　　省政府致电重庆农林部钱次长，甘肃水土保持急需推进，可否派蒋德麒来甘办理水土保持，不必再赴陕西省。

【叙录编号】 1808
【档案题名】
　　甘肃省政府等关于发展本省水利林牧事业等事的各类文件
【发文单位】 甘肃水利林牧公司；黄河水利委员会林垦设计委员会
【收文单位】 甘肃省政府
【档案编号】 027-002-0068-（0001-0015）
【成文时间】 1940-12-18—1941-05-31
【关　键　词】 水利林牧
【内容提要】
　　此案卷包含15份文件，均与甘肃省水利林牧事业等有关。建设厅呈报省政府，之前与省政府商议的组织垦殖公司发展本省水利畜牧森林事业，已电中国银行核准，并提出建议：水利、林牧应分别办理；林牧部分拟组织林牧公司办理。省政府就拟组设甘肃垦殖公司一事致电中国银行。建设厅呈报省政府，拟将水利

从垦殖公司划出，不知可否，经济部资源委员会也就此事致电省政府。省政府回电，暂准该公司办理此事。黄河水利委员会林垦设计委员会致函省政府，本会已于本月12日全部移至天水（1941-03-12），即日启用关防。建设厅致函经济部，关于本省与中国银行合作组织发展本省水利垦牧事业一事的经费问题进行磋商，并呈报省政府，已与中国银行商议，同意组织公司发展本省水利垦牧事业。省政府致电经济部，本省为农业适应抗战起见，拟自1941年起积极兴办水利事业。省临时参议会致咨省政府，将省水利林牧公司组织办法检送过会，以便讨论，省政府回令照办，并检送1份请参议会查照，附省政府发展甘肃省农田水利及林牧事业合作办法1份。省临时参议会致一咨文给省政府，将省水利林牧公司组织办法迅即检送，省政府回令照办。建设厅呈报省政府，拟请聘任蔡承新任省水利林木公司协理，省政府应允，并给蔡承新发文，请其赴任。

【叙录编号】 1809
【档案题名】
　　甘肃省政府、中中交农四行关于农业金融贷款事宜的准则、议案
【发文单位】 中中交农四行联合办事处；甘肃省政府
【收文单位】 甘肃省政府；甘肃省建设厅等
【档案编号】
　　027-002-0290-（0001-0012）；
　　027-002-0291-（0001-0012）；
　　027-002-0292-（0001-0002）；
　　027-002-0293-（0019-0022）；
　　027-002-0295-（0017-0019）
【成文时间】 1940—1942
【关键词】 金融；农贷；草案
【内容提要】
　　行政院致电省政府二十九年（1940）农贷原大纲摘要，省政府将此大纲训令甘肃省农业合作社，省政府咨文临时参议会加强本省农贷，甘肃省政府抄发加强本省合作事业及贫民贷款。甘肃省政府、中央信托局、中国银行等5家单位办理甘肃农贷草案，包含贷款总额、贷款方式、各县定额、各行比例、贷款对象、贷款种类、贷款手续、贷款准则、贷款利息、贷款方针。甘肃省政府第781次会议讨论办理农贷合同的会议议案，意见为通过；四行询问省边区农贷合同草稿意见，省政府秘书处致函建设厅、民政厅、财政厅出席查农贷合同草案。另有各种农贷暂行准则、甘肃省各县农业金融促进委员会组织通则。徐堪函送建设厅要求扩大农贷计划、要求降低农贷利息问题，省政府要求扩大农贷计划草案、农贷区域表（26页）。甘肃省政府804次会议讨论修改本省农贷草约及陇东8县贷款草约会议议案，省政府致函经济部要求提升合作明春扩贷计划，甘肃省建设厅致函中中交农四行办事总处按照原合同洽商签订利率。建设厅派工程师来兰查勘农业工作。甘肃省建设厅报送修正甘肃省农贷合约、陇东8县合约致函省政府，建设厅报民国三十一年（1942）资金总分类账簿。295为《农贷手续简则》。

【叙录编号】 1810
【档案题名】
　　甘肃省民国三十八年度（1949）农业土地金融贷款计划纲要及金融技术合作三方联系方法
【发文单位】 甘肃省合作事业管理处
【收文单位】 甘肃省建设厅
【档案编号】
　　027-002-0535-（0001、0004）；
　　027-002-0536-0001
【成文时间】 1948-12
【关键词】 合作；报告；土地；金融

【内容提要】

《甘肃省三十八年度（1949）农业土地金融贷款计划纲要》，办理原则包括本年度贷款以粮食增产为中心，此外畜牧为本省最有经济价值之生产事业，应尽量给予资金协助，其他如棉花生产、小型农田水利、农村副业等也应该分类切实推进。贷款类别包括粮食生产、畜牧督导、小型水利、棉花生产、大蒜生产、食糖生产、农村副业等。027-002-0535-0004为《甘肃省促进农业生产金融技术合作三方联系办法》。

【叙录编号】　1811
【档案题名】
　　甘肃省民国三十七年度（1948）春耕籽种及粮食生产贷款分配表
【发文单位】　不详
【收文单位】　甘肃省建设厅
【档案编号】　027-002-0538-0018
【成文时间】　1948
【关　键　词】　春耕贷款
【内容提要】
　　如题。附有各县的粮食、籽种分配表。

【叙录编号】　1812
【档案题名】
　　甘肃省政府民国三十六年（1947）收文发文单（三）
【发文单位】　不详
【收文单位】　甘肃省政府
【档案编号】　027-003-0060-0002
【成文时间】　1947-03-20
【关　键　词】　垦荒；造林
【内容提要】
　　如题。部分相关：第6页靖丰渠农会；第21~25页有关荒地。

【叙录编号】　1813
【档案题名】
　　甘肃省各县汇报农业概况统计表文件
【发文单位】　甘肃省建设厅
【收文单位】　甘肃省各县政府
【档案编号】
　　027-003-0094-（0021-0023）；
　　027-003-0095-（0001-0005）；
　　027-003-0095-（0001-0005）；
　　027-003-0145-（0001-0005）；
　　027-003-0146-（0001-0005）；
　　027-003-0162-（0001-0005）；
　　027-003-0163-（0001-0004）；
　　027-003-0164-（0001-0004）；
　　027-003-0165-（0001-0004）；
　　027-003-0447-（0001-0004）；
　　027-003-0448-（0001-0004）
【成文时间】　不详
【关　键　词】　作物；耕地
【内容提要】
　　甘肃省各县汇报农业概况统计表，包含户口、种植作物种类、农户分布图、耕地分布图、各类作物（小麦、燕麦、荞麦、谷子）分布图。汇报各县为：94有平凉、华亭、正宁；95为临洮、夏河、西吉、固原、卓尼；145为天水、崇信县、漳县、渭源；146为文县、岷县、武都、康乐、清水；162为定西、临洮、会宁、隆德、西固；163为皋兰、靖远、永登、会川；164为洮沙、陇西、景泰、榆中；165为静宁、泾川、庆阳、宁县；447敦煌、金塔、鼎新、化平；448为康县、玉门、高台、安西。

【叙录编号】　1814
【档案题名】
　　甘肃省政府关于填报全国各县土地状况表给甘肃省建设厅的代电

【发文单位】 甘肃省建设厅
【收文单位】 甘肃省政府
【档案编号】 027-003-0168-0015
【成文时间】 1943-11-02
【关 键 词】 土地状况
【内容提要】
　　如题。

【叙录编号】 1815
【档案题名】
　　甘肃省政府关于速上报组织计划及开垦法规给农林部西区屯垦实验区管理局的指令
【发文单位】 农林部西区屯垦实验区管理局
【收文单位】 甘肃省政府
【档案编号】 027-003-0168-0016
【成文时间】 1943-10-29
【关 键 词】 开垦
【内容提要】
　　如题。

【叙录编号】 1816
【档案题名】
　　国防部、农林部、甘肃省关于军垦管理办法、民营垦殖事业登记办法的文件
【发文单位】 国防部；农林部
【收文单位】 甘肃省建设厅
【档案编号】 027-005-0026-（0006-0016）
【成文时间】 1947-06-14—1947-12-12
【关 键 词】 军垦；民营
【内容提要】
　　国防部、农林部函送甘肃省政府《军垦管理办法》、农林部检送直辖垦区垦殖经营办法，甘肃省转发各县局，国防部抄发《民营垦殖事业登记办法》，省政府训令各县局。

【叙录编号】 1817
【档案题名】
　　甘肃省各县军用飞机场占用民地租价及地主花名册、整修飞机场
【发文单位】 不详
【收文单位】 不详
【档案编号】
　　027-005-（0056-0065）（大宗案卷）
【成文时间】 不详
【关 键 词】 机场
【内容提要】
　　66建设厅报送《甘肃省机场一览表》，69发还机场占用民地，70废旧机场。

【叙录编号】 1818
【档案题名】
　　农林部、甘肃省政府关于送民国三十七年（1948）土地金融贷款计划书摘要给甘肃省政府的代电
【发文单位】 甘肃省政府
【收文单位】 甘肃省建设厅
【档案编号】 027-005-0257-（0007-0016）
【成文时间】 1948-05-01—1948-12-10
【关 键 词】 农业贷款
【内容提要】
　　农林部《民国三十七年（1948）土地金融贷款计划书摘要》（粮增部分），农林部训令兰州分行加紧贷放农贷，中中交农四行检送三十七年度（1948）上半年农贷报告表。附有《中中交农四行联合办事总则》《农业金融促进委员会组织通则》《区农业金融促进委员会组织通则》。

【叙录编号】 1819
【档案题名】
　　农林部、甘肃省建设厅关于进行农作物田地种植试验的往来文件
【发文单位】 农林部；甘肃省建设厅
【收文单位】 甘肃省建设厅；浙江省动员委员

会等
【档案编号】 027-007-0367-（0013-0014）
【成文时间】 1941-04-10—1941-04-24
【关 键 词】 农作物试验；田地种植刊物
【内容提要】

农林部代电甘肃省建设厅，令其多选择地点进行农作物试验，甘肃省建设厅致函浙江省动员委员会、浙江省农业改进所，请其寄送田地种植刊物，并训令省农改所落实多选择地点进行农作物试验的事宜。

【叙录编号】 1820
【档案题名】
甘肃省政府、农林部关于调查荒山荒地情况的各类文件
【发文单位】 甘肃省政府；农林部
【收文单位】 甘肃省政府；农林部等
【档案编号】 027-007-0548-（0001-0006）
【成文时间】 1943-05-10—1944-09-09
【关 键 词】 荒山荒地；调查
【内容提要】

农林部致函省政府，令其尽快详报调查各县荒山荒地情况，省政府代电省农业改进所从速上报。此事3月未能顺利呈报，农林部再催，省政府训令再报，并致函农林部填送领荒造林统计表。

【叙录编号】 1821
【档案题名】
甘肃省政府、各县政府关于填报荒山荒地调查表的往来文件
【发文单位】 农林部；甘肃省政府等
【收文单位】 农林部；甘肃省政府等
【档案编号】 027-007-0549-（0001-0026）
【成文时间】 1942-01-07—1943-05-18
【关 键 词】 荒山荒地；调查
【内容提要】

农林部致函省政府，令其推行领荒造林事宜，并填补领荒造林统计表，附领荒造林统计表1份。省政府令兰州市政府、各县局、各专员公署积极推行领荒造林事宜，并补办以往未完手续，回函农林部知照。灵台县政府呈文省政府称本县无领荒造林情况，省政府回文准予备案。正宁县政府呈文称荒地均被侵占无法办理，省政府对其准予备案。永登县政府、清水县政府呈文已在积极推进领荒造林事宜，请容后填报，省政府对其准予备查。武山县政府呈文本县荒地均为石壁悬崖，无从领荒填报。高台县政府呈文本县民智未开，没有栽植习惯，呈请免报；省政府回文令其督促领荒造林事宜。宁定县呈文申请颁发领荒造林调查表，称已往至现在并无领荒造林之人，无从填造；省政府回文令其鼓励造林，免于填报。通渭县、庆阳县均称无领荒造林事件，呈请免报，省政府回文批准备查。

【叙录编号】 1822
【档案题名】
甘肃省政府、农林部关于调查荒山荒地情况的各类文件
【发文单位】 甘肃省政府；农林部
【收文单位】 甘肃省政府；农林部等
【档案编号】 027-007-0550-（0001-0006）
【成文时间】 1943-05-10—1944-09-09
【关 键 词】 荒山荒地；调查
【内容提要】

农林部致函省政府，令其尽快详报调查各县荒山荒地情况，省政府代电省农业改进所从速上报。此事3月未能顺利呈报，农林部再催，省政府训令再报，并致函农林部填送领荒造林统计表。

【叙录编号】 1823
【档案题名】

甘肃省政府关于三民主义青年团中央干事会请酌量指拨荒山公地辟建青年林场请遵照办理给甘肃省各专署、各县局、兰州市政府的训令
【发文单位】 甘肃省政府
【收文单位】 甘肃省各专署；甘肃省各县局等
【档案编号】 027-008-0576（全案卷）
【成文时间】 1943-12-06
【关 键 词】 青年林场；荒地；荒山公地
【内容提要】
　　如题。附《公有土地处理总则》1份，其中包括：公有土地管理及收益、公有土地承领标准、公有土地地价划分、公有土地拨发依据等13条内容。

【叙录编号】 1824
【档案题名】
　　民国三十四年度（1945）梯田实验报告
【发文单位】 黄河水利委员会上游工程处水土保持
【收文单位】 不详
【档案编号】 038-001-0096-0001
【成文时间】 1945-12
【关 键 词】 查勘报告
【内容提要】
　　该部分共1份文件，如题。

【叙录编号】 1825
【档案题名】
　　农林部垦务总局与甘肃水利林牧公司关于填报垦务概况调查表的往来文件
【发文单位】 农林部垦务总局；甘肃水利林牧公司
【收文单位】 甘肃水利林牧公司；农林部垦务总局
【档案编号】 039-001-0003-（0016-0017）
【成文时间】 1942-12-26—1942-12-28

【关 键 词】 垦务概况
【内容提要】
　　1942年12月26日，农林部垦务总局电甘肃水利林牧公司，送《垦务概况调查表》，请填报送局以备参考。12月28日，甘肃水利林牧公司函复农林部，甘肃水利林牧公司不经办垦务，故调查表未饬照填。

【叙录编号】 1826
【档案题名】
　　为征收土地收交水费渠民管理等事函
【发文单位】 甘肃水利林牧公司
【收文单位】 不详
【档案编号】 039-001-0005-0033
【成文时间】 1940-12-27
【关 键 词】 征收土地；水费；渠民管理
【内容提要】
　　主要涉及如何征用土地、如何收取水费、渠成后如何管理、代办工程如何收取工程费等内容。

【叙录编号】 1827
【档案题名】
　　为请水利公司慨赠组织章程及垦务资料
【发文单位】 浙江垦务委员会
【收文单位】 甘肃水利林牧公司
【档案编号】 039-001-0026-0030
【成文时间】 1947-10-26
【关 键 词】 组织章程；垦务资料
【内容提要】
　　主要涉及请甘肃水利林牧公司发组织章程及垦务资料。

【叙录编号】 1828
【档案题名】
　　为请抄赐甘肃省荒地督垦办法等函
【发文单位】 甘肃水利林牧公司

【收文单位】甘肃矿业公司
【档案编号】039-001-0029-0026
【成文时间】1944-09-29
【关　键　词】荒地督垦
【内容提要】
如题。

【叙录编号】1829
【档案题名】
民国三十四年（1945）甘肃省地政局就调取《甘肃省荒地督垦办法》致甘肃水利林牧公司一事的函
【发文单位】甘肃省地政局
【收文单位】甘肃水利林牧公司
【档案编号】039-001-0029-（0035-0036）
【成文时间】1945-10-07
【关　键　词】荒地督垦
【内容提要】
共2份文件。涉及甘肃省地政局调取《甘肃省荒地督垦办法》给甘肃水利林牧公司一事，附《甘肃省荒地督垦办法》1份。

【叙录编号】1830
【档案题名】
甘肃水利林牧公司为请示防止土壤冲刷办法及改进窄梯田致陕西省政府的函
【发文单位】甘肃水利林牧公司
【收文单位】陕西省政府秘书处
【档案编号】039-001-0134-0011
【成文时间】1942-11-15
【关　键　词】防止土壤冲刷；改进梯田
【内容提要】
共1份文件，如题。

【叙录编号】1831
【档案题名】
甘肃水利林牧公司就开发河西水利之事致中央通讯社兰州分社的函
【发文单位】甘肃水利林牧公司
【收文单位】中央通讯社兰州分社
【档案编号】039-001-0137-0003
【成文时间】1943-05-13
【关　键　词】水利开发
【内容提要】
共1份文件，如题。

【叙录编号】1832
【档案题名】
修正甘肃省政府修筑公路、兴办水利拆土地附着物办法
【发文单位】甘肃水利林牧公司
【收文单位】不详
【档案编号】039-001-0211-0012
【成文时间】不详
【关　键　词】拆迁；管理办法
【内容提要】
共1份文件，如题。

【叙录编号】1833
【档案题名】
交通部公路局为避免再出车祸请修公路一事致甘肃水利林牧公司的电
【发文单位】交通部公路局第七区公路工程管理局
【收文单位】甘肃水利林牧公司
【档案编号】039-001-0383-0004
【成文时间】1946-09-23
【关　键　词】车祸；修路
【内容提要】
共1份文件，如题。

【叙录编号】1834
【档案题名】
甘肃省博济渠、汭丰渠、永丰渠、湟惠渠

特种乡公所、省水利局各渠管理处、小陇山林区管理处职员花名册、简历表
【发文单位】 不详
【收文单位】 不详
【档案编号】 004-001-0050-0056
【成文时间】 1946—1949
【关 键 词】 简历册；花名册
【内容提要】
　　此类案卷均为各水利、林区单位1946—1949年间的职员简历表、花名册。

【叙录编号】 1835
【档案题名】
　　甘肃林牧实业公司、河西水利工程总队职员名册等文件
【发文单位】 甘肃林牧实业公司；河西水利工程总队
【收文单位】 甘肃省政府秘书处
【档案编号】 004-001-0078-（0001-0005）
【成文时间】 1947-11—1949-03
【关 键 词】 职员名册
【内容提要】
　　此案卷包含5份文件，均与甘肃林牧实业公司、河西水利工程总队职员名册、人事调动有关。

【叙录编号】 1836
【档案题名】
　　甘肃省建设厅关于拟将兴办水利事业奖励条例抄发各县应用致甘肃省政府的呈
【发文单位】 甘肃省建设厅
【收文单位】 甘肃省政府
【档案编号】 004-001-0436-0005
【成文时间】 1944
【关 键 词】 水利
【内容提要】
　　甘肃省建设厅呈报甘肃省政府，拟将兴办水利事业奖励条例抄发给各县。

【叙录编号】 1837
【档案题名】
　　潘简良关于普遍兴修小型农田水利工程以利农业生产的议题
【发文单位】 潘简良
【收文单位】 不详
【档案编号】 004-001-0438-0005
【成文时间】 不详
【关 键 词】 农田水利
【内容提要】
　　潘简良提议在西北各省普遍兴修小型农田水利工程，以利农业生产。

【叙录编号】 1838
【档案题名】
　　甘肃省水利局关于送水利部中央法规修正条文对照表致甘肃省政府秘书处的签呈
【发文单位】 甘肃省水利局
【收文单位】 甘肃省政府秘书处
【档案编号】 004-001-0397-（0001-0004）
【成文时间】 1948-10-04
【关 键 词】 水权登记
【内容提要】
　　《水权登记规则》修正第11条、第12条条文修订情况。

【叙录编号】 1839
【档案题名】
　　甘肃省政府关于修正示范农会实施办法给甘肃省各县政府、设治局的训令
【发文单位】 甘肃省政府
【收文单位】 甘肃省各县局
【档案编号】 004-002-0002-0116
【成文时间】 1946-02-14
【关 键 词】 示范农会；办法

【内容提要】

《示范农会实施办法》第4条示范工作项目涉及提倡农村副业、水利建设，每月报送农林部概况实施进度。

【叙录编号】 1840
【档案题名】
甘肃省建设厅修筑省路、兴办水利拆迁土地附着物办法
【发文单位】 甘肃省建设厅
【收文单位】 甘肃省政府
【档案编号】 004-002-0081-0007
【成文时间】 不详
【关 键 词】 水利工程
【内容提要】

天头残缺。主要涉及兴修水利工程等拆迁土地附着物、建筑物办法。

【叙录编号】 1841
【档案题名】
甘肃省建设厅水利工程处、工务所各项细则、法规、办法
【发文单位】 甘肃省建设厅
【收文单位】 甘肃省政府
【档案编号】
　　004-002-0081-（0009-0016）；
　　004-002-0082-（0001-0012）
【成文时间】 1941-09-19——1941-10-11
【关 键 词】 水利工程
【内容提要】

0081-0009为《甘肃省建设厅水利工程处、工务所组织规程》（二十五年十二月一日公布）；0010为《修正甘肃省建设厅水利专员服务规程》；0011为《甘肃省建设厅水利工程处、工务所办事细则》；0012为《甘肃省建设厅水利工程处、工务所职员服务规则》；0013为《甘肃省建设厅水利工程处、工务所员工请假规则》；0014为《甘肃省建设厅渠道建筑物施工细则》；0015为《甘肃省政府新兴办水利雇佣民夫暂行办法》；0016为《甘肃省建设厅水利工程处、工务所处理工程材料暂行办法》。0082-0001为《甘肃省建设厅水利工程包工规则》；0002为《甘肃省建设厅水利工程处、工务所采办及调拨工程材料办法》；0003为《甘肃省建设厅工程承揽书》；0004为《甘肃省建设厅水利工程处、工务所各项工程增减办法》；0005为《甘肃省建设厅水利工作人员出差办法》；00006为《甘肃省建设厅水利工程处、工务所投标细则》；0007为《甘肃省政府奖励人民自动兴修水利暂行办法》；0008为《水利查勘队暂行组织规程》；0009为《甘肃省各渠工程暨勘测办法》；0010为《甘肃省户口总编查办法》；0011为甘肃省公布令密字405号《甘肃省水利特赋征收规则》；0012为《甘肃省各县乡镇公所办事通则》。

【叙录编号】 1842
【档案题名】
甘肃省政府等关于清荒施垦、苗圃实施等各类文件
【发文单位】 甘肃省政府；甘肃省建设厅等
【收文单位】 不详
【档案编号】 004-002-0082-（0001-0016）
【成文时间】 1936—1942
【关 键 词】 苗圃；水利
【内容提要】

此案卷内容为各类实施办法、规则，包括甘肃省清荒施垦计划、各县苗圃实施办法、省农改所各中心苗圃负责指导县苗圃实施办法、甘肃省建设厅兴办水利拆迁土地附着物办法、甘肃省政府1942年度苗圃实施计划纲要、甘肃省建设厅水利工程处组织规程及办事细则等。

【叙录编号】 1843
【档案题名】
　　甘肃省政府民国三十年度（1941）上半年办理省参议会建议案经过汇编（三）
【发文单位】 不详
【收文单位】 不详
【档案编号】 004-002-0104-0001
【成文时间】 1941
【关 键 词】 水利；造林
【内容提要】
　　21页起为《建设厅主办参议会建议经过情形》，其中涉及测量河流、水利勘测队查勘、酒金分水、甘川公路、保护崆峒山附近森林、掘沟造粒防河患。

【叙录编号】 1844
【档案题名】
　　甘肃省政府公布令秘法字第457号关于颁布甘肃省各县水利委员会组织大纲
【发文单位】 甘肃省政府
【收文单位】 不详
【档案编号】 004-002-0129-0018
【成文时间】 1942-12-15
【关 键 词】 水利
【内容提要】
　　如题。

【叙录编号】 1845
【档案题名】
　　甘肃省政府公布令秘法字第586号关于颁布甘肃省水利工程监理处组织通则
【发文单位】 甘肃省政府
【收文单位】 不详
【档案编号】 004-002-0130-0025
【成文时间】 1944-03-09
【关 键 词】 水利工程
【内容提要】
　　《甘肃省水利工程监理处组织通则》7条。

【叙录编号】 1846
【档案题名】
　　甘肃省政府公布令秘法字第598号关于颁布甘肃省水利特赋征收规则实行细则
【发文单位】 甘肃省政府
【收文单位】 不详
【档案编号】 004-002-0131-0014
【成文时间】 1944-06-22
【关 键 词】 水利特赋
【内容提要】
　　《甘肃省水利特赋征收规则实行细则》9条。

【叙录编号】 1847
【档案题名】
　　甘肃省政府公布令秘法字第752号关于制定甘肃省各渠水费征收办法
【发文单位】 甘肃省政府
【收文单位】 不详
【档案编号】 004-002-0136-0012
【成文时间】 1948-07-30
【关 键 词】 水费
【内容提要】
　　如题。

【叙录编号】 1848
【档案题名】
　　甘肃省政府公布令秘法字第682号关于制定甘肃省水利工程处组织规程；甘肃省政府公布令秘法字第691号关于制定甘肃省水利局组织章程
【发文单位】 甘肃省政府
【收文单位】 不详
【档案编号】 004-002-0138-（0014、0016）
【成文时间】 1947-08-05；1947-09-22

【关　键　词】　水利
【内容提要】
　　如题。

【叙录编号】　1849
【档案题名】
　　甘肃省政府公布令秘法字第737号关于制定甘肃省第一水利勘测队组织规程
【发文单位】　甘肃省政府
【收文单位】　不详
【档案编号】　004-002-0139-0009
【成文时间】　1948-04-13
【关　键　词】　水利
【内容提要】
　　《甘肃省第一水利勘测队组织规程》主要包括水利队、执掌、职员等内容。

【叙录编号】　1850
【档案题名】
　　甘肃省政府民国三十七年度（1948）工作检讨会提案
【发文单位】　甘肃省政府
【收文单位】　不详
【档案编号】　004-002-0157-0002
【成文时间】　1948
【关　键　词】　工作检讨会；地下水
【内容提要】
　　主要涉及甘肃省建设厅修建公路、兴办煤田、兽疫防治、气象测候所。水利类包括第一水利勘测队勘测河西水利、配合河西水利工程、续修水渠工程、山丹截引地下水、古浪古丰渠、兴修鸳鸯池灌溉工程、酒泉边湾地下水工程、高台马尾湖水利工程、解决水利纠纷、水利局提案业务合作等内容。

【叙录编号】　1851
【档案题名】
　　甘肃省水利局关于填送水利行政机关及事业组织报告等表致甘肃省政府统计处的公函；甘肃省水利局关于填送河西工程总队测量成绩、本省水利勘测、水利工程贷款、修建塘堰沟渠堤坝工程、处理水利案件、农田水利工程、经济价值估计报告表致甘肃省政府统计处的公函；甘肃省水利局关于填送水道勘查、水力勘查概况、水利工程勘测报告表致甘肃省政府统计处的公函；甘肃省水利局关于送水利贷款结欠数目表致甘肃省政府统计处的公函；1947年甘肃省各河流雨量、日照时数、断面平均流速、水流等报告表
【发文单位】　甘肃省水利局
【收文单位】　甘肃省政府统计处
【档案编号】　004-002-0199-（0003-0007）
【成文时间】　1947—1948
【关　键　词】　水利
【内容提要】
　　如题。

【叙录编号】　1852
【档案题名】
　　甘肃水利林牧股份有限公司关于送永丰、靖丰、肃丰等渠及河西第一分队水利工作报告表致甘肃省政府统计室的公函
【发文单位】　甘肃水利林牧股份有限公司
【收文单位】　甘肃省政府统计室
【档案编号】　004-002-0239-0009
【成文时间】　1946-03-30
【关　键　词】　水利
【内容提要】
　　《甘肃省水利工程勘测报告表》《甘肃省水利工程费用报告表》《甘肃省水利工程计划报告表》《甘肃省水利工程改善报告表》。

【叙录编号】　1853
【档案题名】

甘肃省政府1944年公务统计方案（水利类）（此案卷仅1份文件）
【发文单位】 甘肃省政府
【收文单位】 不详
【档案编号】 004-002-0356-0001
【成文时间】 1944-12
【关 键 词】 水利
【内容提要】
　　包括甘肃省建设厅应设置之登记册名称；建设厅应报造之报告表名称；各县水权登记报告表；各县水权登记簿；某某省水权登记报告表；某某省兴办水利事业奖励登记册；某某省兴办水利事业奖励人数及案件数报告表等文件。

【叙录编号】 1854
【档案题名】
　　甘肃省水利局三十七年度（1948）职员功过登记簿
【发文单位】 不详
【收文单位】 不详
【档案编号】 004-002-0454-0001
【成文时间】 1948
【关 键 词】 水利
【内容提要】
　　如题。记载各个职员功过，较为简略，多集中于文书右侧，仅3行左右。

【叙录编号】 1855
【档案题名】
　　甘肃水利林牧公司关于送水利工程统计表致甘肃省政府统计室的函
【发文单位】 甘肃水利林牧股份有限公司
【收文单位】 甘肃省政府统计室
【档案编号】 004-003-0008-0015
【成文时间】 1943-10-25
【关 键 词】 水利工程

【内容提要】
　　如题。

【叙录编号】 1856
【档案题名】
　　甘肃省地政局民国三十七年（1948）统计表
【发文单位】 地政局
【收文单位】 甘肃省政府
【档案编号】 004-003-0013-0001
【成文时间】 1948
【关 键 词】 进程图
【内容提要】
　　主要包括提要，甘肃省地籍整理业务进程图，甘肃省地政局组织系统图，甘肃省各县城市土地测量成果统计表、比较图，洮惠渠土地征收概况表、土地面积等级图，洮惠渠扶植自耕农借款统计表，洮惠渠地目分类比较图等表格。

【叙录编号】 1857
【档案题名】
　　资源委员会全国水力发电工程总处兰州勘查队关于送水力勘查概况报告表致甘肃省政府统计室的公函；甘肃省建设厅关于报送永丰水利工程养护报告表致甘肃省政府统计室的公函；甘肃省建设厅关于转博济渠1946年度水利工程养护报告表致甘肃省政府统计室的公函
【发文单位】 资源委员会全国水力发电工程总处兰州勘查队；甘肃省建设厅
【收文单位】 甘肃省政府统计室
【档案编号】 004-003-0132-（0005-0007）
【成文时间】 1947-02-19—1947-05-12
【关 键 词】 水利工程
【内容提要】
　　如题。

【叙录编号】 1858

【档案题名】
　　甘肃省水利局统计室关于报送本省大型水渠灌溉面积及工程费用报告表致甘肃省政府统计处的呈
【发文单位】　水利局
【收文单位】　甘肃省政府
【档案编号】　004-003-0164-0005
【成文时间】　1947-11-19
【关 键 词】　水利工程
【内容提要】
　　《甘肃省大型水利工程修建概况》《甘肃省大型水渠灌溉面积及已拨工程费用报告表》。

【叙录编号】　1859
【档案题名】
　　甘肃省农业改进所关于报送1947年1—11月份各种统计表致甘肃省政府统计处的代电；甘肃省水利局统计室关于报送本省大型水渠灌溉面积及工程费用报告表致甘肃省政府统计处的呈
【发文单位】　甘肃省农业改进所；甘肃省水利局统计室
【收文单位】　甘肃省政府统计室
【档案编号】　004-003-0164-（0003、0005）
【成文时间】　1947-11-21；1947-11-19
【关 键 词】　农业改进所；水渠
【内容提要】
　　如题。

【叙录编号】　1860
【档案题名】
　　甘肃省水利局关于报送本局所属各渠管理发款人数及应裁人数并实裁人数一览表致甘肃省政府的呈；甘肃省政府关于上报裁减员工姓名给甘肃省洮惠渠、博济渠、永丰渠、汭丰渠、湟惠渠管理处的代电
【发文单位】　甘肃省水利局；甘肃省政府

【收文单位】　甘肃省政府；省内各渠管理处
【档案编号】　004-004-0008-（0011-0012）
【成文时间】　1947-04-10
【关 键 词】　裁员
【内容提要】
　　如题。

【叙录编号】　1861
【档案题名】
　　甘肃省建设厅关于报送培植水利专门人才事项致甘肃省政府的签呈
【发文单位】　甘肃省建设厅
【收文单位】　甘肃省政府
【档案编号】　004-004-0117-0005
【成文时间】　不详
【关 键 词】　水利
【内容提要】
　　如题。

【叙录编号】　1862
【档案题名】
　　甘肃省建设厅关于拟于1941年度成立甘肃省水利局致甘肃省政府的签呈；甘肃省建设厅关于拟成立水利局并报送水利局预算书致甘肃省政府的签呈
【发文单位】　甘肃省建设厅
【收文单位】　甘肃省政府
【档案编号】　004-004-0121-（0004、0011）
【成文时间】　不详
【关 键 词】　水利
【内容提要】
　　如题。

【叙录编号】　1863
【档案题名】
　　甘肃省政府法规法令公报汇集
【发文单位】　甘肃省政府

【收文单位】 不详
【档案编号】 004-004-0254-0001
【成文时间】 1947
【关 键 词】 法令公报
【内容提要】

《甘肃省政府法令公报》第一卷第2期主要有公文、法规、法令三大类。其中有《甘肃省水利特赋征收规则》。

【叙录编号】 1864
【档案题名】
甘肃省政府公布令秘法字343号关于颁布制定甘肃省兴办水利征户暂行办法
【发文单位】 甘肃省政府
【收文单位】 不详
【档案编号】 004-006-0369-0014
【成文时间】 1941-10-15
【关 键 词】 水利办法
【内容提要】

《甘肃省兴办水利征户暂行办法》。

【叙录编号】 1865
【档案题名】
甘肃省政府公布令秘法字346号关于颁布制定甘肃省各县奖励人民自动兴办水利暂行办法
【发文单位】 甘肃省政府
【收文单位】 不详
【档案编号】 004-006-0369-0017
【成文时间】 1941-10-21
【关 键 词】 兴修水利；办法
【内容提要】

《甘肃省各县奖励人民自动兴办水利暂行办法》。

【叙录编号】 1866
【档案题名】

甘肃省政府委员会第1248次会议讨论关于审议水利委员会水权登记促进办法及水权等级规则等事项的会议记录
【发文单位】 不详
【收文单位】 不详
【档案编号】 004-006-0403-0016
【成文时间】 1945-06-15
【关 键 词】 水权
【内容提要】

如题。

【叙录编号】 1867
【档案题名】

甘肃省政府公报（合署办公，第652-654期）
【发文单位】 甘肃省政府
【收文单位】 不详
【档案编号】 004-010-0221-0001
【成文时间】 1947-05-11
【关 键 词】 水费保管
【内容提要】

第654期政府公报包括法规、政令、会议记录等部分。会议记录包括《甘肃省政府委员会第1434次会议记录》，其中讨论事项录有水费保管委员会拟准将登丰等渠水费缓至秋收后一并开征，委员会决议通过的记录1条（101页）。

【叙录编号】 1868
【档案题名】

甘肃省政府委员会第1314次会议议事日程外附会议材料；甘肃省政府委员会第1312次会议议事日程外附会议材料
【发文单位】 甘肃省政府
【收文单位】 不详
【档案编号】 004-007-0002-（0003、0005）
【成文时间】 1946-02-05；1946-01-26

【关　键　词】　水利；木料
【内容提要】
　　第1314次会议涉及甘肃省政府1946年增设水利局外附组织规程一事，行政院照准。第1312次会议涉及去年夏季张掖县所存国防木料被洪水冲走，该县所报不实一事的调查情形。

【叙录编号】　1869
【档案题名】
　　甘肃省政府委员会第795次会议议事日程外附会议材料；甘肃省政府委员会第796次会议议事日程外附会议材料
【发文单位】　甘肃省政府
【收文单位】　不详
【档案编号】　004-007-0015-（0005、0015）
【成文时间】　1940-10-11；1940-10-15
【关　键　词】　水利
【内容提要】
　　两次会议涉及甘肃省兴办水利事业贷款、成立水利局一事。

【叙录编号】　1870
【档案题名】
　　甘肃省政府委员会第837次会议议事日程外附会议材料
【发文单位】　甘肃省政府
【收文单位】　不详
【档案编号】　004-007-0017-0002
【成文时间】　1941-03-18
【关　键　词】　渠道
【内容提要】
　　主要涉及拨用水利贷款兴修永丰川、喇嘛川两渠，并拟组织永靖渠工程处一事。

【叙录编号】　1871
【档案题名】
　　甘肃省政府委员会第839次会议议事日程外附会议材料
【发文单位】　甘肃省政府
【收文单位】　不详
【档案编号】　004-007-0018-0001
【成文时间】　1941-03-25
【关　键　词】　水利；预算分配
【内容提要】
　　主要涉及水利第一、第二勘测队1941年度的预算分配情况。

【叙录编号】　1872
【档案题名】
　　甘肃省政府委员会第899次会议议事日程外附会议材料
【发文单位】　甘肃省政府
【收文单位】　不详
【档案编号】　004-007-0028-0001
【成文时间】　1941-10-21
【关　键　词】　水利
【内容提要】
　　主要涉及关于地方水利事项应受水利委员会监督指导一事。

【叙录编号】　1873
【档案题名】
　　甘肃省政府委员会第900次会议议事日程外附会议材料
【发文单位】　甘肃省政府
【收文单位】　不详
【档案编号】　004-007-0029-0001
【成文时间】　1941-10-24
【关　键　词】　水利
【内容提要】
　　主要涉及行政院发给省政府的训令，关于行政院将设立水利委员会，之后该省所有关于水利方面事宜均归该会辖制。

【叙录编号】　1874
【档案题名】
　　甘肃省政府委员会第1127、1116次会议议事日程外附会议材料
【发文单位】　甘肃省政府
【收文单位】　不详
【档案编号】　004-007-0042-（0001、0005）
【成文时间】　1944-03-10；1944-02-01
【关　键　词】　水渠；水利
【内容提要】
　　主要涉及甘肃省水渠管理处组织通则一事。第1116次会议涉及行政院下发的各级水利主管机关评议委员会组织规程。

【叙录编号】　1875
【档案题名】
　　甘肃省政府委员会第1188、1190次会议议事日程外附会议材料
【发文单位】　甘肃省政府
【收文单位】　不详
【档案编号】　004-007-0055-（0001、0003）
【成文时间】　1944-10-31；1944-11-07
【关　键　词】　灾害；水利
【内容提要】
　　第1188次会议涉及兰州市西屏镇卧龙滩地亩被水淹没一事。第1190次会议涉及行政院所发水利法施行细则第24条修正条文。

【叙录编号】　1876
【档案题名】
　　甘肃省政府推行第二期中心工作总检讨会第3日议事日程外附会议材料
【发文单位】　甘肃省政府
【收文单位】　不详
【档案编号】　004-007-0058-0003
【成文时间】　1945-02-19
【关　键　词】　移垦；水源
【内容提要】
　　甘肃省政府第二期中心工作总检讨会第3日议事日程中涉及河西组提议永昌垦区水利未改良前暂停移垦；整理河西水源、水规案。

【叙录编号】　1877
【档案题名】
　　甘肃省政府委员会第1240次会议议事日程外附会议材料
【发文单位】　甘肃省政府
【收文单位】　不详
【档案编号】　004-007-0061-0003
【成文时间】　1945-05-04
【关　键　词】　农田水利
【内容提要】
　　第1240次会议涉及本省农田水利贷款、省水利林牧公司函送省发展农田水利第二个三年计划及1942年所拟订省农田水利三年计划大纲。

【叙录编号】　1878
【档案题名】
　　甘肃省政府委员会第1297次会议议事日程外附会议材料
【发文单位】　甘肃省政府
【收文单位】　不详
【档案编号】　004-007-0068-0003
【成文时间】　1945-12-04
【关　键　词】　三清渠
【内容提要】
　　主要涉及对高台三清渠的完工放水有功人员予以奖励；高台三清渠扶植自耕农实施步骤。

【叙录编号】　1879

【档案题名】

甘肃省政府委员会第1449次会议议事日程外附会议材料

【发文单位】 甘肃省政府

【收文单位】 不详

【档案编号】 004-007-0084-0001

【成文时间】 1947-07-18

【关 键 词】 永乐渠

【内容提要】

主要涉及永乐渠工程处组织规程。

【叙录编号】 1880

【档案题名】

甘肃省政府委员会第1452、1454次会议议事日程外附会议材料

【发文单位】 甘肃省政府

【收文单位】 不详

【档案编号】 004-007-0087-（0003、0005）

【成文时间】 1947-07-02；1947-07-07

【关 键 词】 水利局；水利工程处

【内容提要】

第1452次会议涉及省财政厅奉令拨付水利局1947年度追加经常开办各费用。第1454次会议涉及省水利工程处组织规程。

【叙录编号】 1881

【档案题名】

甘肃省政府委员会第1456次会议议事日程外附会议材料

【发文单位】 甘肃省政府

【收文单位】 不详

【档案编号】 004-007-0088-0001

【成文时间】 1947-08-12

【关 键 词】 湟惠渠

【内容提要】

主要涉及拟具甘肃省湟惠渠管理局组织规程一事。

【叙录编号】 1882

【档案题名】

甘肃省政府委员会第1460、1461次会议议事日程外附会议材料

【发文单位】 甘肃省政府

【收文单位】 不详

【档案编号】 004-007-0089-（0002-0003）

【成文时间】 1947-08-26；1947-08-29

【关 键 词】 鸳鸯池；水利局

【内容提要】

主要涉及省第七区专署呈报鸳鸯池蓄水库工程工作成绩优良人员请核奖一案。第1461次会议涉及拟修正本省水利局组织规程、皋兰等65县遭遇旱灾与雹灾洪灾。

【叙录编号】 1883

【档案题名】

甘肃省政府委员会第1502次会议议事日程外附会议材料

【发文单位】 甘肃省政府

【收文单位】 不详

【档案编号】 004-007-0095-0003

【成文时间】 1948-01-23

【关 键 词】 水利

【内容提要】

主要涉及行政院认为本省湟惠渠管理局组织与现制不符，要求将该渠水利事宜仍由湟惠渠管理处负责办理一事。

【叙录编号】 1884

【档案题名】

甘肃省政府委员会第1489次会议议事日程外附会议材料

【发文单位】 甘肃省政府

【收文单位】 不详

【档案编号】 004-007-0104-0004

【成文时间】 1947-12-10
【关 键 词】 水利勘测队
【内容提要】
主要涉及省水利勘测队组织规程。

【叙录编号】 1885
【档案题名】
甘肃省政府委员会第1598次会议议事日程外附会议材料
【发文单位】 甘肃省政府
【收文单位】 不详
【档案编号】 004-007-0113-0001
【成文时间】 1949-01-18
【关 键 词】 水利
【内容提要】
主要涉及省水利局为山丹县县长、高台县县长协助水利工程异常努力拟请记功1次一事。

【叙录编号】 1886
【档案题名】
甘肃省政府委员会第216、236、250、252次会议记录
【发文单位】 甘肃省政府
【收文单位】 不详
【档案编号】
004-007-0125-（0001、0021、0035、0037）
【成文时间】
1934-06-26；1934-09-04；
1934-10-23；1934-10-30
【关 键 词】 筑堤；滩渠
【内容提要】
第216次会议涉及甘谷县沙堤工程处筑堤计划一事。第236次会议涉及靖远县县长邢邦彦呈请拨款开修营房滩渠一事。第250次会议涉及修建永登红古城渠第一、第二两段一事。第252次会议涉及静宁县县长徐俊岑呈赍重修该县兴龙渠筑坝凿洞工程计划图说预算一事。

【叙录编号】 1887
【档案题名】
甘肃省政府委员会第595、596次会议记录
【发文单位】 甘肃省政府
【收文单位】 不详
【档案编号】 004-007-0133-（0002、0003）
【成文时间】 1938-06-24；1938-06-28
【关 键 词】 洮惠渠
【内容提要】
主要涉及临洮洮惠渠竣工一事。第596次会议涉及洮惠渠管理大纲一事。

【叙录编号】 1888
【档案题名】
甘肃省政府委员会第611、615、616次会议记录
【发文单位】 甘肃省政府
【收文单位】 不详
【档案编号】
004-007-0138-（0003、0007-0008）
【成文时间】
1938-09-02；1938-09-27；1938-09-30
【关 键 词】 博济渠；河堤
【内容提要】
第611次会议涉及临洮县拟兴修该县西乡溥济渠所需经费一事。第615次会议涉及临洮县呈请兴修博济渠一事。第616次会议涉及靖远县属北湾河堤被水冲毁拟请拨款兴修一事。

【叙录编号】 1889
【档案题名】
甘肃省政府委员会第622次会议记录
【发文单位】 甘肃省政府
【收文单位】 不详

【档案编号】 004-007-0139-0006
【成文时间】 1938-10-25
【关 键 词】 河堤
【内容提要】
　　主要涉及兰州北门湾等处河堤被水冲毁请派员勘修一事。

【叙录编号】 1890
【档案题名】
　　甘肃省政府委员会1939年4月4日临时谈话会
【发文单位】 甘肃省政府
【收文单位】 不详
【档案编号】 004-007-0146-0001
【成文时间】 1939-04-04
【关 键 词】 黄河堤
【内容提要】
　　此次临时谈话会涉及黄河堤设计图标暨预算书一案。

【叙录编号】 1891
【档案题名】
　　甘肃省政府委员会第686次会议记录
【发文单位】 甘肃省政府
【收文单位】 不详
【档案编号】 004-007-0158-0003
【成文时间】 1939-09-07
【关 键 词】 雷坛河
【内容提要】
　　主要涉及雷坛河堤被冲毁一事。

【叙录编号】 1892
【档案题名】
　　甘肃省政府委员会第717次会议议事日程；甘肃省政府委员会第717次会议记录外附会议材料
【发文单位】 甘肃省政府

【收文单位】 不详
【档案编号】 004-007-0164-（0004-0005）
【成文时间】 1939-12-29
【关 键 词】 提水机
【内容提要】
　　主要涉及兰州市河干提水机被地震损坏，水道被震坏，请求拨款维修一事。

【叙录编号】 1893
【档案题名】
　　甘肃省政府委员会第732次会议记录
【发文单位】 甘肃省政府
【收文单位】 不详
【档案编号】 004-007-0172-0003
【成文时间】 1940-02-27
【关 键 词】 水渠
【内容提要】
　　主要涉及修理南园水渠委员会申请维修工程款一事。

【叙录编号】 1894
【档案题名】
　　甘肃省政府委员会第739次会议记录
【发文单位】 甘肃省政府
【收文单位】 不详
【档案编号】 004-007-0173-0002
【成文时间】 1940-03-22
【关 键 词】 农田水利
【内容提要】
　　主要涉及农牧局协助办理本省农田水利一案。

【叙录编号】 1895
【档案题名】
　　甘肃省政府委员会第739次会议记录外附会议材料
【发文单位】 甘肃省政府

【收文单位】不详
【档案编号】004-007-0174-0001
【成文时间】1940-03-22
【关 键 词】农田水利
【内容提要】
　　主要涉及农牧局协助办理本省农田水利一案。

【叙录编号】1896
【档案题名】
　　甘肃省政府委员会第756次会议记录
【发文单位】甘肃省政府
【收文单位】不详
【档案编号】004-007-0182-0003
【成文时间】1940-05-22
【关 键 词】河堤
【内容提要】
　　主要涉及抢修黄河南岸甘肃省政府后水车西边旧河堤一段一事。

【叙录编号】1897
【档案题名】
　　甘肃省政府委员会第779次会议记录
【发文单位】甘肃省政府
【收文单位】不详
【档案编号】004-007-0189-0002
【成文时间】1940-08-16
【关 键 词】博济渠
【内容提要】
　　主要涉及博济渠主任申请追加工程费一事。

【叙录编号】1898
【档案题名】
　　甘肃省政府委员会第796次会议记录
【发文单位】甘肃省政府
【收文单位】不详

【档案编号】004-007-0193-0006
【成文时间】1940-10-15
【关 键 词】水利
【内容提要】
　　主要涉及办理水利贷款、成立水利局一事。

【叙录编号】1899
【档案题名】
　　甘肃省政府委员会第798次会议记录
【发文单位】甘肃省政府
【收文单位】不详
【档案编号】004-007-0194-0002
【成文时间】1940-10-22
【关 键 词】水利
【内容提要】
　　主要涉及本省应办水利、成立水利局一事。

【叙录编号】1900
【档案题名】
　　甘肃省政府委员会第818次会议记录
【发文单位】甘肃省政府
【收文单位】不详
【档案编号】004-007-0201-0002
【成文时间】1941-01-10
【关 键 词】博济渠
【内容提要】
　　主要涉及博济渠工务所呈请追加不敷工程费一事。

【叙录编号】1901
【档案题名】
　　甘肃省政府委员会第821次会议记录
【发文单位】甘肃省政府
【收文单位】不详
【档案编号】004-007-0203-0001

【成文时间】 1941-01-21
【关 键 词】 农田水利
【内容提要】
　　主要涉及拟订本省农田水利贷款合同草案一事。

【叙录编号】 1902
【档案题名】
　　甘肃省政府委员会第831次会议记录外附会议材料
【发文单位】 甘肃省政府
【收文单位】 不详
【档案编号】 004-007-0205-0004
【成文时间】 1941-02-25
【关 键 词】 春耕；工程费；河干提水机
【内容提要】
　　主要涉及扩大今年（1941）春耕、湟惠渠工务所造赍追加工程费预算表、兰州市修理河干提水机费一事。

【叙录编号】 1903
【档案题名】
　　甘肃省政府委员会第827次会议记录
【发文单位】 甘肃省政府
【收文单位】 不详
【档案编号】 004-007-0206-0004
【成文时间】 1941-02-11
【关 键 词】 水利
【内容提要】
　　主要涉及拟具水利公路干部人员训练班组织章则一事。

【叙录编号】 1904
【档案题名】
　　甘肃省政府委员会第837次会议记录
【发文单位】 甘肃省政府
【收文单位】 不详

【档案编号】 004-007-0209-0005
【成文时间】 1941-03-18
【关 键 词】 渠道
【内容提要】
　　主要涉及拨用水利贷款兴修永丰川、喇嘛川两渠，并拟组织永靖渠工程处一事。

【叙录编号】 1905
【档案题名】
　　甘肃省政府委员会第841次会议记录；甘肃省政府委员会第841次会议议事日程外附会议材料
【发文单位】 甘肃省政府
【收文单位】 不详
【档案编号】 004-007-0212-（0001-0002）
【成文时间】 1941-04-01
【关 键 词】 湟惠渠；水利
【内容提要】
　　主要涉及湟惠渠工务所呈请拨发工款、增加本省水利技术人员一事。

【叙录编号】 1906
【档案题名】
　　甘肃省政府委员会第844次会议记录、甘肃省政府委员会第844次会议议事日程外附会议材料；甘肃省政府委员会第845次会议记录、甘肃省政府委员会第845次会议议事日程外附会议材料
【发文单位】 甘肃省政府
【收文单位】 不详
【档案编号】 004-007-0213-（0003-0006）
【成文时间】 1941-04-11；1941-04-15
【关 键 词】 农田水利
【内容提要】
　　第844次会议涉及甘肃省农田水利事业合作办法大纲一事。第845次会议涉及拨发榆中等县救灾款、甘肃省农田水利合作办法大纲

一案。

【叙录编号】 1907
【档案题名】
　　甘肃省政府委员会第852次会议记录；甘肃省政府委员会第852次会议议事日程外附会议材料
【发文单位】 甘肃省政府
【收文单位】 不详
【档案编号】 004-007-0217-（0001-0002）
【成文时间】 1941-05-09
【关 键 词】 水利
【内容提要】
　　主要涉及组织经济渠工务所所需工程费由农田水利贷款项下开支一事。

【叙录编号】 1908
【档案题名】
　　甘肃省政府委员会第854次会议记录
【发文单位】 甘肃省政府
【收文单位】 不详
【档案编号】 004-007-0218-0001
【成文时间】 1941-05-16
【关 键 词】 水利
【内容提要】
　　主要涉及修正本省农田水利贷款合同草约一事。

【叙录编号】 1909
【档案题名】
　　甘肃省政府委员会第857次会议记录、甘肃省政府委员会第857次会议议事日程外附会议材料；甘肃省政府委员会第858次会议记录、甘肃省政府委员会第858次会议议事日程外附会议材料
【发文单位】 甘肃省政府
【收文单位】 不详
【档案编号】 004-007-0221-（0002-0005）
【成文时间】 1941-05-27；1941-05-30
【关 键 词】 水利查勘队；永丰渠
【内容提要】
　　第857次会议涉及拟具本省水利查勘队暂行组织规程一事。第858次会议涉及拟订永丰渠等施工计划。

【叙录编号】 1910
【档案题名】
　　甘肃省政府委员会第1032次会议议事日程外附会议材料
【发文单位】 甘肃省政府委员会
【收文单位】 甘肃省政府
【档案编号】 004-007-0311-0004
【成文时间】 1943-03-23
【关 键 词】 水利建设
【内容提要】
　　主要涉及核定河西水利建设经费，甘肃水利林牧公司因第五区专员和泾川县县长热心协助当地水利工程建设，为其请功。附《甘肃省财政厅三十二年（1943）一月份经管三十一年度（1942）各费类别总账户收支报告表》。

【叙录编号】 1911
【档案题名】
　　甘肃省政府委员会第1040次会议议事日程外附会议材料
【发文单位】 甘肃省政府委员会
【收文单位】 甘肃省政府
【档案编号】 004-007-0316-0002
【成文时间】 1943-04-20
【关 键 词】 水利法
【内容提要】
　　关于财政厅呈本年2、3月份本厅经管三十一年度（1941）各费类总账户收支数目报告表，水利法施行细则等。附《水利法施行细

则》（包括施政方针、工程计划、工程实施、其他重要事项）。

【叙录编号】 1912
【档案题名】
　　甘肃省政府委员会第1044次会议议事日程外附会议材料
【发文单位】 甘肃省政府委员会
【收文单位】 甘肃省政府
【档案编号】 004-007-0318-0002
【成文时间】 1943-05-04
【关 键 词】 水利法
【内容提要】
　　主要涉及报告水利法自本年4月1日起施行，审议本省各县市局户籍及人事登记暂行办法等事宜。

【叙录编号】 1913
【档案题名】
　　甘肃省政府委员会第1057次会议议事日程外附会议通报、讨论文件材料
【发文单位】 甘肃省政府委员会
【收文单位】 甘肃省政府
【档案编号】 004-007-0323-0006
【成文时间】 1943-06-18
【关 键 词】 水利工程
【内容提要】
　　主要涉及审议甘肃省水利特赋征收规则施行细则等事宜，附《甘肃省水利特赋征收规则施行细则草案》。

【叙录编号】 1914
【档案题名】
　　甘肃省政府委员会第1058次会议议事日程外附会议通报、讨论文件材料
【发文单位】 甘肃省政府委员会
【收文单位】 甘肃省政府
【档案编号】 004-007-0324-0002
【成文时间】 1943-06-22
【关 键 词】 水渠；收支数目报告表
【内容提要】
　　主要涉及本年4月份经管三十一年度（1942）各费类总账户收支数目报告表，审议本省水渠管理处组织通则、水渠灌溉管理暂行章程、水渠水董会组织规程、水渠养护修理及防汛办法、水渠灌溉引水章程。

【叙录编号】 1915
【档案题名】
　　甘肃省政府委员会第1099次会议议事日程外附会议通报、讨论文件材料
【发文单位】 甘肃省政府委员会
【收文单位】 甘肃省政府
【档案编号】 004-007-0338-（0003-0004）
【成文时间】 1943-11-19
【关 键 词】 水渠
【内容提要】
　　主要涉及拟订甘肃省水渠管理处组织通则，核议构筑河西国防工事一案意见7项等事宜。

【叙录编号】 1916
【档案题名】
　　甘肃省政府委员会第1108次会议议事日程外附会议通报、讨论文件材料
【发文单位】 甘肃省政府委员会
【收文单位】 甘肃省政府
【档案编号】 004-007-0341-0002
【成文时间】 1943-12-29
【关 键 词】 施政计划；水渠
【内容提要】
　　主要涉及报告本省政府三十二年度（1943）施政计划，中央设计局审查意见及院方初核意见；泾川县申请为建设阮陵渠工程出

力人员奖励,附《甘肃省政府三十二年度（1943）施政计划行政院初核意见》（包括建设、地政）。

【叙录编号】 1917
【档案题名】
甘肃省政府委员会第1117次会议议事日程外附会议通报、讨论文件材料
【发文单位】 甘肃省政府委员会
【收文单位】 甘肃省政府
【档案编号】 004-007-0343-0006
【成文时间】 1944-02-01
【关 键 词】 组织规程
【内容提要】
主要涉及报告各级水利主管机关评议委员会组织规程,附《各级水利主管机关评议委员会组织规程》。

【叙录编号】 1918
【档案题名】
甘肃省政府委员会第1126次会议议事日程外附会议通报、讨论文件材料
【发文单位】 甘肃省政府委员会
【收文单位】 甘肃省政府
【档案编号】 004-007-0345-0004
【成文时间】 1944-03-09
【关 键 词】 组织规程
【内容提要】
主要涉及审议讨论甘肃省境内各水利工程监理处组织规程,附《甘肃省某某水利工程监理处组织规程》。

【叙录编号】 1919
【档案题名】
甘肃省政府委员会第1127次会议议事日程外附会议通报、讨论文件材料
【发文单位】 甘肃省政府委员会
【收文单位】 甘肃省政府
【档案编号】 004-007-0345-0006
【成文时间】 1944-03-10
【关 键 词】 水渠管理
【内容提要】
关于审查本省水渠管理处组织通则,附《甘肃省水渠灌溉管理规则》《甘肃省水渠管理处组织规程》《甘肃省水渠水董会组织规程》《甘肃省水渠养护修理及防筑办法》《甘肃省水渠灌溉引水规则》。

【叙录编号】 1920
【档案题名】
甘肃省政府委员会第1132次会议议事日程外附会议通报、讨论文件材料
【发文单位】 甘肃省政府委员会
【收文单位】 甘肃省政府
【档案编号】 004-007-0347-0002
【成文时间】 1944-03-31
【关 键 词】 灾害
【内容提要】
主要涉及临洮、隆德、民勤、华亭、武山等县各乡镇因雹旱成灾,准许免赋,因庄浪、清水县等乡镇上年灾歉情况,准许免赋等事宜。

【叙录编号】 1921
【档案题名】
甘肃省政府委员会第1153次会议议事日程外附会议通报、讨论文件材料
【发文单位】 甘肃省政府委员会
【收文单位】 甘肃省政府
【档案编号】 004-007-0352-0010
【成文时间】 1944-06-30
【关 键 词】 农田水利
【内容提要】
关于行政院下发水利委员会与中国农民银行会同推进各省农田水利联系修正办法等

事宜。

【叙录编号】 1922
【档案题名】
　　甘肃省政府委员会第1217次会议议事日程外附会议通报、讨论文件材料
【发文单位】 甘肃省政府委员会
【收文单位】 甘肃省政府
【档案编号】 004-007-0365-0006
【成文时间】 1945-02-09
【关 键 词】 饮水管路；污水排污
【内容提要】
　　关于提会报告饮水管理规则、乡村污水排污及污物处理办法，附《饮水管理规则》《乡村污水排污及污物处理办法》。

【叙录编号】 1923
【档案题名】
　　甘肃省政府委员会第1220次会议议事日程外附会议通报、讨论文件材料
【发文单位】 甘肃省政府委员会
【收文单位】 甘肃省政府
【档案编号】 004-007-0365-0012
【成文时间】 1945-02-20
【关 键 词】 水费收缴；农贷工程
【内容提要】
　　关于提会报告行政院颁发农田水利贷款工程水费收缴支付办法、农贷工程水费保管委员会组织规程，附《农田水利贷款工程水费收缴支付办法》《甘肃省农贷工程水费保管委员会组织规程》。

【叙录编号】 1924
【档案题名】
　　甘肃省政府委员会第1224次会议议事日程外附会议通报、讨论文件材料
【发文单位】 甘肃省政府委员会
【收文单位】 甘肃省政府
【档案编号】 004-007-0366-0004
【成文时间】 1945-03-06
【关 键 词】 灾害；免赋；补偿办法
【内容提要】
　　主要涉及田粮处报告高台、宁定、陇西、岷县、会川、临潭、渭源7县田亩被冰雹成灾，准许免赋，提请审议本省修筑水渠占用民田补偿办法审查意见。

【叙录编号】 1925
【档案题名】
　　甘肃省政府委员会第1240次会议议事日程外附会议材料
【发文单位】 甘肃省政府委员会
【收文单位】 甘肃省政府
【档案编号】 004-007-0369-（0001-0004）
【成文时间】 1945-05-01—1945-05-04
【关 键 词】 农业推广所；水利工程；祁连山边民
【内容提要】
　　主要涉及制定县农业推广所组织规程及县农林场组织章程，审议中国农民银行办理小型水利工程贷款办法并废止办理各县小型农田水利贷款暂行办法纲要，民政厅拟订祁连山边民区域编组保甲办法，附《县农业推广所组织规程》《中国农民银行办理小型水利工程贷款办法》。

【叙录编号】 1926
【档案题名】
　　甘肃省政府委员会第1249次会议议事日程外附会议材料
【发文单位】 甘肃省政府委员会
【收文单位】 甘肃省政府
【档案编号】 004-007-0371-0004
【成文时间】 1945-06-15

【关 键 词】 水权登记；水利事业；肃北实边计划
【内容提要】
主要涉及准许水利委员会报告发水权登记促进办法及水权登记规则，兴办本省水利事业，附《甘肃省政府肃北实边计划方案》（垦殖、农牧兽医技术改良等）。

【叙录编号】 1927
【档案题名】
甘肃省政府委员会第1250次会议议事日程外附会议材料
【发文单位】 甘肃省政府委员会
【收文单位】 甘肃省政府
【档案编号】 004-007-0371-0006
【成文时间】 1945-06-19
【关 键 词】 收支数目报告表；水利工程
【内容提要】
主要涉及财政厅报告三十四年（1945）3月份经管三十三年度（1944）各费类别总账户收支数目报告表，主席提议兴办小型水利除贷款的23县必须办理外其余可缓修筑，附《甘肃省施政纲领第三期中心工作实施计划大纲修正部分》（水利工程、植树造林、保护水土等）。

【叙录编号】 1928
【档案题名】
甘肃省政府委员会第1251次会议议事日程外附会议材料
【发文单位】 甘肃省政府委员会
【收文单位】 甘肃省政府
【档案编号】 004-007-0371-0008
【成文时间】 1945-06-22
【关 键 词】 灾害；组织规程
【内容提要】
关于审查田粮处报告武山、崇信、榆中、岷县等各乡镇三十三年度（1944）被雹成灾，准许免赋，审议讨论甘川公路兰民段处组织规程等事宜。

【叙录编号】 1929
【档案题名】
甘肃省政府委员会第1297次会议议事日程外附会议材料
【发文单位】 甘肃省政府委员会
【收文单位】 甘肃省政府
【档案编号】 004-007-0376-0008
【成文时间】 1945-12-04
【关 键 词】 三清渠；自耕农
【内容提要】
主要涉及建设厅报告高台三清渠现已完成放水，为出力人员请功，审查三清渠工程扶植自耕农实施步骤等事宜。

【叙录编号】 1930
【档案题名】
甘肃省政府委员会民国三十五年（1946）第2次临时谈话会议议事日程
【发文单位】 甘肃省政府委员会
【收文单位】 甘肃省政府
【档案编号】 004-007-0380-0009
【成文时间】 1946-03-01
【关 键 词】 水利
【内容提要】
关于提请审议张掖县县长何让兴办水利请予记功1次；因永昌县县长李兆瑞热心水利，征调民夫，加快完成金龙坝渠工程，为其请功1次等事宜。

【叙录编号】 1931
【档案题名】
甘肃省政府委员会民国三十五年（1946）第4、5次临时谈话会议议事日程外附会议

材料
【发文单位】 甘肃省政府委员会
【收文单位】 甘肃省政府
【档案编号】 004-007-0381-(0003-0006)
【成文时间】 1946-03-08—1946-03-12
【关 键 词】 靖丰渠；淤区土地
【内容提要】

第4次临时谈话会议，建设厅、地政局请示甘肃省政府关于水利专员王自治提出靖丰渠淤区土地处理办法，甘肃省政府决议由设考会、地政局、建设厅审查，再行处理。第5次临时谈话会议通过。附《靖丰渠淤区土地放领实施办法》（第4次临时谈话会议）。

【叙录编号】 1932
【档案题名】
甘肃省政府委员会第1362次会议议事日程外附会议材料
【发文单位】 甘肃省政府委员会
【收文单位】 甘肃省政府
【档案编号】 004-007-0386-0008
【成文时间】 1946-08-30
【关 键 词】 水利工程
【内容提要】

关于建设厅报告兴办防止旱灾水利工程意见，附《拨粮食五十吨变价内拨六亿元兴办水利计划》（包括对肃丰渠、鸳鸯池蓄水库等水利工程的款项分配，河西工程及解决水利纠纷等工程实施办法）。

【叙录编号】 1933
【档案题名】
甘肃省政府委员会第1367次会议议事日程外附会议材料
【发文单位】 甘肃省政府委员会
【收文单位】 甘肃省政府
【档案编号】 004-007-0387-0008

【成文时间】 1946-09-17
【关 键 词】 农田水利贷款
【内容提要】

主要涉及审查甘肃省三十四年度（1945）农田水利贷款28500万元，附《三十四年度（1945）甘肃省农田水利贷款换文条例》。

【叙录编号】 1934
【档案题名】
甘肃省政府委员会第1376次会议议事日程外附会议材料
【发文单位】 甘肃省政府委员会
【收文单位】 甘肃省政府
【档案编号】 004-007-0389-0002
【成文时间】 1946-10-18
【关 键 词】 肃丰渠；赈粮贷金
【内容提要】

主要涉及审查甘肃省赈粮贷金配给肃丰渠工赈等事宜。

【叙录编号】 1935
【档案题名】
甘肃省政府委员会第1386次会议议事日程外附会议材料
【发文单位】 甘肃省政府委员会
【收文单位】 甘肃省政府
【档案编号】 004-007-0392-0002
【成文时间】 1946-11-22
【关 键 词】 水利工程
【内容提要】

主要涉及农贷工程水费保管委员会报告对本府贷款兴办的水利工程，按受益田亩总数同时平均征收水费办法等事宜。

【叙录编号】 1936
【档案题名】
甘肃省政府委员会第1407次会议议事日

程外附会议材料
【发文单位】 甘肃省政府委员会
【收文单位】 甘肃省政府
【档案编号】 004-007-0398-0002
【成文时间】 1947-02-27
【关 键 词】 鸳鸯池蓄水库；肃丰渠
【内容提要】
　　关于报告肃丰渠、鸳鸯池蓄水库工程将于三十六年（1947）5月底全部完成，审查拟具肃丰渠受理处组织表及经费预算书等事宜。

【叙录编号】 1937
【档案题名】
　　甘肃省政府委员会第1418次会议议事日程外附会议材料
【发文单位】 甘肃省政府
【收文单位】 不详
【档案编号】 004-007-0401-0004
【成文时间】 1947-04-01
【关 键 词】 水权
【内容提要】
　　建设厅厅长谭声乙提议讨论据水利委员会呈请，提高水权登记费标准，附有《水权登记费提高五十倍征收对照表》。

【叙录编号】 1938
【档案题名】
　　甘肃省政府委员会第1419次会议议事日程外附会议材料
【发文单位】 甘肃省政府
【收文单位】 不详
【档案编号】 004-007-0401-0006
【成文时间】 1947-04-04
【关 键 词】 水费；灌溉
【内容提要】
　　主席提议水费保管委员会签呈核具已成，继续兴工各渠灌溉亩数及工程费数表、每亩应摊水费还本付息表各1份。

【叙录编号】 1939
【档案题名】
　　甘肃省政府委员会第1266次会议议事日程外附会议材料
【发文单位】 甘肃省政府
【收文单位】 不详
【档案编号】 004-007-0406-0004
【成文时间】 1945-08-14
【关 键 词】 渠道；合作
【内容提要】
　　主要涉及主席报告合作事业管理处报送《甘肃省促进合作组织办理小型农田水利工程贷款办法草案》，附有草案1份，内中涉及各个渠道、水库、淤池的兴修，主席报告土地呈报事宜。

【叙录编号】 1940
【档案题名】
　　甘肃省政府委员会第1445次会议议事日程外附会议材料
【发文单位】 甘肃省政府
【收文单位】 不详
【档案编号】 004-007-0412-0004
【成文时间】 1947-07-04
【关 键 词】 肃丰渠；鸳鸯池
【内容提要】
　　主要涉及主席提议地政局签呈肃丰渠、鸳鸯池蓄水库收购民地交付地价案，举办地籍整理。

【叙录编号】 1941
【档案题名】
　　甘肃省政府委员会第1449次会议议事日程外附会议材料

【发文单位】 甘肃省政府

【收文单位】 不详

【档案编号】 004-007-0413-0002

【成文时间】 1947-07-18

【关 键 词】 永乐渠

【内容提要】

　　主要涉及主席提议水利局签呈永乐渠工程处组织规程，布置望河楼等事宜。第39页为《甘肃省永乐渠工程处组织规程》。

【叙录编号】 1942

【档案题名】

　　甘肃省政府委员会第1456次会议议事日程外附会议材料

【发文单位】 甘肃省政府

【收文单位】 不详

【档案编号】 004-007-0414-0008

【成文时间】 1947-08-12

【关 键 词】 湟惠渠

【内容提要】

　　主要涉及主席提议人事处签呈拟具《甘肃省湟惠渠管理局组织规程》，附有规程。

【叙录编号】 1943

【档案题名】

　　甘肃省政府委员会第1486次会议议事日程外附会议材料

【发文单位】 甘肃省政府

【收文单位】 不详

【档案编号】 004-007-0421-0008

【成文时间】 1947-11-28

【关 键 词】 水利局；西营河

【内容提要】

　　其中《任职周年要报》内有建设类，涉及修筑公路、铁路，开采矿产；水利类成立水利局，加强水利建设，完成永丰渠西营河水坝工程，整修各县渠道，勘测水文，加强试验。

【叙录编号】 1944

【档案题名】

　　甘肃省政府委员会第1489次会议议事日程外附会议材料

【发文单位】 甘肃省政府

【收文单位】 不详

【档案编号】 004-007-0422-0006

【成文时间】 1947-12-10

【关 键 词】 水利勘察

【内容提要】

　　主要涉及主席提议甘肃省水利勘测队组织规程修正条文对照表、兰州冬令救济方案。

【叙录编号】 1945

【档案题名】

　　甘肃省政府委员会第1497次会议议事日程外附会议材料

【发文单位】 甘肃省政府

【收文单位】 不详

【档案编号】 004-007-0424-0005

【成文时间】 1948-01-06

【关 键 词】 新民渠

【内容提要】

　　主要内容涉及主席提议水利局等签呈临洮新民渠引长渠线、灌溉工程渠道经过大璧河改线部分占用民地，请减免民赋。

【叙录编号】 1946

【档案题名】

　　甘肃省政府委员会第1549次会议议事日程外附会议材料

【发文单位】 甘肃省政府

【收文单位】 不详

【档案编号】 004-007-0433-（0010-0011）

【成文时间】 1948-07-17

【关 键 词】 水利局
【内容提要】
　　主要涉及主席提议水费保管委员会签呈准水利局函送本省渠水费征收办法草案，附有《草案》1份。

【叙录编号】 1947
【档案题名】
　　甘肃省政府委员会第1239次会议记录
【发文单位】 甘肃省政府
【收文单位】 不详
【档案编号】 004-007-0440-0005
【成文时间】 1945-05-01
【关 键 词】 水利
【内容提要】
　　主要涉及主席报告本省农田水利贷款、水利林牧公司送《甘肃省农田水利三年计划大纲》、河西藏民代表马罗汉请暂缓丈土地。

【叙录编号】 1948
【档案题名】
　　甘肃省政府委员会第1567次会议议事日程外附会议材料
【发文单位】 甘肃省政府委员会
【收文单位】 甘肃省政府
【档案编号】 004-007-0458-0002
【成文时间】 1948-09-21
【关 键 词】 靖乐渠
【内容提要】
　　关于提会审议水利局报告靖远县政府拟靖乐渠筑堤淤地筹款办法，附《靖乐渠筑堤淤地筹集款项暂行办法》。

【叙录编号】 1949
【档案题名】
　　甘肃省政府委员会第1569次会议议事日程外附会议材料
【发文单位】 甘肃省政府委员会
【收文单位】 甘肃省政府
【档案编号】 004-007-0458-0006
【成文时间】 1948-09-28
【关 键 词】 地下水；荒地
【内容提要】
　　关于提会审议酒泉县边湾截引地下水灌溉区荒地放领办法等事宜。

【叙录编号】 1950
【档案题名】
　　甘肃省政府委员会第1574次会议议事日程外附会议材料
【发文单位】 甘肃省政府委员会
【收文单位】 甘肃省政府
【档案编号】 004-007-0460-0002
【成文时间】 1948-10-15
【关 键 词】 靖乐渠；兰州自来水；水利
【内容提要】
　　关于提会审查靖乐渠筑堤淤地筹款办法，附《本府处理省参会施政报告审查案对照表》，包括兰州自来水工程，申请拨款改进畜牧事业，育苗造林，办理陇东陇西小型水利工程，对无大河道县办理截引地下水及凿井，处理安西、玉门等多地水利纠纷案等事件的审查及处理办法。

【叙录编号】 1951
【档案题名】
　　甘肃省政府委员会第1578次会议议事日程外附会议材料
【发文单位】 甘肃省政府委员会
【收文单位】 甘肃省政府
【档案编号】 004-007-046-0-0010
【成文时间】 1948-10-29
【关 键 词】 造林经费
【内容提要】

关于提会报告建设厅请拨秋季造林经费等事宜。

【叙录编号】 1952
【档案题名】
甘肃省政府委员会第1470次会议关于报告行政院核定本省民国三十六年度（1947）岁入出总预算提要表错误及审议拟予通过通渭县县长刘福梅记过1次等事宜
【发文单位】 甘肃省政府委员会
【收文单位】 甘肃省政府
【档案编号】 004-007-0462-0002
【成文时间】 1947-09-30
【关 键 词】 自来水工程
【内容提要】
主要涉及建设厅报告兰州市自来水工程处呈赍该处组织规程等事宜。

【叙录编号】 1953
【档案题名】
甘肃省政府委员会第1483次会议关于报告修正行政机关行文署名盖章办法及报告宣布民主同盟为非法团体等事宜
【发文单位】 甘肃省政府委员会
【收文单位】 甘肃省政府
【档案编号】 004-007-0462-0013
【成文时间】 1947-11-18
【关 键 词】 水利局；火炉预算
【内容提要】
关于提会报告水利局请核查以县置冬季火炉编造预算一案，决议通过等事宜。

【叙录编号】 1954
【档案题名】
甘肃省政府委员会第1489次会议关于报告管理钨锑运售办法及审议甘肃省水利勘测队组织规程等事宜
【发文单位】 甘肃省政府委员会
【收文单位】 甘肃省政府
【档案编号】 004-007-0462-0019
【成文时间】 1947-12-10
【关 键 词】 水利勘测队
【内容提要】
主要涉及审议甘肃省水利勘测队组织规程等事宜。

【叙录编号】 1955
【档案题名】
甘肃省政府委员会第1493次会议关于报告技师法及审议甘肃省水利勘测队组织规程等事宜
【发文单位】 甘肃省政府委员会
【收文单位】 甘肃省政府
【档案编号】 004-007-0462-0023
【成文时间】 1947-12-23
【关 键 词】 水利勘测队
【内容提要】
主要涉及通过甘肃省水利勘测队组织规程。

【叙录编号】 1956
【档案题名】
甘肃省政府委员会第1502次会议关于报告民国三十六年度（1947）国库收支结束办法及审议甘肃省各级警察官佐升迁调补、成绩考察实施办法等事宜
【发文单位】 甘肃省政府委员会
【收文单位】 甘肃省政府
【档案编号】 004-007-0462-0032
【成文时间】 1948-01-27
【关 键 词】 湟惠渠水利
【内容提要】
主要涉及行政院要求将湟惠渠水利事宜由湟惠渠管理局负责，行政由皋兰、永登管理等

事宜。

【叙录编号】 1957
【档案题名】
甘肃省政府委员会第297次会议关于审议兰州市儿童运动建筑费及审议甘肃省造林十年计划等事宜
【发文单位】 甘肃省政府委员会
【收文单位】 甘肃省政府
【档案编号】 004-007-0463-0013
【成文时间】 1935-04-12
【关 键 词】 林业；黄河
【内容提要】
主要涉及实业部咨询为防治黄河堤岸溃决，拟具沿岸保安造林实施计划及审议甘肃省造林十年计划等事宜。

【叙录编号】 1958
【档案题名】
甘肃省政府委员会第301次会议关于审议拨款修理武山县城墙预算及审议甘肃省棉业指导计划大纲等事宜
【发文单位】 甘肃省政府委员会
【收文单位】 甘肃省政府
【档案编号】 004-007-0463-0017
【成文时间】 1935-04-26
【关 键 词】 棉业；河堤
【内容提要】
主要涉及建设厅审议洮沙县长呈送修筑该县沙塄河堤工程计划预算及审议甘肃省棉业指导计划大纲等事宜。

【叙录编号】 1959
【档案题名】
甘肃省政府委员会第333次会议关于审议洮惠区工程费预算等事宜
【发文单位】 甘肃省政府委员会
【收文单位】 甘肃省政府
【档案编号】 004-007-0464-0020
【成文时间】 1935-08-16
【关 键 词】 洮惠渠
【内容提要】
主要涉及洮惠渠征工委员会报告洮惠区工程费预算等事宜。

【叙录编号】 1960
【档案题名】
甘肃省政府委员会第363次会议关于审议兰州平民住宅建筑委员会组织规程及审议拨发第三区专员公署凿井开渠预算等事宜
【发文单位】 甘肃省政府委员会
【收文单位】 甘肃省政府
【档案编号】 004-007-0465-0018
【成文时间】 1935-11-29
【关 键 词】 凿井
【内容提要】
关于提会审议拨发第三区专员公署凿井开渠预算等事宜。

【叙录编号】 1961
【档案题名】
甘肃省政府委员会第395次会议关于审议甘肃省公务员出差旅费暂行规则及审议修补兰州市贡元巷库房工料预算等事宜
【发文单位】 甘肃省政府委员会
【收文单位】 甘肃省政府
【档案编号】 004-007-0466-0025
【成文时间】 1936-03-31
【关 键 词】 农地引水；洮惠渠
【内容提要】
主要涉及建设厅呈送皋兰县沿河农地引水受益担费办法及审查本省水渠涉及测量队函送增加洮惠渠各项工程费等事宜。

【叙录编号】 1962
【档案题名】
甘肃省政府委员会第396次会议关于审议修正临洮县水利协进委员会简章及审议本省民众教育馆与社会教育推广处合并办法等事宜
【发文单位】 甘肃省政府委员会
【收文单位】 甘肃省政府
【档案编号】 004-007-0466-0026
【成文时间】 1936-04-03
【关 键 词】 水利协进委员会
【内容提要】
主要涉及建设厅呈送修正临洮县水利协进委员会简章等事宜。

【叙录编号】 1963
【档案题名】
甘肃省政府委员会第1386次会议议事日程外附会议材料
【发文单位】 甘肃省政府委员会
【收文单位】 甘肃省政府
【档案编号】 004-007-0469-0006
【成文时间】 1946-11-22
【关 键 词】 水利工程
【内容提要】
主要涉及主席提议审查农贷工程水费保管委员会呈送拟对本府贷款兴办水利工程，不分时间先后，按受益田亩总数目平均征收费等事宜。

【叙录编号】 1964
【档案题名】
甘肃省政府委员会第1388次会议议事日程外附会议材料
【发文单位】 甘肃省政府委员会
【收文单位】 甘肃省政府
【档案编号】 004-007-0470-0002
【成文时间】 1946-11-29
【关 键 词】 水利局
【内容提要】
主要涉及审查紧缩甘肃省水利局编制暨所需经临各费等事宜。

【叙录编号】 1965
【档案题名】
甘肃省政府委员会第1362次会议议事日程外附会议材料
【发文单位】 甘肃省政府委员会
【收文单位】 甘肃省政府
【档案编号】 004-007-0475-0003
【成文时间】 1946-08-30
【关 键 词】 水利工程
【内容提要】
主要涉及建设厅拟订兴办防治旱灾水利工程意见及计划等事宜。

【叙录编号】 1966
【档案题名】
甘肃省政府委员会第1367次会议议事日程外附会议材料
【发文单位】 甘肃省政府委员会
【收文单位】 甘肃省政府
【档案编号】 004-007-0476-0003
【成文时间】 1946-09-17
【关 键 词】 农田水利贷款
【内容提要】
主要涉及审查甘肃省三十四年度（1945）农田水利贷款20500万元，附《三十四年度（1945）甘肃省农田水利贷款换文条例》《三十四年度（1945）贷款二万五千六百五十万元历年摊还本金分配表》。

【叙录编号】 1967
【档案题名】
甘肃省政府委员会第1370次会议议事日

程外附会议材料
【发文单位】 甘肃省政府委员会
【收文单位】 甘肃省政府
【档案编号】 004-007-0476-0006
【成文时间】 1946-09-27
【关 键 词】 水权登记
【内容提要】
　　主要涉及水利委员会呈送修订水权登记申请意见表格式，附《水权登记申请书》等事宜。

【叙录编号】 1968
【档案题名】
　　甘肃省政府委员会第1407次会议议事日程外附会议材料
【发文单位】 甘肃省政府委员会
【收文单位】 甘肃省政府
【档案编号】 004-007-0479-0004
【成文时间】 1947-02-21
【关 键 词】 鸳鸯池；肃丰渠管理处
【内容提要】
　　主要涉及审查以肃丰渠鸳鸯池蓄水池工程将于今年完成，拟具肃丰渠管理处组织表及经费预算书等事宜。

【叙录编号】 1969
【档案题名】
　　甘肃省政府委员会第1408次会议议事日程外附会议材料
【发文单位】 甘肃省政府委员会
【收文单位】 甘肃省政府
【档案编号】 004-007-0480-0001
【成文时间】 1947-02-25
【关 键 词】 靖丰渠；示范农会
【内容提要】
　　关于提会报告靖丰渠淤区土地放领实施办法，准许农业部呈送示范农会实施办法暨三十六年度（1947）各省市推行农会示范工作要点等事宜。

【叙录编号】 1970
【档案题名】
　　甘肃省政府委员会第1415次会议议事日程外附会议材料
【发文单位】 甘肃省政府委员会
【收文单位】 甘肃省政府
【档案编号】 004-007-0481-0004
【成文时间】 1947-03-21
【关 键 词】 征收水费；湟惠溥济渠
【内容提要】
　　关于提会报告建设厅呈送湟惠溥济等渠管理处拟赍征收水费滞纳处分办法等事宜。

【叙录编号】 1971
【档案题名】
　　甘肃省政府委员会第1418次会议议事日程外附会议材料
【发文单位】 甘肃省政府委员会
【收文单位】 甘肃省政府
【档案编号】 004-007-0482-0001
【成文时间】 1947-04-01
【关 键 词】 水权登记费
【内容提要】
　　主要涉及报告水利委员会呈请提高水权登记费征收标准，附《水权登记费提高五十倍征收对照表》。

【叙录编号】 1972
【档案题名】
　　甘肃省政府委员会第1432次会议议事日程外附会议材料
【发文单位】 甘肃省政府委员会
【收文单位】 甘肃省政府
【档案编号】 004-007-0485-0004

【成文时间】 1947-05-20
【关 键 词】 靖丰渠；贷款
【内容提要】
　　主要涉及建设厅呈送审查靖丰渠未完成尾工，准许中农总会核贷2亿元等事宜。

【叙录编号】 1973
【档案题名】
　　甘肃省政府委员会第1434次会议议事日程外附会议材料
【发文单位】 甘肃省政府委员会
【收文单位】 甘肃省政府
【档案编号】 004-007-0485-0006
【成文时间】 1947-05-27
【关 键 词】 登丰渠；征收水费
【内容提要】
　　关于报告水费保管委员会呈送登丰等渠管理处请求缓征水费等事宜。

【叙录编号】 1974
【档案题名】
　　甘肃省政府委员会第1437次会议议事日程外附会议材料
【发文单位】 甘肃省政府委员会
【收文单位】 甘肃省政府
【档案编号】 004-007-0486-0003
【成文时间】 1947-06-06
【关 键 词】 征收水费；湟惠渠
【内容提要】
　　主要涉及水费保管委员会呈送审查湟惠等渠征收水费滞纳处分办法等事宜。

【叙录编号】 1975
【档案题名】
　　甘肃省政府委员会第1445次会议议事日程外附会议材料
【发文单位】 甘肃省政府委员会
【收文单位】 甘肃省政府
【档案编号】 004-007-0489-0002
【成文时间】 1947-07-04
【关 键 词】 鸳鸯池；收购民地
【内容提要】
　　关于提会审查肃丰渠鸳鸯池蓄水库收购民地交付地价案等事宜。

【叙录编号】 1976
【档案题名】
　　甘肃省政府委员会第1449次会议议事日程外附会议材料
【发文单位】 甘肃省政府委员会
【收文单位】 甘肃省政府
【档案编号】 004-007-0491-0001
【成文时间】 1947-07-18
【关 键 词】 永乐渠
【内容提要】
　　关于提会报告水利局拟具永乐渠工程处组织规程，附《甘肃省永乐渠工程处组织规程》。

【叙录编号】 1977
【档案题名】
　　甘肃省政府委员会第1456次会议议事日程外附会议材料
【发文单位】 甘肃省政府委员会
【收文单位】 甘肃省政府
【档案编号】 004-007-0493-0002
【成文时间】 1947-08-12
【关 键 词】 湟惠渠管理局
【内容提要】
　　关于提会报告甘肃省湟惠渠管理局组织规程等事宜。

【叙录编号】 1978
【档案题名】
　　甘肃省政府委员会第1454次会议议事日

程外附会议材料
【发文单位】 甘肃省政府委员会
【收文单位】 甘肃省政府
【档案编号】 004-007-0492-0004
【成文时间】 1947-08-05
【关 键 词】 水利工程处
【内容提要】
  主要涉及水利局呈送甘肃省水利工程处组织规程等事宜。

【叙录编号】 1979
【档案题名】
  甘肃省政府委员会第1460次会议议事日程外附会议材料
【发文单位】 甘肃省政府委员会
【收文单位】 甘肃省政府
【档案编号】 004-007-0495-0001
【成文时间】 1947-08-26
【关 键 词】 鸳鸯池；奖励人员
【内容提要】
  主要涉及核查第七区行政督察专员公署呈报鸳鸯池蓄水池工程，为工作成绩优良人员申请奖励等事宜。

【叙录编号】 1980
【档案题名】
  甘肃省政府委员会第1464次会议议事日程外附会议材料
【发文单位】 甘肃省政府委员会
【收文单位】 甘肃省政府
【档案编号】 004-007-0496-0002
【成文时间】 1947-09-10
【关 键 词】 河防
【内容提要】
  关于提会审查水利局呈送靖丰渠河防垫款13000万元等事宜。

【叙录编号】 1981
【档案题名】
  甘肃省政府委员会第1465次会议议事日程外附会议材料
【发文单位】 甘肃省政府委员会
【收文单位】 甘肃省政府
【档案编号】 004-007-0496-0003
【成文时间】 1947-09-12
【关 键 词】 水利局勘测队
【内容提要】
  主要涉及《甘肃省水利局第一勘测队编制及月薪表》等事宜。

【叙录编号】 1982
【档案题名】
  甘肃省政府委员会第1470次会议议事日程外附会议材料
【发文单位】 甘肃省政府委员会
【收文单位】 甘肃省政府
【档案编号】 004-007-0498-0003
【成文时间】 1947-09-30
【关 键 词】 自来水工程
【内容提要】
  主要涉及建设厅报告兰州市自来水工程处组织规程，附《兰州市自来水工程处组织规程》。

【叙录编号】 1983
【档案题名】
  甘肃省政府委员会第1473次会议议事日程外附会议材料
【发文单位】 甘肃省政府委员会
【收文单位】 甘肃省政府
【档案编号】 004-007-0499-0003
【成文时间】 1947-10-14
【关 键 词】 鸳鸯池；小陇山林区
【内容提要】

主要涉及水利局呈赍重编鸳鸯池管理处三十六年度（1947）7—12月份预算，审查建设厅报告小陇山林区管理处经管费预算等事宜。

【叙录编号】 1984
【档案题名】
甘肃省政府委员会第181次会议记录
【发文单位】 甘肃省政府委员会
【收文单位】 甘肃省政府
【档案编号】 004-007-0505-0001
【成文时间】 1934-02-20
【关 键 词】 开凿新渠；抽水机
【内容提要】
其中包括建设厅据洮沙县长呈为开凿新渠请求补助2000元，请会议核示，会议决议由建设事业费项下拨发补助费2000元；建设厅呈请两台抽水机安置位置，会议决议安设于古城。

【叙录编号】 1985
【档案题名】
甘肃省政府委员会第188次会议记录
【发文单位】 甘肃省政府委员会
【收文单位】 甘肃省政府
【档案编号】 004-007-0505-0008
【成文时间】 1934-03-16
【关 键 词】 黄河铁桥；木料；施工工料
【内容提要】
其中包括主席提议：据建设厅呈复刘前厅长呈赍督修黄河铁桥工程开支工料各项清册单据，请核销一案；但以查收剩余木料多有含混，请示如何办理，会议决议令建设厅严行查追。

【叙录编号】 1986
【档案题名】
甘肃省政府委员会第200次会议记录
【发文单位】 甘肃省政府委员会
【收文单位】 甘肃省政府
【档案编号】 004-007-0505-0020
【成文时间】 1934-05-01
【关 键 词】 苗圃；水利纠纷
【内容提要】
会议涉及建设厅转省立第一苗圃主任呈请修中山林水槽拨发经费一事；建设厅呈在皋兰县处理水利纠纷，将骆驼巷等庄使用台子渠水收归公有一事，会议决议派员照办。

【叙录编号】 1987
【档案题名】
甘肃省政府委员会第250次会议记录
【发文单位】 甘肃省政府委员会
【收文单位】 甘肃省政府
【档案编号】 004-007-0507-0007
【成文时间】 1934-10-23
【关 键 词】 红古城渠；民生渠；修渠
【内容提要】
其中包括建设厅呈复遵令修永登红古城渠第一、第二两段及临洮民生渠全渠，请提前修缮，并促转催水渠测量队长等早日来甘测量，以便工作进行，会议决议如拟。

【叙录编号】 1988
【档案题名】
甘肃省政府委员会第254次会议记录
【发文单位】 甘肃省政府委员会
【收文单位】 甘肃省政府
【档案编号】 004-007-0507-0011
【成文时间】 1934-10-06
【关 键 词】 甘川公路；桥梁涵洞；工程费
【内容提要】
其中包括建设厅呈报派员查勘甘川公路兰泰段华家岭至天水间应建桥梁涵洞一案，上报预算材料及费用，请示如何拨发，会议决议由财政厅在建设事业费项下拨给。

【叙录编号】 1989
【档案题名】
　　甘肃省政府委员会第263次会议记录
【发文单位】 甘肃省政府委员会
【收文单位】 甘肃省政府
【档案编号】 004-007-0507-0020
【成文时间】 1934-12-07
【关 键 词】 修桥；拨款
【内容提要】
　　其中包括建设厅呈据永靖县长呈赍修理莲花浮桥及小川子渡桥预算书，请示拨款情况，会议决议由建设事业费项下拨发。

【叙录编号】 1990
【档案题名】
　　甘肃省政府委员会第269次会议记录
【发文单位】 甘肃省政府委员会
【收文单位】 甘肃省政府
【档案编号】 004-007-0507-0026
【成文时间】 1934-12-28
【关 键 词】 黄河决堤；修堤；拨款
【内容提要】
　　其中包括民、财、建三厅呈复会核榆中县长请拨款修筑条城黄河决堤一案，请派员勘察完竣后拨款，会议决议补助1/2，其余自筹。

【叙录编号】 1991
【档案题名】
　　甘肃省政府委员会第277次会议记录
【发文单位】 甘肃省政府委员会
【收文单位】 甘肃省政府
【档案编号】 004-007-0507-0034
【成文时间】 1935-01-29
【关 键 词】 修渠；工程费
【内容提要】
　　其中包括主席提议：据建设厅呈，据景泰县县长请修竣一条山泉水上下涝池与锁罕堡四道泉渠工程计划图说，请拨款助修，会议决议由建设事业费项下拨给。

【叙录编号】 1992
【档案题名】
　　甘肃省政府委员会第1157次会议记录
【发文单位】 甘肃省政府委员会
【收文单位】 甘肃省政府
【档案编号】 004-007-0514-0004
【成文时间】 1944-07-14
【关 键 词】 水利工业
【内容提要】
　　会上报告了行政院水利委员会函送奖励民营水利工程办法一事。

【叙录编号】 1993
【档案题名】
　　甘肃省政府委员会第1163次会议记录
【发文单位】 甘肃省政府委员会
【收文单位】 甘肃省政府
【档案编号】 004-007-0514-0010
【成文时间】 1944-08-04
【关 键 词】 农田水利；贷款工程
【内容提要】
　　会议报告了水利委员会送各省市委托本会附属机关代办农田水利贷款工程办法一事。

【叙录编号】 1994
【档案题名】
　　甘肃省政府委员会第1186次会议记录
【发文单位】 甘肃省政府委员会
【收文单位】 甘肃省政府
【档案编号】 004-007-0517-0006
【成文时间】 1944-10-24
【关 键 词】 凿井；人员训练费；拨款

【内容提要】
会议报告了将本年度凿井人员训练费移作第一预备金拨给一事。

【叙录编号】 1995
【档案题名】
甘肃省政府委员会第1201次会议记录
【发文单位】 甘肃省政府委员会
【收文单位】 甘肃省政府
【档案编号】 004-007-0519-0006
【成文时间】 1944-12-15
【关 键 词】 农田水利贷款；改进办法
【内容提要】
会上报告了行政院水利委员会代电与中国农民银行商定改进农田水利贷款办法6项一事。

【叙录编号】 1996
【档案题名】
甘肃省政府委员会第1217次会议记录
【发文单位】 甘肃省政府委员会
【收文单位】 甘肃省政府
【档案编号】 004-007-0521-0006
【成文时间】 1945-02-09
【关 键 词】 饮水管理规则；污水排泄；三清渠工程处；经费拨发
【内容提要】
会上报告了内政部函送菜市场管理规则、饮水管理规则、乡村污水排泄及污物处理办法一事；审议了会计处、财政厅呈请刊发畜兽医研究所关防及高台县三清渠工程处钤记及相关设施，并请拨发经费一事。

【叙录编号】 1997
【档案题名】
甘肃省政府委员会第1220次会议记录
【发文单位】 甘肃省政府委员会
【收文单位】 甘肃省政府
【档案编号】 004-007-0521-0009
【成文时间】 1945-02-20
【关 键 词】 农田水利；工程水费
【内容提要】
会上报告了农田水利工程借款、水费收解支付办法及农贷工程水费保管委员会组织规程。

【叙录编号】 1998
【档案题名】
甘肃省政府委员会第1222次会议记录
【发文单位】 甘肃省政府委员会
【收文单位】 甘肃省政府
【档案编号】 004-007-0522-0002
【成文时间】 1945-02-27
【关 键 词】 水渠收益；估用民田；补偿办法
【内容提要】
会上讨论了建设厅呈请待省内各渠收益充裕后，再制定本省修筑水渠渠身估用民田补偿办法一事。

【叙录编号】 1999
【档案题名】
甘肃省政府委员会民国三十五年（1946）第3次临时谈话会关于通报今后省田粮处处长遇有新旧交接时由省政府派员监盘及卫生处处长许世瑾由卫生署调派为简任视察，缺遗已由姚寻源代理的会议记录
【发文单位】 甘肃省政府委员会
【收文单位】 甘肃省政府
【档案编号】 004-007-0528-0003
【成文时间】 1946-12-17
【关 键 词】 黄河水利；专家接待；经费划拨
【内容提要】
会上讨论了会计处签呈黄河水利专家萨凡奇一行来兰接待及经费拨划问题。

【叙录编号】 2000
【档案题名】
　　甘肃省政府委员会第5次临时谈话会关于通报嘉奖专员钟竟成、胡受谦及修订粮商登记规则的会议记录
【发文单位】 甘肃省政府委员会
【收文单位】 甘肃省政府
【档案编号】 004-007-0528-0006
【成文时间】 1946-12-27
【关 键 词】 灾歉减税；扶植自耕农；土地测绘；大型水利工程费
【内容提要】
　　会上讨论了田粮处等签呈查勘陇西、灵台、高台、天水、通渭、崇信等6县遭灾，减免赋税一事；财政厅签呈划拨地政局印制本省湟惠渠、靖丰渠扶植自耕农报告书印刷费一事；财政厅签呈核拨地政局土地测绘人员实习膳食津贴；临时动议了建设厅签呈增贷本省大型水利工程费贷款方式一事。

【叙录编号】 2001
【档案题名】
　　甘肃省政府委员会第1396次会议记录
【发文单位】 甘肃省政府委员会
【收文单位】 甘肃省政府
【档案编号】 004-007-0528-0011
【成文时间】 1947-01-14
【关 键 词】 水磨使用牌照；税额
【内容提要】
　　会上讨论了财政厅签呈提高水磨使用牌照税额一事。

【叙录编号】 2002
【档案题名】
　　甘肃省政府委员会第1483次会议关于通报行政机关行文署名盖章办法第三项应予修正及讨论由第二项预备金下拨发固原县立中学添聘教员旅费等事宜的会议记录
【发文单位】 甘肃省政府委员会
【收文单位】 甘肃省政府
【档案编号】 004-007-0537-0010
【成文时间】 1947-11-8
【关 键 词】 水利局；购置冬季火炉
【内容提要】
　　主要涉及核查水利局呈送以购置冬季火炉编造预算等事宜。

【叙录编号】 2003
【档案题名】
　　甘肃省政府委员会第1489次会议关于通报管理钨锑运售办法及讨论由灾民赈济款项下拨支捐兰州市冬令救济款等事宜的会议记录
【发文单位】 甘肃省政府委员会
【收文单位】 甘肃省政府
【档案编号】 004-007-0538-0007
【成文时间】 1947-12-10
【关 键 词】 水利勘测队
【内容提要】
　　主要涉及审查甘肃省水利勘测队组织规程等事宜。

【叙录编号】 2004
【档案题名】
　　甘肃省政府委员会第1493次会议关于讨论由本年度（1947）第二预备金下拨平凉卫生院修葺房屋工料费及讨论将石山地坑标租试办1年等事宜的会议记录
【发文单位】 甘肃省政府委员会
【收文单位】 甘肃省政府
【档案编号】 004-007-0538-0011
【成文时间】 1947-12-23
【关 键 词】 水利勘测队
【内容提要】
　　主要涉及呈报审议甘肃省水利勘测队组织

规程意见等事宜。

【叙录编号】 2005
【档案题名】
甘肃省政府委员会第1497次会议关于通报动员戡乱、完成宪政国防军事实施办法及讨论由第二预备金项下拨付地政局购置经纬仪价款及运费等事宜的会议记录
【发文单位】 甘肃省政府委员会
【收文单位】 甘肃省政府
【档案编号】
004-007-0539（全案卷）；
004-007-0588-（0001-0005）
【成文时间】 1948-01-06
【关 键 词】 新民渠；占用民地
【内容提要】
关于提会审查水利局报告临洮新民渠引长渠线增灌工程渠道及对于大璧河改线部分占用民地减免田赋等事宜。

【叙录编号】 2006
【档案题名】
甘肃省政府委员会第1511次会议关于通报全国花纱布管理办法及讨论拟订甘肃省举办物产竞赛办法等事宜的会议记录
【发文单位】 甘肃省政府委员会
【收文单位】 甘肃省政府
【档案编号】 004-007-0540-0008
【成文时间】 1948-03-02
【关 键 词】 永丰渠
【内容提要】
主要涉及通过水利局呈报永丰渠管理处无法安插申请遣散等事宜。

【叙录编号】 2007
【档案题名】
甘肃省政府委员会第1519次会议关于通报简化事前审计程序暂行办法及讨论由本年度（1948）第二预备金项下支付炸修牛鼻峡工程借款等事宜的会议记录
【发文单位】 甘肃省政府委员会
【收文单位】 甘肃省政府
【档案编号】 004-007-0541-0005
【成文时间】 1948-03-30
【关 键 词】 牛鼻峡工程
【内容提要】
关于提会讨论由本年度（1948）第二预备金项下支付炸修牛鼻峡工程借款等事宜。

【叙录编号】 2008
【档案题名】
甘肃省政府委员会第1549次会议关于讨论本省各渠水费征收办法草案及由本年（1948）下半年度第二预备金项下按月拨发联合秘书处7月份监管奸犯主副食费等事宜的会议记录
【发文单位】 甘肃省政府委员会
【收文单位】 甘肃省政府
【档案编号】 004-007-0543-0010
【成文时间】 1948-07-17
【关 键 词】 水费征收
【内容提要】
关于提会报告准许甘肃省各渠水费征收办法草案等事宜。

【叙录编号】 2009
【档案题名】
甘肃省政府委员会第1552次会议关于通报城市信用合作社管理办法及讨论修正甘肃省渠水费征收办法等事宜的会议记录
【发文单位】 甘肃省政府委员会
【收文单位】 甘肃省政府
【档案编号】 004-007-0544-0002
【成文时间】 1948-07-27

【关 键 词】 各渠征收水费
【内容提要】
　　关于提会讨论修正甘肃省渠水费征收办法等事宜。

【叙录编号】 2010
【档案题名】
　　甘肃省政府委员会第1555次会议关于讨论修正各县测候所暂行组织规程及由本年度（1948）第二预备金项下拨还归垫秘书处修理汽车工料费等事宜的会议记录
【发文单位】 甘肃省政府委员会
【收文单位】 甘肃省政府
【档案编号】 004-007-0544-0005
【成文时间】 1948-08-06
【关 键 词】 测候所；自来水工程
【内容提要】
　　关于讨论修正各县测候所暂行组织规程及审查垫支兰州市自来水工程费等事宜。

【叙录编号】 2011
【档案题名】
　　甘肃省政府委员会第1598次会议关于通报今后办理考绩考成以机关工作复核结果作为重要准则及讨论甘肃省政府所属各单位奖励最勤俭职工办法等事宜的会议记录
【发文单位】 甘肃省政府委员会
【收文单位】 甘肃省政府
【档案编号】 004-007-0548-0004
【成文时间】 1949-01-18
【关 键 词】 水利工程
【内容提要】
　　关于涉及水利局呈送山丹、高台两县县长积极协助水利工程，记大过1次等事宜。

【叙录编号】 2012
【档案题名】
　　甘肃省政府委员会第17次会议关于提请审议筹收煤油、捐助教育经费案及奢侈品营业税办法等事项的会议记录
【发文单位】 甘肃省政府委员会
【收文单位】 甘肃省政府
【档案编号】 004-007-0583-0017
【成文时间】 1932-07-01
【关 键 词】 修筑河堤
【内容提要】
　　主要涉及建设厅报告修筑河堤等事宜。

【叙录编号】 2013
【档案题名】
　　甘肃省政府委员会第48次会议关于提会报告本省短期金库券条例发行简章及基金保管委员会简章等事项的会议记录
【发文单位】 甘肃省政府委员会
【收文单位】 甘肃省政府
【档案编号】 004-007-0584-0018
【成文时间】 1932-10-18
【关 键 词】 喇嘛、永丰两川渠
【内容提要】
　　主要涉及永靖县县长报告审查喇嘛、永丰两川渠及筹款办理等事宜。

【叙录编号】 2014
【档案题名】
　　甘肃省政府委员会第1489次会议关于提会讨论本省各县市局应造表册整合办法及兰州市冬令救济款等事项的会议记录
【发文单位】 甘肃省政府委员会
【收文单位】 甘肃省政府
【档案编号】 004-007-0586-0001
【成文时间】 1947-12-10
【关 键 词】 水利勘测队
【内容提要】
　　主要涉及审查甘肃省水利勘测队组织规程

等事宜。

【叙录编号】 2015
【档案题名】
甘肃省政府委员会第1452次会议关于提会讨论土地法及青年志愿从军优待办法等事项的会议记录
【发文单位】 甘肃省政府委员会
【收文单位】 甘肃省政府
【档案编号】 004-007-0586-0003
【成文时间】 1947-07-29
【关 键 词】 水利局
【内容提要】
主要涉及财政厅拨发水利局三十六年度（1947）追加经常开办各费一案等事宜。

【叙录编号】 2016
【档案题名】
甘肃省政府委员会第1454次会议关于提会报告财政厅本年5月份省库收入总存款收支情况及财政由本年第二预备金项下动支1000万元移充抚恤费等事项的会议记录
【发文单位】 甘肃省政府委员会
【收文单位】 甘肃省政府
【档案编号】 004-007-0586-0007
【成文时间】 1947-07-25
【关 键 词】 水利工程处
【内容提要】
主要涉及水利局呈送甘肃省水利工程处组织规程等事宜。

【叙录编号】 2017
【档案题名】
甘肃省政府委员会第152次会议关于提会讨论武都县县长任免事宜及临洮县县长呈请借发民生渠开办费等事项的会议记录
【发文单位】 甘肃省政府委员会
【收文单位】 甘肃省政府
【档案编号】 004-007-0590-0002
【成文时间】 1933-11-03
【关 键 词】 水利工程
【内容提要】
主要涉及审查临洮县县长申请借拨民生渠开办费，籍资兴修水利等事宜。

【叙录编号】 2018
【档案题名】
甘肃省政府委员会第123次会议关于提会讨论教育厅呈报省立第一农校新增经费及陆地测量局局长任免等事项的会议记录
【发文单位】 甘肃省政府委员会
【收文单位】 甘肃省政府
【档案编号】 004-007-0591-0003
【成文时间】 1933-07-21
【关 键 词】 修筑土坝
【内容提要】
主要涉及审查中山村公民请拨发款项修筑土坝等事项。

【叙录编号】 2019
【档案题名】
甘肃省政府委员会第125次会议关于提会讨论财政厅呈报筹集华北战区救济捐款及永靖县喇嘛川引水工程重修等事项的会议记录
【发文单位】 甘肃省政府委员会
【收文单位】 甘肃省政府
【档案编号】 004-007-0591-0005
【成文时间】 1933-07-28
【关 键 词】 水利工程
【内容提要】
主要涉及审查永靖县喇嘛川引水工程重修等事项。

【叙录编号】 2020

【档案题名】
甘肃省政府委员会第133次会议关于提会讨论建设厅呈报造币厂筹办附设面粉厂审查意见及印花烟酒税局课长凤来之因公殉职呈请拨发抚恤款等事项的会议记录
【发文单位】 甘肃省政府委员会
【收文单位】 甘肃省政府
【档案编号】 004-007-0591-0013
【成文时间】 1933-08-29
【关 键 词】 喇嘛川渠
【内容提要】
主要涉及建设厅提议给委派测勘喇嘛川渠工程师增加旅膳等费用。

【叙录编号】 2021
【档案题名】
甘肃省政府委员会第136次会议关于提会讨论建设厅派员勘查高等法院第一监狱及皋兰地方法院看守所修建房屋经费等事项的会议记录
【发文单位】 甘肃省政府委员会
【收文单位】 甘肃省政府
【档案编号】 004-007-0591-0016
【成文时间】 1933-09-05
【关 键 词】 小西湖抽水机器
【内容提要】
主要涉及建设厅呈报小西湖抽水机因黄河水涨已被淹没，需要砌筑防水石堤所需工料等事项。

【叙录编号】 2022
【档案题名】
甘肃省政府委员会第957次会议关于提会报告非常时期公务员考绩暂行条例补充办法及本省水利工程费征收规则等事项的会议记录
【发文单位】 甘肃省政府委员会
【收文单位】 甘肃省政府
【档案编号】 004-007-0592-0009
【成文时间】 1942-06
【关 键 词】 水利工程费
【内容提要】
关于提会报告甘肃省水利工程费征收规则等事项。

【叙录编号】 2023
【档案题名】
甘肃省政府委员会第945次会议关于提会报告修正非常时期本省取缔宴会、限制酒食消费暂行办法及本省各机关员工生活补助费办法等事项的会议记录
【发文单位】 甘肃省政府委员会
【收文单位】 甘肃省政府
【档案编号】 004-007-0593-0003
【成文时间】 1942-04-17
【关 键 词】 洮河牛鼻峡
【内容提要】
主要涉及审查洮河牛鼻峡炸礁工程所有工务所组织内职员等事宜。

【叙录编号】 2024
【档案题名】
甘肃省政府委员会第939次会议关于提会报告本省行政人员考绩办法及公有营业会计制度设计要点等事项的会议记录
【发文单位】 甘肃省政府委员会
【收文单位】 甘肃省政府
【档案编号】 004-007-0593-0009
【成文时间】 1947-03-27
【关 键 词】 水利工程
【内容提要】
主要涉及审查甘肃省本年度兴修夏惠渠等8项水利工程等事项。

【叙录编号】 2025

叁 自然资源开发与生态保护类档案

【档案题名】

甘肃省政府委员会第934次会议关于提会报告甘宁青电报局改定电报价目表及夏河县县长王敬调省等事项的会议记录

【发文单位】 甘肃省政府委员会
【收文单位】 甘肃省政府
【档案编号】 004-007-0593-0014
【成文时间】 1942-03-10
【关 键 词】 溥济渠
【内容提要】

主要涉及准许水利林牧公司报告溥济渠工程处追加工程费预算等事宜。

【叙录编号】 2026
【档案题名】

甘肃省政府委员会第929次会议关于提会报告国民精神总动员三周年纪念办法及本省财物收支统制记录暂行办法等事项的会议记录

【发文单位】 甘肃省政府委员会
【收文单位】 甘肃省政府
【档案编号】 004-007-0594-0002
【成文时间】 1942-02-20
【关 键 词】 洮惠渠
【内容提要】

主要涉及为了洮惠渠全部灌溉起见，拟请水利林牧公司组设该渠管理处等事宜。

【叙录编号】 2027
【档案题名】

甘肃省政府委员会第1493次会议关于提会报告自本年10月1日起盗匪案件划归军法审判及审查本省水利勘测队组织规程等事项的会议记录

【发文单位】 甘肃省政府委员会
【收文单位】 甘肃省政府
【档案编号】 004-007-0596-0002
【成文时间】 1947-12-23
【关 键 词】 水利勘测队
【内容提要】

主要涉及审查甘肃省水利勘测队组织规程等事宜。

【叙录编号】 2028
【档案题名】

甘肃省政府委员会第1454次会议关于审议讨论甘肃省水利工程处组织规程及本省公私营场（厂）参加国货展览办法等事项

【发文单位】 甘肃省政府委员会
【收文单位】 甘肃省政府
【档案编号】 不详
【成文时间】 1947-08-05
【关 键 词】 水利局；水利工程
【内容提要】

其中包括主席提议：水利局签呈拟甘肃省水利工程处组织规程，请鉴核可否施行，会议决议通过。

【叙录编号】 2029
【档案题名】

甘肃省政府民国三十五年（1949）甘肃全省行政会议关于本省各县普遍挖掘各种水平沟籍资保土蓄水增加生产的提案

【发文单位】 甘肃省政府
【收文单位】 甘肃省政府
【档案编号】 不详
【成文时间】 1946
【关 键 词】 水平沟；暴雨
【内容提要】

其中涉及：1.挖掘水平沟理由：本县气候干燥，挖掘沟后，可利用暴雨水量缓解常年供水不足问题等。2.办法：全省划为6个督导区，由专门督导员分区办理，8月前完成水平沟挖掘工作，并对各县应挖水平沟数量做出规定。

【叙录编号】 2030
【档案题名】
　　甘肃省政府委员会第1621次会议议事日程外附会议材料
【发文单位】 甘肃省政府委员会
【收文单位】 甘肃省政府
【档案编号】 不详
【成文时间】 1949-04-26
【关 键 词】 黄河铁桥；勘察报告
【内容提要】
　　其内容同004-007-0612-0015，但相较前者更多，录有建设厅长对黄河铁桥勘察结果及施工需求的报告。

【叙录编号】 2031
【档案题名】
　　甘肃省政府关于抄发本省本年度工作计划审查意见书给甘肃省民政厅的训令
【发文单位】 甘肃省政府
【收文单位】 甘肃省民政厅
【档案编号】 004-008-0668-0008
【成文时间】 1945-07
【关 键 词】 兴办水利
【内容提要】
　　审查意见，将兴办水利作为省政府三十四年度（1945）六项中心工作之一。

【叙录编号】 2032
【档案题名】
　　甘肃省水利局职员考勤表
【发文单位】 甘肃省水利局
【收文单位】 甘肃省政府
【档案编号】 004-009-0014-0008
【成文时间】 不详
【关 键 词】 水利局；考勤
【内容提要】
　　这份表是甘肃省水利局某年的职员考勤表，主要内容包括职别、姓名、职员工作情况。

【叙录编号】 2033
【档案题名】
　　甘肃省政府公报（合署办公，第361-372期）
【发文单位】 甘肃省政府
【收文单位】 不详
【档案编号】 004-010-0086-0001
【成文时间】 1937-06-17
【关 键 词】 灌溉管理局
【内容提要】
　　第367、368期合刊政府公报包括法规、聘函、命令、公牍等部分。法规部分包括《建设委员灌溉管理局组织条例》13条（46~48页）。公牍部分包括令各机关印发建设委员灌溉管理局组织条例的训令1条（53页）。

【叙录编号】 2034
【档案题名】
　　甘肃省政府公报（合署办公，第460期）
【发文单位】 甘肃省政府
【收文单位】 不详
【档案编号】 004-010-0104-0001
【成文时间】 1938-10-31
【关 键 词】 北门湾；洮惠渠
【内容提要】
　　本份政府公报包括法规、命令、公牍、会议记录、公告、特载、政闻纪要等部分。会议记录部分包括《甘肃省政府委员会第622次会议记录》，讨论事项录有建设厅呈据省会警察局呈报北门湾等处河堤被水冲垮，请求拨款修理，省务会议决议通过的记录1条（46页）。政闻纪要本省部分包括朱主席出巡临洮视察洮惠渠工程及询查沿路民情的记录1条（67页）。

【叙录编号】 2035
【档案题名】
　　甘肃省政府公报（合署办公，第465期）
【发文单位】 甘肃省政府
【收文单位】 不详
【档案编号】 004-010-0109-0001
【成文时间】 1939-01-01
【关 键 词】 修筑公路；水利工程；抚恤民工
【内容提要】
　　本份政府公报包括法规、命令、公牍、例行文件表、会议录、公告、特载、政闻纪要等部分。会议录部分包括《甘肃省政府委员会第640次会议记录》，讨论事项录有建设厅呈拟具甘肃省各县修筑公路水利各工程工人民夫因公伤亡抚恤章程，省务会议决议通过的记录1条（91页）。

【叙录编号】 2036
【档案题名】
　　甘肃省政府公报（合署办公，第466期）
【发文单位】 甘肃省政府
【收文单位】 不详
【档案编号】 004-010-0110-0001
【成文时间】 1936-01-31
【关 键 词】 修筑公路；水利工程；抚恤民工
【内容提要】
　　本份政府公报包括法规、聘函、命令、公牍、会议录、特载、政闻纪要等部分。法规部分包括《甘肃各县修筑公路水利各工程人民因公伤亡抚恤暂行规程》8条（27～28页）。

【叙录编号】 2037
【档案题名】
　　甘肃省政府公报（合署办公，第489期）
【发文单位】 甘肃省政府
【收文单位】 不详
【档案编号】 004-010-0121-0001
【成文时间】 1940-06-01
【关 键 词】 水车；河堤
【内容提要】
　　本份政府公报包括专载、法规、命令、公牍、会议录、附录等部分。《甘肃省政府委员会第756次会议记录》，临时动议录有建设厅呈据工务所签呈拟具修理黄河南岸甘肃省政府水车及西边河堤一段图表，省务会议决议由市政经费支出的记录1条（123页）。

【叙录编号】 2038
【档案题名】
　　甘肃省政府公报（合署办公，第498期）
【发文单位】 甘肃省政府
【收文单位】 不详
【档案编号】 004-010-0128-0001
【成文时间】 1941-02-28
【关 键 词】 水利公路人员训练；灾害；春耕；湟惠渠；修理河干提水机
【内容提要】
　　本份政府公报包括专载、法规、命令、公牍、会议录、附录等部分。法规部分包括《甘肃省政府水利公路干部人员兼训练班组织规程》11条（36～37页），附预算书及课程表（37～39页）。会议录部分包括《甘肃省政府委员会第827次会议记录》，讨论事项录有主席提议建设厅呈拟具水利公司干部人员训练班组织章程，经法制室、财政厅会计处审查，省务会议决议通过的记录1条（71页）。《甘肃省政府委员会第831次会议记录》，讨论事项录有主席提议建、财、民三厅呈查本省去年旱灾严重，收成不丰，拟将二十九年（1940）合作贷款及另外筹集的费用都用于春耕，拟订贷款计划大纲、奖惩办法等，省务会议决议通过的记录1条（80页）；主席提议建设厅呈查湟惠渠工务处所追加工程费预算表，水利贷款未到之前暂由建设厅垫付，省务会议决议照办的记录

1条（80页）；主席提议财政厅呈市区建设委员会呈请修理河干提水机的费用由本年水利费内支出，省务会议决议照办的记录1条（81页）。

【叙录编号】 2039
【档案题名】
甘肃省政府公报（合署办公，第500期）
【发文单位】 甘肃省政府
【收文单位】 不详
【档案编号】 004-010-0129-0001
【成文时间】 1941-03-31
【关 键 词】 水利贷款；永靖渠；永登川渠；喇嘛川渠
【内容提要】
　　本份政府公报包括特载、专载、法规、命令、公牍、例行公文表、会议录、施政撮要等部分。会议录包括《甘肃省政府委员会第837次会议记录》，讨论事项录有主席报告会计处、财政厅呈遵核议建设厅请拨水利贷款兴修永登川、喇嘛川两渠，并拟组织永靖渠工程处，附预算，省务会议通过的记录1条（44页）。

【叙录编号】 2040
【档案题名】
甘肃省政府公报（合署办公，第532期）
【发文单位】 甘肃省政府
【收文单位】 不详
【档案编号】 004-010-0160-0001
【成文时间】 1942-07-31
【关 键 词】 水渠管理办法；畜牧及畜产调查
【内容提要】
　　本份政府公报包括法规、政令、人事、会议录、例行公文等部分。会议录部分包括《甘肃省政府委员会第969次会议记录》，报告事项包括建设厅呈报准甘肃水利林牧公司函以酌定命名各渠标准。除酒金、芮惠另择名其余照办，特此报告的记录1条（58页）。例行公文包括《甘肃省政府核阅所属各机关例行公文一览表》，建设部分录有各县各水渠原有管理办法、有关水利事业表、畜牧及畜产调查表、现在各水渠管理章程等（67～69页）。

【叙录编号】 2041
【档案题名】
甘肃省政府公报（合署办公，第539期）
【发文单位】 甘肃省政府
【收文单位】 不详
【档案编号】 004-010-0167-0001
【成文时间】 1942-11-15
【关 键 词】 湟惠渠土地整理事务所
【内容提要】
　　本份政府公报包括法规、政令、人事、会议录、例行公文等部分。人事部分包括派李滋荣、方中权代理湟惠渠土地整理事务所组员的任命2则（23页）。

【叙录编号】 2042
【档案题名】
甘肃省政府公报（合署办公，第541期）
【发文单位】 甘肃省政府
【收文单位】 不详
【档案编号】 004-010-0169-0001
【成文时间】 1942-12-15
【关 键 词】 水利委员会
【内容提要】
　　本份政府公报包括法规、政令、人事、会议录、例行公文等部分。法规部分包括《华北水利委员会组织法》14条（11～12页），《甘肃省各县水利委员会组织大纲》10条（26～27页）。政令部分包括令本府各机关、各县局、各专署遵照扬子江水利委员会组织法及华北水利委员会组织法的训令1条（29页）。会议录包括《甘肃省政府委员会第1005次会议记录》，讨论事项录有主席提议建设厅呈拟订本省县水利委员会组织大纲，省务会议决议通过的记录1条（53页）。

【叙录编号】 2043
【档案题名】
　　甘肃省政府公报（合署办公，第554期）
【发文单位】 甘肃省政府
【收文单位】 不详
【档案编号】 004-010-0179-0001
【成文时间】 1943-06-30
【关 键 词】 水利特赋征收规则；水渠灌溉管理；插花飞地
【内容提要】
　　本份政府公报包括法规、政令、人事、会议录、例行公文等部分。会议录部分包括《甘肃省政府委员会第1057次会议记录》，讨论事项录有主席提议建设厅呈，依据甘肃省水利特赋征收规则，拟订本省水利特赋征收规则施行细则，省务会议决议交由建财田赋处地政局审查的记录1条。《甘肃省政府委员会第1058次会议记录》，讨论事项录有主席提议建设厅呈，拟订本省水渠管理处组织通则、本省水渠灌溉管理暂行章程、本省水渠水董会组织规程、本省水渠养护修理及防洪办法、本省水渠灌溉引水章程等，省务会议决议通过的记录1条。《甘肃省政府委员会第1060次会议记录》，讨论事项录有主席提议民财两厅呈，查崇信县插入华亭上关街插花地，派专员勘测拟将上关街及石家湾划归华亭，马家湾划归崇信，省务会议决议通过的记录1条。

【叙录编号】 2044
【档案题名】
　　甘肃省政府公报（合署办公，第560期）
【发文单位】 甘肃省政府
【收文单位】 不详
【档案编号】 004-010-0183-0001
【成文时间】 1943-09-30
【关 键 词】 永定浮桥
【内容提要】
　　本份政府公报包括法规、政令、人事、会议录、例行公文等部分。会议录部分包括《甘肃省政府委员会第1081次会议记录》，讨论事项录有主席提议建设厅呈，临洮县政府呈报该县洮河水涨永定浮桥被水冲，请派员查勘估修，会同黄河水利委员会上游修防林垦工程所派人勘测，拟订修复方法，省务会议决议照办的记录1条。

【叙录编号】 2045
【档案题名】
　　甘肃省政府公报（合署办公，第568期）
【发文单位】 甘肃省政府
【收文单位】 不详
【档案编号】 004-010-0189-0001
【成文时间】 1944-01-31
【关 键 词】 水权登记费；阮陵渠
【内容提要】
　　本份政府公报包括法规、政令、人事、会议录、例行公文等部分。法规部分包括《国民参政会经济建设策进会组织大纲》11条，《建筑法》47条（34～37页），《水权登记费征收办法》6条。政令部分包括令各专署、县市局遵照国民参政会经济建设策进会组织大纲的训令1条；令皋兰、天水、华亭、平凉、庆阳、岷县、张掖、武威、酒泉、武都、临夏、兰州市政府抄发建筑法的训令1条；令各专署政府遵照水权登记费征收办法的训令1条；令各专署县局据泾川县呈报泾川县县长等人热心水利各予奖励的训令1条，附《泾川县兴修阮陵渠出力人员姓名及事迹表》。

【叙录编号】 2046
【档案题名】

甘肃省政府公报（合署办公，第572-573期）
【发文单位】 甘肃省政府
【收文单位】 不详
【档案编号】 004-010-0191-0001
【成文时间】 1944-03-15
【关 键 词】 水利工程监理处；永宁浮桥；实验水车
【内容提要】
第572期政府公报包括法规、政令、人事、会议录、例行公文等部分。法规部分包括《甘肃省水利工程监理处组织通则》7条。第573期政府公报包括法规、政令、人事、会议录、例行公文等部分。政令部分包括令兰州市木商业公会理事长捐助永宁浮桥工款情况的指令1条。例行公文部分包括《甘肃省政府核阅所属各机关例行公文一览表》，建设部分涉及各县呈报办理实验水车成绩及推广情形等。

【叙录编号】 2047
【档案题名】
甘肃省政府公报（合署办公，第652-654期）
【发文单位】 甘肃省政府
【收文单位】 不详
【档案编号】 004-010-0221-0001
【成文时间】 1947-05-11
【关 键 词】 水费保管
【内容提要】
第654期政府公报包括法规、政令、会议记录等部分。会议记录包括《甘肃省政府委员会第1434次会议记录》，其中讨论事项录有水费保管委员会拟准将登丰等渠水费缓至秋收后一并开征，委员会决议通过的记录1条。

【叙录编号】 2048
【档案题名】
甘肃省政府公报（合署办公，第711期）
【发文单位】 甘肃省政府
【收文单位】 不详
【档案编号】 004-010-0246-0001
【成文时间】 1948-09-16
【关 键 词】 水利局人事
【内容提要】
本份政府公报包括特载、法规、政令、会议录、例行公文等部分。政令部分中任免包括派王永盛、梁承灏代理本府水利局额外技佐的任命2则，派夏明元代理本府水利局额外技士的任命1则。

【叙录编号】 2049
【档案题名】
甘肃省政府关于人员任用有关事宜的训令及乡镇干部任用办法、省水利局组织规程
【发文单位】 甘肃省政府
【收文单位】 陇西县政府
【档案编号】 0170-0005-0187-（0018-0019）
【成文时间】 1947-09-10
【关 键 词】 水利
【内容提要】
本档为甘肃省政府抄发省水利局组织规程修正案给各地政府的训令，本规程规定了省水利局各级职位、各科室职掌、勘测队等派出机构的管理办法等。

【叙录编号】 2050
【档案题名】
甘肃省政府关于抗战期间部队协助民众播种收割的训令、办法
【发文单位】 甘肃省政府
【收文单位】 第七区行政督察专员公署
【档案编号】 历01-01-0439-1
【成文时间】 1940-12-08—1941-07-06

【关　键　词】　春耕；收割
【内容提要】
　　军政部发布《战区各部协助民众春耕秋收办法》及《防敌抢割第一绿地区民间熟稻办法》，令各战备区在春耕秋收时帮助农民进行农业工作，甘肃省政府协作向第七区行政公署下达训令要求配合完成。此训令后附《战区各部协助民众春耕秋收办法》《防敌抢割第一绿地区民间熟稻办法》《抗战期间各部队协助农民耕种收割办法》3种。

【叙录编号】　2051
【档案题名】
　　甘肃省粮食增产督导处各县农业暂行办法
【发文单位】　甘肃省粮食增产督导处
【收文单位】　不详
【档案编号】　历03-01-2106-6
【成文时间】　不详
【关　键　词】　农业办理；播种耕种
【内容提要】
　　如题。其中包括对各县农业办理责任处的规定、对播种耕种情形上报的规定等内容。

【叙录编号】　2052
【档案题名】
　　甘肃省政府准林业部送三十四年度（1945）农业生产竞赛原则令遵照
【发文单位】　甘肃省政府
【收文单位】　金塔县政府
【档案编号】　历03-01-2270-1
【成文时间】　1945-08-01
【关　键　词】　农业生产竞赛
【内容提要】
　　如题。附抄发《卅四年度（1945）农业生产竞赛原则》1份。

【叙录编号】　2053
【档案题名】
　　甘肃省政府抄发修正土地赋税减免规程及修正勘报灾歉规程
【发文单位】　甘肃省政府
【收文单位】　金塔县政府
【档案编号】　历03-01-2270-（2-3）
【成文时间】　1943-04
【关　键　词】　私有林地；被灾田亩
【内容提要】
　　如题。其中包括对私有林地的免税办法、被灾田亩减税规程等内容。

【叙录编号】　2054
【档案题名】
　　甘肃省政府抄发制定本省勘报灾歉及逃亡绝户荒废土地造册免赋暂行办法令仰遵照
【发文单位】　甘肃省政府
【收文单位】　金塔县政府
【档案编号】　历03-01-2271-1
【成文时间】　1943-03
【关　键　词】　勘报灾歉；逃亡绝户；免赋
【内容提要】
　　如题。附《甘肃省勘报灾歉及查勘逃亡绝户荒废土地造册免赋暂行办法》。

【叙录编号】　2055
【档案题名】
　　甘肃省政府关于抄发修正土地赋税减免及勘报实歉各规程的训令
【发文单位】　甘肃省政府
【收文单位】　金塔县政府
【档案编号】　历03-01-2280-1
【成文时间】　1942
【关　键　词】　土地赋税；减税；勘报灾歉
【内容提要】
　　如题。甘肃省政府抄发《修正土地赋税减免规程》及《修正勘报灾歉规程》，其中包括公私土地征用规定、建立农林试验场注意事项、勘报灾歉地区要求等内容，附相应说明及图表。

【叙录编号】 2056
【档案题名】
甘肃省各县推广冬耕实施办法草案
【发文单位】 甘肃省粮食增产总督导团
【收文单位】 不详
【档案编号】 历03-01-2351-6
【成文时间】 1942-05
【关 键 词】 冬耕工作
【内容提要】
如题。其中包括各县冬耕工作推行细则、在不同气候条件下生产注意事项、生产监督规则等内容。

【叙录编号】 2057
【档案题名】
甘肃省政府、省粮政局关于粮食储运的各类文件
【发文单位】 甘肃省政府；甘肃省粮政局
【收文单位】 不详
【档案编号】 历03-01-2378-（1-5）
【成文时间】 1942-05—1943-05
【关 键 词】 存粮；救灾；防治害虫
【内容提要】
本卷5份文件均与甘肃省政府、省粮政局布置粮食存放、救灾等事宜有关，其中包括甘肃省政府奉粮食部令资送粮食储运人员奖惩暂行办法，令金塔县政府查照遵办。甘肃省政府抄发本省各县市大户存粮调查竞赛实施办法令遵办，发各专员县长人民出粮救灾及种子办法饬遵办理。甘肃省政府发仓库害虫防除浅说仰严饬金塔县政府所属属实办理，发放仓库害虫浅说2份。奉粮食部准广西省政府电送三十一年（1942）防止储粮虫鼠损耗工作总报告令金塔县政府遵照采用，附报告1份。

【叙录编号】 2058
【档案题名】
甘肃省执行《军事地图保管注意事项》的计划、施行现状
【发文单位】 甘肃省政府；第七区行政督察专员公署等
【收文单位】 甘肃省政府；第七区行政督察专员公署
【档案编号】 历01-01-0563-（10-13）
【成文时间】 1937-05-12；1936-12-28
【关 键 词】 地图保密原则
【内容提要】
国防部下发《军事地图保管注意事项》的训令，内容包括：如无国防部许可，不得私自翻印国防地图，领用地图若有损坏需由所在地区最高军事长官负责销毁，军事地图不得粘贴于壁间等。甘肃省政府依据此文件再次重申，地图不得交由私人翻印，违者重处。

【叙录编号】 2059
【档案题名】
甘肃省政府令发修正甘肃省奖励民垦实施细则的训令
【发文单位】 甘肃省政府
【收文单位】 金塔县政府
【档案编号】 历03-03-0620-（1-2）
【成文时间】 1948-01-19—1948-02-06
【关 键 词】 垦荒
【内容提要】
甘肃省政府发给金塔县修正甘肃省奖励民垦实施细则，并请金塔县报送该县垦荒事业完成计划，附有《甘肃省奖励民垦实施细则》21条。

【叙录编号】 2060

【档案题名】
　　关于甘肃省政府田赋征收的训令
【发文单位】　甘肃省政府
【收文单位】　敦煌县政府
【档案编号】　历06-01-0351-6
【成文时间】　1941-02-15
【关 键 词】　田赋
【内容提要】
　　甘肃省政府下发训令，要求各地区推进征收田赋的工作。

四、水资源开发管理类档案

【叙录编号】　2061
【档案题名】
　　甘肃省政府委员会第1073次会议议事日程外附会议通报、讨论文件材料
【发文单位】　甘肃省政府委员会
【收文单位】　甘肃省政府
【档案编号】　004-007-0329-0004
【成文时间】　1943-08-13
【关 键 词】　水利特赋
【内容提要】
　　关于审查本省水利特赋征收规则施行细则，动支战时预备金等事宜。

【叙录编号】　2062
【档案题名】
　　甘肃省水利局职员考勤表
【发文单位】　甘肃省水利局
【收文单位】　甘肃省政府
【档案编号】　004-009-0014-0008
【成文时间】　不详
【关 键 词】　水利局；考勤
【内容提要】
　　这份表是甘肃省水利局某年的职员考勤表，主要内容包括职别、姓名、职员工作情况。

【叙录编号】　2063
【档案题名】
　　甘肃省政府、民政厅、建设厅奉内政部关于水利建设各类事项兴办的各类文件
【发文单位】　甘肃省政府；甘肃省民政厅等
【收文单位】　甘肃省民政厅；甘肃省建设厅
【档案编号】　015-005-0029-（0008-0022）
【成文时间】　1933-03-08—1933-08-08
【关 键 词】　水利法；征工；水利兴修
【内容提要】
　　省政府就内政部关于水利建设的各项事宜训令民政厅遵办，其中包括行政院决定就水利经费一事由全国内政会议进行议决，形成水利经费拨发办法4项：各省政府指定专款拨发；内政部拟订水利组织章程，由水利参议会负责监督保障水利经费使用；水利经费应有财政部专案存储；堤塘修防经费由财务机关事先拨发所属机构等。就内政部提倡征工兴办水利嘱民政厅办理，附《征工兴办水利》，其中包括兴办理由、办法（由各省建设厅或水利局拟具修建计划办理、具体组织机构、征工委员会职责、征工注意事项）等内容。省政府向各部门征集编修内政部水利法草案初稿的相关意见，要求两月内发还。民政厅咨文建设厅主稿会

呈，建设厅送水利法草案初稿1份给民政厅，附《水利法草案初稿》1份。其中包括：水利法草案初稿勘误表；水利法初稿具体内容（水利区及其管理；水利参事会、水利合作社及水利公司；水权；水权登记；河湖之修防；河湖之保护；水利经费；土地之征用；奖惩；附则）。民政、建设二厅共同呈文省政府，请鉴核转。

【叙录编号】 2064
【档案题名】
四川省建设厅送都江堰水利图的往来函件
【发文单位】 四川省建设厅；甘肃省民政厅
【收文单位】 甘肃省民政厅；四川省建设厅
【档案编号】 015-005-0035-（0007-0008）
【成文时间】 1933-10-11—1933-10-24
【关 键 词】 水利便鉴；都江堰灌溉区域图
【内容提要】
四川省建设厅函送灌县都江堰水利图（实际无图），民政厅回函致谢，认为足资借鉴。

【叙录编号】 2065
【档案题名】
关于抄发行政院兴办水利给奖章程的各类文件
【发文单位】 内政部；甘肃省政府等
【收文单位】 甘肃省民政厅；康乐设治局等
【档案编号】 015-005-0035-（0001-0005）
【成文时间】 1933-11-15—1933-12-27
【关 键 词】 水利；章程
【内容提要】
省政府、内政部训令民政厅按内政部抄发的兴办水利给奖章程办理相关事务，附《兴办水利奖励条例》1份。其中包括：兴办水利奖励类型；奖励资格；奖励审核规范；奖励办理流程等10条内容。附请奖表式1份。民政厅遵办抄发知照各县县长，附表式。

【叙录编号】 2066
【档案题名】
准内政部咨嗣后凡关水利事务应请概送全国经委会核办等仰遵照的训令
【发文单位】 甘肃省政府
【收文单位】 甘肃省民政厅
【档案编号】 015-005-0035-0006
【成文时间】 1934-12-23
【关 键 词】 水利事务
【内容提要】
如题。省政府就全国水利机关暂归全国经济委员会统筹办理，定期11月26日将内政部水利职权交予全国经委会一事令民政厅遵照。

【叙录编号】 2067
【档案题名】
关于省清丈土地并成立清丈土地委员会的各类文件
【发文单位】 甘肃省政府；甘肃省民政厅等
【收文单位】 甘肃省政府；甘肃省民政厅等
【档案编号】 015-005-0182-（0002-0017）
【成文时间】 1934-04-02—1934-08-09
【关 键 词】 清丈土地；兰州市清丈土地纠纷公断委员会
【内容提要】
甘肃省政府下发委员长督促各厅各县加紧清丈土地的训令。民政厅会同建设、财政厅合议，制定初步工作计划及实施步骤上报省政府。具体涉及修筑兰州至酒泉一带的道路、在行政区域先行清丈、请示成立兰州市清丈土地纠纷公断委员会，并会同甘肃土地测量局查明清丈土地实施程序部分规定的办理内容。省政府转呈委员长批示，并知照民政厅，民政厅咨文其他二厅知照。民政厅赍兰州市清丈土地纠纷公断委员会组织章程，请示遵。附《兰州市清丈土地纠纷公断委员会组织章程》1份，其中包括委员会组织设置、财务分配、经费划拨等13条内容。省政府回文此事已提交省务会议审核通过，令其遵办。省政府制定并公布兰州市清丈土地纠纷公断委员会组织章程，令各厅遵办。民政厅致函省陆地测量局，请其按照其中规定第三、四、五项进行办理。兰州市清丈土地纠纷公断委员会呈文8月1日成立并启用关防。

【叙录编号】 2068
【档案题名】
　　甘肃各县及设治局上报民政厅面积方里及耕地数目的往来文件
【发文单位】 甘肃省民政厅；榆中县政府等
【收文单位】 甘肃省民政厅；榆中县政府等
【档案编号】 015-005-0190-（0001-0031）
【成文时间】 1934-10-04—1935-12-10
【关 键 词】 土地清算；耕地亩数；测绘
【内容提要】
　　该卷31份文件均为民政厅奉国防设计委员会令清查各县土地面积及耕地亩数，民政厅咨文甘肃陆地测量局，获取部分县土地面积函复。民政厅另训令各县快邮呈复，两当县、徽县、康县、武都县、武山县、天水县、秦安县、西和县、礼县、陇西县、和政县、榆中县、靖远县、夏河县、景泰县、临洮县、永靖县、会宁县、临夏县、皋兰县等20县及康乐设治局上报。其中秦安县政府还呈《秦安县全图》1份（0024）。民政厅回文令有误者（武都县、武山县、天水县、西和县）再行核算清报，其余合格者报测量局汇转。

【叙录编号】 2069
【档案题名】
　　甘肃各县及设治局上报民政厅面积方里及耕地数目的往来文件
【发文单位】 甘肃省民政厅；陇西县政府等
【收文单位】 甘肃省民政厅；国防设计委员会等
【档案编号】 015-005-0191-（0001-0038）
【成文时间】 1934-10-03—1935-09-07
【关 键 词】 土地；田亩；面积
【内容提要】
　　本卷38份文件均与国防设计委员会致函省民政厅，请报各县面积及耕地面积，甘肃省民政厅令各县呈报全县面积及耕地亩数有关。民政厅致函省陆地测量局，请其查找民国十五年（1926）所测地图，根据比例分各县总面积数，以便查照。甘肃陆地测量局致函发给，附《甘肃全省各县面积数目表》1张，记载当时各县地理面积数目。民政厅致函给国防设计委员会令其参照，并令各县快速呈复。具体为：陇西县政府呈报，民政厅回文此面积并无志书及地图比例之依据，就甘肃陆地测量局数据告知陇西县，令其今后以此为据；和政县政府报耕地亩数，民政厅回文已根据测量局表列数字汇转；榆中县政府呈报，民政厅令其按测量局所标准的数额进行调查汇转；靖远县政府呈报县域面积为志书所载四至八道里数约略推算；景泰县政府照全界横纵里数相乘并参照本县地图呈报；临洮县、永靖县、会宁县、皋兰县呈报，民政厅均就测量局所标准的数额予以汇转。

【叙录编号】 2070
【档案题名】
　　甘肃省政府奉令发统一水利行政进行办法和事业办法纲要
【发文单位】 甘肃省政府
【收文单位】 甘肃省民政厅
【档案编号】 015-005-0401-0001
【成文时间】 1934-08-23
【关 键 词】 水利事业；水利建设

【内容提要】

甘肃省政府奉行政院令抄发《统一水利行政及事业办法纲要》及《统一水利行政事业进行办法》各1份。《纲要》包括：中央设立水利总机关主持，各省水利建设由建设厅主管，水利计划、防汛工程建设以及地形、水文测量由中央水利总机关办理，经费由中央水利总机关拨发，水利建设专款及人员设备拨配由中央水利总机关负责等11条内容。《办法》包括：以全国经济委员会为水利总机关，负责各部会有关水利事项办理。职权有支配经费、制订水利计划、监督经费使用情况等12条内容。

【叙录编号】 2071
【档案题名】
行政院水利委员会关于各省应向中、中、交、农四行联合办事总处贷款举办农田水利工程给甘肃省政府的代电
【发文单位】 行政院水利委员会
【收文单位】 甘肃省政府
【档案编号】 027-001-0004-0005
【成文时间】 1934-01-06
【关 键 词】 农田水利工程；贷款；垫头
【内容提要】

行政院水利委员会电告甘肃省政府：各省兴办农田水利工程，可向中、中、交、农四行联合办事总处贷款，中央拨付提供30%资金作为垫头，需经本委员会函准同意。自民国三十三年（1944）起，中央拨付比例减至10%。

【叙录编号】 2072
【档案题名】
农林部关于抄发管理水利事业暂行办法提案给甘肃省的咨
【发文单位】 农林部
【收文单位】 甘肃省政府
【档案编号】 027-001-0008-0009
【成文时间】 1941-05-30
【关 键 词】 议案；办法
【内容提要】

分两部分。第一部分，军政部关于优待军人家属等议案及抄发原议案1份。第二部分，农林部致甘肃省政府咨文，附《管理水利事业暂行办法》10条。

办法包括十条：1.行政院节省战时人力财力参照全国经济委员会办法在院内设置水利委员会管理全国水利；2.经济部所管水利事业一律改归水利委员会；3.预算归水利委员会分配拨发；4.水利委员会设水利委员1人、常务委员4人；5.水利委员会秘书长由主任委员指定常委担任；6.秘书长秉承主任之命处理日常事务；7.水利委员会设置秘书工务两处四组；8.水利委员会设秘书2人、处长2人、组长8人等；9.水利委员会因章程必要设置专员视察；10.水利委员会均由主任派员充任。

【叙录编号】 2073
【档案题名】
行政院关于抄发各级水利主管机关评议委员会组织规程给甘肃省政府的训令
【发文单位】 行政院
【收文单位】 甘肃省政府
【档案编号】 027-001-0033-0009
【成文时间】 1943-12-04
【关 键 词】 评议委员会；组织规程
【内容提要】

《各级水利主管机关评议委员会组织规程》共12条，内容分别为：（一）规则制订依据；（二）委员会人员组成；（三）委员会的会务办理与记录事宜；（四）委员会的监督与召开；（五）法定出席人数；（六）（七）（八）议案的说明、记录及有效性；（九）（十）（十一）决

定书的内容、备案及复议；（十二）《规程》施行时间。

【叙录编号】 2074
【档案题名】
甘肃省建设厅关于报送协助工程人员办理本省境内水利工程工作情况致甘肃省政府的签呈
【发文单位】 甘肃省建设厅
【收文单位】 甘肃省政府
【档案编号】 027-001-0034-0004
【成文时间】 1943-11
【关 键 词】 甘肃水利林牧公司；水利工程监理处；组织规程
【内容提要】
为促使各县地方积极配合甘肃水利林牧公司工作，确保各水利工程顺利进行，甘肃省建设厅制定《甘肃境内各水利工程监理处组织规程》7条，呈文省政府。后附法制室签请、秘书处修改意见及签请。

【叙录编号】 2075
【档案题名】
甘肃省政府秘书处关于报送改正省水利工程监理处组织规程致甘肃省政府的签呈
【发文单位】 甘肃省政府秘书处
【收文单位】 甘肃省政府
【档案编号】 027-001-0034-0005
【成文时间】 1943-11
【关 键 词】 水利工程监理处；组织规程
【内容提要】
《甘肃省某某水利工程监理处组织规程》共7条，内容包括：（一）规则制定目的；（二）（三）监理会人员构成；（四）监理会经费来源；（五）监理会职责4条；（六）监理会印信；（七）《规程》施行时间。

【叙录编号】 2076
【档案题名】
甘肃省建设厅关于报送修正省水渠管理处组织通则致甘肃省政府的签呈
【发文单位】 甘肃省建设厅
【收文单位】 甘肃省政府
【档案编号】 027-001-0034-0008
【成文时间】 1944-01-27
【关 键 词】 水渠管理处；组织通则
【内容提要】
前甘肃省建设厅所拟《甘肃省水渠管理处组织通则》已呈报行政院水利委员会，委员会复函，修改3项内容，准予备查。现请甘肃省政府通饬有关市县政局及水利公司抄发修正原件，遵照施行，特此签呈。后附行政院指令。另该《通则》全文或可参见档案027-001-0034-0010。

【叙录编号】 2077
【档案题名】
甘肃省水渠灌溉管理规则
【发文单位】 甘肃省建设厅
【收文单位】 甘肃省政府
【档案编号】 027-001-0034-0009
【成文时间】 1943-11
【关 键 词】 水渠灌溉；管理规则；灌区
【内容提要】
该《规则》共17条，内容分别为：（一）规则适用范围；（二）管理处设立；（三）管理处成员来源；（四）水渠养护与改善；（五）渠水灌溉次序；（六）灌溉用水办法；（七）工业用水办法；（八）灌区细分单位管理；（九）各单位水量分配与资金承担比例原则；（十）用水登记办法；（十一）管理处年终水利会议；（十二）夏秋防汛事宜；（十三）水利工程费标准；（十四）年终汇报；（十五）管理处人员惩罚办法；（十六）"干渠""分渠"等概念解释；（十七）《规则》施行时间。

【叙录编号】 2078
【档案题名】
　　甘肃省水渠管理处组织规程
【发文单位】 甘肃省建设厅
【收文单位】 甘肃省政府
【档案编号】 027-001-0034-0010
【成文时间】 1943-11
【关 键 词】 水渠管理处；组织规程
【内容提要】
　　该《规程》是《甘肃省水渠灌溉管理规则》的附属章程，共8条，内容分别为：（一）规则制定依据；（二）组织隶属；（三）处长设置；（四）（五）（六）具体职员设置；（七）管理细则制定；（八）《规程》施行时间。

【叙录编号】 2079
【档案题名】
　　甘肃省水渠水董会组织规程
【发文单位】 甘肃省建设厅
【收文单位】 甘肃省政府
【档案编号】 027-001-0034-0011
【成文时间】 1943-11
【关 键 词】 水董会；组织规程；水利自治
【内容提要】
　　该《规程》是《甘肃省水渠灌溉管理规则》的附属章程，共15条，内容分别为：（一）规则制定依据；（二）水董设立办法；（三）渠丁、斗夫设置办法；（四）水董、渠丁、斗夫任期；（五）水董人选条件；（六）水董职责；（七）斗夫职责；（八）渠丁职责；（九）各类人员待遇；（十）水董会议召开；（十一）水董会议职权；（十二）水董会经费来源；（十三）水董会议决议；（十四）细则制定；（十五）《规程》施行时间。

【叙录编号】 2080
【档案题名】
　　甘肃省水渠养护修理及防护办法
【发文单位】 甘肃省建设厅
【收文单位】 甘肃省政府
【档案编号】 027-001-0034-0012
【成文时间】 1943-11
【关 键 词】 水渠养护；汛期防护
【内容提要】
　　该《办法》是《甘肃省水渠灌溉管理规则》的附属章程，共12条，内容分别为：（一）规则制定依据；（二）工程设施维护办法；（三）定期巡查办法；（四）汛期防护办法；（五）水渠养护细则；（六）具体职员设置；（七）（八）汛期防护细则；（九）排险细则；（十）《办法》施行时间。

【叙录编号】 2081
【档案题名】
　　甘肃省灌溉引水规则
【发文单位】 甘肃省建设厅
【收文单位】 甘肃省政府
【档案编号】 027-001-0034-0013
【成文时间】 1943-11
【关 键 词】 引水灌溉
【内容提要】
　　该《规则》是《甘肃省水渠灌溉管理规则》的附属章程，共20条，分别对水量计量标准、给水量计算方法、引水口开启办法、引水细则等方面作出说明。

【叙录编号】 2082
【档案题名】
　　甘肃省政府会计处关于派黄嘉祥代理永丰渠管理处会计员给甘肃省建设厅会计室的训令
【发文单位】 甘肃省政府会计处
【收文单位】 甘肃省建设厅会计室

【档案编号】 027-001-0135-0010
【成文时间】 1946-07-05
【关 键 词】 黄嘉祥；永丰渠
【内容提要】
　　如题。

【叙录编号】 2083
【档案题名】
　　甘肃省甘谷县政府关于本县通广两渠水夫艾大仁病逝恳请准予抚恤致甘肃省政府的呈
【发文单位】 甘谷县政府
【收文单位】 甘肃省政府
【档案编号】 027-001-0140-0006
【成文时间】 1946-01-13
【关 键 词】 通广两渠
【内容提要】
　　甘谷县农会成员、通广两渠水夫艾大仁终身服务渠务，于民国三十四年（1945）不幸病逝，享年72岁，家境萧索，请求予以抚恤，特呈文甘肃省政府。

【叙录编号】 2084
【档案题名】
　　甘肃省政府关于由通广两渠自行筹措艾大仁抚恤金给甘谷县政府的指令
【发文单位】 甘肃省政府
【收文单位】 甘谷县政府
【档案编号】 027-001-0140-0006
【成文时间】 1946-01-26
【关 键 词】 通广两渠
【内容提要】
　　如题。

【叙录编号】 2085
【档案题名】
　　甘肃省各县修筑公路水利各工程人民因工伤抚恤暂行规程
【发文单位】 甘肃省政府
【收文单位】 甘肃省各县局
【档案编号】 027-001-0140-0012
【成文时间】 1946
【关 键 词】 公路水利；工伤抚恤
【内容提要】
　　该《规程》共8条：（一）规程制定目的；（二）伤亡程度区分；（三）抚恤标准；（四）工地外因公伤亡情况；（五）工地内因工伤亡情况；（六）伤亡查明由工程主管机关或县政府负责；（七）不适用本规程的情况；（八）施行时间与补充条款。

【叙录编号】 2086
【档案题名】
　　甘肃省补充民国三十三年度（1944）建设部门政绩比较表内工作计划项
【发文单位】 甘肃省建设厅
【收文单位】 甘肃省政府
【档案编号】 027-001-0152-0002
【成文时间】 1944
【关 键 词】 苗圃；水利
【内容提要】
　　《补充三十三年（1944）固定政绩比较表内工作计划项》"农艺"，冬春两种小麦中择优选择良种，征集优良燕麦、青海一带青稞品种试验，征集不同来源之亚麻，调查兰州市区各种果树品种，造林育苗类研究播种造林各种植树造林之利弊，培育适应当地之树苗，推广防疫等内容。

【叙录编号】 2087
【档案题名】
　　甘肃省建设部门工作报告
【发文单位】 甘肃省建设厅
【收文单位】 甘肃省政府
【档案编号】 027-001-0153-0001

【成文时间】 1944-04
【关 键 词】 苗圃；水利
【内容提要】
　　《甘肃省建设部门工作报告》：甲、交通；乙、水利（兰丰渠、靖丰渠、汭丰渠、永丰渠、永乐渠、肃丰渠、溥济渠、洮惠渠、湟惠渠）情况；丙、电政；丁、工商业、农业等内容。

【叙录编号】 2088
【档案题名】
　　甘肃省建设厅工作计划与工作进度对照表
【发文单位】 甘肃省建设厅
【收文单位】 甘肃省政府
【档案编号】 027-001-0153-0003
【成文时间】 1944
【关 键 词】 水利
【内容提要】
　　《甘肃省建设部门工作报告》中（兰丰渠、靖丰渠、汭丰渠、永丰渠、永乐渠、肃丰渠、溥济渠、洮惠渠、湟惠渠）各渠工作计划与实际完成情况的对照。

【叙录编号】 2089
【档案题名】
　　甘肃省建设部门工作报告
【发文单位】 甘肃省建设厅
【收文单位】 甘肃省政府
【档案编号】 027-001-0154-0001
【成文时间】 1944-04
【关 键 词】 苗圃；水利
【内容提要】
　　《甘肃省建设部门工作报告》：甲、交通；乙、水利（兰丰渠、靖丰渠、汭丰渠、永丰渠、永乐渠、肃丰渠、溥济渠、洮惠渠、湟惠渠）情况；丙、电政；丁、工商业、农业等内容。较之前件多处部分表格及工作进度对照表。

【叙录编号】 2090
【档案题名】
　　甘肃省建设厅关于报送民国三十年（1941）政绩比较表致甘肃省政府的呈文
【发文单位】 甘肃省建设厅
【收文单位】 甘肃省政府
【档案编号】 027-001-0155-（0011-0012）
【成文时间】 1942-02-03—1942-04-03
【关 键 词】 苗圃；水利
【内容提要】
　　甘肃省政府训令建设厅编送工作进度报告表，建设厅报送《三十年度（1941）政绩比较表》，甘肃省建设厅编制。内容包括兰丰渠、靖丰渠、汭丰渠、永丰渠、永乐渠、肃丰渠、溥济渠、洮惠渠、湟惠渠各渠道的修筑情况。

【叙录编号】 2091
【档案题名】
　　甘肃省建设部门年度计划分月进度表
【发文单位】 甘肃省建设厅
【收文单位】 甘肃省政府
【档案编号】 027-001-0163-0001
【成文时间】 1946
【关 键 词】 报表
【内容提要】
　　甘肃省建设部门年度计划分月进度表，包含公路修筑、设置各渠管理处、增设甘肃水利局、整修各渠工程土石方等，继续推进河西十二年计划和推进凿井工程。

【叙录编号】 2092
【档案题名】
　　甘肃省建设厅民国三十五年度（1946）工作计划（水利类）
【发文单位】 甘肃省建设厅

【收文单位】 甘肃省政府
【档案编号】 027-001-0168-0001
【成文时间】 1946
【关 键 词】 工作计划；水利
【内容提要】
　　该档案缺失前若干页，从"丑、水利"部分开始：（一）续办未完成各渠；（二）增设各渠管理处；（三）设立甘肃水利局；（四）整修兴工已久各渠土方工程并完成荒山蓄水沟；（五）继续推进河西水利十二年计划；（六）继续推进凿井工程。

【叙录编号】 2093
【档案题名】
　　甘肃省政府民国三十七年度（1948）政绩比较表（水利部分）
【发文单位】 甘肃省建设厅
【收文单位】 甘肃省政府
【档案编号】 027-001-0206-0008
【成文时间】 1948
【关 键 词】 政绩
【内容提要】
　　《政绩比较表》分七栏，分列工作属别、工作项目、工作计划、工作实施、上年进展情形、上级机关发核意见、备考。

【叙录编号】 2094
【档案题名】
　　甘肃省建设厅西北农村复兴工作计划（水利部分）外附蓝图、草图各1份
【发文单位】 甘肃省建设厅
【收文单位】 甘肃省政府
【档案编号】 027-001-0218-0002
【成文时间】 1949-07
【关 键 词】 水利；计划
【内容提要】
　　水利部分的内容共分三大板块，包括甘肃部分、宁夏部分、绥西部分。其中，甘肃部分分现状、发展计划、择要办理工程三点陈述。后附《绥远后套测量区域图》《宁夏工程总队实测宁夏灌溉区域图》。

【叙录编号】 2095
【档案题名】
　　甘肃省临时参议会关于请速办理杨世昌参议员提议贷款沿河人民修堤淤地致甘肃省政府的咨
【发文单位】 甘肃省临时参议会
【收文单位】 甘肃省临时参议会；中国农民银行兰州分行
【档案编号】 027-001-0307-（0001-0004）
【成文时间】 1942-04-16
【关 键 词】 贷款
【内容提要】
　　甘肃省临时参议会杨世昌参议员提议贷款沿河人民修堤淤地，新民川、韭菜王二处，以河水涨发，不能施测，拟于明年2月河水低落冰冻派队测量，附有提案1份，甘肃省政府抄送中国农民银行，中国农民银行回省政府称农民恐怕无力承担先贷工程款，省政府回临时参议会银行先贷一部分工程款。

【叙录编号】 2096
【档案题名】
　　甘肃省农业改进所民国三十年度（1941）施业计划
【发文单位】 农改所
【收文单位】 甘肃省建设厅
【档案编号】 027-001-0307-0005
【成文时间】 1942-09-29
【关 键 词】 工作计划
【内容提要】
　　此实业计划包含四个部分：一、农艺部门（食用、药用、园艺作物，筹办经济农场，筹

办谷粉厂，充实各农场内容）；二、森林部门（整理天然林、设立营林公司管理采伐天然林，推广育苗事业，造林，筹设林业人员训练班）；三、畜牧兽医部门（制订计划，添购牲畜种，畜产品试验，设立配种所，修理房舍）；四、推广部门（树立甘肃省农业推广机构，拓展推广事业，附录设立小陇山林区管理计划，设立营林公司合理开发天然林计划，营造徽县胡桃林计划、马鬃山造林计划、黑穗病防治计划）。

【叙录编号】 2097
【档案题名】
　　甘肃省建设厅关于随时督导员工严加防范黄河上涨致甘肃省政府的签呈
【发文单位】 甘肃省建设厅
【收文单位】 甘肃省政府
【档案编号】 027-001-0317-0003
【成文时间】 1936-09-12
【关 键 词】 黄河水势；堤坝
【内容提要】
　　甘肃省农改所报黄河水势陆续上涨迅速，本厂所筑堤坝被水冲击侵蚀，请本厂员工修筑两道防堤，随时督导。

【叙录编号】 2098
【档案题名】
　　甘肃省农业改进所关于报送农林总厂继续筑堤防汛情形致甘肃省建设厅的呈文
【发文单位】 甘肃省农改所
【收文单位】 甘肃省建设厅
【档案编号】 027-001-0317-0004
【成文时间】 1936-09-11
【关 键 词】 黄河水势；堤坝
【内容提要】
　　农林总厂奏报黄河水势日益上涨，该厂尽最大努力修筑堤坝以免疏忽，夜间轮流巡视；黄河水势汹涌，筑堤防堵需要该厂严加督导。

【叙录编号】 2099
【档案题名】
　　甘肃省农业改进所关于派员工筑堤防汛并发给奖金3000元致甘肃省建设厅的呈文
【发文单位】 甘肃省农改所
【收文单位】 甘肃省建设厅
【档案编号】 027-001-0317-0006
【成文时间】 1946-09-09
【关 键 词】 黄河水势；堤坝
【内容提要】
　　黄河水势汹涌危急，派人筑堤巡视，为鼓励请发3000元以慰劳。

【叙录编号】 2100
【档案题名】
　　中央组织部部长陈果夫关于以发行公债方式解决甘肃水利建设资金问题给甘肃水利林牧公司的信函
【发文单位】 中央组织部
【收文单位】 甘肃水利林牧公司
【档案编号】 027-001-0330-（0003-0005）
【成文时间】 1943-07—1943-10
【关 键 词】 陈果夫；水利林牧公司；公债
【内容提要】
　　如题。甘肃省建设厅关于转发发行公债困难情况给霍亚民、沈娇君怡的笺函，甘肃省各项水利事业因缺乏资金已开工各渠俱已停工，陈果夫致信称以发行公债方式解决新渠及河西各渠资金。

【叙录编号】 2101
【档案题名】
　　甘肃省政府、建设厅关于各县局林务督导暂行办法，甘肃省1945年1—6月份工作报告、小型农田水利受益田亩表的函

【发文单位】 农改所
【收文单位】 甘肃省政府；农林部
【档案编号】 027-001-0563-（0001-0008）
【成文时间】 1945-03-05—1946-12-21
【关 键 词】 农田水利
【内容提要】
　　0001-0006包含甘肃省农改所报送民国三十四年（1945）1—6月、7—12月工作报告的文件，还有甘肃省政府、农林部对此事的审核意见。0007为《甘肃省小型农田水利受益田亩表》。

【叙录编号】 2102
【档案题名】
　　甘肃省政府关于送小型水利督导办法及保护水土浅说给农林部水土保持实验区的函
【发文单位】 甘肃省建设厅
【收文单位】 农林部水土保持实验区
【档案编号】 027-002-0016-0009
【成文时间】 1944-12-13
【关 键 词】 小型水利；水利督导
【内容提要】
　　甘肃省建设厅致函傅焕光年度农田水利设施工程办法需要编印保护水土浅说分发，兰山洮渭林区缺乏人才。

【叙录编号】 2103
【档案题名】
　　甘肃省建设厅关于询问可否先垫付省水利工程处经费致甘肃省政府的文件
【发文单位】 甘肃省建设厅；省水利工程处
【收文单位】 甘肃省政府；省水利工程处
【档案编号】
　　027-002-0017-（0001-0005）；
　　027-002-0017-（0011-0015）
【成文时间】 1937-02-03—1937-03-08
【关 键 词】 水利工程；经费

【内容提要】
　　甘肃省建设厅询问可否先垫付水利工程处经费并汇报1月份经费请款书，省政府准予先发经费并致电甘肃省水利工程处的指令及给全国经济委员会秘书处，甘肃省水利工程处送民国二十六年（1937）1、2月份经常费领款书，省政府准予并回电二单位。

【叙录编号】 2104
【档案题名】
　　甘肃省建设厅关于申请准予限3月底前完成改组工作致甘肃省政府的签呈
【发文单位】 甘肃省水利工程处；甘肃省政府等
【收文单位】 甘肃省水利工程处；甘肃省政府等
【档案编号】 027-002-0019-（0001-0012）
【成文时间】 1937-03-16—1937-03-31
【关 键 词】 水利工程；经费
【内容提要】
　　甘肃省建设厅勒令水利工程处限期3月底之前完成整改工作，限期改组填报经费预算，报送延缓改组情况，发还归垫水利工程处经费及送经费领款书，发送3月份经费请款书等文件。

【叙录编号】 2105
【档案题名】
　　甘肃省政府关于转发民国三十三年度（1944）工作成绩考察报告的甘肃水利林牧股份有限公司代电
【发文单位】 甘肃省政府
【收文单位】 行政院水利委员会
【档案编号】 027-002-0020-0025
【成文时间】 1946-02-23
【关 键 词】 成绩考核；林牧公司
【内容提要】

甘肃省转发行政院民国三十三年度（1944）工作成绩考核简报，附有《甘肃水利工程考察报告》1份，包括甘肃水利概况、组织、兴修新渠、整理旧渠查勘测验、经费等部分。

【叙录编号】 2106
【档案题名】
　　甘肃省水利工程处关于送水渠测量队移交各件清册致甘肃省政府的呈，外附设计测量队仪器清册、图表清册、家具清册、保存品清册各1份
【发文单位】 甘肃省水利工程处
【收文单位】 甘肃省政府
【档案编号】 027-002-0021-（0001-0002）
【成文时间】 1936-11-11
【关 键 词】 水利工程处；移交清册
【内容提要】
　　甘肃省水利工程处接受甘肃水渠测量队移交各件清册，附有清册4份，包括全国经济委员会水利处甘肃水渠设计测量队仪器清册、全国经济委员会水利处甘肃水渠设计测量队保存品清册、全国经济委员会水利处甘肃水渠设计测量队图表清册、全国经济委员会水利处甘肃水渠设计测量队家具清册。省政府回令准予备查。

【叙录编号】 2107
【档案题名】
　　甘肃省水利工程处关于缴送前省水利工程处印章致甘肃省政府的呈
【发文单位】 甘肃省水利工程处
【收文单位】 甘肃省政府
【档案编号】 027-002-0021-0004
【成文时间】 1937-05-17
【关 键 词】 水利工程；印章
【内容提要】
　　如题。

【叙录编号】 2108
【档案题名】
　　甘肃省政府关于准予注销印章给前甘肃省水利工程处的指令
【发文单位】 甘肃省政府
【收文单位】 甘肃省水利工程处
【档案编号】 027-002-0021-0005
【成文时间】 1937-05-22
【关 键 词】 水利工程；印章
【内容提要】
　　如题。

【叙录编号】 2109
【档案题名】
　　甘肃省水利工程处组织规定
【发文单位】 甘肃省水利工程处
【收文单位】 不详
【档案编号】 027-002-0022-0001
【成文时间】 1936
【关 键 词】 水利；规定
【内容提要】
　　该《规定》包含甘肃省水利工程处组织规程12条，分三股（工程、材料、总务）以及各股事宜职权12条。

【叙录编号】 2110
【档案题名】
　　甘肃张维、陈端、刘庆沛等4人关于提交水利工程处组织大纲暨经费预算审议的会议议案
【发文单位】 甘肃省水利工程处；甘肃省政府
【收文单位】 甘肃省政府；全国经济委员会秘书处
【档案编号】 027-002-0022-（0002-0006）
【成文时间】 1936-11-05—1936-11-26

【关 键 词】 水利；大纲
【内容提要】
　　甘肃张维、陈端、刘庆沛等4人关于提交甘肃省水利工程处的组织规程，附有丙种经费预算书，致函省政府抄送全国经济委员会秘书处。

【叙录编号】 2111
【档案题名】
　　甘肃省水渠设计测量队关于拟由工程款项内暂移借经费致甘肃省建设厅的函
【发文单位】 甘肃省水渠设计测量队；全国经济委员会秘书处
【收文单位】 王仰增；甘肃省政府
【档案编号】
　　027-002-0024-（0002-0010）；
　　027-002-0025-（0001-0005）
【成文时间】 1936-10-23
【关 键 词】 水渠；工程款
【内容提要】
　　甘肃省水渠设计测量队王仰增拟由工程款项内暂移借经费1500元致函省政府，省政府准予借款，全国经济委员会秘书处称此笔借款无案可稽，请建设厅查明，建设厅请迅速清还借款，省政府训令洮惠渠工务所总工程师王仰增迅速还款，省政府催王仰增清还借款，发给王仰增借款经费收据，令王总工程师将各项表簿及答复书报送。全国经济委员会拨发测量队未领经费，王仰增送缴水渠测量队借款数致甘肃省政府的呈外附缴款书，省政府回令欠款已经核收。

【叙录编号】 2112
【档案题名】
　　甘肃省政府、甘肃水利林牧股份有限公司、建设厅、中中交农四行联合办事总处、中国农民银行关于报送省农田水利工程贷款事宜的文件
【发文单位】 行政院；甘肃水利林牧股份有限公司；建设厅等
【收文单位】 甘肃省政府；甘肃省建设厅
【档案编号】 027-002-0029-（0001-0007）
【成文时间】 1944-11-06—1945-04-30
【关 键 词】 农田水利贷款
【内容提要】
　　甘肃水利林牧股份有限公司称，省政府沈怡收到行政院水利委员会三十四年（1945）农田水利贷款计划以及农田水利事宜，该公司称本年度永丰、靖丰、兰丰、平丰、肃丰需要贷款38000元，省政府应该接管湟惠渠，请填报3份表。省政府汇报甘肃省水利工程最要两端陈明（酒泉鸳鸯池水库，甘肃省新开渠永丰、靖丰、兰丰、平丰、肃丰等）拟贷叁万元，建设厅要求甘肃水利林牧公司重新填报本省水利工程，中央银行兰州分行要求集中在兰办理农田水利贷款致函省政府秘书处，重庆郭锦坤致电省政府，三行转抵押贷款均集中在重庆办理。行政院水利委员会致电省政府要求速拟水利林牧公司拟订计划送行政院，行政院、甘肃省政府致函水利林牧公司从速提交工作计划。

【叙录编号】 2113
【档案题名】
　　甘肃省政府、水利工程处关于王仰薪水利工作、薪资以及人事任命的文件
【发文单位】 全国经济委员会；甘肃省政府等
【收文单位】 甘肃省政府；水利工程处
【档案编号】 027-002-0030-（0007-0010）
【成文时间】 1939-11-02—1939-11-03
【关 键 词】 水利薪资
【内容提要】
　　甘肃省建设厅签呈省政府以王仰薪为省水利处主任，支付其薪资并预定每月经费3200元，接受改组水利室。全国经济委员会督促洮

惠渠早日完工，南京秦汾致电省政府甘肃测绘结束之后支给省水利工程室主任王仰薪。省政府训令水利工程室主任发放工程处印章1枚。

【叙录编号】 2114
【档案题名】
　　经济部农本局、甘肃省政府关于农田水利贷款一事的文件
【发文单位】 经济部农本局；甘肃省政府
【收文单位】 经济部农本局；甘肃省政府
【档案编号】 027-002-0031-（0001-0003）
【成文时间】 1939-10-16—1940-09-03
【关 键 词】 农田水利贷款
【内容提要】
　　经济部农本局致函省政府农田水利工程贷款合同草案，外附有合同草案1份11条，附有《甘肃省农田水利贷款办法大纲草案》1份9条，附有《甘肃省农田水利贷款委员会组织章程草案》1份，省政府回函联合四行签订。农本部电文农田水利贷款总约签订再议，后派吴专员。

【叙录编号】 2115
【档案题名】
　　经济部农本局、甘肃农田水利贷款委员会关于甘肃省农田水利贷款合同、章程的文件的文件
【发文单位】 经济部农本局；甘肃省政府
【收文单位】 经济部农本局；甘肃省政府
【档案编号】 027-002-0032-（0001-0008）
【成文时间】 1940-09-13—1940-09-13
【关 键 词】 农田水利；贷款
【内容提要】
　　甘肃省政府致函经济部农本局农田水利贷款合同与章程，但对借款合同、组织办法、组织委员会章程提出修订问题。吴伯琼、杨惟然答复经济部农本局各项问题。农田水利贷款甲种合同草案、农田水利贷款乙种合同草案、甘肃省农田水利贷款委员会组织章程、甘肃省农田水利借款合同修正案草案、甘肃省农田水利贷款委员会组织章程修正案草案。

【叙录编号】 2116
【档案题名】
　　全国经济委员会秘书处、甘肃省政府、建设厅关于测量队仪器、移交职员清册的呈文训令
【发文单位】 全国经济委员会秘书处；甘肃省水利工程处
【收文单位】 甘肃省政府；甘肃省建设厅
【档案编号】 027-002-0035-（0003-0006）
【成文时间】 1936-11-16—1936-11-27
【关 键 词】 测量队；清册
【内容提要】
　　全国经济委员会秘书致电建设厅速报甘渠测量队仪器清册，建设厅回电已提交，甘肃省水利工程处报送《甘肃省水利工程处职员姓名清册》，省政府回文准予备查。

【叙录编号】 2117
【档案题名】
　　农林部西江水土保持实验区、水利委员会水利示范工程委员会请甘肃省建设厅惠赐《保护水土浅说》的文件
【发文单位】 农林部西江水土保持实验区
【收文单位】 甘肃省建设厅
【档案编号】 027-002-0041-（0015-0018）
【成文时间】 1946-04-16—1946-08-21
【关 键 词】 水土保持浅说；寄送
【内容提要】
　　农林部西江水土保持实验区请建设厅寄送水土保持刊物，建设厅寄送该厅编印的《保护水土浅说》1册。水利委员会水利示范工程委员会也请惠赐1份《保护水土浅说》，建设厅

【叙录编号】 2118
【档案题名】
　　甘肃省建设厅关于《兴办水利拆迁办法》《奖励人民自动兴办水利暂行办法》《渠道土石方工程施工细则》《渠道建筑物施工细则》的法令
【发文单位】 甘肃省建设厅
【收文单位】 甘肃省建设厅
【档案编号】 027-002-0043-（0003-0006）
【成文时间】 1946
【关 键 词】 水利；办法
【内容提要】
　　主要为各种法令，包含《甘肃省建设厅兴办水利拆迁办法》《甘肃省政府奖励人民自动兴办水利暂行办法》《甘肃省建设厅渠道土石方工程施工细则》《甘肃省建设厅渠道建筑物施工细则》，均为一式两份。

【叙录编号】 2119
【档案题名】
　　黄河水利委员会上游工程处关于报送1945—1949年各月工作报告的文件
【发文单位】 黄河水利委员会上游工程处
【收文单位】 甘肃省政府
【档案编号】
　　027-002-0044-（0001-0024）；
　　027-002-0045-（0001-0014）；
　　027-002-0046-（0010-0018）；
　　027-002-0047-（0001-0020）；
　　027-002-0048-（0001-0022）；
　　027-002-0049-（0001-0002）
【成文时间】 1946-09-13—1949-04-30
【关 键 词】 黄河水利委员会上游工程处；工作报告
【内容提要】
　　黄河水利委员会上游工程处关于报送民国三十四年（1945）、三十五年（1946）、三十六年（1947）、三十七年（1948）各月份工作报告的文件，省政府回令准予备查。0044-0001为《黄河水利委员会上游工程处三十五年度（1946）七月份工作月报表》，表头为工作项目、本月工作进度、工作概况备改，竖列工作项目为上游河道测量（十七队绘制地形图1副、整理导线记载本、核对坐标计算40点、整理水平记载2本、整理断面记载1本。十八队选定坐标计算各36点测线22.24公里，设置水平坐标点、测量断面。）潼关抛石护岸（本月运块石1581方，29日全部运输完成）、审核绘制图表（审核十七、十八两测量队及水土保持实验区平凉场月报表、审核上游各水文站水文记载表）、报送各种报表（报送三十四年度经费决算报告及缴款书、雇佣人员登记表、统计员清单）（1945）、编送工作月报表（报送三十五年度6月份工作报告并请省政府备查）（1946）、临时垫款（报送本处电台7月份购用电料支付单据）、公文处理（本月份收文160件，有收电72件、发电61件，收发电报共9888字）、处务概要（本月处长赴潼关督导工程并视察山西省永济县情形等）。其余报表格式与之类似。

【叙录编号】 2120
【档案题名】
　　行政院水利委员会关于寄送省政府该会会刊、抄送水利事业奖励条例、受奖人员等文件
【发文单位】 行政院水利委员会
【收文单位】 甘肃省建设厅
【档案编号】 027-002-0049-（0001-0009）
【成文时间】 1944-01-11—1944-10-04
【关 键 词】 水利；条例
【内容提要】
　　行政院水利委员会签函省政府寄送该会会

刊第二卷，省政府回电已收到。水利委员会公布水利事业奖励条令抄送省政府，附有兴办水利事业奖励条例1份12条，甘肃省政府举行第246次会议讨论奖励条例，并抄发各市县。

【叙录编号】 2121
【档案题名】
    甘肃省政府等关于民国三十三年度（1944）农田水利计划、贷款等事的各类文件
【发文单位】 甘肃省政府；甘肃省建设厅等
【收文单位】 甘肃省政府；甘肃省建设厅等
【档案编号】
    027-002-0050-（0001-0016）；
    027-002-0051-（0001-0008）
【成文时间】 1943-10-01—1943-12-29
【关 键 词】 农田水利；贷款
【内容提要】
    甘肃水利林牧股份有限公司向建设厅报送民国三十三年度（1944）贷款兴办农田水利事业计划的大纲，省政府向行政院水利委员会、中中交农四联办事总处、中国农民银行总管理处致函，将此大纲发给各单位。建设厅致函省政府会计处，更正1944年度水利贷款的笔误数字。中中交农四联办事总处又致电给省政府，1944年度河西水利专款应转请中央拨付。省政府致电行政院、行政院水利委员会，请求提前拨发1944年度河西水利专款。行政院水利委员会致电省政府，请省政府填写1944年农田水利工程调查表及概要等文件，省政府就此事致电省水利林牧股份有限公司，要求速交调查表及概要，省政府将相关文件转呈给建设厅。行政院水利委员会致电省政府，要求速报该省1944年度贷款兴办农田水利事业大纲中尚未核定的工程计划，省政府就此事致电水利林牧公司，要求办理。行政院水利委员会致电省政府，该省1944年度贷款一事，中农行正在统筹办理，等有定议后再行奉达，省政府将此事转给省水利林牧股份有限公司。建设厅致电省政府驻渝办事处，请速决定1944年度本省的农田水利贷款数额。省水利林牧股份有限公司致函建设厅，本省农田水利贷款尚未核定以前，请农行拨垫，以维持工程进度，建设厅将此事转给省政府，省政府将此文发给中国农民银行总管理处。行政院请将三十三年度（1944）工程进度、续借款项以及详细用途汇报，省政府抄发甘肃水利林牧公司，中国农民银行总管理处回复正在通盘筹划。0051-008附有拟予照贷各工程之贷款数额统计表。

【叙录编号】 2122
【档案题名】
    甘肃省政府等关于水利工程等事项的各类文件
【发文单位】 行政院；甘肃水利林牧公司等
【收文单位】 行政院；甘肃水利林牧公司等
【档案编号】 027-002-0057-（0001-0014）
【成文时间】 1943-10-20—1946-05-22
【关 键 词】 水利工作
【内容提要】
    甘肃水利林牧股份有限公司致函建设厅，将1945年度河西水利工作报告上报，省政府回令已收到。建设厅致函水利林牧股份有限公司，请将1944年度本省急需兴办的水利事业查明并拟具计划预算。行政院训令省政府将本省水利事业列入1944年度的施政计划及预算中，以便统筹，该院水利委员会也就此事致函省政府。建设厅致函水利林牧股份有限公司，速将1944年度急需兴办的水利事业计划预算上报。行政院水利委员会致电省政府，要求筹划1944年度农田水利工程表式2种，省政府就此事致电水利林牧股份有限公司。水利林牧股份有限公司致函建设厅，呈送1944年度水利工作计划大纲及概算，省政府将此份报告转呈给行政院水利委员会。该公司又函送1943年

度农田水利工程实施状况及1944年度拟办农田水利工程调查表1份给建设厅，省政府将此报告转呈行政院水利委员会。省政府致电行政院、国民政府会计处及财政部，更正1944年度工作计划中水利贷款的笔误数字。建设厅函送1944年度水利工作计划1份给水利林牧股份有限公司。

【叙录编号】 2123
【档案题名】
甘肃省政府、经济部关于补助各省兴办水利事业与各省水利工程预算与核列水利事业费的文件
【发文单位】 甘肃省政府；经济部
【收文单位】 甘肃水利林牧公司
【档案编号】 027-002-0064-（0003-0009）
【成文时间】 不详
【关 键 词】 水利工程
【内容提要】
经济部致电省政府要求补助各省兴办水利事业与各省水利工程预算与核列水利事业费，省政府回令为发展水利事业起见会同水利林牧公司，经济部要求迅速报送此公司业务计划，建设厅训令水利林牧公司迅速呈送业务计划。水利林牧公司致函省政府请发肃丰渠手枪，建设厅请发肃丰渠等6处手枪执照，省政府致电水利林牧公司发给手枪。

【叙录编号】 2124
【档案题名】
行政院、甘肃省政府关于开展整理江湖沿岸水利办法大纲、执行办法与推进小型水利建设的文件
【发文单位】 行政院；农林部
【收文单位】 甘肃省政府
【档案编号】 027-002-0066-（0004-0008）
【成文时间】 1944-01-21—1944-05-13
【关 键 词】 农田水利；办法
【内容提要】
行政院训令省政府开展整理江湖沿岸水利办法大纲、执行办法与推进小型水利建设，甘肃省政府训令各县局，并附《整理江湖沿岸农田水利执行办法》13条，《整理江湖沿岸农田水利办法大纲》9条。为行政院转发《农林部会同推进各省小型农田水利联系办法》5条。省政府抄送此文件给水利林牧公司、农改所共同推进，农林部致函省政府，联系办法修正草案。

【叙录编号】 2125
【档案题名】
黄河水利工程局请甘肃省寄送甘肃水利事业资料的文件
【发文单位】 黄河水利工程局；甘肃省政府
【收文单位】 甘肃省政府；贸易公司
【档案编号】 027-002-0084-（0001-0005）
【成文时间】 1948-09-13—1948-10-18
【关 键 词】 水利；资料
【内容提要】
黄河水利工程局编送黄河流域与山东半岛北部河系水利建设计划，需要甘肃省各种水利事业资料，省政府批示建设厅三四科办理，省政府令甘肃贸易公司检送本省工商业资料，甘肃贸易公司报送本省特产物质种类数量以及产销情况，甘肃银行检送《甘肃之水利建设（王树基）》《甘肃之工业》，省政府将此二文件给黄河水利工程局。

【叙录编号】 2126
【档案题名】
农林部要求甘肃省政府报送历年灌溉工程情况及灌溉区农作物生长情况的公函电文
【发文单位】 农林部；甘肃省政府
【收文单位】 甘肃省政府；农林部

【档案编号】 027-002-0113-（0003-0005）
【成文时间】 1947-06-05—1947-07-18
【关 键 词】 灌溉面积；灌溉工程
【内容提要】
　　农林部致函省政府要求报送历年灌溉工程情况及灌溉区农作物生长情况致函省政府，附有甘肃省灌溉工程及灌溉情况调查表，省政府填报该表并回函农林部，附有填写好表格1份，农林部回函已收到。

【叙录编号】 2127
【档案题名】
　　甘肃省政府关于行政院农田水利工程贷款一事的文件
【发文单位】 甘肃省政府；行政院等
【收文单位】 甘肃省政府；行政院等
【档案编号】
　　027-002-0113-（0006-0018）；
　　027-002-0114-（0001-0013）
【成文时间】 1943-01-29—1944-11-24
【关 键 词】 水利；贷款
【内容提要】
　　行政院水利委员会训令省政府以后申办农田水利工程应该先拟订初步计划送水利委员会审核，建设厅因此致函省政府，甘肃省政府召开1021次会议讨论中农行与水利委员会共同推进农田水利联系办法及申请贷款时的必要资料项目表，甘肃省政府抄送中农行与水利委员会共同推进各省农田水利联系办法致函水利林牧公司，中农交农四行联合办事处兰州分处检发推进各省农田水利联系修正办法致函省政府，行政院关于各省水利工程计划拟订后应该先交中农行督查工程师注册审核意见训令省政府，省政府代电甘肃水利林牧公司。中国农民银行兰州分行报送1944年度农贷计划、小型水利推进计划，农林部派王仰增等人前往勘测小型农田水利请省政府保护，省政府训令皋兰等26县给予保护，省政府嘉奖皋兰等17县办理小型农田水利与铺砂贷款出力事宜。农林部要求报送1944年度农田水利纲要，省政府抄发此文件并训令各县局汇报，甘肃水利林牧公司致函建设厅请将水利贷款用于永丰渠建设，省政府关于办理本省农田水利方针致函临时参议会，行政院抄发1944年度小型水利贷额分配表致函省政府，附有甘肃省三十三年度（1944）小型农田水利贷款重新分配表1份。0113-0014为《中农交农四行联合办事处兰州分处检发推进各省农田水利联系修正办法》，0114-0013为《下寺拦水十八侧面图》。

【叙录编号】 2128
【档案题名】
　　甘肃省建设厅各项款费登记册
【发文单位】 甘肃省建设厅
【收文单位】 甘肃省建设厅
【档案编号】 027-002-0252（全案卷）
【成文时间】 不详
【关 键 词】 登记册；经费
【内容提要】
　　此卷全文建设厅各种开支清册，主要为各种办公、差旅等费用，其中涉及部分木材拉运、水利开支的借用。

【叙录编号】 2129
【档案题名】
　　甘肃省政府等关于本省水利工程等事的各类文件
【发文单位】 甘肃水利林牧公司
【收文单位】 甘肃省政府；甘肃省建设厅等
【档案编号】 027-002-0394-（0001-0021）
【成文时间】 1945-05-07—1945-11-03
【关 键 词】 水利工程
【内容提要】
　　甘肃水利林牧公司致函建设厅，报送本省

永丰、靖丰、登丰等5渠1945年度水利工程贷款按月分配表，省政府将此表转送给中国农民银行兰州分行、行政院水委会。中中交农四联银行总管理处致电中国农行兰州分行，甘肃省1945年大型水利工程贷款由农林部督办。财政部国库公署将河西水利工程经费拨款通知单电送给省政府。省政府致电审计部甘肃审计处，请令驻库审计人员提前签拨河西水利经费，又致电甘肃水利林牧公司洽领河西水利经费7000万元。行政院水委会致电省政府，已将该省永丰、靖丰、登丰等5渠1945年度水利工程贷款分配表转送至中中交农四联银行总管理处，省政府将此事转电至甘肃水利林牧公司。中国农行兰州分行也致电省政府，已将该省永丰、靖丰、登丰等5渠1945年度水利工程贷款分配表转送至中中交农四联银行总管理处，省政府也将此事转给甘肃水利林牧公司。财政部致电省政府，已将肃、丰、清等4渠工款如数拨交贵府，建设厅呈报省政府，已收到财政部的经费，省政府将此事通知甘肃水利林牧公司、审计部甘肃审计处。财政部询问省政府，是否已收到修建水渠的1945年度水利工程经费，省政府回复已收到。行政院水利委员会致电省政府，修建水渠的经费（1945）已汇出，省政府回函已收到，并致函中中交农四联银行总办事处秘书长顾翊群，可否协助办理本省水利贷款，顾回函，本人已调任秘书长一职，无法提供帮助。行政院水委会致电省政府，该省1945年河西水利工程经费分配预算表已收到，省政府将此事通知甘肃水利林牧公司。甘肃水利林牧公司向省政府报送1945年河西水利基本工作及旧渠整理工作的进展概况，省政府将此事汇报给行政院水委会。

【叙录编号】 2130
【档案题名】

甘肃省合作部门工作报告

【发文单位】 甘肃省合作事业管理处
【收文单位】 甘肃省建设厅
【档案编号】 027-002-0535-0003
【成文时间】 1948-12
【关 键 词】 农田水利
【内容提要】

《甘肃省合作部门工作报告》，主要涉及农田水利贷款。

【叙录编号】 2131
【档案题名】

甘肃省民国三十八年度（1949）农业土地金融贷款计划纲要及金融技术合作三方联系方法

【发文单位】 甘肃省合作事业管理处
【收文单位】 甘肃省建设厅
【档案编号】
027-002-0535-（0001、0004）；
027-002-0536-0001
【成文时间】 1949
【关 键 词】 合作；报告；土地；金融
【内容提要】

《甘肃省三十八年度（1949）农业土地金融贷款计划纲要》办理原则包括本年度贷款以粮食增产为中心，此外畜牧为本省最有经济价值之生产事业，应尽量给予资金协助，其他如棉花生产、小型农田水利、农村副业等也应该分类切实推进。贷款类别包括粮食生产、畜牧督导、小型水利、棉花生产、大蒜生产、食糖生产、农村副业等。0535-0004为《甘肃省促进农业生产金融技术合作三方联系办法》。

【叙录编号】 2132
【档案题名】

甘肃省民国三十一年度（1942）农田水利贷款工程施工程序一览表及说明

【发文单位】 甘肃省政府会计处

【收文单位】 甘肃省政府
【档案编号】 027-002-0889-0001
【成文时间】 1943
【关 键 词】 农田水利；贷款
【内容提要】

此卷包含永乐渠、永丰渠、靖丰渠、平丰渠、肃丰渠、兰丰渠、河西旧渠整理的水源、灌溉面积、工程费用分配表以及利益估计。

【叙录编号】 2133
【档案题名】
甘肃省建设厅民国三十二年度（1943）计划分月进度表
【发文单位】 不详
【收文单位】 甘肃省建设厅
【档案编号】 027-003-0172-0002
【成文时间】 1944
【关 键 词】 水利；报告
【内容提要】

如题。第3~4页为各渠道四个季度工作计划以及实施效果。

【叙录编号】 2134
【档案题名】
甘肃省政府、建设厅关于甘肃省水利局合并一事的文件
【发文单位】 甘肃省水利局
【收文单位】 甘肃省建设厅
【档案编号】 027-003-0423-（0003-0007）
【成文时间】 1947-03—1949-05
【关 键 词】 工程；收支；实物
【内容提要】

甘肃省建设厅报送水利局合并情况致函省政府秘书处，建设厅请拨给河西水利工程贷款，附有《甘肃省水利局实物处理报告表》2份，甘肃省水利局工程银元收支对照表。

【叙录编号】 2135
【档案题名】
甘肃省建设厅施政报告
【发文单位】 甘肃省建设厅
【收文单位】 不详
【档案编号】 027-003-0431-0001
【成文时间】 1946-10
【关 键 词】 渠道；报告
【内容提要】

其中第7~8页为河西水利，建设兰州自来水工程，甘肃省水利局报告湟惠渠、洮惠渠、溥济渠、汭丰渠、登丰渠、靖丰渠、永丰渠、永乐渠、肃丰渠工程。

【叙录编号】 2136
【档案题名】
甘肃省建设厅经办事业纪要
【发文单位】 甘肃省建设厅
【收文单位】 不详
【档案编号】 027-003-0431-0002
【成文时间】 1946-07-05
【关 键 词】 水利；报告
【内容提要】

此卷主要是甘肃省建设厅经办事业纪要的兴起、筹办与业务事宜。

【叙录编号】 2137
【档案题名】
甘肃省农业改进所民国三十六年度（1947）改良推广小麦概要
【发文单位】 农改所
【收文单位】 甘肃省建设厅
【档案编号】 027-003-0473-0002
【成文时间】 1947
【关 键 词】 小麦；灌溉
【内容提要】

此卷多为重复，附有小麦推广办法以及皋

兰、雁滩等沿黄河水地及新民、洮惠渠等渠道周围的小麦灌溉。

【叙录编号】 2138
【档案题名】
　　甘肃省民国三十年度（1941）麦病防治奖惩暂行办法
【发文单位】 农改所
【收文单位】 甘肃省建设厅
【档案编号】 027-003-0477-0001
【成文时间】 1941
【关 键 词】 小麦；灌溉
【内容提要】
　　如题。

【叙录编号】 2139
【档案题名】
　　甘肃之水利
【发文单位】 甘肃省建设厅
【收文单位】 不详
【档案编号】 027-003-0579-0001
【成文时间】 不详
【关 键 词】 水利
【内容提要】
　　此文论述甘肃水利设施与灌溉。首先论述各县水车数量与灌溉面积，接着分别论述各县渠道、坝塘灌溉，最后纵观甘肃水利。

【叙录编号】 2140
【档案题名】
　　甘肃省政府水利工矿投资状况
【发文单位】 甘肃省政府
【收文单位】 甘肃省建设厅
【档案编号】 027-003-0594-0009
【成文时间】 不详
【关 键 词】 投资
【内容提要】
　　包含甘肃省政府水利工矿投资现状，投资的新增资本、筹付办法以及待付款额两份表。

【叙录编号】 2141
【档案题名】
　　甘肃省合作事业管理处五年计划
【发文单位】 甘肃省合作事业管理处
【收文单位】 甘肃省政府
【档案编号】 027-004-0108-0001
【成文时间】 不详
【关 键 词】 水利；灌溉
【内容提要】
　　包括各项合作计划，其中第8页为水利合作社五年实施灌溉成果预期，附有需要的各项经费。

【叙录编号】 2142
【档案题名】
　　甘肃省水利工程设计概要及概述
【发文单位】 全国经济委员会水利处
【收文单位】 甘肃省建设厅
【档案编号】 027-004-0168-（0001-0002）
【成文时间】 1934-09
【关 键 词】 水利；水渠
【内容提要】
　　《甘肃省水利工程设计概要》首先为兴修水渠酌收水费以便建设次第兴修，全省及各方受益，按地形水势由田亩多者先行灌溉。随后列出各县兴修水渠统计表，然后详细论述永登红古城渠、皋兰县达家川渠、临洮民生渠、永靖永丰川渠、靖远北湾河工、其他各渠之测量。最后附有以上各渠的预算。

【叙录编号】 2143
【档案题名】
　　甘肃省水利过去情形及将来计划
【发文单位】 全国经济委员会水利处

【收文单位】 甘肃省建设厅
【档案编号】 027-004-0168-0003
【成文时间】 1934-09
【关 键 词】 水利；水渠
【内容提要】
　　包含甘肃雨量、甘肃河流、甘肃水库、已完成水渠四大部分。

【叙录编号】 2144
【档案题名】
　　甘肃省政府前主席谷正伦关于送甘肃省大型水利贷款及利息收支清册等致甘肃省新任主席郭寄桥的咨
【发文单位】 谷正伦
【收文单位】 郭寄桥
【档案编号】 027-004-0290-（0001-0003）
【成文时间】 1946-10-21
【关 键 词】 贷款；工程
【内容提要】
　　此文件为甘肃省两任主席交接文件，《甘肃省大型水利贷款及利息收支清册》包括贷款、应付贷款利息、收支情况。附有《甘肃省兴办大型水利向农行贷款一览表》《结欠本息明细表》《中央历年拨款兴办水利一览表》，新主席郭寄桥回令已收到。

【叙录编号】 2145
【档案题名】
　　农林部、水利部、甘肃省政府关于水利贷款一事的公函、训令
【发文单位】 甘肃省建设厅；甘肃省政府
【收文单位】 农林部
【档案编号】 027-004-0561-（0019-0025）
【成文时间】 1947-05-09—1947-07-04
【关 键 词】 水利；贷款
【内容提要】
　　农林部不同意用民国三十四年度（1945）小型水利工程施工督导经费结余购买苜蓿子、冰草子，省政府将河西水利贷款剩余利息收缴国库致电水利部，水利部回电收到，水利部拨发民国三十一年（1942）贷款垫头，省政府训令甘肃省水利局缴纳肃丰渠借款利息，附有《水利部转移库款通知单》。

【叙录编号】 2146
【档案题名】
　　经济部第十水利测量队、甘肃省建设厅、甘肃水利第一勘测队关于借用仪器一事的文件
【发文单位】 经济部第十水利测量队；甘肃省建设厅等
【收文单位】 甘肃省建设厅
【档案编号】 027-004-0602（全案卷）
【成文时间】 1940-11-29—1941-10-34
【关 键 词】 经纬仪
【内容提要】
　　经济部第十水利测量队致函建设厅请拨发仪器，建设厅训令甘肃水利第一勘测队洽取仪器，领取借用及归还经纬仪、皮尺一事的文件。

【叙录编号】 2147
【档案题名】
　　甘肃省建设厅、甘肃水利林牧公司、甘肃省溥济渠、泾济渠、永靖渠工务所、汭惠渠、平宝公路关于借用经纬水平仪
【发文单位】 甘肃省建设厅；甘肃水利林牧公司等
【收文单位】 甘肃省建设厅
【档案编号】
　　027-004-0603-（0001-0024）；
　　027-004-0604-（0001-0024）；
　　027-004-0605-（0001-0022）；
　　027-004-0606-（0001-0026）
【成文时间】 1941-04-23—1944-01-10

【关 键 词】 经纬仪；水平仪
【内容提要】
　　甘肃省建设厅、甘肃水利林牧公司、甘肃省溥济渠、泾济渠、永靖渠工务所、汭惠渠工务所、平宝公路借用、移交、归还甘肃省建设厅各类仪器，汇报仪器使用与损坏情况的指令呈文、公函。

【叙录编号】 2148
【档案题名】
　　甘肃省建设厅请归还前借水平仪给黄河水利委员会上游工程处的公函
【发文单位】 黄河水利委员会上游工程处
【收文单位】 甘肃省建设厅；甘肃水利林牧公司
【档案编号】
　　027-004-0607-（0015-0020）；
　　027-004-0608-（0003-0014）
【成文时间】 1944-08-24—1944-10-02
【关 键 词】 经纬仪；水平仪
【内容提要】
　　甘肃省建设厅请黄河水利委员会上游工程处归还仪器，黄河水利委员会上游工程处回函待工地使用完后归还。甘肃水利林牧公司致函建设厅请各渠工务所归还经纬仪、水平仪，甘肃水利林牧公司要求汭丰渠、平丰渠归还借用的图书仪器。

【叙录编号】 2149
【档案题名】
　　甘肃省建设厅、甘肃省水利局、黄河水利委员会上游工程处关于借用、归还仪器的代电呈文训令
【发文单位】 黄河水利委员会上游工程处；气象测候所
【收文单位】 甘肃省建设厅
【档案编号】 027-004-0610-（0001-0019）

【成文时间】 1944-11-21—1949-05-24
【关 键 词】 仪器借用
【内容提要】
　　甘肃省水利局移交前永丰渠自购水平仪、建设厅致函水利局派员取仪器、黄河水利委员会、西北师范大学借用水平仪，甘肃省一、二科签呈建设厅借用仪器，甘肃省建设厅移交水利仪器清册给甘肃实业股份有限公司，洮惠渠致函建设厅请借用仪器，建设厅致函水利林牧公司请归还仪器。附有《甘肃省合作事业管理处会计室账表清册》。

【叙录编号】 2150
【档案题名】
　　甘肃省政府、甘肃省建设厅、甘肃省水利局关于水利局事务、财产移交一事的文件
【发文单位】 甘肃省建设厅
【收文单位】 甘肃省建设厅
【档案编号】 027-004-0631-（0001-0027）
【成文时间】 1949-08-20
【关 键 词】 移交名册
【内容提要】
　　甘肃省建设厅向省政府报送水利局合作业务，建设厅注销水利局财政账户致函财政厅、建设厅选送本省水利局来往账户致函中国农民银行，并给水利局前职工安排工作。附有《甘肃省建设厅水利科工友名册》《甘肃省水利局驻各地水渠水利专员名册》《甘肃省水利局以成立各渠管理所所长及河渠管理局局长、科长名册》《甘肃省水利局古浪古丰渠、山丹截引地下水、高台县马尾湖水库及酒泉边湾灌溉工程处职工名册》《甘肃省水利局酒泉县边湾灌溉工程处职工名册》。

【叙录编号】 2151
【档案题名】
　　甘肃省雒兆瑞关于申请拨发工赈款以便完

成未完成工程给甘肃省建设厅的信函
【发文单位】 雒兆瑞
【收文单位】 甘肃省建设厅
【档案编号】 027-005-0026-（0006-0017）
【成文时间】 1949-02-16—1949-03-12
【关 键 词】 灌溉
【内容提要】
　　甘肃省雒兆瑞关于申请拨发工赈款以便完成未完成工程给甘肃省建设厅的信函，内称新修复兴新渠灌溉田亩，建设厅移交美援贷粮合管处办理。

【叙录编号】 2152
【档案题名】
　　甘肃省政府与中中交农四银行签订甘肃省农田水利贷款合同
【发文单位】 甘肃省政府；中中交农银行
【收文单位】 甘肃省政府；中中交农银行
【档案编号】 027-005-0081-0001
【成文时间】 1941-04-01
【关 键 词】 农田水利；贷款
【内容提要】
　　双方借款400万元用于筑坝开渠修筑水库防洪排水工程。

【叙录编号】 2153
【档案题名】
　　中国农民银行与甘肃省政府签订民国三十年（1941）及民国三十一年（1942）甘肃省农田水利贷款合同补充条款正本
【发文单位】 甘肃省政府；中国农民银行
【收文单位】 甘肃省政府；中国农民银行
【档案编号】 027-005-0081-0002
【成文时间】 1943-09-30
【关 键 词】 农田水利；贷款
【内容提要】
　　农田水利工程总费借款400万元自备100万元，外附有各项经费分配使用情况。

【叙录编号】 2154
【档案题名】
　　中国农民银行与甘肃省政府签订民国三十三年（1944）甘肃省农田水利贷款
【发文单位】 甘肃省政府；中国农民银行
【收文单位】 甘肃省政府；中国农民银行
【档案编号】 027-005-0081-0003
【成文时间】 1945-03-14
【关 键 词】 农田水利；贷款
【内容提要】
　　如题。此本为副本。

【叙录编号】 2155
【档案题名】
　　中国农民银行与甘肃省政府签订民国三十年（1941）甘肃省农田水利贷款
【发文单位】 不详
【收文单位】 不详
【档案编号】 027-005-0081-0004
【成文时间】 不详
【关 键 词】 农田水利；贷款
【内容提要】
　　借款国币2000万元由四行办理，并将经费各渠使用情况。

【叙录编号】 2156
【档案题名】
　　中国农民银行与甘肃省政府签订民国三十二年（1943）甘肃省农田水利贷款
【发文单位】 甘肃省政府；中国农民银行
【收文单位】 甘肃省政府；中国农民银行
【档案编号】 027-005-0081-0005
【成文时间】 1943-04-16
【关 键 词】 农田水利；贷款
【内容提要】

借款国币4047万元，附有经费使用情况。

【叙录编号】 2157
【档案题名】
中国农民银行与甘肃省政府签订民国三十二年（1943）增订甘肃省农田水利贷款
【发文单位】 甘肃省政府；中国农民银行
【收文单位】 甘肃省政府；中国农民银行
【档案编号】 027-005-0081-0006
【成文时间】 1943-12-12
【关 键 词】 农田水利；贷款
【内容提要】
借国币3000万元，附有各渠经费分配表。

【叙录编号】 2158
【档案题名】
中国农民银行与甘肃省政府签订民国三十三（1944）甘肃省农田水利贷款
【发文单位】 甘肃省政府；中国农民银行
【收文单位】 甘肃省政府；中国农民银行
【档案编号】 027-005-0081-0007
【成文时间】 1945-04-18
【关 键 词】 农田水利；贷款
【内容提要】
本年度借款28500万元，附有经费分配情况。

【叙录编号】 2159
【档案题名】
甘肃省政府与中国农民银行兰州分行民国三十三年至三十五年（1944—1946）大型农田水利工程贷款换文条款
【发文单位】 甘肃省政府；中国农民银行
【收文单位】 甘肃省政府；中国农民银行
【档案编号】 027-005-0082-0001
【成文时间】 1945-12-31
【关 键 词】 农田水利；贷款

【内容提要】
包括借款29800万元，附有各大型水渠工程经费分配表。

【叙录编号】 2160
【档案题名】
农林部、甘肃省政府关于小型水利施工督导费一事的文件
【发文单位】 甘肃省政府
【收文单位】 甘肃省建设厅
【档案编号】 027-005-0083-（0001-0014）
【成文时间】 1944-04-27—1944-11-27
【关 键 词】 水土保持
【内容提要】
甘肃省建设厅请拨发本省水利施工督导经费，省政府致电农林部，农林部将汇款手续单寄送给甘肃省政府、农林部编送小型农田水利计划给甘肃省政府，农林部致电甘肃省政府拨发施工督导费，省政府回令外附送领款凭证。

【叙录编号】 2161
【档案题名】
甘肃省政府关于转发民国三十四年度（1945）小型农田水利督导办法及保护水土签署给甘肃省各区行政督察专员公署及兰州市各县局的训令
【发文单位】 甘肃省政府
【收文单位】 甘肃省建设厅
【档案编号】 027-005-0083-0015
【成文时间】 1944-12-18
【关 键 词】 农田水利
【内容提要】
甘肃省政府令各行政督察专员区督察本省农田水利，附送小型农田水利督导保护办法，附有《保护水土浅说》（谷正伦著，前文已录）民国三十三年（1944）甘肃省政府印行。

【叙录编号】 2162
【档案题名】
　　甘肃省建设厅关于甘肃小型农田水利工程贷款及施工督导费一事的文件
【发文单位】 农林部
【收文单位】 甘肃省建设厅
【档案编号】 027-005-0084-（0001-0020）
【成文时间】 1944-10-30—1945-11-14
【关 键 词】 水利贷款
【内容提要】
　　农林部致函省政府水利督导费已全部汇送，中中交农四行转送修正农民银行办理小型农田水利贷款办法，中国农民银行转送民国三十四年（1945）甘肃小型农田水利贷款各县分配表给甘肃省政府并训令各县，省政府通报废止办理各县小型农田水利贷款暂行办法纲要，农林部要求呈报受益田亩数，甘肃省蒋德麟协助开挖榆中水平沟，附有《小型水利督导办法》。

【叙录编号】 2163
【档案题名】
　　甘肃省农改所关于报送本所农艺组本年繁殖甜菜因浇水困难影响产量致甘肃省建设厅的呈文
【发文单位】 甘肃省政府
【收文单位】 甘肃省各县政府
【档案编号】 027-005-0145-（0016-0017）
【成文时间】 1949-06-16—1949-06-18
【关 键 词】 林区
【内容提要】
　　如题。

【叙录编号】 2164
【档案题名】
　　甘肃省政府关于行政院转发各县小型农田水利工程督导兴修办法的训令
【发文单位】 各县政府
【收文单位】 甘肃省政府
【档案编号】 027-005-0155-（0006-0010）
【成文时间】 1947-03-14—1949-04-29
【关 键 词】 农田水利工程
【内容提要】
　　《各省小型农田水利工程督导兴修办法草案》包含农田水利工程应依据缓急督导新修，发现沟渠闸坝损坏新修、补修，由省政府严饬各县市填报兴修计划与报告表等内容。农林部代电甘肃省政府要求填报各县办理小型农田水利工程成果简表，省政府训令各县局填报。

【叙录编号】 2165
【档案题名】
　　甘肃省政府关于各县报送本县民国三十四年度（1945）小型农田水利工程的呈文、训令
【发文单位】 甘肃省各县
【收文单位】 甘肃省政府
【档案编号】
　　027-005-0157-（0001-0025）；
　　027-005-0158-（0001-0017）；
　　027-005-0159-（0001-0010）；
　　027-005-0161-（0006-0023）
【成文时间】 1945-12-12—1946-03-03
【关 键 词】 农田水利工程
【内容提要】
　　农林部催报各县局民国三十四年（1945）小型农田水利工程成果报告表，省政府训令各县局报送。庆阳县、永昌县、化平县、海原县、西吉县、西和县、成县、皋兰县、静宁县、武都县、武山县、临洮县、隆德县、两当县报送各县农田水利工程。

【叙录编号】 2166
【档案题名】
　　甘肃省农业改进所关于报送从农产收益下

开支水刮子修理费及渡河费会计报告致甘肃省建设厅的呈文
【发文单位】 甘肃省政府
【收文单位】 甘肃省建设厅
【档案编号】 027-005-0224-（0010-0013）
【成文时间】 1948-04-28—1948-05-10
【关 键 词】 水刮子
【内容提要】
　　甘肃省农改所报送修理水刮子费用预算书，省政府同意从农产收益下开支修理水刮子，附有《农产收益类现金出纳表》（1948年4月16日），《甘肃省农业改进所由农产收益开支修理水刮子及渡河费支出凭证簿册》民国三十七年度（1948），计国币1390.1万。附《甘肃省农业改进所雇短工掏水刮淤泥短工工资收据》《甘肃省农业改进所三十七年度（1948）渡河津贴支出证明》等。

【叙录编号】 2167
【档案题名】
　　甘肃省政府、农林部关于检送各省小型农田水利工程督导兴修办法及牧场登记规则给甘肃省政府的公函
【发文单位】 农林部
【收文单位】 甘肃省建设厅
【档案编号】 027-005-0234-（0007-0008）
【成文时间】 1948-04-07
【关 键 词】 农田水利
【内容提要】
　　如题。第13页内容从略，省政府训令各县局专署此规则。

【叙录编号】 2168
【档案题名】
　　甘肃省水利局关于发现古井情况准予备查给甘肃省保安司令部的函
【发文单位】 甘肃省水利局
【收文单位】 甘肃省保安司令部
【档案编号】 027-005-0425-（0026-0027）
【成文时间】 1948-01-14—1948-01-16
【关 键 词】 古井
【内容提要】
　　如题。

【叙录编号】 2169
【档案题名】
　　甘肃省建设厅关于任命王自治为水利专员、张志礼为兰宁公路甘段工程处处长的通知
【发文单位】 甘肃省建设厅
【收文单位】 甘肃省政府
【档案编号】 027-005-0799-0007
【成文时间】 1944-03-23
【关 键 词】 水利专员
【内容提要】
　　甘肃省建设厅呈报因水利专员王自治被选为本籍临时参议会议长，故而辞职。但因办水利颇有成效，故特聘为水利专员，并将派令补发。后附水利专员王自治辞呈。

【叙录编号】 2170
【档案题名】
　　甘肃省水利局推荐人员民国三十七年（1948）考绩清册
【发文单位】 不详
【收文单位】 甘肃省建设厅
【档案编号】 027-005-0840-0006
【成文时间】 1948
【关 键 词】 清册
【内容提要】
　　包括《甘肃省政府水利局荐任人员三十七年度（1948）考绩清册》《酒泉金塔两县协修鸳鸯池蓄水库工程工作成绩优良人员一览表》《甘肃省水利局荐任人员三十六年度（1947）考绩清册》《甘肃省洮惠渠管理处已选送审查

登记人员名册》《甘肃省水利局公务员平时成绩考核结果汇报册》《靖丰渠工程处三十三组织民工防汛队员工名册》《大汛期间北湾乡组织民工防汛队担任总分队长名单》。

【叙录编号】 2171
【档案题名】
　　甘肃省政府关于抄发公有土地处理规则给甘肃省第七区行政督察专员公署的训令
【发文单位】 甘肃省政府
【收文单位】 第七区行政督察专员公署
【档案编号】 027-006-0059-0015
【成文时间】 1943-12-27
【关 键 词】 公有土地；处理
【内容提要】
　　如题。附《公有土地处理规则》1份。其中包括13条细则，内含土地使用及管理、承领规则、土地审批等内容。

【叙录编号】 2172
【档案题名】
　　甘肃省政府抄发非常时期修筑塘坝水井暂行办法给甘肃省各县政府、各专员公署、各设治局的训令
【发文单位】 甘肃省政府
【收文单位】 甘肃省各专员公署；甘肃省各设治局等
【档案编号】 027-006-0456-0003
【成文时间】 1943-03-08
【关 键 词】 塘坝水井；暂行办法
【内容提要】
　　如题。此训令为建设厅存稿，但并无办法附文。

【叙录编号】 2173
【档案题名】
　　行政院水利委员会、甘肃省政府关于各灌溉区域内堤岸应植树造林的往来文件
【发文单位】 行政院水利委员会；甘肃省政府
【收文单位】 行政院水利委员会；甘肃省政府等
【档案编号】 027-006-0579-（0018-0019）
【成文时间】 1943-03-24—1943-03-31
【关 键 词】 植树造林；养护水土
【内容提要】
　　行政院水利委员会代电省政府，令其在各灌溉区域堤防周围植树造林，养护水土。省政府转令甘肃水利林牧公司办理，并代电行政院水利委员会知照。

【叙录编号】 2174
【档案题名】
　　各机关报送甘肃水利林牧公司章程、组织办法、植树造林计划等文件
【发文单位】 农林部；甘肃省政府等
【收文单位】 农林部；甘肃省政府等
【档案编号】 027-006-0579-（0009-0012）
【成文时间】 1941-12-08—1942-02-03
【关 键 词】 水利林牧；工作计划
【内容提要】
　　农林部咨文省政府，请其将甘肃水利林牧公司组织办法、工作计划及现在进行情形专案送部，与本部改进林牧等计划取得联络。省政府致函水利林牧公司函复相应内容，后者函送省政府公司章程、组织通则、森林工作计划大纲、畜牧工作计划大纲及办理林牧事业进行概况各1份。省政府转送农林部，但以上文件往来均无具体文件，仅为文书往来。

【叙录编号】 2175
【档案题名】
　　关于各水利机构人事调动的各类文件
【发文单位】 甘肃省建设厅；甘肃省政府会计处等

【收文单位】 甘肃省建设厅；甘肃省政府会计处等
【档案编号】 027-006-0663-（0001-0021）
【成文时间】 1940-04-22—1941-07-02
【关 键 词】 水利机构；人员调动
【内容提要】
　　本书21份文件全与各水利机构人事调动有关。其中包括：调动博济渠人员职务；汭丰渠、省第一水利勘测队人事调动；汭惠渠人事加委；北湾堤人事委任；杨廷玉辞去水利总工程师职务；泾济渠补发委任状等内容。

【叙录编号】 2176
【档案题名】
　　关于各水利机构人事调动的各类文件
【发文单位】 甘肃省建设厅；甘肃省政府秘书处等
【收文单位】 甘肃省建设厅；永靖渠工程处等
【档案编号】 027-006-0664-（0001-0022）
【成文时间】 1939-12-08—1941-08-12
【关 键 词】 水利机构；人员调动
【内容提要】
　　本书22份文件全与各水利机构人事调动有关。其中包括：将朱赞青委任为永靖渠事务员；省政府秘书处发泾济渠工务所主任高峰委任状；发省水利勘测队第三分队队长任以永、工程师王诺夫委任状；泾济渠派牛映枢为该所会计股长；提升李继莲、张作新在省第二水利勘测队职务；湟惠渠人事调动等内容。

【叙录编号】 2177
【档案题名】
　　甘肃省民国三十六年（1947）各县市局农业生产小型水利及省行副业贷款分配表
【发文单位】 甘肃省建设厅
【收文单位】 不详
【档案编号】 027-007-0359-0010
【成文时间】 不详
【关 键 词】 农业生产；小型水利
【内容提要】
　　如题。表头包括县别、农业生产、小型水利、省行副业贷款。

【叙录编号】 2178
【档案题名】
　　甘肃省办理小型水利合作业务表
【发文单位】 甘肃省建设厅
【收文单位】 不详
【档案编号】 027-007-0359-0011
【成文时间】 1947-04
【关 键 词】 小型水利；合作业务
【内容提要】
　　如题。表头包括地域别、社数、社员数、贷款数、工程概况、收益、备注。

【叙录编号】 2179
【档案题名】
　　甘肃省建设厅民国三十五年度（1946）办理小型水利县名
【发文单位】 甘肃省建设厅
【收文单位】 不详
【档案编号】 027-007-0360-0002
【成文时间】 不详
【关 键 词】 小型水利
【内容提要】
　　其中为办理小型水利的兰州、皋兰、榆中等20县。

【叙录编号】 2180
【档案题名】
　　甘肃省水利局民国三十六年度（1947）各水利管理机构经常费支出预算书
【发文单位】 甘肃省水利局
【收文单位】 不详

【档案编号】 027-007-0372-（0001-0009）
【成文时间】 1947-08
【关 键 词】 水渠；经费预算书
【内容提要】
其中包括：甘肃省水利局民国三十六年度（1947）经常费支出预算书；甘肃省水利局民国三十六年度（1947）经费追加预算书；甘肃省水利局湟惠渠管理处民国三十六年度（1947）经费支出预算书；甘肃省水利局博济渠管理处民国三十六年度（1947）经费支出预算书；甘肃省水利局博济渠管理处民国三十六年度（1947）经费支出预算书；甘肃省水利局洮惠渠管理处民国三十六年度（1947）经费支出预算书；甘肃省水利局沏丰渠管理处民国三十六年度（1947）经费支出预算书；甘肃省水利局登丰渠管理处民国三十六年度（1947）经费支出预算书；甘肃省水利局永丰、永乐渠管理处民国三十六年度（1947）经费支出预算书；甘肃省水利局靖丰渠管理处民国三十六年度（1947）经费支出预算书。

【叙录编号】 2181
【档案题名】
甘肃李玉树关于报送修筑防水沟工程图表致甘肃省政府的签呈
【发文单位】 李玉树
【收文单位】 甘肃省政府
【档案编号】 027-007-0409-0005
【成文时间】 1938-07-02
【关 键 词】 机场；防水沟
【内容提要】
如题。其中包括：机场附近防水沟位置、遇水情况、建筑结构等内容。

【叙录编号】 2182
【档案题名】
行政院水利委员会关于调整机构及更调所属机关首长情况
【发文单位】 行政院水利委员会
【收文单位】 不详
【档案编号】 027-007-0440-0002
【成文时间】 1945-05
【关 键 词】 水利委员会；机构
【内容提要】
如题。其中包括：各机构裁撤、合并情况，但没有与甘肃相关调整内容。

【叙录编号】 2183
【档案题名】
行政院水利委员会关于各省发行水利公债兴办农田水利原则
【发文单位】 行政院水利委员会
【收文单位】 不详
【档案编号】 027-007-0440-0003
【成文时间】 1945-05
【关 键 词】 农田水利；水利公债
【内容提要】
如题。其中包括：规定各省兴办农田水利需呈请中央发行该省水利公债以充基金，规定还本付息担保、年限等内容。

【叙录编号】 2184
【档案题名】
行政院水利委员会关于利用义务劳动兴办水利实施办法
【发文单位】 行政院水利委员会
【收文单位】 不详
【档案编号】 027-007-0440-0004
【成文时间】 1945-03-01
【关 键 词】 义务劳动；修坝
【内容提要】
如题。其中包括：义务劳动修坝应以简易工作为限、社会部等制定劳动计划、水利委员会会同社会部协调水利义务劳动办法、义务劳动工具来源、义务劳动各主管机关等内容。

【叙录编号】 2185
【档案题名】
行政院水利委员会民国三十三年度（1944）工作概况及检讨
【发文单位】 行政院水利委员会
【收文单位】 不详
【档案编号】 027-007-0441-0001
【成文时间】 1945-06
【关 键 词】 农田水利；航道；修防
【内容提要】
本份工作概况分为事业及政务两部分。事业有农田水利、整理航道、江河修防、开发水利、勘测实验、水工仪器制造等6项；政务包括水利事业复员计划、水权登记、制定及整理水利法规、培育水利人才、厉行3种会议等9项。其中，农田水利部分包括甘肃河西水利工程继续推进、农贷事业建设等。

【叙录编号】 2186
【档案题名】
甘肃省建设厅机械电气座谈会讨论纲要
【发文单位】 甘肃省建设厅
【收文单位】 不详
【档案编号】 027-008-0071
【成文时间】 1949-03-04
【关 键 词】 风车；黄河水车
【内容提要】
会议在机械部分讨论如何在西北生产钢铁以配合工业之需要、利用风车及改良黄河水车以利于灌溉、建设水电之可能性等。

【叙录编号】 2187
【档案题名】
办理各县小型农田水利贷款暂行办法的纲要
【发文单位】 甘肃省建设厅
【收文单位】 不详
【档案编号】 027-007-0463-0005
【成文时间】 1944-05
【关 键 词】 农田水利；贷款
【内容提要】
其中包括：挖塘与浚塘、修缮堰闸圩堤、凿井或修井、防止土壤冲刷的小型工程、挑水或汲水设备、山谷水库、其他小型水利灌溉工程等。

【叙录编号】 2188
【档案题名】
甘肃省民国三十三年（1944）小型农田水利贷款分配表
【发文单位】 甘肃省政府
【收文单位】 不详
【档案编号】 027-007-0464-0010
【成文时间】 1944-05
【关 键 词】 农田水利；贷款
【内容提要】
表头包括：已放社数、放款数额、收益田亩、额度。

【叙录编号】 2189
【档案题名】
中国农民银行办理各县小型农田水利贷款暂行办法纲要
【发文单位】 中国农民银行
【收文单位】 不详
【档案编号】 027-007-0464-0014
【成文时间】 1944-05
【关 键 词】 农田水利；贷款
【内容提要】
如题。其中包括：对贷款对象、贷款原则、贷款期限、贷款利率、贷款手续等规定。

【叙录编号】 2190
【档案题名】
　　甘肃省建设厅民国三十三年度（1944）卷宗移交清册
【发文单位】 甘肃省建设厅
【收文单位】 不详
【档案编号】 027-007-0482-0001
【成文时间】 1944
【关 键 词】 水利；清册
【内容提要】
　　本清册中记录截至民国三十三年（1944）12月31日，水利部分清册旧有228件，新添24件，河运旧有14件。

【叙录编号】 2191
【档案题名】
　　甘肃省建设厅政绩移交表
【发文单位】 甘肃省建设厅
【收文单位】 不详
【档案编号】 027-007-0483-0002
【成文时间】 1944-12-31
【关 键 词】 渠道；农田水利；贷款
【内容提要】
　　本移交表时限为民国三十三年（1944）1月1日至12月31日，其中包括，交通类：兰宁铁路、阿临大车道等修建情况；水利类：甘肃水利林牧公司组织各项事业，进行靖丰渠、永丰渠、永乐渠、肃丰渠、汭丰渠、洮惠渠放水、整修事宜，整理河西旧渠，续修农田水利贷款使用情况，湟惠渠整修，水利查勘等内容。

【叙录编号】 2192
【档案题名】
　　甘肃省建设厅、军事委员会司令部甘肃省陆地测量局关于引洮入渭工程建设的各类文件
【发文单位】 甘肃省政府；甘肃省建设厅等
【收文单位】 甘肃省政府；军事委员会司令部甘肃省陆地测量局等
【档案编号】 027-007-0544-（0001-0012）
【成文时间】 1938-09-24
【关 键 词】 引洮入渭；地图；水渠
【内容提要】
　　甘肃省建设厅代电军事委员会司令部甘肃省陆地测量局局长通知全体员工集中渭源，就引洮入渭一事待命。后者致函甘肃省建设厅报送勘测渭源至天水公路绘制路线图工作所需时间和勘测情况等内容，随后呈缴渭河各种图件376幅至甘肃省政府。省政府回文令其将地形图以玻璃纸绘印再呈缴。军事委员会司令部甘肃省陆地测量局呈请先派员测量引洮入渭水准，预估渠道开凿位置与预算。省政府回文批准，并令省洮惠渠工务所配合进行。军事委员会司令部甘肃省陆地测量局报送测量工作报告，附呈报表1份（各日工作情形）。湟惠渠工务所亦呈文省政府报送检查引洮入渭工程大概情况，其中包括各地地形、水文勘测情况、预计施工量等内容。建设厅王仰曾呈文甘肃省政府，按工作报告测量情况请依原定计划限期完成地形图。甘肃省政府训令甘川公路第一测量队派员勘察引洮入渭工程，报送情况以凭核办。

【叙录编号】 2193
【档案题名】
　　甘肃省建设厅、军事委员会司令部甘肃省陆地测量局关于引洮入渭工程建设的各类文件
【发文单位】 军事委员会司令部甘肃省陆地测量局；甘肃省政府等
【收文单位】 军事委员会司令部甘肃省陆地测量局；甘肃省政府等
【档案编号】 027-007-0545-（0001-0011）
【成文时间】 1938-04-06—1938-10-31
【关 键 词】 引洮入渭；地图；水渠；经费

预算
【内容提要】

甘肃省政府训令军事委员会司令部甘肃省陆地测量局速赶测渭源地形及水文，以照地方修堤。军事委员会司令部甘肃省陆地测量局呈文报送省政府天水分段测量渭河地形水文计划书及经费预算书各1份。附《甘肃渭源至天水渭河流域水文地形测量经费二十七年（1938）全期支付预算书》《计划书》全文。甘肃省政府令军事委员会司令部甘肃省陆地测量局更造经费预算书，纠正其中核减后费用。军事委员会司令部甘肃省陆地测量局呈文省政府请令渭源、陇西、甘谷、天水等各县政府饬渭河两岸保甲长等保护接洽测量员。省政府回文已令各县政府知情并遵办。军事委员会司令部甘肃省陆地测量局又呈请省政府转令渭河沿岸各县协助测量人员完成测量业余工作，省政府转令各县协助并令军事委员会司令部甘肃省陆地测量局局长知照。朱绍良司令长就前往渭源一带测量一事代电省政府，令其派各县驻军保护。军事委员会司令部甘肃省陆地测量局呈报甘肃省政府引洮入渭路线图，附《引洮入渭实施区域地形草图》1张。甘川公路第一测量队呈文甘肃省建设厅，称目前正在沿漳河测勘，难以转向引洮入渭工程，呈请待当前工作结束后再进行测量。省政府回文准予备查。

【叙录编号】 2194
【档案题名】

甘肃省建设厅、军事委员会司令部甘肃省陆地测量局关于引洮入渭工程建设的各类文件
【发文单位】 甘肃省政府；甘肃省建设厅等
【收文单位】 甘肃省政府；甘肃省政府渭河测量队等
【档案编号】 027-007-0546-（0001-0011）
【成文时间】 1938-05-19—1938-07-23
【关 键 词】 引洮入渭；地图；水渠

【内容提要】

军事委员会司令部甘肃省陆地测量局呈报省政府渭河测量人员出发日期及编组情况，附《军事委员会司令部甘肃省陆地测量局渭河流域地形水文测量队编组表》1份。省政府回文备查，并令其随时报告测量情况。省渭河测量队赵文源、王威中呈文军事委员会司令部甘肃省陆地测量局实地到场后依勘测简则进行的勘测面积大于预计面积，请其办理。附《渭河流域施测范围表》1份。军事委员会司令部甘肃省陆地测量局致函省政府，请示如何不超过工作期限及预算处理。省政府回文令其仍按简则要求进行办理。军事委员会司令部甘肃省陆地测量局再呈文省政府报告勘测难度，称难以办理。省政府令其详查实地情况并上报确实预算，并就渭河测量事宜作部署。附《渭河流域草图》《甘肃引洮入渭区域地形测量经费二十七年（1938）全期支付预算书》《测量简则》各1份。

【叙录编号】 2195
【档案题名】

内政部华北水利委员会全体职员欢送彭志云委员长赴欧摄影合照一张
【发文单位】 甘肃省建设厅
【收文单位】 不详
【档案编号】 027-007-0547-0026
【成文时间】 1933-02-26
【关 键 词】 水利委员会；合照
【内容提要】

如题。

【叙录编号】 2196
【档案题名】

资源委员会全国水力发电工程总处兰州勘测队关于送甘肃水利资源概况给甘肃省建设厅的公函

【发文单位】 资源委员会全国水力发电工程总处兰州勘测队
【收文单位】 甘肃省建设厅
【档案编号】 027-008-0304（全案卷）
【成文时间】 1947-02-21
【关 键 词】 水力发电；甘肃水利资源概况
【内容提要】
如题。附《兰州之水力资源》1份。其中包括：甘肃形势与河流概况（黄河、渭河、泾河、嘉陵江、内陆河各流域基本位置、水力水量及涉及县市）；水力资源之调查；开发问题及意见三部分。《甘肃省水力勘察概况报告表》1份，表头包括：勘察队别、勘察时期、勘察河流、地段、距离、上下水位落差、平均比降、平均年最低流量、最小流量、水利、地点、地质、坝高、附近城市、附近工厂动力设备、工程概要、工程费估计、工程收益、备注等内容。

【叙录编号】 2197
【档案题名】
甘肃省水渠养护及防汛办法
【发文单位】 甘肃省水利局
【收文单位】 不详
【档案编号】 038-001-0001-0001
【成文时间】 不详
【关 键 词】 水渠养护；防汛
【内容提要】
录有《甘肃省水渠养护修理及防汛办法》，共12条。

【叙录编号】 2198
【档案题名】
甘肃省水利局办事细则草案
【发文单位】 甘肃省水利局
【收文单位】 不详
【档案编号】 038-001-0001-0002
【成文时间】 不详
【关 键 词】 水利局
【内容提要】
录有《甘肃省水利局办事细则草案》，共38条，包括总则、职权、公文处理、行文程式、服务、会议、考核奖惩、附则。

【叙录编号】 2199
【档案题名】
甘肃省各渠水费征收办法
【发文单位】 甘肃省水利局
【收文单位】 不详
【档案编号】 038-001-0001-0003
【成文时间】 不详
【关 键 词】 水费征收
【内容提要】
录有《甘肃省各渠水费征收办法》，共10条，附《甘肃省××渠××年度水费（小参）征收月报表》。

【叙录编号】 2200
【档案题名】
甘肃省水渠管理处组织规程
【发文单位】 甘肃省水利局
【收文单位】 不详
【档案编号】 038-001-0001-0004
【成文时间】 不详
【关 键 词】 水渠管理
【内容提要】
录有《甘肃省水渠管理处组织规程》，共8条；《甘肃省水渠管理所组织规程》，共7条。

【叙录编号】 2201
【档案题名】
甘肃省大型水渠管理养护灌溉暂行规则
【发文单位】 甘肃省水利局
【收文单位】 不详

【档案编号】 038-001-0001-0005
【成文时间】 不详
【关 键 词】 水渠管理
【内容提要】
　　录有《甘肃省水渠管理养护灌溉暂行规则》，总则共4条，后录有续修工程及整修工程。

【叙录编号】 2202
【档案题名】
　　甘肃省水渠灌溉引水规则
【发文单位】 甘肃省水利局
【收文单位】 不详
【档案编号】 038-001-0001-0006
【成文时间】 不详
【关 键 词】 水渠灌溉；引水
【内容提要】
　　录有《甘肃省水渠灌溉引水规则》，共20条。

【叙录编号】 2203
【档案题名】
　　甘肃省水渠灌溉管理规则
【发文单位】 甘肃省水利局
【收文单位】 不详
【档案编号】 038-001-0001-0007
【成文时间】 不详
【关 键 词】 水渠灌溉
【内容提要】
　　录有《甘肃省水渠灌溉管理规则》，共16条。

【叙录编号】 2204
【档案题名】
　　甘肃省水渠水董会组织规则
【发文单位】 甘肃省水利局
【收文单位】 不详

【档案编号】 038-001-0001-0008
【成文时间】 不详
【关 键 词】 水渠水董会
【内容提要】
　　录有《甘肃省水渠水董会组织规程》，共2份。第一份包括规程15条，第二份包括规程24条，包括职员的选举管理以及水董会的召开诸事宜。

【叙录编号】 2205
【档案题名】
　　甘肃省公营渠道岁修整理工程动员民工和组织领导办法
【发文单位】 甘肃省水利局
【收文单位】 不详
【档案编号】 038-001-0001-0009
【成文时间】 不详
【关 键 词】 水利工程
【内容提要】
　　录有《甘肃省公营渠道岁修整理工程动员民工和组织领导办法》，共9条，后录有甘肃省水利问题及水利工程的兴修情况，附《甘肃省历年办理水利工程一览表》。

【叙录编号】 2206
【档案题名】
　　甘肃省水利局及所属单位工作人员评资表
【发文单位】 甘肃省水利局
【收文单位】 不详
【档案编号】 038-001-0001-（0011-0014）
【成文时间】 不详
【关 键 词】 人员评资
【内容提要】
　　录有甘肃省水利局已离职及遣散人员，水利局及所属单位技术人员、行政人员、各单位工人的评资表。

【叙录编号】 2207
【档案题名】
　　甘肃省农贷工程水费保管委员会第二次会议议事日程
【发文单位】 甘肃省水利局
【收文单位】 不详
【档案编号】 038-001-0001-0015
【成文时间】 不详
【关 键 词】 水费征收；水利工程贷款
【内容提要】
　　录有《甘肃省农贷工程水费保管委员会第二次会议议事日程》，包括水利工程贷款归还、水费征收标准、委员会经费、洮惠渠所需养护费等事宜；录有水利局就农贷工程水费征收标准一案，请委员会核示的呈文1份，附《甘肃省已成及继续兴工各渠所需工程及应付利息数目表》《甘肃省已成及继续兴工各渠每亩应摊水费还本付息表》《甘肃省农贷工程水费管理委员会开办费预算书》《甘肃省农贷工程水费管理委员会三十六年度（1947）经费预算书》等；录有甘肃省洮惠渠管理处请由三十四年度（1945）水费项下开支水利工程兴办费的呈文以及水费保管委员会对之的回复；录有中国农民银行总管理处请省政府偿还水利工程贷款的公文。

【叙录编号】 2208
【档案题名】
　　甘肃省水利局为申请美援贷款兴办水利的各项往来文件
【发文单位】 甘肃省水利局；甘肃省政府等
【收文单位】 甘肃省政府；甘肃省水利局等
【档案编号】
　　038-001-0001-(0003、0007、0008、0011)
【成文时间】 不详
【关 键 词】 美援贷款
【内容提要】
　　甘肃省水利局请求省政府主席派张心一往见美经济合作署长赖扑汉，陈述本省急需美援请派遣调查团来省调查，省政府主席就此分别电张心一和赖扑汉。南京张长官就美援事一案电复甘肃省水利局局长黄万里，请拟具河西水利工程美援详细计划，计划送达后，黄万里电张长官请催办。甘肃省水利局呈请行政院拨发美援贷款以兴办水利。

【叙录编号】 2209
【档案题名】
　　甘肃省政府申请水利建设贷款的各项文件
【发文单位】 甘肃省政府
【收文单位】 联合国经济合作总署中国分署；农村复兴联合委员会等
【档案编号】 038-001-0002-（0005、0006、0009、0010）
【成文时间】 不详
【关 键 词】 水利贷款
【内容提要】
　　甘肃省政府代电农村复兴联合委员会，申请小型农电水利建设贷款，景泰县、山丹县铺沙水利工程贷款等，附有《甘肃省政府向农村复兴联合委员会申请美援贷款工程一览表》1份，并电甘肃省水利局黄万里赴广州与农复会洽商。省政府代电农村复兴联合委员会，请农复会分配本省水利贷款，并将西北分会迁设兰州。水利局拟订4条规定责任，函联合国经济合作总署中国分署等，并保证履行。

【叙录编号】 2210
【档案题名】
　　西北农村复兴工作计划
【发文单位】 不详
【收文单位】 不详
【档案编号】 038-001-0002-0015
【成文时间】 不详

【关 键 词】 西北农村复兴计划
【内容提要】
　　录有《西北农村复兴工作计划》，包括甘肃水利现况、开展计划、择要办理工程概述，附《甘肃省三十八年（1949）拟办水利工程一览表》。

【叙录编号】 2211
【档案题名】
　　西北水利应拟整个计划的代电
【发文单位】 黄河水利委员会
【收文单位】 甘肃河西水利工程总队
【档案编号】 038-001-0005-0001
【成文时间】 1947-03-20
【关 键 词】 西北水利
【内容提要】
　　如题。含工程总队呈复。

【叙录编号】 2212
【档案题名】
　　批准甘肃省发展农田水利三年计划大纲的训令
【发文单位】 水利部
【收文单位】 甘肃河西水利工程总队
【档案编号】 038-001-0005-0003
【成文时间】 1947-07-18
【关 键 词】 农田水利工程
【内容提要】
　　如题。含甘肃省政府原代电及水利部复电。

【叙录编号】 2213
【档案题名】
　　给甘肃省水利局黄万里的便函
【发文单位】 水利部部长薛笃弼
【收文单位】 甘肃省水利局局长黄万里
【档案编号】 038-001-0005-0006
【成文时间】 不详
【关 键 词】 水利工程
【内容提要】
　　甘肃农田水利小册的编送及山丹等县地下水利用计划的拟订。

【叙录编号】 2214
【档案题名】
　　编造主管流域建设计划的代电
【发文单位】 水利部
【收文单位】 甘肃河西水利工程总队
【档案编号】 038-001-0005-0008
【成文时间】 1948-08-26
【关 键 词】 水利工程
【内容提要】
　　如题。含《水利建设计划内容要目》及工程总队的电复。

【叙录编号】 2215
【档案题名】
　　甘肃省各渠工程纪要
【发文单位】 甘肃水利农牧公司
【收文单位】 不详
【档案编号】 038-001-0006-（0001-0020）
【成文时间】 不详
【关 键 词】 水利工程
【内容提要】
　　录有洮惠渠、溥济渠、汭丰渠、肃丰渠、永丰渠、永乐渠、登丰渠、靖丰渠，临洮新民渠、民生渠及正伦渠，靖远复兴渠、高台三清渠，永昌金龙坝、阳川渠，榆中安家小型农田水利工程，整理洮河牛鼻峡工程、兰丰渠、平丰渠（原名泾济渠）、靖远引黄（黄河）渡苦（苦水河）工程纪要，永丰、永乐渠工程节要（附图）。

【叙录编号】 2216
【档案题名】

甘肃省水利工程规划书及计划书一览表
【发文单位】 不详
【收文单位】 不详
【档案编号】 038-001-0007-0001
【成文时间】 不详
【关 键 词】 水利工程
【内容提要】
　　如题。

【叙录编号】 2217
【档案题名】
　　甘肃省兴修已成各渠概况（一式二份）
【发文单位】 河西水利工程处
【收文单位】 不详
【档案编号】 038-001-0007-0002
【成文时间】 不详
【关 键 词】 水利工程
【内容提要】
　　录有湟惠渠、肃丰渠、洮惠渠、靖丰渠、靖乐渠、溥济渠、永丰渠、汭丰渠、登丰渠、永乐渠、夹边沟小型水库等内容。

【叙录编号】 2218
【档案题名】
　　新兰、永丰、洮惠、泾济、汭惠、比湾堤等各渠工程说明
【发文单位】 甘肃河西水利工程总队
【收文单位】 不详
【档案编号】 038-001-0008-0001
【成文时间】 不详
【关 键 词】 水利工程
【内容提要】
　　录有总述、资料、规划、预算、增益、结论、时录等内容。

【叙录编号】 2219
【档案题名】
　　甘肃之水利建设
【发文单位】 王树基
【收文单位】 不详
【档案编号】 038-001-0009-（0001-0002）
【成文时间】 不详
【关 键 词】 水利工程
【内容提要】
　　录有绪论、甘肃之河流与分布、甘肃之灌溉渠道工程、机械灌溉工程、航运工程、水力资源、结论。

【叙录编号】 2220
【档案题名】
　　甘肃省经济建设纪要（农林水利类）
【发文单位】 甘肃省建设厅
【收文单位】 不详
【档案编号】 038-001-0011-0001
【成文时间】 不详
【关 键 词】 农林水利
【内容提要】
　　如题。含表。

【叙录编号】 2221
【档案题名】
　　堆石坝之设计
【发文单位】 不详
【收文单位】 不详
【档案编号】 038-001-0012-0008
【成文时间】 不详
【关 键 词】 水利工程
【内容提要】
　　录有沿革、设计，文件中含图、表。

【叙录编号】 2222
【档案题名】
　　如何开发西北
【发文单位】 不详

【收文单位】 不详
【档案编号】 038-001-0013-0001
【成文时间】 不详
【关 键 词】 水利开发
【内容提要】
　　如题。

【叙录编号】 2223
【档案题名】
　　领用物品登记簿
【发文单位】 甘肃省水利局
【收文单位】 不详
【档案编号】 038-001-0063-0001
【成文时间】 不详
【关 键 词】 领用物品
【内容提要】
　　内含甘肃省水利局多位员工领用物品账。

【叙录编号】 2224
【档案题名】
　　陕甘青保水保土及水利视察报告
【发文单位】 张元羲
【收文单位】 不详
【档案编号】 038-001-0064-0001
【成文时间】 1942
【关 键 词】 保持水土；水利视察；陕甘青
【内容提要】
　　陕甘青保水保土及水利视察报告（附日记），目录如下：第一章，绪言；第二章，沿途纪闻（有黄河上游、渭河、泾河、浴河、青海、河西走廊、嘉陵江与汉水上源七节）；第三章，资料；第四章，保水保土（有西北保水保土可能实施工作之一般、实施保水保土工作之原则、保水保土与治黄）；第五章，水利（有水利与河西、青海水利和陕甘之新兴灌溉事业），内含图表。

【叙录编号】 2225
【档案题名】
　　民国三十六年（1947）至民国三十七年（1948）甘肃省合作事业管理处、甘肃省水利局及中农行兰行关于兴办小水利一事的往来公文
【发文单位】 甘肃省合作事业管理处；甘肃省水利局等
【收文单位】 甘肃省水利局；甘肃省合作事业管理处
【档案编号】 038-001-0068-（0030-0032）
【成文时间】 1947-12-27—1948-01-29
【关 键 词】 兴办小水利
【内容提要】
　　该部分共3份文件，涉及可能兴办小水利各县的工程图、表及贷款问题，附表1张。

【叙录编号】 2226
【档案题名】
　　送水利通讯月刊号的便函
【发文单位】 水力发电工程总处
【收文单位】 甘肃省水利局
【档案编号】 038-001-0074-0021
【成文时间】 1947-12-24
【关 键 词】 水利通讯月刊
【内容提要】
　　主要涉及水力发电工程总处给甘肃省水利局送水利通讯月刊。

【叙录编号】 2227
【档案题名】
　　引洮入渭
【发文单位】 甘肃省政府；黄河水利委员会等
【收文单位】 甘肃省陆地测量局；甘肃省参议会等
【档案编号】 038-001-0076-（0001-0017）
【成文时间】 1938-01-04—1946-09-19

【关 键 词】 引洮入渭
【内容提要】
　　甘肃省政府准许参议会建议黄河水利委员会上游工程局整理洮河航道第一期工程初步计划，包括缘由、资料、整理原则、第一期整理工程进度计划、施工程序、利益等部分，军事委员会司令部甘肃省陆地测量局向省政府呈报续测引洮入渭经费支出计算表等，包括《引洮入渭经费收支对照表》《续测引洮入渭经费支出计算附属表》《甘肃省陆地测量局二十七年（1938）续测引洮入渭经费支付计算书》，省政府告知陆地测量局续测引洮入渭经费支出计算书表经核查尚符，准许拨款；黄河水利委员会上游工程处整理《洮河水道工务所三十三年度（1944）整理洮河牛鼻峡水道工程计划书》，附表；工程师王仰曾向省政府报告目前陆地测量局呈赍派员续测引洮入渭水渠所需薪津工食杂费数目尚符；省参议会、省政府及行政院水利委员会关于勘测引洮入渭水利工程的公文往来；黄河水利委员会回复省政府关于兴建渭河沿岸水利工程已派员查勘；黄河水利委员会、省参议会、省政府关于引洮入渭工程的公文来往。

【叙录编号】 2228
【档案题名】
　　修正整理江湖沿岸农田水利大纲执行办法
【发文单位】 国民政府
【收文单位】 不详
【档案编号】 038-001-0087-0028
【成文时间】 1937-10-28
【关 键 词】 农田水利
【内容提要】
　　如题。

【叙录编号】 2229
【档案题名】
　　修正整理江湖沿岸农田水利办法大纲
【发文单位】 国民政府
【收文单位】 不详
【档案编号】 038-001-0087-0029
【成文时间】 1937-10-28
【关 键 词】 农田水利
【内容提要】
　　如题。

【叙录编号】 2230
【档案题名】
　　甘肃省高原灌溉查勘报告
【发文单位】 黄河水利委员会上游工程处
【收文单位】 不详
【档案编号】 038-001-0099-0001
【成文时间】 1944
【关 键 词】 高原灌溉
【内容提要】
　　内容同038-001-0096-0003。

【叙录编号】 2231
【档案题名】
　　黄河流域水土保持工作初步实验计划
【发文单位】 黄河水利委员会
【收文单位】 不详
【档案编号】 038-001-0100-0002
【成文时间】 1944-02
【关 键 词】 水土保持
【内容提要】
　　共1份文件，如题。

【叙录编号】 2232
【档案题名】
　　甘肃省黄河沿岸改良水车示范工程计划
【发文单位】 水利部第二二四测量队
【收文单位】 不详
【档案编号】 038-001-0101-0001

【成文时间】 1949-02
【关 键 词】 改良水车
【内容提要】
    该部分共1份文件，如题。

【叙录编号】 2233
【档案题名】
    整理川甘水道航行工程计划书
【发文单位】 黄河水利委员会
【收文单位】 不详
【档案编号】 038-001-0103-0001
【成文时间】 1940-11
【关 键 词】 川甘水道
【内容提要】
    该部分共1份文件，如题。

【叙录编号】 2234
【档案题名】
    高原灌溉调查表
【发文单位】 甘肃水利查勘第一分队
【收文单位】 不详
【档案编号】 038-001-0106-0001
【成文时间】 不详
【关 键 词】 调查表
【内容提要】
    该部分共1份文件，如题。

【叙录编号】 2235
【档案题名】
    黄河流域之高原灌溉
【发文单位】 黄河水利委员会
【收文单位】 不详
【档案编号】 038-001-0106-0002
【成文时间】 1941—1944
【关 键 词】 查勘报告
【内容提要】
    该部分共1份文件，如题。

【叙录编号】 2236
【档案题名】
    各水利工程计划书
【发文单位】 甘肃省水利局
【收文单位】 不详
【档案编号】 038-001-0114-0024-0026
【成文时间】 不详
【关 键 词】 水利工程
【内容提要】
    包括镇原县茹水河防洪淤地工程计划书、开凿黄河大峡纬道工程初步计划、疏勒河流域灌溉工程规划书。

【叙录编号】 2237
【档案题名】
    甘肃省各水渠民国三十一年（1942）奖励金
【发文单位】 甘肃水利林牧公司；汭丰渠工程处等
【收文单位】 兰丰渠工程处；靖丰渠工程处等
【档案编号】
    038-001-0156；
    038-001-0157-（0001-0008、0011-0015、0018-0020、0022、0006-0008、0010-0011）
【成文时间】 1943-01-19—1943-03-21
【关 键 词】 奖励金
【内容提要】
    甘肃水利林牧公司函各水渠关于职工奖励金下发给工程处；水利林牧公司与兰丰渠工程处、靖丰渠工程处、永丰渠、湟惠渠之间关于发给职工及雇用人员奖励金情况的公文往来；水利林牧公司与洮惠渠管理处、湟惠渠管理处关于具体人员奖励金处理方法的公文往来；下发派用人员奖励金名单给永乐渠；函永乐渠、永丰渠关于三十一年度（1942）雇用人员奖励金按照比例标准下发；水利林牧公司与水利查勘三分队之间关于奖励金已下发望查收的公文往来；水利林牧公司与汭丰渠工程处关于三十一年度职员奖励金情况的公文往来；肃丰渠工程处、甘肃水利林牧公司之间关于下发职员奖励金及肃丰渠副工程师等13人奖励金额内扣除房租津贴等部分的公文往来。

【叙录编号】 2238
【档案题名】
　　为各省农田水利工程补救办法事代电
【发文单位】 甘肃省政府
【收文单位】 甘肃水利林牧公司
【档案编号】 039-001-0001-0010
【成文时间】 1949-08-13
【关 键 词】 水利建设
【内容提要】
　　如题。

【叙录编号】 2239
【档案题名】
　　水利部工作纲要
【发文单位】 甘肃水利林牧公司
【收文单位】 不详
【档案编号】 039-001-0002-0004
【成文时间】 不详
【关 键 词】 水利；工作纲要
【内容提要】
　　如题。

【叙录编号】 2240
【档案题名】
　　关于外籍记者参观水利工程的各种文件
【发文单位】 甘肃省政府；甘肃水利林牧公司
【收文单位】 甘肃水利林牧公司；甘肃省建设厅
【档案编号】 039-001-0002-（0022、0024）
【成文时间】 不详

【关 键 词】 水利工程
【内容提要】
　　甘肃省政府电甘肃水利林牧公司，外籍记者拟参观西北水利工程，请迅即准备有关图表及说明以便送阅。1944年5月17日，甘肃水利林牧公司函送省建厅甘肃水利工程有关图表，请建设厅查照。

【叙录编号】 2241
【档案题名】
　　各项水利工程统计表
【发文单位】 甘肃水利林牧公司
【收文单位】 不详
【档案编号】 039-001-0002-0023
【成文时间】 1944
【关 键 词】 水利工程
【内容提要】
　　录有洮惠渠、湟惠渠、溥济渠、靖丰渠、登丰渠、肃丰渠、汭丰渠、永丰渠、永乐渠、兰丰渠、平丰渠等水利工程的统计。

【叙录编号】 2242
【档案题名】
　　承办水利工程一览表
【发文单位】 甘肃水利林牧公司
【收文单位】 不详
【档案编号】 039-001-0004-0026
【成文时间】 不详
【关 键 词】 水利工程
【内容提要】
　　如题。

【叙录编号】 2243
【档案题名】
　　为征收土地收缴水费渠民管理等事函
【发文单位】 甘肃水利林牧公司
【收文单位】 不详

【档案编号】 039-001-0005-0033
【成文时间】 1940-12-27
【关 键 词】 征收土地；水费；渠民管理
【内容提要】
  主要涉及如何征用土地、如何收取水费、渠成后如何管理、代办工程如何收取工程费等内容。

【叙录编号】 2244
【档案题名】
  为商拟甘肃农田水利事等函
【发文单位】 救济部
【收文单位】 不详
【档案编号】 039-001-0005-0034
【成文时间】 1941-01-17
【关 键 词】 农田水利
【内容提要】
  主要涉及商拟甘肃农田水利等事宜。

【叙录编号】 2245
【档案题名】
  发展农田水利事业原则拟议
【发文单位】 经济部
【收文单位】 不详
【档案编号】 039-001-0005-0035
【成文时间】 1941-01-31
【关 键 词】 农田水利
【内容提要】
  如题。

【叙录编号】 2246
【档案题名】
  关于检验过滤清水
【发文单位】 甘肃水利林牧公司；甘肃科技教育馆
【收文单位】 甘肃科技教育馆；甘肃水利林牧公司
【档案编号】 039-001-0006-（0007-0009）
【成文时间】 1943-11-26—1943-11-29
【关 键 词】 检验过滤清水
【内容提要】
  甘肃水利林牧公司、甘肃科技教育馆之间关于检验过滤清水的公文往来。

【叙录编号】 2247
【档案题名】
  为请代为规划黄河上游工程事宜函
【发文单位】 西北运输处
【收文单位】 甘肃水利林牧公司
【档案编号】 039-001-0006-0005
【成文时间】 不详
【关 键 词】 黄河上游工程
【内容提要】
  主要涉及西北运输处函甘肃水利林牧公司关于代为规划黄河上游工程所需要马力等事宜。

【叙录编号】 2248
【档案题名】
  为请发各渠灌溉区域平面图等公函
【发文单位】 甘肃水利林牧公司；甘肃省建设厅
【收文单位】 甘肃省建设厅；甘肃水利林牧公司
【档案编号】 039-001-0022-（0009-0010）
【成文时间】 1943-01-21—1943-01-30
【关 键 词】 灌溉区域平面图
【内容提要】
  甘肃省建设厅、甘肃水利林牧公司关于函送各渠灌溉区域平面图的公文往来。

【叙录编号】 2249
【档案题名】
  请抄送水利施工办法及农田水利测量设计规范等

【发文单位】 甘肃省建设厅秘书室；甘肃水利林牧公司
【收文单位】 甘肃水利林牧公司；甘肃省建设厅秘书室
【档案编号】 039-001-0022-（0011-0012）
【成文时间】 1942-05-19—1942-05-21
【关 键 词】 水利施工办法
【内容提要】
　　甘肃省建设厅、甘肃水利林牧公司之间关于请水利林牧公司抄送水利施工办法及农田水利测量设计规范等的公文往来。

【叙录编号】 2250
【档案题名】
　　为请抄送甘肃水利林牧公司业务进行概况事函
【发文单位】 甘肃省建设厅秘书室
【收文单位】 甘肃水利林牧公司
【档案编号】 039-001-0022-0017
【成文时间】 1943-04-11
【关 键 词】 公司概况
【内容提要】
　　主要涉及请甘肃水利林牧公司抄送公司业务概况。

【叙录编号】 2251
【档案题名】
　　为编送三年来甘肃水利一文事函
【发文单位】 甘肃省水利林牧公司
【收文单位】 甘肃省建设厅秘书室
【档案编号】 039-001-0022-0024
【成文时间】 1943-12-20
【关 键 词】 甘肃水利
【内容提要】
　　主要涉及甘肃水利林牧公司编送三年来甘肃水利。

【叙录编号】 2252
【档案题名】
　　关于农田水利工程统计表
【发文单位】 甘肃省政府统计室；甘肃水利林牧公司
【收文单位】 甘肃省政府统计室
【档案编号】 039-001-0023-（0013-0015）
【成文时间】 1945-10-26
【关 键 词】 农田水利统计表
【内容提要】
　　甘肃省政府统计室、甘肃水利林牧公司之间关于报送农田水利工程统计表的公文往来，包括农田水利工程统计表。

【叙录编号】 2253
【档案题名】
　　三年来之甘肃水利
【发文单位】 甘肃水利林牧公司
【收文单位】 不详
【档案编号】 039-001-0023-0016
【成文时间】 不详
【关 键 词】 甘肃水利
【内容提要】
　　如题。

【叙录编号】 2254
【档案题名】
　　为承办甘肃农田水利概述等函
【发文单位】 甘肃水利林牧公司
【收文单位】 孔雪雄
【档案编号】 039-001-0024-（0001-0002）
【成文时间】 1943-01-13
【关 键 词】 农田水利工程概述
【内容提要】
　　甘肃水利林牧公司、孔雪雄之间关于承办甘肃农田水利概述的公文往来，包含概述。

【叙录编号】 2255
【档案题名】
　　制订报汛办法
【发文单位】 行政院水利委员会
【收文单位】 甘肃水利林牧公司
【档案编号】 039-001-0025-（0022-0023）
【成文时间】 1946-01-23
【关 键 词】 报汛办法
【内容提要】
　　主要涉及制订报汛办法，附报汛办法。

【叙录编号】 2256
【档案题名】
　　关于赠送水利资料汇编给勘测队
【发文单位】 甘肃水利林牧公司；兰州勘测队
【收文单位】 兰州勘测队；甘肃水利林牧公司
【档案编号】 039-001-0025-（0024-0025）
【成文时间】 1946-01-04—1946-02-11
【关 键 词】 水利资料
【内容提要】
　　甘肃水利林牧公司、兰州勘测队之间关于赠送水利资料汇编给勘测队的公文往来。

【叙录编号】 2257
【档案题名】
　　研究办理黄河上游机械灌溉试办计划
【发文单位】 行政院水利委员会；甘肃水利林牧公司
【收文单位】 甘肃水利林牧公司；行政院水利委员会
【档案编号】 039-001-0025-（0028-0030）
【成文时间】 1946-02-05—1946-02-12
【关 键 词】 黄河上游机械灌溉
【内容提要】
　　甘肃水利林牧公司、水利委员会之间关于请速予研究办理黄河上游机械灌溉试办计划的公文往来，包括黄河上游机械灌溉研究报告。

【叙录编号】 2258
【档案题名】
　　函送统计表格式、水利工程报表格式、各渠水准标点表、平剖面图
【发文单位】 甘肃省政府统计室；甘肃水利林牧公司等
【收文单位】 甘肃水利林牧公司；河西水利工程队等
【档案编号】 039-001-0026-（0001-0004、0009）
【成文时间】 1946-02-14—1946-09-06
【关 键 词】 水利工程报表格式；各渠水准标点表；平剖面图；统计表格式
【内容提要】
　　甘肃水利林牧公司、统计室、各渠工程处、河西水利工程各队、铁路测量总队之间关于函送统计表格式、水利工程报表格式、各渠水准标点表、平剖面图等的公文往来。

【叙录编号】 2259
【档案题名】
　　请补赠水利资料等情况致甘肃水利林牧公司
【发文单位】 水利部；甘肃省水利局
【收文单位】 甘肃省水利林牧公司
【档案编号】 039-001-0026-（0016、0018）
【成文时间】 1947-06-23—1947-07-12
【关 键 词】 水利资料
【内容提要】
　　水利部、甘肃水利林牧公司、甘肃省水利局之间关于函送水利资料的公文往来。

【叙录编号】 2260
【档案题名】
　　为催送展览水利事业之资料事代电

【发文单位】 甘肃省政府
【收文单位】 甘肃省水利林牧公司
【档案编号】 039-001-0026-0017
【成文时间】 1947-06-27
【关 键 词】 水利资料
【内容提要】
　　主要涉及甘肃省政府催送展览水利事业之资料。

【叙录编号】 2261
【档案题名】
　　为请水利公司慨赠组织章程及垦务资料
【发文单位】 浙江垦务委员会
【收文单位】 甘肃水利林牧公司
【档案编号】 039-001-0026-0030
【成文时间】 1947-10-26
【关 键 词】 组织章程；垦务资料
【内容提要】
　　主要涉及请甘肃水利林牧公司发组织章程及垦务资料。

【叙录编号】 2262
【档案题名】
　　关于呈报公司水利计划及图样并转交至水利局
【发文单位】 甘肃水利林牧公司
【收文单位】 水利部
【档案编号】 039-001-0026-（0031-0032）
【成文时间】 1947-11-19—1947-11-28
【关 键 词】 水利计划
【内容提要】
　　水利部、甘肃水利林牧公司之间关于呈报公司水利计划及图样并转交至水利局的公文往来。

【叙录编号】 2263
【档案题名】
　　为送水道查勘报告汇编第二集一册
【发文单位】 行政院水利委员会
【收文单位】 甘肃水利林牧公司
【档案编号】 039-001-0027-（0007-0008、0012）
【成文时间】 1941-12-26—1942-02-11
【关 键 词】 水道查勘报告
【内容提要】
　　甘肃水利林牧公司、行政院水利委员会之间关于送水道查勘报告汇编第二集一册的公文往来。

【叙录编号】 2264
【档案题名】
　　为水利委员会电送水利浅说至水利公司函
【发文单位】 甘肃省建设厅
【收文单位】 甘肃水利林牧公司
【档案编号】 039-001-0027-0023
【成文时间】 1942-08-15
【关 键 词】 水利浅说
【内容提要】
　　主要涉及水利委员会送水利浅说至水利林牧公司。

【叙录编号】 2265
【档案题名】
　　为请水利公司派员抄存全省水利事业所需气象等函
【发文单位】 甘肃气象测候所
【收文单位】 甘肃水利林牧公司
【档案编号】 039-001-0028-0001
【成文时间】 1941-09-16
【关 键 词】 水利事业；气象
【内容提要】
　　如题。

【叙录编号】 2266

叁　自然资源开发与生态保护类档案　599

【档案题名】
　　希照借抄存水利事业所需水文资料等函
【发文单位】　甘肃水利公司
【收文单位】　黄河水利委员会上游林垦修防工程处
【档案编号】　039-001-0028-0007
【成文时间】　1941-09-13
【关 键 词】　水文记录
【内容提要】
　　如题。

【叙录编号】　2267
【档案题名】
　　为送还水文气象表致甘肃水利林牧公司笺函
【发文单位】　中央水利实验处甘肃省水文总站
【收文单位】　甘肃水利林牧公司
【档案编号】　039-001-0029-0006
【成文时间】　不详
【关 键 词】　水文气象表
【内容提要】
　　如题。

【叙录编号】　2268
【档案题名】
　　为征求缺少之水利特刊等函
【发文单位】　甘肃水利林牧公司
【收文单位】　中国水利工程学会
【档案编号】　039-001-0029-0019
【成文时间】　1944-08-29
【关 键 词】　水利特刊
【内容提要】
　　如题。

【叙录编号】　2269
【档案题名】
　　为请检寄中国水利图书提要等函

【发文单位】　甘肃水利林牧公司
【收文单位】　中央水利实验处
【档案编号】　039-001-0030-0006
【成文时间】　1945-06-14
【关 键 词】　水利图书
【内容提要】
　　如题。

【叙录编号】　2270
【档案题名】
　　民国三十一年（1942）青年合作社因购水利法规数本向甘肃水利林牧公司水利部提交批复之往来函
【发文单位】　青年合作社
【收文单位】　甘肃水利林牧公司
【档案编号】　039-001-0056-（0039-0041）
【成文时间】　1942-12-17—1942-12-29
【关 键 词】　水利法规
【内容提要】
　　共3份文件。12月17日，青年合作社代印水利法规即将出版，甘肃水利林牧公司请示购买数本。12月26日，甘肃水利林牧公司批准青年合作社购书之请求。12月29日，甘肃水利林牧公司复青年合作社函，批准购入水利法规21本。

【叙录编号】　2271
【档案题名】
　　民国三十二年（1943）甘肃水利林牧公司总务处致佟组员在成都书店购《实用水力学》函
【发文单位】　甘肃水利林牧公司总务处
【收文单位】　甘肃水利林牧公司佟组员
【档案编号】　039-001-0056-0042
【成文时间】　1943-01-06
【关 键 词】　水利图书；李仪祉
【内容提要】

共1份文件。其中《实用水力学》每部1册,译者为李仪祉。

【叙录编号】 2272
【档案题名】
　　甘肃硝磺处请甘肃水利林牧公司给予工程蓝图的函
【发文单位】 甘肃硝磺处
【收文单位】 甘肃水利林牧公司
【档案编号】 039-001-0058-0005
【成文时间】 1943-04-29
【关 键 词】 工程蓝图
【内容提要】
　　共1份文件。要求甘肃水利林牧公司提供建设渠工名称,施工起讫地点蓝图,各处所需硝磺数量预算以及完工期限,以作参照。

【叙录编号】 2273
【档案题名】
　　甘肃水利林牧公司为送甘肃各灌溉渠位置图及各渠该年所需硝磺数量表等事的公函
【发文单位】 甘肃水利林牧公司
【收文单位】 甘肃硝磺处
【档案编号】 039-001-0058-0006-0008
【成文时间】 1943-05-26
【关 键 词】 水利;位置图;硝磺
【内容提要】
　　共3份文件。0006为公函,0007为附件《各渠工程处所需硝磺数量表》,0008为《甘肃省各渠位置图》(涉及汭丰渠等12渠)。

【叙录编号】 2274
【档案题名】
　　甘肃硝磺处就未能如期出仓的硝磺价格一事致电甘肃水利林牧公司
【发文单位】 甘肃硝磺处
【收文单位】 甘肃水利林牧公司
【档案编号】 039-001-0058-0009
【成文时间】 1943-07-15
【关 键 词】 硝磺
【内容提要】
　　共1份文件。甘肃硝磺处电甘肃水利林牧公司,此前未能如期出仓的硝磺按照出仓时价格计值。

【叙录编号】 2275
【档案题名】
　　西北盐务局就送1943年度实需硝磺数量一事致甘肃水利林牧公司的函
【发文单位】 西北盐务管理局
【收文单位】 甘肃水利林牧公司
【档案编号】 039-001-0058-0019
【成文时间】 1943-05-14
【关 键 词】 硝磺
【内容提要】
　　共1份文件,如题。

【叙录编号】 2276
【档案题名】
　　甘肃水利林牧公司和永丰渠、肃丰渠、靖丰渠就报送本年度约需硝磺数量一事的往来公文
【发文单位】 甘肃水利林牧公司;肃丰渠等
【收文单位】 永丰渠;肃丰渠等
【档案编号】 039-001-0058-(0020-0023)
【成文时间】 1945-05-16—1945-05-21
【关 键 词】 硝磺
【内容提要】
　　共4份文件。肃丰渠尚需毛硝11400市斤,永丰渠及靖丰渠该年无需硝磺。

【叙录编号】 2277
【档案题名】
　　甘肃水利林牧公司、油矿局与香港安利洋

行就购买野外发动抽水机一事的往来公函
【发文单位】 甘肃水利林牧公司；香港安利洋行驻港代表沈嗣芳等
【收文单位】 香港安利洋行驻港代表沈嗣芳；甘肃水利林牧公司等
【档案编号】 039-001-0060-（0018-0024）
【成文时间】 1941-09-12—1941-11-13
【关 键 词】 抽水机
【内容提要】
　　共6份文件。9月1日，甘肃水利林牧公司因需购入柴油发动抽水机致沈嗣芳函。9月17日，沈嗣芳函知水利林牧公司柴油抽水机详情。10月23日，沈嗣芳就抽水机参数、价格等函知水利林牧公司。11月10日，水利林牧公司为复购抽水机致沈嗣芳函。11月11日，水利林牧公司为复抽水机价格及参数致函沈嗣芳，并函知甘矿局购买抽水机之详情。11月13日，甘肃水利林牧公司为购置抽水机致甘建厅函。第六份文件后附林牧公司所购抽水机英文版详情介绍及使用说明书。

【叙录编号】 2278
【档案题名】
　　甘肃水利林牧公司、甘肃省城特种消费局、欧亚航空公司关于水利工程所需仪器运兰一事的往来公函
【发文单位】 甘肃水利林牧公司；驻渝代表张丹如
【收文单位】 甘肃省城特种消费税局；欧亚航空公司等
【档案编号】 039-001-0061-（0032-0039）
【成文时间】
　　1941-09-23；1942-01-17—1942-04-22
【关 键 词】 仪器；水利
【内容提要】
　　共8份文件。0032为甘肃水利林牧公司为仪器免税放行一事致甘肃省城特种消费局的函（2件）。0033-0039的主要内容为甘肃水利林牧公司为催欧亚航空公司将滞留仪器运兰一事，与驻渝代表晏华璋、张丹如以及欧亚航空公司兰州站办事处的往来公函。

【叙录编号】 2279
【档案题名】
　　甘肃水利林牧公司、甘肃机器厂为水利林牧公司订购火药并查询钢架及抽水机配件一事的往来公函
【发文单位】 甘肃机器厂
【收文单位】 甘肃水利林牧公司
【档案编号】 039-001-0063-（0003-0004）
【成文时间】 1941-09-06—1941-09-09
【关 键 词】 火药；抽水机
【内容提要】
　　共2份文件，如题。

【叙录编号】 2280
【档案题名】
　　甘肃机器厂为送代截抽水机、铁水管提货证及发票致甘肃水利林牧公司函
【发文单位】 甘肃机器厂
【收文单位】 甘肃水利林牧公司
【档案编号】 039-001-0064-0020
【成文时间】 1944-07-14
【关 键 词】 抽水机；铁水管
【内容提要】
　　共1份文件，如题。

【叙录编号】 2281
【档案题名】
　　甘肃水利林牧公司为颁行新会计规则一事致各渠处的函、电
【发文单位】 甘肃水利林牧公司
【收文单位】 各渠工程处
【档案编号】 039-001-0067-（0010-0012）

【成文时间】 1941-10-22—1941-12-06
【关 键 词】 月报表；各渠
【内容提要】
　　共3份文件，如题。

【叙录编号】 2282
【档案题名】
　　甘肃水利林牧公司为购置器具应列项目一事致各渠处函
【发文单位】 甘肃水利林牧公司
【收文单位】 各渠工程处
【档案编号】 039-001-0067-0013
【成文时间】 1942-05-01
【关 键 词】 购置器具；各渠
【内容提要】
　　共1份文件，如题。

【叙录编号】 2283
【档案题名】
　　甘肃水利林牧公司为汇交款项附发水单不另函复一事致各渠处
【发文单位】 甘肃水利林牧公司
【收文单位】 各渠工程处
【档案编号】 039-001-0067-0014
【成文时间】 1942-05-08
【关 键 词】 各渠
【内容提要】
　　共1份文件，如题。

【叙录编号】 2284
【档案题名】
　　甘肃水利林牧公司为规定各渠工程处制送表报办法等事致各渠处函
【发文单位】 甘肃水利林牧公司
【收文单位】 各渠工程处
【档案编号】 039-001-0067-0015
【成文时间】 1942-05-21

【关 键 词】 报表；各渠
【内容提要】
　　共1份文件，如题。

【叙录编号】 2285
【档案题名】
　　甘肃水利林牧公司为列支农田水利贷款利息一事致各渠处函
【发文单位】 甘肃水利林牧公司
【收文单位】 各渠工程处
【档案编号】 039-001-0067-0016
【成文时间】 1942-05-29
【关 键 词】 贷款利息；各渠
【内容提要】
　　共1份文件，如题。

【叙录编号】 2286
【档案题名】
　　甘肃水利林牧公司规定各渠工程处主任等公司职员工资之便条
【发文单位】 甘肃水利林牧公司
【收文单位】 甘肃水利林牧公司协理；甘肃水利林牧公司主任等
【档案编号】 039-001-0068-0002
【成文时间】 1941-12-03
【关 键 词】 公费调整
【内容提要】
　　共1份文件，如题。

【叙录编号】 2287
【档案题名】
　　甘肃水利林牧公司为调整各渠处职员公费致各渠工程处函
【发文单位】 甘肃水利林牧公司
【收文单位】 甘肃水利林牧公司各渠工程处
【档案编号】 039-001-0068-0003
【成文时间】 1941-12-23

叁 自然资源开发与生态保护类档案 603

【关 键 词】 公费调整
【内容提要】
共1份文件，如题。

【叙录编号】 2288
【档案题名】
甘肃水利林牧公司为送职员薪津表一事致各渠工程处函
【发文单位】 甘肃水利林牧公司
【收文单位】 各渠工程处
【档案编号】 039-001-0069-0004
【成文时间】 1941-11-29
【关 键 词】 各渠工程处；薪津
【内容提要】
共1份文件，如题。

【叙录编号】 2289
【档案题名】
甘肃水利林牧公司为规定试用人员待遇一事致水利部等处的函
【发文单位】 甘肃水利林牧公司
【收文单位】 水利部
【档案编号】 039-001-0069-0017
【成文时间】 1942-05-23
【关 键 词】 试用人员待遇
【内容提要】
共1份文件。致水利部、森林部、畜牧部、第一林区管理处、陇南畜牧场、兰州牧场筹备处、各渠工程处管理处等。

【叙录编号】 2290
【档案题名】
中国农民银行兰州分行、甘肃省建设厅、甘肃水利林牧公司关于派员担任水利贷款一事的往来公函
【发文单位】 中国农民银行兰州分行；甘肃省建设厅等

【收文单位】 甘肃省建设厅；甘肃水利林牧公司等
【档案编号】 039-001-0083-（0013-0025）
【成文时间】 1941-07-08—1945-09-26
【关 键 词】 水利；稽查
【内容提要】
共13份文件，如题。

【叙录编号】 2291
【档案题名】
甘肃水利林牧公司为送该公司活期存款户及水利专款户新印鉴致邮政储金汇业局、中央银行
【发文单位】 甘肃省政府；甘肃水利林牧公司
【收文单位】 邮政储金汇业局；中央银行
【档案编号】 039-001-0084-0041
【成文时间】 1945-03-31
【关 键 词】 水利专款
【内容提要】
共1份文件，如题。

【叙录编号】 2292
【档案题名】
甘肃省建设厅要求甘肃水利林牧公司报告各渠工程进行状况一事的往来公函
【发文单位】 甘肃省建设厅；甘肃水利林牧公司
【收文单位】 甘肃水利林牧公司；甘肃省建设厅等
【档案编号】 039-001-0085-（0001-0003）
【成文时间】 1941-09-02—1941-09-09
【关 键 词】 各渠工程进行状况
【内容提要】
共3份文件，如题。

【叙录编号】 2293
【档案题名】

中国农行要求甘肃水利林牧公司将甘肃农田水利贷款工程计划书表报送一事的公函
【发文单位】 中国农行总管处；甘肃水利林牧公司
【收文单位】 甘肃水利林牧公司；各渠工程处
【档案编号】 039-001-0085-（0003-0005）
【成文时间】 1942-01-22—1942-01-23
【关 键 词】 农田；水利；贷款；工程计划书
【内容提要】
共3份文件。中国农行要求甘肃水利林牧公司报送甘肃农田水利贷款工程计划书表（0003-0004），公司通知各渠按月报送（0005）。

【叙录编号】 2294
【档案题名】
中国农行兰州分行为补送各渠工程进度表及收支月报表一事致甘肃水利林牧公司的函
【发文单位】 中国农民银行兰州分行
【收文单位】 甘肃水利林牧公司
【档案编号】 039-001-0085-（0005-0006）
【成文时间】 1942-02-07
【关 键 词】 渠道
【内容提要】
共1份文件。中国农行要求甘肃水利林牧公司自1941年8月起补送各渠工程进度表及收支月报表。

【叙录编号】 2295
【档案题名】
中国农行兰州分行为补送各渠各种报表及改进工程办法等事致甘肃水利林牧公司的函
【发文单位】 中国农民银行总管处
【收文单位】 甘肃水利林牧公司
【档案编号】 039-001-0085-（0006-0007）
【成文时间】 1942-02-21—1942-03-10
【关 键 词】 各渠
【内容提要】
共2份文件，如题。

【叙录编号】 2296
【档案题名】
甘肃水利林牧公司、兰州农行关于自1月起水利林牧公司停止填送各渠建筑物工程暨土石方及工程进度表、月报表仪式的往来公函
【发文单位】 甘肃水利林牧公司；兰州农行
【收文单位】 兰州中国农民银行；甘肃水利林牧公司
【档案编号】 039-001-0085-0009
【成文时间】 1942-04-27—1942-05-26
【关 键 词】 各渠；工程进度表；月报表
【内容提要】
共2份文件，如题。

【叙录编号】 2297
【档案题名】
兰州农行、甘肃水利林牧公司为如何报送新贷款及工程总报告表一事的往来公函
【发文单位】 兰州农行；甘肃水利林牧公司
【收文单位】 甘肃水利林牧公司；兰州农行
【档案编号】 039-001-0085-（0010-0012）
【成文时间】 1942-05-27—1942-06-12
【关 键 词】 农田水利贷款；报告表
【内容提要】
共3件文件，附《省农田水利贷款及工程总报告表》（0010）。

【叙录编号】 2298
【档案题名】
兰州农行、甘肃水利林牧公司关于各表此后仅送农行的相关公函
【发文单位】 兰州农行；甘肃水利林牧公司
【收文单位】 甘肃水利林牧公司；各渠工程处
【档案编号】 039-001-0085-（0013-0015）
【成文时间】 1942-06-06—1942-07-22

【关　键　词】　农田水利贷款；报表
【内容提要】

共3份文件。兰州农行通知甘肃水利林牧公司：各省农田水利工程贷款表此后均由农行汇编转报，各表除仍就近检送代表行1份外，仅须填送农行1份即可。甘肃水利林牧公司转达各渠。

【叙录编号】　2299
【档案题名】

兰州农行、中农银行总处关于催办甘肃水利林牧公司为按时报送工程进度总表的相关公函
【发文单位】　兰州农行；中农银行总处等
【收文单位】　甘肃水利林牧公司；各渠工程处
【档案编号】　039-001-0085-（0015-0018）
【成文时间】　1942-07-23—1942-11-20
【关　键　词】　工程进度总表；各渠
【内容提要】

共3份文件。兰农行、中农银行总处催办甘肃水利林牧公司按时报送工程进度总表；甘肃水利林牧公司催各渠。

【叙录编号】　2300
【档案题名】

甘肃省政府允准兰农行关于水贷报表嗣后请送2份一案希甘肃水利林牧公司照办的电
【发文单位】　甘肃省政府
【收文单位】　甘肃水利林牧公司
【档案编号】　039-001-0085-（0026-0027）
【成文时间】　1944-01-18
【关　键　词】　水贷；报表
【内容提要】

共1份文件，如题。

【叙录编号】　2301
【档案题名】

兰州农行、甘肃水利林牧公司关于水利林牧公司补送民国三十四年（1945）总字20号以前动支贷款申请书的往来函
【发文单位】　兰州农行；甘肃水利林牧公司
【收文单位】　甘肃水利林牧公司；兰州农行
【档案编号】　039-001-0085-（0027-0029）
【成文时间】　1945-01-22—1945-12-06
【关　键　词】　农田水利贷款
【内容提要】

共2份文件，如题。

【叙录编号】　2302
【档案题名】

甘肃水利林牧公司为召集举行第2次渠务会议的相关通知、电、函
【发文单位】　甘肃水利林牧公司
【收文单位】　郭协理；赵副经理等
【档案编号】　039-001-0114-（0004-0008）
【成文时间】　1943-02-11—1943-02-24
【关　键　词】　第2次渠务会议
【内容提要】

共5份文件，如题。

【叙录编号】　2303
【档案题名】

甘肃水利林牧公司第2次渠务会议记录
【发文单位】　甘肃水利林牧公司
【收文单位】　不详
【档案编号】　039-001-0114-0009
【成文时间】　1943-02-25
【关　键　词】　第2次渠务会议
【内容提要】

共1份文件。概括第2次渠务会议整体经过。

【叙录编号】　2304
【档案题名】

甘肃水利林牧公司各渠主任工作报告
【发文单位】　甘肃水利林牧公司
【收文单位】　不详
【档案编号】　039-001-0114-0010
【成文时间】　1943-02-25
【关 键 词】　第2次渠务会议；各渠
【内容提要】

共1份文件。包括各渠主任工作报告：1. 汭丰渠；2. 靖丰渠；3. 溥济渠、洮惠渠；4. 湟惠渠、登丰渠；5. 永丰渠；6. 永乐渠；7. 兰丰渠；8. 肃丰渠；9. 平丰渠。各渠主任报告工程处所在地方及工人生活状况：1. 湟惠渠；2. 靖丰渠；3. 平丰渠；4. 永乐渠；5. 永丰渠；6. 洮惠渠、溥济渠；7. 汭惠渠；8. 肃丰渠。总经理在第二次渠务会议的致辞。决议事项6项。备忘事项5项。

【叙录编号】　2305
【档案题名】

甘肃水利林牧公司第2次渠务会议记录
【发文单位】　甘肃水利林牧公司
【收文单位】　不详
【档案编号】　039-001-0115-0001
【成文时间】　不详
【关 键 词】　第2次渠务会议
【内容提要】

共1份文件。内容与039-001-0114-（0009-0010）略同，而字体更为工整、清晰、全面。

【叙录编号】　2306
【档案题名】

甘肃水利林牧公司为举行第3次渠务会议致各渠及相关人员的函、电、通知
【发文单位】　甘肃水利林牧公司
【收文单位】　张厅长；何处长等
【档案编号】

039-001-0115-（0002-0004，0007-0008，0010-0016）
【成文时间】　1943-10-22—1944-01-07
【关 键 词】　第3次渠务会议
【内容提要】

共12份文件，如题。

【叙录编号】　2307
【档案题名】

甘肃水利林牧公司第3次渠务会议日程及出席者名单
【发文单位】　甘肃水利林牧公司
【收文单位】　不详
【档案编号】　039-001-0115-（0017-0022）
【成文时间】　不详
【关 键 词】　第3次渠务会议
【内容提要】

共6份文件，如题。

【叙录编号】　2308
【档案题名】

甘肃水利林牧公司第3次渠务会议记录
【发文单位】　甘肃水利林牧公司
【收文单位】　不详
【档案编号】　039-001-0115-0023
【成文时间】　不详
【关 键 词】　第3次渠务会议
【内容提要】

共1份文件。第3次渠务会议于1944年1月12—13日召开，包括总经理致开会辞等。

【叙录编号】　2309
【档案题名】

甘肃水利林牧公司第3次渠务会议各渠站报告
【发文单位】　甘肃水利林牧公司
【收文单位】　不详
【档案编号】　039-001-0115-0024

【成文时间】 不详
【关 键 词】 第3次渠务会议
【内容提要】
共1份文件，续0023。包括各渠站报告；总工程师对工程处施工检讨；总经理归纳结论；各项工程技术问题之研讨；备忘事项等。

【叙录编号】 2310
【档案题名】
甘肃水利林牧公司为召集各渠工程处等主任到兰开渠务会议致各渠各站的电、函
【发文单位】 甘肃水利林牧公司
【收文单位】 肃丰渠；永丰渠等
【档案编号】 039-001-0116-（0004-0007）
【成文时间】 1944-12-30
【关 键 词】 会议
【内容提要】
共4份文件。拟于1945年1月18日召开会议。

【叙录编号】 2311
【档案题名】
甘肃水利林牧公司为举行第4次渠务会议的相关通知及会议日程
【发文单位】 甘肃水利林牧公司
【收文单位】 宋处长；李工程师等
【档案编号】 039-001-0116-（011-0015）
【成文时间】 1945-01-17—1945-01-26
【关 键 词】 第4次渠务会议
【内容提要】
共5份文件，如题。

【叙录编号】 2312
【档案题名】
第4次渠务会议日程
【发文单位】 甘肃水利林牧公司
【收文单位】 不详
【档案编号】 039-001-0116-0019
【成文时间】 不详
【关 键 词】 第4次渠务会议
【内容提要】
共1份文件。拟于1945年1月29—30日召开会议。

【叙录编号】 2313
【档案题名】
第4次渠务会议出席者的名单
【发文单位】 甘肃水利林牧公司
【收文单位】 不详
【档案编号】 039-001-0116-0020
【成文时间】 不详
【关 键 词】 第4次渠务会议
【内容提要】
共1份文件，如题。

【叙录编号】 2314
【档案题名】
第4次渠务会议记录
【发文单位】 甘肃水利林牧公司
【收文单位】 不详
【档案编号】 039-001-0117-（0002-0003）
【成文时间】 不详
【关 键 词】 第4次渠务会议
【内容提要】
共2份文件。0002：（甲）郭协理致开会辞；（乙）许协理报告1944年度各渠占工款洽拨。0003：（丙）各渠站报告：1.永丰渠；2.永乐渠；3.靖丰渠；4.肃丰渠；5.酒泉工作总站；6.武威工作站；7.张掖工作站；8.安西工作站。（丁）第三次渠务会议决议及备忘事项检讨。（戊）三十四年（1945）施工计划及商榷。（己）设计参改图之研讨。（庚）周总工程师报告河西十二年计划第一年工作。（辛）甘肃省建设厅马工程师逢良提议案。（壬）整理

河西旧渠应注意事项。（癸）备忘事项。

【叙录编号】 2315
【档案题名】
　　第4次渠务会议记录
【发文单位】 甘肃水利林牧公司
【收文单位】 不详
【档案编号】 039-001-0117-0004
【成文时间】 不详
【关 键 词】 第4次渠务会议
【内容提要】
　　共1份文件。内容与0002-0003同，而字体工整，排版清晰，便于识读。

【叙录编号】 2316
【档案题名】
　　甘肃水利林牧公司关于钤记印戳印模等事与各渠的往来函、呈
【发文单位】 甘肃水利林牧公司；北湾堤渠工程处等
【收文单位】 各渠工程处；甘肃水利林牧公司等
【档案编号】 039-001-0118-（0001-0031）
【成文时间】 1941-08-11—1945-07-05
【关 键 词】 钤记印章
【内容提要】
　　共31份文件，如题。

【叙录编号】 2317
【档案题名】
　　甘肃水利林牧公司关于会计规则一事与各渠工程处的往来公函
【发文单位】 甘肃水利林牧公司；汭惠渠工程处
【收文单位】 各渠工程处；甘肃水利林牧公司
【档案编号】 039-001-0119-（0001-0007）
【成文时间】 1941-09-02—1942-01-07
【关 键 词】 会计规则
【内容提要】
　　共7份文件。自1942年1月1日起实行各渠工程处暂行会计规则，0006附《各渠工程处暂行会计规则修正案》。

【叙录编号】 2318
【档案题名】
　　甘肃水利林牧公司为变更工程处经费科目致各渠的通函
【发文单位】 甘肃水利林牧公司
【收文单位】 各渠工程处
【档案编号】 039-001-0119-0008
【成文时间】 1943-03-03
【关 键 词】 经费科目
【内容提要】
　　共1份文件。内容为承办水利工程科目之变更。

【叙录编号】 2319
【档案题名】
　　甘肃水利林牧公司为通知《暂行会计规则》增设细目致各渠的函
【发文单位】 甘肃水利林牧公司
【收文单位】 各渠工程处；管理处
【档案编号】 039-001-0119-（0011-0012）
【成文时间】 1943-06-21—1943-10-18
【关 键 词】 会计规则
【内容提要】
　　共2份文件。《暂行会计规则》"承办水利工程"科目内增设"放淤费用"，附详细条文（0011）；增设"放水费用"，附详细条文（0012）。

【叙录编号】 2320
【档案题名】
　　甘肃水利林牧公司为规定各渠经费支出列

账办法致各渠工程处的函
【发文单位】 甘肃水利林牧公司
【收文单位】 各渠工程处；管理处
【档案编号】 039-001-0119-0013
【成文时间】 1943-10-11
【关 键 词】 经费支出；账目
【内容提要】
　　共1份文件，如题。

【叙录编号】 2321
【档案题名】
　　甘肃水利林牧公司为通知《暂行会计规则》增设细目致各渠的函
【发文单位】 甘肃水利林牧公司
【收文单位】 各渠工程处；管理处
【档案编号】 039-001-0119-0016
【成文时间】 1944-06-01
【关 键 词】 蓄水库；会计规则
【内容提要】
　　共1份文件，增设"蓄水库"细目及子目。

【叙录编号】 2322
【档案题名】
　　甘肃水利林牧公司为整顿账务办法致各渠的函
【发文单位】 甘肃水利林牧公司
【收文单位】 各渠工程处；管理处
【档案编号】 039-001-0119-0017
【成文时间】 1944-06-09
【关 键 词】 账务
【内容提要】
　　共1份文件，如题。

【叙录编号】 2323
【档案题名】
　　甘肃水利林牧公司关于《修正水工单位会计科目》颁行及订正等事致各水工单位的函
【发文单位】 甘肃水利林牧公司总管理处；甘肃水利林牧公司会计处
【收文单位】 水工单位；甘肃水利林牧公司总管理处
【档案编号】 039-001-0119-（0025-0028）
【成文时间】 1944-12-21—1945-07-25
【关 键 词】 水工单位；会计科目
【内容提要】
　　共3份文件。《修正水工单位会计科目》于1945年1月1日施行，附《甘肃水利林牧公司水工单位会计科目》（0026）。0027对《修正水工单位会计科目》略有修改，附新的《修正水工单位会计科目》。

【叙录编号】 2324
【档案题名】
　　甘肃省政府、甘肃水利林牧公司总管理处就各水利工程及水利查勘队移交事项往来函
【发文单位】 甘肃省政府；甘肃水利林牧公司总管理处
【收文单位】 甘肃水利林牧公司总管理处；甘肃省政府
【档案编号】 039-001-0122-（0006-0008）
【成文时间】 1941-08-01—1941-08-19
【关 键 词】 水利工程；水利查勘队
【内容提要】
　　共3份文件。自8月1日起，甘肃省所有经办关于洮惠、湟惠、溥济、夏惠、永丰、泾济、汭惠等渠及北湾堤渠工程交由甘肃水利林牧公司接收办理。甘肃省水利查勘队第一、二、三分队由甘肃省政府派员组成，总队长需由甘肃水利林牧公司派员委任。上述转交组织所有职工由甘肃水利林牧公司原资原薪津留用。

【叙录编号】 2325

【档案题名】

甘肃省建设厅就造送各渠工程截止民国三十年（1941）7月底实支款项分别列表给甘肃水利林牧公司的公函

【发文单位】　甘肃省建设厅

【收文单位】　甘肃水利林牧公司

【档案编号】　039-001-0122-0009

【成文时间】　1941-08-02

【关 键 词】　工程款项报表

【内容提要】

共1份文件。涉及甘肃水利林牧公司主办的永丰、夏惠、泾济、汭惠、北湾堤、洮惠、溥济、湟惠各渠工程截止7月底实支工程费表及经管水利贷款清册事宜，附《甘肃省建设厅经管水利贷款收支款目清册》《甘肃省建设厅经管各水渠工款总表》《甘肃省建设厅洮惠渠工款表》《甘肃省建设厅溥济渠工款表》《甘肃省建设厅湟惠渠工款表》《甘肃省建设厅泾济渠工款表》《甘肃省建设厅北湾堤工程工款表》《甘肃省建设厅夏惠渠工款表》《甘肃省建设厅永丰渠工款表》《甘肃省建设厅汭惠渠工款表》各1份。

【叙录编号】　2326

【档案题名】

甘肃省建设厅为将建设厅经管水利贷款结存移交事宜给甘肃水利林牧公司的公函及甘肃水利林牧公司总管理处送中国农行支票1本给甘肃省建设厅的公函

【发文单位】　甘肃省建设厅；甘肃水利林牧公司总管理处

【收文单位】　甘肃水利林牧公司总管理处；甘肃省建设厅

【档案编号】　039-001-0122-（0010-0011）

【成文时间】　1941-08-02

【关 键 词】　水利贷款

【内容提要】

共2份文件。涉及甘肃省建设厅将其经管水利贷款1777320元结存移交给甘肃水利林牧公司接收，甘肃水利林牧公司总管理处函送中国农行支票1本给甘肃省建设厅。

【叙录编号】　2327

【档案题名】

甘肃水利林牧公司总管理处，水利查勘队第一、二、三分队就长戳刊发、查收、启用事宜的往来公文

【发文单位】　甘肃水利林牧公司总管理处；水利查勘队第一分队等

【收文单位】　水利查勘队第一分队；水利查勘队第二分队等

【档案编号】　039-001-0125-（0015-0021）

【成文时间】　1941-08-18—1942-08-21

【关 键 词】　长戳

【内容提要】

共8份文件。涉及水利查勘队第一、二、三分队官章事宜。

【叙录编号】　2328

【档案题名】

甘肃水利林牧公司总经理沈怡为聘用周礼为水利查勘队总队长给周礼的聘书

【发文单位】　甘肃水利林牧公司总经理沈怡

【收文单位】　甘肃水利林牧公司水利查勘队总队长周礼

【档案编号】　039-001-0125-（0022、0027）

【成文时间】　1941-08-02—1941-09-27

【关 键 词】　水利查勘队总队长

【内容提要】

共2份文件，如题。

【叙录编号】　2329

【档案题名】

甘肃省政府为经办各水利工程及水利查勘

队移交甘肃水利林牧公司给甘肃水利林牧公司的卷
【发文单位】 甘肃省政府
【收文单位】 甘肃水利林牧公司
【档案编号】 039-001-0125-0023
【成文时间】 1941-07-31
【关 键 词】 水利工程；水利查勘队
【内容提要】
　　共1份文件，如题。

【叙录编号】 2330
【档案题名】
　　甘肃省建设厅为委派事务员张严为水利查勘队事务员给甘肃水利林牧公司的训令及甘肃水利林牧公司、甘肃省建设厅就水利查勘队事务员张严月支薪给发放事宜的往来函
【发文单位】 甘肃水利林牧公司；甘肃省建设厅
【收文单位】 甘肃省建设厅；甘肃水利林牧公司
【档案编号】 039-001-0125-（0024-0026）
【成文时间】 1941-07-23—1941-09-05
【关 键 词】 事务员；月支薪给
【内容提要】
　　共3份文件。涉及甘肃省建设厅委派事务员张严为水利查勘队事务员一事的训令，甘肃水利林牧公司就张严月支薪给数额事宜询问甘肃省建设厅的函及甘肃省建设厅的复函。

【叙录编号】 2331
【档案题名】
　　甘肃水利林牧公司水利查勘队总队长周礼为各查勘队职员经费补助调整期延展事宜给甘肃水利林牧公司总经理沈怡的签呈
【发文单位】 甘肃水利林牧公司水利查勘队总队长周礼
【收文单位】 甘肃水利林牧公司总经理沈怡

【档案编号】 039-001-0125-0028
【成文时间】 1941-11-07
【关 键 词】 经费补助
【内容提要】
　　共1份文件。涉及甘肃水利林牧公司水利查勘队总队长周礼请求延展查勘队人员经费补助期限，由8—10月改为8—12月。

【叙录编号】 2332
【档案题名】
　　甘肃水利林牧公司为通知各查勘队人员经费补助期限延长事宜给水利查勘队一、二、三分队的函
【发文单位】 甘肃水利林牧公司
【收文单位】 水利查勘队第一分队；水利查勘队第二分队等
【档案编号】 039-001-0125-0029
【成文时间】 1941-11-10
【关 键 词】 经费补助
【内容提要】
　　共1份文件。涉及甘肃水利林牧公司将下属水利查勘队一、二、三分队经费补助期限由原定8—10月改为8—12月一事。

【叙录编号】 2333
【档案题名】
　　甘肃水利林牧公司为聘用黄宗泽、吴肇基给黄宗泽、吴肇基的聘书
【发文单位】 甘肃水利林牧公司
【收文单位】 黄宗泽；吴肇基
【档案编号】
　　039-001-0125-（0030、0032-0033）
【成文时间】 1941-11-22
【关 键 词】 聘书
【内容提要】
　　共3份文件。涉及甘肃水利林牧公司为聘用黄宗泽、吴肇基分别为水利部帮工程师、水

利部工程师在水利查勘队第一分队工作事宜的聘书。

【叙录编号】 2334
【档案题名】
甘肃水利林牧公司为补发水利查勘队第一、三分队各员聘书并将薪津调整制表随函发出事宜给水利查勘队第一、三分队的函
【发文单位】 甘肃水利林牧公司
【收文单位】 水利查勘队第一分队；水利查勘队第三分队
【档案编号】 039-001-0125-0031
【成文时间】 1941-12-23
【关 键 词】 聘书；薪津
【内容提要】
共1份文件，如题。附《水利查勘队第一、三分队调整薪津表》1份。

【叙录编号】 2335
【档案题名】
甘肃水利林牧公司给任以永、王诺夫、陈业清的聘书
【发文单位】 甘肃水利林牧公司
【收文单位】 任以永；王诺夫等
【档案编号】 039-001-0125-（0034-0036）
【成文时间】 1941-12-22
【关 键 词】 聘书
【内容提要】
共4份文件。涉及甘肃水利林牧公司为聘用任以永、王诺夫、陈业清分别为水利部工程师兼水利查勘队第三分队队长、水利部工程师、水利部帮工程师在水利查勘队第三分队工作事宜的聘书。

【叙录编号】 2336
【档案题名】
甘肃水利林牧公司为送调整各水利查勘队员工薪津表给会计室的函及甘肃水利林牧公司水利查勘队总队长周礼关于调整水利查勘队薪津事宜给甘肃水利林牧公司总经理沈怡的签函，附《水利查勘队员工薪津表》1份
【发文单位】 甘肃水利林牧公司；甘肃水利林牧公司水利查勘队总队长周礼
【收文单位】 甘肃水利林牧公司会计室；甘肃水利林牧公司总经理沈怡
【档案编号】 039-001-0125-（0036-0038）
【成文时间】 1941-12-23
【关 键 词】 薪津调整
【内容提要】
共3份文件，如题。附《水利查勘队员工薪津表》一份。

【叙录编号】 2337
【档案题名】
甘肃水利林牧公司为详细分别支给各查勘队职员薪津办法给水利查勘队第一、三分队的函
【发文单位】 甘肃水利林牧公司
【收文单位】 水利查勘队第一分队；水利查勘队第三分队
【档案编号】 039-001-0125-0039
【成文时间】 1941-12-26
【关 键 词】 薪津调整
【内容提要】
共1份文件。涉及甘肃水利林牧公司向水利查勘队第一分队、水利查勘队第三分队解释本年8—12月月支薪津及"调整之薪资""调整之外勤费""查勘津贴""津贴"（生活津贴、膳食津贴、房租津贴、家庭津贴）几项薪津发放细则事宜。

【叙录编号】 2338
【档案题名】
甘肃水利林牧公司为规定各查勘队职员支

领房租津贴、查勘津贴、外勤费办法三项给查勘队的函及甘肃水利林牧公司、水利查勘队一队关于甘肃水利林牧公司职员薪津规则及职员津贴规则的往来函
【发文单位】 甘肃水利林牧公司；水利查勘队第一分队
【收文单位】 各查勘队；甘肃水利林牧公司
【档案编号】 039-001-0125-（0040-0041）
【成文时间】 1941-12-22—1941-12-27
【关 键 词】 职员支领；房租津贴；查勘津贴；外勤费；职员薪津规则；职员津贴规则
【内容提要】
　　共3份文件，如题。

【叙录编号】 2339
【档案题名】
　　水利查勘队第三分队、甘肃水利林牧公司为查勘津贴加给事宜之往来函
【发文单位】 水利查勘队第三分队；甘肃水利林牧公司
【收文单位】 甘肃水利林牧公司；水利查勘队第三分队
【档案编号】 039-001-0125-（0045-0047）
【成文时间】 1942-01-06—1942-01-09
【关 键 词】 查勘津贴
【内容提要】
　　共2份文件。水利查勘队第三分队因甘肃省西部生活程度较高，工作条件较为艰苦，请求甘肃水利林牧公司增加查勘津贴50元，甘肃水利林牧公司复函水利查勘队第三分队知悉情况并增加查勘津贴50元。

【叙录编号】 2340
【档案题名】
　　甘肃水利林牧公司为水利查勘第三分队职员眷属留寓地点照支房租津贴给水利查勘队第三分队的函
【发文单位】 甘肃水利林牧公司
【收文单位】 水利查勘队第三分队
【档案编号】 039-001-0125-0048
【成文时间】 1942-08-20
【关 键 词】 房租津贴
【内容提要】
　　共1份文件。涉及甘肃水利林牧公司致函水利查勘队第三分队，职员外出查看期间眷属留寓地点照支房租津贴事宜。

【叙录编号】 2341
【档案题名】
　　甘肃水利林牧公司为各渠工程及查勘队移交办法给各渠工程队、各查勘队、兰州制革厂的函及移交办法
【发文单位】 甘肃水利林牧公司
【收文单位】 各渠工程队；各查勘队等
【档案编号】 039-001-0129-（0001-0002）
【成文时间】 1941-09-22—1941-09-23
【关 键 词】 移交办法
【内容提要】
　　共2份文件，附《各工程处及查勘队移交办法》《甘肃省政府移交甘肃水利林牧公司接收各渠工程及勘测队办法》各1份。

【叙录编号】 2342
【档案题名】
　　甘肃省政府委托甘肃水利林牧公司办理水利工程合约
【发文单位】 甘肃省政府
【收文单位】 甘肃水利林牧公司
【档案编号】 039-001-0129-0003
【成文时间】 1941-07-30
【关 键 词】 合约
【内容提要】
　　共1份文件。为《甘肃省政府委托甘肃水利林牧公司办理水利工程合约》，甘肃省政府

委托甘肃水利林牧公司办理甘肃省农田水利及其他有关水利工程，内含有关条款10条。

【叙录编号】 2343
【档案题名】
　　甘肃水利林牧公司、甘肃省建设厅关于水利查勘队经费拨发、补发续拨事宜的往来函
【发文单位】 甘肃水利林牧公司；甘肃省建设厅
【收文单位】 甘肃省建设厅；甘肃水利林牧公司
【档案编号】 039-001-0129-（0004-0009）
【成文时间】 1941-11-08—1942-03-04
【关　键　词】 水利查勘队；经费拨发
【内容提要】
　　共6份文件。涉及民国三十年（1941）甘肃省建设厅关于水利查勘队8—12月经费拨发、补发、续拨事宜。1942年3月4日，甘肃省建设厅致函甘肃水利林牧公司水利查勘队经费已拨发清楚，甘肃水利林牧公司需依照会计法造具表类送转甘肃省建设厅核销。

【叙录编号】 2344
【档案题名】
　　甘肃水利林牧公司、甘肃省建设厅关于抄示、收送、审计民国三十一年（1942）水利查勘队经费数目及水利查勘费明细表的往来函
【发文单位】 甘肃水利林牧公司；甘肃省建设厅
【收文单位】 甘肃省建设厅；甘肃水利林牧公司
【档案编号】
　　039-001-0129-（0010、0014、0016、0019）
【成文时间】 1942-03-06—1942-05-19
【关　键　词】 水利查勘；经费拨发
【内容提要】
　　共4份文件。涉及民国三十一年（1942）水利查勘队经费数目、水利查勘费明细表等事项的抄示、收送、审计事宜。

【叙录编号】 2345
【档案题名】
　　甘肃省建设厅、甘肃水利林牧公司就年度水利查勘经费领取及经费分配预算事宜的往来公函
【发文单位】 甘肃省建设厅
【收文单位】 甘肃水利林牧公司；甘肃省建设厅
【档案编号】 039-001-0129-（0011-0012）
【成文时间】 1942-04-25—1942-04-29
【关　键　词】 水利查勘经费
【内容提要】
　　共2份文件。涉及水利查勘经费的的补助、发放、领取及水利查勘费用补助经费详细分配预算相关事宜。

【叙录编号】 2346
【档案题名】
　　甘肃水利林牧公司为送民国三十年度（1941）水利查勘队经费决算表给甘肃省政府的公函
【发文单位】 甘肃水利林牧公司
【收文单位】 甘肃省政府
【档案编号】 039-001-0129-0013
【成文时间】 1942-06-01
【关　键　词】 水利查勘经费
【内容提要】
　　共1份文件。甘肃水利林牧公司致函甘肃省政府民国三十年（1941）8—12月水利查勘队共用经费数额5354392元。

【叙录编号】 2347
【档案题名】
　　甘肃省建设厅为造送民国三十一年（1942）水利查勘队经费明细表等项的公函

【发文单位】 甘肃省建设厅
【收文单位】 甘肃水利林牧公司
【档案编号】 039-001-0129-0015
【成文时间】 1943-03-18
【关 键 词】 水利查勘经费
【内容提要】

共1份文件。涉及甘肃省建设厅造送甘肃水利林牧公司民国三十一年（1942）补助水利查勘费135000元，并嘱甘肃水利林牧公司造送加盖印信的查勘经费预算明细表，补具预算书4份、会计报告表4份，并声明未送凭证单据理由一并送至甘肃省建设厅审核。

【叙录编号】 2348
【档案题名】

甘肃省建设厅为请具领民国三十二年（1942）一、二、三各月份水利查勘补助费给甘肃水利林牧公司的快邮代电
【发文单位】 甘肃省建设厅
【收文单位】 甘肃水利林牧公司
【档案编号】 039-001-0129-0017
【成文时间】 1943-04-13
【关 键 词】 水利查勘补助费
【内容提要】

共1份文件，如题。

【叙录编号】 2349
【档案题名】

甘肃省水利林牧公司总管理处、甘肃省建设厅关于《甘肃省政府补助水利查勘队经费办法》相关事项的往来函
【发文单位】 甘肃水利林牧公司总管理处；甘肃省建设厅
【收文单位】 甘肃省建设厅；甘肃水利林牧公司总管理处
【档案编号】

039-001-0129-（0018、0020-0022）

【成文时间】 1943-05-19—1943-06-15
【关 键 词】 《甘肃省政府补助水利查勘队经费办法》
【内容提要】

共4份文件。5月19日，甘肃水利林牧公司致函询问《甘肃省政府补助水利查勘队经费办法》中所规定的造送经费决算表、会计报告书具体执行方法。6月2日，甘肃省建设厅回函详述《甘肃省政府补助水利查勘队经费办法》中具体规定执行细则的相关事宜。6月15日，甘肃水利林牧公司致函甘肃省建设厅会计室因无法预订双方项目金额分配，更无法将原始单据割裂提供，碍难依据会计法办理所需单据报表。

【叙录编号】 2350
【档案题名】

甘肃水利林牧公司总管理处为请续拨民国三十二年度（1943）水利查勘补助费等项给甘肃省建设厅的公函
【发文单位】 甘肃水利林牧公司总管理处
【收文单位】 甘肃省建设厅
【档案编号】 039-001-0129-0023
【成文时间】 1943-10-16
【关 键 词】 水利查勘补助费
【内容提要】

共1份文件，如题。

【叙录编号】 2351
【档案题名】

甘肃省建设厅、甘肃水利林牧公司就领取民国三十二年（1943）4—6月份水利查勘补助费事宜的往来函
【发文单位】 甘肃省建设厅；甘肃水林牧公司
【收文单位】 甘肃水利林牧公司；甘肃省建设厅
【档案编号】 039-001-0129-（0024-0025）
【成文时间】 1943-07-24—1943-07-28

【关 键 词】 水利查勘补助费
【内容提要】

共3份文件。涉及请求续拨、备据领取、派员领取民国三十二年（1943）4—6月份水利查勘补助费相关事宜。

【叙录编号】 2352
【档案题名】
　　甘肃省政府、甘肃水利林牧公司就《甘肃省政府补助水利查勘队经费办法》《甘肃省建设厅水利查勘队经常费预算书》送达、移交事宜的往来函
【发文单位】 甘肃省政府；甘肃水利林牧公司
【收文单位】 甘肃水利林牧公司；甘肃省政府
【档案编号】 039-001-0129-（0026-0028）
【成文时间】 1941-10-20—1941-11-03
【关 键 词】 水利查勘补助费；《甘肃省政府补助水利查勘队经费办法》；《甘肃省建设厅水利查勘队经常费预算书》
【内容提要】

共3份文件，如题。附《甘肃省政府补助水利查勘队经费办法》2份，《甘肃省建设厅水利查勘队经常费预算书》1份。

【叙录编号】 2353
【档案题名】
　　甘肃水利林牧公司、甘肃省建设厅、水利查勘分队就水利查勘所需费用移交清册的函
【发文单位】 甘肃省建设厅
【收文单位】 甘肃水利林牧公司
【档案编号】 039-001-0130-（0017-0026）
【成文时间】 1941-10-14
【关 键 词】 移交清册；绘图仪；薪津
【内容提要】

共10份文件。开支款项涉及小型绘图仪、员工薪津等。甘肃省建设厅对清册的补缮意见（0017）；水利查勘分队的补具手续（0020）。

【叙录编号】 2354
【档案题名】
　　甘肃水利林牧公司为送农田水利测量设计规范致第十测量队的函
【发文单位】 甘肃水利林牧公司
【收文单位】 甘肃省政府；经济部第十水利设计测量队
【档案编号】 039-001-0131-（0005、0007）
【成文时间】 1941-11-29—1942-02-09
【关 键 词】 南川北塬水利渠道工程
【内容提要】

共2份文件。甘肃水利林牧公司向甘肃省政府请拨水利工程队测量经费的函（0007）。

【叙录编号】 2355
【档案题名】
　　甘肃省发展农田水利三年计划大纲
【发文单位】 不详
【收文单位】 不详
【档案编号】 039-001-0132-0002
【成文时间】 不详
【关 键 词】 水利；发展纲要
【内容提要】

共1份文件，如题。

【叙录编号】 2356
【档案题名】
　　甘肃省政府委托甘肃水利林牧公司办理水利工程合约
【发文单位】 甘肃省政府
【收文单位】 甘肃水利林牧公司
【档案编号】 039-001-0132-0003
【成文时间】 1941-07-30
【关 键 词】 水利工程；合约
【内容提要】

共1份文件，如题。

【叙录编号】 2357
【档案题名】
甘肃省政府移交甘肃水利林牧公司各渠工程处暨勘测队办法
【发文单位】 甘肃省政府
【收文单位】 甘肃水利林牧公司
【档案编号】 039-001-0132-0004
【成文时间】 1941-07-30
【关 键 词】 水利工程
【内容提要】
共1份文件，如题。

【叙录编号】 2358
【档案题名】
甘肃省政府补助水利查勘队经费办法
【发文单位】 甘肃省政府
【收文单位】 甘肃水利林牧公司
【档案编号】 039-001-0132-0006
【成文时间】 不详
【关 键 词】 水利勘察队；经费
【内容提要】
共1份文件，如题。

【叙录编号】 2359
【档案题名】
黄河水利委员会、甘肃水利林牧公司查勘甘肃水利合作办法
【发文单位】 不详
【收文单位】 不详
【档案编号】 039-001-0132-0007
【成文时间】 1942-02
【关 键 词】 水利合作；流域；经费
【内容提要】
共1份文件，如题。

【叙录编号】 2360
【档案题名】
经济部资源委员会与水利林牧公司商议合作勘测甘肃省水力及农田水利办法的工作报告
【发文单位】 经济部资源委员会；甘肃水利林牧公司
【收文单位】 不详
【档案编号】 039-001-0132-0008
【成文时间】 1942-02-19
【关 键 词】 水利勘测；农田水利
【内容提要】
共1份文件，如题。

【叙录编号】 2361
【档案题名】
甘肃水利林牧公司各渠工程处及管理处准则
【发文单位】 不详
【收文单位】 不详
【档案编号】 039-001-0132-0011
【成文时间】 不详
【关 键 词】 水渠工程
【内容提要】
共1份文件，如题。

【叙录编号】 2362
【档案题名】
甘肃水利林牧公司为准发各种章则致兰丰渠函
【发文单位】 甘肃水利林牧公司
【收文单位】 甘肃水利林牧公司兰丰渠
【档案编号】 039-001-0134-0026
【成文时间】 1942-11-11
【关 键 词】 水利章则
【内容提要】
共1份文件。章则包括《水利法》。

【叙录编号】 2363
【档案题名】
　　甘肃水利林牧公司为送《甘肃新闻各渠》《河西水利》两稿致西北日报社的函
【发文单位】 甘肃水利林牧公司
【收文单位】 西北日报社
【档案编号】 039-001-0137-0008
【成文时间】 1942-08-17
【关 键 词】 水利规划
【内容提要】
　　共1份文件。附甘肃省政府指定的大规模修渠计划，涉及汭惠渠、靖丰渠、永丰渠、永乐渠、兰丰渠、登丰渠、平丰渠、临丰渠及永康渠。

【叙录编号】 2364
【档案题名】
　　甘肃省建设厅为报水利查勘分队造报节余款数不详从稽核事致甘肃省建设厅的函
【发文单位】 甘肃省建设厅
【收文单位】 甘肃水利林牧公司
【档案编号】 039-001-0137-0014
【成文时间】 1942-02-12
【关 键 词】 水利；经费
【内容提要】
　　共1份文件，如题。

【叙录编号】 2365
【档案题名】
　　甘肃水利林牧公司为报第三查勘队代甘肃省建设厅设置水标尺工料费付还致建设厅的函
【发文单位】 甘肃水利林牧公司
【收文单位】 甘肃省建设厅
【档案编号】 039-001-0137-0015
【成文时间】 1942-01-28
【关 键 词】 水利；工程经费；水标尺
【内容提要】
　　共1份文件，如题。

【叙录编号】 2366
【档案题名】
　　甘肃省建设厅为派员参加会议商议水利特别征费规则一事的函
【发文单位】 甘肃省建设厅
【收文单位】 甘肃水利林牧公司
【档案编号】 039-001-0142-0016-0017
【成文时间】 1942-11-24
【关 键 词】 水利征费会议
【内容提要】
　　共1份文件，如题。

【叙录编号】 2367
【档案题名】
　　汭惠渠工程处、陇南牧场、甘肃水利林牧公司、甘宁电政管理局关于各渠工程处每周存款电报如何计费一事的往来公函
【发文单位】 汭惠渠工程处；甘肃水利林牧公司
【收文单位】 甘肃水利林牧公司；甘宁电政局
【档案编号】
　　039-001-0146-（0001-0005、0009-0011、0013）
【成文时间】 1942-01-20—1943-12-18
【关 键 词】 存款电报；计费
【内容提要】
　　共9份文件，如题。

【叙录编号】 2368
【档案题名】
　　甘肃水利林牧公司、肃丰渠工程处水利查勘三分队、肃丰渠工程处各工作站就派往河西人员发给制装服补助办法的往来公文及《派往河西人员发给制装服补助费支给标准》
【发文单位】 甘肃水利林牧公司；肃丰渠工程

处水利查勘三分队
【收文单位】 肃丰渠工程处水利查勘三分队；甘肃水利林牧公司等
【档案编号】
039-001-0174-（0004-0007、0018-0029）
【成文时间】 1942-08-14—1947-03-09
【关 键 词】 派往河西人员发给制装服补助费支给标准
【内容提要】
　　共16份文件。涉及甘肃水利林牧公司派往河西工作人员冬季服装补助事宜，附《派往河西人员发给制装服补助费支给标准》1份。

【叙录编号】 2369
【档案题名】
　　甘肃水利林牧公司为透支、抵借贷款事宜给中国农民银行兰州分行的函
【发文单位】 甘肃水利林牧公司
【收文单位】 中国农民银行兰州分行
【档案编号】 039-001-0175-（0004、0006）
【成文时间】 1943-01-28—1943-08-14
【关 键 词】 水利工程；透支；抵借贷款
【内容提要】
　　共2份文件。涉及甘肃水利林牧公司为承办水利工程资金周转困难需透支、抵借贷款事宜给中国农民银行兰州分行的函。

【叙录编号】 2370
【档案题名】
　　甘肃水利林牧公司为配支农田水利贷款垫头事宜给甘肃省建设厅的函
【发文单位】 甘肃水利林牧公司
【收文单位】 甘肃省建设厅
【档案编号】 039-001-0175-0016
【成文时间】 1944-02-07
【关 键 词】 农田水利贷款垫头
【内容提要】
　　共1份文件。涉及甘肃水利林牧公司函报甘肃省建设厅向中国银行配支农田水利贷款垫头事宜。

【叙录编号】 2371
【档案题名】
　　民国三十一年（1942）甘肃省政府就年度贷款支付及报表一事请中农行办理的函
【发文单位】 甘肃省政府
【收文单位】 甘肃水利林牧公司
【档案编号】 039-001-0182-0003
【成文时间】 1942-03-31
【关 键 词】 渠道工程书
【内容提要】
　　共1份文件。其中涉及举办夏惠渠等各渠工程计划书补送至省政府一事。

【叙录编号】 2372
【档案题名】
　　民国三十一年（1942）甘肃水利林牧公司就本年度农田水利贷款由本司（省水利林牧公司）负责给中农行办理一事的两份公函
【发文单位】 甘肃水利林牧公司
【收文单位】 中国农业银行兰州分行
【档案编号】 039-001-0182-（0004-0005）
【成文时间】 1942-03-31—1942-04-22
【关 键 词】 农田水利贷款
【内容提要】
　　共2份文件，如题。

【叙录编号】 2373
【档案题名】
　　民国三十一年（1942）甘肃水利林牧公司函送上半年水利贷款分配约数表致中农行兰行的函
【发文单位】 甘肃水利林牧公司
【收文单位】 中国农业银行兰州分行

【档案编号】 039-001-0182-0006
【成文时间】 1942-04-23
【关 键 词】 农田水利贷款
【内容提要】
　　共1份文件，附表1份。涉及甘肃水利林牧公司向中国农业银行兰州分行递交民国三十一年（1942）1—6月份农田水利贷款分配约数表一事。

【叙录编号】 2374
【档案题名】
　　民国三十一年（1942）甘肃省政府、甘肃水利林牧公司及中国农业银行兰州分行就支用农田水利贷款一事的往来公文
【发文单位】 中国农业银行兰州分行；甘肃水利林牧公司等
【收文单位】 甘肃水利林牧公司；甘肃省政府等
【档案编号】 039-001-0182-（0007-0009）
【成文时间】 1942-04-25—1942-06-15
【关 键 词】 农田水利贷款
【内容提要】
　　共3份文件。涉及甘肃省政府、甘肃水利林牧公司及中国农业银行兰州分行就农田水利贷款的核议、支出及拨款日期等事项。

【叙录编号】 2375
【档案题名】
　　民国三十一年（1942）甘肃省政府就拨付并请垫付本年度（1942）农田水利贷款的垫头致甘肃水利林牧公司的公函
【发文单位】 甘肃省政府
【收文单位】 甘肃水利林牧公司
【档案编号】 039-001-0182-0011
【成文时间】 1942-07-25
【关 键 词】 农田水利贷款
【内容提要】
　　共1份文件，如题。

【叙录编号】 2376
【档案题名】
　　民国三十一年（1942）甘肃水利林牧公司请求协助多拨农贷垫头致甘肃省行政院水利委员会的笺函
【发文单位】 甘肃水利林牧公司
【收文单位】 甘肃省行政院水利委员会
【档案编号】 039-001-0182-0013
【成文时间】 1942-07-27
【关 键 词】 农田水利贷款
【内容提要】
　　共1份文件，如题。

【叙录编号】 2377
【档案题名】
　　民国三十一年（1942）甘肃省政府就准许水利委员会电达本府农贷垫头划拨情形一事致甘肃水利林牧公司的代电
【发文单位】 甘肃省政府
【收文单位】 甘肃水利林牧公司
【档案编号】 039-001-0182-0015
【成文时间】 1942-09-05
【关 键 词】 农田水利贷款
【内容提要】
　　共1份文件，如题。

【叙录编号】 2378
【档案题名】
　　民国三十一年（1942）甘肃省政府、甘肃水利林牧公司及甘肃省建设厅就检查本年度（1942）工程计划、进度与情况一事的往来公文
【发文单位】 甘肃省政府；甘肃水利林牧公司
【收文单位】 甘肃水利林牧公司；甘肃省政府
【档案编号】 039-001-0182-（0016-0019）

【成文时间】 1942-09-05—1942-09-10
【关 键 词】 农田水利贷款；工程计划
【内容提要】

共2份文件。第一份文件涉及甘肃省政府饬令甘肃水利林牧公司速将工程计划、进度及合约抄送1份递交至建设厅，以便于检查本年度水利工程进度；第二份文件涉及甘肃水利林牧公司就工程计划检查一事致建设厅的呈，外附三十一年年度农田水利贷款工程一览表1份、工程设计表图1份、工程计划大纲1份、农田水利贷款工程进度预计表1份与其他情况说明等。

【叙录编号】 2379
【档案题名】

民国三十一年（1942）甘肃省政府、甘肃水利林牧公司及甘肃省建设厅就本年度甘肃省水利农田贷款垫头相关事宜的往来公文
【发文单位】 甘肃省政府；甘肃水利林牧公司等
【收文单位】 甘肃水利林牧公司；甘肃省建设厅等
【档案编号】 039-001-0182-（0020-0025）
【成文时间】 1942-09-19—1942-11-21
【关 键 词】 农田水利贷款
【内容提要】

共5份文件。涉及民国三十一年（1942）甘肃省水利农田贷款垫头核查、拨发、领取等事。

【叙录编号】 2380
【档案题名】

民国三十一年（1942）甘肃省建设厅与甘肃水利林牧公司就准许中农行兰分行支用本年度水利农田贷款垫头一事的往来公文
【发文单位】 甘肃水利林牧公司；甘肃省建设厅

【收文单位】 甘肃省建设厅；甘肃水利林牧公司
【档案编号】 039-001-0182-（0028-0029）
【成文时间】 1942-12-07—1942-12-16
【关 键 词】 农田水利贷款
【内容提要】

共2份文件。涉及准许中国农业银行兰州分行支用民国三十一年（1942）未用的水利农田贷款垫头一事。

【叙录编号】 2381
【档案题名】

民国三十一年（1942）甘肃省政府、甘肃水利林牧公司与中国农业银行兰州分行就重新分配本年度农田水利贷款一事的往来公文
【发文单位】 甘肃省政府；甘肃水利林牧公司等
【收文单位】 甘肃水利林牧公司；甘肃省建设厅等
【档案编号】

039-001 0182-（0032-0034、0037-0047）
【成文时间】 1942-07-04—1942-11-27
【关 键 词】 农田水利贷款；水利工程
【内容提要】

共14份文件。涉及甘肃省政府因四联处意见而饬令甘肃水利林牧公司重新分配民国三十一年（1942）农田水利贷款，继而甘肃水利林牧公司重新制订农田水利贷款分配表、各渠工程预算表致甘肃省建设厅、中国农业银行兰州分行等单位，完成核查与修正等事。

【叙录编号】 2382
【档案题名】

甘肃水利林牧公司、张丹如关于查看商购民主西路出售测量仪器一事的往来电、函
【发文单位】 甘肃水利林牧公司；张丹如

【收文单位】 张丹如；甘肃水利林牧公司
【档案编号】 039-001-0190-（0043-0045）
【成文时间】 1942-12-15—1942-12-30
【关 键 词】 测量仪器；水利
【内容提要】
　　共3份文件。甘肃水利林牧公司电复张丹如，如水利实验处能配置脚架，即购买该测量仪器。

【叙录编号】 2383
【档案题名】
　　甘肃水利林牧公司、中央水利实验处关于购寄《水文测验规范》一事的往来公函
【发文单位】 甘肃水利林牧公司；中央水利实验消费合作社
【收文单位】 中央水利实验处；甘肃水利林牧公司
【档案编号】 039-001-0191-（0001-0003）
【成文时间】 1942-09-4—1942-10-15
【关 键 词】 水文测验规范
【内容提要】
　　共3份文件，如题。

【叙录编号】 2384
【档案题名】
　　甘肃水利林牧公司为检发《水文测验规范》致各渠的函
【发文单位】 甘肃水利林牧公司
【收文单位】 各渠
【档案编号】 039-001-0191-0004
【成文时间】 1942-10-22
【关 键 词】 水文测验规范
【内容提要】
　　共1份文件，如题。

【叙录编号】 2385
【档案题名】
　　甘肃水利林牧公司为购《水文测验规范》致中央水利实验处的函
【发文单位】 甘肃水利林牧公司
【收文单位】 中央水利实验处
【档案编号】 039-001-0191-0005
【成文时间】 1946-01-22
【关 键 词】 水文测验规范
【内容提要】
　　共1份文件，如题。

【叙录编号】 2386
【档案题名】
　　甘肃水利林牧公司、中央水利实验处等为该公司订购运输小平板、水平仪等水利事业所需测量仪器一事的往来公函
【发文单位】 甘肃水利林牧公司；中央水利实验处等
【收文单位】 中央水利实验处；甘肃水利林牧公司等
【档案编号】 039-001-0191-（0007-0019）
【成文时间】 1942-02-24—1942-07-15
【关 键 词】 水利；测量仪器
【内容提要】
　　共12份文件。附《中央水利实验处水工仪器出厂出品价目表》（0014、0019）。

【叙录编号】 2387
【档案题名】
　　甘肃水利林牧公司与甘肃省政府关于由渝运兰之钢料等免税验放及相关手续一事的往来函、呈和相关训令、指令
【发文单位】 甘肃水利林牧公司；甘肃省政府
【收文单位】 甘肃省政府；甘肃水利林牧公司等
【档案编号】
　　039-001-0191-（0021-0027、0030）
【成文时间】 1942-02-26—1942-07-30
【关 键 词】 水利；钢料

【内容提要】

共7份文件。附《钢铁材料运输执照附属报关清单》《钢铁材料运输执照》《经济部钢铁管理委员会发给钢铁材料运输执照办法》(0024),《甘肃水利林牧公司由渝运兰钢料清单》(0025)。

【叙录编号】 2388
【档案题名】
甘肃省政府、甘肃水利林牧公司关于派员将测量仪器转交水利局一事的相关函、电
【发文单位】 甘肃省政府;甘肃水利林牧公司
【收文单位】 甘肃水利林牧公司;水利局
【档案编号】 039-001-0195-0029
【成文时间】 1943-07-18—1943-09-02
【关 键 词】 水利;测量仪器
【内容提要】

共2份文件,如题。

【叙录编号】 2389
【档案题名】
甘肃水利林牧公司、甘肃机器厂关于由渝运送钢材等物料一事的往来公函
【发文单位】 甘肃水利林牧公司;甘肃机器厂
【收文单位】 甘肃机器厂;水利实验处
【档案编号】 039-001-0196-(0009-0017)
【成文时间】 1942-02-25—1942-09-23
【关 键 词】 水利;钢材
【内容提要】

共9份文件,如题。

【叙录编号】 2390
【档案题名】
甘肃水利林牧公司总管理处、森林部及甘肃省政府、甘肃陆地测量局、第八战区司令部等关于该公司购置分发收音机及甘肃全省地图一事的往来公函
【发文单位】 甘肃水利林牧公司森林部;甘肃水利林牧公司总管理处等
【收文单位】 甘肃水利林牧公司总管理处;甘肃省政府等
【档案编号】 039-001-0196-(0018-0032)
【成文时间】 1942-03-25—1942-05-16
【关 键 词】 水利;森林;地图
【内容提要】

共14份文件。甘肃水利林牧公司森林部为查勘测量农田水利工程及甘肃森林情况而购置收音机及1/100000甘肃全省地图,附《地图收到条》(0032)。

【叙录编号】 2391
【档案题名】
甘肃省政府统计室人员训练所、甘肃水利林牧公司关于借各种图表给省统室的往来公函
【发文单位】 甘肃省政府统计室人员训练所;甘肃水利林牧公司
【收文单位】 甘肃水利林牧公司;甘肃省政府统计室人员训练所
【档案编号】 039-001-0202-(0011-0012)
【成文时间】 1942-10-09—1942-10-12
【关 键 词】 水利;图表
【内容提要】

共1份文件。所借图表包括:《甘肃水利林牧公司农田水利测量设计纲要》《甘肃水利林牧公司水利部工作纲要》《甘肃省发展农田水利三年计划大纲》《甘肃省水车分布图》(0011)。

【叙录编号】 2392
【档案题名】
甘肃省会造林委员会为借水平仪一具致甘肃水利林牧公司的函
【发文单位】 甘肃省会造林委员会
【收文单位】 甘肃水利林牧公司

【档案编号】 039-001-0203-0015
【成文时间】 1944-10-03
【关 键 词】 造林；水平仪
【内容提要】
　　共1份文件，如题。

【叙录编号】 2393
【档案题名】
　　民国三十六年（1947）黄河水利委员会就举办全国水利会议的相关事宜与要求致河西水利工程总队的训令
【发文单位】 黄河水利委员会
【收文单位】 河西水利工程总队
【档案编号】 039-001-0210-（0032-0033）
【成文时间】 1947-02-10
【关 键 词】 水利会议
【内容提要】
　　共3份文件。训令内容涉及举行全国水利会议的规程、水利提案范围格式与期限、参会人员差旅费的支付办法等，附《全国水利会议规程》2份。

【叙录编号】 2394
【档案题名】
　　甘肃省发展农田水利三年计划大纲
【发文单位】 甘肃水利林牧公司
【收文单位】 不详
【档案编号】 039-001-0211-0004
【成文时间】 1941-11
【关 键 词】 计划大纲
【内容提要】
　　共1份文件，如题。

【叙录编号】 2395
【档案题名】
　　黄河水利委员会、甘肃水利林牧公司查勘甘肃水利合作办法
【发文单位】 黄河水利委员会；甘肃水利林牧公司
【收文单位】 不详
【档案编号】
　　039-001-0211（全案卷）；
　　039-001-（0220-0005、0010）
【成文时间】 1942-02
【关 键 词】 合作办法
【内容提要】
　　共1份文件，如题。

【叙录编号】 2396
【档案题名】
　　经济部资源委员会与甘肃水利林牧公司为合作勘测甘肃农田水利特定办法
【发文单位】 经济部资源委员会；甘肃水利林牧公司
【收文单位】 不详
【档案编号】 039-001-0211-0007
【成文时间】 1942-02-19
【关 键 词】 特定办法
【内容提要】
　　共1份文件，如题。

【叙录编号】 2397
【档案题名】
　　水利法
【发文单位】 甘肃水利林牧公司
【收文单位】 不详
【档案编号】 039-001-0211-0009
【成文时间】 1942-07-07
【关 键 词】 法条
【内容提要】
　　共1份文件，如题。

【叙录编号】 2398
【档案题名】

非常时期强制修筑塘坝水井暂行办法
【发文单位】 甘肃水利林牧公司
【收文单位】 不详
【档案编号】 039-001-0211-0013
【成文时间】 1943-01-27
【关 键 词】 修渠塘坝
【内容提要】
　　共1份文件，如题。

【叙录编号】 2399
【档案题名】
　　民国三十二年（1943）黄河水利委员会与甘肃水利林牧公司就检寄陇东高原灌溉及甘青黄河干支流水力资源情形等有关资料一事的往来公文
【发文单位】 黄河水利委员会；甘肃水利林牧公司
【收文单位】 甘肃水利林牧公司；黄河水利委员会
【档案编号】 039-001-0212-（0019-0020）
【成文时间】 1943-06-10—1943-07-06
【关 键 词】 甘青黄河干支流；水力资源
【内容提要】
　　共2份文件。涉及黄河水利委员会请甘肃水利林牧公司检寄陇东高原灌溉及甘青黄河干支流水力资源情形等有关资料，甘肃水利林牧公司函复甘青两省黄河支流水力资源简表1份。

【叙录编号】 2400
【档案题名】
　　民国三十二年（1943）中国标准协进会与甘肃水利林牧公司就农田水利查勘及施工规范一事的往来公文
【发文单位】 中国工程标准协进会；甘肃水利林牧公司
【收文单位】 甘肃水利林牧公司；中国工程标准协进会
【档案编号】 039-001-0212-（0032-0033）
【成文时间】 1943-08-16—1943-08-26
【关 键 词】 工程规范
【内容提要】
　　共2份文件。涉及甘肃省相关工程各种研究及规章、农田水利查勘规范、测量设计规范及施工规范。

【叙录编号】 2401
【档案题名】
　　民国三十二年（1943）黄河水利工程专科学校与甘肃水利林牧公司就请赠、赠予及谢赠水利工程相关研究资料一事的往来公文
【发文单位】 黄河水利工程专科学校；甘肃水利林牧公司
【收文单位】 甘肃水利林牧公司；黄河水利工程专科学校
【档案编号】
　　039-001-0213-（0001-0002、0023）
【成文时间】
　　1943-08-25—1943-08-28；1943-11-08
【关 键 词】 水利资料
【内容提要】
　　共3份文件。主要内容为黄河水利工程专科学校设备简陋，书籍仪器缺乏，请求甘肃水利林牧公司惠赠测量图表、工程计划、工作报告及相关水利的刊物等，甘肃水利林牧公司因此函送农田水利查勘规范等13本资料，最后学校对水利公司表示感谢。

【叙录编号】 2402
【档案题名】
　　民国三十二年（1943）甘肃省政府电发6种统计表式以及催促用此表式填报近3年内的资料致甘肃水利林牧公司的代电
【发文单位】 甘肃省政府

【收文单位】 甘肃水利林牧公司
【档案编号】
039-001-0213-（0003-0009、0014）
【成文时间】 1943-06-04；1943-10-01
【关 键 词】 统计表
【内容提要】

共8份文件。附《水利行政管理机关的统计表》《水利工程统计表》《水渠灌溉统计表》《水田灌溉统计表》《水道查勘统计表》《主要河流水位流量及含沙量统计表》各1份，涉及甘肃省政府催促甘肃水利林牧公司尽快用此6种表式填报最近3年有关资料。

【叙录编号】 2403
【档案题名】
民国三十二年（1943）甘肃水利林牧公司递送水利工程统计表致甘肃省政府统计室的函
【发文单位】 甘肃水利林牧公司
【收文单位】 甘肃省政府统计室
【档案编号】 039-001-0213-0019
【成文时间】 1943-10-25
【关 键 词】 统计表；水利工程
【内容提要】

共2份文件，附表1份，如题。

【叙录编号】 2404
【档案题名】
民国三十二年（1943）行政院水利委员会就水利事业资料按期寄送一事致甘肃水利林牧公司的代电
【发文单位】 行政院水利委员会
【收文单位】 甘肃水利林牧公司
【档案编号】 039-001-0213-0020
【成文时间】 1943-11-05
【关 键 词】 水利资料
【内容提要】

共1份文件，如题。

【叙录编号】 2405
【档案题名】
民国三十二年（1943）南开大学经济研究院、甘肃水利林牧公司就西北水利研究资料请赠与赠予一事的往来公文
【发文单位】 南开大学经济研究所；甘肃水利林牧公司
【收文单位】 甘肃水利林牧公司；南开大学经济研究所
【档案编号】 039-001-0213-（0021-0022）
【成文时间】 1943-11-05—1943-11-08
【关 键 词】 水利资料
【内容提要】

共2份文件。主要内容为南开大学经济研究所正在进行西北水利研究，故祈请甘肃水利林牧公司赠各渠的修建历史、灌溉面积、建筑及维持经费、所灌溉的区域及常年农产品种类数值及人口密度等资料，但因资料全未付梓，故甘肃水利林牧公司令其前来誊抄所需文件。

【叙录编号】 2406
【档案题名】
民国三十二年（1943）行政院水利委员会秘书处、甘肃水利林牧公司就检寄与检送甘肃水利林牧公司最近组织章程及办事细则一事的往来公函
【发文单位】 行政院水利委员会秘书处；甘肃水利林牧公司
【收文单位】 甘肃水利林牧公司；行政院水利委员会秘书处
【档案编号】 039-001-0213-（0024-0025）
【成文时间】 1943-09-23—1943-11-18
【关 键 词】 水利公司章程
【内容提要】

共2份文件，如题。

【叙录编号】 2407
【档案题名】
民国三十二年（1943）甘肃省政府为请检送英文水利资料致甘肃水利林牧公司的代电
【发文单位】 甘肃省政府
【收文单位】 甘肃水利林牧公司
【档案编号】 039-001-0213-0028
【成文时间】 1943-12-01
【关 键 词】 水利资料
【内容提要】

共1份文件，如题。

【叙录编号】 2408
【档案题名】
民国三十年（1941）甘肃省建设厅就检送有关水利资料一事致甘肃水利林牧公司的公函
【发文单位】 甘肃省建设厅
【收文单位】 甘肃水利林牧公司
【档案编号】 039-001-0213-0034
【成文时间】 1941-11-15
【关 键 词】 水利资料
【内容提要】

共1份文件。受行政院水利委员会函文要求，省建设厅需要甘肃水利林牧公司呈送建设年刊及各种有关资料。

【叙录编号】 2409
【档案题名】
民国三十年（1941）中国农民银行兰州分行、甘肃水利林牧公司就请赠与赠予各类水利刊物一事的往来公文
【发文单位】 中国农民银行兰州分行；甘肃水利林牧公司
【收文单位】 甘肃水利林牧公司；中国农民银行兰州分行

【档案编号】 039-001-0214-（0019-0020）
【成文时间】 1941-10-24—1942-10-23
【关 键 词】 水利
【内容提要】

共1份文件。主要内容为中农行兰分行向省水利林牧公司索阅水利部工作纲要、三年计划大纲、测量设计规划、施工规范、查勘计划、查勘规范及公司概况等各种水利刊物，甘肃水利林牧公司函复资料各1份。

【叙录编号】 2410
【档案题名】
民国三十二年（1943）黄河水利委员会上游修防林垦工程处、甘肃水利林牧公司及水查一二队就中央设计局西北考察团需要陇东高原灌溉情形、甘青黄河干支流水利资源情形一事的往来公文
【发文单位】 黄河水利委员会上游修防林垦工程处；甘肃水利林牧公司等
【收文单位】 甘肃水利林牧公司；黄河水利委员会上游修防林垦工程等
【档案编号】
　　039-001-0214（全案卷）；
　　039-001-0215-（0024-0026、0011）
【成文时间】
　　1943-06-12—1943-06-16；1944-04-03
【关 键 词】 水利资源；灌溉
【内容提要】

共3份文件。主要内容为黄河水利委员会因中央设计局西北考察团需要陇东高原灌溉情形、甘青黄河干支流水利资源情形而发函于甘肃水利林牧公司，甘肃水利林牧公司向水查一二队发函派查勘队前往查勘情形。其中水查二队于第二年（1944）4月（函送《陇东泾河流域高原水利查勘报告书》1份，附图。

【叙录编号】 2411
【档案题名】
民国三十三年（1944）军政部第一颜料厂第五分厂、甘肃水利林牧公司就化验厂内井水成分一事的往来公文
【发文单位】 军政部第一颜料厂第五分厂；甘肃水利林牧公司
【收文单位】 甘肃水利林牧公司；军政部第一颜料厂第五分厂
【档案编号】 039-001-0214-（0028-0030）
【成文时间】 1944-01-21—1944-02-02
【关 键 词】 井水；成分
【内容提要】
共3份文件。涉及军政部第一颜料厂请求甘肃水利林牧公司告知厂内井水成分情况，而后甘肃水利林牧公司化验该厂井水，并填报《军政部第一颜料厂第五分厂井水成分表》1份。

【叙录编号】 2412
【档案题名】
民国三十三年（1944）陈中熙、甘肃水利林牧公司就请示黄河各种资料的往来公文
【发文单位】 陈中熙；甘肃水利林牧公司
【收文单位】 甘肃水利林牧公司；陈中熙
【档案编号】
039-001-0216（全案卷）；
039-001-0217-0030
【成文时间】 1944-10-19—1944-11-29
【关 键 词】 黄河；水文资料
【内容提要】
共3份文件。涉及陈中熙向甘肃水利林牧公司请示黄河各种资料，甘肃水利林牧公司函复兰州水文站二十九年至三十一年（1940—1941）所测水流量曲线图、兰州附近筑坝情况、河水灌溉甘宁陕豫情况及盐锅峡下段地形图等材料，以及陈中熙回函感谢相赠盐锅峡等地形曲线图等相关资料。

【叙录编号】 2413
【档案题名】
民国三十三年（1944）甘肃省统计室、甘肃水利林牧公司就检送本省水系概况室一事的往来公文
【发文单位】 甘肃省政府统计室；甘肃水利林牧公司
【收文单位】 甘肃水利林牧公司；甘肃省政府统计室
【档案编号】 039-001-0217-（0011-0013）
【成文时间】 1944-10-30—1944-11-04
【关 键 词】 河流；水文资料
【内容提要】
共3份文件，附《河西河流统计表》1份。涉及省统计室向甘肃林牧水利公司索要本省主要河流及其支流名称、发源地、长度、所经过县区、灌溉面积、平均流量、流速、含沙量及主要湖泊名称等相关资料，又由于河东地区资料尚未整理，故甘肃水利林牧公司函复其河西相关河流统计资料表。

【叙录编号】 2414
【档案题名】
民国三十三年（1944）中国农村水力实业公司就请代为测量拉卜楞等处可能利用水力地点地形水文地质一事致甘肃水利林牧公司的函
【发文单位】 中国农村水利实业公司
【收文单位】 甘肃水利林牧公司
【档案编号】 039-001-0217-0022
【成文时间】 1944-12-12
【关 键 词】 测量；水力；拉卜楞
【内容提要】
共1份文件，如题。

【叙录编号】 2415
【档案题名】
　　民国三十三年（1944）私立中国乡村建设育才院、甘肃水利林牧公司关于各灌溉工程计划书及有关出版物的往来公文
【发文单位】 私立中国乡村建设育才院；甘肃水利林牧公司
【收文单位】 甘肃水利林牧公司；私立中国乡村建设育才院
【档案编号】 039-001-0217-（0023-0024）
【成文时间】 1944-12-01—1944-12-27
【关 键 词】 灌溉工程；计划书
【内容提要】
　　共1份文件。主要内容为育才院请甘肃水利林牧公司惠寄各灌溉工程计划书及有关出版物，甘肃水利林牧公司因此为其函送平丰渠、永乐渠、永丰渠、洮惠渠、靖丰渠、兰丰渠、湟惠渠、溥济渠工程计划书各1份及西北工程参考书目1册。

【叙录编号】 2416
【档案题名】
　　民国三十三年（1944）中国农村水力实业公司为请甘肃水利林牧公司代为调查搜集甘肃省各地已办民营水力工业厂组织工程业务各种情况与资料致甘肃水利林牧公司的函
【发文单位】 中国农村水力实业公司
【收文单位】 甘肃水利林牧公司
【档案编号】 039-001-0217-（0025-0026）
【成文时间】 1944-11-21
【关 键 词】 水力工业厂
【内容提要】
　　共2份文件，附《已办水力工程调查表》1份，其他如题。

【叙录编号】 2417
【档案题名】
　　民国三十四年（1945）甘肃水利林牧公司就送夏河水力资料、黄河沿岸水车资料情况给中国农村水力实业公司的函
【发文单位】 甘肃水利林牧公司
【收文单位】 中国农村水力实业公司
【档案编号】 039-001-0217-（0027-0028）
【成文时间】 1944-01-02—1944-01-17
【关 键 词】 水力资料
【内容提要】
　　共2份文件，如题。

【叙录编号】 2418
【档案题名】
　　民国三十四年（1945）行政院水利委员会就检发发展水利方策一事致甘肃水利林牧公司的代电
【发文单位】 行政院水利委员会
【收文单位】 甘肃水利林牧公司
【档案编号】 039-001-0218-0001
【成文时间】 1945-04-18
【关 键 词】 水利发展方策
【内容提要】
　　共1份文件，如题。

【叙录编号】 2419
【档案题名】
　　甘肃省民国三十一年（1942）督兴办各水利工程一览表
【发文单位】 甘肃水利林牧公司
【收文单位】 不详
【档案编号】 039-001-0218-0013
【成文时间】 不详
【关 键 词】 水利工程
【内容提要】
　　共1份文件，如题。

【叙录编号】 2420

【档案题名】
　　甘肃省河西农田水利计划纲要
【发文单位】　甘肃水利林牧公司
【收文单位】　不详
【档案编号】　039-001-0218-0014
【成文时间】　不详
【关 键 词】　水利农田；计划
【内容提要】
　　共1份文件，如题。

【叙录编号】　2421
【档案题名】
　　甘肃水利工程考察报告
【发文单位】　甘肃水利林牧公司
【收文单位】　不详
【档案编号】　039-001-0219-0002
【成文时间】　不详
【关 键 词】　查勘报告
【内容提要】
　　共1份文件，如题。

【叙录编号】　2422
【档案题名】
　　发展水利之方案
【发文单位】　甘肃水利林牧公司
【收文单位】　不详
【档案编号】　039-001-0219-0009
【成文时间】　不详
【关 键 词】　发展方案
【内容提要】
　　共1份文件，如题。

【叙录编号】　2423
【档案题名】
　　民国三十一年（1942）至民国三十二年（1943）甘肃省政府、甘肃省建设厅、甘肃水利林牧公司、中国农民银行兰州分行、各渠工程管理处等就水利工程管理费用一事的往来公文
【发文单位】　甘肃省政府；甘肃省建设厅等
【收文单位】　甘肃水利林牧公司；甘肃省建设厅等
【档案编号】
　　039-001-0221（全案卷）；
　　039-001-0222（全案卷）；
　　039-001-0223（全案卷）；
　　039-001-0224-（0001-0033）
【成文时间】　1942-12-29—1946-05-28
【关 键 词】　水利工程管理费；催缴；开支标准
【内容提要】
　　共132份文件，附《应收各渠工程管理明细表》《应收各渠工程管理费明细表》《各渠工程管理费结算明细表》《三十年至三十二年（1941—1943）各渠费用分析表》《三十年至三十二年（1941—1943）各渠工程管理费结算明细表》《各渠应支工程管理费用明细表》《各渠三十三年（1944）上期工程管理费明细表》《各渠三十三年（1944）下期工程管理费明细表》《水工单位会计科目》《三年来洽结工程管理费经过提要》《民国三十四年（1945）靖丰渠管理费开支标准》《民国三十四年（1945）靖丰渠工程处应缴工程管理费计标表》《民国三十五年（1946）靖丰渠管理费开支标准》各1份。涉及甘肃水利林牧公司民国三十一年至三十二年（1942—1943）多次催促甘肃省建设厅缴纳水利工程管理费，甘肃省建设厅2月3日第一次推脱，3月22日第二次函复此工程费用应由贷款及垫头支付，故将此事转陈省政府函知中国农民银行兰州分行。4月2日水利林牧公司向建设厅要求其所垫付的管理费用应按照贷款利率计息还款，并索要农行支用农田水利工程管理费的具体办法。4月16日水利林牧公司得知建设厅与农行尚未洽谈妥当，故向湟惠等8渠转达将前付管理费仍行冲回以清账目的情况。4月19日至5月31日靖丰渠、汭丰

渠、平丰渠三渠工程管理处陆续将管理费收据送回。6月3日水利林牧公司向谷主席提议寻找四联办理，6月23日省政府主席谷正伦回复认为可行，而后水利林牧公司代谷主席向孔副院长致电，同意四联办理此事。7月5日建设厅函达水利林牧公司提高工程管理费至经费的10%，8月12日水利林牧公司就工程管理费计算方法的总额与原贷款合约仍相差的4%一事函复建设厅张厅长，8月18日甘肃省政府奉行政院电向水利林牧公司代电再次说明依照四联总处规定工程费按10%。9月8日中国银行兰州支行函请水利林牧公司开示历年实支水利工程管理费数以便核对，9月11日水利林牧公司函复中行兰支行民国三十年（1941）至三十二年（1943）水利工程费以及工程管理费数目。民国三十三年（1944）甘肃省政府向水利林牧公司发电告知正在洽办本省农贷工程管理费的情形，1月18日省政府告知水利林牧公司工程管理费应仍维持在10%，如若不敷，可以4%为度适当拨款，但由省政府将4%放入下年度偿还预算之中。1月22日中农行兰行函示水利林牧公司各渠工程经费应在各渠本身经费账内列支，2月9日水利林牧公司函达建设厅应支工程管理费为7%，连同贷款合约7%，总额应为14%的计算方法及动支手续，2月26日再次致函建设厅管理费4%部分请转函农行在各工程贷款内拨付，3月6日函致季高说明工程费支付情况，仍余欠4%，按惯例来说应一次结清。3月8日甘肃省政府已将前函转至中农行兰行，3月25日中国农民银行总经理顾翊群回复沈怡各渠本身经费希望勿移作他渠所用，并让其将管理费分为三点后交由省政府，其后还有三封具体时间不详致顾翊群、张心一的回函，大致表达省政府应拨付这笔合理的经费。5月16日水利林牧公司函建设厅发函要求拨付在贷款余额内的湟惠渠工程管理费及欠工程处的差额。5月17日省政府准农行送回管理费明细表，并希按表照办。5月19日省政府请水利林牧公司开具民国三十二年（1943）之前的工程管理费，5月26日省政府准许中农行兰行关于水利林牧公司拟具工程管理费结算方法与费用明细表，并予以动支。6月14日沈怡再次向季高发函说明工程费及贷款情况，6月25日中农行兰行为拨付工程管理费一事给沈怡的函，以及任维函复省政府管理费详细情况。6月26抄付顾翊群函给农行的函，6月29日水利林牧公司给各渠工程处的通函，告知各渠应支付的工程管理费已计算就绪。7月1日准中农行兰行更正动支管理明细表。7月12日永丰渠函复照缴本处民国三十二年度（1943）工程管理费部分，请由总处扣转。7月13日平丰渠函复中农行汇来三十一年（1942）、三十二年（1943）工程管理费已如数到账，7月14日靖丰渠函报水利林牧公司先由省行汇解管理费50万余元，7月15日中国农民银行告知水利林牧公司已将工程管理费增加了4%。7月18日水利林牧公司回复靖丰渠其所汇交的50万元、三十一年至三十二年（1942—1943）间工程管理费已收到。7月21日肃丰渠复函水利林牧公司管理费为104613元，7月24日靖丰渠函报水利林牧公司50万余元早已由靖远省行汇出，望兰州省行能尽快交接，7月26日靖丰渠函报水利林牧公司省行已电汇25万元，7月27日水利林牧公司函复已收到。8月5日水利林牧公司催靖丰渠、永丰渠尽快缴纳管理费尾款。8月11日、8月16日永丰渠两次回复因工人急待遣散的情况，故管理费稍缓即汇。8月16日、8月19日靖丰渠函复欠缴管理费已由省行于16日电汇，8月21日水利林牧公司函复已收到。8月24日、8月28日水利林牧公司给甘建厅分别函送《民国三十年至三十二年（1941—1943）各渠工程管理费结算明细表》《三十三年（1944）上期各渠工程管理费明细表》，8月30日博济渠函报上年管理费70640.58元已由省行汇去。民国三十四年（1945）1月23日水利林牧公司函送民国三十三年（1944）下期各渠工程管理费明细表给建设厅，2月16日中农行兰分行请水利林牧公司另行编制三十三年度（1944）工程管理费，2月21日水利林牧公司函送三十三年（1944）上期各渠工程管理费明细表给中农行兰行，3月14日中农行函请水利林牧公司补送肃丰渠3—6月份工程管理费用明细表，3月28日水利林牧公司就所需征收管理费拟于各渠请拨工款时按比例发放一事致甘建厅的函，4月18日省政府代电回复，此事已转交中国农民银行兰州分行办理。4月28日水利林牧公司就承办灌溉工程列放淤费及放水费均为工程费支出理由发函给中农行兰分行，5月11日省政府函准中农行兰分行函复结算管理费用问题，并希望能经洽办理。5月23日就中农行兰分行函复水利林牧公司各渠工程管理费明细表的一些问题及需要更正的各点，5月29日水利林牧公司为平丰渠暂停施工放水放淤费用在工程管理费内列支一事给中农行兰行发函。6月9日水利林牧公司就简化拨支工程管理费手续一事给甘建厅、中农行发函，6月15日水利林牧公司发函至永丰渠、永乐渠，令其将应缴工程管理费及垫款利息汇至甘肃省银行兰州分行，6月20日水利林牧公司函请中农部协助拨交管理费归垫，6月27日中农行兰分行函复水利林牧公司拨支工程管理费已转陈本行总管处，6月30日永丰渠函复已将应缴工程费及垫款利息交由省行汇寄。7月4日省政府给水利林牧公司发布准许水利林牧公司以比例拨付工程管理费，并已函中农行的代电。7月10日中农行兰行函复水利林牧公司准许各渠工程管理费内列支淤水费用，以及平丰渠所支管理费已转陈总处核示。7月6日、7月26日水利林牧公司就简化拨支工程管理手续，拨给工程管理办法分别发电、函致中农行兰行。8月10日水利林牧公司照案摘录编成《三年来洽结工程管理费经过提要》，8月15日水利林牧公司令甘建厅速速确定本司支取工程管理费拨结办法。8月20日水利林牧公司发函让永乐渠尽快汇交本年（1945）上期工程管理费，8月30日中农行兰分行请转饬永乐渠将放水费冲转入管理费，9月10日中农行兰分行就简化拨付工程管理费一事回函，希速将出账标准商定报核，9月19日永乐渠函复钱款已一并汇出，9月15日甘肃省政府请水利林牧公司速与中农行兰行商洽工程管理费的支取办法，9月21日水利林牧公司函复已收到。10月19日甘肃省政府为准中农行兰分行函速将靖丰渠放淤期间开支标准规定报核致水利林牧公司的代电。民国三十五年（1946）1月23日水利林牧公司向永丰渠催收工程管理费余额，2月12日永丰渠函复应汇工程款俟下期再补，2月19日省政府准中农行兰分行函复靖丰渠管理费开支标准，3月11日水利林牧公司令永丰渠管理处尽快汇齐工程管理费尾数，3月28日水利林牧公司发函告知靖丰渠其管理费开支标准，4月3日水利林牧公司函复永丰渠所补交的工程管理费已如数收到，4月10日水利林牧公司催靖丰渠、永丰渠、肃丰渠速汇工程管理费，5月4日、5月14日永丰渠、靖丰渠分别函报已补交工程管理费，5月14日、5月20日水利林牧公司函复已收到永丰渠、靖丰渠的管理费，5月28日靖丰渠管理处就管理费用开支标准似与前案冲突，函问水利林牧公司是否废止前案。

【叙录编号】　2424
【档案题名】

民国三十一年（1942）至民国三十二年（1943）甘肃水利林牧公司、中国农民银行总处、中国农民银行兰州分行就函送、更正溥济渠、湟惠渠、永丰渠、洮惠渠、汭丰渠、肃丰渠、兰丰渠、平丰渠、民国三十一年（1942）

与三十二年（1943）1—7月农田水利的工程贷款收支报表等事宜的往来公文

【发文单位】 甘肃水利林牧公司；中国农民银行总处等

【收文单位】 中国农民银行总处；甘肃水利林牧公司等

【档案编号】 039-001-0225-（0001-0032）

【成文时间】 1942-03-21—1944-02-22

【关 键 词】 月报表；农田水利贷款

【内容提要】

共32份文件。主要内容为甘肃水利林牧公司函送多个渠及农田水利工程总贷款在民国三十一年至民国三十二年（1942—1943）1—7月之间的贷款收支月报表给中农兰行，中农兰行函复批准、更正报表错误等情形。

【叙录编号】 2425

【档案题名】

民国三十三年（1944）甘肃省政府、甘肃水利林牧公司及各渠工程处就按月填送工程贷款表一事的相关公文

【发文单位】 甘肃省政府；甘肃水利林牧公司

【收文单位】 甘肃水利林牧公司；各渠工程管理处

【档案编号】 039-001-0225-（0033-0034）

【成文时间】 1944-08-16—1944-08-19

【关 键 词】 水利工程贷款

【内容提要】

共2份文件，如题。

【叙录编号】 2426

【档案题名】

民国三十一年（1942）甘肃省政府、甘肃水利林牧公司及黄河水利委员会就第十设计测量队隶属问题变更一事的相关公文

【发文单位】 甘肃省政府；黄河水利委员会

【收文单位】 甘肃水利林牧公司

【档案编号】 039-001-0226-（0005-0007）

【成文时间】 1942-01-02—1942-02-09

【关 键 词】 第十设计测量队

【内容提要】

共3份文件。主要内容为甘肃省政府准许行政院水利委员会与黄河水利委员会关于第十设计测量队应划规于黄委会管辖的代电、公函，而后省政府、黄委会分别函请、呈请甘肃水利林牧公司交出第十设计测量队管辖权与各种资料，以便于黄委会接手。

【叙录编号】 2427

【档案题名】

民国三十一年（1942）甘肃水利林牧公司、肃丰渠、靖丰渠、汭丰渠、平丰渠及永乐渠就报废旧章、颁发与启用新章等事的往来公文

【发文单位】 甘肃水利林牧公司；各渠工程管理处

【收文单位】 各渠工程管理处；甘肃水利林牧公司

【档案编号】

039-001-0226-（0012-0019、0024）

【成文时间】 1942-08-07—1942-08-24

【关 键 词】 公章

【内容提要】

共9份文件。涉及各渠工程管理处报废旧章，水利林牧公司颁发新章及各处上报新章启用日期等事项。

【叙录编号】 2428

【档案题名】

甘肃省政府为抄送《甘肃水利特赋征收规则施行细则》给甘肃水利林牧公司的电

【发文单位】 甘肃省政府

【收文单位】 甘肃水利林牧公司

【档案编号】 039-001-0256-0005

【成文时间】 1944-07
【关 键 词】 甘肃水利特赋征收规则施行细则
【内容提要】
共1份文件。涉及《甘肃水利特赋征收规则施行细则》修正及刊发抄送甘肃水利林牧公司事宜，附《甘肃省水利特赋征收规则施行细则》1份。

【叙录编号】 2429
【档案题名】
中国农民银行总管理处宁思承就中国农民银行派驻甘肃水利林牧公司稽核人员因查阅水利贷款有关账册时遭拒事宜给甘肃水利林牧公司总经理沈怡的函
【发文单位】 中国农民银行总管理处宁思承
【收文单位】 甘肃水利林牧公司沈怡
【档案编号】 039-001-0258-0008
【成文时间】 1942-11-19
【关 键 词】 水利贷款；稽核人员
【内容提要】
共1份文件，如题。

【叙录编号】 2430
【档案题名】
水利部为查勘天然水泥原料情形致甘肃水利林牧公司总管理处的报告
【发文单位】 甘肃水利林牧公司水利部尹亮武
【收文单位】 甘肃水利林牧公司总管理处
【档案编号】 039-001-0270-0001
【成文时间】 1943-07-15
【关 键 词】 水泥；水渠
【内容提要】
水泥厂设厂为平丰渠附近、兰州郊外附件。第6页附天然水泥原料分布地图。

【叙录编号】 2431
【档案题名】
天成建筑股份有限公司为复请托购抽水机致甘肃水利林牧公司的函
【发文单位】 天成建筑股份有限公司
【收文单位】 甘肃水利林牧公司
【档案编号】 039-001-0273-0030
【成文时间】 1945-03-19
【关 键 词】 工业；抽水机
【内容提要】
共1份文件，如题。

【叙录编号】 2432
【档案题名】
中央水利实验处与甘肃水利林牧公司就实验处送水文测验规范一事的函
【发文单位】 中央水利实验处；甘肃水利林牧公司
【收文单位】 甘肃水利林牧公司；中央水利实验处
【档案编号】 039-001-0276-（0020-0021）
【成文时间】 1946-02-06—1946-02-20
【关 键 词】 水文测验规范
【内容提要】
共2份文件，如题。

【叙录编号】 2433
【档案题名】
水利法实施细则
【发文单位】 行政院水利委员会
【收文单位】 不详
【档案编号】 039-001-0302-0001
【成文时间】 不详
【关 键 词】 水权；水利法
【内容提要】
共1份文件。细则共九章，涉及水利区、水权登记、水道防护、水利事业等方面的具体规定。

【叙录编号】 2434
【档案题名】
《水权登记规则》及其相关附件
【发文单位】 行政院水利委员会
【收文单位】 不详
【档案编号】 039-001-0302-0002
【成文时间】 不详
【关 键 词】 水权；水利法
【内容提要】
共1份文件，附表为《水权登记申请格式》《水权状存根》。

【叙录编号】 2435
【档案题名】
甘肃省政府为准中农兰行函送民国三十二年（1943）水利贷款分配换文一事的代电及附件
【发文单位】 甘肃省政府
【收文单位】 不详
【档案编号】 039-001-0302-0003-0004
【成文时间】 1943 09 08
【关 键 词】 水权交易；赋税；水利贷款
【内容提要】
共3份文件。1934年9月，甘肃省政府函准中农兰行重新分配三十二年（1943）水利贷款（0004）。后附《甘肃水利特赋征收规则施行细则》，涉及工程渠土地灌溉、征收水利赋税以及赋税征收公式（0003）。1934年12月，《甘肃省增贷农田水利贷款换文条款》，对兰丰渠、靖丰渠、永丰渠、永乐渠、洮惠渠、溥济渠、平丰渠、肃丰渠、汭丰渠、湟惠渠工程处的水利贷款额度做出规定（0005）。

【叙录编号】 2436
【档案题名】
民国三十四年（1945）行政院水利委员会、甘肃水利林牧公司就查收参考灌溉工程设计参考手册的往来公文
【发文单位】 行政院水利委员会；甘肃水利林牧公司
【收文单位】 甘肃水利林牧公司；行政院水利委员会
【档案编号】 039-001-0371-（0002-0004）
【成文时间】 1945-09—1945-10
【关 键 词】 灌溉工程
【内容提要】
共2份文件。涉及水委会编印灌溉工程设计参考手册1本，希望甘肃水利委员会查收参考。

【叙录编号】 2437
【档案题名】
民国三十四年（1945）水利委员会、民勤县就送水利法规汇编、民勤县水利规则一事致甘肃水利林牧公司的函及甘肃水利林牧公司为答谢水利委员会、民勤县的函
【发文单位】 行政院水利委员会；民勤县政府等
【收文单位】 甘肃水利林牧公司；行政院水利委员会等
【档案编号】 039-001-0372-（0001-0004）
【成文时间】 1945-04-26—1945-06-08
【关 键 词】 水利法规；水利规则
【内容提要】
共4份文件。涉及水利委员会、民勤县政府分别向甘肃水利林牧公司递送《水利法规汇编第一集》《民勤县水利规则》各1份。

【叙录编号】 2438
【档案题名】
民国三十四年（1945）行政院水利委员会就准中国农村水力实业公司函送黄河上游机械灌溉试办计划及原件一事致甘肃水利林牧公司的代电

【发文单位】 行政院水利委员会
【收文单位】 甘肃水利林牧公司
【档案编号】 039-001-0372-（0009-0010）
【成文时间】 1945-10-01
【关 键 词】 灌溉
【内容提要】
　　共2份文件，含《黄河上游机械灌溉试办计划》1份。主要内容为中国农村水力实业公司提出黄河工程陕甘一带土壤肥沃，土法制造水车汲水灌田十分笨重，且不详法控制水位，故向甘肃水利林牧公司、行政院水利委员会等上级单位提出机械灌溉试办计划。

【叙录编号】 2439
【档案题名】
　　甘肃水利林牧公司水利资料初编
【发文单位】 甘肃水利林牧公司
【收文单位】 不详
【档案编号】 039-001-0373-0001
【成文时间】 1945-04
【关 键 词】 水利资料
【内容提要】
　　共1份文件，如题。

【叙录编号】 2440
【档案题名】
　　甘肃水利林牧公司代各渠保管物料移交清册
【发文单位】 甘肃水利林牧公司
【收文单位】 不详
【档案编号】 039-001-0382-0008
【成文时间】 1946-03
【关 键 词】 水渠工程处；物料
【内容提要】
　　共1份文件，如题。

【叙录编号】 2441
【档案题名】
　　甘肃省政府为防止洪灾督促修筑河流地埝一事致甘肃水利林牧公司的函
【发文单位】 甘肃省政府
【收文单位】 甘肃水利林牧公司
【档案编号】 039-001-0386-0047
【成文时间】 1946-02-05
【关 键 词】 河堤；河防
【内容提要】
　　共1份文件，如题。

【叙录编号】 2442
【档案题名】
　　行政院为饬及时培修各河堤埝并准备来年防汛一事致水利委员会的函
【发文单位】 行政院
【收文单位】 水利委员会
【档案编号】 039-001-0386-0048
【成文时间】 1941-12-02
【关 键 词】 河防；河堤
【内容提要】
　　共1份文件，如题。

【叙录编号】 2443
【档案题名】
　　中央水利实验处为汇发甘肃水文站上年经费事致甘肃水利林牧公司的函
【发文单位】 中央水利实验处
【收文单位】 甘肃水利林牧公司
【档案编号】 039-001-0393-0043
【成文时间】 1947-03-27
【关 键 词】 甘肃水文站；经费
【内容提要】
　　共1份文件，如题。

【叙录编号】 2444
【档案题名】

水利部水渠工程设计及其他工程图表移交清单
【发文单位】 不详
【收文单位】 不详
【档案编号】 039-001-0396-0010
【成文时间】 1947-05
【关 键 词】 水利工程
【内容提要】
共1份文件，如题。

【叙录编号】 2445
【档案题名】
甘肃省水利法案卷宗目录
【发文单位】 不详
【收文单位】 不详
【档案编号】 039-001-0396-0012
【成文时间】 不详
【关 键 词】 水利法案；水事纠纷；水利勘测；考察
【内容提要】
共1份文件，如题。

【叙录编号】 2446
【档案题名】
甘肃省政府与甘肃水利林牧实业股份有限公司酒泉工作站等单位就水准基点等问题的往来公文与相关文件
【发文单位】 甘肃省政府；甘肃水利林牧实业股份有限公司等
【收文单位】 甘肃水利林牧实业股份有限公司；甘肃省建设厅
【档案编号】 039-001-0507-（0001-0026）
【成文时间】 1943-11-27—1944-06-22
【关 键 词】 水准标点
【内容提要】
共26份文件。内容涵盖：甘肃省政府电请甘肃水利林牧实业股份有限公司（0001）转函各渠各站报送水准基点（0002；0015；0020）；洮惠渠、兰丰渠、汭丰渠（0003）等渠、酒泉工作站、张掖工作站等站报送水准基点（0003-0014；0016-0019；0021-0024）；甘肃水利林牧实业股份有限公司送各渠、站水准基点给甘肃省建设厅（0025）并由甘肃省政府存转（0026）。

【叙录编号】 2447
【档案题名】
甘肃水利林牧公司总管理处就添设水文测验设备致各渠的函
【发文单位】 甘肃水利林牧公司总管理处
【收文单位】 各渠
【档案编号】 039-001-0561-0001
【成文时间】 1942-09-26
【关 键 词】 水文测验设备
【内容提要】
共1份文件，如题。

【叙录编号】 2448
【档案题名】
甘肃水利林牧公司总管理处就水文站各费开支办法致汭丰、永平、平丰等处的函
【发文单位】 甘肃水利林牧公司总管理处
【收文单位】 汭丰；永丰；平丰等
【档案编号】 039-001-0561-0003
【成文时间】 1942-11-13
【关 键 词】 水文站；各费开支办法
【内容提要】
共1份文件。总管理处规定：各水文站费用开支不在工程处或受理处管理范围内者，由总管理处负责拨领。

【叙录编号】 2449
【档案题名】
甘肃水利林牧公司总管理处就各处水文站

开办致汭丰、永丰、平丰等处的函
【发文单位】 甘肃水利林牧公司总管理处
【收文单位】 汭丰；永丰；平丰等
【档案编号】 039-001-0561-0007
【成文时间】 1942-12-02
【关 键 词】 水文站开办
【内容提要】
　　共1份文件。总管理处要求各处开办水文站，人员由各处派员兼任，开支从各处经费中划算。

【叙录编号】 2450
【档案题名】
　　中央水利实验处为调整水位电报价目及执照费等训令
【发文单位】 中央水利实验处
【收文单位】 甘肃水文总站
【档案编号】 039-001-0572-0014
【成文时间】 1947-12-17
【关 键 词】 电报；执照费
【内容提要】
　　共1份文件，如题。

【叙录编号】 2451
【档案题名】
　　中央水利实验处与甘肃水利林牧实业股份有限公司河西水利工程总队就统计月报的往来公文与相关文件
【发文单位】 中央水利实验处；甘肃水利林牧实业股份有限公司河西水利工程总队
【收文单位】 甘肃水利林牧实业股份有限公司河西水利工程总队；甘肃水文总站
【档案编号】 039-001-0572-（0025-0027）
【成文时间】 1948-02-07—1948-04-05
【关 键 词】 统计；月报表
【内容提要】
　　中央水利实验处训令甘肃水文总站统计报表简化办法（0025），甘肃水利林牧实业股份有限公司河西水利工程总队函知甘肃水文总站抄送各机关统计月报表（0026），外附统计月报办法（0027）。

【叙录编号】 2452
【档案题名】
　　中央水利实验处函知各水利机关纪念大禹诞辰日期训令
【发文单位】 中央水利实验处
【收文单位】 甘肃省水文总站
【档案编号】 039-001-0572-0034
【成文时间】 1948-05-21
【关 键 词】 纪念；大禹
【内容提要】
　　共1份文件，如题。

【叙录编号】 2453
【档案题名】
　　水利部统计室为民国三十六年度（1947）水利事业统计辑要印发事函
【发文单位】 水利部统计室
【收文单位】 甘肃水文总站
【档案编号】 039-001-0573-0019
【成文时间】 1948-11-13
【关 键 词】 统计辑要
【内容提要】
　　共1份文件，如题。

【叙录编号】 2454
【档案题名】
　　中央水利实验处与甘肃水文总站就造报员额报告表等的往来公文
【发文单位】 中央水利实验处
【收文单位】 甘肃水文总站
【档案编号】 039-001-0606-（0040-0042）
【成文时间】 1947-09-08—1947-09-20

【关 键 词】 员额报告表
【内容提要】

中央水利实验处指令甘肃水文总站造报员额报告表（0040）；甘肃水文总站呈报员额报告表等（0041），外附各水文水位站员额报告表等（0042）。

【叙录编号】 2455
【档案题名】

中央水利处就增拨员工与甘肃省水利局的往来公文
【发文单位】 中央水利实验处
【收文单位】 甘肃省水文总站；水利部
【档案编号】 039-001-0606-（0043-0046）
【成文时间】 1947-07-02—1947-09-02
【关 键 词】 员工；预算
【内容提要】

中央水利实验处电令甘肃省水文总站为各水文测站增拨员工1名（0043）；中央水利实验处电报水利部各省水文测站增拨员工预算由本处编送（0045），外附员工名额清单（0044）；中央水利实验处函知甘肃省水利局增拨员工预算已由本处编送（0045）。

【叙录编号】 2456
【档案题名】

中央水利实验处与甘肃省水利局就调整名称等事的往来公文
【发文单位】 中央水利实验处；甘肃省水文总站
【收文单位】 甘肃省水利局
【档案编号】 039-001-0607-（0001-0003）
【成文时间】 1948-03-25—1948-04-21
【关 键 词】 职员；名称
【内容提要】

中央水利实验处函令甘肃省水利局为各机关水文站所组织规程应分别调整调查员等名称（0001）；甘肃省水利局函准调整（0002），外附调整职员名单（0003）。

【叙录编号】 2457
【档案题名】

中央水利实验处训令甘肃省水文总站所属各单位所送新任人员报告表等应遵限送达
【发文单位】 中央水利实验处
【收文单位】 甘肃省水文总站
【档案编号】 039-001-0607-0004
【成文时间】 1947-10-09
【关 键 词】 人事报表
【内容提要】

共1份文件，如题。

【叙录编号】 2458
【档案题名】

中央水利实验处训令甘肃省水文总站公务员家庭状况登记表应予废止
【发文单位】 中央水利实验处
【收文单位】 甘肃省水文总站
【档案编号】 039-001-0607-0005
【成文时间】 1947-12-02
【关 键 词】 家庭状况登记表
【内容提要】

共1份文件，如题。

【叙录编号】 2459
【档案题名】

中央水利实验处训令甘肃省水文总站核示1947年3—5月、7—12月新任人员报告表
【发文单位】 中央水利实验处
【收文单位】 甘肃省水文总站
【档案编号】 039-001-0607-0006
【成文时间】 1948-02-14
【关 键 词】 人员报告表
【内容提要】

共1份文件，如题。

【叙录编号】 2460
【档案题名】
中央水利实验处训令甘肃省水文总站简化所属机关定期人事报表
【发文单位】 中央水利实验处
【收文单位】 甘肃省水文总站
【档案编号】 039-001-0607-0007
【成文时间】 1947-04-02
【关 键 词】 人事报表
【内容提要】
共1份文件，如题。

【叙录编号】 2461
【档案题名】
中央水利实验处训令甘肃省水文总站为各机关任用人员应饬交前任清结证明书
【发文单位】 中央水利实验处
【收文单位】 甘肃省水文总站
【档案编号】 039-001-0607-0009
【成文时间】 1948-04-27
【关 键 词】 证明书
【内容提要】
共1份文件，如题。

【叙录编号】 2462
【档案题名】
中央水利实验处与甘肃省水文总站就查报1949年6月份员工薪饷表的往来公文
【发文单位】 中央水利实验处；甘肃省水文总站
【收文单位】 甘肃省水文总站；中央水利实验处
【档案编号】 039-001-0607-（0011-0013）
【成文时间】 1948-06-24—1948-07-06
【关 键 词】 薪饷表
【内容提要】
中央水利实验处训令甘肃省水文总站查报民国三十七年（1948）6月份员工薪饷表（0011），甘肃省水文总站呈报中央水利实验处民国三十七年（1948）6月份员工薪饷查报表（0012），外附员工薪额查报表（0013）。

【叙录编号】 2463
【档案题名】
中央水利实验处训令甘肃省水文总站就转业人员离职原因或机关裁撤等情况遵照规定办理
【发文单位】 中央水利实验处
【收文单位】 甘肃省水文总站
【档案编号】 039-001-0607-0017
【成文时间】 1948-08-04
【关 键 词】 转业；裁撤
【内容提要】
共1份文件，如题。

【叙录编号】 2464
【档案题名】
中央水利实验处训令甘肃省水文总站为饬知认真填写公务员履历表并贴相片以便查考
【发文单位】 中央水利实验处
【收文单位】 甘肃省水文总站
【档案编号】 039-001-0607-0026
【成文时间】 1948-09-23
【关 键 词】 公务员履历表
【内容提要】
共1份文件，如题。

【叙录编号】 2465
【档案题名】
中央水利实验处人事室与甘肃省水文总站就机关概况调查表委任以上职员名册及填报需知的往来公文与相关文件

【发文单位】 中央水利实验处；甘肃省水文总站
【收文单位】 甘肃省水文总站；中央水利实验处
【档案编号】 039-001-0607-（0027-0032）
【成文时间】 1948-11-25—1948-12-31
【关 键 词】 机关概况调查表；职员名册
【内容提要】

中央水利实验处人事室电知甘肃省水文总站机关概况调查表委任以上职员名册及填报需知（0027），外附机关概况调查表（0028），机关概况调查表填表须知（0029），委任以上职员名册造报须知（0030）；甘肃省水文总站函送中央水利实验处机关概况调查表及委任职员名册（0031），外附委任以上职员名册（0032）。

【叙录编号】 2466
【档案题名】

甘肃省水文总站与甘肃省水文总站人事室就人事管理人员考绩等注意事项的往来公文
【发文单位】 甘肃省水文总站
【收文单位】 甘肃省水文总站人事室
【档案编号】 039-001-0607-（0033-0035）
【成文时间】 1949-01-12—1949-01-28
【关 键 词】 考绩；注意事项
【内容提要】

甘肃省水文总站电知甘肃省水文总站人事室民国三十七年（1948）人员考绩考成注意事项（0033）；甘肃省水文总站电知甘肃省水文总站人事室准备考核并印发注意事项（0034），外附注意事项（0035）。

【叙录编号】 2467
【档案题名】

经济部水利署电知甘肃水文总站复员军人管理办法等详情
【发文单位】 经济部水利署
【收文单位】 甘肃省水文总站
【档案编号】 039-001-0607-0036
【成文时间】 1949-07-02
【关 键 词】 复员军人；管理办法
【内容提要】

共1份文件，如题。

【叙录编号】 2468
【档案题名】

甘肃省水利局报送委任人员民国三十七年（1948）考绩清册
【发文单位】 甘肃省水利局
【收文单位】 不详
【档案编号】 039-001-0608-0004
【成文时间】 1948
【关 键 词】 考绩清册
【内容提要】

共1份文件，如题。

【叙录编号】 2469
【档案题名】

甘肃省水利局就令仰各水文站观测员安心服务、赓续慎重办理观测事宜致各水文站观测员的训令
【发文单位】 甘肃省水利局
【收文单位】 各水文站观测员
【档案编号】 039-001-0615-0004
【成文时间】 1947-04-04
【关 键 词】 水文站权属转移
【内容提要】

共2份文件。因各水文站由甘肃水利林牧公司改隶水利局办理所有机构及人员，水利局特发训令令水文站观测员安心工作，后附有各水文站观测员名单。

【叙录编号】 2470

【档案题名】

甘肃省水文总站就中央水利实验处派新代理水文总站主任事致甘肃各站、有关各机构和水利局的文件

【发文单位】 甘肃省水文总站

【收文单位】 甘肃各站；有关各机构；水利局

【档案编号】 039-001-0619-（0001-0002）

【成文时间】 1948-04-27—1948-04-30

【关 键 词】 水文总站主任换任

【内容提要】

共3份文件。因中央水利实验处派新代理水文站主任，水文总站告知各处，该员将于4月24日到达。

【叙录编号】 2471

【档案题名】

甘肃省水文总站就应水利局局长"裁剪机构，遣散员工"的谕令，立即遣散蔡容事致蔡容的训令

【发文单位】 甘肃省水文总站

【收文单位】 蔡容

【档案编号】 039-001-0620-0042

【成文时间】 1949-02-25

【关 键 词】 裁剪机构；遣散员工

【内容提要】

共1份文件，如题。

【叙录编号】 2472

【档案题名】

甘肃省水文总站就总站与所属各水文站职员的名册

【发文单位】 甘肃省水文总站

【收文单位】 不详

【档案编号】 039-001-0622-0050

【成文时间】 1947-12

【关 键 词】 职员名册

【内容提要】

共1份文件。甘肃省水文总站将总站及李象村水文站、永靖水文站、正义水文站、莺落峡水文站、黄番寺水文站、讨赖河水文站、新地坝水文站、党河水文站、昌马河水文站、马营庄水文站、水峡口水位站、于家湾水位站、山口咀水位站、张木洞水位站、郑家沟水位站的职员名编成册。

【叙录编号】 2473

【档案题名】

中央水利实验处为奉颁《水文测站办事细则》给甘肃省水文总站的训令

【发文单位】 中央水利实验处；甘肃省水利局

【收文单位】 甘肃省水文总站；甘肃省各水文测站

【档案编号】

039-001-0634-（0014、0016、0019）

【成文时间】 1947-07-01—1947-07-04

【关 键 词】 办事细则

【内容提要】

共3份文件。中央水利实验处训令检发《水文测站办事细则》给甘肃省水文总站，查本处所管辖各省水文测站办事细则业经订定，令甘肃省水文总局仰遵并发饬所属一体遵照此令，附发《水文测站办事细则》1份（0014）。甘肃省水利局奉训颁《水文测站办事细则》给各水文测分站令仰知照。

【叙录编号】 2474

【档案题名】

甘肃省水利局为奉颁《水文测站办事细则》及颁发《河西工程总队各分队督导勘察区域内水位文站工作办事细则》给河西各分队及水位文站的各类文件

【发文单位】 甘肃省水利局

【收文单位】 河西水利工程总队各分队；河西各水位文站

【档案编号】
　　039-001-0634-（0017-0020、0027）
【成文时间】　1947-07-04
【关 键 词】　办事细则
【内容提要】
　　共5份文件。甘肃省水利局奉训颁《水文测站办事细则》给各分队令各站遵照外相应抄附该细则，并查河西各站距总站甚远，经商承，甘肃河西水利工程总队拟订各分队督导勘察区域内水位文站工作办事细则，附《河西水利工程总队各分队督导勘察区域内水位文站工作办事细则》（0018、0020、0027）。

【叙录编号】　2475
【档案题名】
　　中央水利实验处为奉水利部令部属各机关勘测各队及水文测站等组织规程修正给甘肃省水文总站的训令
【发文单位】　中央水利实验处
【收文单位】　甘肃省水文总站
【档案编号】　039-001-0634-0021
【成文时间】　1947-07-05
【关 键 词】　规程修正
【内容提要】
　　共1份文件。中央水利实验处奉水利部训令内"查前水利委员会所属各水利机构业由本部接管，所有前订各机关勘探各队及水文测站等组织规程均有隶属于'水利委员会'字样，为求名实符合起见，爰将有关此项字句一律改写'水利部'并呈奉，行政院1937年6月16日（36）五交字第23071号指令准予照办并转报，国民政府仰即知照等因奉此，除分行外合行令仰知照"等，仰知照此令。

【叙录编号】　2476
【档案题名】
　　中央水利实验处为奉令励行全国总动员案给甘肃省水文总站的训令
【发文单位】　中央水利实验处
【收文单位】　甘肃省水文总站
【档案编号】　039-001-0634-0024
【成文时间】　1947-07-28
【关 键 词】　动员训令
【内容提要】
　　共1份文件。中央水利实验处奉国民政府训令动员水利界加强工作效能，努力水利建设，以配合戡乱建国需要。

【叙录编号】　2477
【档案题名】
　　中央水利实验处就夏令时间延长至10月31日午夜24时事致甘肃省水文总站的训令
【发文单位】　中央水利实验处
【收文单位】　甘肃省水文总站
【档案编号】　039-001-0635-0002
【成文时间】　1947-09-17
【关 键 词】　夏令工作时间
【内容提要】
　　共1份文件，如题。

【叙录编号】　2478
【档案题名】
　　就检发修正报讯办法事水利部致甘肃河西水利工程总队、中央水利实验处致甘肃省水文总站的训令
【发文单位】　水利部；中央水利实验处
【收文单位】　甘肃河西水利工程总队；甘肃省水文总站
【档案编号】
　　039-001-0635-（0004-0007、0013-0015）
【成文时间】　1947-12-03—1947-12-29
【关 键 词】　报汛办法
【内容提要】
　　共5份文件。水利部就汛期内事做出的规

定。一、凡是在汛期以内逐日电报水位流量、雨量的测站均称为报汛站。二、各河流设报汛站应由该流域主管水利机关选择重要测站，于该年度开始时依照附表一（0006）填送本部核定后，再由各站主管机关径送交通部电信总局。三、各主管水利机关应将该流域各报汛站历年最高洪水位，最大洪水流量及其发生年月日，按照附表二（0006）格式查明填报备查。四、报汛期间规定，自6月1日起至9月30日止，如情形特殊，得斟酌提早或延长之，但需预先电报本部备查。五、各报汛站规定每日上午8时发电本部及主管机关报告水位及流量1次，下午4时电报水利部及主管机关雨量1次。六、各项报汛电报统由水利部整理列表，汇送中央广播电台，按时广播。在大汛期间星期日，亦照常汇送。七、各报汛站如遇暴雨，历时3小时或历时虽不及3小时而雨量达30公厘以上时，应将降雨时刻及数量立即电报水利部及主管机关。九、各报汛站于报汛期间内应将每周水位流量、雨量依照表三（0007）填就后，快邮分寄水利部及主管机关。汛期过后即与停止。十、电报水位流量，下文用三组数字代表，第一组为日期钟点，第二组为水位，第三组为流量，例如某站在14日上午8时测得水位为9659公尺，流量为4200秒立方公尺。如水位超过100公尺，流量超过1万秒立方公尺，则第一组、第二组及第二组、第三组之间各加入（0001），余类推。十一、电报雨量：第一组及第二组为降雨起迄日期及时间，第三组为雨势，或急（电码1838）或缓（4883）或为中常（1627），第四组为降雨数量，第五组表示雨仍续降（4958），或停止（2972），或仍有雨意（2548），或已放晴（2532）。十三、电报内时刻用24小时计时。十四、各河流致报汛站得兼报其他次要雨量站之雨量。十五、各次要雨量站应将雨量记录于每日上午送交附近报讯站电报水利部及主管部门。十六、各报汛站兼报次要雨量站站名，由各主管水利机关依附表四（0007）填报。十七、各报汛站收集附近各次要雨量站降雨记录即单独拍发。十八、各报汛站的报汛电报应在观测后半小时内送至当地电报局。十九、各报汛站在规定报汛期间内，如发现水凌或河面水冻等情况应随时电报水利部及主管部门。而后中央水利实验处将办法发至甘肃省水文总站。

【叙录编号】 2479
【档案题名】
　　甘肃省水文总站就日暖冻解，饬即测读水位流量、蒸发量工作事致各水文站的训令
【发文单位】 甘肃省水文总站
【收文单位】 各水文站
【档案编号】 039-001-0635-0022
【成文时间】 1948-03-11
【关 键 词】 水位流量；蒸发量
【内容提要】
　　共1份文件，如题。

【叙录编号】 2480
【档案题名】
　　中央水利实验处就报汛办法可酌量情形办理事致甘肃省水文总站的训令
【发文单位】 中央水利实验处
【收文单位】 甘肃省水文总站
【档案编号】 039-001-0635-0023
【成文时间】 1948-06-12
【关 键 词】 报汛办法
【内容提要】
　　共1份文件。中央水利实验处表示水利部颁布的修正报汛办法中所规定的每日电报两次，可根据情况考虑经费酌情发报。

【叙录编号】 2481

【档案题名】

农林部就农会署、水利署改为农林司、水利司事致甘肃省水文总站的部令

【发文单位】　农林部

【收文单位】　甘肃省水文总站

【档案编号】　039-001-0635-0028

【成文时间】　1949-07-30

【关 键 词】　农林司；水利司

【内容提要】

共1份文件，如题。

【叙录编号】　2482

【档案题名】

甘肃省政府与甘肃水利林牧实业股份有限公司就省参议会整治全省水利案的公函往来

【发文单位】　甘肃省政府；甘肃水利林牧实业股份有限公司

【收文单位】　甘肃省政府；甘肃水利林牧实业股份有限公司

【档案编号】　039-001-0654-（0001-0002）

【成文时间】　1941-10-16—1941-10-18

【关 键 词】　整治水利案

【内容提要】

甘肃省临时参议会通过了权参议员少文提议省政府积极整治全省水利案，政府就此向水利林牧公司发函，水利林牧公司回函，往来共2份。具体为：甘肃省政府为准甘肃省临时参议会咨送权参议员少文提议积极整治全省水利一案请水利林牧公司查照办理函，附抄送原议案1件（0001）；甘肃水利林牧实业股份有限公司为函嘱整治全省水利案给省政府回函，请省政府函请各县上报详细情形（0002）。

【叙录编号】　2483

【档案题名】

甘肃省建设厅与甘肃水利林牧实业股份有限公司就省参议会决议案水利部分的公函往来

【发文单位】　甘肃省政府；甘肃省建设厅等

【收文单位】　甘肃省建设厅；甘肃水利林牧实业股份有限公司

【档案编号】　039-001-0654-（0005-0008）

【成文时间】　1942-10-24—1942-12-14

【关 键 词】　湟惠渠；博济渠；洮惠渠；河西水利工程

【内容提要】

共4份文件。内容涵盖：甘肃省政府于1942年10月19日收到了省参议会咨送的合并决议案，于1942年10月24日节抄原决议案水利部分请水利林牧公司查照办理（0005）；甘肃水利林牧实业股份有限公司于1942年10月27日为送河西农田水利计划纲要给甘肃省建设厅发函（0007）；水利林牧公司于1942年12月对甘肃省建设厅进行回函，就湟惠、博济、洮惠等渠相关情况予以说明，并提及10月27日发送的河西水利工程纲要（0006）；甘肃省建设厅关于农田水利办理情形等项于1942年12月复给水利林牧公司回函（0008）。

【叙录编号】　2484

【档案题名】

蒲敏仁就君怡先生提出的数项西北水利问题向君怡回的函

【发文单位】　蒲敏仁

【收文单位】　君怡先生

【档案编号】　039-001-0683-0002

【成文时间】　1943-07-03

【关 键 词】　灌溉

【内容提要】

共1份文件，如题。其中提到了君怡先生建议以水力发电，再以电力推动抽水机灌溉西北一带农田及周围苗圃以补渠道灌溉之不足。

【叙录编号】　2485

【档案题名】

西北水利研究问题

【发文单位】 甘肃水利林牧公司

【收文单位】 不详

【档案编号】 039-001-0683-0008

【成文时间】 不详

【关 键 词】 灌溉

【内容提要】

共1份文件,如题。其中具体包含西北的雨量、土质、水土保持、灌溉等几方面的问题。

【叙录编号】 2486

【档案题名】

甘肃水利林牧公司第一次常务董事会议程

【发文单位】 甘肃水利林牧公司

【收文单位】 不详

【档案编号】 039-001-0712-0001

【成文时间】 不详

【关 键 词】 水利

【内容提要】

共1份文件,如题。其中具体提到了设立七渠工程处、洮惠渠管理处、肃丰渠工程筹备处、兰丰渠工程筹备处;与甘肃省政府签订了委托办理水利工程合约、移接各渠工程暨勘测队办法、合作勘测甘肃水利及农田水利等有关水利和水渠的办法。

【叙录编号】 2487

【档案题名】

甘肃水利林牧公司在1942年的业务概况

【发文单位】 甘肃水利林牧公司

【收文单位】 不详

【档案编号】 039-001-0712-0002

【成文时间】 1942-09-01

【关 键 词】 水利

【内容提要】

共1份文件。其中水利部分包括接办和已办的水利工程、承办的水利查勘和洮惠渠改进工程。

【叙录编号】 2488

【档案题名】

甘肃省发展农田水利三年计划大纲

【发文单位】 甘肃水利林牧公司

【收文单位】 不详

【档案编号】 039-001-0712-0003

【成文时间】 1941-11

【关 键 词】 水利

【内容提要】

共1份文件,如题。计划包括水利查勘、建立水文站、建水渠等工程。

【叙录编号】 2489

【档案题名】

甘肃省政府委托甘肃水利林牧公司办理水利工程的合约

【发文单位】 甘肃省政府

【收文单位】 甘肃水利林牧公司

【档案编号】 039-001-0712-0004

【成文时间】 1941-07-30

【关 键 词】 水利

【内容提要】

共1份文件,如题。

【叙录编号】 2490

【档案题名】

甘肃省政府将各渠工程暨勘测队办法的文件发送给甘肃水利林牧公司

【发文单位】 甘肃省政府

【收文单位】 甘肃水利林牧公司

【档案编号】 039-001-0712-0005

【成文时间】 1941-07-30

【关 键 词】 水利;水渠

【内容提要】

共1份文件，如题。

【叙录编号】 2491
【档案题名】
甘肃水利林牧公司与甘肃省政府就设立水文站的往来公函
【发文单位】 甘肃水利林牧公司；甘肃省政府等
【收文单位】 甘肃省政府；甘肃水利林牧公司
【档案编号】 039-001-0718-（0001-0003）
【成文时间】
1941-12-21；1942-01-17；1942-04-01
【关 键 词】 水文站
【内容提要】
共3份文件，如题。

【叙录编号】 2492
【档案题名】
甘肃省政府关于水利机关评议委员会组织规程发布及水利法流程解释的各类文件
【发文单位】 甘肃省政府
【收文单位】 第七区行政督察专员公署
【档案编号】 历01-02-0407-（0010-0011）
【成文时间】 1943-02-10—1944-02-15
【关 键 词】 水利法；水利机关组织章程
【内容提要】
甘肃省政府奉行政院令抄发各级水利主管机关评议委员会组织规程1份，令第七区行政督察专员公署知照，附原件1份。另奉行政院水利委员会公函检发水利法流程解释等希照办，附提案1份（附件缺）。

【叙录编号】 2493
【档案题名】
关于城市改良地区特别征费通则的各类文件
【发文单位】 甘肃省政府；第七区行政督察专员公署

【收文单位】 第七区行政督察专员公署等
【档案编号】 历01-02-0410-（1-3）
【成文时间】 1937-03-06—1937-07-06
【关 键 词】 城市改良；水利工程；征费
【内容提要】
甘肃省政府下发内政部更正《城市改良地区特别征费通则》，其中包括对城市防水灌溉系统等水利工程征费、对妨碍水利工程建设者予以罚款等内容。训令第七区行政督察专员公署知照。公署转饬所属各县政府更正情形。

【叙录编号】 2494
【档案题名】
甘肃省政府、金塔县政府关于水渠管理养护的各类文件
【发文单位】 甘肃省水渠管理处；甘肃省政府
【收文单位】 金塔县政府
【档案编号】 历03-01-2429-（1-4）
【成文时间】 1944
【关 键 词】 水渠管理；水渠灌溉；水渠养护
【内容提要】
本书为省水渠管理、灌溉、养护的各类规程办法，其中有《甘肃省水渠管理处组织规程》《甘肃省水渠水董会组织规程》《甘肃省水渠灌溉引水规则》《甘肃省水渠养护修理及防汛办法》。

【叙录编号】 2495
【档案题名】
甘肃省政府关于检发水利地图的各类文件
【发文单位】 甘肃省政府
【收文单位】 金塔县政府
【档案编号】 历03-01-2430-（1-6）
【成文时间】 1941—1947
【关 键 词】 水利法；防旱增产
【内容提要】
本书6份文件均与水利法案有关，其中包

括：甘肃省政府检发水利法浅释等令金塔县政府照办，附原水利法浅释及提案各1份；甘肃省政府转发各级水利机关评议委员会组织规程令仰知照，附规程1份；修正水陆地图审查条例细则1份令查照，附细则1份，附地图发行许可证样式；训令金塔县政府出版地图应按照水陆地图审查条例进行；抄发防旱增产紧急措施置办办法1份。

【叙录编号】 2496
【档案题名】
　　甘肃省政府、省建设厅、金塔县政府关于抄发水利奖励条例、提案等各类问题的文件
【发文单位】 甘肃省政府；金塔县政府等
【收文单位】 金塔县政府
【档案编号】 历03-01-2432-（1-5）
【成文时间】 1934-10—1948-06
【关 键 词】 水利建设；水利计划；水利章程
【内容提要】
　　甘肃省政府就建设厅提议各县政府对于境内水利事项尽量分别详查，拟订计划图说报查，抄发原提案及审查意见，令金塔县政府遵办，附治理提案1份。金塔县政府拟具水利计划图请鉴核，附金塔县水利计划1份。省建设厅抄发兴办水利奖励条例及章程，附奖励章程1份。另有金塔县关于水利设计的会议记录、金塔县全县农田渠流泛灌量期。

【叙录编号】 2497
【档案题名】
　　甘肃省政府《水利建设纲领》
【发文单位】 第七区行政督察专员公署；甘肃省政府
【收文单位】 第七区行政督察专员公署；甘肃省政府
【档案编号】 历01-05-0586
【成文时间】 1942-04-02；1943-03-10
【关 键 词】 水利建设计划
【内容提要】
　　《水利建设纲领》，包括：发展航运的相关建议；黄河治水计划；原有灌溉事业的改进计划；水利工程所需的机械筹备；当前水利建设计划；黄河决口防治的相关问题。

【叙录编号】 2498
【档案题名】
　　资源委员会全国水力发电工程总处西北勘测处于1946年10月2日奉令组织成立并启用关防的代电
【发文单位】 资源委员会全国水力发电工程总处西北勘测处
【收文单位】 第七区行政督察专员公署
【档案编号】 历01-01-1208-15
【成文时间】 1946-12-7
【关 键 词】 西北勘测处
【内容提要】
　　资源委员会全国水力发电总处西北勘测处于本年10月2日奉令组织成立，择定处址及电报挂号，并于12月8日启用关防。

【叙录编号】 2499
【档案题名】
　　党河水文站关于水权登记、水利贷款、保土蓄水的章程
【发文单位】 甘肃省政府
【收文单位】 敦煌县政府
【档案编号】 历06-01-1098-（1、4、5）
【成文时间】 1946-10—1947-10
【关 键 词】 水权登记
【内容提要】
　　甘肃省政府关于印发水权登记申请书格式的训令，附格式；甘肃省政府奉行政院解释水权登记有关条文的训令；甘肃省政府抄发本省水利局组织规程修正本的训令。

五、林草动物资源开发与保护类档案

【叙录编号】 2500
【档案题名】
　　甘肃省政府等关于各地苗圃业务的各类文件
【发文单位】 崇信县政府；平凉县政府等
【收文单位】 甘肃省政府等
【档案编号】 004-001-0290-（0001-0082）
【成文时间】 1949-04—1949-06
【关 键 词】 苗圃
【内容提要】
　　此案卷包含82份文件，均与苗圃有关。崇信县、宁县、平凉县、临泽县、玉门县、武威县、会宁县、夏河县、漳县、临夏县、两当县、化平县、隆德县、武山县、酒泉县、鼎新县、康乐县、宁定县、西吉县、礼县、镇原县、永昌县、会川县、西固县、安西县、武都县、天水县、秦安县、皋兰县、榆中县纷纷向甘肃省政府上报各县苗圃业务的办理情况，甘肃省政府一一予以回复。

【叙录编号】 2501
【档案题名】
　　甘肃省政府等关于各县荒地调查表、荒地造林等事的各类文件
【发文单位】 甘肃省政府
【收文单位】 甘肃省各县等
【档案编号】
　　004-002-0001-（0001、0008、0010-0017、0021、0028、0030、0034-0035、0037、0078、0082、0100-0101、0112、0141、0154）
【成文时间】 1946-03—1946-12
【关 键 词】 荒地调查表；荒地造林
【内容提要】
　　甘肃省政府指令会宁县、永昌县、华亭县、民乐县、庆阳县、秦安县、高台县、泾川县、张掖县、靖远县、隆德县、和政县各县荒地调查表或准予备查，或准予核转，或给予审核意见，或催促速补报荒地调查表。甘肃省政府向行政院报送本省祁连山天然林1946年度3个月的经费预算书，并将此事通知省第六区专署。甘肃省政府通知平凉县政府，该县利用堂岗乡荒地造林的计划准予备查。甘肃省政府令各县政府、设治局上报本地宜垦荒地调查表。甘肃省政府通知会川县政府，应拟订报送开垦该县黄香沟的计划及预算。甘肃省政府令榆中县政府办理该县青城乡农会请求拨款修理水车一事。甘肃省政府指令第六区专署，该区永昌县五龙乡虫灾等应查勘完毕后统筹安排。甘肃省政府给玉门县政府发放1946年度春季造林报告表的审核意见。甘肃省政府致函农林部洮河流域国有林区管理处，请派员会同卓尼设治局勘定禅定寺的捐林产权。甘肃省政府通知各县、设治局，推行乡镇造产应注重造林畜牧事宜。甘肃省政府致电平凉县政府，准予该县利用荒地造林。甘肃省政府令武威县地籍整理办事处查办该县藏族民众开垦荒地、侵占水源一事。甘肃省政府指令兰州市政府，该市警察局第七分局的植树情况准予备查。此案卷另有关于各县开垦荒地的一些文件。

【叙录编号】 2502
【档案题名】
　　甘肃省政府公布密令第74号关于制定甘肃省农改所苗木推广规则
【发文单位】 甘肃省政府
【收文单位】 甘肃省政府
【档案编号】 004-002-0081-0002
【成文时间】 1940-12-08
【关 键 词】 苗木推广
【内容提要】
　　甘肃省政府公布《甘肃省农业改进所苗木推广规则》23条（1940年12月8日公布），涉及苗木管理、承领、推广事宜。

【叙录编号】 2503
【档案题名】
　　甘肃省各县苗圃实施办法
【发文单位】 不详
【收文单位】 甘肃省政府
【档案编号】 004-002-0081-0005
【成文时间】 1940
【关 键 词】 苗圃实施
【内容提要】
　　《甘肃省各县苗圃实施办法》包括各县苗圃管理机关、事业范围、保护、宣传、推广、指导、政绩等方面。

【叙录编号】 2504
【档案题名】
　　甘肃省农业改进所各中心苗圃负责指导县苗圃实施办法
【发文单位】 不详
【收文单位】 甘肃省政府
【档案编号】 004-002-0081-0006
【成文时间】 1940
【关 键 词】 苗圃实施
【内容提要】
　　《甘肃省农业改进所各中心苗圃负责指导县苗圃实施办法》主要涉及育苗造林方面。

【叙录编号】 2505
【档案题名】
　　甘肃省民国三十一年度（1942）苗圃实施计划纲要
【发文单位】 不详
【收文单位】 甘肃省政府
【档案编号】 004-002-0081-0008
【成文时间】 1942
【关 键 词】 苗圃实施
【内容提要】
　　《三十一年底（1942）有甘肃省苗圃实施计划纲要》涉及农改所直辖苗圃、中心苗圃十二处及地名、各县苗圃、苗圃训练。

【叙录编号】 2506
【档案题名】
　　甘肃省政府等关于清荒施垦、苗圃实施等各类文件
【发文单位】 甘肃省政府；甘肃省建设厅等
【收文单位】 不详
【档案编号】 004-002-0082-（0001-0016）
【成文时间】 1936—1942
【关 键 词】 苗圃；水利
【内容提要】
　　此案卷内容为各类实施办法、规则，包括甘肃省清荒施垦计划、各县苗圃实施办法、省农改所各中心苗圃负责指导县苗圃实施办法、甘肃省建设厅兴办水利拆迁土地附着物办法、甘肃省政府1942年度苗圃实施计划纲要、甘肃省建设厅水利工程处组织规程及办事细则等。

【叙录编号】 2507

【档案题名】

甘肃省政府民国三十年度（1941）上半年办理省参议会建议案经过汇编（三）

【发文单位】 不详
【收文单位】 不详
【档案编号】 004-002-0104-0001
【成文时间】 1941
【关 键 词】 水利；造林
【内容提要】

21页起为《建设厅主办参议会建议经过情形》，其中涉及测量河流、水利勘测队查勘、酒金分水、甘川公路、保护崆峒山附近森林、掘沟造粒防河患。

【叙录编号】 2508
【档案题名】

甘肃省政府公布秘法字第12号关于颁布甘肃省森林保护办法；甘肃省政府公布秘法字第13号关于颁布甘肃省林牧采伐规则

【发文单位】 甘肃省政府
【收文单位】 不详
【档案编号】 004-002-0105-（0013-0014）
【成文时间】 1936-06-06
【关 键 词】 森林保护；林木采伐
【内容提要】

如题。

【叙录编号】 2509
【档案题名】

甘肃省政府公布秘法字第371号关于颁布甘肃省苗圃组织通则

【发文单位】 甘肃省政府
【收文单位】 不详
【档案编号】 004-002-0112-0013
【成文时间】 1941-07-12
【关 键 词】 苗圃
【内容提要】

《甘肃省苗圃组织通则》。

【叙录编号】 2510
【档案题名】

甘肃省政府公布令秘法字第498号关于颁布制定甘肃省农林试验总场组织章程；甘肃省政府公布令秘法字第500号关于颁布制定甘肃省各区农林实验场组织章程

【发文单位】 甘肃省政府
【收文单位】 不详
【档案编号】 004-002-0121-（0005、0007）
【成文时间】 1943-03-18
【关 键 词】 农林
【内容提要】

如题。

【叙录编号】 2511
【档案题名】

甘肃省政府公布令秘法字第482号关于颁布制定甘肃省会公私机关山麓造林办法；甘肃省政府公布令秘法字第489号关于颁布制定甘肃省各县教育林暨学校苗圃实施办法；甘肃省政府公布令秘法字第525号关于颁布制定甘肃省水渠管理处组织通则；甘肃省政府公布令秘法字第526号关于颁布制定甘肃省水渠灌溉管理暂行章程；甘肃省政府公布令秘法字第527号关于颁布制定甘肃省水渠水董会组织规程；甘肃省政府公布令秘法字第528号关于颁布制定甘肃省水渠养护修理及防汛办法；甘肃省政府公布令秘法字第529号关于颁布制定甘肃省水渠灌溉引水章程。

【发文单位】 甘肃省政府
【收文单位】 不详
【档案编号】
004-002-0122-（0003、0005、0012-0016）
【成文时间】 1943-02-15—1943-06-30
【关 键 词】 水渠；教育林

【内容提要】

如题。

【叙录编号】 2512
【档案题名】

甘肃省政府公布令秘法字第476号关于颁布制定甘肃省各县市（局）农业林工作督导办法；甘肃省政府公布令秘法字第512号关于颁布制定甘肃省林业规则

【发文单位】 甘肃省政府
【收文单位】 不详
【档案编号】 004-002-0123-（0002、0009）
【成文时间】 1943-02-11；1943-05-03
【关 键 词】 林业
【内容提要】

如题。

【叙录编号】 2513
【档案题名】

甘肃省政府公布令秘法字第408号关于颁布制定甘肃省林政实施纲要草案；甘肃省政府公布令秘法字第409号关于颁布制定甘肃省天然林区管理暂行规则；甘肃省政府公布令秘法字第410号关于颁布制定甘肃省林木采伐暂行规则；甘肃省政府公布令秘法字第411号关于颁布制定甘肃省林木保护暂行规则；甘肃省政府公布令秘法字第412号关于颁布制定甘肃省植树造林奖惩暂行规则

【发文单位】 甘肃省政府
【收文单位】 不详
【档案编号】 004-002-0127-（0002-0006）
【成文时间】 1942-06-06
【关 键 词】 林政；林木保护
【内容提要】

如题。

【叙录编号】 2514
【档案题名】

甘肃省政府公布令秘法字第545号关于颁布甘肃省主要行政工作竞赛办法
【发文单位】 甘肃省政府
【收文单位】 不详
【档案编号】 004-002-0130-0002
【成文时间】 1943-09-07
【关 键 词】 行政竞赛；植树造林
【内容提要】

竞赛内容之中推广造产包括植树造林情形、农田水利情形、黑穗病防治、开垦荒地及公私荒地调查情形。

【叙录编号】 2515
【档案题名】

甘肃省政府民国三十七年度（1948）工作检讨会计划（三）
【发文单位】 甘肃省政府
【收文单位】 不详
【档案编号】 004-002-0157-0001
【成文时间】 1948
【关 键 词】 工作检讨会
【内容提要】

主要涉及农林类：粮食增产、特用作物、育苗、造林、护林、水土保持、牧草种植、自来水工程、气象测候所业务。

【叙录编号】 2516
【档案题名】

甘肃省农业改进所关于报送本所本年度（1943）春秋季造林统计总表致甘肃省政府统计室的呈
【发文单位】 甘肃省农业改进所
【收文单位】 不详
【档案编号】 004-002-0179-0005
【成文时间】 1943-01-29
【关 键 词】 造林

【内容提要】

如题。

【叙录编号】　2517
【档案题名】
　　甘肃省建设厅统计室关于补送甘肃省工商业、手工业、林业、矿业及各类报告表致甘肃省政府统计处第一科的公函
【发文单位】　不详
【收文单位】　不详
【档案编号】　004-002-0200
【成文时间】　1948-02-28
【关 键 词】　苗圃、造林
【内容提要】
　　10页为《甘肃省苗圃与苗木报告表》《甘肃省造林面积与株数报告表》《甘肃省造林统计表》。

【叙录编号】　2518
【档案题名】
　　甘肃省政府民国三十三年（1944）公务统计方案（林业类）
【发文单位】　甘肃省政府统计室
【收文单位】　甘肃省政府
【档案编号】　004-002-0357-0001
【成文时间】　1944-12
【关 键 词】　公务统计
【内容提要】
　　甘肃省建设厅应设置之登记册名称：一、林业试验与推广纲（林业试验与改良场所登记册、林业试验与研究登记册、树种选定成绩登记册、苗木推广登记册）；二、林区设立纲（保安林设置登记册）；三、林业经营纲（造林面积与株数登记册、苗圃与苗木登记册、栽植油桐登记册）；四、林产纲（林产登记册、油桐生产概况登记册）；五、林业奖励纲（林业奖励登记册）。

【叙录编号】　2519
【档案题名】
　　甘肃省永靖县、康县、定西县、山丹县、鼎新县、高台县、秦安县、崇信县、漳县政府关于报送本县近3年县路、牧区、隙地种树、利率等各项统计表致甘肃省政府的呈
【发文单位】　永靖县政府；定西县政府等
【收文单位】　甘肃省政府
【档案编号】
　　004-002-0235-（0005、0008-0015）
【成文时间】　1943-08-09—1943-10-18
【关 键 词】　种树；造林
【内容提要】

如题。

【叙录编号】　2520
【档案题名】
　　甘肃省政府1944年公务统计方案（林业类）（此案卷仅1份文件）
【发文单位】　甘肃省政府
【收文单位】　不详
【档案编号】　004-002-0357-0001
【成文时间】　1944-12
【关 键 词】　林业
【内容提要】
　　包括某某省林业试验与改良场登记册；某某省林业试验与改良场所报告表；某某省林业试验研究报告表；某某省树种选定成绩报告表；某某省树种推广登记册等文件。

【叙录编号】　2521
【档案题名】
　　甘肃省农业改进所关于报送民国三十六年（1947）1—11月各种统计表致甘肃省政府统计处的代电
【发文单位】　甘肃省农改所
【收文单位】　甘肃省政府

【档案编号】 004-003-0164-0002
【成文时间】 1947-11-21
【关 键 词】 造林；苗圃
【内容提要】
　　文内有《甘肃省会造林委员会年度造林数字统计表》《甘肃省农改所各县推广育苗造林统计表》，其余涉及蔬菜、畜牧、黑穗病。

【叙录编号】 2522
【档案题名】
　　甘肃省政府民国三十七年（1948）下半年施政计划纲要
【发文单位】 甘肃省政府
【收文单位】 不详
【档案编号】 004-004-0098-0009
【成文时间】 1948-07
【关 键 词】 植树；苗圃
【内容提要】
　　其中事业部门"建设"涉及公路建设，继续推行乡村植树、督导完成各县市局苗圃之设立、调查收购天然林并加以保护、管理祁连山林区业务、加强小陇山林区管理、保护水土。此件为印本。

【叙录编号】 2523
【档案题名】
　　甘肃省政府等关于通缉前沿黄造林东段办事处主任王绍烈一事的各类文件
【发文单位】 甘肃省建设厅；甘肃省政府等
【收文单位】 甘肃省政府；甘肃省建设厅等
【档案编号】 004-004-0247-（0013-0022）
【成文时间】 1937-12-20—1939-09-27
【关 键 词】 造林；王绍烈
【内容提要】
　　甘肃省建设厅第一科、第三科向建设厅呈报查前沿黄造林东段办事处主任王绍烈造报1937年春季分造林各费用有浮报不实之嫌，现已潜逃。建设厅遂向甘肃省政府请求通缉此人。甘肃省政府向陕西省政府、省高等法院及省政府下属各部门发布请求协助通缉此人的信息。甘肃省政府秘书处给建设厅发布通知，已令警察局通缉王绍烈。两年后（1939）王绍烈呈报甘肃省政府，本人已缴清亏空款项，请取消通缉，省高院监察处同意取消通缉。

【叙录编号】 2524
【档案题名】
　　甘肃省政府公布令秘法字第399号关于颁布制定甘肃省护渠植树暂行办法
【发文单位】 甘肃省政府
【收文单位】 不详
【档案编号】 004-006-0368-0019
【成文时间】 1942-05-08
【关 键 词】 植树办法
【内容提要】
　　《甘肃省护渠植树暂行办法》。

【叙录编号】 2525
【档案题名】
　　甘肃省政府公布令秘法字第440号关于颁布制定甘肃省各造林委员会组织规程
【发文单位】 甘肃省政府
【收文单位】 不详
【档案编号】 004-006-0371-0012
【成文时间】 1942-10-06
【关 键 词】 造林委员会组织
【内容提要】
　　《甘肃省各造林委员会组织规程》。

【叙录编号】 2526
【档案题名】
　　甘肃省政府委员会第149次会议讨论关于提起审议建设厅拟将省城附近现有第一苗圃分

别裁并并另觅何时、地点办理较大苗圃等事宜
【发文单位】 不详
【收文单位】 甘肃省政府
【档案编号】 004-006-0388-002
【成文时间】 1935-10-24
【关 键 词】 苗圃
【内容提要】

  讨论林垦处经费，审议甘肃省建设厅拟将省城附近现有第一苗圃分别裁并并另觅何时、地点办理较大苗圃等事宜。

【叙录编号】 2527
【档案题名】
  甘肃省政府委员会第1616次会议议事日程外附会议材料
【发文单位】 甘肃省政府
【收文单位】 不详
【档案编号】 004-007-0008-0002
【成文时间】 1949-04-08
【关 键 词】 造林经费
【内容提要】

  会议涉及省农改所1949年度春季造林经费一事。

【叙录编号】 2528
【档案题名】
  甘肃省政府委员会第902次会议议事日程外附会议材料
【发文单位】 甘肃省政府
【收文单位】 不详
【档案编号】 004-007-0030-0001
【成文时间】 1941-10-31
【关 键 词】 畜牧
【内容提要】

  会议涉及省农业改进所关于改进甘肃畜牧事业办法一事。

【叙录编号】 2529
【档案题名】
  甘肃省政府委员会第915次会议议事日程外附会议材料
【发文单位】 甘肃省政府
【收文单位】 不详
【档案编号】 004-007-0035-0001
【成文时间】 1941-12-30
【关 键 词】 苗圃
【内容提要】

  会议涉及省农改所1942年度全省苗圃实施计划纲要调整办法一事。

【叙录编号】 2530
【档案题名】
  甘肃省政府委员会第1172次会议议事日程外附会议材料；甘肃省政府委员会第1173次会议议事日程外附会议材料
【发文单位】 甘肃省政府
【收文单位】 不详
【档案编号】
  004-007-0052-（0001、0053-0003）
【成文时间】 1944-09-08
【关 键 词】 兵工用材
【内容提要】

  会议涉及农林部函送增殖保护兵工用材林木办法一事。

【叙录编号】 2531
【档案题名】
  甘肃省政府委员会第840次会议记录
【发文单位】 甘肃省政府
【收文单位】 不详
【档案编号】 004-007-0211-0003
【成文时间】 1941-03-28
【关 键 词】 森林
【内容提要】

会议涉及制定甘肃森林合作办法一事。

【叙录编号】 2532
【档案题名】
甘肃省政府委员会第1042次会议议事日程外附会议材料
【发文单位】 甘肃省政府委员会
【收文单位】 甘肃省政府
【档案编号】 004-007-0317-0002
【成文时间】 1930-04-27
【关 键 词】 货运管理；林业
【内容提要】
主要涉及货运管理局组织规程，审议甘肃省林政实施纲要等事宜，附《甘肃省林业规则》。

【叙录编号】 2533
【档案题名】
甘肃省政府委员会第1043次会议议事日程外附会议材料
【发文单位】 甘肃省政府委员会
【收文单位】 甘肃省政府
【档案编号】 004-007-0317-0004
【成文时间】 1943-04-30
【关 键 词】 祁连山林区管理；湟惠渠
【内容提要】
主要涉及本年1月初各费类总账户收支数目报告表，农林部祁连山国有林区管理处公私有林登记规章及农林部祁连山国有林区管理处伐木查验规则，农林部请示强制造林办法草案，湟惠渠特种乡公所组织条例及办事细则。

【叙录编号】 2534
【档案题名】
甘肃省政府委员会第1079次会议议事日程外附会议通报、讨论文件材料
【发文单位】 甘肃省政府委员会
【收文单位】 甘肃省政府
【档案编号】 004-007-0331-0005
【成文时间】 1943-09-07
【关 键 词】 保护森林
【内容提要】
主要涉及行政院要求保护古迹文化森林，严禁任意摧毁滥伐等事宜。

【叙录编号】 2535
【档案题名】
甘肃省政府委员会第1080次会议议事日程外附会议通报、讨论文件材料
【发文单位】 甘肃省政府委员会
【收文单位】 甘肃省政府
【档案编号】 004-007-0331-0007
【成文时间】 1943-09-10
【关 键 词】 林业规则
【内容提要】
关于审查本省林业规则，附《甘肃省林业规则》。

【叙录编号】 2536
【档案题名】
甘肃省政府委员会第1088次会议议事日程外附会议通报、讨论文件材料
【发文单位】 甘肃省政府委员会
【收文单位】 甘肃省政府
【档案编号】 004-007-0334-0005
【成文时间】 1943-10-08
【关 键 词】 农林建设
【内容提要】
主要涉及审查三十三年度（1944）农林建设一般中心工作说明表，拟本省此后农林推广及粮食增产工作改进要点4项。

【叙录编号】 2537
【档案题名】

甘肃省政府委员会第1115次会议议事日程外附会议通报、讨论文件材料
【发文单位】 甘肃省政府委员会
【收文单位】 甘肃省政府
【档案编号】 004-007-0343-0002
【成文时间】 1944-01-25
【关 键 词】 小陇山林地
【内容提要】
　　关于审查清理小陇山林地及经费筹拨办法，附《清理小陇山林地办法》。

【叙录编号】 2538
【档案题名】
　　甘肃省政府委员会第1120次会议议事日程外附会议通报、讨论文件材料
【发文单位】 甘肃省政府委员会
【收文单位】 甘肃省政府
【档案编号】 004-007-0344-0004
【成文时间】 1944-02-15
【关 键 词】 小陇山林地
【内容提要】
　　关于审查清理小陇山林地办法等事宜。

【叙录编号】 2539
【档案题名】
　　甘肃省政府委员会第1173次会议议事日程外附会议通报、讨论文件材料
【发文单位】 甘肃省政府委员会
【收文单位】 甘肃省政府
【档案编号】 004-007-0358-0002
【成文时间】 1944-09-08
【关 键 词】 收支数目报告表；兵工用材林木
【内容提要】
　　关于甘肃省财政厅报告三十三年（1944）6月份经管各费类总账户收支数目报告表，审议讨论农林部报告增殖保护兵工用材林木办法，附《增殖保护兵工用材林木办法》《兵工用材林木表》。

【叙录编号】 2540
【档案题名】
　　甘肃省政府委员会第1217次会议议事日程外附会议通报、讨论文件材料
【发文单位】 甘肃省政府委员会
【收文单位】 甘肃省政府
【档案编号】 004-007-0365-0006
【成文时间】 1945-02-09
【关 键 词】 饮水管路；污水排污
【内容提要】
　　关于提会报告饮水管理规则、乡村污水排污及污物处理办法，附《饮水管理规则》《乡村污水排污及污物处理办法》。

【叙录编号】 2541
【档案题名】
　　甘肃省政府委员会第1371次会议议事日程外附会议材料
【发文单位】 甘肃省政府委员会
【收文单位】 甘肃省政府
【档案编号】 004-007-0388-0002
【成文时间】 1946-10-01
【关 键 词】 天然林区
【内容提要】
　　关于行政院核准祁连山天然林区管理办法等事宜。

【叙录编号】 2542
【档案题名】
　　甘肃省政府委员会第1399次会议议事日程外附会议材料
【发文单位】 甘肃省政府委员会
【收文单位】 甘肃省政府
【档案编号】 004-007-0396-0004
【成文时间】 1947-01-24

【关 键 词】 农林建设
【内容提要】

关于报告审查甘肃省五年建设计划纲要及甘肃省三十六年（1947）各县局农林建设实施办法，附《甘肃省三十六年度（1947）各县局农林建设实施办法》。

【叙录编号】 2543
【档案题名】
甘肃省政府委员会第1415次会议议事日程外附会议材料
【发文单位】 甘肃省政府委员会
【收文单位】 甘肃省政府
【档案编号】 004-007-0400-0004
【成文时间】 1947-03-21
【关 键 词】 公有荒地；造林
【内容提要】

关于提会报告地政署呈公有荒地宜于造林由地方自治团体经营，公有林或学校承领造林由乡镇设治公营农场或合作农场等事宜。

【叙录编号】 2544
【档案题名】
甘肃省政府委员会第1263次会议议事日程外附会议材料
【发文单位】 甘肃省政府
【收文单位】 不详
【档案编号】 004-007-0405-0010
【成文时间】 1945-08-03
【关 键 词】 祁连山；木材
【内容提要】

会上主席提议审核农林部祁连山国有林区管理处呈送伐木限制办法草案，第4条需要修改，其余尚属可行。附有《甘肃省祁连山公园伐木限制办法草案》。

【叙录编号】 2545
【档案题名】
甘肃省政府委员会第1428次会议议事日程外附会议材料
【发文单位】 甘肃省政府
【收文单位】 不详
【档案编号】 004-007-0407-0004
【成文时间】 1947-05-06
【关 键 词】 农业推广；牧草改良
【内容提要】

会上涉及主席提议讨论农林部农业推广委员会报送三十六年度（1947）粮食中心作物推广及计划，附有《三十六年度（1947）各省改良种子推广区域中心改良事业推广一览表》，河西草原改良推广试验等内容。

【叙录编号】 2546
【档案题名】
甘肃省政府委员会第1527次会议议事日程外附会议材料
【发文单位】 甘肃省政府
【收文单位】 不详
【档案编号】 004-007-0430-0010
【成文时间】 1948-04-27
【关 键 词】 建设部门
【内容提要】

主要涉及主席提议内有《陇东三区行政会议之检讨》，其中建设部门包括护林未周、各县历年植树虽多成活率较低。

【叙录编号】 2547
【档案题名】
甘肃省政府委员会第969次会议议事日程外附会议材料
【发文单位】 甘肃省政府
【收文单位】 不详
【档案编号】 004-007-0435-（0001-0002）
【成文时间】 1942-07-17

【关 键 词】 渠道；中山林
【内容提要】
　　主要涉及主席报告甘肃省建设厅签呈甘肃水利林牧公司函以酌定各渠，命名标准、拟改现有各渠名称以资划一。75页为选定中山林新址。

【叙录编号】 2548
【档案题名】
　　甘肃省政府委员会第985次会议议事日程外附会议材料
【发文单位】 甘肃省政府
【收文单位】 不详
【档案编号】 004-007-0437-0002
【成文时间】 1942-02-29
【关 键 词】 造林；政绩
【内容提要】
　　主要涉及主席提议岷县本年被雹成灾紧急拨发赈款一事。四区专署督导员天水县长张仰文、陶自强等人自上任以来热心造林、成绩斐然。

【叙录编号】 2549
【档案题名】
　　甘肃省政府委员会第1500次会议关于报告行政院规定各地方军政首长职权范围及审议发展甘肃省林牧和有关附属实业合作办法等事宜
【发文单位】 甘肃省政府委员会
【收文单位】 甘肃省政府
【档案编号】 004-007-0462-0030
【成文时间】 1948-01-16
【关 键 词】 发展林牧
【内容提要】
　　关于提会审议发展甘肃省林牧和有关附属实业合作办法等事宜。

【叙录编号】 2550
【档案题名】
　　甘肃省政府委员会第334次会议关于审议西兰公路育苗场购买民地情况及拟派汪雯青为夏河县特税局局长等事宜
【发文单位】 甘肃省政府委员会
【收文单位】 甘肃省政府
【档案编号】 004-007-0464-0021
【成文时间】 1935-08-20
【关 键 词】 育苗场
【内容提要】
　　关于审议西兰公路育苗场购买民地情况等事宜。

【叙录编号】 2551
【档案题名】
　　甘肃省政府委员会第369次会议关于提会报告委派林祥霖为本府印刷局局长及审议沿河保安造林实施计划等事宜
【发文单位】 甘肃省政府委员会
【收文单位】 甘肃省政府
【档案编号】 004-007-0465-0024
【成文时间】 1935-12-24
【关 键 词】 造林实施计划
【内容提要】
　　主要涉及审议沿河保安造林实施计划等事宜。

【叙录编号】 2552
【档案题名】
　　甘肃省政府委员会第1371次会议议事日程外附会议材料
【发文单位】 甘肃省政府委员会
【收文单位】 甘肃省政府
【档案编号】 004-007-0467-0001
【成文时间】 1946-10-01
【关 键 词】 祁连山林区

【内容提要】
　　主要涉及行政院核准祁连山天然林区管理办法等事宜。

【叙录编号】　2553
【档案题名】
　　甘肃省政府委员会第1462次会议议事日程外附会议材料
【发文单位】　甘肃省政府委员会
【收文单位】　甘肃省政府
【档案编号】　004-007-0495-0003
【成文时间】　1947-09-02
【关　键　词】　造林计划
【内容提要】
　　关于提会审查造林委员会报告三十六年（1947）秋季造林计划及经费预算等事宜。

【叙录编号】　2554
【档案题名】
　　甘肃省政府委员会第190次会议记录
【发文单位】　甘肃省政府委员会
【收文单位】　甘肃省政府
【档案编号】　004-007-0505-0010
【成文时间】　1934-03-23
【关　键　词】　莲花山；木料
【内容提要】
　　其中包括：甘肃省建设厅呈奉令前往临洮一带监运李和义私伐莲花山木料一案，造具预算旅费表，祈转饬照发。会议决定照规定修正发给。

【叙录编号】　2555
【档案题名】
　　甘肃省政府委员会第278次会议记录
【发文单位】　甘肃省政府委员会
【收文单位】　甘肃省政府
【档案编号】　004-007-0507-0035
【成文时间】　1935-02-01
【关　键　词】　水田；苗圃；工程费
【内容提要】
　　其中包括，主席提议：据甘肃省建设厅呈添购雁滩水田及划拨苗圃圃地为农场试验区一事，请批准甘肃省财政厅提前拨给。会议决议照办。

【叙录编号】　2556
【档案题名】
　　甘肃省政府委员会第1553次会议关于通报公有土地登记办法、县市政府代管逾期未登记土地办法及讨论拨发小陇山林区管理处林警夏季制服费等事宜的会议记录
【发文单位】　甘肃省政府委员会
【收文单位】　甘肃省政府
【档案编号】　004-007-0544-0003
【成文时间】　1948-07-30
【关　键　词】　林区林警夏季制服
【内容提要】
　　关于提会讨论拨发小陇山林区管理处林警夏季制服费等事宜。

【叙录编号】　2557
【档案题名】
　　甘肃省政府委员会第1571次会议关于通报取缔违反限价议价条例实施办法及讨论由本年度（1948）第一预备金下拨发小陇山林区管理处追加林警夏季服装费等事宜的会议记录
【发文单位】　甘肃省政府委员会
【收文单位】　甘肃省政府
【档案编号】　004-007-0545-0009
【成文时间】　1948-10-05
【关　键　词】　小陇山林区；夏季服装
【内容提要】
　　关于提会准许甘肃省建设厅报告小陇山林

区管理处呈请追加林警夏季服装费等事宜。

【叙录编号】 2558
【档案题名】
　　甘肃省政府委员会第1582次会议关于讨论甘肃省乡镇主任、干事工作辅导注意事项及拟具强迫入学罚锾、筹集各校基金标志办法等事宜的会议记录
【发文单位】 甘肃省政府委员会
【收文单位】 甘肃省政府
【档案编号】 004-007-0546-0008
【成文时间】 1948-11-02
【关 键 词】 小陇山林区；冬季服装
【内容提要】
　　主要涉及核查小陇山林区管理处林警冬季服装预算及追加预算书等事宜。

【叙录编号】 2559
【档案题名】
　　甘肃省政府委员会第1585次会议关于通报外籍人员办法、应行注意事项及肃清烟毒各机关主管长官对秘属人员有吸食烟毒情况者应严密监察检举等事宜的会议记录
【发文单位】 甘肃省政府委员会
【收文单位】 甘肃省政府
【档案编号】 004-005-0547-0001
【成文时间】 1948-11-26
【关 键 词】 小陇山林区；住房屋租金
【内容提要】
　　主要涉及核审小陇山林管理处的住房屋租金等事宜。

【叙录编号】 2560
【档案题名】
　　甘肃省政府委员会第1594次会议关于讨论民国三十七年（1948）下半年度第一预备金项下拨支卫生处马法生航运费及拨发小陇山林区管理处冬炭费等事宜的会议记录
【发文单位】 甘肃省政府委员会
【收文单位】 甘肃省政府
【档案编号】 004-007-0547-0010
【成文时间】 1949-01-04
【关 键 词】 小陇山林区；冬炭费
【内容提要】
　　关于涉及小陇山林区管理处申请拨发冬炭费等事宜。

【叙录编号】 2561
【档案题名】
　　甘肃省政府委员会第1616次会议关于通报整个黄河铁桥会议商决应办事项及讨论拟具甘肃省战时授田办法等事宜的会议记录
【发文单位】 甘肃省政府委员会
【收文单位】 甘肃省政府
【档案编号】 004-007-0549-0009
【成文时间】 1949-04-08
【关 键 词】 春季造林经费
【内容提要】
　　同004-007-0008-0002。

【叙录编号】 2562
【档案题名】
　　甘肃省各县县长会议第一组意见记录
【发文单位】 甘肃省政府委员会
【收文单位】 甘肃省政府
【档案编号】 004-007-0554-0001
【成文时间】 不详
【关 键 词】 栽树；插花飞地
【内容提要】
　　主要涉及民勤县申请栽树以防风沙保护耕地以及临潭县插花飞地等事宜。

【叙录编号】 2563
【档案题名】

甘肃省第五区行政督察专员公署民国二十九年（1940）11月份区行政会议关于提会报告本区政治设施及改革事业建设以及增加各县职员薪金等事项的会议记录
【发文单位】 甘肃省第五区行政督察专员公署
【收文单位】 甘肃省政府
【档案编号】 004-007-0569-0006
【成文时间】 1940-11
【关 键 词】 造林
【内容提要】
关于提会报告提倡造林暨保护原有森林，不准人民随便砍伐树木等事宜。

【叙录编号】 2564
【档案题名】
甘肃省政府关于该署行政会议记录已知悉、应遵照指示办理给甘肃省第一区行政督察专员公署的指令
【发文单位】 甘肃省政府
【收文单位】 甘肃省第一区行政督察专员公署
【档案编号】 004-007-0570-0007
【成文时间】 1938-01-27
【关 键 词】 苗圃
【内容提要】
主要涉及讨论广设苗圃案，要求总结现有苗圃地亩数、新设苗圃面积及经费概算等事宜。

【叙录编号】 2565
【档案题名】
甘肃省政府委员会第8次会议关于提会审议甘肃省建设厅组织规程第7条、11条条文及颁布奖励人民造林暂行办法等事项的会议记录
【发文单位】 甘肃省政府委员会
【收文单位】 甘肃省政府
【档案编号】 004-007-0583-0008
【成文时间】 1932-05-31
【关 键 词】 造林暂行办法
【内容提要】
主要涉及甘肃省建设厅提议颁布奖励人民造林暂行办法，决议增加免粮及奖金两项办法等事宜。

【叙录编号】 2566
【档案题名】
甘肃省政府委员会第9次会议关于审议奖励人民造林暂行办法及甘宁电政整顿计划等事项的会议记录
【发文单位】 甘肃省政府委员会
【收文单位】 甘肃省政府
【档案编号】 004-007-0583-0009
【成文时间】 1932-06-03
【关 键 词】 造林暂行办法
【内容提要】
主要涉及审议奖励人民造林暂行办法等事宜。

【叙录编号】 2567
【档案题名】
甘肃省政府委员会第10次会议关于提会报告审查各厅临时经费预算及卷烟事务处组织条例等事项的会议记录
【发文单位】 甘肃省政府委员会
【收文单位】 甘肃省政府
【档案编号】 004-007-0583-0010
【成文时间】 1932-06-07
【关 键 词】 苗圃
【内容提要】
主要涉及甘肃省建设厅将小西湖全址拨发苗圃以资造林案，决议通过等事宜。

【叙录编号】 2568
【档案题名】
甘肃省政府委员会第12次会议关于提会

报告定西县举办教育建设事业及开办本省地方行政人员训练所等事项的会议记录
【发文单位】 甘肃省政府委员会
【收文单位】 甘肃省政府
【档案编号】 004-007-0583-0012
【成文时间】 1932-06-14
【关 键 词】 中山林灌溉
【内容提要】
　　主要涉及决议通过甘肃省建设厅负责办理中山林灌溉等事宜。

【叙录编号】 2569
【档案题名】
　　甘肃省政府委员会第28次会议关于提会提会审议本省盐务保运总局章程及筹设洮、西等县难民款等事项的会议记录
【发文单位】 甘肃省政府委员会
【收文单位】 甘肃省政府
【档案编号】 004-007-0583-0028
【成文时间】 1932-08-09
【关 键 词】 水利；森林；垦荒
【内容提要】
　　关于涉及报告洮沙县专员视察各县吏治、教育、水利、交通、森林、垦荒等事宜。

【叙录编号】 2570
【档案题名】
　　甘肃省政府委员会第34次会议关于提会审议定西县垦务暂行章程及省立第5中学筹设等事项的会议记录
【发文单位】 甘肃省政府委员会
【收文单位】 甘肃省政府
【档案编号】 004-007-0584-0004
【成文时间】 1932-08-30
【关 键 词】 垦务；苗圃
【内容提要】
　　关于提会审议定西县垦务暂行章程及审查省立苗圃组织规程等事宜。

【叙录编号】 2571
【档案题名】
　　甘肃省政府委员会第76次会议关于提会讨论红水县改名为景泰县事宜及静宁县县长毛光明调省等事项的会议记录
【发文单位】 甘肃省政府委员会
【收文单位】 甘肃省政府
【档案编号】 004-007-0585-0016
【成文时间】 1933-01-31
【关 键 词】 森林保护法；林木采伐
【内容提要】
　　主要涉及甘肃省建设厅报告甘肃省森林保护办法暨林木采伐规划等事宜。

【叙录编号】 2572
【档案题名】
　　甘肃省政府委员会第79次会议关于提会讨论西和县县长石作柱违法渎职及惩戒办法等事项的会议记录
【发文单位】 甘肃省政府委员会
【收文单位】 甘肃省政府
【档案编号】 004-007-0585-0019
【成文时间】 1933-02-10
【关 键 词】 造林经费
【内容提要】
　　主要涉及准许甘肃省建设厅提议请支付2、3月份造林经费以资造林案等事宜。

【叙录编号】 2573
【档案题名】
　　甘肃省政府委员会第85次会议关于提会审议禁烟善后总局修正查验存土办法及甘肃省建设厅林垦组织大纲等事项的会议记录
【发文单位】 甘肃省政府委员会
【收文单位】 甘肃省政府

【档案编号】 004-007-0585-0025
【成文时间】 1933-02-03
【关 键 词】 林垦
【内容提要】
　　主要涉及甘肃省建设厅呈报林垦处组织大纲及各分区林垦局组织简章等事宜。

【叙录编号】 2574
【档案题名】
　　甘肃省政府委员会第90次会议关于提会讨论区长训练所讲义印刷费及陇南财政清理处暂行章程等事项的会议记录
【发文单位】 甘肃省政府委员会
【收文单位】 甘肃省政府
【档案编号】 004-007-0585-0031
【成文时间】 1933-03-24
【关 键 词】 林木采伐
【内容提要】
　　主要涉及决议通过甘肃省建设厅报告甘肃省林木采伐规则等事宜。

【叙录编号】 2575
【档案题名】
　　甘肃省政府委员会第109次会议关于提会讨论本省禁烟委员会委员张维请辞案及甘肃省承领官荒造林暂行章程等事项的会议记录
【发文单位】 甘肃省政府委员会
【收文单位】 甘肃省政府
【档案编号】 004-007-0589-0019
【成文时间】 1933-06-02
【关 键 词】 官荒造林
【内容提要】
　　关于提会决议按照审查意见通过甘肃省承领官荒造林暂行章程等事项。

【叙录编号】 2576
【档案题名】
　　甘肃省政府委员会第120次会议关于提会讨论成立省度量秤器检定所事宜及甘肃省财政厅呈报地方法院修理费标准等事项的会议记录
【发文单位】 甘肃省政府委员会
【收文单位】 甘肃省政府
【档案编号】 004-007-0589-0030
【成文时间】 1933-07-11
【关 键 词】 林垦
【内容提要】
　　主要涉及审查甘肃省建设厅报告洮岷林垦局等事项。

【叙录编号】 2577
【档案题名】
　　甘肃省政府委员会第160次会议关于提会报告海原县遭受冰雹恳请赈灾一案及高等学院查办隆德县县长金震旭贪污等事项的会议记录
【发文单位】 甘肃省政府委员会
【收文单位】 甘肃省政府
【档案编号】 004-007-0590-0010
【成文时间】 1933-12-01
【关 键 词】 灾害
【内容提要】
　　关于提会报告海原县遭受冰雹恳请赈灾一案。

【叙录编号】 2578
【档案题名】
　　甘肃省政府委员会第163次会议关于提会审议甘肃禁烟善后总局借款证券办法及开发甘新交通等事项的会议记录
【发文单位】 甘肃省政府委员会
【收文单位】 甘肃省政府
【档案编号】 004-009-0590-0013
【成文时间】 1933-12-12

【关 键 词】 莲花山森林
【内容提要】
主要涉及审查旅长李和义盗伐莲花山森林、开设木厂等事宜。

【叙录编号】 2579
【档案题名】
甘肃省政府委员会第149次会议关于提会讨论临洮县县长郝兆先调省及庄浪县前任县长方清旭违法渎职等事项的会议记录
【发文单位】 甘肃省政府委员会
【收文单位】 甘肃省政府
【档案编号】 004-007-0591-0029
【成文时间】 1933-10-24
【关 键 词】 苗圃
【内容提要】
主要涉及甘肃省建设厅呈请借用皋兰县农场场地办理苗圃以资育苗等事项。

【叙录编号】 2580
【档案题名】
甘肃省政府委员会第150次会议关于提会讨论甘肃省财政厅呈报拍卖该厅各项物品及建设裁并苗圃分团等事项的会议记录
【发文单位】 甘肃省政府委员会
【收文单位】 甘肃省政府
【档案编号】 004-007-0591-0030
【成文时间】 1933-07-14
【关 键 词】 林垦；苗圃；河堤
【内容提要】
主要涉及甘肃省建设厅呈请取消林垦处以及洮岷区及甘凉区林垦局一律停办，申请办理规模较大的苗圃一案，呈请修理被水冲坏的黄河南岸河堤等事宜。

【叙录编号】 2581
【档案题名】
甘肃省政府委员会第953次会议关于提会报告修正取缔党政军机关人员宴会办法及限制酒食消费办法等事项的会议记录
【发文单位】 甘肃省政府委员会
【收文单位】 甘肃省政府
【档案编号】 004-007-0592-0011
【成文时间】 1942-05-19
【关 键 词】 林政；天然林；植树造林
【内容提要】
主要涉及甘肃省建设厅呈报甘肃省林政实施纲要草案、天然林管理办法、林木保护规则及植树造林奖惩规则等事项。

【叙录编号】 2582
【档案题名】
甘肃省政府委员会第950次会议关于提会报告国家总动员法令及本省各县会计报告限期送审办法等事项的会议记录
【发文单位】 甘肃省政府委员会
【收文单位】 甘肃省政府
【档案编号】 004-007-0592-0014
【成文时间】 1942-05-08
【关 键 词】 苗圃；卫生院
【内容提要】
关于提会讨论农林部中央林案试验所、甘肃水利林牧公司森林部商洽合办卓尼卫生院，审查由甘肃水利林牧公司和政府共同承担本年度岷县酒店驿苗圃经费等事宜。

【叙录编号】 2583
【档案题名】
甘肃省政府委员会第936次会议关于提会报告中央机关及各部队对县政府行文用令限制办法等事项的会议记录
【发文单位】 甘肃省政府委员会
【收文单位】 甘肃省政府
【档案编号】 004-007-0593-0012

【成文时间】 1942-03-17
【关 键 词】 苗圃；育苗造林
【内容提要】
　　主要涉及甘肃省农业改进所申请核查各县苗圃育苗经费预算，同时将育苗造林列入县长考绩等事宜。

【叙录编号】 2584
【档案题名】
　　甘肃省政府委员会第915次会议关于提会报告农业改进所民国三十一年度（1942）全省苗圃实施计划纲要及防空司令部呈请重修庄浪、静宁电话线路等事项的会议记录
【发文单位】 甘肃省政府委员会
【收文单位】 甘肃省政府
【档案编号】 004-007-0594-0015
【成文时间】 1941-12-30
【关 键 词】 苗圃
【内容提要】
　　报告农业改进所民国三十一年度（1942）全省苗圃实施计划纲要。

【叙录编号】 2585
【档案题名】
　　甘肃省政府委员会第1616次会议关于审议讨论甘肃省战时授田办法及核减、调整静宁、临洮、平凉等县田赋科则等
【发文单位】 甘肃省政府委员会
【收文单位】 甘肃省政府
【档案编号】 004-007-0603-0008
【成文时间】 1949-04-08
【关 键 词】 造林暂行办法
【内容提要】
　　同004-007-0008-0002。

【叙录编号】 2586
【档案题名】
　　甘肃省政府民国三十五年（1948）甘肃全省行政会议关于制定有效办法切实保护各县林木的提案
【发文单位】 甘肃省政府
【收文单位】 甘肃省政府
【档案编号】 不详
【成文时间】 1946
【关 键 词】 保护林木；气候；水源
【内容提要】
　　其中涉及：1.保护林木理由：气候保养、水源预防等；2.保护办法：公私林木由各县所在县政府会同县参议会依据中央法令与甘肃省政府规定办法，并参酌地方实际情形妥定有效管制保护办法呈甘肃省政府核定。

【叙录编号】 2587
【档案题名】
　　甘肃省政府委员会第1611次会议议事日程外附会议材料
【发文单位】 甘肃省政府委员会
【收文单位】 甘肃省政府
【档案编号】 不详
【成文时间】 1949-03-11
【关 键 词】 畜牧；草原
【内容提要】
　　其中讨论了《甘肃省藏区经济文化建设方案》，改良畜牧部分涉及扩大夏河甘坪寺牧场并增设新场改良畜牧品种、培育并保护草原等内容。

【叙录编号】 2588
【档案题名】
　　甘肃省地政局第18次业务会报关于通报本员及测量队职员夏服供应令49套及本局前于春季所植之树已派员灌浇二次经查各树多已生芽的会议记录
【发文单位】 甘肃省地政局

【收文单位】 甘肃省政府
【档案编号】 004-008-0011-0007
【成文时间】 1948-05-13
【关 键 词】 植树
【内容提要】
　　该业务会报中，甘肃省地政局报告提及春季所植树已派员浇灌并且多已生芽。

【叙录编号】 2589
【档案题名】
　　甘肃省民政厅关于报送本厅本年（1934）3月下旬办理自治经过情形报告致甘肃省政府的呈
【发文单位】 甘肃省民政厅
【收文单位】 甘肃省政府
【档案编号】 004-008-0573-0001
【成文时间】 1934-04-06
【关 键 词】 植树
【内容提要】
　　甘肃省民政厅报送甘肃省政府本厅本年3月下旬办理自治的经过情形，"关于其他事项"部分录有洮沙县政府呈报该县植树情形，民政厅准予备查。

【叙录编号】 2590
【档案题名】
　　甘肃省民政厅关于报送本厅本年（1934）5月中旬办理自治经过情形报告致甘肃省政府的呈
【发文单位】 甘肃省民政厅
【收文单位】 甘肃省政府
【档案编号】 004-008-0574-0002
【成文时间】 1934-05-25
【关 键 词】 植树
【内容提要】
　　甘肃省民政厅报送甘肃省政府本厅本年5月中旬办理自治的经过情形，"关于其他事项"部分录有和政县政府呈报该县植树情形，民政厅准予备查。

【叙录编号】 2591
【档案题名】
　　甘肃省政府公报（合署办公，第401-414期）
【发文单位】 甘肃省政府
【收文单位】 不详
【档案编号】 004-010-0089-0001
【成文时间】 1937-08-10
【关 键 词】 树木种类
【内容提要】
　　第401、402期合刊政府公报包括法规、命令、公牍、会议、公告等部分。公告部分包括《国产木材调查表》，涉及黄河及西北各省树木种类等（11~15页）。

【叙录编号】 2592
【档案题名】
　　甘肃省政府公报（合署办公，第448期）
【发文单位】 甘肃省政府
【收文单位】 不详
【档案编号】 004-010-0102-0001
【成文时间】 1938-04-30
【关 键 词】 农贷；植树
【内容提要】
　　本份政府公报包括法规、命令、公牍、会议、公告、特载、政闻纪要等部分。法规部分包括《甘肃省政府规定本省农贷指导经费拨付办法》3条（26页）。政闻纪要本省部分包括甘肃省政府通令各县政府协助办理农贷，规定28条颁布发行的记录1条（84页）。森林公园植树5000株的记录1条（85页）。

【叙录编号】 2593
【档案题名】
　　甘肃省政府公报（合署办公，第459期）

【发文单位】 甘肃省政府
【收文单位】 不详
【档案编号】 004-010-0103-0001
【成文时间】 1938-10-15
【关 键 词】 沿黄造林
【内容提要】

本份政府公报包括法规、命令、公牍、会议录、政闻纪要等部分。政闻纪要本省部分录有甘肃省政府令皋、靖、榆3县实施秋季沿黄造林的记录1条（103页）。

【叙录编号】 2594
【档案题名】

关于黄河水利委员会提请设置甘青宁水利局并在黄河及其支流植树造林的各类文件
【发文单位】 甘肃省政府；甘肃省民政厅等
【收文单位】 甘肃省政府；甘肃省民政厅等
【档案编号】

015-005-0030-（0021-0026、0030）
【成文时间】 1933-12-26—1934-06-06
【关 键 词】 黄河；水利；植树造林
【内容提要】

甘肃省政府就黄河水利委员会函商设置甘青宁水利局，办理黄河上游水利案一事转发甘肃省民政厅，令其与甘肃省建设厅协商水利建设等事项。附抄发原呈《设置甘青宁水利局办理黄河上游水利案》1份，其中包括：设置理由、组织委派、职权、经费利用等内容。省民政厅咨文建设厅主稿会呈省政府，称经费有限难以设置专门机构，请求由黄河水利委员会筹划黄河水利建设相应款项，其他水利建设款项则由建设厅筹拨，必要可以共商建设事宜。后委员会第二次大会缓设甘青宁水利局，改于上游灌渠植树。附治理黄河宜先择上游适宜各地多浚渠植树涵蓄水量兼收垦田利益以减下游泛滥提案1份，其中包括理由、具体施行办法以及实地勘察建议等内容。民政厅、建设厅皆呈文遵办，建设厅咨文民政厅知照其今后由建设厅负责全省水利事务，另外因呈黄委会的甘肃黄河及其支流设岸造林计划大纲尚未得批复，暂未进行，已乞催早日拨款。

【叙录编号】 2595
【档案题名】

甘肃省民政厅关于遵照省政府令禁止捕蛙打鸟以减虫灾的各类文件
【发文单位】 甘肃省民政厅；甘肃省政府
【收文单位】 甘肃省民政厅；甘肃省政府
【档案编号】 015-008-0006-（0015-0017）
【成文时间】 1940-06-01—1940-08-06
【关 键 词】 捕蛙打鸟；虫灾
【内容提要】

经济部据刘藜仙呈请禁止捕蛙打鸟以减虫灾一案咨省政府请饬各县遵办。省政府训令民政厅遵照办理。

【叙录编号】 2596
【档案题名】

甘肃省建设厅关于报送研究甘肃森林合作办法致甘肃省政府的签呈
【发文单位】 甘肃省建设厅
【收文单位】 农改所；甘肃省政府
【档案编号】 027-001-0005-0001
【成文时间】 不详
【关 键 词】 森林管理；动植物研究所；研究经费
【内容提要】

为使甘肃省森林管理趋于科学规范，甘肃省建设厅与中央研究院动植物研究所订立《研究甘肃森林合作办法》7项。建设厅负担研究经常费6万元，拟由本年农业改进所农业费项下划拨。签请核示。

【叙录编号】 2597

【档案题名】

甘肃省建设厅关于报送民国三十三年度（1944）各省农林建设工作说明致甘肃省政府的签呈（附各县农业推广所人员配置计划草案、经费概算表）

【发文单位】 甘肃省建设厅

【收文单位】 甘肃省政府

【档案编号】 027-001-0032-0002

【成文时间】 不详

【关 键 词】 人员配置

【内容提要】

甘肃省已令农业改进所根据农林部《三十三年度（1944）各省农林建设一般中心工作说明表》及《特定工作说明表》指示办理。后附《甘肃省三十三年度（1944）各县农业推广所人员配备计划草案》（8条）、《甘肃省粮食增产总督导团三十三年度（1944）增产经费概算分配表》。

【叙录编号】 2598

【档案题名】

甘肃省建设厅关于检送甘肃农牧示范合作办法致甘肃省政府的签呈

【发文单位】 甘肃省建设厅

【收文单位】 甘肃省政府

【档案编号】 027-001-0032-0008

【成文时间】 1944

【关 键 词】 农牧合作办法

【内容提要】

为奠定河西农林畜牧事业发展的基础，促进农业技术与农业金融相融合，拟以张掖大小满堡拨余地，与中国农民银行兰州分行合办甘肃农牧示范场，故制订《甘肃农牧示范合作办法》，特此签呈。后附《办理甘肃农牧示范场合作办法》。

【叙录编号】 2599

【档案题名】

甘肃省政府各县关于蔬菜种子播种一事的文件

【发文单位】 甘肃省各县市

【收文单位】 甘肃省建设厅

【档案编号】 027-001-0035-（0001-0021）

【成文时间】 1943-08-12—1945-07-12

【关 键 词】 蔬菜

【内容提要】

甘肃省政府劝导渭源、皋兰、榆中等22县，报送种植白萝卜、苜蓿等情况，漳县、永登呈文省政府因天旱无法播种，各县报送播种蔬菜情况。

【叙录编号】 2600

【档案题名】

甘肃省临时参议会关于建议保植森林，广种棉、麻、靛等农作物及增加建议费扩充各县农事试验场等原提案致甘肃省政府的咨

【发文单位】 临时参议会

【收文单位】 甘肃省政府

【档案编号】 027-001-0040-0003

【成文时间】 1940-01-29

【关 键 词】 参议会提案；植树造林；农事试验场

【内容提要】

甘肃省临时参议会参议员张笃忠、郭福金、范振绪、魏文秀、张声威、柴若愚等先后提议保护森林、改良植树办法，倡导广种棉麻靛等农作物，增加建设经费，扩充各县农事试验场。参议员宋堪布动议，洮岷及卓尼一带森林多被砍伐，应请认真保护。各案经会议先后表决通过，特此呈请甘肃省政府。

【叙录编号】 2601

【档案题名】

甘肃省政府关于办理保植森林，广种棉、

麻、靛等农作物及增加建议费扩充各县农事试验场致甘肃省临时参议会的咨及关于转发甘肃省临时参议会建议原提案给甘肃省各县政府的训令
【发文单位】 甘肃省政府
【收文单位】 甘肃省各县政府
【档案编号】 027-001-0040-0004
【成文时间】 1940-02-29
【关 键 词】 参议会提案；植树造林；森林保护
【内容提要】

　　共两部分。第一部分，甘肃省政府给甘肃省临时参议会的咨，告知参议会省政府批准前呈议案。第二部分，甘肃省政府转发各议案给各县政府，后附抄议案9件：（一）张笃忠、魏文秀等《建议省政府严禁各县砍伐森林以资保护水源案》；（二）张笃忠等《提议改良植树办法案》；（三）郭福金等《实行保护旧有森林多植新树案》；（四）范振绪等《建议奖励民间多种棉麻靛等用品救济农村经济案》；（五）魏文秀等《建议省政府倡导植棉并设小规模纺织厂以利民生案》；（六）郭福金等《提倡陇东各县广种大蓝以尽地利而兴工业由》；（七）张声威等《扩充天水、平凉、张掖等县农事试验场俾便改良农作物以增加生产案》；（八）柴若愚、沈滋兰等《增加建设事业费以利水利及农业之初步建设案》；（九）宋堪布拉提《洮岷及卓尼一带森林多被砍伐应请认真保护案》。前8件各有提案人、案由、理由、办法等信息。

【叙录编号】 2602
【档案题名】
　　甘肃省参议会关于送参议院赵海镜建议各县苗圃大量培育树苗提案给甘肃省政府的咨
【发文单位】 临时参议会
【收文单位】 甘肃省政府
【档案编号】 027-001-0053-0003
【成文时间】 1946-12-27
【关 键 词】 参议会提案；县苗圃；树苗培育
【内容提要】

　　甘肃省参议员赵海镜提议：现各县苗圃多种花草谷物，树木太少，遇有植树任务即强行摊派，人民不堪其扰。甘肃省政府应令各县苗圃培育树苗以便移植而免扰民。议案经十九次会议通过，特此咨省政府。后附抄议案。

【叙录编号】 2603
【档案题名】
　　甘肃省政府关于转发参议院赵海镜建议各县苗圃大量培育树苗提案并依照案例给甘肃省各县、市（局）政府的训令及关于此事给甘肃省参议会的咨
【发文单位】 甘肃省政府
【收文单位】 临时参议会
【档案编号】 027-001-0053-0004
【成文时间】 1946-01-07
【关 键 词】 参议会提案；县苗圃；树苗培育
【内容提要】

　　分两部分。第一部分，甘肃省政府给甘肃省参议会的咨，告知参议会省政府批准参议员赵海镜议案，已饬令各县市局遵照办理，严禁摊派。第二部分，甘肃省政府令各县市局遵照赵海镜议案办理，严禁摊派，各县苗圃限于本年3月间完成整改，扩大育苗规模，以重林业。

【叙录编号】 2604
【档案题名】
　　甘肃省参议会关于建议对本省境内国有森林应由省政府代办保管不必另设机构的提案给甘肃省政府的咨
【发文单位】 临时参议会
【收文单位】 甘肃省政府
【档案编号】 027-001-0053-0011

【成文时间】 1946
【关 键 词】 参议会提案；国有森林；林业管理机构
【内容提要】
　　甘肃省参议会参议员李世军等提议：甘肃省政府应电请中央，本省境内国有森林由省政府代为管理，不必专设机构，以免管理人员鱼龙混杂，不肖之徒砍伐森林，并可节省经费。议案经十九次会议表决通过，特此呈文省政府。后附抄送原议案1份。

【叙录编号】 2605
【档案题名】
　　甘肃省参议会关于送议员郭维屏建议军事机关严禁军队滥伐各地树木提案给甘肃省政府的咨
【发文单位】 临时参议会
【收文单位】 甘肃省政府
【档案编号】 027-001-0054-0003
【成文时间】 1946-01-08
【关 键 词】 砍伐树木
【内容提要】
　　甘肃省参议会参议员郭维屏、陈国栋等提案，建议省政府转请军事机关严禁军队滥伐各地树木。提案经十九次会议表决通过，特咨甘肃省政府。后附原议案1份。

【叙录编号】 2606
【档案题名】
　　甘肃省参议会关于转送甘肃省参议员郭维屏提议严禁军队滥伐各地树木议案致第八战区司令长官、司令部的呈及关于此事给甘肃省保安司令部、甘肃省参议会的公函
【发文单位】 临时参议会
【收文单位】 第八战区司令长官、司令部
【档案编号】 027-001-0054-0004
【成文时间】 1946-01-25
【关 键 词】 砍伐树木
【内容提要】
　　如题。

【叙录编号】 2607
【档案题名】
　　甘肃省参议会关于送参议院胡溯瑗建议严禁滥伐祁连山森林树木给甘肃省政府的咨
【发文单位】 临时参议会
【收文单位】 甘肃省政府
【档案编号】 027-001-0054-0005
【成文时间】 1946-01-19
【关 键 词】 祁连山；树木
【内容提要】
　　甘肃省参议会参议员胡溯瑗、张存恭、汪锡福等提案，建议甘肃省政府严禁滥伐祁连山及各地森林以防亢旱而重水利。提案经十九次会议表决通过，特咨省政府。后附原议案1件。

【叙录编号】 2608
【档案题名】
　　甘肃省参议会关于送参议员陈国栋建议推广种植棉花、桐树的提案给甘肃省政府的咨
【发文单位】 临时参议会
【收文单位】 甘肃省政府
【档案编号】 027-001-0054-0015
【成文时间】 1946-06-22
【关 键 词】 棉花；桐树
【内容提要】
　　甘肃省参议会参议员陈国栋、范沁等提案，甘肃省除特别干旱或过于寒冷的区域外，均宜种棉花、桐树，建议甘肃省政府推广种植，以增加生产，改善农民生活。

【叙录编号】 2609
【档案题名】

甘肃省政府关于派技术人员协助指导种植推广棉花、桐树给甘肃省农业改进所的训令及关于此事给甘肃省参议会的咨
【发文单位】 甘肃省政府
【收文单位】 临时参议会
【档案编号】 027-001-0054-0016
【成文时间】 1946-07-03
【关 键 词】 棉花；桐树
【内容提要】
　　如题。

【叙录编号】 2610
【档案题名】
　　甘肃省保安司令部关于已令各保安团队严禁滥伐各地树木给甘肃省政府的公函
【发文单位】 甘肃省保安司令部
【收文单位】 甘肃省政府
【档案编号】 027-001-0055-0003
【成文时间】 1946-02-26
【关 键 词】 森林保护
【内容提要】
　　如题。

【叙录编号】 2611
【档案题名】
　　甘肃省参议会关于送参议员李秉智建议兴办陇东、河西一带大规模畜牧事业的提案给甘肃省政府的咨
【发文单位】 临时参议会
【收文单位】 甘肃省政府
【档案编号】 027-001-0056-0009
【成文时间】 1946-06-18
【关 键 词】 河西畜牧
【内容提要】
　　甘肃省参议会参议员李秉智提案，甘肃省荒山草地多，多未开辟，河西、祁连、陇东海固一带尤多，建议甘肃省政府筹办大规模畜牧事业，以改善民生，开发西北富源。议案经十三次会议表决通过，特咨省政府。后附原议案1份。

【叙录编号】 2612
【档案题名】
　　甘肃省政府关于送陇东、河西一带畜牧事业筹办情况给甘肃省参议会的咨
【发文单位】 甘肃省政府
【收文单位】 临时参议会
【档案编号】 027-001-0056-0009
【成文时间】 1946-07-11
【关 键 词】 河西畜牧
【内容提要】
　　如题。甘肃省政府回复甘肃省参议会，准咨。

【叙录编号】 2613
【档案题名】
　　甘肃省参议会关于送参议员李秉智请严令各县并转请军事委员会委员长西北行营转令各地驻军切实保护森林以防旱灾的提案给甘肃省政府的咨
【发文单位】 临时参议会
【收文单位】 甘肃省政府
【档案编号】 027-001-0057-0005
【成文时间】 1946-06-20
【关 键 词】 森林；水源
【内容提要】
　　甘肃省参议会参议员李秉智、田维大等提案，森林可以涵养水源，节制雨量，防治风沙，调和元气，关系民生，至为重要。历年来虽经三令五申，各县仍不重视，未能严加保护。建议甘肃省政府严令各县，并转请西北行营令饬各地驻军，切实保护森林。

【叙录编号】 2614

【档案题名】

甘肃省政府关于请求转令切实保护森林以防旱灾致军事委员会委员长西北行营的呈文及给甘肃省各县、局、特种乡公所的训令及关于此事给甘肃省参议会的咨

【发文单位】 甘肃省政府

【收文单位】 临时参议会

【档案编号】 027-001-0057-0006

【成文时间】 1946-07-26

【关 键 词】 森林旱灾

【内容提要】

如题。

【叙录编号】 2615

【档案题名】

甘肃省建设厅关于检送督促民户植树办法五项致甘肃省政府的签呈

【发文单位】 甘肃省建设厅

【收文单位】 甘肃省政府

【档案编号】 027-001-0058-0011

【成文时间】 1946-11-26

【关 键 词】 植树办法

【内容提要】

据甘肃省各县育苗造林护林五年计划纲要，民户每户每年应植树成活至少10株，甘肃省建设厅认为应令督促植树办法五项，饬令各县市局遵照办理，并派林业督导员视察。特此签呈。

【叙录编号】 2616

【档案题名】

甘肃省政府关于督促民户植树办法五项致甘肃省参议会的公函

【发文单位】 甘肃省政府

【收文单位】 临时参议会

【档案编号】 027-001-0058-0012

【成文时间】 1946-11-26

【关 键 词】 植树办法

【内容提要】

甘肃省政府致函甘肃省参议会，关于之前参议员祁昇丞建议省政府督促民户植树务期成活议案，除林业督促员尚未到位外，其余工作（见档案027-001-0058-0011）均已办理。

【叙录编号】 2617

【档案题名】

甘肃省临时参议会关于送参议员杨世昌建议严禁军队砍伐树木以保森林提案致甘肃省政府的咨

【发文单位】 临时参议会

【收文单位】 甘肃省政府

【档案编号】 027-001-0064-0003

【成文时间】 1942-10-05

【关 键 词】 禁止伐木

【内容提要】

甘肃省临时参议会参议员杨世昌等提案，造林的关键在于保护，请甘肃省政府转呈战区，严禁军队砍伐树木，以保护森林。议案经十次会议表决通过，特咨省政府。后附原议案1件。

【叙录编号】 2618

【档案题名】

甘肃省政府关于抄送省参议员杨世昌建议严禁军队砍伐树木以保森林提案致第八战区司令长官、司令部的呈文及给甘肃省各专署及县局的训令及已将省参议员杨世昌提案抄送第八战区司令部致甘肃省临时参议会的咨

【发文单位】 甘肃省政府

【收文单位】 临时参议会

【档案编号】 027-001-0064-0003

【成文时间】 1942-10-16

【关 键 词】 保林；提案

【内容提要】

【叙录编号】 2619
【档案题名】
　　甘肃省临时参议会关于送参议员郭维屏等建议切实推进造林事业提案致甘肃省政府的咨
【发文单位】 临时参议会
【收文单位】 甘肃省政府
【档案编号】 027-001-0064-0009
【成文时间】 1942-10-14
【关 键 词】 造林；提案
【内容提要】
　　甘肃省参议会参议员郭维屏、魏文秀等提案，建议甘肃省政府对造林事业应切实推进，以收实效。议案经八次会议表决通过，特咨省政府（未见所附原议案3件）。

【叙录编号】 2620
【档案题名】
　　甘肃省政府关于抄送本省造林五年计划纲要致甘肃省临时参议会的咨
【发文单位】 甘肃省政府
【收文单位】 临时参议会
【档案编号】 027-001-0064-0010
【成文时间】 不详
【关 键 词】 造林；提案
【内容提要】
　　如题。

【叙录编号】 2621
【档案题名】
　　第八战区司令长官、司令部关于已通知各部队禁止砍伐树木给甘肃省政府的指令
【发文单位】 第八战区司令长官、司令部
【收文单位】 甘肃省政府
【档案编号】 027-001-0065-0011
【成文时间】 1942-11-10
【关 键 词】 禁止伐木；军队
【内容提要】
　　如题。

【叙录编号】 2622
【档案题名】
　　甘肃省政府关于第八战区司令长官、司令部已通知各部队禁止砍伐树木致甘肃省临时参议会的咨
【发文单位】 甘肃省政府
【收文单位】 第八战区司令长官、司令部
【档案编号】 027-001-0065-0012
【成文时间】 1942-11-14
【关 键 词】 禁止伐木；军队
【内容提要】
　　如题。

【叙录编号】 2623
【档案题名】
　　甘肃省临时参议会关于送参议员段永新等建议严令各县禁止摊派植树节所用树苗并保护所植树苗提案致甘肃省政府的咨
【发文单位】 临时参议会
【收文单位】 甘肃省政府
【档案编号】 027-001-0068-0003
【成文时间】 1943-10-14
【关 键 词】 禁止摊派；树苗
【内容提要】
　　甘肃省临时参议会参议员段永新等提案，建议甘肃省政府严令各县政府禁止摊派植树所用树苗，并将所植树株切实保护。议案经十三次会议表决通过，特咨省政府。后附原议案1份。

【叙录编号】 2624
【档案题名】
　　甘肃省政府关于抄发省参议员段永新等建议严令各县禁止摊派植树节所用树苗并保护所

植树苗提案给甘肃省各市、县、局的训令及已将参议员段永新提案抄发甘肃各市、县、局致甘肃省临时参议会的咨

【发文单位】 甘肃省政府
【收文单位】 临时参议会
【档案编号】 027-001-0068-0004
【成文时间】 1943-11-02
【关 键 词】 禁止摊派；树苗
【内容提要】
　　如题。

【叙录编号】 2625
【档案题名】
　　甘肃省临时参议会关于送参议员张笃忠建议改善植树办法提案致甘肃省政府的咨
【发文单位】 临时参议会
【收文单位】 甘肃省政府
【档案编号】 027-001-0069-0001
【成文时间】 1944-10-12
【关 键 词】 改善植树办法
【内容提要】
　　甘肃省临时参议会参议员张笃忠等提案，植树为建设要政，10余年来政府极力推行，但收效不好，原因在于各地方政府只求粉饰表面，强行摊派。现应切实改进植树办法，以重林政。议案经九次会议表决通过，特咨甘肃省政府。后附原议案1份。

【叙录编号】 2626
【档案题名】
　　甘肃省政府关于抄发省参议员张笃忠建议改善植树办法给甘肃省各专署、各县局、兰州市政府的训令及已将参议员张笃忠提案抄发给各专署、各县局、兰州市政府办理致甘肃省临时参议会的咨
【发文单位】 甘肃省政府
【收文单位】 临时参议会

【档案编号】 027-001-0069-0002
【成文时间】 1944-10-17
【关 键 词】 植树办法
【内容提要】
　　如题。

【叙录编号】 2627
【档案题名】
　　甘肃省临时参议会关于送省参议员孙述舜等建议省政府彻底保护树木以重林政提案致甘肃省政府的咨
【发文单位】 临时参议会
【收文单位】 甘肃省政府
【档案编号】 027-001-0069-0007
【成文时间】 1945-04-27
【关 键 词】 保护树木
【内容提要】
　　甘肃省临时参议会参议员孙述舜等提案，植树造林利益重大，不能只知造林不知护林，建议甘肃省政府彻底保护树木，以重林政。议案经十一次会议表决通过，特咨省政府。后附原议案1份。

【叙录编号】 2628
【档案题名】
　　甘肃省政府关于抄发省参议员孙述舜等建议省政府彻底保护树木以重林政提案给甘肃省各区专署的训令及已将参议员孙述舜提案抄发各区专署致甘肃省临时参议会的咨
【发文单位】 甘肃省政府
【收文单位】 临时参议会
【档案编号】 027-001-0069-0008
【成文时间】 1945-05-04
【关 键 词】 保护树木；孙述舜
【内容提要】
　　如题。

【叙录编号】 2629
【档案题名】
　　甘肃省建设厅民国三十六年（1947）7—11月份政情月报
【发文单位】 甘肃省建设厅
【收文单位】 甘肃省政府
【档案编号】 027-001-0105-0004
【成文时间】 1947-07-01
【关 键 词】 甘肃省建设厅；工作报告
【内容提要】
　　《甘肃省建设厅民国三十六年（1947）7—11月份政情月报》此件为底稿，字迹潦草。农林类包括防范盗伐森林、整修黄河北堤岸、造植国有林、制发农林建设意见与农业浅说、保护森林。

【叙录编号】 2630
【档案题名】
　　甘肃省农业改进所民国三十年度（1941）政绩比较表
【发文单位】 甘肃省农改所
【收文单位】 甘肃省政府
【档案编号】 027-001-0155-0013
【成文时间】 1941
【关 键 词】 苗圃；水利
【内容提要】
　　《甘肃省农业改进所民国三十年度（1941）政绩比较表》，农业包含种植蔬菜，森林包括荒山造林、普通造林、栽植行道树、推广苗木、扩充苗圃、供养幼苗、采集树种等。

【叙录编号】 2631
【档案题名】
　　甘肃省民国三十二年度（1943）建设部门政绩比较表
【发文单位】 甘肃省建设厅
【收文单位】 甘肃省政府
【档案编号】 027-001-0156-0001
【成文时间】 1943
【关 键 词】 苗圃；水利
【内容提要】
　　《甘肃省民国三十二年度（1943）建设部门政绩比较表》包括农业类的小麦育种、改良，蔬菜果树种植、植物病害防治等内容，水土保持、本省土壤观测、荒山种草试验、种植耐旱果树、森林、沿黄造林、培育苗圃、培植苗木、防疫调查等内容。

【叙录编号】 2632
【档案题名】
　　甘肃省建设厅民国三十五年度（1946）工作计划（农林牧畜类）
【发文单位】 甘肃省建设厅
【收文单位】 甘肃省政府
【档案编号】 027-001-0168-0002
【成文时间】 1946
【关 键 词】 工作计划；农林畜牧
【内容提要】
　　档案从"寅　农林畜牧"开始，内容如下。壹、农业：（一）督导各县推广中心工作；（二）小麦纯系育种；（三）小麦引种与风土适应实验；（四）春小麦杂交育种；（五）小麦栽培实验；（六）检定优良麦种；（七）杂粮作物育种；（八）甜菜繁殖。

【叙录编号】 2633
【档案题名】
　　甘肃省建设厅民国三十五年度（1946）工作计划（果树改进类）
【发文单位】 甘肃省建设厅
【收文单位】 甘肃省政府
【档案编号】 027-001-0168-0003
【成文时间】 1946
【关 键 词】 工作计划；果树改进

【内容提要】

（九）果树改进；（十）蔬菜及瓜果改进；（十一）优良种子繁殖场；（十二）虫害研究；（十三）小麦腥黑穗病之防治；（十四）绿肥籽种繁殖及推广；（十五）民用肥料肥效试验；（十六）主要地区土壤酸碱度之分析。

【叙录编号】 2634
【档案题名】
甘肃省政府预定分月进度表
【发文单位】 甘肃省建设厅
【收文单位】 甘肃省政府
【档案编号】 027-001-0172-0004
【成文时间】 不详
【关 键 词】 报表
【内容提要】

附有《甘肃省农业改进所三十六年度（1947）事业计划分月进度表》

【叙录编号】 2635
【档案题名】
农林部关于速将所属各农林场（所）即将出版或已出版的各类农林刊物检寄重庆加拿大使馆及本部给甘肃省建设厅的代电
【发文单位】 农林部
【收文单位】 甘肃省建设厅
【档案编号】 027-001-0207-0005
【成文时间】 1945-11-07
【关 键 词】 刊物；农林部
【内容提要】
　　如题。

【叙录编号】 2636
【档案题名】
甘肃省建设厅关于检寄本省出版的农业刊物给农林部的代电
【发文单位】 甘肃省建设厅
【收文单位】 农林部
【档案编号】 027-001-0207-0006
【成文时间】 1945-11-09
【关 键 词】 刊物；农林部
【内容提要】
　　如题。

【叙录编号】 2637
【档案题名】
甘肃省农会关于申请准将各县煤矿林木由各县农会领管致甘肃省政府的呈
【发文单位】 甘肃省农会
【收文单位】 甘肃省政府
【档案编号】 027-001-0209-0001
【成文时间】 1943-05-05
【关 键 词】 煤矿；林木
【内容提要】

甘肃省农会第一次会员代表大会武威、陇西代表提议，武威西南各山口及陇西西溪南松涛坡均有煤矿，又为祁连山国防林区，但无善法开采，故煤矿多被地痞霸占，森林亦多为土豪所砍伐，致水源大受影响，建议今后应由各县农会领管各该县煤矿改善开采方法，以保护森林、涵养水源、造福群众。

【叙录编号】 2638
【档案题名】
甘肃省政府关于不准予将各县煤矿林木由各县农会领管给甘肃省农会的批
【发文单位】 甘肃省政府
【收文单位】 甘肃省农会
【档案编号】 027-001-0209-0002
【成文时间】 1943-05-07
【关 键 词】 煤矿；林木
【内容提要】
　　如题。

【叙录编号】 2639
【档案题名】
　　甘肃省农会关于申请令各县推广造林致甘肃省政府的呈
【发文单位】 甘肃省农会
【收文单位】 甘肃省政府
【档案编号】 027-001-0209-0007
【成文时间】 1943-05-14
【关 键 词】 推广造林
【内容提要】
　　如题。

【叙录编号】 2640
【档案题名】
　　甘肃省政府关于各县认真推广造林及加强护林一事给甘肃省农会的批
【发文单位】 甘肃省政府
【收文单位】 甘肃省农会
【档案编号】 027-001-0209-0008
【成文时间】 1943-05-24
【关 键 词】 推广造林
【内容提要】
　　如题。

【叙录编号】 2641
【档案题名】
　　甘肃省建设厅西北农村复兴工作计划（农林部分）
【发文单位】 甘肃省建设厅
【收文单位】 甘肃省政府
【档案编号】 027-001-0216-0001
【成文时间】 1949-07
【关 键 词】 粮食；荒山；工作计划
【内容提要】
　　农林部分的内容共分四大板块：增加粮食生产，发展西北农业事业，改进陇南棉业生产，扩大兰州荒山造林；后附开发白龙江上游天然森林之建议。其中，"增加粮食生产"板块内容最为丰富，又包括六点：（一）加强作物育种工作；（二）推广作物改良品种；（三）防治病虫害；（四）增施肥料；（五）改良农具；（六）充实及监理推广机构。其余三大板块均以（一）办理目的与价值、（二）办理地区与范围、（三）实施办法、（四）预期效果、（五）经费预算为框架分条阐述。

【叙录编号】 2642
【档案题名】
　　甘肃省农业改进所关于上报果树接穗砧木及归还垫汇运费一事致甘肃省建设厅的呈
【发文单位】 甘肃省农改所
【收文单位】 甘肃省建设厅
【档案编号】 027-001-0227-0019
【成文时间】 1947-02-14
【关 键 词】 果树接穗；运费
【内容提要】
　　如题。

【叙录编号】 2643
【档案题名】
　　甘肃省农业概况及建设意见
【发文单位】 不详
【收文单位】 不详
【档案编号】 027-001-0235-0001
【成文时间】 1947-11
【关 键 词】 作物；视察
【内容提要】
　　《甘肃农业概况及建设刍议》分为农业和林业两部分。农业部分包括：绪言、（一）自然环境、（二）耕地与适宜作物、拟采取措施。林业部分包括：（一）绪言、（二）森林环境之观察。（甘肃农业概况及建设刍议：绪言，壹、自然环境，一、地势，二、土壤，三、气候。贰、耕地与适宜作物，一、耕地，二、适宜作物。拟采取措施：甲、增加粮食生产；乙、发展特用作物；丙、改进畜牧事业，加强兽疫防治。林业：甲、绪言；乙、森林环境之观察，壹、自然环境与森林分布；贰、现有森林之概况；叁、今后林业推进之方针）。

【叙录编号】 2644
【档案题名】
甘肃省农业改进所关于报送农业生产竞赛成绩及下半年农林建设工作竞赛实施办法致甘肃省政府的呈文
【发文单位】 甘肃省农改所
【收文单位】 甘肃省建设厅
【档案编号】 027-001-0245-0021
【成文时间】 1947-12-18
【关 键 词】 农业建设；荒山造林
【内容提要】
《甘肃省农业改进所关于报送农业生产竞赛成绩》主要包含临洮、榆中、天水、张掖、酒泉各县防治黑穗病、荒山造林、育苗等事宜的分数，附有《甘肃省三十七年度（1948）各县农林工作实施办法》。农林部催报竞赛报表，省政府训令各县。

【叙录编号】 2645
【档案题名】
第八战区司令长官司令部关于准予颁发禁止砍伐林木布告给甘肃省政府的指令
【发文单位】 第八战区司令部
【收文单位】 甘肃省政府
【档案编号】 027-001-0287-0011
【成文时间】 1941-11-09
【关 键 词】 禁止砍伐；布告
【内容提要】
如题。

【叙录编号】 2646
【档案题名】
甘肃省政府关于颁发禁止砍伐树木布告给甘肃省农业改进所的训令
【发文单位】 甘肃省政府
【收文单位】 甘肃省农改所
【档案编号】 027-001-0287-0012
【成文时间】 1941-12-15
【关 键 词】 禁止砍伐；布告
【内容提要】
如题。

【叙录编号】 2647
【档案题名】
甘肃省临时参议会关于参议员古希贤请求省政府禁止军警砍伐树木致甘肃省政府的咨
【发文单位】 甘肃省临时参议会
【收文单位】 甘肃省政府
【档案编号】 027-001-0294-0004
【成文时间】 1943-10-18
【关 键 词】 工作简报
【内容提要】
甘肃省临时参议会第二届首次大会咨文省政府关于议员提案禁止军警砍伐树木一事。

【叙录编号】 2648
【档案题名】
题缺
【发文单位】 甘肃省政府
【收文单位】 甘肃省各县局
【档案编号】 027-001-0294-0005
【成文时间】 1943-11-09
【关 键 词】 工作简报
【内容提要】
甘肃省政府训令各属所切实保护林木，省建设厅第四致函临时参议会，令各地议员协助当地政府随时发动，一体保护，训令各县局保护为要，伏抄提案1份。

【叙录编号】 2649
【档案题名】
甘肃省政府关于规定本年植树办法给县市局的代电
【发文单位】 甘肃省政府
【收文单位】 甘肃省各县市
【档案编号】 027-001-0299-0003
【成文时间】 1949-03-14
【关 键 词】 植树造林
【内容提要】
甘肃省政府电令各县局本年度每户植树150株，分春秋两季完成，此为最低限度，请尽量栽种。

【叙录编号】 2650
【档案题名】
甘肃省政府、建设厅、农业改进所关于制定各县局所属保苗圃圃用田赋军粮等办法的指示及正宁县、金塔县等7县政府的呈文
【发文单位】 甘肃省建设厅；甘肃省农改所
【收文单位】 甘肃省7县
【档案编号】 027-001-0322
【成文时间】 1943-01-28—1943-11-09
【关 键 词】 保苗圃；造林护林；田赋
【内容提要】
甘肃省各县局育苗造林护林五年计划纲要业已上报，按该计划纲要，各县局保苗圃应于本年2月之前设立就绪，关于保苗圃用地、田赋、军粮等问题需尽快制定办法。这7县分别为：正宁县、金塔县、夏河县、秦安县、灵台县、崇信县、成县。

【叙录编号】 2651
【档案题名】
农林部甘肃省推广繁殖站关于报送民国三十二年度（1943）各项工作专报致甘肃省政府的呈文（一）（二）（三）
【发文单位】 农林部推广繁殖站
【收文单位】 甘肃省政府
【档案编号】
027-001-0326-0001；
027-001-0327-0001；
027-001-0328-0001
【成文时间】 1944-08-21
【关 键 词】 小麦种植
【内容提要】
《农林部甘肃省推广繁殖站关于报送民国三十二年度（1943）各项工作专报》自第1号至第18号，文件包含《小麦育种试验》《小麦栽培方法试验》《马铃薯育种试验》《粟黍之育种》《甜菜改进及栽培试验》《甘蓝育种试验》《马铃薯加工育种试验》《西瓜甜瓜类结果生长习性》《果树引种栽培试验》《甘肃省主要虫害调查》《除虫菊栽培试验》《甘肃省麦类及杂粮黑粉病分布初步调查》《甘肃省春小麦腥黑粉病之研究》《燕麦高粱黍稷黑粉病种子消毒试验》《甜菜肥料适量试验》《农业调查》《葡萄品种比较试验》。

【叙录编号】 2652
【档案题名】
农林部关于送民国三十三年（1944）各省农林建设事业一般工作说明及特定工作表致甘肃省政府的公函
【发文单位】 农林部
【收文单位】 甘肃省政府
【档案编号】 027-001-0330-（0006-0007）
【成文时间】 1944-03-30—1944-05-09
【关 键 词】 农林建设
【内容提要】
如题。《农林部民国三十三年（1944）各省农林建设事业一般工作说明表》包括增加生

产、续办蔬菜生产、办理小型农田水利、扩大防治动植物病害、防治兽疫、推行各保造林、倡导续垦荒地。甘肃省政府关于抄发各省农林建设事业一般中心工作说明表及特定工作表给甘肃省农业改进所的训令。

【叙录编号】 2653
【档案题名】
甘肃省政府关于甘肃省建设厅与甘肃机器厂商订合作苗圃办法及概算书准予照办给甘肃省农业改进所的指令
【发文单位】 甘肃省政府
【收文单位】 甘肃省农改所
【档案编号】 027-001-0331-（0001-0002）
【成文时间】 1944-04-18—1944-04-19
【关 键 词】 苗圃
【内容提要】
如题。《甘肃省农业改进所与甘肃机器厂商合作苗圃三十三年度（1944）育苗经费概算书》《需用款日期表》《甘肃省农业改进所与甘肃机器厂合作苗圃办法》

【叙录编号】 2654
【档案题名】
甘肃省政府关于土地、房屋、种子、财产、图书、业务移交清册一事给农林部甘肃省推广繁殖站的指令
【发文单位】 甘肃省农改所
【收文单位】 甘肃省建设厅
【档案编号】 027-001-0337-（0001-0002）
【成文时间】 1946-02-14—1946-02-25
【关 键 词】 农业；移交清册
【内容提要】
附有《农林部甘肃省推广繁殖站财产移交清册》《农林部甘肃省推广繁殖站图书移交清册》《农林部甘肃省推广繁殖站印信移交清册》《农林部甘肃省推广繁殖站各种会计簿册凭证移交清册》《农林部甘肃省推广繁殖站案卷移交清册》。

【叙录编号】 2655
【档案题名】
农林部、甘肃省政府、建设厅关于甘肃省农业改进所相关工作的指示及该所的呈文
【发文单位】 农林部；甘肃省政府等
【收文单位】 甘肃省农改所
【档案编号】 027-001-0340-（0004-0012）
【成文时间】 1947-11-08—1948-08-09
【关 键 词】 工作方法
【内容提要】
农林部、甘肃省政府、建设厅关于审核甘肃省农业改进所民国三十六年度（1947）上半年工作报告意见说明表及甜菜推广办法意见而产生的一系列公文，以及该所报送民国三十六年度（1947）砂田铺砂方法、牧草品种适应、荒山植草品种适应比较、牧草品种观察试验报告致甘肃省建设厅的呈文。

【叙录编号】 2656
【档案题名】
甘肃省政府关于报送本省民国三十六年度（1947）各县局农林建设实施办法致中国国民党甘肃省兰州市执行委员会的代电、国民政府主席西北行辕的呈文及给各公署的训令
【发文单位】 农林部；甘肃省政府等
【收文单位】 甘肃省农改所
【档案编号】
027-001-0340-（0013-0015）；
027-001-0341-（0001-0004）
【成文时间】 1947-01-30—1947-03-11
【关 键 词】 实施办法
【内容提要】
0015为《甘肃省三十六年度（1947）各县局农林建设实施办法》，省政府报送本省民

国三十六年度（1947）各县局农林建设实施办法致中国国民党甘肃省兰州市执行委员会的代电、国民政府主席西北行辕的呈文及给各公署的训令，甘肃省建设厅、财政厅请增加10人差旅费，建设厅签呈省政府询问办法可否实施，甘肃省农改所报送举办农林督导研讨会情形。西北行辕回令已训令各属部队抄送遵照。

【叙录编号】 2657
【档案题名】
甘肃省党政联席会议关于拟订民国三十六年度（1947）各县局农林建设实施办法的会议议案
【发文单位】 甘肃省党政联席会议
【收文单位】 甘肃省建设厅
【档案编号】 027-001-0342-0005
【成文时间】 1947-02-12
【关 键 词】 工作方法
【内容提要】
会议讨论育苗造林、水土保持、防治小麦黑穗病等内容。

【叙录编号】 2658
【档案题名】
农林部关于审核民国三十二年（1943）4—6月份工作报告意见致甘肃省政府的公函
【发文单位】 农林部
【收文单位】 甘肃省政府
【档案编号】 027-001-0343-0001
【成文时间】 1944-02-11
【关 键 词】 农林建设
【内容提要】
如题。

【叙录编号】 2659
【档案题名】
甘肃省政府关于本府编送工作报告情形致农林部的代电
【发文单位】 甘肃省政府
【收文单位】 农林部
【档案编号】 027-001-0343-0002
【成文时间】 1944-03-23
【关 键 词】 农林建设
【内容提要】
如题。

【叙录编号】 2660
【档案题名】
甘肃省临时参议会关于本会赵参议员请求政府通令各县树桑养蚕以利丝业发展致甘肃省政府的咨
【发文单位】 临时参议会
【收文单位】 甘肃省政府；甘肃省农改所
【档案编号】 027-001-0373-0001
【成文时间】 1941-03-04
【关 键 词】 参议会提案；树桑养蚕
【内容提要】
如题。

【叙录编号】 2661
【档案题名】
甘肃省政府关于各县树桑养蚕事宜须先拟具计划给甘肃省农业改进所的训令及关于此事致甘肃省临时参议会的公函
【发文单位】 临时参议会
【收文单位】 甘肃省政府；甘肃省农改所
【档案编号】 027-001-0373-0002
【成文时间】 1941-03-08
【关 键 词】 参议会提案；树桑养蚕；农业改进所
【内容提要】
如题。

【叙录编号】 2662

【档案题名】

甘肃省粮政局局长赵清正、甘肃省建设厅厅长张心一关于无款垫付苗圃经费及苗圃工人食粮配购问题致甘肃省政府的呈文

【发文单位】 甘肃省粮政局局长赵清正；甘肃省建设厅厅长

【收文单位】 甘肃省政府

【档案编号】 027-001-0379-0010

【成文时间】 1942-06-17

【关 键 词】 张心一；苗圃；配购食粮

【内容提要】

如题。

【叙录编号】 2663

【档案题名】

甘肃省政府、建设厅、财政厅、民政厅、省政府会计处关于制订甘肃省各县苗圃实施办法与经费事宜的公文及给甘肃省各县、各设治局的指令

【发文单位】 甘肃省

【收文单位】 甘肃省政府、建设厅、财政厅、民政厅、省政府会计处

【档案编号】 027-001-0398-（0003-0013）

【成文时间】 1941-12—1942-02

【关 键 词】 苗圃；实施办法

【内容提要】

0005为《三十二年度全省苗圃实施计划纲要》，省政府转令各单位并讨论苗圃经费问题。0012为各单位协商交流、制订出《甘肃省各县苗圃实施办法》9条，主要包括以下内容：（一）苗圃办理原则；（二）苗圃经费事宜；（三）各县苗圃职责；（四）树木补种办法；（五）苗圃的监督指导；（六）育苗造林成绩列入县长考核标准；（七）苗圃主任设置；（八）农业改进所对各县苗圃有考察、指导之责；（九）施行原则。

【叙录编号】 2664

【档案题名】

甘肃省建设厅、财政厅、省政府会计处关于如何归还各县预先垫付开办苗圃费用给甘肃省政府的签呈

【发文单位】 甘肃省建设厅；甘肃省财政厅等

【收文单位】 甘肃省政府

【档案编号】 027-001-0410-0005

【成文时间】 不详

【关 键 词】 苗圃；经费；财政厅

【内容提要】

如题。

【叙录编号】 2665

【档案题名】

甘肃省政府关于抄发苗圃造林注意事项给甘肃省各县政府的训令

【发文单位】 甘肃省政府

【收文单位】 甘肃省政府；甘肃省建设厅

【档案编号】 027-001-0459-0012

【成文时间】 1945-12-15

【关 键 词】 苗圃；植树造林

【内容提要】

如题。

【叙录编号】 2666

【档案题名】

实业部关于甘肃省推进造林、兴修水利，制订森林保护办法、林木采伐规则致甘肃省政府的咨，以及甘肃省政府、建设厅、法制室关于修改甘肃森林保护办法、林木采伐规则的呈文

【发文单位】 甘肃省政府

【收文单位】 甘肃省政府；甘肃省建设厅

【档案编号】

027-001-0476-（0001-0004）；

027-001-0476-0007

【成文时间】 1936-03-06—1936-08-14
【关 键 词】 实业部；林木保护；采伐规则
【内容提要】
　　1.《甘肃省森林保护办法》12条，附有《提倡甘肃造林与兴修水利审查会记录》1份；2.行政院933号训令，附有主席提议：张委员、许委员、刘委员审查《甘肃省森林保护办法及林木采伐规则》一案，文内附有《甘肃省森林保护办法》修正案及《甘肃省林木采伐规则》修订过程原件及最终版本，还有《拟改森林保护办法条文》；3.保护办法及林木采伐规则的修正各点；4.将两个法律致函实业部并训令兰州、武威各县。

【叙录编号】 2667
【档案题名】
　　甘肃省政府关于请求准予邓叔群来甘肃主持林务工作致农林部的专电
【发文单位】 甘肃省政府
【收文单位】 农林部
【档案编号】 027-001-0482-0017
【成文时间】 1941-06-09
【关 键 词】 邓叔群；林务工作；农林部
【内容提要】
　　如题。

【叙录编号】 2668
【档案题名】
　　甘肃省政府、建设厅关于申请派员主持甘肃省农林事务的电文及农林部、国立中央研究院关于此事的电文
【发文单位】 甘肃省政府
【收文单位】 甘肃省政府；甘肃省建设厅
【档案编号】 027-001-0484-（0016-0024）
【成文时间】 1941-06-09—1941-08-28
【关 键 词】 林务工作；森林研究；洮河林区
【内容提要】

具体包括：甘肃省政府请派邓叔群来甘肃主持林务工作、请派戴松恩来甘肃主持农业工作，国立中央研究院派盛佳廉、吴颐元赴甘肃开展森林研究工作，农林部设立洮河流域国有林区管理处并派周映昌为主任。

【叙录编号】 2669
【档案题名】
　　甘肃省政府、建设厅、农业改进所关于甘肃省造林委员会组织规程、经费预算等事宜的指示及该委员会的呈文
【发文单位】 甘肃省政府
【收文单位】 甘肃省政府；甘肃省建设厅
【档案编号】
　　027-001-0486-（0001-0017）；
　　027-001-0487-（0001-0008）
【成文时间】 1942-09-17—1942-12-19
【关 键 词】 造林委员会；组织规程；经费预算
【内容提要】
　　0486-0001为主要内容包括《甘肃省造林委员会组织规程》的制订、修改、公布，该会造林五年规划经费与年度经费的审议，该会委员的人选问题，该会造林护林具体事务的执行。0486-0002为农改所报送《甘肃省造林委员会组织规程》，其余为造林经费预算转账一事。0487-0003为《甘肃省会三十二年度（1943）沿黄造林实施计划》。0487-0005为《甘肃省会各公私机关山麓造林办法》，省政府1021次会议讨论办法。0487-0007为《甘肃省会公私机关造林办法》《甘肃省会护林规则》。

【叙录编号】 2670
【档案题名】
　　甘肃省造林委员会关于育苗造林事宜的呈文及甘肃省政府、建设厅关于此事的指示
【发文单位】 甘肃省造林委员会

【收文单位】 甘肃省政府；甘肃省建设厅
【档案编号】 027-001-0488-（0009-0021）
【成文时间】 1942-10-16—1943-10-07
【关 键 词】 公路植树；沿黄河植树；造林运动
【内容提要】

兰州市区及附近公路植树、沿黄河植树办法问题、树苗价格成本问题、造林运动统计报表。0488-0011为《沿黄造林成活情形调查表》，省政府训令沿黄河植树成活率较低应该选择树株种类、土质。0488-0020为《甘肃省造林委员会三十二年（1943）和三十三年（1944）春秋季植树成活统计表》，省政府回令准予备查。

【叙录编号】 2671
【档案题名】

第六战区南区清剿总指挥部关于检送鄂湘川黔边区绥靖纪念林园营造经过报告致甘肃省政府的代电
【发文单位】 第六战区南区清剿总指挥部
【收文单位】 甘肃省政府
【档案编号】 027-001-0489-0014
【成文时间】 1940-10-18
【关 键 词】
【内容提要】

如题。此件为湖南省农业改进所《鄂湘川黔边区绥靖纪念林园营造经过》，报告内容包括：营造本纪念林的意义和目的、林地之择定、树种之选用、实施之步骤、经费问题。

【叙录编号】 2672
【档案题名】

农林部、甘肃省政府、建设厅、农业改进所关于甘肃省扩大现有苗圃规模、大量培育苗木的公文
【发文单位】 农林部；甘肃省农改所

【收文单位】 甘肃省政府；甘肃省建设厅
【档案编号】 027-001-0492-（0018-0025）
【成文时间】 1941-03-03—1942-04-11
【关 键 词】 苗圃；育苗造林；经费
【内容提要】

农林部认为，甘肃地居黄河上游，为西北藩屏，应继续推广造林，扩大育苗规模，现令甘肃省建设厅扩大现有苗圃规模，大量培育苗木。甘肃省政府、建设厅、农业改进所围绕拟订造林计划、扩大现有苗圃、筹措经费等问题产生了一系列公文。

【叙录编号】 2673
【档案题名】

甘肃省政府等关于甘肃省临时参议会议员张笃忠提议本省各县积极育苗不得强行摊派一事的各类文件
【发文单位】 甘肃省参议会
【收文单位】 甘肃省农改所
【档案编号】 027-001-0495-（0003-0004）
【成文时间】 1941-09-23—1941-09-30
【关 键 词】 育苗种树
【内容提要】

甘肃省临时参议会致咨给省政府关于参议员张笃忠建议本省各县积极育苗种树，不得向百姓强行摊派一事。省政府回咨临时参议会自应照办，已令省农业改进所和各县局遵办。

【叙录编号】 2674
【档案题名】

甘肃省政府、农改所、西北公路管理处关于行道树保护、调拨、代育、栽种树苗相关事宜各类文件
【发文单位】 甘肃省政府；甘肃省农改所等
【收文单位】 甘肃省政府；甘肃省建设厅
【档案编号】
027-001-0496-（0005-0012）；

027-001-0497-（0001-0021）
【成文时间】　1941-12-09—1942-01-31
【关 键 词】　行道树；植树
【内容提要】

此卷30件，全与军事委员会运输统制局西北公路管理处栽种行道树相关。（0496）军事委员会运输统制局西北公路管理处发函甘肃省政府公路旁栽植行道树保护路基，甘新兰红段各县植树节择杨柳树苗按照工务所通知固定地点收植，附有行道树栽植办法。西北公路管理处并致函建设厅，天水、徽县因行道树未栽植导致雨季山洪暴发冲毁道路请广种树，并请两县分让高9尺、直径1寸树苗。省政府训令天水、徽县据实核签，并令两县苗圃遵办为荷。农业改进所复函甘肃省建设厅天水、徽县苗圃尚无成年，仅有徽县可以供白榆洋槐5000株，农改所令该县照办并径函西北公路管理处。西北公路管理处将兰西线民国三十年（1941）应征行道树数量及分配一览表交兰州工务所，并请省政府饬各县从速办理，附带行道树应征数量表级分配表。甘肃省政府训令皋兰、榆中、定西、通渭、会宁、静宁、隆德县政府限期报送栽种数目，各县派员切实调查。西北公路管理处因种植行道树树苗缺乏，采运困难，请沿途各县代为培育杨树、榆树、漆树、油桐、核桃等树种致函甘肃省政府电文。甘肃省政府回令并令农业改进所办理。0496-0007为《军事委员会运输统制局西北公路管理处三十一年度（1942）行道树栽植办法》《西北公路管理处植树挖坑须知》。（0497）西北公路管理处请通知西兰、甘新沿线各县政府分饬各保甲协同本路各段道路班多加留意布告晓谕军民人等周知保护行道树。甘肃省政府通知公路沿线皋兰、静宁等22县政府加以留意保护。西北公路管理委员会请派员代育树苗致函甘肃省政府代电。甘肃省政府准派员洽接代育树苗，并令农改所签呈计划附近公路需要多少树苗暨采运公费由管理处负担，农改所派员协助。农改所汇报省政府包兰、兰新、甘新公路树苗采掘、包装以及公费负担。西北铁路管理局发电省政府通知沿线村长保长将树苗交送工务所。甘肃省政府发文训令公路沿线各县村镇保甲长将树苗交到指定地点并回复西北公路管理委员会。榆中县政府请求省政府拨给苗圃搬运费用呈文，甘肃省政府就此致函西北公路管理委员会与回复榆中县政府查照拨给运费以便运送。

【叙录编号】　2675
【档案题名】

甘肃省政府、西北公路管理处、农改所关于植树供给树苗一事的各类文件
【发文单位】　军事委员会运输统制局西北公路工务局
【收文单位】　甘肃省政府；甘肃省建设厅
【档案编号】　027-001-0497-（0016-0020）
【成文时间】　1942-09-08—1942-11-04
【关 键 词】　树苗；植树
【内容提要】

军事委员会运输统制局西北公路工务局通知公路沿线各政府按照春季植树办法征收树苗85000株并致函甘肃省政府，省政府批示令铁路沿线供给并令农改所预留树苗。甘肃省政府回函西北公路工务局并训令农改所统筹办理酌量供给。农改所因奉命举行本年度荒山造林活动所需数目甚多，树苗不足无法供给西北公路工务局并上呈甘肃省建设厅。

【叙录编号】　2676
【档案题名】

甘肃省政府、西北公路工务局关于华双公路沿线预备树苗一事的各类文件
【发文单位】　军事委员会运输统制局西北公路工务局

叁　自然资源开发与生态保护类档案　687

【收文单位】　甘肃省政府；甘肃省建设厅
【档案编号】　027-001-0497-（0021-0022）
【成文时间】　1943-02-03—1943-02-26
【关 键 词】　树苗
【内容提要】

西北公路工务局致函甘肃省政府送三十年（1941）植树办法并令西兰、华双、宝平、甘新、甘青沿线政府通知沿线各县政府预备树木并交指定地点，运费各段工务所办理。甘肃省政府训令沿线政府供给保甲协助。

【叙录编号】　2677
【档案题名】
　　甘肃省政府、建设厅、农改所关于省政府职员秋季荒山造林实施计划的各类文件
【发文单位】　甘肃省农改所；甘肃省建设厅
【收文单位】　甘肃省政府；甘肃省建设厅
【档案编号】　027-001-0498-（0007-0015）
【成文时间】　1942-09-24—1942-11-03
【关 键 词】　荒山造林
【内容提要】

甘肃省农改所送修正省政府职员植树计划及种树须知，呈文报送省政府各厅处植树计划，报送植树造林区域及数量分配表，建设厅转送此计划给省政府。省政府发还该农改所计划令编印技术指导，于学顺研究会解释派员指导等，外附有甘肃省政府各厅处职员二十一年（1932）秋季植树实施计划1份。建设厅长拟请农改所所长出席学术会议详细解释，以便各机关植树如期举办。建设厅希望将第四科员工分两班植树。

【叙录编号】　2678
【档案题名】
　　甘肃省农业改进所等关于植树活动等事的各类文件
【发文单位】　甘肃省农改所；甘肃省造林委员会

【收文单位】　甘肃省政府；甘肃省建设厅
【档案编号】　027-001-0499-（0001-0015）
【成文时间】　1942-10-22—1943-10-29
【关 键 词】　植树
【内容提要】

此案卷包含15份文件，均与植树有关。省农业改进所向建设厅呈报本年（1942）秋季的植树日期及相关的注意事项（植树地点、植树株数、应用器具、遇雨办法等）。省政府向建设厅下发本年（1942）秋季植树实施计划。省建设厅致函社会处，检送《甘肃省会各机关山麓造林办法》。省政府秘书处致函建设厅，检送各县教育林及学校苗圃实施办法。省政府致咨给社会部，检送本府1942年各厅、处职员秋季植树计划，社会部回令，准予备查。省造林委员会致函建设厅，检送1941年秋季省、市各机关公务员植树成活统计表。建设厅呈报省政府，可否奖励各机关公务员中在1941年秋季植树活动中表现优良者，省政府主席谷正伦回复照章办理。建设厅又呈报省政府，抄发森林法第54条及第1款条文。另有甘肃省各县（局）育苗造林护林五年计划纲要。省造林委员会又呈报省政府，拟奖励植树造林优秀人员（1943）。省政府对省造林委员会嘉奖成绩较优的机关一事进行了回复，认为该机关植树未满5年，不予嘉奖；并将此事通知各机关，又将各机关第一次植树成活率统计表抄发。建设厅呈报省政府，将植树成活率通知各机关。外附有《甘肃省各县局育苗造林五年计划纲要》。

【叙录编号】　2679
【档案题名】
　　甘肃省造林委员会等关于造林等事的各类文件
【发文单位】　甘肃省造林委员会
【收文单位】　甘肃省政府；甘肃省建设厅

【档案编号】 027-001-0500（全案卷）
【成文时间】 1943-10-21—1944-11-29
【关 键 词】 造林
【内容提要】

此案卷包含15份文件，均与植树有关。省造林委员会向省政府上报本会本年（1943）春季造林成活统计表，省政府回令准予备查，但枸杞不能认为是树木，不应列入。省造林委员会向省政府呈报省、市各机关公务人员本年（1943）秋季植树统计表，省政府回令准予备查。省政府指令省造林委员会，关于其呈赍的中正山造林碑记墨拓底本已收到，准予备查。省造林委员会向省政府报送本年（1944）春季植树工作的统计，建设厅也致函省政府、省保安司令部，抄送本年（1944）各机关公务员秋季植树实施办法及进行程序表。省政府就此事令程序表中所列各单位按时举行植树活动，又指令省造林委员会，准予备查。省造林委员会呈报省政府，报送1944年秋季各机关公务员植树实施办法。建设厅呈报省政府关于在皋兰山栽植树木的情况。省政府致函省保安司令部，要发动所属各机关工友在皋兰山谷植树，并抄送各机关工友人数表、工友植树进行程序表。省农改所呈报省政府，前已发动工友在皋兰山顶、山腰植树，现已完工。省合作事业管理处呈报省政府，已派工友参加植树，现已完工，省政府回令，准予备查。

【叙录编号】 2680
【档案题名】
行政院水利委员会关于已将荒山造林荒山栽植木材试验简报、保持水土浅说转发给行政院水利委员会的公函
【发文单位】 甘肃省农改所
【收文单位】 甘肃省政府；甘肃省建设厅
【档案编号】
027-001-0501-0012；
027-001-0502-0001
【成文时间】 1945-11-28—1946-01-14
【关 键 词】 荒山植树
【内容提要】

如题。行政院水利委员会关于已将荒山造林荒山栽植木材试验简报、保持水土浅说转发给行政院水利委员会，甘肃省政府报送中正山造林及水土保持工作报告给行政院水利委员会。

【叙录编号】 2681
【档案题名】
甘肃省造林委员会关于报送本年度秋季公务员植树办法致甘肃省政府的呈文及省政府训令
【发文单位】 甘肃省政府
【收文单位】 甘肃省各县局
【档案编号】 027-001-0502-（0003-0004）
【成文时间】 1946-10-23—1946-10-26
【关 键 词】 秋季植树
【内容提要】

文内有《甘肃省政府各厅处职员三十五年度（1946）秋季植树办法》，本年度选定在中山林忠烈祠后边茶园种植白榆、红柳2种，附有植树日期分配表，省政府转发省政府15家单位。

【叙录编号】 2682
【档案题名】
甘肃省农业改进所关于报送拟定秋季苗木价格给甘肃省政府的呈文及省政府回令
【发文单位】 甘肃省农改所
【收文单位】 甘肃省政府
【档案编号】
027-001-0502-（0005-0006）；
027-001-0502-（0017-0018）
【成文时间】 1946-10-23—1946-10-28

【关 键 词】 秋季苗木；价格
【内容提要】
　　文内有《甘肃省农业改进所三十五年度（1946）秋季苗木价格表》，省政府回令准予备查。0017为农改所致函省政府请调整价格，省政府同意。

【叙录编号】 2683
【档案题名】
　　甘肃省政府、农改所关于秋季造林一事的呈文、指令
【发文单位】 甘肃省农改所；甘肃省造林委员会等
【收文单位】 甘肃省政府；甘肃省建设厅
【档案编号】
　　027-001-0505-（0001-0015）；
　　027-001-0506-（0001-0015）；
　　027-001-0507-（0001-0002）
【成文时间】 1947-08-26—1947-12-13
【关 键 词】 造林；秋季苗木
【内容提要】
　　甘肃省农改所报送《甘肃省农业改进所三十六年度（1947）秋季苗木价格表》，省政府回文准予备查。0505-0003为《甘肃省会造林委员会三十六年度（1947）秋季造林机关地点株数及日期分配表》，甘肃省造林委员会通知各单位必须按照植树须知妥善栽植树木。西北师范请省政府拨发树苗，农改所报送各种果苗价目表，甘肃省造林委员会呈文建设厅按照每人10棵植树。0506为抽派人员参与植树，农改所报送果苗生长株数，甘肃省造林委员会报送民国三十六年（1947）各机关秋季造林统计表，农改所派人巡查公教人员今秋所植树木。

【叙录编号】 2684
【档案题名】
　　甘肃省政府、第八战区司令部关于本军修筑营房及植树一事的呈文、代电
【发文单位】 甘肃省政府；第八战区司令部
【收文单位】 甘肃省政府；甘肃省建设厅
【档案编号】 027-001-0507-（0007-0010）
【成文时间】 1942-06-14—1942-07-17
【关 键 词】 陆军；植树
【内容提要】
　　如题。内有《陆军骑兵第五军修建房屋数目表》《陆军骑兵第五军栽植树株数目表》两份。

【叙录编号】 2685
【档案题名】
　　甘肃省农改所关于报送人民造林办法致甘肃省政府的呈文及省政府代电
【发文单位】 甘肃省政府
【收文单位】 甘肃省农改所
【档案编号】 027-001-0507-（0011-0013）
【成文时间】 1942-03-27—1942-04-11
【关 键 词】 简易造林；办法
【内容提要】
　　0011内有《甘肃省人民简易造林办法》，省政府、建设厅修正办法；0013为省政府训令农改所各县局修正简易造林办法。

【叙录编号】 2686
【档案题名】
　　农林部、甘肃省政府、建设厅关于保护树木、禁止驻军乱伐树木、植树节植树、拨付造林费一事的训令、代电及函文
【发文单位】 农林部；行政院
【收文单位】 甘肃省政府；甘肃省造林委员会
【档案编号】 027-001-0517（全案卷）
【成文时间】 1943-03-12—1945-08-06
【关 键 词】 植树节；造林
【内容提要】
　　农林部关于将纪念植树节改为植树节并按

原规定举办植树造林运动；第二部分为行政院抄送《植树节举行植树造林运动办法》，省政府抄送各县局植树节及举办造林运动办法；第四部分为农林部致电省政府检送《植树节举行造林运动办法》一式两份12条。甘肃省造林委员会呈文省政府调查陆军十二师特务连砍伐改造林木一事，省政府回令4月特务连全部出发剿匪未曾砍伐树木。甘肃省建设厅请省政府拨付造林经费、汽车借用造林费、筹借荒山造林费。

【叙录编号】 2687
【档案题名】
农林部等关于编报历年育苗造林成绩统计表一事的各类文件
【发文单位】 农林部
【收文单位】 甘肃省政府；甘肃省建设厅等
【档案编号】 027-001-0519（全案卷）
【成文时间】 1944-09-02—1944-12-27
【关 键 词】 育苗造林
【内容提要】

农林部致函省政府，请省政府填报历年育苗造林成绩统计表，省政府统计好后回令给农林部，附本省历年育苗造林成绩表一份。农林部又致电省政府，请将该省办理造林经过的情形及造林成绩送交本部，并又令建设厅筹措此事。省政府就此事令各专署、县、局限期填报历年育苗造林成绩调查表，洮沙县向省政府报送本县历年育苗造林的成绩，省政府回令，准予备查。

【叙录编号】 2688
【档案题名】
甘肃省建设厅关于检送甘肃省十年造林计划，将甘肃列为第一期造林省份、按计划增减苗圃的训令、呈文
【发文单位】 甘肃省建设厅
【收文单位】 甘肃省政府
【档案编号】 027-001-0532-（0001-0004）
【成文时间】 1934-11-01—1945-03-18
【关 键 词】 造林；计划
【内容提要】

0002为甘肃省建设厅呈送省政府《甘肃省造林十年计划》一式两份36页，第二份更加完整。主要内容包括：一、划分林区，划分为甘中区以皋兰为中心的20县、甘东区以平凉为中心的17县、甘南区以天水为中心、甘西区以玉门为中心的5县、甘北区以武威中心的11县。二、各林区机关组织。三、推广所对于林业之主要任务：设立苗圃、调查林地、制订造林施业方案。四、十年中进行之程序。五、推广所之经费及概算。0001为省政府拟订十年计划并增补苗圃经费。建设厅厅长拟将黄河造林列为第一期造林计划最先着手事项，实业部签函省政府报送西北造林计划。

【叙录编号】 2689
【档案题名】
甘肃省政府、建设厅关于送西北造林计划草案的函
【发文单位】 甘肃省政府
【收文单位】 实业部
【档案编号】 027-001-0533-（0001-0002）
【成文时间】 1936-05-03—1936-07-12
【关 键 词】 造林；林务
【内容提要】

0001为甘肃省政府向实业部部长吴鼎昌报送《西北造林计划草案》，第1页为《发展西北林务分期进行区域图》，正文内容包括：理由，西北各省沙漠盐碱较多，故而需要发展林务进行西北建设；甲、施业区域；乙组、织；丙、经费，附有《西北林务经费分担表》；丁、进行程序，附有《西北林务经费动支标准》《分年进行程序表》。建设厅将此计划寄送

实业部中央模范林区管理局。

【叙录编号】 2690
【档案题名】
　　实业部等关于西北造林计划一事的各类文件
【发文单位】 实业部派中央模范林区管理局
【收文单位】 甘肃省政府；甘肃省建设厅
【档案编号】 027-001-0534（全案卷）
【成文时间】 1937-06-26—1937-08-17
【关 键 词】 西北造林计划
【内容提要】
　　实业部派中央模范林区管理局局长皮作琼携带西北造林计划纲要草案来甘会商年度实施西北造林计划，省政府准予接洽。省政府又致电实业部，贵部此次来视察，省内对贵部的西北造林计划是非常赞同的，但关于组织及经费两项，省内则略有意见，希望实业部能够多予协助。事业部致电省政府，该部将派模范林皮局长皮作琼于1937年7月20日赴兰，代表该部与省政府洽谈造林事宜。国民政府军事委员会西安行营也给省政府转发西北造林计划纲要，令省政府配合中央模范林区管理局局长皮作琼的相关工作。

【叙录编号】 2691
【档案题名】
　　甘肃省造林委员会等关于提前拨付经费一事的各类文件
【发文单位】 甘肃省造林委员会
【收文单位】 甘肃省政府；甘肃省建设厅
【档案编号】 027-001-0554（全案卷）
【成文时间】 1945-03-08—1945-03-17
【关 键 词】 经费
【内容提要】
　　甘肃省造林委员会副总干事长吕福和上呈总干事长王金铭，拟请提前拨付1946、1947年度经费，建设厅将此事上呈省政府，省政府批准。

【叙录编号】 2692
【档案题名】
　　甘肃省造林委员会等关于疏伐逾龄树木等事的各类文件
【发文单位】 甘肃省造林委员会；甘肃省建设厅
【收文单位】 甘肃省政府；甘肃省建设厅
【档案编号】 027-001-0554（全案卷）
【成文时间】 1945-04-06—1945-05-31
【关 键 词】 育苗造林；报表
【内容提要】
　　甘肃省建设厅上呈省政府，省造林委员会副总干事吕福和拟砍伐雁滩苗圃四周的杨柳树，并恳请将此项收益充作育苗造林费用。省政府回令准予照办，并将砍伐数目及收益数目呈报。省造林委员会上呈省政府，请省政府转电宁夏省政府饬属采寄蒙古白榆树种以便充作荒山造林试验苗，省政府回令已照办。省造林委员会、建设厅向省政府呈报省造林委员会领取两年经费支留及存储情况，省政府回令，准予备查。省造林委员会、建设厅向省政府呈报1945年度春季售出苗木收款统计表及数量清册，省政府回令，同意将出售苗木款项充作苗圃经费并先行编具预算书。

【叙录编号】 2693
【档案题名】
　　甘肃省政府、建设厅、省造林委员会关于报送育苗造林报告、苗木价格表、拨发树苗、造林经费等的公函文、代电、呈文
【发文单位】 甘肃省造林委员会；甘肃省建设厅
【收文单位】 甘肃省政府；甘肃省建设厅
【档案编号】 027-001-0555-（0001-0019）
【成文时间】 1945-12-01—1947-03-11
【关 键 词】 育苗造林；报表

【内容提要】

甘肃省造林委员会报送《甘肃省造林委员会三十四年度（1945）秋季造林育苗工作报告》，省政府回文准予备查。0003 为《甘肃省造林委员会价让苗木五联单》。0005 为第八战区司令部长官特务营请建设厅发放树苗，建设厅训令造林委员会按成本价价领。0007 为《价让暨增拨苗木统计表》《苗木售价款数目表》，省政府回令修改。造林委员会报送秋季造林开始日期，0016 为造林委员会报送《甘肃省会造林委员会三十五年度（1945）造林育苗报告表》，省政府训令兰州市政府派员洽接拨发树木一事。

【叙录编号】 2694
【档案题名】
　　农林部等关于育苗造林及人民造林成绩统计表一事的各类文件
【发文单位】 农林部
【收文单位】 甘肃省政府；甘肃省建设厅
【档案编号】 027-001-0562（全案卷）
【成文时间】 1947-04-15—1948-03-16
【关 键 词】 育苗造林
【内容提要】

农林部致函省政府，从1947年起育苗造林及人民造林成绩使用新表式填报，后又致函省政府，催其填报1947年育苗造林及人民造林成绩统计表，省政府将调查表填好后复函给农林部，农林部认为表中所列各总数与细数不符，请省政府查明，省政府更正后再次复函。

【叙录编号】 2695
【档案题名】
　　国民政府军事委员会等关于西北植树一事的各类文件
【发文单位】 国民政府军事委员会
【收文单位】 甘肃省政府；甘肃省建设厅
【档案编号】 027-001-0562（全案卷）
【成文时间】 1945-07-28—1945-08-03
【关 键 词】 育苗造林
【内容提要】

遵民国三十一年（1942）军事委员会委员长手令，积极办理育苗造林工作。拟订甘肃省各县（局）育苗造林护林五年计划纲要及甘肃省会造林五年计划纲要。其中，省会造林由省会造林委员会主持。各公路沿线树木以及左公柳亦需保护，若有砍削枯死，则补种。

【叙录编号】 2696
【档案题名】
　　甘肃省各县市局林务督导暂行办法
【发文单位】 甘肃省建设厅
【收文单位】 甘肃省建设厅
【档案编号】 027-001-0563-0009（全案卷）
【成文时间】 1946
【关 键 词】 林务；办法
【内容提要】

《甘肃省各县市局林务督导暂行办法》9条，并将甘肃省划分为皋兰区、陇东区、陇南区、洮岷区、河西区。其中，皋兰区：兰州、皋兰、榆中、定西、会宁、靖（静）宁、永登、洮沙、景泰、临夏、宁定、永靖、和政、湟惠渠特种乡等14县市特种乡；陇东区：平凉、化平、华亭、静宁、海原、固原、西吉、隆德、庄浪、崇德、灵台、泾川、镇原、正宁、合水、庆阳、环县等16县；陇南区：天水、清水、秦安、通渭、甘谷、武山、西和、礼县、徽县、成县、两当、康县、武都、文县等14市县；洮岷区：岷县、陇西、渭源、漳县、临洮、康乐、西固、临潭、卓尼、夏河、会川等11县；河西区：武威、古浪、民勤、永昌、山丹、民乐、张掖、临泽、高台、鼎新、金塔、酒泉、肃北、安西、敦煌等16县。文内还附有《小型农田水利受益田亩数》、农艺、病虫害内容。

【叙录编号】 2697
【档案题名】
　　甘肃省政府、农林部等关于保护森林等事的各类文件
【发文单位】 农林部
【收文单位】 甘肃省政府；甘肃省建设厅
【档案编号】 027-001-0564-（0001-0018）
【成文时间】 1940-10-31—1947-03-22
【关 键 词】 育苗；报表
【内容提要】
　　此案卷包含18份文件，均与森林保护有关。农林部致函省政府，将甘肃省1945年度1—6月份工作报告审核意见的更改意见发给省政府，省政府将此意见转发给甘肃省农改所，令其更改。省第七区行政督察专员公署致电省政府，报送所属各县1944年度造林及苗圃育苗情况的统计表，省政府回令应遵照规定切实督促推进并认真养护树木。农林部发咨文给省政府，请省政府转令所属切实保护境内的公私森林，省政府将此咨文转发给各专署及直属各县。农林部致电省政府，该部将派两人前往岷县等地勘查设置林区地点，请省政府予以保护及协助，省政府回令照办。行政院令省政府切实执行森林法以保护森林，省政府将此训令转发给各县、局。农林部也就保护公私森林一事给建设厅下达训令，省政府将此训令转发给省农改所、各专署及直属各县。行政院令省政府切实保护各地森林树木，省政府将此训令转发给各区、县、局。省农改所上呈省政府，是否可转请农林部办理本省天然林保护一事，省政府就此事询问农林部是否可行，农林部回令，将所拟筹设寿鹿山天然林计划及调查森林的情况上报，以便参考办理，省政府令省农改所办理此事。

【叙录编号】 2698
【档案题名】
　　农林部关于植树节举行造林运动给甘肃省政府的代电及省政府给各县局的训令
【发文单位】 农林部
【收文单位】 甘肃省政府；甘肃省建设厅
【档案编号】 027-001-0566-（0001-0002）
【成文时间】 1947-01-18
【关 键 词】 造林
【内容提要】
　　如题。农林部致电省政府通告植树造林运动，省政府训令各县局。

【叙录编号】 2699
【档案题名】
　　农林部、甘肃省农改所关于林业公会改名林业协会一事的文件
【发文单位】 农林部；甘肃省政府
【收文单位】 农林部；甘肃省政府等
【档案编号】 027-001-0827-（0011-0012）
【成文时间】 1944-08-24—1944-08-31
【关 键 词】 林业协会
【内容提要】
　　农林部要求各林业公会改为林业协会致函省政府，省政府抄送至各农改所与甘肃各县局。

【叙录编号】 2700
【档案题名】
　　甘肃省政府、农改所与农林部水土保持实验区合作繁殖推广优良牧草的文件
【发文单位】 甘肃省农改所
【收文单位】 甘肃省政府
【档案编号】 027-002-0041-（0013-0014）
【成文时间】 1946-04-02—1946-04-10
【关 键 词】 牧草；办法
【内容提要】

甘肃省农改所与农林部水土保持实验区合作繁殖推广优良牧草致函省政府,附有办法7条,省政府训令办法当属可行,准予备查。

【叙录编号】 2701
【档案题名】
　　甘肃省合作社指导人员须知、供销处管理办法、消费合作会计规则以及各级合作社造林办法
【发文单位】 甘肃省业务合作管理局
【收文单位】 甘肃省建设厅
【档案编号】 027-002-0053-（0001-0004）
【成文时间】 不详
【关 键 词】 合作；章程
【内容提要】
　　此件共4份文件。第一件为合作社指导人员工作须知,包括组织、章程、工作须知,业务包括信用业务、整理全省工作社、棉花产销、推广纺织、水利、土地改良、造林。第二件为合作社物品供销处管理办法。第三件为消费会计合作规则。第四件为《甘肃省各级合作社造林办法》13条。

【叙录编号】 2702
【档案题名】
　　甘肃省政府等关于造林植树的各类文件
【发文单位】 行政院；甘肃省政府
【收文单位】 各县局
【档案编号】 027-002-0082-（0008-0013）
【成文时间】 1941-03-27—1941-06-03
【关 键 词】 造林
【内容提要】
　　行政院给省政府下达训令,兴办水利工程应就施工区域拟办造林,省政府将此训令下发给各专署、各县局及省水利林牧公司。省政府委员会第952次会议形成关于本省护渠栽植办法的议案,省政府秘书处法制室致函建设厅秘书室,将议案形成的《甘肃省护渠植树暂行办法》除了由省政府秘书室送《西北日报》以及省政府公报外,由建设厅秘书室转发照办。护渠暂行办法包括：种植数额、行距、所有权、管理机构等方面。省水利林牧股份有限公司致函省政府,报送拟订护渠树木保育办法,省政府回令,应遵照施行并令临洮、永登、皋兰等8县遵办。

【叙录编号】 2703
【档案题名】
　　农林部西北羊毛改进所关于报送1945—1949年度工作月报致函省政府及省政府回令件
【发文单位】 西北羊毛改进所
【收文单位】 甘肃省政府
【档案编号】
　　027-002-0189-（0001-0006）；
　　027-002-0190-（0001-0004）；
　　027-002-0191-（0001-0006）；
　　027-002-0192-（0001-0004）；
　　027-002-0207-（0001-0002）；
　　027-002-0208-（0001-0004）；
　　027-002-0209-（0001-0004）；
　　027-002-0210-（0001-0002）；
　　027-002-0211-（0001-0002）；
　　027-002-0212-（0001-0003）；
　　027-002-0232-（0001-0008）；
　　027-002-0233-（0001-0006）；
　　027-002-0234-（0001-0006）；
　　027-002-0235-（0001-0006）；
　　027-002-0236-（0001-0006）；
　　027-002-0237-（0001-0004）
【成文时间】 1945-04-09—1949-08-15
【关 键 词】 西北羊毛改进所
【内容提要】
　　如题。包括西北羊毛改进所民国三十四

（1945）、三十五（1946）、三十六（1947）、三十七（1948）、三十八年（1949）各月份工作简报。例如0189-0002为《农林部西北羊毛改进所三十四年度（1945）二月份工作简报表》，内容涉及：甲、行政部分：一月来工作鸟瞰，包括保育种羊等12条；法规之奉行与修订，包括公私款项严格划分等5条；会议之召集，包括举行月会纪念及工作报告；与各方之联系，包括与永昌垦务局推进河西垦种；人事变动，包括4个技士离职。业务部分包括：预防传染病、增殖羔羊、改善羊毛处理办法、羊病防治、改良牧草及牧地管理利用、训练推广人员、推行羊贷等内容。

【叙录编号】　2704
【档案题名】
　　军政部、内政部、甘肃省政府关于全国产马定称暂行规则的呈文、公函、训令
【发文单位】　军政部
【收文单位】　甘肃省建设厅
【档案编号】　027-002-0203-（0001-0003）
【成文时间】　1940-10-12—1940-10-27
【关　键　词】　产马定称
【内容提要】
　　军政部转发省政府《全国产马定称暂行规则》，包括总则、军马定称、种马定称、公有马定称、民马定称、附则，省政府转令各县局，农林部抄发此规则。

【叙录编号】　2705
【档案题名】
　　甘肃省建设厅各项款费登记册
【发文单位】　甘肃省建设厅
【收文单位】　甘肃省建设厅
【档案编号】　027-002-0252（全案卷）
【成文时间】　不详
【关　键　词】　登记册；经费

【内容提要】
　　此卷全文建设厅各种开支清册，主要为各种办公、差旅等费用，其中涉及部分木材拉运、水利开支的借用。

【叙录编号】　2706
【档案题名】
　　甘肃省农业改进所民国三十八年度甜菜籽种推广办法
【发文单位】　甘肃省政府秘书处
【收文单位】　甘肃省建设厅
【档案编号】　027-002-0531-0002
【成文时间】　1949
【关　键　词】　农业；推广
【内容提要】
　　甘肃省农改所报送省政府《甘肃省农业改进所三十八年度（1949）甜菜籽种推广办法》，包括推广墓地：增裕农民经济，解决本省糖荒、推广数量（雁滩及各区繁殖）、推广区域、推广办法、推广人员及相应的责任人。

【叙录编号】　2707
【档案题名】
　　甘肃省建设厅关于造林地带附近农民工作勿加干涉给□尔晏的函
【发文单位】　甘肃省建设厅
【收文单位】　□尔晏
【档案编号】　027-003-0001-0002
【成文时间】　1945-05-30
【关　键　词】　造林；农民
【内容提要】
　　如题。

【叙录编号】　2708
【档案题名】
　　甘肃省政府、建设厅、各县局关于新订市尺木码一事的文件

【发文单位】 甘肃省政府；甘肃省各县局
【收文单位】 实业部度量衡局；甘肃省建设厅
【档案编号】
　　027-003-0068-（0001-0003）；
　　027-003-0070-（0009-0013）
【成文时间】 1934-05-31—1934-08-18
【关 键 词】 木尺；木材
【内容提要】
　　实业部咨送全国度量衡局新订市尺木码原理、应用书、新订木尺码单，建设厅批示转发并复，包含书1册，单130张，附送书《新订市木尺码原理及其运用》1册。建设厅转送新订木尺码单给各县局、训令靖远县使用。武都县、金塔县呈建设厅该县无木业同业公会组织。

【叙录编号】 2709
【档案题名】
　　甘肃省政府关于发本省畜牧兽医研究所家畜育养疾病防治问题给甘肃省各县局农改所的训令
【发文单位】 甘肃省政府；甘肃省畜牧兽医研究所
【收文单位】 甘肃省各县局农改所
【档案编号】
　　027-003-0387-（0001-0005）；
　　027-003-0388-（0001-0011）
【成文时间】 1947-02-13—1947-02-16
【关 键 词】 畜牧；瘟疫
【内容提要】
　　甘肃省政府关于发本省畜牧兽医研究所家畜育养疾病防治问题给甘肃省各县局农改所的训令，随后胡祥生报送《绵羊寄生虫调查表》（夏河草地部分）、罗清生报送《土药剂量试验》、邝荣禄报送《西北家畜冬季死亡问题之研究》。0388的9件依次为汪国兴报送《牦牛标准之研究》（牛种改良之初步试验）、邝荣禄报送《印度山羊牦牛瘟病毒之免疫观察》、邝荣禄报送《西北家畜冬季死亡问题之研究》、胡祥生《绵羊寄生虫调查》、熊大仕报送《甘肃河西绵羊寄生虫之初步调查》、熊大仕《绵羊内寄生虫调查》、汪国兴报送《南番马标样之研究》、罗清生报送《甘肃牛瘟病状及损害研究》、汪国兴报送《夏河牧区绵羊标样之研究》。

【叙录编号】 2710
【档案题名】
　　甘肃省畜牧兽医研究所关于报送本所民国三十四年度（1945）研究报告致省政府的公函及省政府备查回文及工作报告
【发文单位】 甘肃省政府；甘肃省畜牧兽医研究所
【收文单位】 各县农改所
【档案编号】 027-003-0397-（0001-0002）
【成文时间】 1946-02-14—1946-02-28
【关 键 词】 畜牧；草原
【内容提要】
　　研究报告主要包含《南番马标样之研究》《牦牛标准之研究》（牛种改良之初步试验）、《草原利用初步研究》《牧区补充饲料作物栽培试验》《兰州牧草调查栽培试验》《印度山羊牦牛瘟病毒之免疫观察》《绵羊寄生虫调查表》（永昌部分），部分模糊难以辨认。

【叙录编号】 2711
【档案题名】
　　甘肃省政府关于制定各县林木保护有效办法提案
【发文单位】 甘肃省临时参议会
【收文单位】 不详
【档案编号】 027-003-0466-0008
【成文时间】 1948
【关 键 词】 森林；盗伐

叁 自然资源开发与生态保护类档案 697

【内容提要】

因甘肃省森林被偷砍盗伐日渐荒芜，祁连山仅武威一带未被盗伐，附有保护理由及办法3条。

【叙录编号】 2712
【档案题名】
甘肃省建设厅法规辑要
【发文单位】 矿业公司；农改所
【收文单位】 甘肃省政府；甘肃省建设厅
【档案编号】 027-003-0587-0001
【成文时间】 1943
【关 键 词】 水利；林业；办法
【内容提要】

包括《甘肃矿业股份有限公司保证投资办法》《甘肃省政府奖励人民自办水利暂行办法》《甘肃省各县修筑县道暂行办法》《甘肃省政府林政实施纲要》《甘肃省政府公布天然林区管理暂行规则》《甘肃省森林采伐暂行规则》《甘肃省植树造林奖惩暂行办法》《甘肃省人民造林简易办法》《甘肃省护渠植树暂行办法》《甘肃省农业改进所指导各县苗圃实施办法》《甘肃省各县苗圃实施办法》《三十一年度（1942）全省苗圃实施计划纲要》。

【叙录编号】 2713
【档案题名】
实业部、甘肃省建设厅关于实业部刊印渔业法规一事的呈文、训令
【发文单位】 实业部
【收文单位】 甘肃省政府
【档案编号】
　　027-004-0080-（0001-0003）；
　　027-004-0081-0001
【成文时间】 1933-06-01—1934-08-29
【关 键 词】 渔业
【内容提要】

实业部训令各省报送研究渔业法规及各地渔业现业是否适合推行并报备，甘肃省建设厅回文本省并无渔业，无法研究。随实业部附送027-004-0080-0003为《渔业法规》（中华民国二十二年六月一日）内含渔业法（渔业法施行细则、附渔业呈文式、渔场图式、渔业执照式样、渔业证式）、渔会法（渔会法施行细则、渔会决算、预算表）、渔业登记规则、渔业登记施行细则，附表册样式。027-004-0081-0001为《渔业法规》（中华民国十九年六月）。

【叙录编号】 2714
【档案题名】
黄河水利委员会上游修防林工程处关于续借经纬仪件给甘肃省建设厅的公函
【发文单位】 黄河水利委员会上游修防林工程处
【收文单位】 甘肃省建设厅
【档案编号】 027-004-0601-（0008-0009）
【成文时间】 1942-04-14—1942-04-22
【关 键 词】 经纬仪
【内容提要】

黄河水利委员会上游修防林工程处致函续借经纬仪件给甘肃省建设厅，建设厅同意续借仪器，建设厅为水利林牧公司借用经纬仪致函黄河水利委员会上游修防林工程处。

【叙录编号】 2715
【档案题名】
甘肃省林业规则
【发文单位】 甘肃省建设厅
【收文单位】 甘肃省建设厅
【档案编号】 027-005-0028-0003
【成文时间】 不详
【关 键 词】 东湖垦场
【内容提要】

包括总则、植树造林之奖惩、造林护林实

施计划、天然林区之管理、林木采伐及保护等32条。

【叙录编号】 2716
【档案题名】
甘肃省政府、农改所关于营造薪炭林苗木数量经费粮食一事的呈文、训令
【发文单位】 农林部；甘肃省建设厅
【收文单位】 甘肃省建设厅
【档案编号】
027-005-0097-（0011-0024）；
027-005-0098-（0001-0008）
【成文时间】 1948-04-25—1948-08-24
【关 键 词】 薪炭
【内容提要】
农林部转送省政府《农林部利用美国救济费于冀鲁陕甘四省预计以工代赈营造薪炭林实施办法》，统计甘肃省现有苗木100万株，应造林3万亩，包括造林经费方法等内容。省政府致函农林部《甘肃省利用美国救济费于冀鲁陕甘四省预计以工代赈营造薪炭林实施办法及预算》，农改所报送薪炭林开始工作情况附有包工和约，甘肃省请拨发造林经费5亿元。甘肃省农改所报送三十七年度（1948）《营造薪炭林六月工作报告》《营造薪炭林七月工作报告》《营造薪炭林十一月工作报告》。

【叙录编号】 2717
【档案题名】
森林法实施细则
【发文单位】 行政院
【收文单位】 甘肃省建设厅
【档案编号】 030-001-0497-0002
【成文时间】 不详
【关 键 词】 森林；细则
【内容提要】
包括森林的所有权、管理事宜。此卷内容《全国报刊索引》可搜索到。

【叙录编号】 2718
【档案题名】
甘肃省建设厅关于研讨造林护林问题会议给甘肃省华亭县、静宁县等18县政府的通知
【发文单位】 甘肃省政府
【收文单位】 甘肃省各县政府
【档案编号】 027-005-0144-0002
【成文时间】 1945-08-08
【关 键 词】 林区
【内容提要】
如题。甘肃省建设厅定于本月9日召开会议要求华亭、静宁等县县长到建设厅开会商讨造林护林问题。

【叙录编号】 2719
【档案题名】
甘肃省畜牧兽医研究所关于送还甘青牧草简要报告致甘肃省建设厅的公函
【发文单位】 甘肃省畜牧兽医研究所
【收文单位】 甘肃省政府
【档案编号】 027-005-0204-（0013-0017）
【成文时间】 1945-06-23—1945-07-25
【关 键 词】 草地；牧草
【内容提要】
《甘青牧草考察简要报告》三卷一期，农林部中央畜牧试验所编印，主要结论为山坡草地面积辽阔，牧草发育欠佳为过度放牧所致，平原草地有限发育较佳，青海湖牧场优于拉卜楞寺，牧草优良宜大量培植。甘肃省兽医畜牧所、建设厅请归还甘青牧草简要报告。

【叙录编号】 2720
【档案题名】
甘肃省建设厅关于各县报送苗圃主任印章一事的文件

【发文单位】 甘肃省建设厅
【收文单位】 甘肃省政府
【档案编号】
　　027-005-0860-（0003-0023）；
　　027-005-0861-（0001-0022）；
　　027-005-0862-（0001-0018）；
　　027-005-0863-（0001-0021）；
　　027-005-0864-（0001-0017）；
　　027-005-0865-（0001-0021）；
　　027-005-0866-（0001-0016）
【成文时间】 1945-12-12—1946-05-13
【关 键 词】 苗圃
【内容提要】
　　甘肃省会川县、甘谷县、会宁县、西吉县、渭源县、洮沙县、通渭县、天水县、定西县等报送苗圃主任的人事任免、调动、处罚情况，报送苗圃主任简历、苗圃主任移交清册。

【叙录编号】 2721
【档案题名】
　　各县报送1943年年度植树成活树木的往来文件
【发文单位】 定西县政府；甘肃省政府等
【收文单位】 定西县政府；甘肃省政府等
【档案编号】 027-006-0037-（0001-0037）
【成文时间】 1943-07-30—1943-09-25
【关 键 词】 植树；成活树木
【内容提要】
　　甘肃省政府代电各县市局，令其速报本年度植树成活株数。海原县、漳县、西吉县、两当县、华亭县、崇信县、清水县、灵台县、庆阳县、礼县、定西县、景泰县、岷县、成县、西和县、武威县、宁县、正宁县、玉门县、敦煌县、金塔县、西固县、酒泉县、鼎新县、文县、渭源县、洮沙县、高台县、康乐县、陇西县等县政府报送，省政府回文备案，令其好好保护。其中：1.清水县政府呈省政府本县本年植树120667株，大路两旁树株因撞伤枯死9282株，中山林、各级教育林也多有损耗。共计成活106543株，请省政府鉴核；2.庆阳县政府呈报本年植树成活32894株，请省政府鉴核；3.武威县政府呈报本年植树成活169967株，请省政府鉴核。

【叙录编号】 2722
【档案题名】
　　各县报送1943年年度植树成活树木的往来文件
【发文单位】 定西县政府；甘肃省政府等
【收文单位】 定西县政府；甘肃省政府等
【档案编号】 027-006-0038-（0001-0037）
【成文时间】 1943-07-30—1943-09-25
【关 键 词】 植树；成活树木
【内容提要】
　　甘肃省政府代电各县市局，令其速报本年度植树成活株数。和政县、永靖县、镇原县、古浪县、景泰县、皋兰县、陇西县、固原县、武威县、宁定县、永登县、海原县、酒泉县、鼎新县、泾川县、庄浪县、康乐县、静宁县、固原县、秦安县、山丹县、化平县、古浪县、民勤县、永昌县、武山县、隆德县、甘谷县、宁县、灵台县、康县等县政府报送，省政府回文备案，令其好好保护。其中，皋兰县政府呈本年各保民众植树53791株，沿线植树149969株，县示范林植树5275株，请鉴核备案。

【叙录编号】 2723
【档案题名】
　　各县报送1943年年度植树成活树木的往来文件
【发文单位】 定西县政府；甘肃省政府等
【收文单位】 定西县政府；甘肃省政府等
【档案编号】 027-006-0039-（0001-0027）
【成文时间】 1943-09-03—1943-12-16

【关 键 词】 植树；成活树木
【内容提要】

如题。本书为上一卷内容的延续，其中包括：临洮县、康乐县、安西县、礼县、正宁县、定西县、隆德县、玉门县、静宁县、永昌县、靖远县、甘肃省第六区行政督察专员公署。

【叙录编号】 2724
【档案题名】
甘肃王干丞关于改善造林工作与省建设厅、农业改进所的往来文件
【发文单位】 甘肃省政府；甘肃省农业改进所等
【收文单位】 甘肃省政府；甘肃省农业改进所等
【档案编号】 027-006-0067-（0007-0010）
【成文时间】 1948-11-04—1948-12-06
【关 键 词】 造林工作；农业改进
【内容提要】

甘肃省建设厅职员王干丞签呈省建设厅，提出改善造林工作6条，请建设厅鉴核。建设厅转发甘肃省农业改进所参照，后者转发各农业分所，令其按要求办理。省政府对该造林意见备案。

【叙录编号】 2725
【档案题名】
国民政府主席西北行辕关于送国防线及要塞区造林范围草图与甘肃省政府的往来文件
【发文单位】 国民政府主席西北行辕；甘肃省政府
【收文单位】 国民政府主席西北行辕；甘肃省政府
【档案编号】 027-006-0070-（0003-0004）
【成文时间】 1947-07-08—1947-07-29
【关 键 词】 造林；国防

【内容提要】

国民政府西北行辕代电甘肃省政府，送国防线及要塞区造林范围草图，其中包括对甘肃国防要塞设施设置点的概述。省政府就该图呈行政院鉴核，并致函农林部、国防部，代电国民政府西北行辕知照。

【叙录编号】 2726
【档案题名】
甘肃省建设厅关于改进本省秋季造林计划致甘肃省政府的签呈
【发文单位】 甘肃省建设厅
【收文单位】 甘肃省政府
【档案编号】 027-006-0070-0005
【成文时间】 1947-08-12
【关 键 词】 秋季造林；计划
【内容提要】

如题。其中修改了有关秋季造林时间的规定。

【叙录编号】 2727
【档案题名】
国民政府西北行辕关于国防线与要塞区造林事业的各类文件
【发文单位】 国防部；农林部等
【收文单位】 甘肃省政府；国民政府西北行辕
【档案编号】 027-006-0071-（0014-0024）
【成文时间】 1947-06-04—1947-12-16
【关 键 词】 造林；国防要塞
【内容提要】

行政院抄发《国防线及要塞区造林办法》1份，令甘肃省政府知照。其中包括：造林范围、由要塞司令部或受值部队进行栽种、荒山荒地管理办法、将植树与军事隐蔽结合等12条。国民政府西北行辕代电省政府已转请行政院拨发专款进行防护林建设，并请河西驻军帮忙营建防护林。行政院回文甘肃省政府称经费

有限，令其分年度列入工作计划，自行承担。甘肃省建设厅就此事列出在民国三十七年（1948）总预算费下开支进行造林计划，呈文省政府鉴核。农林部致函甘肃省政府发河西国防林营造计划纲要审核意见，其中提出：（1）在国防线两旁仅植树一排；（2）酌地理环境进行林木栽种、加强军防的两点改正意见。

【叙录编号】 2728
【档案题名】
　　国际劳工局、甘肃省建设厅关于寄送正在施行劳工及工矿、林业现行各项法规的往来文件
【发文单位】 国际劳工局中国分局；甘肃省政府
【收文单位】 国际劳工局中国分局；甘肃省政府
【档案编号】 027-006-0387-（0008-0009）
【成文时间】 1944-11-15—1945-01-12
【关 键 词】 林业法规；育苗造林；工况
【内容提要】
　　国际劳工局中国分局致函甘肃省政府，请其检寄现行劳工及工矿、林业现行各项法规。后者回函检寄省林业规则、育苗造林护林五年计划纲要、甘肃省农业改进所组织规程及领矿须知、甘肃省会造林计划五年纲要各1份，请其查收。

【叙录编号】 2729
【档案题名】
　　甘肃省政府关于将本年度造林情况及成绩呈报给甘肃省各专员公署、县市局政府的训令
【发文单位】 甘肃省政府
【收文单位】 甘肃省政府
【档案编号】 027-006-0387-0011
【成文时间】 1945-04-07
【关 键 词】 植树造林；督办

【内容提要】
　　如题。省政府令其依照强制造林办法督行植树工作。

【叙录编号】 2730
【档案题名】
　　交通部公路总局西北公路运输局甘新公路工程处关于报送本年（1944）年度春天植树造林情况并严令各段段长负责补栽损坏树木与甘肃省政府的往来文件
【发文单位】 甘肃省政府；交通部公路总局西北公路运输局甘新公路工程处
【收文单位】 甘肃省政府；交通部公路总局西北公路运输局甘新公路工程处
【档案编号】 027-006-0393-（0004-0005）
【成文时间】 1944-09-22—1944-09-26
【关 键 词】 植树；成活率；补栽
【内容提要】
　　交通部公路总局西北公路运输局甘新公路工程处呈报本年度春季植树23998株，成活12311株，并令之后树木若有死亡损坏，各段段长负责补栽。省政府代电督促制止摧残林木行为，令其迅速补栽。

【叙录编号】 2731
【档案题名】
　　甘肃省建设厅关于派季云、阎寿乔筹备本年植树节情况的训令
【发文单位】 甘肃省建设厅
【收文单位】 季云；阎寿乔
【档案编号】 027-007-0032-0009
【成文时间】 1933-02-07
【关 键 词】 植树节
【内容提要】
　　如题。

【叙录编号】 2732

【档案题名】
　　甘肃省政府、甘肃省农业改进所关于在地方政府在政警名额内指定森林警察的往来文件
【发文单位】　甘肃省政府；甘肃省农业改进所
【收文单位】　甘肃省政府；甘肃省农业改进所等
【档案编号】　027-007-0303-（0001-0002）
【成文时间】　1946-10-23—1946-11-08
【关　键　词】　森林警察；违纪行为
【内容提要】
　　甘肃省农业改进所就本所技士李祖培提议，请各县政府在政警名额内指定森林警察2名，以便巡查记录森林违纪行为，请省政府核夺。省政府回文警力不足，仍由乡镇保甲保长负责监督。

【叙录编号】　2733
【档案题名】
　　甘肃省政府关于切实认真办理育苗造林事宜给甘肃省各区专署、县市局的代电
【发文单位】　甘肃省政府
【收文单位】　甘肃省各区专署；县市局
【档案编号】　027-007-0303-0003
【成文时间】　1946-11-14
【关　键　词】　育苗造林；开垦荒地
【内容提要】
　　甘肃省政府令各区专署、县市局加紧培育苗木、开垦荒地、掘水平沟，进行育苗造林事业。

【叙录编号】　2734
【档案题名】
　　甘肃省植树简法
【发文单位】　甘肃省造林委员会
【收文单位】　不详
【档案编号】　027-007-0361-0003
【成文时间】　不详
【关　键　词】　植树；方法

【内容提要】
　　其中包括植树季节选择、植树前准备（插苗、剪枝、护苗）、栽植（掘穴、浇水、栽苗、填土）、保护等内容，附植树简笔画1份。

【叙录编号】　2735
【档案题名】
　　甘肃省政府、省农业改进所就是否同意移植和砍伐有碍农作物生长树木的往来文件
【发文单位】　甘肃省农业改进所；甘肃省建设厅等
【收文单位】　甘肃省农业改进所；甘肃省建设厅等
【档案编号】
　　027-007-0367-（0001-0005）；
　　027-007-0367-（0009-0010）；
　　027-007-0367-（0017-0018）
【成文时间】　1941-01-21—1941-06-28
【关　键　词】　行道树；农田
【内容提要】
　　甘肃省农业改进所呈文甘肃省建设厅，申请将道旁妨碍作物生长的树木移除，请甘肃省建设厅鉴核。甘肃省建设厅令其加以修剪，不得移植砍伐。农改所又呈因道路调整，行道树实际已生长在农田中，严重影响作物生长。农改所科长马筱春又呈文甘肃省建设厅秘书主任，强调行道树影响农田3项。省政府令其详报砍伐树木、木材数量，并尽量进行移植。农改所报送砍伐行道树树木79株，申请用于燃料或工具生产。省政府回文备查。省农改所报备已将砍伐树木作为方板备作器具，省政府回文备查。

【叙录编号】　2736
【档案题名】
　　甘肃省农业改进所关于报送本所收取树苗价格办法致甘肃省建设厅的呈

【发文单位】 甘肃省农业改进所
【收文单位】 甘肃省建设厅
【档案编号】 027-007-0367-0012
【成文时间】 1941-02-26
【关 键 词】 树苗费用；物价上涨
【内容提要】
　　省农改所因物价上涨呈文甘肃省建设厅请收取树苗费用，附《甘肃省农业改进所启事》，其中包括各类植株年龄、高长、价格等内容。

【叙录编号】 2737
【档案题名】
　　甘肃省建设厅、云南省建设厅关于寄送农林法规的往来文件
【发文单位】 甘肃省农业改进所；甘肃省建设厅
【收文单位】 甘肃省农业改进所；甘肃省建设厅
【档案编号】 027-007-0368-（0008-0009）
【成文时间】 1942-04-09—1942-05-01
【关 键 词】 检寄苗木；植树
【内容提要】
　　省农业改进所呈文甘肃省建设厅，报告已按云南省建设厅需求检寄苗木推广办法、植树须知、领苗申请书各1份。省政府回文准予备查。

【叙录编号】 2738
【档案题名】
　　甘肃省农业改进所、甘肃省建设厅关于护渠植树办法抄发的往来文件
【发文单位】 甘肃省农业改进所；甘肃省建设厅
【收文单位】 甘肃省农业改进所；甘肃省建设厅
【档案编号】 027-007-0368-（0014-0015）
【成文时间】 1942-09-01—1942-09-08

【关 键 词】 护渠；植树
【内容提要】
　　省农改所请抄发护渠植树办法1份，甘肃省建设厅抄发令其知照。

【叙录编号】 2739
【档案题名】
　　兰宁公路甘境工程处、甘肃省建设厅等关于订购建筑木料的各类文件
【发文单位】 甘肃省建设厅；兰宁公路甘境工程处等
【收文单位】 甘肃省建设厅；兰宁公路甘境工程处等
【档案编号】 027-007-0413-（0001-0024）
【成文时间】 1944-03-24—1944-06-22
【关 键 词】 兰宁铁路；木料；黄河渡船
【内容提要】
　　本书24份文件，均与兰宁铁路甘境工程处订购木料有关。其中包括申请拨款购买黄河渡船所用木料，呈文甘肃省建设厅。甘肃省建设厅回文批准拨款购买，兰宁铁路甘境工程处订购祥泰公记木行木料。随后兰宁铁路甘境工程处针对订购木料数量、价款、尺寸等具体问题与建设厅、审计处人员等进行文件往来。

【叙录编号】 2740
【档案题名】
　　兰宁公路甘境工程处、甘肃省建设厅等关于订购建筑木料的各类文件
【发文单位】 兰宁铁路甘境工程处；甘肃省建设厅等
【收文单位】 兰宁铁路甘境工程处；甘肃省建设厅等
【档案编号】 027-007-0414-（0001-0007）
【成文时间】 1944-04-14—1944-11-15
【关 键 词】 兰宁铁路；木料；黄河渡船
【内容提要】

本书前 7 份文件为兰宁铁路甘境工程处订购木料的延续。其中包括兰宁铁路甘境工程处致函靖远县政府请其派员监领柳木价款（附清单），并请派员拟价征购制造船所需木料。靖远县政府致函兰宁铁路甘境工程处称已派东湾乡长征购木料。兰宁铁路甘境工程处报送发放制造靖远黄河渡船吃水部分所需价款，呈文甘肃省建设厅。甘肃省建设厅对其准予备查，并发放所需款项。兰宁铁路甘境工程处致函靖远县政府，请其派员协助征购伐运树木。

【叙录编号】　2741
【档案题名】
　　甘肃省政府、甘肃各县政府关于报送改进造林办法的往来文件
【发文单位】　甘肃省建设厅
【收文单位】　甘肃省政府；静宁县政府等
【档案编号】　027-007-0460-（0001-0004）
【成文时间】　1941-02-09—1941-03-06
【关　键　词】　树苗运输；树木维护；植树
【内容提要】
　　静宁县政府就本县收树苗运输损耗问题及树木被有意破坏等事提出改进建议，报送本县民国三十年度（1941）改进造林办法，请省政府鉴核。附办法 1 份，其中包括树木日常维护、栽种办法等 14 条。甘肃省政府对其准予备查，并将办理情形具报。化平县政府呈报省政府本年度扩大植树实施办法。附计划 1 份，其中包括苗木来源、植树区域、植树时间等 13 条。省政府回文更正其中 7、8 条，令其减少植树数目、不要从远运输木材。

【叙录编号】　2742
【档案题名】
　　甘肃省建设厅关于拟订甘肃省育苗造林护林五年计划纲要补充事项的各类文件
【发文单位】　甘肃省政府；甘肃省建设厅等
【收文单位】　甘肃省政府；甘肃省建设厅等
【档案编号】　027-007-0547-（0001-0003）
【成文时间】　1943-02-04—1944-02-19
【关　键　词】　育苗造林；计划
【内容提要】
　　甘肃省建设厅签呈省政府，请其同意由省农业改进所草定甘肃省育苗造林护林五年计划纲要补充事项。后者拟订 3 项，附《甘肃省各县局育苗造林护林五年计划纲要补充注意事项》1 份。包括对民国三十二年（1943）以前已设有苗圃县市的苗圃接管事宜布置、对新建苗圃县市种植作物、播种区域等要求、对各苗圃播种面积及作物种植方式的规定。省政府令各县政府、各设治局、兰州市政府遵办。

【叙录编号】　2743
【档案题名】
　　甘肃省政府关于收购草籽、采购种子的各类文件
【发文单位】　甘肃省政府；甘肃省建设厅等
【收文单位】　甘肃省政府；甘肃省建设厅等
【档案编号】　027-007-0547-（0004-0025）
【成文时间】　1944-05-25—1946-12-20
【关　键　词】　收购草籽；亢旱
【内容提要】
　　此 22 份文件均与甘肃省政府收购草籽、采购植物种子有关。其中包括：省政府电永登县、古浪县政府采集当地草籽方便抗旱建设。古浪县政府代电省政府 9 月底前如数收购草籽，省政府对其准予备案。古浪县政府代电省政府已派运户杨荣山押运草籽 620 斤抵兰，省政府回文收到并令其速收齐剩余草籽。古浪县呈请待秋后草籽成熟再行采购，省政府回文批准。甘肃省政府代电各县政府采购苜蓿、草、树籽，榆中县政府抄发采购树籽内容呈文省政府，省政府令其遵办。另就永登县政府未能解

运草籽、古浪县退还收购冰草籽款项一事进行调查。甘肃省建设厅发布《白榆榆苗法浅说》，并分发种子给各县政府令其培育。武都县、临泽县就收到种子情况呈文省政府，省政府令其速种。古浪县就查收播种后2月未见出苗一事呈文省政府，省政府令其详报播种情形及种子种植深度，再行回复。

【叙录编号】 2744
【档案题名】
　　甘肃省建设厅农业座谈会讨论方案
【发文单位】 甘肃省建设厅
【收文单位】 不详
【档案编号】 027-008-0071（全案卷）
【成文时间】 1949-03-04
【关 键 词】 农业生产；畜牧
【内容提要】
　　会议在如何促进本省农业生产部分的讨论内容：1.影响本省农业生产的因素（农业本身的缺陷、客观环境的限制）；2.促进本省农业生产的途径（增加粮食生产、加强农业推广、改进农业贸易等）；3.如何改进本省畜牧事业（增加畜牧生产、促进畜产贸易）等。

【叙录编号】 2745
【档案题名】
　　甘肃省农业改进所上年（1947）繁育甜菜种子工作报告
【发文单位】 甘肃省农业改进所
【收文单位】 甘肃省建设厅
【档案编号】 027-008-0076（全案卷）
【成文时间】 1948-03
【关 键 词】 甜菜育种；树苗推广；病害防治
【内容提要】
　　其中包括：1.甜菜籽种推广与运输；2.与师管区合作办理甜菜育种繁殖工作；3.果苗、树苗推广；4.办理病虫害防治实验；5.进行小麦试验等内容。

【叙录编号】 2746
【档案题名】
　　甘肃省农业改进所春季造林工作本周大事记
【发文单位】 甘肃省农业改进所
【收文单位】 甘肃省建设厅
【档案编号】 027-008-0076（全案卷）
【成文时间】 1948-03
【关 键 词】 苗圃；籽种；华莱士甜瓜
【内容提要】
　　其中包括：1.春季造林工作结束，整理苗圃工作；2.准备繁殖甜菜籽种工作；3.准备繁殖华莱士甜瓜的各类情况；4.推广树苗、果苗种植情况等。

【叙录编号】 2747
【档案题名】
　　甘肃省农业改进所牧草实验及繁育播种情况本周大事记
【发文单位】 甘肃省农业改进所
【收文单位】 甘肃省建设厅
【档案编号】 027-008-0076（全案卷）
【成文时间】 1948-03
【关 键 词】 牧草；育种
【内容提要】
　　其中包括：牧草试验及繁殖完毕（播种地点在湟惠渠张家寺附近）；行总配发牧草籽种已播种；栽植甜菜块根；甜瓜籽种6种的播种（附名称）。

【叙录编号】 2748
【档案题名】
　　甘肃省农业改进所一周大事记
【发文单位】 甘肃省农业改进所
【收文单位】 甘肃省建设厅

【档案编号】 027-008-0076（全案卷）
【成文时间】 1948-04-16
【关 键 词】 农艺；森林；保土
【内容提要】
其中：1.农艺部门包括：进行甜菜块根栽植、进行甜菜试种试验；2.园艺部门包括：播种醉瓜及华莱士试验情况、向西北农学院引进各类果树接穗；3.森林部门包括：苗圃移植及插条工作、春季公教人员植树；4.保土部门包括：合作牧草栽植试验计划等内容。

【叙录编号】 2749
【档案题名】
甘肃省农业改进所本周工作摘要
【发文单位】 甘肃省农业改进所
【收文单位】 甘肃省建设厅
【档案编号】 027-008-0077（全案卷）
【成文时间】 1948-05
【关 键 词】 造林；薪炭林
【内容提要】
其中包括：1.扩大养山造林规模及申请Eycar CRM经费计划；2.农林部拨款营建薪炭林进度及费用支出情况。

【叙录编号】 2750
【档案题名】
甘肃省农业改进所第34次业务报告
【发文单位】 甘肃省农业改进所
【收文单位】 甘肃省建设厅
【档案编号】 027-008-0078（全案卷）
【成文时间】 1948-08
【关 键 词】 薪炭林；收购麦种；园艺
【内容提要】
其中包括：薪炭林种植情况；收购麦种工作；园艺种植进度等。

【叙录编号】 2751
【档案题名】
各县政府应经济部兰州工业实验所需报送本县动植物油产地及产量表的各类文件
【发文单位】 经济部兰州工业实验所；甘肃省建设厅等
【收文单位】 甘肃省各县政府；兰州市政府等
【档案编号】 027-008-0204-0205
【成文时间】 1948
【关 键 词】 动植物油；产地产量
【内容提要】
经济部兰州工业实验所致函省建设厅令各县局查报动、植物产油地和产量，及样品情况。省政府令甘肃各县政府、各设治局、兰州市政府查报。山丹县、渭源县、武山县、西和县（0204）；兰州市、天水县、民乐县、宁县、永昌县、华亭县、西固县、临洮县、清水县、定西县、安西县、会宁县、高台县、金塔县、古浪县、肃北设治局、卓尼设治局（0205）呈报，省政府对各县局呈报情况代电转经济部兰州工业实验所，其中西和县、兰州市、肃北设治局呈报本地用油非本土所产，无从填报动、植物油调查表，其余县均报送，但仅为报送呈文，实际无表。

【叙录编号】 2752
【档案题名】
甘肃省建设厅关于羊毛生产售卖事宜的各类文件
【发文单位】 财政部；甘肃省政府等
【收文单位】 甘肃省建设厅；甘肃省政府等
【档案编号】 027-008-0571-0572
【成文时间】 1948-04-15—1949-04-14
【关 键 词】 羊毛出口；羊毛收购
【内容提要】
中央信托局兰州分局就收购羊毛事宜致函省建设厅，请早日收购运输出口争取外汇。省政府代电中中交农四银行联合办事总处、四联兰州分处、财政部请早日收购羊毛。中中交农四银行联合办事总处回电已告知总处收购,财政部代电已电输出入管理委员会核办。省贸易股份有限公司呈请转中央信托局兰州分局经营西北羊毛出口事宜,省政府转呈财政部批准。甘肃省企业股份有限公司致函省建设厅请转交通部利用回空吨位空运羊毛,省政府函转交通部并请定最低运费。

【叙录编号】 2753
【档案题名】
　　甘肃省政府关于转发学校造林办法给甘肃省各级学校的训令
【发文单位】 甘肃省政府
【收文单位】 甘肃省各级学校
【档案编号】 027-008-0574(全案卷)
【成文时间】 1943-11-22
【关 键 词】 学校造林
【内容提要】
　　如题。附抄《学校造林办法》1份,其中包括:学校造林林地选择、学校造林树苗及种子请附近林业机构拨给、学校学生造林数量要求、学校每班营造纪念林、各级学校造林成绩由教育机关视察等15条内容。

【叙录编号】 2754
【档案题名】
　　第一林区管理局奖励金
【发文单位】 第一林区管理局
【收文单位】 甘肃水利林牧公司
【档案编号】 038-001-0156-0021
【成文时间】 1943-03-09
【关 键 词】 奖励金
【内容提要】
　　第一林区管理局函水利林牧公司职员奖励金发给情况。

【叙录编号】 2755
【档案题名】
　　西北林木厂奖励金
【发文单位】 西北林木厂会计组;甘肃水利林牧公司
【收文单位】 甘肃水利林牧公司;西北林木厂会计组
【档案编号】 038-001-0156-(0023-0024)
【成文时间】 1943-04-09—1943-04-13
【关 键 词】 奖励金
【内容提要】
　　西北林木厂会计组、甘肃水利林牧公司之间关于请示赵经理起薪日期的奖励金颁发标准。

【叙录编号】 2756
【档案题名】
　　森林部工作纲要
【发文单位】 甘肃水利林牧公司
【收文单位】 不详
【档案编号】 039-001-0002-0005
【成文时间】 不详
【关 键 词】 森林;工作纲要
【内容提要】
　　如题。

【叙录编号】 2757
【档案题名】
　　畜牧部工作纲要
【发文单位】 甘肃水利林牧公司
【收文单位】 不详
【档案编号】 039-001-0002-0006
【成文时间】 不详
【关 键 词】 畜牧;工作纲要
【内容提要】
　　如题。

【叙录编号】 2758
【档案题名】
　　关于汇集资料以便刊载《中央畜牧汇刊》的各种文件
【发文单位】 中央畜牧实验所
【收文单位】 甘肃水利林牧公司
【档案编号】
　　039-001-0003-（0006、0008-0010）
【成文时间】 不详
【关 键 词】 畜牧
【内容提要】
　　中央畜牧实验所函甘肃水利林牧公司，请甘肃水利林牧公司将调查表填报，并连同资料寄给试验所以便汇集刊载《中央畜牧汇刊》。甘肃水利林牧公司收到函后，函兰州牧场及畜牧部黄经理，请按照试验所要求填表并连同资料一并寄送。兰州牧场收到函后，遵照要求填报，并函复甘肃水利林牧公司。另录有《全国畜牧兽医事业历年概况调查表》。

【叙录编号】 2759
【档案题名】
　　关于填报林业机构调查表的各种文件
【发文单位】 甘肃省政府；甘肃水利林牧公司
【收文单位】 甘肃水利林牧公司；甘肃省政府
【档案编号】 039-001-0004-（0012-0014）
【成文时间】 1944-11-01—1944-11-02
【关 键 词】 林业机构
【内容提要】
　　甘肃省政府电发《现有林业机关调查表》，请甘肃水利林牧公司转饬查照填报。另录有1944年11月1日洮河林场填报的调查表1份，包括名称、地点、隶属机关、主持人、成立时期、组织、业务概况、大事记、备考等内容。11月2日，甘肃水利林牧公司函送调查表给甘肃省政府。

【叙录编号】 2760
【档案题名】
　　关于洽购树苗事的各种文件
【发文单位】 甘肃水利林牧公司；兰州工程师分会
【收文单位】 甘肃省农业改进所；西北技专等
【档案编号】
　　039-001-0055-（0019、0021-0028、0030）
【成文时间】 1943-10-05—1944-05-16
【关 键 词】 洽购树苗
【内容提要】
　　1943年10月5日，甘肃水利林牧公司函农改所，拟派员洽购树苗，含《国立西北技艺专科学校西园叶、榆中林场苗木出售价格及办法（三十二年九月）》及图。1944年3月17日，甘肃水利林牧公司函农改所，请价让树苗。3月20日，甘肃水利林牧公司函农改所，讨论关于洽购洋槐事宜。3月28日，甘肃水利林牧公司函西北技专，请价让树苗。甘肃省会造林委员会通知甘肃水利林牧公司，准予拨发各种树苗给该公司，附《领苗手续》。3月28日，甘肃水利林牧公司函林委会，感谢其价让树苗并惠赠洋槐。4月3日，甘肃水利林牧公司函西北技专，请价让树苗。4月6日，甘肃水利林牧公司函农改所，请价让柏树。4月14日，甘肃水利林牧公司函农改所，请让售杨柳苗。5月16日，兰州工程师分会函甘肃水利林牧公司，请该公司派员洽购松木。

【叙录编号】 2761
【档案题名】
　　民国三十年（1941）富华贸易公司与甘肃水利林牧公司关于山羊皮贸易之往来函
【发文单位】 蒲敏功（富华贸易公司经理）；甘肃水利林牧公司
【收文单位】 甘肃水利林牧公司；富华贸易

公司
【档案编号】 039-001-0056-(0016-0017)
【成文时间】 1941-11-15
【关 键 词】 皮革贸易；采购；定价
【内容提要】
共2份文件。11月15日，富华贸易公司经理蒲敏功就山羊皮采购与定价问题致甘肃水利林牧公司函。同日，蒲敏功就采购1万张山羊皮的要求获甘肃水利林牧公司批准。

【叙录编号】 2762
【档案题名】
甘肃水利林牧公司为请修牛奶分离器致甘机厂函
【发文单位】 甘肃水利林牧公司总管理处
【收文单位】 甘肃机器厂
【档案编号】 039-001-0064-0021
【成文时间】 1944-08-07
【关 键 词】 牛奶分离器
【内容提要】
共1份文件，如题。

【叙录编号】 2763
【档案题名】
农林部西北羊毛改进处为派副技师刘拔英等人赴西安选购羊毛证明的往返函
【发文单位】 农林部西北羊毛改进处
【收文单位】 甘肃水利林牧公司畜牧部
【档案编号】 039-001-0076-(0005-0006)
【成文时间】 1941-09-20—1941-09-28
【关 键 词】 选购牛马
【内容提要】
共2份文件，如题。

【叙录编号】 2764
【档案题名】
甘肃水利林木公司与航院双方派代表面商酪素供给、售价的往返函
【发文单位】 甘肃水利林牧公司；甘肃水利林牧公司总经理黄异生
【收文单位】 航空研究院；航空研究院沈怡
【档案编号】
039-001-0100-(0001-0005、0007-0008)
【成文时间】 1942-07-09—1942-08-24
【关 键 词】 酪素
【内容提要】
共7份文件，如题。

【叙录编号】 2765
【档案题名】
甘肃水利林牧公司与航院为洽购酥油、酪素的往返函
【发文单位】 甘肃水利林牧公司；航空研究院
【收文单位】 航空研究院；甘肃水利林牧公司畜牧部夏河办事处
【档案编号】
039-001-0100-(0009-0010、0024)
【成文时间】 1942-08-14—1942-10-06
【关 键 词】 酥油；酪素
【内容提要】
共4份文件。甘肃水利林牧公司洽购年会及展览所需酥油、酪素。内附甘肃水利林牧公司与航院商定酪素合同之经过（0010）。

【叙录编号】 2766
【档案题名】
甘肃水利林牧公司与航空研究院为签订乳酪素购售合约的往返函
【发文单位】 甘肃水利林牧公司；航空委员会航空办
【收文单位】 航空委员会航空办；甘肃水利林牧公司
【档案编号】 039-001-0100-(0026、0028)
【成文时间】 1942-11-05—1942-12-09

【关 键 词】 （乳）酪素；酥油
【内容提要】
共 2 份文件，如题。乳酪素购售合同细则（0026），酥油为乳酪素的附产品。

【叙录编号】 2767
【档案题名】
甘肃水利林牧公司与航院商榷固定酪素售价的函
【发文单位】 甘肃水利林牧公司；航空研究院
【收文单位】 航空研究院；甘肃水利林牧公司
【档案编号】 039-001-0100-（0011-0013）
【成文时间】 1942-10-09—1942-10-23
【关 键 词】 酪素
【内容提要】
共 3 份文件，如题。

【叙录编号】 2768
【档案题名】
甘肃水利林牧公司森林部为请核部门组织职掌致总管理处函
【发文单位】 甘肃水利林牧公司森林部
【收文单位】 甘肃水利林牧公司总管理处
【档案编号】 039-001-0102-0019
【成文时间】 1943-12-03
【关 键 词】 森林保护
【内容提要】
共 1 份文件，如题。

【叙录编号】 2769
【档案题名】
宝天铁路工程局与甘肃水利林牧公司商议合资设立西北枕木厂的工作报告
【发文单位】 不详
【收文单位】 不详
【档案编号】 039-001-0132-0009
【成文时间】 1942-05
【关 键 词】 枕木；林区
【内容提要】
共 1 份文件，如题。

【叙录编号】 2770
【档案题名】
甘肃水利林牧公司为合资设立西北枕木厂致宝天铁路工程局的函
【发文单位】 甘肃水利林牧公司
【收文单位】 宝天铁路工程局
【档案编号】 039-001-0132-0010
【成文时间】 1942-08-25
【关 键 词】 枕木
【内容提要】
共 1 份文件，如题。

【叙录编号】 2771
【档案题名】
甘肃水利林牧公司第一林区管理处章程
【发文单位】 不详
【收文单位】 不详
【档案编号】 039-001-0132-0012
【成文时间】 不详
【关 键 词】 林场；林区管理
【内容提要】
共 1 份文件，如题。

【叙录编号】 2772
【档案题名】
甘肃水利林牧公司为送达森林部专家邓叔群造林意见致中央通讯社兰州分社的函
【发文单位】 甘肃水利林牧公司
【收文单位】 中央通讯社兰州分社
【档案编号】 039-001-0137-0005
【成文时间】 1943-05-18
【关 键 词】 林业开发
【内容提要】

共1份文件，如题。

【叙录编号】 2773
【档案题名】
甘肃省护渠植树暂行办法
【发文单位】 甘肃水利林牧公司
【收文单位】 不详
【档案编号】 039-001-0211-0010
【成文时间】 1942-05-18
【关 键 词】 管理办法
【内容提要】
共1份文件，如题。

【叙录编号】 2774
【档案题名】
民国三十年（1941）甘肃水利林牧公司就送畜牧部工作纲要一事致西北兽疫防护属的函
【发文单位】 甘肃水利林牧公司
【收文单位】 西北兽疫防护属
【档案编号】 039-001-0213-0033
【成文时间】 1941-11-10
【关 键 词】 畜牧部；工作纲要
【内容提要】
共1份文件，如题。

【叙录编号】 2775
【档案题名】
民国三十一年（1942）甘肃水利林牧公司、第一林区就抄发、修改与公布《甘肃水利林牧公司第一林区管理处组织章程》等事宜的往来公文
【发文单位】 甘肃水利林牧公司；第一林区管理处
【收文单位】 第一林区管理处；甘肃水利林牧公司
【档案编号】 039-001-0227-（0001-0007）
【成文时间】 1942-03-17—1942-12-26
【关 键 词】 第一林区；组织章程
【内容提要】
共7份文件，含暂行版《甘肃水利林牧公司第一林区管理处组织章程》1份，民国三十一年（1942）11月25日试通行版《甘肃水利林牧公司第一林区管理处章程》1份，涉及第一林区管理处章程的抄发、更正岷县为卓尼与改组为股、公布等事。

【叙录编号】 2776
【档案题名】
甘肃水利林牧公司森林部为拒绝将森林区域征为军垦一事致甘肃水利林牧公司总管理处的函
【发文单位】 甘肃水利林牧公司森林部
【收文单位】 甘肃水利林牧公司总管理处
【档案编号】 039-001-0231-0004
【成文时间】 1942-06-10
【关 键 词】 军垦；林区性质
【内容提要】
共1份文件，如题。

【叙录编号】 2777
【档案题名】
宝天铁路工程局委托西北枕木厂代办枕木合约
【发文单位】 不详
【收文单位】 不详
【档案编号】 039-001-0231-0022
【成文时间】 1943-09-27
【关 键 词】 枕木；铁路
【内容提要】
共1份文件。合约主要内容包括宝天铁路局所需枕木种类、规格、价格等。

【叙录编号】 2778
【档案题名】

西北枕木厂为检送《宝天枕木厂十一月份工作报告》致甘肃水利林牧公司总经理的呈
【发文单位】 西北枕木厂
【收文单位】 甘肃水利林牧公司总管理处
【档案编号】 039-001-0232-（0010-0011）
【成文时间】 1942-11-28
【关 键 词】 木料
【内容提要】

共2份文件。《宝天枕木厂十一月份工作报告》，涉及木厂建造、扩大林区、粮食接济等方面（0011）。

【叙录编号】 2779
【档案题名】
宝天铁路枕木厂与甘肃水利林牧公司为送《宝天铁路枕木厂工作报告（第二期）》、木材运输路线及修路计划的函
【发文单位】 宝天铁路枕木厂；甘肃水利林牧公司总管理处
【收文单位】 甘肃水利林牧公司总管理处；宝天铁路枕木厂
【档案编号】 039-001-0232-（0015-0019）
【成文时间】 1943-05-08—1943-05-22
【关 键 词】 宝天铁路枕木厂；木料出售；木料运输
【内容提要】

共5份文件。《宝天铁路枕木厂工作报告（第二期）》，涉及木料运输、林区保卫等问题（0016）；《成品数量表》，涉及枕木、桥梁等制品的数量（0017）；《宝天铁路枕木厂运输路线草图》（0018）。

【叙录编号】 2780
【档案题名】
甘肃水利林牧公司为抄送西北枕木厂实施办法致宝天铁路局的函
【发文单位】 甘肃水利林牧公司总管理处
【收文单位】 宝天铁路工程局
【档案编号】 039-001-0233-（0018-0019）
【成文时间】 1942-09-16
【关 键 词】 西北枕木厂；林区
【内容提要】

共2份文件。《枕木问题及其实施办法草拟》，涉及木料种类及数量、林区管理办法等。

【叙录编号】 2781
【档案题名】
民国三十六年（1947）甘肃省政府就各地机关学校接养联总种牛时有倒闭等情况嘱妥为保育致甘肃水利林牧公司的代电
【发文单位】 甘肃省政府
【收文单位】 甘肃水利林牧公司
【档案编号】 039-001-0245-0023
【成文时间】 1947-09-23
【关 键 词】 种牛
【内容提要】

共1份文件，如题。

【叙录编号】 2782
【档案题名】
民国三十一年（1942）甘肃水利林牧公司、黄异生及沈怡所发布有关巴塔油、猪油及酪素产品的一系列公文
【发文单位】 甘肃水利林牧公司；黄异生等
【收文单位】 夏河办事处；甘肃水利林牧公司等
【档案编号】
039-001-0248-（0001-0003、0018、0023-0024、0029）
【成文时间】
1942-01-07—1942-01-19；1942-09-19；
1943-10-17—1943-11-03；1945-02-28
【关 键 词】 酪素；巴塔油；猪油
【内容提要】

共6份文件。涉及供售酪素临时办法，酪素、巴塔油、猪油的产量、销量、送礼、代销方法、代销条件及停售等。

【叙录编号】 2783
【档案题名】
天成建筑股份有限公司与甘肃水利林牧公司就建设职员宿舍工程所需木料事的函
【发文单位】 天成建筑股份有限公司；甘肃水利林牧公司
【收文单位】 甘肃水利林牧公司；天成建筑股份有限公司
【档案编号】 039-001-0272-（0001-0004）
【成文时间】 1943-10-07
【关 键 词】 木料；工程
【内容提要】
共4份文件，如题。

【叙录编号】 2784
【档案题名】
天成建筑股份有限公司与甘肃水利林牧公司为购置家具所需木材的函
【发文单位】 甘肃水利林牧公司
【收文单位】 天成建筑股份有限公司
【档案编号】 039-001-0273-（0001-0002）
【成文时间】 1943-01-10—1943-02-15
【关 键 词】 木材；工程
【内容提要】
共2份文件，如题。

【叙录编号】 2785
【档案题名】
甘肃水利林牧公司与天成建筑股份有限公司就木炭代购一事的函
【发文单位】 甘肃水利林牧公司
【收文单位】 天成建筑股份有限公司
【档案编号】 039-001-0273-（0012-0013）
【成文时间】 1942-09-24—1942-09-28
【关 键 词】 木炭
【内容提要】
共1份文件，如题。

【叙录编号】 2786
【档案题名】
甘肃水利林牧公司为请天成建筑股份有限公司拨给木材等引火废料的函
【发文单位】 甘肃水利林牧公司
【收文单位】 天成建筑股份有限公司
【档案编号】 039-001-0273-0025
【成文时间】 1943-11-11
【关 键 词】 木材；引火废料
【内容提要】
共1份文件，如题。

【叙录编号】 2787
【档案题名】
甘肃水利林牧公司为送榆木21棵及其价款致天成建筑股份有限公司的函
【发文单位】 甘肃水利林牧公司
【收文单位】 天成建筑股份有限公司
【档案编号】 039-001-0273-0026
【成文时间】 1943-11-11
【关 键 词】 木材
【内容提要】
共1份文件，如题。

【叙录编号】 2788
【档案题名】
甘肃水利林牧公司、宝天铁路局、宝天枕木厂就西北枕木厂结束办法一事的函、电和呈
【发文单位】 甘肃水利林牧公司总管理处；宝天枕木厂等
【收文单位】 甘肃水利林牧公司总经理；甘肃水利林牧公司总管理处等

【档案编号】 039-001-0274-（0001-0003）
【成文时间】 1943-11-06—1943-11-29
【关 键 词】 西北枕木厂；宝天枕木厂
【内容提要】
　　共3份文件，如题。

【叙录编号】 2789
【档案题名】
　　宝天铁路枕木厂为将工厂余料洽转至西北枕木厂事致甘肃水利林牧公司的呈和表
【发文单位】 宝天铁路枕木厂
【收文单位】 甘肃水利林牧公司总管理处
【档案编号】 039-001-0274-（0004-0006）
【成文时间】 1944-05-10
【关 键 词】 枕木；余料
【内容提要】
　　共3份文件，其中包括林区木材移交。枕木成品数量表（0005）；宝天枕木厂各个林区枕木成品数量表（0006）。

【叙录编号】 2790
【档案题名】
　　宝天铁路局与甘肃水利林牧公司关于移交余料价格的函
【发文单位】 宝天铁路工程局
【收文单位】 甘肃水利林牧公司总管理处
【档案编号】 039-001-0274-（0015-0017）
【成文时间】 1944-06-27—1944-06-29
【关 键 词】 余料价格
【内容提要】
　　共3份文件，如题。

【叙录编号】 2791
【档案题名】
　　西安陇海铁路局与甘肃水利林牧公司就洽购枕木一事的函、电
【发文单位】 甘肃水利林牧公司总管理处；西安陇海铁路局赵英达
【收文单位】 西安陇海铁路局；甘肃水利林牧公司；甘肃水利林牧公司沈总经理
【档案编号】
　　039-001-0275-（0007、0011、0013、0016）
【成文时间】 1943-02-11—1943-06-29
【关 键 词】 枕木
【内容提要】
　　共3份文件，如题。

【叙录编号】 2792
【档案题名】
　　西北枕木厂与西安陇海铁路局就商定枕木价格的函、电
【发文单位】 西北枕木厂
【收文单位】 西安陇海铁路局
【档案编号】
　　039-001-0275-（0010、0013-0015）
【成文时间】 1943-02-17—1943-06-29
【关 键 词】 枕木
【内容提要】
　　共4份文件，如题。

【叙录编号】 2793
【档案题名】
　　甘肃水利林牧公司与中农行同人合作社就订购蜂蜜、酥油一事的往来公文
【发文单位】 中农行同人合作社
【收文单位】 甘肃水利林牧公司
【档案编号】 039-001-0296-（0013-0014）
【成文时间】 1943-09-14—1943-09-17
【关 键 词】 酥油；蜂蜜
【内容提要】
　　共2份文件，如题。

【叙录编号】 2794
【档案题名】

工信工程公司为订购牛奶致甘肃水利林牧公司的函
【发文单位】　工信工程公司
【收文单位】　甘肃水利林牧公司
【档案编号】　039-001-0296-0021
【成文时间】　1943-12-16
【关　键　词】　牛奶
【内容提要】
　　共1份文件，如题。

【叙录编号】　2795
【档案题名】
　　国有林区管理办法细则
【发文单位】　甘肃水利林牧公司
【收文单位】　不详
【档案编号】　039-001-0306-0002
【成文时间】　不详
【关　键　词】　森林；苗木
【内容提要】
　　共1份文件。涉及林区苗木、林警等方面的管理情况。

【叙录编号】　2796
【档案题名】
　　甘肃水利林牧公司林场运输、存放木料的报告表
【发文单位】　不详
【收文单位】　不详
【档案编号】　039-001-0310-（0021-0022）
【成文时间】　不详
【关　键　词】　木料；运输
【内容提要】
　　共2份文件，均为空表。

【叙录编号】　2797
【档案题名】
　　甘肃机器厂与甘肃水利林牧公司就价让松木事务的往来公文
【发文单位】　甘肃机器厂；甘肃水利林牧公司
【收文单位】　甘肃水利林牧公司；甘肃机器厂
【档案编号】　039-001-0368-（0003-0005）
【成文时间】　1945-10-01—1946-11-23
【关　键　词】　木材出售
【内容提要】
　　共3份文件。甘肃机器厂拟购买甘肃水利林牧公司所售卖松木，双方议价后达成交易。

【叙录编号】　2798
【档案题名】
　　甘肃省建设厅就兰宁公路甘境内工程处选购木材事务致甘肃水利林牧公司的函
【发文单位】　甘肃省建设厅
【收文单位】　甘肃水利林牧公司
【档案编号】　039-001-0368-（0018-0019）
【成文时间】　1945-10-23
【关　键　词】　木料选购
【内容提要】
　　共1份文件，如题。

【叙录编号】　2799
【档案题名】
　　甘肃水利林牧公司与甘肃省煤矿局就木料交易的往来公文
【发文单位】　甘肃省煤矿局；甘肃水利林牧公司
【收文单位】　甘肃水利林牧公司；甘肃省煤矿局
【档案编号】　039-001-0368-（0020-0021）
【成文时间】　1946-01-18—1946-01-22
【关　键　词】　木料交易
【内容提要】
　　共2份文件，如题。

【叙录编号】　2800

【档案题名】

民国三十四年（1945）甘肃水利林牧公司、甘肃机器厂、陇南畜牧场就租借甘肃机器厂空地用以种植牧草一事的往来公文

【发文单位】 甘肃水利林牧公司；甘肃机器厂等

【收文单位】 甘肃机器厂；甘肃水利林牧公司

【档案编号】 039-001-0378-（0026-0028）

【成文时间】 1945-11-16—1945-12-04

【关 键 词】 种植牧草

【内容提要】

共3份文件，如题。

【叙录编号】 2801

【档案题名】

西北林业公司接收西北枕木厂、渭河林场资产清册

【发文单位】 西北林业公司

【收文单位】 吴士思；吴清勋等

【档案编号】 039-001-0389-0003

【成文时间】 1946

【关 键 词】 林场；木料

【内容提要】

共1份文件。涉及原生林购卖、木料转存。

【叙录编号】 2802

【档案题名】

甘肃水利林牧公司就木料价格调整一事的笺

【发文单位】 甘肃水利林牧公司

【收文单位】 不详

【档案编号】 039-001-0399-0025

【成文时间】 不详

【关 键 词】 木料价格

【内容提要】

共1份文件。甲方借用者为甘肃水利林牧公司，乙方为华昌营造厂。

【叙录编号】 2803

【档案题名】

甘肃水利林牧公司与交通部公路总局第七区公路管理局就参加木料招标事务的往来公文

【发文单位】 甘肃水利林牧公司；交通部公路总局第七区公路管理局

【收文单位】 交通部公路总局第七区公路管理局；甘肃水利林牧公司

【档案编号】

039-001-0401-（0005-0006、0017）

【成文时间】

1947-01-30—1947-02-12；1947-05-08

【关 键 词】 木料招标

【内容提要】

共3份文件。交通部公路总局第七区公路管理局在招商木料时，甘肃水利林牧公司为避免竞争未参加，后致函交通部公路总局第七区公路管理局，若其需要木料，甘肃水利林牧公司仍可参与竞标。后因省政府借用木料而难以交货。

【叙录编号】 2804

【档案题名】

西北林业公司扩充业务方案及1948年增资计划

【发文单位】 西北林业公司

【收文单位】 不详

【档案编号】 039-001-0402-（0008-0009）

【成文时间】 不详

【关 键 词】 工作报告

【内容提要】

共2份文件。西北林业公司因业务情况与市场需求，扩充其经营业务，并增加预算。其中涉及到林区勘察及购买、伐木运输等。

【叙录编号】 2805

【档案题名】
　　西北林业公司1949年营业计划
【发文单位】　西北林业公司
【收文单位】　不详
【档案编号】　039-001-0403-0004
【成文时间】　1948-11-24
【关 键 词】　工作计划
【内容提要】
　　共1份文件。西北林业公司1949年营业计划重点在于经营山林，供应国家交通建设需用木材。

【叙录编号】　2806
【档案题名】
　　兰州高级农业职业学校学生关亚城、连光美分别所写《甘肃境内林区各种树木之简述》
【发文单位】　关亚城；连光美
【收文单位】　不详
【档案编号】　039-001-0423-0029
【成文时间】　不详
【关 键 词】　树木简述
【内容提要】
　　共1份文件，如题。

【叙录编号】　2807
【档案题名】
　　甘肃水利林牧公司与杨世纬就木材放运注意事项及收据的往来公文
【发文单位】　甘肃水利林牧公司事务员杨世纬
【收文单位】　甘肃水利林牧公司
【档案编号】　039-001-0453-（0044-0046）
【成文时间】　不详
【关 键 词】　木料运输
【内容提要】
　　共3份文件，如题。

【叙录编号】　2808
【档案题名】
　　甘肃林牧实业公司与恒丰昌就木材交易的函件
【发文单位】　甘肃林牧实业公司
【收文单位】　恒丰昌经理何昆山
【档案编号】
　　039-001-0454-（0022-0024、0036）
【成文时间】
　　1949-04-13—1949-04-19；1949-06-23
【关 键 词】　木料运售
【内容提要】
　　共3份文件。甘肃林牧实业公司要求恒丰昌商号按照和约交清木料，并且在恒丰昌木料货款到后交由临洮站点收。

【叙录编号】　2809
【档案题名】
　　甘肃林牧实业公司与中国石油公司兰州营业所就木料交易的往来公文
【发文单位】　甘肃林牧实业公司；中国石油公司兰州营业所
【收文单位】　中国石油公司兰州营业所；甘肃林牧实业公司
【档案编号】
　　039-001-0454-（0026-0030、0032-0035）
【成文时间】　1949-05-02—1949-05-27
【关 键 词】　木料运售
【内容提要】
　　共9份文件。中国石油公司兰州营业所先前在甘肃林牧实业公司订购一批木材，后因其需求不多退回一半，请甘肃林牧实业公司退回货款。双方交涉后同意退货退款。

【叙录编号】　2810
【档案题名】
　　甘肃水利林牧公司与恒丰昌商号就木料运输采购事务的往来公文

【发文单位】 甘肃水利林牧公司；甘肃水利林牧公司职员王本正等

【收文单位】 恒丰昌商号；甘肃水利林牧公司等

【档案编号】
　　039-001-0455-（0001-0009、0013-0020）

【成文时间】
　　1948-03-19—1948-07-13；
　　1948-09-02—1948-12-06

【关 键 词】 木料

【内容提要】
　　共17份文件。甘肃水利林牧公司为运输莲花山所伐木材，委托恒丰昌商号进行运输，双方就运费问题致函往来（0001-0004）。甘肃水利林牧公司还委托恒丰昌商号进行木料采购事务（0005-0007）。甘肃水利林牧公司售往甘肃省水利局的木料也由恒丰昌商号进行承运（0008-0009）。恒丰昌商号还请求甘肃水利林牧公司减轻运费罚金（0018）。恒丰昌于1948年12月6日要求结束承运木料（0019-0020）。后附永丰渠木料来源统计表（0016）、恒丰昌交运木料对照表（0017）。

【叙录编号】 2811
【档案题名】
　　甘肃水利林牧公司职员杨世纬就恒丰昌商号运至罕桥交剩木料及折断材业经清理竣事可放运到兰分别造具验收清单2份致甘肃水利林牧公司的签呈文

【发文单位】 甘肃水利林牧公司职员杨世纬
【收文单位】 甘肃水利林牧公司
【档案编号】 039-001-0456-0001
【成文时间】 1948-10-20
【关 键 词】 木材运输
【内容提要】
　　共1份文件，如题。

【叙录编号】 2812
【档案题名】
　　交通部第八区电信管理局与甘肃水利林牧公司就订购、掉换、运输电杆事务的往来公文。

【发文单位】 甘肃水利林牧公司；甘肃水利林牧公司职员王本正等
【收文单位】 交通部第八区电信管理局；甘肃水利林牧公司等
【档案编号】 039-001-0457-（0001-0039）
【成文时间】 1948-08-10—1948-12-30
【关 键 词】 木料掉换
【内容提要】
　　共39份文件。交通部第八区电信管理局与甘肃水利林牧公司就电信局所订购木料的事务进行商议。交通部第八区电信管理局拟用其松木料与甘肃水利林牧公司交换木料，因此与甘肃水利林牧公司之间就所需杆木数量、木料间价格换算、差价补贴等事务开展商议，双方商议完成后签订掉杆料协议（0001-0009）。事后双方就木料验收和交运，尤其是差价折算及补贴问题作进一步商议（0010-0016）。后双方因差价补贴及电杆标准等事务就掉杆是否进行开展交涉（0017-0019）。之后因甘肃水利林牧公司垫付运费一事要求电信局补贴，双方就补贴方式、补贴金额、结算方式等内容进行磋商（0020-0035）。后双方就进一步延续交换杆木进行商议，甘肃水利林牧公司将木料进一步拨给交通部第八区电信管理局（0036-0039）。

【叙录编号】 2813
【档案题名】
　　甘肃省建设厅与吴良才就木料价格给予甘肃水利林牧实业股份有限公司的公函

【发文单位】 甘肃省建设厅；吴良才
【收文单位】 甘肃水利林牧实业股份有限公司

【档案编号】 039-001-0473-（0019-0022）
【成文时间】 1948-07-03—1948-09-22
【关 键 词】 木料；价格
【内容提要】
　　共4份文件。甘肃省建设厅为奉令调查木料市价等项给甘肃水利林牧实业股份有限公司的公函（0019）；甘肃省建设厅为调查木料单价等事项给甘肃水利林牧实业股份有限公司的公函（0020）；吴良才为送包市木料价格给甘肃水利林牧实业股份有限公司的电（0021）；吴良才为此间枕木电杆木料等事项给甘肃水利林牧实业股份有限公司的电（0022）。

【叙录编号】 2814
【档案题名】
　　甘肃水利林牧实业股份有限公司所属畜牧机关暂行会计科目
【发文单位】 甘肃水利林牧公司
【收文单位】 不详
【档案编号】 039-001-0475-0001
【成文时间】 不详
【关 键 词】 会计科目
【内容提要】
　　共1份文件，如题。

【叙录编号】 2815
【档案题名】
　　甘肃省县各级合作社造林办法
【发文单位】 甘肃省政府
【收文单位】 不详
【档案编号】 153-1-38
【成文时间】 1942-11-28
【关 键 词】 造林
【内容提要】
　　该政策共13条，大致围绕社员所植树株、苗圃及林场植种之情况、政府及地方协调监办等方面展开。

【叙录编号】 2816
【档案题名】
　　甘肃省政府、甘肃省建设厅、陇西县政府、陇西师范、保安队关于总理逝世十三周年举行植树造林运动的相关公文
【发文单位】 甘肃省政府；甘肃省建设厅等
【收文单位】 不详
【档案编号】 170-2-250
【成文时间】 1938
【关 键 词】 植树造林
【内容提要】
　　省政府、建设厅、县政府、陇西师范、保安队关于总理逝世十三周年举行植树造林运动的注意事项、提倡植树育苗、造林管理等的训令、指令、布告、口号、报告、植树报表等。

【叙录编号】 2817
【档案题名】
　　省县市备役干部、兵役人员协助地方户口调查、连保连坐、身份证、公民士绅、知识分子、民枪碉堡、造林、招抚流亡、教育、新生活运动、国民月会工作实施办法
【发文单位】 甘肃省政府
【收文单位】 甘肃省各县
【档案编号】 170-4-191
【成文时间】 1944
【关 键 词】 植树造林
【内容提要】
　　本档为甘肃省各县（市局）兵役人员提倡国民兵造林实施办法。本办法将国民兵造林分为公共造林和私人造林两种，并分别规定了其植树数量、时间、监督管理、考核办法及奖惩。

【叙录编号】 2818

【档案题名】

　　甘肃省单行植树奖惩条例

【发文单位】　不详

【收文单位】　不详

【档案编号】　005-001-301-028

【成文时间】　1940

【关 键 词】　植树

【内容提要】

　　《甘肃省单行植树奖惩条例》共15条，以规劝甘肃官吏人民实行植树为宗旨，官吏、人民奖惩条例有所不同。

【叙录编号】　2819

【档案题名】

　　甘肃省政府、金塔县政府关于造林、林木砍伐、林区管理的办法法规文件

【发文单位】　甘肃省政府

【收文单位】　金塔县

【档案编号】　历01-03-00117-（1-16）

【成文时间】　1940-05-21—1942-01-30

【关 键 词】　林政；办法

【内容提要】

　　此文件16件，均与甘肃省政府植树造林、林区管理的规章制度相关，为金塔县接受的办法卷宗。包括《甘肃省人民造林简易办法》《甘肃省林政实施纲要》《甘肃省林木采伐暂行规则》《甘肃省天然林区管理暂行规则》《甘肃省植树造林奖惩暂行规则》《甘肃省林木保护规则》《甘肃省林政实施纲要草案》《甘肃省开发育苗造林五年计划》。

【叙录编号】　2820

【档案题名】

　　甘肃省各县（市局）兵役人员提倡国民兵造林实施办法

【发文单位】　甘肃省政府

【收文单位】　金塔县政府

【档案编号】　历03-02-0156-6

【成文时间】　1943

【关 键 词】　造林

【内容提要】

　　《甘肃省各县（市局）兵役人员提倡国民兵造林实施办法》，共9条。

【叙录编号】　2821

【档案题名】

　　甘肃省政府关于特种林木保护、造林问题的训令、办法与方案

【发文单位】　甘肃省政府

【收文单位】　金塔县政府

【档案编号】　历03-03-0611-（1-2）

【成文时间】　1937-03-30

【关 键 词】　植树造林

【内容提要】

　　甘肃省政府转发行政院颁发《特种林木监督办法及特种树木表》给金塔县政府，甘肃省政府转行政院抄发实业部《各省造林实施办法》。附有《造林实施方案》1份；附有《培植保护特种林木监督办法》11条，附有《造林实施方案》，包含引言、调查林地（位置、面积、气候、土质、原生树木）、林地规划（林地区划、树种选定与培植、造林方法筹划实施、抚育及保护）等。

【叙录编号】　2822

【档案题名】

　　甘肃省政府关于植树造林问题的训令、办法

【发文单位】　甘肃省政府

【收文单位】　金塔县政府

【档案编号】　历03-03-0612

【成文时间】　1936-12—1937-05

【关 键 词】　植树造林

【内容提要】

此件主要为甘肃省政府转发给金塔县实业部植树造林问题的训令外附相关文件。甘肃省政府转实业部催交林业人员考成表，金塔县批示查填。甘肃省政府抄发实业部《各省市县造林运动宣传周办法大纲》8条，附有《实业部全国造林成绩考成表》《实业部全国林业技术人员考成表》（空表），附有《实业部林业考成暂行办法》8条。

【叙录编号】 2823
【档案题名】
　　甘肃省政府、金塔县关于植树造林问题的训令、办法
【发文单位】 甘肃省政府
【收文单位】 金塔县政府
【档案编号】 历03-03-0613-（1-7）
【成文时间】 1936-12—1937-06
【关 键 词】 植树造林
【内容提要】

　　甘肃省政府训令金塔县办理实业部代电催办公路植树、转送造林实施方案和垦荒方案、清荒试垦计划，制定和颁发公路植树报告表。金塔县报送公路植树报告表。附有《社会军训各队团劳动植树指导要领》11条，附有《民国二十六年（1937）甘肃省各县公路植树造林报告表》1份。

【叙录编号】 2824
【档案题名】
　　甘肃省政府关于公路植树、保护的训令规则与须知
【发文单位】 甘肃省政府
【收文单位】 玉门县政府
【档案编号】 历04-03-0720-4
【成文时间】 1936-02—1936-08
【关 键 词】 植树；规则
【内容提要】

　　此件主要为甘肃省政府下发4项公路植树规章制度。1.甘肃省政府转发实业部《公路植树须知》；2.呈报驻军在先农坛、玉皇阁补栽树苗株数面积据表格填报；3.甘肃省政府抄发《公路植树注意事项》；4.甘肃省政府抄发《军用保安树林保护规则》；5.《甘肃省民国二十五年（1936）办理总理逝世十一周年纪念植树注意事项》。

【叙录编号】 2825
【档案题名】
　　甘肃省政府关于松林虫害、公路植树问题的代电、训令与细则
【发文单位】 甘肃省政府
【收文单位】 玉门县政府
【档案编号】 历04-03-0721-5
【成文时间】 1936-07—1937-06
【关 键 词】 公路植树
【内容提要】

　　甘肃省政府转实业部咨各地遭受松毛虫害损失，甘肃省政府训令填报春季补行征工植树情形并填报表格，附有《甘新公路沿线督查委员会暂行办事细则》，《民国二十六年（1937）甘肃省各县公路植树报告表》空表1份。

【叙录编号】 2826
【档案题名】
　　第七区公路管理局关于公路植树收益之处理办法的代电、呈文
【发文单位】 第七区公路管理局
【收文单位】 不详
【档案编号】 历08-1-0176-（6-8）
【成文时间】 1947-02—1947-03
【关 键 词】 植树；行道树
【内容提要】

　　第七区公路管理局转发《农林部拟订植树收益之处理办法》，甘肃省政府电令公路沿线

各县供给树苗，每株运费增加30元，电令栽植公路沿线行道树办法。

【叙录编号】 2827
【档案题名】
　　甘肃省育苗造林五年计划纲要
【发文单位】 第七区行政督察专员公署；甘肃省政府
【收文单位】 第七区行政督察专员公署；甘肃省政府
【档案编号】 历01-03-0591-（5-6）
【成文时间】 1943-01-28；1943-03-15
【关 键 词】 植树造林
【内容提要】
　　甘肃省政府颁布《甘肃省育苗造林五年计划纲要》，包括：林区地质要求；林区面积；相关机构的设立期限；人员配置；育苗工作之实施；技术人员培训计划；植树造林的实施；动员造林运动；林业产权规定；林木保护；督导人才培养；奖惩细则；经费来源；工作成绩报备等内容。省府将《纲要》下发各县施行。

【叙录编号】 2828
【档案题名】
　　甘肃省建设厅下发森林法及森林施行法则
【发文单位】 甘肃省建设厅
【收文单位】 玉门县政府
【档案编号】 历04-02-0220-2
【成文时间】 1935-04
【关 键 词】 法规；森林
【内容提要】
　　甘肃省建设厅下发森林法及森林施行法则，其中规定了国有林地、私有林地的交换条件、保护要求等。

【叙录编号】 2829
【档案题名】
　　甘肃省建设厅森林法施行规则
【发文单位】 甘肃省建设厅
【收文单位】 玉门县政府
【档案编号】 历04-02-0221（全宗案卷）
【成文时间】 1935-04
【关 键 词】 森林施法
【内容提要】
　　甘肃省建设厅下发森林施行法则，其中规定了国有林地、私有林地的交换条件、保护要求等。

肆　资源环境纠纷与诉讼类档案

一、土地纠纷与诉讼类档案

【叙录编号】 2830
【档案题名】
　　甘肃省政府委员会第1276次会议议事日程外附会议材料
【发文单位】 甘肃省政府
【收文单位】 不详
【档案编号】 004-007-0065-0003
【成文时间】 1945-09-18
【关 键 词】 争地
【内容提要】
　　主要涉及永登、古浪两县汉番旗民争地一事。

【叙录编号】 2831
【档案题名】
　　甘肃省政府委员会第1060次会议议事日程外附会议通报、讨论文件材料
【发文单位】 甘肃省政府
【收文单位】 甘肃省政府
【档案编号】 004-007-0324-0006
【成文时间】 1943-06-59
【关 键 词】 插花地划分
【内容提要】
　　主要涉及崇信县与华亭县插花地划分等事宜。

【叙录编号】 2832
【档案题名】
　　甘肃省政府委员会第1140次会议议事日程外附会议通报、讨论文件材料
【发文单位】 甘肃省政府委员会
【收文单位】 甘肃省政府
【档案编号】 004-007-0349-0004
【成文时间】 1944-05-05
【关 键 词】 飞地
【内容提要】
　　主要涉及审查讨论划拨二、三两区所属各县飞地一案意见3项等事宜。

【叙录编号】 2833
【档案题名】
　　甘肃省政府委员会第1283次会议议事日程外附会议材料
【发文单位】 甘肃省政府委员会
【收文单位】 甘肃省政府
【档案编号】 004-007-0374-0002
【成文时间】 1945-10-12
【关 键 词】 牧地纠纷
【内容提要】
　　主要涉及提请审议拟订处理夏河县青岗滩民与临夏县民争持柴山牧地纠纷案办法等事宜。

【叙录编号】 2834
【档案题名】
　　甘肃省政府委员会民国三十五年（1946）第6次临时谈话会议议事日程外附会议材料
【发文单位】 甘肃省政府委员会
【收文单位】 甘肃省政府
【档案编号】 004-007-0381-0008

【成文时间】 1946-03-15
【关 键 词】 椒山学田
【内容提要】
关于提请审议拟令第九区行政督察专员处理临洮、会川县椒山学田纠纷等事宜。

【叙录编号】 2835
【档案题名】
甘肃省政府委员会第1289次会议记录
【发文单位】 甘肃省政府
【收文单位】 不详
【档案编号】 004-007-0446-0004
【成文时间】 1945-11-02
【关 键 词】 插花地；苗圃
【内容提要】
主要涉及主席提议审核平凉、固原两县假借潘杨涧等插花地纠纷，最后决议通过。主席提议拟订甘肃省各县局苗圃组织规程，最后决议田粮处签呈。

【叙录编号】 2836
【档案题名】
甘肃省政府委员会第223次会议记录
【发文单位】 甘肃省政府委员会
【收文单位】 甘肃省政府
【档案编号】 004-007-0506-0013
【成文时间】 1934-07-20
【关 键 词】 清丈土地；兰州市
【内容提要】
会议讨论了民政厅呈赍拟就兰州市清丈土地公断委员会组织章程，请公决案。会议通过。

【叙录编号】 2837
【档案题名】
甘肃省政府委员会第264次会议记录
【发文单位】 甘肃省政府委员会
【收文单位】 甘肃省政府
【档案编号】 004-007-0507-0021
【成文时间】 1934-12-11
【关 键 词】 侵吞粮款；清丈土地
【内容提要】
其中包括：1.调查高台县绅民程登瀛侵吞粮款一案，提出处置办法，请公决案。2.财政厅就清丈土地一事请令甘肃省建设厅向中央制定标准尺，向各县颁发。会议决议交建设厅。

【叙录编号】 2838
【档案题名】
甘肃省政府委员会第1475次会议记录
【发文单位】 甘肃省政府委员会
【收文单位】 甘肃省政府
【档案编号】 004-007-0500-0002
【成文时间】 1947-10-21
【关 键 词】 公有土地；减轻田赋
【内容提要】
其中涉及：1.财政厅等签呈据兰州市政府呈请将本省县市公有土地标租建筑办法予以修正，附修正对照表，请公决案。2.田粮处等签呈据皋兰县田粮处呈报中正乡尖山保等处田赋科则畸重，请核减。经查确实过重，请降低一则，请公决案。

【叙录编号】 2839
【档案题名】
甘肃省政府委员会第1476次会议记录
【发文单位】 甘肃省政府委员会
【收文单位】 甘肃省政府
【档案编号】 004-007-0500-0003
【成文时间】 1947-10-24
【关 键 词】 示范农场；组织规程
【内容提要】
其中包括：甘肃省建设厅签呈据农改所呈为代拟张掖经济示范农场组织规程，请示如何办理。附原件1份，其中包括：农场经营范围、组织执掌等内容。

【叙录编号】 2840
【档案题名】
　　甘肃省政府委员会第1144次会议记录
【发文单位】 甘肃省政府委员会
【收文单位】 甘肃省政府
【档案编号】 004-007-0512-0006
【成文时间】 1944-05-19
【关 键 词】 战时；土地税
【内容提要】
　　会议包括：提会报告国民政府发战时征收土地税条例；修正内政部乡镇造产借款暂行办法。

【叙录编号】 2841
【档案题名】
　　甘肃省政府委员会第1160次会议记录
【发文单位】 甘肃省政府委员会
【收文单位】 甘肃省政府
【档案编号】 004-007-0514-0007
【成文时间】 1944-07-25
【关 键 词】 土地税
【内容提要】
　　会议讨论了将地价税征收规则根据新颁战时征收土地税条例另行拟订等事项。

【叙录编号】 2842
【档案题名】
　　甘肃省政府公报（合署办公，第32-37期）
【发文单位】 甘肃省政府
【收文单位】 不详
【档案编号】 004-010-0056-0001
【成文时间】 1936-04-09-
【关 键 词】 冬令征工服役；灾情；人民逃亡；庙滩子农场
【内容提要】
　　第32、33期合刊政府公报包括法规、公牍、呈、公告等部分。呈部分包括审查本府呈送二十四年（1935）冬令征工服役计划的呈1条（43页），附《本省各县二十四年（1935）征工服役施工计划简明表》，包括各县征工具体事项，含有植树、修堤开渠、造林育苗等项（43~47页）。第34、35期合刊政府公报包括法规、公牍、会议录等部分。公牍部分包括令山丹县呈送本县各地灾情畸重、人民逃亡各种情况的指令1条（76页）。会议录包括《甘肃省政府委员会第398次会议记录》，讨论事项录有教、建两厅呈送核议西北畜牧场请求拨庙滩子农场地亩设立洗毛工厂，省务会议决议通过记录1条（82页）。第36、37期合刊政府公报包括法规、命令、公牍、电、会议录、公告等部分。公牍部分包括令皋兰县推广棉种事业的训令1条（105页），令各县政府准照甘宁青监署函送水利堤防三项办法的训令1条（106页）。会议录包括《甘肃省政府委员会第399次会议记录》。公告部分包括《甘肃省财政厅中华民国二十四年（1935）十二月份支出报告书》，其中录有建设费、实业费等费用（133、134页）。

二、水利纠纷与诉讼类档案

【叙录编号】 2843
【档案题名】
　　甘肃省政府委员会第382、383次会议记录
【发文单位】 甘肃省政府
【收文单位】 不详
【档案编号】 004-007-0123-（0012-0013）
【成文时间】 1936-02-14；1936-02-18
【关 键 词】 洮惠渠；春耕救济
【内容提要】
　　第382次会议涉及保管洮惠渠工费委员会组织办法一事。第383次会议涉及本省农村春耕救济委员会一事。

【叙录编号】 2844
【档案题名】
　　甘肃省政府委员会第624、626次会议记录
【发文单位】 甘肃省政府
【收文单位】 不详
【档案编号】 004-007-0140-（0001、0003）
【成文时间】 1938-11-01；1938-11-08
【关 键 词】 水利；插花地
【内容提要】
　　第624次会议涉及酒泉、金塔水利纠纷案一事。第626次会议涉及陇西、定西两县会同勘察插花村庄的归属一事。

【叙录编号】 2845
【档案题名】
　　甘肃省政府委员会第694次会议记录
【发文单位】 甘肃省政府
【收文单位】 不详
【档案编号】 004-007-0161-0002
【成文时间】 1939-10-11
【关 键 词】 湟惠渠土地
【内容提要】
　　主要涉及甘肃省湟惠渠灌溉土地登记施行细则、甘肃省湟惠渠灌溉土地登记处组织规程、湟惠渠灌溉土地纠纷公断委员会章程等文件的颁布施行。

【叙录编号】 2846
【档案题名】
　　甘肃省政府委员会第700次会议记录
【发文单位】 甘肃省政府
【收文单位】 不详
【档案编号】 004-007-0162-0005
【成文时间】 1939-10-31
【关 键 词】 湟惠渠土地
【内容提要】
　　主要涉及湟惠渠灌溉土地各种规章及预算一事。

【叙录编号】 2847
【档案题名】
　　甘肃省政府委员会第1034次会议议事日程外附会议材料
【发文单位】 甘肃省政府委员会
【收文单位】 甘肃省政府

【档案编号】 004-007-0311-0008
【成文时间】 1943-03-30
【关 键 词】 灌溉工程；田赋
【内容提要】
　　主要涉及甘肃水利林牧公司天水三阳川灌溉区查勘报告嘱查照一案，甘肃省各县整理田赋协进委员会组织简则，全省市重要物品价格联系调整办法等。

【叙录编号】 2848
【档案题名】
　　甘肃省政府委员会第209次会议记录
【发文单位】 甘肃省政府委员会
【收文单位】 甘肃省政府
【档案编号】 004-007-0505-0029
【成文时间】 1934-06-01
【关 键 词】 水利诉讼纠纷；骆驼巷
【内容提要】
　　其中讨论了皋兰县骆驼巷于冯家湾等庄人民因争水利涉讼的善后安置办法。会议决议如拟办理。

【叙录编号】 2849
【档案题名】
　　甘肃省政府委员会第255次会议记录
【发文单位】 甘肃省政府委员会
【收文单位】 甘肃省政府
【档案编号】 004-007-0507-0012
【成文时间】 1934-11-09
【关 键 词】 修桥；工程费
【内容提要】
　　其中包括：秘书处签呈查定西县未将县王工桥遵令用石灰镶砌，以致被水冲毁一案。现请从宽处置涉事县长，并对修桥余款如何处置请示甘肃省政府。

【叙录编号】 2850
【档案题名】
　　甘肃省政府公报（合署办公，第576-577期）
【发文单位】 甘肃省政府
【收文单位】 不详
【档案编号】 004-010-0193-0001
【成文时间】 1944-05-31
【关 键 词】 鸳鸯池水利工程
【内容提要】
　　第576期政府公报包括法规、政令、人事、会议录、例行公文等部分。政令部分包括令金塔县县长及第七区行政督察专员尽力协助鸳鸯池水利工程的训令1条（21页）。会议录部分包括《甘肃省政府委员会第1143次会议记录》，讨论事项录有主席提议民政厅呈，划界记录1条（23页）；主席提议建民两厅呈，准甘肃水利林牧公司函以金塔县县长热心鸳鸯池蓄水库工程，请予以奖励，省务会议决议记功1次的记录1条（24页）。

【叙录编号】 2851
【档案题名】
　　甘肃省政府公报（合署办公，第578-580期）
【发文单位】 甘肃省政府
【收文单位】 不详
【档案编号】 004-010-0194-0001
【成文时间】 1944-06-30
【关 键 词】 水利特赋征收；水利纠纷
【内容提要】
　　第578期政府公报包括法规、政令、人事、会议录、例行公文等部分。会议录包括《甘肃省政府委员会第1152次会议记录》，讨论事项录有主席提议民政厅呈据第二区专署呈请拟将海原县属杨郎镇飞地与固原县属李俊乡畸形地区互换管辖，并将隆德县属李俊乡地区划归海原县辖，省务会议决议通过的记录1条

（19页）。第579期政府公报包括法规、政令、人事、会议录、例行公文等部分。会议录包括《甘肃省政府委员会第1154次会议记录》，讨论事项录有主席提议民政厅呈查秦安县属黄家坪飞地入天水境内，并派员至天水秦安交接手续，省务会议决议通过的记录1条（35页）。《甘肃省政府委员会第1155次会议记录》，讨论事项录有主席提议会计处、财政厅呈准秘书处函送修理黄河沿岸水库追加预算表，由第一预备金项下拨付，省务会议决议通过的记录1

条（37页）。第580期政府公报包括法规、政令、人事、会议录、例行公文等部分。法规部分包括《甘肃省水利特赋征收规则施行细则》9条（49～50页）。政令部分包括令各县知照甘肃省水利特赋征收规则施行细则的训令1条（55页）。例行公文包括《甘肃省政府核阅所属各机关例行公文一览表》。建设部分涉及各县呈报将本县水渠更名、阿薛渠水利纠纷情形、鼎新高台分水情形（67～68页）。

三、林草纠纷与诉讼类档案

【叙录编号】 2852
【档案题名】
　　甘肃省政府等关于发放籽种、勘察灾情、救济春耕、豁免田赋、划拨官荒地为校基金、草山纠纷、征用土地价款、林产物调查表、开垦荒地等的各类文件
【发文单位】 甘肃省政府
【收文单位】 甘肃各县
【档案编号】
　　004-001-0498-（0001-0006、0010、0015、0020、0022、0024、0027、0029-0031、0034-0035、0042、0051-0057、0059-0060、0064-0065、0067-0071）
【成文时间】 1942-04—1943-02
【关 键 词】 纠纷；垦荒；灾情
【内容提要】
　　如题。

【叙录编号】 2853
【档案题名】
　　苗圃纠纷
【发文单位】 不详
【收文单位】 不详
【档案编号】 004-006-0374（全案卷）
【成文时间】 不详
【关 键 词】 苗圃纠纷
【内容提要】
　　如题。

【叙录编号】 2854
【档案题名】
　　甘肃省政府、甘肃省建设厅关于保护左公柳、严禁驻军砍树事宜致第八战区司令长官司令部的呈文，给相关各县政府人员的指示，及相关各县政府的呈文、民众的诉状
【发文单位】 甘肃省政府
【收文单位】 甘肃省各县局
【档案编号】
　　027-001-0477-（0001-0015）；
　　027-001-0478-（0001-0007）

【成文时间】 1939-04-24—1940-04-09
【关 键 词】 左公柳；林木保护；第八战区
【内容提要】

第八战区下驻军有砍伐公路沿线左公柳、破坏森林的行为，甘肃省政府呈文予以制止，训令各县局查报砍伐左公柳事宜。另包含有民众关于类似行为的诉状和举报。0477-0009为《临渭三六庙会首杨永成等禀为赵柱破坏森林民恐被殃乞令禁止由》状纸1张。0478为卢德明举报陆登荣等人开垦破坏森林一事。

【叙录编号】 2855
【档案题名】
甘肃省政府、甘肃省建设厅关于造林护林纠纷诉讼的指示及蒙藏委员会的公函，甘肃省工务所、相关民众的呈文
【发文单位】 甘肃省政府
【收文单位】 甘肃省政府；甘肃省建设厅
【档案编号】
　　027-001-0480-（0001-0012）；
　　027-001-0481-（0001-0012、0014-0015）；
　　027-001-0482-（0001-0010）；
　　027-001-0482-（0014-0015）
【成文时间】 1939-04-23—1941-1-17
【关 键 词】 植树纠纷；林木保护
【内容提要】

分为两类。第一类为民众呈举报信或诉状至甘肃省政府，要求保护森林，解决植树纠纷，严惩肆意砍伐、买卖木料、欺压百姓的行为，控诉对象既包括个人，也包括部队单位。第二类为涉及诉讼纠纷的政府职员。此外，还包括一系列与林务相关，责任者为个人或公文内容主要涉及个人的呈、函。0480主要为五泉山地户盗放中山林林木水源，通缉沿黄造林办主任王绍烈。0481-0007为《临夏县城角寺林木引水浇灌渠图》，0481-0015为甘肃省政府派员查勘王子俊焚毁砍伐藏民森林一事给蒙藏委员会的公函。

【叙录编号】 2856
【档案题名】
甘肃省政府、甘肃省建设厅关于保护左公柳、严禁军民砍伐事宜的指示及相关各县政府、民众的呈文
【发文单位】 甘肃省政府
【收文单位】 甘肃省政府；甘肃省建设厅
【档案编号】 027-001-0485-（0001-0017）
【成文时间】 1940-10—1942-04
【关 键 词】 林木保护；左公柳；第八战区
【内容提要】

为保护左公柳，甘肃省政府通知永登、古浪、武威、张掖、安西（今瓜州）等相关县政府予以切实保护，并呈文第八战区司令长官司令部严禁驻军砍伐。